张占仓

著

中国区域规划与发展战略研究

经济管理出版社
ECONOMY & MANAGEMENT PUBLISHING HOUSE

图书在版编目（CIP）数据

中国区域规划与发展战略研究/张占仓著.—北京：经济管理出版社,2023.9
ISBN 978-7-5096-9299-8

Ⅰ.①中…　Ⅱ.①张…　Ⅲ.①区域规划—研究—中国　Ⅳ.①TU982.2

中国国家版本馆 CIP 数据核字（2023）第 179138 号

组稿编辑：杨　雪
责任编辑：杨　雪
责任印制：许　艳
责任校对：王淑卿　蔡晓臻

出版发行：经济管理出版社
　　　　　（北京市海淀区北蜂窝 8 号中雅大厦 A 座 11 层　100038）
网　　址：www.E-mp.com.cn
电　　话：（010）51915602
印　　刷：唐山昊达印刷有限公司
经　　销：新华书店
开　　本：880mm×1230mm/16
印　　张：44
字　　数：1124 千字
版　　次：2023 年 9 月第 1 版　　2023 年 9 月第 1 次印刷
书　　号：ISBN 978-7-5096-9299-8
定　　价：298.00 元

序

改革开放以来,我国经济持续高速发展,创造了全球经济大国长期持续高速发展的新奇迹。在这一个过程中,我们作为直接的参与者与见证者,深感经济学研究特别是发展经济学研究对我国经济社会高速发展给予了很有成效的理论指导与助力。特别是改革开放之初,我们制定国家到2000年实现初步小康的战略目标,使人均GDP从1978年的156美元达到2000年的800美元以上,达到初步小康社会水平。发展经济学提出年均GDP增长6.7%以上是发展中国家高速发展的核心指标。从中国国情出发,全国人民同心同德、共同奋斗,如期顺利达到了这一战略目标。2000年,我们制定到2020年实现全面小康的战略目标,实际发展成效非常显著,特别是为全球减贫事业做出了历史性贡献。当然,在我国经济社会发展的实际过程中,从中央到地方遇到的实际问题非常多。各地因地制宜,因时制宜,发挥优势,各展所长,按照党中央国务院的统一部署推动经济社会可持续发展。同时,全国各地包括经济学专家在内的大量学者几十年来不辞辛苦、奋战在经济建设主战场,及时为国民经济与社会发展制定规划、建言献策,并通过深入细致的调查研究为破解一系列发展中遇到的战略性问题做出很大贡献。

张占仓研究员,作为一个1982年6月从河南大学地理系毕业,一直从事经济地理学专业研究的学者,长期专注于区域规划与发展战略方向,在不同时期结合国家与河南省发展的重点问题,坚持不懈深入基层、直达一线,擅长用数据说话,用活生生的事实说话,为我国和河南省的区域规划和发展战略研究做出了非常重要的贡献。在相关老师与专家的指导下,在20世纪90年代中后期,他带领河南省科学院地理研究所的团队,悉心研究,大胆实践,探索提出我国区域规划主要是研究清楚规划依据、战略方向(指导思想)、规划目标、主要任务、实现途径、保障措施六大问题的新方法,为我国及地方各类发展规划制定和落实落地做出了重要贡献。进入21世纪以来,我国经济社会发展面临一系列新问题,特别是在发展战略层面遇到的新情况、新难题、新挑战比较多,张占仓研究员一直带领专业研究团队协同作战,为全国和河南省区域规划与发展战略研究完成了50多项实际调研任务,提出了多方面切实可行的促进区域经济发展的战略举措或政策建议,服务于各个方面的重要决策或实际工作,发挥了一个专家学者的重要作用。在实地调研过程中,先后发表学术论文200多篇,主编、副主编专著50部,学术成果丰硕。

　　为了系统梳理与总结多年来的研究成果，张占仓研究员把2010年以来发表的重要论文等研究成果汇集成册，以《中国区域规划与发展战略研究》为书名，编辑出版该文集，使我们对他在这一阶段的理论与实践研究成果有一个比较系统的了解与认识，也为我们学界理解这一阶段全国及河南省区域规划与发展战略研究的历史轨迹提供了一个很有价值的样本。我认为这是一件非常有学术意义的好事！从这些研究成果中我们可以看到，张占仓研究员在中国经济新常态与可持续发展新趋势研究、中原经济区建设纲要与规划研究、郑州航空港经济综合实验区规划与建设研究、河南省建设内陆开放高地研究、共建"一带一路"研究、河南省新型城镇化研究、区域绿色发展研究、黄河流域生态保护和高质量发展研究、河南省城乡融合发展研究等方面学术成果突出，专业积淀深厚，为中国区域经济学发展做出了重要贡献，为全国和河南省区域规划与发展战略研究的科学决策提供了翔实、科学、系统、重要的科学依据。

　　从2015年开始，张占仓研究员开始担任中国区域经济学会副会长，在全国大型学术活动中一直非常活跃，在多次重要学术会议上都发表了有理论深度与政策高度的观点，深得同行专家的好评。2016年初，中国区域经济50人论坛启动运行，张占仓研究员以其突出的科研成果顺利加入这个大家庭。在中国区域经济50人论坛的多数学术活动中，张占仓研究员都积极参加，并结合活动主题与专业特长，发表有重要学术意义与实践价值的观点，得到中国区域经济50人论坛专家的一致好评。

　　我真诚希望，该文集的出版能够为我国经济学领域的各位专家学者提供一个示范，期望更多专家把自己完成的相关研究成果整理成册并出版，共同为我们国家在盛世兴文、盛世修文的时代大潮中协同推进有中国特色的中国经济学高质量发展，尤其是在创新经济学理论范式方面大胆探索，创建中国学派，在学术研究上共同为我们按照党的二十大的战略部署建设社会主义现代化科教强国、经济强国、人才强国做出历史性贡献！为推进中国式现代化贡献专家学者的知识力量！

中国社会科学院学部委员

中国区域经济学会会长

2023 年 7 月 20 日

前　言

　　我作为一个长期从事区域规划与发展战略研究的专业工作者，从 1982 年 6 月参加工作以来，始终如一地坚守这个专业方向，并根据改革开放以来我们党和国家不同时期经济社会发展的需要，及时学习新理念、新知识、新技能，积极参加国家与中共河南省委、河南省人民政府（简称河南省委、省政府）相关重大和重要专业调研活动，与自己参加或带领的专业团队进行深度交流与沟通，尽可能精准把控国家区域规划与发展战略研究的新动向、新要求、新政策，夜以继日地完成国家有关部委或河南省委、省政府安排的相关专题研究任务，不断取得专业研究方面的新进展，享受专业研究成果对自己内心深处的滋润与激励。

　　我之所以长期稳定从事区域规划与发展战略研究，最早主要受河南大学地理学系原系主任尚世英教授的直接影响，因为大学本科阶段的毕业论文是由尚世英教授带领我们经历了比较复杂的调查研究之后完成的。在这个过程中，我们与尚世英教授密切接触，他对我们的专业指导确实无微不至。当时，我最深刻的感受是，他对全省发展的很多大事如数家珍，非常熟悉。有时候我们讨论了几天的问题，给他汇报以后，他就可以轻松自如地给我们解释得头头是道，确实令我们心服口服，非常敬佩。所以，我暗暗下定决心，毕业以后就沿着尚世英教授指给我的研究方向继续前行。参加工作之后，我跟随的导师是河南省科学院地理研究所朱友文研究员，他早年毕业于南京大学地理学系，长期从事区域规划与发展战略研究，在全国及河南省学术界都颇有影响。在科研工作中，朱友文研究员要求比较高，特别重视深入基层，了解一线的实际，系统分析所调研的主要问题，并一再强调要用事实和数据说话，所形成的主要观点一定要有理有据，新的学术观点一定要把科学性放在首位。在专业科研工作过程中，我特别感谢原河南省政协副主席、河南大学校长李润田教授长期的专业指导与帮助，他指导我做事认真、做人低调，牢牢把握地理学的地域性特征，研究任何问题都要因地制宜、因时制宜，使我受益匪浅。同时我特别高兴得到了中国科学院院士、时任中国地理学会理事长吴传钧研究员多方面高屋建瓴的专业指导与面对面的悉心帮助，他指导我一定要具有国际视野，高度重视学习与借鉴发达国家加快经济发展的经验与做法，注意亲自到所研究问题的现场进行调研，与所研究问题的直接涉事人员进行充分的沟通与交流，以利于真实地了解所研究问题的来龙去脉与所处地理环境的真相。在他的指导下，我于 1999~2009 年连续两届担任中国地理学会常务理事，得到了中国地理学界各位著名专家的直接指导与帮助。在实际科研实践与担任河南省科学院地理研究所所长期间及以后，特别感谢中国科学院院士、中国地理学会原理事长陆大道研究员的长期指导与帮助，他受聘担任河南省科学院地理研究所名誉所长，多方面指导我如何深度认识国家发展重大问题的系统性，努力把握未来区域发展格局的不平衡性，要高度重视组织专业骨干团队，长期稳定跟踪研究区域规划与发展战略的重大问题，主动站位学科发展前沿，重视国际学术交流。正因如此，2008年9月26日，我应邀在美国波士顿学院作"中国经济发展的宏观走势"学术报告，在与会学者中引发热烈反响。2011年11月7日，我应邀在英国组卡斯尔大学城市与区域发展研究中心作"中国区域规划的理论与实践"学术报告，得到英国专家的高度评价。我也非常高兴得到中国社会科学院学部委员、中国区域经济学会会长金碚研究员多方面的指导与热情帮助，他带领我加入中国区域经济学会高层专家团队进行学术交流，并于2015年以来连续担任中国区域经济学会副会长，得到了多名全国区域经济学家的指导与帮助。我还非常高兴地得到国家发展改革委原副秘书长、著名经济学家范恒山研究员多方面的指导与帮助，并于中国区域经济50人论坛创立之初（2016年初）成为其专家之一，在这一重要学术平台上认知了很多国家区域规划与发展战略研究最新的学术动态与政策导向趋势。当然，这些年来，日积月累，中国地理学会副理事长兼秘书长张国友、中国区域经济学会副理事长兼秘书长陈耀等，对我的实际科研与学术交流工作同样指导与帮助颇多。

在吴传钧、陆大道、金碚、李润田、范恒山、张国友、陈耀、尚世英与朱友文等老一辈专家、老师的深刻影响下，我逐步开始探索深度研究重要问题的方法，特别是在面临新的研究问题时，首先搞清楚研究背景，再深度思考与选择合适的研究方法。因为若方法得当，将事半功倍。有了明确的研究方向并确定研究方法之后，开始组织专业人员进行分工与协商，并分头行动，进行调研准备。待调研准备到位，就全力以赴投入到深入基层一线或者某一个专业领域的调研工作。正是因为几十年来参与实际调研的时间比较多，从而导致多年来很少在郑州持续超过7天的一种特殊经历（除三年疫情之外）。在实际调研过程中，经常会不断地发现新问题，我们会加班加点进行讨论，修改或完善调研方法，或者专门对有些问题进行补充调研。最终在大家相互交流多次，认为调研的工作成效比较满意之后，才开始进入调研资料与信息整理、分析与系统研究阶段。在这个阶段，一方面要切实静下心来，整理与分析调研资料，计算调研数据，逐步归纳形成基本的学术观点；另一方面要时常跟调研组的相关专业人员进行沟通、讨论，协同推进整个研究项目的进展。等到研究报告初稿完成，还会拿出比较多的时间进行深度讨论，既要统一调研组成员对一些重要观点的认识，也要提升大家对新观点、新政策或建议、重要数据预测结果形成共识的水平，并及时对研究报告进行修改与完善，一直到调研组对研究报告比较满意为止。同时，针对研究报告所涉及的政策或对策建议部分，需要对外征求意见与建议。在对外征求意见过程中，要始终保持非常包容与豁达的心态，认真听取方方面面的意见与建议，甚至是比较尖锐的批评，并耐心地对研究报告进行有针对性的修改、补充与完善，直到全体调研组人员认为比较满意为止。这算是完成了专业研究第一阶段的工作。此后，按照有关部门业务管理要求，进行第二阶段的工作，包括：研究成果送审与评价，研究成果登记与申报，研究成果推广应用，研究成果在实际工作中的应用检验，研究成果中提出的政策与对策建议要有针对性地报送有关部门或重要领导，看看各方面管理者特别是重要领导对该政策或对策建议的认识或接受情况。当然，一般情况下，高水平研究成果所提出的政策建议会得到领导的重要批示，甚至可以据此转化为有关重要文件，在更大范围内得到实际应用等。其实，第二阶段的工作对于很多区域规划与发展战略研究项目来说也非常重要。因为再好的专业研究成果，只有真正应用于经济社会发展的实践当中，才能真正达到这一类应用性比较强的研究项目的研究目的。

在我的科研生涯中，由于领导与同志们的信任，我担任专业科研机构领导的时间比较长。一直以来，在完成领导任务的基础上，我对于专业研究工作始终坚持不懈。其中，1993 年 3 月，我开始担任河南省科学院地理研究所所长，深知当时地理学界专业上的难题之一就是各地对区域规划的需求量非常大，但是科研单位一旦接到任务，完成的难度就比较大，因为当时区域规划方法一直没有一个大家比较公认的理论框架。因此，我带领几十位专业人员经过几年的反复研讨与基层调研实践，较好地解决了区域规划方法问题，于 1998 年提出区域规划就是要完成规划依据、战略方向（指导思想）、规划目标、主要任务、实现途径、保障措施六大研究任务的新方法。按照这个方法进行实践，两个月左右就能够顺利完成一个市或县的区域规划。1999 年初，在中国地理学会年会上我应邀所作的关于该方法的发言，得到了时任中国地理学会理事长吴传钧院士的高度评价，并很快在全国得到广泛的推广与应用。2000 年 7 月，我开始担任河南省科学院副院长，继续带领区域规划与发展战略研究团队坚持不懈地开展区域规划与发展战略方面重大问题的研究，连续完成了多项在河南省具有重要影响的软科学研究专项，连续获得河南省科技进步成果二等奖。2003 年 8 月，我作为中国地理学会专家代表团成员之一，应邀到日本参加日本地理学会学术年会，向日本学术界报告中国经济高速发展情况，得到日本同行的充分肯定。2006 年 10 月，在河南省民营经济维权发展促进会于驻马店举办的"民营经济发展高层论坛"上，我明确提出中国经济在 2008 年下半年奥运会之后可能出现发展"拐点"的观点，得到著名企业家胡葆森等与会嘉宾的高度关注。我是最早提出中国经济在 2008 年出现"拐点论"的学者之一。2007 年初，在河南省经济学会于河南大学召开的"新年经济展望高层论坛"上，我再一次系统阐述该观点，《河南日报》2007 年 1 月 9 日版对此作了比较系统的报道，迅速在学术界引起积极反响。

2008 年初，在华中科技大学郑州校友会举办的"管理学高层论坛"上，我以六条理由更加充分地阐述中国经济发展的"拐点论"，获得越来越多学者和企业家的关注。2008 年，中国经济发展的实践已经证明该观点是正确的。2008 年 9 月 26 日，我应邀在美国波士顿学院作"中国经济发展的宏观走势"学术报告，在与会学者中引发热烈反响。2010 年 3 月，按照河南省委、省政府的部署，开始集中进行河南省发展战略研究。在 53 位专业人员集中的第一天研讨中，我明确提出要聚焦中原经济区研究，以此带领河南省进入国家发展的宏观格局之中。后经过多方面协调与提升，该提法得到河南省委、省政府主要领导的充分肯定，成为我们整个专业团队共同研究的重大战略问题。经过近一年的研究，形成了建设中原经济区纲要的初步方案。2011 年 9 月，《国务院关于支持河南省加快建设中原经济区的指导意见》印发，标志着中原经济区上升为国家战略。2011 年 10 月 6 日，我接受中央电视台与河南卫视联合采访，解读《国务院关于支持河南省加快建设中原经济区的指导意见》中最关键的"三化"协调发展问题。该节目 2011 年 10 月 8 日在中央电视台新闻频道《新闻直播间》、河南卫视《河南新闻联播》和河南电视台新闻频道的《聚焦中原》播出，使中原经济区在社会面引起方方面面的重视。2011 年 11 月 7 日，我应邀在英国纽卡斯尔大学城市与区域发展研究中心作"中国区域规划的理论与实践"学术报告，得到与会英国专家的高度评价。2012 年 11 月，我与国内另外 9 名专家作为大会特邀专家出席在英国伦敦召开的国际区域研究协会年会，系统介绍中国经济高速发展进展情况，赢得与会学者的高度重视。与此同时，经过河南省委、省政府领导带领我们专家团队进一步研究与细化，提出了《中原经济区规划》初稿。2012 年 11 月，国务院正式批复《中原经济区规划》，使河南省在国家发展战略中的地位大幅度提升，对河南省拓宽发展视野，特别是积极融入全球发展格局影响深远。伴随中原经济区研究的深化，根据河南省政府有关领导安排，我又特别幸运地直接带领专业团队开始进行郑州航空港经济综合实验区规划研究，并形成了初步方案。后经过多方面征求意见，并进行修改与完善，于 2013 年 3 月 7 日，国务院正式批复《郑州航空港经济综合实验区发展规划（2013—2025 年）》，使地处内陆的河南省开始依托郑州航空港经济综合实验区大胆探索内陆地区开放发展的新路子，并创造了河南省"不沿海不沿边，对外开放靠蓝天"的区域发展模式，成为全国高度关注的内陆开放高地，开放发展取得了非常好的实际效果。截至 2022 年底，在郑州航空港经济综合实验区带领下，河南省进出口总额已达 8524.1 亿元，居全国各省（市、区）第 9 位，为全国开放发展做出重要贡献。郑州新郑机场也因为郑州航空港经济综合实验区的快速发展，其货邮吞吐量跻身世界大型机场 40 强之列。2015 年 8 月，我开始担任河南省社会科学院院长，持续在区域规划与发展战略研究中与各方面密切合作，分别在国家"十三五""十四五"国民经济与社会发展规划基础上积极探索，提出了符合时代发展需要的持续扩大开放、高度重视实体经济发展、以科技进步促进绿色发展、高质量实施科教兴国战略等重要观点，组织了在学术界有重要影响的中英"一带一路"合作国际学术研讨会、洛阳学国际学术研讨会、全国农业供给侧结构性改革研讨会、《河南发展报告》（英文版）出版、县域经济转型升级研究等大型学术活动，组织出版了数量最多的河南经济、河南工业、河南农业、河南城镇化、河南社会、河南能源等蓝皮书。2016年8月，第十七次全国皮书年会在郑州召开，与会人员500多人，为全国社科界规模最大的蓝皮书年会，使以学术界为全社会科学决策提供年轮式服务的蓝皮书在全省以及全国的影响快速扩大。2016年11月17日，我应邀率团出访澳大利亚和新西兰，在皇家墨尔本理工大学作"中国和平崛起的历史趋势"学术报告，得到与会专家学者的充分肯定。2017年8月，第十八次全国皮书年会在青海省西宁市召开期间，经过与中部各省社科院领导与专家协调，达成一致意见，由河南省社科院牵头，六个省社科院联手恢复出版《中部蓝皮书》。2018年4月，因为年龄的原因，我不再担任河南省社科院院长，河南省委、省政府又安排我担任河南省人民政府参事，并担任第一组（经济组）组长。此后，我与参事室的各位专家密切合作，先后到北京、上海、广州、深圳、重庆、武汉、合肥、南京等地调研，对河南省"十四五"国民经济与社会发展规划、以投资促进全省加快经济发展步伐、河南经济高质量发展的短板与推进对策、河南交通与文旅融合发展等进行了比较充分的调研，所形成的参事建议得到时任河南省人民政府省长尹弘的多次肯定性批示。另外，在这一阶段，针对党的十九大提出的实施乡村振兴战略，我牵头申请获批"世界银行贷款中国经济改革促进与能力加强项目（TCC6）"——河南省乡村产业振兴的地域模式与政策支持研究，带领研究团队的20多位专业人员克服疫情防控期间的种种不便，到全国5个省市调研，在全省11个市42个县（市）调研，于2021年底顺利完成研究任务，发表论文1批，出版专著2部，受到世界银行专家组高度评价。2021年8月，我因为年龄原因，不再担任河南省人民政府参事。同月，中共河南省委咨询组聘请我担任其研究员，后河南省人民政府聘请我担任河南省人民政府专家咨询委员会委员，使我继续在专业研究上从事相关调研工作。针对新冠肺炎疫情对经济社会发展的严重影响，我与中共河南省委咨询组相关研究员一起，经常到全国及全省各地调研经济恢复与加快发展的相关问题，完成了多批次关于经济恢复与加快发展、支持企业发展、乡村产业振兴等方面的咨询与建议，多次得到省领导的肯定性批示。目前，这些调研活动仍然在不断进行当中。面对全球百年未有之大变局和我国经济社会高质量发展遇到的新问题，确实需要我们根据河南省委、省政府的工作大局，持续做好相关调研工作，及时为河南省委、省政府提供科学可行的咨询与政策建议。

从事专业科研工作41年来，我先后承担国家级与河南省相关专业调研项目47项，已经完成46项。在经历了大量的实际调研工作的同时，我一直非常重视及时总结合各个阶段、各个重要项目的研究成果，并进行理论提升。这些年的研究成果，先后荣获省部级科技进步二等奖 13 项、三等奖 5 项，荣获河南省哲学社会科学特等奖 1 项，撰写并发表学术论文 200 多篇，主编、副主编学术专著 50 部。这一次，紧密结合 2010 年以来的科研工作实际，围绕"中国区域规划与发展战略研究"这一研究方向，我把这一阶段的重要论文进行了初步整理，汇编成一部文集。本文集主要分为四个方面的内容：第一，理论与方法研究。主要是这一阶段区域规划与发展战略研究领域比较热门的创新驱动发展研究、中国特色哲学社会科学发展研究、商域经济学研究、洛阳学研究、绿色低碳发展研究、中国式现代化研究等相关理论与研究方法的内容。第二，区域规划研究。主要是中国经济新常态研究、"十三五""十四五"经济社会发展规划研究、新冠肺炎疫情冲击下我国经济发展热点研究等。第三，区域发展战略研究。主要是结合全国或河南省区域发展战略的热点研究，包括建设中原经济区研究、郑州航空港经济综合实验区研究、共建"一带一路"研究、供给侧结构性改革研究、乡村振兴研究、农业强国农业强省研究等。第四，新型城镇化研究，主要是突出以人为本的城镇化。全书共收录这一阶段代表性论文 120 篇，基本上反映了这一阶段中国区域规划与发展战略研究的重要问题。

该书的编辑与出版得到了中国社会科学院学部委员金碚研究员的亲自指导与大力支持，并为本书撰写了高水平的序言，也得到了经济管理出版社的具体指导与热情帮助，从而使本书得以较快出版。同时，本书得到了河南省中天经济规划研究院无私的经费支持，使本书能够高质量顺利出版，此外还得到了相关媒体与记者的热情帮助，使本书出版的信息得以比较广泛传播。在此，我真诚地表示感谢！

科研无止境，探索在路上。伴随历史的发展与进步，一代人总要担负一代人的责任，也将为所处的时代做出自己的贡献。我特别幸运，在 1978 年改革开放初期，就顺利考上河南大学地理系，1982 年 6 月毕业以后顺利进入河南省科学院地理研究所这样的专业科研单位从事科学研究工作。1987 年，顺利晋升为助理研究员。1992 年，破格晋升为副研究员。1995 年，荣获河南省优秀专家称号，并破格晋升为研究员。1996 年，被国家人事部授予国家级有突出贡献的中青年专家称号。1998 年，获河南省优秀学术技术带头人称号。2005 年，荣获国务院特殊津贴专家称号。2009 年，在中国地理学会百年庆典大会上，荣获中国地理学会首届优秀地理科技工作者奖。我已经在科研的道路上奔波了几十年，不忘初心，辛勤努力，在各领域前辈、老师及专家学者的帮助与指导下，在无数同事的密切配合下，也取得了一定的科研业绩，得到了上级领导与组织以及各方面专家学者的肯定与鼓励。但是，由于自己的学术水平有限，书中所收录的论文难免存在缺点或不足之处。因此，真诚地希望各位读者不吝赐教，批评指正！

张占仓

2023 年 7 月 16 日

目 录

第一篇　理论与方法研究

第二篇　区域规划研究

第三篇　区域发展战略研究

第四篇　新型城镇化研究

第一篇

理论与方法研究

关于企业管理创新的三大战略问题[*]

后金融危机时代，创新成为每一个企业适应经济社会发展需要的基本手段。那么，如何有效创新？怎么样运作？让普通员工怎么样能够参与进来？如何让创新变成一种促进企业不断发展的动力？这些成为很多企业家与理论研究者面临的突出问题。结合实际调查研究，我们认为创新是一种战略，是市场经济条件下企业生存与发展的法宝，是普通人都可以参与并实施的科学方法。

一、科技创新——年轻人的事业

创新能力的高低，将决定我国企业未来的竞争能力，并影响我国人民生活水平的提高。过去30年，我国经济迅速增长，并成为"世界工厂"，在很大程度上是因为劳动力成本低。一直以来，创新的思维大多来自跨国公司，而国内公司大多是接受技术转移，或者模仿国外技术，进行部分创新。然而，这一次金融危机之后，我国劳动力成本低的优势正在消失。因此，科技创新对我国企业发展变得更加迫切。

科技创新是企业发展的内生变量和驱动力，全球性金融危机实际上是企业科技创新不足导致经济增长缺乏新推动力的一种表现。中国科学院院长路甬祥明确指出，经济危机往往催生重大科技创新。如1857年的世界经济危机推动并引发了以电气革命为标志的第二次科技革命；1929年的世界经济危机，引发了以电子、航空航天和核能为标志的第三次科技革命。当前，无论是后金融危机的强烈需求，还是科技自身发展所积累的基础，

都正在孕育一场以信息技术、新能源、生命科学为突破口的新的科技革命。因此，创新成为企业发展的常态，不创新或者创新不足将直接影响企业发展的活力，甚至让企业走向衰退。谁在科技创新方面主动出击，提前部署力量，谁将在迎接新科技革命方面占据主动权。

企业科技创新，对于大型企业来说，并不是难事，这类企业之所以能够做成大型企业，是因为其自身已经形成了一种主动创新的机制，比如说有强烈的创新意识，有专门的研发机构，有稳定的研发队伍，有不断增加的创新投入等。但是，对于量大面广的中小企业来说，创新似乎是一件比较难以琢磨的事。甚至有些企业明确认为，自己不具备创新能力，没有信心组织和实施应有的创新。其实，这是对企业科技创新不了解的表现。从国内外的实践经验分析，创新是一项复杂的系统工程。一般需要政府、企业、科研机构、大学、金融机构等方方面面的有机配合。就我国目前的政策法规环境而言，与发达国家相比，创新环境仍需要伴随经济发展水平的提高不断改善，因为创新需要大量而且是持续的投入，创新还有比较大的风险。但是，从发展中国家比较看，我国的创新能力确实处于迅速提升之中，特别是标志创新能力的发明专利申请和授权数量、国际论文发表数量、中高端制造业产品增长速度均居全球前列，已经是创新大国，但仍然不是创新强国。在这样的环境下，每一个中小企业都要有强烈的历史使命感，要把创新作为企业发展的

* 本文发表于《企业管理创新探索与实践——2010年河南企业管理创新论文集》，该文集由河南人民出版社2010年12月出版。

基本支撑点。在市场竞争激烈的环境中，没有足够创新能力的企业，注定是要走向平庸的，甚至会走向没落。

分析全球发达国家走过的道路，一个特别重要的数据非常值得我们深思，就是全球70%以上的重大科技创新都是由35岁以下的年轻人完成的。对于绝大多数中小企业来说，想拥有一批研究员、教授、教授级高工并不容易，但是就目前我国高等教育发展程度而言，想拥有一批35岁以下的年轻大学生，或者研究生，并不是难事，而这些人由于年轻，活力充足，创新欲望强烈，最具有创新性。只要把这些人有效组织起来，与有关科研单位或大学合作，加以适当培训，就是非常好的科研新生力量。只要给予必要的支持，他们往往创新激情涌动，最能够完成空前的创新项目。所谓只要有阳光，他们就灿烂，用在年轻科技人员身上再恰当不过了。大量事实已经证明，为什么有些中小企业往往创新成果非常多，就是因为他们比别人更早地认识到了这个道理，并付诸实践，见到了成效。所以，在当今中国，谁更多地把年轻人作为创新的源泉，谁就有可能拥有创新成果累累的未来。当然，这并不是说，其他科研人员就不能更多地创新了；相反，经验丰富的中老年科研人员往往创新效率更高，是创新队伍的主力军，年轻人则是科技创新的生力军，潜力巨大。

二、企业文化创新——老总性格的放大

一般认为，企业文化是指企业全体员工在长期的发展过程中所培育形成的并被全体员工共同遵守的最高目标、价值体系、基本信念及行为规范的总和。也有人认为，企业文化是企业为解决生存和发展的问题而树立形成的，被组织成员认为有效而共享，并共同遵循的基本信念和认知。企业文化集中体现了一个企业经营管理的核心主张，以及由此产生的组织行为。

讲通俗点，就是每一位员工都明白怎样

做是对企业有利的，而且都自觉自愿地这样做，久而久之便形成了一种习惯；再经过一定时间的积淀，习惯成了自然，成了人们头脑里一种牢固的"观念"，而这种"观念"一旦形成，又会反作用于大家的行为，逐渐以规章制度、道德公允的形式成为众人的"行为规范"。

其实，这些概念说得非常严谨，但是真正深入大部分企业调查研究时，我们发现能够用基本规范的语言把自己企业文化表述出来的，并不多，甚至有些企业的老总，也不能够顺利地把本企业的文化用几句话明确无误地阐述出来。为什么？因为这种表述比较书面化，与员工生活距离比较远，相对抽象一些！

按照我们长期观察和研究的结果，企业文化就是老总性格的放大。从宏观层面分析，青岛海尔集团，这么个大的世界级品牌公司，上上下下所遵从的行为规范基本上是张瑞敏性格的有效放大。张瑞敏公开把不合格的产品砸掉了，提倡"有缺陷的产品就是废品"，整个企业都不敢在产品质量方面出事，害怕老总砸掉自己的饭碗，自己变成"废品"。在正常情况下，张瑞敏每天在公司工作12小时以上，很多人仿效老总，就经常加班加点，不分节假日。张瑞敏逻辑严谨，引领整个企业管理都非常严谨，因为谁不严谨，就无法在海尔集团混下去。核心问题是，张瑞敏有能力驾驭这个家电企业的"航母"，有能力说服整个集团的员工，有能力使企业在一次次考验中跨越式发展，所有员工信服他的言行，模仿他的思路和做法，在整个企业形成了一种势不可当的势力，在特殊情况下甚至是整个企业形成了一种共振现象，可以克难攻坚，解决企业发展中一般企业无法解决的难题。久而久之，张瑞敏的思想、说法、干法、习惯等，都成为海尔集团的"圣经"，成为大家心灵深处的信念。这种信念所形成的力量，足以抵挡其他势力对海尔集团发展的影响，外人看起来，这就是海尔集团的文化。从中观层面看，像漯河的双汇集团公司，原来是

地方一个小肉联厂，并无特殊之处，在经营困难之时，1984年让"杀猪"出身的万隆出任老总。从生产一线出任老总的万隆，最大的特点就是踏实肯干，对市场比较了解，对普通员工感情深厚，对工作兢兢业业。万隆就凭着自己的性格魅力，一点一点让企业起死回生，逐步让企业步入发展的快车道，后来逐步成为中国食品企业第一强。二十多年来，这个企业所形成的独特文化，与其说是员工创造的，不如说是万隆自己带出来的。现在，在双汇集团，万隆的言行举止，就是企业文化的引领元素。从微观层面看，一个刚刚创业的民营公司，一般情况下，只要创业者能够把全体员工紧紧地团结在自己的周围，所有员工都围着老总转，大事小事都能够形成一致的统一意志，这个企业成功的希望就非常大。因此，在一个企业，围绕老总，形成一种凝聚力特别重要。如果说，企业内部有一群人，都非常有才华，都非常有思想，遇到大大小小的事情，都会出一大堆主意，而一般员工无从下手，那么这个企业就没有什么自己独特的文化，也就是一盘散沙，也就发展无望。正是因为企业文化是老总性格的放大，就使企业文化往往具有不可复制性，因为泰山难移，人性难改，人的性格非常难复制。

如果定义企业文化是老总性格放大的话，企业文化创新怎么办？从多年来的实践看，也主要依靠老总的学习能力。如果老总学习能力强，不断更新观念，紧跟时代步伐前进，那么这个企业的主流文化就会与时俱进，不断创新，企业发展就会保持旺盛的活力。那么，是不是说，从管理的角度讲，企业文化创新就没有工作可做？不是，因为企业每一个员工的知识结构不同，创新思维能力不同，对很多问题的看法也会有差异。智慧高超的老总，往往学习能力都很强，在合适的机会，向老总提出合理的建议，一旦被老总认可，就会变成老总的言语和行动，成为推动企业发展的新动力。而向企业老总经常可以提出这样层次建议的员工，说明管理能力在迅速提升，一般离提拔或重用也就不远了！

三、商业模式创新——稳定的盈利机制

商业模式创新作为一种新的创新形态，其重要性已经不亚于科技创新等。近几年，商业模式创新在我国商业界成为流行词汇，但仍有许多人对它究竟是什么意思不很清楚。要有效地进行商业模式创新，需要了解它的兴起缘由、真正含义与特点等。商业模式创新作为一种管理创新，人们关注它的历史很短。商业模式创新引起广泛的重视，与20世纪90年代中期计算机互联网在商业领域的普及应用密切相关。

什么是商业模式？虽然最初对商业模式的含义有争议，但到2000年前后，人们逐步达成共识，认为商业模式概念的核心是价值创造。商业模式，是指企业价值创造的基本逻辑，即企业在一定的价值链或价值网络中如何向客户提供产品和服务并获取利润的，通俗地说，就是企业是如何赚钱的？自己稳定的盈利机制是什么？

20世纪90年代中期，计算机互联网在商业世界的普及应用，创造了全新的消费环境。看到这个商机，1994年，贝索斯辞去原有工作与妻子来到美国西海岸的西雅图创建了亚马逊（Amazon）。经过一年的准备，亚马逊公司作为一个完全基于互联网的企业于1995年7月开始营业，销售图书。在其网站分类目录上，列出了超过250万种图书。网站是它的标志之一，它主要是面向家庭购物者设计，简单而实用，网页加载很快，使用起来也很方便。网站提供了多种了解和接触一本书的途径：读者评论、分类浏览清单、多维搜索能力、参照以前搜索、电子邮件通知、推荐引擎等。明显不同于在传统实体店现场购书的方式，消费者通过"点击一次"下单，就可以在其网站上进行下单购买，亚马逊在其仓库完成配货后运送给购书者。从一开始，亚马逊的商业模式就是建立在利用互联网用户环境与条件上。亚马逊的价值提供，直接和

互联网媒介所产生的独特能力有关，如客户服务。亚马逊网站购物篮应用功能列出预计的运送时间。新书通知、实时运送及取消订单通知和客户互动都利用了网站和电子邮件的通信功能，与客户有更多接触，特别面向大众市场以折扣价提供产品服务。通过展示书时的请求，发布读者评论，将读者偏好转化为差异化竞争的来源。不仅增强了写评论读者的忠诚度，而且所充当的社区功能也吸引了新的读者。"亚马逊"这个名字取得也好，它既容易记，也容易让人联想起广袤的雨林。如同其亚马逊名称所寓意的，选择范围十分广泛。150 万的新书及约 100 万的老书种类，约是一般传统书店的 100 倍，给读者提供大量可选择范围。它管理如此大规模的存货，采用的是虚拟模式，即主要和批发商保持密切合作关系，自己只实际备有其中很小一部分。它的存货周转时间远低于传统零售书商。1998 年底，其存货每年平均周转 26 次，远高于传统竞争者的 2.7 次。由于不需要高成本的实体书店店面，成本更低，即使给 3 本以上书的订单免去运费，其成本依然比传统零售商低 8%～10%。到 1998 年 9 月 30 日，它在全球 130 个国家已有超过 450 万客户，远高于 9 个月前的 150 万，收益的 64% 来自老客户。贝索斯快速变大的企业目标，反映了对规模报酬递增的理解，它正是亚马逊赖以起家的软件业发展的驱动力。通过媒体的广泛报道宣传，以及大量投资于广告与营销，加强品牌建设。亚马逊商业模式的另一关键方面，是其与其他商业实体的网络关系。如供给方面，亚马逊与图书批发商 Ingram 密切合作。在与小的供应商合作时，亚马逊也能严格保护客户信息资料，哪怕采购量很少时。所有外地运送都在亚马逊自己仓库中进行，供货商没有机会接触其客户。亚马逊的成功，开辟了图书销售的全新模式。

实际上，这些年，像全球商业零售模式的重大转变，由原来大商家办大商场，到大商家只办柜台出租，由各商品生产厂家进场租赁柜台销售，这种新的商业模式创新出现之后，对大型商业企业来说盈利模式完全变了，特别是对像沃尔玛等这样的商业巨人而言，盈利变成了一种稳定的机制，几乎没有办法不盈利。河南省巩义市回郭镇创造的铝深加工产品的商业模式是"上海有色金属交易所当天电解铝报价+铝加工环节费用"，自从这个商业模式创造出来之后，为回郭镇每年 200 多亿元的销售收入创造了稳定的盈利机制，使买卖双方都清楚盈利多少，切实保证了铝加工环节的稳定盈利。

经过这一轮金融危机之后，我国很多企业基本上结束了向国外同行学习或靠拢的发展过程，进入依靠自己的思想建设与创新发展阶段。在这样的条件下，结合行业特点，创新自己的商业模式已经迫在眉睫。本着对客户负责，对行业稳定发展负责，对社会负责的态度，充分考虑信息化时代市场信息透明高效的需要，创新出自己的商业模式，并通过一定的组织形式（如全国性行业协会推动），赢得全国同行的认可，将为自己的企业，也为整个行业发展寻求稳定的盈利机制和发展途径，将是对同行业管理创新的重大贡献。

总之，创新是后危机时代的要求，具有重要的社会意义与功能。在微观层面，创新是企业发展活力的源泉，是一个企业可持续发展的根本。在宏观方面，创新是一个民族进步的灵魂，是中华民族屹立于世界民族之林的制胜法宝。崇尚创新，尊重创新，推动创新，成为我国企业管理创新的基本战略取向。

论创新驱动发展战略与青年人才的特殊作用*

摘 要　系统分析全球科技中心转移过程与规律，强调自然科学创新发明的最佳年龄段是 25~45 岁，峰值是 37 岁。因此，在国家实施创新驱动发展战略中青年人才具有特别重要的作用。研究认为，中国科技实力在迅速增强，部分领域已经居世界领先地位，而青年人才成长是最大的希望。建议树立科学的人才观，用创业基金支持创新发展，加大对青年人才创新的政策支持力度。得出结论：中国正在迈向世界科技中心，有可能完成全球第六次科技中心转移的任务；支持一代青年英才脱颖而出是全社会的责任，需要各个方面共同努力；青年人才要树立创新自信，勇敢担负起未来重大创新突破的历史重任。

关键词　创新驱动；发展战略；青年人才；科技中心；改革开放

党的十八大报告提出，要坚持走中国特色自主创新道路，实施创新驱动发展战略。党的十八届三中全会《决定》指出，深化科技体制改革，健全技术创新市场导向机制，发挥市场对技术研发方向、路线选择、要素价格、各类创新要素配置的导向作用，促进科技成果资本化、产业化。建立集聚人才体制机制，择天下英才而用之。打破体制壁垒，扫除身份障碍，让人人都有成长成才、脱颖而出的通道，让各类人才都有施展才华的广阔天地。这为我们进一步实施创新驱动发展战略指明了方向。借鉴国内外的成功经验，实施创新驱动发展战略最为有效的做法之一就是高度重视青年人才在创新驱动发展中的特殊作用[1]。

一、全球科技中心的转移

1. 转移过程

众所周知，中国古代四大发明对全世界发展影响巨大。从 13 世纪开始，中国四大发明陆续传入欧洲，对欧洲的文艺复兴运动乃至资本主义社会的发展起到了催化作用。14~15 世纪，文艺复兴运动在意大利各城市兴起，并因此带来科学、艺术、思想的革命。在此基础上，出现了一批著名的科学家，他们强调通过实验和观察来认识自然、认识世界，反对片面地依靠逻辑推理来认识事物。代表人物是反对把地球看成是宇宙中心的哥白尼和开创实验科学的伽利略，并因此产生了西方近代科学，近代科技的第一个中心在意大利形成。科技的大发展推动了意大利的经济发展，当时意大利的商业和航运业都得到了迅速的发展，并一举成为世界经济的中心[2]。

17 世纪初到 1830 年，世界科技中心从意大利转移到英国，实现第二次世界科技中心的转移。近代科学发展到顶峰，技术革命也取得突破，特别是蒸汽机的发明，以及工厂制度的建立等，导致在英国发生了第一次工业革命，经济发展实现了工业化。

18 世纪初到 19 世纪初，英国的经济仍然处于繁荣的状态，法国出现了一次思想大解放，提倡民主和科学。在牛顿学说的影响下，

---

* 本文发表于《河南科学》2014 年 1 月第 32 卷第 1 期第 88-93 页。

涌现了一批科学家和科研成果。例如著名数学家及力学家拉格朗日，数学家和天文学家拉普拉斯，开创定量分析、创立燃烧氧化学说、推翻支配化学发展长达百年之久的燃素说的现代化学之父拉瓦锡等，实现了第三次世界科技中心的转移。

第四次世界科技中心转移到德国。在 19世纪后期，1875~1895 年的 20 年间，世界科技中心转移到德国，世界的经济中心随之也转移到了德国。由于德国人重视理性、重视应用，德国政府重视知识，整顿教育制度，创办专科学院和大学。1839 年后，一大批著名的科学家涌现，如世界著名的数学家雅可比、高斯，发现电学中欧姆定律的物理学家欧姆，发展了农业急需的肥料技术和有机化学的化学家李比希等。德国依靠哲学革命给科学革命开辟道路，抓住煤化学工业这个战略突破口，充分利用国际有利环境，重视技术教育与科学研究的组织，用了差不多 40 年的时间，完成了英国 100 多年工业化的过程[3]。

第五次世界科技中心转移到美国。美国在独立战争后的宪法中明确了对科学技术的方针。美国的领袖人物和历任首脑人物都重视科学技术，有的本身就是科学家，如本杰明·富兰克林和第三任总统杰弗逊。美国政府很早就明确以教育带动科研，对教育采取特殊优惠政策，赠予美国一批大学土地，每州至少建立一所农业和机械院校等。在这样的环境下，出现了大发明家爱迪生。爱迪生在西门子发明电机、贝尔发明电话之后，发明了电灯，建立了世界上第一个发电厂，引起了美国乃至全世界的一场电力技术革命。第一次世界大战和第二次世界大战期间，美国抓住机会，采取拿来主义，采用移民政策大批吸收人才，一批著名科学家被吸引到美国。如提出相对论的爱因斯坦，著名物理学家费米。20 世纪 40 年代末，美国还留下了不少来自中国的科技人才，如杨振宁、李政道、钱学森等人。第二次世界大战期间，美国快速增加对科技的投入，从 1939 年的 1 亿多美元增长到 15 亿美元。这一系列措施导致美国完成和完善了欧洲的钢铁、化工和电力三大技术，发展了汽车、飞机和无线电技术这三大文明，领先进行了第三次技术革命，包括原子能（1942 年）、计算机（1940 年）、空间技术（1957 年）、微电子技术（1970 年）等，在一些重要的科学技术领域有重大创新和突破，然后进行了生产方式的大规模改进，奠定了现代工厂制度和管理科学，成为世界科技大国和第一经济强国。

2. 转移规律

世界科技中心的这五次转移都是由人才培养和积累集聚并导致重大科技创新驱动的。而伦敦、纽约、东京等世界性中心城市的发展历史也证明：首先是科技中心，其次是产业中心，最后才是金融中心。

18 世纪发源于英格兰中部地区的英国工业革命标志着人类用机器生产代替手工劳动的开始，科技创新是最为直接的推动力量。其中，一大批年轻人的重大创新发挥了支撑作用。1830 年，当英国产业革命达到高潮时，德国仍然处于落后的农业社会，但它最先认识到科技创新的重要性，处心积虑坚持几十年政策不变，向英国派遣大批青年学生，向英国学习，以科技创新推动经济社会发展，引致大量青年人才迅速成长，到 19 世纪末迅速上升为全世界的新兴科学中心，进而成为全球的经济中心。后由于国内法西斯思想膨胀，导致短时间之内连续发动两次世界大战，使其迅速衰败。

第二次世界大战后期，美国开始把人才作为国家战略，采取各种措施吸引人才，导致全球人才向美国集中，包括很多德国科学家战后也集中到了美国。特别是"美国梦"的提出与演绎，让全球大批青年人才集聚美国，为美国科技创新与创业提供了不竭动力。因此，美国继德国之后迅速成为世界科技中心，并因此大幅度提升经济社会发展水平，成为世界经济中心。

20 世纪 60 年代中期，日本经过战后持续高速发展，通过大量向美国输送青年人才学习与交流，并结合本国产业优势，在家电、汽车等领域形成科技创新优势，也成为全球科技最发达的国家之一，促使日本在 20 世纪 80 年代经济持续繁荣，甚至要"收购全球"。那时包括美国最著名的公司在内，几乎它们想收购哪一家，就能够收购哪一家，迫使美国成立了外国投资审查委员会，才遏制了日本以技术领先搞资本扩张的势头。

有关学者研究分析 16 世纪以来 1200 多位世界杰出的自然科学家，以及 1900 多项重大科技成果后发现，自然科学创新发明的最佳年龄段是 25~45 岁，峰值是 37 岁[4]。这充分表明，谁拥有充满创新创造活力的青年英才，谁就能占领未来科技发展的制高点。其实，对全球科技创新影响非常大的大量重大创新成果都是这些科学家在非常年轻时突破的（见表 1）。

表 1　世界部分重大科技创新或发现的关键人物创新影响与年龄

姓名	所在国家	重大创新或发现	重大创新或发现的影响	完成创新或发现时的年龄（岁）	完成项目的时间（年）
尼古拉·哥白尼（Mikołaj Kopernik）	意大利	日心说	推动了科学革命	40	1513
伽利略·伽利雷（Galileo Galilei）	意大利	自由落体定律	否定了"落体运动法则"	27	1591
伽利略·伽利雷（Galileo Galilei）	意大利	温度计	定量测量人体温度	29	1593
伽利略·伽利雷（Galileo Galilei）	意大利	望远镜	科学观察天体变化	45	1609
艾萨克·牛顿（Isaac Newton）	英国	引力定律	人类认识自然界能力提升	24	1666
艾萨克·牛顿（Isaac Newton）	英国	反射望远镜	认识天体能力提高	30	1672
艾萨克·牛顿（Isaac Newton）	英国	二项式定律	开辟了数学新纪元	34	1676
艾萨克·牛顿（Isaac Newton）	英国	万有引力定律	开创了经典力学	42	1684
詹姆斯·哈格里夫斯（James Hargreaves）	英国	珍妮机	工业革命开始的标志	43	1764
詹姆斯·瓦特（James Watt）	英国	第一台有实用价值的蒸汽机	推动了工业革命	40	1776
托马斯·阿尔瓦·爱迪生（Thomas Alva Edison）	美国	印刷机	推动了知识传播	23	1870
托马斯·阿尔瓦·爱迪生（Thomas Alva Edison）	美国	电报机	推动了远距离通信	29	1876
托马斯·阿尔瓦·爱迪生（Thomas Alva Edison）	美国	电话机	解决了远距离实际通话	30	1877
托马斯·阿尔瓦·爱迪生（Thomas Alva Edison）	美国	白炽灯	改变了照明	33	1880
玛丽·居里（Marie Curie）	法国	放射性元素钋	开创放射物理领域	31	1898
阿尔伯特·爱因斯坦（Albert Einstein）	瑞士	狭义相对性	开创物理学的新纪元	26	1905
阿尔伯特·爱因斯坦（Albert Einstein）	德国	广义相对论	完善了物理学理论	36	1915
范内瓦·布什（Vannevar Bush）	美国	模拟计算机	为数字计算机奠定了基础	40	1930
王淦昌	中国	验证中微子存在的方法	为核科学研究提供支持	34	1941
约翰·冯·诺依曼（John Von Neumann）	美国	数字计算机	改变人类思维方式	43	1946
钱学森（Qian Xuesen）	美国	"卡门—钱学森"公式	奠定空气动力学	28	1939

续表

姓名	所在国家	重大创新或发现	重大创新或发现的影响	完成创新或发现时的年龄（岁）	完成项目的时间（年）
钱学森（Qian Xuesen）	美国	物理力学	开辟物理学应用领域	42	1953
钱学森（Qian Xuesen）	美国	工程控制论	开辟工程控制论	43	1954
詹姆斯·杜威·沃森（James Dewey Watson）	英国	DNA	标志着分子生物学的诞生	25	1953
弗朗西斯·哈里·康普顿·克里克（Francis Harry Compton Crick）	英国	DNA	标志着分子生物学的诞生	37	1953
钮经义（Niu Jingyi）	中国	人工合成胰岛素	调节糖、脂肪、蛋白质等代谢功能	38	1958
袁隆平（Yuan Longping）	中国	天然杂交稻	对粮食增产影响巨大	30	1960
比尔·盖茨（Bill Gates）	美国	微型计算机软件	促进了个人电脑的发展	17	1972
比尔·盖茨（Bill Gates）	美国	BASIC编程语言	改进了编程	18	1973
比尔·盖茨（Bill Gates）	美国	MSDOS操作系统	推动了个人电脑普及	26	1981

注：①表中信息由作者根据相关文献整理得出；②"所在国家"指完成表中所列重大创新时所在地。

二、中国科技优势的提升

1. 中国科技优势积淀与形成

1949年新中国成立以后，党和政府就高度重视科技发展。1957年毛泽东主席向全国发出"向科学进军"的号召，1958年中国科学院以及遍及全国的分院体系建立，科技队伍规模迅速扩大。1978年实行改革开放，逐步向美国等国家派遣留学生，并且越来越多。1995年提出并实施"科教兴国"战略，推动全社会的资源向科教领域倾斜，快速提升了科技创新实力。2006年，我国提出自主创新方针，逐步在部分科技领域展示出独特优势[5]。从2008年全球金融危机开始，中国利用外汇储备充裕的优势，收购了一批外国公司，特别是石油公司和高科技公司，国际影响迅速扩大。

现在，我国已初步具备重大科技进步、重大科学创新条件。比如，2012年我国的科技人员数量达320万人，居全球第一；发表的学术论文数量连续4年居全球第二；研发投入突破1万亿元，占GDP的1.97%，正在向占GDP2.5%的创新型国家目标迈进[6]；我国部分高新技术领域如"探月工程"、神舟系列飞船、"蛟龙"号深潜器等居国际前列，量子调控、纳米材料、超级计算机、高速铁路、杂交水稻、抗虫棉等研究和应用在全球领先[7]。2012年我国学者在世界顶级学术期刊《自然》上发表303篇论文，位于世界第二，其评论认为中国正在成为科技论文发表和科研产出的国际领先力量[8]。

当今中国，遍布全球的留学生和日益崭露头角的青年科技人员充满创新活力，初步形成了空前规模的创新潮流。在全世界最著名的大学和科研机构中，绝大部分都分布有大量中国的留学生或研究者，一批青年科技人才大胆创新，勇于探索，显示出空前的创新自信。像深圳华大基因研究院李英睿，27岁，已经在《自然》和《科学》及系列刊物上发表学术论文20多篇，还发表有封面文章，颇有影响。自工业革命以来，中国从来没有像现在这样，融入全球的程度如此之高。在这样的历史条件下，利用全球的创新资源，持续凝聚科技创新优势，形成更多的创新突破，确实是历史的必然。

2. 深圳创新驱动发展的经验

我国改革开放的代表作，特区深圳的发展历程，也是创新驱动发展的典范。深圳刚开始建设的时候，主要是在借鉴和模仿香港，立足于依靠自由贸易起家，在20世纪80年代中期，以优惠政策引进科技人员，优先出台了"只要是中级职称到深圳都可以解决夫妇两地分居问题"的政策，致使全国兴起了一轮大规模"孔雀东南飞"潮流，全国大批科技人员，尤其是创新活力最旺盛的中青年科技人员向深圳集聚，迅速改善了深圳发展的方向，使深圳成为创新创业创造的热土和青年人实现梦想的乐园。1992年邓小平南方谈话以后，深圳又率先出台了"创业基金"政策。只要带创新科技项目到深圳去，1周之内给答复，如果论证通过，无偿给一定额度的资金扶持其在深圳创业；干成了继续在深圳发展，干不成不追究责任，宽容失败。就这一个措施导致全国成千上万的青年科技人才和高新技术项目迅速聚集深圳，促进深圳很快成长为全国高新技术产业发展基地，创新发展优势日益显著。

深圳这两轮激励青年人才科技创新的政策实施以后，把早期学习香港走国际贸易的路子，迅速提高为依靠科技人才集中带动科技创新，以科技创新驱动地方高速发展的现代化新路。现在深圳的高新技术产业规模比北京、上海都大得多，已成为全国高新技术产业最集中的基地，在信息、生物等产业领域具有国际影响。2012年，深圳市以高科技为主导的现代服务业增加值达4899亿元，在全国名列前茅。应该说，像北京、上海等名牌大学、著名科研机构数、科技人员总数等比深圳多很多，但深圳能够成为全国最大的高新技术产业基地，确实是这两次重大政策创新及其不断深化引致科技人才特别是青年科技人才集中集聚集群发展的结果[9]。

现在，很多青年科技人才，特别是大量海归青年人才仍然选择在深圳创新创业，促使科技创新驱动地方经济社会持续高速发展的效果也特别显著。这种现象既说明深圳创新环境比较优越，也说明深圳创新资源集聚到了较高的程度，有可能出现从量的积累到质的飞跃的跨越过程。所以，持续创新的深圳，未来发展前景非常美好。

3. 中国科技创新的影响

2013年10月，在结束了中关村的采访后，《华盛顿邮报》记者这样写道："中国新一代年轻人的创新创业，才是中国未来的真正优势所在"[10]。尽管目前我国在科学技术的很多领域与欧美等发达国家仍然有很大差距，但是这些差距不影响我们国家已经成为科技大国的现实，而且我国正在向科技强国稳步迈进，这个过程将以科学技术进步为硬支撑，以若干领域重大科技突破为标志，支撑中国经济结构发生重大调整。

科技中心不断转移是规律，是国家或地区之间竞争的必然结果。中国的崛起，首先要从科教兴国和人才强国战略扎实起步，对此我们要有充分的认识，充分的决心，充分的信心。只有认清了这种历史走势，才能够明白党中央为什么对经济发展方式转变和经济升级发展这样高度重视，这样明确部署，而且不停地出实招。按照中央的部署，务实推进经济升级发展，切实把创新驱动放在战略高度，产业结构升级的历史性任务才能够顺利完成。

国内外的经验都证明，通过科技创新驱动地方发展不是等到地方经济发达之后的事，政策创新、环境优化、吸引青年人才集聚是提升地方科技创新能力的关键[11]。意大利、英国、德国、美国、日本以及国内深圳等地能够制定出适合当时发展需要的科技人才政策，其他省市也应该有信心、有决心、有能力制定，更应该通过优先发展科技和教育，把科技创新能力提高到一个更加有利于经济社会以创新驱动发展的状态。按照党的十八大和十八届三中全会的战略部署，全面实施创新驱动战略，才能够增强发展的内生动力，有效地推动地方经济升级发展。

三、对策建议

科学发展观已经成为我们全党的指导思想，其核心是以人为本，就是把人本身的发展放在最重要的位置。《2012年中关村创业报告》显示，中关村电子信息领域的创业者以34岁以下为主，占47%；35~44岁的占34%。因此，最具创新潜力的青年科技人才的集中集聚，对一个国家或者区域科技创新能力提升影响最大[12]。为此，建议在实施创新驱动发展战略中，要特别重视青年人才这个特殊群体对经济社会发展的巨大作用。

1. 树立科学的人才观

在目前面临全球性产业结构调整的压力下，重视科技创新是历史性趋势[13]，而要提高科技创新能力，特别是提高自主创新能力，高度重视人才是全国性需要。一般情况下，提到重视科技人才，普遍重视院士、科技领军人才，"千人计划"人才，博导等高层次人才，这样做非常对！但是不全面。如果把人才资源的概念全面化、系统化、科学化，特别是把青年人才地位放到应有高度的话，在我国这样高等教育并不发达的国家，招募成批的青年科技人员并不难，而这样的队伍适当进行必要的专业训练之后，从事科技创新，按照管理学上的"二八定律"，就有可能成就一批根植性的科技创新优秀人才。但二的前提是八，没有八就没有二。如果能够把观念调整到重视各种创新人才的同时，也高度重视青年人才成长，特别是 37 岁以前创新活力最充沛的青年人才，就完全有能力把创新队伍建设得更加强大，以企业为主体的自主创新体系将会更加充满活力，有利于创新驱动发展战略有效实施。

2. 用创业基金支持创新发展

按照国外的经验和国内深圳、苏州等地的初步试验，以地方政府的名义设置创新创业基金是促进各类青年人才创智创新创业的有效方法。为此，建议地方政府通过单列创业基金，每年按照 600 万元、300 万元、100 万元等不同规模无偿支持一批具有较高科技含量的创新项目进行产业化。每个项目要经过公开透明的科学论证，只要符合国家产业政策、适合在当地转化，就可以给以无偿支持，这样既能促进当地战略性新兴产业的发展，也可以吸引全国甚至国外的科技成果到当地转化。按照国际惯例，如果这批项目有 1/3 成功的话，每年就会有一批高科技项目实现产业化，对当地高科技产业发展就是一个

看得见、摸得着的直接推动。以此培育新的经济增长点，也营造全社会尊重知识、尊重创新、尊重创造、尊重人才的氛围。按照这种方法持续支持创新创业，地方新的经济增长点就会层出不穷，一批高科技企业就会如雨后春笋般茁壮成长，经济升级发展也就有了比较可靠的保障。

3. 加大对青年人才创新的政策支持力度

近几年，各地财政已经试行在部分科研单位对 45 岁以下科技人员每人一定额度的基本科研费支持，建立稳定支持机制，激发科研人员自主创新的活力，这是一个非常好的稳定支持青年人才自主创新、克服到处跑项目的好政策，得到科技界的高度评价。从国家级科研院所与各地方的科研院所经验看，这是一个大势所趋的政策走势，建议各地政府在此基础上，进一步扩大这项政策的实施范围，并尽快把支持力度提高到每人每年 10 万元的水平，确实让青年科研人员能够干成更多的事，并促进更多科研院所进一步吸引青年毕业生到单位专心从事研发工作，为创新队伍增添活力，为创新驱动发展增添力量。

四、结论

1. 中国正在迈向世界科技中心

无论是从研究人才队伍现状和发展潜力分析，还是从高水平创新产出分析，中国都在迅速迈向世界科技创新中心。实际上，在许多领域我国与当今美国相比，仍然差距明显。但是，从发展速度与发展趋势看，中国在各个方面的创新增长势头都势不可当，特别是中国青年创新人才资源非常充裕，1995 年国家实施科教兴国战略以来培养的大量青年英才正在大规模进入高等教育阶段或创新创业状态，这一代所蕴含的创新因子和孜孜以求的创新精神，是中华民族历史上从来没有过的。所以，中国创新高潮正在到来，如果持续这种发展趋势，世界科技创新中心就有可能发生第六次转移。从过去世界科技中心形成的规律看，解放思想是其必要条件之一。我国改革开放以来，全民族大规模解放

思想已经持续了 35 年，党的十八届三中全会又掀起了新一轮解放思想的高潮，这些影响全球的重大事件都将助推中国成为新的世界科技中心。

2. 支持一代青年英才脱颖而出是全社会的责任

中国的希望在发展，发展的希望在创新，创新的希望在青年，青年的希望在激励。青年人是活力，青年人是希望，青年人是科技创新骨干，青年人是创新驱动发展战略的力量源泉。在新一轮全面深化改革的大环境下，解放思想将会再次迈出新步伐，在日益开放的历史进程中，认真借鉴全球科技中心转移的经验，通过持续不断的制度创新，激发青年人才的创新热情和创新潜力，是全社会的共同责任，需要方方面面协同努力，一个高度重视青年人才的中国，一定会在实施创新驱动发展战略征程中迎来中华民族伟大复兴的明天。

3. 青年人才要树立创新自信

科技创新确实有内在的规律性，创新驱动发展在全球具有规律性，科技中心不断转移也具有规律性。当今中国，尽管面临一系列发展中的难题，有些还是过去发达国家没有遇到的。可从全球化视野分析，需求是科技创新的最大动力，正是这些难题和日益具备解决这些难题的不懈努力，有可能造就一批为全人类做出杰出贡献的科学家。所以，历史创造了一个千载难逢的机会，中国要抓住这一机遇，实现强国夙愿。在这个过程中，创新驱动发展被放在了空前的战略高度，现在有一批青年精英已经崭露头角，证明了中国青年英才的智慧与能力，但还需要更多优秀青年人加入这个时代先锋的行列，为中国崛起拼搏，为人类科技进步献身，为未来的崇高荣誉而战！

参考文献

[1] 张占仓. 追寻世界科技创新轨迹　高度重视青年人才成长 [J]. 科技创新，2013（2）：16-17.

[2] 杨耀武. 未来世界科技发展趋势及特点 [J]. 世界科学，2004（12）：37-39.

[3] 张占仓. 树立创新自信　勇攀科技高峰——学习习近平重要讲话的感想 [M]//河南企业技术创新能力建设研究. 郑州：河南人民出版社，2013：8-15.

[4] 陈其荣. 诺贝尔自然科学奖获得者的创造峰值研究 [J]. 河池学院学报，2009，29（3）：1-7.

[5] 白春礼. 世界正处在新科技革命前夜 [J]. 科技导报，2013，31（7）：15-17.

[6] 陈磊. 我国成为科技大国和创新大国 [N]. 科技日报，2013-10-12（1）.

[7] 白春礼. 全球科技呈多点突破、交叉汇聚态势 [N]. 人民日报，2013-01-07（7）.

[8] 许琦敏.《自然》系论文8.5%来自中国 [N]. 文汇报，2013-05-31（6）.

[9] 张占仓. 高度重视青年人才在创新驱动发展中的作用 [N]. 河南日报，2013-12-11（6）.

[10] 韩义雷. 大潮交响曲：创新驱动先行者——中关村建设具有全球影响力的科技创新中心 [N]. 科技日报，2013-11-04（4）.

[11] 张占仓. 打造科技中心的人才战略 [N]. 中国科学报，2013-02-25（7）.

[12] 白春礼. 牢记历史责任　实现"四个率先"——深入贯彻习近平同志考察中国科学院重要讲话精神 [N]. 人民日报，2013-08-16（7）.

[13] 张占仓. 爱国自信攀高峰 [N]. 中国科学报，2013-08-26（7）.

主动打好"四张牌" 积极适应新常态[*]

作为以中国发展"晴雨表"著称的中原大地，作为发现中国经济新常态的标志性地区，河南省在发展中更要深刻理解中国经济新常态的战略意义，在持续推动三大国家战略规划深入实施的基础上，主动打好习近平总书记提出的"四张牌"，积极适应新常态，奋力促进中原崛起、河南振兴、富民强省。

一、打好"四张牌"，让中原更出彩

按照习近平总书记 2014 年 5 月视察河南时讲话要求，打好"以发展优势产业为主导推进产业结构优化升级、以构建自主创新体系为主导推进创新驱动发展、以强化基础能力建设为主导推进培育发展新优势、以人为核心推进新型城镇化建设"的"四张牌"，让中原在实现中华民族伟大复兴中国梦的进程中更出彩。其中，我们产业结构优化升级任务繁重，污染严重的资源型产业调整发展的任务更加繁重，但是我们必须加快优势产业发展步伐，尽快减轻 GDP 增长对高污染产业的依赖，特别是要加快大气污染依法治理进度，切实让环境污染状况有较大幅度的改善，让老百姓享受更多的蓝天白云。推动创新驱动发展，也是我们最为艰巨的任务之一。好在全球创新驱动发展成功的典型，都是在原来创新能力并不强的地区，只要下定决心，舍得投入人力、物力、财力，尤其是高度重视青年创新人才作用的充分发挥，就有可能获得某些领域的创新突破，并为地方经济发展注入强大的活力。因此，统一思想，向创新驱动领域多投入，是我们非常明确的战略选择。在基础能力建设方面，习近平总书记的思路非常明确，就是从国家长远战略的高度解决国与国和区域与区域之间的互联互通问题。河南省地处中原，是中国乃至亚洲的经济地理中心，100 年以前开始我们的先辈在郑州建设成功了亚洲最大的铁路枢纽，20 世纪 90 年代初开始建设成功了全中国最为发达的高速公路枢纽，2013 年国务院高瞻远瞩批准建设国际航空枢纽，郑州航空港客货运输增长速度已持续保持四年全国第一的良好状态，用事实证明了国务院决策的科学性和可行性。100 多年以来这种一脉相承的战略思路，已经告诉我们建设与时代发展相适应的大型交通枢纽始终是我们中原地区的战略优势。所以，想方设法加快郑州航空港经济综合实验区建设，积极推进以郑州为中心的"米"字形高铁网建设，协同推进丝绸之路经济带建设，持续提升郑州天下之中的综合性交通枢纽地位，是全省人民的一种历史责任。新型城镇化对我国中西部地区来说，均处于良好的加快发展的历史阶段，要务实、智慧、科学地推进，要在城乡一体化上大胆探索，特别是全省已经明确取消城乡户籍区别的历史性政策突破之后，要坚持以人为本的基本理念，通过持续扩大就业，推动大中小城镇协调发展，创造条件让更多的稳定就业者在城镇逐步安顿下来，既提升城镇化水平，又让进入城镇者真正从工作到生活融入城镇，畅享美好生活。系统分析，这"四张牌"对我们未来的发展确实非常重要，需要全省人民统一认识，高度重视，并形成努力攻关的强大合力，力争使之有新的较大进展，为

---

* 本文发表于《党的生活》2015 年第 4 期（上）第 26-27 页。

"十三五"发展奠定较好的基础。

二、积极适应中国经济新常态

新常态是今后我国经济发展的主流形态，我们必须结合实际积极适应。一是坚持中高速发展的大方向。要继续重视投资驱动，引导消费驱动，进一步加强出口带动，多轮驱动，全方位发力，主动应对各种挑战，加快发展步伐，造福于人民大众。全国人大会议已经明确，2015年全国GDP增速按照7%左右安排，我们安排比全国平均水平高出1个百分点，以利扎扎实实追赶沿海发达地区。二是要在产业结构调整上有大作为，适应国民经济服务化的历史趋势。2013年，我国第三产业占GDP的比重达到46.9%，第二产业降至43.7%，第三产业第一次成为国民经济最大的部门，实现了产业结构演进的历史性跨越。2014年第三产业占GDP的比重进一步上升至48.2%，第二产业进一步降至42.6%，中国经济结束第二产业主导发展阶段，进入第三产业主导发展状态，国民经济服务化已经成为历史性发展趋势，服务业成为经济发展最大的蓄水池和动力源。河南省2014年第三产业占GDP的比重升至36.9%，比全国低11.3个百分点，是全国第三产业发展最为薄弱的地区之一。如何加快第三产业发展，加快建设服务业大省，特别是扩大生产性服务业发展规模，需要研究和破解的问题非常多。我们要全面贯彻落实河南省政府召开的全省服务业大会的精神，像过去抓工业发展一样，全民动员，全面推动服务业加快发展。三是积极推动经济发展动力多元化，引导和扩大消费对GDP增长的贡献。2014年，我国消费对GDP增长的贡献达到51.2%，超过投资贡献2.7个百分点，一改过去多少年来依靠投资拉动的发展模式，内需成为经济发展最大动力。结合我们的省情，如何科学引导消费，扩大消费对GDP增长的贡献率也需要提上各级政府的日程。四是积极支持和鼓励新兴绿色产业发展。近几年，全国网络购物、快递、科技服务、体育等新兴绿色产业发展迅速，持续保持50%左右高增长率，促进了产业结构优化。我们必须在这些相关领域，主动出招，采取积极措施，支持网络购物、快递、科技服务、体育等绿色产业加快发展，培育新的经济增长点。五是在全面深化改革上下功夫。创新宏观调控思路和方式，统筹稳增长、促改革、调结构、惠民生、防风险，以全面深化改革开路，充分发挥市场对资源配置的决定性作用和政府引导公共基础设施投资的作用，激发企业和社会活力，培育经济发展的内生动力。特别是在简政放权和发展互联网经济方面，拿出更多的勇气和魄力，把我们地处天下之中的战略优势彰显出来，在新经济、新业态、新理念方面改革创新，让改革的活力与创新的动力交相辉映，迸发出加快发展的强大能量，让中原大地再现大视野、大创业、大发展、大进步的辉煌。

三、高度重视信息化对产业发展的革命性影响

信息化和智能化是全球产业升级发展的大方向，任何产业或者产品，只有日益信息化，充分信息化，智能信息化，特别是要与超级计算、云计算和手持智能终端充分结合，才能适应未来智能、便捷发展的需求。由于历史的原因，信息化是河南的短板，所以要拿出更大的勇气与智慧，在信息化基础设施建设和信息服务业发展等方面形成新的跨越。特别是郑州国家级互联网骨干直联点开通运行，标志着我们信息服务业发展支撑条件达到国内最好的水平，为全省信息服务业发展创造了空前的战略机遇。我们要利用微软云计算启动、浪潮云计算平台建设、国家工信部工业云试点开通、菜鸟公司进入等这些高端信息服务业发展新突破的契机，像过去为工业招商引资解决"三通一平"等基础设施一样，下决心建设基于公共服务的超级计算中心，为信息化高速发展条件下大量中小企业提供公共计算服务，集聚和提升高端计算服务能力，帮助大量中小企业迈过大数据处

理的门槛，进入高端信息化的王国，迈入互联网经济新时代。

承载三大国家战略规划实施的历史列车，河南发展建设进入全面崛起的新时代。按照习近平总书记的新要求，主动打好"四张牌"，适应中国经济新常态，积极部署大数据处理基础设施，追赶信息化的浪潮，中原一定能够更出彩。

创业创新 支撑发展[*]

在中国经济发展进入新常态的背景下，面对经济下行和产业结构调整的巨大压力，创业创新成为驱动经济社会持续发展的新动力和新标志。时任河南省省委书记郭庚茂在全省重点工作推进落实座谈会上强调要打好稳增长、保态势攻坚战，就要自觉改革、开拓创新。实际上，按照习近平总书记"加快实施创新驱动发展战略，加快推动经济发展方式转变"的要求，2015年3月国务院办公厅出台了《关于发展众创空间推进大众创新创业的指导意见》。河南省也紧随其后，出台了《关于发展众创空间推进大众创新创业的实施意见》。面对十分紧迫的稳增长、保态势的战略任务，我们如何"领对路，抓对点"呢？就是要努力营造大众创业、万众创新的社会氛围，为全省创业创新提供全力支持，以创业创新为动力，支撑全省经济社会持续发展。

第一，营造良好的舆论氛围。做好创业创新各项工作，需要强大的价值引导力、精神推动力、体制机制支撑力和创业创新者的意志力。因此，在社会价值观取向上，需要打造讲科学、重创新、崇创业、守规律的创新文化氛围，引导适合创业创新的青年人树立敢于创业、善于创新、乐于创造、勤于探索的价值观。把中国特色社会主义核心价值观的宣传教育与大众创业、万众创新的伟大现实实践紧密结合起来，成为引导和推动创业创新的重要精神力量。而创业创新者所具有的强烈的社会责任意识、参与意识、进取意识和家国情怀，是践行社会主义核心价值观的生动体现。他们施展才干、实现价值的

奋斗历程，是实现中华民族伟大复兴中国梦的重要组成部分。要通过教育引导、树立典型、交流经验、组织大奖赛等手段，让创业创新深入人心、形成共识、产生社会共鸣。在体制机制建设创新上，要通过打造鼓励创新、宽容失败的具体政策，特别是财政支持政策和资本激励政策，弘扬全社会奋发进取的开拓创新精神。

第二，提供基本的资本保障。创业创新者的愿望是美好的，但是风险也很大。国内外成功的经验表明，能够为这种高风险买单的往往是资本市场，是愿意承担创新风险的投资者和投资机构。目前，国家和地方财政资金也都拿出比较大的数额，设立了创业创新基金，鼓励更多人投身于创业创新行列。为了鼓励社会资本进入创业创新领域，为创业创新者提供较低的进入门槛，我们还需要在建设众创空间、搭建创新平台、推动众筹普及，特别是搭建"互联网+"的新平台方面加大力度，建设更多的创业创新基地、创业扶持基金及创业创新指导机构，为创业者提供尽可能多的资本、平台和政策支持。从小微企业发展的现实环境分析，河南省金融资源不足仍然是最大的发展障碍。2014年，河南省常住人口占全国的6.9%，而年末存款余额只占全国的3.6%，贷款余额占全国的3.3%；全国存贷比为71.7%，而河南省只有65.7%。说明在现行金融政策框架内，河南省人均金融资源不足是制约创业创新和经济发展的实质性障碍之一。资金是区域经济运行与发展的血液，河南省长期血液不足，甚至处在贫血状态，怎么能够健康发展呢？因此，

建议省政府在金融政策方面进一步加快改革步伐，让初步显示出增长活力的"金融豫军"加快扩充力量，多向最缺乏资金的中小企业倾斜，持续改变中小企业资金长期不足的局面，从内在机制上为创业创新提供保障。

第三，开展基本的创新训练。创新拥有自己的规律，比如：35岁以下的青年人创新的成功率比较高，因为这个年龄段的青年人精力充沛，敢想敢干，容易取得突破；在时代大变革时期，创新的进展比较快，因为这个时候社会对创新的需求更加旺盛；在国家推动实施"互联网+"和大数据战略的背景下，充分利用互联网和现代化信息设施，创新的成本相对会比较低，起步比较快，成效比较显著；围绕青年人的实际需求进行创新，市场开拓会比较快，因为青年人的实际需求，就是未来社会需求变化的趋势，赢得青年人的青睐，就能够赢得未来；等等。对于类似这样的最基本的创新规律性的东西，我们有必要在创新创业指导中，对青年人进行免费的培训或者训练，有利于提高全社会创新的成功率。同时，对河南这样的经济大省和传统重工业占比达70%的地区来说，创新支持政策也尤显迫切。河南省申报的郑州、洛阳、新乡国家创新示范区，已经通过了国家有关部门的论证，主要是复制北京中关村的一系列激励创新的政策，相信此举也将为河南省经济持续发展，特别是激发青年人创业创新增添活力。

当今中国，创业创新是时代的呼唤，创业创新是历史的机遇，创业创新是国家发展的需要，创业创新是有志青年的战略选择。

2014 年度河南省经济学研究综述[*]

2014 年，既是中原出彩的一年，也是河南发展引人注目的一年。习近平总书记 5 月在河南视察期间，提出中国经济新常态的伟大论断，从中原地区发展的典型性和代表性，领悟出时代发展的宏观趋势，把握到在全球宏观格局复杂调整过程中我国经济发展的脉搏，定调中国经济的未来。初步梳理，河南经济研究在以下五个方面成效显著：

一、学习习近平视察河南时重要讲话

2014 年 3 月中旬到 5 月上旬，在不到两个月的时间里，习近平总书记两次亲临河南考察指导，发表重要讲话，作出重要指示，强调："实现'两个一百年'奋斗目标、实现中华民族伟大复兴的中国梦，需要中原更加出彩。"全面学习习近平总书记的重要讲话，对河南省经济社会可持续发展影响深远。

1. 综合性学习

喻新安等研究认为，学习贯彻习近平总书记重要讲话精神，对于推进河南改革开放和现代化建设，加快中原崛起河南振兴富民强省进程，在促进中部崛起中发挥重要作用，为国家发展全局做出更大贡献，具有十分重要的意义[1]。

在考察指导中，习近平总书记充分肯定了河南省近年来的工作，明确指出"中央对河南的工作是满意的"，要求"中原更加出彩"。我们要珍视习近平总书记对河南工作的肯定和鼓励，深刻反思总结，认识中原出彩的深层次原因，进一步凝聚履职尽责、干事创业的强大正能量。纵观近年来河南的一系列实践探索，中原发展之所以出彩，有以下几点经验值得认真总结、继续发扬：一是坚定不移贯彻落实中央决策部署，努力谋发展促崛起，成效明显；二是扎实推进三大国家战略规划，增创发展新优势；三是着力打造"四个河南"，明确布局方向推动全面发展；四是全面强化体系建设和能力建设，为长远发展积蓄后劲；五是积极推进一系列重大探索实践，立足求实创新促发展；六是加快转变政府职能，持续提高政府工作水平。

习近平总书记考察指导河南工作时强调，要坚持稳中求进工作总基调，紧紧围绕促进中部地区崛起，深化改革、发挥优势、创新思路、统筹兼顾，确保经济持续健康发展、社会和谐稳定，努力建设富强河南、文明河南、平安河南、美丽河南。我们要铭记习近平总书记的重托，进一步统一思想，凝聚共识，激发中原更加出彩的强劲动力，扎实推进改革开放和现代化建设，加快中原崛起河南振兴富民强省进程，为服务国家发展全局做出更大贡献。一是进一步完善和提升思路，开拓科学发展新空间新格局；二是努力打造"四个河南"，开创经济社会发展新局面；三是按照习近平总书记的要求，打好"四张牌"，加快完善"三大体系、五大基础"；四是突出"四个着力"，全面提升经济社会发展实际成效；五是全面深化改革开放，激发中原大地可持续发展的勃勃生机[2]。

李庚香研究指出，习近平总书记到河南考察指导工作，对党员干部加强道德修养、提升素质能力提出了明确要求，就事关河南发展全局和长远的重大问题给予精心指导。

* 本文原载《2015 年河南社会科学年鉴》，该年鉴由河南人民出版社 2015 年 12 月出版。

习近平总书记的讲话，既有战略高度、政策导向，又有方法策略、具体要求，对于全面深化改革、坚定"三个自信"，对于扎实推进"四个河南""两项建设"具有重要指导作用[3]。

2. 专项学习

李庚香研究认为，习近平总书记强调，实现"两个一百年"奋斗目标，实现中华民族伟大复兴的中国梦，需要中原更加出彩。这就要求河南紧紧围绕促进中部地区崛起，深化改革，发挥优势，创新思路，统筹兼顾，确保经济持续健康发展和社会和谐稳定。面对十分复杂的国际形势和艰巨繁重的国内改革发展稳定任务，同全国一样，河南的未来发展必须坚定不移地依靠改革开放。中国特色社会主义在改革开放中产生，也必将在改革开放中发展壮大。没有改革开放，就没有中国的今天，也不会有中国更加美好的未来。改革是一个国家、一个民族的生存发展之道。全面深化改革，关系党和人民事业前途命运，关系党的执政基础和执政地位，是全面建成小康社会、实现"两个一百年"奋斗目标、实现中华民族伟大复兴中国梦的必然要求，是大势所趋、人心所向。河南也必须凝聚改革共识，全面深化改革[4]。

刘道兴认为，郑州地处我国中心地带，是亚欧大陆桥上重要的综合交通枢纽城市，是承东启西、连南贯北的重要节点城市，在内陆城市中具有得天独厚的区位和交通优势。国家对外开放的战略新布局和习近平总书记视察河南时的殷切期望，明确了郑州在丝绸之路经济带上的战略支点地位，赋予了郑州为丝路建设做贡献、为中原更出彩作表率的历史重任。抢抓丝绸之路经济带建设和郑州航空港经济综合实验区建设重大机遇，抢占内陆城市对外开放高地，引领河南和中原经济区更好地参与国际竞争与合作，成为郑州的光荣使命和历史责任[5]。

张占仓研究认为，我们作为习近平总书记视察时以中国发展"晴雨表"著称的中原大地让其发现中国经济新常态的标志性地区，

更要深刻理解中国经济新常态的战略意义，在持续推动三大国家战略规划深入实施的基础上，主动打好习近平总书记提出的"四张牌"，积极适应新常态，奋力促进中原崛起河南振兴富民强省。按照习近平总书记2014年5月视察河南时讲话要求，打好"以发展优势产业为主导推进产业结构优化升级、以构建自主创新体系为主导推进创新驱动发展、以强化基础能力建设为主导推进培育发展新优势、以人为核心推进新型城镇化建设"的"四张牌"，让中原在实现中华民族伟大复兴中国梦的进程中更出彩。其中，我们产业结构优化升级任务繁重，污染严重的资源性产业调整发展的任务更加繁重，但是我们必须加快优势产业发展步伐，尽快减轻GDP增长对高污染产业的依赖，特别是要加快大气污染依法治理进度，切实让环境污染状况有较大幅度的改善，让老百姓享受更多的蓝天白云。推动创新驱动发展，也是我们最为艰巨的任务之一。好在全球创新驱动发展成功的典型，都是在原来创新能力并不强的地区，只要下定决心，舍得投入人力、物力、财力，尤其是高度重视青年创新人才作用的充分发挥，就有可能获得某些领域的创新突破，并为地方经济发展注入强大的活力。因此，统一思想，向创新驱动领域多投入，是我们非常明确的战略选择。在基础能力建设方面，习近平总书记的思路非常明确，就是从国家长远战略的高度解决国与国和区域与区域之间的互联互通问题。我们河南省地处中原，是中国乃至亚洲的经济地理中心，100年以前开始我们的先辈在郑州建设成功了亚洲最大的铁路枢纽，20世纪90年代初开始我们建设成功了我国最为发达的高速公路枢纽，2013年国务院高瞻远瞩批准我们建设国际航空枢纽，郑州航空港客货运输增长速度已持续保持四年全国第一的良好状态，用事实证明了国务院决策的科学性和可行性。100多年以来这种一脉相承的战略思路，已经告诉我们建设与时代发展相适应的大型交通枢纽始终是我们中原地区的战略优势。所以，想方设法

加快郑州航空港经济综合实验区建设，积极推进以郑州为中心的"米"字形高铁网建设，协同推进丝绸之路经济带建设，持续提升郑州天下之中的综合性交通枢纽地位，是全省人民的一种历史责任。新型城镇化对我国中西部地区来说，均处于良好的加快发展的历史阶段，要务实、智慧、科学地推进，要在城乡一体化上大胆探索，特别是全省已经明确取消城乡户籍区别的历史性政策突破之后，要坚持以人为本的基本理念，通过持续扩大就业，推动大中小城镇协调发展，创造条件让更多的稳定就业者在城镇逐步安顿下来，既提升城镇化水平，又让进入城镇者真正从工作到生活融入城镇，畅享美好生活。系统分析，这"四张牌"对我们未来的发展确实非常重要，需要全省人民统一认识，高度重视，并形成努力攻关的强大合力，力争使之有新的较大进展，为"十三五"发展奠定较好的基础[6]。

为全面贯彻落实习近平总书记系列重要讲话和调研指导河南工作时的重要讲话精神，持续河南省成功实践，完善提升发展战略，引领和鼓舞全省上下沿着正确方向奋力拼搏、乘势前进，如期全面建成小康社会，加快社会主义现代化建设，中共河南省第九届委员会第八次全体会议通过了《河南省全面建成小康社会加快现代化建设战略纲要》，为全省进一步加快发展进行了全面的战略部署[7]。

我们要以习近平总书记两次调研指导时重要讲话为契机和动力，努力开创各项工作新局面，在实现中华民族伟大复兴的中国梦的历史进程中，使中原更加出彩，向党中央交上一份满意的答卷。

二、中国经济新常态新趋势研究

对于中国的可持续发展而言，在2014年影响巨大的是中国经济新常态的提出与全面开展研究。河南独占习近平总书记最早在河南视察工作时感悟并明确提出中国经济新常态的先机，在相关研究方面起步早，取得重要进展。

1. 关于中国经济新常态研究与认识

2014年5月，习近平总书记在河南考察时指出："我国发展仍处于重要战略机遇期，我们要增强信心，从当前我国经济发展的阶段性特征出发，适应新常态，保持战略上的平常心态。"这是新一代中央领导首次以新常态描述新周期中的中国经济。习近平总书记为什么在河南感受并提出中国经济新常态？这与中原发展的代表性和典型性息息相关。因为中原地区，自古以来人文荟萃，物华天宝，在中华民族发展历史上始终占据十分重要的战略地位，是中国之"中"的历史渊源。在中国最具代表性的中原，不仅是中华民族的精神家园，也是中国经济长期发展的"晴雨表"，习近平总书记洞悉中国经济发展内在的特征，在中原地区找到了全面表达中国经济发展状态的灵感。

2014年7月29日，在中南海召开的党外人士座谈会上，习近平问及当前经济形势，又一次提到"新常态"："要正确认识我国经济发展的阶段性特征，进一步增强信心，适应新常态，共同推动经济持续健康发展。"

把"新常态"作为国家执政新理念关键词提出6个月后，习近平2014年11月9日在亚太经合组织工商领导人峰会上首次系统阐述了"新常态"。他认为"中国经济呈现出新常态"有几个主要特点：速度——"从高速增长转为中高速增长"；结构——"经济结构不断优化升级"；动力——"从要素驱动、投资驱动转向创新驱动"。他表示："新常态将给中国带来新的发展机遇。"包括：第一，经济增速虽然放缓，实际增量依然可观。即使是7%左右的增长，无论是速度还是体量，在全球都是名列前茅的。第二，经济增长更趋平稳，增长动力更为多元。以目前确定的战略和所拥有的政策储备，我们有信心、有能力应对各种可能出现的风险。我们正在协同推进新型工业化、信息化、城镇化、农业现代化，这有利于化解各种"成长的烦恼"。中国经济更多地依赖国内消费需求拉动，避免依赖出口的外部风险。第三，经济结构优化升级，发展前景更加稳定。习近平以 2014 年前三季度消费对经济增长的贡献率超过投资、服务业增加值占比超过第二产业、高新技术产业和装备制造业增速高于工业平均增速、单位 GDP 能耗下降等数据指出，中国经济"质量更好，结构更优"。第四，政府大力简政放权，市场活力进一步释放。习近平举例说，由于改革了企业登记制度，前三季度新增企业数量较上年增长 60% 以上。

2014 年 12 月 5 日，习近平主持召开中央政治局会议，分析研究 2015 年经济工作。会议强调，中国进入经济发展新常态，经济韧性好、潜力足、回旋空间大，为 2015 年和今后经济持续健康发展提供了有利条件。同时，也要看到，经济发展新常态下出现的一些变化使经济社会发展面临不少困难和挑战，要高度重视、妥善应对。

在 2014 年 12 月 9~11 日中央经济工作会议上，中央提出要坚持稳中求进的工作总基调，坚持以提高经济发展质量和效益为中心，主动适应经济发展新常态，保持经济运行在合理区间，把转方式调结构放到更加重要的位置，狠抓改革攻坚，突出创新驱动，强化风险防控，加强民生保障，促进经济平稳健康发展和社会和谐稳定。会议认为，科学认识当前形势，准确研判未来走势，必须历史地、辩证地认识我国经济发展的阶段性特征，准确把握经济发展新常态的九大特征。会议要求，面对我国经济发展新常态，观念上要适应，认识上要到位，方法上要对路，工作上要得力。

综上所述，中国经济新常态，就是把发展速度适当调整以后务实迈向结构优化、可持续发展能力更强的一种运行状态，与"金融危机之后西方国家经济恢复的缓慢而痛苦的过程"所表述的概念完全不同[8]。

为更好地认识新常态，适应新常态，积极应对新常态，结合河南实际，创造河南经济社会发展的新辉煌，由河南省社科联、河南省经济学学会主办，河南财经政法大学承办的河南发展高层论坛第 62 次专题研讨会，于 2014 年 9 月 28 日在河南财经政法大学召开，研讨会主题为"中国经济新常态与河南发展新机遇"。会议由河南省社科联孟繁华副主席主持，省科学院副院长张占仓研究员作了主讲发言，陈益民、李政新、杜书云、杨迅周、张合林、孙德中、刘美平、宋伟、樊明、赵志亮、李战伟、王红燕、杨萍等作了大会发言，河南省社科联李庚香主席、河南财经政法大学张宝峰副校长、河南经济学学会副会长郭军教授等共 60 余名理论和实际工作者参加研讨①。

张占仓研究认为，中国经济新常态有六个方面的科学内涵：第一，年均 GDP 增长速度 7% 左右，处于中高速发展状态，发展的内在动力充沛，发展质量在稳步提升；第二，产业结构排序为三二一，第三产业历史性地成为国民经济发展最大的部门，也成为推动就业潜力最大的领域，有效拉动了就业较快增长；第三，消费对 GDP 贡献最大，一改过去多年来依靠投资拉动的发展模式，内需成为经济发展最大动力，经济发展与居民生活改善联系进一步密切；第四，网络购物、快递、体育等新兴产业发展迅速，持续保持 50% 左右高增长率，促进了产业结构调整；第五，经济发展面临产能过剩矛盾突出、生产要素成本加快上升、企业创新能力不足日益显现、财政金融风险可能增大等一系列新挑战；第六，年均物价总水平控制在 2%~3% 的水平，为中低收入者稳定就业与生活提供了保障。

李政新认为，"新常态"的基本要义，有一些是指以往反常的情况现在似乎正常，如金融危机之后全球经济陷入持续的低增长状态等；而更多的则是我国目前的发展阶段性特征条件下本应有的那些正常认识和发挥正常作用的东西，但由于理论和现实中把握不够，而没有上升到应有的正常地位。

---

① 本文中相关人员的职务均为时任。

杨迅周认为，对于中国经济新常态应继续深入研究，从而全面准确理解和把握。与改革开放以来的中国经济旧常态类似，中国经济新常态是一个几十年的经济周期，要搞清楚常态与非常态、新与旧的不同点，深入研究中国经济新常态的概念内涵、主要特征、形成原因、发展趋势和规律、行业和区域差异以及调控措施等。对于新常态的特征分析，除中高速、优结构、新动力、多挑战等内容外，还应包括就业、居民收入、社会公平以及资源环境等方面的内容。

孙德中认为，对新常态的以下四个方面应深化讨论：一是新常态是健康态还是病态，或亚健康态；二是目前一般总结的新常态特征是具有普遍性的还是个性化的特征；三是新常态到底是挑战还是机遇；四是对待新常态的态度是被动适应还是主动引领。

总之，所谓新常态，关键在"新"，就是过去没有出现的情况；核心是"常态"，就是要保持一个比较长时间的状态。我们期望，中国以此开创经济未来持续、稳定、和谐、包容发展的又一个30年黄金期。

2. 中国经济可持续发展的新趋势

张占仓研究认为，新常态下中国经济未来可持续发展有五大新趋势：一是国民经济服务化。所谓国民经济服务化，是指服务业就业和增加值在国民经济中所占比重日益加大的趋势。2013年全国GDP构成中，第三产业所占比重为46.9%，高于第二产业3.2个百分点，第一次位居第一大部门，结束了长期由第二产业主导国民经济发展大局的历史，实现了新的跨越，使中国经济进入第三产业主导发展阶段。2014年，全国GDP构成中，第三产业所占比重进一步提升到48.2%，比第二产业高出5.6个百分点，国民经济服务化趋势更加明显。二是服务业发展信息化。2014年8月28日，根据彭博社亿万富豪指数统计，中国内地当年富豪排行榜，ABT（阿里、百度、腾讯）公司老板包揽前三名。其中，阿里巴巴集团创始人兼董事会主席马云（1964年生）拥有218亿美元净资产，成为中

国首富。紧随其后的分别是：腾讯公司董事长马化腾（1971年生），净资产163亿美元；百度公司董事长李彦宏（1968年生），净资产158亿美元；万达公司董事长王健林（1954年生），净资产147亿美元；娃哈哈集团董事长宗庆后（1945年生），净资产115亿美元；京东公司董事长刘强东（1974年生），净资产94亿美元。2014年12月12日，彭博社亿万富翁指数公布的最新数据显示，阿里巴巴创始人马云已经超过香港富豪李嘉诚，成为新的亚洲首富，主要是由于阿里巴巴在美国上市之后股价大涨。根据彭博社的数据，马云的财富总额达到286亿美元，李嘉诚为283亿美元。为什么中国富豪榜前列都是年轻的互联网精英呢？而过去富豪榜前列主要是房地产商和制造业大亨，这种变化说明中国已从房地产和制造业时代迈向高科技主导的信息化时代，这是中国经济新常态给国家发展带来的最大希望。只有更多地依靠创新驱动发展，让科技进步在经济增长中占有越来越大的份额，我们国家才能够由经济大国逐步走向中华民族伟大复兴的经济强国。三是科技发展高端化。据悉，自2013年9月23日到2014年9月22日，中国学者在《自然》杂志发表文章总数首次超过日本，成为亚洲第一名。中国学者发表在《自然》系列杂志上的论文总数量达到647（比上年的458篇增加199篇）；同期日本学者491（比上年的450篇增加41篇）。中国学者论文数量比日本学者论文数量多156篇。上一年这个时段，中国学者一年内在《自然》系列杂志上发表的论文总数量达到458篇，同期日本学者450篇，中国学者论文数量比日本学者论文数量多8篇，论文发表数量首次超过日本。回顾这几年走过的道路，中国科技产出增长速度惊人。2000年，只有6篇发表在《自然》杂志和其子刊的论文有来自中国的作者参与。2010年，中国学者在《自然》杂志上发表的论文总数为152篇，占当年总数的5.3%。2011年，中国学者在《自然》杂志上发表的论文总数为225篇，占当年总数的7%。2012年，在所有

《自然》杂志和其子刊上发表的研究性论文中，中国学者发表303篇论文，占当年总数的8.5%，比2011年增长35%。因此，《自然》杂志分析认为，中国正在成为科技论文发表和科研产出的国际领先力量。2014年11月21日，中国科学院院长白春礼在北京会见了到访的自然出版集团母公司麦克米伦科教集团全球总裁安妮特·托马斯博士一行。会谈期间，托马斯代表自然出版集团向白春礼赠送了水晶牌，对中国科学院为全球科学，尤其是高质量科学研究作出的贡献表示祝贺。2013年，中国科学院在68家全球公认质量最优的科学期刊上发表高质量科学论文2661篇，在全球科研机构排名中位列第三，仅次于法国国家科学研究中心（4585篇）和德国马普学会（3023篇）。按照自然出版集团创立的"加权分值计数法"（WFC）指数计算，中国科学院2013年发表的高质量科学论文总分为1209.46分，在全球2万多家知名科研机构中排名第一。尤其是在化学、物理学、地球和环境科学领域，中国科学院均雄踞榜首；在生命科学领域也有上佳业绩，居全球第4位。四是居民购物网络化。从2003年到2011年，中国网络零售市场的平均增长速度是120%，高居全球第一。由于无线互联网和智能终端的普及，加上网络购物成本低廉，居民购物网络化已经是历史性趋势。现在，在网络上购买几乎任何产品都无所不能，所以大家确实接受了这种消费方式。特别是已国际化的阿里巴巴影响深远，也引导国内外消费者高度重视中国快速发展的网络购物。2014年7月，中国互联网络信息中心（CNNIC）发布第34次中国互联网络发展状况统计报告指出，截至2014年6月，我国网民上网设备中手机使用率达83.4%，首次超越传统PC整体使用率（80.9%），智能手机作为我国第一大上网终端设备的地位更加巩固。五是能源结构绿色化。2014年11月12日，在北京APEC峰会上，中美达成二氧化碳减排意见，中国计划2030年左右二氧化碳排放达到峰值，非化石能源占一次能源消耗比例达20%，美国承诺2025年实现在2005年基础上减排26%~28%，为2015年国际气候大会达成全球二氧化碳减排方案奠定了基础。此举既表明中美两个最大的经济体愿意为全球大气环境污染治理做出历史性贡献，也使我们国家的绿色发展有了明确的时间表。2014年11月19日，国务院办公厅印发《能源发展战略行动计划（2014—2020年）》，提出绿色低碳战略，计划到2020年，非化石能源占一次能源消耗比例达15%，天然气比重达10%以上，煤炭消费比重控制在62%以内。这标志着中国能源消费结构绿色化快速推进，风能、太阳能、地热能、生物质能等可再生能源和核能将大幅度增加，新能源成为中国未来发展潜力巨大的领域[9]。

三、河南省实施三大国家战略的评估

国家粮食生产核心区规划、中原经济区规划、郑州航空港经济综合实验区规划三大国家战略规划，赋予了河南前所未有的发展机遇和战略平台。三大战略规划实施以来，有的已进入规划中期，有的正处在全面加速阶段，对三大战略实施的进程、成效及存在问题等进行阶段性评估十分必要。河南省社科院院长喻新安主编的《河南经济蓝皮书（2015）》，首次发布了"河南实施三大国家战略规划的总体评估"报告。该报告在前期调研、收集资料信息的基础上，采用定性分析与定量分析相结合、指标评价与政策评价相结合、效应评估与问题评估相结合等思路和方法，通过对三大国家战略规划的阶段性、综合性、数量化评估，核算进度，评估效应，得出了一系列评估结论，对我们更加理性地认识三大国家战略规划的实际进程，更加有效地推进三大国家战略规划的实施，有重要的参考价值[10]。

1. 郑州航空港经济综合实验区规划实施情况评估

2013年3月7日，国务院批准了《郑州航空港经济综合实验区发展规划》（以下简称

《规划》）。作为全国首个上升为国家战略的航空港经济发展先行区，郑州航空港经济综合实验区对中原崛起河南振兴、打造中原经济区的核心增长极、为中西部地区扩大开放提供强力支持都具有重大意义。规划目标到2025年，建成富有生机活力、彰显竞争优势、具有国际影响力的实验区。国际航空货运集散中心地位显著提升，航空货邮吞吐量达300万吨左右，跻身全国前列；形成创新驱动、高端引领、国际合作的产业发展格局，与航空关联的高端制造业主营业务收入超过10000亿元；建成现代化航空都市，营商环境与国际全面接轨，进出口总额达到2000亿美元，成为引领中原经济区发展、服务全国、连通世界的开放高地。

规划实施成效评估：①分项评估：一是国际航空货运集散中心建设。2013年，郑州新郑国际机场全年新开航线53条，达到143条，基本形成覆盖欧洲、美洲、亚洲、大洋洲等国家和地区的航线网络。其中，已开通全货运国际航线达到19条，货邮吞吐量完成25万吨，同比增长69.5%，增速居全国大型机场第一位（本部分评估数据除注明外，均来自《河南商务发展报告2014》）。同时，郑州新郑国际机场还是中部地区唯一开展国际快件的机场、货运航线总数位居中西部第一的机场。显然，国际航空货运集散中心建设取得突破性进展。二是开放门户建设。2011年、2012年、2013年，实验区完成进出口总额分别达到95亿美元、285亿美元、348.8亿美元，占全省的比重始终在50%以上，对全省进出口增长的贡献率始终在95%以上，推动了全省进出口增长的强劲攀升，航空港开放门户地位已初步奠定。②总体评估：总体来看，郑州航空港经济综合实验区建设在短短一年多的时间里，表现出起点高、增速快、成效显著的突出特征。

规划实施进程评估：从实施进程来看，实验区在2013年3月到12月仅10个月、占6.5%规划期的时间，航空货邮吞吐量就已经完成2025年总目标的8.3%，进出口总额就已经完成2025年总目标的17.4%，均超额完成阶段性进度目标。

主要问题和挑战：①保持高起点高速增长的挑战。规划实施以来，在2013年3月到12月仅10个月的时间里，郑州航空港在基础设施、公共服务、产业体系、枢纽建设等各方面均表现出全民聚焦、全力推进、全面展开、全速发展的积极态势，以航空货邮吞吐量、进出口总额以及地区生产总值、第三产业增加值等为代表的各指标均表现出高速增长态势。但是在起点高的同时也要看到面临的挑战，尤其是在高起点上保持高速稳定增长，面临更大挑战。②高端航空港经济产业体系构建的挑战。规划明确提出要推动航空设备制造维修、与航空关联的高端制造业和现代服务业快速发展，集聚一批具有国际竞争力的知名品牌和优势企业，形成创新驱动、高端引领、国际合作的产业发展格局。其中，既要求有航空经济这一新兴产业领域的创新探索，又有高端产业发展的水平要求，还有产业体系构建的系统要求，如何立足发展基础、突出发展特色、增创发展优势，均是新课题新挑战。③形成具有特色优势的航空港经济内生增长模式的挑战。规划提出"建设大枢纽，培育大产业，塑造大都市"的实验区发展主线，也就是要通过建设大枢纽，带动大物流；通过大物流，带动产业群；通过产业群发展，带动城市群发展，进而以城市群带动中原崛起河南振兴富民强省。如何在这一发展路径指引下，形成以互动融合为特征的航空港经济内生增长模式，进而实现快速发展，是目前航空港在起步期必须筹谋且时不我待的关键问题。④以郑州航空港为龙头创新对外开放体制机制的挑战。《中共河南省委关于贯彻党的十八届三中全会精神全面深化改革的实施意见》提出要以郑州航空港为龙头创新对外开放体制机制。如何利用实验区这个特殊区域来探索改革措施、创新体制机制，使实验区成为河南乃至中原地区对外开放的平台和窗口，还面临诸多问题挑战需要破解。

2. 粮食生产核心区建设规划实施情况评估

以 2009 年 8 月国家发展改革委《关于印发河南省粮食生产核心区建设规划的通知》为标志，河南省成为全国重要的粮食生产核心区。截至 2014 年，粮食生产核心区规划已经实施了 5 年多，取得了突出成效，实现粮食生产"十一连增"、夏粮"十二连增"，为保障国家粮食安全做出了重大贡献，被习近平总书记称为河南的"王牌"。

规划目标：到 2020 年，在保护全省 1.03 亿亩基本农田的基础上，粮食生产核心区粮食生产用地稳定在 7500 万亩，使河南省粮食生产的支撑条件明显改善，抗御自然灾害能力进一步增强，粮食生产能力达到 650 亿公斤，成为全国重要的粮食生产稳定增长的核心区、体制机制创新的试验区、农村经济社会全面发展的示范区。

规划实施成效评估：在对规划实施成效评估中，立足规划要求及总体目标，从四个方面出发，分别对粮食综合生产能力、农业综合效益、粮食生产支撑条件、抗御自然灾害能力进行单项评估，并采用德尔菲法确定权重，进而对规划实施成效进行总体评估，包括：①粮食综合生产能力评估规划实施以来，河南省紧紧抓住粮食生产核心区建设这个重心，毫不放松地抓好粮食生产，从政策支持、科技强农、高产创建等方面着手，稳步提高粮食综合生产能力，实现了总产量"十一连增"，连续 9 年超 1000 亿斤，连续 4 年超 1100 亿斤①的骄人成绩，打造了河南"王牌"，切实保障了国家粮食安全。在对粮食综合生产能力的评估中，主要基于规划提出的稳定面积、主攻单产的基本思路，分别从是否实现"稳定面积"目标、实现亩产量情况这两个方面来进行评估。2013 年河南省粮食播种面积超过 15 万亩，比 2010 年增长 3.5%，保持了连年平稳增长，实现了"稳定面积"的目标。从亩产量来看，2010 年以来，

河南省粮食亩产量在实现了从中低产向中高产的提升后，在达到 750 斤的基础上继续保持了增长态势，但是与在稳定面积前提下实现总产量目标所需的规划亩产量相比较，依然略有差距，故此在实现亩产量情况的评估中，根据实际亩产量与规划亩产量的量化比较，得分率为 98.9%。在综合两个指标的单项评估结果的基础上，进而可以得到河南省粮食综合生产能力的综合评估结果为 99.5%。②农业综合效益评估。在规划各项目标中，明确提出了农民人均年纯收入力争超过全国平均水平这一目标。基于此，在对农业综合效益评估中，选取了第一产业增加值增速、农民人均现金收入这两个体现农业、农民效益情况的指标进行评估。从第一产业增加值增速来看，2009 年以来，除了 2011 年河南省第一产业增加值增速低于全国平均水平 0.6 个百分点外，其余各年均与全国平均水平持平或是快于全国平均水平。从农民人均现金收入情况来看，2009 年到 2013 年，河南农民人均现金收入均少于同期全国平均水平，但是同时也要看到，2009 年到 2013 年河南农民人均现金收入平均增速为 15.2%，快于全国农民人均现金收入平均增速 0.6 个百分点，收入差距呈逐步缩小趋势。按照农民人均年纯收入超过全国平均水平这一目标要求，对第一产业增加值增速和农民人均现金收入这两个指标与全国平均水平进行量化比较，可以得出 2009 年到 2013 年的年度评估结果，进而取平均值得到农业综合效益的综合评估结果为 95.2%，其中，第一产业增加值增速完成得分情况明显好于农民人均现金收入的评估得分。③粮食生产支撑条件评估。在规划提出的目标中明确指出要使河南省粮食生产的支撑条件得到明显改善，考虑到粮食生产的支撑条件与农业科技、财政投入、农业基础设施、机械化水平以及现代农业载体建设密切相关，因此根据科技支撑、投资支撑、基础设施、机械化水平、载体支撑这 5 个指标的单指标评

---

① 文中除标明外，数据均来自河南省统计局相关资料。

估结果，进行加权综合可以得到粮食生产支撑条件评估结果为89.7%。④抗御自然灾害能力评估。近年来，河南粮食生产在遭遇雨雪冰冻、特大旱灾等的情况下，依然保持了高基点连年增产，取得了傲人成绩。基于此，在进行抗御自然灾害能力评估中，选取了几个有重大灾害的典型年份，并以该年粮食总产量是否保持了持续增长、完成规划增速的比率这两个指标作为重点评估指标，进而可以得到2008年、2009年、2011年这3个年度的评估结果，进行加权平均可以得到抗御自然灾害能力综合评估结果为91.3%。⑤实施成效总体评估。根据粮食综合生产能力、农业综合效益、粮食生产支撑条件、抗御自然灾害能力这4个单指标评估结果，采用德尔菲法确定各指标权重，加权后进而可以得到规划实施成效的总体评估结果为94.6%。综合来看，在粮食综合生产能力、农业综合效益、抗御自然灾害能力方面基本达到规划目标，粮食生产支撑条件总体有所不足，综合评估结果为"基本完成阶段性成效目标"。

规划实施进程评估：河南省粮食生产核心区建设规划明确了总体目标是：到2020年，粮食生产能力达到650亿公斤。在规划实施进程评估中，采用各年度实际总产量与规划目标值进行比较，得出各年度完成目标比例，进而求出平均值作为完成目标进程情况的评估结果。根据前述评估方法，得到综合评估结果为98.8%，基本完成阶段性进度目标。

主要问题和挑战：①农业科技支撑能力不强的问题。粮食增产的根本出路在科技，但从综合性指标来看，河南农业科技贡献率为0.51，低于全国平均水平，还亟待提升。同时，在农业服务体系建设方面也存在一些问题，良种良法配套技术的推广应用，玉米仅有70%左右，小麦50%左右，水稻55%左右。②基础设施支撑能力不足的问题。在评估中，粮食生产支撑条件是得分最低的一项。一方面，目前全省仍有5000多万亩中低产田，近3000万亩不能得到有效灌溉，还有1519万亩低洼易涝地需要治理。另一方面，随着生态环境保护压力增大、极端气候出现频率增多，重大自然灾害频发直接影响着粮食稳产增产目标的实现，而这一问题更是给基础设施支撑能力提出了更高要求。③种粮比较效益偏低的问题。2013年河南省夏粮每亩生产收益361.3元，秋粮每亩生产收益504.3元，两季相加共865.6元，抵不上农民外出打工半个月的收入。近年来，尽管国家采取了一系列措施，农民种粮的收益依然偏低，直接影响种粮积极性的提高。④边际产量递减的问题。2008年到2013年，河南粮食总产量累计达到6617.3亿斤，粮食产量年均递增1.4%，粮食单产超过750斤/亩，实现了从中低产到中高产的跨越。但是同时要看到，河南粮食单产已经达到中高产水平，受边际效应影响，要在高基点上、在中长期内保持粮食总产量持续增长，到2020年实现1300亿斤的目标，面临着较大挑战。

3. 中原经济区规划实施情况评估

自2012年11月，国务院正式批复《中原经济区规划（2012—2020年）》以来，河南省以规划为引领，着力破解难题、加快发展，全省综合实力不断增强、在区域发展中的作用不断凸显。目前，距离第一个阶段性目标，即2015年目标已经只有一年的时间。此时，对规划实施情况进行量化评估和综合分析，对于摸清现状、把握问题，并进而采取更有针对性的对策措施具有重要意义。

规划目标：到2015年，初步形成发展活力彰显、崛起态势强劲的经济区域。粮食综合生产能力稳步提高，经济结构调整取得重大进展，经济社会发展水平进一步提升，在提高效益和降低消耗的基础上，主要经济指标年均增速高于全国平均水平，人均地区生产总值与全国平均水平的差距进一步缩小；城镇化质量和水平稳步提升，"三化"发展协调性明显增强；生态环境明显改善，主要污染物排放量大幅减少，可持续发展能力显著增强；人民生活水平明显提高，农村居民人均纯收入力争达到全国平均水平，城镇居民人均可支配收入与全国平均水平差距进一步缩小，基本公共服务水平和均等化程度全面提高。

规划实施成效评估：在规划实施成效评估中，指标选取及目标值确定，均依据《中原经济区规划（2012—2020年）》中"第二章总体要求""第三节发展目标"中提出的中原经济区主要规划指标及其分阶段目标值，在单指标评估的基础上，分经济发展、结构调整、资源环境、民生改善共4类进行分项评估，并进而得到总体评估结果。其中：

（1）在经济发展分项评估中，按照中原经济区主要规划指标构成，采用河南人均地区生产总值、地区生产总值占全国比重这两个指标进行分项评估。①河南人均地区生产总值2011年到2013年年均增速为9.22%，与规划目标相比，实际年均增速比规划年均增速快1.91个百分点，较好完成了规划目标。②河南地区生产总值占全国比重2011年、2012年、2013年完成值分别为5.75%、5.74%、5.70%，与规划目标相比略有差距。经济发展分项综合评估结果为"完成规划目标"。

（2）在结构调整分项评估中，按照中原经济区主要规划指标构成，采用粮食综合生产能力、战略性新兴产业增加值占地区生产总值的比重、第三产业增加值比重、城镇化率、社会消费品零售总额增速这5个指标进行分项评估。①采用河南粮食生产核心区相关统计指标对粮食综合生产能力进行评估，2011年到2013年年均增速为1.52%，与2011年到2015年规划年均增速1.99%相比略有差距。②2011年到2013年战略性新兴产业增加值占地区生产总值比重年均增速为15.11%，高于规划增速0.11个百分点，完成规划目标。③河南第三产业增加值比重2011年到2013年年均增速为5.41%，高于规划增速3.36个百分点，较好完成了规划目标。④河南城镇化率2011年到2013年年均增速为4.46%，高于规划增速0.19个百分点，完成规划目标。⑤河南社会消费品零售总额增速2011年、2012年、2013年分别为18.1%、15.7%、

13.8%，呈波动下降态势，与规划目标相比，存在差距。结构调整分项综合评估结果为"略有差距"。

（3）在资源环境分项评估中，按照中原经济区主要规划指标构成，采用耕地保有量、单位地区生产总值能耗下降、森林覆盖率这3个指标进行分项评估。①耕地保有量由于缺乏历年统计数据，采用粮食生产核心区粮食播种面积变化情况进行考察，2013年河南省粮食播种面积达到15123万亩，比2010年增长3.51%，并保持了连年平稳增长，实现了粮食生产核心区规划"稳定面积"的目标。基于此，对该指标评估结果为完成规划目标。②2011年到2013年河南单位地区生产总值能耗分别下降3.6%、7.1%、3.9%。根据《2013年河南省节能减排发展统计报告》中相关数据，2013年全年GDP能耗下降的目标值是2.5%，与目标值相比，该指标评估结果为完成规划目标。③2011年到2013年河南森林覆盖率年均增速为0.66%，完成规划目标。资源环境分项综合评估结果为"完成规划目标"。

（4）在民生改善分项评估中，按照中原经济区主要规划指标构成，采用城镇年新增就业人数、城镇居民人均可支配收入、农村居民人均纯收入、高等教育毛入学率这4个指标进行分项评估。①2011年到2013年，河南城镇年新增就业人数年均增速0.75%，与规划增速0.11%相比，完成规划目标。②2011年到2013年河南城镇居民人均可支配收入实际增速高出2011年到2015年规划增速2.68个百分点，较好地完成规划目标。③2011年到2013年河南农村居民人均纯收入实际年均增速达到13.29%，高于2011年到2015年规划年均增速1个百分点，完成规划目标。2011年到2013年高等教育毛入学率实际年均增速达到10.55%，高于2011年到2015年规划年均增速1.37个百分点，完成规划目标。民生改善分项综合评估结果为"较好完成规划目标"。根据前述经济发展、结构调整、资源环境、民生改善4个分项评估结果，得到河南实

施中原经济区规划的阶段性总体评估结果为"完成阶段性成效目标"。

规划实施进程评估：在对中原经济区规划实施进程进行量化评估中，依据中原经济区主要规划指标，分别对各指标的 2011 年基期值、2013 年规划值、2013 年实际值进行了比较评估，以 2013 年实际完成值与规划目标值的比率作为实施进程的评估重点。从完成比率情况来看，在 14 个评价指标中有 11 个指标超额完成，其中达到或超过 105% 的指标有 3 个，包括第三产业增加值比重、单位地区生产总值能耗同比下降、河南城镇居民人均可支配收入；尤其是单位地区生产总值能耗同比下降指标更是大幅超额完成规划目标值，显示河南经济发展在平稳增长的同时，代价不断下降、质量明显提升。未完成规划目标进程的指标有 3 个，分别是地区生产总值占全国比重、粮食综合生产能力、社会消费品零售总额增速。综合来看，各指标完成比率平均值达到 104.4%，总体实施进程评估为"完成阶段性进度目标"。

主要问题和挑战：①民生改善是中原经济区主要规划指标中的重要组成部分，并且这部分指标主要由人均指标构成。虽然总体来看已经完成阶段性目标，并且预期能够完成 2015 年、2020 年规划目标；但是必须要认识到河南省作为人口大省，存在总量大而人均少的问题。如何加快提升人均指标水平、加快缩小与先进地区的差距，是今后推进中原经济区建设中的一个重要着眼点和着力点。②本次规划实施情况量化评估，依据就是规划中明确提出的主要规划指标及其目标值。但是也要看到，中原经济区规划作为指导区域发展的、具有系统性、全面性的综合性规划，在"主要指标"中选取的指标基本都是体现经济社会发展的大项指标，且考虑到重点突出及可操作性等问题，共选取了 4 类 16 个指标，从规划涵盖面而言数量相对较少。结合河南发展来看，一些体现河南近年来面临的主要问题挑战、采取的重大实践举措等的指标并未能得到充分体现，如工业结构调

整相关指标、科技创新相关指标、现代服务业发展相关指标、对外开放相关指标等。因此，本次评估结果即使数据总体情况尚属乐观，依然需要保持清醒冷静。③本次量化评估中，未完成或存在差距的指标共有 3 个，分别是河南 GDP 占全国比重、粮食综合生产能力、社会消费品零售总额增速，这也反映出河南在综合实力、粮食生产、消费这三个方面依然面临着如何推动加总量与提水平、增效益并进等问题。④中原经济区主要规划指标共选取了 4 类，分别是经济发展、结构调整、资源环境和民生改善，从量化评估结果来看，结构调整分项评估是 4 个分项评估中最差的，3 个未达标指标有 2 个都是属于结构调整分项指标，这也从一个方面反映出河南在加快转方式、调结构、促转型中依然面临较大挑战。

4. 实施效应

带动效应。河南在着力推进三大国家战略规划的过程中，以粮食生产核心区建设带动现代农业优化升级，以中原经济区建设带动"四化"同步科学发展，以郑州航空港建设带动发展方式转变的新模式探索，进而带动科技创新、产业创新、制度创新，带动实现更深层次、更宽领域、更高水平、更好效果的发展。尤为重要的是，三大国家战略规划厘清了发展思路、明确了发展目标、提出了发展重点，进而带动全省上下同心、同德、同向、同行，共同为河南提升战略地位、提升综合优势、提升发展质效，实现中原崛起河南振兴富民强省目标而努力奋斗。

聚合效应。三大国家战略为河南带来的政策优势、激发的创新活力、形成的改革红利，与日臻完善的基础支撑条件有机融合，形成强有力的聚合效应，使河南正在成为汇聚人流、物流、金融流、信息流等高端生产要素的洼地，成为国际化供应商、制造商、分销商、零售商、物流商青睐的投资热土，成为先进制造业、高成长服务业与高端人才、尖端科技集聚集群发展高地。日益凸显的聚合效应，已经成为河南加快产业结构升级和

发展方式转变的新动力、新优势所在。

示范效应。三大国家战略规划，使河南肩负着为全国同类地区发展提供示范的重大使命，不仅要建设全国重要的粮食生产稳定增长的核心区，而且要建设体制机制创新的试验区、农村经济社会全面发展的示范区以及航空经济驱动型发展先行区。在全面实施三大国家战略规划的过程中，河南着力在土地流转、航空管理、海关监管、财税管理、投融资、科技创新、社会保障等领域以示范引领、以点带面，积极探索理论创新、制度创新、体制创新，通过培育并发挥示范效应来有效地带动全局发展。

先行效应。对河南这样一个后发地区而言，三大国家战略为河南发展带来的最大红利、最大机遇、最大动力就在于一系列先行先试政策形成的先行效应，进而成为后发赶超的新引擎和加速器。从区域合作、四化同步到统筹城乡、改革开放，从经济转型到社会发展、文化传承创新，从生态经济、循环经济到电子商务、金融改革的多层面、多方位的先行先试探索，提供了前所未有的政策红利和创新空间，在全国的国家战略规划中并无先例，正是这些规划上的先导性、理念上的先进性，落实到政策上的先试性、发展上的先行性，为河南掌握发展主动权、抢占发展制高点提供了战略先机。

目前，河南已经与全国一样进入经济发展新常态，机遇与挑战并存，但机遇大于挑战。新形势下如何强化河南省的战略优势、提升发展质量和水平、更好地服务全国发展大局，就需要进一步聚焦三大国家战略，在速度变化、结构优化、动力转换中增创新优势、激活新动力、培育新的增长点，在科学认识新常态、主动适应新常态、努力引领新常态中实现新作为。

四、新型城镇化研究

2014 年 3 月，《国家新型城镇化规划（2014—2020 年）》出台，为我们提出了新型城镇化顶层设计的总体要求。河南省也已经出台《中共河南省委关于科学推进新型城镇化的指导意见》《河南省新型城镇化规划（2014—2020 年）》《河南省科学推进新型城镇化三年行动计划》。如何按照国家新型城镇化的要求和河南省委、省政府的战略部署，积极推动新型城镇化健康发展，是河南省委年初部署的重点研究任务之一。为完善体制机制，推动河南新型城镇化科学发展，由河南省社科联、河南省政府发展研究中心、河南省科学院和郑州轻工业学院联合主办，郑州轻工业学院经济与管理学院承办的河南发展高层论坛第 61 次研讨会，于 2014 年 6 月 20 日在郑州轻工业学院图书馆举行。会议由省社科联副主席孟繁华主持，郑州轻工业学院副院长安士伟教授致欢迎辞，省政府发展研究中心主任王永苏研究员和省科学院副院长张占仓研究员作了主讲发言，王发曾、郭军、李政新、宋伟、杨迅周、刘战国等作了大会重点发言，朱美光、李金凯、王晨光、杨玉珍等作了大会自由发言，有关学者进行了现场讨论。省社科联主席李庚香、郑州轻工业学院党委书记剧义文和白廷斌、许青云、刘明、孙德中、任太增、王延荣、周颖杰、刘玉来、姬定中、毕军贤、张贯一、彭诗金、陈爱国、刘安鑫、陈群胜、刘仁庆、李同新、李明以及郑州轻工业学院相关专业师生等共 200 余名理论研究和实际工作者参加研讨[11]。《河南科学》杂志专门为此次会议出版了包含 11 篇新型城镇化学术论文的专集。

1. 关于新型城镇化科学推进问题

王永苏认为，党的十八届三中全会决定中关于处理好政府和市场关系的要求完全适用于城乡关系的处理，科学推进河南新型城镇化，必须从自身实际出发，尊重客观规律，按照决定的要求先行先试，着力深化体制机制改革，更加注重改革的系统性、整体性、协同性，建立健全有利于科学发展的体制机制。深化改革完善体制机制重点在以下几个方面：第一，加快推进城乡体制机制一体化。正确理解和推进城乡一体化，不能把城乡一体化理解成城乡一样化，应当把城乡一体化的着力点首先放在城乡体制机制一体化上，通过深化改革尽快打破城乡二元体制，实现城乡之间生产要素自由流动，促进产业集聚、人口集中、土地集约，争取较高的规模效益和聚集效益。第二，建立全省统筹的规划建设协调机制。树立全省规划一盘棋的理念，以全球、全国视野审视河南，内外结合，省市协同，对全省特别是中原城市群的产业体系、城镇体系、创新体系进行高水平的统筹研究和中长期规划。第三，建立科学合理的产业集聚机制。要充分认识分散发展非农产业的局限性，充分认识专业化分工协作的必要性，集中精力发展特色优势产业集群和基地，建立健全生产要素大范围集中集聚机制。第四，建立健全以人为本的要素流动机制。深化户籍制度改革，允许河南户籍人口在省内自由流动、自主择业、自主选择居住地；积极创造条件吸纳农村转移人口在城镇就业居住，把进城落户农民完全纳入城镇住房和社会保障体系中；着力于建立健全大城市中心城区科学的人口进出机制；建立健全城乡一体化的资金融通机制，深化农村产权制度改革。第五，建立健全动态的耕地占补平衡机制。积极推进耕地占补平衡，在允许占优补劣的同时，强调通过中低产田改造提升地力，在合理满足城市建设用地的基础上保障地力的整体提升；积极争取耕地面积、粮食产能地方行政首长负责制试点，使市场在土地资源配置中发挥更大作用，更好发挥政府作用；完善土地管理的体制机制，稳妥推进农村土地产权制度改革，深化土地征用制度改革，实行集约节约用地制度，探索建立农村宅基地和耕地承包权腾退补偿基金。第六，健全城镇投融资体制机制。鼓励社会资本参与城镇基础设施和公用设施投资运营，建立财政转移支付同农业转移人口市民化挂钩机制，农业、扶贫以外的投资要适当向城镇倾斜，进一步完善财政转移支付制度，推动城镇基本公共服务均等化和全覆盖[12]。

张占仓通过对法国经济学家托马斯·皮凯蒂新书《21世纪资本论》主要论点和发达

国家城镇化过程及影响的系统分析，认为应高度重视城乡资源配置政策的公平性，克服"增长极"思想的不利影响，切实把党的十八届三中全会提出的"以促进社会公平正义、增进人民福祉为出发点和落脚点"贯彻落实到新型城镇化实施的实际过程之中，努力探索新型城镇化引领"三化协调""四化同步"发展的科学可行之路，促进大中小城镇协调发展、和谐发展、智慧发展、绿色发展，避免皮克迪提出的资本作用过大对社会和谐稳定和贫富差距扩大的不利影响，既科学务实推进影响我国数亿人生产和生活的新型城镇化进程，又促进城乡发展一体化、城乡社会和谐化、城乡居民收入政策公平化。研究提出我国新型城镇化过程中，存在着科学研究积累有限、面临"中等收入陷阱"的威胁、人口资源环境发展不协调、城镇规划建设缺乏地域文化特色等突出问题，认为未来我国新型城镇化的政策走向主要是：第一，坚持质量提升的正确方向。改革完善户籍管理制度，积极推动农业转移人口市民化；立足于本土优秀传统文化的挖掘与创新，提升城镇规划建设水平，打造城镇适宜的人居环境；抓住全国性经济升级发展的战略机遇，全面调整城镇产业发展布局，提升城镇经济发展质量。第二，坚持以人为本的核心理念。必须让进城农民享受到国家发展给每一位公民带来的人格尊严，注重对城镇现有居民生活和工作环境的持续改善，加强公共基础设施建设，确保流动人口工作和生活便利，创造越来越好的营商环境，培养全社会包容发展的人文情怀。第三，坚持城乡一体的政策目标。特别是从城乡一体化的土地资源配置系统入手，建立城乡统一的建设用地市场，深化征地制度改革，改变政策不公平导致的城乡二元结构。第四，坚持绿色发展的国际趋势。加强绿色科技创新，改变目前粗放的经济增长方式，调整产业结构，构建绿色经济体系，形成绿色生产生活方式，营造绿色生态环境。按照循环经济要求，规划、建设和改造各类产业园区，引进或研发关键链接技术，建设关键链接项目，最大限度地节能、节地、节水、节材，实现土地集约利用、能量梯级利用、资源综合利用、废水循环利用和污染物集中处理和再利用，逐步把工业项目布局与区域综合发展衔接，开创城市—区域发展模式[13]。

李小建等研究认为，全面审视新型城镇化，可以提出以下思路：①强调城乡协调，强调聚落本身的多样化，大小不同、功能不同的城乡聚落各有其存在的必要。新型城镇化就是要注意调整各类聚落的关系，使其更好地满足社会经济发展和人类居住的需要。②强调城市与农村聚落的景观多样性，强调景观的城镇化与人口城镇化相协调，居住的城镇化与公共服务的城镇化相协调，有形的城镇化与无形的城镇化相协调。③强调城镇化发展中的市场推动。在"城"与"市"的关系上，"市"（主要是经济活动）才是城市持续发展的动力。城镇化的进程应该主要依靠市场机制的作用，政府所做的，只能是顺势而为，恰当助推。④强调实施中的上下协调。尤其是规划论证中，一定要注意在宏观发展趋势下的村镇格局规划。如根据人口发展趋势和城市人口变化趋势，预测区域未来的人口发展；根据聚落等级—规模变化趋势测度未来各规模的村镇数量；根据聚落空间格局模型规划不同等级聚落的空间关系；根据各区位条件规划每个聚落的区位及发展阶段、发展规模[14]。

王发曾认为，如何以正确理念设计我国新型城镇化的实施道路等重大问题仍然存在许多认识误区，必须端正实施理念：认清新型城镇化的发展背景，不要用僵化的计划经济的一套代替社会主义市场经济体制；认清新型城镇化的发展目标，不要用外延扩张代替内涵优化，不能重规模、轻质量；认清新型城镇化的发展重点，不要眼睛只盯着城市而忽略了乡村和集镇，要大中小城镇协调发展；认清新型城镇化的发展主体，不要忽视多种社会力量的主体地位；认清新型城镇化的发展方式，不要单纯追求城镇化率而忽视

了城镇化水平的提高；认清新型城镇化的发展动力，不要忽略多种因素的综合效应[15]。

刘道兴认为，长期以来，把城市作为经济载体的思路主导城市发展，形成了"经济城市"规划建设和管理模式，导致城市出现种种弊端和"城市病"。实际上，城镇化应当以人为核心，城市首先是人居中心，应当把城市规划建设成为"人文城市"。而实现城市发展从"经济城市"向"人文城市"的转型升级，才是"新型城镇化"的点睛之笔。面对城镇化加快和城市规模急剧加大的新形势，河南省应当深刻把握人文城市建设的内涵、途径和举措，努力把河南城市打造成为历史文化厚重、时代特色鲜明的人文魅力空间，全面提高城市文化艺术品位，为建设美丽河南做出贡献[16]。

耿明斋等研究认为，要改变长期以来抑制大城市发展，鼓励中小城市和小城镇发展的惯性思维，厘清各种城镇化发展政策，剔除诸如放开中小城市和小城镇入户限制，鼓励农民进入小城镇，控制大城市规模和收紧大城市入户限制等提法和做法。将城镇化发展政策的重点放在扫清所有限制人口流动的政策和制度障碍上，鼓励人口在空间上和不同层级城镇之间自由流动。并把政府工作重点放在顺应人口流动趋势要求，满足各类不同规模城市基础设施建设和公共服务的需要上[17]。

郭军认为，从体制机制理论看，推进新型城镇化科学发展的着力点应在制度体制和国家治理能力两个维度上，在发展的轨道和发展的动力上。要全面正确履行政府职能，把城镇化发展纳入宏观调控体系，探寻完善城镇化健康发展的体制机制，达成城镇化发展和经济社会发展的互动性和正效性，重视决策权限划分和各主体利益保障，特别是农民利益的保障。城镇化是一个自然而然的过程，河南应当走农业人口向大中城市转移与向县城和小城镇集聚相结合多层次的城镇化发展道路，政府应依据各主体的动力需求来制定、调整、完善、创新现行制度、体制机

制和政策，推进新型城镇化的健康发展[18]。

李政新等认为，公共服务能力也是决定城镇化水平的重要因素。提高公共服务能力，首先需要中央和各级地方政府高度重视，加大投入；其次是鼓励社会资本为公共服务进行投入，使其成为混合物品[19]。赵书茂等提出了提升城镇吸纳就业、劳动者就业创业、公共服务保障、基础设施支撑等能力的对策措施；创新户籍和人口管理、转移人口市民化推进、成本分担、资金保障、城镇管理和社会治理等机制的关键环节；从能力建设和制度创新两个方面，构建促进河南农业人口转移市民化的引力系统和动力系统[20]。宋伟认为，城镇化的空间结构是由产业空间布局和就业地域结构决定的，城镇化的快慢主要是由农民工收入水平决定的，就业基础是人口城镇化的关键因素。就当前的政策选择来看，首先应扩大就业，不断强化新型城镇化的就业基础；其次应从城镇与农村两方面消除人口城镇化的制度障碍，构建农民进城的顺畅渠道；最后应进一步深化土地制度改革，让多数农民有机会分享土地增值收益，增加农民资产性收入，提高农民市民化的能力[21]。杨迅周等认为，分类推进、分类指导，积极探索各具特色的新型城镇化发展模式是新型城镇化的重要任务，其发展模式既包括不同地域模式，也包括不同领域发展模式。新型城镇化的不同地域发展模式有中心城市城区全域城市化模式、经济发达县（市）新型城镇化模式、都市区新型城镇化模式、传统农区新型城镇化模式等；不同领域发展模式有农业转移人口市民化发展模式、基本公共服务均等化发展模式、城市更新改造模式等。不同的发展模式具有不同的特征和发展重点。及时总结推广行之有效的发展模式，可以为全面深入推进新型城镇化提供示范[22]。

刘战国认为，构造中原城市群的战略重点是：第一，优先发展郑州市，构建"多中心"的大郑州都市区，使郑州成为国家级中心城市；第二，强化"多核心"的大郑州都市圈，构造郑州和洛阳双中心的结构模式；第三，放活外围区，建设安阳、三门峡、商丘、信阳、淮阳、周口六大副中心城市[23]。

朱美光认为，我国新型城镇化应处理好十种关系，即权益和利益、短期和长期、政府与社会、时间和空间、就业和创业、城市与交通、中心和外围、普遍和特殊、发展与生态、传承与创新的关系。李金凯认为，新型城镇化新在以人为本，是一场由政府主导，主要由农民完成的现代化过程。

王晨光认为，河南新型城镇化科学发展的文化机制构建应从四个方面着手：一是文化符号，就是在新型城镇化过程中应该留有历史的记忆，是人们对过去生活样式的一种纪念。二是文化归属感，就是在新型城镇化中，通过传统文化与现代文化的融合，以文化创新架构人文价值关怀，给人以认同感和归属感。三是文化传承，对于传统文化，要取其精华、去其糟粕，既要心存敬畏，百般珍惜，又不能因循守旧、故步自封，做到古为今用、推陈出新。四是人文关怀，就是建设以人为本的美丽家园，实现从经济城市到人文城市的跨越。

2.关于进一步推进新型城镇化的政策建议

第一，高度重视新型城镇化政策的公平性。中国特色新型城镇化是国家现代化的必由之路，推进新型城镇化是解决农业、农村、农民问题的重要途径，是推动区域协调发展的有力支撑，是加大内需和促进产业升级发展的重要抓手，对全面建成小康社会、加快推进社会主义现代化具有重大现实意义和深远历史意义。新型城镇化也是一个自然历史过程，是我国发展必然要跨越的经济社会发展过程。推进中国特色的新型城镇化必须从我国社会主义初级阶段基本国情出发，遵循规律，因势利导，使城镇化成为一个顺势而为、水到渠成的发展过程。在整个过程之中，破解"三农"问题是核心所在，而"三农"问题的核心是农民问题，然而农民问题现在最为急迫的仍然是提高收入问题，只有越来越多的农民收入不断提高，他们进入各类城镇的积极性、主动性、自觉性才能够迸发出来，形成顺应新型城镇化潮流的需要。现在，很多农民愿意进城，但进城成本过高，门槛过高，所以无法进城，或者无法落户，或者无法在城镇安居乐业，无法享受公平的公共政策。因此，破除各种进城政策的限制，全面落实党的十八届三中全会提出的"以促进社会公平正义、增进人民福祉为出发点和落脚点"显得特别重要，为中低收入者提供能够在城镇逐步安居乐业的实际条件，是所有新型城镇化政策的基本走向，也是中国特色社会主义制度的基本体现。

第二，坚持全面提高城镇化质量的正确方向。与国民经济发展速度适当调低相适应，新型城镇化要高度重视质量提升，把健康有序发展放在突出位置，通过具体有效的措施全面提升城镇发展质量。首先，要加快改革完善户籍管理制度，积极推动农业转移人口市民化。根据全国的基本格局，河南省户籍人口城镇化率每年都要适度超过常住人口城镇化率，促进户籍人口城镇化率与常住人口城镇化率差距逐步缩小，真正让越来越多的进城农民享受改革发展的成果。其次，要立足于本土优秀传统文化的挖掘、传承与创新，把以人为本、尊重自然、传承历史、绿色低碳、智慧发展理念融入城市规划全过程，提升城镇规划建设水平，发现和创新更多体现当地自然地理环境与人文特色的规划思想，切实把城镇规划建设成当地居民可亲可爱的家园，打造适宜的人居环境，建设富有特色的人文城市，让当地居民有为之骄傲的亮点。抓住全国性经济升级发展的战略机遇，全面调整城镇产业发展布局，完善"一个载体"、构建"四个体系"，推进产业集聚、人口集中、土地集约，促进大中小城市和小城镇协调发展，提升城镇经济发展质量。

第三，牢固树立新型城镇化以人为本的核心理念。以人的城镇化为核心，通过政策调整，合理引导人口流动，有序推进农业转移人口市民化，稳步推进城镇基本公共服务常住人口全覆盖，保障随迁子女平等享有受

教育的权利，加强基础教育和职业教育，不断提高人口科学文化素质，促进人的全面发展和社会公平正义，使全体居民共享现代化建设成果。在新型城镇化推进过程中，坚持以人为本，优先让进城农民享受到国家发展给每一位公民带来的人格尊严，特别是让进城农民在自己的孩子面前有做父母的尊严。以人为本还要体现在对城镇现有居民生活和工作环境的持续改善上，特别是对城镇公共交通、公共服务、看病、就业、上学、大气污染等具体事务，必须不断有所改善，不能一方面我们在高速推进城镇化，但现有城镇居民享受不到经济发展带来的实惠，反而天天感觉原有城镇越来越拥挤了、越来越污染了、越来越不方便了。同时，要加强公共基础设施建设，确保流动人口工作和生活便利，创造越来越好的营商环境和要素流动条件，培养全社会包容发展的人文情怀，让城镇多一些温暖与人情，少一些冷漠与鄙视，切实成为现代文明的集聚体。

第四，建立健全城乡发展一体化体制机制。城乡二元结构是制约城乡发展一体化的主要障碍，也是影响新型城镇化进程的主要障碍。必须通过全面深化改革建立健全新型城镇化体制机制，形成以工促农、以城带乡、工农互惠、城乡一体的新型工农城乡关系，让广大农民平等参与现代化进程，共同分享现代化成果。在改革创新方面，按照《国家新型城镇化规划（2014—2020年）》提出的"在符合规划和用途管制前提下，允许农村集体经营性建设用地出让、租赁、入股，实行与国有土地同等入市、同权同价"的要求，探索建立城乡统一的建设用地市场，使农民更大程度通过土地增值获得改革发展效益的空间，扭转目前在城镇发展建设用地中农民土地只能够单方面被征用的不合理局面。按照河南省委、省政府要求，要把握好"两个方面、一个抓手"：一方面，各地要依据《河南省科学推进新型城镇化三年行动计划》，大胆探索，积极作为，推进新型城镇化健康发展。另一方面，要分类指导、循序渐进推进

新农村建设，坚持以人为本、产业为基，城乡统筹、"五规合一"，因地制宜、分步实施，群众自愿、因势利导，以产业规模、生产方式、生产性质来决定村庄的位置、规模和形态。一个抓手就是推进城乡一体化示范区和全域城乡一体化试点建设，积累更多基层群众创造的鲜活经验与科学可行的做法，为实现城乡一体化发展奠定更加科学的政策与制度基础。

第五，积极推动城镇绿色发展。面对日益严重的环境污染，积极推动城镇绿色发展是我们面向未来科学理性的战略选择。绿色发展的本质是要形成城镇绿色发展模式，逐步改善工业化以来长期沿用的黑色发展模式，通过引进、研发、创新更多的绿色科学技术，务实地提高产业发展技术水平，降低经济增长中各种能源、资源、原材料等消耗，实现以人为本、人与自然全面协调的可持续发展。绿色发展的根本任务是营造城镇绿色生态环境，切实加强大中小城镇自然生态系统保护，加大森林、湖泊、湿地、绿地面积，保护生物多样性，大幅度增强生态产品生产能力，严格控制和治理各种工业污染和生活污染，扎扎实实改善我们赖以生存的城乡生态环境，建设美丽河南。

五、重要专题研究

1. 土地发展权研究

程传兴等一直关注中国农地非农化与粮食安全问题，研究提出中国城镇化加速推进所带来的耕地快速流失，已经严重地影响到国家的粮食安全。基于统计资料的分析发现，1985～2010 年中国耕地的流失与粮食净进口具有高度的相关性，13 个粮食主产区是耕地快速流失被迫调整的结果。城镇化对土地的刚性需求固然是耕地流失的主要原因，但是城市化和工业化的偏向发展战略却加速和放大了这一结果。粮食生产和耕地保护具有准公共产品的性质，如果仍然按照传统的区域发展政策和行政管理方式，则地方政府和中央政府在耕地违法开发上的政策博弈便会继

续延续，只有将其置于主体功能区的发展框架加以补偿才能收到预期的效果。因此，他们提出了以土地发展权推进主体功能区和耕地保护的政策工具。所谓土地发展权，是指改变土地用途的权利，一般是指土地开发获取更高土地增值收益的权利，是土地产权束中的一束。根据产权理论，产权是由一组权束组成，且每一束产权可分离并进行交易。土地发展权可以作为农地和开阔空间的保护工具。土地发展权对农地的保护主要是通过土地发展权的交易来实现，包括土地发展权的购买和土地发展权的转让。土地发展权的购买是指国家对农地转换其使用权利的购买，以换取农民放弃对土地的开发。土地发展权的转让是以市场为基础的交易行为。研究还提出了土地发展权购买运作的具体思路。第一，国家对"三农"发展的补贴资金、对粮食主产区的扶持资金打包形成粮食主产区的"土地储备金"，用于购买土地发展权。第二，土地储备基金一部分用作现代农业发展基金，鼓励土地流转和规模经营；另一部分用作对农村迁移农民的土地资产置换和空心村的土地整治，鼓励农民工市民化，即通过对有条件落户城市农民的承包经营权和宅基地的购买，使其完全从土地上退出。第三，"土地储备基金"运作组织必须对整个运作过程进行严格的监督，包括对社区建设、部分农民的退出与迁移、退出后的土地整治、土地流转及其效率等，如果运作绩效不佳，国家可以问责，直至拒绝对发展权的购买的支付[24]。

2. "丝绸之路经济带"研究

李庚香和王喜成研究新"丝绸之路经济带"的战略特点与河南的积极融入，富有特色。他们认为，历史上的丝绸之路是古代东西方贸易交流的重要通道。自 2013 年中国提出共建丝绸之路经济带和 21 世纪海上丝绸之路的战略构想后，为古丝绸之路赋予了新的时代内涵，得到了国际社会的积极响应。河南位于"一带一路"的重要节点上，具有不可替代的区位优势、基础优势和文化资源优势，推进丝绸之路经济带建设为河南融入全

球价值链、融入全球市场提供了重要机遇。河南要以国际视野和战略思维抓住这一战略带来的机遇，明确定位，找准融入的突破口和有效途径，以积极主动的态度融入丝绸之路经济带建设。一要充分发挥区位优势。河南省地处中国中部，承东启西、连南贯北，是丝绸之路经济带向东延伸的腹地和端点，也是国家"两横三纵"城镇密集区和经济发展轴的黄金交汇点，具有不可替代的区位优势。二要加强战略腹地内涵建设。国家丝绸之路——陆桥经济带的规划建设为处于亚欧大陆桥战略腹地的河南做强工业、做大服务业、做优农业提供了新的发展机遇，也为河南推进新型城镇化、加快中原城市群发展提升郑州全国区域性中心城市地位并进而向国家中心城市目标迈进提供了前所未有的战略空间。三要加强交通枢纽建设。河南要融入丝绸之路经济带，加强交通枢纽建设至关重要。河南地处中原，连南贯北，始终是中国最大的交通枢纽，在铁路、公路、航空、信息等领域都具有独特优势，需要继续在建设综合性大型交通枢纽上发力，提升交通枢纽优势，向国际化枢纽迈进，为丝绸之路经济带添彩。四要构建东西双向开放的战略格局。河南地处欧亚大陆桥东端，处于全国"两横三纵"城市化战略格局中陆桥通道和京广通道的交汇处，向东承接长三角等东部沿海发达区域，可以通过连云港直面太平洋，涵盖沿海各省份，连接海上丝绸之路；向西贯通广大西部内陆地区，是西部的前沿，通向亚欧大陆；向北对接京津冀等北方经济；向南连接珠三角和长江中、上游地区等南方经济，是国家最新城镇化战略格局中陆桥通道横轴和京哈京广通道纵轴的交汇处，是京津冀、长三角、珠三角等沿海发达地区输欧产品的汇集点，也是中亚、欧洲输入货物的分拨地。河南要抓住建设"一带一路"这个机遇，优化外向发展战略，构建东西双向开放的大格局。五要抓紧申建郑州自由贸易区。河南要对自己的区位优势有一个清晰认识，加速将区位优势转变为竞争优势，要抓紧申请建设

自由贸易试验区，以此为平台实现全方位开放发展。六要加强经济技术合作。丝绸之路经济带沿线各国各地具有不同的比较优势，融入丝绸之路经济带应加强与沿线各国各地的广泛合作。七要加强文化旅游教育合作。丝绸之路经济带建设与古丝绸之路一脉相承，不仅要实现经济、商贸、能源的联系，还要增进文化和文明的交流与互动。八要加强服务体系建设。以更加开放的发展基础，融入丝绸之路经济带，搞好相关服务和工作至关重要[25]。

3. 互联网经济研究

作为一个新领域，互联网的发展，经历了从工具到渠道再到基础设施与互联网经济的认识过程。当今中国，互联网对广大老百姓影响深刻，甚至一个微信，造就全中国"低头一族"成为信息化时代的一种特殊现象。特别是伴随移动支付的迅速普及，互联网对生活方式和消费方式都产生了越来越大的影响。因此，研究互联网经济成为一种新的热点。

王千开展"微信平台商业模式创新研究"，提出商业模式是企业获得竞争优势的关键，平台竞争是数字化时代下企业进行商业模式创新的主要表现形式。微信平台借助网络效应构建了其商业模式架构，崛起成为新的电商入口和营销渠道。在网络效应的驱动下，微信实现了用户规模加大、平台附加产品丰富和第三方应用接口增加，支撑了微信平台运作体系，同时改变了传统商业模式的要素构成、要素关系和盈利模式。其中，微信平台的定价结构是决定其盈利的关键。微信若要持续高效运营，需要处理好平台上多边群体的关系，维护多方利益平衡发展，打造一个多方合作共赢的平台生态圈[26]。王千还进行了"互联网企业平台生态圈及其金融生态圈研究"，提出共同价值理论奠定了互联网企业平台生态圈及其金融生态圈的理论基础，从共同价值的视角看，大数据时代的共同价值包括基于"货币"的价值创造和价值转移、基于"信息数据"的价值创造和价值

转移以及核心能力柔性化的价值创造和价值转移。互联网企业基于共同价值构建平台生态圈与金融生态圈，把价值活动变成柔性动态系统，既可规避核心能力刚性风险，又可满足多边群体价值转移多元化需求，其独特的双向协同驱动创新机制有助于推动互联网企业平台生态圈与金融生态圈的不断拓展[27]。

石立帅进行"影响跨境贸易人民币结算发展的宏观经济因素实证分析"，提出我国跨境贸易人民币结算起步较晚，发展过程中存在着许多问题。国内对跨境贸易人民币结算这一问题的研究主要集中在发展存在的问题及风险，对结算参与微观主体意义，以及对外贸经济的推动作用几个方面，基本停留在微观研究层面，而对宏观层面影响因素的研究不足。从宏观层面上研究影响跨境贸易人民币结算的经济因素，分析对外贸易、外汇储备、汇率、货币供给等宏观经济变量对跨境贸易人民币结算发展的影响，将有利于厘清人民币国际化发展的内生动力，对未来人民币国际化的发展起到重要的政策指导作用[28]。

周文蕾进行"互联网金融发展研究——由余额宝引发的经济学思考"，提出 2013 年 6 月支付宝推出余额增值服务——余额宝，其规模仅半年就蹿升到 2500 亿元，创造了中国货币基金界的发展奇迹。与此同时，余额宝的"井喷式"发展也再一次催生了公众对互联网金融的讨论，文中首先以剖析余额宝的实质为切入点，简要介绍我国互联网金融的发展现状，进一步阐述互联网金融的优劣面，探讨了互联网金融的未来发展，并提出了相关的政策建议[29]。

刘静静发表"对比分析众筹在我国的发展"一文，从众筹的起源入手，介绍了众筹的定义及其分类，通过与证券发行、非法集资及项目融资的比较，分析了众筹利用互联网的普惠金融进行小额融资，以项目为中心、高风险高收益等特点；随后通过简析美国出台的众筹监管法案，引出对我国众筹监管的看法；最后，阐述了我国众筹的发展现状，

比较新颖[30]。

参考文献

[1] 喻新安，赵铁军等．实现中国梦需要中原更出彩——学习习近平总书记在河南考察时的重要讲话 [N]．河南日报，2014-08-28（4）．

[2] 喻新安，谷建全等．实现中国梦需要中原更出彩——学习习近平总书记在河南考察时的重要讲话 [J]．中州学刊，2014（6）：5-11．

[3][4] 李庚香．全面深化改革坚定"三个自信"务实推进"四个河南"、"两项建设"——学习习近平总书记在河南调研指导重要讲话的体会 [J]．河南社会科学，2014，22（7）：1-7．

[5] 刘道兴．肩负历史使命建好战略支点 [N]．人民日报，2014-11-25（13）．

[6] 张占仓．主动打好"四张牌"积极适应新常态 [J]．党的生活，2015（4）（上）：26-27．

[7] 河南省全面建成小康社会　加快现代化建设战略纲要 [N]．河南日报，2015-01-05（1）．

[8] 张占仓，杨迅周．中国经济新常态与河南的新机遇 [N]．经济视点报，2014-11-06（3）．

[9] 张占仓．中国经济新常态与可持续发展新趋势 [J]．河南科学，2015，33（1）：91-98．

[10] 喻新安，谷建全，王玲杰等．河南实施三大国家战略规划的总体评估 [N]．河南日报，2014-12-31（12）．

[11] 张占仓，孟繁华，杨迅周等．完善体制机制　推动河南新型城镇化科学发展——河南发展高层论坛第 61 次会议综述 [J]．河南科学，2014，32（7）：1329-1334．

[12] 王永苏．科学推进新型城镇化必须着力深化体制机制改革 [J]．河南科学，2014，32（6）：911-918．

[13] 张占仓，王学峰．从皮克迪新论看我国新型城镇化的政策走向 [J]．河南科学，2014，32（6）：930-938．

[14] 李小建，罗庆．新型城镇化中的协调思想分析 [J]．中国人口·资源与环境，2014，24（2）：47-53．

[15] 王发曾．从规划到实施的新型城镇化 [J]．河南科学，2014，32（6）：919-924．

[16] 刘道兴．从"经济城市"到"人文城市" [J]．河南科学，2014，32（6）：925-929．

[17] 耿明斋，曹青．河南省城市结构及城市形态的演进与预判 [J]．河南科学，2014，32（6）：

939-948.

[18] 郭军. 科学推进新型城镇化 [J]. 河南科学, 2014, 32 (6): 949-952.

[19] 李政新, 刘战国. 试论开封向中原经济区副中心城市迈进的战略取向 [J]. 河南科学, 2014, 32 (6): 958-963.

[20] 赵书茂, 马秋香. 促进河南省农业人口转移市民化的思考 [J]. 河南科学, 2014, 32 (6): 953-957.

[21] 宋伟. 从就业基础看河南新型城镇化的政策选择 [J]. 河南科学, 2014, 32 (6): 970-974.

[22] 杨迅周, 杨流舫. 中原经济区中心城市城区新型城镇化水平综合评价研究 [J]. 河南科学, 2014, 32 (6): 964-969.

[23] 刘战国. 构建郑州国家级中心城市问题探讨 [J]. 河南科学, 2014, 32 (6): 975-979.

[24] 程传兴, 高士亮, 张良悦. 中国农地非农化与粮食安全 [J]. 经济学动态, 2014 (7): 87-96.

[25] 李庚香, 王喜成. 新 "丝绸之路经济带" 的战略特点与河南的积极融入 [J]. 区域经济评论, 2014 (6): 44-52.

[26] 王千. 微信平台商业模式创新研究 [J]. 郑州大学学报 (哲学社会科学版), 2014 (11): 87-91.

[27] 王千. 互联网企业平台生态圈及其金融生态圈研究——基于共同价值的视角 [J]. 国际金融研究, 2014 (11): 76-86.

[28] 石立帅. 影响跨境贸易人民币结算发展的宏观经济因素实证分析 [J]. 金融机遇研究, 2014, 27 (3): 24-29.

[29] 周文蕾. 互联网金融发展研究——由余额宝引发的经济学思考 [J]. 时代金融, 2014 (3) (下): 46-47.

[30] 刘静静. 对比分析众筹在我国的发展 [J]. 企业技术开发, 2014 (7): 117-118.

创新驱动　创造未来[*]

中国经济进入新常态，经济发展动力由过去主要依靠投资、出口带动，转向主要依靠创新驱动。在中国发展动力转变过程中，中原大地的做法也具有典型性和代表性。

河南省委、省政府一直高度重视创新驱动，先后出台了一系列促进创新发展的政策措施。特别是重视人才引进、培养和使用、用最大的努力投入财政经费支持研发、鼓励全社会兴办各种科研机构、持续培育各种创新平台、扩大国际合作与交流等，使全省科技创新支撑经济社会发展的能力不断提高。在经济发展下行压力巨大的情况下，2015年前三季度全省GDP增长速度达8.2%，高于全国平均水平1.3个百分点，成为全国发展比较活跃的省区之一，就是创新驱动能力持续提升最好的标志。

因为支撑这种发展业绩的内在动力，切实来源于科技创新。2015年前三季度，全省高成长性制造业增加值增长11.7%，高于全省规模以上工业增加值增速3.2个百分点；对工业增长的贡献率为60.6%。全省高技术产业增加值增长23.8%，高于全省工业15.3个百分点，对工业增长的贡献率从上年同期的10.8%提高至19.2%，这就是创新驱动的力量。

经过全省科技界的长期努力，中原大地不仅拥有占全球市场份额最高的盾构机，在全球超高压领域领先的输变电装备等大型工业装备，也拥有在"互联网+"领域处在前沿地位的传感器，在全球处在垄断地位的超硬材料等高精尖产品。持续创新，特别是进一步引导和鼓励青年一代创业和创新，河南的明天一定会更加美好。

---

* 本文发表于《河南日报》2015年11月16日第1版。

创新发展的历史规律与战略措施[*]

摘要　党的十八届五中全会提出："坚持创新发展，必须把创新摆在国家发展全局的核心位置，不断推进理论创新、制度创新、科技创新、文化创新等各方面创新，让创新贯穿党和国家一切工作，让创新在全社会蔚然成风。"这是我们国家有史以来把创新发展放在最高的战略位置，也是我们对当代中国发展规律认识的一次历史跨越。近代科技发展，已经历了五次科学中心转移过程。这五次转移的历史规律比较清楚，都是由人才培养和集中积累集聚并导致重大科技创新驱动的，而在这些重大创新中青年人才发挥了特别重要的作用。当今中国，已经是科技创新大国，未来需要按照创新发展的最新理念迈向科技强国。为此，建议把创新发展作为我国未来经济社会发展的主旋律，坚定创新发展的信心，积极提供创新发展的资本支撑，全面开展基本的创新训练。

关键词　创新发展；"十三五"规划；发展战略；五大理念；中国发展

党的十八届五中全会提出："坚持创新发展，必须把创新摆在国家发展全局的核心位置，不断推进理论创新、制度创新、科技创新、文化创新等各方面创新，让创新贯穿党和国家一切工作，让创新在全社会蔚然成风。"这是我们国家有史以来把创新发展放在最高的战略位置，也是我们对当代中国发展规律认识的一次历史跨越，为我们制定"十三五"规划提出了新的更高的要求。

一、认真探寻创新发展的科学规律

历史上，中国是善于发明创造的大国，早期的四大发明曾经对全世界发展进步产生重要影响。13世纪开始，中国四大发明陆续传入欧洲，对欧洲的文艺复兴运动乃至资本主义社会的发展起到了重要作用。14~15世纪，文艺复兴运动在意大利兴起，并因此带来科学、艺术、人本思想的革命，造就了一批著名的科学家，他们强调通过科学实验和实际观察来认识自然、认识世界、发现规律，反对仅仅依靠逻辑推理来认识事物。代表人物有日心说创立者哥白尼和开创实验科学的伽利略等，他们推动产生了西方近代科学，近代科技的第一个中心在意大利形成，并随之成为当时世界经济中心。

17世纪初到1830年，伴随英国一批青年科技创新人才的快速成长和涉及产业发展的一大批科技创新成果的广泛应用，世界科技中心又转移到英国。近代科学发展形成高潮，技术革命也取得突破，尤其是蒸汽机的发明，以及工厂制度的建立等，导致在英国发生了第一次工业革命，经济发展实现了工业化。18世纪初到19世纪初，在英国繁荣发展的同时，法国出现了一次思想大解放，提倡民主和科学。在牛顿学说的影响下，出现了一批科学家和有重大影响的科研成果。如著名数学家及力学家拉格朗日、数学和天文学家拉普拉斯、现代化学之父拉瓦锡等，实现了第

* 本文发表于《区域经济评价》2016年第1期第35~39页。

三次世界科技中心的转移。19世纪后期，由于德国重视理性、重视应用，德国政府重视知识创新，改革教育制度，创办专科学院和大学，造就了一大批著名科学家，如数学家雅可比、高斯，物理学家欧姆，化学家李比希等。德国重视技术教育与科学研究的组织，用了差不多40年的时间，完成了英国100多年的工业化过程，成为新的世界科技中心。

美国独立战争之后，在《美国宪法》中明确了发展科学技术的方针，历任领袖都重视科学技术，有的本身就是科学家，如本杰明·富兰克林和第三任总统杰弗逊。美国政府很早就明确以教育带动科研，对教育采取特殊优惠政策，赠予美国一批大学土地，每个州至少建立1所农业和机械院校等，加上移民文化包容性较好的影响，出现了大发明家爱迪生。爱迪生发明了电灯，建立了世界上第一个发电厂，引起了美国乃至全世界电力技术革命。两次世界大战期间，美国抓住机会，采取拿来主义，通过宽松的移民政策大批吸收人才，一批著名科学家被吸引到美国。如提出相对论的爱因斯坦，著名物理学家费米等。20世纪40年代，美国还留下了不少来自中国的科技人才，如杨振宁、李政道、钱学森等人。第二次世界大战期间，美国快速增加对科技的投入，从1939年的1亿多美元增长到1945年的15亿美元。这一系列举措促使美国在发展完善欧洲工业技术体系的基础上，新发展了汽车、飞机和无线电三大产业，率先进行了第三次技术革命，包括原子能、计算机、空间技术、微电子技术等，在一些重要的科学技术领域均获得重大创新和突破，成为世界科技中心和第一经济强国。

世界科技中心这五次转移的历史规律比较清楚，都是由人才培养和集中积累集聚并导致重大科技创新驱动的，而在这些重大创新中，青年人才发挥了特别重要的作用。因此，人才是科技创新最重要的资源。而罗马、伦敦、巴黎、柏林、纽约等世界性中心城市的发展历史也证明：首先是科技中心，其次是产业中心，最后才是经济中心和金融中心。

18世纪发源于英格兰中部地区的英国工业革命标志着人类用机器生产代替手工劳动的开始，科技创新是最为直接的推动力量。其中，一大批年轻人的重大创新发挥了支撑作用。此后，德国最先认识到科技创新的重要性，韬光养晦坚持几十年政策不变，向英国派遣大批青年学生，向英国学习，以科技创新推动经济社会发展，引致大量青年人才迅速成长，到19世纪后期迅速上升为全世界的新兴科学中心，进而成为全球的经济中心。后来，美国以宪法的方式把科技创新放在战略位置，并坚持把吸引人才、培养人才、为青年人才实现梦想创造条件作为国家战略，导致全球人才持续向美国集中，造就了美国长达几十年的繁荣与发展。

二、充分认识创新发展的历史意义

当今世界，科技革命和产业变革方兴未艾，科技创新成为重塑世界格局、创造人类未来的主导力量。创新发展之所以在我们"十三五"规划中被放到如此高的战略地位，确实是我们经济发展方式转变的历史需要，也是我国跨越"中等收入陷阱"的历史需要，更是我们由经济大国逐步迈向经济强国的历史需要。

创新发展是我国发展动力转换的急需。我国经济的快速增长已持续30多年，人均国内生产总值达到了中等国家收入水平。纵观世界各国经济发展历史，这个阶段如果没有创新的引领和支撑，经济增长就可能出现徘徊不前的局面，甚至像南美一些国家一样，陷入"中等收入陷阱"。因此，我国经济发展进入新常态，发展动力需要从过去要素驱动转换到创新驱动，要让我国经济发展越过这道坎，跨上一个新台阶，就必须在创新下功夫。大力推进创新，就成为未来发展的关键之举。也只有大力创新，我们才能从世界经济大潮的追随者逐步变为引领者。这也是最近习近平总书记、李克强总理反复强调的加强供给侧结构性改革，增强经济持续增长动力的本意所在。所谓供给侧结构性改革，就是在经济社会发展最缺乏领域加强供应。我国传统产业规模宏大，不少领域甚至产能过剩。但是，高新技术领域、国际前沿科技领域创新、高水平大学等供应明显不足，而把创新发展放在五大发展理念之首，就是要调整全社会资源配置结构，在这些短缺领域加强供给，为国家发展注入活力。

创新发展是经济社会发展的第一推动力。抓创新就是抓发展，谋创新就是谋未来。放眼中国，创新对我国经济社会发展的支撑和引领作用日益增强，不创新的领域普遍步履艰难，而像阿里巴巴、腾讯、华为等这些创新型企业，却一直发展活跃，一再创造"吉尼斯世界纪录"。特别是当很多传统企业为经济下行苦不堪言时，阿里巴巴天猫网站却在2015年"双11"创造了一天销售额912.2亿元、共232个国家和地区参与当天的购物的全球纪录。这么现实的反差，使我们看到，创新意识不强、创新理念落后、创新水平不高、创新投入不足，是造成我国经济大而不强、快而不优的重要原因。我们在和平融入全球的过程中，要在激烈的国际竞争中赢得战略主动，就必须把发展的基点放在创新上，实现更多依靠创新驱动、发挥先发优势的引领型发展。

创新发展是经济社会发展的新引擎。在中国经济新常态下，从供应侧增强创新能力，就是打造经济社会发展新引擎，提高经济社会发展短缺资源供给水平。所以，创新发展是一项涉及全局的战略任务，是经济社会发展的新动力。坚持创新发展，靠创新塑造增长的新动力、打造发展的新引擎，才能不断增强经济社会发展活力，为我国引领经济发展新常态、实现转型升级提供坚实支撑。

创新发展的关键是理论创新。理论是发展的先导，创新发展依赖于发展理论创新。而理论创新往往起始于思想观念上的突破，引发思维"范式"变化，发现新的问题，并寻求解决问题的途径。新问题、新矛盾的解决，又会开拓出全新的发展空间，形成新的发展方式。所以，把创新发展摆在国家发展全局的核心位置，必须把解放思想、创新发展理念作为创新的灵魂。只有这样，才能动员千百万人解放思想、开动脑筋，发挥人们的无限想象力、创造力，让创新发展成为时代潮流，成为我们国家一场新的历史性变革。因此，现在开始的新一轮创新发展，将以13亿中国人民的伟大实践历史性地探寻与创新发展中大国新的发展经济学理论。

三、加快创新发展的战略措施

第一，把创新发展作为我国未来经济社会发展的主旋律。全世界发展的历史证明，一个国家要想成为世界的经济中心，必须先成为世界的科学中心，而每每成为世界的科学中心，都必须经历一场思想解放运动，为全社会形成新的发展理念、新的思维"范式"、新的哲学概念、新的价值取向做出历史性铺垫。新中国成立60多年来，经过1957年毛泽东主席提出"向科学进军"的号召，在全国迅速建立起来至今架构比较稳定的专业科研系统，为国家在科技资源非常有限条件下开展急需的科研工作奠定了体制基础；到邓小平1984年提出"科学技术是第一生产力"，引致1985年开始的科技体制改革，形成科学技术成果向生产领域快速转化的历史高潮；1995年，党中央提出"科教兴国"战略，使全社会的资源开始大规模地向科教领域倾斜，科教发展迎来全面加快进步的机遇；2012年，党的十八大报告提出"创新驱动"战略，使科技创新成为经济社会发展的重要动力；在中国发展进入新常态的条件下，党的十八届五中全会提出五大发展理念，而且把创新发展放在第一位，处在空前的战略高度，标志着中国全面进入创新发展新阶段。所以，顺应历史进步的潮流，未来创新发展将成为我国经济社会发展的主旋律。在国家创新发展意志支撑下，中国就可能成为世界科学中心。一旦成为世界科学中心，就有条件支持中国成为世界经济中心，那么中华民族伟大复兴的中国梦就一定能够实现。

第二，坚定创新发展的信心。2013年9

月 23 日到 2014 年 9 月 22 日，中国学者发表在顶级学术期刊《自然》系列杂志上的论文总数量达到 647 篇，比 2012 年 458 篇增长了 41.3%，比 2000 年增长 100 倍以上。《自然》杂志分析认为，中国正在成为科技论文发表和科研产出的国际领先力量。2015 年 6 月 18 日，《自然》杂志发布 2015 年全球自然指数（2015 Nature Index）。此次发布的 2015 全球自然指数涵盖了 2014 年 1 月 1 日至 12 月 31 日发表在 68 种世界一流科研期刊上的 57501 篇论文。其中，中国科学院继 2013 年后仍是自然指数中位列全球第一的科研机构。联合国教科文组织报告显示，中国研发支出占全球的 20%，超过欧盟和日本，升至全球第二位，仅次于美国的 28%。世界知识产权组织 11 月 11 日发布《2015 年世界知识产权报告：突破式创新与经济增长》，分析了 3D 打印、纳米技术和机器人工程学等拥有促进未来经济增长潜力的新技术，指出中国是在这 3 项最尖端前沿技术创新方面唯一向先进工业化国家靠近的新兴市场国家。自 2005 年以来，在这 3 个领域全球 3D 打印和机器人工程学的专利申请中有超过 1/4 来自中国，占比为世界之最。在纳米技术方面，中国是第三大专利申请来源国，占全球申请量的近 15%。相对于更早建立的创新型国家，在中国的专利格局中，大学和公共研究机构的身影更为显著。因此，中国是科技创新大国已成为全球共识。与发达国家相比，我们虽然高端人才不足，但是善于创业创新的 35 岁以下的青年人才资源非常充足，为创业创新提供了源头活水。近两年在全球经济下行压力下，我们之所以还能够顶住压力，一直保持经济中高速增长，实际上也是我们内在科研力量持续发力的重要体现之一。所以，国家把创新发展放在如此空前的战略高度，我们必须抓住机遇，坚定创新发展的信心，乘势而上，把创新发展放在整个"十三五"规划的核心位置，确实让创新贯穿经济社会发展的一切工作，让创新在全社会形成一种浓厚氛围，让创新的激情激励一代人成长。借鉴国内外的经验，做好

创新工作，需要强大的价值引导力、精神推动力、体制机制支撑力和创新者坚强的意志力。因此，在社会价值观取向上，需要大力弘扬讲究科学、注重创新、崇尚创业、探寻规律的创新文化，引导适合创新的青年人树立敢于创业、善于创新、乐于创造、勤于探索的价值观。要通过教育引导、树立典型、持续宣传、交流经验、组织创新大奖赛等手段，让创业创新深入人心、形成共识、产生社会共鸣。在体制机制创新上，要通过打造鼓励创新、宽容失败的具体政策环境，特别是财政支持政策和资本激励政策，弘扬全社会奋发进取的开拓创新精神，让越来越多的青年人愿意投身于"大众创业、万众创新"的时代洪流之中，为创新发展奉献青春与激情，为自己的人生书写青春之花绽放的诗篇。

第三，积极提供创新发展的资本支撑。在全社会鼓励创业创新的宏观环境下，创业创新者的愿望是美好的，但客观上风险也是很大的。而国内外成功的经验表明，能够为这种高风险买单的往往是资本市场，是愿意承担创新风险的投资者和投资机构。在一些发达国家，交易兴旺的资本市场催生了风险投资基金、股权投资基金等，不仅通过市场机制大范围分散了风险，也加快了创业者财富集中的速度，让诸多有才干、有想法、有志气、有理想的年轻人才脱颖而出，成为创业创新成功的楷模。目前，我国资本市场在新股发行、信息披露、交易监管和与国际接轨等环节都在加快改革步伐，习近平总书记对资本市场特别关心，并提出了明确的要求，中小板市场、创业板市场和新三板市场发展活跃，为广大创业创新者提供了有力支持和制度支撑。国家和地方财政资金也都纷纷拿出比较大的数额，设立创业创新基金，鼓励更多人投身于创业创新行列。为了鼓励社会资本进入创业创新领域，为创业创新者提供较低的进入门槛，我们还需要在建设各种类型众创空间、搭建创新平台、推动众筹普及、创建众包众扶模式、探索"互联网+"创新平台方面加大力度，建设更多的创业创新基地、

创业扶持基金及创业创新指导机构，为创业者提供尽可能多的资本、平台和政策支持。从目前全国中小企业发展的实际环境分析，金融资源不足、创新型金融产品少仍然是最大的发展障碍之一。因此，建议在"十三五"期间按照中央加快供给侧结构性改革的要求，大幅度提高高端服务业供应能力，迎接中国服务业发展的黄金时代。加快金融市场改革与发展，进一步扩充资本市场，破解创新金融产品长期供给不足问题，为创新发展提供补血式的金融支持，为改善创业创新资本环境提供支撑。在位居天下之中、人口集聚迅速的郑州，创建国际化的金融创新论坛，吸引国际金融资源和金融业大咖，吸引年轻创业创新人才，让现代金融业发展的雨露滋润中西部地区的相对干涸的大地，为中国崛起培育新的区域支撑。

第四，全面开展基本的创新训练。中国进入公众创新阶段，万众创新热潮正在蓬勃兴起，而创新拥有自己的规律。比如说，35岁以下的青年人创新的成功率比较高，因为这个年龄段的青年人精力充沛，敢想敢干，容易取得突破；在时代大变革时期，创新进展比较快，因为这个时候社会对创新需求更加旺盛；在国家推动实施"互联网+"战略特殊背景下，充分利用互联网这种信息社会的基础设施，创新的成本相对会比较低，起步比较快，成效比较显著；围绕青年人的实际需求进行创新，市场开拓会比较快，因为青年人的实际需求，就是未来社会需求变化的趋势，赢得青年人的青睐，就能够赢得未来，等等。对于类似这样的最基本的创新规律，我们有必要在创新创业指导中，对新进入者、

特别是青年人进行免费的培训或者训练，有利于提高全社会创新的成功率。同时，创新支持政策非常重要，特别是激发青年人创业创新的具体政策需要进一步细化，并落到实处，促进越来越多的青年人踊跃投入创新的时代洪流。

当今中国，创新发展历史性地走到了民族进步的最前端。创新是时代的呼唤，是历史的机遇，是国家发展的历史需要，是有志青年的战略选择。我们真诚期望，全社会共同努力，开创我国创新发展的新篇章，造就一代创新成功的新英才，用创新激发国家新一轮发展活力。

参考文献

[1] 张占仓. 论创新驱动发展战略与青年人才的特殊作用 [J]. 河南科学，2014，32（1）：88-93.

[2] 白春礼. 创造未来的科技发展新趋势 [N]. 人民日报，2015-07-05.

[3] 新华网. 落实发展理念 推进经济结构性改革 [EB/OL]. （2015-11-10）[2015-11-15]. http: //news. xinhuanet. com/politics/2015-11/10/c_1117099263. htm.

[4] 赵振杰. 天猫双"11"交易额912亿 [N]. 河南日报，2015-11-12.

[5] 张占仓. 我国"十三五"规划与发展的国际环境与战略预期 [J]. 中州学刊，2015（11）：1-6.

[6] 李克强. 全面建成小康社会新的目标要求 [N]. 人民日报，2015-11-06.

[7] 吴宏亮. 现代化理论的创新发展 [N]. 河南日报，2015-11-12.

[8] 杨晓东. 把创新摆在国家发展的核心位置——访中央编译局秘书长、研究员杨金海 [N]. 河南日报，2015-11-11.

必须毫不动摇地坚持发展第一要务[*]

在河南省十二届人大六次会议上，时任河南省委书记、省人大常委会主任谢伏瞻指出，决胜全面小康，必须毫不动摇地坚持发展第一要务。发展是解决一切问题的基础，是富民强省的必由之路。这是河南省委对全省人民发出的明确指令，也代表了全省广大人民的心声，更是我们全面建成小康社会的力量之源。

一、发展是凝神聚力的基础

按照党的十八大的战略部署，到2020年，河南省要与全国一道实现全面建成小康社会的战略目标。对河南省来说，2016年是对未来发展影响巨大的"十三五"开局之年，必须有一个良好的开端；是启动全面建成小康社会历史伟业的关键之年，必须顺利启动一系列重要工作，才能够让全省人民对全面建成小康社会充满信心；是充分认识新常态、主动适应新常态、努力引领新常态、展现新常态下新作为的特别重要的转型发展之年，必须用我们较好的发展业绩显示出中原崛起的历史趋势，为全国发展做出更大贡献。我们有十分重要的历史责任，让中国经济新常态在中原大地显示出更好的速度变化、结构升级、动力转换的韧性，更好地表现出新的发展动能。

确保如期全面建成小康社会，是河南省未来几年最为重要的战略任务。按照2015年发展指标分析，河南省人均GDP按户籍人口计算为全国平均水平的70.1%，按常住人口计算为全国平均水平的79.3%，差距都比较大。短短几年，要想与全国缩小差距，在2020年顺利实现全面建成小康社会目标，时间非常紧迫，任务十分艰巨。我们既要按照国家的战略部署，陆续完成粮食生产核心区、中原经济区、郑州航空港经济综合实验区、郑洛新国家自主创新示范区等国家战略规划的发展任务，又要充分认识"十三五"时期我们处在特殊机遇期，国家给予我们的支持力度特别大。2016年1月中国（郑州）跨境电子商务综合试验区获批，3月郑洛新国家自主创新示范区获批，2015年12月郑州成功举办上海合作组织成员国政府首脑会议，2016年下半年还将召开亚洲博鳌秋季论坛。这些新举措新气象为我们实现跨越式发展注入强大的新动力。

我们要以更多的政治担当、更大的历史责任感、更强的爬坡过坎精神，紧紧扭住发展不放松、一心一意谋发展、心无旁骛干事业，始终坚持以经济建设为中心，凝聚全社会方方面面的力量，锐意进取、开拓创新，敢于先行先试、善于坚持不懈、乐于拼搏奉献、勤于孜孜不倦，推动全省经济社会持续以较高速度、较高质量加快发展。我们必须用发展的智慧凝聚时代的力量，用发展的旗帜引领社会进步的形态，用发展的举措创造干事创业的环境，用发展的真实业绩让广大民众有更多获得感。

二、以新理念引领新发展

党的十八届五中全会提出了"创新、协调、绿色、开放、共享"五大发展理念，为我们党带领全国人民夺取全面建成小康社会决战阶段的伟大胜利，不断开拓发展新境界，

———————
[*] 本文发表于《河南日报》2016年5月11日第10版。

实现发展新跨越，创造发展新优势，提供了强大的思想武器。

创新发展是实现"五位一体"总体布局下全面发展的根本支撑和关键动力。我们要充分利用国务院批准建设郑洛新自主创新示范区的特殊机遇，在理念创新、体制创新、科技创新、组织创新、管理创新等方面全面发力，以吸引人才、重用人才、发挥青年人才作用、倡导大国工匠精神为支撑，持续推动"大众创业、万众创新"，在已经初具优势的智能终端设备制造、信息技术安全、大型盾构机国际化、新动力汽车研发、铝加工高端产品规模化、"金融豫军"发展壮大、新经济拓展等具有战略意义的领域投入足够的人力、物力、财力，让创新成为时代的最强音，引领全省发展的新趋势。

协调发展是提升发展整体效能、推进事业全面进步的有力保障。河南省现有发展中，城乡不协调、行业不协调、部门不协调、传统产业与战略性新兴产业不协调等问题依然突出，我们促进协调发展的任务更重，特别是我们城镇化水平比全国低 9.5 个百分点，是制约我们协调发展的最为突出的内在因素。坚持按照 2015 年底中央城市工作会议的要求，推进新型城镇化，让符合条件愿意进城的农民顺利融入城市，是我们推动协调发展的主要抓手。

绿色发展是实现生产发展、生活富裕、生态良好的文明发展道路的历史选择。随着雾霾污染严重、水污染加剧、土壤污染问题突出等历史积累性问题逐步显现，推动绿色发展的呼声空前高涨。当前存在的现实问题是绿色发展的技术储备不充分，特别是结合我们产业发展实际的绿色发展的成熟技术非常有限。所以，绿色发展要从实际出发，从重视绿色技术研发、尽快破解技术瓶颈入手，从我们身边可以做的具体事情做起，逐步使绿色发展蔚然成风。

开放发展是拓展经济发展空间、提升开放型经济发展水平的必然要求。多年来，河南省以招商引资为突破口，加快开放型经济发展步伐，特别是国务院批准建设郑州航空港经济综合实验区以来，我们加快建设国际航空枢纽，显示出"传统交通优势+招商引资+国际航空枢纽+跨境电子商务"模式下开放发展的新优势。我们要进一步提升中原地区综合性交通枢纽优势，搭乘国家"一带一路"倡议的机遇，通过河南已经初步形成的陆上、空中、网上"丝绸之路"建设与发展，持续推动开放型经济加快发展。

共享发展是我们党坚持全心全意为人民服务根本宗旨的必然选择。全球发展由过去的 IT 时代进入现在的 DT 时代，数据成为驱动发展的主要动力。阿里巴巴集团之所以能够在短时间内超越沃尔玛成为零售商全球老大，展示出"互联网+"与传统行业深度融合所带来的新动能，也为我们展示出网络经济发展的巨大空间。河南省委、省政府已经提出，在"十三五"期间，我们要建设网络经济大省。网络经济就是最好的共享发展的载体。所以，我们要通过大力发展网络经济，实现更好的共享发展。

三、以供给侧结构性改革为主线推动转型发展

按照党中央的战略部署，针对经济新常态下发展的新特点，供给侧结构性改革是"十三五"时期国民经济发展的主线。河南省在供给侧结构性改革方面具有独特优势，我们要将这些优势进一步放大，推动河南经济社会发展提质增效。

一是郑州国际航空枢纽建设加快。从 2013 年起，郑州发挥中国乃至亚洲经济地理中心的优势，建设国际大枢纽、发展国际大物流、培育国际大产业、塑造国际大都市，取得了显著成效。2012～2014 年，郑州航空港连续 3 年客货运输增长速度居全球第一。2015 年，在为二期工程让路的特殊背景下，郑州航空港旅客吞吐量达 1730 万人次，货邮吞吐量突破 40 万吨，增速居全国大型机场前列。郑州航空港经济综合实验区为中原地区提供了开放型经济发展的支撑要素，要以此

为契机继续推动郑州航空港区更好更快发展。

二是科技创新能力提升。2015 年 11 月，国家工信部测试认证，中国工程院邬江兴院士"可见光通信系统关键技术"获重大突破，该成果的推广应用对全球大数据产业和河南省高端信息产业发展都将产生重要影响。在 2016 年初召开的全国科技奖励大会上，河南省荣获国家科技奖励 28 项（全国共 187 项），获奖数量创历史新高。2016 年 3 月 30 日，国务院决定新设郑洛新国家自主创新示范区。这一示范区将成为引领带动全省创新驱动发展的综合载体，将对激发年轻人投身创业、提升创新能力、提高经济社会发展质量提供空前的动力支持。

三是金融豫军崛起。2014 年，中原证券在香港成功上市，中原银行开业运营，中原农业保险公司开办，中原航空港产业投资基金和首家金融租赁公司获批，河南进入大金融时代。2015 年，河南大力推进投融资体制改革，取消下放项目核准权限，推行资产证券化、股权债券融资等投融资方式，设立中原航空港产业投资基金等十多只基金，总规模 3000 亿元的城镇化发展基金已落地 42 个项目、总投资 1057 亿元，106 个政府与社会资本合作省级示范项目有序实施。加快金融改革发展，41 家农信社改制组建农商行，中原农业保险公司、中原股权交易中心、中原资产管理公司开业运营。"十三五"时期河南将加快"金融豫军"全面崛起，基本建成郑东新区金融集聚核心功能区，到 2020 年增加值突破 3000 亿元。

中国特色哲学社会科学的新突破*

习近平总书记在哲学社会科学工作座谈会上的重要讲话立意高远、思想深邃，为哲学社会科学发展提供了根本遵循和行动指南。该讲话在三个方面有重要突破。

学科地位与作用的新突破。习近平总书记全面论述了我国哲学社会科学在发展中国特色社会主义伟大事业中的重要地位和作用。他强调，一个没有发达的自然科学的国家不可能走在世界前列，一个没有繁荣的哲学社会科学的国家也不可能走在世界前列。坚持和发展中国特色社会主义，哲学社会科学具有不可替代的重要地位，哲学社会科学工作者具有不可替代的重要作用。坚持和发展中国特色社会主义，必须高度重视哲学社会科学。我们党第一次把哲学社会科学的战略地位与作用放到了空前的高度，将对我国哲学社会科学跨越发展产生历史性促进作用。

马克思主义中国化的新突破。习近平总书记深刻阐述了马克思主义的科学性、实践性和创新性。他强调，坚持以马克思主义为指导，是当代中国哲学社会科学区别于其他哲学社会科学的根本标志，必须旗帜鲜明加以坚持。坚持以马克思主义为指导，必须大力推进马克思主义中国化、时代化、大众化。这种科学阐述第一次阐明了中国哲学社会科学创新的基本方法。要坚持问题导向，坚持以人民为中心，以党和人民关注的重大理论和现实问题为主攻方向，在研究与解决中国发展的重大现实问题中发展21世纪马克思主义、当代中国马克思主义，构建中国特色哲学社会科学。

哲学社会科学中国特色的新突破。习近平总书记强调，加快构建中国特色哲学社会科学，要立足中国、借鉴国外，挖掘历史、把握当代，关怀人类、面向未来，在指导思想、学科体系、学术体系、话语体系等方面充分体现中国特色、中国风格、中国气派。一要体现继承性、民族性。要坚定文化自信，用中国传统文化的精髓和改革开放以来的创新精神形成新的话语体系。二要体现原创性、时代性。只有立足于我国发展实际，构建自己的学科体系，我国哲学社会科学才能形成自己的特色和优势。三要体现系统性、专业性。要全面发展哲学社会科学，要有学术高度，敢于创立中国学派、中国理论、中国观点，真正屹立于国际哲学社会科学之林。

---

* 本文发表于《河南日报》2016年5月31日第5版。

2015 年度河南省经济学研究综述[*]

2015 年，面对经济新常态，河南省深入贯彻落实中央各项决策部署，主动适应经济发展新常态，坚持调中求进、改中激活、转中促好、变中取胜，统筹推进稳增长、促改革、调结构、强支撑、防风险、惠民生等各项工作，全省经济呈现出稳中有进、稳中向好的发展态势，结构调整、转型升级步伐明显加快，经济发展质量不断提高，民生保障持续改善，各项社会事业全面发展，"十二五"规划顺利完成。按照发表文献分析，我们从全面建成小康社会、"十三五"规划、经济新常态、新型城镇化、重要专题研究五个方面对河南省经济学研究进展情况进行概述。

一、全面建成小康社会研究

2014 年 12 月 25 日，中国共产党河南省第九届委员会第八次全体（扩大）会议通过了《河南省全面建成小康社会加快现代化建设战略纲要》（以下简称《战略纲要》），2015 年 1 月 4 日正式发布。这是河南省贯彻落实党的十八大和十八届三中、四中全会精神，学习贯彻习近平总书记系列重要讲话和调研指导河南工作时重要讲话精神的再动员、再部署，是持续河南成功实践，完善提升思路举措，引领全省上下沿着正确方向奋力前行的再发动、再安排，是河南省如期全面建成小康社会、加快社会主义现代化建设的总体设计和行动纲领。喻新安等学者对《战略纲要》的意义、内涵等进行了详细阐述。

1. 意义

《战略纲要》立意高远，具有深远的历史意义和重大的现实意义。

（1）顺应发展大势，是准确把握河南省发展所处历史方位，积极适应经济发展新常态的系统部署。《战略纲要》在更高层面明确了认识新常态、把握大势，适应新常态、顺势而为，引领新常态、主动作为，以现代化的思维和方式谋划推动全面建成小康社会，加快推进现代化建设的指导思想和总体思路，有利于全省上下统一思想认识，积极抢抓机遇，科学应对挑战，努力保持和提升全省现代化建设的良好态势。

（2）尊重客观规律，是河南沿着正确方向和轨道乘势前进的基本遵循。《战略纲要》坚持从省情出发，强调注重谋划经济社会发展的方向性、根本性、全局性大事要事，围绕走好两不牺牲、四化同步的科学发展路子，遵循规律、改革创新、破解难题。对经济社会发展规律的清醒认识和把握，有利于河南在新的起点上如期全面建成小康社会，奋力把现代化建设推进到新的更高的阶段。

（3）注重继承创新，是对河南过往持续实践探索进行的系统总结、拓展和提升。《战略纲要》是对河南发展思路、丰富实践的系统梳理和完善提升，既系统总结近年来的实践探索，效不更方，把行之有效的发展思路举措持续下去，又应因形势变化，把握住新机遇、新挑战、新思路、新对策，不断完善提升。

（4）坚持承天接地，是贯彻落实中央决策部署、促使中原更加出彩的使命担当。《战略纲要》自觉贯彻落实党的十八大和十八届三中、四中全会精神，用习近平总书记重要讲话精神指导河南实践，顺应亿万中原人民

* 本文原载《2016 年河南社会科学年鉴》，该年鉴由河南人民出版社 2016 年 9 月出版，作者张占仓、李丽菲。

过上更好生活的热切期盼，把河南放在全国大局中谋划，放在实现"两个一百年"奋斗目标和实现中华民族伟大复兴的中国梦中来定位，进一步明确了河南发展的方向和重点，找准了推进工作的突破口和着力点，把中国特色社会主义事业"五位一体"总布局和全面推进党的建设新的伟大工程在河南具体化，充分体现了中央对河南的要求，实现了中央精神与河南实际的有效结合。

（5）体现总体设计，是着力解决方向性、根本性、全局性问题的战略谋划。《战略纲要》从着力解决方向性、根本性、全局性问题入手，找准经济社会发展的战略支撑点、矛盾关键点和解决问题的切入点，对河南今后一个时期的发展进行系统的谋篇布局，进一步明确方向目标和路径举措，使河南的发展思路更加清晰，发展目标更加明确，发展方式更加科学，发展措施更加完善。

2. 内涵

战略目标：宏伟远大，鼓舞人心，描绘了河南发展的美好愿景。《战略纲要》对2020年全面建成小康社会从两个维度进行了阐释。一方面从主要经济指标、四化发展、创新驱动、依法治省、社会事业发展、全面深化改革等方面，提出了全面建成小康社会的具体要求；另一方面对部分领域和区域率先基本实现现代化进行了战略部署，强调在现代交通运输体系上建成全国重要的现代综合交通枢纽和现代物流中心；在信息基础设施上达到国内一流、与世界同步；有条件的地方率先基本实现现代化；等等。《战略纲要》对基本实现现代化进行了远景展望。强调到2040年左右全省基本实现现代化，总体上达到中等发达国家发展水平，建成富强民主文明和谐美丽的现代化新河南，实现中原崛起河南振兴富民强省。

战略方针：旗帜鲜明，立场坚定，指明了河南发展的根本方向。《战略纲要》从"三个必须"的高度，明确了河南发展的战略方针。指出必须坚持中国特色社会主义根本方向，坚定走中国特色社会主义道路、坚持党

的领导，不断增强道路自信、理论自信、制度自信。必须坚持以人为本，一切为了人民、一切依靠人民。必须坚持党的实事求是的思想路线，掌握科学思想方法，把干事创业热情与求真务实精神结合起来，用正确的方法做正确的事。

战略布局：站位全局，统筹协调，是中国特色社会主义"五位一体"总布局在河南的具体化。《战略纲要》根据党的十八大关于中国特色社会主义"五位一体"总布局的精神，提出了以打造富强河南、文明河南、平安河南、美丽河南，推进社会主义民主政治制度建设、加强和提高党的执政能力制度建设为内容的"四个河南""两项建设"战略布局。

战略重点：科学把握，正确选择，明确了对实现战略目标具有决定意义的主攻方向。《战略纲要》强调，要坚持四化同步科学发展的路子，聚焦实施粮食生产核心区、中原经济区、郑州航空港经济综合实验区三大战略规划，重点对推动"一个载体、四个体系、六大基础"建设作出战略任务部署。

战略举措：激发活力，增创优势，汇聚起共推发展的强大正能量。《战略纲要》明确提出了持续扩大对外开放、全面深化改革、全面推进依法治省、加强思想文化建设、推进社会治理体系和治理能力现代化五大战略举措。

战略保证：党要管党，从严治党，为战略目标实施提供强有力的政治保障。《战略纲要》从发挥党委领导核心作用、建设高素质执政骨干队伍、创新基层党建工作、推动作风建设常态化、坚定不移反对腐败五个方面提出了要求。

3. 战略保证

《战略纲要》蓝图绘就，开启了河南全面建成小康社会和加快现代化建设的新征程。

（1）加强党的领导，凝聚发展合力。全面建成小康社会、加快现代化建设，关键在党。必须坚持党要管党、从严治党，牢牢把握加强党的执政能力建设、先进性和纯洁性

建设这条主线。加强党的领导，关键是把关定向、带好头、尽好责、领对路，在坚持统揽全局、协调各方中搞好服务、优化环境。

（2）统一思想认识，达成发展共识。面对改革发展稳定复杂局面、社会思想意识多元和媒体格局深刻变化，贯彻落实《战略纲要》，要特别重视思想认识的统一。最大限度地汇集一切有利于发展的要素，最大限度地增强社会发展活力。

（3）强化使命意识，明确责任担当。贯彻落实《战略纲要》，必须强化使命意识，敢于担当，义不容辞肩负起全面建成小康社会、加快现代化建设的历史使命和责任。

（4）改进方式方法，转变工作作风。为科学贯彻落实《战略纲要》，必须结合各地经济社会发展实际和干部队伍状况，与时俱进地推动领导工作的观念、作风、体制、方式方法的转变，提升应对复杂形势的能力和水平。

（5）营造良好环境，激发动力活力。积极贯彻落实《战略纲要》，需要营造良好的制度环境，通过全面深化改革、理顺体制机制、推进依法治省，进而让一切推动发展的动力活力竞相迸发[1]。

喻新安认为，认清当前河南省经济发展形势，对于打赢稳增长、保态势攻坚战，促进河南经济迈上新台阶，意义重大。以《战略纲要》为标志，河南经济发展进入了新的阶段，就是"全面发力、赶超、提升"的阶段。之所以做出这个判断，是因为河南经济出现了新机遇、新优势、新目标、新布局、新结构、新动力这六个方面的新变化。这六个新变化，表明了河南经济发展的动态、情势和大势是向好的，反映了当前有困难也有光明前景、河南省发展总体态势没有改变的真实情形，也说明打赢稳增长、保态势攻坚战，实现河南经济持续健康发展具备良好的条件。河南经济进入新阶段，已经呈现并将继续呈现四个特征：高层次开放，高起点突破，高强度转型，高标准提升。河南经济呈现的四个新特征，深刻地揭示了经济调整期

也是分化重组期、困中有机、挑战与机遇并存的内在逻辑；清晰地说明了只要坚定信心，保持定力，持续加力，实现经济增速8%以上及经济结构持续优化的年度目标是完全可能的。进入新阶段的河南经济发展，要从本省实际出发，坚持后发赶超战略。要清醒研判形势，认识增长速度正在换挡但下行压力较大，经济结构正在优化但调整阵痛显现，发展动力正在转换但新兴力量不够强大的现实情况，找准发力点，以滚石上山的精神和韧劲，打赢稳增长保态势的攻坚战[2]。

二、"十三五"规划研究

"十三五"时期是全面建成小康社会、实现中华民族伟大复兴第一个百年奋斗目标的决胜阶段。党的十八届五中全会通过的《中共中央关于制定国民经济和社会发展第十三个五年规划的建议》，明确了"十三五"期间国家规划与发展的战略性问题。未来五年，中国在全球的政治经济文化影响力将稳步提升，在全球战略平衡中国际环境将有利于中国稳定发展，我国全面融入全球化的宏观趋势明朗，我国国民经济服务化将迎来历史性浪潮，国家发展将加快改善民生的步伐，"双创"驱动将激发就业与发展新活力。五大发展理念是"十三五"规划的灵魂，创新发展将历史性地走上民族进步的前台，改善民生需要做艰苦细致的持续努力，在2020年能确保全面建成小康社会[3]。

1. 新形势

我国战略机遇期内涵的深刻变化对区域发展提出了新要求。"十三五"时期，我国发展仍然处于可以大有作为的重要战略机遇期，但战略机遇期的内涵已发生深刻变化：不再是依靠要素低成本优势、依赖规模扩张外延发展的机遇，而是通过提升教育和人力资本素质、实施创新驱动发展的机遇；不再是单纯依靠扩大出口、吸引外资加快发展的机遇，而是扩大内需、实现结构优化和动力转换的机遇；不再是依靠简单加入全球产业分工体系发展的机遇，而是发挥大国影响力、积极

参与全球治理和规则制定的机遇。

我国经济发展出现的阶段性特征决定了区域发展的基本指向。新常态下，我国经济发展表现出速度变化、结构优化、动力转换的阶段性特征，增长速度要从高速转向中高速，发展方式要从规模速度型转向质量效率型，经济结构调整要从增量扩能为主转向调整存量、做优增量并举，发展动力要从主要依靠资源和低成本劳动力等要素投入转向创新驱动。这些变化对区域发展将产生深刻影响。

国家区域发展战略的调整为地方发挥区域优势提供了新的机遇。"十三五"期间国家将以区域发展总体战略为基础，以"一带一路"建设、京津冀协同发展、长江经济带建设为引领，形成沿海沿江沿线经济带为主的纵向横向经济轴带，使城市群成为集聚人口和产业的主要平台。国家区域发展战略的调整，意味着未来我国区域发展将更加注重统筹协调，通过培育若干带动区域协同发展的增长极，为经济中高速增长培育广阔的区域空间。

国家宏观调控方式和指向的新变化为地方借势借力提供了新机遇。党的十八届五中全会要求"释放新需求，创造新供给"。中央财经领导小组第十一次会议强调在适度扩大总需求的同时，着力加强供给侧结构性改革。面对国家宏观调控的新指向，地方政府要高度重视解决低水平、低端供给过剩和高水平、高端供给不足的矛盾，要推动企业从过去重点追求数量扩张、满足人民群众"有没有"的需求转到着重强调质量效益、满足"好不好"的需求方面，要加快营造安全、便利、诚信的良好消费环境，加快形成有利于消费升级和产业升级的政策环境。

放眼未来，河南从全局上可能出现几个非同一般的新优势：一是郑州航空港经济综合实验区的优势，它使河南可能在新技术、新经济、新业态方面由跟随者成为领跑者，通过乘数效应促进新产业在中原地区的集聚和加速发展。二是"米"字形高铁网络的优势。"米"字形高铁有助于资源、资本在中原的聚集以及城市经济带、城镇密集带、城市组团的快速形成，产生蛙跳效应，使中原成为最具活力和竞争力的区域。三是"一区三圈八轴带"的优势，这一新的空间布局能产生极化效应，带来巨大内聚力、辐射力和带动力。四是新的三大国家战略带来的优势，随着新的三大国家战略的实施，中原在全国大局中的地位将明显提升，腹地效应更加凸显，有利于加快中原崛起河南振兴进程。因此，采取各种有力举措，培育厚植和充分发挥中原腹地新优势，不仅关乎未来五年河南发展的动力和活力，还会对中原崛起的愿景产生深远的影响[4]。

2. 新理念

"十三五"时期，我国发展面临许多新情况、新问题、新机遇，最主要的就是经济发展进入新常态。在新常态下，我国发展的环境、条件、任务、要求等都发生了新的变化。适应新常态、把握新常态、引领新常态、创新新常态，保持经济社会持续健康发展，必须坚持正确的发展理念。中共中央的"十三五"规划建议，集中全国人民的智慧和世界最新发展成果，提出了创新、协调、绿色、开放、共享五大发展理念，全面贯彻落实这些理念是关系我国发展全局的一场深刻变革。

五大发展理念中，创新是引领发展的第一动力。必须把创新摆在国家发展全局的核心位置，不断推进理论创新、制度创新、科技创新、文化创新等方面，让创新贯穿党和国家一切工作，让创新在全社会蔚然成风。创新被放在空前的高度，关键要解决未来中长期发展的动力问题。协调是持续健康发展的内在要求。必须牢牢把握中国特色社会主义事业总体布局，正确处理发展中的重大关系，促进全社会协调发展，注重解决发展不平衡问题。绿色是永续发展的必要条件和人民对美好生活追求的重要体现，必须坚持节约资源和保护环境的基本国策，推进美丽中国建设，为全球生态安全做出新贡献，解决人与自然和谐问题。开放是国家繁荣发展的必由之路，必须顺应我国经济深度融入世界经济的趋势，奉行互利共赢的开放战略，构建广泛的利益共同体，解决内外联动问题。共享是中国特色社会主义的本质要求。必须坚持发展为了人民、发展依靠人民、发展成果由人民共享，使全体人民在共建共享发展中有更多获得感，破解社会公平正义难题。

李庚香指出，"十三五"时期是中国的大转型时期，需要新境界引领，要如期实现"十三五"时期的奋斗目标，必须牢固树立创新、协调、绿色、开放、共享的发展新理念，在全面建成小康社会的决胜战中干在实处、走在前面。五大发展理念深化了对共产党执政规律、社会主义建设规律、人类社会发展规律的认识，是针对当前发展阶段提出的科学理念，具有重大意义，彰显发展新境界[5]。

3. 新动力

河南省作为全国第一人口大省和经济欠发达的省份，"十三五"全面建成小康社会的任务繁重而艰巨。河南省传统产业比例过大，发展的动力在减弱；新兴产业规模偏小，动力还没有完全形成，动力转化面临着"青黄不接"的现实难题。因此，"十三五"期间，河南省要实现"主要经济指标年均增速高于全国平均水平，力争经济社会发展主要人均指标高于全国平均水平""部分领域和区域率先基本实现现代化"，必须充分认识当前和今后一个时期经济发展的根本动力所在，持续用好传统动力，加快培育新兴动力，着力打造"混合动力"，实现河南经济逆势增长。

在"混合动力"中，虽然传统增长动力减弱，但仍然是经济增长和扩大就业的主要支撑。由于以全面创新为内涵的创新驱动发展模式还未最终形成，应对经济持续下行压力，一方面要推动包括科技创新、体制创新、模式业态创新在内的全面创新，加快实现供给转型升级；另一方面要挖掘传统发展动力潜力，不断拓展发展动力新空间、焕发传统发展动力新能量。因此，在原有发展动力减弱的情况下，如何加快培育发展新动力，实现新老动力的平稳转换，成为"十三五"时期面临的一个关键问题[6]。

李庚香研究指出，一是要着力提升传统动力。在经济结构的转型期、经济发展的机遇期，消费、投资、出口这"三驾马车"，如何转换动力、形成合力，是国民经济顺利换挡、提质增效的关键。二是要着力用好新型城镇化动力。城镇化水平低是河南省发展的突出短板，也是河南省经济社会发展诸多矛盾的症结所在。新型城镇化具有"牵一发而动全身"的作用，既反映发展水平，更体现民生质量；既是发展结果，也是发展动力。三是要重视外生动力。根据商务部预测，2015年我国对外投资将达到 1500 亿美元。由于经济增长动力既有内生动力也有外生动力，河南经济要实现增速，仅仅依靠现有的增长动力、增长方式、增长思维与增长政策，是绝不可能自发实现两位数的高速增长的。因此，"十三五"时期河南要实现高速增长，不仅要深度挖掘内生动力，还要着力探索外生动力。"一带一路"和自贸区建设为河南发展开放型经济打开了无穷空间。四是要着力用好"双创"动力。在培育新动力方面，"创业"和"创新"是一对孪生兄弟，"双创"正在成为经济社会发展的新引擎，"互联网+"行动计划、国家大数据战略等是推进创业创新浪潮的重要抓手。时任总理李克强在河南考察时，对这个问题也作了重点强调，希望河南在大众创业、万众创新方面走在前列。因此，我们必须抓住大众创业、万众创新这个机遇，实施创新驱动发展战略，实施"互联网+"行动计划[7]。

中国从"需求侧"改革转向"供给侧"的结构性改革，其核心思想就是提高全要素的生产率，这就必然要求河南"十三五"经济增长必须依靠混合动力，而不是单一动力；而要实现混合动力的协同，达到两位数的增长，需要在简政放权、金融推进、国企改革、土地改革、创新能力提高等方面加强对混合动力的政策支持[8]。

三、经济新常态研究

进入 21 世纪，全球经济发展格局发生重大变化，中国稳定崛起。从 2002 年起，"新常态"一词在欧美国家出现，主要形容金融危机之后西方国家经济恢复的缓慢而痛苦的过程。2014 年 5 月，习近平在河南调研期间首次提出中国经济新常态，向世界描述中国经济的一系列新表现。2014 年 11 月，北京APEC 第 22 次会议和在澳大利亚的 G20 峰会上，中国经济新常态成为广泛关注的热词。2014 年 12 月中央经济工作会议上，把经济发展新常态确定为中国经济未来发展的主旋律。

1. 国家层面

进入新常态，我国经济呈现出速度变化、结构优化、动力转换三大特点，消费需求、投资需求、出口和国际收支、生产能力和产业组织方式、生产要素相对优势等发生了趋势性变化。

张占仓认为，中国经济新常态，就是把发展速度适当调整以后务实迈向结构优化、可持续发展能力更强的一种运行状态，与"金融危机之后西方国家经济恢复的缓慢而痛苦的过程"完全不同。具体表现在以下六个方面：一是年均 GDP 增长速度 7% 左右；二是产业结构排序成为三、二、一，第三产业成为带动经济发展的火车头；三是经济发展动力均衡多元，创新驱动成为主要动力；四是新兴产业发展迅速；五是改革活力显现；六是年均物价总水平控制在 2%～3% 的水平。中国经济进入发展新常态，是一种主动的调整与转轨，是一次历史性跃升，是中华民族走向伟大复兴攀登过程。因此，在新常态下，中国经济发展显示出一些可持续发展的新趋势：国民经济服务化，服务业发展信息化，科技发展高端化，居民购物网络化，能源结构绿色化等[9]。

2. 河南层面

作为大国经济体的重要组成部分，我国各区域在要素禀赋、发展阶段、约束条件等方面呈现较强的异质性，所以，各个经济板块特别是中西部经济大省，进入经济新常态后势必面临一些新的情况，呈现出特有的个性特征即区域特质。时任省委书记郭庚茂在省委经济工作会议上指出："河南与全国一样进入经济发展新常态，同全国相比，既有共性的一面，也有自身个性的一面。"科学研判新常态下的区域特质，对这些经济大省寻求新的突破，争取更大作为，实现后发赶超，具有重要意义。

河南省委经济工作会议从六个方面阐述了新常态下河南有别于全国的个性特征：一是靠能源原材料工业支撑增长的传统资源优势在减弱，但交通物流、产业集群等优势在上升；二是生产要素的成本优势在减弱，但生产要素保障优势并没有丧失；三是新常态下内需不足的矛盾更为突出、动力转换没有完成，但投资、消费需求潜力巨大，市场、区位优势日益凸显；四是世界经济深度调整，全球总需求不振，出口拉动减弱，但承接产业转移、利用两个市场两种资源的机遇依然存在，通过转移替代扩大出口份额还有很大空间；五是拼资源拼消耗的粗放型发展模式不可持续，靠数量扩张和打价格战支撑的低层次竞争模式难以为继，但在电子商务、智能手机、新能源汽车等方面与先进地区基本处在同一起跑线上，有可能迎头赶上、抢占先机；六是特别要看到，国家实施"一带一路"倡议、出台政策措施，为我们提升在全局中的战略地位，在高铁、水利等重大基础设施方面争取国家支持带来了很大机遇。

喻新安等人研究认为，中共河南省委九届八次全会关于全面建成小康社会加快现代化建设的决策部署符合中央要求、符合河南实际，是完全正确的；把新常态的变化转化为河南争取优势、抢占先机的机遇，"实现几何级增长"，是完全可能的；而要把可能性转变为现实性，实现稳增长的预期目标和持久的、健康的、更长远的发展，则需要我们善于观大势、谋大事，进行系统的谋划和扎实的工作。不仅要积极适应，还要主动引领。为此，必须进一步统一思想，凝聚共识，化危机为机遇，变压力为动力，在变化中抢占先机，在引领中提升地位，努力开创河南经济社会发展新局面[10]。

谷建全研究认为在新的形势下，河南省经济发展既面临增速换挡、结构优化、动力转换等全国共性问题，也有自身特有的阶段性特征，既要看到差距，更要坚定信心。一是虽然经济增速有所回落，但高于全国平均水平；二是虽然经济下行压力较大，但出现了一系列积极的变化；三是虽然内需增势平缓，但外贸增长势头强劲；四是虽然企业经营困难，但产业转型步伐加快；五是增长动力不足，但发展活力不断增强。可见，当前河南省稳增长、保态势既面临挑战，也面临机遇，总体来看，机遇大于挑战。因此，一方面，我们要充分认识到，新形势下河南转型发展的必要性、紧迫性和可行性。转型发展是经济新常态最本质的特征，也是一个不以人的意志为转移的渐进发展过程。另一方面，我们也要进一步意识到，当前河南经济既面临困难，也面临机遇，必须坚定信心，通过发展解决前进中的问题[11]。

张占仓认为，按照习近平总书记的明确阐述，经济发展新常态的三个主要特点是：速度——由高速增长转为中高速增长，结构——经济结构不断优化升级，动力——从要素驱动、投资驱动转向创新驱动。我们必须系统认识与领会这些主要特点，准确把握新形势下河南省全省发展的切入点，坚持中高速发展的大方向，要在产业结构调整上有大作为，积极推动创新驱动发展，做好经济发展工作[12]。

3. 具体层面

李政新研究指出，随着我国经济发展新常态的不断深化，河南工业经济也进入增速不断下调、产业结构趋于高级化、增长动力寻求新倚重点的"三期叠加"状态，加快推进转型升级已成为河南工业发展的必然选择。工信部正式出台了《中国制造2025》，致力于化挑战为机遇，抢占制造业新一轮竞争制高点，实现建设制造强国的目标。而新一轮科技革命和产业变革与我国加快转变经济发展方式形成了历史性交汇，以德国工业4.0为代表的新一轮产业革命迅速发展，工业的数字化、网络化、智能化趋势不断加强。而与世界先进水平相比，我国工业制造仍然大而不强，在自主创新能力、资源利用效率、产业结构水平、信息化程度、质量效益等方面差距明显，转型升级和跨越发展的任务紧迫而艰巨[13]。

宋伟研究认为，在中国经济进入新常态后，河南省处于新型工业化、信息化、城镇化、农业现代化快速发展期的总体态势并没有变，机遇大于挑战。面对外部环境与内部条件的深刻变化，河南省唯有迎难而上、应势而变，才能变中求胜、抢得先机，顶住当前经济下行压力，为长期健康发展谋势蓄力。具体而言，制造业层面，河南省应加快产品和技术升级，抢占高端消费品市场。服务业层面，河南省应充分利用人口与市场优势，发展"互联网+"服务业。城镇化层面，河南省应进一步聚焦重点区域，加快发展中心城市，抢占发展制高点[14]。

此外，宋伟还提出新常态的实质是30多年高速增长之后，中国经济经过持续量变积累实现了部分质变，进入新的发展阶段。随着中国消费者发生部分质变，以低收入人群为主体的传统消费需求不断萎缩，以中产阶级群体为主体、注重质量、注重品质的新消费需求快速增长并成为消费增量的主要来源。这种消费结构的深刻变化在中国历史上前所未有，不但对中国经济结构、发展模式产生新要求，由此产生巨大的消费需求，也为新常态下中国经济持续发展提供强大动力。新常态下新需求崛起并已成为消费增量主体，呼唤新供给快速发展。但现实情况是供给结构并没有顺应需求结构变化而及时跟进，新供给不能满足新需求的快速增长，供需错配问题突出，这不但不利于广大人民群众生活水平适时提高，也使新需求蕴藏的巨大发展潜力得不到充分释放。因此，在需求变化背景下发展新供给是经济结构调整的必然方向[15]。

四、新型城镇化研究

城镇化是我国现代化进程中一个基本问

题，在我们这样一个拥有 13 亿多人口的发展中大国实现城镇化，人类发展史上没有先例，我国的城镇化道路是在实践探索中逐步完善形成的。2002 年，中共十六大首次提出走中国特色的城镇化道路，中共十七大把中国特色城镇化道路纳入"中国特色社会主义道路"的五大基本内容之一，中共十八大再次强调要坚持中国特色的城镇化道路，促进工业化、信息化、城镇化、农业现代化同步发展。2013 年，中央城镇化工作会议提出要建设以人为核心的城镇化，全面丰富和提升了我国新型城镇化道路的内涵。2014 年公布的《国家新型城镇化规划（2014—2020 年）》，为我国新型城镇化作出顶层设计。可以相信，新型城镇化将成为撬动中国未来发展的一个战略支点。

1. 对城镇化的研究与认识

城镇化是伴随着工业化发展而呈现的一种自然历史过程，其突出标志是非农产业在城镇集聚、农村人口向城镇集中，因而体现的是经济社会分工演进的长期过程。具体到特定区域或城市而言，由于地理区位、资源禀赋、历史文化、发展阶段等方面的诸多不同，各区域板块间在发展功能上往往存在相当大的差异。因此，作为以人为本、四化同步、优化布局、生态文明、文化传承的新型城镇化，内在地要求各区域板块的功能优化和完善，进而实现协调发展。推进城市各区域板块协调发展，是牢固树立并切实贯彻创新、协调、绿色、开放、共享发展理念的内在要求，也是科学推进新型城镇化的题中应有之义。在加快推进新型城镇化进程中促进城市区域板块协调发展的共性问题，要从推进新型城镇化、提高城市发展品位的战略高度加强顶层设计，并超越现行行政管理区划的限制，进行更高层次的制度与机制创新，强化政府承担相应发展责任和市场有效配置经营资源的"双轮"[16]。

张占仓等通过文献量分析、学术趋势分析、用户关注度分析，得出中国对城镇化研究积累深厚，对新型城镇化研究积累还非常

有限，2013 年刚刚进入学术研究爆发期，学术关注度和用户关注度都空前提高，对新型城镇化关键问题的认识相对一致的结论。关于新型城镇化的改革问题，研究提出户籍制度改革的关键是让能够并且愿意在中小城市和小城镇落户的农业转移人口落户，土地制度改革的突破点是盘活农村建设用地资源，住房制度改革的核心是让进城居民能够有希望买得起住房，城镇体系改革与创新的趋势是限制特大型城市和大型中心城市发展，推动全社会资源向中小城市和小城镇倾斜，城镇体系要均衡化发展。研究认为，中国新型城镇化的科学内涵丰富，中国新型城镇化研究已经进入学术爆发期，中国新型城镇化改革与创新的方向是向质量提升转变，中国城镇体系建设均衡化势在必行[17]。

赵书茂研究指出，中国特色城镇化道路的内涵突出以人的城镇化为核心，有序推进农业转移人口市民化，以城市群为主体形态，促进大中小城市和小城镇协调发展，以综合承载能力为支撑，推进绿色发展、循环发展、低碳发展，以文化传承为灵魂，彰显城市的特色和个性，以科学推进为总要求，实施市场和政府"双轮"驱动，以改革创新为动力，完善城镇化发展的体制机制，以"四化"同步为途径，统筹城乡发展[18]。

刘道兴强调片面地以"经济城市"单一理念指导城市的发展和建设，在较短时间内问题不大，甚至还会感到成效明显。但是随着时间的积累，问题就越来越多地暴露出来，城市过度拥挤、功能紊乱、交通堵塞、空气污染，人们在城市生活紧张、焦虑、冷漠、无助，城市缺少文化，品位不高，没有特色，千城一面，"城市病"越来越严重。20 世纪 90 年代联合国成立"城市合作与发展组织"，组织力量系统研究人类的城市问题，通过指导世界城市发展的纲领性文件《人居议程》，这个文件对什么是城市下了一个定义，"城市是地球上人类集中居住的区域"，也就是说，城市是"人居中心"。这是一个城市以人为本的定义，是把市民放在城市化和城市建设中

心地位的定义，判断城市和一切城市建设活动好与不好的根本标准就是是否适宜"人居"，评选美好城市的根本标准就是"宜居"。中共河南省委九届八次全会通过的《河南省全面建成小康社会加快现代化建设战略纲要》提出了建设"人文城市"的新要求，这是河南省城市建设理念的重大创新，也是科学推进新型城镇化的点睛之笔。当前河南省城镇化进程不断加快，大量新市民涌入城市，城市规模正在快速扩张，怎样厘清和打牢城市规划建设的思想理论基础，提升城市建设的文化艺术品位，把全省城市建设成为生态宜居、和谐美丽、文化厚重、开放鲜活、催人奋进，具有中国气派、中原特色和地方风格的现代人文城市，让广大城市成为富强河南、文明河南、平安河南、美丽河南的主要载体，已经成为十分紧迫的课题[19]。

2. 发展举措

河南作为全国传统农业大省、人口大省，城镇化水平低质量不高的问题比较突出，科学推进新型城镇化具有典型意义，必须努力实现农业转移人口市场化优化城镇化布局和形态，提升城市可持续发展能力，深入推进城乡一体化发展，创新城镇化发展体制和机制。由于投融资机制的不健全，新型城镇化发展中遭遇严重的资金制约问题。由于政府的财政资金不足，难以满足城镇化和基础设施建设发展的资金需求，因此必须探索新的投融资模式，以缓解新型城镇化发展中的资金约束问题[20]。

中共河南省委九届八次全会审议通过的《河南省全面建成小康社会加快现代化建设战略纲要》提出，积极稳妥推进新型城镇化，是"牵一发动全身"、关乎全局的战略性任务。河南省政府印发的《河南省推进"三个一批人"城镇化实施方案》提出，推动一批具备条件、有意愿的农业转移人口及其他常住人口落户城镇，加快一批城中村和城镇棚户区改造，加快一批农村人口向城镇转移，力争每年转移农村劳动力 100 万人左右，带动随迁人口 100 万人左右，实现 500 万左右已稳

定就业的农业转移人口落户城镇，改善城中村和产业集聚区内 600 万左右居民居住环境，到 2020 年全省常住人口城镇化率接近 60%，户籍人口城镇化率达到 40% 左右。这是河南省委、省政府对新形势下全省新型城镇化做出的安排和部署，实现这样的目标，需要进一步提升全省城镇基础设施综合承载能力[21]。

赵书茂研究认为，一是要努力实现农业转移人口市民化，要按照中央统一部署，坚持实施"一基本，两牵动，三保障"，突出产业为基、就业为本，强化住房、学校牵动，完善社会保险、集体财产权益、公共服务保障。二是要优化城镇化布局和形态，重点是继续坚持实施中心城市带动战略，加快中原城市群建设，提升省域、市域、县域中心城市和中心镇四级节点，打造"米"字形发展轴带，构建"一区、三圈、八轴带"的空间格局。三是提升城市可持续发展能力，转变城市发展方式，走科学发展的新型城镇化道路势在必行。四是深入推进城乡发展一体化，按照产业、村庄、土地、公共服务和生态规划"五规合一"的要求，编制修订完善新农村规划，因地、因时、因势推进新农村建设，加强农村人居环境综合整治，为农民建设幸福家园和美丽宜居乡村。五是创新城镇化发展的体制和机制，深化重点领域和关键环节改革，不断破解人口管理、土地管理、资金保障、生态环境等体制机制难题，形成有利于城镇化健康发展的制度环境[22]。

张占仓和于英超认为，改革开放以来，伴随市场经济的快速发展和经济的高速增长，我国城镇化进程逐步加快、城镇化水平日益提高。1996～2012 年年均增长率为 1.46%，2012 年我国的城镇化率已经达到了 52.6%。在党的十八大提出"四化同步"的背景下，切实保障农业的可持续发展，确保粮食安全是我国新时期经济健康发展的基础。城镇化与农业现代化相辅相成且存在竞争。通过实证分析显示，从全国层面看，我国城镇化对粮食安全具有显著的负向作用；从区域层面看，东部、中部地区城镇化对粮食安全具有

负向作用，但东部地区负向作用显著，中部负向作用不显著，西部地区城镇化却能显著提高粮食安全水平。城镇化进程中，为保障国家粮食安全，要合理利用农业生产要素，大力推进农业现代化，科学推进城镇化，在保障国家粮食安全的前提下探索出一条符合中国农情、粮情、城情的新型城镇化道路[23]。

五、重要专题研究

1. 协调推进"四个全面"战略布局研究

习近平总书记在省部级主要领导干部学习贯彻党的十八届四中全会精神全面推进依法治国专题研讨班的讲话中指出，党的十八大以来，党中央从坚持和发展中国特色社会主义全局出发，提出并形成了全面建成小康社会、全面深化改革、全面依法治国、全面从严治党的战略布局。"四个全面"战略布局，是新一届党中央在治国方略上开拓提升出的新版本，反映了马克思主义中国化的新成就和新境界，是我们在新的历史起点上坚持和发展中国特色社会主义，实现"两个一百年"奋斗目标和中华民族伟大复兴中国梦的行动指南。

"四个全面"战略布局，以实现"两个一百年"奋斗目标和中华民族伟大复兴的中国梦为背景，以探索和回答"什么是民族复兴、怎样实现民族复兴"这样的基本问题为主线，形成了内涵丰富、逻辑严密、科学完整的理论体系。"四个全面"中的每一个"全面"，都是一整套直面现实、承前启后、独具特色的系统思想，闪耀着辩证唯物主义和历史唯物主义的光辉。在"四个全面"中，全面建成小康社会是处于引领地位的战略目标，全面深化改革、全面依法治国、全面从严治党相辅相成，共同为这一战略目标提供基本动力、基本保障、基本支撑，具有不可替代的地位和作用，只有以全面深化改革破解民族复兴进程中的深层次矛盾问题，以全面依法治国确保现代化建设有序进行，以全面从严治党巩固党的执政基础和群众基础，才能绘就全面小康社会的宏图，才能建成富强民主

文明和谐的社会主义现代化国家。可见，"四个全面"相辅相成、相互促进、相得益彰，是一个科学的完整的理论体系。

因此，对"四个全面"必须全面把握、全面坚持，不可偏离和偏废。要协调推进"四个全面"战略布局的贯彻落实。深入研究和科学把握"四个全面"的关联性、耦合性，注重统筹谋划、协同配合，做到同频共振、形成合力。还要协调推进"四个全面"战略布局与坚持中国特色社会主义事业"五位一体"总体布局的关系，只有始终坚持这样的统筹协调推进，才能把"四个全面"贯彻得更加自觉、落实得更加到位[24]。

党的十八届五中全会站在协调推进"四个全面"战略布局的高度，强调深入实施人才优先发展战略，推进人才发展体制改革和政策创新，形成具有国际竞争力的人才制度优势，聚天下英才而用之，加快推进我国从人才大国迈向人才强国。这是我们党立足当前、放眼世界、面向未来做出的重大战略部署，具有重大而深远的意义[25]。

2. 大众创业、万众创新

在中国经济发展进入新常态的背景下，面对经济下行和产业结构调整的巨大压力，创业创新成为驱动经济社会持续发展的新动力和新标志。时任河南省委书记郭庚茂在全省重点工作推进落实座谈会上强调要打好稳增长、保态势攻坚战，就要自觉改革、开拓创新。2015年9月，李克强总理在河南考察时，充分肯定了河南的大众创业、万众创新，希望河南在"双创"方面走在全国前列。实际上，按照习近平总书记"加快实施创新驱动发展战略，加快推动经济发展方式转变"的要求，2015年3月国务院办公厅出台了《关于发展众创空间推进大众创新创业的指导意见》。河南省也紧随其后，出台了《关于发展众创空间推进大众创新创业的实施意见》。

面对十分紧迫的稳增长、保态势的战略任务，我们如何"领对路，抓对点"呢？张占仓认为，就是要努力营造大众创业、万众创新的社会氛围，为全省创业创新提供全力

支持，以创业创新为动力，支撑全省经济社会持续发展。第一，营造良好的舆论氛围。做好创业创新各项工作，需要强大的价值引导力、精神推动力、体制机制支撑力和创业创新者的意志力。因此，在社会价值观取向上，需要打造讲科学、重创新、崇创业、守规律的创新文化氛围，引导适合创业创新的青年人树立敢于创业、善于创新、乐于创造、勤于探索的价值观。第二，提供基本的资本保障。为了鼓励社会资本进入创业创新领域，为创业创新者提供较低的进入门槛，我们还需要在建设众创空间、搭建创新平台、推动众筹普及，特别是搭建"互联网+"的新平台方面加大力度，建设更多的创业创新基地、创业扶持基金及创业创新指导机构，为创业者提供尽可能多的资本、平台和政策支持。第三，开展基本的创新训练。创新拥有自己的规律，比如说，35 岁以下的青年人创新的成功率比较高，因为这个年龄段的青年人精力充沛，敢想敢干，容易取得突破；在时代大变革时期，创新的进展比较快，因为这个时候社会对创新的需求更加旺盛；在国家推动实施"互联网+"和大数据战略的背景下，充分利用互联网和现代化信息基础设施，创新的成本相对会比较低，起步比较快，成效比较显著等[26]。

谷建全认为，河南是人口大省、经济大省，创新创业的市场空间巨大。下一步，我们要按照走在全国前列的标准和要求，进一步保护创客的创新创业热情，拓展和加快发展众创空间，推动开放式创新创业发展，强化对创新创业的支持，塑造创新创业品牌，努力把河南建成全国领先的创新之省、创业之省[27]。

事实上，在当今国与国之间、区域与区域之间的竞争，归根结底是人才的竞争，谁拥有大批高层次人才，谁就拥有竞争的主动权。习近平总书记在视察浙江时强调，要立体化地培育人才。特别是对高端的尖子人才更要爱护。有了源源不断的人才优势，中华民族伟大复兴指日可待。当前，河南正处于

全面建成小康社会、加快推进现代化建设的关键阶段，要实现中原崛起河南振兴富民强省，必须拥有一支高层次的人才队伍。而在人才竞争日益激烈的今天，要吸引和集聚大批高层次人才，就必须根据高层次人才发展的需要，着力优化创新创业环境。只有进一步完善创新创业服务体系，不断改善创新创业投融资环境，积极搭建创新创业载体和平台，进一步加强创新创业知识产权保护，努力营造良好的创新创业文化氛围，才能筑巢引凤，更好地吸引人才、聚集人才、留住人才，才能在日益激烈的区域竞争中占有一席之地[28]。

3. 创新驱动战略

《中共中央关于制定国民经济和社会发展第十三个五年规划的建议》开宗明义，到 2020 年全面建成小康社会，是我们党确定的"两个一百年"奋斗目标的第一个百年奋斗目标。基本经济指标是到 2020 年国内生产总值和城乡居民人均收入比 2010 年翻一番。要实现这一目标，未来五年经济必须继续保持中高速增长，底线是 GDP 年均增速不能低于6.5%。在此背景下，要实现上述目标，难度可想而知。因此，要保持经济中高速增长，圆满实现全面建成小康社会的目标，出路只有一个，那就是"创新"[29]。

2015 年 3 月，中共中央、国务院印发《关于深化体制机制改革加快实施创新驱动发展战略的若干意见》，这是我们党面对经济发展新常态下的趋势变化和特点，面对实现"两个一百年"奋斗目标的历史任务和要求，放眼世界、立足全局、面向未来作出的战略决策，是实现经济发展动力从要素驱动、投资驱动转向创新驱动的重大举措，对实现"四个全面"战略布局、全面建成小康社会具有重大而深远的意义。

河南省委、省政府一直高度重视创新驱动，先后出台了一系列促进创新发展的政策措施。特别是重视人才引进、培养和使用、用最大的努力投入财政经费支持研发、鼓励全社会兴办各种科研机构、持续培育各种创

新平台、扩大国际合作与交流等，使全省科技创新支撑经济社会发展的能力不断提高。经过全省科技界的长期努力，中原大地不仅拥有占全球市场份额最高的盾构机，在全球超高压领域领先的输变电装备等大型工业装备，也拥有在"互联网+"领域处在前沿地位的传感器和跨境电子贸易，在全球处在垄断地位的超硬材料等高精尖产品[30]。

李庚香等人研究认为，要打好科技体制改革的"背水一战"，充分激发各类主体参与创新活动的积极性和主动性。进一步加大创新资金投入支持力度，发挥多种促进创新创业基金的作用，完善外商投资创业投资企业政策；充分利用国家、省、市各级财政资金及金融资本、民营资本等，拓宽重大科技专项融资渠道，支持有条件的地区设立重大科技专项配套资金；顺应"互联网+"，实施《中国制造2025》规划，融入"一带一路"倡议，加快发展互联网经济，推动工业化和信息化融合；鼓励创新要素跨境流动，全方位加强国际科技合作，积极推动企业与国内外同行、知名院校深度合作，引进或共建创新平台；支持各地区大力培育和建设一批新型研发机构，使之成为科技型企业孵化的创新载体，加快科技企业孵化器建设；支持公共技术平台建设，完善金融、税收、价格、财政、知识产权等管理政策，增强企业创新的内生动力[31]。

4. "互联网+"应用研究

时任总理李克强在2015年政府工作报告中指出："制定'互联网+'行动计划，推动移动互联网、云计算、大数据、物联网等与现代制造业结合，促进电子商务、工业互联网和互联网金融健康发展，引导互联网企业拓展国际市场。"这为我们在信息化社会，如何搭乘信息化的高速列车，发展新兴产业和新兴业态指明了方向，也为中国经济抢占未来发展竞争的制高点奠定了科技基础。2015年7月4日，国务院发布《关于积极推进"互联网+"行动的指导意见》。2015年8月3日，时任河南省委书记、省人大常委会主任郭庚茂主持召开省委领导议事会，听取省发展改革委关于《河南省"互联网+"行动实施方案》等起草情况汇报，专题讨论研究河南省推进"互联网+"发展问题，使"互联网+"在河南省的推进进一步有了系统的方案。

张占仓研究认为，"互联网+"的本质是在大数据和云计算时代把互联网作为一种新型公共基础设施，为全社会提供越来越便利的智能化信息服务，从而使信息资源的采集、传输、储存、开发和利用成为新的驱动经济社会发展和创造财富的源泉，促进智能化社会建设，逐步形成新的经济社会发展生态系统。正像农业社会必须有土地资源、工业社会必须有"铁公机"（铁路、公路、飞机）一样，在信息社会必须有"互联网+"支撑经济社会的可持续发展。"互联网+"是中国经济新常态条件下未来发展的一个支撑体系，中国经济将在"互联网+"行动计划的引领下，以创新发展为驱动引擎，不断融入新思维、新技术、新产品、新业态，快速形成"大众创业、万众创新"的新生态，乘"互联网+"的时代东风，创造出经济社会发展的新辉煌[32]。

从已经试验和大量发展实例看，"互联网+"最大的优势是可以有效提高全社会资源配置效率，有利于重塑经济形态、促进提质增效，推动互联网由消费领域向生产领域加速拓展，构筑新常态下的竞争新优势；有利于重构创新体系、激发创新活力，大幅度降低全社会的创业门槛和创新成本，推动大众创业、万众创新，加速推进由要素驱动为主向创新驱动为主的发展动力转变；有利于通过播撒互联网本身具备的低成本"分享"功能，提升公共服务水平、推动社会全面进步，为人民群众广泛便捷获取公共资源提供有效途径，最大限度地保障和改善民生。因此，时任河南省委书记郭庚茂明确指出，"互联网+"行动计划关乎全局，影响深远。

张占仓研究指出，充分考虑我们是人口大省、经济大省、制造业大省的基本省情，衔接河南省委、省政府提出并正在努力推进的把农业做优、工业做强、服务业做大的重大部署，推动"互联网+"行动计划，建议考虑以下重点：①"互联网+"创业创新。当前，无论是全国，还是全省，经济发展上的头等大事是妥善应对经济下行压力，而中央高度重视的大众创业、万众创新以及在"互联网+"行动计划中首推的"互联网+"创业创新，是最为有效和主动的策略。②"互联网+"协同制造。河南省是制造业大省，面对"中国制造2025"的战略部署，以数字化、智能化、国际化为发展方向，整合国内外最新技术，持续立足于把工业做优的既定策略，务实推动工业创新发展和升级增效，进一步巩固工业大省的地位，是全省发展大局的需要。③"互联网+"农业。河南省是国家粮食生产核心区，承担着国家粮食安全的重任，对农业的发展，只能加强，不能削弱。而对农业发展效益偏低问题，"互联网+"农业提供的机遇迎面而来。④"互联网+"电子商务。我们要充分发挥综合性交通枢纽优势，做大做强电子商务，特别是在跨境贸易电子商务、行业电子商务、线上线下互动体验式电子商务等方面力争取得新突破，促进电子商务持续实现跨越式大发展，把郑州由过去传统的以商品零售与批发为主的商都建设成为新的以电子商务为标志的国际化商都。⑤"互联网+"高效物流。郑州是全国重要的传统公路物流港、亚洲最大铁路枢纽、全国唯一的"米"字形高铁中心等，我们还拥有在国家快速推进的"一带一路"倡议中货运量与货运价值均居全国领先地位的郑欧班列、已经开通业绩增长迅速的郑州—卢森堡双枢纽、双基地空中"丝绸之路"等综合性交通枢纽优势，我们应利用"互联网+"带来的高效物流的技术优势，全方位提升采购、仓储、运输、配送、管理等物流关键环节网络化、标准化、智能化、国际化水平，打造具有重要影响力的智能化国际物流中心。⑥"互联网+"党政管理。我们最为重要的党政管理，也需要纳入"互联网+"行动计划，并以党政管理实现"互联网+"为动力，引导全社会进入"互联网+"新时代[33]。

5. "一带一路"倡议研究

2015年3月28日，国务院授权国家发展改革委、外交部、商务部联合发布了《推动共建丝绸之路经济带和21世纪海上丝绸之路的愿景与行动》（以下简称《愿景与行动》）。《愿景与行动》宣示：中国愿与沿线国家共建丝绸之路经济带和21世纪海上丝绸之路。"一带一路"是中国首倡、高层推进的国际倡议，是契合沿线国家的共同需求、开展国际合作的新平台，对我国现代化建设以及屹立于世界民族之林先进行列具有深远、重大的战略意义、现实意义。

"一带一路"倡议视野广远、气势恢宏，涉及的区域辽阔，涵盖的问题复杂，是一种持续前行的国际行动与全球合作，在可以预见的未来只会越走越宽阔。由于中国是倡导者、组织者以及起讫点国家，该战略的确立必然会对重构我国三十多年来形成的地域发展格局——"三带一区"格局，起到关键性、本质性的作用。

作为内陆地区的河南省，融入"一带一路"倡议已成为全省各界共同关注的热点问题。2014年12月25日，中共河南省委九届八次会议通过了《河南省全面建成小康社会加快现代化建设战略纲要》，该纲要在"战略举措"条目中的第一条即为"全面融入国家'一带一路'战略"。从中可以看出，融入的基本路子是：通过建设国际陆港，发展陆海联运、推动陆海相通，实现向东与海上丝绸之路连接；通过提升郑欧班列运营水平，实现向西与"丝绸之路"经济带贯通；通过提升郑州、洛阳等主要节点城市的辐射带动能力，建设内陆开放型经济高地；最终形成东联西进、营建枢纽、融通全球的战略格局。

关键是"行动"。在"三带一区"格局中，河南省在中部地区崛起的框架下，以中原经济区、中原城市群为载体，着力寻求南北方向中部六省以及省域周边邻近六省的开放合作。新的地域发展格局给河南省提供了广阔得多的发展空间。据此，王发曾给"一带一路"倡议的中原行动"开列如下"清单"：①在"一带一路"框架下，实施粮食生产核心区、中原经济区、郑州航空港经济综合实验区等三大国家战略；②以更开阔的视野，完善提升科学发展载体，构建现代产业体系、现代城乡体系、现代创新体系与现代市场体系；③建设中原城市群核心增长板块，强化其开放合作的综合实力；④组建大郑州都市地区，营造内陆开放型经济高地；⑤在合适位置建设国际陆港，组织与沿海港口的铁海、路海、空海联运；⑥以郑欧班列为主干，打通东、西方向通道；⑦提升主要节点城市的辐射带动能力，推进省域的就近城镇化；⑧利用信息网络的区位优势，开展跨境电子商务服务[34]。

宋伟研究指出，"一带一路"倡议的实质是跨区域经济合作，通道是基础，经济合作是核心。首先，"一带一路"倡议的目的是跨区域合作，必须有超越国家界限的政策通道、基础设施通道。一方面，加强政策沟通，促进政治互信，达成合作共识，化解政策障碍，是"一带一路"建设的基本前提；另一方面，加强交通、能源、信息等通道建设，实现区域间人流、物流、资金流、信息流畅通，同样是"一带一路"建设深入推进的基本条件。其次，"一带一路"倡议的实质是加强经济合作，其核心内容是贸易、投融资、产业等领域的合作。只有在政策沟通、设施联通的基础上，发挥各自优势，在贸易、投资、产业等领域进行广泛的合作，才能促进共同发展、实现可持续的共同繁荣。

《愿景与行动》对河南的定位聚焦在打造郑州内陆开放型经济高地，发挥郑州"战略核心支点"作用，实施"郑州—中原城市群—河南省—中原经济区"逐级拓展策略，打造"一带一路"倡议核心腹地。河南省融入"一带一路"倡议，要把握好"聚力郑州""拓展全省""全面合作""风险防范"四个关键点。聚力郑州主要是集聚政策、通道优势，提升综合能力，抢占战略制高点；拓展

全省即以郑州为龙头，以中原城市群为依托，向全省辐射拓展，带动各省辖市全面融入"一带一路"；全面合作即放眼全省，发挥优势，注重互补，优势产业"走出去"与高端产业"引进来"并重；风险防范即要正视并有效防范各类国际风险[35]。

张占仓研究认为，建设"丝绸之路经济带"是国家可持续发展的战略需求，是中国未来发展的融入全球的重大战略部署，是中国与周边国家通过建立互联互通基础设施、实现长远睦邻友好发展的重大战略举措，是实现中华民族伟大复兴中国梦的重要战略支撑点之一，是21世纪中国引领世界发展的奠基之作。面对国内外对丝绸之路经济带建设高度重视的新形势，参考国内丝绸之路经济带主要依托地区的做法与经验，结合河南省发展的实际，建议下一步的行动策略为：第一，制定河南省建设丝绸之路经济带建设战略规划。第二，进一步打造郑州作为中国乃至亚洲经济地理中心的战略枢纽优势。第三，用信息化支撑丝绸之路经济带建设[36]。

综上所述，2015年是中国经济新常态背景下保增长、稳态势的一年，GDP最终实现6.9%增长，国民经济运行呈现稳中有进、稳中有好的历史趋势。河南省经济学领域积极研究国家发展战略需求与河南省主动适应新常态、把握新常态、引领新常态的对策与方法，全面实施《河南省全面建成小康社会加快现代化建设战略纲要》，以滚石上山的精神和韧劲，打赢稳增长、保态势的攻坚战，实现GDP增长8.3%的优异成绩，使全省"十二五"规划完美收官。在贯彻落实十八届五中全会精神的基础上，经济学界紧紧围绕创新、协调、绿色、开放、共享五大发展理念，进行系统调研，全面研究与讨论全省"十三五"规划，取得重要共识，为制定河南省"十三五"规划出谋献策，成效显著。在经济新常态研究领域，河南省继续发挥最早学习习近平总书记关于中国经济新常态论述的优势，进一步结合国家、地方与基层的不同情况，提出了一系列积极可行的政策建议，为

全省经济社会稳增长、保态势、增优势做出积极贡献。在新型城镇化研究领域，河南省发挥基层经验丰富、面临的实际问题复杂、参与研究学者众多的优势，继续发表了一批在全国有重要影响、对当地有重要决策应用价值的新作，在建立健全投融资体制机制方面进展较大。在相关重要专题研究中，学界积极作为，做出了积极贡献。其中，在协调推进"四个全面"战略布局方面，明确提出必须全面把握、全面坚持，不可偏离和偏废的重要观点。在大众创业、万众创新研究中，激励青年人敢于创业、善于创新、乐于奉献等观点影响较大。在实施创新驱动战略研究方面，更加重视人才作用的发挥，在理论界呼声比较高。在推进"互联网+"行动计划中，河南省委、省政府出手快捷，在2015年3月全国"两会"之后，随即与腾讯公司签署了合作协议，对全省推进"互联网+"工作产生重要影响。全省经济理论工作者，结合实际认真研究"互联网+"在农业、制造业、第三产业和党政管理领域的具体应用，特别是在提高资源配置效率方面的技术进步作用，取得了良好效果。信阳市在应用"互联网+"方面成效明显。在研究和融入国家"一带一路"倡议中，河南发挥郑欧班列、郑州—卢森堡双基地货运航线、郑州跨境电子贸易等优势，初步形成陆上、空中和网上三条"丝绸之路"，发展优势凸显。2015年12月，上合组织领导人峰会在郑州成功举办，进一步提升了郑州开放发展的"国际范"，对河南省进一步发展将产生长远的战略性影响。

参考文献

［1］河南省社会科学院课题组．河南迈向现代化的总体设计和行动纲领［N］．河南日报，2015-01-09（5）．

［2］喻新安．认清新变化　把握新特征　谋求新发展［N］．河南日报，2015-09-09（13）．

［3］张占仓．我国"十三五"规划与发展的国际环境与战略预期［J］．中州学刊，2015，11（11）：5-10．

［4］喻新安，孙德中．"十三五"河南如何开拓发展新境界［N］．河南日报，2015-12-07（5）．

［5］李庚香．树立"五大发展理念"全面建成小康社会［N］．河南日报，2015-11-12（15）．

［6］李庚香．打造"混合动力"推动河南"十三五"加快发展［N］．河南日报，2015-12-22（12）．

［7］李庚香．着力打造河南"十三五"发展的"混合动力"［J］．中州学刊，2015，12（12）：11-14．

［8］河南社科联课题组．河南"十三五"经济增长混合动力与政策研究［J］．河南社会科学，2015，23（10）：1-14．

［9］张占仓．中国经济新常态与可持续发展新趋势［J］．河南科学，2015，1（1）：91-98．

［10］河南省社会科学院课题组．经济新常态下的河南应对［N］．河南日报，2015-01-23（6）．

［11］谷建全．判清形势　积极作为［N］．河南日报，2015-09-11（9）．

［12］张占仓．准确把握新形势下全省发展的切入点［N］．河南日报，2015-02-16（9）．

［13］李政新．新背景下河南工业转型发展取向［N］．河南日报，2015-06-19（11）．

［14］宋伟．应势而变　抢占先机［N］．河南日报，2015-09-16（9）．

［15］宋伟．新常态下的需求、供给与改革［N］．河南日报，2015-12-25（11）．

［16］河南省社会科学院课题组，喻新安．城镇化进程中城市区域板块协调发展战略研究——以郑州市为例［J］．中州学刊，2015，12（12）：24-28．

［17］张占仓，蔡建霞，陈环宇．中国新型城镇化研究进展与改革方向［M］//曾刚．中国城市研究（第七辑）．北京：商务印书馆，2015．

［18］赵书茂．我国新型城镇化道路的探索与实践［J］．河南科学，2015（6）：1039-1043．

［19］刘道兴．努力建设"人文城市"［N］．河南日报，2015-02-06（9）．

［20］何慧．河南省新型城镇化建设中的投融资模式研究［J］．合作经济与科技，2015（2）：52-53．

［21］赵书茂．提升河南省城镇基础设施　综合承载能力的初步思考［J］．中国工程咨询，2015（11）：28-30．

［22］赵书茂．河南省新型城镇化发展探究［J］．宏观经济管理，2015（11）：82-83+88．

［23］张占仓，于英超．城镇化对国家粮食安全的影响——基于31个省份面板数据的实证分析［J］．

粮食科技与经济，2015，4（2）：12-15.

［24］喻新安．"四个全面"战略布局的理论意义［N］．河南日报，2015-03-4（9）.

［25］李政新，白玉．人才优先战略，河南如何推进［N］．河南日报，2015-12-09（6）.

［26］张占仓．创业创新　支撑发展［N］．河南日报，2015-09-16（9）.

［27］谷建全．推动"双创"走在全国前列［N］．河南日报，2015-10-09（4）.

［28］谷建全．为人才营造良好的创新创业环境［N］．河南日报，2015-06-03（9）.

［29］耿明斋．"创新"——实现百年目标的基本推动力［N］．河南日报，2015-11-12（15）.

［30］张占仓．创新驱动　创造未来［N］．河南日报，2015-11-16（1）.

［31］河南省社科联课题组．以改革创新精神　实施创新驱动发展战略［N］．河南日报，2015-10-30（5）.

［32］张占仓．积极实施"互联网+"行动计划［N］．河南日报，2015-06-17（5）.

［33］张占仓．推进"互联网+"构筑竞争新优势［N］．河南日报，2015-08-14（10）.

［34］王发曾．"一带一路"战略重构地域发展格局［N］．河南日报，2015-05-29（6）.

［35］宋伟，梁丹．科学谋划、准确定位，全面融入"一带一路"［N］．河南日报，2015-07-09（5）.

［36］张占仓．建设"丝绸之路经济带"的国家战略需求与地方策略［J］．区域经济评论，2015（6）：81-83.

千年帝都洛阳人文地理环境变迁与洛阳学研究[*]

摘　要　地理位置和自然人文条件对城市发展，特别是都城建立和发展具有加速或者延缓作用，在一定的历史条件下可能具有决定性影响。中华民族5000年文明史上，洛阳之所以能够成为千年帝都，优越的地理环境，特别是居"天下之中"的独特优势，"河山拱戴"的战略地形以及四通八达的交通优势，是洛阳成为千年帝都的先天条件；丰厚的中原文化积淀，特别是包容文化的形成、传承和创新，是洛阳成为千年帝都的文化保障。北宋以后，洛阳以及中原地区之所以逐渐衰落，与中国宏观地理格局变迁和人文环境的变化直接相关。新中国成立以来，洛阳成为中国工业重镇，焕发出发展活力，仍然与其地理背景和人文环境关系密切。伴随着改革开放与中原崛起，洛阳学引起国际学术界关注。研究洛阳学，研究千年帝都形成、演化、发展变化规律以及源于洛阳的包容文化，可以较好地阐释为什么全球四大文明发祥地只有中国传统文明在包容文化氛围中传承至今，而且一直具有很大的韧性，具备可持续发展和创新能力。支撑这种传承发展能力的包容文化，在中国推动的以"一带一路"建设为载体的新的全球化进程中，特别值得进行深入系统地研究和进一步弘扬，是打造中国特色哲学社会科学中原品牌的支撑学科。

关键词　洛阳学；包容文化；古都变迁；"一带一路"；千年帝都；文化自信

近些年，中国学术界相继出现"长城学""故宫学""北京学""长安学""黄河学"等新兴学科。2010年11月，中国和日本近20位学者在日本东京明治大学召开"洛阳学国际研讨会"，共同催生了一门新兴学科——"洛阳学"。洛阳学的提出，不仅为我们全面综合探讨洛阳的历史发展规律问题、当今洛阳城市发展问题以及洛阳人文地理环境的变迁对古代洛阳城市发展的影响提供了新的思路，而且为我们探索中华民族传统文化的传承与创新规律、研究全球化背景下中国"一带一路"倡议实施中包容文化的影响提供了新的思路。从夏商周时期到汉魏时期、隋唐时期以及五代十国时期，先后有13个朝代在

洛阳建都，时间跨度达1500多年。洛阳为什么能够成为千年帝都，这确实是一个值得我们深入研究的重大问题。目前学术界对洛阳历史方面的研究，多是从政治、经济、军事等方面进行分析，而从人文地理角度，特别是把当地的地理环境与传统文化特征紧密相连进行视野更加开阔探讨的成果不多。^①本文试图从地理环境、文化传统、环境变迁与洛阳城市的兴衰等方面，对洛阳之所以成为千年帝都的原因进行解读，通过分析洛阳城市产生、发展、变迁、兴衰的历史规律，对洛阳学研究提供另一种视角，为探索中华民族传统文明传承创新的方向，为全球化3.0时代中国"一带一路"建设提供区域发展规律方

---

　　* 本文发表于《中州学刊》2016年12月第12期第118-125页。作者为张占仓、唐金培。唐金培，男，河南省社会科学院历史与考古研究所副所长、副研究员。

面的学理支撑，为洛阳市未来的进一步创新发展提供科学依据。

一、优越的地理环境

宜居的自然环境、重要的战略地位、"居天下之中"的区位优势以及便利的交通优势，既是古代王朝国都建立的基本前提条件，也是洛阳成为千年帝都的地理环境优势。

1. 宜居的自然环境

旧石器时代的伊洛河盆地的气候比较炎热，雨量比较充沛，森林比较茂密，如考古工作者在伊川穆店的旧石器遗址发掘中出土有梅氏犀牛化石；在洛阳凯旋路的旧石器遗址发掘中出土有大象化石。[②]适宜犀牛、大象等大型动物繁衍生存。虽然洛阳所在地区的气候历史上有过比较明显的波动，但伊洛河盆地长期处于由暖温带南部边缘向北亚热带的过渡地带，气候特征总体上比较温暖湿润，四季分明，农业生产条件优越。特别是按照系列考古文献验证，伊洛盆地历史上气候相对比较稳定，没有发生过特别重大的自然灾害。正是因为气候条件适宜人类居住与生存繁衍。早在旧石器时代，已有人类在此繁衍生息。新石器时代，伊洛河盆地的农业已经有了持续稳定的发展。同时，洛阳水源质优且比较充沛。清洁而足够的水源是影响和制约一个城市特别是一国都城存在和发展的重要因素。"从某种程度上来说，城市水源是城市赖以生存的生命线，没有水源的城市难以兴起，也无法延续发展。"[③]"十三朝古都"洛阳在历史上的兴起、发展、繁荣以及衰败无疑与伊洛河盆地河流网的变迁有着十分密切的关系。发源于华山南麓的洛河及其下游的瀍河、涧水等支流以及发源于熊耳山南麓的伊河，其河道和水量虽然在历史上并非一成不变，但这些河流有一个共同的特点就是水量比较充沛且含沙量少。充足、稳定、优质的水资源，不仅保障了当地农业生产的持续与稳定发展，也为洛阳城市的形成，以及洛阳古都的形成和发展提供了中国北方城市比较稀缺的水源保障。

2. "河山拱戴，形胜甲于天下"的战略地位

洛阳地处豫西山地向黄淮平原过渡带的伊洛河盆地，北靠邙山，南望伏牛、伊阙，东邻嵩山，西依秦岭。北边的邙山共有49峰，峰峰相峙，成为洛阳北边阻挡黄河的天然屏障。其中，比较有名有神堤山、景山、首阳山、荆紫山、黛眉山、马头山等。南边的龙门山（又叫伊阙山），西起熊耳，东连嵩山，地势险要。东南边的万安山（又叫玉泉山、大石山）沟壑纵横，地形复杂。西南边的周山（又叫秦山），西承崤山，蜿蜒起伏。洛阳正好处于由东北向的崤山弧形构造带和东西向的秦岭构造带所构成的西高东低、三面丘陵环抱的簸箕形盆地的出口处。中部和东部为伊、洛河冲积平原。黄河横卧于邙山北侧，成为伊洛河盆地的一道天然屏障。伊河、洛河以及清河、磁河、涧河、瀍河等支流，蜿蜒其间。洛阳周边雄关林立。其中著名的有函谷关、虎牢关、伊阙、轩辕关、大谷关、旋门关、广城关等。这些都是洛阳成为千年帝都的重要地理依托，特别是"河山拱戴"的地形地貌特征，自然成为过去生产力水平较低条件下全国非常难得、比较理想的都城城址。

3. "居天下之中"的区位优势

洛阳素有"天心地胆""九州腹地"之称，区位优势非常明显。"昔三代之居，皆在河洛之间。"[④]据考古发现，夏都斟鄩、"商汤所都"西亳、西周国都王城等都在今天的洛阳。为什么会出现三代均以洛阳为都城这种历史现象呢，用西周周公的话来说就是，"此天下之中，四方入贡道里均"[⑤]。在中国古代社会，受交通工具简陋等因素的影响，自古就有"立都必居中土"[⑥]的传统，并成为一种重要的礼制。"王者受命创始建国，立都必居中土，所以总天下之和，据阴阳之正，均统四方，以制万国者也"[⑦]。早在东周时期就有学者指出，"故之王者，择天下之中而立国，择国之中而立宫，择宫之中而立庙"[⑧]。"欲近四旁，莫如中央，故王者必居天下之中，礼

也"⑨。"居天地之中者曰中国，居天地之偏者曰四夷"⑩。其中"东方曰夷""南方曰蛮""西方曰戎""北方曰狄"⑪。先秦时期的"天下之中"包括晋南、豫北、豫中、豫西广大地区。⑫根据文献记载，西周初年武王、文王营建东都洛邑，其中一个很重要的原因是周族发源的岐（周原）和以后定都的丰镐两京都不在天下之中，"周岐镐之域处五岳之外，周公为其于政不均，故东行于洛邑，合诸侯谋，作天子之居"⑬。这也就是说，在西周初年人们的认识中，雍州居西岳华山之西，即"天下之中"之外。而洛阳处于黄河流域的中枢，北至幽燕，南逾江淮，西对关陇，东抵黄河中下游平原，道路远近大致差不多。⑭在古代历史条件下，这一优越的地理位置不仅便于周边地区对都城物资供应，而且便于对四面八方的管控。

4. 贯通东西南北的交通优势

地处古洛水北岸的洛阳，承东启西、接南连北，是从华北、华东以及中原地区进入黄河中上游地区的重要通道。早在先秦时期，洛阳就是连接东西南北的节点。殷商时期，洛阳是中原人西进黄土高原的桥头堡。西周时期，是周人东出和东方各路诸侯觐见周天子的必经之路。春秋时期，洛阳处于各个诸侯国举行会盟的重要地方。战国时期，洛阳的交通枢纽地位得到进一步加强。陆路从洛阳经虎牢关可以到达东部平原地区，经伊阙可以到达今许昌、南阳等地，经黄河津渡可以进入河北。沿黄河向西可以进入关中地区，向东经伊洛河入黄河，并利用黄河下游的相关水路可以抵达东部、南部、北部等诸多地区。东汉以前，向东主要是利用伊洛河、黄河、济水和鸿沟等进行物资运输。东汉时期，"梁穿渠引谷水注洛阳城下，东泻巩川，及渠成而水不流"⑮。隋唐时期，随着通济渠的开通，从洛阳经通济渠进入邗沟达到长江流域，经通济渠进入永济渠可以到达今天的京津地区，洛阳成为南北水运的枢纽。洛阳的兴衰与伊洛盆地的河流网有着密切的关系。

二、丰厚的传统文化积淀

洛阳不仅是"河图""洛书"的出现地和中华文明的重要发祥地，而且是多种文化的交流融合地和包容文化的滥觞地。

1. 多种文化交流融合

以洛阳为中心的河洛地区，一直是多民族乃至多国家人士的聚居地。西周开国，即有众多的戎人移居陆浑等地。汉、唐时期丝绸之路开通，佛教传入中国，来自中亚诸国及波斯、印度、日本、新罗等国家的众多人士汇集洛阳，或为使节，或传法，或留学，或经商贸易。中国第一座佛教寺院白马寺在洛阳建立后，菩提流支、善无畏、金刚智等印度佛学大师或在洛阳译经，或瘗骨洛阳。特别是鲜卑族建立的北魏王朝将首都迁到洛阳，不仅与汉文化成功融合，而且发展出灿烂的佛教文化。龙门石窟作为中外文化、多民族文化交流的结晶，成为人类文明史中的瑰宝，也是具有全球影响的文化标志。洛阳现存的众多墓志和实物，记录了中外交流、多民族交流的丰富史实。现在，洛阳仍然是个多民族聚居的地方。全市共有 45 个民族，其中汉族人口约占全市总人口的 98.8%，其他少数民族约占全市总人口的 1.2%。其中，超过 1000 人的民族有回族、满族和蒙古族。少数民族以回族为主，近 6 万人，占少数民族人口的 80% 以上。事实上，日本学者倡议建立"洛阳学"，其中的重要原因之一就是洛阳与古代日本存在着关键性的联系，对日本的历史发展产生过重要影响。

2. 包容文化形成与发展

因为自然环境优越，历史延绵流长，人类活动积淀而成的文化资源丰富，加上洛阳历来贤达云集，东西方文化在此交融。在各方圣贤追求最大公约数的过程中，既照顾各种流派、学说、思想、观点的独特性，又融会贯通产生了源于各家、又高于各家、引领各家的包容文化。从而使洛阳在中国历史上长期既集东、西、南、北各家文化之大成，又引领新文化、新思想、新风尚之潮流。中华民族最早的历史文献"河图洛书"就出自洛阳,被奉为"人文之祖"的伏羲氏,根据河图画成八卦,成为中国传统文化中包容文化之源。作为著名的千年帝都,洛阳传统文化深厚,特别是包容文化的形成与延续,为洛阳提供了能容天下之事、善接天下之客、愿与东西方合作、乐于在合作中共赢、特别讲究"天地人和"的特殊品质。因此,洛阳是中华民族传统文化的读本。据考证,中华文明首萌于此,中国道学肇始于此,中国儒学渊源于此,中国经学兴盛于此,传统佛学首传于此,中国玄学形成于此,中国理学寻源于此。洛阳还是姓氏主根、客家之根,对中国客家文化影响深远。在洛阳,周公"制礼作乐",老子著述文章,孔子入周问礼,班固在这里写出了中国第一部断代史《汉书》,司马光在这里完成了历史巨著《资治通鉴》,程颐、程颢开创宋代理学,著名的"建安七子""竹林七贤""金谷二十四友"曾云集此地,谱写华彩篇章,左思一篇《三都赋》,曾使"洛阳纸贵"。以洛阳为中心的河洛文明,是中华民族传统文化的主流和精华,构成了华夏历史文明的骨干。

3. 经济比较发达

黄河中下游地区是我国最早的农耕地区之一。我国东西部地区自然条件存在比较明显的差异,洛阳正好处于西部黄土高原和东部冲积平原的过渡地带。早在新石器时代,伊洛河盆地就有了原始农业。据考古发掘,这里是我国最早种植粟、稻子等农作物的重要区域之一。作为商汤的王都所在地,洛阳是中国历史上商人和商业的滥觞地。西周初年,居住在洛阳的商朝遗民,依然保持着商人经商的传统和以富为贵的旧俗。东周时期,洛邑所在的伊洛盆地盛产水稻、小麦、豆类等,是东周时期重要的粮食产区,并开始成为"商遍天下""富冠海内"的名都,秦汉时期的洛阳已经成为"东贾齐鲁,南贾梁楚"⑩的全国性经济贸易中心。隋唐时期,洛阳已经是人口超过100万、商贾云集、国际贸易发达的国际性大都市,在古丝绸之路发展中扮演着十分重要的角色。发达的经济为洛阳成为千年帝都奠定了重要的经济基础。

4. 古丝绸之路的起点

作为古代丝绸之路的重要起点,洛阳在古丝绸之路的形成、发展和演变过程中一直扮演着十分重要的角色。东汉时期,汉明帝派遣使臣班超出使西域,打通了西汉时期荒废已久的丝绸之路,且首次将丝绸之路延伸到了欧洲的大秦(罗马帝国)。此后,中西民间贸易大开,正如《后汉书·西域传》所描绘的那样:"驰命走驿,不绝于时月,商胡贩客,日款于塞下。"这是完整的丝绸之路的路线,即从东汉时洛阳出发,最西端到达当时的欧洲罗马帝国。而丝绸之路首次将罗马帝国和中国联结在了一起,有效促进了东西方文明的交流与融合。魏晋南北朝时期,虽然政局动荡,但对外经济交流一直没有中断。据《三国志·魏书·鲁暇传》记载:当时的洛阳依旧是"商贾胡貊,天下四会"。据《隋书·裴矩传》记载,隋炀帝曾下令在洛阳"三市点肆符设帷帐,盛列酒席,遣掌番率蛮夷与民贸易"。唐代,仅客居在洛阳的外商就有上万家。其中,阿拉伯、波斯等国的"胡商"最为活跃。可见,当时的洛阳已经发展成为国际性的经济贸易交流大都会。

三、地理环境变迁与洛阳城市兴衰

"若问古今兴废事,请君只看洛阳城。"从夏商周到隋唐五代,洛阳都城屡建屡毁。其最后走向衰落,既与国家政治、经济、军事重心的转移有关,也与当地区域环境的恶化有关。

1. 交通枢纽地位的丧失

唐末农民运动切断了以洛阳为中心的大运河,加上大运河本身长久失修,严重淤塞,使洛阳失去了水陆交通中心的地位。唐末以后,女真、蒙古等少数民族相继进入中原,原来处于天下之中的洛阳逐渐边缘化。地处中原腹地的洛阳,对于古代西北、东北等地少数民族地区鞭长莫及。安史之乱后,洛阳附近的水陆交通遭到严重破坏,南方的各种物资很难运抵洛阳，其全国性交通枢纽地位逐渐丧失。元代虽然重新疏通大运河，但这时的大运河已经不再是以洛阳为中心，而是绕过洛阳、开封，改走山东济宁、临清直达今天的京津地区。全国性交通中心的转移，表明洛阳原有的交通优势和枢纽地位几乎丧失殆尽。

2. 人为原因对周边环境的破坏

伊洛河盆地相对于关中地区而言，地域相对比较狭窄，可耕地数量相对较少。早在西汉立国之初，刘邦打算定都洛阳，却遭到张良的坚决反对。张良认为，伊洛河盆地相对狭小，方圆"不过数百里"，容易"四面受敌"。[17] 随着这一地区人口数量的不断增加，人多地少的矛盾更加凸显。一方面为生产更多粮食，难免需要开荒种地；另一方面做饭取暖需要大量柴火。此外，洛阳修建宫殿，大兴土木需要大量木材。无论是土地资源的过度开发还是大量砍伐森林，都必然会直接导致天然植被遭到不断地破坏，水土流失加剧，生态环境逐渐恶化。这种生态环境的变化，以及地处北半球的洛河不断北侵，使洛河以北的城市建设用地空间减少，不仅在历史上迫使洛阳城从现在的偃师市一直不断向西迁移，加大了城市建设与管理的成本，也使城市迁至今洛阳城之后，因为西边有涧河阻挡、缺乏城市建设用地，因而无法再次迁移。

3. 战争对洛阳的严重影响

在中国古代社会，洛阳是有名的"四战之地"。正如宋代邵博所说的那样："洛阳处天下之中，挟崤渑之阻，当秦陇之襟喉，而赵魏之走集，盖四方必争之地也。天下无事则已，有事则洛阳先受兵。余故曰：'洛阳之盛衰者，天下之治乱之候也。'"[18] 比如，东汉末年的混战，西晋末年的八王之乱、永嘉之乱，无不给洛阳造成极大的破坏。隋末农民战争给洛阳经济社会和生态环境造成极大的破坏，直到唐朝初年仍然是"苍茫千里，人烟断绝，鸡犬不闻，道路萧条"[19]。安史之乱爆发后，洛阳一度沦为叛军的大本营。虽然唐军在回纥骑兵的帮助下收复了洛阳，但昔

日繁华的洛阳已是满目疮痍，"百无一存"[20]。与此同时，战争对农田水利事业也造成极大破坏，给洛阳城市经济、社会的发展带来严重影响。

4. 政治中心转移对洛阳的影响

随着政治中心的东移，洛阳的政治、经济和文化地位逐渐边缘化。据文献记载，北宋以洛阳为西京，置河南府。朝廷设"国子监"于洛阳，名臣遗老和文人学士多会于此，赵普、吕蒙正、富弼、文彦博、欧阳修都曾居住洛阳。进入南宋时期，中国政治版图出现重大历史性变化，政治、经济中心南移，整个中原地区在全国的政治、经济、文化地位逐渐衰落。金代定洛阳为中京，改河南府为金昌府，并河南县入洛阳县。元代，洛阳为河南府治所在地。明代河南府辖洛阳、偃师、巩县、孟津、登封、新安、渑池、宜阳、永宁、嵩县共10县，又是伊王和福王的封地。清代洛阳仍为河南府治。1912年，废河南府，设河洛道，道尹公署驻洛阳，辖洛阳、偃师等19县。1920年，直系军阀吴佩孚盘踞洛阳，在洛阳设置了两湖巡阅使公署和陆军第三师司令部。1932年，日军进攻上海，国民党政府定洛阳为行都，并一度迁洛办公。"七七事变"后，华北大部分地区沦陷，洛阳成为北方抗日前哨，国民政府第一战区长官司令部驻洛阳。1939年10月，河南省政府迁到洛阳。后因日寇进攻洛阳，河南省政府于1944年4月迁至鲁山。到洛阳解放以前，洛阳市仅有现在老城区很小一部分，是洛阳建城以来历史上最凋零的时期。

5. 新中国成立以后洛阳的新生

1948年，洛阳解放，洛阳市人民民主政府成立，析洛阳县城区为市，与洛阳县并置。次年12月，洛阳市人民民主政府改称洛阳市人民政府。1954年，洛阳市升格为河南省直辖市。次年，撤销洛阳县，一部分并入洛阳市，其余部分划入偃师、孟津、宜阳等县。1956年，相继建成洛阳市老城区、西工区和郊区，次年成立瀍河区。

1982年，经国务院批准，新成立吉利区。

1983 年，新安、孟津、偃师改隶洛阳市。1986 年，撤销洛阳地区，洛宁、宜阳、嵩县、栾川、汝阳、伊川改属洛阳市。2000 年 6 月，经国务院批准，洛阳郊区更名为洛龙区。

2002 年 11 月，按照国务院批准的《洛阳市城市总体规划（1997—2010 年）》，洛阳新区规划面积为 71.3 平方千米，东达焦枝铁路，西至西南环高速公路，南到洛宜铁路，与龙门山相望；北邻洛河，与建成区隔河呼应。规划的洛阳新区由六大功能分区组成，中心区 11.2 平方千米，大学城和体育中心区 8.5 平方千米，洛龙科技园区 13.9 平方千米，隋唐城遗址区 22 平方千米，关林商贸区 10.8 平方千米，滨河公园区 4.9 平方千米。这个规划以把洛阳建成对豫西地区经济社会发展有较大影响的区域性特大城市为目标，跳出了在洛河以北发展的圈子，跨过洛河，向南拓展，坚持洛阳新区开发与原建城区改造并重，提升城市品位与优化城市环境并重，进一步拉大城市框架，扩大城市规模，使中心城区形成以洛河为轴线、洛河南北对称发展的新格局。至 2015 年底，洛阳市共辖 1 市 8 县 6 区、1 个正厅级规格的洛阳新区、1 个国家级高新技术开发区、1 个国家级经济技术开发区、2 个省级开发区、17 个省级产业集聚区。

经过新中国成立后几十年的建设和发展，当代洛阳已经成为一个充满生机与活力的"一带一路"节点城市、中原城市群副中心城市、享誉全国的工业城市、影响海内外的优秀旅游城市、传统文化资源特别丰厚的人文城市。正在研究与论证拟在二里头建设的"中国夏都博物馆"将再次让洛阳展示出帝都风采。

中国政治、经济、文化中心离开中原以后，虽然经历了从杭州、到南京，再到北京的复杂演变过程，但是形成于中原的包容文化始终是中国文化的核心。也正是由于包容文化巨大的包容性，使中国经历了极其困难的变迁，而始终保持其特质，保障了中华民族的传承与发展，为传统文明传承做出了历史性贡献。

四、结论与讨论

1. 源于洛阳和中原的包容文化是决定洛阳成为千年帝都最为重要的影响因素

洛阳为什么会成为千年帝都？作为华夏文明的重要发祥地、丝绸之路的东方起点，历史上先后有 13 个王朝在洛阳建都，是我国建都最早、历时最长、朝代最多的都城，洛阳是我国历史上唯一被命名为"神都"（神州大地之首都）的城市。现有全国文物保护单位 43 处，文物 40 余万件。沿洛河一字排开的夏都二里头、偃师商城、东周王城、汉魏故城、隋唐洛阳城五大都城遗址举世罕见。龙门石窟、汉函谷关、含嘉仓 3 项 6 处世界文化遗产，中国第一座官办寺院白马寺，武圣关羽陵寝关林，武则天坐朝听政、朝拜礼佛的明堂、天堂，以及定鼎门博物馆、天子驾六博物馆等数十家博物馆，无不彰显着洛阳厚重的文化底蕴。洛阳，立河洛之间，居天下之中，既禀中原大地敦厚磅礴之气，也具南国水乡妩媚风流之质。开天辟地之后，三皇五帝以来，洛阳以其天地造化之大美，成为天人共羡之神都，洛阳占据着统治"中原"的最佳位置。"居中"本身带来了非常丰富的科学内涵和十分特殊的历史过程，成就了包容文化形成与积淀的历史，成为决定千年帝都的最为重要的影响因素。当地老百姓，至今仍然把"中"作为所有语言中出现频率最高的词，也可以从深厚文化积淀中窥见一斑。"中"，作为最重要的一种文化符号和标志，在当地演绎为影响深远的中原和中原文化，在中华民族文明史上进一步包容发展，提升为中国和中国文化，内在的思想逻辑比较明确。

2. 洛阳学是研究洛阳发展变化规律的学问

长期以来，中外学界相关学者围绕历史时期洛阳的考古遗迹、城市规划、城市建筑、空间布局及民众的社会生活、宗教信仰等诸多问题，从考古学、历史学、地理学、宗教学、建筑学等不同领域做了许多研究。2010

年 11 月，"洛阳学国际研讨会"在日本东京召开，"洛阳学"正式提出。与会学者围绕共同关心的话题，从历史学、考古学、石刻学等不同角度进行研究、讨论，不仅为学科间的综合研究和相互交流提供了难得的机会，而且为重新认识中国史和东亚史提供了可能。日本学者气贺泽保规认为，"洛阳学"研究或许能为中国史研究提供一个新的方向。2015年，在洛阳召开的研讨会上，他以"中国中古洛阳与洛阳学的意义"为题，讲述了中古时期洛阳重要的历史地位和作用。他指出：历史上洛阳与日本之间联系密切，洛阳学研究极为必要，应该由海内外学者共同努力推进。中国学者罗焜认为，河洛文化研究已经展开，有必要另立一门"洛阳学"。理由有三：第一，河洛文化研究侧重于历史（包括考古学）、文学（包括语言文字）、哲学和社会亲缘关系，目前几乎没有涉及河洛地区、特别是洛阳在古代中国的经济地位和影响。第二，河洛文化研究侧重于汉族文化，特别是儒家文化。"洛阳学"的研究对象包括河洛地区的外国人和多民族人士，不限于汉族和儒家文化。第三，河洛文化研究既包含有纯粹的、规范的、主要以古代事物为对象的学术研究，又寻求现代的实用性、功能性的效用，参与者不完全是学者，因而难以成为一个具有严格内涵与确定外延、范式清晰的学科。相比之下，"洛阳学"是中外学者参与的纯学术研究，可为河洛文化研究源源不断地供应学术资源，丰富、充实河洛文化研究的内容。杜文玉教授探讨了长安学与洛阳学的关系，他认为洛阳学与长安学在研究领域、研究内涵、研究的方法和理论上基本相同，两者关系紧密，希望两地学者加强联系、相互学习、保持交流，促进洛阳学与长安学研究，为二者建设和发展做出贡献。韩昇认为，"已故的日本京都大学日本史研究权威岸俊男在晚年曾提出一个看法：日本的平城京（今奈良）在建设时受到的影响可能不是来自长安，而是洛阳，所以他在日本提出了'洛阳学'的概念，而且他认为日本的许多文化可

能是从洛阳传过去的。但由于研究交流不够，国内外学术界没有充分认识到这一点，一直把这个源头直接接到长安"。岸俊男先生的这种说法，从历史学来说，应该有其合理的一面。因为唐高宗、武则天长期居住洛阳，当时的洛阳虽是东都，但实际上是都城，而且武则天对日本的影响非常大，远远超过了以前国内外学术界的认识。作为唐代的东西"两京"，长安和洛阳的城市建设布局、文化习俗等都对日本产生过重大而深远的影响。但目前相对于西安来说，国内外学术界关于唐代洛阳对日本影响的研究远远滞后，甚至没有引起国内外多数学者的关注。洛阳的专家学者要以更加国际化的视野进行隋唐史研究，促进"洛阳学"研究的深入，也应该吸引更多学者参与"洛阳学"研究，让人们更加充分地认识洛阳在中国古代史上的重要地位，以及它对日本乃至全球的广泛影响。这些观点，具有重要的科学意义，都有各自的学科基础，主要是历史学的视角。我们从人文地理学角度分析认为，洛阳学是研究千年帝都洛阳从产生到发展乃至变迁和可持续发展规律的学问。这样定义，既有利于从历史学或者历史地理学视角研究中国隋唐史和古都洛阳对中国、日本乃至全球文明的影响，也有利于从包容文化发展规律中探寻洛阳可持续发展的相关重要问题，为其长远发展、建设和保护提供科学依据。

3. 包容文化是中华文明得以传承的核心影响要素

包容文化对历史演绎发挥了什么样的重要作用？在世界传统四大文化体系中，唯有中国传统文化一枝独秀地维持到现在，而且还在不断地发展壮大。其中原因何在？我们认为，核心是中国传统文化的包容性，这也是中国传统文化的最大特征。包容文化不仅能够海纳百川，兼容并蓄，而且能够吐故纳新，经久不衰。孔子的"君子和而不同"，《周易大传》的"天下一致而百虑，同归而殊途"，就是对包容文化的最好阐释。孟子把孔子誉为"集大成"者，对孔子思想中的包容

性大加赞美。他继承了孔子的这种胸怀，认为海洋的博大胸怀是人类应该效法的，发出了"观于海者难为水"的慨叹，其很多主张极大地丰富了中国传统文化中的包容思想。荀子主持稷下学宫时，实行开明的政策，招揽列国名流，汇集百家学说，兼容并包、来去自由，造就了中国学术史上前所未有的百家争鸣局面。汉代之后，儒家思想吸收了道家的一些思想，逐渐形成了儒道互补型的儒家学派。宋明时期，又吸收了佛学的一些思想内容，从而形成了三教合一型的儒家学派。不管是程朱的理学派还是陆王的心学派，都是三教合一型的儒家。大思想家朱熹主张学习是一个人终生的事业，要活到老，学到老。理学派和心学派都以包容的心态从道家和佛学学到了不少东西。在多种文化的碰撞中，相互吸纳，相互补充，是中国包容文化生生不息的动力所在。中国传统文化根基深厚，富有包容性，并且不断吸收外来文化、不断同化外来文化。外来文化的进入丰富了中国包容文化，却并没有使中国包容文化丧失其特质。一切外来文化一旦进入中国，便开始了中国化的进程。中国博大精深的包容文化使得一些独立性很强的外来文化，也在不知不觉中融合其中。历史上，鲜卑族建立的北魏王朝将首都迁到洛阳，不仅与汉文化成功融合，而且发展出灿烂的佛教文化。20 世纪初，马克思主义传入中国以后，在与中国传统文化融合的过程中，不仅产生了影响中国历史发展的毛泽东思想，而且已经成为引领全球马克思主义发展的中国特色社会主义理论体系的根基，并且不断创新与发展。中国传统文化历来主张有容乃大，大乃久。文化上的包容性，使中国文化在内部形成了丰富多彩、主流价值观明确的特质，在外部则向世界开放，不断接受外来先进文化的滋润和营养，从而使自身具有更强大的生命力。形成于洛阳的包容文化，在中原地区进一步丰富和完善，对洛阳本身的发展与变迁影响巨大，对中华民族的发展与延续影响深远，对全世界四大文明只有中国文明能够传承至今

起到了决定性作用。因此，源于洛阳的包容文化具有维系中华民族传承发展的强大动力，这就是习近平提出中国文化自信的根本原因，也是中原学界打造中国特色哲学社会科学中原品牌的支撑学科，值得全球研究文化传承的学者和有远见的政治家高度重视。

4. "一带一路"建设是包容文化传承创新的国际化过程

系统研判全球化历史过程，如果说英国通过殖民扩张实现了全球化 1.0 版本，美国通过贸易自由化实现了全球化 2.0 版本，那么全球化 3.0 版本将是以中国包容文化为指向、以"一带一路"建设为载体、以"合作共赢"为核心理念造福于更多国家与人民的伟大工程。因为中国和平崛起既得益于世界各国的持续支持，也必须以具体途径回报于世界更多国家和人民。这是人类文明进步的方向，是中国传统包容文化在新的历史条件下传承创新的国际化过程。伴随中国和平崛起，从 2013 年和 2014 年中国"一带一路"倡议提出，至今已有 100 多个国家和国际组织参与到"一带一路"建设中来，中国同 30 多个沿线国家签署了共建合作协议、同 20 多个国家开展了国际产能合作，联合国等国际组织也态度积极，以亚投行、丝路基金为代表的金融合作不断深入，一批有影响力的标志性项目逐步落地。"一带一路"建设从无到有、由点及面，进度和成果超出预期。事实证明，"一带一路"建设顺应世界多极化、经济全球化、文化多样化、社会信息化潮流，体现沿线国家根本利益和人类社会的美好追求，是一条互尊互信之路、合作共赢之路、文明互鉴之路、包容发展之路，必将为推动全球经济复苏、促进世界持久和平提供强大正能量。

注释

①相关成果主要有史念海的《中国古都和文化》（中华书局 1998 年版），李久昌的《国家、空间与社会 古代洛阳都城空间演变研究》（三秦出版社，2007 年），李润田的《自然条件对洛阳城市历史发展的影响》（《中国古都研究》（第 3 辑），浙江人民出版社，1987 年，第 179—190 页），黄以柱的《河洛地

区历史经济地理简论》（《河南师范大学学报》1984年第1期），周振鹤的《东西徘徊与南北往复——中国历史上五大都城定位的政治地理因素》（《华东师范大学学报（哲学社会科学版）》2009年第1期），仇立慧的《汉代都城选址迁移的资源环境因素分析》（《干旱资源与环境》2011年第12期），焦海浩的《试论古代城市与河流的关系——以古都洛阳为例》（《洛阳理工学院学报（社会科学版）》2014年第1期），等等。

②李振刚、郑贞富：《洛阳通史》，中州古籍出版社，2001年，第6页。

③马正林：《中国城市历史地理》，山东教育出版社，1999年，第303页。

④《史记·封禅书》。

⑤《史记·周本纪》。

⑥⑦《太平御览》卷一五六《叙京都》（下）。

⑧《吕氏春秋·慎势》。

⑨《荀子·大略》。

⑩石介：《徂徕集·中国论》。

⑪《礼记·王制》。

⑫叶万松、扈晓霞：《"中央之岳"与"三河鼎足"——解读先秦都邑居"天下之中"》，《三门峡职业技术学院学报》2015年第2期。

⑬《周礼·大司徒》郑玄注。

⑭中国古都学会：《中国古都研究》（第3辑），浙江人民出版社，1987年，第181页。

⑮范晔《后汉书》卷二二《王梁传》。

⑯《汉书》卷二十八《地理志》（下）

⑰班固《汉书》卷四十《张陈王周传》。

⑱邵博《邵氏闻见后录》。

⑲《贞观政要》卷二《论纳谏》。

⑳刘昫《旧唐书》卷一二三《刘晏传》。

参考文献

[1] 魏一明，张占仓.努力肩负起构建中国特色哲学社会科学的历史使命 [J].中州学刊，2016（7）.

[2] 张亚武.吸引更多专家参与"洛阳学"研究——访复旦大学历史系博士生导师韩昇 [N].洛阳日报，2008-04-24.

[3] [日]气贺泽保规."洛阳学"在日本诞生 [N].陈涛，译.洛阳日报，2011-04-27.

[4] 罗炤."洛阳学"之我见 [N].洛阳日报，2011-04-27.

[5] 张占仓.建设"丝绸之路经济带"的国家战略需求与地方策略 [J].区域经济评论，2015（3）.

[6] 张占仓.中英"一带一路"战略合作的历史趋势 [J].区域经济评论，2016（5）.

[7] 刘卫东."一带一路"战略的科学内涵与科学问题 [J].地理科学进展，2015（5）.

[8] 袁新涛."一带一路"建设的国家战略分析 [J].理论月刊，2014（11）.

[9] 杜德斌，马亚华."一带一路"：中华民族复兴的地缘大战略 [J].地理研究，2015（6）.

[10] 欧阳军喜，崔春雪.中国传统文化与社会主义核心价值观的培育 [J].山东社会科学，2013（3）.

[11] 张新斌.河洛文化若干问题的讨论与思考 [J].中州学刊，2004（5）.

[12] 胡键.文化软实力研究：中国的视角思考 [J].社会科学，2011（5）.

[13] 唐金培.区域历史文化传承与区域文化资源产业化 [J].攀登，2009（6）.

[14] 蔡运章.河洛文化与河洛学研究 [J].洛阳月谈，2016（1）.

[15] 李炳武.长安学总论 [J].长安大学学报，2010（1）.

[16] 杨海中.对深化河洛文化研究的认识 [J].黄河文化，2014（4）.

[17] 洛阳市历史学会.河洛文化论丛（第1辑）[M].开封：河南大学出版社，1990.

以包容的姿态共建"一带一路"*

在"一带一路"国际合作高峰论坛上，习近平总书记强调坚持以和平合作、开放包容、互学互鉴、互利共赢为核心的丝路精神，携手推动"一带一路"建设行稳致远，将"一带一路"建成和平、繁荣、开放、创新、文明之路，迈向更加美好的明天。

当今世界，尽管出现了英国脱欧"美国优先"等反全球化的思潮，但是世界发展的历史证明，全球化的历史趋势不可逆转。自习近平总书记提出"一带一路"倡议以来，相关建设从无到有、由点及面，取得了长足进展。目前，已有 100 多个国家和国际组织积极响应支持，40 多个国家和国际组织同中国签署合作协议。"一带一路"这份由中国推动的全球化方案蕴含着包容文化的东方智慧，契合了沿线国家的共同需求，为沿线国家优势互补、开放合作开创了新途径，正在引领新一轮的全球化。

一、包容文化是文明高地

中国是多民族国家，历来重视各民族之间包容互鉴、融合发展，共同创造了具有可持续发展能力的包容文化。包容文化对全世界四大文明发祥地只有中国文明能够传承至今起到了决定性作用，是中国传统文化的最大特征。

包容文化，就是能够海纳百川，兼容并蓄，吐故纳新，经久不衰。孔子的"君子和而不同"，《周易大传》的"天下一致而百虑，同归而殊途"，就是包容文化的最好阐释。孟子把孔子誉为"集大成"者，对孔子思想中的包容性大加赞美。他继承了孔子的这种胸

怀，认为海洋的博大胸怀是人类应该效法的，发出了"观于海者难为水"的慨叹，其很多主张极大地丰富了中国传统文化中的包容思想。荀子主持稷下学宫时，实行开明的政策，招揽列国名流，汇集百家学说，兼容并包、来去自由，造就了中国学术史上前所未有的百家争鸣局面。汉代之后，儒家思想吸收了道家和道教的一些思想，逐渐形成了儒道互补型的儒家学派。宋明时期，又吸收了佛学的一些思想内容，从而形成了三教合一型的儒家学派。不管是程朱的理学派还是陆王的心学派，都是三教合一型的儒家。理学派和心学派都以包容的心态从道家、道教和佛学汲取了很多营养，也丰富了自己的内涵。在多种文化的碰撞中，相互吸纳，相互补充，是中国包容文化支撑的传统文化生生不息的动力所在。

中国传统文化根基深厚，并富于包容性，其结果是不断吸收外来文化、不断同化外来文化。在中国，包容文化主要形成于中原。因为中原独特的地理位置优势，在中华文明 5000 年历史中，有 3300 多年是中国政治、经济、文化中心。也正是因为中原地区居天下之中，兼有东、西、南、北之长，融汇世界历史文化之精华，形成了独具特色的包容文化。

在中国传统文化，特别是包容文化向全球传播过程中，曾经出现意大利最早深度学习借鉴中国包容文化的过程，因此导致意大利在欧洲创造了文艺复兴的历史壮举与包容姿态不无关系。之后，英国提倡包容互鉴，创造了创新平等的空前历史机遇，因此促成

* 本文发表于《河南日报》2017 年 5 月 17 日第 13 版。

了影响全球的第一次工业革命，并在此基础上通过殖民地扩张推动了全球化1.0版本。继英国之后，德国最早提出科技兴国战略，拿出开放包容的姿态，坚持半个世纪向英国派遣留学生，学习英国的工业革命经验与做法并进一步创新，促成了德国19世纪末期到20世纪初期科学大国与经济大国的崛起。"二战"之后，美国开放包容思想盛行，倡导贸易自由化，无论是哪一个国家的科学家、技术人员、青年学生，只要愿意到美国发展，实现梦想，美国均持开放包容的姿态欢迎，为全世界一大批科学家、企业家、青年人才等创新创业提供了机遇，促成了美国成为全球第一科学大国和经济强国，并引领世界发展几十年，形成了全球化2.0版本。一系列事实充分说明，包容文化是世界文明高地。谁倡导并弘扬包容文化，谁就可能站在文明高地，引领世界发展。

二、包容文化是"一带一路"建设的思想

包容文化是"一带一路"建设的精神支柱和思想基础。中国倡导和谐包容、文明宽容的理念，尊重各国发展道路和模式选择，主张求同存异、兼容并蓄、和平共处、共生共荣，这是一种高尚的文明观、包容的文化观、和谐的社会观。

党的十八大以来，习近平总书记多次在不同场合对包容思想进行论述。2013年4月，习近平在博鳌亚洲论坛强调：坚持开放包容，为促进共同发展提供广阔空间。2014年3月，习近平在联合国教科文组织发表演讲时指出：文明是包容的，人类文明因包容才有交流互鉴的动力……只要秉持包容精神，就不存在什么"文明冲突"，就可以实现文明和谐。2015年10月，习近平访问英国时又提出：当今世界，开放包容、多元互鉴是主基调。2016年9月，习近平在杭州G20峰会上再次强调：让世界经济走上强劲、可持续、平衡、包容增长之路。2017年5月，在"一带一路"国际合作高峰论坛上指出，古丝绸之路绵亘

万里，延续千年，积淀了以和平合作、开放包容、互学互鉴、互利共赢为核心的丝路精神。这是人类文明的宝贵遗产。不同文明、宗教、种族求同存异、开放包容，并肩书写相互尊重的壮丽诗篇，携手绘就共同发展的美好画卷。建设开放、包容、普惠、平衡、共赢的经济全球化。我们要加强各国议会、政党、民间组织往来，密切妇女、青年、残疾人等群体交流，促进包容发展。习近平总书记有关包容思想的系列论述为"一带一路"建设做足了理论上的准备和文化上的铺垫。

由于"一带一路"沿线国家地域广阔、国情不同、风俗各异、发展水平差异较大，中国提出这一战略的要义在于借用古代丝绸之路的历史符号推进沿线国家共同发展，积极构建与沿线国家的经济合作伙伴关系，致力于共同打造一个在政治上长期互信、在经济上深度融合、在文化上互相包容的利益共同体、命运共同体和责任共同体。基于这样一种思想基础，《推动共建丝绸之路经济带和21世纪海上丝绸之路的愿景与行动》中才更加旗帜鲜明地表示要坚持和谐包容，倡导文明宽容，尊重各国发展道路和模式的选择，加强不同文明之间的对话，求同存异、兼容并蓄、和平共处、共生共荣。可以说，包容思想是"一带一路"建设的思想基础。没有习近平容天下之大的博大胸怀，就不可能有"一带一路"倡议的伟大构想。

我们都知道，小到一个家庭，多一些包容，多一点相互理解，就会带来更多幸福与快乐。大到一个国家或民族，提倡包容，就能够促进百花齐放，百家争鸣，和睦相处，以文化的多元与互鉴，加强人们内心深处的沟通与交流，才能够形成更多的合力，共同促进全球经济社会发展与繁荣。人类在每一个时代的进步与发展，都有赖于文化的包容与创新。从世界历史的经验来看，凡是文化相对包容的时代与社会，世界多数处于和平稳定的阶段，不同文化之间的互相学习、互相借鉴、互相支持促使经济走向繁荣、社会更加开放，民众生活安定而和谐，也是最充

满生命力和创造力的时代。当今全球化遇到的问题，不是包容多了，而是包容不足，单极思想与强权政治越来越不被大多数国家所接受。因此，包容思想是和谐世界可持续发展的前提，也是"一带一路"建设能否顺利达成的重要文化支撑。只有站在开放包容的立场上才能真正理解"一带一路"建设的战略意义与核心价值。相互尊重、彼此包容，是不同国家与民族之间消除误解、化解矛盾的基础，自我封闭、盲目自大，只能导致落后。只有秉持开放包容精神，才能用高超的智慧解决人类面临的共同难题。从这一角度出发，包容思想是顺应历史进步潮流的必然选择，是现代文明的核心内容。

"一带一路"建设每一个核心要素都离不开包容思想的润泽。以平等合作、开放共享为基础，强调"一带一路"沿线各个国家发展战略的对接，寻找利益契合点，寻求"最大公约数"，使更多地区、更多普通民众受益。"一带一路"建设是一个开放包容的国际化合作网络，摒弃冷战思维，打造对话不对抗、结伴不结盟的伙伴关系，不同制度、宗教、文化背景的国家均可参与，并将在参与过程中共享发展成果。"一带一路"建设以战略性项目为抓手，稳扎稳打，注重顶层设计，实现政策沟通、设施联通、贸易畅通、资金融通、民心相通，打造命运共同体。"一带一路"建设为全世界创造更加开放、包容、互惠、互利、合作、共赢的现代文明，而且要以文明交流超越文明隔阂、文明互鉴超越文明冲突、文明共存超越文明优越，推动各国相互理解、相互尊重、相互信任，共同为未来负责。

刚刚结束的"一带一路"高峰论坛的最大亮点是以史为鉴、开放包容，凝聚共识、形成合力，以"一带一路"为载体，共同推动全球化可持续发展。历史经验表明，包容才能和谐，和谐才能和平，和平才能发展，发展才能最终解决越来越多普通老百姓的实际问题，创造更加光辉灿烂的人类文明。因此，包容思想是全球开展更加广泛合作的思想基础，是"一带一路"建设的灵魂。正是因为习近平包容思想顺应了时代进步的潮流，才使我们在北京举行的"一带一路"国际合作高峰论坛在全球一呼百应，29位外国元首和政府首脑、130多个国家和70多个国际组织1500多名中外嘉宾参加，达成了重要共识，签约5大类共270多项成果，创造了全球大型国际合作活动成效显著的先例。

三、包容文化是文明高地品牌

中原历来是各种文化包容发展最集中的地区，是中国主要的包容文化之源。"中"，就是包容文化的标志。海纳百川终归海，中容八方仍为中。我们要深刻认识中原文化包容性的根本性特征，并发扬光大，打造包容文化中原品牌。

中原历来是各种文化包容发展最集中的地区，是中国主要的包容文化之源。"中"，就是包容文化的标志。海纳百川终归海，中容八方仍为中。我们要深刻认识中原文化包容性的根本性特征，并发扬光大，打造包容文化中原品牌。通过包容发展，特别是包容发展的政策创新，提供更加宽松和谐的发展环境与文化氛围，吸引越来越多的国内外企业家和青年人到中原地区创业创新，共筑梦想，共享由于全球海权地位下降、已经进入航权和网权时代，资源配置关系出现历史性重大变化，导致区域发展热点重返部分内陆地区的盛世。

2017年五四青年节，腾讯QQ大数据发布的《2017全国城市年轻指数》报告显示，郑州的年轻指数高达82，居全国第三位，居北方城市第一位。这一现象绝非偶然，因为年轻人聚集多的城市，肯定包容文化环境比较优越。而年轻人多就是创新发展最大的法宝，我们要特别珍惜这种历史性发展机会。

河南包容文化沉淀深厚，全社会包容正、负能量的胸怀特别广阔，而且面对困难并不气馁，妥善应对虚实变换，在特别困难情况下仍有较快发展的可喜局面。按照2016年10月发布的《"一带一路"大数据报告

（2016）》对全国 31 个省（区、市）参与"一带一路"建设情况及实施效果进行的综合测评，广东、浙江、上海、天津、福建、江苏、山东、河南、云南、北京在综合得分中位列前十。这个结果说明，河南省在"一带一路"倡议实施中已经居于全国第一方阵，位列全国第八名，具有全面融入"一带一路"倡议的巨大优势。

事实上，河南发挥位居全国经济地理中心的综合性国际交通枢纽优势，在国家"一带一路"建设与发展中已经创造出颇具影响的"四路并举"全面融入"一带一路"倡议的发展态势。

第一，我国的陆上丝绸之路——中欧班列（郑州）2013 年开通，当年完成出口班列 13 列，回程数为 0。2014 年，去程完成 78 列，回程 9 列，出现回程列车突破。2015 年，去程完成 97 列，回程 59 列，去程与回程大致均衡。2016 年，完成去程 137 列，回程 114 列，基本稳定在每周"三去三回"状态。全年开行 251 班，总货重 12.86 万吨，总货值 12.67 亿美元，成为全国 20 多家开行中欧班列中唯一实现双通道（阿拉山口西通道、二连浩特中通道）、双向常态（每周"去三回三"）运行的班列，总载货量、境内集货辐射地域、境外分拨范围均居中欧班列前列。截至 2017 年 3 月中旬，中欧班列（郑州）已累计开行 556 班（351 班去程、205 班回程），总货值 28.19 亿美元，货重 27.06 万吨。从 2017 年 3 月开始，已实现"去四回四、每周八班"的常态化均衡开行，一直是中欧班列发展业绩最好的班列之一。在中欧班列（郑州）的带动下，中欧商城已经走进普通老百姓的生活，郑州思达超市等已经大量销售其物美价廉的商品，为当地老百姓带来了实实在在的福利。

第二，我们通过资本合作，开辟的空中丝绸之路——郑州—卢森堡航空货运航线发展迅速。该航线自 2014 年 6 月开通以来，由开航时每周两班增加至目前每周 15 个定期全货机航班。货运量由 2014 年的 1.5 万吨发展到 2015 年 5 万吨，2016 年的 10 万吨，增长迅速。郑州—卢森堡货航常态化开行是近年来郑州与欧洲国家间经贸往来日益频繁的一个缩影。因为其影响较大，在欧洲航空货运市场上"郑州价格"也日益成为中欧间国际航空货运价格的风向标。

第三，我们通过改革创新，建立国际贸易"单一窗口"，形成了影响全国的网上丝绸之路——郑州跨境 E 贸易的"郑州模式"。2015 年，河南保税物流中心承担的郑州 E 贸易试点业务量 5109.15 万单，列全国当时 7 个试点第一，业务量占全国的 50% 以上。2016 年初，中国（郑州）跨境电子商务综合试验区获批，全国试验区扩大到 13 个，而郑州当年的业务量已突破 8000 万单，占全国的 40% 以上，居全国第一。其中，进口 5352.22 万单，同比增长 18.89%；出口 2938.08 万单，同比增长 488.07%。征收关税 6.32 亿元，同比增长 440.17%；征收地税 1.63 亿元，同比增长 66.33%。特别是出口量的快速攀升，为河南各类出口产品扩大国际市场打开了新的高效路径。此外，新引进企业 199 家，目前已吸引电商、网商、物流、仓储、报关、第三方支付等 1101 家企业集聚郑州，搭建了跨境电子商务较为完善的产业链和生态链。其货物"秒通关"每秒最高达 500 单。截至 2017 年 4 月 27 日，进出境商品包裹 2069.8 万包，货值 28.61 亿元，增长迅速，至 2017 年底郑州 E 贸易交易额有望突破 100 亿元。

第四，我们还拥有集海陆空网于一体的立体丝绸之路，形成了高效衔接的进出口体系，对红酒、化妆品等跨境贸易形成重要影响，使法国和澳大利亚的葡萄酒、法国和韩国的化妆品等销售价格大幅度下降，确实造福于普通百姓。

在开放包容文化支撑下，我们成功开创了陆上、空中、网上和立体丝绸之路，商业模式新颖，国际结算速度快捷，交易效率高，成为河南通过"一带一路"融入全球的重要创新。下一步，按照国家战略部署，通过政策与智能化手段的持续创新，加快融入"一带一路"前景光明,潜力巨大。各市、县都需要根据当地的具体发展需要,积极创造条件,持续向"一带一路"发力,为当地开放型经济发展做出新的更大的贡献。

包容文化,海纳百川,尊重人性,容得下差异,倡导机会平等,推崇共享发展成果。和而不同,文化因百家争鸣而生命力更加顽强;兼容并蓄,各种文化相互影响与借鉴,更容易碰撞出新的思想火花,特别有利于促进创新发展。朗朗亚欧大陆,祚传千载故事;漫长丝绸之路,泽遗百代佳话。由于特殊的历史原因,沉寂了数千年之后,东西方共同铸造的古老的丝绸之路正在重新焕发出勃勃生机。"一带一路"不仅凝聚了沿线各国各地区人民的共同命运,也必将在新一代高科技、特别是信息技术支撑下,通过包容文化的滋润与营养,铸就出人类和平与发展的新的美好篇章!

坚定不移坚持中国特色社会主义道路前进方向[*]

摘　要　中国特色社会主义是改革开放以来党的全部理论和实践的主题，全党必须高举中国特色社会主义伟大旗帜。要充分认识坚持和发展中国特色社会主义的必然性和重要性，坚定道路自信、理论自信、制度自信、文化自信；要充分认识中国特色社会主义发展的阶段性特征，中国特色社会主义已经进入了一个新的发展阶段；要继续开拓进取，不断开辟中国特色社会主义发展的新境界。

关键词　习近平重要讲话；中国特色社会主义；中国

习近平总书记在 2017 年 7 月 26 日省部级主要领导干部专题研讨班上发表的重要讲话，深刻回答了我们党在新的历史条件下举什么旗、走什么路、以什么样的精神状态、担负什么样的历史使命、实现什么样的奋斗目标等重大问题。他特别强调指出："中国特色社会主义是改革开放以来党的全部理论和实践的主题，全党必须高举中国特色社会主义伟大旗帜，牢固树立中国特色社会主义道路自信、理论自信、制度自信、文化自信，确保党和国家事业始终沿着正确方向胜利前进。"^①旗帜引领方向，道路决定命运。我们必须认真学习领会习近平总书记重要讲话的精神实质，充分认识在当代中国坚持和发展中国特色社会主义的必然性、重要性，充分认识当代中国特色社会主义发展的阶段性特征，为不断开辟中国特色社会主义发展的新境界而努力奋斗。

一、充分认识坚持和发展中国特色社会主义的必然性和重要性

举什么旗、走什么路，是一个关乎国家前途命运的重大政治问题。中国特色社会主义根植于中国大地、反映中国人民意愿、适应中国和时代发展进步的要求，是在中华民族从站起来、富起来到强起来的历史进程中实现的。它不断顺应人民新期待，开辟发展的新境界，在国际竞争和国际比较中被世界瞩目。它承载着几代中国共产党人的理想和探索，寄托着无数仁人志士的夙愿和期盼，凝聚着亿万人民的奋斗和牺牲。它是党和人民 90 多年奋斗、创造、积累的根本成就，是改革开放近 40 年实践的宏大主题，也体现着近代以来中国人民对理想社会的美好憧憬和不懈探索。

1. 中国特色社会主义是历史和人民的选择

中国的历史命运、历史条件、历史文化决定了中国人民必须在自己选择的道路上实现自己的梦想。为完成民族独立和人民解放、国家繁荣富强和人民共同富裕这两大历史任务，找到适合中国国情的民族发展与振兴之路，近代以来，从新民主主义革命到社会主义革命、社会主义建设，从计划经济体制到社会主义市场经济体制，从封闭半封闭到全方位对外开放，无数仁人志士不断求索，照搬过本本、模仿过别人，有过迷茫、有过挫折，一次次碰壁、一次次觉醒，一次次实践、一次次突破，最终创立、形成和发展了中国

＊ 本文发表于《中州学刊》2017 年 8 月第 8 期第 1—5 页。作者为河南省社会科学院课题组，其中，课题组负责人为张占仓，课题组成员为李太淼、万银锋、王宏源，执笔为王宏源。

特色社会主义。中国特色社会主义凝聚着对近代以来中华民族发展历程的深刻总结，传承着5000多年中华悠久文明，体现了科学社会主义理论逻辑和中国社会发展历史逻辑的辩证统一。党的十八大以后，习近平总书记在中央政治局第一次集体学习时深刻指出，中国特色社会主义是党和人民长期实践取得的根本成就，是近代以来中国社会发展的必然选择，是发展中国、稳定中国的必由之路。中国特色社会主义是当代中国发展进步的唯一正确方向，是历史的选择、人民的选择，是中国共产党和中国人民团结的旗帜、奋进的旗帜、胜利的旗帜。中国近代以来的历史充分证明，只有社会主义才能救中国，只有中国特色社会主义才能发展中国。

党的十八大以来，以习近平同志为核心的党中央，不仅深刻阐明了新的历史时期如何走好中国道路、如何完善和发展中国特色社会主义制度、如何推进国家治理体系和治理能力现代化等一系列重大课题，还围绕全面深化改革中的若干重要关系，提出了一系列新的改革思想，政治体制、经济体制、文化体制、社会体制、生态文明体制和党的建设制度改革全面发力，各领域改革持续推进，突破了一些过去认为不可能突破的关口，解决了许多长期想解决而没有解决的难题，夯实了国家治理体系的基石，为国家富强、民族振兴、人民幸福打下了更加坚实的基础，为解决人类问题贡献了中国智慧、提供了中国方案。习近平总书记将中国特色社会主义定位为"改革开放以来党的全部理论和实践的主题"，充分体现了我们党准确把握时代大势、毫不动摇坚持和发展中国特色社会主义的坚定信念和强大定力。

2. 当代中国发展的巨大成就进一步彰显了中国特色社会主义的优势

改革开放以来，中国人民在中国共产党的领导下，高举中国特色社会主义伟大旗帜，不断深化改革，不断扩大开放，不断开拓进取，不断加强经济建设、政治建设、社会建设、文化建设、生态文明建设和党的建设，

中国的发展取得了巨大成就。多年来，我国经济持续高速增长，经济发展成就举世瞩目，综合国力和人民群众的生活水平显著提高。目前，我国的经济总量达到11.2万亿美元，国内生产总值稳居世界第二，人均国内生产总值达到8261美元。我国让6亿多人口摆脱贫困，对全球减贫贡献率逾70%，实现了从温饱不足到总体小康再向全面小康迈进的历史性跨越。特别是在2008年国际金融危机期间，当其他国家深受危机影响，经济发展出现严重缓滞的时候，中国却抵御住了危机冲击，经济发展"一枝独秀"，对全球发展贡献率在30%以上。中国能在改革开放30多年的时间里取得如此巨大的成就，最重要的一点就是有制度的保障、制度的优势。

党的十八大以来的五年，是党和国家发展进程中很不平凡的五年。习近平总书记强调，五年来，党中央科学把握当今世界和当代中国的发展大势，顺应实践要求和人民愿望，推出一系列重大战略举措，出台一系列重大方针政策，推进一系列重大工作。坚定不移贯彻新发展理念，有力推动我国发展不断朝着更高质量、更有效率、更加公平、更可持续的方向前进；坚定不移全面深化改革，推动改革呈现全面发力、多点突破、纵深推进的崭新局面；坚定不移全面推进依法治国，显著增强了我们党运用法律手段领导和治理国家的能力；坚定不移加强党对意识形态工作的领导，巩固了全党全社会思想上的团结统一；坚定不移推进生态文明建设，推动美丽中国建设迈出重要步伐；坚定不移推进国防和军队现代化，推动国防和军队改革取得历史性突破；坚定不移推进中国特色大国外交，营造了我国发展的和平国际环境和良好周边环境；坚定不移推进全面从严治党，形成了反腐败斗争压倒性态势，党内政治生活气象更新，党的执政基础和群众基础更加巩固，为党和国家各项事业发展提供了坚强政治保证。党和国家的历史性变革和历史性成就，极大地振奋了党心军心民心，赢得了国际社会广泛认同，充分证明我们党是充满生

机活力的伟大的党，中国特色社会主义事业是蓬勃兴旺的伟大事业。

3. 要坚定"四个自信"

要坚定道路自信。习近平指出："道路问题是关系党的事业兴衰成败第一位的问题，道路就是党的生命。中国特色社会主义，是科学社会主义理论逻辑和中国社会发展历史逻辑的辩证统一，是根植于中国大地、反映中国人民意愿、适应中国和时代发展进步要求的科学社会主义，是全面建成小康社会、加快推进社会主义现代化、实现中华民族伟大复兴的必由之路。"[②]历史和实践都已证明，中国特色社会主义道路是一条符合中国实际、符合中国国情、反映中国人民意愿、适应时代发展要求的正确的道路。因此，我们一定要坚定道路自信，既不能走封闭僵化的老路，也不能走改旗易帜的邪路，而是在伟大的实践中不断开创中国特色社会主义道路。

要坚定理论自信。中国特色社会主义理论体系，指导了拥有13亿多人口的当代中国的发展实践。实践已证明，这个理论体系具有科学性和实践性。党的十八大以来，以习近平同志为核心的党中央围绕什么是中国特色社会主义、如何建设中国特色社会主义这一历史主题，提出了一系列治国理政的新理念新思想新战略，极大地丰富和发展了中国特色社会主义理论体系。我们一定要坚定理论自信，在实践中不断创新和发展中国特色社会主义理论。

要坚定制度自信。中国特色社会主义制度是具有鲜明中国特色、明显制度优势、强大自我完善能力的先进制度，不仅是中华民族伟大复兴的保障，也在为人类对更好社会制度的探索提供着中国智慧和中国方案。中国特色社会主义制度的系统构建体现了人民当家作主、党的领导与依法治国的内在统一性，体现了中国最广大人民的根本利益和集体理性。坚定制度自信，并不是不要制度创新和完善，而是要在坚持根本制度和基本制度的前提下，不断创新制度和完善制度。

要坚定文化自信。文化自信，是一个民族、一个国家以及一个政党对自身文化价值的充分肯定和积极践行，并对其文化的生命力持有坚定信心。文化自信，是更基础、更广泛、更深厚的自信，也是凝聚全国各族人民力量的最大动力。习近平总书记曾指出：文明特别是思想文化是一个国家、一个民族的灵魂。无论哪一个国家、哪一个民族，如果不珍惜自己的思想文化，丢掉了思想文化这个灵魂，这个国家、这个民族是立不起来的。我们一定要坚定文化自信，不断传承和弘扬中华民族优秀传统文化、中国特色的革命文化、中国特色的社会主义建设文化、中国特色社会主义改革开放文化。

二、中国特色社会主义进入了一个新的发展阶段

习近平在"7·26"讲话中明确指出："我国发展站到了新的历史起点上，中国特色社会主义进入了新的发展阶段。"[③]这是习近平根据改革开放以来特别是党的十八大以来中国发展的历史性变化以及国际国内形势的发展变化，对中国发展进程所作出的重大判断。当代中国不断取得的巨大成就，"意味着近代以来久经磨难的中华民族实现了从站起来、富起来到强起来的历史性飞跃，意味着社会主义在中国焕发出强大生机活力并不断开辟发展新境界，意味着中国特色社会主义拓展了发展中国家走向现代化的途径，为解决人类问题贡献了中国智慧、提供了中国方案"[④]。站在新的历史起点上，面临新形势、新问题、新挑战，我们必须居安思危、知危图安，我们必须正确认识和把握形势，牢牢把握基本国情，牢牢把握社会发展的阶段性特征，牢牢把握人民群众的新期待。

1. 牢牢把握社会主义初级阶段这个基本国情

习近平总书记运用马克思主义政治经济学原理和方法，坚持生产力和生产关系的辩证统一，指出当前和今后很长一段时期，我国依然处在社会主义初级阶段，这一基本国情没有变。发展阶段是实现奋斗目标的时代

依据和客观基点。认识和把握我国社会发展的阶段性特征，我们必须坚持辩证唯物主义和历史唯物主义的方法论，从历史和现实、理论和实践、国内和国际等的结合上进行思考，从我国社会发展的历史方位上进行思考，从党和国家事业发展大局出发进行思考。我们必须牢牢把握中国依然处于社会主义初级阶段这一当代中国的最大国情和最大实际，这是我们认识当下、规划未来，推动中国特色社会主义前进的客观基础。虽然近40年来我国的整体实力有了巨大发展和提高，但社会主义初级阶段这个最大实际没有改变，我国依然是一个面临许多问题、许多挑战的发展中国家，在制订各项方针政策的时候必须始终牢记这一基本国情。

2. 牢牢把握我国社会发展的阶段性特征

中国特色社会主义发展已经进入了一个新的阶段，中国已经站到了一个新的历史起点上。我们必须牢牢把握我国社会发展的阶段性特征。当代中国正经历着我国历史上最为广泛而深刻的社会变革，也正在进行着人类历史上最为宏大而独特的实践创新。从我国生产力到生产关系、从经济基础到上层建筑、从发展理念到发展目标、从国内到国际等，全方位地展开了整体转型升级。改革进入深水区，经济发展进入新常态。各种矛盾叠加，风险隐患集聚，发展不平衡、不协调、不可持续问题比较突出。我国虽然已成为世界第二大经济体，但人均 GDP 还不高，地区发展还很不平衡，发展短板不少。发展始终是中国社会的当务之急。我们必须牢牢抓住经济建设这个中心不动摇，坚持党的基本路线，把基本国情作为谋划发展的基本依据，以新发展理念为引领，在继续推动经济发展的同时，更好地解决我国社会出现的各种问题，更好地发展中国特色社会主义事业。

3. 牢牢把握人民群众的新期待

人民对美好生活的向往，就是我们党的奋斗目标。经过改革开放近40年的发展，我国社会生产力水平明显提高，人民生活显著改善，与此同时，人民对美好生活的向往更加强烈。在新的历史时期，人民群众的需要呈现多样化多层次多方面的特点，期盼有更好的教育、更稳定的工作、更满意的收入、更可靠的社会保障、更高水平的医疗卫生服务、更舒适的居住条件、更优美的环境、更丰富的精神文化生活。我们要坚持以人民为中心的发展思想，牢牢把握人民群众新期待，贯彻落实新发展理念，实现好、维护好、发展好最广大人民根本利益，使发展成果更多更公平地惠及全体人民，让人民群众在改革发展中有更多的获得感、尊重感、幸福感。

三、不断开辟中国特色社会主义发展新境界

坚持和发展中国特色社会主义是一项长期的艰巨的历史任务。我们必须站在新的历史起点上，正确分析和把握世情国情党情的变化状况及趋势，辨明历史方位，顺应发展大势，不断开拓进取，不断开辟中国特色社会主义发展新境界。要继续开辟中国特色社会主义新境界，必须在以下几个方面着力：

1. 坚持和完善党的领导

解决中国问题的关键在党。中国特色社会主义最本质的特征就是坚持中国共产党的领导。习近平总书记强调，进入中国特色社会主义新的发展阶段，党要团结带领人民进行伟大斗争、推进伟大事业、实现伟大梦想，必须毫不动摇坚持和完善党的领导，毫不动摇推进党的建设新的伟大工程，把党建设得更加坚强有力。只有进一步把党建设好，确保我们党永葆旺盛生命力和强大战斗力，我们党才能带领人民成功应对重大挑战、抵御重大风险、克服重大阻力、解决重大矛盾，不断从胜利走向新的胜利。

为了坚持和完善党的领导，我们必须牢牢把握加强党的执政能力建设和先进性建设这条主线，落实好管党治党责任。要全面加强党的思想建设、组织建设、作风建设、反腐倡廉建设、制度建设，增强党自我净化、自我完善、自我革新、自我提高能力，始终保持党的先进性和纯洁性。要全面推进从严

治党向纵深发展，使党的建设更加科学、更加严格、更加有效。要全面净化党内政治生态，加强党内监督，加强和规范新形势下党内政治生活，为全面从严治党筑牢基础。要坚持党中央集中统一领导，在各级党组织和广大党员、干部中进一步强化政治意识、大局意识、核心意识、看齐意识，确保各级党组织和广大党员、干部在思想上政治上行动上始终同党中央保持高度一致。要通过全面从严治党，进一步提高党的领导力、感召力、凝聚力、战斗力。

2. 继续统筹推进经济社会各方面建设

要继续以经济建设为中心，统筹推进各方面建设，不断解放和发展社会生产力，逐步实现全体人民共同富裕的伟大事业。要坚持问题导向，突出主题主线。坚持贯彻新发展理念，紧紧把握全面建成小康社会各项要求，把经济建设、政治建设、文化建设、社会建设、生态文明建设作为"一体"来统筹，抓好发展上的"全面"、改革上的"全面"、法治上的"全面"、治党上的"全面"。要抓好国家各项重大战略的全面深度实施。要积极营造合作共赢的国际环境，推进"一带一路"建设，打造人类命运共同体。2020 年全面建成小康社会后，我们要激励全党全国各族人民为实现第二个百年奋斗目标而努力，踏上建设社会主义现代化国家新征程，让中华民族以更加昂扬的姿态屹立于世界民族之林。

3. 继续全面深化改革

改革创新是事业发展的动力之源、活力之本。只有继续坚定不移地全面深化改革，才能不断开辟中国特色社会主义发展的新境界。当今时代是一个迅速变化的时代，要赢得主动、赢得胜利，必须与时俱进，不断改革创新。推动全面深化改革，既要统筹推进各领域改革，又要明确各领域改革的具体要求。一方面，要在总目标统领下，构建丰富全面的改革目标体系。要明确政治、经济、社会、文化等各领域改革目标，并通过强化顶层设计和整体谋划，建立健全完备的制度

体系，推动各领域改革紧密联系、相互交融。另一方面，要坚持用改革的办法解决发展中的矛盾问题。针对改革中遇到的各种矛盾问题和各种深层利益关系，我们要迎难而上，敢试敢闯，尽责担当，着力推动改革呈现全面发力、多点突破、纵深推进的崭新局面，从而为各项事业的发展提供源源不竭的强大动力。

4. 积极为构建人类命运共同体贡献中国力量

在新的发展阶段，中国作为发展中的大国，要为解决人类问题贡献更多的中国智慧、提供更多的中国方案，要在全球治理和国际事务中更好地发挥作用。无论是通往现代化的道路，还是人类共同价值的实现方式，都是多元的。习近平总书记曾明确提出，中国共产党人和中国人民完全有信心为人类对更好社会制度的探索提供中国方案。这就很明确地启示我们，不论是人类的社会制度构建，还是全球的社会问题治理，不论是全球经济发展，还是国际间事务合作，中国一定要积极参与，积极探索，积极提供中国方案，积极贡献中国智慧和力量。要引导更多国家超越丛林法则和冷战思维，遵循制度演进的内生性轨迹，立足本国国情，将现代性价值同文化历史传统、经济社会发展的现实条件有机地融合起来，以互惠互利促进经济繁荣、以对话协商化解猜忌戒备、以兼收并蓄疏通文明隔阂、以合作共赢应对全球挑战。在新的发展阶段，中国要为构建和谐世界、构建人类命运共同体作出更大贡献。

5. 不断推进实践基础上的理论创新

时代是思想之母，实践是理论之源。实践发展永无止境，认识真理永无止境，理论创新永无止境。理论的生命力在于创新，理论创新是我们党的活力所在。习近平总书记在省部级主要领导专题研讨班上的讲话明确提出："我们要在迅速变化的时代中赢得主动，要在新的伟大斗争中赢得胜利，就要在坚持马克思主义基本原理的基础上，以更宽广的视野、更长远的眼光来思考和把握国家

未来发展面临的一系列重大战略问题，在理论上不断拓展新视野、作出新概括。"⑤这既是对我们党在理论创新上的经验总结，又是对我们党在理论发展上与时俱进的期待。我们要保持和发扬马克思主义政党与时俱进的理论品格，勇于推进实践基础上的理论创新，在理论上不断拓展新视野、作出新概括，不断把马克思主义中国化推向前进。要坚持围绕进一步巩固马克思主义在意识形态领域指导地位的新要求进行理论创新；要坚持围绕"四个全面"战略布局的新要求进行理论创新；要坚持围绕决胜全面建成小康社会的新要求进行理论创新。要通过理论创新，不断指导新的实践，为实现中华民族伟大复兴提供思想先导、学理支撑和精神动力。

注释

①③④⑤《高举中国特色社会主义伟大旗帜　为

决胜全面小康社会实现中国梦而奋斗》，《人民日报》2017 年 7 月 28 日。

②《习近平谈治国理政》，外文出版社，2014年，第 21 页。

参考文献

［1］习近平谈治国理政［M］. 北京：外文出版社，2014.

［2］中共中央文献研究室. 习近平总书记重要讲话文章选编［M］. 北京：中央文献出版社，党建读物出版社，2016.

［3］毛莉. 续写中国特色社会主义新篇章［N］. 中国社会科学报，2017-08-07.

［4］施芝鸿. 准确把握"7·26"重要讲话的五个关键词［N］. 人民日报，2017-08-10.

［5］姜辉. 决胜全面小康社会　实现中国梦的科学部署——学习习近平总书记"7·26"重要讲话精神［N］. 中国社会科学报，2017-08-08.

2016年度河南省经济学研究综述[*]

2016年，在世界经济复杂多变和国内经济下行压力加大的双重困难下，全省上下认真贯彻落实中央和省委、省政府各项决策部署，坚持以新发展理念为引领，加强供给侧结构性改革，着力稳增长、调结构、促转型、惠民生，经济运行呈现"总体平稳、稳中有进、进中向好"的态势，实现了"十三五"良好开局。现围绕决胜全面建成小康社会、以新发展理念引领新发展、改革开放研究等方面将河南省经济学领域专家学者的研究综述如下：

一、决胜全面建成小康社会

2016年10月31日，中国共产党河南省第十次代表大会开幕，时任省委书记谢伏瞻代表省委第九届委员会作了《深入贯彻党中央治国理政新理念新思想新战略为决胜全面小康让中原更加出彩而努力奋斗》的报告。这个报告是指导全省今后五年工作的纲领性文件。围绕会议精神，河南的专家学者做了大量研究与阐释，为深刻领会、准确把握党代会的精神实质，增强贯彻落实的自觉性和主动性提供了理论支持。

1. 发展战略研究

张占仓研究认为，时任省委书记谢伏瞻在报告中全面回顾了过去五年的工作，明确提出了决胜全面小康、让中原更加出彩这一重大历史任务，确立了建设经济强省、打造"三个高地"、实现"三大提升"的奋斗目标，是未来五年全省全面建成小康社会、让中原更加出彩的基本遵循。报告通篇贯穿着党的十八大以来党中央治国理政新理念新思想新战略。把习近平总书记特别强调的"为民、发展、担当"理念贯彻其中，使人感觉到省委在筹划全省发展大局过程中，始终把为民放在突出位置，坚持以人民为中心的发展思想，增强人民群众对改革发展的获得感；坚持以创新、协调、绿色、开放、共享五大发展理念为引领，抓好决胜全面小康让中原更加出彩的第一要务，建设先进制造业强省、现代服务业强省、现代农业强省、网络经济强省，实施创新驱动战略，加快推进新型城镇化，强化基础能力建设，使整个发展理念既与国家战略保持高度同步，又紧密结合河南实际，非常接地气；在敢于担当方面，把发展面临的问题归纳出13个方面，敢于面对，对全面依法治省、全面从严治党做出系统部署。在新思想方面，报告通篇把习近平总书记坚持问题导向的辩证唯物主义和历史唯物主义思想、坚持和发展中国特色社会主义的思想、关于经济发展新常态的思想、关于生态文明的思想、关于河南发展要打好"四张牌"的思想等融会贯通。在新战略方面，把党中央统筹推进"五位一体"总体布局和协调推进"四个全面"战略布局、创新驱动发展战略、人才是第一资源的战略、开放带动战略等融入实际工作之中，让人感受到报告确实大气磅礴，具有超前的战略思维，对全省发展大局具有战略指导与引领意义[1]。

喻新安指出，十次党代会报告把建设经济强省置于主要目标的首位，是非常科学、非常必要的。发展是第一要务，没有又好又

---

    * 本文原载《2017年河南社会科学年鉴》，该年鉴由河南人民出版社2017年9月出版，作者张占仓、李丽菲。本文中提及的相关人员的职务均为时任。

快的发展，一切都无从谈起，所以，建设经济强省是主要目标中居于核心地位的目标，意味着我们的一切工作谋划和安排，都要有利于、服从于建设经济强省目标的实现[2]。他认为，建设经济强省的奋斗目标，绝不是一般地重复过去曾确定的目标，而是有许多新的含义、新的内容、新的要求。按照"经济总量大""结构优""质量效益好"的强省标准衡量，河南还存在明显差距和突出短板，可以说任重而道远。建设经济强省，需要认清形势，明确任务，突出重点。一是要致力于提高经济发展的平衡性、包容性、可持续性，使建设经济强省的过程能永续进行。二是要认识到新常态下总体增速换挡与局部强势发展并不矛盾，一些地方和行业甚至可能出现"爆发式"增长，具备条件的市县和行业要坚持在质量效益基础上增速能快则快的指导思想。三是要不断优化经济结构，重点是优化三产结构，主攻方向是大力发展现代服务业。四是要加快城镇化进程，以"三个一批人"为重点，促进农业转移人口市民化。五是要坚持创新驱动发展，提升载体平台，壮大创新主体，突出开放创新，打造中西部地区科技创新高地[3]。

2. 四个强省建设

在省委九届十一次全会上谢伏瞻同志强调，河南要构建现代产业体系，建设先进制造业大省、高成长服务业大省、现代农业大省和网络经济大省"，指出这是"十三五"期间破解河南发展难题，确保到2020年全面建成小康社会的有力举措。紧接着，在省第十次党代会上谢伏瞻书记又进一步指出，未来五年河南要加快产业转型升级，构建产业新体系，建设先进制造业强省、现代服务业强省、现代农业强省、网络经济强省。表述的变化，折射出发展内涵的升华，由"大省"变"强省"，是对自身发展提质增效的自我加压。

王海杰认为，未来河南应围绕构建中国制造2025的河南模式，着力实施供给模式创新，以此推动制造业强省建设。一是构建具有竞争优势的供给模式，包括产品（服务）模式、资本模式和商业模式。二是实施供给侧五项革命，包括以智能制造推进"生产革命"，以创新驱动实施"品质革命"，以龙头企业引领"品牌革命"，以质量监督制度实现"安全革命"，以企业家能力提升推动"新供给模式革命"，这是制造业具有竞争优势的供给模式实施的具体途径。三是激活企业家资源，这是构建具有竞争优势的供给模式的前提。四是打造开放式创新生态，这是构建具有竞争优势的供给模式的保障[4]。

程传兴提出，要建设现代农业强省，河南农业必须在全国具备较强的影响力、竞争力和持续发展的动力。要达到这个目标，应抓好三个着力点，即着力提升河南农业生产能力，使主要农产品在全国有重要地位和影响力；着力用优质农产品满足市场需求，增强河南农产品的吸引力和竞争力；着力提高效益，增强河南农业持续发展的动力[5]。

郭军教授认为，建设网络经济强省，应首先厘清三个基本关系认识：第一，网络经济与传统经济的关系。网络经济是以计算机网络为基础、以现代信息技术为核心的一种新的经济形态，它不是一种独立于传统经济之外、与传统经济完全对立的纯粹的"虚拟经济"，而是一种在传统经济基础上产生的、经过以计算机为核心的现代信息技术提升的高级经济发展形态。第二，网络经济与知识经济的关系。知识经济实质上也是一种以现代信息技术为核心的网络经济。第三，网络经济与企业经济的关系。网络经济是企业对现代信息技术和全球信息网络的认识、开发、利用及其效应。网络经济强省建设的重心和主体是企业，这是建设网络经济强省过程中始终应该拥有的基本认知[6]。

宋灵恩指出，信息化对工业化、城镇化、农业现代化具有渗透和提升作用，网络经济是信息化催生的新经济形态，最具潜力、最具爆发力、最具成长性。建设网络经济强省，对于河南省加快产业转型升级、构建产业新体系至关重要，既是建设先进制造业强省、现代服务业强省、现代农业强省的支撑和保障，也是河南省决胜全面小康、让中原更加出彩的重要途径。全省信息通信业将认真贯彻落实省第十次党代会精神，着力打造高速、移动、安全、泛在的下一代信息基础设施，全面推进互联网与经济社会深度融合，进一步完善网络安全保障体系，全力推进网络经济强省建设。

3. "三区一群"建设

"三区一群"是事关河南全局和长远发展最重要的四个国家战略。其中，郑州航空港经济综合实验区、中国（河南）自由贸易试验区、郑洛新国家自主创新示范区，是引领性战略，是支撑河南未来发展的三大支柱；中原城市群，包括中原经济区、郑州国家中心城市，是整体性战略，是河南省推进新型城镇化的重要抓手。"三区一群"是河南未来发展的改革开放创新支柱、是带动全国发展的新增长极，对于建设经济强省、打造"三个高地"、实现"三大提升"，意义重大，将为决胜全面小康、让中原更加出彩提供有力支撑。

建设国家自主创新示范区是新时期党中央国务院加快创新型国家建设实施创新驱动发展战略的重要举措。2016 年 3 月 30 日，国务院批准设立郑洛新国家自主创新示范区，这意味着郑州、洛阳、新乡三个城市将在推进自主创新和高新技术产业发展方面先行先试，探索经验，作出示范。谷建全研究员认为，示范区的建设对河南实施创新驱动发展，促进经济转型升级，实现中原崛起、河南振兴、富民强省具有重大而深远的意义。我们应认真贯彻落实国务院批复精神，充分发挥三个城市的产业优势和创新资源优势，激发各类创新主体活力，优化创新创业环境，培养和聚集创新人才，全面提升区域创新能力，努力把示范区建成为国内外具有重要影响力的创新驱动发展示范区、科技体制改革先行区、创新创业引领区[7]。

作为区域经济发展的增长极，临空经济区带动区域经济发展的路径是：微观上改变区域发展要素禀赋，中观上实现与区域产业耦合，宏观上促进区域税收和就业增长。作为我国临空经济发展代表之一的郑州航空港经济综合实验区，在深化管理体制改革，推进"五化同步"，打造"一个载体四个体系"，建设"四个河南"，促进供给侧结构性改革和整合河南临空资源等方面起到十分重要的带动和示范作用。张占仓、陈萍、彭俊杰提出，供给侧结构性改革需要加快发展融入国际前沿的临空经济，在"一带一路"倡议实施中发展临空经济大有可为，郑州临空经济发展推动了区域发展模式创新，为我们展示出未来区域发展新"四化"趋势。依托于国际航空运输体系的临空经济进一步发展，有可能改变自工业革命以来区域发展重点一直在沿海或沿江地区的发展模式，开辟出区域发展热点重返内陆地区的新时代[8]。

耿明斋教授指出，自贸区的获批是河南转型发展的重大成果。2008 年金融危机以来，中国经济由原来的资源开发、投资驱动、初级产业支撑的发展阶段，转向创新开放、消费驱动、先进制造业和现代服务业发展的新阶段，河南作为资源型区域承受的压力更大，我们要在未来一段时期内保持经济持续稳定高速增长，就要靠我们的比较优势——区位和交通。建设以枢纽和物流为特点的自由贸易区，一是要把枢纽和物流做得更完善，就要真正做到空中通连全球，地上连接全国，解决"最后一公里"问题；二是要培育相应的市场主体，河南要做物流，就必须要有自己巨大的物流企业、巨大的交易平台，要出中国的 UPS、中国的联邦快递；三是在制度建设层面，以通关便利化为基础的贸易制度建设层面，要下更大的功夫；四是要打造跨境电商的物流基地和现代化、电子化的通关通道[9]。

在 2016 年的《河南省国民经济和社会发展第十三个五年规划纲要》中指出，要构筑协调发展新格局，推进中原城市群一体化发展，构建"一极三圈八轴带"空间格局，体现了城市群发展的一般特征和发展要求，符合河南经济所处的发展阶段、发展目标，也有利于对接和放大国家区域政策，应对激烈的区域竞争。河南省政府发展研究中心课题组认为践行全新发展理念，谋划未来一个时期协调发展新格局，还需要充分兼顾资源型地区、传统农区等不同经济类型区的发展。未来5年，河南应依据区域经济发展的一般规律，结合省情及当前经济形势，并充分借鉴全国及其他省区的经验，按照"重点优先，协同推进"的原则，确立起"1+1+3"基本架构，形成"一极、一群、三板块"的区域协调发展新格局[10]。

二、以新发展理念引领新发展

习近平强调，新发展理念就是指挥棒、红绿灯。新发展理念深刻揭示了实现更高质量、更有效率、更加公平、更可持续发展的必由之路，是关系我国发展全局的一场深刻变革。围绕着新发展理念，河南的专家学者积极建言献策，为河南的经济发展提供理论指导和智力支持。

1. 打好"四张牌"

在省十次党代会中，谢伏瞻书记指出发展是解决所有问题的关键。要坚持以经济建设为中心，扭住发展不放松，贯彻新发展理念，持续落实习近平总书记对河南省提出的打好产业结构优化升级、创新驱动发展、基础能力建设、新型城镇化"四张牌"的要求，坚持四化同步发展，以供给侧结构性改革为主线，加快转变经济发展方式，推动经济较高速度、较高质量发展，形成结构合理、方式优化、区域协调、城乡一体的发展新格局。

河南省社会科学院课题组认为打好"四张牌"的提出具有深刻的国际与国内、历史与现实背景，是应对国内外挑战，推动河南从经济大省向经济强省跨越，在新的历史起点上促进河南经济社会向更高质量、更有效率、更可持续的方向迈进的有效路径；打好"四张牌"抓住了河南省发展中的突出矛盾、问题和不足，把准了河南省发展的脉搏，回答的是新常态下河南省如何破解发展最为紧

迫的现实问题，聚焦的是新阶段下河南省如何消除面临的突出矛盾，着眼的是新方位上河南省如何厚植发展优势；打好"四张牌"为河南在适应并引领新常态中激发新活力、开辟新空间、培育新优势、取得新突破指明了前进方向，为河南在新的发展阶段、新的历史起点上决胜全面小康、让中原更加出彩提供了根本遵循[11]。

张占仓认为打好"四张牌"，就是要加快产业结构转型升级，构建产业新体系。以供给侧结构性改革为主线，提升供给体系质量和效率，积极发展新技术新产业新业态新模式，加快产业结构性调整，推动产业向中高端迈进。建设"四个强省"，在金融豫军崛起的基础上，深化投融资体制改革创新，让现代金融的阳光雨露滋润中原大地，为实体经济发展提供支撑。大力实施创新驱动发展战略，培育发展新动能。把郑洛新国家自主创新示范区作为带动全省创新发展的核心载体，提升载体平台，壮大创新主体，突出开放创新，健全创新体制机制，全面提高自主创新能力。加快推进新型城镇化，把中原城市群一体化作为支撑新型城镇化的主平台，着力提高城镇化质量，构建区域协调发展新格局，推动城乡一体化发展，拓展发展新空间。强化基础能力建设，提升基础设施现代化水平，完善提升科学发展载体，实施人才强省战略，打造发展新支撑。习近平总书记为我们明确提出的这"四张牌"非常重要，对全省发展具有长远的战略意义，需要全省各地认真学习领会，真正结合当地实际具体抓好落实。

2. 产业结构优化升级

产业结构合理化程度是衡量一个国家或地区经济发展质量效益和综合竞争力的重要指标。推进产业结构升级是建设经济强省、塑造竞争新优势的需要，是确保与全国一道全面建成小康社会、提升河南在全国发展大局中地位作用的需要。多年来，河南省坚持走新型工业化道路，着力发展有特色优势的战略性新兴产业，培育壮大高成长性产业，改造提升传统优势产业，取得了明显成效，

但以能源原材料、劳动密集型产业为主体的结构性缺陷突出，长期积累的矛盾和问题尚未根本解决。

李政新、李小卷提出要以供给侧结构性改革为主线，把加快新旧产业动力转换作为中心任务，以需求特别是消费升级趋势为导向，以新理念、新技术、新业态、新模式为引领，从转变发展方式、发展现代服务业、构建现代化农业体系、推进网络经济建设、创新招商引资模式等方面着手，加快建设"四个大省"，推动产业向中高端迈进[12]。

完世伟认为，解决河南产业结构不合理的问题，要以供给侧结构性改革为主线，把加快新旧产业动力转换作为中心任务，以需求特别是消费升级趋势为导向，以新理念新技术新业态新模式为引领，加快"四个大省"建设，推动产业向中高端迈进[13]。

3. 创新发展理念

李庚香、王喜成认为，创新驱动发展是经济发展的一种崭新模式。它不仅解决了发展的效率问题，而且实现了要素的新组合，创造了新的增长要素，对于优化产业结构、加快经济发展方式转变具有重大而深远的意义，是应对新常态，实现经济发展动力从要素驱动、投资驱动向创新驱动的重大举措，是实现中华民族伟大复兴的战略抉择。实施创新驱动发展，必须坚持把科技创新摆在发展全局的核心位置，同时必须明确推进创新驱动发展的主要着力点，以大无畏的改革创新精神，建立形成一整套促进创新驱动发展的体制机制，为实施创新驱动发展提供强大动力、良好环境和制度保障[14]。

张占仓认为，创新发展是实现"五位一体"总体布局下全面发展的根本支撑和关键动力。我们要充分利用国务院批准建设郑洛新自主创新示范区的特殊机遇，在理念创新、体制创新、科技创新、组织创新、管理创新等方面全面发力，以吸引人才、重用人才、发挥青年人才作用、倡导大国工匠精神为支撑，持续推动"大众创业、万众创新"，在已经初具优势的智能终端设备制造、信息技术

安全、大型盾构机国际化、新动力汽车研发、铝加工高端产品规模化、"金融豫军"发展壮大、新经济拓展等具有战略意义的领域投入足够的人力、物力、财力，让创新成为时代的最强音，引领全省发展的新趋势[15]。

谷建全等学者认为，创新是引领发展的第一动力。对于河南这样相对欠发达的经济大省，如何实施创新驱动发展战略，实现进入创新型省份的目标，成为中原崛起河南振兴富民强省的关键之举[16]。同时，他也提出企业是市场发展的主体，更是创新的主体。长期以来受资源导向型的路径依赖、短缺经济下的规模扩张、政府主导下的政策红利以及整体市场发育程度不高等多种因素的影响，与先进发达省份相比，河南省企业创新活力不足一直成为实现创新发展的瓶颈，也是当前深入推进郑洛新国家自主创新示范区建设亟须破解的难题。因此，激发创新主体活力必须突出企业的主体地位，强化市场的决定作用，依靠开放的强力助推[17]。

张占仓通过对世界科技中心五次转移的历史规律的梳理，认为五次转移都是由人才培养和集中积累集聚并导致重大科技创新驱动的，而在这些重大创新中青年人才发挥了特别重要的作用。当今中国，已经是科技创新大国，未来需要按照创新发展的最新理念迈向科技强国。为此，建议把创新发展作为我国未来经济社会发展的主旋律，坚定创新发展的信心，积极提供创新发展的资本支撑，全面开展基本的创新训练[18]。

4. 新型城镇化

新型城镇化，是相对传统城镇化而言的，指以人为核心的城镇化，是质量提升的城镇化。党的十八大明确提出了中国新型城镇化建设以"提高城镇化质量"为战略目标，党的十八届三中全会提出"健全城乡发展一体化体制机制""完善城镇化健康发展""推进以人为核心的城镇化""推进农业转移人口市民化"等重要要求。河南省属全国农业大省和人口大省，城镇化率较低，进一步推进城镇化的压力大，在新型城镇化建设中难题较

多，最主要的是人口转移压力大，资金及资源紧张，城市群和中心城市辐射带动能力有限，产业发展对新型城镇化的贡献能力不强等。

刘敏和张占仓提出，考虑到河南省区域广而发展不平衡的严峻现实，在新型城镇化建设中务必要以协调发展为主线，重点建设以郑州为中心的中原城市群，持续建设区域性中心城市，提升小城镇功能，兼顾新农村建设，不断拓宽城镇建设融资渠道，不断提高城镇产业发展水平，尤其是第三产业发展水平[19]。

赵书茂指出，从创新、协调、绿色、开放、共享五大发展理念的角度来看，河南新型城镇化具有注重中原城市群的主体形态、城镇化的协调性、城镇化的绿色发展、城镇化的包容性和人文关怀、城镇化的智慧化和管理的精细化等新的趋势。在新常态下，我们要运用创新思维，立足现实、遵循规律，从需求和供给两侧发力，不断探索科学推进新型城镇化的有效途径，充分发挥新型城镇化在推动经济发展和结构性改革中的作用，不断提升城镇化的质量和水平[20]。

王建国研究认为，在城镇化加快推进的过程中，遇到的突出问题是城镇化的质量较低，大量农业人口转而不移，进城务工却没有迁移户口，以农民身份从事产业工人的职业，所以目前亟待解决农业转移人口市民化的问题，以提高城镇化质量。我国的城镇化发展水平不高，之所以出现质量和数量不协调的问题，主要原因在于随着我国经济社会的发展和时代的进步，传统的城镇化动力机制已经不能适应新的形势。这就需要从中国国情出发，坚持问题导向，围绕提高质量，重构城镇化发展动力机制[21]。

5. 四化同步

随着以信息技术为代表的第四次技术革命的脚步越来越近，我们党敏锐地意识到新一代技术革命可能给经济社会发展带来的影响，在党的十八大报告中，明确提出要推进信息化与工业化、城镇化和农业现代化的融合，实现"四化同步"发展，从而也为经过多年探索已经初步成型的传统农区现代化道路注入了新的更有价值的要素。由"三化协调"进一步发展为"四化同步"。耿明斋指出促进"三化"融合，实现"四化同步"发展，河南需要抓住以下四个着力点：一是做大做强信息产业；二是推动信息化与工业化的融合；三是推动智慧城市建设；四是用信息技术武装现代农业[22]。

谷建全等认为"十三五"时期是河南省经济社会蓄势崛起、跨越发展的关键时期，也是爬坡过坎、转型发展的攻坚阶段，如何以新发展理念为引领，以新型工业化、信息化、城镇化、农业现代化"四化同步"科学发展为途径，把发展与协调有机结合起来，以协调谋发展，以发展促协调，走出一条具有中原特色的协调发展之路，对于确保全省人民与全国人民一道同步全面建成小康社会具有重大意义。

三、改革开放研究

改革开放是决定河南发展前途的关键一招。要坚定不移全面深化改革，坚定不移扩大开放，着力培育体制机制新优势，不断拓展开放发展新空间，为发展注入勃勃生机。

1. 供给侧结构性改革

面对经济发展新常态，习近平总书记明确指出："认识新常态、适应新常态、引领新常态，是当前和今后一个时期我国经济发展的大逻辑。"据中国社会科学院副院长蔡昉介绍，中国经济增长速度呈现出"L"形的发展趋势，供给侧结构性改革能够提高全要素生产率，并带来改革红利。推动我国经济长期中高速增长的关键就是潜在生产率加改革红利，所以促进经济持续较快发展，必须加快推动供给侧结构性改革[23]。

为推动供给侧结构性改革理论研究，2016年4月22日，河南省社会科学院、河南省政府发展研究中心、洛阳理工学院在洛阳共同主办了以"供给侧结构性改革与创新发展"为主题的第四届中原智库论坛。论坛上，来自省内外 600 余位专家学者围绕国际供给侧结构性改革的理论与实践、中国供给侧结构性改革的历史性机遇与条件、供给侧结构性改革的重大理论问题、供给侧结构性改革的应用对策、河南供给侧结构性改革的优势、洛阳供给侧结构改革的对策等议题进行了热烈研讨，提出了真知灼见，形成了丰硕成果，为我国供给侧结构性改革提供了理论支撑和智力支持。中国社会科学院学部委员金碚研究员在大会上作了理论性与实践性非常好报告，把供给侧结构性改革的基本原理阐释得特别清楚。张占仓在大会上作了《河南省供给侧结构性改革的难点与对策》的报告，把河南省供给侧结构性改革的基本路径阐释得比较清楚。吴海峰研究认为，推进农业供给侧结构性改革，是实现农业提质增效和农业现代化的战略举措。谷建全研究认为，实施供给侧结构性改革是时代发展的选择。《河南日报》5 月 6 日在理论版刊发了题为《探索供给侧结构性改革背景下区域创新发展之路——第四届中原智库论坛综述》，系统介绍了大会研讨的主要观点。为激励更多学者研究供给侧结构性改革，尤其是在中原大地的应用，河南省社会科学院把会上交流的论文，经过适当整理以后，出版了《河南供给侧结构性改革与创新发展》（魏一明、张占仓主编，河南人民出版社 2016 年 10 月出版），成为全省供给侧结构性改革研究的力作。

2016 年 12 月 14 日，中央经济工作会议在北京举行，为了深刻领会、准确把握会议的精神实质，牢固树立和贯彻落实新发展理念，做好稳增长、促改革、调结构、惠民生、防风险各项工作，喻新安、张占仓、谷建全等学者对会议精神进行了解读。他们认为推进供给侧结构性改革，是破解"三期叠加"深层次矛盾的理论思维，是适应和引领经济发展新常态的重大理念创新，是应对国际金融危机发生后综合国力竞争新形势的主动选择，是贯彻落实稳中求进工作总基调这一治国理政重要原则的具体抓手，是焕发国民经济发展活力、更好满足人民群众日益增长的

物质文化需求的宏观调控方法。按照习近平总书记的要求，供给侧结构性改革重点是解放和发展社会生产力，用改革的办法历史性推进国民经济结构调整，减少无效和低端供给，扩大有效和中高端供给，增强供给结构对需求变化的适应性和灵活性，提高全要素生产率。要通过一系列政策引导和市场举措，特别是推动科技创新、发展实体经济、保障和改善人民生活的政策措施，解决我国经济供给侧长期积累起来的主要问题[24]。

张占仓认为，河南省在供给侧结构性改革方面具有独特优势：一是郑州国际航空枢纽建设加快，建设国际大枢纽、发展国际大物流、培育国际大产业、塑造国际大都市，为中原地区提供了开放型经济发展的支撑要素；二是科技创新能力提升，郑洛新国家自主创新示范区将成为引领带动全省创新驱动发展的综合载体，将对激发年轻人投身创业、提升创新能力、提高经济社会发展质量提供空前的动力支持；三是金融豫军崛起，"十三五"时期河南将基本建成郑东新区金融集聚核心功能区，到 2020 年增加值突破 3000 亿元[25]。

2. 中英"一带一路"合作研究

按照河南省委、省政府的要求，河南省社会科学院从 2015 年底启动"中英'一带一路'合作研究"重大专项，组织全院力量开展了中英在经济、乡村、城镇、高科技、文化创意产业、社会、区域发展等 11 个专题研究，出版了《中英"一带一路"战略合作研究》（社会科学文献出版社 2016 年 10 月出版）。

为深入贯彻落实国家"一带一路"合作要求，促进国际交流与合作，由中国区域经济学会、区域研究协会（英国）、区域研究协会中国分会主办，由河南省社会科学院、河南省人民政府发展业绩中心承办的"中英'一带一路'战略合作论坛"于 2016 年 10 月 18~21 日在郑州举行，来自英国、澳大利亚、意大利、奥地利、瑞典、国际经合组织和国内的 200 余位专家学者参加会议。中外学者会

聚一堂，就"一带一路"倡议下中英两国合作路径、重点领域、推进措施等问题进行深入探讨。

通过研讨，大家一致认为，河南在融入"一带一路"建设中成效显著，已经形成了依托中欧班列（郑州）的"陆上丝绸之路"，依托郑州—卢森堡货运航线的"空中丝绸之路"，依托跨境电子商务的"网上丝绸之路"，依托海陆空网为一体的"立体丝绸之路"，四路并举，开放发展，使地处内陆的河南省在"十二五"期间进出口总额年均增长32.9%，初步成为全国内陆开放高地。英国著名学者唐迈在大会主旨发言时指出，中国明确提出"一带一路"倡议，是包容性发展的全球化战略。他认为，当前全球化正面临一个十字路口，中国等新兴大国正带动全球秩序重建。中国的"一带一路"倡议代表着中国的崛起，相对于一些国家通过制造贸易冲突或发起制裁，有些国家倡议建立如跨大西洋贸易投资协定等比较排他性的组织、开展基础设施竞争等方式加强自我保护，以中国为代表的新兴大国则在倡导和践行包容性、开放性全球化战略，可以看到中国更加包容、更加开放，更加全球化，影响和带动了全球秩序的重建，将在国际舞台上发挥越来越重要的作用。作为主旨报告，金碚研究员就"迎接全球化新时代工业化新阶段的挑战"发表了精彩的演讲。他说，全球化进入一个新的时代，工业化进入一个新的阶段，我们面临着一系列的新问题。现在看，中英两国都面临着内向化与外向化的新思考、新决策。"一带一路"是中国外向化思维的重大构想，中英之间合作空间确实非常大。从2008年以来全世界最大的问题是什么？大家最关注的问题是什么？就是经济增长。中国提出的"一带一路"建设，就是企图破解全球新的经济增长问题，是全球化3.0时代的标志。金碚先生的报告高屋建瓴，特别是他提出当前正处于经济全球化3.0时代，全球化需要新的战略思维，中国"一带一路"建设契合了时代需要，使大家在理论认识上大开眼界，得到与会者高度评价。

中国科学院董锁成研究员提出，实施"一带一路"倡议，重在采用绿色发展模式，为全球化探索新途径。澳大利亚墨尔本大学凯文·欧科诺教授提出，航空运输与经济发展的关系非常密切，而内陆航空枢纽城市的航空运输发展速度更快，变化更加明显。鉴于郑州的区位优势和制度支持，航空货运很有可能对郑州市的经济发展产生重大而深远的影响。中国区域经济学会副理事长兼秘书长陈耀研究员发言指出，"一带一路"倡议开启中英深化合作的新篇章，双方合作前景非常广阔。英国纽卡斯尔大学功勋荣誉教授、勋爵，英国皇家社会科学院院士约翰·高达发言指出，大学对于城市和区域发展都具有重要作用，而大学本身也要积极融入当地经济社会发展的重大问题之中。国家发改委宏观经济研究院高国力研究员发言指出"一带一路"倡议的实施进展顺利，未来经贸合作空间巨大。意大利罗马大学功勋荣誉教授里查德·卡普林指出，城市服务业跨区域合作在经济再平衡和现代产业变化中有重要作用。张占仓在发言时指出，中英"一带一路"倡议合作是历史趋势，有利于互利双赢。国际经合组织高级研究员斯蒂文·玛他讲了OECD发展的新范式，提出区域深入发展需要开展跨区域的合作与研究。完世伟研究员比较系统地介绍了河南省社会科学院中英"一带一路"倡议合作研究11个专题的主要观点，核心是强调"一省对一国"进行深度合作科学可行。

该研讨会引起了英国方面的高度重视，在研讨会结束以后，英国驻中国大使馆专门到访河南省社会科学院，详细了解中英"一带一路"研究进展及主要研究成果，明确表示愿意积极推动中英"一带一路"全方位合作。也引起韩国驻武汉领事馆的重视，他们派出专门专业队伍到河南省社会科学院对接"一带一路"专题研究，希望加强针对韩国与中国的"一带一路"合作研究。研讨会之后，河南省社会科学院对会议上交流的中外文论文进行了整理，组织出版了《中英"一带一路"战略合作论坛研究文集》（魏一明、张占仓主编，社会科学文献出版社 2016 年 11 月出版）。

3. 对外开放研究

耿明斋等学者认为对外开放是我国的一项基本国策，是我国繁荣发展的必由之路。作为一个不沿边、不靠海、不临江的内陆大省，河南坚持开放推动发展，一方面，谋求更高层次的开放，打造"一带一路"重要的综合交通枢纽和商贸物流中心；另一方面，融入全球大市场，打造新亚欧大陆桥经济走廊互动合作的重要平台；此外，河南"东进西出"双向开放，带动经济转型升级，实现了与全球快速对接，为打造内陆开放高地奠定了良好基础。"十三五"规划建议提出，必须顺应我国经济深度融入世界经济的趋势，奉行互利共赢的开放战略。"十三五"时期，河南将继续大力实施开放带动主战略，构建对外开放新格局，为河南全面建成小康社会提供有力支撑[26]。

刘殿敏提出，新形势下河南要加快发展，拓展对内对外开放的广度和深度，发展更高层次的开放型经济，必须大力实施开放带动主战略，全面融入"一带一路"建设，积极推进中国（河南）自由贸易试验区建设，加快提升郑州航空港经济综合实验区建设水平和竞争优势，发挥好郑州跨境电子商务综合试验区的引擎作用，持续加大招商引资和优化外贸结构力度，着力打造国际化营商环境，构建对外开放新体制，推动河南成为开放前沿，尽快建成内陆开放高地，以扩大开放转换动力、促进创新、推动改革、加快发展[27]。

实现中华民族伟大复兴的中国梦，需要更加开放的哲学思路。由中国基于合作共赢理念提出的"一带一路"倡议，是构建中国全方位开放新格局的战略愿景，也是促进亚欧国家共同发展繁荣的历史性选择。作为经贸与人文交往源远流长的中英两国来说，适应全球经济一体化的世情，进一步认清各自发展需要的国情，顺应普通百姓期望深度合作的民情，按照 2015 年 10 月中国国家主席习

近平访问英国时双方共同开辟的中英合作"黄金时代"政治架构，努力推进中英"一带一路"倡议合作已经成为一种历史趋势。张占仓指出，我们要珍惜这种历史机遇，像习近平总书记为来自 101 个国家的 212 家媒体参会的"2016'一带一路'媒体合作论坛"贺信中指出的那样，中国愿同沿线国家一道，构建"一带一路"互利合作网络、共创新型合作模式、开拓多元合作平台、推进重点领域项目，携手打造"绿色丝绸之路""健康丝绸之路""智力丝绸之路""和平丝绸之路"，造福沿线国家和人民，在高等教育领域、研发领域、金融领域、社会管理领域、供给侧结构性改革、区域发展理论、乡村建设、公共医疗制度、航空城建设、大学科技园、高技术园区、文化创意等领域，同英国顺势而为开展深度合作[28]。

4. 大众创业、万众创新

2015 年全国两会《政府工作报告》中首次提出"推动大众创业、万众创新，培育和催生经济社会发展的新动力"。之后大众创业、万众创新蔚然成风，"双创"成为创新驱动战略的代名词。河南"十三五"重大问题研究课题组通过对黄河科技学院"双创"实践的调研与分析，认为推进大众创业、万众创新，是培育和催生经济社会发展新动力的必然选择，是扩大就业、实现富民之道的根本举措，也是我国经济实现中高速增长、科技迈向中高端水平，成功跨越中等收入陷阱，实现两个百年目标的战略举措。让"双创"为实现中原崛起助力添彩，就必须坚持思想引领，依靠"双创"实现中原崛起的既定目标；坚持问题导向，注重解决"双创"工作中的薄弱环节；坚持改革先行，健全有利于"双创"开展的体制机制；坚持整体联动，统筹推进各类"双创"政策的有效实施；坚持环境优先，努力营造有利于双创的社会环境和舆论氛围[29]。

四、其他方面

除了以上专题外，2016 年河南的专家学

者在经济学领域的其他热点问题进行了系统而深入的研究。

2015 年 12 月，在中央经济工作会议上，习近平总书记提出，要坚持中国特色社会主义政治经济学的重大原则，从而使"中国特色社会主义政治经济学"首次明确出现在中央层面的会议上。那么，紧密结合经济社会发展实际，探索中国特色社会主义政治经济学发展与学科建设，就成为摆在哲学社会科学界面前的重大命题。为此，河南省社会科学界联合会、中共河南省委党校、河南省人民政府发展研究中心、河南省社会科学院、河南省经济学会于 2016 年 4 月 8 日在河南省社会科学院联合主办中国特色社会主义政治经济学研讨会。来自全省的 100 余位专家学者围绕中国特色社会主义政治经济学这一主题进行了热烈研讨。杨承训、许兴亚、张占仓、李庚香、谷建全、焦国栋、郭军、李太森等作了主旨发言。大家一致认为，中国特色社会主义政治经济学立足于中国改革发展的成功实践，是研究和揭示当代中国特色社会主义经济发展和运行规律的科学，正在形成新的具有中国特色的学科体系，将对政治经济学发展产生重要影响。会议以后，河南省社会科学院把会议论文整理出版了《中国特色社会主义政治经济学研究文集》（魏一明、张占仓主编，河南人民出版社 2016 年 7 月出版）。

围绕绿色发展理念，张占仓、彭俊杰认为，作为我国重要的经济大省和工业大省，河南在发展过程中尚未摆脱"高投入、高消耗、高排放、高污染"的传统粗放型增长模式，生态破坏严重、环境污染加剧、资源消耗迅速，已经成为经济社会可持续发展的"瓶颈"制约。同时，与发达国家和先进省份相比，河南省还存在人均资源有限，生态承载力较弱，气候变化明显、水资源缺乏且年际与地域分布不均，土地利用率不高现象，限制了绿色发展空间和新增长点的培育。"十三五"时期，我们要按照绿色发展理念，树立大局观、长远观、整体观，厚植绿色优势，

以绿色生产推进绿色大省建设，以绿色治理增进民生福祉，以绿色行动践行绿色承诺，以绿色创新技术促进绿色产业发展，自觉用低碳、循环发展引领发展方式和生活方式转变，着力建设天蓝、地绿、水净、人康的绿色发展新家园，为美丽河南的可持续发展赢得光明的未来[30]。

围绕"互联网+"，宋伟提出作为一次能量巨大的新技术革命，"互联网+"推动思维方式、生产方式、生活方式全面变革，为产业转型升级提供了强大的技术手段，同时也加剧了新常态下中国产业转型升级的压力与紧迫性。目前，中部地区推进"互联网+"在思想观念、基础设施、政策环境、发展思路等方面存在一些关键问题，需要政府提高认识、转变思路，从软硬两方面营造"互联网+"顺利推进的良好环境；需要各行各业积极推进关键链条与环节的数据化、在线化，提高生产效率，提升产品品质，丰富产业业态，实现转型升级[31]。

围绕电子商务发展，张占仓借鉴国内外经验，认为全省加快电子商务发展需要进一步提升思路，做到消费互联网与产业互联网并重，城市电商与农村电商并重，引进平台与培育本土平台并重。从促进电子商务与实体经济深度融合、培育经济新动力角度分析，河南省一是围绕优势产业搭建产业链电商平台，在有色、化工、建材等领域引导优势企业搭建一批产业链电商平台，用信息化支撑供给侧结构性改革；二是加快实施大数据战略，推进电子商务大数据与政府数据资源共享，为新产业、新模式、新业态发展提供新要素供给，引导成立省级大数据产业联盟，推动企业、高校和研究院所等实现资源共享、协同创新。三是加强电子商务专题研究，为电子商务发展升级提供智力支撑[32]。

围绕网络强国战略，张占仓、赵西山通过对我国实施网络强国战略的梳理深究，认为以互联网为基础的网络经济，已经成为当前发展最快、最为活跃的新兴产业之一，形成了带动全局变革的巨大力量。河南电商发

展总体水平位居全国前列，无疑具备发展"互联网+"经济的突出优势条件，建设网络经济大省具有良好基础。因此，河南在贯彻实施网络强国战略、建设网络经济大省中更要积极作为，积极争取国家重大战略布局，突出比较优势积极主动作为，深化改革激活大数据资源，力争在"十三五"时期实现跨越式发展[33]。

五、结语

2016年5月17日，习近平总书记主持召开了全国哲学社会科学工作座谈会，并发表了影响巨大的重要讲话，明确提出加快构建中国特色哲学社会科学，使我国哲学社会科学迎来全面发展的历史机遇。9月2日，中共河南省委召开了河南省哲学社会科学工作座谈会，省委书记谢伏瞻发表重要讲话，提出要打造中国特色哲学社会科学的中原品牌，为全省哲学社会科学加快发展注入了强大动力。纵观2016年河南省经济学领域研究进展情况，可以说这是一个学术成果丰硕的年份。全省经济学界围绕国家战略需求与省委、省政府战略部署，开展了卓有成效的专业研究，召开了影响比较大的"中国特色社会主义政治经济学研讨会"、"供给侧结构性改革与创新发展"中原智库论坛、"中英'一带一路'战略合作国际研讨会"等大型学术会议，出版了内容丰富的论文集。紧密结合省委十次党代会提出建设经济强省的最新部署，开展了针对性的建设经济强省研究，为全社会对建设经济强省达成共识起到了引导舆论、启迪思路、阐释理论、支持决策的重要作用。特别值得注意的是在每一次重要学术活动中，积极参与的年轻学者占比七成以上，标志着河南省经济学界青年人才正在苗壮成长，一批年轻经济学者跃跃欲试，冉冉升起。因此，可以看到，河南省经济学研究未来发展大有希望。

参考文献

[1] 张占仓. 绘就让中原更加出彩的宏伟蓝图 [N]. 河南日报，2016-11-18（7）.

[2] 喻新安. 河南建设经济强省关键在哪？如何推进？[N]. 河南日报，2016-11-18（9）.

[3] 喻新安. 建设经济强省任重而道远 [N]. 河南日报，2016-11-22（11）.

[4] 王海杰. 以供给模式创新推动制造业发展 [N]. 河南日报，2016-11-22（11）.

[5] 程传兴. 建设现代农业强省的着力点 [N]. 河南日报，2016-11-22（11）.

[6] 郭军. 厘清建设网络经济强省的三个关系 [N]. 河南日报，2016-11-22（11）.

[7] 谷建全. 加快建设郑洛新国家自主创新示范区 [J]. 决策探索，2016（8）：20-22.

[8] 张占仓，陈萍，彭俊杰. 郑州航空港临空经济发展对区域发展模式的创新 [J]. 中州学刊，2016（3）：17-25.

[9] 耿明斋. 自贸区建设与经济转型发展 [N]. 河南日报，2016-11-22（11）.

[10] 河南省政府发展研究中心课题组. 河南构建"1+1+3"区域发展新格局研究 [J]. 区域经济评论，2016（5）：115-119.

[11] 河南省社会科学院课题组. 努力打好"四张牌"让中原更加出彩 [N]. 河南日报，2016-12-22（5）.

[12] 李政新，李小卷. 加快结构升级推动产业迈向中高端 [N]. 河南日报，2016-11-25（9）.

[13] 完世伟. 优化产业结构　推进"四个大省"建设 [N]. 河南日报，2016-07-27（11）.

[14] 李庚香，王喜成. 新常态下推进创新驱动发展研究 [J]. 区域经济评论，2016（2）：133-138.

[15] 张占仓. 必须毫不动摇地坚持发展第一要务 [N]. 河南日报，2016-05-11（10）.

[16] 谷建全等. 创新驱动引领　激发中原力量 [N]. 河南日报，2016-03-09（11）.

[17] 谷建全. 激发创新主体活力 [N]. 河南日报，2016-09-20（7）.

[18] 张占仓. 创新发展的历史规律与战略措施 [J]. 区域经济评论，2016（1）：35-39.

[19] 刘敏，张占仓. 河南省新型城镇化的制约因素与推进对策 [J]. 经济地理，2016（3）：78-82.

[20] 赵书茂. 以新理念新业态推进新型城镇化 [N]. 河南日报，2016-09-21（11）.

[21] 王建国. 重构城镇化发展的动力机制 [N]. 河南日报，2016-11-16（14）.

[22] 耿明斋. 坚持四化同步开拓发展空间

［N］. 河南日报，2016-06-22（11）.

［23］张占仓. 新常态下河南经济走势及对策思考［N］. 河南日报，2016-10-19（6）.

［24］喻新安，张占仓，谷建全. 坚持稳中求进总基调　把握经济发展新常态［N］. 河南日报，2016-12-21（9）.

［25］张占仓. 必须毫不动摇地坚持发展第一要务［N］. 河南日报，2016-05-11（10）.

［26］耿明斋等. 坚持开放发展　构建对外开放新格局［N］. 河南日报，2016-03-16（8）.

［27］刘殿敏. 推动中原腹地成为开放前沿［N］. 河南日报，2016-12-09（9）.

［28］张占仓. 中英"一带一路"战略合作的历史趋势［J］. 区域经济评论，2016（5）：20-24.

［29］河南"十三五"重大问题研究课题组. "双创"助力中原崛起的探索与前瞻［N］. 河南日报，2016-04-08（8）.

［30］张占仓，彭俊杰. 绿色发展：破解掣肘绘就美丽未来［N］. 河南日报，2016-07-06（8）.

［31］宋伟. "互联网+"促进中部地区产业转型升级的思考［J］. 中州学刊，2016（11）：35-38.

［32］张占仓. 提升思路　加快电子商务发展步伐［N］. 河南日报，2016-05-11（7）.

［33］张占仓，赵西三. 实施网络强国战略　拓展区域发展空间［N］. 河南日报，2016－03－23（7）.

洛阳学初论*

摘 要　　洛阳学是研究千年帝都洛阳从产生到发展、变迁和可持续发展规律的学问，属于地方学研究范畴。它既从人文地理学角度研究洛阳古代历史地理环境变迁、现代城市发展和未来发展战略，也从历史文化视角研究洛阳优秀传统历史文化演进和现代洛阳华夏历史文明的传承创新，共同为洛阳可持续发展提供支持。其研究重点、学术属性等都与"河洛学""洛学""河洛文化"等有着明显的区别。构建洛阳学既是传承创新洛阳历史优秀传统文化的需要，也是加快洛阳现代化进程、建设"一带一路"重要节点城市与中原城市群副中心城市的内在要求。为此，要加大资源和人才整合力度，开好洛阳学国际学术研讨会、成立洛阳学研究会、加大对洛阳学的支持力度和宣传力度，为将洛阳建设成为华夏历史文明传承创新示范区和国际性旅游城市提供智力支持和理论支撑。

关键词　　洛阳学；地方学；中原学；学科建设

虽然在中国古代就有以"河图洛书"为主要特征的"河洛学"和以二程理学为主要特征的"洛学"，改革开放后又有"河洛文化"研究，然而，它们都取代不了作为地方学的洛阳学。近年，随着地方学的兴起，洛阳学的研究也日益引起学界的关注和重视，并取得了一些成果。[①]至于什么是洛阳学、为什么要构建洛阳学以及如何构建洛阳学，这些都还有待进一步深入研究。本文试图在既有成果的基础上，对洛阳学的定义、洛阳学研究重点和学术属性进行探索，并在回顾和梳理构建洛阳学的条件和必要性的基础上，就如何加快构建洛阳学提出对策建议。

一、洛阳学概念

作为一门综合性的地方学或城市学的分支，洛阳学研究有其独特性。

1. 洛阳学的定义

我们认为，洛阳学是研究千年帝都洛阳从产生到发展、变迁和可持续发展规律的学问。它既从人文地理学角度研究洛阳古代历史地理环境变迁、现代城市发展和未来发展战略，也从历史文化视角研究洛阳优秀传统历史文化演进和现代洛阳华夏历史文明的传承创新，还可以从其他相关学科研究洛阳的发展变化规律，共同为洛阳可持续发展提供学理支持与政策支撑。洛阳学不仅涵盖洛阳历史上的政治、经济、文化、社会、生态等方方面面，而且涉及洛阳当前的现实和未来的发展方向，是一个融贯古今、展望未来、多学科交叉、整体性很强的系统工程。具有鲜明的系统性、综合性和实用性等特征。

河洛文化则是指存在于黄河中游洛河流域，以伊洛盆地（又称为洛阳盆地或洛阳平原）为中心的区域性古代文化。不仅是以洛阳为中心的黄河和洛水交汇地区古代物质文化与精神文化的总和，而且是中原文化的内核和中华民族传统文化的重要源头；不仅是

---

　*　本文发表于《中州学刊》2018年3月第3期第120-125页，为洛阳学研究专题。作者为张占仓、唐金培。唐金培，男，河南省社会科学院历史与考古研究所副所长、副研究员。

起源于河洛地区的区域性文化，也是中华民族的主流文化和五千年华夏文明的源泉与主脉。河洛学是盛行于东汉时期以河图洛书为核心的一种谶纬神学，是以古代河图、洛阳神话、阴阳五行说及天人感应说为基础，将神学迷信附会和解释儒家经典而带有政治预言性质的一种学说，涉及"灾异符命、天人感应、天文历法、地理神灵、史事文字、典章制度"[②]等诸多方面的内容。在当时一度被称为"内学"，甚至被尊为"秘经"。

洛学则是北宋时期程颢、程颐兄弟洛阳讲学时创立的被时人称为"伊洛之学"的"二程理学"，洛学以孔孟儒学为旗帜，援佛、道入儒，从而"创立了富有思辨特色的哲理化新儒学，将传统儒学发展推进到了一个新阶段，使传统儒学拥有了哲学性质的新形态"[③]。洛学奠定了宋明理学的基础，在中国哲学史上有重要地位。其后，宋代的朱熹、陆九渊，明代的王阳明，又在二程开辟的方向上发展了理学。从现有的研究方向来看，一般来说，其注意力主要聚集在对二程理学思想的探讨上，而对于他们的理学思想与文学思想及其作品之间的关系却鲜有问津；至于程氏门人弟子，则关于其理学思想的研究尚且不足，更遑论其有关文学方面的研究。

可见，洛阳学既不同于作为地域文化的河洛文化，也不同于北宋时期的"二程理学"，更不同于东汉时期的"河洛学"。无论是在研究对象、研究范围、研究性质，还是在研究方法、研究任务等方面，这四者都存在明显的区别。若要说洛阳学与河洛文化、河洛学及洛学有共同之处的话，那就是这四个概念中都与洛阳有关。

2. 洛阳学的研究重点

作为一门综合性学科，洛阳学的研究领域涉及政治、经济、军事、外交、宗教、科技、历史、文学、思想、艺术、人文地理、自然环境等方面，遍及历史学、考古学、地理学、经济学、文学、哲学等多个领域。

一是洛阳人文地理环境变迁规律。作为华夏文明的重要发祥地、丝绸之路的东方起点，历史上先后有 13 个王朝在洛阳建都，是我国建都最早、历时最长、朝代最多的都城，洛阳是我国历史上唯一被命名为"神都"（神州大地之首都）的城市。洛阳厚重的文化底蕴，来自它作为千年帝都的长期持续积淀，更来自当地独有的各种自然条件与人文地理要素组合，正是因为当地特殊的环境，尤其是在中国地域广阔、民族交融复杂、历史演绎特殊、传统文化中求和轴心明确的多种要素组合中，雄踞"天下之中"成为其最大优势。洛阳，立河洛之间，居天下之中，既禀中原大地敦厚磅礴之气，也具南国水乡妩媚风流之质。开天辟地之后，三皇五帝以来，洛阳以其天地造化之大美，成为天人共羡之神都，洛阳占据着统治"中原"影响中国的最佳位置。"居中"本身带来了非常丰富的科学内涵与人文要素，成就了包容文化形成与积淀的历史，而包容文化传承与发展成为决定千年帝都发展变化最为重要的影响要素，也是中华文明传承和延续至今的最为重要的支撑因素。要认识千年帝都发展变化与演进规律，就必须贯通洛阳特殊的人文地理环境。

二是洛阳古代历史文化演进及其影响。这是洛阳学研究的历史基础。可以说，不研究洛阳古代历史文化演进，洛阳学就将会成为无源之水、无本之木。然而，河洛文化研究主要侧重于历史学、考古学、文学、语言学、哲学和社会亲缘关系等方面的研究。如果说河洛文化研究主要侧重于对洛阳历史文化的回顾，而洛阳学则是要把洛阳的过去、现在和未来融为一体，把纵向比较和横向联系融为一体，具有更好的历史观。从这个意义上讲，洛阳学的研究来源于河洛文化，但不同于河洛文化。从地域范围看，洛阳是河洛文化的核心，从而其文化现象在某些方面具有高度的一致性。它以翔实的史料和客观的分析为依据，为我们提供洛阳历史发展的基本脉络，为当代城市进一步发展特别是地方特色文化的传承发展提供借鉴。而河洛学带有明显的迷信色彩，洛学则主要侧重于儒家文化。

三是当前洛阳城市经济社会发展研究。通过纵向比较和横向联系，既充分发挥古都历史文化资源丰富的比较优势，彰显历史文化底蕴，打好历史文化名城的王牌，促进国际文化旅游名城建设，又要在发展现代产业、建设全国先进制造业基地、带动中原城市群发展发挥副中心作用。因此，洛阳既要保持古都历史风貌，又要具有现代都市气息。其系统研究涉及包括城市学、社会学、建筑学、旅游学、生态学以及与城市产业发展相关的诸多学科。这些都是河洛学、洛学乃至河洛文化所不能企及的领域。

四是洛阳未来发展战略研究。在鉴古知今的基础上，主要对洛阳城市的未来发展做出系统性、战略性、科学性、前瞻性的发展规划，属于未来学的范畴。通过制定这种战略性发展规划，描绘出洛阳城市长期发展的蓝图，不仅可以激发洛阳人民奋勇向前的斗志，而且有助于洛阳城市按照"创新、协调、绿色、开放、共享"的理念可持续发展。这与河洛学、洛学以及河洛文化的研究领域和研究对象区别很大，也是过去传统研究方法与研究领域无法胜任的。

3. 洛阳学的学术属性

一是地方学。从理论上讲，洛阳学的具体研究对象为洛阳的自然环境、历史、地理、政治、科技、经济、文化、社会、人口等各个方面的综合体。不仅是一个跨自然科学和人文科学的综合性学科，而且是多学科之间的一个交叉学科，涉及的主要学科有城市学、历史学、地理学、社会学、经济学等。研究洛阳学，应以"立足洛阳，研究洛阳，服务洛阳"为宗旨，以侧重时间研究的洛阳文化研究与城市精神内涵挖掘、洛阳历史文化遗产保护与传承研究和侧重空间研究的洛阳人文地理研究为主要研究方向。这三个方向时空交叉，关系密切，有利于深化人们对洛阳城市及其环境共同组成的城市综合体发展规律的认识。洛阳学研究具有区域性、综合性、系统性和应用性的特点，既包括应用理论研

究，也包括应用实践研究，关键是要理论联系实际，其研究成果主要是为领域城市的科技、经济、社会与文化建设服务。开展洛阳学研究的目的主要在于弄清洛阳历史发展变化规律，为洛阳当前和今后的政治、经济、文化、社会以及生态的发展战略提供理论依据和智力支持。

二是城市文化学。北京学的倡导者陈平原、王德威等在《都市想象与文化记忆》一文中认为："文献资料、故事传说、诗词歌赋等，这些文字构建起来的北京城，至少丰富了我们的历史想象和文化记忆。"④为此他希望将城市建筑的空间想象、地理的历史溯源，与文学创作或故事传说结合起来，借以呈现更具灵性、更为错综复杂的城市景观。从这个意义上讲，"塑造城市精神形象"的城市文化学目标也应成为"洛阳学"研究的重要指向。也有学者认为："城市学主要是一种文学文化学，目标在于构建城市精神镜像。""文学体验式镜像建构不是以客观的城市为对象，而是以文学中的城市或书写城市的文学为对象。"⑤当然，一种作为文学文化学的洛阳学研究，并不排斥其他层面的研究，也不反对其作为多学科综合研究的属性。其实作为文学文化学的洛阳学也是城市学与文学文化学的综合。

三是多学科综合性学科。即在对洛阳地方情况进行记述的基础上将洛阳作为一个有机整体进行的综合性研究。通过研究其各种组成要素的演变过程及其相互关系，探究其发生发展变化规律，并预测未来发展趋势。通过对洛阳历史、现实和未来三方面的多学科研究，为洛阳经济社会发展服务。洛阳的历史、地理、城市规划建设、人口、经济、文化、教育、科技、交通、社会、环境保护、灾害、安全等研究，只不过是洛阳学赖以形成的基本要素或条件。真正意义上的洛阳学应当是在这些研究的基础上升华形成的能够揭示有关洛阳各方面更深层次的科学理论体系。从这个意义上讲，洛阳学研究不在于泛泛地描述洛阳客观存在的各种现象或事实，

而在于深刻地揭示这些现象和事实形成的内在原因、发展变化的机制、相互之间的关系、所反映问题的实质，以及对洛阳的过去、现在和未来所产生的影响等。

二、构建洛阳学的必要性

开展洛阳学研究，不仅是传承创新以河洛文化为代表的中华优秀传统文化的必然要求，也是提升区域和国家的文化软实力与影响力的迫切需要，同时还是建设中原城市群副中心城市、将洛阳建设成为国际文化旅游名城的现实需要。

1. 洛阳丰厚的文化底蕴为洛阳学构建奠定了坚实基础

洛阳既是中华文明的圣地，也是我国建都、对中华文明传承与创新影响特别大的历史古都。我国历史上的夏、商、西周、东周、东汉、曹魏、西晋、北魏、隋、唐、后梁、后唐、后晋13个朝代先后建都于此，前后长达1500余年。夏代初年"太康居斟郡"、商都西亳、周都成周与王城、汉魏故城、隋唐故城等遗址以及城址内外的无数珍宝，都见证着千年帝都洛阳的兴衰更替；邙山上下数量巨大的帝王将相陵墓、数量众多的文人墨客墓冢以及威武庄严的神道石刻，都记录着河洛大地的沧桑巨变。⑥洛阳既是"丝绸之路"的东方起点，也是河图洛书的故乡和周易的发祥地。张骞、班超通西域，中国的丝绸、瓷器和茶叶等，伴随着胡商贩客的驼铃声远输欧洲。以洛阳为中心的河洛地区的中华先民，创造了辉煌灿烂的河洛文化。河洛文化是以洛阳为中心的黄河和洛水交汇地区古代物质与精神文化的结晶。它博大精深，源远流长，既是中原文化的核心，也是中国传统文化的主流和精华。它以河图洛书为标志，以13朝古都的文化积淀为骨干，以影响中国甚至全球传统文明演进的无数精美传说与历史故事为纽带，具有传统性、开放性和先导性的鲜明特征，对中国古代政治、科技、经济、社会、文化甚至世界文明都产生了深远的影响。

2. 洛阳现代化建设为洛阳学研究提出了新要求

随着我国经济建设的飞速发展，古都洛阳正以其丰富的历史文化资源和较好的工业基础为依托，向国际文化旅游城市和全国重要的现代制造业基地目标迈进。这里有世界文化遗产"龙门石窟"，有偃师二里头、偃师商城、汉魏洛阳城、邙山陵墓群和白马寺等全国重点文物保护单位21处，有风景秀美的嵩县白云山、宜阳花果山等国家森林公园，有著名的黄河小浪底水库和名甲天下的"洛阳牡丹"。每年一度的"洛阳牡丹花会"，已成为全国四大节会之一，对于洛阳历史文化传承与现代招商引资均产生了重大作用。2004年，洛阳被评为全国十佳魅力城市。2016年年底，经国务院批准的《中原城市群发展规划》以及2017年6月由中共河南省委、河南省人民政府公布的《河南省建设中原城市群实施方案》，都明确提出要进一步提升洛阳在中原城市群中的副中心城市地位和全国性交通枢纽地位。2017年9月1日，中共河南省委、河南省人民政府出台《关于支持洛阳市加快中原城市群副中心城市建设的若干意见》，为洛阳打造全省经济发展的增长极，提升"一带一路"主要节点城市功能指明了方向。未来，洛阳如何适应中国经济新常态、引领中国经济新常态、建设高度智能化的现代制造业基地，如何充分发挥洛阳旅游资源丰富的优势，把洛阳真正建成国际文化旅游城市，也都是洛阳城市发展战略中需要认真研究的重大问题。

3. 河洛文化的持续研究为洛阳学研究提供了重要营养

新中国成立以来，特别是自20世纪80年代以来，洛阳市有关高校、文博系统和考古工作队等单位的专家学者以及国内外的相关专家学者围绕着洛阳历史、洛阳考古发现和河洛文化等作了大量的研究，召开过多次学术研讨会，出版了一批颇有学术价值的研究成果，引起了学术界的广泛关注。特别是从1989年9月在洛阳召开的河洛文化研讨会开始，区域性的河洛文化研究已走过了将近30年的历程。河洛文化的研究形式逐步实现了由个人自发性研究向集体的国家重大社科基金研究的转变；实现了由地方学术团队组织向国家学术团体以及全国政协组织研讨的转变；实现了由主要在洛阳举办学术活动向省内其他地方、南方诸省甚至台湾举办学术活动的转变。然而，从总体上看，这些研究基本上还局限于历史学和文化学的范畴，很少关注洛阳当前及今后洛阳城市发展变化规律等方面的研究，与洛阳市老百姓的现实需求有明显的距离。而洛阳学研究，既关注过去，系统研究洛阳历史演绎规律，又重视现在与未来，研究洛阳发展遇到的重大现实问题，将为洛阳市的未来发展提供高端智慧与精神食粮。

4. 国内外地方学的兴起为洛阳学研究提供了有益借鉴

在现代学科日益向整体化、综合化发展的趋势下，国际上的雅典学、伦敦学、首尔学等都已建成规模体系；国内的北京学、温州学、上海学、长安学等，也都已取得丰硕的成果，有些已经引起国际学术界重视。这些成果都为把洛阳的历史、现代和未来融为一体，建立一门综合性的洛阳学创造了有利条件。比如，最初以徽州档案和文书为研究对象的徽学，经过长期的研究积累，逐渐将研究内容扩展至碑刻器物、口碑史料、风俗民情，突破了过去仅仅研究明清时期的徽州，进而对宋元及其以前的整个徽州地区进行整体研究，取得了举世瞩目的成就，成为当前地方学显学中的显学。再比如，最初以研究敦煌莫高窟发现遗书入手的敦煌学，而后对莫高窟的全部艺术品进行研究之后，又对整个敦煌地区的历史文化进行研究，使敦煌学成为一门综合性的具有国际影响的学问。[⑦]北京学研究，为我们认识北京的历史文化变迁与未来发展趋势提供了特殊的理论滋养，使我们对中国古都发展变化规律以及未来建设路径有了更加重视历史感的重要价值取向。

5. "一带一路"倡议为洛阳学研究提供了新的历史机遇

洛阳不仅是古丝绸之路的起点，而且是"一带一路"倡议的重要节点城市，开展洛阳学研究，在历史长河中感悟千年帝都的演进趋势，认识现代文明的创新方向，既是历史的呼唤，也是现实的需要。洛阳在古代中国经济社会发展史上居于十分重要的地位。早在夏商周时期，洛阳就是全国重要的政治、经济和文化中心。汉唐时期，古丝绸之路开通后，除关中和山西等地，全国其他地区的丝绸基本上都要经过洛阳才能输往长安和河西走廊，到达中亚、波斯和罗马帝国等。到隋炀帝开通大运河之后，洛阳的经济地位更加重要，东南半壁河山与华北大部分地区的物资、财富，都经运河集中到洛阳，或转输长安，或就地贮藏。直到宋、元时期，由于海上交通和贸易的发展以及京杭大运河的开通，洛阳在全国的经济地位才开始衰落。中华人民共和国成立后经过几十年的建设和发展，当代洛阳已经成为一个充满生机与活力的"一带一路"重要节点城市、中原城市群副中心城市、享誉全国的现代工业城市、影响海内外的优秀旅游城市、传统文化资源特别丰厚的人文城市。已经奠基建设的"二里头遗址博物馆"将再次让洛阳展示出帝都风采，并让国内外观众以历史考古的大量实证认识"最早的中国"，领悟中国之"中"来自中原之"中"深刻文化内涵，认识"中原兴则中部兴，中部兴则中国兴"的哲学思想渊源，体味习近平总书记为什么2014年在河南调研期间认识并明确提出"中国经济新常态"的科学判断并因此指引中国经济发展进入可持续发展新阶段的科学道理，理解河南省政协原主席王全书曾经明确提出的河南是中国最典型的代表的科学含义。

三、加快构建洛阳学的对策

为打造洛阳学研究交流平台和宣传平台，迅速扩大洛阳学的知名度和影响力，并尽快将洛阳学打造成中国特色哲学社会科学中原品牌和华夏历史文明传承创新区的龙头项目，近期建议应着力做好以下几个方面的工作。

1. 持续组织开好"洛阳学国际学术研讨会"

秉持开放包容、创新进取的原则，定期邀请国内外爱好者和从事洛阳学研究的专家学者共同探讨洛阳学研究中存在的问题，充分展示新的研究成果等。研讨会由河南省社会科学院和洛阳市相关单位组织召开。每年分别与中国先秦史学会、中国秦汉史学会、中国唐史学会等国家一级学会联合主办，研讨会名称保持不变，每次确定一个交流研讨的主题。研讨会可以由河南省社会科学院负责学术准备工作，洛阳市相关部门负责筹备工作。为吸引更多的海内外专家学者与会，进一步扩大洛阳学研究与河洛文化在国际国内的影响，研讨会举办时间地点宜选择在国际河洛文化节期间的洛阳举办。通过持续召开洛阳学国际学术研讨会，连续出版《洛阳学研究文库》，叫响洛阳学学科品牌，并使之成为洛阳学国际研究和交流的重要平台。

2. 筹备成立"洛阳学研究会"

取得社会各界的支持，得到政府的充分重视，尤其是地方政府的支持和资助，组建实体研究机构，有人员编制、固定经费、图书资料、研究场所，是确保地方学研究落到实处最直接、最基本的条件。在整合原洛阳大学东方文化研究院、洛阳师范学院国际河洛文化研究中心、河南科技大学河洛文化研究所、洛阳文物局洛阳历史研究所、洛阳市发展研究中心、洛阳城市规划设计研究院等相关研究机构资源的基础上，由相关学术单位联合发起，中共洛阳市委、洛阳市人民政府统一领导和统一协调，成立高规格的洛阳学研究会。该会由中国社会科学院、河南省社会科学院等单位提供学术指导，设立专门研究基金，引导国内外学者参与研究。研究会秘书处可设在洛阳市社会科学院。通过分工合作，加上国内外有关专家学者的加盟支持，共同开展多学科的综合研究，特别是深入开展洛阳历史文化资源的保护利用、洛阳历史文化名城建设、洛阳与"一带一路"倡议、洛阳国际旅游城市建设等应用对策研究，共同促进洛阳经济社会的繁荣和发展。

3. 有组织地加大洛阳学研究和宣传力度

为迅速扩大洛阳学的学术影响，应加强对洛阳学的研究和宣传，唤起社会各界对洛阳学的关注和支持，吸引更多的专家学者投身于洛阳学研究中来。一是依托洛阳师范学院、河南科技大学、洛阳理工学院等高校以及河南省社会科学院、洛阳市社会科学院、河南省社会科学院洛阳分院等科研机构开展研究，进而在相关高校开设洛阳学专业或成立洛阳学研究机构。这是确保洛阳学研究可持续发展的必要条件。二是在相关报刊上设立洛阳学研究专栏。由河南省社会科学院和洛阳师范学院分别在《中州学刊》《中原文化研究》《洛阳师范学院学报》等杂志开辟《洛阳学》研究专栏。围绕洛阳学建构与内涵、洛阳历史文化、洛阳与长安关系、洛阳学与"丝绸之路"、洛阳学与河洛文化、洛阳历史文化传承创新以及洛阳建设国际文化旅游名城等专题，每年刊发几组专题文章或组织一到两次专家笔谈，务实推进洛阳学研究每年都有重要进展。三是在相关报纸上分期推出一批高档次洛阳学研究文章。组织省内外从事洛阳学研究方面的专家学者在《人民日报》《光明日报》《中国社会科学报》《河南日报》等报纸上推出一批有分量有影响的洛阳学研究方面的专题文章，并于适当时候在国际著名报刊推出若干篇英文洛阳学研究文章，有效扩大洛阳学的影响力。

4. 以项目带动洛阳学研究持续深化

适当的经费资助或者以项目带动研究，是有效开展专题研究的重要途径和方式。河南省和洛阳市人民政府在制定研究项目规划时应该对洛阳学研究给予充分重视。这样可以通过项目的形式，把全社会分散的研究力量加以集中，形成科学研究的协同效应。一是组织编撰一批洛阳学方面的文献资料。建议洛阳市政府有关单位在原有基础上继续编撰"洛阳学文献汇编"并建立相应的电子数据库，洛阳师范学院在原有基础上继续编撰"洛阳考古集成"并建立相应的电子数据库，河南省社会科学院组织编撰"洛阳学研究文库"并建立相应的电子数据库，在洛其他高等院校或研究机构设立洛阳学研究机构或者专项，系统开展相关专题研究，并组织出版各具特色的系列性研究文献。二是以课题带动洛阳学研究向纵深发展。每年由洛阳市社会科学界联合会组织设立一批洛阳学研究方面的重点攻关项目，采取自由申报和委托等形式，通过项目带动，会聚从事洛阳学研究的专门人才，并不断推出一批新的学术成果。三是坚持以"地域性、综合性、应用性、开放性"研究特色，理论与实践相结合，进一步创新思路，扩大研究队伍，优化队伍结构，提高学术水平和管理水平，增强咨询服务能力、辐射能力和影响力，同时加强与国内外其他城市、古都、首都、世界知名城市的合作研究和比较研究，借鉴研究和发展经验。四是集中研究主题。洛阳学虽然是多学科的综合性研究，但要尽可能地避免学科范围泛化、研究重点淡化以及活力与特色的缺失等问题，要彰显洛阳地方特色，不断提升洛阳学在学界的影响力。

注释

①2010 年 11 月，气贺则保规等专家学者在日本东京明治大学召开的"洛阳学国际研讨会"上提出构建洛阳学；河南省社会科学院张占仓、唐金培：《千年帝都洛阳人文地理环境变迁与洛阳学研究》，张新斌：《河洛文化与洛阳学》，均在《中州学刊》（2016年第 12 期）上发表了有关洛阳学研究的文章，在学界产生了积极影响。此外，还有张亚武：《吸引更多专家参与"洛阳学"研究——访复旦大学历史系博士生导师韩昇》，《洛阳日报》2008 年 4 月 24 日；气贺泽保规：《"洛阳学"在日本诞生》，陈涛译，《洛阳日报》2011 年 4 月 27 日；罗炤：《"洛阳学"之我见》，《洛阳日报》2011 年 4 月 27 日；张占仓：《中英"一带一路"战略合作的历史趋势》，《区域经济评论》2016 年第 5 期；陈建魁：《洛阳学与地方学研究》，《中州学刊》2016 年第 12 期；张佐良：《洛阳学研究的文献基础与思路》，《中州学刊》2016 年第 12 期等相关论述。

②梁宗华：《汉代谶纬神学及其对道家宗教化的影响》，《青岛海洋大学学报（社会科学版）》1995年第 4 期。

③杨翰卿：《论二程洛学继承创新的理论特征》，《中州学刊》2007 年第 6 期。

④陈平原、王德威：《都市想象与文化记忆》，北京大学出版社 2005 年版，第 523 页。

⑤段宗社：《论作为文学文化学的"西安学"》，《唐都学刊》2011 年第 6 期。

⑥蔡运章、赵金昭、董延寿：《河洛学导论》，《河南科技大学学报（社会科学版）》2009 年第 1 期。

⑦仝建平、张有智：《关于地方学研究的几点思考》，《社会科学评论》2008 年第 2 期。

中国包容文化的历史贡献与创新发展[*]

摘要　包容文化是在人与自然、人与社会、人与人互动交流中形成的一种动态的文化融合与创新发展形态。华夏文明可谓包容文化之源，包容文化具有传承性、开放性、融合性、创新性和自主性特征，对中国思想演进、民族融合、宗教发展、经济开放、传统文艺繁荣，以及构建人类命运共同体的政治智慧均作出了重要贡献，是中华传统文化生生不息、延续至今的关键。在建设社会主义现代化强国过程中，要加强党对文化创新发展的领导，始终坚定高度的文化自信，促进中国特色社会主义文化繁荣兴盛，推动中国特色社会主义文化持续融合发展，满足人民群众对美好文化生活的需要，积极构建人类命运共同体，让包容文化之光照亮全球化的未来。

关键词　包容文化；中国包容文化；中华传统文化；中国特色社会主义文化；文化创新

中华文明在世界四大古老文明中唯一没有中断且传承至今，对全球文明进步影响巨大。在当今世界东西方文明创新发展与激烈博弈的背景下，中国特色社会主义进入新时代，广大民众对包容、开放、健康、进步、先进、充满活力的文化需求空前高涨。如何更加深入地认识中国包容文化的科学内涵，系统分析包容文化的基本特征，客观评价包容文化的历史贡献，探求包容文化进一步创新发展之策，显得尤为迫切和重要。

一、包容文化的科学内涵

1. 包容文化的基本含义

包容，其基本意思是宽容、接纳[1]。具体是指行为主体在面对与己不同的事物或思想时，能够无偏见地容忍与积极面对，并与之互学互鉴、交流融合，共同提升与进步。《汉书》中有："上不宽大包容臣下，则不能居圣位。"在传统释义中，"草木有情皆长养，乾坤无地不包容"。这是讲大自然的包容。海纳百川，兼容并蓄，求同存异，吐故纳新，

一般指人文包容。人文层面的包容源自对大自然现象的深刻感悟，是人们认识世界过程中智慧积淀的成果。观乎天文，以察时变，观乎人文，以化成天下。以文"化"人、"化"物、"化"事，就是以"文"去感化人，以"文"去变化物，以"文"去演化事。"文"成为人类在劳动、生活、斗争等实践中产生和形成的物质财富与精神财富。文化是人类相互之间进行交流并被普遍认可的、能够被传承的意识形态，对国家发展、人民生活、历史演进均具有重要影响。

我们认为，包容文化是在人与自然、人与社会、人与人互动交流中形成的一种动态的文化融合与创新发展形态。包容文化以独有的文化品格，既坚持自己的传统特色，又不断吸收与借鉴外来文化的滋养，具有特别优异的传承性与稳定性。包容文化既在人类实践中生成，也随着人类社会的发展不断完善与丰富，是人类历史发展过程中长期积累的一种综合性智慧，对传统文明传承发挥了巨大的作用[2]。"阴中有阳，阳中有阴，阴阳

* 本文发表于《中原文化研究》2018年第2期第40-60页。作者为张占仓、牟虹、蔺斯鹰、刘晓龙。牟虹，女，中华全国妇女联合会联络部部长。蔺斯鹰，女，云南广播电视台台长。刘晓龙，男，中央人民广播电台副总编辑。

互补，天地人和"的哲学观，成为中国传统文化中包容思想之源[3]。中国可谓世界包容文化的发祥地，作为多民族的国家，无论各民族之间还是家族之间都讲究"和为贵"，"和"就要中庸，"和"就必须包容。从机理上分析，中华文化基于道德至上的人文传统是培育包容精神的逻辑起点。"己所不欲，勿施于人"的处事规范，正是一种立足于双方平等立场并给予对方的人文关怀，"贵和不贵同"的价值准则为包容精神的生长提供了社会土壤。无论是春秋时期儒学的创立，战国时期的百家争鸣，西汉时期的独尊儒术，魏晋时期的玄学盛行，汉魏以降中华文化对佛教、伊斯兰教、基督教等异质文化的吸纳和创新，还是近代的西学东进、中体西用，无不彰显了中华传统文化的博大胸怀与包容发展的可贵品格。孔子提出"君子和而不同"是对包容文化的最好诠释。孟子发出"观于海者难为水"的慨叹，进一步丰富了包容文化。《周易》中"地势坤，君子以厚德载物""天下一致而百虑，同归而殊途"，更说明中华文化早在自觉形成核心价值的第一个历史阶段，就已经明显展现出顺天法地、包容万物的博大情怀。春秋战国时期百家争鸣，包容文化的发展可谓达到了历史高峰。汉唐盛世的文化包容更多体现在对外来文化和其他民族敞开华夏文明的宽广胸怀，也创造了中华文化倡导"天下一家"的盛世佳话和繁荣发展的重要阶段[4]。当明清时代封建专制迎来最高峰时，也使中国的包容文化发展受到了严重的抑制，开放思想与文化创新的活力萎缩，华夏文明逐渐落后于世界潮流。因此，历史上中国包容文化的发展程度，对社会的进步影响非常大。

中共中央党校副校长赵长茂指出，世界四大文明中唯有中华文明延绵不断、有序传承，根本原因在于中华文化的包容性，这是中华文化的特质和优势。由此，中华文化生生不息，兼容并蓄，博采众长，文化的血脉不因分分合合而中断，体现了中华文化的聚合力、同化力。历史证明，不仅外来文化会被中华文明同化，而且在文化力的作用下，占领和统治中原的其他民族也会被同化[5]。王京生等认为，中华文明和其他文明有一个重要区别就是它的包容性。中华文明在包容中发展，在发展中包容，不断地去融合各种文化[6]。习近平总书记多次在讲话中强调包容性发展，在2012年访问美国时就指出"太平洋够大，足以容下中美两国"；2017年4月与美国总统特朗普会见时强调"我们有一千个理由把中美关系搞好，没有一条理由把中美关系搞坏"；2017年11月在北京接待美国总统特朗普来访时，再次显示出其包容的发展理念，表现出其博大的情怀。

2. 中国包容文化的丰富内涵

第一，中国包容文化具有宽容和谐的文化观。包容文化是一种高尚的文明观、和谐的社会观，是中国社会"和为贵"文化的集中体现。包容文化为文化交流提供了和谐开放的理念。包容文化作为一种文化理念，包含了开放的思想、开放的观念、开放的心态。开放的思想使我们始终对他者保持接纳和欣赏的心态，开放的观念使我们始终对差异保持热情和接受，开放的心态使我们始终愿意倾听和学习。孔子云"有朋自远方来，不亦乐乎"，正是以一种开放的姿态迎接未知。开放不仅可以为观念、文化、技术的交流提供自由而广阔的空间，而且可以为资源、要素、人才凝聚文化能量。"海纳百川，有容乃大。"包容文化的开放性表现为对异质文化的兼容并蓄，接受观念上的差异、生活方式上的独特，拒斥狭隘的地方主义，善于接纳各种外来文明，善于博采众长，丰富自己。文化开放的程度决定着社会发展和人类文明进步的水平，站在民族复兴、国家发展、文化繁荣、社会和谐的新时代看，包容文化建设正逢其时。今天世界的多极化趋势加剧，中国的发展需要拥有更加开阔的胸怀、更加广阔的视野，这样才能与大国的角色、地位、责任相匹配。

包容文化为文化创新创造了宽松的环境。作为人民生活的重要组成部分之一，文化是人民群众物质生活得到满足后获得精神满足的重要内容，文化的多样性越来越受到人们的关注，文艺创作与生产更加需要宽容与宽松的人文环境。这就要求从关注每个人最基本的需要开始，在坚持"双百"方针与"二为"方向的基础上，形成全社会互相尊重与包容的文化氛围。个体的多样性发展组成的多元社会形态也需要包容文化，公众个体意识的觉醒、利益主体多元化、网络虚拟世界的发展等因素，使得多种社会矛盾叠加日益凸显，需要建设更加宽容与和谐的社会环境。对于不同的文化、人群、声音等予以接纳、理解和尊重，才能够彰显中华文化的宽容与持续创新能力。2017 年 11 月，习近平陪同美国总统特朗普参观故宫博物院，充分展现中国"和"文化的传统基因。特朗普对底蕴深厚、内涵丰富的中国传统文化深表赞叹。

第二，包容文化体现乐观自信的文化态度。党的十九大报告指出，没有高度的文化自信，没有文化的繁荣兴盛，就没有中华民族伟大复兴[7]。文化自信是更基础、更广泛、更深厚的自信，是一个国家真正自内而外拥有的自信。中华文化源远流长，其发展脉络布满了兼容并蓄的烙印。正是这份包容和自信，才使中华文化保持了生生不息、历久弥新的发展轨迹。

一方面，我们需要以包容的姿态借鉴人类一切优秀的文明成果来彰显文化自信。在思想多样、文化多元的时代，没有包容之心很难在文化发展上有所突破。习近平总书记指出："人类的历史就是在开放中发展的。任何一个民族的发展都不能只靠本民族的力量。只有处于开放交流之中，经常与外界保持互动交流、吐故纳新才能得到发展，这是历史的规律。"历史证明，中华文化在不断融合多种文化的同时，不仅没有被同化，反而绽放出活力和生命力。我们既要弘扬中华优秀传统文化，又要虚心接纳多种多样的其他国家与民族的文化精华；不仅要承认文化的共通性，更要认可文化的独特性。从孔孟、老庄、苏格拉底、柏拉图到歌德、托尔斯泰、海明

威等人的思想作品，既彰显了民族文化的辉煌灿烂，又表明了不同民族的宝贵文化财富，必将得到世人的公认。具有包容与融合特质的文化才是大气、厚重、有底蕴的文化，具有善于吸收与借鉴特质的文化，才是鲜活、强壮、有生命力的文化。

另一方面，需要以开放的心态推动中华文化走出去，彰显文化自信。当今世界是一个开放的世界，文化交流必然要通过各种方式打通渠道、破除障碍、取消芥蒂，力求在交流中推动相互学习和发展。当前，中国推动"一带一路"建设，参与国之间不仅是经济合作，更是文化的交流，其背后展现的是自信而包容的大国心态。这种带有中国智慧的文化主张通过具体的载体传播到世界各地，会被越来越多的国家和地区接受与认可。打开国门让中华传统文化走出去，善于聆听不同的声音，接受不同的观念与外来文明，正是文化自信的体现。相反，封闭自守只会让本土文化走向穷途末路。

第三，包容文化彰显共生共荣的发展理念。将包容文化融入共生共荣的发展理念，是积极促进构建人类命运共同体的客观要求。"文化的包容性发展不仅体现在各种类型文化的'共同存在，共同发展，享有同等的发展机会'，还体现在它们之间的协同发展。这种协同发展就是强调相互之间的同步、协调、和谐发展。"[8] 只有开放才能看到并承认文化之间的差异，正是敢于承认并接受文化之间的差异，才能形成丰富的多元文化。文化具有地域特殊性，不同的文化都保留了自身的地方性与民族性等特点。人类所有伟大的成就都深深地烙上了民族的、地方的和个人的印记，任何跨文化传统的价值目标和认同都必须基于该前提。与此同时，不同文化之间又具有一定的共性。包容文化正是在保留自身文化特点的同时，敢于承认并接纳文化的多样性，通过多元文化之间的交流与对话达成共识，形成可以为不同民族与国家共同认可和践行的、具有普遍意义的价值观念。

党的十九大报告指出，没有哪个国家能

够独自应对人类面临的各种挑战，也没有哪个国家能够退回到自我封闭的孤岛。这充分印证了整个人类是紧密相连、休戚与共的人类命运共同体，没有哪个国家能独立于其他国家而存在。增进对话交流、加强合作沟通是顺应时代潮流的必然选择。要以包容的心态给他人充分发声的机会、说话的权利，承认文化的差异性、接纳文化的多样性，鼓励文化多元化发展，努力做到各种文化之间相互倾听、相互交流。对话的前提是倾听，即相互理解，在重"求同"淡"存异"的基础上扩大对话的空间，开拓对话的前景。正常的文化对话一定是在开放包容的环境下进行的，无论是妄自尊大，还是妄自菲薄，都不利于文化间的交流与对话，更有甚者会造成情绪对抗，导致摩擦并使矛盾愈演愈烈。中国的和平崛起使其同世界各国的利益交会点逐渐增多，构建人类命运共同体的提出就蕴含着深刻的包容思想。

二、中国包容文化的基本特征

纵观中华文化的发展历程，包容是其最大特色，也是最宝贵的品质。中国包容文化的基本特征主要有：

1. 传承性

传承源于民族的自觉和自醒。文化是民族生存和发展的重要力量。对民族文化的传承和坚守是我们民族最宝贵的品格之一。习近平总书记曾经指出："文明特别是思想文化是一个国家、一个民族的灵魂。无论哪一个国家、哪一个民族，如果不珍惜自己的思想文化，丢掉了思想文化这个灵魂，这个国家、这个民族是立不起来的。"[9] 几千年来，中华文化源远流长绵延至今。一方面，历代统治者为维护和巩固自己的统治地位，积极弘扬和推广中华文化，许多帝王甚至亲自编纂、批注古代典籍。另一方面，中国优秀的知识分子始终把传承中华文化的重任扛在肩上，"盖西伯拘而演《周易》；仲尼厄而作《春秋》；屈原放逐，乃赋《离骚》；左丘失明，厥有《国语》；孙子膑脚，《兵法》修列；不

韦迁蜀，世传《吕览》；韩非囚秦，《说难》《孤愤》。《诗》三百篇……"，司马光耗尽心力编撰的《资治通鉴》，等等，不一而足，成为流传经世的宝贵财富。中华文化得以传承还在于其广博的思想已融入中华民族的血脉，被世代心口相传，不断被发扬光大。中华民族历来重视家风家训传承，以"仁、义、礼、智、信"为主线的儒学思想与行为规范，早已深入人心且在家族持续传承，为中华文化的传承、延续、进步发挥了重要作用。即便是经历了许多挫折，中华文化依然以自己独有的坚持，历经磨难，生机盎然。包容文化的传承性，促进了中华文化的可持续发展，是中华文化生生不息的根脉所在，并成为文化传承的主体力量。

2. 开放性

习近平总书记曾经指出："不同国家、民族的思想文化各有千秋，只有姹紫嫣红之别，而无高低优劣之分。每个国家、每个民族不分强弱、不分大小，其思想文化都应该得到承认和尊重。""各国各民族都应该虚心学习、积极借鉴别国别民族思想文化的长处和精华，这是增强本国本民族思想文化自尊、自信、自立的重要条件。"中华传统文化主张各美其美，美美与共。世界上像中国这样 56 个民族可以和谐并存的国家很少。多民族文化、多流派思想的交融是中华文化与生俱来的秉性，中华文化的起源是多元的，学术思想也是多元的。儒、释、道三家并存，就是学术思想多元的体现。儒家在汉代地位凸显，此后一直成为社会的思想主流。但老子、庄子的道家思想同样对中华文化有着重要影响[10]。儒学对佛学的态度显示了中华文化的开放包容，对外来思想的"雍容接纳"[11]。儒、释、道并存成为中华文化具有开放性的体现。历史上的丝绸之路，既是经贸互通的商业之路，也是中国与沿线各国进行文化艺术交流、宗教思想交汇的文明之路，对推动东西方思想交流、文化交融，促进人类文明多样化发挥了独特作用。近代中国闭关锁国的政策，让中华民族经历了一段悲痛屈辱的历史。万马

齐暗的重压关不住仁人志士对新思想、新知识的渴望。五四运动、新文化运动的兴起，掀起了近代中国学习西方现代文化思想的高潮。正是在这一伟大进程中马克思主义走进中国，进而成为指导中国革命和社会变革的重要思想武器。20世纪70年代末开始的改革开放，成为中国历史上又一次学习外国先进文化、技术与管理经验的新高潮。21世纪"一带一路"倡议的提出，积极推动了中国与沿线国家开展广泛的文化交流，并与世界重要国家建立双边人文交流机制。构建人类命运共同体重要思想的提出，也再次展现了中华文化的开放性。

3. 融合性

中华文化博大精深，源远流长，被赋予海纳百川、兼收并蓄的定力和实力。中华传统文化中蕴含着开放包容的文化基因，讲求"万物并育而不相害"，其本质是差异互补、互鉴互利、共赢共荣。外来思想文化一旦进入中国，在被中国文化宽容接纳的同时，也开始了它的中国化进程，在不知不觉中融于中国文化的浩瀚大海之中[12]，这是中华民族特有的文化自信。明末清初，中国人积极学习西方的现代科技知识，开阔了视野。此后，中外文明交流在融合与创新中频繁展开。近现代以来，马克思主义传入中国，中国共产党人将其与中国革命和建设的具体实践相结合，不断丰富马列主义思想，不断保持与时俱进。党的十九大明确习近平新时代中国特色社会主义思想为新时期党的指导思想，是马克思主义中国化的最新成果，将成为我们全党全国人民实现中华民族伟大复兴中国梦的行动指南，对中国和世界的发展均将产生深远影响。"海纳百川，有容乃大。人类创造的各种文明都是劳动和智慧的结晶。每一种文明都是独特的。"习近平总书记在中国共产党与世界政党高层对话会上的主旨讲话中指出，我们不输出自己的模式，也不输入别人的模式。正是中国共产党人基于高度的文化自信，在复杂多变的国际形势和面对多种困难和挑战时，才能拥有并保持独特的政治眼光和政治定力。

4. 创新性

创新是民族进步之魂。文化产生并植根于一定的经济社会基础，也应随着经济社会的不断前进而发展。每一种文明都延续着一个国家和民族的精神血脉，既薪火相传、代代守护，更与时俱进、不断创新。中华文化无论是传承传统文化，还是学习借鉴外来文化，从来都不乏创新的智慧和勇气。没有创新就不可能拥有让世界称羡的先秦诸子哲学思想，不可能拥有诗经、汉赋、唐诗、宋词、元曲、明清小说等浩如烟海的文学经典，也不可能有造纸、火药、活字印刷术、指南针四大发明。创新让我们学习掌握了现代科学技术和管理思想，创造了丰富的精神财富和物质财富。我们在弘扬发展中华传统文化时，也要坚持去其糟粕、取其精华，去粗取精、去伪存真。推动中华文明创造性转化和创新性发展，正是中华文化创新精神的升华。文化的开放和包容使世界文明变得更加丰富多彩，充满生机，异质文化的相互碰撞、彼此交流、不断创新是实现人类文明繁荣的动力和源泉[13]。创新还表现在创造性地学习借鉴人类优秀文化。近代以来，中国人民为实现民族独立和国家富强，进行了艰苦卓绝的努力。正反两方面的经验告诉我们，无论是外国的思想文化还是社会制度，我们都不能照抄照搬，一定要结合自身的实际，以我为主，洋为中用，古为今用，开拓创新。我国改革开放的成功实践就是很好的证明。今天，以世界优秀文明和中华传统文化为基石，我们已经成为世界第二大经济体，开启了实现中华民族伟大复兴的新征程。

5. 自主性

自主性是保持本色的基础，以强大的包容性为前提。中国文化对外来文化的同化是以强大的包容性为前提的。善于学习借鉴、集百家之所长，同时又保持本民族文化的根基和血脉，保持自身的特色和优势，是中华民族和中华文化智慧之所在，也是其绵延至今的精神支柱。在历史上，中华文化以强大的同化力量影响和改造外来文化，使之具有中国自己的特色并融入中华文化的血脉之中。包容文化是吸收外来文化的重要基础，正是由于中华传统文化根基深厚且具有包容精神，才能不断吸收并同化外来文化。外来文化的进入丰富了中华文化，却并没有使中华文化丧失自身的本色。中国社会的宽容氛围，使得一些独立性很强的外来文化也在不知不觉中融入中华文化。如汉魏以来，佛教、伊斯兰教、基督教文化和近代西方文化在中国大地的广泛传播，并没有改变中国传统文化固有的基本特征，却为中国传统文化的创新与发展提供了新的营养[14]。海纳百川终是海，中融八方仍为中，这是中国包容文化的独特魅力。包容文化是中华传统文化的精髓。在中国特色社会主义新时代，包容文化是中华传统文化创造性转化、创新性发展的宝贵基础。

三、包容文化在中华传统文化传承中的历史贡献

包容文化在中国传统文化传承中具有重大历史贡献，具体表现在以下六方面：

1. 对思想演进的贡献

作为一种在相对独立的环境中成长起来的原生文化，中华传统文化历来讲究"和而不同""包容互鉴""合作共赢"。所以，包容文化贯穿了中国思想史发展的始终。包容文化对中华传统文化传承最重要的贡献之一，就是对儒学的创立产生了重大影响。中华传统文化在早期就展示出包容万物的博大胸襟，在儒家学说创立过程中拥有充分的呈现。孔子曾指出："君子和而不同，小人同而不和。"他尊崇中华传统文化中"和为贵"的理念，把有差别的、多样性的统一这种"和"视为根本的价值取向，坚决反对排斥差别、强求一律的"同"，为儒学的产生奠定了基础。儒学的诞生是包容精神的直接反映，也是包容文化的成果。春秋战国时期的百家争鸣，可谓包容文化的充分体现，而儒学成为历代王朝的官方意识形态，也要归因于其内在开放

包容的品格。提出"罢黜百家，独尊儒术"的董仲舒实际上也是融合了儒家和法家的学说，大力倡导礼法、德刑并用，吸收了墨家"兼爱""尚同"等思想，甚至阴阳五行学说也得到了兼容并包。这种容纳、吸收和融汇的精神，使儒学成为当时社会的主流思想。

包容文化对中国近现代思想产生的最大影响，莫过于马克思主义的中国化。包容文化让马克思主义基本原理得以同中国时代特征和具体实际相结合并使之中国化，形成了对中国革命与建设影响特别大的毛泽东思想[15]。也正是因为包容文化，中华优秀传统文化才得以与马克思主义基本原理相结合，并实现"与时俱进"的时代性、民族性改良，成为中国特色社会主义理论体系的重要思想渊源。中国特色社会主义要求做到"古为今用，洋为中用""百花齐放，百家争鸣"，善于吸收和借鉴人类社会创造的一切优秀文明成果。从这个意义上说，包容文化搭建了中华传统文化传承与中国特色社会主义理论体系创立的思想路径。

2. 对民族融合的贡献

我国自古以来就是一个多民族国家，秦朝通过战争和各种措施，成为大一统王朝。汉朝承袭秦朝制度，经过几位励精图治的皇帝治理，使得统一多民族的国家更加巩固。魏晋南北朝时期，政权分立以及少数民族内迁使各民族交流更加频繁，民族融合得到进一步加强。隋唐时期中国出现了空前强盛与团结的、统一的多民族国家，中原王朝与边疆少数民族保持着良好的关系。宋元明清是统一多民族国家大发展的时期，特别是蒙古族、满族入主中原，对多民族国家的形成与发展作出了特殊贡献，少数民族主动学习汉族的先进文化和各种制度，促进了民族间交流，为民族融合提供了持久动力。民族融合深层次表现为民族文化的融合，文化的融合是民族融合最深的根。我国的民族文化在此过程中逐步形成了多元一体的文化体系，在吸收容纳国内各民族以及外来民族文化中表现出极大的文化包容性，不断地将体系之外

的文化融入中华文化体系当中，形成极具特色的新文化，使得我国民族文化更加绚烂多彩，持续焕发着强大的生命力。

3. 对宗教发展的贡献

中华传统文化对域外异质文化的接受、吸纳和创新，最典型的体现之一即佛教中国化的过程。源于印度的佛教，在东汉时期传入中国。对于这样一种异质文化，我们的先人展现出豁达的胸襟，不仅不予以排斥，而且为其传播创造了有利条件。与此同时，还积极吸纳其思想元素以融入本土文化，逐步形成了中国佛教文化。关于佛教传入中国之后实现本土化并与儒道学说相互融合发展的历史过程，习近平总书记曾给以明确阐释。2014年3月27日，习近平出访法国期间，在联合国教科文组织总部发表重要演讲时指出："佛教产生于古代印度，但传入中国后，经过长期演化，佛教同中国儒家文化和道家文化融合发展，最终形成了具有中国特色的佛教文化，给中国人的宗教信仰、哲学观念、文学艺术、礼仪习俗等留下了深刻影响。"[16] 该论断是对中国包容文化及意义进行的最为生动的阐述。

伊斯兰教传入中国后广为传播，东来的穆斯林是伊斯兰教最主要的信众，同时也有相当数量的汉、蒙古、维吾尔等族人因政治、经济和通婚原因改信伊斯兰教。到了明清时期，伊斯兰教成为与中国社会及文化传统深度契合的民族文化大家庭中的一员，实现了伊斯兰教的中国化。明末清初，西方传教士来到中国，带来了先进的自然科学技术和知识，丰富了中华文化的多样性。鸦片战争之后，西方列强横行中国。为救亡图存，开明的士大夫不得不向西方文化寻找答案，"中体西用"的主张应运而生，出现了洋务派的"师夷长技以制夷"，严复的"物竞天择，适者生存"，新文化运动的"民主""科学"等思潮和文化运动。西方各种自然、人文和社会学说不断被引入中国，中华文化中的西学元素也不断由单纯的器物向更宽阔的领域、更深的层次扩展。在这样的社会和文化背景

下，最终实现了马克思主义的传入、生根、开花和结果。在中国占主导地位的儒家思想具有较强的包容性。中国漫长的历史发展中也出现各种冲突，却鲜有种族灭绝和宗教战争。相反，中国还形成了不同宗教长期互补共存、儒释道"和而不同"的统一国家。

4. 对经济社会发展的贡献

中国自古以来对外交往频繁。对外交往不仅促进了中国的文化繁荣，增强了国际影响力，也极大地促进了中国经济的繁荣发展。西汉时期，汉武帝相继开辟了陆上丝绸之路和海上丝绸之路，被称为"凿空之旅"，将中国与亚、欧、非三大洲的众多国家联系起来，丝绸、瓷器、香料络绎于途。包容文化推动了丝绸之路的产生和发展，连接欧亚的陆上丝绸之路和此后的海上丝绸之路蓬勃发展。隋唐时期，中国大一统封建王朝重新建立，丝绸之路的商贸往来达到繁荣的顶峰。宋代指南针开始应用于航海，极大地推动了中国航海事业的进步。泉州成为当时世界第一大港，中国商人与日本、朝鲜及东南亚、南亚、西亚、东非等国家和地区建立了海上联系。正是在丝绸之路的引领推动下，世界开始了解中国，中国开始影响世界。丝绸之路在推动东西方思想交流、文化交融、全球经济一体化、人类文明多样化方面发挥了重要作用。

中国改革开放至今，社会发展之所以能够取得巨大成就，原因之一应归功于包容文化的影响。改革开放之初，邓小平以"发展才是硬道理"的包容心态，明确提出了"一个中心，两个基本点"的基本路线，确立了中国改革开放的大方向，为国民经济的恢复与发展奠定了思想基础。20世纪80年代末90年代初，在全世界社会主义阵营出现大面积塌陷的特殊条件下，邓小平再一次以包容文化的博大精深之见，提出中国特色社会主义理论，为中国发展找到了符合实际的道路。伴随改革开放的深入，关于计划经济与市场经济的融合与创新发展问题，邓小平提出计划与市场都是手段，都要为国家发展服务，从而使中国摆脱了传统计划经济的束缚，把

经济体制改革的目标明确为中国特色社会主义市场经济，在全球开辟了一个发展中国家走向现代化的新路。其实，从文化层面分析，中国特色社会主义市场经济就是中国传统文化与西方现代经济发展思想的融合，而且在融合过程中保持了中国文化地位的主体性，并没有如西方《历史的终结》所言被终结，而是在创新发展过程中不断焕发出时代的光芒。党的十八大以来，习近平总书记在系列重要讲话中形象地把中华优秀传统文化比喻为"我们民族的'根'和'魂'"，在强调必须"认真汲取中华优秀传统文化的思想精华和道德精髓"的同时，明确指出"要处理好集成和创造性发展的关系，重点做好创造性转化和创新性发展"。习近平在党的十九大报告中三次提到"包容"，强调"促进和而不同、兼收并蓄的文明交流"，其精髓要义就是要开放包容。

5. 对繁荣传统文艺的贡献

中华民族向来善于吸收外来文化，汉唐时期的文艺繁荣和中华民族广泛吸收外来文艺的优秀成分有很大关系。有学者指出："在隋唐盛世，中原文明的特征之一是它与周围地区，特别是与西域保持着密切的联系。隋唐上承汉魏以来的文化传统和南北朝以来的社会发展趋势，既善于归纳前期中国文化的成果，又善于在大一统的局面下博采外来文化的长处，故能成就其文化昌盛的伟绩。"[17]不只在隋唐，其实可以追溯到更远的历史时期，中华民族创造的辉煌灿烂的文化艺术成就与当时和"胡人"之间的交流密不可分，"胡人"通过朝贡、宗教、战争、通婚、商业等模式[18]，把他们的文化艺术形式不断向中原输入，自身又受到中原文化艺术的浸润，促使其出现了新的文化艺术表现形式。早在北魏时期，居住在洛阳的西域侨民有万家以上，其中很多人扮演了传播西域音乐舞蹈艺术使者的角色。此外，隋唐时期的"七部乐""九部乐""十部乐"中西域乐舞所占比重很大，这种现象的出现都不是某个短暂时期可以完成的，而是从魏晋南北朝以来历代乐舞

传播、交融的结果。

6. 对"命运共同体"政治智慧的贡献

习近平总书记倡导的"人类命运共同体"与中国古代的"天下"观念具有某些共通、契合之处。中华传统文化中的天下、四海等观念，拥有中华民族包容协和万邦、天下大同的观念在其中，也已成为当时国人对待外部世界的基本态度，这与今天习近平总书记倡导的"人类命运共同体"思想本质上是相通的。亨廷顿在《文明的冲突》中将文明划分为西方文明与西方以外的"其他文明"，而我们提出"人类命运共同体"更具政治智慧。中国之所以能够提出"人类命运共同体"概念，实际上仍然是文化的力量[19]，而"为万世开太平"，更是对文明本质的揭示[20]。古代中国的"天下"观念包含了国与国彼此之间需要成为荣辱与共的"命运共同体"的理想，中原王朝通过多种途径帮助周边属国维护统治的历史多次发生。中原王朝既不宣扬武力，也没有取而代之，而是以"天威"感化，甚至采用通婚和亲的政策，与周边政权建立良好的关系。尽管中华民族在历史上也多次、长期与周边民族发生战争，但我们更应该看到，只要没有危及中央王朝的统治，统治者多持一种"天下一家"的命运共同体思想，这种思想产生的根源应该说和中华传统文化中"普天之下莫非王土"的包容文化滋养密切相关。唐朝之所以能够成为中国封建社会的巅峰，就在于其真正实行了海纳百川、有容乃大的思想精髓。

以上六方面的重要贡献，充分展示出中华传统文化"和为贵"的核心，也充分表明中华传统文化"中庸"的思想轴线，诠释了中华传统文化最为突出的包容性特质。因此，包容文化已经并将继续在中华传统文化传承中承担非常重要的历史使命。

四、新时代包容文化的创新发展

中国特色社会主义进入新时代，必须坚持中国特色社会主义文化发展道路，以更加包容的态度，坚持对中华优秀传统文化进行创造性

转化与创新性发展，激发全民族的文化创新与创造活力，传承与弘扬中华文化基因，建设社会主义文化强国，铸就中华文化新辉煌。

1. 加强党对文化创新发展的领导

中国特色社会主义文化建设的首要任务，是坚持正确的政治方向。发展中国特色社会主义文化要以马克思主义为指导，坚守中华文化立场，以博大的包容精神立足当代中国现实，结合当今时代条件发展面向现代化、面向世界、面向未来的民族的、科学的、大众的社会主义文化，推动社会主义精神文明和物质文明协调发展。要积极推进马克思主义中国化、时代化、大众化，建设具有强大凝聚力和引领力的社会主义意识形态。要积极培育和践行社会主义核心价值观，并使之转化为人们的情感认同和行为习惯，提升民众的文明素养与社会的文明程度。要繁荣发展社会主义文艺，创作无愧于时代的优秀作品，不断满足民众日益增长的文化需求。以体制机制改革为切入点，推动文化事业和文化产业发展，通过文化创新与发展增强国家软实力，建设社会主义文化强国，彰显中国包容文化的优秀品质。

2. 始终坚定高度的文化自信

党的十九大报告指出："坚定文化自信，推动社会主义文化繁荣兴盛。"在全球化趋势不可阻挡的今天，多元文化并存和碰撞已成为一种新常态。在全球化文化多样性与文化话语权争夺中，世界各国思想文化交流、交融、交锋比以往更加频繁，包容文化的创新发展更需要始终坚定高度文化自信。和而不同、求同存异是渗透在中华传统文化中的精神基因，是我们几千年来文化传承发展的优势资源。无论过去、现在还是未来，中华文化自立于世界民族文化之林，必须在文化自觉与文化自信的基础上，选择更加积极的文化担当。新时代中国包容文化的持续创新，源于五千年文明不间断的传承，源于中华文化固有的开放胸怀与文化品质，源于中华儿女生生不息的实践进取，这本身就是对自身民族文化的高度自信。从人类历史发展的长河来看，只有那些能够并坚持开放、善于开拓创新的民族文化，才有可能产生永不枯竭的进步动力，才有可能激发昂扬向上的鲜活生命力，才有可能既融进世界又不被世界同化，从而凸显自身文化与众不同的独特魅力。只有坚守文化自信才能够不断促进包容文化的创新发展，促进中华文化博大胸襟的外化，为中国特色社会主义文化发展注入新鲜血液，为世界文明进步作出新的更大贡献。

3. 促进中国特色社会主义文化繁荣兴盛

全球化语境下中国包容文化创新发展，一方面是本国与外国文化之间的和谐交流与发展；另一方面是本国内部不同区域文化之间的融合与发展。这种交融与创新发展需要以更加积极与开放的姿态，对待一切有益于人类和平与进步的文明成果与成功经验，广泛参与世界文化的对话和交流，并在其中充分展示包容文化的特色与品格。要通过多种语言版本的著作、文学作品、电影、电视、微信、形象片、报告会、推介会等形式，持续不断地宣传中国特色社会主义核心价值观，宣传深深根植在中国老百姓内心深处"和为贵"的文化传统，宣传博大的包容文化，宣传中国"大道之行，天下为公"的文化主张，不断铸就中华文化创新发展的新辉煌。要切实让中华文化走出去，并逐步渗入国外更多民众的内心深处。同时，要弘扬革命文化与社会主义先进文化形成的新思想、新观念、新风尚，赋予中华文化鲜明的时代特色，不断促进中国特色社会主义文化繁荣兴盛。要有计划地打出若干影响比较大的文化品牌，提高中华文化特别是包容文化在国际上的影响力。

4. 推动中国特色社会主义文化持续融合发展

中华民族是由各民族共同缔造的，多民族的团结立足于多元文化的融合，正是这种融合造就了中华文化的包容性。这种包容性既为经济社会发展提供精神动力，同时也是经济社会发展的重要内容。在建设中国特色社会主义文化强国过程中，我们只有继续坚持尊重差异、尊重多样的包容文化理念，才能增强中华民族共同的文化认同，促进多民族文化的协调发展与共同进步。伴随全面深化改革的持续推进，全社会的利益格局将进一步调整，社会文化的创新与协调发展成为今后时期社会进步的基本趋势。在此基础上，以包容文化为价值理念引导文化创新与文化资源整合，共同创造更加有利于各民族团结与发展的精神成果，势必会成为文化发展的历史趋势。我们要立足中华传统文化的优势，积极推动包容文化的创新发展，不仅对本国不同历史、不同地域、不同思想、不同流派的文化形态进行取鉴与吸纳，对域外的先进文化也需要积极学习与借鉴，使其成为加快建设社会主义文化强国，实现中华民族伟大复兴中国梦的重要精神资源。按照党的十九大精神的要求，"全面贯彻党的民族政策，深化民族团结进步教育，铸牢中华民族共同体意识，加强各民族交往交流交融，促进各民族像石榴籽一样紧紧抱在一起，共同团结奋斗、共同繁荣发展"。

5. 满足人民群众对美好文化生活的需要

党的十九大报告指出："我国社会的主要矛盾已经转化为人民日益增长的美好生活需要和不平衡不充分的发展之间的矛盾。"人民对美好生活的向往符合广大人民群众的根本利益与愿望，体现人民群众的根本价值诉求，构成社会各阶层各群体的最大公约数与价值共识。伴随着社会经济的高速发展，逐渐出现利益分配、个体需求、价值追求、思想观念多元化等趋势，满足人民群众对美好生活特别是美好文化生活的需要，势必要发挥文化的普惠性、共享性、大众性特征，创造更多老百姓喜闻乐见的文化产品，引导健康向上的价值取向，让民众享受丰富的文化生活。坚持包容文化的发展理念，使中华文化繁荣兴盛，就需要展示中华民族的宽广胸怀，使每个社会成员都能受益，使尽可能多的普通社会成员增强文化自信。中华传统文华历来把人的精神生活纳入人生理想和社会理想之中，从民众对美好生活需要的价值取向和利益要求出发，坚持中国特色社会主义文化的

主体地位，持续创新包容文化的新内涵、新形式、新载体，推动社会主义文化繁荣发展，使各民族结成更加紧密的文化共同体，产生情感认同与价值共振，铸牢中华民族共同体意识，从而产生强大的凝聚力，不断推动中华文化创新发展。

6. 积极建构人类命运共同体文化

党的十九大报告强调："世界命运握在各国人民手中，人类前途系于各国人民的抉择。中国人民愿同各国人民一道，推动人类命运共同体建设，共同创造人类和平发展的美好未来！"这充分体现了中国共产党为中国人民谋幸福，为人类进步事业而奋斗的坚定意志和高度自信。中华民族历来注重亲仁善邻、和睦相处，历来爱好和平，在对外关系中始终秉承吸纳百家之长、兼集八方精义的传统。尊重差异、包容多样是促进人类文明多样性和推动建设和谐世界的基本准则，构建人类命运共同体需要秉承开放包容的原则，进行多领域、全方位的内外合作，创造人类命运共同体文化，推动中国最终在构建国际政治经济新秩序的进程中发挥文化的引导作用。不同民族都有自己的文化优势，不同的文化优势成为其相互吸引、补充的动力，各个民族之间既需要相互学习借鉴，又需要互通有无、取长补短。同时，不同的民族又都希望在与其他民族交往中得到帮助与支持。中国包容文化的创新发展，可以促进文明对话、人文交流，推动实现民心相通、互信互惠，这种相互借鉴、和谐相处，使不同的国家之间平等对话、共同发展。中国应以文化交流为载体，积极搭建各类平台，传播天下大同、以和为贵等中国传统文化价值观，努力营造和睦共处的外部发展环境，为构建人类命运共同体作出积极贡献。

五、结语

1. 中国包容文化的形成与传承具有独特原因

中国包容文化是在多种因素影响下形成的。我们研究认为，中国多民族融合的历史文化传统是包容文化形成的历史基础。"河

图""洛书"中"天地人和"理念是我们的祖先早期在认识与感悟大自然现象的基础上形成的朴素包容文化的逻辑起点。儒学中君子和而不同与贵和不贵同的中庸思想，成为包容文化形成的标志。从秦朝开始的大一统王朝为包容文化的传承提供了政治保障。中华传统文化在与其他文化交流中对其不断吸收与借鉴，为包容文化的传承创新提供了新的动力。上述五大主要因素成为孕育中国包容文化的关键。因此，在一定程度上，中国包容文化的形成与发展是以多民族文化融合为基础的，是蕴含了天地人和理念与中庸思想的产物，其受到大一统国家体制与文化开放等多维影响。

2. 要充分认识中国包容文化的重大意义

中国特色社会主义进入新时代，实现中华民族伟大复兴的中国梦成为包括海内外华人在内的所有中华儿女共同的历史责任。在这样的历史条件下，要充分认识、深刻理解中国包容文化的学术价值，认识其维系中华传统文化传承与延续的重大意义，以更加开放的胸怀，海纳百川，求同存异，交流互鉴，推陈出新。要在认真学习并借鉴世界先进文化的基础上，推动国内各民族文化的融合与发展，积极推动包容文化的持续创新与发展繁荣，为民众提供越来越丰富多彩的先进文化，为建设社会主义现代化国家提供强大的精神动力。作为崛起中的大国，中国要以更加包容的文化姿态营建与其他国家同舟共济、共谋进步的发展环境，不断拓展国家与国家、民族与民族之间较为深层的人文交流，以中国包容文化引导全球深层合作，为全球治理提供中国智慧与中国文化滋养。

3. 以弘扬包容文化为支撑构建人类命运共同体

在人类文明发展过程中，包容文化在尊重文化多样化的基础上，善于接纳优秀的异质文化并在多元化发展道路上凝聚新的时代智慧。在越来越开放的世界中，任何一个民族都不可能单靠自己创造的物质文明和精神文明成果屹立于世界民族之林，必须善于借鉴和吸收其他文化的有益成分，博采众家之长而为己所用。中国包容文化具有敢于承认并接纳多元文化的特质，通过多元文化之间的交流与对话，有利于形成一种可以为不同民族、国家所共同认可和践行的具有普遍意义的价值观。根植于共享发展理念的中国包容文化，为全球包容性增长提供了中国实践和中国智慧，使得不同文化可以在相互接触与融合中寻找新的发展契机。伴随中国逐步迈入世界舞台中央，我们在努力承担越来越多国际义务与责任的同时，要以博大的政治抱负，通过建设"一带一路"等系列国际活动推动构建人类命运共同体，建设持久和平、普遍安全、共同繁荣、开放包容、清洁美丽的世界，让中国包容文化之光照亮全球化的未来！（中共中央党校马奔腾教授对本文进行了指导与修改，特此致谢！）

参考文献

[1] 邹广文. 论中国文化的厚德、开放与包容[J]. 人民论坛·学术前沿（上），2013（1）：6-12.

[2] 韩冬雪. 论中国文化的包容性[J]. 山东大学学报（哲学社会科学版），2013（2）：1-6.

[3] 张占仓，唐金培. 千年帝都洛阳人文地理环境变迁与洛阳学研究[J]. 中州学刊，2016（12）：118-125.

[4] 周东娜. 中国传统文化的包容性发展及其当代启示[J]. 理论学刊，2014（12）：114-120.

[5] 赵长茂. 包容性是中华传统文化的特质和优势[N]. 光明日报，2014-06-20.

[6] 王京生，葛剑雄. 文化包容就是一种文化自信[EB/OL].（2016-12-01）. http：//www.sohu.com/a/120339261_148974.

[7] 习近平. 决胜全面建成小康社会　夺取新时代中国特色社会主义伟大胜利——在中国共产党第十九次全国代表大会上的报告[M]. 北京：人民出版社，2017.

[8] 尹世尤，田旭明. 论中国特色文化软实力中的文化包容向度[J]. 济南大学学报，2013（1）：16-19.

[9] 习近平. 努力实现传统文化创造性转化　创新性发展——在纪念孔子诞辰2565周年国际学术研讨会暨国际儒学联合会第五届会员大会开幕式上的讲

话［BE/OL］.（2014-09-24）. http：//www. xinhua-net. com/politics/2014-09/24/c_1112612018_2. htm.

［10］刘梦溪. 中华文化是个大包容概念［N］. 人民日报，2015-06-16.

［11］李雪涛. 中国文化的当代性及其包容性——对中国文化海外传播的思考［J］. 对外传播，2012（4）：34-36.

［12］张占仓. 以包容姿态共建"一带一路"［N］. 河南日报，2017-05-17.

［13］吴昊. 一带一路建设展示文化的开放包容［N］. 中国社会科学报，2017-11-02.

［14］罗映光. 对佛教、基督教及伊斯兰教在中国传播及其本土化的思考［J］. 四川大学学报（哲学社会科学版），2005（6）：78-81.

［15］徐光春. 马克思主义中国化与中华传统文化时代化［J］. 理论工作，2017（10）：16-20.

［16］习近平. 在联合国教科文组织总部的演讲［BE/OL］.（2014-03-28）. http：//www. xinhuan et. com/politics/2014-03/28/c_119982831. htm.

［17］张广达. 论隋唐时期中原与西域文化交流的几个特点［J］. 北京大学学报（哲学社会科学版），1985（4）：1-13.

［18］武佳. 汉唐时期西域乐舞传入中原的方式及效应［J］. 兰台世界，2014（7）：58-59.

［19］徐光春. 文化的力量［J］. 中原文化研究，2015（4）：5-15.

［20］乔清举. 关于文明的本质的思考［J］. 中原文化研究，2017（5）：29-32.

深化农村土地制度改革　促进乡村振兴[*]

摘　要　作为实施乡村振兴战略的关键，深化农村土地制度改革须在盘活农村经营性建设用地资源，加快农村宅基地所有权、资格权、使用权三权分置改革，推动农村土地征收制度改革等方面有所突破。

关键词　农村土地制度；土地制度改革；乡村振兴战略

我国是发展中大国，"三农"问题始终是关系国计民生的根本性问题。土地制度改革与农业农村现代化密切相关，与农民收入水平提升速度直接相关。国际经验表明，没有农业农村的现代化，就没有国家的现代化。正是基于这样的战略考虑，党的十九大提出实施乡村振兴战略，旨在促进城乡协调发展，为新时代我国区域平衡发展充分发展提供了历史性机遇。然而，乡村振兴战略如何"落地开花"？与深化农村土地制度改革的学理关系是什么？值得进行深入探究。

一、土地问题始终是改革发展的核心问题

在经济学的经典理论逻辑中，有两个最基本的科学原理——"劳动是财富之父，土地是财富之母"。国内外大量理论与实践证明，以制度的力量激发劳动者的劳动积极性和创造性能够创造更多的财富，科学合理地配置土地资源也能够创造大量财富。

改革开放以来，我国的土地改革从安徽省凤阳县小岗村找到了突破口，当时小岗村把集体土地分给农民，鼓励农民在自己的土地上发展农业，促进了农业快速发展。全国仿照这种做法进行大胆探索与完善，最终形成了联产承包责任制这种适合我国农村发展的土地制度，解放了农业生产力，推动了农业持续发展，为进一步推进工业化和城镇化奠定了农业基础。

20世纪90年代初期，城市大规模建设改革也是从土地制度创新开始的。我国借鉴国外经验与做法，发挥土地制度特有优势，在建设资金缺乏的特殊背景下，通过国家控制的土地上市必须进行市场化的"招拍挂"等方法，挖掘土地的市场潜力，为各地发展与建设筹集了巨额资金，有力推动了全国工业化、城镇化进程。

伴随全国经济发展水平的提高，原有土地制度存在的缺陷日益显现。按照现行土地法规，农村土地城镇化，只有地方政府征地"华山一条路"可通，农用地转为城镇建设用地的差价主要由各级政府支配。据国务院发展研究中心农村经济研究部计算，这一差价约在30万亿元，其中仅二三成用于解决"三农"问题。这导致我国出现了明显的城乡之间发展不平衡不充分的问题，农村发展滞后的现象突出。

党的十九大报告提出："巩固和完善农村基本经营制度，深化农村土地制度改革，完善承包地'三权'分置制度。"2018年1月15日召开的全国国土资源工作会议释放两大信号——政府将不再是城镇居住用地唯一供

---

* 本文发表于《中国国情国力》2018年第5期第27-29页。

应者、探索农村宅基地所有权、使用权、资格权"三权分置"。在这样的条件下，推动建立多主体供应、多渠道保障、租购并举的新的住房制度势在必行。其本质是以深化土地制度改革为支撑，通过供给侧结构性改革，向农村供给更加符合国家整体利益并确实能够提升农民实际收入水平的土地制度，促进城乡融合发展、协调发展、共享发展，让实际拥有最宝贵资源的农村和农民，充分享受国家发展水平提高带来的土地增值红利，促进乡村全面振兴。

二、农村土地制度全面深化改革迫在眉睫

现行土地征收和供给制度在保障我国工业化、城镇化对建设用地的需求方面作出了历史性贡献，为改善城镇居民居住条件、提升城镇居民住房价值发挥了制度支撑作用。但是，在实践中也暴露出一系列突出问题，其中，城乡土地制度不平等是导致城乡不平衡不充分发展的最重要原因之一。这既与现行法律法规制定缺失、已有法规执行不到位有关，也与政府征地范围过宽、对农民征地补偿标准偏低、安置方式单一和社会保障不足等相关。当前，深化土地制度改革，须切实站在农民的长远利益角度创新农村土地制度，通过土地制度创新为农民创造与国家发展相适应的稳定的财富来源。目前存在的问题有二：

1. 农村土地制度改革明显滞后，"空心村"问题突出

从 1997 年城镇住房制度改革至今，城市房地产价格升值约 20 倍，而广大农村经营性建设用地、宅基地等被先后出台的若干文件约束越来越紧，农村大量闲置的土地资源无法盘活，直接影响了农民的财产性收入。即一方面，大城市土地出让价格一路上涨，建设用地供给不足的矛盾突出，因此抬高了城市房价，使进城农民"望房兴叹"，新毕业的青年学生"压力山大"；另一方面，广大农村经营性建设用地大量闲置，农村宅基地大量空置，浪费了宝贵的农村土地资源。

习近平总书记在党的十九大报告中指出："建立健全城乡融合发展体制机制和政策体系，加快推进农业农村现代化。"这一重要讲话指明了乡村振兴战略的制度支撑点是建立健全城乡融合发展的体制机制和政策体系，以区别于过去城乡发展出现的"二元结构"现象，加快促进城乡协调发展与可持续发展。

2. 农村集体土地所有权与城市国有土地所有权地位不平等、集体建设用地产权不明晰、权能不完整及实现方式单一等问题已经成为统筹城乡发展的制度性障碍

国土资源部（现自然资源部）确定，2018 年十大任务之一是深入推进农村土地制度改革，增强改革的系统性、整体性、协同性，严守改革底线，鼓励大胆探索，加强指导督察，及时总结经验，并明确到 2020 年，城乡统一的建设用地市场基本建立，兼顾国家、集体及个人的资源收益分配机制基本形成，土地增值收益投向"三农"力度明显加大，区域城乡资源要素配置更加公平。

2018 年中央一号文件提出，要完善农民闲置宅基地和闲置农房政策，探索宅基地所有权、资格权、使用权"三权分置"，落实宅基地集体所有权，保障宅基地农户资格权和农民房屋财产权，适度放活宅基地和农民房屋使用权。这是借鉴农村承包地"三权分置"办法，在总结有关试点县（市）探索经验的基础上，提出来的一个深化农村土地制度改革需要进行探索的新任务。

三、深化农村土地制度改革之策

实施乡村振兴战略，是"三农"工作一系列方针政策的继承和发展，是中国特色社会主义进入新时代做好"三农"工作的总抓手，是历史性破解城乡不平衡不充分发展难题的契机。我们必须立足国情农情，以改革创新为动力，推动农业全面升级、农村全面进步、农民全面发展，谱写新时代乡村振兴新篇章。

1. 盘活农村经营性建设用地资源

在现行制度下，目前大量土地资源仍然

在农村。农村基层组织虽然是土地的所有者，但是由于基层组织经营管理土地资源的政策支持不足，使基层组织无法把宝贵的土地资源转变成为发展的资本。因此，盘活农村土地资源，特别是农村经营性建设用地资源是当务之急。如河南省新郑市对农村建设用地进行市域内调剂使用过程中，当地农民参与积极性较高，实现了农民收入水平较大幅度提高，农民居住条件有所改善，成效比较显著。再如山东省自 2013 年启动大规模土地确权登记颁证工作五年来，确权面积占家庭承包地总面积的 98.1%，在全国率先基本完成土地确权登记颁证工作。确权颁证之后，老百姓凭借确权证，可以办理抵押贷款，打通了资本流向"三农"的重要通道。这些改革举措盘活了农村经营性建设用地资源，释放出大量的土地资源价值，也将为城镇提供更多的建设用地供给，助推城乡协调发展。如何在总结现有基层试点或者试验路径的基础上，加快农村经营性建设用地市场化改革迫在眉睫，而改革政策逐步明确以后，对未来提高农村经营性建设用地资源的实际价值具有重大意义，对打通城乡建设用地市场、真正实现城乡经营性建设用地同地同价意义

非凡。

2. 加快农村宅基地所有权、资格权、使用权"三权分置"改革

1998 年开始，在城镇土地建设用地资源价值快速攀升，并因为土地升值导致城镇居民住房快速升值的同时，国家先后多次出台法规严格限制农村宅基地交易。建议通过农村住宅用地国有化，做实住宅用地所有权，加快农村住宅市场化改革速度，彻底放活农村住宅的使用权，明晰农村住宅的产权，消除城乡住房制度方面的不对称，让国家发展带来的土地升值的历史性红利为农民提升财产收益奠定制度基础。

3. 推动农村土地征收制度改革有所突破

现行农村土地征收制度存在城乡利益分配天平倾向于城镇的现象，形成了制度性不公平。事实上，针对一些地方政府近几年在土地征收过程中与农民争利益的问题，已经出台或者试行了对农民补偿更多的举措，非常受农民欢迎。农村土地征收制度改革方向非常明确，善待农民就是在征收与拍卖过程中更多地让利农民，使国家发展的时代红利也部分地让农民共享。

以包容文化滋润开放发展[*]

摘 要

世界四大文明发祥地唯有中华文明延绵不断、有序传承，根本原因就在于中华传统文化具有包容性特质。包容文化在坚持自己传统特色的同时，以开放的胸襟，不断吸收与借鉴外来文化的滋养，兼容并蓄，海纳百川，形成了博大精深风格，特别讲究"君子和而不同"。无论是从中国经济由高速度增长阶段转向高质量发展阶段的历史需要分析，还是面对逆全球化的思潮沉渣泛起、全球贸易战影响政治经济格局演变来看，进一步倡导与弘扬包容文化对推动全球开放发展都具有特别重要的战略意义。中国主动提出四个方面的重大举措来推动高质量扩大开放，支持海南全岛建设自由贸易试验区，探索建设中国特色自由贸易港，进一步促进投资和贸易便利化，进入高质量开放发展的 3.0 时代，将为新的全球化注入新的动力。习近平提出的构建"人类命运共同体"的理念，也正在全球快速扩散并在各地落地生根。由此可见，包容文化是促进开放发展的思想基础，中国已经开启高质量开放发展新时代，要积极推动更高水平的全球化，而新的全球化需要包容文化的滋润。

关键词 包容文化；开放发展；中国开放发展 3.0 时代；人类命运共同体；全球化

习近平在博鳌亚洲论坛 2018 年年会开幕式上的主旨演讲中指出，1978 年，以党的十一届三中全会为标志，中国开启了改革开放的历史征程。40 年众志成城，40 年砥砺奋进，40 年春风化雨。今天，中国人民完全可以自豪地说，改革开放这场中国的第二次革命，不仅深刻改变了中国，也深刻影响了世界！面向未来，我们要兼容并蓄、和而不同，使文明交流互鉴成为增进各国人民友谊的桥梁、推动社会进步的动力、维护地区和世界和平的纽带。习近平重要讲话为我们指明了进一步弘扬包容文化，促进开放发展的历史方向。

一、弘扬包容文化意义重大

1. 深刻理解包容文化的内涵

包容文化是在人与自然、人与社会、人与人互动交流中形成的一种动态的文化融合与创新发展形态。包容文化以自己独有的文化品格，既坚持自己的传统特色，又不断吸收与借鉴外来文化的滋养，具有特别优异的传承性与稳定性，对人类文明传承发挥了巨大作用。

中国是世界包容文化的发祥地。中国传统文化历来主张有容乃大，大乃久。文化上的包容性使中国文化在内部形成丰富多彩、主流价值观明确的特质，在外部则向世界开放，不断接受外来先进文化的滋润和营养，从而使自身具有更强大的生命力和可持续性。世界四大文明发祥地唯有中华文明延绵不断、有序传承，根本原因就在于中华传统文化的包容性，这是中华文化的特质和一大优势。正是这个原因，使中华传统文化生生不息，兼容并蓄，既博大精深，又海纳百川，特别

---

* 本文发表于《中州学刊》2018 年 9 月第 9 期第 24-30 页。

讲究"君子和而不同",崇尚"大道之行,天下为公"的基本理念,自始至终贯穿着"和为贵"的思想轴线。正因为有这样的传统文化基础,在中国这个多民族国家,各民族之间历来都能够和睦相处,各展其长,并善于沟通交流、文明互鉴,实现合作共赢。历史上,鲜卑族建立的北魏王朝将首都主动由大同迁到洛阳,不仅与汉文化成功融合,而且发展出影响很大的中国佛教文化,更体现出源于中原的中国传统文化的包容性。

"草木有情皆长养,乾坤无地不包容。"这是中国传统文化中表述大自然的包容现象。海纳百川,兼容并蓄,求同存异,吐故纳新,主要指人文之间的包容。而人文层面的包容源自对大自然现象的深刻感悟,是我们的先辈在认识大自然过程中智慧积淀的重要成果。容天地者掌乾坤,则是人文包容与自然包容思想的有机统一。

贯穿中国传统文化的"儒""道"两家都强调温柔敦厚、天地人和的文化理念。中国自古就推崇"协和万邦""亲仁善邻,国之宝也""四海之内皆兄弟也""国虽大,好战必亡"等和平思想,中国传统文化因而一直积极倡导社会和谐的观念,"和为贵"在中国传统文化中占据主导地位,爱好和平的思想深深嵌入了中华民族的精神世界。"君子和而不同"的儒家理念在千年的传承中掷地有声地体现了中国传统文化的包容性,也体现出中国传统文化中对和谐社会的崇尚,是中国社会长期稳定发展的文化基础。习近平指出:"中华民族具有5000多年连绵不断的文明历史,创造了博大精深的中华文化,为人类文明进步作出了不可磨灭的贡献。经过几千年的沧桑岁月,把我国56个民族、13亿多人紧紧凝聚在一起的,是我们共同经历的非凡奋斗,是我们共同创造的美好家园,是我们共同培育的民族精神,而贯穿其中的、最重要的是我们共同坚守的理想信念。"

2. 包容文化是开放发展的基础

无论是源自意大利的文艺复兴运动、源自英国的第一次工业革命,还是19世纪中后期德国的创新发展以及"二战"以后美国的快速崛起,都与当时在全社会形成浓厚的包容文化密切相关。所以,人类社会发展的历史告诉我们,包容促进开放,开放带来进步,进步才能够造福于人民,实现国泰民安。而妄自尊大,或者零和博弈,甚至冷战思维,只能够导致自我封闭,封闭必然落后,落后将直接降低老百姓的生活水平,最终导致人民遭殃。

中华文明5000年延绵不断的历史,曾经长期坚持包容开放的传统文化,并不断发扬和创新丰富包容文化的内涵,因此创造了一系列开放发展的繁荣时代,形成长时间的太平盛世文明,为世界进步与发展作出了重大贡献。但是,鸦片战争之后,文化的包容性降低,逐步走向闭关锁国,是导致近代落后的重要根源。

20世纪初,马克思主义思想进入中国以后,在与中国传统文化融合过程中产生了影响中国发展历史的毛泽东思想、邓小平理论等,这也是中国传统文化具有包容性的最好例证。2014年,习近平曾明确指出:"中华民族是一个兼容并蓄、海纳百川的民族,在漫长的历史进程中,不断学习他人的好东西,把他人的好东西化成我们自己的东西,这才形成我们的民族特色。"包容文化本身对外来的先进文化不拒绝,持欢迎态度,并积极学习与借鉴,最终转化为自己发展的新营养。但是,"海纳百川终为海,中融八方仍为中"。外来的文化,只有在文明互鉴中融入中国传统文化,才能够在中国大地上成为促进发展与进步的强大力量。

3. 弘扬包容文化有利于开放发展

改革开放以来,我们以特有的文化包容性面对经济水平差异很大的全球,与各国开展多种方式的深层次交流与合作,才又一次历史性地促进了我国的全面开放与长期持续高速发展。40年来,按照可比价格计算,我国GDP年均增长约9.5%;以美元计算,我国对外贸易额年均增长14.5%。我国人民生活从短缺走向充裕、从贫困走向小康,连续多年对世界经济增长贡献率超过 30%，成为世界经济增长的主要稳定器和动力源。我们用近 14 亿人民 40 年的伟大实践再一次证明，弘扬包容文化，有利于建设和谐社会，而和谐才能够稳定，稳定有利于促进开放，开放才能够发展，发展是人民幸福的基础。

习近平强调，当今世界，开放融通的潮流滚滚向前。世界已经成为你中有我、我中有你的地球村，各国经济社会发展日益相互联系、相互影响，推进互联互通、加快融合发展成为促进共同繁荣发展的必然选择。他在上合组织青岛峰会重要讲话中指出："上海合作组织始终保持旺盛生命力、强劲合作动力，根本原因在于它创造性地提出并始终践行互信、互利、平等、协商、尊重多样文明、谋求共同发展的'上海精神'。"国际关系民主化已经成为不可阻挡的时代潮流，安全稳定是人心所向，合作共赢是大势所趋，不同文明交流互鉴是共同愿望……面对世界的大发展大变革大调整，上合组织必将高扬"上海精神"风帆，为地区乃至世界和平与发展作出更大贡献。

但是，由于全球文明格局的重大变化，冷战思维、零和博弈等逆全球化的思潮沉渣泛起，确实影响了人类文明的正常进程。所以，进一步弘扬包容文化，成为促进中国乃至全球开放发展的当务之急。

二、中国开放发展进入新时代

1. 中国开放发展取得巨大成就

2018 年是中国改革开放 40 周年。40 年来，中国人民用勤劳的双手书写了国家和民族发展的壮丽史诗。如今，中国已经成为世界第二大经济体、第一大工业国、第一大货物贸易国、第一大外汇储备国。习近平指出：40 年来，中国人民始终艰苦奋斗、顽强拼搏，极大解放和发展了中国社会生产力；40 年来，中国人民始终上下求索、锐意进取，成功开辟出一条中国特色社会主义道路；40 年来，中国人民始终与时俱进、一往无前，充分显示了思想引领、制度保障和 13 亿多人民推动

历史前进的强大力量；40 年来，中国人民始终敞开胸襟、拥抱世界，用包容与开放创造了中国历史上空前的发展业绩。

"超级激动。"在 2018 年博鳌论坛现场聆听了习近平演讲之后，美国房地产企业莱纳国际总裁马林对记者这样形容自己的心情。他表示，中国改革开放成果显著，创造了巨大奇迹。"我相信，任何人回头看中国过去 40 年间取得的成就都会感到惊讶，我希望中国继续推进全方位对外开放。"

"40 年之后回头看，改变和转变是非凡的，实实在在的，影响了中国的每一个角落"，"中国实施改革开放是 20 世纪 70 年代世界上最重大、最有影响力和最受关注的事件之一"，乌兹别克斯坦塔什干国立大学东方学院学者安里·沙拉波夫如是说。"中国改革开放以来，生产力快速提高，国家综合实力以史无前例的速度增强，中国民众获得了实实在在的好处，中国的国际地位显著提升"，他同时表示，中国坚定支持经济全球化，主张自由贸易，积极参与和完善全球治理，致力于建设开放型世界经济，与其他国家一起积极推动构建人类命运共同体。

2. 中国开放进入高质量发展新时代

面对当今世界出现的逆全球化潮流，习近平强调，中国开放的大门不会关闭，只会越开越大。在扩大开放方面，习近平宣布中国将采取大幅度放宽市场准入、创造更有吸引力的投资环境、加强知识产权保护、主动扩大进口四个方面的重大举措，并强调将尽快使之落地，宜早不宜迟，宜快不宜慢，努力让开放成果及早惠及中国企业和人民，及早惠及世界各国企业和人民。在中国改革开放 40 年的时间节点上，习近平向全世界庄严宣告中国将扩大开放，既高瞻远瞩、高屋建瓴，又脚踏实地、掷地有声，体现了习近平作为负责任的大国领袖坚定不移推动全球化、增进各国人民福祉的决心与诚意，得到国内外高度评价。

习近平阐述的中国对外开放即将采取四个方面的重大举措，是中国推动进一步开放

发展的动员令和战略部署，是应对目前经济全球化受到恐怖主义、民粹主义、保护主义威胁的中国态度，为全球化持续推进注入了强大动力。

为贯彻落实习近平在博鳌论坛上重要讲话精神，经党中央、国务院同意，国家发展改革委、商务部于2018年6月28日以第18号令，发布了《外商投资准入特别管理措施（负面清单）》（以下简称《2018年版负面清单》），自2018年7月28日起施行。发布实施《2018年版负面清单》，是贯彻落实党中央、国务院对外开放战略部署，大幅度放宽市场准入、深入推进高水平开放、进一步完善准入前国民待遇加负面清单管理制度的重大举措。新一轮开放将为扩大吸引外资、促进市场竞争、增强创新力量注入新动力，促进高质量发展、深层次改革，推动形成全面开放新格局，有力支持经济全球化深入发展。《2018年版负面清单》具有三大特点：一是全方位推进开放。一、二、三产业全面放宽市场准入，涉及金融、交通运输、商贸流通、专业服务、制造、基础设施、能源、资源、农业等各领域，共22项开放措施。二是大幅精简负面清单。《2018年版负面清单》保留48条特别管理措施，比2017年版63条减少了15条。清单条目少了，相应地将进一步缩小外商投资审批范围。三是对部分领域开放作出整体安排。《2018年版负面清单》列出了汽车、金融领域对外开放路线图时间表，逐步加大开放力度，给予相关行业一定过渡期，增强开放的可预期性。

同时，国务院新闻办公室于2018年6月28日发表《中国与世界贸易组织》白皮书，这是中国首次就这一问题发表白皮书。中方表明自身在完善社会主义市场经济体制和法律体系、履行货物贸易领域开放承诺、履行服务贸易领域开放承诺、履行知识产权保护承诺、履行透明度义务等方面为履行承诺付出了巨大努力。中国加入世贸组织确实给世界各国带来了巨大的发展效益，货物进口总额从2001年的2400多亿美元增长到2017年的1.9万亿美元，年均增长13.5%，为全球年均进口增幅的2倍。同期中国服务贸易进口从393亿美元增至4676亿美元，年均增长16.7%，为全球服务业发展提供了重要动力。根据国际货币基金组织和联合国统计，2017年中国经济对世界经济增长的贡献率已超过30%。

以习近平在2018年博鳌论坛发表重要讲话提出进一步扩大开放重大举措，并于6月28日国家有关部门发布《2018年版负面清单》为实质性跃升点，中国开放发展进入了一个新时代。从学理上分析，如果说从1978年党的十一届三中全会开始的改革开放是中国开放发展的1.0版本的话，那么到2001年中国加入WTO，成为WTO成员，与全世界WTO成员之间进行全面的互惠互利开放，促进中国经济在更大领域的开放发展，则成为中国开放发展的2.0版本。面对当今世界政治经济格局的巨大变化，尤其是逆全球化潮流泛起的新形势，针对中国经济由高速增长阶段转入高质量发展阶段的内在历史性需要，也为了更加全面地推动供给侧结构性改革，中国大胆提出更加开放的重大战略举措，标志着中国开放迈入高质量发展的3.0时代。

中国开放发展进入高质量发展新时代，必须要有新作为。我们虽然面临更多发展中的挑战，但必须在提升国民经济发展质量方面再攀新的高峰，必须以中国博大精深的包容文化对全球和平与发展为主旋律的现代文明与进步作出新贡献。面对规模空前的中美贸易战，我们需要的是冷静与智慧，并科学、理智、有力地进行应对。历史会给出客观的答案，谁为人类文明进步贡献更多，谁就会得到全世界更多人民的拥护与支持，谁就在未来的国际舞台上赢得更多的发展机会。

3. 中国开放发展将为全球作出更大贡献

缩小发展差距，促进共同繁荣；摒弃冷战思维、集团对抗；构建开放型世界经济；以文明交流超越文明隔阂；不断改革完善全球治理体系。习近平在上合组织青岛峰会重要讲话中已经为我们指出了努力的方向。

习近平表示，共建"一带一路"倡议源于中国，但机会和成果属于世界，中国不打地缘博弈小算盘，不搞封闭排他小圈子，不做凌驾于人的强买强卖；同时强调要把"一带一路"打造成为顺应经济全球化潮流的最广泛国际合作平台；向着构建人类命运共同体的目标不断迈进，共创亚洲和世界的美好未来。这是我们国家基于合作共赢理念推动新一轮全球化的载体，而且自提出倡议5年以来，已经有80多个国家和国际组织同中国签署了合作协议，确实说明全球化的历史趋势滚滚向前，势不可当。

习近平强调，从顺应历史潮流、增进人类福祉出发，我提出推动构建人类命运共同体的倡议，并同有关各方多次深入交换意见。我高兴地看到，这一倡议得到越来越多国家和人民欢迎和认同，并被写进了联合国重要文件。我希望，各国人民同心协力、携手前行，努力构建人类命运共同体，共创和平、安宁、繁荣、开放、美丽的亚洲和世界。

习近平在博鳌亚洲论坛2018年年会上的主旨演讲，以开放包容的博大情怀，从中国改革开放40年创造世界发展奇迹的实际出发，站位负责任大国政治领袖的战略高度，既表明了中国坚定不移进一步扩大开放的决心与信念，展示出中国开放发展的新高度、新境界、新愿景，也阐明了依托"一带一路"建设推动新一轮全球化的具体路径，并勾画出构建人类命运共同体的美好前景，为未来全球化可持续发展指明了战略方向。

三、以包容文化滋润全球开放发展

1. 包容文化是世界文明高地

全球化发展的一系列事实充分说明，包容文化是世界文明高地。谁倡导并弘扬包容文化，谁就可能站在文明高地，引领世界发展。反之，谁就会与全球化背道而驰。当今世界，不平衡不充分发展问题依然突出，各国之间、各民族之间、各利益群体之间均需要更多包容、更多相互理解与支持，而不是战争与制裁！人类文明进步到今天，物质并

不匮乏的部分发达国家仍然使用战争的大棒指挥世界，经常让普通百姓因战争造成大量伤亡，确实缺乏最基本的文明，更不用说现代文明。

我们都知道，小到一个家庭，多一些包容，多一点相互理解，善于察人之难，补人之短，扬人之长，谅人之过，而不嫉人之才，鄙人之能，讽人之缺，责人之误，就容易和谐相处，就会带来更多幸福与快乐；大到一个国家或民族，提倡包容，形成浓厚的包容文化氛围，就能够促进百花齐放，百家争鸣，和睦相处，竞相发展，以文化的多元与互鉴，加强人们内心深处的沟通与交流，才能够形成更多的克难攻坚的团队合力，迸发出更多创造力与创新力，共同促进全球经济社会可持续发展与繁荣。

美国总统特朗普一直强调"美国优先"，不顾其他国家与民众的实际利益，在全球到处打贸易战，似乎又回到希特勒时代的思维模式，与希特勒所提倡的大德国主义如出一辙，是影响全球稳定与安全的重大隐患。针对美国总统特朗普挑起的全球贸易战，《华盛顿邮报》认为，美国的做法是迄今为止特朗普"美国优先"策略中最冒险的一步。英国《金融时报》称，美加征关税行为将伤害本国企业。作为有着117年历史的"百年老店"，美国哈雷—戴维森准备将部分产能转移至海外的事件清晰地表明，在当今世界你中有我、我中有你的产业链与价值链格局中，特朗普政府奉行的"美国优先"保护主义政策不仅无法为美国制造业提供"保护"，反而正在直接伤害美国制造业，逼迫美国制造业企业出走。《华盛顿邮报》专栏作家罗伯特·J. 萨缪尔森（Robert J. Samuelson）指出，特朗普毁灭性的新孤立主义言论或许很流行，但绝对不实用。全球化已经枝繁叶茂、根深蒂固，特朗普无法摧毁，但是他所推行的保护主义政策将毁坏并削弱全球化。国际货币基金组织（IMF）总裁拉加德也表示，美国采取的单边贸易行动具有破坏性，不利于全球经济和贸易体系运行。曾经以包容文化著称的美国，

现在怎么了？这句话成为新的时代之问。

2. 中国进一步开放发展必须站位更高

历史总在关键时刻绽放出具有划时代意义的光芒。在当今全球逆全球化暗流涌动、未来形势阴晴不定的特殊背景下，习近平明确指出："我认为，回答这些时代之问，我们要不畏浮云遮望眼，善于拨云见日，把握历史规律，认清世界大势。""开放还是封闭，前进还是后退，人类面临着新的重大抉择。""共创和平、安宁、繁荣、开放、美丽的亚洲和世界。"中国坚持开放发展的态度非常明确。"我高度赞赏习近平主席发表的主旨演讲，特别是中国将坚定推进改革开放的积极信息，为当今世界增加了确定性和希望。世界需要像中国这样的领导力量"，IMF 总裁拉加德说。习近平基于中国传统文化包容性特质，以海纳百川、有容乃大的政治智慧，持续明确提出推动构建人类命运共同体的倡议，站位全球道义高地，为人类现代文明进步与开放发展指明了方向，确实是全球治理理论的重大突破，为全球化进入新时代带来了新的希望。

中国是文化包容发展最集中的地区，是全球主要的包容文化之源。中国多民族国家+周易"天地人和"思想+儒学"中庸思想"+大一统体制是包容文化形成的特殊因素。中，既是中国包容文化的文字标志，也蕴含浓厚的"中庸"思想。我们要深刻认识中国文化包容性的根本性特征，并不断发扬光大，进一步打造包容文化的品牌。包容文化，海纳百川，尊重人性，容得下差异，倡导机会平等，推崇共享发展成果，最能够形成最大公约数。和而不同，文化因百家争鸣而生命力更加顽强。兼容并蓄，各种文化相互影响与借鉴，更容易碰撞出新的思想火花，特别有利于促进创新发展，并通过开放放大创新的效应。多民族的全球拥有多样化文化，需要相互包容才能够融合，相互融合才能够促进共同发展，只有可持续发展才能够真正造福于人民。

正是基于我们深厚的包容文化基础，在美国挑起全球贸易战的宏观背景下，中国却提出四个方面的新的重大开放举措，还支持海南全岛建设自由贸易试验区，实行高水平的贸易和投资自由化、便利化政策，探索建设中国特色自由贸易港，在开放发展方面迈出空前的大步伐。这是我们站位中华民族伟大复兴的长远需要，站位"大道之行，天下为公"的包容情怀，站位坚定支持多边主义、积极参与推动全球治理体系变革的顺应历史潮流之作。

3. 以包容文化之光引领开放发展

尽管国际风云变幻莫测，但当今中国已经和平发展了半个多世纪。按照历史演变规律分析，在中国这个曾经经历战争比较频繁的国家，一般和平发展 60 年，就进入了太平盛世发展阶段。拥有近 14 亿人口的中国，经过新中国成立以来 69 年特别是改革开放以来持续 40 年的开放发展，进入了全民族期盼中华民族伟大复兴的特殊时期，绝大部分中国人民不愁吃、不愁穿、期盼过上更加美好的生活是中国目前发展的整体状态，也是广大老百姓普遍的内心需求。那么，在太平盛世干什么？我们都知道，盛世修志，因为盛世有大量可歌可泣的事迹需要记入志书；盛世兴文，文化上会有更多的重要创新与创造，造就出一系列新的反映时代特色的文化盛事、文学作品和文学名著；盛世出经典，处在盛世的一代人将有机会利用盛世资源充沛、文化繁荣、个性彰显、公众创造的特殊机遇，创造新的影响未来的若干重大事件，为国家发展贡献智慧，为人类文明再创奇迹。习近平 2013 年明确讲道："一个国家、一个民族的强盛，总是以文化兴盛为支撑的，中华民族伟大复兴需要以中华文化发展繁荣为条件。"因此，我们以盛世思维看待当今世界，战略思维将会更加开阔，内心深处也会更加平静，干大事、干高水平、高质量的具有历史意义的事情的决心与信心将会更加坚定不移。

基于盛世思维，我们要以善于长期战略思维取向的文化习惯面向未来，未雨绸缪，防微杜渐，继续韬光养晦。对待全球变化的风云，我们要更加明确地以动态、长远的观点观察世界、认识世界、分析世界、把握世界。牢记顺势者昌、逆势者亡，历史规律不会改变。我们要更着眼于长远的稳定与发展，处变不惊，根据新的世事世情长远谋划，按照人类命运共同体理念，逐步搭建一个新的互信互助互利共赢的国际合作平台，积极创造新的国际关系文明，促进全球和平与发展，让更多老百姓过上好日子。按照这种思维逻辑，中国要发挥传统文化优势，在国际舞台上以更加开阔的胸襟持续弘扬包容文化，引领包容文化创新发展，进一步树立博大开放的文化情怀，力求在和平崛起的道路上行稳致远。

无论世事如何变幻，世界需要现代文明，需要包容性发展。包容才能和谐，和谐才能稳定，稳定才能加快发展，包容性发展是未来全球化的主旋律。我们要充分利用包容文化巨大的吐故纳新能力，推动全球更高水平的开放发展，创造新的更多的现代科学文明与商业文明，让中国包容文化之光照亮全球开放发展的未来！

四、结论

1. 包容文化是促进开放发展的思想基础

包容文化讲究和而不同，倡导海纳百川，善于吐故纳新，是促进全球开放发展的文化支撑。在全球化历史上，凡包容文化盛行的时代，都是开放发展取得重要成果的时代；凡倡导包容文化的国家，都会在互利合作中获得更多发展机会。相反，逆全球化潮流盛行，不利于开放发展，甚至阻碍开放发展，最终必将影响自己的发展。历史规律非常清楚，进一步弘扬包容文化，将为全球化持续推进助力，为更多普通民众创造实实在在的福利。习近平基于包容文化的开放发展思想内涵深刻，从坚持主动开放、共赢开放、双向开放到高质量开放，为我们进一步开放发展指明了战略方向。

2. 中国进入开放发展的 3.0 时代

从 1978 年改革开放以来，中国经历了从改革开放之初物质严重短缺时代到 1998 年进入初步自给有余时代的跃升，之后又经过 20 年的持续开放与发展，进入目前各种产能结构性过剩阶段，未来确实需要迈向高质量发展阶段，完成从多到好的跨越。高质量发展，需要更高水平的开放。只有更加开放，我们才能够获得更多的发展动能。以 2018 年 4 月习近平在博鳌亚洲论坛发表重要讲话提出新的重大开放举措并迅速落实为标志，中国开放发展进入与以往不同的 3.0 时代。这是中国高质量开放的时代，是中国与全球化协同发展的时代，是中国坚定不移跨越"中低收入陷阱"的时代，是中国反对任何形式贸易保护主义的时代。

3. 新的全球化需要包容文化滋润

纵观全球，人类正处在大发展大变革大调整时期，和平、发展、合作、共赢的时代潮流更加强劲；同时，人类也正处于一个新的挑战层出不穷、各种风险日益增多的时代。各国之间人类生活的关联性前所未有，人类面临的全球性问题数量之多、规模之大、程度之深前所未有，进一步开放发展的历史诉求前所未有，让越来越多的普通百姓过上好日子的现代文明需求更是前所未有。面对这种大变革的特殊时代，全球各种社会思潮交锋激荡，国际社会迫切需要新的全球治理理念，破解"人类何去何从"的时代之问。2013 年 3 月，习近平在莫斯科国际关系学院发表演讲，第一次提出"人类命运共同体"理念。2017 年初，习近平在达沃斯和日内瓦发表两场重要演讲，围绕"世界怎么了、我们怎么办"，进一步深入阐述了构建人类命运共同体思想。一年之后，联合国日内瓦办事处总干事穆勒说，人类命运共同体理念"正在世界上落地生根"。2018 年 3 月，全国人大通过的宪法修正案写入了推动构建"人类命运共同体"的内容，标志着其成为我们国家的意志。2018 年 6 月，在上合组织青岛峰会上经各方协商一致，"确立人类命运共同体的共同理念"被写入《青岛宣言》，成为上合组织 8 国最重要的政治共识和努力目标。构建人类命运共同体已经成为引领新的全球化的核心理念。先进理念能凝聚引领人类变革的强大力量，在于其科学把握了世界进步的大趋势，顺应了时代发展的历史潮流。人类命运共同体切中问题根源，被视为"人类在这个星球上的唯一未来"。世界各国文化多样性长期存在，只有通过包容文化的滋润，相互之间多一些包容，多一些理解，多一些宽厚，多一些合作，多一些真情的拥抱，少一些尔虞我诈，少一些贸易霸凌主义，才能够共同迈向和衷共济的人类命运共同体，全球化的未来才能够充满阳光与希望，更多普通民众的日子才会越过越好。

参考文献

［1］习近平．开放共创繁荣　创新引领未来——在博鳌亚洲论坛2018年年会开幕式上的主旨演讲［EB/OL］．http：//www.xinhuanet.com/politics/2018－04/10/c_1122659873.htm，2018-04-10.

［2］习近平．在庆祝海南建省办经济特区30周年大会上的讲话［EB/OL］．http：//www.xinhuanet.com/politics/leaders/2018－04/13/c_1122680495.htm，2018-04-13.

［3］张占仓，牟虹，蔺斯鹰，刘晓龙．中国包容文化的历史贡献与创新发展［J］．中原文化研究，2018（2）．

［4］杨丹辉．面向新时代加快推进形成全面开放新格局［J］．区域经济评论，2018（3）．

［5］钟山．开创新时代对外开放新局面——深入学习贯彻习近平总书记在博鳌亚洲论坛二〇一八年年会开幕式和庆祝海南建省办经济特区三十周年大会上重要讲话精神［N］．人民日报，2018-04-23.

［6］钟声．让人类文明更为丰富多彩充满活力——学习习近平主席上合组织青岛峰会重要讲话［N］．人民日报，2018-06-18.

［7］张占仓．以包容的姿态共建"一带一路"［N］．河南日报，2017-05-17.

［8］范玉刚．以开放包容的文化思维讲好"人类命运共同体"故事［N］．中国文化报，2018-02-05.

［9］吴昊．一带一路建设展示文化的开放包容［N］．中国社会科学报，2017-11-02.

［10］赵长茂．包容性是中华传统文化的特质和优势［N］．光明日报，2014-06-20.

［11］周东娜．中国传统文化的包容性发展及其当代启示［J］．理论学刊，2014（12）．

［12］韩冬雪．论中国文化的包容性［J］．山东大学学报（哲学社会科学版），2013（2）．

［13］徐光春．文化的力量［J］．中原文化研究，2015（4）．

［14］闫德亮．文化自信：实现中国梦的原动力［N］．河南日报，2016-07-13.

［15］杨丹辉．把握新时代打造全面开放新格局的重点［N］．经济日报，2018-06-28.

［16］戴翔，张二震，王原雪．习近平开放发展思想研究［J］．中共中央党校学报，2018（2）．

2017 年度河南省经济学研究综述[*]

2017 年，河南以迎接党的十九大和学习领会贯彻党的十九大精神为统领，认真落实中央和省委、省政府各项决策部署，坚持稳中求进工作总基调，以建设经济强省、提高发展质量和效益为中心，着力发挥优势打好"四张牌"，积极推进"三区一群"四大发展战略，狠抓各项政策落实，全省经济保持总体平稳、稳中向好发展态势。现围绕学习宣传贯彻党的十九大精神、决胜全面小康、打好"四张牌"、重要专题等四个方面将河南省经济学领域专家学者的研究择其要者，分述如下：

一、认真学习宣传贯彻党的十九大精神

1. 中国特色社会主义进入新时代

2017 年 11 月 2 日，由河南省社会科学院和河南省人民政府发展研究中心联合举办的第七届中原智库论坛在郑州召开，来自河南省委党校、华北水利水电大学、河南工业大学、河南师范大学、郑州轻工业学院等单位与省社科院、省政府发展研究中心、省社科院及各分院的 120 余位专家学者汇聚一堂，围绕会议主题展开热烈研讨。本次会议主题为"十九大精神的理论阐释与河南践行"，旨在全面贯彻党的十九大精神，深刻学习党的十九大报告提出的新论断、新特点、新目标、新要求，深入领会党的十九大报告蕴含的理论上的新境界和实践上的新部署，在学习研讨中厘清思路、深化认识、凝心聚力、攻坚克难，以党的十九大精神统一思想和行动，共同为开启河南发展新征程、让中原更加出

彩献智献策。与会专家纷纷表示，中国特色社会主义进入了新时代，新时代要有新气象，更要有新作为。大家要切实学懂弄通做实党的十九大精神，努力掌握党的十九大精神的政治意义、历史意义、理论意义、实践意义，增强中国特色社会主义道路自信、理论自信、制度自信、文化自信，充分发挥新型智库作用，把智慧和力量凝聚到落实党的十九大提出的各项任务上来，以党的十九大精神为指引，为全省经济社会发展稳中有进提供理论支持和智力服务，为决胜全面小康、让中原更加出彩作出积极贡献。

习近平总书记在党的十九大报告中，明确提出了中国特色社会主义进入新时代这一重大理论判断，系统阐述了新时代中国特色社会主义思想的时代背景、精神实质、科学内涵、实践要求等，创造性地回答了新时代坚持和发展什么样的中国特色社会主义、怎样坚持和发展中国特色社会主义这个重大时代课题。这是对我国发展新的历史方位的科学论断，是马克思主义基本原理同中国具体实际相结合的最新成果，是我们党进入新时代、开启新征程的行动纲领，是全党全国各族人民为实现中华民族伟大复兴而奋斗的行动指南[1]。

韩斌指出，认识新时代、把握新特点，正确看待新任务、落实新要求，对决胜全面建成小康社会、夺取新时代中国特色社会主义的伟大胜利、实现中华民族伟大复兴中国梦具有十分重要的意义。他指出中国特色社会主义的新时代，是承前启后、继往开来、

* 本文原载《2018—2019 年河南社会科学年鉴》，该年鉴由河南人民出版社 2019 年 12 月出版，作者为张占仓、完世伟、李丽菲，作者单位为河南省社会科学院。

在新的历史条件下继续夺取中国特色社会主义伟大胜利的时代，是决胜全面建成小康社会、进而全面建设社会主义现代化强国的时代，是全国各族人民团结奋斗、不断创造美好生活、逐步实现全体人民共同富裕的时代，是全体中华儿女勠力同心、奋力实现中华民族伟大复兴中国梦的时代，是我国日益走近世界舞台中央、不断为人类作出更大贡献的时代。党的十九大对新时代的上述定位，就是我们在新时代奋斗的新目标。分两步走全面建设社会主义现代化强国，绝不是轻轻松松的事情，必须付出更为艰苦的努力。要深入学习习近平新时代中国特色社会主义思想"八个明确"的精神实质和丰富内涵，认真领会新时代坚持和发展中国特色社会主义的"十四条基本方略"，全面准确贯彻落实党的基本理论、基本路线、基本方略，以新理论引领新实践，更好坚持和发展新时代中国特色社会主义[2]。

2. 高质量发展

党的十九大报告明确指出，我国经济已由高速增长阶段转向高质量发展阶段，正处在转变发展方式、优化经济结构、转换增长动力的攻关期。我国经济发展的战略目标就是要在质量变革、效率变革、动力变革的基础上，建设现代化经济体系，提高全要素生产率，不断增强经济创新力和竞争力。这一重大判断是根据国际国内环境变化，尤其是我国发展阶段变化做出的，是我党以人民为中心发展思想的充分体现，是我国经济发展的路径选择。只有实现高速增长向高质量发展的转变，才能突破产能过剩、资源环境约束、劳动力成本上升等瓶颈制约，实现更高质量、更有效率、更加公平、更可持续的发展，为实现富强民主文明和谐美丽的社会主义现代化强国奠定坚实基础[3]。

3. 建设现代化经济体系

党的十九大报告提出的"建设现代化经济体系"是从我国当前所处的历史方位、主要矛盾、发展要求和发展目标出发的，对新时代经济发展作出的总体部署和战略安排。

所谓现代化经济体系，就是以新发展理念为指导，以创新发展为动力，加快建设先进协同的产业体系，构建完善的市场经济体制，形成城乡区域协调发展新格局，不断增强我国经济创新力和竞争力，实现更高质量、更有效率、更加公平、更可持续的发展[4]。

建设现代化经济体系内涵十分丰富，刘伟认为其核心要义可以概括为"11343"：即坚持一个方针，就是质量第一、效率优先；坚持一条主线，就是深化供给侧结构性改革；推动三大变革：质量变革、效率变革、动力变革；建设四位协同的产业体系：就是实体经济、科技创新、现代金融、人力资源四者协同；建设"三个有"的经济体制：就是市场机制要有效、微观主体要有活力、宏观调控要有度。省委十届四次全会对河南省建设现代化经济体系进行了系统部署，产业结构优化升级是主攻方向，创新驱动发展是第一动力，新型城镇化是空间布局，基础能力建设是重要支撑，乡村振兴战略是重要基础，社会主义市场经济体制是制度保障，内陆开放高地是强大引擎。这七个方面是互相联系、互相支撑的有机整体，把准了新时代河南发展的脉搏，切中河南发展的突出矛盾和重大关键问题，为河南提升经济整体素质和竞争力指明了前进方向[5]。

在新的历史方位下，河南省政府发展研究中心提出河南建设现代化经济体系，要坚决扭住发展不放松，坚持全面贯彻新发展理念，紧紧围绕、持续落实习近平总书记对河南省提出的打好"四张牌"的要求，以打赢打好"四大攻坚战"为突破口，以统筹推进"三区一群"建设为关键举措，着力破解产业层次低、市场化程度低、城镇化水平低等突出短板，加快转变经济发展方式，提高经济整体素质及竞争力，加快建设现代化经济体系，为决胜全面建成小康社会、开启新时代河南全面建设社会主义现代化新征程打下坚实基础[4]。

二、决胜全面小康

党的十九大报告吹响了决胜全面小康、

建设社会主义现代化强国的号角，决胜全面小康，胜利实现第一个百年奋斗目标，标志着我们向着实现中国梦迈出了至关重要的一步，将成为中华民族伟大复兴征程上的一座重要里程碑。改革开放以来，河南经济社会取得了快速发展，已经成为全国重要的经济大省、新兴工业大省和有影响的文化大省。河南要自觉担负起支撑国家发展和推动自身加快发展的双重责任，促进经济社会持续健康较快发展，按期实现决胜全面小康目标[6]。

1. 建设经济强省

在中国共产党河南省第十次代表大会上，河南明确提出要建设经济总量大、产业结构优、质量效益好的经济强省的奋斗目标。这一目标的提出，体现了全省人民的共同愿望，是立足河南实际、顺应时代要求的重大举措，也是河南决胜全面小康，让中原更出彩的必然选择。张占仓认为建设经济强省，河南具有重大机遇和良好基础，应着力在打造经济强省建设的"三区一群"战略架构，提高经济发展的平衡性、包容性和可持续性，努力提高经济发展实力，加强基础能力建设，全面深化体制改革，扩大双向开放六个方面求突破、谋发展，努力实现由经济大省到经济强省的历史性飞跃[7]。

2017年4月14日，以"建设经济强省"为主题的第六届中原智库论坛在洛阳理工学院举行。论坛立足河南发展实际，探讨经济强省建设的基本思路、主要任务、实施路径、战略举措，为供给侧结构性改革背景下提高河南经济发展的平衡性、包容性和可持续性提供智力支持和决策参考。来自北京、上海、湖北等省内外的650余位专家学者参加了本次论坛。在主旨发言阶段，来自中国社科院的学部委员金碚等，分别就创新建设经济强省（市）的模式，雄安新区建设与经济发展，政府间转移支付制度改革、中国城市群崛起与中原城市群发展等问题发表了最新的学术观点。在大会报告阶段，张占仓、谷建全、王喜成、屈凌波分别就河南省建设经济强省的"三区一群"战略架构与推进对策、打造中西

部地区科技创新高地、发展网络经济、加强高等教育等问题作了高水平的报告。由河南省社会科学院主编、社科文献出版社出版、集聚全省理论界力量研创的以建设经济强省为主题的《河南经济发展报告（2017）》同步对外发布。其中，对建设经济强省的思路与对策、建设先进制造业强省的思路与建议、建设现代服务业强省、建设农业强省、建设网络经济强省、打造中西部科技创新高地等涉及建设经济强省的基本问题，进行了比较系统的研究，全面回答了建设经济强省的相关社会关切[8]。

2. 全面深化改革开放

改革开放是决定河南前途命运的"关键一招"。近年来，河南认真贯彻落实习近平总书记系列重要讲话精神和治国理政新理念新思想新战略，坚持"一跟进两聚焦"的总体思路，强化责任担当，狠抓改革落实，推动各项改革举措在河南落地生根，重点领域和关键环节改革取得重大突破，激发了全省经济社会发展的动力活力。谷建全提出只有坚定不移地全面深化改革，才能解放和发展社会生产力；只有坚定不移地全面深化改革，才能实现中华民族伟大复兴的中国梦；只有坚定不移地全面深化改革，才能实现河南建设经济强省的战略目标[9]。

张占仓认为，当下全球地缘政治格局正在发生重大变化，中国倡导的"一带一路"建设给全球带来了切实的福利。中国的发展要与世界紧密地联系在一起，河南的发展也要深挖改革潜力，通过改革开放进一步融入"一带一路"建设。只有真正同国际发展接轨，河南的发展才会迎来更大的机遇。他提出，在扩大开放、打造内陆开放新高地上，河南接下来要抓好三方面的工作：首先，理论上加强研究，为全面融入"一带一路"提供支撑；其次在国际航空枢纽建设上继续发力，以建设"空中丝绸之路"为突破口，全面融入"一带一路"建设；最后，充分利用中国（河南）自由贸易试验区这个创新平台，引进高端项目，在全球投资便利化、贸易便

利化和金融创新等方面积极探索，通过河南自贸试验区建设，为河南开放型经济建设注入新的活力[10]。

作为传统内陆腹地，河南省在"十二五"时期通过建设郑州航空港国际枢纽，在供给侧提供新的生产要素，促进进出口总额年均增长32.9%，创造出"对外开放靠蓝天"的新模式。结合全面融入"一带一路"建设的需要，河南省明确提出建设内陆开放高地的战略目标，成为进一步发展的一种战略导向。张占仓认为，要实现这种战略目标，就要毫不动摇地推动中原腹地成为开放发展前沿，毫不动摇地构建双向开放新体系，毫不动摇地提升开放型经济发展水平。促进开放型经济发展，重点抓好五大战略举措：深度融入国家"一带一路"倡议，进一步提升郑州航空港开放发展优势，支持郑州建设国家中心城市，加快推进开放式创新，积极探索自贸区建设之路。通过全面开放，河南正在从内陆腹地迈向开放发展的前沿，成为内陆地区发展的热点[11]。

3. 脱贫攻坚

确保到2020年全省农村贫困人口如期脱贫、贫困县全部摘帽、解决区域性整体贫困，实现农村贫困人口"两不愁、三保障"，是全面建成小康社会的底线任务。李政新等提出必须坚持精准扶贫、精准脱贫基本方略，增强脱贫攻坚的内生动力，把脱贫攻坚与促进区域经济发展结合起来，准确把握贫困人口致贫原因，增强政策措施的针对性和有效性，推进分类分步稳定脱贫，提高扶贫脱贫的精准度、认同度和满意度。要在五个方面狠下功夫，即在精准上狠下功夫、在透明上狠下功夫、在落实上狠下功夫、在提升动力上狠下功夫、在持续上狠下功夫[12]。

伴随着精准扶贫进入"啃硬骨头、攻坚拔寨"的冲刺期，如何促进金融扶贫政策落地，并借助金融扶贫为脱贫攻坚注入"源头活水"，激发贫困地区内生发展动力和活力，培育精准扶贫新动能，成为迫在眉睫的现实难题。喻新安等认为，金融扶贫"卢氏模式"

通过促进小额信贷扶贫政策落地，不仅有效破解了政策落地的五大障碍，基本满足了贫困户和带贫企业信贷融资需求，推动了精准扶贫、精准脱贫的进程，而且在推动农村的产业发展和社会治理产生等方面，发挥了综合乘数效应，高度契合了乡村振兴战略的总要求，对新时期深化金融创新、决战脱贫攻坚、决胜全面小康、推进乡村振兴，具有重要的启发意义和借鉴价值[13]。

产业扶贫是具有中国特色的反贫困治理模式，符合中国扶贫发展的阶段性特征和全球贫困治理体系的发展演进规律，是经过实践检验、行之有效的减贫手段，在全球消除极端贫困领域起着重要作用。河南省发改委产业研究所课题组认为，推进产业扶贫就要尊重贫困群众发展意愿，拓宽产业扶贫路径，通过精准确定产业方向、壮大优势主导产业、创新产业扶贫模式、增强产业载体功能、突破产业发展瓶颈，推动扶贫产业落地生根、开花结果，让更多贫困群众享受产业发展红利，实现贫困地区经济社会可持续发展。在未来，坚持适宜、适度、适应的原则，动员组织社会各方面力量共同参与，加大产业扶贫投入力度，健全金融、科技、人才等扶贫保障体系[14]。

习近平总书记多次强调，扶贫先扶志，扶贫必扶智。河南省中国特色社会主义理论体系研究中心认为，目前还有少数贫困群众长期陷入贫困的境地难以脱贫，究其原因，关键在于这部分人安于现状、不思进取、坐等救济，缺乏自强自立、勤劳苦干的精神。要通过对贫困群众做好耐心细致的思想工作、加强宣传教育；树立正面典型，形成勤劳致富光荣的氛围；把发展教育作为脱贫攻坚的重要突破口；加强技能培训，提高贫困群众的素质和致富能力等"志智双扶"，把物质帮扶与扶志和扶智紧密结合起来，才是扶贫、脱贫的长远之道[15]。

三、打好"四张牌"

2014年，习近平总书记视察指导河南工

作时指出，河南要着力打好产业结构优化升级、创新驱动发展、基础能力建设、新型城镇化"四张牌"，为全省经济社会发展指明了正确方向。其中，加快产业结构优化升级是重要基础，坚持创新驱动发展是根本动力，推动新型城镇化是有效途径，强化基础能力建设是必要支撑。打好"四张牌"把准了河南发展脉搏，切中了河南发展的突出矛盾和重大关键问题，成为引领河南发展的时代最强音，推动中原大地在发展思想上跃升到了更高的发展起点[7]。

1. 供给侧结构性改革

党的十八大以来，以习近平同志为核心的党中央作出我国经济发展进入新常态的重大判断，形成以新发展理念为指导、以供给侧结构性改革为主线的政策体系。这一重大方略的实施，是党中央综合研判世界经济形势和我国经济发展新常态作出的决策部署，是解决我国发展中突出矛盾和问题的科学思路与对症药方，是"十三五"时期我国经济发展的主轴和实现"双中高"的必由之路。河南要实现决胜全面小康、让中原更加出彩，就必须紧紧抓住中央推进这一改革的机遇，从根本上解决发展方式问题，为中原崛起厚植新的发展动能和强大活力[16]。

党的十九大报告再次强调了以供给侧结构性改革为主线，建设现代化经济体系的必要性。供给侧结构性改革，重点是解放和发展社会生产力，用改革的办法推进结构调整，减少无效和低端供给，扩大有效和中高端供给，增强供给结构对需求变化的适应性和灵活性，解决供需结构性错配问题，提高全要素生产率，促进经济社会持续健康发展，更好满足人民群众日益高端化、多元化、个性化的消费需求[17]。

在宏观思路方面，一要注重生产要素优化配置，今后要素资源市场化改革可能会实现重大进展，要及早动手，着力优化土地和资本配置。二要注重人力资源优化配置，人力资本是核心竞争力的主要要素。三要注重提供良好的制度和发展环境，要进一步完善市场制度和供给，加快建设与完善规范市场行为的市场法制体系，完善与知识产权保护相关的法律体系及其执行机制，加快明晰土地产权，完善要素市场改革。在方法途径方面，要解决好总量与结构的问题，解决好增量与需求的问题，解决好存量与供给的问题，解决好容量与质量的问题。在平台举措方面，要积极融入国家"一带一路"倡议，要抓住实施五大国家战略规划的契机，要以实施创新驱动发展为主要动力，要把加快发展现代服务业作为新引擎[18]。

2017年5月22～24日，由中国社会科学院农村发展研究所、河南省社会科学院联合举办的"深入推进农业供给侧结构性改革研讨会暨第十三届全国社科农经协作网络大会"在郑州市召开。与会专家围绕"深入推进农业供给侧结构性改革"这一主题展开深入研讨，并就中国农业供给侧结构性改革要服务于"一带一路"建设、高度重视"互联网+"农业、与土地制度等改革协调推进、重视理论创新模式创新等方面达成了《郑州共识》，在全国农业供给侧结构性改革方面形成重要影响。张占仓提出，农业供给侧结构性改革，是中国农业发展的一次革命性提升过程。针对促进农民持续增收的重大命题，重点要放在农村土地制度改革上。按照党的十八届三中全会的要求，结合全国已经进行的试点经验，全面提高农村集体经营性建设用地、宅基地、承包地等的市场化配置水平，确实让农村建设用地与城市建设用地实现"同地同价"，让占有土地资源较多的农民通过土地增值适度获得国家经济发展的红利，提高农民对供给侧结构性改革成效的获得感[19]。吴海峰认为，河南建设现代农业强省，要以深入推进农业供给侧结构性改革为主线，加快科技进步，完善支农政策，推行绿色生产方式，创新农业经营机制，构建现代产业体系，加强农业基础设施建设，提高农村公共服务水平[20]。李太森认为，土地所有制改革是当代中国生产力发展的必然要求，但改革的方向不是实行土地私有化。中国土地所有制的改革取向有两个层面：第一个层面是所有制结构层面，要推进农村土地集体所有制向土地国有制的动态结构调整；第二个层面是所有制实现形式层面，要深化农村土地产权改革，不断创新农村土地集体所有制实现形式[21]。

2. 创新驱动发展战略

以构建自主创新体系为主导推进创新驱动发展，是习近平总书记调研指导河南工作时提出的打好"四张牌"的重要内容，在打好"四张牌"里发挥着重大引领作用，是河南推进产业结构转型升级的点金石。张占仓指出，按照习近平总书记调研指导河南工作时提出的打好"四张牌"的要求，实施创新驱动发展战略，促进产业结构转型升级，是当前全省供给侧结构性改革的主要支撑力量[22]。

李庚香认为中国经济进入新的发展阶段，从过去的资源依赖向技术依赖转变，谁掌握着原创技术，谁在下一轮的转型发展中就掌握主动，而技术的源泉来源于创新。河南要打好"四张牌"，尤其是在创新驱动发展方面，首先要推动高水平的大学和研究机构建设，其次要推动更多创新要素向以郑州为中心的大都市区聚集，最后郑州周边城市也要找准定位，发展特色产业，从而形成层级创新圈[23]。此外，他提出要以构建自主创新体系为主导提升创新能力，通过树立创新驱动发展信心、重点推进科技创新和制度创新、构建自主创新体系、打造风生水起的创新生态、依托"三区一群"等实现创新发展[24]。

谷建全认为，创新能力不强、内生动力不足仍然是河南经济社会发展的主要短板。到2020年河南要全面决胜小康、让中原更加出彩，就需要加快补齐发展短板。打造科技创新高地有利于弥补河南发展短板，增强经济发展实力和竞争力。打造中西部科技创新高地，不是一蹴而就的事情，需要做好统筹谋划。结合当前河南科技创新发展实际，谷建全认为，需要着力做好以下几个方面的工作：一是发挥好郑洛新国家自主创新示范区的核心载体作用；二是打造优良的创新创业

生态；三是实施人才强省战略；四是推动开放创新、协同创新；五是推进科技体制机制创新[25]。

张占仓提出加大力度实施创新驱动战略，特别是加快知识产权强省建设，对于我们坚持创新发展理念，促进产业结构调整优化，引领经济社会转型升级，实现创新发展，培育新业态，创造新模式，增强新动能，增强区域发展的核心竞争力，有着重要而深远的战略意义。在国家知识产权局的关心支持下，河南省已经成功获批支撑型知识产权强省建设试点省。我们要以增强知识产权支撑创新驱动发展能力为重点，结合河南省相对优势，推动知识产权创造、运用、保护、管理、服务等全链条创新，引领带动经济社会加速发展，实现知识产权创造与全省经济社会发展的有机融合[26]。

王喜成提出，实施创新驱动发展就要在重大领域攻克核心技术，要明确科技创新主攻方向和突破口，超前规划布局，加大投入力度，着力攻克一批关键核心技术。要把人才作为创新的第一资源，注重培养、用好、吸引各类人才，促进人才合理流动、优化配置，创新人才培养模式。要充分发挥自身特色，在具有重大社会影响的前沿技术领域推进技术创新。要大力营造鼓励创新、宽容失败的社会氛围，切实做到让市场在资源配置中起决定性作用和更好地发挥政府的作用[27]。

屈凌波指出，加快河南省创新能力提升，重要路径是建立适应河南省创新驱动发展的机制体制，包括建立以社会、市场需求为导向的创新资源分配机制、建立以业绩为导向的效益分配机制、改革科技管理体制机制、推进科技人才评价体制改革[28]。

3. 提升基础能力建设

基础能力建设是经济社会发展的地基，是一个地区增强发展后劲、打造新增长点的重要保障。以强化基础能力建设为主导推进培育发展新优势，是打好"四张牌"的重要内容，是河南的优势和潜力所在，也是短板和软肋。在省社科联组织召开河南省社科界

推进"基础能力建设"理论研讨会上，有关专家学者集思广益、建言献策。

李庚香认为，新常态下要保持经济平稳较快可持续发展，让中原更加出彩，要注重软硬件结合。硬件方面，要抓好三个方面：一是抓住国家"一带一路"建设和河南省"三区一群"建设的有利时机，努力把现有的交通区位优势变为现代综合交通枢纽优势；二是推动产业集聚区提质转型，提升产业的支撑能力，推动服务业"两区"提速增效，做优生产性服务业和生活性服务业，促进产业发展实现集群、创新、智慧、绿色的目标；三是搞好城市基础能力建设，既把地上搞好，也把地下搞好，提升城市的吸引力。软件方面，要拓展三个方面：一是实施创新驱动，坚持人才优先发展战略，全面提升劳动力综合素质。二是把金融作为重要的基础能力建设，一手抓"引金入豫"，一手抓"金融豫军"建设；一手抓服务实体经济，一手抓防范金融风险。三是加强信息基础设施建设，充分发挥信息化的引领作用，提升河南的新优势、新动能[29]。

谷建全认为，人才是培育发展新优势的关键要素，强化基础能力建设必须实施人才强省战略。为推进人才强省建设，在未来，一是要推进人才链与产业链、创新链融合对接，充分发挥人才的作用；二是要加强创新创业平台载体建设，如留学生创业园、科技孵化器等，更多地吸纳高层次人才，优化创新创业环境，提高对人才的吸引力；三是要抓住出国留学人才回归的机遇，采取各种方法，吸引海外高层次人才回归，有效提升河南的科技创新能力；四是要发挥企业是市场主体和创新主体的作用，更好地发挥企业在吸纳人才方面的作用；五是要建立和完善人才服务体系，提高人才资源配置效率，更好地发挥人才资源作用[30]。

屈凌波认为，科技创新基础能力是一个地区基础能力的必要条件和重要支撑，河南要强化科技创新基础能力建设，打造四链融合的创新体系，建立多层次区域创新平台，

建设集成系统化创新组织体系，加强顶层设计，有效促进全社会创新活动[31]。

刘荣增认为，基础设施是区域经济和社会协调发展的物质条件，基础能力建设是增强发展后劲、打造新增长点的重要保障，加强基础能力建设要注重多元协同、软硬件搭配、推进对外开放、打造互联互通的体制机制[32]。

王喜成认为，河南承东启西、连南贯北，具有显著的区位、交通、资源、生态优势，打好基础能力建设这张牌，能够厚植河南四大优势、促进四大发展[33]。

刘殿敏认为，郑州航空港经济综合实验区、郑洛新国家自主创新示范区、中国（河南）自由贸易试验区、中原城市群等战略规划实施和战略平台建设的过程中，加强基础设施和基础能力建设是关键，要突出重点、弥补短板、强化弱项，夯实发展基础和发展能力，打造发展新支撑[34]。

4. 新型城镇化

县域经济作为国民经济最基本的单元，是以县城为中心、乡镇为纽带、农村为腹地的区域经济，有其发展固有的规律性和自身的特点。对于传统农区来讲，转型升级发展过程中最重要的任务就是如何破解农业大县、财政穷县、经济弱县的难题。谷建全通过对唐河县域经济发展的经验进行分析，认为对于传统农区来讲，在我国经济发展新常态的背景下，要加快县域经济转型升级的步伐，必须在发展思路和发展举措上突出七个坚定不移：一是坚定不移地推进农区新型工业化；二是坚定不移地推进城镇化；三是坚定不移地推进农业现代化；四是坚定不移地推进信息化；五是坚定不移地推进民营经济发展；六是坚定不移地推进对外开放；七是坚定不移地推进区域合作。同时，对于传统农区来讲，在县域经济的转型升级过程中，要高度重视新经济形态的培育和发展[35]。

谷建全通过对商水县"巧媳妇"工程分析，认为其作为产业扶贫的一种方式，无论是从理论上还是从实践上说，意义都非常大，

它既是县域经济转型升级的一个重要抓手和重要平台，也是传统农区产业扶贫的一个重要切入点和突破点，有以下几个方面的启示：一是扶贫开发要和当地资源禀赋相结合；二是扶贫开发要和当地的产业基础相结合；三是扶贫开发要和当地的发展阶段相结合；四是扶贫开发要和当地市场环境相结合[36]。

谷建全通过研究方城县的畜牧养殖业"三化一带"发展新模式，认为其对县域经济转型发展具有引领意义、示范意义、创新意义、支撑意义、开拓意义。同时，他认为"三化一带"发展新模式毕竟只是刚刚起步，在实践中不可避免地会存在这样或那样的问题，需要根据经济发展的大趋势和产业发展的客观规律，优化发展形态，构建产业生态，完善体制机制等，因此需要强化顶层设计，突出规划引领，加强政策支持，完善要素保障，注重品牌培育[37]。

关于城市发展，张占仓认为国家中心城市是居于国家战略要津、肩负国家使命、引领区域发展、参与国际竞争、代表国家形象的现代化大都市。建设一批国家中心城市，提升中国经济社会发展在全球的核心竞争力，是针对中国人口特别多的基本国情、适应中国经济新常态、构建中国特色新型城镇体系的重大创新，具有重要的战略意义。推进国家中心城市建设，要夯实产业发展基础，突出改革创新引领，积极推进供给侧结构性改革，彰显区域文化特色，进一步提高开放型经济发展水平[38]。按照国家中心城市建设的战略思路，河南省社会科学院课题组认为郑州建设国家中心城市要完成三大历史使命，一是通过坚定不移夯实产业发展基础，唱响改革与创新引领发展的时代强音来打造更强的经济实力；二是通过持续打造国际综合性交通枢纽，全面融入国家"一带一路"建设来承担更多服务全国的职能；三是通过持续推动开放型经济发展，提升郑州现代化国际化水平，形成更大的国际影响力[39]。

此外，河南省社会科学院课题组认为，

加快洛阳副中心城市建设的重大意义是落实国家战略规划的必然选择，优化区域空间布局的重要举措，促进中原城市群协同发展的有效路径，培育全省经济增长新引擎的历史需要，推动郑洛经济带发展壮大的现实需要。洛阳要加快副中心城市建设，就要与郑州协同联动引领中原城市群发展，以改革开放创新驱动发展，在"三个高地"建设中率先发力，强化洛阳重要战略节点地位[40]。

5. 持续打好"四张牌"

面对发展新征程，河南省社会科学院课题组认为，河南应继续发挥优势打好"四张牌"，推动现代经济强省建设，以坚实的经济基础筑牢中原更加出彩新征程的物质基础：一是打好产业结构升级优化牌。以提升供给体系质量和效率为中心任务，积极应对经济发展新趋势、新变化、新要求，积极发展新技术新产业新业态新模式，推进先进制造业强省、现代服务业强省、现代农业强省、网络经济强省建设。二是打好创新驱动发展牌。以自主创新强引领，以开放创新聚资源，以协同创新增能力，以"大众创业、万众创新"添活力，加快创新型河南建设，培育发展新动能。三是打好基础能力建设牌。坚持突出重点、弥补短板、强化弱项，加快郑州国际性现代化综合交通枢纽建设，推动能源绿色转型，构建互联互通、调控有力的现代交通体系，全面提升基础设施现代化水平；以集群、创新、智慧、绿色为方向，推动产业集聚区提质转型发展，不断完善提升科学发展载体；积极推进人才发展体制改革和政策创新，完善全链条育才、全视角引才、全方位用才的发展体系。四是打好新型城镇化牌。突出产业为基、就业为本，强化住房、教育牵动，完善社会保障、农民权益保障、基本公共服务保障，推动农村人口向城镇转移落户；推动郑州国家中心城市建设，巩固提升洛阳中原城市群副中心城市地位，培育壮大区域中心城市和重要节点城市；加快推进海绵城市、智慧城市建设，全面实施"百城提质工程"，造福更多基层群众[41]。

四、重要专题

1. 国家战略

近年来，国家出台的关于河南或与河南密切相关的发展战略达 13 个之多。特别是 2016 年以来，中原城市群规划等一系列战略规划和平台相继获批，共同构成了引领带动全省经济社会发展的战略组合。国家战略规划和平台密集落地河南、厚植中原，标志着河南进入集中释放国家战略叠加效应、借助"综合红利"全方位提升发展水平的新阶段。

国家战略叠加效应将给河南带来新的综合性红利：一是改革红利，利用叠加在河南的国家战略所赋予的先行先试政策，在重点领域和关键环节聚焦突出问题深化改革、克难攻坚，形成体制机制和政策制度新优势；二是创新红利，郑洛新国家自主创新示范区等国家战略，将推动河南技术创新、产业创新、业态创新、协同创新、模式创新等全方位的创新体系构建，在传统资源和人口红利日渐式微背景下，创新驱动将成为河南新的重要战略红利；三是开放红利，以河南自贸区和郑州航空港经济综合试验区为代表的国家战略，将进一步拓展河南开放发展的广度和深度，提高开放型经济发展水平，塑造对外开放新优势；四是载体红利，叠加在河南的国家"试验区""示范区"等载体丰富多元、系统全面，涵盖产业类、创新类、开放类、市场类等多个层面，是河南集聚优势资源、培育发展新动能的有效平台。释放和利用国家战略叠加效应，是一项庞大复杂的系统工程，需要树立系统思维，做好顶层设计、总体谋划和系统安排。要强化战略协同、区域合作和部门配合，真正发挥国家战略组合的叠加效应，防止出现战略"消化不良""叠加失序"现象，有效汇聚起决胜全面小康、让中原更加出彩的磅礴力量[42]。

谷建全提出河南是一个经济大省，正处于高速增长阶段向高质量发展阶段转变，建设国家自主创新示范区对转变经济发展方式优化经济结构、转换发展动力具有重要的战略意义。和兄弟省份的国家自主创新示范区相比，郑洛新国家自主创新示范区无论是建设模式还是建设路径，都有不同之处，郑洛新国家自主创新示范区建设的总体目标是，第一是具有国际竞争力的中原创新创业中心；第二是中原创新创业中心。建设任务主要体现在六个方面，即深化体制改革和机制改革，提升自主创新能力，推进技术转移和开放合作，加快产业转型升级发展，构建创新创业生态体系，促进郑洛新城市群协同创新发展。同时，需要处理好几个方面的关系，即国家意图与区域目标的关系，区域特色与整体战略的关系，核心区域与外围区域的关系，长远发展与即期效应的关系[43]。

中国（河南）自由贸易试验区已于 2017 年 4 月 1 日正式挂牌运行。它开启了河南省对外开放的新阶段，构建了开放创新的新平台，孕育着转型发展的新动力，是 1 亿河南人翘首以盼的大战略。中国（河南）创新发展研究院课题组提出河南自贸区肩负着国家制度实验和河南创新发展的双重使命，是一项复杂的系统工程，要深刻认识河南建设自贸区的有利条件和良好基础，坚定建好河南自贸区的信心，要深刻认识河南自贸区建设的战略重点、创新点和要破解的难点，要同心协力，在要素资源、体制机制、治理方式等方面统筹规划，协同推进，高标准完成自贸区各项先行先试任务[44]。

郑州航空港经济综合实验区的定位之一是发展以航空经济为引领的现代产业基地。耿明斋、张大卫提出，航空经济是在信息处理技术、先进制造技术和现代交通技术引领下，高度依赖于全球化垂直分工体系和网络化产业组织形式而诞生的全新经济形态。航空经济是由点到面不断扩展的特定区域经济形态，代表着经济发展的新趋势和新阶段，包含着一系列深刻的经济结构和经济形态演化过程。航空经济具有开放性与全球性、高时效性、高附加值与高技术性及多元性与网络性特征。发展航空经济对于培育新增长极，注入新动力，以开放倒逼改革，推动经济社会的现代化转型，具有十分重要的意义[45]。张占仓研究认为，临空经济是区域发展新的增长极[46]。

大数据产业是引领产业转型升级的重要引擎，是推动创新发展的动力源泉，建设国家大数据综合试验区将为河南省打造全国大数据产业中心、建设网络经济强省、实施创新驱动发展战略、加快发展新经济、培育发展新动能、打造发展新引擎、加快产业转型升级、加快向经济强省跨越起到积极的支持和促进作用。谷建全认为，当前河南省构建大数据试验区面临重大机遇，瞄准世界一流水平，应确立"两中心、三区、三型"战略功能定位，即着力打造世界一流的国家大数据产业中心、大数据双创中心、"大数据+"应用先导区、大数据制度创新先行区、大数据开放发展示范区，成为引领中部、辐射全球、特色鲜明的集群型、创新型、开放型国家大数据综合试验区。要着力实施"4111"战略，即打造四大主导大数据产业集群，建设10大特色大数据产业园，建设10大双创孵化器或双创综合体，引进培育100家行业龙头企业，构筑世界一流的大数据产业体系、创新体系、企业梯队、产业基地[47]。

2. "三区一群"建设

面对国家战略规划与战略平台密集落地的历史机遇，2017年3月，省委《统筹推进国家战略实施和战略平台建设工作方案》出台，明确提出聚焦"三区一群"，构建支撑未来全省发展的改革、开放、创新三大支柱，打造带动全国发展的新增长极，使河南经济强省建设在战略思想层面进入发展的新起点。其中，郑州航空港经济综合实验区要打造全球有重要影响的智能终端生产基地，郑洛新国家自主创新示范区要突出创新发展主题，为中原崛起增添新动能，河南自由贸易试验区要突出开放主题，为河南建设内陆开放高地探索路子，中原城市群要打造资源配置效率高、经济活力强的国家级城市群。

张占仓认为，"三区一群"是一个有机整体，共同组成河南经济强省建设的基本战略架构，将引领国家已经批准河南省的相关战略实施与战略平台建设。虽然从不同的着力点发力，但是目标非常一致，那就是充分发挥区域资源优势，进一步强化区域发展优势，想方设法创造有效供给优势，通过改革、创新、开放三个方面的突破，推动产业结构优化升级，培育发展新优势，在探索实践五大新发展理念的过程中，全面推进河南省经济强省建设，支持国家中部崛起战略实施，确实造福于全省人民[48]。

为深入了解各地执行《关于统筹推进国家战略规划实施和战略平台建设的工作方案》的情况，河南省政府发展研究中心课题组对全省10个省辖市进行了专题调研，认为深入推进国家战略规划和战略平台联动发展，更好释放叠加效应，需要处理好五个方面的关系，即突出国家战略意图体现区域发展目标，"三区"率先突破群区耦合互动，坚持核心引领推进区域协同，坚持市场导向强化政府作用，注重长远发展兼顾即期效应[49]。

3. 新发展理念

新发展理念是我国推进治理体系和治理能力现代化的新思路、新战略，是指导经济新常态下我国发展的新思想、新理论，必须用新发展理念引领郑州建设国家中心城市的战略设计，培育经济增长内生动力，激发郑州发展活力，坚持以人为本，提升郑州规划建设的理念和水平，优化郑州城市形态，提高空间利用效率，建设一座全面体现新发展理念的国家中心城市[50]。

当前我国正处在以投资驱动、资源开发和外延扩张为特点的传统经济形态发展阶段，增长方式动能枯竭，急需培育新形态、新动能、新方式支撑经济持续稳定增长。新经济是由重大技术创新而演化出来的经济新形态，区别于传统经济形态从生产领域开始冲击和改造经济活动，本轮新经济对传统经济的冲击和改造则是从交易领域开始的。以新经济支撑中国经济持续稳定高速增长的路径包括利用互联网技术大力发展电商，充分利用互联网和最新信息处理技术，链接各地各类以各种方式闲置的剩余资源，加快制造业领域智能化改造步伐，尽快掌握新能源、新材料及生物技术领域的前沿技术，加快技术产品化和产业化步伐，深化供给侧结构性改革，适应新技术和技术进一步创新的需要，建立起有效率的经济组织[51]。

4. 普惠金融

在普惠金融发展受到国家高度重视的背景下，2016 年 12 月 26 日，经国务院同意，《河南省兰考县普惠金融改革试验区总体方案》被中国人民银行等七部委联合批复，兰考县成为目前全国唯一的国家级普惠金融改革试验区。获批一年来，兰考县普惠金融改革试验区认真学习与借鉴诺贝尔奖获得者穆罕默德·尤努斯创建的"格莱珉模式"，针对当地精准扶贫的实际需要，大胆先行先试，创新机制，完善服务体系，初步探索形成了"一平台四体系"的普惠金融发展之路。通过创新开发普惠金融一网通平台、建设普惠授信体系、信用体系、风险防控体系、金融服务体系，以点带面，全方位推进普惠金融试验区建设，金融服务覆盖面、可得性、满意度显著改善。在未来，谷建全等人认为，兰考县普惠金融改革试验区要以《总体方案》为依归，以普惠金融发展的一般规律为遵循，以数字普惠金融为方向，着力解决普惠金融的降成本、提效率、扩服务边界问题，充分发挥传统金融机构的系统优势，提升其普惠金融参与度，廓清市场边界与政府职能，充分发挥好政府引导作用，坚持市场化原则，促进普惠金融可持续性发展，坚持合规意识，创新要有边界，探索出一条经得起时间验证、可复制推广的普惠金融新机制、新路径、新模式[52]。

总之，2017 年，是河南省经济学界比较活跃的一年。全省经济理论界围绕党的十九大精神的学习、贯彻、落实进行了比较全面的研讨，对习近平新时代中国特色社会主义思想有了初步的认识与理解，并对进一步深入学习与全面贯彻落实习近平新时代中国特色社会主义思想、坚持和发展中国特色社会主义达成重要共识；对河南省建设经济强省、推动经济高质量发展进行比较全面的研究，形成了支撑经济强省建设的基本理论架构，回应了全省对经济强省建设相关问题的关切；对全省特别关注的"三区一群"战略进行了全面研究，提出了推进"三区一群"战略全面实施的对策；对国家支持郑州建设国家中心城市进行了全面研究，发表了在学术界有重要影响的研究成果，为郑州建设国家中心城市提供了理论支持；对供给侧结构性改革继续进行比较深入的研究，结合河南省实际对国家推动的农业供给侧结构性改革进行了多方面的研究，召开了全国性专题研讨会，形成农业供给侧结构性改革的《郑州共识》；对全省各地经济发展过程中遇到的新问题、新情况、新现象等进行了比较扎实的调研，对经济已由高速增长阶段转向高质量发展阶段所需要采取的战略对策有了初步的建议，尚需要进一步深入系统地开展研究。

参考文献

[1] 高金成. 新时代呼唤新思想 新思想引领新征程 [N]. 河南日报，2017-12-15（11）.

[2] 韩斌. 认识新时代把握新特点 明确新任务落实新要求 [N]. 河南日报，2017-11-29（5）.

[3] 焦国栋. 我国经济发展目标：由高速增长转向高质量发展 [N]. 河南日报，2017-11-24（7）.

[4] 河南省政府发展研究中心. 贯彻新发展理念 建设河南现代化经济体系 [N]. 河南日报，2017-12-20（15）.

[5] 建设现代化经济体系的战略部署——访省发改委主任刘伟 [N]. 河南日报，2017-12-05（15）.

[6] 河南省社会科学院课题组. 决胜全面建成小康社会 开启中原更加出彩新征程 [N]. 河南日报，2017-12-13（12）.

[7] 张占仓. 河南建设经济强省的科学内涵与战略举措 [J]. 河南社会科学，2017（7）：1-6.

[8] 张占仓，完世伟. 河南经济发展报告（2017）[M]. 北京. 社会科学出版社，2017.

[9] 谷建全. 全面深化改革 为经济社会发展注入新动力 [N]. 河南日报，2017-08-18（6）.

[10] 张占仓. 为改革积蓄更多正能量 [N]. 河

南日报，2017-09-25（2）.

　　［11］张占仓．河南从内陆腹地迈向开放前沿［J］．河南科学，2017（2）：286-293.

　　［12］李政新，王博，袁展．练好真功夫打赢脱贫攻坚战［N］．河南日报，2017-07-07（10）.

　　［13］河南金融扶贫专题调研组．金融扶贫"卢氏模式"的调查与思考［N］．河南日报，2017-11-16（5）.

　　［14］河南省发改委产业研究所课题组．创新模式　精准施策　探索产业扶贫新路径［N］．河南日报，2017-11-16（11）.

　　［15］河南省中国特色社会主义理论体系研究中心．脱贫攻坚："志"在必得　"智"在必行［N］．河南日报，2017-06-16（9）.

　　［16］［18］省社科联课题组．深入推进供给侧结构性改革　厚植中原发展新优势［N］．河南日报，2017-03-23（6）.

　　［17］张长娟．从"有没有"到"好不好"——由我国社会主要矛盾转化看供给侧结构性改革［N］．河南日报，2017-12-27（6）.

　　［19］张占仓．中国农业供给侧结构性改革的若干战略思考［J］．中国农村经济，2017（11）：26-37.

　　［20］吴海峰．现代农业强省的内涵特征及建设路径探索［J］．农村经济，2017（11）：13-17.

　　［21］李太淼．马克思主义基本原理与当代中国土地所有制改革［J］．中州学刊，2017（9）：31-40.

　　［22］张占仓．以创新驱动推动产业转型升级［N］．河南日报，2017-08-17（5）.

　　［23］李庚香．推动创新要素加快聚集［N］．河南日报，2017-09-18（3）.

　　［24］李庚香．以构建自主创新体系为主导提升创新能力［N］．河南日报，2017-08-17（5）.

　　［25］谷建全．打造创新高地　补齐发展短板［N］．河南日报，2017-05-10（13）.

　　［26］张占仓．创新知识产权管理促进经济强省建设［N］．河南日报，2017-04-27（7）.

　　［27］王喜成．在重大领域攻克核心技术［N］．河南日报，2017-08-17（5）.

　　［28］屈凌波．建立适应创新的体制机制［N］．河南日报，2017-08-17（5）.

　　［29］李庚香．软硬件结合推动基础能力提升［N］．河南日报，2017-09-06（12）.

　　［30］谷建全．强化基础能力建设须实施人才强省战略［N］．河南日报，2017-09-06（12）.

　　［31］屈凌波．强化科技创新基础能力建设［N］．河南日报，2017-09-06（12）.

　　［32］刘荣增．加强综合交通枢纽体系建设［N］．河南日报，2017-09-06（12）.

　　［33］王喜成．依托基础能力建设厚植新优势［N］．河南日报，2017-09-06（12）.

　　［34］刘殿敏．充分发挥国家战略叠加效应［N］．河南日报，2017-09-06（12）.

　　［35］谷建全．传统农业大县转型发展的破解之举［J］．农村　农业　农民，2017（5）：27-28.

　　［36］谷建全．"巧媳妇"工程有助于传统农区提升县域经济整体实力［J］．农村　农业　农民，2017（10）：27.

　　［37］谷建全．"三化一带"助力方城县域经济转型发展［J］．农村　农业　农民，2017（8）：27-30.

　　［38］张占仓．建设国家中心城市的战略意义与推进对策［J］．中州学刊，2017（4）：22-28.

　　［39］河南省社会科学院课题组．郑州建设国家中心城市的三大历史使命［N］．河南日报，2017-06-21（8）.

　　［40］河南省社会科学院课题组．加快洛阳副中心城市建设的重大意义与战略举措［N］．河南日报，2017-09-20（13）.

　　［41］河南省社会科学院课题组．决胜全面建成小康社会　开启中原更加出彩新征程［N］．河南日报，2017-12-13（12）.

　　［42］中国（河南）创新发展研究院课题组．释放战略叠加效应　奋力建设出彩中原［N］．河南日报，2017-04-10（5）.

　　［43］谷建全．关于河南省建设郑洛新国家自主创新示范区的重要认识［J］．河南科技，2017（11）：13-17.

　　［44］中国（河南）创新发展研究院课题组．建好河南自贸区　助力中原更出彩［N］．河南日报，2017-04-07（10）.

　　［45］耿明斋，张大卫．论航空经济［J］．河南大学学报（社会科学版），2017（5）：31-39.

　　［46］张占仓．临空经济：区域发展新的增长极［N］．河南日报，2017-04-19（12）.

　　［47］谷建全，刘战国，张齐，王命禹，张凯．河南省构建世界一流大数据试验区的战略与对策思路［J］．决策探索，2017（5）：22-23.

　　［48］张占仓．打造建设经济强省的"三区一群"架构［N］．河南日报，2017-04-28（6）.

　　［49］河南省政府发展研究中心课题组．统筹推

进国家战略规划实施和战略平台建设要处理好五大关系［N］.河南日报，2017-07-12（8）.

［50］赵书茂.用新发展理念建设郑州国家中心城市［N］.河南日报，2017-07-19（13）.

［51］耿明斋.新经济的张力及其对经济增长的支撑［J］.区域经济评论，2017（3）：24-29.

［52］兰考县普惠金融改革试验区专题调研组.兰考县普惠金融改革试验区调研报告［N］.河南日报，2017-12-26（16）.

绿色生活从我做起[*]

生态文明建设是关系中华民族永续发展的根本大计。回顾中国发展历史，我们可以清楚看到，在中国历史上生态兴则文明兴，生态衰则文明衰。因此，我们要站在对历史负责的高度，全面推动生态文明建设。其中，生活方式历来是生态文明建设最直接、最有影响的建设内容，涉及我们面对大自然的科学态度的问题。

为了全面促进生态文明建设，必须从我们生活中一点一滴的具体事情做起，全面推动绿色生活，促进绿色发展，实现生产系统和生活系统循环链接，倡导简约适度、绿色低碳的生活方式，反对奢侈浪费和不合理消费。既保障我们广大老百姓对美好生活的正常需要，也尊重自然规律，在持续推动经济社会可持续发展的同时，尽可能减少人类活动对大自然的不合理影响，主动以绿色生活方式的倡导、推广与普及，降低不必要的自然资源消耗。

所谓绿色生活方式，就是通过倡导居民树立绿色生活理念，使用绿色产品，参与绿色志愿服务，积淀绿色生活文化，使绿色消费、绿色出行、绿色居住、绿色文明成为广大民众的自觉行动，让人们在充分享受绿色发展所带来的便利和舒适的同时，积极履行可持续发展的历史责任，实现广大人民自然、环保、节俭、健康的方式生活。

全面树立绿色生活理念，倡导绿色生活方式，首先，要在思想观念上来一次历史性转变，要通过舆论引导、学校教育、社会行动、制度保障、监督约束等各种方式，强化全社会绿色发展意识和公民的环境意识，推动全社会逐步形成绿色消费风尚和绿色生活方式。

其次，要制定出台严格、具体的指导绿色生活方式的政策法规，确实让绿色生活落到实处。近几年，我们在遏制工业污染、农业面源污染、城镇大气污染等领域制定出台了大量行之有效的政策法规，全面促进了环境污染治理，使生态环境保护工作发生了历史性、转折性、全局性的变化，生态环境质量开始出现持续向好的局面。但是，在绿色生活方式领域，严格、规范、全面、系统的政策法规建设需要进一步加强。只有用更加明确、规范的制度约束与引导，绿色生活方式的建立与完善才能够迈上更高的发展阶段。

最后，要实现全社会消费行为绿色化，迎接绿色生活时代，需要从我做起，从生活中的点滴事务做起。既要从消费端发力，反对与制止奢侈浪费和不合理消费行为，如推行"光盘行动"、禁止"过度包装"、治理快递垃圾、建立3千米以内步行上下班制度、家庭生活垃圾严格分类处置制度、国家公职人员带头绿色出行制度等，又要通过全面倡导与舆论引导，在全社会养成自然、环保、节俭、健康的生活习惯，践行勤俭节约、低碳环保的绿色生活方式，影响并带动身边更多的人按照绿色生活理念改变生活方式，将绿色生活方式融入到我们越来越多人的日常生活之中。

---

[*] 本文发表于《人民日报》（海外版）2018年12月4日第8版。

关于商域经济学的理论架构问题[*]

摘要　中国特色社会主义进入新时代，面对盛世创文明的历史责任，金碚先生提出"关于开拓商域经济学新学科研究"的重大命题，为经济学创新发展找到了一个新的突破口。金碚先生以深厚的经济学理论功底，站位学科前沿，对商域经济学的科学定义、学科性质、研究对象、学术支持架构、逻辑起点等作出了系统阐述，为我们进一步开展相关研究指出了明确的方向。金碚先生认为现有经济学理论中存在"逻辑断点"，期望在尊重经济学理论中经济理性的基础上，通过区域价值文化的滋润进行科学弥合的哲学思考，这成为经济学开始讲文化的标志，值得高度重视。同时，我们根据研究实践与理论认知，对商域经济学的科学内涵、理论逻辑的独特之处、研究对象、学科性质、商域分类等提出进一步的意见和建议，真诚地请教于金碚先生，也供学术界进一步研讨。

关键词　商域经济学；商域；商域分类；经济理性；区域经济

新时代孕育新思想。金碚先生"关于开拓商域经济学新学科研究的思考"[①]，站位经济学发展的学科前沿，紧密结合经济学发展的理论内核，充分融入了中国传统文化开放包容的精华，从科学理性的战略高度，为经济学研究提出了一项崭新的历史任务，是经济学创新发展新思想的一次跨越，值得我们从理论与实践相结合的视角，认真学习并进行深度理解与系统研究。

一、关于商域经济学的科学内涵

金碚先生提出："商域是指具有一定价值文化特征和特定制度形态规则的商业活动区域或领域。商域经济学是研究不同商域中的经济关系和经济行为的学科。而域境则是指一定商域内的自然地理和经济社会境况，一定域境中存在的人群总是具有一定的价值文化特质，也可称为域境文化或商域文化。"[②]这种界定与定义，理论逻辑严密，具有比较明

确的理论与应用相结合的导向，将为经济学开辟新研究领域构筑科学概念意义上的基石，引导中国特色社会主义经济学创新研究思路与研究方法，在充分融入区域文化或领域文化的基础上，让经济学研究与社会现实的结合更加紧密，为从理论上破解经济学理论研究的规范性与社会现实经济问题的复杂性不相容的历史难题，寻求科学可行的途径。

我们都知道，现代经济学曾被誉为社会科学"皇冠上的明珠"，是因为学术圈一直认为它的理论体系具有严密的逻辑一致性。所谓逻辑一致性，前提是只要承认它的一系列"假设"，就可以针对一个具体问题运用演绎逻辑方法十分严谨地推论出由整个学术话语体系支撑的比较明确的研究结论。也就是说，经济学知识体系具有难以挑剔的科学理性特性，只要假定"其他条件不变"，其推论结果可以说确信无疑。但是，在社会现实生活中，针对一个具体的经济学问题，要连续满足一

* 本文发表于《区域经济评论》2019 年第 1 期第 40-46 页，为商城经济学研究专题。

系列相互具有逻辑关系"假设"条件的事件其实并不多见。所以，现有的经济学理论光环，真正面对活生生的现实经济难题，特别是日益复杂的经济发展面临的不确定性走势，往往显得力不从心，甚至出现比较苍白的实际困局。这种现实的尴尬表明，传统经济学作为以演绎逻辑为主线的推理表达知识体系，实际上确实存在理论上的"逻辑断点"。只要其若干假设中有部分内容不能满足，就无法系统地完成其理论逻辑分析过程。那么，怎么样让这种"逻辑断点"不断？按照我们的理解，金碚先生提出的商域经济学，就是让断点之间融入区域价值文化或领域文化的雨露，通过这种地域性文化或领域性文化的滋润，弥合断点之间的距离，激发断点之间的相互联系，推动各相关经济要素相互适应，最终形成更多的、相互融合的"逻辑关系"，克服现在存在的"逻辑断点"。

在现实生活中，以文化为媒介，激发个体之间发生联系的事实比比皆是。比如，远在跨国飞行的飞机上，本来并不认识的两个人，应该说相互之间没有联系。可是，当其中一人主动与对方交流，并得到对方回应时，一句乡音，一句方言，一句专业术语，就可能会激发两个人或周边更多人迅速发生相互之间的联系，共同进入和谐的交流融合状态。这种文化现象的背后，就是金碚先生讲的地域价值文化或领域文化的魅力所在。因此，各经济要素加上特殊价值文化的滋润，往往可以产生相互之间逻辑关系层面的密切联系，这就是商域经济学科学内涵的最独特之处。

文化，之所以能够以文化人，以文化物，以文化事，就在于文化本身对社会现实具有非常强大的黏合作用，其实这也是社会文明进步积累的精神财富与物质财富对当代人类社会进一步发展与进步的推动作用。正是因为人类社会进步过程中积累了大量的传统文化，并转变为以价值观形态表现出来的地域或领域文化现象，才形成了全球各地民族文化的多样性和文明形态的复杂性，并通过文明互鉴、包容发展、交流合作、共建共赢，

促进了全球化，从实质上丰富了人类的物质生活和精神生活[3]。而把这种地域或领域文化现象对不同区域或领域人类经济活动的影响上升为一种经济学理论，寻求其内在的发展变化规律，就是金碚先生提出的商域经济学本意。当然，正是从这种视角审视，商域经济学也可以说是研究一定区域基于当地价值文化基础之上的经济发展规律的学科。

我国之所以形成明显的地域经济差异，除了地域资源禀赋不同带来的差异之外，内在的重要原因，就是地域价值文化差异导致的。比如，同为沿海地区的不同区域经济发展差异至今依然非常大。以海派文化为主的长三角地区发展最为稳固，经济实力较强，在高端产业发展方面充满活力；以岭南文化为主的珠三角地区开放包容之风甚浓，开放型经济发展最为活跃，特别是深圳市由改革开放之初的小渔村，发展成为当今世界著名的高科技产业之都，确实与当地开放包容文化的支撑密切相关；而也处在沿海地区的环渤海湾地区，虽然原有经济基础比较扎实，特别是京津地区科研机构与高等院校密集，智力资源富集，但是受当地传统古都文化等影响甚深，开放型经济发展明显滞后于长三角与珠三角地区。因此，地域文化及其形成的价值观对区域经济发展影响之大，是显而易见的，所以，商域经济学研究的现实性与迫切性也是确定无疑的。

二、关于商域经济学理论逻辑的独特之处

我们都知道，经济学的逻辑起点是一系列具有内在逻辑联系的理论假定。其中，第一个是"目的"假定，即人的行为是有目的的；第二个是"自私"假定，即人是自私的，这在经济学研究领域争议一直比较大；第三个是理性的"经济人"假定，即人是有能力进行理性计算并管理财富的；第四个是"利润最大化"假定，即作为法人的企业是以利润最大化为唯一目标的；第五个是"新古典经济学"假定，即自由市场竞争机制可以保

证实现社会福利最大化。这五个假定具有逻辑关系的前后联系，舍此就无法从技术分析要求上保证经济学理论上的逻辑一致性和推理演绎的自洽性。作为经济学的一个分支学科，商域经济学首先是必须符合经济学的一般原理。否则，就无法在经济学大家庭里面生存与发展。但是，之所以要独立成为商域经济学这么一种新的学科，其理论逻辑是有重要变化和创新的。其独特之处有以下四个方面：

第一，商域经济学的理论逻辑起始于一定区域的价值文化特征对区域经济发展规律的显著影响。因为区域价值文化不同，对待区域发展重大问题的思考与选择不同，将导致不同的发展结果。即一定区域的人群在一定的历史时期考虑经济问题时是带有当地文化的价值观的。不同区域文化背景下，对同一个经济问题会从不同的逻辑起点去考虑问题，也可能做出不同的方向性选择，这必将导致发展状态与发展成效的区域差异。比如，在中国传统文化"和为贵"思想影响下，中国很多企业家在面临重大问题抉择时，一般会考虑既要把想做的事情做成，又不能够因为做这个事情，从正面树立竞争对手，以免遭遇商业领域不必要的过度竞争，这样做有利于自己企业的长期稳定发展。而在西方比较崇尚零和博弈理论的区域，企业家在面对比较激烈的竞争时，可能的选择就是彻底打败竞争对手。而这样博弈的结果，可能自己大获全胜，在新领域或区域形成垄断性优势；也可能遇到强大竞争者，两败俱伤。在国与国的经济竞争中，特别是新崛起大国与原有守成大国经济发展竞争中，历史上之所以多次出现"修昔底德陷阱"，就是因为两者都选择了零和博弈之路，结果过度消耗了国力，导致双方都逐步走向没落，没有赢家，反而为其他国家发展创造了特殊时期的特殊环境。所以，从区域文化背景出发研究区域经济发展变化规律，对认清不同区域发展的历史趋势确实有独到之处。

中国经历了改革开放以来40年的快速发展，物质生产满足程度已经比较高，而人民大众向往美好生活的本真价值层面的需求与日俱增，人们追求高质量的经济发展成为一种时代趋势。在这样的历史条件下，经济社会发展进一步融入更多文化需求也水到渠成。因此，中国经济由高速增长转向高质量发展，确实为商域经济学学科建立与创新发展提供了千载难逢的历史性机遇。作为一个有影响力的大国，我们在经历了经济持续快速发展40年的积淀以后，在经济发展规律研究上进入讲文化的时代，不再只是追求工具理性，甚至为了贯彻工具理性而丢失本真价值理性④，可能是时代赋予中国经济学研究"雅起来"的标志。当然，这个"雅起来"的突破点是金碚先生以敏锐的学术思维踏着新时代的节拍给点破的。

第二，商域经济学以不同区域（或领域）文化的价值观选择不同的价值取向，承认人性的多面性。从传统经济学意义上，商域经济学承认经济学上的"自私"假定；从学科理论创新的视角看，商域经济学也承认部分地域在特殊时期部分人"事业至上"假定或"社会责任"假定等代表人性多面性的假定。这种承认人性的多面性假定，大大拓宽了经济学研究的视野，有可能是商域经济学未来理论上获得重要突破最大的潜质所在，也是其面向实际应用过程中最接地气的特点。就我们已经认识到的问题分析，一方面，有不少创业成功者，自己家庭或家族的高水平生活保障没有问题，但是在激情澎湃的青年阶段拥有干一番事业的伟大梦想，确实不是为了"自私"的需要，而是为梦想而战，持续几十年忘我奋斗，实现了自己干成大事的梦想。正是因为这些人没有私利性约束，反而心胸开阔，遇事敢于大刀阔斧，逢山开路，遇河架桥，结果把很大很难的事情干成了，把原来以为非常难办的约束突破了，创造了一个时代的亮丽业绩，成为同龄人和更年青一代人崇拜的偶像。就其本人来说，尽管非常累，甚至还要承受非常大的创业创新压力，但是实现了自己青年时期的梦想，有事业上的满足感；对于社会来说，创造了大量物质财富和精神财富，可能形成了一种特殊的商业模式，为很多人提供了就业或实现更多梦想的平台。在美国硅谷，这样的实例就非常多，这与当地创新文化激扬密切相关。

另一方面，无论是在发达国家，还是在发展中国家，都有一些社会责任感特别强的人士。他们确实不是出于"自私"的需要，而是有能力为社会进步与发展做出自己的特殊贡献，一直以为特殊社会群体尤其是弱势群体服务为己任，勤勤恳恳经营自己的企业，成为一种值得重视的社会文化现象。孟加拉国穆罕默德·尤努斯以强烈的社会责任感针对贫困地区穷苦人家的实际，开创了无抵押小微贷款模式——格莱珉银行，被称为"穷人的银行家"，专业从事普惠金融，致力于通过金融的手段促进家庭妇女脱贫，对贫困地区社会进步贡献特别大。这种模式被全球100多个国家复制，实施成效卓著，他本人也因此获得2006年诺贝尔和平奖。

第三，商域经济学在承认地域价值文化具有特殊性的基础上并不一定认可只有"利润最大化"一条路可走的假定，完全可以选择"利润适中"假定。特别是在东方文化圈，受儒家中庸思想影响比较显著的地区，历来并不认可非要"利润最大化"，把事情做到极致，而是崇尚适可而止，甚至奉行万事留余，更加讲究可持续发展。在中原地区影响甚广的"康百万"家族，之所以能够前后兴盛400多年，创造中国历史上的商业奇迹，最为重要的一个传家宝是"留余匾"表达出来的"留余文化"。该匾是康家训示家中子弟的家训匾，是儒家"财不可露尽，势不可使尽"中庸思想的集中体现。"留余匾"造型独特，形似一面展开的上凹下凸型旗帜。上凹意为：上留余于天，对得起朝廷；下凸意为：下留余于地，对得起百姓与子孙。正是这种"留余文化"，使康家在历史上坚持主动上为国家多做贡献，下对百姓和子孙万事留余，对外没有形成竞争对手，对内没有出现家族内部弟兄之间的恶性竞争，也没有遭遇改朝换代时期由于政局重大变化导致的灭顶之灾。所以，文化本身是一种价值观的表现，立足于特殊文化的思考与认识问题的方法，对包括

企业在内的所有经济活动都影响很大，这也是导致某些地域在历史上一直出现成熟的企业家并促进当地经济较好发展的重要原因。

第四，商域经济学既重视"新古典经济学"假定，也重视政府对区域经济发展进行必要调控的假定。从经济发展理论分析，看不见的一只手与看得见的一只手，对区域经济发展都具有重要影响。一般情况下，在区域经济发展比较顺畅的历史条件下，更多发挥市场机制的作用，政府以无为而治角色出现，对区域经济长期稳定可持续发展有利。而在区域经济发展不顺畅的条件下，如果没有看得见的一只手进行市场调控，甚至导致市场失控，经济发展的不确定性进一步放大，对区域经济可持续发展的负面影响非常大。从区域经济发展历史分析，最讲究自由市场竞争的美国，在经济危机时，每一次都不得不动用政府宏观调控机制。包括1929～1933年的经济危机导致的经济大萧条，2008年的金融危机导致的经济波动，美国政府都对宏观经济发展政策进行了重要调整，并通过政府调控促进了经济发展活力的逐步恢复。在正常发展条件下，政府通过产业政策引导高新技术产业加快发展，就是美国创造的行之有效的方法。在经济学理论领域的凯恩斯主义，或者叫宏观经济学，其实也是强调政府对经济发展的宏观调控的。

所谓中国特色社会主义市场经济，最典型的特征之一，就是既发挥市场对资源配置的决定性作用，也重视更好地发挥政府对经济发展的宏观调控作用，使看不见与看得见的两只手并用，互为补充，以利维持经济长期稳定发展的大局⑤。中国改革开放以来经济保持40年持续快速发展、促进综合国力大幅度提升的事实，确实与市场机制日益建立健全高度相关，但也不可否认，中国政府持续不断的宏观调控对推动和维持经济可持续发展发挥了不可替代的重要作用。特别是针对1997年的亚洲金融危机和2008年的全球金融危机，中国政府及时采取得力措施，维持了经济持续稳定发展的大局，中国的体制性优

势表现突出。2014 年，中国提出经济发展进入新常态，速度调整、结构变化、动力变换，并及时调整国家战略资源配置格局，促进了中国经济稳中求进趋势的形成。所以，面对各类地区的经济发展实际，不承认通过市场配置资源有利于公平竞争并促进财富创造不可取，而一味地把市场配置资源的能力过分夸大，实际上并不现实，有可能是市场强者的自身利益诉求。由于历史演绎的原因，尽管全球各个国家市场经济体制各有特色，但世界上没有一个国家放弃对市场经济的适度调控。当然，政府对市场进行过多干预，扰乱正常的市场竞争秩序，导致不公平竞争，显然也是不科学和不可取的。

以上四个方面的独特性，使商域经济学研究区域经济发展规律的切入点发生了重要变化，以区域价值文化特征为分析视角，并以区域文化特征影响人的价值观为着力点和方法论，研究区域经济发展变化规律，能够使区域经济研究更接地气，更符合不同区域的实际需要，更加人性化，不再拘泥于原有经济学理论的一系列假定，而是针对不同价值文化背景进行针对性观察与研究，是人类经济发展的本真复兴[6]，有可能提高区域经济学解释区域发展差异的科学性，并进一步提高区域经济学分析指导区域经济健康稳定发展的超前性。如果这种理论逻辑推理成立，商域经济学面向不同国家、不同区域、不同领域的研究将会充满活力，并展示出新的学术创新理论与实际应用的魅力。

三、关于商域经济学的基本理论属性

作为一门刚刚提出的新学科，商域经济学的研究对象、学科性质以及基本的学理支撑元素需要系统研讨与澄清。

第一，关于研究对象。作为一门新的学科，必须有明确的研究对象，这是新学科建立的科学基础。按照金碚先生的观点，商域经济学的研究对象主要是商业性经济活动或现象。同时，他还阐述到"商域经济学及域

境商学的研究对象是：'以具有一定价值文化特质和制度形态特点的各经济区域或领域内及其相互间发生的经济现象、商业活动和经营管理的规律和形式''并特别关注于研究各商域中所产生的商业思想及其演进过程'"[7]。所谓商域，是一个相对性概念，是指具有显著特性的特定区域或领域。而所谓具有显著特征，就是区域或领域的文化烙印。既然涉及区域，不妨借鉴一下擅长区域研究的经济地理学概念表述的独特性：经济地理学是以人类经济活动的地域系统为中心内容的一门学科。这种定义理论边界比较明确，而且主体内容比较清楚，容易理解和应用。按照这种思维方式，可否把商域经济学研究对象表述为：商域经济学是以研究人类基于价值文化特征的商业性经济活动地域系统规律为中心内容的一门学科。其中，包含四个方面的关键要素：①研究人类的经济活动规律，具备国际视野，容易与国外学者沟通；②基于价值文化特征，这是商域经济学的逻辑起点之一；③商业性经济活动，这是经济学的主体研究与应用范畴；④地域系统规律，是区域科学的共性要求，而且地域系统本身既包含横向的地域类型，也包含纵向的复合内容，以及横向与纵向交错的复杂内容，可以避免在区域与领域之间摇摆，增强研究对象的确定性和独特性。按照这种研究对象的锁定，就能够比较顺利地达成金碚先生提出的商域经济学研究的具体思路，即"在深刻认识各商域中经济理性和价值文化及制度形态的互动交融中所产生的商业成就和阻碍因素的基础上，探寻现代经济发展和商业进步的可行道路，通过对各商域中经济发展和商业活动的比较研究，发现共性，分析特色，借鉴经验，形成新的学术思维和分析方法，为促进各商域经济发展和商业进步，启发改革思想和变革主张，发挥积极作用"[8]。

第二，关于学科性质。商域经济学最大的特色是提出了商域的概念，聚焦研究不同商域商业活动与经济发展规律，以一种新的科学视野为区域经济社会可持续发展服务，

与经济学和商学等关系密切。而现有知识体系中善于研究地域差异的学科是地理学，在地理学内部擅长研究经济与文化地域差异的是经济地理学与文化地理学。因此，商域经济学在知识体系构建上，可能选择的知识基因涉及经济学、商学与地理学三大学科。基于这样的理论逻辑分析，我们认为商域经济学是介于经济学、商学与地理学之间的一种边缘学科，既具有经济学的一般特色，也显示出商学、地理学的部分特征。在知识基因上，它既汲取经济学、商学与地理学的既有知识养分，又集成升华开辟出独具特色的研究领域，成为一门独立的新学科。无论是其理论基础的逐步建立，还是其面向实际的应用能力拓展，都具有非常广阔的发展空间。考虑到区域文化研究的特殊性，特别是商域经济学期望把区域文化研究上升到影响商业活动与经济发展思想的高度，所以商域经济学研究中涉及区域历史文化深刻内涵的部分与地方历史文化积淀形成的不同区域的哲学思想及价值观关系比较紧密。这样看来，立足于当代科学发展与社会进步而产生的商域经济学研究，需要多方面现有学科知识体系的支撑，未来也将开辟出学术研究的一片新的"蓝海"。

第三，关于商域分类问题。按照金碚先生的观点，商域经济学中商域分类在第一个层面分为"主类商域"（或叫"一般商域"）和"特殊商域"。所谓"主类商域"，是指以经济理性为主导，其目标导向致力于（或倾向于）营利，一般称为"传统企业""营利性经济"，在商业性经济活动中具有类似价值文化和制度形态的商域。所谓"特殊商域"，是指实行有别于主类商域的特殊制度、规定了商业活动的特殊行为规则、承担着社会经济发展中的特殊功能的商域。金碚先生把"主类商域"划分为五个层级，第一级是世界商域，依次为中国大陆商域、海外华人商域、各类产业商域和城乡商域，我们认为很有学术价值，值得逐步深化研究。基于我们在商域经济学学科性质上引入地理学知识元素的考虑，从地理学区分不同层级区域的学理分

析，我们认为可否把"商域"划分为：全球商域、国家商域、省（市、区、州）级商域、市（地）级商域、县级商域、乡级商域、村级商域七级。这样划分的优点在于与全球行政区划系统契合，比较容易形成各地注重当地商域特征研究的群发状态，激发商域经济学从不同层级均可以着手开展研究，形成百花齐放、百家争鸣、共同推进、群策群力的研究发展格局，避免商域经济学研究形成区域不平衡状态。

从我国传统文化积淀特别丰厚的情况分析，在乡、村级层面，确实存在明显的价值文化差异，而且正是这种差异导致邻近的乡或者村形成不同的价值文化，支配着当地的商业活动与经济发展，形成了经济发展水平的显著差异。中国十大名村，包括安徽省凤阳县小岗村、江苏省江阴市华西村、山西省昔阳县大寨村、河南省临颍县南街村、北京市房山区韩村河村、上海市闵行区七宝镇九星村、浙江省东阳市花园村、江西省南昌市青山湖区湖坊镇进顺村、浙江省奉化市滕头村等的形成，确实与当地传统文化以及在传统文化基础上成长起来的带头人发展经济的风格密切相关。在乡镇一级层面，这种价值文化差异导致的发展变化差异，实际上也非常明显。中国十大古镇（包括重庆磁器口古镇，江苏周庄古镇，浙江南浔古镇，浙江乌镇，安徽西递、宏村，湖南凤凰古城，浙江西塘古镇，云南和顺古镇，江苏角直镇，云南丽江古城）之所以魅力无限，其实各自由于特殊的历史积淀形成的价值文化特色非常显著。由于我国历史上郡县制行政区划比较稳定，从而导致在县级层面发展变化逐步积淀的价值文化也形成各具特色的商业意义。在省级层面，我们大家都非常熟悉的"晋商""豫商""苏商""浙商""粤商""徽商""闽商""台商""港商"等，更具有地域价值文化和商域经济学研究的重要意义。至于国家层面，虽然存在大国与小国比较大的差异，但是国别之间由于价值文化差异、制度形态差异等导致的商业活动与经济发展思想

差异当然更大。从这些分析，我们可以看出，按照行政区划划分不同商域，对于商域经济学建立界限明确的商域分类体系是科学可行的。金碚先生把"特殊商域"划分为四大类：即国有企业、非传统企业、商业组织、国家事业单位，充分考虑到了商业活动与经济发展的方方面面力量，具有系统性，在实际研究中也具有可行性。但是，这种分类与区域价值文化要素的联系较少，且主要是与部分领域的文化联系，"中国特色"比较明显，不便于在学术上进行国际交流，也不利于未来在知识体系上与发达国家融合。特别是我们的国有企业、事业单位等，虽然其内部确实存在特殊的价值文化，但这种价值文化的影响与区域级力量对比，可能差异比较大，而且这些单位的商业活动也都是要融入不同商域的。所以，我们建议暂时可以考虑淡化这方面的研究。

四、结语

作为中国经济学学术带头人之一，金碚先生明确提出开拓商域经济学新学科研究的历史任务，为我们中国经济学领域创造新的学术文明找到了突破口。我们要按照金碚先生提出的商域经济学的理论架构，从不同的着力点入手，立足于自己原有的学术积淀与应用特长，积极参加关于建立商域经济学新学科的研究与讨论，共同为商域经济学培育和发展壮大而努力。因为工作上的原因，我特别幸运，亲自聆听过几次金碚先生关于商域经济学相关理论问题的深度思考与学理性分析，深感金碚先生对商域经济学的理论逻辑研究与进一步开展相关应用研究的思考已经胸有成竹，特别是金碚先生立足于深厚的经济学学术理论功底，站位学科前沿，对现有经济学理论中存在的"逻辑断点"期望在尊重经济学理论中经济理性的基础上，通过区域价值文化的滋润进行科学弥合的哲学思考，值得我们认真领会，系统研究，并逐步使其成为一个新的学术体系。

我从学习和研究地理学与经济地理学的知识积累中，结合从金碚先生那里面对面讨教而来的关于商域经济学理论的初步理解，在本文中主要阐述了对金碚先生关于商域经济学理论的粗浅认识与初步理解，完全同意并高度赞赏金碚先生关于商域经济学的基本学术观点，特别支持金碚先生关于商域经济学相关理论问题的科学定义与学术思想主线的明确表述，也切身感受到以金碚先生等为代表的一代中国经济学家在面向中国经济发展实际进行了卓有成效的研究之后，以深厚的学术积淀带领中国经济学理论层面跃跃欲试实现重要突破的历史趋势。文中部分内容是结合自己在研究实践中对涉及商域经济学相关内容认识的真实感受与初步看法，以真诚请教的态度，把自己的所思所想所虑直接抛出来，既求教于金碚先生，也请学术界各位同仁指正！尤其是在连续多遍拜读金碚先生关于商域经济学学科理论框架的基础上，提出了"商域经济学也可以说是研究一定区域基于当地价值文化基础之上的经济发展规律的学科"，商域经济学理论逻辑四个方面的独特之处，"商域经济学是以研究人类基于价值文化特征的商业性经济活动地域系统规律为中心内容的一门学科"，"商域经济学是介于经济学、商学与地理学之间的一种边缘学科"，"把'商域'划分为：全球商域、国家商域、省（市、区、州）级商域、市（地）级商域、县级商域、乡级商域、村级商域七级"等初步看法，真诚地请教于金碚先生与学界各位。作为一家之言，如有不妥之处，敬请大家批评指正！

注释

①②⑦⑧金碚：《关于开拓商域经济学新学科研究的思考》，《区域经济评论》2018 年第 5 期。

③张占仓：《以包容文化滋润开放发展》，《中州学刊》2018 年第 9 期。

④金碚：《本真价值理性时代的区域经济学使命》，《区域经济评论》2018 年第 1 期。

⑤顾海良：《新时代中国特色"强起来"的政治经济学主题》，《文化软实力》2017 年第 4 期。

⑥金碚：《论经济发展的本真复兴》，《城市与环境研究》2017 年第 3 期。

牢记嘱托扛稳粮食安全重任[*]

当前，我国人多地少是一个最为突出的基本国情，确保粮食安全始终在我国发展战略中居于特别重要的位置。据统计，全球人均耕地 0.37 公顷，而我国人均耕地只有 0.1 公顷，不足世界平均数的 1/3。因此，在我们这样一个人口大国，农业发展问题主要是粮食生产问题，确保粮食安全意义非凡。目前，我国每年粮食消费量已超过 7 亿吨，而全球谷物年贸易量 4 亿吨左右，我国粮食年消费量远超世界粮食贸易量。基于此，我们必须"以我为主、立足国内"解决我们自己的吃饭问题。

习近平总书记对粮食安全高度重视，2013 年在中央农村工作会议上对新时期粮食安全战略进行了系统阐述，强调粮食安全的极端重要性，指出只要粮食不出大问题，中国的事就稳得住。粮食安全既是经济问题，也是政治问题，是国家发展的"定海神针"。2019 年 3 月 8 日，在全国两会期间，习近平总书记参加河南代表团审议时指出："要扛稳粮食安全这个重任。确保重要农产品特别是粮食供给，是实施乡村振兴战略的首要任务。"第一次把粮食供给提高到实施乡村振兴战略首要任务的高度。2019 年 9 月，习近平总书记在河南视察时强调，要扎实实施乡村振兴战略，积极推进农业供给侧结构性改革，牢牢抓住粮食这个核心竞争力，为我们明确了实现农业现代化过程中的核心竞争力所在。

作为全国最典型的农业大省，河南牢记习近平总书记的嘱托，始终不渝地把确保粮食供给作为实施乡村振兴战略的首要任务抓紧抓实抓好。近些年，我们依托国家粮食生产核心区建设，通过多方面行之有效的政策措施，推动农业农村发展，确保粮食生产稳定发展、持续向好。我们用占全国 6% 的耕地，生产了全国 10% 以上的粮食和 25% 以上的小麦，每年调出 200 亿公斤原粮及粮食制成品，粮食加工企业规模和数量均居全国前列，形成了"粮食这个核心竞争力"，而且在粮食生产及其加工品出口方面也显示出越来越明显的新优势。2019 年，全省粮食总产达 6695.4 万吨，增长 0.7%，占全国粮食总产的 10.1%。其中，夏粮总产达到 3745.4 万吨，增长 3.6%，创历史新高，较上年增产 131.7 万吨，占全国增产的 47.1%，为全国夏粮增产做出重要贡献。在夏粮中，全省小麦产量 3741.8 万吨，增长 3.9%，占全国总产量的 28%；小麦增产 138.9 万吨，占全国增产量的 64.3%，小麦生产的区域性优势进一步彰显。近几年，要优质小麦到河南，吃面制品看河南，买速冻食品找河南，已经成为市场上经常听到的一种比较响亮的声音，河南正努力把过去闻名遐迩的"天下粮仓"打造成当今颇有影响的"国人厨房"，为全国粮食安全做出了独特贡献。

最近，在美国这样高度发达的国家因为新冠肺炎疫情升级导致全国市场上食品类商品被抢购一空，而我国新冠肺炎疫情快速暴发时期并没有出现食品类商品被抢购的局面，因为老百姓知道这些年我们国家高度重视粮食安全，我们的食品供给保障程度比较高，没有必要为吃饭问题恐慌。这个最鲜活的事实更说明在我们这样的大国稳农业、稳粮食供给确实是国家安定、人心稳定的重中之重。

---

* 本文发表于《河南日报》2020 年 3 月 25 日第 6 版。

为了确保扛稳粮食安全重任，下一步我们要乘实施乡村振兴战略的强劲东风，在藏粮于地、藏粮于技上多下功夫，推动全省粮食生产可持续发展。

第一，依法严格保护耕地资源。面对繁重的稳定粮食发展大局的重任，依法保护耕地是我们推动农业可持续发展、粮食稳定增产最为重要的原则，也是藏粮于地的基本保障。要按照党中央的规定严格落实耕地保护基本国策，实行最严格的耕地保护制度，坚决守住耕地保护红线和粮食安全底线，并在推进城镇化过程中依法依规做好耕地占补平衡，保障粮食播种面积。规范有序地推进农村土地流转，培育种粮大户和充满活力的农业新型经营主体。持续开展高标准基本农田建设，不断提高永久基本农田管理水平，完善耕地质量调查监测体系和耕地保护补偿机制，通过多种措施减轻土壤面源污染，促进土壤质量稳定提升。

第二，推动粮食生产高质量发展。充分利用我们农业科技创新资源比较丰富的优势，集中精力持续推动农业科技创新，培育更多优质小麦、玉米等主要粮食作物新品种，以品种优势落实藏粮于技的重大粮食安全策略，特别是要在优质高产小麦品种上继续下硬功夫，提高单产水平，提升小麦品质，以绿色发展理念为指导，深入推进优质粮食工程，让中原小麦、中原面粉、中原面制品、中原速冻食品等享誉国内外，更好地满足国内外消费者对优质食物供给的需求。

第三，在培养培育农业农村优秀人才上发力。乡村振兴、农业发展、粮食安全、保障供给，说到底，关键是要有一批优秀农业农村人才支撑。我们一直是农业农村大省，农业类高等院校、科研机构、农技推广体系等人才队伍规模较大，在全国一直占有重要地位，要持续巩固和提升这种长期积累的行业优势和专业优势，在各级各类农业农村人才培养培育增加投入，积极扩大国际交流与合作，引导与培养更多热爱"三农"、献身"三农"、造福"三农"、支撑"三农"的人才队伍，为扛稳粮食安全重任提供充足的人才支持。

第四，建立健全对粮食主产区的长效补偿机制。由于国情所迫，粮食安全在我国确实重要，但是在市场经济大潮中，粮食生产效益偏低是一个全球性难题，各发达国家均依法采用一定的补偿机制予以支持和保障。近些年，我们国家已经对粮食主产区、种粮大县、种粮大户进行了一定的补偿，而且确实产生了积极的促进粮食增产提质的效应。现在仍然存在的突出问题是补偿力度尚需要进一步加大，补偿的对象需要进一步具有针对性，补偿的方法也需要法制化，不能长期依赖年度性文件支撑。为此，我们要结合产粮大县、规模化种粮企业、产粮大户等的实际需要，按照党中央已经明确地对农产品主产区提供有效转移支付的方法，开展试点，积极探索建立健全财政转移支付的可行路径与相关法规，适应市场经济条件下行业之间、区域之间利益均衡的长期需要，更好地为粮食安全贡献较大者增添源源不断的可持续发展的动力。

当前，正值春耕生产的大好季节，也是我们播种希望、培育嫩苗、加强田间管理、提升农业农村发展活力的关键时期。我们要发扬新冠肺炎疫情防控过程中根植于中原文化、依靠全省人民硬打硬拼创造的优良作风，通过改革创新，奋力拼搏，多投入人力、物力、才力和智力，逐步建立健全粮食安全生产与高质量发展的长效机制，在扛稳粮食安全重任上持续努力。

全面加快绿色发展步伐[*]

作为党的十九届五中全会部署的"十四五"时期经济社会发展的 12 项主要任务之一，推动绿色发展成为高质量发展的硬核之一。河南省委十届十二次全会暨省委经济工作会议描绘了包括绿色发展在内的全省"十四五"经济社会发展的蓝图，让我们对全省绿色发展充满期待！

一、加快绿色发展步伐是大势所趋

2012 年以来，每每遇到冬季雾霾天气增多，广大老百姓最为期待的就是蓝天白云，这已经成为大家向往美好生活的一种标志。一大早，打开窗户，只要有蓝天白云，人人都心情愉悦，开启紧张而又具有幸福感的一天生活。而一旦雾霾污染，特别是出现严重雾霾污染，则让人感觉非常不舒服。正是基于这种原因，近几年全省各地想方设法治理环境污染，坚定不移打好污染防治攻坚战成为共同的行动，也确实显示出明显的防治效果。但是，现在全省环境污染整治程度还远远没有达到绿色发展的水准，进一步治理环境污染仍然任务艰巨。因此，省委全会明确提出要在大河大山大平原保护治理上实现更大进展，统筹推进山水林田湖草沙系统治理，深入推进污染防治，加快构筑沿黄生态廊道，大力培育绿色发展方式，加快建设美丽河南。这是全省"十四五"时期经济社会高质量发展的硬任务之一，也是国内外绿色可持续发展的大势所趋，更是河南省全面绿色化转型发展的必由之路。

二、河南省绿色发展要聚焦三大任务

一是集中力量破解黄河流域生态环境保护问题。黄河从晋陕交界处入河南到郑州桃花峪属于中游，目前水土流失与城镇工业污染、农业面源污染是主要的问题。所以，要组织实施黄河中游生态环境保护工程，通过大型生态绿化与工程措施，减少丘陵山区的水土流失，抑制伊洛河、沁河等部分支流工业、城镇生活和农业面源污染，保护黄河的生态环境。在郑州桃花峪以下属于黄河下游，目前防洪短板仍然突出，首要任务是在已有工作基础上抓紧谋划建设郑州桃花峪大型水库，以拦截每年汛期小浪底水库到桃花峪之间的几条支流的洪水，减少对下游防洪的威胁。同时，要加快沿黄河下游大堤的造林绿化步伐，打造高质量的黄河绿色生态廊道，积极推进黄河国家文化公园建设。对于黄河下游大堤之内区域，采取三滩分治的方法，把大堤内部高滩上的居民点进一步加高，使中滩更稳，疏导低滩与河道，逐步打通郑州至东营入海口的 500 吨航道，确实让母亲河造福于沿线经济发展。二是加快从技术上破解城镇环境污染问题。对于城镇内部环境污染负荷比较重的企业，要通过多方面联合攻关，在污染治理技术上实现新的突破，彻底治理"三废"污染问题，创建越来越多的"绿色工厂"，全面促进企业绿色化转型。对于全省燃煤热电厂二氧化碳污染问题，要按照国家碳达峰与碳中和的时点要求，制定科学可行的方案，抑制二氧化碳排放量，并进一步提升绿色发电能力，扩大绿色可再生能源占比。对于中小城镇，需要抓紧完善"三废"处理设施，尽快做到有污必治，促进小城镇恢复比较好的生态环境。三是调动更多资源加快

---

* 本文发表于《河南日报》2021 年 1 月 3 日第 4 版。

美丽河南建设。在城市，以引水入市为突破口，让我们的大中城市能够因水而秀，彻底改变北方城市内部缺乏公共水系的现状，切实做到以水润城。建议郑州市带头，在郑州以西适当位置，在国家规定的用水指标之内引黄河水入郑州市，贯通市内金水河等主要河流，让绿水从我们天天生活的身边流动，改善整个城市的生态环境。在农村，把乡村建设行动作为关键抓手，重点加强公共基础设施建设，在推进城乡基本公共服务均等化上持续发力，统筹更多社会资源，特别是按照国家已经明确的政策，把城镇建设用地拍卖获得的资金更多地投入乡村振兴，以充足的资金投入改善农村生态生产生活环境，让农村广阔天地在美丽河南建设中大有作为。

三、在全社会倡导绿色发展新风尚

一方面，按照习近平总书记绿水青山就是金山银山的理念，把生态文明建设和环境保护放在经济社会发展全局的突出位置，以更多投入、更高标准、更严要求、更有力措施，加快改善全省的生态环境质量，全面推动绿色转型发展，在经济、能源消耗持续增长的同时，主要污染物排放大幅削减，促进环境质量持续改善。在工业生产领域，通过技术创新，产业转型升级，大幅度改变工业污染状况，减轻工业污染对环境的直接影响。对于钢铁、煤炭、水泥、化工等污染比较严重的行业，必须进行高质量的污染治理，真正做到高标准达标排放。另一方面，在社会生活领域，大力倡导简约适度、绿色低碳的生活方式，向奢侈浪费和不合理消费说"不"，让全新的绿色消费模式和生活方式成为现代文明生活新风尚。特别是在节约粮食、减少餐饮浪费方面要制定出台具体的政策举措，对节约者予以奖励，对不履行节约责任者，予以必要的处罚，传递明确的价值导向。大中城市要尽快落实垃圾分类制度，通过少产生或不产生厨卫垃圾，倒逼餐饮行业减少食物浪费行为，最大限度为环境减负。积极发展绿色建筑和低碳交通，在实际生活中创造更多绿色元素，让绿色发展之风吹遍社会的每一个角落。

黄河文化的主要特征与时代价值[*]

摘 要　黄河文化是黄河流域广大人民在长期的社会实践活动中适应当地的自然地理环境、认识和利用当地的发展条件所创造的物质财富和精神财富的总和，是全球四大文明发祥地之中唯一传承至今的大河流域文化。黄河文化源远流长，博大精深，具有根源性、灵魂性、包容性、忠诚性、原创性、可持续性特征。保护传承弘扬黄河文化，可以为中华民族伟大复兴凝聚精神力量，促进生态保护和高质量发展，启迪创新智慧，探索新的区域发展模式，为构建人类命运共同体提供文化滋养。

关键词　黄河文化；生态保护；高质量发展；人类命运共同体

2019年9月，习近平总书记在河南调研考察时明确指出，黄河文化是中华文明的重要组成部分，是中华民族的根和魂[1]。我们要系统分析认识黄河文化的丰富内涵和主要特征，深入挖掘黄河文化的时代价值，促进黄河文化在新时代的保护、传承、弘扬与创新。

一、黄河文化的丰富内涵

黄河全长5464千米，流经9省区，横跨青藏高原、内蒙古高原、黄土高原、华北平原四大地貌单元和我国地势三大台阶，其流经区域地理环境变化非常大，沿线人民在认识和适应自然环境的过程中形成了丰富多彩的物质文化和精神文化。黄河流域特殊的自然人文环境孕育出独具特征的黄河文化。黄河文化不仅是一种地域文化，也是一种流域文化，还是一种民族文化，更是一种国家文化。

从地域和流域角度分析，黄河文化是黄河流域广大人民在长期的社会实践活动中适应当地的自然地理环境、认识和利用当地的发展条件所创造的物质财富和精神财富的总和，既包括共同认可的社会规范、生活方式、风俗习惯、精神风貌和价值取向，也包括在这种价值取向影响下当地的发展观、生存观以及生产力发展方式。因为黄河流经地区地理环境的特殊性，其文化影响不仅包括干流流经地区，也包括沿线各支流流经地区。所以，黄河沿线的不同地段形成的河湟文化、关中文化、三晋文化、河洛文化、燕赵文化、齐鲁文化等都属于黄河文化体系的组成部分。这些区域性文化虽然气质各异，但是却底色相同、本质一致。同时，由于黄河河道历史上改道的原因，黄河流域的范围曾经变化较大，特别是下游地区南至现在的淮河，北到现在的海河，都曾经是黄河流经区域，从而形成了庞大的黄河文化体系。

从人口迁移历史的视角分析，现在的岭南地区、东部沿海地区、西南及西北大部分地区都曾经从中原大量移民，伴随这些移民而迁移的中原文化也被直接引进我国南方和西北大部分地区。所以，沉淀黄河文化最厚重的中原文化对南方与西北地区均影响广泛，它们的文化之根是黄河文化。在我国的东北地区，历史上主要从山东大量移民，而山东

---

* 本文发表于《中原文化研究》2021年第6期第86—91页。

的齐鲁文化也是黄河文化的重要组成部分。所以，东北地区的文化底蕴仍然是黄河文化。由此观之，黄河文化的深度影响不仅仅局限于现在的黄河流域，而是辐射全国各个地域。

从空间地域的视角分析，黄河文化先后融汇了黄河支流上多个民族的地方文化，并在持续不断与更广地域的外界交流合作中，吸收借鉴了很多外来文化的优点①，特别是融入了部分东亚地区、中亚地区、中欧地区的文化元素，丰富自身的内涵，弥补了本身的不足，持续增加了自身的韧性与可持续性，逐渐聚集、融合、升华为具有重要国际影响力的地域文化，是东亚文化圈的主体文化。

从民族演绎历史的视角分析，黄河文化是中华民族传统文明积累创新形成的有巨大影响力的民族文化。正因如此，刘庆柱明确提出黄河流域是中国文明的原点、发源地，也是形成地，黄河文化是"国家文化"，即"中华民族"的"根文化"与"魂文化"[2]。

按照文化传承的历史脉络看，黄河文化确实影响着中华民族传统文化演进的主脉。黄河文化在历史发展的长河中，逐渐萌发、成长、壮大、成型和演变，融入了各个历史时期不同的新要素，丰满了自己，更加铸就了独特的品质。

二、黄河文化的主要特征

黄河文化具有以下六大特征：

1. 根源性

从考古发现、文献记载、民间传说等多角度分析，黄河流域是中华民族的主要发祥地，也是中华文明的主要诞生地，在黄河流域特殊环境下孕育出来的黄河文化是中华民族传统文化的主要根源。黄河流域是中华民族的先人们最早聚居生活与持续繁衍的地方。他们在这里创造物质财富的同时，也创造了灿烂的精神财富，积淀了中华传统文化的基因，迈开了中华文明前行的脚步，逐步形成了中华民族的雏形，并积淀了黄河文化。中华文明上下五千年，在长达3000多年的时间里，黄河流域一直是我国政治、经济和文化中心。中华民族的传统文化大多起源于黄河流域，特别是现在的河南、陕西、山西大中原地区。

黄河文化是中华民族的根源，她是木之根本，水之渊薮。黄河文化的这种根源性，既具有国家意义，因为黄河流域是中华民族的发祥地，是中华民族共同的精神家园；也具有全球意义，因为中华文明是全球四大文明之一，对全球文明发展与进步贡献巨大。黄河文化中崇尚的"家国情怀"历来是全球事业有成者为理想事业献身的精神源泉。黄河文化中推崇的"天人合一""道出于天"等观念，是全球尊重自然、热爱自然、推动可持续发展认识论思想的起点。

2. 灵魂性

黄河是中华民族的母亲河，是孕育中华文明的摇篮。产生于黄河流域的黄河文化孕育出了儒释道相结合、以仁义礼智信为主要支撑的中国传统文化，是我们赖以维系的精神纽带，直接影响和决定着中华民族共同的价值取向、道德标准和行为准则。黄河文化是维系中华文化脉络传承的主干，是全民族心理认知的基本坐标。

习近平总书记强调："九曲黄河，奔腾向前，以百折不挠的磅礴气势塑造了中华民族自强不息的民族品格，是中华民族坚定文化自信的重要根基。"黄河早已成为中华民族的精神图腾。《周易》云："天行健，君子以自强不息。"自强不息，是中华民族自古便有的民族精神，这种不畏艰险、勇往直前的精神一直深埋在我们民族的灵魂之中，是维系中华民族传统文化可持续发展的内在基因。

在抗战时期，一曲代表广大中国人民心声的《黄河大合唱》从延安窑洞响起，并迅速传遍祖国大地，"保卫黄河、保卫全中国"成为时代的最强音，为夺取抗战胜利注入了强大的精神力量。在中华民族伟大复兴的关键时期，习近平总书记一年之内四次调研指导黄河流域生态保护和高质量发展，重视程度空前，全国各地积极响应、快速行动，掀起黄河流域生态保护和高质量发展的热潮，再一次体现出黄河文化的灵魂性。

3. 包容性

包容文化是在人与自然、人与社会、人与人互动交流中形成的一种动态的文化融合与创新发展形态。"草木有情皆长养，乾坤无地不包容"，这是中国传统文化中对大自然包容性最为经典的表述。黄河流域自古以来就是中国传统农耕文明与游牧文明、中原文化与草原文化、东方文化与西方文化交流融合的枢纽区域，由此形成了黄河文化的包容性。这种包容性不仅孕育形成了多民族长期融合、和谐发展的中华民族，也缔造了"万姓同根，万宗同源"的民族文化认同和崇尚"大一统"体制的全社会主流意识，彰显出中华民族"和为贵""求大同"的独特精神标识②。

正是黄河文化的包容性使中华传统文化在内部形成丰富多彩、主流价值观明确的特质，在外部则向世界开放，通过交流互鉴，不断接受外来先进文化的滋养，从而使自身具有更强大的生命力和可持续性，促进了中华文明延绵不断、有序传承，形成了"君子和而不同""大道之行，天下为公"的开放理念③。习近平总书记曾明确指出："中华民族是一个兼容并蓄、海纳百川的民族，在漫长历史进程中，不断学习他人的好东西，把他人的好东西化成我们自己的东西，这才形成我们的民族特色。"

新时代习近平总书记以开放包容的独特视角，提出构建人类命运共同体的全球治理理念，得到越来越多国际组织和国家的高度认同，成为中国文化包容性智慧的新经典。包容文化为构建全球命运共同体奠定了坚实的思想基础④。

4. 忠诚性

忠诚，是中华民族传统文化的精神血脉，是中华民族的基本价值坐标。走进黄河流域数千年的文明长河，在广大老百姓心目中"孝当竭力，忠则尽命"始终是最广泛的道德认同标准⑤。在我国历史上，从苏武"塞外牧羊"到岳飞"精忠报国"，从诸葛亮"出师未捷身先死，长使英雄泪满襟"到文天祥"人生自古谁无死，留取丹心照汗青"，所展示的都是黄河文化中崇尚忠诚性的内核。忠诚，成就了无数伟人流芳百世的历史佳话，也代表着中华民族传承千年的价值观。在鸦片战争、八国联军侵华战争、抗日战争、解放战争、抗美援朝战争等国家与民族最需要的危急时期，就是因为中华传统文化中崇尚对国家忠诚的品格，才孕育出无数无私奉献、为国尽忠的英雄豪杰，保障了中华民族生生不息、百折不挠的传承与发展。

黄河文化的忠诚性，在家庭生活层面，则表现为孝道文化，就是关爱父母长辈、尊老敬老的一种文化传统。儒家思想创始人孔子写出一部被誉为"使人高尚和圣洁""传之百世而不衰"的不朽名著《孝经》，千百年来被广大民众和官方政府视作金科玉律，上至帝王将相，下到平民百姓，无不对其推崇备至，产生了推动社会文明进步的巨大力量，成为独特的中华孝道文化的基石。在黄河流域，"百善孝为先"家喻户晓、人人皆知，始终都是家庭教育与生活教育的起点，也是中华传统文明中家风家教传承的核心内容⑥。这种纯正的民风影响了无数代黄河儿女的德行，也塑造出大量感人肺腑的经典故事。如河南省清丰县，古称顿丘，因隋朝时境内出了一个大孝子张清丰，影响非常大，唐朝大历年间，钦定更名为清丰县，成为我国唯一以孝子之名命名的县。时至今日，当地仍然崇尚孝道文化，弘扬为家尽孝、为国尽忠的家国情怀，为纯洁社会风气、弘扬优秀传统文化及社会健康发展蓄势赋能。

孝忠相通，忠孝两全，孝始忠结，相辅相成。孔子说："夫孝，始于事亲，中于事君，终于立身。"曾子说："孝子善事君。"把对父母的孝心转化为对国家的忠心，把对家庭的责任转化为对国家的责任，这是儒家孝道文化的一个特点。自古忠臣多出于孝子，尽孝与尽忠一脉相承，孝与忠有着深刻的内在联系和共同本质。

5. 原创性

从人类早期生产力发展的角度看，无论

是早期历史文献记载的伏羲氏作网罟、神农氏制耒耜、嫘祖始蚕丝，还是裴李岗文化、仰韶文化、龙山文化等新石器时代遗址考古发现的大量石镰、石刀、石斧、石锛等石质农具，每一项农耕文化的创新成就都是黄河文化演绎过程中的文化结晶。尤其是代表中国古代杰出科学成就的"四大发明"，都是由黄河文化孕育创造的[3]，象征着黄河文化的原创性，推动着人类文明发展的进程。

从代表中华文化标志的文字创造和演进的历史看，黄河流域是中国文字起源之地，中华文脉肇兴于此、传承于此、灿烂于此。无论是黄帝史官仓颉造字，还是安阳殷墟出土中国最早的甲骨文，从李斯规范书写"小篆"，到许慎编写出世界第一部字典《说文解字》，再到活字印刷术和宋体字的发明和使用，汉字文明的每一步演变创新都发生在黄河流域，这也从另一种视角揭示了黄河文化的原创性。

在民族精神追求层面，作为东方文明标志的儒、释、道以及墨、法等诸子百家思想也都在黄河流域发端、发展和完善。其中，儒家思想创始人孔子，从其周游列国开始直至形成完整的思想体系，其踪迹主要活跃于中原地区。佛教中的禅宗、天台宗、净土宗、临济宗等祖庭均在中原，登封"天地之中"建筑群乃是佛教文化的杰出代表，少林寺至今仍然名扬中外，由此演绎出的"中国功夫"一直是中国传统文化在国外最简明扼要的标志之一。道家思想创始人老子，在函谷关完成了充满辩证法思想的中华哲学宝典《道德经》，至今仍然是中华传统文化中最宝贵的财富之一。法家韩非子、李斯、商鞅提出了影响深远的法家主张。墨家、杂家、名家等创始人或集大成者的主要活动区域也在黄河中下游地区，均表明了黄河文化的原创性。

黄河文化的这种原创性，不仅深刻影响着中国的政治、经济、社会和文化基因，更从内心深处塑造了中华民族鲜明的集体人格，留下了永恒的国学经典和浩如烟海的人文典籍，成为我国传统文化的宝藏。

6. 可持续性

国际学术界把中国文明称为"黄河文明"，它与埃及的尼罗河文明、西亚的两河流域文明、印度的印度河文明并称为世界四大文明。全球其他三大文明由于各种原因都无法保持连续存在，而作为唯一不曾间断的文明，中华文明长期延绵，始终保持强大的生命力和自我修复能力，至今仍然可持续发展[7]，其可持续性特质特别宝贵。在我国5000多年文明发展史中孕育而成的中华优秀传统文化，在党和人民伟大斗争中孕育的革命文化和社会主义先进文化，积淀了中华民族最深层的精神追求，代表着中华民族独特的精神标识，影响着我们整个民族的世界观、人生观、价值观，黄河文化是全球华人的精神家园。

黄河文化是一种在全球有重要地位与影响的国家文化，她所孕育的政治、经济、社会等一系列重要文化内涵具有完备的系统性，构成了一个独特的东方思想体系。作为东方文明标志的儒释道融合思想，与黄河流域特别是黄河中下游地区联系密切。在儒家思想中，贵和尚中，追求"中庸"。所谓"中庸"，就是万事留余，就是"和为贵"，就是适可而止，讲究从长计议，不追求一时的利益最大化，不容易得罪人，无法形成零和博弈的不利局面。正是这种价值观，使东方文明具有稳定发展的内核，维系了中国传统文明的可持续性。

佛教中的禅宗等祖庭均在中原，道家思想的鼻祖老子是河南鹿邑人，在函谷关完成了著名的《道德经》，被称为哲学宝典之一，为世界所关注。对于儒释道之间的融合关系，习近平总书记讲道："佛教产生于古代印度，但传入中国后，经过长期演化，佛教同中国儒家文化和道家文化融合发展，最终形成了具有中国特色的佛教文化。"

三、黄河文化的时代价值

黄河文化寄托着中华民族伟大复兴的梦想，是中华民族不断攻坚克难的精神支撑，其时代价值突出体现在以下六个方面：

1. 为中华民族伟大复兴凝聚精神力量

黄河文化是中华民族的根和魂，沉淀和积累了几千年来中华民族持续创造的大量优秀物质财富与精神财富，是中华民族世界观与方法论的基本起点。我们在建设社会主义现代化国家的进程中，无论走得多远，既需要"不忘初心，牢记使命"，也需要"心有所信，方能行远"。面向未来，走好新时代的长征路，我们更需要坚定理想信念、矢志拼搏奋斗。因为文化自信是更基础、更广泛、更深厚的自信，是中华民族伟大复兴进程中统一思想、达成广泛共识的思想基础，而当这种自信根植于中华民族优秀的传统文化之中时，在全社会凝聚磅礴的历史动力就将自然天成。所以，保护、传承、弘扬与创新黄河文化，就是我们坚定文化自信的重要基石，也是中华民族伟大复兴进程中凝聚民族伟力的力量源泉。

2. 为生态环境治理提供价值引导

习近平总书记强调："治理黄河，重在保护，要在治理。要坚持山水林田湖草综合治理、系统治理、源头治理，统筹推进各项工作"，"要坚持绿水青山就是金山银山的理念，坚持生态优先、绿色发展"，"加强生态保护治理"。习近平总书记对黄河流域生态保护考虑得非常细致，我们要按照习近平总书记的要求，深度理解黄河文化中"天人合一"的理念，尊重自然、爱护自然、保护自然、利用自然，以系统性思维，推动生态环境保护，促进人与自然和谐相处，把"生态优先""重在保护"落到实处，让我们拥有越来越多的"绿水青山"，共同创造基于绿色发展基础的"金山银山"，确实为广大老百姓期望更好的幸福生活提供生态环境支撑。

3. 为黄河流域高质量发展提供思想资源

高质量发展是党的十九大以后国家发展的主旋律。黄河流域自然环境复杂，人文环境多样，自古以来创造有大量针对各种特殊情况求生存与谋发展的高招。深入挖掘黄河文化中治山治水的秘诀，根据各地的实际需要，探索高质量发展的具体路径，将为黄河流域高质量发展寻求真实可行的对策。也正是因为黄河流域上中下游情况差异巨大，有特别强的代表性，所以在黄河流域探索高质量发展方略对全国意义重大。因此，习近平总书记明确指出："沿黄河各地区要从实际出发，宜水则水、宜山则山，宜粮则粮、宜农则农，宜工则工、宜商则商，积极探索富有地域特色的高质量发展新路子。"第一次把因地制宜的方法，全面融入黄河流域高质量发展的策略之中，黄河流域高质量发展有了非常明确的着力点，将对全国高质量发展起到非常好的示范探路作用。

4. 为弘扬传统文化启迪创新智慧

在黄河流域，从历史神话、民间艺术、建筑工艺、礼仪风俗、戏曲歌舞，到大禹治水、愚公移山、精忠报国，再到红旗渠精神、焦裕禄精神等，都充满人类文明的智慧之光，对人们认识自然、适应自然、利用自然都起到了重要作用。在国内外一直受到追捧的少林武术、温县太极拳、洛阳牡丹以及唐诗宋词，都充满着神奇的智慧与迷人的诱惑力，对全球传统文化传承、弘扬、光大都具有非常重要的影响力。而这些丰富多样的传统文化品牌，都是由黄河文化孕育而来的。所以，讲好黄河故事，弘扬黄河文化，搞清楚我们从哪里来，要到哪里去，启迪更多智慧，创造更加美好的生活，永远都具有历久弥新的价值。

5. 为区域协同发展探索多重路径

黄河文化的保护、传承、弘扬与创新，第一次从沿黄九省区跨区域联合协调推进的角度，提出了一种全新的不同于以往单纯以工业化、城镇化为支撑的区域发展模式。黄河流域生态保护与高质量发展，作为国家重大战略，将依据传统地域文化或生态保护主题进行跨区域协同发展，展现出更宏大、更协调、更可持续的经济发展战略布局和多元发展理念，为区域经济发展与地域文化全面融合提供了新机遇，必将为新时代"盛世兴文"创造新的文化经典。特别是黄河文化博大精深，沿黄九省区地域差异巨大，发挥各自优势与特色，保护、传承、弘扬与创新黄河文化，将为各地因地制宜、探索有地域特色的高质量发展之路、支撑我们迈向建设社会主义现代化国家新征程提供新机遇、创造新亮点。

6. 为构建人类命运共同体提供文化滋养

习近平总书记以青年时代的七年知青岁月经历，对黄河、黄土地、黄河文化具有更加深入的认知与亲身的感受，也正是在这种感同身受的社会实践与理论思考中对"大道之行，天下为公"的东方哲学理解至深，他站位于政治家的战略高度，于2012年首次提出"国际社会日益成为一个你中有我、我中有你的命运共同体"的新哲学命题，得到社会各界的广泛认可与拥护。2017年1月18日，习近平总书记在联合国日内瓦总部发表了影响巨大的题为《共同构建人类命运共同体》的主旨演讲，得到与会的各国政要的高度重视。从人类文明史发展与进步趋势分析，唯有凝聚时代共识的思想，方有拨云破雾的穿透力；唯有洞察未来的远见卓识，方有指引历史前行的感召力。习近平总书记融合中华民族传统文化提出"共同构建人类命运共同体"战略构想，蕴含着传承数千年的中国智慧，指明了人类文明可持续发展的方向，显示出在百年未有之大变局中卓越政治家和战略家高瞻远瞩的战略思维，成为21世纪引领中国时代潮流和人类文明进步的鲜明旗帜，为人类文明创造新的辉煌奠定了哲学层面的思想基础。

四、结语

黄河文化源远流长、博大精深，具有根源性、灵魂性、包容性、忠诚性、原创性、可持续性特质，这些特质共同铸就了中华民族的文化特质。全面认识和把握这些特征，有利于我们坚定文化自信，保护生态环境，促进高质量发展，构建人类命运共同体。在保护、传承、弘扬和创新黄河文化方面要谋划开展丰富多彩的活动，系统打造代表黄河文化六大特征的典型地标，以传统艺术和现代艺术相结合的形式认真讲好"黄河故事"，延续历史文脉，以具体行动激励全社会坚定文化自信，以更好的包容性合作奏响新时代黄河大合唱，为实现中华民族伟大复兴的中国梦凝聚精神力量，谱写新时代建设社会主义现代化国家更加出彩的绚丽篇章。

注释

①陈隆文. 黄河文化的历史定位 [N]. 河南日报，2019-10-29（6）.

②徐光春. 黄帝文化与黄河文化 [J]. 中华文化论坛，2016（7）：5-14.

③张占仓. 以包容文化滋润开放发展 [J]. 中州学刊，2018（9）：24-30.

④杜飞进. 构建人类命运共同体引领人类文明进步方向 [J]. 哈尔滨工业大学学报（社会科学版），2020（3）：1-13.

⑤张艳国. 忠诚文化及其现代价值 [J]. 江汉论坛，2005（9）：97-101.

⑥古琪. 孝道文化的历史变迁与当代价值 [J]. 延边党校学报，2020（2）：68-72.

⑦赵仁青. 中国传统文化中的可持续发展思想 [J]. 重庆科技学院学报（社会科学版），2008（5）：140-141.

参考文献

[1] 新华社. 习近平在河南考察时强调坚定信心埋头苦干　奋勇争先　谱写新时代中原更加出彩的绚丽篇章 [N]. 河南日报，2019-09-19（1）.

[2] 刘庆柱. 黄河文化与中华五千年不断裂文明——在黄河文化高层论坛上的主旨报告摘要 [EB/OL]. http：//www.hnass.com.cn/Special/index/cid/4/jid/30/jcid/74/id/1304.html.

[3] 李立新. 深刻理解黄河文化的内涵与特征 [N]. 中国社会科学报，2020-09-21（4）.

全面实施绿色低碳转型战略[*]

河南省委工作会议提出，实施绿色低碳转型战略。把准政策导向，突出双控倒逼，坚持先立后破，发展绿色能源、壮大绿色产业、做强绿色交通、推广绿色建筑、创新绿色技术、构建绿色屏障、倡导绿色生活。针对全省经济发展特征，实施绿色低碳转型战略，既要抓住重点，又要谋划科学有效举措。

一、转型重点

一是准确把握碳排放的主要来源。从我国碳排放占比情况看，第一是能源部门，占比约 51%；第二是工业部门，占比约 28%，其中钢铁、建材、石化等是高碳排放部门；第三是交通运输部门，占比约 9.9%；第四是建筑部门，占比约 5%；第五是居民日常消费，占比约 5%。这种碳排放来源构成，为我们指明了绿色低碳转型发展的重点。

二是加快发展绿色能源。河南是全国能源原材料基地，而传统能源以煤炭生产和燃煤发电为主，这种发展基础使得煤炭在能源消费结构中居主导地位。从二氧化碳排放来源看，全省约 80% 的二氧化碳排放来源于煤炭燃烧。2020 年，全省高碳火力发电占全部发电量的 80% 以上。全省能源消费总量中，煤炭消费占比 67% 左右，高出全国约 10 个百分点。因此，在能源生产与消费中亟待减少煤炭占比，加快发展绿色能源。2020 年，河南绿色发电装机容量比 2015 年增长 459.8%，已占河南发电装机容量的 32%，尤其是风电与太阳能发电装机容量分别增长 15.7 倍和 27.8 倍，绿色发电装机容量正在快速增长。下一步需要持续加力，特别是加快电力行业

减碳进程较为迫切。

三是壮大绿色产业。推进工业绿色升级。坚决遏制"两高"项目盲目发展，实施钢铁、煤化工、水泥、铝加工、玻璃、耐火材料等行业绿色化改造。持续推进绿色制造体系建设，到 2025 年，新创建绿色工厂 300 家、绿色工业园区 15 个、绿色供应链管理企业 20 家，绿色工业占比明显增加。全面推进建筑业绿色化进程，组织开展"美丽城市"建设试点工作。持续推进海绵城市建设，增强城市防洪排涝能力。开展绿色社区、绿色建筑创建行动，到 2025 年，全省城镇新建建筑全面执行绿色建筑标准。加快农业绿色发展，创建农业绿色发展先行区，推进"三品一标"标准化基地建设。发展生态循环农业，开展种养结合循环农业试点工作，实施秸秆综合利用提升行动，建设 30 个秸秆综合利用示范县。提高服务业绿色发展水平，促进商贸企业绿色升级，培育一批绿色流通主体。

四是做强绿色交通。积极调整运输结构，推进多式联运重点工程建设，加快发展公铁、铁水、空陆等联运模式。深入实施铁路专用线进企入园"653"工程，完善铁路专用线集疏运体系。加强物流运输组织管理，探索多式联运"一单制"，深化郑州新郑国际机场航空电子货运试点工作。推广绿色低碳运输工具，淘汰更新或改造老旧车船，在港口和机场服务、城市物流配送、邮政快递等领域优先使用新能源或清洁能源汽车。加快港口岸电设施建设，支持机场开展辅助动力装置替代设备建设和应用。支持物流企业构建数字化运营平台，鼓励发展智慧仓储、智慧运输，

＊ 本文发表于《河南日报》2021 年 10 月 14 日第 5 版。

推动建立标准化托盘循环共用制度。

五是创新应用绿色技术。组织开展绿色技术创新攻关行动，围绕节能降碳、清洁能源、废弃物资源化利用等领域组织实施一批重大科技项目，培育建设一批绿色技术创新中心、绿色技术创新示范基地。强化企业创新主体地位，支持企业牵头联合高校、科研院所、产业园区等建立市场化运行的绿色技术创新联合体，鼓励企业牵头或参与财政资金支持的绿色技术研发项目、市场导向明确的绿色技术创新项目，大力推广应用绿色创新技术与产品。

六是倡导绿色低碳生活方式。推进"光盘行动"，坚决制止餐饮浪费行为，推进生活垃圾分类收集和资源化利用。优先发展公共交通，有序发展共享交通，积极引导绿色出行。深入开展爱国卫生运动，开展绿色生活创建活动。

二、主要举措

第一，加强绿色低碳转型战略的宣传。实施绿色低碳转型战略，是我们经济社会发展模式的重大变革，也是应对全球环境变化特别是气候变暖不得不采取的重大举措。要对重大技术突破、产业结构调整以及居民日常生活中大量事项的具体落实等方面进行全面、系统的宣传，普及绿色发展知识，推动低碳产业发展。

第二，完善绿色发展政策法规体系。落实国家促进绿色设计、强化清洁生产、发展循环经济、严格污染治理、推动绿色产业发展、扩大绿色消费等方面的法律法规制度，推动制定完善河南省相关政策法规。强化执法监督，加大违法行为查处和问责力度，加强行政执法机关与监察机关、司法机关的工作衔接配合，在全社会营造促进绿色发展的整体氛围。

第三，加大财税金融扶持力度。利用财政资金和争取中央预算内投资支持环境基础设施、绿色产业发展、能源高效利用、资源循环利用等项目建设。继续落实节能节水环保、资源综合利用以及合同能源管理、环境污染第三方治理等方面的所得税、增值税等优惠政策，持续做好资源税征收和水资源费改税试点工作。发展绿色信贷和绿色直接融资，大力发展绿色金融，全面支持绿色产业发展。

第四，培育绿色交易市场机制。建立健全绿色发展的市场机制，完善用能权有偿使用和交易试点配套制度体系，拓展用能权交易试点范围。完善排污权交易制度体系，落实碳排放权交易机制，推动重点排放企业参与全国碳排放权交易。健全用水权交易机制，推动水资源使用权有序流动。

科学实施绿色低碳转型战略[*]

　　中共河南省委书记楼阳生在河南省第十一次党代会报告中提出，确保高质量建设现代化河南、确保高水平实现现代化河南的奋斗目标，要全面实施"十大战略"[1]。其中之一，是全面实施绿色低碳转型战略。针对全球与全国经济社会发展的时代性特征，河南省全面实施绿色低碳转型战略，既要认清绿色低碳转型发展的科学内涵、深度厘清绿色低碳转型发展的科学技术背景，抓住推进工作的重点，又要谋划科学有效的重大战略举措，真正让这项重要战略落到实处，为全国绿色低碳转型发展做出应有的贡献。

一、认清绿色低碳转型发展的科学内涵

1. 绿色低碳转型发展的内涵

　　全球气候变化已经是不争的事实，成为21世纪人类发展最大的挑战之一。所谓气候变化是指由于人类活动排放温室气体造成大气成分的变化，引起以变暖为主要特征的全球气候变化。这一人为因素主要是1750年工业革命以来的经济活动引起的，如化石燃料的燃烧、土地利用的变化。面对全球变化带来的严峻挑战，绿色低碳转型发展成为热门话题。

　　所谓绿色发展，就是以效率、和谐、可持续为目标的经济增长和社会发展方式。当今世界，绿色发展已经成为一个重要趋势，许多国家把发展绿色产业作为推动经济结构调整的重要举措，突出绿色的理念和内涵。绿色发展与可持续发展在思想上是一脉相承的，既是对可持续发展的继承，也是可持续

发展中国化的理论创新，更是中国特色社会主义应对全球生态环境恶化客观现实的重大理论贡献。

　　所谓低碳发展，就是用更少的、更清洁的能源消费支撑经济社会的可持续发展。低碳发展的重点解决能源可持续利用问题，即能源的高效利用与清洁利用问题，因为化石能源燃烧产生的二氧化碳占二氧化碳排放总量的90%以上，所以低碳发展核心是能源绿色化问题。与之相关的概念，还涉及碳达峰碳中和。所谓碳达峰，就是指在某一个时点，二氧化碳的排放不再增长达到峰值，之后逐步回落。我国承诺在2030年前，二氧化碳的排放不再增长，达到峰值之后再逐步减下去。所谓碳中和，指的是在一定时间内，通过植树造林、节能减排等途径，抵消自身所产生的二氧化碳排放量，实现二氧化碳"零排放"[2]。

　　所谓转型发展就是伴随经济发展阶段的变化经济发展方式的深刻转变。比如，新中国成立初期，我们基于当时的发展需要，把农业是国民经济的基础放在特别重要的战略位置予以重视，主要是为了解决当时的饥饿问题，并且成效非常显著。1978年，改革开放初期，我们开始高度重视开放发展，即在影响经济发展的投资、出口、消费"三驾马车"中，特别突出出口的作用，以利于解决我国经济与全球经济融合问题。在我国"十四五"规划中，明确提出构建新发展格局，特别强调"畅通国内大循环""促进国际国内双循环"，更加重视促进国内消费对GDP增长的贡献。面对绿色低碳发展的新趋势，我们

　　[*] 本文发表于《"两个确保"与"十大战略"怎么看　怎样干》，河南日报智库编著，河南大学出版社2021年12月出版。

必须高度重视向绿色低碳发展，以利于按时完成碳达峰碳中和的历史任务。

绿色低碳转型发展，就是以效率、和谐、可持续为目标、用更少的、更清洁的能源消费支撑经济社会可持续发展的一种新模式。

2. 我国对绿色低碳转型发展高度重视

我国对绿色低碳转型发展高度重视，并且根据我们的国情特点、发展阶段和国际责任，为推动绿色低碳转型发展做出了很大努力。在低碳发展方面，在 2009 年的哥本哈根气候变化大会前夕，中国提出到 2020 年单位 GDP 二氧化碳比 2005 年降低 40%～45%。2011 年，首次把单位 GDP 二氧化碳排放下降 17%作为约束性指标纳入到"十二五"国民经济社会发展规划中，国务院印发了《"十二五"控制温室气体排放工作方案》，全面部署了"十二五"期间低碳发展的各项任务，标志着中国推动绿色低碳发展工作迈上了一个新的台阶。2014 年 11 月 APEC 会议期间，中美双方发布了《中美气候变化联合声明》，我国政府承诺到 2030 年左右二氧化碳排放达到峰值且力争提早达峰，在国内外产生了广泛而深远的影响。2015 年，中国政府发布了《强化应对气候变化行动——中国国家自主贡献》，不仅明确了二氧化碳排放峰值目标和实现路径，同时也提出了 2030 年单位 GDP 二氧化碳排放比 2005 年下降 60%～65%的低碳发展目标。截至 2019 年底，我国碳强度比 2015 年下降 18.2%，已提前完成"十三五"约束性目标任务；碳强度较 2005 年降低约 48.1%，非化石能源占能源消费比重达 15.3%，均已提前完成我国向国际社会承诺的 2020 年低碳发展目标。

二、从全球能源革命演进趋势把握低碳转型发展的战略重点

1. 人类文明正在迈向生态文明

伴随全球科技进步的脚步，人类文明形态不断发展变化。其中，能源供给是人类活动中最为重要的物质保障。化石能源的发现和利用，极大地提高了劳动生产力水平。作为人类生存和发展的能源支撑，煤炭、石油、天然气等化石能源大规模使用保障了 19 世纪到 21 世纪 200 多年来人类文明进步和经济社会发展，人类社会也因此由农耕文明进入工业文明时代。但是，200 多年来，这种工业文明也产生了严重的环境污染、气候变化和可持续发展问题。近些年，非化石能源利用技术快速发展，绿色能源技术加快普及，新一轮能源革命正在全球兴起，并推动人类由工业文明迈向生态文明时代。

2. 我国也在冲刺低碳转型发展新高度

从更深层次回望历史，1776 年，英国人詹姆斯·瓦特发明了蒸汽机，开辟了人类利用能源新方法，把人类带入了以煤炭驱动的"蒸汽时代"，并因此创造了巨大的物质财富，从而诞生了日不落帝国英国，这就是全球能源使用结构发展变化的第一阶段，即以煤炭为主阶段。1883 年，德国的戴姆勒创制成功第一台立式汽油内燃机，并快速在各个方面广泛应用，把全球带入了以油气为主的时代，成就了全球能源结构以石油和天然气为主的第二阶段。近些年，发达国家正在转向以非化石能源为主的新时代，即以绿色能源为主的第三阶段。因为我国现代工业发展起步较晚，加上我们的能源资源禀赋多煤少油缺气，与工业化相伴而行的能源使用结构变化已经经历了以煤炭为主的第一阶段，和以煤炭与石油、天然气、水电等混合使用为主的第二阶段。"十三五"时期以来，我们开始高度重视风力发电、太阳能发电、生物质能发电等绿色能源的发展，并且取得了较快的进展，也在努力冲刺能源结构绿色化的第三阶段。按照杜祥琬院士的研判预测，通过水电、核电、风电、太阳能、生物质能、地热以及储能技术、新能源汽车等技术领域和综合能源服务，以及智能电网、微网、虚拟电厂等新业态的进一步发展，预计到 2025 年，我国非化石能源在一次能源中占比将达到 20%，电力在终端能源中占比将超 30%，非化石能源发电装机占比将达 50%，发电量占比超 40%[3]。届时，可再生能源将担当大任，成为

"十四五"期间能源增量主体；煤炭消耗不再增长，率先实现"煤达峰"，甚至"煤过峰"。"十五五"期间，通过非化石能源增长（包括电动汽车在内的）和再电气化，我国东部地区/城市将率先在 2030 年前实现碳达峰[4]。

3. 要正视我们绿色低碳转型发展面临的巨大压力

从全球发展趋势分析，世界能源相关碳排放量增速趋缓，但碳达峰尚需一个比较复杂的过程。2020 年，全球碳排放量排名前十的国家依次为中国、美国、印度、俄罗斯、日本、伊朗、德国、韩国、沙特阿拉伯和印度尼西亚，约占世界总排放的 68.6%（见表 1）。其中，碳排放量排名前三的大国是中国、美国、印度，其碳排放量分别达到 9899 百万吨、4457 百万吨和 2302 百万吨，占全球的比重分别达到 30.7%、13.8% 和 7.1%，合计占全球的 51.6%。从人均 CO_2 排放量看，我国为 7.1 吨/人，沙特阿拉伯为 16.4 吨/人，美国为 13.5 吨/人。因为我们国家能源资源禀赋与使用结构的特殊性和工业化发展进程的特殊性，使目前碳排放总量高居世界首位，而且处在持续较快增长的过程之中。我国东部（胡焕庸线以东）每年消耗了全球煤耗的 50%，这块土地上的煤耗空间密度是全球平均值的 15 倍。东部的汽车空间密度已经超过了美国，二氧化碳排放的空间密度是全球平均值的 8 倍。我国产业偏重，能源偏煤，效率偏低，对高碳发展路径依赖的惯性比较大，实现碳达峰碳中和要克服巨大的技术上的一系列困难。不是现成的技术就能实现碳达峰碳中和，需要很多领域的重大技术创新。从碳达峰走到碳中和，发达国家用了 45 年至 70 年，中国只留了 30 年的时间，这是不容易的。碳达峰以后，要有更大力度的减排技术与管理措施支撑才能实现碳中和。所以，在 2030 年之前实现碳达峰、2060 年实现碳中和的任务是异常艰巨的，全面推动绿色低碳转型发展面临巨大的压力。数据显示，2020 年，我国风能发电和光伏发电的装机容量合计达 4 亿千瓦，已位居世界第一，但尚未达到全国能源消费的 5%。到 2030 年，预计我国风电、太阳能发电总装机容量将达到 12 亿千瓦以上，但其占一次能源消费的比例仍然有限。如何真正破解我们国家在高排放的历史条件下实现碳达峰碳中和确实需要在技术创新与管理创新上有重要突破，以利于开辟绿色低碳发展的新天地。

表 1　2020 年全球碳排放量前 10 国家的碳排放情况

序号	国家	CO_2 排放量（百万吨）	CO_2 排放量全球占比（%）	人均 CO_2 排放（吨/人）
1	中国	9899	30.7	7.1
2	美国	4457	13.8	13.5
3	印度	2302	7.1	1.7
4	俄罗斯	1482	4.6	10.3
5	日本	1027	3.2	8.2
6	伊朗	678	2.1	8.1
7	德国	605	1.9	7.3
8	韩国	578	1.8	11.2
9	沙特阿拉伯	571	1.8	16.4
10	印度尼西亚	541	1.7	2.0

资料来源：潘小海等. 我国碳排放分布特征与动态演进研究 [J]. 中国工程咨询，2021（9）.

4. 科学厘清碳排放的主要来源

根据国际能源署报告，2020 年，全球碳排放的主要来源中，能源发电与供热占 43%，交通运输占 26%，制造业与建筑业占 17%，其他合计占 14%。这种碳排放来源构成说明，能源领域碳排放是最大的罪魁祸首，大幅度减少碳排放需要从新的能源革命入手。按照我国公布的相关信息，我国碳排放占比第一是能源部门，占比约 51%；第二是工业部门，占比约 28%，其中钢铁、建材、石化等是工业领域碳排放大户；第三是交通运输部门，占比约 9.9%；第四是建筑部门，占比约 5%；第五是居民日常消费，占比约 5%；其他，占比约 1.1%。我国这种碳排放来源构成情况表明，我们实现 2030 年碳达峰与 2060 年碳中和最大的难点在能源与工业领域。面对实现"双碳"目标的新任务，大踏步向绿色、低碳、安全、高效能源转型时不我待，尤其是大幅度减轻能源、工业领域的碳排放量是我国的碳减排的重中之重。如果路径选择科学准确，我国能源使用结构也将会较快转入以非化石能源为主的绿色能源新阶段，简称绿能时代。

三、充分认识绿色低碳转型发展的重大战略意义

1. 绿色低碳转型发展是我们向国际社会做出的庄严承诺

2015 年，国际社会达成了气候变化《巴黎协定》，确立了全球温控长期目标，即在 21 世纪末将全球平均温升控制在工业革命前的 2℃ 以内，并努力控制在 1.5℃ 以内。众多研究表明，国际社会要实现这一目标，就必须在 21 世纪下半叶甚至 21 世纪中叶实现碳中和。2020 年 9 月 22 日，国家主席习近平在第七十五届联合国大会一般性辩论上发表重要讲话提出：应对气候变化《巴黎协定》代表了全球绿色低碳转型的大方向，是保护地球家园需要采取的最大限度行动，各国必须迈出决定性步伐[5]。中国将提高国家自主贡献力度，采取更加有力的政策和措施，二氧化碳排放力争于 2030 年前达到峰值，努力争取 2060 年前实现碳中和。这是我们向国际社会做出的庄严承诺，也是以实际行动落实绿色低碳转型发展的重大战略举措。2021 年 1 月 25 日，习近平总书记在世界经济论坛"达沃斯议程"对话会上的特别致辞中指出：我已经宣布，中国力争于 2030 年前二氧化碳排放达到峰值、2060 年前实现碳中和。实现这个目标，中国需要付出极其艰巨的努力。我们认为，只要是对全人类有益的事情，中国就应该义不容辞地做，并且做好。中国正在制订行动方案并已开始采取具体措施，确保实现既定目标。中国这么做，是在用实际行动践行多边主义，为保护我们的共同家园、实现人类可持续发展作出贡献。2021 年 7 月 16 日，习近平总书记在亚太经合组织领导人非正式会议上讲话时进一步指出，地球是人类

赖以生存的唯一家园。我们要坚持以人为本，让良好生态环境成为全球经济社会可持续发展的重要支撑，实现绿色增长。中方高度重视应对气候变化，将力争 2030 年前实现碳达峰、2060 年前实现碳中和。中方支持亚太经合组织开展可持续发展合作，完善环境产品降税清单，推动能源向高效、清洁、多元化发展。习近平总书记在多次重要国际会议上的积极承诺，将成为我们国家加快绿色低碳转型发展的重要遵循[6]。

2. 绿色低碳转型发展已在国家层面做出重要部署

2021 年 3 月，在全国"两会"上，时任总理李克强在政府工作报告中提出，扎实做好碳达峰、碳中和各项工作。要制订 2030 年前碳排放达峰行动方案。全国"两会"之后，由国家发改委牵头，抓紧时间编制了 2030 年前碳排放达峰行动方案，研究制定电力、钢铁、有色金属等行业和领域的碳达峰实施路径，积极谋划绿色低碳科技攻关、碳汇能力巩固提升等保障举措，进一步明确碳达峰、碳中和的时间表、路线图、施工图，碳达峰进入全面推进状态。10 月 24 日，《中共中央、国务院关于完整准确全面贯彻新发展理念做好碳达峰碳中和工作的意见》印发，明确提出深入贯彻习近平生态文明思想，立足新发展阶段，贯彻新发展理念，构建新发展格局，坚持系统观念，处理好发展和减排、整体和局部、短期和中长期的关系，把碳达峰、碳中和纳入经济社会发展全局，以经济社会发展全面绿色转型为引领，以能源绿色低碳发展为关键，加快形成节约资源和保护环境的产业结构、生产方式、生活方式、空间格局，坚定不移走生态优先、绿色低碳的高质量发展道路，确保如期实现碳达峰、碳中和。到 2025 年，绿色低碳循环发展的经济体系初步形成，重点行业能源利用效率大幅提升[7]。单位国内生产总值能耗比 2020 年下降 13.5%；单位国内生产总值二氧化碳排放比 2020 年下降 18%；非化石能源消费比重达到 20% 左右；森林覆盖率达到 24.1%，森林蓄[8] 积量达到

180亿立方米，为实现碳达峰、碳中和奠定坚实基础。到2030年，经济社会发展全面绿色转型取得显著成效，重点耗能行业能源利用效率达到国际先进水平。单位国内生产总值能耗大幅下降；单位国内生产总值二氧化碳排放比2005年下降65%以上；非化石能源消费比重达到25%左右，风电、太阳能发电总装机容量达到12亿千瓦以上；森林覆盖率达到25%左右，森林蓄积量达到190亿立方米，二氧化碳排放量达到峰值并实现稳中有降。到2060年，绿色低碳循环发展的经济体系和清洁低碳安全高效的能源体系全面建立，能源利用效率达到国际先进水平，非化石能源消费比重达到80%以上，碳中和目标顺利实现，生态文明建设取得丰硕成果，开创人与自然和谐共生新境界。

3. 全面实施绿色低碳转型战略是中共河南省委做出的重要工作安排

2021年9月7日，在省委工作会议上省委书记楼阳生提出，必须坚定不移沿着习近平总书记指引的方向前进，以前瞻30年的眼光来想问题、作决策，在拉高标杆中争先进位，在加压奋进中开创新局，确保高质量建设现代化河南，确保高水平实现现代化河南。为了实现"两个确保"，要全面实施"十大战略"。其中之一是要全面实施绿色低碳转型战略。10月26~29日，在河南省第十一次党代会报告中，又进一步对全面实施绿色低碳转型战略做出深度谋划。报告提出，以推进碳达峰碳中和为牵引，坚持绿色生产、绿色技术、绿色生活、绿色制度一体推进，全面提升能源安全绿色保障水平，建立健全绿色低碳循环发展的经济体系。要深入贯彻习近平生态文明思想，践行绿水青山就是金山银山的理念，坚持生态优先、保护第一，统筹山水林田湖草沙综合治理、系统治理、源头治理，推动减污降碳协同增效，加快建设生态强省。对标国家顶层设计，河南省正在结合实际构建"1+10+7"碳达峰政策架构。其中，"1"是制定出台《河南省2030年前碳达峰实施方案》；"10"是能源、工业、城乡建设、交通运输、农业农村、生态碳汇、节能增效、减污降碳、招商引资、招才引智10大专项方案；"7"是科技创新、财政金融、能源保供、领导干部培训、绿色低碳示范创建、对外工作、目标考核7个保障方案。

四、河南省实施绿色低碳转型战略的重点任务

按照河南省第十一次党代会的部署，全面实施绿色低碳转型发展的重点任务主要是以下六个方面：

1. 以新理念为引领，完善全省生态保护格局

河南省横跨长江、黄河、淮河、海河四大流域，拥有三大山脉，要基于山形水系的基本生态框架，以黄河干流为主线，太行山、伏牛山、桐柏—大别山等山地为生态屏障，淮河、南水北调中线、隋唐大运河及明清黄河故道为主要串联廊道，统筹推进自然保护地建设，加快构建"一带三屏三廊多点"的生态保护格局。其中，"一带"即以黄河干流为主线的沿黄生态带，以生态走廊建设为核心任务；"三屏"即太行山、伏牛山、桐柏—大别山三个山地生态屏障，以生态保护、水源涵养为主要任务；"三廊"即淮河、南水北调中线、隋唐大运河及明清黄河故道等生态廊道，以生态建设、沿线绿化等为主要任务；"多点"即自然保护区、自然公园等多个地点的自然保护地，以高水平的自然保护为主要任务。

2. 全面加强黄河流域生态保护治理，确保黄河安澜

万里黄河险在河南，中下游生态治理与修复重点也在河南。要按照2019年9月习近平总书记在郑州主持召开的黄河流域生态保护与高质量发展座谈会的战略部署与2021年10月中共中央、国务院印发的《黄河流域生态保护和高质量发展规划纲要》的明确要求，坚持以人民为中心的发展思想，坚持稳中求进工作总基调，坚持新发展理念，构建新发展格局，坚持以供给侧结构性改革为主线，

准确把握重在保护、要在治理的战略要求，将黄河流域生态保护和高质量发展作为事关中华民族伟大复兴的千秋大计，统筹推进山水林田湖草沙综合治理、系统治理、源头治理，着力保障黄河长治久安，着力改善黄河流域生态环境，着力优化水资源配置，着力促进全流域高质量发展，着力改善人民群众生活，着力保护传承弘扬黄河文化，让黄河成为造福人民的幸福河。坚决扛稳黄河流域生态保护与高质量发展的政治责任，把大保护作为关键任务，打好环境问题整治、深度节水控水、生态保护修复攻坚战，努力在黄河流域生态保护和高质量发展中走在全国前列，在新时代"黄河大合唱"中奏响美妙的河南乐章。针对黄河中下游水沙运行规律，完善水沙调控体系，实施河道和滩区综合提升治理工程，补齐灾害预警监测短板、防灾基础设施短板，加快构建抵御自然灾害防线。谋划推进滩区居民后续迁建工作，为迁建居民提供安居乐业的基本保障。坚持上下游、干支流、左右岸协调联动，加强水土保持和沿黄生态廊道建设，提升沿黄地区生态系统的稳定性。统筹抓好淮河、海河、长江流域生态保护治理，持续推进"四水同治"。坚持以水定城、以水定地、以水定人、以水定产，大力推动全社会节约用水，涵养水源生态、开展水权确权、兴修水利工程、建强水工队伍、做好水务产业，走好水安全有效保障、水资源高效利用、水生态明显改善的集约节约发展之路。

3. 做好系统的生态保护，确保一泓清水永续北送

作为南水北调中线工程核心水源地，我们必须从守护生命线的政治高度，切实维护工程安全、供水安全、水质安全。把水源区生态保护作为重中之重，加强石漠化和水土流失治理，推进总干渠两侧生态保育带建设，构建渠、湖、山、林有机融合的生态绿廊。推进南水北调后续工程高质量发展，加快调蓄工程、城镇水厂及配套管网建设，巩固提升城乡居民供水保障能力。以乡村产业振兴为依托，结合当地实际，发展特色乡村产业，促进移民就近就业，持续做好移民安置后续帮扶，让广大移民群众的日子越来越红火。

4. 深入打好污染防治攻坚战，让广大人民群众享受更多蓝天白云

坚持精准治污、科学治污、依法治污，以更高标准持续打好蓝天、碧水、净土保卫战。强化多污染物协同控制和区域协同治理，加快推进产业结构、能源结构、交通运输结构、用地结构调整，用绿色技术从源头上减少污染物产生，让全省各地蓝天白云、繁星闪烁成为常态。严格落实河（湖）长制，强化集中式饮用水水源地保护，加快水污染排放重点行业达标提标改造，加强黑臭水体治理，推进城镇污水管网全覆盖，实现水质稳定提升。强化土壤污染管控和修复，控制和降低化肥和农药使用量，加强农业面源污染防治，加快改善农业生态环境。

5. 构建高质量绿色生态屏障，提高碳汇能力

目前，全省有林地面积5049万亩，森林覆盖率从新中国成立初期的7.81%增加到20.16%，构筑起了13.3万公里的"绿色长廊"。河南省林茂粮丰的平原绿化成果受到全国、全世界的关注。联合国粮农组织多次派出考察组赴河南省进行考察。全省城市绿化覆盖率已达34.35%，城市居民人均公共绿地达9.1平方米；省辖市城区环境空气质量优、良天数百分比为90.8%；城市集中式饮用水源地取水水质达标率为100%。有4个市获得"全国绿化模范城市"称号，3个市获得"国家森林城市"称号，18个市、县获得"国家园林城市"称号。下一步，要继续推进大规模国土绿化，持续实施森林河南生态建设工程，提升全省平原绿化水平和城市森林覆盖率，到2025年全省森林覆盖率达到26%以上，湿地面积达到68万公顷以上，生态环境质量持续得到改善，碳汇能力稳步提高。

6. 有序推进碳达峰碳中和，努力实现"双碳"目标

实现碳达峰碳中和，是一场广泛而深刻

的经济社会系统性变革。要坚持双控倒逼、先立后破，统筹抓好节能降碳提效、绿色低碳循环、绿色生活创建，促进经济社会发展全面绿色转型。建设绿色低碳能源体系，开展煤炭消费减量替代，拓展外电（疆电、青电、川电等）外气（西气东输、川气等）入豫通道，大力发展新能源和可再生能源，加快建设更多风力发电、太阳能发电和储电设施，提高能源供应稳定性和安全性。发展绿色低碳产业，坚决遏制"双高"（高耗能、高排放）项目盲目发展。强化全民环保意识，开展低碳型社会创建，倡导绿色出行、绿色消费，全面推行垃圾分类和减量化、资源化，全面禁止不可降解一次性塑料制品使用。持续开展大规模国土绿化，提升生态碳汇能力。加强生物多样性保护。加强生态环境保护综合执法，深化生态保护补偿制度改革，探索完善排污权、碳排放权交易和生态环境损害赔偿、生态产品价值实现制度，全面提高环境治理能力。

五、河南省有序促进绿色低碳转型发展主要路径

1. 集中力量加快发展绿色能源，促进能源结构低碳转型

因为河南省是全国能源原材料基地，而传统能源以煤炭生产和燃煤发电为主。这种发展基础导致河南省能源消费比较依赖煤炭，以煤为主的"高碳型"能源消费结构使煤炭在能源消费结构中居主导地位。从二氧化碳排放来源看，全省约80%的二氧化碳排放来源于煤炭燃烧。2020年，全省高碳火力发电占全部发电量的八成以上；低碳、零碳电力供应中，水力发电占全部发电量的5%左右，新能源发电占全部发电量的10%左右。与全国相比，河南煤炭消费比重偏高。2020年，全省能源消费总量中，煤炭消费占比67%左右，高出全国约10个百分点；非化石能源消费占比11%左右，较全国平均水平约低5个百分点。因此，在能源生产与消费中亟待减少煤炭占比、加快发展绿色能源[9]。"十三五"期间，河南省绿色发电装机容量扩增速度较快（见表2）。2020年，河南省绿色发电装机容量比"十二五"时期末的2015年增长459.8%，已占河南省发电装机容量的32%，比2015年提升23.4个百分点。尤其是风电与太阳能发电装机容量已分别达1518.33万千瓦和1174.59万千瓦，分别增长15.7倍和27.8倍，火电装机容量占比下降23.4个百分点，大大改善了发电装机容量结构。2019年和2020年，全省绿色发电装机容量开始快速增长。据调查分析，河南省拥有丰富的非化石能源，特别是可再生能源，现在已开发的可再生资源量不到技术上可开发资源量的十分之一，进一步开发利用潜力巨大。因此，下一步需要持续加力，以加快发电行业减碳进程为突破口，为碳达峰创造条件。统筹规划，打好"减煤、稳油、增气、引电、扩新"的组合拳，把新能源作为能源消费增量的主体，加快推进66个整县屋顶光伏试点、沿黄地区百万千瓦级风电基地和郑州等4个千万平方米地热能供暖示范区建设，推动"十四五"期间非化石能源消费占比年均提高1个百分点以上。

表2　2015~2020年河南省发电装机容量变化情况　　　　　单位：万千瓦，%

年份	总装机容量	其中：火电	火电占比	水电	风电	太阳能发电	其他	绿色能源合计	绿色能源占比
2015	6743.60	6162.79	91.4	398.53	91.16	40.81	50.31	580.81	8.6
2020	10168.99	6917.74	68.0	407.91	1518.33	1174.59	150.42	3251.25	32.0
增长（%）	50.8	12.2	-23.4	2.4	1565.6	2778.2	199.0	459.8	23.4

注：该表数据来自河南省当年统计公报。其中，风电、太阳能是并网装机容量。

2. 壮大绿色产业，推进工业绿色升级

通过全省产业结构调整与科技创新，大力发展以重大技术突破和重大发展需求为基础、对经济社会全局和长远发展具有重大引领带动作用、知识和技术密集、物质资源消耗少、成长潜力大、综合效益好的战略性新兴产业，包括新一代信息技术、高端装备制造、新材料、生物、新能源汽车、新能源、节能环保、数字创意产业和相关服务业等，为全省经济高质量发展注入强大的技术创新动力[10]。同时，通过技术创新与配套技术升级改造，加快传统制造业高端化、智能化、绿色化、无人化发展。在遏制"两高"项目盲目发展的同时，实施较大规模的钢铁、煤化工、水泥、铝加工、玻璃、耐火材料等高耗能行业绿色化改造，实现"十四五"期间万元GDP能耗年均降低3.2%以上。持续推进绿色制造体系建设，到2025年，新创建绿色工厂300家、绿色工业园区15个、绿色供应链管理企业20家，绿色工业占比明显增加。全面推进建筑业绿色化进程，促进城乡建设绿色低碳发展。扩大绿色建筑标准执行范围，推广绿色建造方式，深化可再生能源建筑应用，提高建筑终端电气化水平，到2025年，城镇新建建筑100%执行绿色建筑标准，新建公共机构建筑、新建厂房房顶光伏覆盖率力争达到50%，城镇建筑可再生能源替代率达到8%以上。持续推进海绵城市建设，增强城市防洪排涝能力。开展绿色社区、绿色建筑创建行动，到2025年，全省城镇新建建筑全面执行绿色建筑标准。加快农业绿色发展。创建农业绿色发展先行区，推进"三品一标"标准化基地建设。发展生态循环农业，开展种养结合循环农业试点工作，实施秸秆综合利用提升行动，建设30个秸秆综合利用示范县。提高服务业绿色发展水平。促进商贸企业绿色升级，培育一批绿色流通主体。

3. 调整运输结构，加快做强绿色交通

积极调整运输结构，推进多式联运重点工程建设，加快发展公铁、铁水、空陆等联运模式。深入实施铁路专用线进企入园"653"工程（统筹推进61个铁路专用线重大项目，新建线路约500千米，工程总投资约300亿元），完善铁路专用线集疏运体系。加强物流运输组织管理，探索多式联运"一单制"，深化郑州新郑国际机场航空电子货运试点工作。推广绿色低碳运输工具，淘汰更新或改造老旧车船，在港口和机场服务、城市物流配送、邮政快递等领域优先使用新能源或清洁能源汽车。加快港口岸电设施建设，支持机场开展辅助动力装置替代设备建设和应用。支持物流企业构建数字化运营平台，鼓励发展智慧仓储、智慧运输，推动建立标准化托盘循环共用制度。要加快速度发展新能源车，优化公交和轨道交通技术体系，大力倡导居民自行车、共享单车等绿色出行，发展交通设施与可再生能源相结合，电动汽车的规模化发展既有利于节能又可以起到储能的作用，要以较大政策支持力度鼓励城镇居民更多地使用电动汽车。

4. 创新应用新的绿色技术，为绿色低碳发展赋能

组织开展绿色技术创新攻关行动，围绕节能降碳、清洁能源、废弃物资源化利用等领域组织实施一批重大科技项目。培育建设一批绿色技术创新中心、绿色技术创新示范基地。强化企业创新主体地位，支持企业牵头联合高校、科研院所、产业园区等建立市场化运行的绿色技术创新联合体，鼓励企业牵头或参与财政资金支持的绿色技术研发项目、市场导向明确的绿色技术创新项目，大力推广应用绿色创新技术与产品。对于现在已经受到广泛关注的发电效率提高3倍以上的"新型高效发电机"项目，要以非凡之力，站位革命性改善全省燃煤发电碳排放量特别大的历史高度，认真组织产业化推广应用，既大幅度降低发电成本，又大幅度减少燃煤数量，对全国燃煤发电领域碳减排都有可能产生革命性影响。

5. 倡导绿色低碳生活方式

推进"光盘行动"，坚决制止餐饮浪费行为。推进生活垃圾分类收集和资源化利用，到2025年，城市生活垃圾回收利用率达到

35%。推进塑料污染全链条治理、过度包装治理，加快快递包装绿色转型，到 2025 年，电商快件基本实现不再二次包装，可循环快递包装应用规模达到 50 万个。优先发展公共交通，有序发展共享交通，积极引导绿色出行。深入开展爱国卫生运动。开展绿色生活创建活动。伴随技术进步，风力发电。太阳能发电可以试验自产直销模式，并与储能技术相结合，培育一批电力"产销者"。按照现有的技术条件与运行成本，家庭和企业不仅是电力的消耗者，还可以是能源的生产者，如用自己的房子生产能源，不仅增加当地能源的自给率、独立性、安全性，还能缓解高比例可再生能源对大电网的冲击。其实，现在不少的地方的发电扶贫项目，已经具备了这样的建立电力"产销者"的条件，可以鼓励进一步加快这方面的试验，探索新形势下新的绿色低碳生产与生活模式。

6. 深化能源体制机制改革

因为能源生产与消费在碳达峰碳中和中占有特别重要的地位，而我国能源体制与机制又比较特殊。面对新形势新任务的需要，全面推进电力市场化改革，加快培育发展配售电环节的独立市场主体，完善中长期市场、现货市场和辅助服务市场有效衔接机制，稳步扩大市场化交易规模。推进电网体制改革，明确以消纳可再生能源为主的增量配电网、微电网和分布式电源的市场主体地位。加快形成以储能和调峰能力为基础支撑的新增电力装机发展机制。完善电力等能源品种价格市场化形成机制。从有利于节能的角度深化电价改革，理顺输配电价结构，全面放开竞争性环节电价，激励有市场竞争力能力的相关新企业脱颖而出。推进煤炭、油气等市场化改革，加快完善能源统一市场，用市场高效配置资源的力量推动全省绿色低碳转型发展。

六、河南省全面实施绿色低碳转型发展的战略举措

1. 加强绿色低碳转型战略的宣传

实施绿色低碳转型战略，是我们经济社会发展模式的重大变革，也是应对全球环境变化特别是气候变暖不得不采取的重大举措。为了保障其顺利实施，我们要从理论阐释到重大技术突破、产业结构调整以及居民日常生活中大量事项的具体落实进行全面、系统、持续的宣传，普及绿色发展知识，推动低碳产业发展，为促进全省经济社会发展绿色低碳转型营造整体氛围。

2. 强化绿色低碳发展规划引领作用

将碳达峰、碳中和目标要求全面融入国民经济和社会发展"十四五"规划与中长期规划，强化全省经济社会发展"十四五"规划、国土空间规划、各种专项规划、区域规划和各市县规划的支撑保障作用。加强各级各类规划间衔接协调，对于重大问题、重要指标、重要政策要保持一致性，确保各地区各领域落实碳达峰、碳中和的主要目标、发展方向、重大政策、重大工程等协调一致，在全社会形成政策合力，共同推动碳达峰碳中和目标的顺利实现。

3. 完善绿色发展政策法规体系

落实国家促进绿色设计、强化清洁生产、发展循环经济、严格污染治理、推动绿色产业发展、扩大绿色消费等方面法律法规制度，结合实际推动制定完善河南省相关政策法规，及时为绿色低碳转型发展提供政策法规支持。强化执法监督，加大违法行为查处和问责力度，加强行政执法机关与监察机关、司法机关的工作衔接配合，在全社会营造促进绿色低碳发展的整体氛围。

4. 加大财税金融扶持力度

充分利用财政资金和争取中央预算内投资支持环境基础设施、绿色产业发展、能源高效利用、资源循环利用等项目建设，扩大全省绿色产业和循环经济发展规模，较大幅度调整产业结构。继续落实节能节水环保、资源综合利用以及合同能源管理、环境污染第三方治理等方面的所得税、增值税等优惠政策，持续做好资源税征收和水资源费改税试点工作。发展绿色信贷和绿色直接融资，大力发展绿色金融，以现代金融的力量全面

支持绿色产业加快发展。

5. 完善绿色发展监管制度

落实国家绿色产品认证制度，加快标准化支撑机构建设，培育一批省内专业绿色认证机构，为企业逐步建立绿色发展可控的指标提供参考，鼓励企业从我做起，从现在做起，积极主动参与碳达峰碳中和重要活动。依据国家相关统计制度，加强节能环保、清洁生产、清洁能源等领域统计监测，强化公共统计信息共享制度，为全社会破解碳达峰碳中和难题提供科学信息支持。按照研究结果，二氧化碳和大部分大气污染物同根同源，大概 2/3 以上都来自煤炭、石油等化石能源的燃烧。建议将二氧化碳的监测、报告、计算、标准体系纳入大气质量监测，提升全社会减污降碳的协同效应。

6. 培育绿色交易市场机制

充分考虑河南省产业发展的特殊性，建立健全绿色发展的市场机制，完善用能权有偿使用和交易试点配套制度体系，拓展用能权交易试点范围，引导相关企业积极参与绿色产品市场交易。完善排污权交易制度体系。落实碳排放权交易机制，推动重点排放企业参与全国碳排放权交易。健全用水权交易机制，推动水资源使用权有序流动。

七、妥善处理绿色低碳转型与经济社会可持续发展的相关关系

实施绿色低碳转型战略是一场广泛而深刻的经济社会系统性变革，涉及生态环境、技术进步、管理创新、立法保障等各个方面的新问题。因此，必须强化系统思维、拓宽战略视野、做好顶层设计，多措并举，统筹兼顾，切实增强相关工作的原则性、系统性、预见性和创造性。在实际工作中，要妥善处理好以下几个方面的相关关系：

1. 处理好碳达峰与碳中和之间的关系

2030 年前碳达峰不是冲高峰，必须要把碳排放强度一步一步降低。如果碳达峰峰值低一点，碳中和的负担和代价就会小一点。碳达峰是手段，是碳中和的前置条件，只有实现碳达峰，才有可能实现碳中和这一目的。碳达峰实现得越早、峰值越低，碳减排成本和减排难度就越低，则实现碳中和的压力就越小、付出的代价越小，获得的收益就越大。反之，碳达峰的峰值越高，实现碳中和所要求的技术进步和发展方式转变的速度就越快，难度就越大，付出的代价也越大。因此，全省碳达峰时间与峰值水平应在碳中和愿景的约束下确定，并不断努力分解和释放压力，尽早进入良性循环阶段，为最终顺利实现碳中和进行经济技术铺垫。

2. 处理好经济社会较快发展和碳减排之间的关系

河南省正处于工业化、城镇化迈向高质量发展的新阶段，能源结构和产业结构尚不够优化，经济社会发展所带来的碳排放量继续增加的惯性大、路径依赖比较强。按照我国承诺实现从碳达峰到碳中和的时间，远远短于发达国家所用时间，任务十分艰巨。必须深刻认识和更好处理经济社会较快发展和碳减排之间的关系，既要以发展才是硬道理的理念持续加快全省经济发展，继续坚守全省 GDP 年 7% 以上的增长速度，稳定提升我们在全国发展大局中的战略地位，为中部崛起贡献中原智慧，锚定"两个确保"，与全国同步实现现代化，又要将碳达峰、碳中和纳入生态文明建设的整体布局，站在发展全局的战略高度协同推进，切实按期实现"双碳"目标。同时，也要看到，河南省发展仍然处于重要战略机遇期，特别是在构建新发展格局中，我们拥有超大的市场规模，居民消费升级潜力巨大，畅通国内大循环空间也非常大，加上近几年开放型经济发展活跃，全省进出口总额 2020 年已经升至全国 10 强之一，郑州航空港有可能在"十四五"时期末跃上到全球航空货运枢纽 20 强。所以，新时代新阶段的发展必须贯彻新发展理念，必须坚持高质量发展，在实现"双碳"目标的实践中积极探索形成有地域特色的绿色健康可持续的发展方式，加快构建河南省绿色低碳循环发展的新经济体系。

3. 处理好解决短期急迫问题和中长期可持续发展之间的关系

面对百年未有之大变局和经济社会发展严峻复杂的各种风险与挑战，既要充分认识以能源转型变革为主要任务的绿色低碳转型发展的艰巨性和复杂性，又要务实地面对全省经济高质量发展急需解决的突出矛盾和相关问题，通过全面实施创新驱动、科教兴省、人才强省战略，建设"双一流"大学，重构实验室体系，引聚大批优秀人才，特别是青年人才，加快建设国家创新高地，为高质量发展储存、集聚、培育各种高端要素资源，切实把解决短期急迫问题和中长期可持续发展之间的时序关系统一于实现"双碳"目标的进程之中，在推进中持续发展，在破解急迫问题中进步。

4. 处理好供给与需求之间相互协调的关系

从河南省碳排放来源占比情况来看，能源部门、工业部门、交通运输部门、建筑部门等占比最大，是推进碳减排的重点领域，居民日常消费和其他部门碳排放占比较小。前几类部门主要偏重于生产，后两类部门主要侧重于消费。在实现"双碳"目标的过程中，我们既要充分重视生产领域的绿色低碳产品扩大供给，研发生产更多新的绿色低碳产品，替代高排放产品，确保按时实现碳达峰，也要对扩大消费给予积极关注，鼓励绿色消费，倡导绿色生活方式，促进供给与需求之间的相互协调发展，并以此全面促进绿色低碳发展方式的形成。全球范围内，由于技术进步，近些年光伏、风电等发电成本快速下降。2010 年至 2019 年，全球范围内光伏发电、光热发电、陆上风电和海上风电项目的成本分别下降 82%、47%、39% 和 29%，这为我们开放更多低成本的绿色产业、绿色产品提供了技术支撑。

5. 处理好绿色低碳技术引进与自主创新的关系

客观地看，我国绿色低碳转型起步较晚，现有绿色低碳技术储备有限，而不少发达国家由于发展阶段的原因，已经在绿色低碳发展道路上积累有大量的实际应用技术。所以，我们要以开放发展的思路，高度重视学习借鉴发达国家绿色低碳技术与绿色低碳管理的经验，积极引进一批行之有效的绿色低碳应用技术，推动河南省传统行业的绿色化改造，较快地降低传统行业的碳排放量。这是成本较低、成效较快的方法，值得认真使用。同时，我们也要高度重视我们特有领域、特有发展阶段、特有敏感技术的自主创新，联合产学研用力量，有组织的集中攻关，投入足够的资金支持，尽快破解一批直接制约我们绿色低碳发展的关键技术，打造我们自己绿色低碳发展的技术体系，主动避免国外在关键技术领域对我们"卡脖子"问题。在部分领域，可能还需要引进先进技术与自主创新相结合，最终形成我们的关键技术支撑。

参考文献

［1］楼阳生. 高举伟大旗帜牢记领袖嘱托　为确保高质量建设现代化河南　确保高水平实现现代化河南而努力奋斗——在中国共产党河南省第十一次代表大会上的报告［N］. 河南日报，2021-11-01（1）.

［2］胡鞍钢. 中国实现 2030 年前碳达峰目标及主要途径［J］. 北京工业大学学报，2021（3）：1-15.

［3］杜祥琬. 碳达峰与碳中和引领能源革命［J］. 科学大观园，2021（19）：78.

［4］杜祥琬. 如何实现碳达峰和碳中和［J］. 中国石油石化，2021（1）：26.

［5］习近平. 在第七十五届联合国大会一般性辩论上的讲话［N］. 人民日报，2020-09-23（3）.

［6］郭朝先. 2060 年碳中和引致中国经济系统根本性变革［J］. 北京工业大学学报（社会科学版），2021（5）：64-77.

［7］孙旭东，张蕾欣，张博. 碳中和背景下我国煤炭行业的发展与转型研究［J］. 中国矿业，2021（2）：1-6.

［8］张中祥. 碳达峰、碳中和目标下的中国与世界——绿色低碳转型、绿色金融、碳市场与碳边境调节机制［J］. 人民论坛·学术前沿，2021（14）：69-79.

［9］张占仓. 全面实施低碳转型战略［N］. 河南日报，2021-01-14（5）.

［10］张富禄. 河南能源转型升级难在哪？［J］. 中国能源报，2019-08-26（25）.

科学稳健实施绿色低碳转型战略路径研究[*]

摘　要　我国仍然处在工业化中后期的特殊阶段，面临着全球气候变暖导致的绿色低碳转型发展的艰巨任务。我国以负责任大国的姿态已经向全球作出庄严承诺：2030年前实现碳达峰、2060年前实现碳中和。文章按照中共中央、国务院的战略部署，结合我国现在碳排放的产业基础和技术基础，提出未来有序促进我国绿色低碳转型发展的主要路径：集中力量推动能源绿色低碳转型，科学推进工业绿色低碳转型升级，有序做强绿色交通，联合创新绿色低碳应用技术，倡导绿色低碳生产生活方式，深化能源体制机制改革。

关键词　绿色低碳；转型发展；碳达峰；碳中和；绿色能源

当前，全球面临着气候变暖的严峻形势，我国经济社会发展正处于工业化中后期阶段，2022年我国经济社会发展坚持稳字当头的总基调，科学稳健实施绿色低碳转型战略，既是着力解决我国资源环境约束突出问题、实现中华民族永续发展的必然选择，也是我国站在全球负责任大国的视角为构建人类命运共同体在联合国会议上作出的庄严承诺。真正让这项重要战略落到实处，需要在全面贯彻落实《中共中央　国务院关于完整准确全面贯彻新发展理念做好碳达峰碳中和工作的意见》（以下简称《意见》）的同时，从多种学科深入研究、交叉融合、联合攻关的视角出发，为推进我国绿色低碳转型发展提供新的更加全面系统的科学依据。

一、充分认识绿色低碳转型发展的重大意义

1. 绿色低碳转型发展是我国向国际社会作出的庄严承诺

2015年，经过全球方方面面的持续努力，国际社会达成了著名的《巴黎协定》，明确了全球长期温控目标，在21世纪末把全球平均温升控制在工业革命前2℃之内，力争控制在1.5℃之内。2020年9月22日，习近平[1]在第七十五届联合国大会一般性辩论上的讲话中提出：应对气候变化《巴黎协定》代表了全球绿色低碳转型的大方向，是保护地球家园需要采取的最低限度行动，各国必须迈出决定性步伐。中国将采取更加有力的政策和措施，力争2030年前二氧化碳排放达到峰值，2060年前实现碳中和。这是我国向国际社会作出的庄严承诺，也是以实际行动推动绿色低碳转型发展的重大战略举措。2021年1月25日，习近平在世界经济论坛对话会的特别致辞中指出："我已经宣布，中国力争于2030年前二氧化碳排放达到峰值、2060年前实现碳中和。实现这个目标，中国需要付出极其艰巨的努力。我们认为，只要是对全人类有益的事情，中国就应该义不容辞地做，并且做好。中国正在制定行动方案并已开始采取具体措施，确保实现既定目标。中国这么做，是在用实际行动践行多边主义，为保护我们的共同家园、实现人类可持续发展作出贡

---

　*　本文发表于《改革与战略》2022年第4期第1—13页，为碳达峰碳中和专题研究。

　基金项目：国家社会科学基金重大项目"新时代促进区域协调发展的利益补偿机制研究"（18ZDA040）。

献。"[2] 2021 年 7 月 16 日，习近平在亚太经合组织领导人非正式会议上的讲话中进一步指出："中方高度重视应对气候变化，将力争2030 年前实现碳达峰、2060 年前实现碳中和。中方支持亚太经合组织开展可持续发展合作，完善环境产品降税清单，推动能源向高效、清洁、多元化发展。"[3] 习近平在多次重要国际会议上作出的庄严承诺，已经成为我国加快绿色低碳转型发展的重要遵循[4]。

2. 绿色低碳转型发展是打破我国资源环境约束和实现经济社会可持续发展的迫切需要

由于受富煤贫油少气资源禀赋条件的影响，煤炭消耗巨大是造成我国环境污染严重的直接原因之一。贫油少气导致我国每年要花费大量外汇从国际市场进口石油和天然气，不仅能源消费成本较高，而且对国际市场依赖性比较强，不利于维护国家能源安全。如果顺利实现碳达峰、碳中和，完成我国产业结构和能源结构的绿色低碳转型升级，既可以彻底摆脱我国对国际石油和天然气的高度依赖，又可以为广大老百姓创造更加良好的生态环境条件，让他们更好地享受绿水青山。因此，我国利用举国体制优势，对绿色低碳转型发展进行了战略部署。2021 年 3 月，在全国两会上，李克强在《政府工作报告》中明确提出要扎实做好碳达峰、碳中和各项工作。全国两会之后，由国家发展改革委牵头，编制了《2030 年前碳达峰行动方案》，研究制定了电力、钢铁、有色金属等行业和领域的碳达峰实施路径，积极谋划绿色低碳科技攻关、巩固和提升碳汇能力等重大举措，进一步明确了碳达峰、碳中和的时间表和路线图，碳达峰进入全面推进阶段。2021 年 10 月 24日，《意见》系统提出我国碳达峰、碳中和方案，特别是明确了以经济社会发展全面绿色转型为引领，以能源绿色低碳发展为关键，通过绿色低碳高质量发展，如期实现碳达峰、碳中和战略目标。《意见》提出，到 2025 年，全国绿色低碳循环发展的经济体系初步形成，与 2020 年相比，单位国内生产总值能耗下降

13.5%，单位国内生产总值二氧化碳排放下降18%，全国非化石能源消费比重达到 20% 左右[5]，森林覆盖率和森林蓄积量大幅度提升，为实现"双碳"目标奠定坚实基础。到 2030年，全国经济社会发展全面绿色转型取得显著成效，重点耗能行业能源利用效率达到国际先进水平；单位国内生产总值能耗大幅下降，特别是单位国内生产总值二氧化碳排放比 2005 年下降 65% 以上，非化石能源消费比重达到 25% 左右，风电、太阳能发电总装机容量达 12 亿千瓦以上[5]，森林覆盖率进一步提高，二氧化碳排放量达峰值并实现稳中有降。到 2060 年，绿色低碳循环发展的经济体系和清洁低碳安全高效的能源体系全面建立，全国能源利用效率达到国际先进水平，非化石能源消费比重达到 80% 以上[5]，顺利实现碳中和目标。2022 年 1 月，中共中央政治局专门就实现"双碳"目标进行第三十六次集体学习，习近平针对我国推进碳达峰、碳中和工作面临的形势明确指出"实现碳达峰碳中和，是推动高质量发展的内在要求，是统筹国内外两个大局的重大战略决策"[6]。2022年 3 月，全国两会上，《政府工作报告》明确提出：有序推进碳达峰、碳中和工作；落实碳达峰行动方案；推动能源革命，确保能源供应，立足资源禀赋，坚持先立后破、通盘谋划，推进能源低碳转型；完善减污降碳激励约束政策，加快形成绿色低碳生产生活方式。[7] 全国碳达峰、碳中和工作进入全面推进阶段。

3. 全国各地快速实施绿色低碳转型战略

按照中共中央、国务院的战略部署，全国各地结合当地实际均已经积极开展了较大规模的绿色低碳转型发展工作。2021 年上半年，河南省启动制定了《河南省 2030 年前碳达峰行动方案》；9 月，河南省委书记楼阳生在中共河南省委工作会议上提出，必须坚定不移沿着习近平总书记指引的方向前进，确保高质量建设现代化河南，确保高水平实现现代化河南。为了实现"两个确保"目标，要全面实施"十大战略"，其中之一是全面实

施绿色低碳转型战略[8]。2021年10月，中共河南省第十一次党代会报告又进一步对全面实施绿色低碳转型战略作出了深度谋划，提出要以推进碳达峰、碳中和为牵引，坚持绿色生产、技术、生活、制度等一体化推进，建立健全绿色低碳循环发展的经济体系。要全面贯彻落实习近平生态文明思想，坚持生态优先、保护第一，统筹山水林田湖草沙综合治理、系统治理、源头治理，推动减污降碳协同增效，加快建设生态强省。《河南省人民政府工作报告》提出，2021年河南省对一批重点用能单位节能降碳技术进行了改造，单位国内生产总值能耗下降3%，可再生能源装机容量占比达到35%，成效明显；同时，要遏制"两高"项目发展，抓好煤炭清洁高效利用和地热资源利用，新增可再生能源发电并网装机450万千瓦以上。河南省绿色低碳转型发展全面推进，可再生能源发电等部分领域已经取得重要进展。据调研分析，全国各地，尤其是原来承担能源原材料任务比较重的山东省、河北省、山西省、陕西省、甘肃省等的绿色低碳转型战略实施力度较大，成效比较明显。

二、绿色低碳转型发展的科学内涵与我国碳排放的主要来源

对于我国这样的发展中国家来说，尤其要坚持持续推进发展。因为只有通过发展才能够不断提升我国人民的生活水平，这也是最大的民生。面对绿色低碳转型发展的新形势，我们确实需要从历史进步的角度，认清绿色低碳转型发展的科学内涵[9]，并弄清我国碳排放的主要来源，坚定绿色低碳转型发展的信心。

1. 绿色低碳转型发展的科学内涵

全球气候变暖已是不争的事实，是21世纪全人类可持续发展最大的挑战之一。所谓气候变暖主要是指由于人类活动排放温室气体引起以变暖为主要特征的全球气候变化。这种变化主要是人为因素造成的，是1750年工业革命以来大量化石燃料燃烧、植被减少导致的土地利用方式的变化等经济活动引起的。面对全球气候变暖带来的严峻挑战，绿色低碳转型发展成为热门话题。

所谓绿色发展，就是以效率、和谐、可持续为目标的一种新的经济增长和社会发展方式。面对全球气候变暖的严重挑战，许多国家坚持绿色发展理念，把发展绿色低碳产业作为推动经济结构调整的战略举措，不断加快绿色低碳转型发展的步伐。从学理意义上分析，绿色发展与可持续发展在思想渊源上一脉相承，既是对可持续发展的继承，也是对可持续发展的创新，更是习近平新时代中国特色社会主义思想在应对全球气候变化方面作出的重要贡献。

所谓低碳发展，就是用更少的、更清洁的能源消费促进经济社会的可持续发展，重点解决能源可持续利用问题，即能源的高效利用与清洁利用问题。因为化石能源燃烧产生的二氧化碳占二氧化碳排放总量的90%以上，所以低碳发展的核心是能源绿色化问题。与之相关的概念，还涉及碳达峰、碳中和。碳达峰是指一个国家或地区在某一个时点，二氧化碳排放达到峰值之后逐步降低，或是在一定时期内在存在一定幅度的波动情况。我国已经承诺在2030年前二氧化碳排放不再增长，即达到峰值，之后再逐步回落。截至2020年，全球已有54个国家和地区实现碳达峰，这些国家和地区的碳排放约占全球碳排放的40%[10]。碳中和也被称为净零二氧化碳排放，指的是在一定时间内，通过减少碳排放和植树造林等途径，抵消经济社会发展所产生的二氧化碳排放，实现二氧化碳"零排放"[11]。截至目前，全球共有49个国家及欧盟承诺实现"净零"目标，涵盖了全球一半以上的国内温室气体排放量。

所谓转型发展是指伴随经济发展阶段的变化，经济发展方式的深刻转变。比如，新中国成立初期，我国基于当时的发展需要，把农业作为国民经济的基础放在特别重要的战略位置并予以高度重视，主要是为了解决当时的温饱问题，并且成效非常显著。1978

年，改革开放初期，我国开始高度重视开放发展，即在影响经济发展的投资、出口、消费"三驾马车"中，特别重视出口的作用，以便解决我国经济与全球经济的融合发展问题。我国"十四五"规划明确提出构建新发展格局，特别强调"畅通国内大循环""促进国际国内双循环"，更加重视促进国内消费对GDP增长的贡献。面对绿色低碳转型发展的新趋势，我国必须高度重视绿色低碳转型发展，以按时完成碳达峰、碳中和任务。

综上所述，绿色低碳转型发展就是以效率、和谐、可持续为目标，用更少的、更清洁的能源消费支撑经济社会可持续发展的一种新的发展模式。这是全球未来经济社会发展的大势所趋。

2. 碳排放的主要来源

根据国际能源署报告，2020年，全球碳排放的主要来源中，能源发电与供热占比最高，为43%；交通运输业碳排放占比居第二位，为26%；制造业与建筑业碳排放占比为17%；其他行业合计总占比为14%。这种碳排放主要来源构成说明能源领域是碳排放的最大来源，全球快速减少碳排放需要从能源革命入手，通过改进技术方法彻底改变工业革命以来依靠化石能源发电的状况。根据我国公布的相关统计信息，碳排放占比最大的能源部门的碳排放量约占碳排放总量的51%，这与我国能源资源禀赋富煤贫油少气特征和绿色能源技术创新不足等直接相关；占比第二的是工业部门，约为28%，其中钢铁、建材、石化等是目前的碳排放大户，对碳排放影响较大；占比第三的是交通运输部门，约为9.9%，与我国人均车辆仍然偏少有关，但是增长速度比较快；占比第四的是城市建筑居住，约为5%；占比第五的是居民日常消费，约为5%；其他相关部门，合计占比约为1.1%。[12] 我国碳排放主要来源构成情况进一步说明，我国实现"双碳"目标最大的难点在能源与工业领域[13]，尤其是能源领域减碳任务十分艰巨。面对实现"双碳"目标的巨大压力，通过产业结构调整和各种绿色科技

创新，推进绿色低碳转型发展必须实施新的重大战略，特别是尽快采取有效措施大幅度降低能源、工业领域的碳排放是我国实现"双碳"目标的历史性任务。学习借鉴国外先进做法和经验，选择科学稳妥的实现路径，尽快将我国能源结构转入以非化石能源为主的绿色能源发展新阶段，即所谓的绿能时代时不我待。

3. 坚定不移推动我国绿色低碳转型发展

我国作为全球负责任的大国，一直高度重视绿色低碳转型发展，积极为推动绿色低碳转型发展贡献力量。2009年，在哥本哈根气候变化大会前夕我国提出到2020年单位国内生产总值二氧化碳排放比2005年降低40%~45%的明确目标。2011年，我国第一次把单位国内生产总值二氧化碳排放下降17%作为重要指标纳入"十二五"规划之中，《"十二五"控制温室气体排放工作方案》的出台与全面实施，标志着我国绿色低碳发展进入全面推进阶段。2014年11月，APEC会议期间，《中美气候变化联合声明》发布，我国承诺到2030年左右二氧化碳排放达到峰值且力争提早达峰，这在全球产生了重要影响。2015年，《强化应对气候变化行动——中国国家自主贡献》明确了二氧化碳排放达到峰值的目标，提出2030年单位国内生产总值二氧化碳排放比2005年下降60%~65%的低碳发展新目标。截至2019年底，我国碳强度比2015年下降18.2%，提前完成了"十三五"规划的约束性目标任务；碳强度比2005年降低约48.1%，非化石能源占比达15.3%[14]，均已提前实现我国向国际社会承诺的2020年低碳发展目标。这些事实充分说明，绿色低碳转型发展虽然难度比较大，但只要坚定不移科学推进，就能够取得积极的成效。所以，我们要对实现碳达峰、碳中和目标，推动绿色低碳转型发展充满信心！

三、全球绿色低碳转型发展的历史走向

伴随人类文明的进步，全球经历了农耕

文明、工业文明阶段。工业文明在提高全球生产力水平的同时，带来了越来越严重的生态环境污染，为了改变工业污染严重的局面，全球开始探索生态文明之路。

1. 人类文明正在迈向生态文明

随着全球科技的发展，人类文明形态不断发展变化。其中，能源供给是人类活动中最重要的物质保障。历史上，化石能源的发现和利用，极大地提高了劳动生产力水平。作为支撑人类社会生存和经济发展的主要能源，煤炭、石油、天然气等传统化石能源的工业化开发利用，不仅满足了 19 世纪到 21 世纪初 200 多年来全球人类文明进步和经济社会发展的基本能源消费需要，而且人类社会因为与之相伴的生产方式的进步也由农耕文明进入工业文明时代，全社会创造财富的能力发生了翻天覆地的变化，对普通老百姓的生活影响深远。如果从更深层次回望历史，1776 年，英国著名发明家詹姆斯·瓦特发明了蒸汽机，创新了人类社会工业化利用能源的方式，把人类社会带进了主要以煤炭驱动的"蒸汽时代"。蒸汽机的推广使用，为人类社会创造了巨大的物质财富，促进了经济社会的进步，从而诞生了"日不落帝国"——英国。这是全球能源使用结构工业化发展跃升的第一个阶段——以煤炭为主的阶段。德国作为全球工业化跟进最快的国家之一，于 1883 年由著名发明家戴姆勒成功研制了全球第一台立式汽油内燃机，并快速在全球推广使用，把人类社会带进了以石油和天然气为主要能源的新时代，即全球能源结构以石油和天然气为主的第二个阶段。但是，自工业革命以来，无论是主要使用煤炭，还是大量使用石油与天然气，均产生了严重的环境污染问题，并因此导致全球气候变暖，直接影响全球的可持续发展。近年来，针对全球环境污染的历史性难题，发达国家积极转向以非化石能源为主的新时期，即以绿色能源为主的第三个阶段——绿能源时代。随着非化石能源开发利用技术的快速进步，绿色能源技术越来越受到普遍重视，新一轮以绿色能源技术为支撑的能源革命迅速发展，正在助推人类社会由工业文明迈向生态文明时代。发达国家起步较早，对该方面的相关问题已经进行了卓有成效的探索，并积累了绿色低碳转型发展的成功经验，值得我国认真学习与借鉴。

2. 我国开始探索绿色低碳转型发展的新路径

因为我国现代工业发展起步较晚，加上我国能源资源禀赋富煤贫油少气的特点，与工业化相伴而行的能源消费结构已经历了以煤炭为主的第一个阶段，并进入以煤炭消费为主，兼与石油、天然气、水电等混合使用的第二个阶段。自"十三五"以来，伴随风力发电、太阳能发电设备生产成本的大幅度下降，我国以较快的速度加快开发风力发电、太阳能发电、生物质能发电等绿色能源，并且已经取得了重要进展，正在积极冲刺能源结构绿色化的第三个阶段。通过整合水电、核电、风电、太阳能、生物质能等技术领域的资源和提升综合能源服务水平，进一步发展智能电网、微网等电力系统新业态，全国电力系统的整体运行版图将发生比较大的变化。截至 2021 年底，我国通过煤电节能降碳改造、灵活性改造、供热改造"三改联动"，已经成为全球最大的清洁煤电供应样本[15]。经过超低排放改造的煤电机组的碳排放接近天然气电厂水平。"十三五"以来，经过技术改造，我国煤电机组排放的大气污染物占比不到全社会的 10%，煤电行业碳排放大户的角色已经发生重要改变。截至 2022 年 3 月底，全国发电装机容量约 24 亿千瓦，同比增长 7.8%。其中，风电装机容量约 3.4 亿千瓦，同比增长 17.4%；太阳能发电装机容量约 3.2 亿千瓦，同比增长 22.9%。[16] 以风力发电、太阳能发电为标志的发电能力绿色化转型速度持续加快。2022 年第一季度，全国主要发电企业电源工程完成投资 814 亿元，同比增长 2.5%，处在比较平稳的增长状态。其中，太阳能发电完成投资 188 亿元，同比增长 181%，是绿色发电能力建设中增长最快的热点。[16]

3. 我国绿色低碳转型发展面临巨大压力

从全球发展趋势看，世界能源相关碳排放增速趋缓，但碳达峰还需要经历一个比较复杂的过程。国际能源署统计数据显示，2020年，全球碳排放排名前十的国家依次为中国、美国、印度、俄罗斯、日本、伊朗、德国、韩国、沙特阿拉伯和印度尼西亚，其碳排放约占世界碳排放的68.7%（见表1）。其中，排名前三的中国、美国和印度的碳排放分别达到99.0亿吨、44.6亿吨和23.0亿吨，占全球的比重分别为30.7%、13.8%和7.1%，共占全球的51.6%。从人均二氧化碳排放看，中国为7.1吨/人，沙特阿拉伯为16.4吨/人，美国为13.5吨/人。因为我国能源资源禀赋与使用结构的特殊性和处于工业化中后期阶段的特殊性，我国碳排放总量高居世界首位，而且处在持续较快增长的过程中。我国东部（胡焕庸线以东）每年消耗了全球50%的煤，这块土地上的煤耗空间密度是全球平均值的15倍[17]。我国东部的汽车空间密度已超过了美国，二氧化碳排放的空间密度是全球平均值的8倍。我国产业结构偏重，能源结构偏煤，工业效率偏低，对高碳发展路径依赖的惯性较大，实现碳达峰、碳中和需要突破技术上的一系列重大瓶颈。仅依靠现有的技术并不能实现碳达峰、碳中和，需要在很多领域实现重大技术创新与技术突破[18]。从碳达峰到实现碳中和，发达国家用了45~70年，中国只用了30年的时间，这是一个不容易跨越但必须奋力跨越的过程。实现碳达峰以后，要有更高水平的碳减排技术与管理措施支撑才能实现碳中和。所以，2030年前实现碳达峰、2060年前实现碳中和的任务异常艰巨，全面推动绿色低碳转型发展面临巨大的压力[19]。据国际能源署的分析数据，随着世界经济从新冠肺炎疫情冲击中强劲反弹，并严重依赖煤炭来推动增长，2021年，全球与能源相关的二氧化碳排放增加了6%，达到363亿吨，创造了新的更高的历史纪录。其中，我国二氧化碳排放超过了119亿吨，占全球总量的33%[20]，再创新高。

其实，2021年，我国风能发电和光伏发电的并网装机容量合计就已经达到了6.35亿千瓦，居世界首位，占全国发电装机容量的26.7%；其中，2021年我国风电新增4757万千瓦、光伏发电新增5297万千瓦，合计超过1亿千瓦[21]。但由于其供电的稳定性有限，仅达到全国能源消费的5%多一点。按照已经明确的部署，预计我国到2030年风力发电、太阳能发电总装机容量将达到12亿千瓦以上[22]，但其占一次能源消费的比例仍然比较有限。我国要在高排放的背景下逐步实现碳达峰、碳中和必须在技术创新与管理创新上实现重大突破[23]，以利于开辟中国特色绿色低碳转型发展的新途径[24]。

表1　2020年全球碳排放前十国家的碳排放情况[25]

序号	国家	二氧化碳排放（亿吨）	二氧化碳排放全球占比（%）	人均二氧化碳排放/（吨·人⁻¹）
1	中国	99.0	30.7	7.1
2	美国	44.6	13.8	13.5
3	印度	23.0	7.1	1.7
4	俄罗斯	14.8	4.6	10.3
5	日本	10.3	3.2	8.2
6	伊朗	6.8	2.1	8.1
7	德国	6.1	1.9	7.3
8	韩国	5.8	1.8	11.2
9	沙特阿拉伯	5.7	1.8	16.4
10	印度尼西亚	5.4	1.7	2.0

四、有序促进我国绿色低碳转型发展的主要路径

1. 集中力量推动能源绿色低碳转型

发达国家的发展实践表明，碳达峰主要通过技术进步及设备改造等降低煤炭等化石能源消费总量、以先进技术及设备推广应用提高能源利用效率、加速发展可再生能源三种途径来实现，一般表现为能源消费和二氧化碳排放"双达峰""双下降"的基本特征。1972年，英国较早实现碳达峰，其碳减排的

主要方法是电力部门"去煤"，大致贡献了40%的份额。1990年，德国实现碳达峰，主要是通过立法较快地推进可再生能源规模化开发利用。2007年美国主要是根据本国能源资源禀赋与技术储备情况，通过提高能源利用效率和优化能源结构实现碳达峰。我国已明确碳排放的"碳"是指二氧化碳，而且主要是指能源活动产生的二氧化碳。所以，我国实现碳达峰目标需要集中力量加快能源绿色低碳发展转型步伐。按照《意见》的部署，发挥我国一盘棋的体制优势，以经济社会全面绿色低碳转型发展为主攻方向，大幅度调整我国能源生产结构和技术结构，积极扩大风力发电、太阳能发电等绿色能源生产规模，持续推进煤电节能降碳改造、灵活性改造、供热改造"三改联动"，促进煤电行业高质量转型发展，适度控制化石能源消费规模，在"十四五"时期严格控制煤炭消费增长，"十五五"时期在稳定能源供给的基础上逐步减少煤炭使用总量，确保能源安全稳定供应和平稳过渡，为经济社会稳定发展提供稳健可靠的能源保障。以全面加快发展太阳能光伏发电、风力发电、水力发电、生物质能发电、核电、地热等可再生能源和多种储能技术为依托，进一步扩大煤电"三改联动"规模，有效推动能源生产绿色低碳转型发展，通过调整、优化能源生产结构与技术结构，走中国特色的生态优先、绿色低碳、节能降碳改造以后的煤电与新能源稳定并行的高质量发展之路。实际上，近几年我国能源绿色低碳转型发展速度比较快，特别是太阳能发电、风力发电等可再生能源的增长速度较快，通过"三改联动"已建成全球最大的清洁煤电供应体系。这既得益于我国制定并积极实施的一系列优惠政策，也受益于科技进步本身带来的光伏发电、风力发电等实际成本的大幅度降低和煤电"三改联动"的超低排放技术优势。

2. 科学推进工业绿色低碳转型升级

目前，我国是全球第一工业大国，但不是工业强国。为适应全球工业绿色化发展的趋势，应推进全国范围内的工业生产结构、技术结构调整升级与可持续的绿色科技创新，积极发展以重大节能降碳技术为支撑、能够满足国家重大发展新需求、对经济社会长远发展具有重要引领作用的战略性新兴产业。这种产业代表着新一轮科技革命和产业变革的方向，是培育发展新动能、获取国家竞争新优势的关键领域。目前，新一代信息技术、大数据技术、高端智能装备制造技术、新能源汽车技术、绿色能源技术、储能技术等的发展空间比较大，对工业绿色低碳转型发展意义重大。我们要以这些资源消耗少、节能潜力大、综合效益好的产业技术创新为主攻方向，积极推进技术创新和一大批绿色新技术的推广应用，为全国经济绿色低碳转型发展注入强大的新动能。同时，通过全面改造升级一系列传统工业配套技术与创新重大专项技术，加快传统制造业高端化、智能化、绿色化、无人化发展步伐，进一步提升传统制造业在全球的影响力。通过建立健全政策法规体系，严格审核把关，全面遏制"两高"工业项目的发展，全面加快实施钢铁、水泥、铝加工等传统高耗能行业绿色化技术改造。《2030年前碳达峰行动方案》明确，到2025年，非化石能源消费占比达到20%，单位国内生产总值能源消耗比2020年下降13.5%，单位国内生产总值二氧化碳排放比2020年下降18%，为下一步顺利实现碳达峰奠定比较坚实的技术基础。在近些年有效探索的基础上，我国持续完善绿色低碳制造体系，努力创建更多绿色低碳工业园区、绿色工厂，促进一大批绿色工业企业快速发展，为工业领域碳减排开辟科学、可行、可靠、可复制、可推广的新路径。

3. 有序做强绿色交通

一是积极调整全国运输业结构。通过数字化、智能化技术赋能，实施公铁、铁水、空陆等智能联运新模式，积极推进全国多式联运重点工程建设，提高综合运输成本低、碳减排效应显著的铁路、水路在综合运输体系中的承运比重，全面降低全国运输业能耗水平和二氧化碳的排放强度。以规模化、集约化为主攻方向，全面优化客运组织管理，从整体上提升客运行业的减碳水平。整合全社会运输资源，积极发展绿色低碳物流和数字智能物流，全面提高全国整体运力的利用效率。二是加快推广普及节能低碳的绿色交通工具。通过政策引导与资金激励，加速发展新能源、清洁能源汽车和船舶，继续推进铁路电气化、智能化改造升级，降低传统交通方式碳排放强度。在重点地区布局建设加氢站，以法制化的方法推进船舶靠港正常规范使用岸电，降低靠港船舶的碳排放。通过改革创新体制机制，以引进民营投资为突破口，加快构建便利、先进、高效、配套的充换电网络体系，为纯电动车的推广、普及提供充电条件支撑。以财政补贴或税收优惠的方法，提高燃油车船能效标准，加快淘汰高耗能老旧车船。以更快的速度推广、普及电动汽车，其规模化发展既有利于节能又可以起到储能的作用，要以更大的政策支持力度引导、鼓励城镇居民更多地使用电动汽车。三是推进低碳出行行动。加快城市群以及大、中城市地铁、城铁等轨道交通、快速公交等公共交通基础设施建设，提升城镇公共交通出行便利度与乘用比例，规划建设城镇绿色道路系统，积极倡导城镇居民使用共享单车、公共交通、自行车等交通工具实现绿色出行。综合运用法律、政策、技术等多方面的手段，疏解城市公共交通压力，全面提升城市公共交通系统的运行效率。

4. 联合创新绿色低碳应用技术

绿色低碳应用技术创新是绿色低碳转型发展的最大动能。要积极组织专业团队开展较大规模的绿色技术创新联合攻关行动，围绕绿色低碳领域的原始创新、清洁能源、节能降碳等组织实施一批重大科技创新项目，开展低碳零碳负碳和储能新材料新技术联合攻关，突破节能降碳的相关技术瓶颈，为节能降碳提供新的技术支撑体系，为国家实现"双碳"目标作出重要贡献。借鉴各地已有的经验，有组织地开展区域性氢能生产、储运、

普及应用的关键技术研发、示范和推广应用工作，把过去工业生产过程中浪费或排放的氢能资源充分利用起来。加大国家和地方财政政策支持，进一步强化企业技术创新的主体地位，有计划地支持一批研发基础比较好的骨干企业牵头，充分考虑专业的协同性，联合相关科研院所、高校等探索建立重大绿色技术项目创新联合体，鼓励有研发实力的企业牵头或参与财政资金支持的重大绿色技术创新研发项目、绿色核心技术创新项目和节能减排骨干创新项目。以足够的资金投入，支持一批绿色技术重大创新项目实现技术突破，并加快新技术、新产品、新业态的推广应用，为全社会的绿色低碳转型发展提供全方位的科技支持。对于已经受到广泛关注的鹤壁市创新发展研究院研发的发电效率提高3倍以上的"新型高效发电装备"项目，要发挥我国集中力量办大事的体制优势，站在大幅度提高全行业发电效率、意义特别重大的历史高度，由地方政府成立工作专班，组织高能级的专家组，对该项目认真开展研发完善、标准化设计、不同量级产品的工业化试验等。待条件成熟后，进行全面的产业化推广应用。如果该重大发明创新成果能够顺利转化推广应用，既可通过发电设备的更新换代大幅度降低全社会发电用电成本，又能够直接大幅度减少我国煤电行业的用煤数量，将可能会对全国煤电行业碳减排产生革命性影响，也将会对大幅度降低全球用电成本产生巨大的推动作用。

5. 倡导绿色低碳生产生活方式

以灵活多样的方式，特别是加强正面宣传引导，在全社会大力倡导绿色低碳生产与生活方式。从身边的具体事情做起，以更加明确的舆论导向持续推进"光盘行动"，在全社会制止餐饮浪费行为，让绿色低碳理念入脑入心。加强技术创新，推动生活塑料和生产塑料污染全链条治理。制定相关法规政策，特别是要逐步建立健全快递包装绿色转型发展标准，促进大部分包装可循环使用，使电商快递一般不再进行重复包装。推进地方立

法，结合各地的消费习惯，积极推进生活垃圾分类收集与处置，尽可能提升资源化利用水平。到"十四五"末，力争城镇生活垃圾回收利用率达到40%以上。进一步优化政策环境，高质量发展多种形式的公共交通和共享交通，引导城镇居民绿色出行。动员群众，激发基层群众的创造性，以社区为单元，组织开展各种各样的绿色生活方式创建活动，对创建活动中贡献突出者予以奖励。改革创新中小学教育的知识结构，把绿色低碳生产与生活中的基础知识与基本技能纳入中小学国民教育体系，让中小学生通过相关学习培养绿色低碳生活的自觉行为。风力发电、太阳能发电等可进一步探索产销融合的智能物联网模式，结合储能技术应用，在小城镇培育一部分热爱绿色生活的绿色电力"产消者"。特别是小城镇与农村居民使用自家的院子或房子生产能源，既可提高当地能源的自给率和安全性，又可缓解可再生能源对大电网供电系统的冲击。建议结合各地实际，制定和实施符合市场经济规律的政策，鼓励电力"产消者"扩大应用规模，探索绿能时代由物联网支撑的低碳绿色生产、生活方式。借鉴湖南省长沙市、四川省成都市等地低碳绿色生产、生活方式经验，将其在大中城市适度并推广扩大第四代住房建设规模，形成一批立体园林生态住房或城市森林花园建筑，让城镇居民在家享受森林花园的美妙意境，使绿色低碳理念直接进入百姓的现实生活。

6. 深化能源体制机制改革

能源生产与消费在实现"双碳"目标中居于特别重要的地位，是管理突破与技术突破的关键，我国以国有企业支撑的能源系统的体制与机制具有较大的特殊性。面对新形势、新任务、新需要，要全面探索电力资源配置的市场化改革之路，培育一批电力生产与销售的新型独立市场主体。适应新业态的需要，完善多种方式的电力市场交易机制，适度扩大电力资源的市场化交易规模，从根本上激发电力市场的内在活力。同时，要积极推进电网管理体制改革，以法规政策的方

式明确以消纳可再生能源为主的增量配电网、依托物联网式的微电网和各种分布式绿色电源的市场主体地位，以市场化方法完善电力资源价格市场化形成与运行机制。既鼓励加快发展风力发电、太阳能发电、生物质能发电等绿色能源，又确保清洁煤电供应体系稳定发展，以煤炭清洁高效利用的煤电作为灵活性调节资源，保障整个电网系统的稳定运行。待绿色能源总量与智能化储能和供电系统运行实现更高水平的稳定搭配之后，最终实现煤电有序减少或退出。深化电价市场化改革，积极探索全面放开市场竞争性环节电价的方法，激励相关高新技术企业参与新型电力市场竞争，为能源体制机制改革创新注入新的更大的动力。按照中共中央、国务院加快建设全国统一大市场的意见，探索完善全国能源统一大市场，用市场高效配置资源的强大力量加快全国能源领域绿色低碳转型发展步伐。

五、结语

面对全球气候变暖的巨大压力，我国以负责任大国的姿态，向全球作出2030年前实现碳达峰、2060年前实现碳中和的庄严承诺。按照中共中央、国务院对实现"双碳"目标的战略部署，全国各地均进行了积极的探索，部分领域和地区已取得较好成效。但是，我国仍然需要科学分析推进碳达峰、碳中和面临的严峻形势和艰巨任务，充分认识实现"双碳"目标的重要性、紧迫性和必然性。按照中共中央、国务院的全面部署，我国要集中力量推动能源绿色低碳转型发展，积极发展太阳能发电、风力发电等绿色能源，高质量建设清洁煤电供应体系，科学推进工业绿色低碳转型升级，有序做强绿色交通，联合创新绿色低碳应用技术，倡导绿色低碳生产生活方式，深化能源体制机制改革，完善绿色低碳转型政策体系，科学稳健实施绿色低碳转型战略，为我国顺利打通实现"双碳"目标之路作出我们这一代人的历史性贡献。

参考文献

［1］习近平．在第七十五届联合国大会一般性辩论上的讲话［N］.人民日报，2020-09-23（3）.

［2］习近平．让多边主义的火炬照亮人类前行之路：在世界经济论坛"达沃斯议程"对话会上的特别致辞［N］.人民日报，2021-01-26（2）.

［3］习近平．团结合作抗疫引领经济复苏：在亚太经合组织领导人非正式会议上的讲话［N］.人民日报，2021-07-17（2）.

［4］郭朝先．2060年碳中和引致中国经济系统根本性变革［J］.北京工业大学学报（社会科学版），2021（5）：64-77.

［5］中共中央　国务院关于完整准确全面贯彻新发展理念做好碳达峰碳中和工作的意见［N］.人民日报，2021-10-25（1）.

［6］习近平．深入分析推进碳达峰碳中和工作面临的形势任务　扎扎实实把党中央决策部署落到实处［N］.人民日报，2021-01-26（1）.

［7］李克强．政府工作报告：二〇二二年三月五日在第十三届全国人民代表大会第五次会议上［N］.人民日报，2021-03-13（1）.

［8］张占仓．全面实施绿色低碳转型战略［N］.河南日报，2021-10-14（5）.

［9］荆克迪，刘宜卓，安虎森．中国绿色治理的基本理论阐释、内涵界定与多维面向［J］.改革与战略，2022（3）：1-11.

［10］庄贵阳，窦晓铭，魏鸣昕．碳达峰碳中和的学理阐释与路径分析［J］.兰州大学学报，2022（1）：57-68.

［11］胡鞍钢．中国实现2030年前碳达峰目标及主要途径［J］.北京工业大学学报，2021（3）：1-15.

［12］徐林．实现双碳目标的根本出路和政策建议［EB/OL］.（2021-07-03）［2022-03-25］.https：//www.thepaper.cn/newsDetail_forward_13434305.

［13］白泉．建设"碳中和"的现代化强国始终要把节能增效放在突出位置［J］.中国能源，2021（1）：7-11.

［14］王璐．打赢碳达峰碳中和绿色转型攻坚战［N］.经济参考报，2021-03-19（A5）.

［15］王轶辰．煤电大规模退役不现实［N］.经济日报，2022-05-05（6）.

［16］杨曦．国家能源局：截至3月底全国发电装机容量同比增长7.8%［EB/OL］.（2022-04-21）［2022-05-05］.http：//finance.people.com.cn/n1/2022/0421/c1004-32404854.html.

［17］杜祥琬院士：碳达峰和碳中和是人类文明的赶考　中国不能落后［EB/OL］.（2021-12-03）［2022-05-05］.https：//finance.sina.com.cn/esg/2021-12-03/doc-ikyakumx1752967.shtml.

［18］张中祥．碳达峰、碳中和目标下的中国与世界：绿色低碳转型、绿色金融、碳市场与碳边境调节机制［J］.人民论坛·学术前沿，2021（14）：69-79.

［19］全球能源互联网发展合作组织．中国2030年前碳达峰研究报告［M］.北京：中国电力出版社，2021：25.

［20］国际能源署：2021全球二氧化碳排放反弹至历史最高水平［EB/OL］.（2022-03-09）［2022-04-25］.https：//new.qq.com/rain/a/20220309A016L900.

［21］2021年我国风电光伏发电新增装机超1亿千瓦［EB/OL］.（2022-01-25）［2022-04-25］.http：//finance.hsw.cn/system/2022/0125/330048.shtml.

［22］习近平在气候雄心峰会上发表重要讲话［N］.人民日报，2020-12-13（1）.

［23］刘仁厚，丁明磊，王书华．国际净零排放路线及其对中国双碳战略的启示［J］.改革与战略，2022（1）：1-12.

［24］张占仓．绿色生活从我做起［N］.人民日报（海外版），2018-12-04（8）.

［25］潘小海，梁双，张茗洋．我国碳排放分布特征与动态演进研究［J］.中国工程咨询，2021（9）：27-34.

准确把握共同富裕的科学内涵[*]

党的二十大报告先后多次提到共同富裕。我们如何在全面建设社会主义现代化国家、全面推进中华民族伟大复兴的新征程中准确把握共同富裕的科学内涵，事关下一步我们经济社会高质量发展的大局。

从对过去 10 年工作总结中去理解。在总结过去 10 年社会发展成就时，党的二十大报告提出"共同富裕取得新成效"。这个新成效主要是指我们深入贯彻以人民为中心的发展思想，全社会的公共服务体系改善，人均预期寿命增加，全球最大的教育体系、社会保障体系、医疗卫生体系建成等。这些成果让人民群众获得感、幸福感、安全感大为提升，加上我们脱贫攻坚成果惠及普通民众，这就是共同富裕取得新成效。

从中国式现代化特征方面去理解。党的二十大报告提出，中国式现代化是共同富裕的现代化。共同富裕是中国特色社会主义的本质要求，也是一个长期的历史过程。在这个过程中需要我们仍然牢牢把握发展是党执政兴国的第一要务，因为没有坚实的物质技术基础，就不可能全面建成社会主义现代化强国。而当下高质量发展是全面建设社会主义现代化国家的首要任务。要有效推进高质量发展，就必须完整、准确、全面贯彻新发展理念，坚持社会主义市场经济改革方向，坚持和完善社会主义基本经济制度，毫不动摇巩固和发展公有制经济，毫不动摇鼓励、支持、引导非公有制经济发展，充分发挥市场在资源配置中的决定性作用，更好发挥政府作用。中国式现代化的共同富裕，就是在社会主义市场经济体制不断改革完善之中逐

步推进，并且是一个长期的历史过程。

从 2035 年我国发展的总体目标中去理解。党的二十大报告提出，到 2035 年，我国发展的经济实力、科技实力、综合国力大幅跃升，人均国内生产总值迈上新的大台阶，达到中等发达国家水平，全体人民共同富裕取得更为明显的实质性进展。这就告诉我们，未来大幅提升我国经济实力等任务是第一位的，与发展是党执政兴国的第一要务、高质量发展是全面建设社会主义现代化国家的首要任务的说法一脉相承。只有经济实力能够持续较快地提升，我们在全球的地位才能够不断提高与巩固，广大老百姓的日子也才会过得越来越好，人民群众向往美好生活的愿望才能够一步一步如期实现。这其中，包含着共同富裕取得更为明显的实质性进展。

从完善分配制度去理解。党的二十大报告提出，分配制度是促进共同富裕的基础性制度。坚持按劳分配为主体、多种分配方式并存，构建初次分配、再分配、第三次分配协调配套的制度体系。首先，按劳分配是我们分配制度的主体，也是全社会分配制度的立足点。国内外实践证明，按劳分配是大部分国家最基本的分配制度，是全社会财富资源合理配置的基础。因为按劳分配能够最大限度地调动全社会成员通过劳动创造财富的积极性，也最符合经济学原理中"劳动是财富之父"的经典论点，最能够在全社会建立与强化勤劳致富的共同价值观。所以，按劳分配制度是我们长期坚持的基本分配制度，这一点不会改变，不劳而获不可能得到一个健康发展社会的普遍认可。党的二十大报告

---

* 本文发表于《河南日报》2022 年 11 月 16 日第 6 版。

中也明确指出"坚持多劳多得，鼓励勤劳致富"，大家完全可以放心大胆地勤劳致富。其次，也要多种分配形式并存。比如，对于贫困地区予以支持，对于临时性困难群众给予阶段性地帮扶，对于社会上的老弱病残者进行福利性的援助，对于发生重大自然灾害地区群众的基本生活给予及时资助，等等。这既是我们社会主义体制的内在优势，也是一个正常发展国家的社会公共责任，目的是维护全社会的长期稳定发展，对国家整体利益有利。最后，构建初次分配、再分配、第三次分配协调配套的制度体系。第三次分配，在发达国家与我们国家早就存在，主要由社会高收入人群在自愿的基础上，以募集、捐赠和资助等慈善公益方式对社会资源和社会财富进行分配，对于急需社会财富资助的对象或群体进行定期或不定期的资助，是对初次分配和再分配的有益补充，有利于缩小社会收入差距，实现更合理、更加公平的收入资源配置。其前提是在高收入人群自愿的基础上进行，不是强制性的社会活动，更不是打富济贫，所以第三次分配不会扰乱社会财富秩序，更不会因为共同富裕就影响民营经济健康发展。我们是社会主义市场经济体制，全社会90%以上的市场主体是民营企业。没有民营经济的持续活跃与健康稳定发展，就无法持续推进全国经济的高质量发展，无法完成全面建设社会主义现代化国家的历史重任。

从经济学理论层面去理解。发展中国家走向现代化过程中，从经济学角度来讲，比较理想的社会形态是"橄榄型"社会结构，就是中等收入群体占绝大多数、高收入者和低收入者都相对较少，类似橄榄球的形状，两头小、中间大，这种结构容易形成长期稳定发展的社会形态。一般认为，中等收入者约占70%，高收入者与低收入者各占15%比较理想。目前，以发达经济体为主的经合组织成员国，中等收入群体占比为61%，高收入者与低收入者合计占39%，他们仍在努力提高中等收入者的比重。如果参照借鉴该经济学理论模型，逐步推进我共同富裕进程，目前我们最大的短板是中等收入者占比偏低。按照国家统计局数据分析，我们中等收入者约4.1亿人，约占总人口的29.1%，与理论上我们国家中等收入占比达到70%的目标距离较远。因此，下一步促进共同富裕最紧迫的任务，是提高中等收入者在全社会的占比，而这一部分人员主要是小微民营企业主、企业管理者、科教文卫领域的专业技术人员、公共服务部门职工与高级技工等，大多受过高等教育，比较重视生活质量，是社会消费市场的主体。从这一层意义上看，共同富裕水平的提高会更加有利于全社会的和谐与稳定。

高质量实施科教兴国战略[*]

习近平总书记在党的二十大报告中指出，要实施科教兴国战略，强化现代化建设人才支撑。这是我们全面建设社会主义现代化国家、全面推进中华民族伟大复兴的重大战略部署。科教兴国就是优先发展科技与教育，全面提升国家科技创新能力与水平，培育更多建设社会主义现代化国家所需的各类人才，为中华民族伟大复兴提供高质量的科教资源支持，以掌握关键核心技术为支撑提高国家的核心竞争力。我们要按照党的二十大的系统部署，高质量实施科教兴国战略。

提升对实施科教兴国战略重要性的认识。科教兴国战略，是 1995 年党中央、国务院第一次提出并持续实施的国家战略。正是因为科教兴国战略的启动与实施，我们国家才在科教领域取得较快发展，并为国民经济加快发展提供了强有力的动力支撑。党的二十大报告中再一次专门系统部署实施科教兴国战略，强化现代化建设人才支撑，就是要推动我国加快建设教育强国、科技强国、人才强国，夯实全面建设社会主义现代化国家的基础。我们要坚持科技是第一生产力、人才是第一资源、创新是第一动力，深入实施科教兴国战略、人才强国战略、创新驱动发展战略，以全面提升的科技创新能力，开辟经济社会发展的新领域新赛道，培育高质量发展的新热点新亮点，不断塑造国家发展的新动能新优势，稳定提高我国科技创新在全世界的竞争力。

坚持教育优先发展。全面贯彻党的教育方针，牢牢把握国家教育健康发展的大方向，落实立德树人根本任务，推动教育资源均衡配置，促进教育公平发展，办好人民满意的教育，坚持为党育人、为国育才。优化人才培养结构，全面提高人才自主培养质量，以更加健全的教育培养机制，培养德智体美劳全面发展的社会主义建设者和接班人。加快建设教育强国，为全面建设社会主义现代化国家提供各种类型、数量充足的人才资源支撑。

坚决打赢关键核心技术攻坚战。坚持创新在我国现代化建设全局中的核心地位，健全新型举国体制，集中更加充沛的力量，加快提升研发投入强度。以更加充足的人力、物力、财力投入，坚决打赢关键核心技术攻坚战，破解高科技领域"卡脖子"难题，强化国家战略科技力量，提升国家创新体系整体效能，加快实现高水平科技自立自强，全面提高我国的自主创新能力。此外，还要在涉及国民经济发展、国家安全等重要领域建立健全自主可控的高端技术体系、标准体系与话语体系，筑牢国家强盛之基，保障国家安全发展。

坚持加强基础研究。世界科技发展历史证明，必须夯实基础研究根基，大幅提升原始创新能力，才能抢占科技制高点，赢得科技发展先机。基础研究是整个科学体系的源头，是所有技术问题的思想源点。加强基础研究是一个国家科技自立自强的必然要求，是我们从未知到已知、从不确定性到确定性的必然选择。因此，建设科技强国，必须坚定不移地加强基础研究。要以恒久之力，长期稳定地支持足够规模的大学、专业科研机构、专业实验室等从事基础研究，为愿意从

* 本文发表于《光明日报》2022 年 11 月 22 日第 2 版。

事基础研究的科研人员提供稳定可靠的科研条件，支持其扎扎实实做各个领域、各类专业、各种起点的基础研究。基础研究只有通过长期稳定的积累积淀，才有可能在前沿科技领域和颠覆性技术上取得突破。

构建全球一流的创新人才生态。深入实施人才强国战略，坚持尊重劳动、尊重知识、尊重人才、尊重创造，完善人才战略布局，既重视著名科学家、专家的引进与培育，又要以综合性政策举措吸引与培养各类青年人才，为一代青年英才发挥创新智慧提供世界一流的科技创新环境，把国内外各个方面的优秀人才集聚到我们党和人民事业中，为全面建设社会主义现代化国家提供源源不断、充满活力的人才支撑。

党的二十大已经为我们擘画出建设教育强国、科技强国、人才强国的路线图。我们要按照党的二十大精神的要求，不骄不躁，稳中求进，组织动员各个方面的科教力量，在新时代新征程上勇毅前行，共同谱写建设社会主义现代化国家的华彩乐章！

稳住县域高质量发展基本盘[*]

县域经济作为一种地域经济体系，在我国区域发展中占据重要地位。作为农业大省，河南是全面推进乡村振兴的主战场，更是一二三产业融合发展的绿色家园。如何在新冠肺炎疫情反复冲击下，稳住县域经济发展基本盘，是河南省 100 多个县市都在积极探索的大事。

按照有关部门出台的《关于推进以县城为重要载体的城镇化建设的意见》，再结合河南省县域经济发展实际，未来县城规划建设要坚持以人为核心推进新型城镇化的路子，总结历史经验，尊重县域经济发展客观规律，统筹当地居民生产、生活、生态、安全、特色文化情况进行综合考量。

推动县域经济高质量发展，应以有较好基础的产业集聚区为依托，以持续规划建设富有地方特色的产业集群为重点，坚定不移把现代工业做大做强。以稳定扩大就业、持续提升地方财政收入能力、不断改善营商环境和人居环境为着力点，补齐县域基础设施的短板弱项。要增强县域在产业发展、居民就业、中小学教育、公共卫生服务、自然灾害应急处理等方面的综合承载能力，全面提升县域经济社会发展质量，更好满足当地居民向县城区集聚和就业安家需求以及生产、生活、生态需要，为新进城农民提供就业、就学、就医等社会保障，为全面实施扩大内需战略、协同推进新型城镇化和全面推进乡村振兴提供有力支撑，大幅提升人民群众幸福感，真正让当地居民畅享高质量发展红利。

郸城县探索县域经济发展路径的案例既具有典型性，也有普遍性。各地要按照党中央、国务院的战略部署持续探索，稳住经济发展基本盘，通过叠加效应和连锁效应，开拓出我国县域经济高质量发展的新局面。

---

* 本文发表于《经济日报》2022 年 11 月 30 日第 9 版。

实施科教兴国战略 强化现代化建设人才支撑[*]

习近平总书记在党的二十大报告中指出：实施科教兴国战略，强化现代化建设人才支撑。这是我国全面建设现代化国家、全面推进中华民族伟大复兴的重大战略部署。所谓实施科教兴国战略，简单地讲，就是倾国家之力，优先发展科技与教育，全面提升我国科技创新能力与水平，培育更多建设社会主义现代化国家的各类人才，为中华民族伟大复兴提供高质量的科教资源支持，以拥有越来越多关键核心技术为支撑提高国家的核心竞争力。在高质量发展成为全面建设社会主义现代化国家的首要任务的新征程上，按照党的二十大的系统部署，从以下六个方面协同发力，高质量实施科教兴国战略。

一、历史性提升对实施科教兴国战略重要性的认识

科教兴国战略，是 1995 年党中央、国务院第一次提出并持续实施的国家战略。正是因为科教兴国战略的启动与实施，使我国在科教领域取得较快发展。至 2015 年，实施的第一个 20 年下来，我国科教领域的主要指标升至世界前列，顺利成为全球科教大国，并为我国的国民经济加快发展提供了强有力的动力支撑。党的二十大报告再一次专门系统部署实施科教兴国战略，强化现代化建设人才支撑，目的很清楚，就是要推动我国由科教大国迈向科教强国，加快建设科技强国、教育强国、人才强国，以利于为我国的高质量发展注入强大的高端科教资源支撑，全面推进社会主义现代化强国建设。所以，我们要坚持科技是发展的第一生产力、人才是第

一资源、创新是第一动力，深入实施科教兴国战略、人才强国战略、创新驱动发展战略，以全面提升科技创新能力，开辟经济社会发展的新领域新赛道，培育高质量发展的新热点新亮点，不断塑造国家发展的新动能新优势，稳定提高我国科技创新与教育发展在全世界的影响力。按照代际规律，经过第二个 20 年的持续奋斗，到 2035 年，把我国建设成为现代化科教强国，为中华民族伟大复兴增添不竭动力。

二、坚持教育优先发展

全面贯彻党的教育方针，牢牢把握国家教育健康发展的大方向，落实立德树人根本任务，推动教育资源均衡配置，促进教育公平发展，加快义务教育优质均衡发展和城乡一体化，优化区域教育资源配置，强化学前教育、特殊教育普惠发展，坚持高中阶段学校多样化发展，完善覆盖全学段学生资助体系。统筹职业教育、高等教育、继续教育协同创新，推进职普融通、产教融合、科教融汇，优化职业教育类型定位。坚持为党育人、为国育才，办好人民满意的教育。借鉴发达国家的经验，优化人才培养结构，特别是要有意识加强我国工科教育的力量，培育和强化全社会的工科思维，增强新知识、新技术、新规则应用的可操作性，全面提高人才自主培养质量，着力造就拔尖创新人才，加快培育更多杰出人才。以更加健全的教育培养机制，培养德智体美劳全面发展的社会主义建设者和接班人，加快建设教育强国，为全面建设社会主义现代化国家提供各种类型数量

———————————

* 本文发表于《党的生活》2022 年第 12 期（上）第 20-21 页。

充足的人才资源支撑。

三、坚决打赢关键核心技术攻坚战

坚持创新在我国现代化建设全局中的核心地位，健全新型举国体制，集中更加充沛的力量，特别是要加快提升研发投入强度，由现在的 2.44% 尽快提升到国际公认的 2.6%～2.8% 水平，以更加充足的人力、物力、财力投入，在高端芯片、新一代信息技术、核应用技术、量子信息技术、航天技术、绿色技术等重要领域，系统筹划一批涉及未来国家核心竞争力与国家安全的重大科技创新项目，组织老中青结合、以青年人才为主力的骨干专业科研团队，协同作战，联合攻关，坚决打赢关键核心技术攻坚战，破解高科技领域被部分发达国家"卡脖子"的历史性难题，全面强化国家战略科技力量，提升国家创新体系整体效能，加快实现高水平科技自立自强，全面提高我国的自主创新能力，在涉及国民经济发展与国家安全等重要领域建立健全我国自主可控的高端技术体系、标准体系与话语体系，筑牢国家强盛之基，保障国家安全发展，为老百姓创造更加美好幸福的生活。

四、构建全球一流的创新人才生态

深入实施人才强国战略，坚持尊重劳动、尊重知识、尊重人才、尊重创造，完善人才战略布局，既重视著名科学家、专家、教授引进与培育，又以比现在发达国家更加优惠的综合性政策举措吸引与培养各类青年人才，特别是 35 岁以下正处于创新黄金期的优秀青年人才，为一代青年英才迸发创新智慧提供世界一流的宽松环境，以有效的机制造就杰出拔尖的各类创新人才，形成具有全球竞争力的开放创新生态，聚天下英才而用之，育一代英才而尊之，加快建设世界重要人才中心和创新高地，着力形成人才国际竞争的比较优势，不仅把我国大批出国留学生及时吸引回国，为国奉献青春与智慧，也把更多外国毕业于世界著名高校的博士等高层次人才

吸引到我们国家从事专业工作，把国内外各个方面优秀人才集聚到我们党和人民高质量发展的伟大事业中来，为我们全面建设社会主义现代化国家、全面推进中华民族伟大复兴提供源源不断、专业齐全、富有朝气的大批人才支撑。

五、持续稳定加强基础研究

习近平总书记明确提出，要加快建设科技强国，实现高水平科技自立自强。世界科技发展历史证明，要实现这一战略目标，必须夯实基础研究根基，大幅提升原始创新能力。基础研究是整个科学体系的源头，是所有技术问题的思想源点。加强基础研究是一个国家科技自立自强的必然要求，是我们从未知到已知、从不确定性到确定性的必然选择。因此，我们建设科技强国，必须坚定不移地加强基础研究。就我国这样人口众多的大国来说，在基础研究领域不敢有任何急躁情绪，也不敢有简单的功利思想，更不要用年度考核的机械化方法逼迫科研人员出成果、发论文，而是要以恒久之力，长期稳定支持足够规模的大学、专业科研机构、专业实验室等一批科研人员从事基础研究，为愿意从事基础研究的科研人员提供稳定可靠的科研条件，支持其扎扎实实做不同领域、不同专业、不同起点的基础研究，为逐步孕育出更多科学家铺路搭桥。我们要牢记，在基础研究领域，仍然存在二八定律。只有把我们基础研究人才队伍规模组织到足够大，才有可能在其中涌现 20% 的优秀人才。只有这样长期稳定积累积淀集聚人才，才能逐步造就一批在基础研究领域做出杰出贡献、发现新的科学原理、命名新的科学定律、创造新知识新智慧的科学家，并在他们基础研究的支持下，为我国占领全球新的原创性知识创新高地奠定比较可靠的科学基础。

六、积极扩大国际科技交流与合作

作为一个科技创新能力正在提升过程之中的国家，要明白我国在高端科技领域短板

弱项还是比较突出的。所以，要秉持开放、包容、合作、共赢的战略姿态，继续积极扩大国际科技交流与合作，加大力度派遣更大批量青年科技人员到发达国家著名科研机构或大学进修或做访问学者，用足够的时间与投入，虚心向发达国家著名的专家学者学习，发现更多高新技术领域的技术前沿与学科增长点，较快提升我国青年人才的科技素养。在创新方法论方面，认真借鉴发达国家学术领域的经验与做法，弥补我国长期不太重视方法论训练与再创新的弱点，全面提升我国学术领域的系统性创新水平，为培养培育出我国更多国际性学术大家而努力！

在中华民族伟大复兴历史上具有里程碑意义的党的二十大，已经为我们擘画出建设科教强国的路线图。我们要按照党的二十大精神的要求，不骄不躁，稳中求进，组织动员中华民族各个方面的科教力量，搭乘新时代新征程的时代列车，向建设科教强国的战略目标勇毅前行，共创建设社会主义现代化强国的华彩乐章！

我的良师益友[*]

——祝贺《经济日报》创刊 40 周年

《经济日报》是代表中国意志、以最新经济信息与重要经济观点为报道主体的综合性权威报纸，是党中央国务院指导、引导、促进、稳定全国经济发展大局的重要舆论阵地，也是我国大中小企业获取经济信息的重要渠道，更是国际社会观察中国经济发展趋势、演进形态、改革动向的重要窗口，在全球经济领域一直颇具影响，是国内外经济学人高度关注且具有市场公信力的大型主流媒体。

我是《经济日报》的忠实读者。作为 1982 年 6 月参加工作后一直从事区域经济学研究的一名专业工作者，自 1983 年《经济日报》创刊，就一直高度重视学习、观察、研究该报关于中国经济发展的理论动态及其对于一些重大经济现象的报道，并几十年如一日订阅《经济日报》。正因为我几乎天天阅读《经济日报》，比较系统地了解该报刊发的最新经济信息和对于重大经济发展问题的主流观点，所以，多次学术研讨会上，一旦出现大的争议时，即有会议主持者提醒：不要简单争论了，还是让张占仓直接介绍一下《经济日报》这种权威报纸的观点吧。从这层意义上说，《经济日报》在我的学术生涯中对我帮助非常大。自己每每遇到经济领域有重大热点问题，包括 CCTV 在内的各种媒体联系采访我对热点问题的看法时，我也都可以坦然应承、正常接受，并有理有据地回答记者提出的相关问题。

2013 年 3 月 17 日，时任总理李克强提出"打造中国经济升级版"的战略思路，《经济日报》先后做了多视角的报道，我根据《经济日报》的报道内容，为本省相关部门多次解读"中国经济升级版的科学内涵与地方响应"。6 月 19 日，《河南日报》理论版专题刊发了我的这篇文章，人民网理论专栏当天就全文转发，引起不少学者关注。多年来，我的研究生们也都受我的影响，天天读《经济日报》，并时常就报上发表的重要经济信息或重要学术观点展开讨论。记得是 2014 年，我带的一个博士后与我第二次见面就开门见山地说，"张老师，我已经主动加入您的《经济日报》读者一族，与您同步阅研重要的经济问题……"我感到非常亲切，因为我天天拜读的《经济日报》又增添了一位忠实读者。

我是《经济日报》的热心传播者。无论在国内工作还是出访国外，我每天早上起床后的第一件事，就是通过电脑看《经济日报》，并在上班后与同专业的同事们讨论交流对重要经济信息的看法。大家都知道我对《经济日报》情有独钟，每当给我送当天报刊，总是把《经济日报》放在最上面。《经济日报》推出手机版"财经早餐"以后，我受益特别大，因为起床后不用再去看电脑，打开手机就能很快了解经济发展的重要信息，然后每天毫无例外地在我的朋友圈转发，以致不少熟人开玩笑地跟我讲，《经济日报》是否给您发了宣传推广费？我的一位大学老师，曾当着我很多同学的面讲，他每天早上最爱看的就是张占仓逐日转发的"财经早餐"，在场的同学们都心生羡慕。2011 年 11 月，我应邀到英国纽卡斯尔大学城市与区域发展研究

* 本文发表于《经济日报》新闻客户端 2022 年 12 月 30 日。

中心作《中国区域规划的理论与实践》学术报告并参加相关调研期间，仍然每天早上阅读并转发"财经早餐"，因伦敦时间与北京时间相差 7 个小时，一位大学同学在我转发的"财经早餐"下面跟帖道，"你现在转发，已经是财经下午茶啦！"我看到后赶紧回复并做了解释，获得他的夸奖，"你对《经济日报》的关注程度令人敬佩！"

我是《经济日报》虔诚的感恩者。因为从事经济学专业，我与《经济日报》河南记者站多年来一直保持密切联系，也与多名驻站记者比较熟悉，经常在河南省委、省政府等召开的相关会议上见面，交流和讨论相关问题。各位记者的职业敏感及就各种问题提出的看法与观点，对我把握经济发展过程中出现的新情况、新趋势、新问题、新矛盾、新影响帮助很大，受益良多。

2014 年初，全省都在关注产业集聚区建设这一热门话题，由《经济日报》河南记者站介绍，《人民日报》记者与我联系，让我就河南产业集聚区建设与发展问题谈谈看法，并在《人民日报》2014 年 1 月 17 日《产业集聚"区动"河南走向新一轮"聚"变》一文中发表了我的见解，"打造集聚 2.0 版，深化改革仍是当务之急。以改革加快实施转型升级，以改革增创对外开放新优势，以改革加速以人为核心的城镇化进程，依然是产业集聚区发展中需要继续破解的课题。"引起河南省相关部门积极行动，制定了相关深化改革的新政策。2022 年第一季度，因为疫情形势对市场影响增大，导致居民消费大幅下降，郑州市有针对性地推出鼓励消费的硬举措，于 2022 年 4 月 1 日宣布将发放 4 亿元消费券，定向鼓励，扶持商家，拉动消费。紧扣这一热点，《经济日报》河南记者站杨子佩等记者

对我进行采访，2022 年 4 月 20 日《经济日报》题为《多地发放消费券拉动消费"小阳春"》的报道引用我的话说，"郑州市发放消费券的主要目的是为了克服新冠肺炎疫情对相关行业发展的影响，帮助零售、餐饮等行业恢复活力。"很快引起广泛关注。

2022 年 8 月 16 日，时任总理李克强主持召开经济大省政府主要负责人经济形势座谈会后，全国经济界都高度关注 6 个经济大省经济发展状况。《经济日报》河南记者站站长夏先清先后两次与我联系，讨论河南如何在经济大省中发挥挑大梁的作用。2022 年 8 月 28 日，《经济日报》头版推出《河南深入实施优势再造战略》，文中发表了记者对我的采访，"河南省委咨询组研究员、省政府专家咨询委员会委员张占仓说，市场主体是经济发展的基础，稳市场主体就是稳经济、稳就业。河南把保市场主体作为稳经济的根本举措之一，截至 2022 年 6 月底，河南全省实有市场主体 884.6 万户，同比增长 8.2%。"该文见报后，多家媒体记者又先后针对经济大省在特殊时期如何发挥挑大梁作用进行了采访与报道。因此，我发肺心腹地感恩《经济日报》多年来对我专业上的启迪与帮助。

改革开放以来，中国经济长期持续高速发展，举世瞩目。在这一历史进程中，1983 年创刊的《经济日报》与国家经济发展的强劲脉搏同振，与中华民族伟大复兴的高亢节奏同步，与全国人民笃正前行的奋斗精神一致，共同见证了一个全球经济大国稳步崛起的辉煌历史，在坚守的舆论阵地上为中国经济发展做出了卓越贡献。40 周年之际我真诚地希望，《经济日报》创刊不忘初心，踔厉奋发，伴随中国经济持续发展而勇往直前，再创辉煌！

中国式现代化的科学内涵与推进途径[*]

摘要 中国式现代化是现代化理念与中国发展实际相结合的重要创新，既具有已经实现现代化国家的共同特征，也具有中国政治、经济、社会、文化、历史的特色，是中国全面建设社会主义现代化国家、全面推进中华民族伟大复兴的政治宣言和道路选择，对加速全球现代化进程将产生重要影响。中国全面建设社会主义现代化国家，要高质量实施科教兴国战略，提高国家发展的硬核实力。推进中国式现代化，要坚定不移地走中国特色社会主义道路，着力推动高质量发展，确保国家安全和社会稳定，加快推动绿色发展，把中国建成富强民主文明和谐美丽的社会主义现代化强国。

关键词 中国式现代化；党的二十大；科教兴国；高质量发展；绿色发展

习近平总书记在党的二十大报告中指出："中国式现代化，是中国共产党领导的社会主义现代化，既有各国现代化的共同特征，更有基于自己国情的中国特色。"[1] 这一高瞻远瞩的论述，既从理论上把中国式现代化具有"各国现代化的共同特征"说得清清楚楚，又基于实践把中国式现代化"有基于自己国情的中国特色"的实质说得明明白白。这是我们系统理解中国式现代化科学内涵的基本逻辑起点[2]，也是按照党的二十大的战略部署推进中国式现代化必须遵循的思想方法。

一、中国式现代化的科学内涵与基本特征

1. 中国式现代化的科学内涵

实现现代化是很多国家追求的理想。中国式现代化，所谓具有各国现代化的共同特征，就是像现在已经实现现代化的国家一样，经济和社会发展水平较高，人均 GDP 达到中等发达国家以上水平，中等收入群体占全部人口的比重较高、全社会公共服务实现均等

化、重大基础设施比较完善、人均寿命比较长、人民群众具有较高的幸福感等。

中国式现代化有基于自己国情的中国特色，其最大的特色就是中国共产党领导的社会主义现代化。一方面，中国共产党建党以来第一个百年的实践证明，中国共产党始终代表最广大人民的根本利益，是全国人民高度信任的领导核心，是实现中华民族伟大复兴的历史性领导力量。历史经验告诉我们，没有共产党，就没有新中国；没有新中国，就根本无法实现中国式现代化。另一方面，中国式现代化是社会主义现代化。由于历史的原因，现在全世界实现现代化的国家都是资本主义国家。新中国成立 70 多年来的实践证明，社会主义国家只要执政党代表广大人民的根本利益，坚持"人民至上"的执政理念，全心全意为人民服务，同样可以有效地实现生产力的高速发展。尤其是改革开放以来，中国通过市场化改革、促进经济长期高速发展、坚持在发展中保障和改善民生，实施脱贫攻坚战，"全国 832 个贫困县全部摘

* 本文发表于《改革与战略》2023 年第 1 期第 1—11 页，为深入学习贯彻党的二十大精神专题研究。

基金项目：国家社会科学基金重大项目"新时代促进区域协调发展的利益补偿机制研究"（18ZDA040）。

帽，近1亿农村贫困人口实现脱贫，960多万贫困人口实现易地搬迁，历史性地解决了绝对贫困问题，为全球减贫事业作出了重大贡献"[1]，在全球树立起了切实可行的大国和平崛起、造福亿万人民群众的新典范。因此，中国在全面建设社会主义现代化国家第二个百年奋斗目标的新征程中，必须坚定中国特色社会主义道路自信、理论自信、制度自信、文化自信，同心同德，凝聚历史性伟力，乘风破浪，勇毅前行。当然，我们也不能够故步自封，在推进中国式现代化进程中，全人类所有对中国发展与进步有借鉴意义的经验做法，我们都要虚心学习与借鉴，在发展过程中有可能出现的"中等收入陷阱"等各种问题都要想方设法予以避免，以利于在实现中华民族伟大复兴的道路上行稳致远。按照党的二十大的战略部署，到2035年，中国将基本实现社会主义现代化，达成现代化第一个阶段的战略目标。再经过全党和全国人民的持续奋斗和不懈努力，从2035年到21世纪中叶，完成第二个阶段的战略目标，把中国建成富强民主文明和谐美丽的社会主义现代化强国。未来五年，是中国全面建设社会主义现代化国家开局起步的关键时期，需要我们在以习近平同志为核心的党中央集中统一领导下，同心同德，稳中求进，开好局，起好步，为全面建设社会主义现代化国家奠定坚实的基础。

2. 中国式现代化的基本特征

在总结中国共产党建党一百多年以来的历史经验和党的十八大以来10年团结奋进取得重大进展的基础上，习近平总书记在党的二十大报告中指出："中国式现代化是人口规模巨大的现代化，是全体人民共同富裕的现代化，是物质文明和精神文明相协调的现代化，是人与自然和谐共生的现代化，是走和平发展道路的现代化。"[1] 这是习近平总书记深刻阐释中国式现代化的五个重要特征。

中国式现代化是人口规模巨大的现代化，这对推进全球现代化进程具有特别重要的理论创新与实践价值。截至2021年1月，全球已经实现现代化国家的人口总和大约为10亿

人，相当于中国人口总数的70.4%，而中国的现代化是14亿多人口的大国共同实现现代化[3]，会直接影响全球现代化的进程，也将以中国人民的伟大创举彻底改变西方国家传统上认为现代化只是世界上少部分人的事情的看法。其实，西方国家长期所主张的世界上只有少部分国家才可以实现现代化，主要是与它们通过残酷的战争与海盗式掠夺财富走向现代化的历史过程直接相关。它们至今之所以依然还不认可中国主张的和平崛起发展道路，是因为近代全世界没有哪一个国家是通过这种道路实现现代化的。而新中国成立以来用一个大国的实践已经证明，走和平发展道路可以使国民经济确实可以实现持续高速发展，并逐步迈向更加富裕、更加繁荣、更加幸福、更加美好的未来。

中国式现代化是全体人民共同富裕的现代化，这与中国国情密切相关，是由中国特色社会主义制度的本质决定的。因为中国一直主张要实现全体人民共同富裕，并以国家的意志帮助人民实现脱贫致富，中华民族优秀传统文化历来倡导"以和为贵"[4]。而要想国家保持"和"，那么全体社会成员之间的收入水平就不能有太大的差距。未来仍然会在中华民族优秀传统文化的基础上营造更加和谐的社会氛围，共同富裕是中国式现代化过程中基本的社会状态。其实，在中国，真正把人生哲理想得明白的人都知道，一个人最伟大的理想是能够为全社会多作贡献，而不是以个人拥有多少物质财富来衡量。当然，为了实现全体人民共同富裕，我们在做大蛋糕的同时，关键是要更加合理地分配好蛋糕，这需要我们进一步探索与完善分配制度。特别需要注意的是，共同富裕并不是平均主义，更不能随意侵犯个人财产，而是要依法完善社会财富分配制度，使其更加具有可持续性、更加有利于调动全社会各类市场主体发展经济的积极性。

中国式现代化是物质文明与精神文明相协调的现代化，这是社会主义核心价值观的直接体现，完全符合中华民族优秀传统文化精髓内涵的要求，更是人民群众平时都比较

尊崇的"两个文明"相协调的行为规范。中国近代历史已经证明，一个国家、一个民族如果没有丰富的物质基础，积贫积弱，就会被挨打，就会长期受欺凌，人民群众就没有安全感幸福感。所以，改革开放以来，中国立足于经济实力不强的基本国情，坚持发展才是硬道理，长期坚持以经济建设为中心，促进了国民经济的持续高速发展。正是因为坚持了这些基本发展规律，中国才能创造经济长期高速发展的奇迹。然而，在实现物质文明进步的同时，精神文明建设也非常重要。改革开放的总设计师邓小平早就告诉我们，坚持物质文明和精神文明要"两手抓、两手都要硬"，这极大地促进了中国"两个文明"的协同共进。习近平[5]总书记明确指出："实现中国梦，是物质文明和精神文明均衡发展、相互促进的结果。"只有物质文明与精神文明相互促进，全社会才能够和谐进步，并长期保持稳定发展。

中国式现代化是人与自然和谐的现代化，既符合现代绿色文明发展的需要，也契合中华民族优秀传统文化中对全球影响深远的老子文化"天人合一""道法自然"的思想，是近年来中国"污染防治攻坚战"着力解决的重点问题，与碳达峰、碳中和的重大战略决策完全相适应[6]。虽然，当前中国正处在工业化中后期，加上中国自然资源禀赋的"富煤贫油少气"特征，导致燃煤发电占比较大，历史性形成了当前二氧化碳排放量比较大的问题，但是中国已在联合国大会上作出庄严承诺：力争在2030年前实现碳达峰、2060年前实现碳中和，而且已作出非常科学的规划，积极推进"双碳"战略落地，并取得了明显成效。实际上，近几年随着"污染防治攻坚战"的快速推进，中国天蓝、地绿、水清的生态环境日益趋好，城乡人居环境更美，创造了人与自然更加和谐的美好生活。

中国式现代化是走和平发展道路的现代化，其在思想渊源上是中华民族优秀传统文化中特别倡导开放、包容、各美其美的价值观。就当今世界局势而言，习近平总书记站在中华民族和人类文明永续发展的高度，倡导走和平发展之路、走多边主义之路、倡议构建人类命运共同体理念得到全世界越来越多国家的高度认可[7]，这也是世界各国都应该深刻思考的重大问题。随着构建人类命运共同体理念的逐步落实，西方霸权主义将逐步被削弱，并可能走向历史的终结。人类文明发展到今天，按照西方霸权主义的思维，国与国之间的竞争仍然要依靠战争来解决问题，这确实缺乏最基本的文明要素。所以，中国继续坚持走和平发展道路，做世界和平的建设者，倡导国与国之间和平相处，实实在在是在创造人类文明新形态，对推动全球现代文明进步具有长远的战略意义[8]。

系统理解中国式现代化的科学内涵，并按照党的二十大精神，贯彻落实全面建成社会主义现代化强国的历史重任，需要始终如一、坚定不移地坚持"发展才是硬道理"这一铁律，稳中求进，一心一意谋发展，稳步提升广大老百姓的生活水平。只有拥有日益强大的综合国力，中国才能够真正长期屹立于世界民族之林，稳步实现中国式现代化。

二、高质量实施科教兴国战略

习近平总书记在党的二十大报告中指出："实施科教兴国战略，强化现代化建设人才支撑。"[1]这是中国全面建设社会主义现代化国家、全面推进中华民族伟大复兴的重大战略部署。所谓实施科教兴国战略，简单地讲，就是从全局上倾国家之力，优先发展科技与教育，全面提升国家科技创新能力与水平，培养更多建设社会主义现代化国家所需的各类人才，为中华民族伟大复兴提供高质量的科教资源支持，以掌握更多关键核心技术为支撑，全面提高国家的核心竞争力和在全球的影响力，有效推动中国高质量发展。按照党的二十大的系统部署，中国应从以下六个方面协同发力，高质量实施科教兴国战略。

1. 历史性提升对实施科教兴国战略重要性的认识

科教兴国战略，是1995年党中央、国务

院第一次提出并持续实施的国家战略。科教兴国战略的启动与实施，使中国在科教领域取得了较快发展。截至 2015 年，实施该战略的第一个 20 年以来，中国科教领域的主要指标升至世界前列，顺利成为全球科教大国，并为中国的国民经济快速发展提供了强有力的动力支撑。党的二十大报告专门系统部署实施科教兴国战略，旨在强化社会主义现代化建设的人才支撑，目的很清楚，就是要推动中国由科教大国迈向科教强国，加快建设教育强国、科技强国、人才强国，以为中国的高质量发展注入强大的中高端科教资源支撑，以更多世界一流的高新技术产业为依托，全面推进社会主义现代化国家建设。所以，中国要坚持科技是第一生产力、人才是第一资源、创新是第一动力，投入更加充足的人力、物力、财力，高质量实施科教兴国战略、人才强国战略、创新驱动发展战略，培养新一代创新型人才，全面提升中国的科技创新能力与创新水平，开辟经济社会发展新领域新赛道，培育高质量发展新热点新亮点，以世界一流的创新能力不断塑造国家发展新动能新优势，以持续增长的硬核实力稳步提高中国科技创新与教育发展在全世界的影响力[9]。按照代际演变的发展规律，在原有基础上，再经过持续奋斗，到 2035 年，把中国建设成为社会主义现代化教育强国、科技强国，以更加强大的创新能力为实现中华民族伟大复兴加持赋能。

2. 坚持教育优先发展

按照党的二十大的战略部署，全面贯彻党的教育方针，把以人民为中心的发展思想落实到教育的全过程，创新教育方法，推动教育资源更加公平配置，努力办好人民群众满意的教育，尤其是要更加重视发展素质教育，彻底摆脱从小学到大学阶段由考试引领的教育模式的约束，实现全国及各地区之间的教育公平发展，为各类人才成长创造宽松和谐的教育环境。全面落实立德树人的根本任务，坚持为党育人、为国育才，牢牢把握国家教育健康发展的大方向[10]。借鉴发达国

家的成功经验，更加注重提升工程科学教育在高等教育中所占的比重，调整优化人才培养类型结构和高等教育学科专业结构，全面提高各类人才自主培养质量，以更加健全、更有活力的教育培养机制，培养德智体美劳全面发展的社会主义建设者和接班人，加快建设教育强国，为全面建设社会主义现代化国家提供各种类型、数量充足、质量更优、专业门类齐全、视野开阔的人才资源支撑。

3. 坚决打赢关键核心技术攻坚战

始终坚定不移坚持创新在中国现代化建设全局中的核心地位，健全新型举国体制，集中更加充沛的力量，特别是要加大提升研究与试验发展经费研发投入强度，由 2021 年的 2.44%[11] 尽快提升到国际公认的 2.6% ~ 2.8% 的水平[12]，投入更加充足的人力、物力、财力，围绕新材料、高端芯片、6G、量子信息、太空技术、核电技术、生物医药、新一代医疗和实验室检测设备、智能制造、信息安全等高新技术领域，系统筹划一批涉及未来国家核心竞争力的重大科技创新项目，组建老中青结合、以青年人才为主的骨干专业科研团队，协同作战，联合攻关，以恒久之力坚决打赢关键核心技术攻坚战，破解高科技领域被部分发达国家"卡脖子"的历史性难题[13]，有效强化国家战略科技力量，提升国家在自然科学、工程科学领域创新体系的整体效能，以不断突破的高新技术成果与大量发明专利为支撑，加快实现高水平科技自立自强，全面提高中国关键核心技术的自主创新能力。此外，还要在涉及国民经济发展与国家安全等重要领域，建立健全中国自主可控的高端技术体系、质量标准体系，筑牢国家强盛之基，保障国家安全，在统筹发展与安全的康庄大道上行稳致远[14]。

4. 构建全球一流的创新人才生态

深入实施人才强国战略，人才队伍建设是关键支撑要素，是否能够集聚足够规模的各类创新人才，对实现科技强国的战略目标影响深远。实施人才强国战略的目的之一是培养和造就新一代杰出人才。所以，要坚持

尊重劳动、尊重知识、尊重人才、尊重创造，以大力提高人才工资待遇和建立科学的绩效奖励机制为支撑，逐步完善全国及各地区的人才战略布局，既高度重视著名科学家、专家、大国工匠等高端人才的引进与培养，又要以比现在发达国家更加优惠的综合性政策举措引进与培养各类青年人才。特别是要高度重视 35 岁以下正处于创新黄金期的优秀青年人才的集聚，为一代青年英才发挥创新智慧提供世界一流、文化多元、创新氛围浓厚的科技创新环境，着力造就全球一流的拔尖创新人才，为优秀的青年人才脱颖而出创造有利条件，形成具有全球竞争力的开放创新生态，以聚天下英才而用之，育一代英才而尊之，助一批英才攀登科学高峰，加快建设世界重要人才中心和创新高地，从中央到地方均着力形成人才国际竞争的比较优势[15]。我们不仅要想方设法把中国大批留学生及时吸引回国，投身民族复兴伟业，还要积极吸引更多毕业于世界著名高校的外国年轻博士到中国从事专业工作，营造中国人才成长的国际化文化氛围[16]。只有坚持内外兼具，协同推进人才工作，才能够把国内外各个方面优秀人才集聚到党和人民的伟大事业中来，实现人才雁阵集聚，为全面建设社会主义现代化国家、全面推进中华民族伟大复兴提供源源不断、充满活力、量大质优、专业门类齐全、年龄结构合理的优秀人才资源支撑[17]。

5. 持续稳定加强基础研究

加快建设科技强国，必须夯实基础研究根基。基础研究追求科学原理，是整个科学体系的源头，是推进重要创新的条件，是所有技术问题的思想源点。加强基础研究是一个国家实现科技自立自强的基础工作，基础不牢，地动山摇。只有不断提高基础研究实力，才能够大幅提升原始创新能力。因此，建设科技强国，必须坚定不移地持续加强基础研究[18]。中国人口众多，在基础研究领域不能有任何急躁情绪，也不能有简单的功利思想，更不能用年度考核的机械化方法逼迫科研人员出成果、发论文，而是要以恒久之

力，长期稳定地支持足够规模的大学、专业科研机构、专业实验室等一批科研人员从事基础研究，为愿意从事基础研究的科研人员提供稳定可靠的科研条件，支持其扎扎实实做不同领域、不同专业、不同起点的基础研究。基础研究具有"二八定律"，只有基础研究人才队伍规模组织到足够大，才有可能在其中涌现 20% 的优秀人才。只有通过长期稳定积累积淀，才有可能逐步造就一批在基础研究领域作出杰出贡献、发现新的科学原理、命名新的科学定律、创造新知识新智慧的科学家，进而为国家占领全球新的原创性知识创新高地奠定科学基础[19]。

6. 积极扩大国际科技交流与合作

中国作为正在大力提升科技创新能力的国家，在高端科技领域短板弱项仍然比较突出，能够成为全球很多专业领域的学科带头人的专业人才更是稀缺，与美国等发达国家相比仍存在较大的差距[20]。中国要秉持谦虚谨慎、开放合作的态度，延续改革开放以来已经形成的良好做法，坚持通过"走出去""引进来"模式合作，博采各国之长为我所用[21]，继续积极扩大国际科技交流与合作，学习和借鉴发达国家的成功经验。特别是在创新方法论方面，要认真学习和借鉴发达国家成功的经验与做法，弥补中国教育体系中不太重视方法论训练与再创新短板，全面提升中国学术领域的系统性创新水平，为培养出更多国际性学术大家而努力！对于一些新专业、新研究领域、新研究方法、新专业实验室，中国要积极制定对外合作规划，有意识地发挥国家的力量，组织相关专业青年人才与其开展深度合作，以了解与熟悉前沿的科研动态，为丰富研究领域与实验室体系提供科学依据，逐步培育一批居于世界前沿的实验室、试验站等研究基地，为下一轮科技竞争提供杰出人才与高端研发平台支撑。

在中华民族伟大复兴历史上具有里程碑意义的党的二十大，已经为我们擘画出建设教育强国、科技强国、人才强国的路线图。我们要按照党的二十大精神的要求，不骄不

躁，稳中求进，组织动员中华民族各个方面的科教力量，搭乘新时代新征程的列车，向既定目标勇毅前行，共同谱写社会主义现代化国家的华彩乐章！

三、推进中国式现代化的途径

经过中国共产党建党一百多年以来的艰苦探索，在经历了几代人执着的持续奋斗，在迈上全面建设社会主义现代化国家的新征程中，在系统总结中国过去走过的道路以及所取得的重大成就和历史经验的基础上，党的二十大报告提出了以中国式现代化全面推进中华民族伟大复兴。推进中国式现代化的途径，无论是在理论上还是在实践上，都一定是具有中国特色、充满中华民族优秀传统文化基因、兼容并蓄已经实现现代化国家的可借鉴经验、创造人类文明新形态的一条崭新途径[22]。

1. 坚定不移走中国特色社会主义道路

对比全球主要经济体的体制特征，中国最本质特征就是中国共产党领导的社会主义国家。前文已述及，中国选择中国共产党领导，这不是哪一个人或哪一个著名的政治家为我们作出的选择，而是历史的选择、人民的选择，是无数致力于中华民族伟大复兴的杰出先驱抛头颅、洒热血、费工夫、集智慧筚路蓝缕探索积淀而形成的一种历史选择。

工业革命以来，尽管已经实现经济振兴的发达国家大多选择了以三权分立为政治架构的西方模式，但是它们内部的运行机制均存在较大差异。尤其英国是工业革命的发源地，至今仍然实行君主立宪制，目的就是要巩固资产阶级革命成果和维护资产阶级利益，而不是把人民的最根本利益放在第一位。比如，2020 年，英国民众的新冠病毒死亡率之所以远远高于全球平均水平，很重要的原因之一就在于其体制机制缺乏足够的应急能力，只能实行群体免疫政策。同样，美国自建国以来，其财富的积累主要是通过掠夺世界其

他相关国家的财富来实现的，不利于全球文明的进步。中国是历史文化沉淀丰厚、一直主张"以和为贵"和和睦相处的礼仪之邦，中华民族优秀传统文化源远流长、博大精深，中国选择的只能也必须是把马克思主义基本原理同中国具体实际相结合、同中华优秀传统文化相结合的具有中国特色的现代化之路。西方国家的现代化模式与某些成功经验，我们可以学习与借鉴，但是我们国家与它们的国情差异较大，根本无法照搬，也不能照搬。

近代，中国因为经济落后等原因，曾经被外国列强百般蹂躏，中华民族遭受了前所未有的苦难。但是，自中国共产党诞生以来，人口众多的中国的广大老百姓就开始有了主心骨，在中国历史上第一次真正拥有了代表广大老百姓利益的政党。新中国成立以来，在几乎一穷二白的基础上，中国始终坚持走独立自主、和平发展的道路，建立起自己的国民经济体系与国防体系，逐步成为对世界影响越来越大的国家。没有共产党，就没有新中国；没有中国共产党的坚强领导，就不会有抗美援朝的全面胜利。改革开放以来，在中国共产党的领导下，中国借鉴发达国家市场经济发展模式中某些成功的经验，促进国民经济高速发展，推动中国不断走向繁荣昌盛。所以，无论资本主义国家如何宣扬它们的政治主张，中国都坚持走中国共产党领导的社会主义道路，这是其他任何政治力量都无法替代的领导核心[23]。截至 2021 年 12 月 31 日，在全国 9671.2 万名[24] 中国共产党党员中，40 岁以下党员的数量超过党员总数的 1/3[①]，年青一代党员成为中国共产党党员中充满活力的群体。未来，只要坚定不移地坚持中国共产党领导，坚持以人民为中心、人民至上，坚持在中国特色社会主义大道上持续踔厉奋发，勇毅前行，中国就一定能一步一步迈向中华民族伟大复兴。

2. 着力推动高质量发展

党的二十大报告提出，高质量发展是全

---

① 根据《中国共产党党内统计公报》公布的数据统计，40 岁及以下的党员总数约为 3393.9 万人。

面建设社会主义现代化国家的首要任务[1]。党第一次把高质量发展提升到作为全面建设社会主义现代化国家首要任务的战略高度，将直接影响中国下一步全社会资源配置的基本走向，这是促进中国由经济大国迈向经济强国的关键支撑[25]。

第一，坚持和完善中国特色社会主义市场经济制度。与已经实现现代化的发达国家相比，中国特色社会主义生产关系具有独创的特征与发展优势。中国应顺势而为，继续毫不动摇巩固和发展公有制经济，毫不动摇鼓励、支持、引导非公有制经济发展，坚持"两个毫不动摇"为中国特色社会主义市场经济体制深化改革与进一步发展和完善而增添活力与动力。其实，很多国家已经看到了中国这种经济体制的显著优势，只是由于它们国家历史与政治体制等原因而无法效仿。我们要继续发挥中国特色社会主义的体制优势，推动高质量发展。一方面，要继续在能源供给、粮食安全等涉及国计民生的重点领域，稳定支持公有制经济健康发展，保障国家安全发展；另一方面，要充分发挥市场高效配置资源、灵活适应市场变化、不断创造新需求、及时满足人民群众美好生活需要的优势。此外，还要长期稳定促进非公有制经济可持续发展，培育壮大更多新的市场主体，尤其是重视和支持青年人大胆创新创业，开辟国内外市场的新领域、新业态、新技术、新消费和新市场，为推动高质量发展源源不断注入新鲜血液，确保高质量发展行稳致远。

第二，加强现代化产业体系建设。制造业是国民经济长期稳定发展的重要基础和支撑，也是保证中国长期屹立于国际竞争舞台的支柱。一方面，要坚定不移地走新型工业化道路，始终把发展经济的着力点放在实体经济上。在现有制造业的基础上，以全面提高自主创新能力、创造能力为努力方向，充分利用信息化、数字化、智能化、高端化、绿色化的新技术、新业态、新机遇的发展方面，在涉及安全发展的技术领域，围绕国家重大产业布局拉长短链、补齐断链[26]，从战略上提高中国制造业的整体产品档次与技术水平，尽快在国际市场上占领越来越多的制造业高端位置，从而做强做优做大制造业，在确保国家安全的基础上，铺就中华民族伟大复兴的康庄大道。另一方面，同步构建优质高效的现代服务业体系，以数字化、智能化技术为支撑，推动中国日益活跃的现代服务业同规模庞大、结构复杂、门类齐全的先进制造业、稳定发展的现代农业产业深度融合，形成协同发展、相互促进的运行机制。以更加充裕的投入，优化城乡基础设施体系与地区布局，为中国高质量发展提供日益完善的基础设施支撑。

第三，促进区域和城乡协调发展。按照党的二十大的战略部署，根据新的消费需求，全面推进乡村振兴，持续深入实施区域协调发展战略，构建与完善优势互补、协同合作、高效利用资源的区域经济布局和国土空间体系。坚持农业农村优先发展，促进城乡融合发展，以政策协同探路，打通要素流通市场，以乡村产业振兴为切入点，较快地提高农民收入水平。在乡村经济实力不断增强的同时，积极推动乡村人才、文化、生态和组织全面振兴。按照藏粮于地、藏粮于技的要求，坚决全方位夯实粮食安全根基，确保国家粮食安全，强化粮食和农副产品供给保障、稳住农业基本盘[27]。发展地方特色产业，加强农民职业技能培训，巩固拓展脱贫攻坚成果，进一步增强脱贫地区和脱贫群众内生发展动力。深化农村土地制度改革，以盘活农村土地资源为支撑，激活农村土地资源的潜在价值，让土地资源为农民创造更多、更加稳固的财产性收入。在构建新发展格局中，优化国家战略资源配置，持续推动西部大开发、东北全面振兴；着力构建以先进制造业为支撑的现代产业体系，改革完善体制机制，加快中部地区崛起步伐；以更加开放、更快进步的科技推进东部地区现代化进程，探索现代化建设经验。持续支持革命老区、少数民族地区、沿边地区改善基础设施，加快经济发展步伐，增强地区经济实力。推进京津冀协同发展、长三角一体化发展、长江经济带绿色化发展、成渝地区双城经济圈联动发展，加快建设雄安新区，提高区域协调发展水平。根据《中华人民共和国黄河保护法》要求，推进黄河流域生态环境保护与高质量发展。推进以人为核心的新型城镇化建设，转变超大特大城市发展方式，构建以城市群、都市圈为依托，以综合性交通枢纽为支撑的大中小城市协调发展新格局，打造绿色、宜居、宜业、韧性、智慧城镇体系。

第四，推动高质量开放发展。以更加开放的思维方式、更加积极的工作方法、更加包容的文化滋养，依托国内超大规模市场优势，进一步优化营商环境，吸引国际资本和国际化人才资源，积极稳妥扩大规则、规制、管理、标准等制度型开放[28]。通过网络化、智能化赋能，高标准建设更多自由贸易试验区，持续推动共建"一带一路"，加快内陆地区开放发展，不断提高开放的高度和深化开放的深度[29]，全面提升全国各地区开放发展水平。

3. 加快推动绿色发展

结合中国处在工业化中后期、碳排放量处在历史高位的现实，坚持绿水青山就是金山银山的理念，立足于如期实现"双碳"目标，加快各种资源利用方式的根本转变，全方位推进绿色发展，促进人与自然和谐共生，建设美丽中国[30]。

第一，持续推进环境污染防治。结合各地区实际，以工业污染防治为重点，全面推进精准治污，大幅度减少环境污染，深入持久打好蓝天、碧水、净土保卫战，尽快消除重污染天气和城市黑臭水体。通过控制农药、化肥使用量，加强农业面源污染防治，探索生物防治方法，治理土壤污染，提升农产品绿色化水平。

第二，科学稳妥推进碳达峰、碳中和进程。针对中国能源部门碳排放量占比较高的实际，大幅度调整中国能源生产结构、技术结构与消费结构，通过能源科技创新，用更多新技术、新成果、新工艺加快发展太阳能、风力、水力、生物质能发电、地热等可再生

能源利用和多种储能技术，稳定发展核电，积极研发核聚变发电技术，大幅度扩大绿色能源占比。对于传统较大规模的燃煤发电，持续扩大煤电"三改联动"规模，大幅度减少碳排放量。结合中国煤炭资源丰富的特殊国情，积极探索节能降碳技术改造以后的煤电与新能源稳定并行的绿色发展之路。建立健全绿色政策法规体系，全面遏制"两高"工业发展，减少这类项目导致的工业污染。加快钢铁、水泥、电解铝等传统高耗能行业绿色化技术改造，优化交通运输结构，有效降低工业和交通运输业碳排放量。倡导绿色低碳生产生活方式，有效减少城乡居民生活污染。

第三，提升生态环境质量。以国家重点生态功能区、国土空间规划划定的生态保护红线等为重点，全面促进生态环境保护工作，积极实施重点地区的生态系统保护和修复工程、生物多样性保护工程和大规模国土绿化工程，稳定提升中国不同类型地区生态系统的多样性、稳定性和可持续性。

四、结语

党的二十大报告提出，中国式现代化是中国慎重选择的全面建设社会主义现代化国家、全面推进中华民族伟大复兴的一条全新的科学发展之路[1]，凝聚了全党全国各族人民的智慧，具有十分重要的理论价值与实践意义，对推进全球现代化进程将产生重要影响。中国式现代化是马克思主义基本原理同新时代中国高质量发展实际相结合的重大理论创新，是习近平新时代中国特色社会主义思想凝练的最新成果。该重大成果一经提出，便迅速引起国内外的高度重视，得到全国各族人民的高度赞扬与充分肯定。我们要按照党的二十大的系统部署，高举中国特色社会主义伟大旗帜，更加紧密地团结在以习近平同志为核心的党中央周围，在贯彻落实党的二十大精神中深刻领悟中国式现代化的科学内涵，高质量实施科教兴国战略，必须坚定不移走中国特色社会主义道路，着力推动高质量发展，加快推动绿色发展，从我做起，

从现在做起，同心同德，求真务实，全面建设社会主义现代化国家，以中国式现代化全面推进中华民族伟大复兴！

参考文献

［1］习近平．高举中国特色社会主义伟大旗帜为全面建设社会主义现代化国家而团结奋斗：在中国共产党第二十次全国代表大会上的报告［N］．人民日报，2022-10-26（1）．

［2］方世南．以中国式现代化全面推进中华民族伟大复兴的政治宣言和行动指南［J/OL］．学术探索，https：//kns. cnki. net/kcms/detail/53. 1148. C. 20221020. 1509. 002. html.

［3］陈鹏．14亿人的现代化，意味着什么？［EB/OL］．（2021-01-20）［2022-10-30］．https：//www. sohu. com/a/445738179_118900.

［4］张占仓．黄河文化的主要特征与时代价值［J］．中原文化研究，2021（6）：86-91.

［5］习近平．在联合国教科文组织总部的演讲［N］．人民日报，2014-03-28（3）．

［6］张占仓．科学稳健实施绿色低碳转型战略路径研究［J］．改革与战略，2022（4）：1-13.

［7］燕连福．中国式现代化新道路的五个特征［J］．北京联合大学学报（人文社会科学版），2022（2）：12-15.

［8］王朝科，鲁保林．中长期发展规划引领是中国式现代化的典型特征［J/OL］．改革与战略，https：//kns. cnki. net/kcms/detail/5. 1006. C. 20221024. 1640. 002. html.

［9］沈梓鑫．科教兴国与创新驱动发展［N］．中国社会科学报，2022-08-03（3）．

［10］胡鞍钢，王洪川．中国式教育现代化与教育强国之路［J/OL］．新疆师范大学学报（哲学社会科学版）．https：//doi. org/10. 14100/j. cnki. 65-1039/g4. 20221020. 001.

［11］国家统计局，科学技术部，财政部．2021年全国科技经费投入统计公报［EB/OL］．（2022-08-31）［2022-10-30］．http：//www. gov. cn/xinwen/2022/08/31/content_5707547. htm.

［12］张占仓．以科技创新支撑高质量发展，全面建设社会主义现代化国家［EB/OL］．（2022-10-20）［2022-10-30］．https：//new. qq. com/rain/a/20221020A06J0L00.

［13］丛宇．中国式现代化进程中"教育、科技、人才"三者关系的科学认识及正确处理［J/OL］．学术探索，https：//kns. cnki. net/kcms/detail/53. 1148. C. 20221023. 1645. 002. html.

［14］刘垠．新时代新征程自觉肩负起科技改革发展的使命责任［N］．科技日报，2022-10-31（2）．

［15］陈佳．科教兴国人才兴邦［N］．光明日报，2022-11-01（2）．

［16］张东刚．深入贯彻科教兴国战略　为全面建设社会主义现代化国家提供有力人才支撑［N］．光明日报，2022-10-31（6）．

［17］周小李．把各方面优秀人才集聚到党和人民事业中来［N］．光明日报，2022-10-31（6）．

［18］叶玉江．持之以恒加强基础研究　夯实科技自立自强根基［J］．中国科学院院刊，2022（5）：589-595.

［19］胡立彪．解决"卡脖子"问题必须加强基础研究［N］．中国质量报，2021-12-14（2）．

［20］何光喜．我国国际科技合作的形势、挑战与展望［J］．科技中国，2022（9）：8-11.

［21］侯强周，兰珍．新中国成立以来国际科技合作发展战略的理路分析［J］．改革与战略，2022（3）：97.

［22］唐洲雁．以中国式现代化全面推进中华民族伟大复兴［N］．光明日报，2022-10-27（8）．

［23］钟瑞添．中国式现代化的三重逻辑［N］．光明日报，2022-10-27（8）．

［24］中共中央组织部．中国共产党党内统计公报［EB/OL］．（2022-06-29）［2022-10-30］．http：//dangjian. people. com. cn/n1/2022/0629/c117092-32460569. html.

［25］张占斌．以加快构建新发展格局推动高质量发展［N］．光明日报，2022-10-28（6）．

［26］刘立军．"双循环"新发展格局的核心：产业链奠基、创新链赋能［J］．江苏师范大学学报（哲学社会科学版），2019（2）：119.

［27］王政武，郭雅玲，陈春潮．以乡村振兴促进共同富裕：逻辑内涵、现实困境与政策框架［J］．南宁师范大学学报（哲学社会科学版），2022（2）：14.

［28］马相东．坚定不移推进高水平对外开放［N］．光明日报，2022-10-28（6）．

［29］张二震，戴翔．构建开放型世界经济：理论内涵、引领理念与实现路径［J］．江苏师范大学学报（哲学社会科学版），2019（2）：91.

［30］张再杰．加快资源利用方式根本转变［N］．光明日报，2022-10-31（10）．

第二篇

区域规划研究

中国经济新常态与可持续发展新趋势[*]

摘要 进入 21 世纪，全球经济发展格局发生重大变化，中国稳定崛起。从 2002 年起，新常态一词在欧美国家出现，主要形容金融危机之后西方国家经济恢复的缓慢而痛苦的过程。2014 年 5 月，习近平提出中国经济新常态，向世界描述中国经济的一系列新表现。2014 年 11 月，北京 APEC 第 22 次会议和在澳大利亚的 G20 峰会上，中国经济新常态成为广泛关注的热词。2014 年 12 月中央经济工作会议上，把经济发展新常态确定为中国经济未来发展的主旋律。我们研究提出中国经济新常态 6 个方面科学内涵，并提出在新常态下中国经济可持续发展的 5 大趋势，结论认为，中国经济已经进入以新常态为标志的习近平时代，未来将保持中高速发展状态，在重大结构变化过程中支撑中国经济可持续发展，促进中华民族实现伟大复兴的中国梦。

关键词 中国经济新常态；新常态；可持续发展；国民经济服务化；中国梦

2014 年 11 月，在北京闭幕的 APEC 第 22 次会议和在澳大利亚闭幕的 G20 峰会上，中国经济新常态成为影响全球的热词。2014 年 12 月在北京召开的中央经济工作会议，更是要求准确把握经济发展新常态，首次全面阐释"新常态"的九大特征。我们初步梳理新常态的思想渊源和习近平关于中国经济新常态的论述，试图从学理上探讨其科学内涵，并从中领悟中国经济可持续发展的新趋势。

一、思想脉络

1. 国外的起源

新常态（new normal），顾名思义，就是指"反常的现实正逐步变为常态"。据统计，2002 年，新常态一词在国际主流媒体中每个月出现 50 次，关注度有限。当时，美国所说的"新常态"主要含义为：①无就业增长的经济复苏；②恐怖主义距离日常生活更近[1]。

2010 年，在第 40 届瑞士达沃斯世界经济论坛年会上，时任美国太平洋基金管理公司（PIMCO）总裁埃里安（Mohamed El-Erian）重新提出新常态的概念，以反映美国 2007～2008 年金融危机之后全球经济陷入的低增长状态。他认为，"2008 年的金融危机不是简单的皮外伤，而是伤筋动骨，是经历多年非同寻常时期之后的一个必然结果"。

尽管在不同领域不同学者有不同解释，但"新常态"在宏观经济领域被西方舆论普遍形容为金融危机之后西方国家经济恢复的缓慢而痛苦的过程。

2011 年，新常态一词在国际主流媒体每个月出现约 700 次，关注度有所上升，但仍然有限。

2. 国内的基本脉络

2014 年第一季度，我国经济发展遭遇"倒春寒"：增速跌入 6 个季度的谷底，实体经济成本高企，房地产交易量价齐跌，"三驾马车"拉动乏力……一时间，各种议论不绝

---

* 本文发表于《河南科学》2015 年 1 月第 33 卷第 1 期第 91-98 页。

于耳——出台强刺激政策还是加快人民币升值？放缓改革步伐还是推迟转型升级目标？2014年4月25日，习近平总书记主持召开中央政治局会议，研究经济形势和经济工作。系统分析后认为，中国经济发展的基本面没有改变，要继续坚持稳中求进的工作总基调，保持宏观政策的连续性和稳定性，财政政策和货币政策都要坚持现有政策基调——会议向海内外传递出坚定的信心[2]。

中原，自古以来人文荟萃，物华天宝，在中华民族发展历史上始终占据十分重要的战略地位，是中国之"中"的历史渊源。在中国最具代表性的中原，不仅是中华民族的精神家园，也是中国经济长期发展的晴雨表[3]。2014年5月，习近平总书记在河南考察时指出："我国发展仍处于重要战略机遇期，我们要增强信心，从当前我国经济发展的阶段性特征出发，适应新常态，保持战略上的平常心态。"这是新一代中央领导首次以新常态描述新周期中的中国经济。习近平总书记为什么在河南感受并提出中国经济新常态？确实与中原发展的代表性息息相关[4]。

2014年7月29日，在中南海召开的党外人士座谈会上，习近平问计当前经济形势，又一次提到"新常态"："要正确认识我国经济发展的阶段性特征，进一步增强信心，适应新常态，共同推动经济持续健康发展。"

把"新常态"作为国家执政新理念关键词提出6个月后，2014年11月9日习近平在亚太经合组织工商领导人峰会上首次系统阐述了"新常态"。他认为"中国经济呈现出新常态"有几个主要特点：速度——"从高速增长转为中高速增长"；结构——"经济结构不断优化升级"；动力——"从要素驱动、投资驱动转向创新驱动"。他表示："新常态将给中国带来新的发展机遇。"包括：第一，经济增速虽然放缓，实际增量依然可观。即使是7%左右的增长，无论是速度还是体量，在全球也是名列前茅的。第二，经济增长更趋平稳，增长动力更为多元。以目前确定的战略和所拥有的政策储备，我们有信心、有能力应对各种可能出现的风险。我们正在协同推进新型工业化、信息化、城镇化、农业现代化，这有利于化解各种"成长的烦恼"。中国经济更多依赖国内消费需求拉动，避免依赖出口的外部风险。第三，经济结构优化升级，发展前景更加稳定。习近平以2014年前三季消费对经济增长的贡献率超过投资、服务业增加值占比超过第二产业、高新技术产业和装备制造业增速高于工业平均增速、单位GDP能耗下降等数据指出，中国经济"质量更好，结构更优"。第四，政府大力简政放权，市场活力进一步释放。习近平举例说，由于改革了企业登记制度，前三季度新增企业数量较上年增长60%以上。

2014年12月5日，习近平主持召开中央政治局会议，分析研究2015年经济工作。会议强调，中国进入经济发展新常态，经济韧性好、潜力足、回旋空间大，为明年和今后经济持续健康发展提供了有利条件。同时，也要看到，经济发展新常态下出现的一些变化使经济社会发展面临不少困难和挑战，要高度重视、妥善应对。

在2014年12月9~11日中央经济工作会议上，中央提出要坚持稳中求进的工作总基调，坚持以提高经济发展质量和效益为中心，主动适应经济发展新常态，保持经济运行在合理区间，把转方式调结构放到更加重要的位置，狠抓改革攻坚，突出创新驱动，强化风险防控，加强民生保障，促进经济平稳健康发展和社会和谐稳定。会议认为，科学认识当前形势，准确研判未来走势，必须历史地、辩证地认识我国经济发展的阶段性特征，准确把握经济发展新常态的九大特征。会议要求，面对我国经济发展新常态，观念上要适应，认识上要到位，方法上要对路，工作上要得力。

综上所述，中国经济新常态，就是把发展速度适当调整以后务实迈向结构优化、可持续发展能力更强的一种运行状态，与"金融危机之后西方国家经济恢复的缓慢而痛苦的过程"完全不同[5]。

3. 重要意义

习近平用"新常态"向世界描述了中国经济的一系列新表现，阐述了新常态派生的机遇，指出新常态下中国经济增长更趋平稳，增长动力更为多元，发展前景更加稳定的趋势。我国经济正在向形态更高级、分工更复杂、结构更合理的阶段演化，经济发展进入新常态，正从高速增长转向中高速增长，经济发展方式正从规模速度型粗放增长转向质量效率型集约增长，经济结构正从增量扩能为主转向调整存量、做优增量并存的深度调整，经济发展动力正从传统增长点转向新的增长点。认识新常态，适应新常态，引领新常态，是当前和今后一个时期我国经济发展的大逻辑[6]。这种战略性概括可以引领新预期、凝聚新共识，引导国内外更理性务实地看待地处全球第二大经济体的中国经济，为世界经济持续稳定健康发展吃下定心丸，为中国在下一步全球发展中做出更大贡献描绘出了美好的新愿景，将激励中国人民以一种新的状态投入到中华民族伟大复兴的伟大创举之中。

二、科学内涵

借鉴国外经验，结合中国经济发展实际，分析认为，中国经济新常态有非常丰富的科学内涵，目前有以下六个方面具体表现：

1. 年均 GDP 增长速度 7% 左右

中国经济处于中高速调整发展状态，发展的内在动力充沛，发展质量稳步提升。从2010 年中国劳动力出现刘易斯拐点，就业压力有所减轻的实际情况分析，特别是经过2012 年以来我国有意识把 GDP 增长速度适当调低到 7.5% 的实际运行情况看，我国 GDP 增长速度保持在 7% 左右，全社会就业情况基本保持稳定，摆脱了过去就业压力较大情况下保持 GDP 年增长速度 8% 的约束，并没有出现像日本、韩国等 GDP 年增长速度从持续多年8% 以上直接下降到 4% 左右的情况，为我国国民经济长期发展变轨转型奠定了历史性基础。所以，要以平常心态，科学认识与看待中国经济由改革开放以来长期保持两位数高速发展顺利调整到中高速发展的历史性变化。2014年前三季度中国经济增速为 7.4%，据 IFM 测算 2014 年中国经济增长对世界经济的贡献率为 27.8%，美国为 15.3%，中美两国成为全球发展的最大引擎[7]。

2. 产业结构排序成为三二一

改革开放以来，我国长期处于工业主导国民经济发展状态，第二产业一直占据国民经济第一大部门的主导地位。2013 年，我国第三产业占 GDP 的比重达到 46.9%，第二产业降至 43.7%，第三产业第一次成为国民经济最大的部门，实现了产业结构演进的历史性跨越[8]。2014 年前三季度，第三产业占GDP 的比重进一步上升，国民经济服务化已经成为未来非常明朗的发展趋势，中国经济进入第三产业主导发展阶段，服务业成为未来发展与就业最大的蓄水池。与此相伴，2013年科技进步对经济发展的贡献达到 51.7%，2014 年高新技术产业增长速度持续高于工业增长速度，科技进步贡献率有望持续提高，而单位 GDP 能耗同比下降 4.6%，国民经济整体发展质量稳步提升。

3. 经济发展动力均衡多元

由于发展阶段的影响，在经济增长投资、出口、消费"三驾马车"中，我们过去长期主要依靠投资与出口拉动经济增长，招商引资一直是全国各地最为重要的工作之一，投资对 GDP 贡献一直占据非常重要的位置。经过发展积淀与发展结构调整，2012 年，我国消费对 GDP 增长的贡献达到 51.8%，超过投资贡献 1.4 个百分点，一改过去多少年来依靠投资拉动的发展模式，内需成为经济发展最大动力，消费对 GDP 贡献突出，经济发展与居民生活改善联系进一步密切。2013 年，出现小幅反弹，投资对 GDP 增长贡献达 54.4%，高于消费贡献 4.4 个百分点。2014 年上半年，消费贡献达 54.4%，高于投资贡献 5.9 个百分点。从发展趋势分析，尽管这两种影响因素对 GDP 的贡献还有可能出现一定的波动，但是依靠更多消费拉动国民经济持续增长的宏观走势已经形成，这也是国民经济发展结构的重大变化，也是普通老百姓的最大福音。

4. 新兴产业发展迅速

中国网络购物、快递、科技服务、体育等新兴产业发展迅速，持续保持50%左右高增长率，促进了产业结构优化调整。2014年前三季度，全国网上零售额18238亿元，同比增长49.9%。其中，限额以上单位网上零售额2888亿元，增长54.8%。统计显示，中国消费者网购次数是欧洲消费者的4倍，是美国和英国消费者的2倍左右。央视发布的《中国经济生活大调查2013—2014》显示，2013年中国网购过的家庭高达81.52%，喜欢网购的多为18~25岁的年轻人。我国席卷全球的"双11"购物潮已持续6年，每年都会诞生新的纪录。作为电商标杆的阿里巴巴，2014年11月11日仅用13小时31分，就突破了上年"双11"的全天纪录，并在11月12日零点将自身的"双11"交易额定格在571.12亿元，比上年的362亿元增长57.7%。其中，无线端占比42.6%，交易额243.29亿元。仅阿里巴巴"双11"购物，就产生包裹2.785亿个，较上年增长50%以上。国家邮政局发布信息显示，截至10月20日，2014年全国规模以上快递服务企业累计业务量已突破100亿件"节点"，预计全年全国快递业务量将超过120亿件，可超过美国预计110亿件的规模，成为全球最大。

5. 改革活力显现

按照党的十八届三中全会的部署，全面深化改革持续较快推进，市场活力进一步释放。一年多来，国务院先后取消和下放7批共632项行政审批等事项，激发了全民创业激情。2014年1~9月，新注册市场主体同比增幅60%以上，通过创业有力地促进了就业。用李克强总理的话说，"一个大众创业的形态正在形成"。正因如此，在2014年GDP增长速度较上年有所降低的情况下，1~9月全国就业却出现适当增长，保障了居民就业稳定的大局。同时，国家还推进了财税体制改革，为服务业等新兴产业减税，给小微企业让利，

激发了企业发展活力。国家持续深化金融体制改革，推进利率和汇率的市场化，并放宽金融市场准入，人民币在全球直接结算范围进一步扩大。在上海自由贸易区获得巨大发展成效的基础上，在粤津闽再设3个自贸区，加快推进贸易自由化。全面深化改革正在为经济发展释放一系列红利，经济发展的内在活力日益充沛。

6. 年均物价总水平控制在2%~3%的水平

从近3年情况看，2012年和2013年经济增长7.7%，CPI同比上涨2.6%；2014年前三季度经济增长7.4%，CPI同比上涨2.1%。第四季度不出现物价大幅波动的特殊影响因素，全年物价有望保持在2%~3%这一温和上涨的合理区间，物价总水平进入了持续平稳、温和上涨的新常态，为中低收入者稳定就业与生活提供了基本保障，经济增长与物价调控基本上比较匹配，有利于社会稳定、持续、健康发展。2014年1~9月，全国居民人均可支配收入中位数13120元，同比名义增长12.1%，扣除物价影响，也顺利跑赢GDP。

总之，所谓新常态，关键在"新"，就是过去没有出现的情况；核心是"常态"，就是要保持一个比较长时间的状态。我们期望，中国以此开创经济未来持续、稳定、和谐、包容发展的又一个30年黄金期。

三、中国经济可持续发展的新趋势

新中国成立以来，经过了开国元勋毛泽东时代的30年，使中国从一穷二白的战争废墟上初步建立起国民经济运行体系。1978年的党的十一届三中全会，开创了以改革开放为历史标志的邓小平时代30年，中国从一个人均GDP100多美元的经济落后国家，快速发展成为一个对全球有重要影响的中等收入国家，GDP总量跃居全球第二位，人均GDP达到6995美元，对世界发展贡献巨大[9]。那么，在全球经济发展格局变化中，特别是2008年金融危机以后发达国家进入经济复苏维艰的过程中，中国经济进入发展新常态，是一种主动的调整与转轨，是一次历史性跃

升，是中华民族走向伟大复兴攀登过程。因此，在新常态下，中国经济发展显示出一些可持续发展的新趋势。

1. 国民经济服务化

所谓国民经济服务化，是指服务业就业和增加值在国民经济中所占比重日益扩大的趋势。20 世纪 40 年代，很多学者就已经认识到人类经济活动重心渐次从农业向工业并进而向服务业（第三产业）转移的规律性。1973 年，美国社会学家贝尔指出了美国经济从产品型经济向服务型经济转变的特征，其标志是美国服务业的劳动力与 GDP 比重（1969 年分别达到 60.4% 与 61.1%）已经超过工业与农业之和（Bell，1973）。同一时期，未来学家托夫勒·奈斯比特等也相继提出类似概念与理论。贝尔等的理论引起世界性的广泛关注，而国际经济发展的现实则为其提供有力的验证：当今世界经济中的一个显著现象，就是服务业在各国经济发展中的地位逐年提高，无论是从服务业增加值占 GDP 的比重，还是从服务业就业占总就业的比重看，服务业已经成为现代经济中最具发展潜力的领域。据统计，1999 年世界范围内服务业增加值占全球 GDP 的比例已从 20 世纪 70 年代早期的 50% 上升到 64%。在发达国家，服务业增加值占 GDP 的比重已超过 70%。中等收入国家和低收入国家的这一比例分别为 55% 和 44%。在一些主要城市，这一数字达到了 70%~80%。与此同时，服务业吸纳的就业人口占总就业人口的比重，发达国家为 60%~70%，中等收入国家在 45%~60%，低收入国家也达到 30%~40%（见表 1）。在我国，发达地区与中西部地区的最显著差异之一，也是越发达的地区 GDP 中第三产业所占比重越大（见表 2）。从第三次全国经济普查数据看，2013 年全国 GDP 构成中，第三产业所占比重为 46.9%，高于第二产业 3.2 个百分点，第一次位居第一大部门，结束了长期由第二产业主导国民经济发展大局的历史，实现了新的跨越，使中国经济进入第三产业主导发展阶段。2013 年，第三产业法人单位占第二、第

三产业法人单位的 74.7%，比 2008 年提高了 5.7 个百分点；从业人员 16 326.6 万人，占全部法人单位从业人员比重的 45.9%，比 2008 年提高 3.5 个百分点。2014 年，国家连续出台多方面鼓励第三产业发展的举措，第三产业所占比重将进一步上升。因此，服务业在国民经济中地位大幅度上升，第一、第二产业相对地位下降是大势所趋，未来国民经济发展越来越依靠第三产业的全面增长。我们走向未来的过程，就是第三产业持续扩大占比的过程。这是我国产业结构持续调整取得的重要成果，标志着国民经济发展结构出现重大变化，也对未来全社会劳动力结构以及与此密切相关的教育结构、专业结构、学科结构提出了新的重大需求，并将引起全社会就业结构、知识结构和人才结构等一系列重大变革。

表 1 世界部分国家三次产业就业结构变化

国家	第一产业		第二产业		第三产业	
	2005 年	2012 年	2005 年	2012 年	2005 年	2012 年
美国	1.6	1.6	20.6	16.7	77.8	81.2
日本	4.4	3.7	27.9	25.3	66.4	69.7
英国	1.3	1.2	22.2	18.9	76.3	78.9
德国	2.4	1.5	29.8	28.2	67.8	70.2
法国	3.6	2.9	23.7	21.7	72.3	74.9
中国	44.8	33.6	23.8	30.3	31.4	36.1
印度	55.8	47.2	19.1	24.7	25.2	28.1

注：①表中数据来自《中国统计年鉴 2014》；②美国、日本为 2010 年数据。

表 2 2013 年中国及部分省市产业结构对比

地区	第一产业	第二产业	第三产业
中国	10.0	43.9	46.1
北京	0.8	22.3	76.9
上海	0.6	37.2	62.2
天津	1.3	50.6	48.1
重庆	8.0	50.5	41.4
广东	4.9	47.3	47.8
江苏	6.2	49.2	44.7
河南	12.6	55.4	32.0

注：表中数据来自《中国统计年鉴 2014》。

2. 服务业发展信息化

2014 年 8 月 28 日，根据彭博社亿万富豪指数统计，中国内地最新富豪排行榜，ABT（阿里、百度、腾讯）老板包揽前三位。其中，阿里巴巴集团创始人兼董事会主席马云（1964 年生）拥有 218 亿美元净资产，成为中国首富。紧随其后的是腾讯公司董事长马化腾（1971 年生），净资产 163 亿美元；百度公司董事长李彦宏（1968 年生），净资产 158 亿美元；万达公司董事长王健林（1954 年生），147 亿美元；娃哈哈集团董事长宗庆后（1945 年生），净资产 115 亿美元；京东公司董事长刘强东（1974 年生），净资产 94 亿美元。2014 年 12 月 12 日，彭博社亿万富翁指数公布的最新数据显示，阿里巴巴创始人马云已经超过香港富豪李嘉诚，成为新的亚洲首富，主要是由于阿里巴巴在美国上市之后股价大涨。根据彭博社的数据，目前马云的财富总额达到 286 亿美元，李嘉诚为 283 亿美元。

为什么中国富豪榜前列都是年轻的互联网精英呢？而过去富豪榜前列主要是房地产商和制造业大亨，这种变化说明中国已从房地产和制造业时代迈向高科技主导的信息化时代，这是中国经济新常态给国家发展带来的最大希望。只有更多地依靠创新驱动发展，让科技进步在经济增长中占有越来越大的份额，我国才能够由经济大国逐步走向中华民族伟大复兴的经济强国。

大量发展实践已经说明，在当今大数据时代，由于互联网可以大大提高资源配置效率，尤其是可以提高资源共享程度，提供资源整合的路径，大量节约管理成本，所以，互联网经济正在以电子的速度创造财富神话。过去，联想集团曾经创造制造业 15 年销售额突破 100 亿元的神话，而小米公司则以制造加信息化服务创造了 3 年销售额突破 100 亿元奇迹，而阿里巴巴则以高端信息化的服务业创造一天销售额突破 500 亿元的业绩震撼全球。所以，未来服务业发展需要全面信息化、充分信息化、服务智能化。在中国已经拥有 7 亿以上智能终端用户的情况下，任何产业的发展，特别是讲究便利化的服务业的发展，信息化是其最基本的支撑，也是历史性发展趋势。任何产品或者服务，只有与数亿计的智能终端相联系，才能够拥有前景广阔的客户与市场。

3. 科技发展高端化

据悉，自 2013 年 9 月 23 日到 2014 年 9 月 22 日，中国学者在《自然》杂志发表文章指数首次超过日本，成为亚洲第一名。中国学者发表在《自然》系列杂志上的论文总数量达到 647（比上年 458 增加 199）篇；同期日本学者 491（比上年 450 增加 41）篇。中国学者论文数量比日本学者论文数量多 156 篇。上一年这个时段，中国学者一年内在《自然》系列杂志上发表的论文总数量达到 458 篇，其中论著类论文 443 篇，综述类论文 15 篇；同期日本学者 450 篇，其中论著类论文 437 篇，综述类论文 13 篇。中国学者论文数量比日本学者论文数量多 8 篇，论文发表数量首次超过日本。

回顾这几年走过的道路，中国科技产出增长速度惊人。2000 年，只有 6 篇发表在《自然》杂志和其子刊的论文有来自中国的作者参与。2010 年，中国学者在《自然》杂志上发表的论文总数为 152 篇，占当年总数的 5.3%。2011 年，中国学者在《自然》杂志上发表的论文总数为 225 篇，占当年总数的 7%。2012 年，在所有《自然》杂志和其子刊上发表的研究性论文中，中国学者发表 303 篇论文，占当年总数的 8.5%，比 2011 年增长 35%。因此，《自然》杂志分析认为，中国正在成为科技论文发表和科研产出的国际领先力量。

2014 年 11 月 21 日，中国科学院院长白春礼在北京会见了到访的自然出版集团母公司麦克米伦科教集团全球总裁安妮特·托马斯博士一行。会谈期间，托马斯代表自然出版集团向白春礼赠送了水晶牌，对中科院为全球科学，尤其是高质量科学研究做出的贡献表示祝贺。2013 年，中科院在 68 家全球公认质量最优的科学期刊上发表高质量科学论文 2661 篇，在全球科研机构排名中位列第三，仅次于法国国家科学研究中心（4585 篇）和德国马普学会（3023 篇）。按照自然出版集团创立的"加权分值计数法"（WFC）指数计算，中科院 2013 年发表的高质量科学论文总分为 1209.46 分，在全球 2 万多家知名科研机构中排名第一。尤其是在化学、物理学、地球和环境科学领域，中国科学院均雄踞榜首；在生命科学领域也有上佳业绩，居全球第 4 位[10]。

中国科技部部长万钢表示："经过多年积累，我国逐步从跟随者变为并行者，一些领域已有领跑能力，成为具有重要影响的科技大国和创新大国。"截至 2012 年，研发人员总量达到 325 万人年，稳居世界第一；SCI 收录的我国科技论文数快速增长，连续 4 年居世界第二；发明专利授权量达 21.7 万件，稳居世界第三。特别是中国拥有全世界数量最多的青年优秀人才，而且中国目前与全球所有发达国家高等教育和重要科研机构融合程度空前，中国的留学生几乎遍布全球所有名牌大学和重要研究机构，所以历史把中国带到了大批青年人才脱颖而出的特殊时代，未来的世界一定是中国的[11]！

4. 居民购物网络化

从 2003 年到 2011 年，中国网络零售市场的平均增长速度是 120%，高居全球第一。由于无线互联网和智能终端的普及，加上网络购物成本低廉，居民购物网络化已经是历史性趋势。现在，在网络上购买几乎任何产品都无所不能，所以大家确实接受了这种消费方式。特别是已国际化的阿里巴巴影响深远，也引导国内外消费者高度重视中国快速发展的网络购物。

2014 年 8 月 27 日，阿里巴巴公布旗下的中国零售平台上半年的总交易额已经达到 9310 亿元人民币，距 10000 亿元仅一步之遥。而 2012 年全年，该集团平台总交易额刚刚突破万亿元。阿里巴巴 11 月 4 日披露了上市之后的第三季度业绩，集团收入达到 168.29 亿元，同比增长 53.7%；核心业务运营利润达

84.93 亿元。第三季度，阿里巴巴旗下中国零售平台的 GMV（平台总交易额）达到 5556.66 亿元，同比增长 48.7%。其中，来自淘宝平台的交易额为 3798.32 亿元，同比增长 38.2%；来自天猫平台的交易额为 1758.34 亿元，同比增长 77.8%。交易额的强劲增长，主要得益于活跃买家数的增长。截至 2014 年 9 月 30 日，淘宝和天猫的活跃买家数达到 3.07 亿，同比增长 52%。阿里巴巴旗下的中国零售平台，来自移动端的交易额达到 1990.54 亿元，同比增长 263%。移动端 GMV 占整体交易额的比例达到 35.8%，这一比例较 2013 年同期提升了 21 个百分点，比 2014 年第二季度提高 3 个百分点。阿里巴巴创造的这种商业模式，既有大量的现金流，又因为越来越多的业务是在智能终端上由购物者自己负责运行的，显著降低了商业成本，因此显示出旺盛的生命力。

2014 年 7 月，中国互联网络信息中心（CNNIC）发布第 34 次中国互联网络发展状况统计报告指出，截至 2014 年 6 月，我国网民上网设备中手机使用率达 83.4%，首次超越传统 PC 整体使用率（80.9%），手机作为我国第一大上网终端设备的地位更加巩固。工信部预计，2014 年，我国信息消费规模达到 2.8 万亿元，同比增长 25%，电子商务交易额超过 12 万亿元，同比增长 20%。

5. 能源结构绿色化

2014 年 11 月 12 日，在北京 APEC 会议上，中美达成二氧化碳减排意见，中国计划 2030 年左右二氧化碳排放达到峰值，非化石能源占一次能源消耗比例达 20%，美国承诺 2025 年实现在 2005 年基础上减排 26%～28%，为 2015 年国际气候大会达成全球二氧化碳减排方案奠定了基础。此举既表明中美两个最大的经济体愿意为全球大气环境污染治理做出历史性贡献，也使我们国家的绿色发展有了明确的时间表。

2014 年 11 月 19 日，国务院发布《能源发展战略行动计划（2014—2020）》，提出绿色低碳战略，计划到 2020 年，非化石能源占

一次能源消耗比例达 15%，天然气比重达 10% 以上，煤炭消费比重控制在 62% 以内。这标志着中国能源消费结构绿色化快速推进，风能、太阳能、地热能、生物质能等可再生能源和核能将大幅度增加。

2013 年，我国可再生能源占能源消费的 9.2%。其中，风电发电 1400 多亿千瓦时，除火电、水电外，风电已经超过核电，是中国的第三大电源，近些年发展非常快。有专家预计，到 2050 年，中国可再生能源将占能源消费的 50%。所以，新能源成为中国未来发展潜力巨大的领域。

四、初步结论

1. 中国经济进入以新常态为标志的习近平时代

中国经济进入调整发展速度、提升发展质量、优化产业结构、创新驱动、更加注重有效就业、可持续能力更强的新常态。这种新常态是一种历史性跨越，是中国发展的一个新的里程碑，是以习近平为总书记的党中央治国理政思想在经济发展方面的具体体现，是一个新时代的开始。实际情况已经证明，中国经济内在发展能量充足，内需市场潜力巨大，将持续保持 GDP 年增长 7% 左右的较快发展速度，而发展质量将持续提升，我们对此要充满信心。虽然经济发展确实面临一系列新挑战，但是伴随全面深化改革进程的持续推进，一种与当前中国和世界发展总体态势相适应的中国经济新常态正在被全球和全国接受。主动调整发展战略、准确认识中国经济新常态、积极适应中国经济新常态、主动引领中国经济新常态是国际社会和我们共同的历史性选择。

2. 在新常态下中国经济表现出可持续发展的新趋势

与中国经济新常态相适应，中国可持续发展表现出国民经济服务化、服务业发展信息化、科技创新高端化、居民消费网络化、能源结构绿色化的战略趋势。这种趋势是中国经济结构历史性调整的需要，是中国经济顺利跨越中等收入陷阱的需要，是中国经济快速走向全球的需要，是实现中华民族伟大复兴中国梦的需要。我们必须以一种更加宽阔的世界视野认识这种新趋势，以特有的大国思维方式积极适应这种新趋势，并在各自善于发挥优势的领域或者地域充分利用中国可持续发展新趋势带来的新机遇，畅享中国大国崛起为全球发展创造的巨大的历史红利。

3. 中国经济在适应新常态发展过程中确实面临一系列新挑战

为什么近两年全社会总是关注经济发展的下行压力，这实际上是在新常态下各个方面不适应的表现。特别是我们创新驱动发展能力不足、城镇化水平仍然偏低、第三产业发展不均衡、体制机制改革需要加快、全面依法治国任务繁重等。因此，我们要在全面深化改革上下功夫，坚持稳中求进的总基调，把加快发展与升级发展并重，立足于促进农业稳定发展、工业升级发展、服务业做大做强，通过互联互通，实施"一带一路"倡议、长江经济带战略和京津冀一体化发展战略，打造经济发展新优势，建设更加开放的经济体系，为全面建成小康社会奠定坚实的经济社会基础，为持续推进中国现代化积淀更多的正能量。

参考文献

[1] 张慧莲，汪红驹. 中国经济"新常态"[J]. 银行家，2014（6）：11-13.

[2] 马光远. 读懂中国经济新常态[J]. 商界评论，2014（6）：26.

[3] 张占仓，杨迅周. 中国经济新常态与河南的新机遇[N]. 经济视点报，2014-11-06（3）.

[4] 李力. 新常态 新机遇 新挑战——专访省科学院副院长张占仓省委党校博士宋伟[N]. 河南日报，2014-12-03（9）.

[5] 陈雨露. 中国经济"新常态"与发达国家"新常态"的五个区别[N]. 证券日报，2014-12-13（B02）.

[6] 新华社. 中央经济工作会议在北京举行[N]. 人民日报，2014-12-12（1）.

[7] 刘劫，高攀. 中国对今年世界经济增长贡献最大——访财政部副部长朱光耀[EB/OL]. 新华网.

（2014-10-11）［2014-12-30］，http：//finance. chi-na. com. cn/news/gnjj/20141011/2719741. shtml.

［8］顾梦琳. 2013 年 GDP 修订后增 1. 9 万亿元［N］. 京华时报，2014-12-20（1）.

［9］新华社. 中国人均 GDP 增加到 6995 美元［N］. 北京晨报，2014-12-20（1）.

［10］甘晓. 自然指数显示中科院实力［N］. 中国科学报，2014-11-24（1）.

［11］张占仓. 论创新驱动发展战略与青年人才的特殊作用［J］. 河南科学，2014，32（1）：88-93.

我国"十三五"规划与发展的国际环境与战略预期*

摘要　随着近年来中国外交领域的一系列重大突破，全球政治经济格局发生了积极变化，为中国和平崛起提供了日益宽松的国际环境。党的十八届五中全会通过的《中共中央关于制定国民经济和社会发展第十三个五年规划的建议》，明确了"十三五"期间国家规划与发展的战略性问题。未来五年，中国在全球的政治经济文化影响力将稳步提升，在全球战略平衡中国际环境将有利于中国稳定发展，我国全面融入全球化的宏观趋势明朗，我国国民经济服务化将迎来历史性浪潮，国家发展将加快改善民生的步伐，双创驱动将激发就业与发展新活力。五大发展理念是"十三五"规划的灵魂，创新发展将历史性地走上民族进步的前台，改善民生需要做艰苦细致的持续努力，2020年能确保全面建成小康社会。

关键词　"十三五"规划；国际环境；发展理念

2015年11月3日公布的《中共中央关于制定国民经济和社会发展第十三个五年规划的建议》（以下简称《建议》），为我们全面制定"十三五"规划提出了一系列新理念、新思路、新目标、新对策。如何科学、客观、全面地理解中央的建议，并对未来规划与发展做出科学分析与预判，对我国未来发展影响深远。

一、全球政治经济格局的变化及其影响

1. 习近平全球治理思想的提出及影响

在2015年10月12日中央政治局的集体学习中，习近平几次提到了"全球治理"。[①]习近平强调，推动全球治理体制向着更加公正合理方向发展，将为我国发展和世界和平创造更加有利的条件。对于全球治理，习近平先后提出多方面的重要观点：不管国际风云如何变幻，我们都要始终坚持和平发展、合作共赢，要和平不要战争，要合作不要对抗，在追求本国利益时兼顾别国合理关切；以创新推进国际经济金融体系改革，完善全球治理机制；加强国际对话与沟通，坚持开放包容绝不损人利己、以邻为壑；大力推动国际关系的民主化、法制化及合理化；深化合作，就是要从战略上谋划金砖国家未来发展；金砖国家应发扬合作伙伴精神，坚持开放、包容、合作、共赢；坚持联合国宪章的宗旨和原则，维护国际公平，推动共同发展；坚持和平共处五项原则；推进周边外交和多边外交，加强务实合作促进共赢；深化发展中国家间合作，促进国际关系民主化；推动全球治理体制向着更加公正合理方向发展；推进全球治理体制变革是大势所趋；推进全球治理规则民主化、法制化；弘扬共商共建共享的全球治理理念。习近平全球治理思想包含开放、包容、民主、公正、和平、合作、共赢等理念。苏联解体以后，美国奉行单边霸

---

* 本文发表于《中州学刊》2015年11月第11期第5-10页，为"学习贯彻党的十八届五中全会精神"专题文章。

权主义，导致近些年经常性的局部战争，最终引发席卷欧洲的难民潮，遇到世界的治理危机②，人类文明面临新的选择。习近平全球治理思想的提出，是对全球治理的重要贡献，已经引起全世界普遍重视。

2. 中美俄英德法等新型大国关系的建立

面对中国的和平崛起，特别是 2010 年中国成为全球第二大经济体以后，如何妥善处理与世界既有大国的关系，一直是全球关注的热点之一。2012 年 2 月，习近平访美期间，提出要构建"前无古人，但后启来者"的新型大国关系倡议。紧接着，希拉里·克林顿在美国先后发表两次重要讲话，同样提到中美要建立一种"在竞争与合作中实现最佳平衡"的大国关系。2012 年 5 月，在北京召开中美战略与经济对话会期间，双方将构建中美"新型大国关系"作为主题，这一概念被高调推出。2013 年 6 月，习近平主席同奥巴马总统在安纳伯格庄园会晤，双方达成共同努力构建中美新型大国关系的重要共识。2014 年 11 月，在奥巴马总统访华期间，习近平主席又提出从 6 个重点方向推进中美新型大国关系建设。2015 年 9 月 24 日，国家主席习近平在华盛顿布莱尔国宾馆同美国总统奥巴马举行中美元首会晤。习近平主席指出，事实充分表明，构建中美新型大国关系这一目标是完全正确的，具有强大生命力。③"相互尊重、合作共赢的中美新型大国关系"是习奥 2013 年"庄园会晤"、2014 年"瀛台夜话"和 2015 年"白宫秋叙"三次长谈的重要成果，开创了大国关系新纪元，中美双方都在从政治高度努力避免陷入"修昔底德陷阱"。同时，中俄关系基础稳固，2014 年双边贸易额达 953 亿美元，比 20 年前增加 13 倍以上。中英关系进入黄金时代，已经开启中英关系史上的黄金十年。中德合作进入"全面升级版"，中法合作蒸蒸日上。与这些大国之间合作关系的全面深化，为我国发展创造了比较宽松的国际环境。

3. 俄美军事力量的角逐与均衡

俄美关系一直比较复杂。2013 年底，亲俄的乌克兰总统亚努科维奇中止和欧盟签署政治和自由贸易协议，欲强化和俄罗斯的关系，导致乌克兰亲欧洲派在基辅展开反政府示威，引发乌克兰政治危机。乌克兰政治危机的根本原因还是国内民众在"向东走"还是"向西走"问题上的深度对立，也是美俄力量的公开较量。美国利用这个机会，在全世界孤立俄罗斯，在非常条件下推动了中俄关系的深化。从 2015 年 9 月 30 日起，俄罗斯持续针对"伊斯兰国"（IS）的空袭行动，在全球影响巨大，再一次引致俄美关系对峙升级。从政治走势分析，俄美关系仍将持续对峙，特别是军事争霸一时还难以有明确的结果，而这种环境为中国和平崛起提供了更多的时间。

4. 中国的和平崛起

1972 年，美国总统尼克松访华时，我国 GDP 约占全球的 1%，曾经让美国人认为在全球经济舞台上中国可以忽略不计。1980 年，中国 GDP 占全球 2%，居第 13 位。2010 年，中国 GDP 达 5.7 万亿美元，占全球的 9.2%，超越日本的 5.3 万亿美元，跃升为全球第二大经济体。2014 年，中国发展进入新常态④，GDP 增长 7%，达 10.4 万亿美元，占全球的 13.3%，对全球经济增长的贡献率达 27.8%。2014 年中国外商直接投资则继续保持稳定增长，达到 1280 亿美元，成为全球最大的外商直接投资目的地，与此同时，美国在 2014 年的外商直接投资总量则大幅下跌近 2/3，仅为 860 亿美元。此前，美国一直是全球吸引外资第一大国。2014 年，我国对外投资 1231.2 亿美元，首超日本成为第二大对外投资国。中国发起的亚投行顺利成立，人民币跨境支付系统（CIPS）正式上线运行，英国发行人民币计价主权债券等，中国与韩国、澳大利亚等自贸区完成谈判，标志着人民币加速国际化。我国的对外开放已经形成双向开放格局。2013 年 9 月 23 日到 2014 年 9 月 22 日，中国学者发表在顶级学术期刊《自然》系列杂志上的论文总数量达到 647 篇，比上年 458 篇增长 41.3%，比 2000 年增长 100 倍以上。《自然》杂志分析认为，中国正在成为科技论文发表和科研产出的国际领先力量。2015 年 6 月 18 日，《自然》杂志发布 2015 年全球自然指数（2015 Nature Index）。此次发布的 2015 全球自然指数涵盖了 2014 年 1 月 1 日至 12 月 31 日发表在 68 种世界一流科研期刊上的 57501 篇论文。其中，中国科学院仍是自然指数中位列全球第一的科研机构。联合国教科文组织报告显示，中国研发支出占全球 20%，超过欧盟和日本，升至全球第二位，仅次于美国的 28%。因此，中国科技、经济、资本等在全球稳定崛起已成为历史趋势。

综上所述，全球政治经济格局在迅速变化，中国高层次外交活动成效显著，中国倡导的以"互联互通"为核心思想的"一带一路"倡议进一步加快了资源整合的速度⑤，一个更加有利于中国长期稳定发展的大局初步形成。

二、我国"十三五"规划的战略性问题

1. "十三五"时期我国发展的指导思想

《建议》提出，"十三五"时期我国发展的指导思想是，高举中国特色社会主义伟大旗帜，全面贯彻党的十八大和十八届三中、四中全会精神，以马克思列宁主义、毛泽东思想、邓小平理论、"三个代表"重要思想、科学发展观为指导，深入贯彻习近平总书记系列重要讲话精神，坚持全面建成小康社会、全面深化改革、全面依法治国、全面从严治党的战略布局，坚持发展是第一要务，以提高发展质量和效益为中心，加快形成引领经济发展新常态的体制机制和发展方式，保持战略定力，坚持稳中求进，统筹推进经济建设、政治建设、文化建设、社会建设、生态文明建设和党的建设，确保如期全面建成小康社会，为实现第二个百年奋斗目标、实现中华民族伟大复兴的中国梦奠定更加坚实的基础。这个以"三个坚持""一个确保"为主要内容的指导思想非常明确，为"十三五"时期我国经济社会发展指明了方向。

2. "十三五"规划的六大原则

《建议》提出，如期实现全面建成小康社会奋斗目标，推动经济社会持续健康发展，必须遵循六大原则。一是坚持人民主体地位。人民是推动发展的根本力量，实现好、维护好、发展好最广大人民根本利益是发展的根本目的。二是坚持科学发展。发展是硬道理，发展必须是科学发展。三是坚持深化改革。改革是发展的强大动力，要破除一切不利于科学发展的体制机制障碍，为发展提供持续动力。四是坚持依法治国。法治是发展的可靠保障，必须把经济社会发展纳入法治轨道。五是坚持统筹国内国际两个大局。全方位对外开放是发展的必然要求，必须坚持打开国门搞建设，更好利用两个市场、两种资源，推动互利共赢、共同发展。六是坚持党的领导。坚持党的领导是确保我国发展航船沿着正确航道破浪前进的政治保证。

3. 全面建成小康社会新的五大目标要求

《建议》要求，今后五年，要在已经确定的全面建成小康社会目标要求的基础上，努力实现新的五大目标要求。一是经济保持中高速增长。在提高发展平衡性、包容性、可持续性的基础上，到 2020 年国内生产总值和城乡居民人均收入比 2010 年翻一番。国家统计局估计"十二五"GDP 增长平均速度为年增长 8.0%。⑥习近平已经说明，"十三五"期间 GDP 年均增长 6.5% 是底线，顺利实现比 2010 年倍增的目标也有一定难度，但未来发展重点将放在提升经济发展质量上。与此同时，实现人均收入"倍增"要比实现 GDP 目标更有难度。根据"十二五"之前 30 多年的统计数据，中国 GDP 增长速度比居民人均收入增长速度平均快 2.5 个百分点。"十二五"之后居民收入才反超 GDP 增长速度，但要继续维持比较难，涉及国民收入结构调整问题，需要做出战略部署。二是人民生活水平和质量普遍提高。就业比较充分，就业、教育、文化、社保、医疗、住房等公共服务体系更加健全，基本公共服务均等化水平稳步提高。我国现行标准下农村贫困人口实现脱贫，贫

困县全部摘帽，解决区域性整体贫困。三是国民素质和社会文明程度显著提高。中国梦和社会主义核心价值观更加深入人心，中华文化影响持续扩大。四是生态环境质量总体改善。生产方式和生活方式绿色、低碳水平上升。主体功能区布局和生态安全屏障基本形成。五是各方面制度更加成熟、更加定型。国家治理体系和治理能力现代化取得重大进展，各领域基础性制度体系基本形成。

4. "十三五"规划的五大发展理念

《建议》提出，实现"十三五"时期发展目标，破解发展难题，厚植发展优势，必须牢固树立创新、协调、绿色、开放、共享五大发展理念。其中，创新是引领发展的第一动力。必须把创新摆在国家发展全局的核心位置，不断推进理论创新、制度创新、科技创新、文化创新等各方面创新，让创新贯穿党和国家一切工作，让创新在全社会蔚然成风。创新被放在空前的高度，关键是要解决未来中长期发展的动力问题。协调是持续健康发展的内在要求。必须牢牢把握中国特色社会主义事业总体布局，正确处理发展中的重大关系，促进全社会协调发展，注重解决发展不平衡问题。绿色是永续发展的必要条件和人民对美好生活追求的重要体现。必须坚持节约资源和保护环境的基本国策，推进美丽中国建设，为全球生态安全做出新贡献，解决人与自然和谐问题。开放是国家繁荣发展的必由之路。必须顺应我国经济深度融入世界经济的趋势，奉行互利共赢的开放战略，构建广泛的利益共同体，解决内外联动问题。共享是中国特色社会主义的本质要求。必须坚持发展为了人民、发展依靠人民、发展成果由人民共享，使全体人民在共建共享发展中有更多获得感，破解社会公平正义难题。[⑦]

"十三五"规划《建议》内容充实，站位高远，具有战略性、全局性、开放性、国际性，特别是五大发展理念，全面总结了国内外的发展经验，系统展示出我国发展的战略愿景，是关系我国发展全局的一场深刻变革，对未来我国发展甚至世界发展均将产生重要影响。

三、对我国"十三五"发展的战略预期

1. 中国在全球的政治经济文化影响力稳步提升

在政治影响力方面，习近平提出的开放、包容、民主、公正、和平、合作、共赢理念与中国务实的做法，在全球引起高度关注。这种带有浓重中国传统文化特色与最新开放合作精神的全球治理思想，将影响全球的政治走向，并弱化美国等单边霸权主义的影响力。在经济影响力方面，中国稳步发展的经济、巨大的经济总量、巨大的国内市场需求（进口额占全球10%）、巨大的对外投资能力、巨大的青年人才优势、对世界经济发展贡献率近30%等，对未来世界经济发展影响非常大。在文化影响力方面，中国文化底蕴丰厚，讲究和平、和睦、和谐、合作，中国没有追求霸权的基因，本身就是多民族国家，善于处理多民族团结问题；中国人敢于担当，是世界和平和地区稳定的维护者。所有这些对未来世界和平、稳定、发展、进步都具有重要引导与融合作用。作为一个负责任的大国，中国未来将有更多的担当、更多的责任、更多的付出，承担更多的国际义务，为全球和平与发展做出更多贡献。

2. 在全球战略平衡中国际环境有利于中国稳定发展

我国在治国理政思想上明确提出要避免陷入"修昔底德陷阱"，非常注意妥善处理与现有第一经济大国——美国的关系，努力构筑"新型大国关系"，使中美关系稳步、健康发展，这有利于中国经济长期稳定发展。中俄关系，以传统友谊+政治互信+经济合作为基础，使俄罗斯的石油天然气资源优势与我国实际需求高度契合，促进了两国关系的全面深化，特别是在合作庆祝世界反法西斯战争胜利70周年问题上，两国长远利益高度一致，强化了政治互信。中俄共同关注中方丝绸之路经济带建设同俄方跨欧亚大通道建设、

欧亚经济联盟发展等重大战略问题。双方高层联系密切，互相支持，开创了中俄关系新篇章。中英关系开启"黄金时代"，英方愿意"成为中国强有力的盟友"，使中国在欧洲开启了高层次外交大舞台。中德、中法等关系，近几年发展顺利，取得非常好的政治、经济、文化合作成果。中国—东盟关系一直合作紧密，中韩关系、中印关系、中澳关系等均取得重大进展，国际环境对中国和平发展越来越有利。

3. 我国全面融入全球的宏观趋势明朗

我国商品全面融入全球，有超过1400种商品出口市场占有率居世界第一。2014年，我国进出口总值4.30万亿美元，同比增长3.4%，其中出口2.34万亿美元，同比增长6.1%；进口1.96万亿美元，同比增长0.4%。我国出口占全球份额达12.2%，我国外贸增速明显高于全球的平均增速，第一货物贸易大国地位进一步巩固（2013年成为第一）。我国资本也快速融入全球。据UNCTAD统计，2009~2012年，中国FDI流入量分别为950亿美元、1057.4亿美元、1240亿美元和1210亿美元，流出量则分别为480亿美元、680亿美元、651亿美元和840亿美元。2012年，中国已成为世界第三大对外投资国，仅次于美国和日本。2014年我国的对外投资规模约1400亿美元，成为资本的净输出国。中国主导的亚投行，不仅是对现有国际金融体系游戏规则的挑战，也提升了人民币在国际舞台上的地位。人民币已经成为国际货币。在文化融合方面，中文热正在席卷全球。据央广网2015年9月28日消息，随着国家主席习近平访问美国，中美两国都有推动美国中文教育的新举措出台：双方未来3年将资助中美两国共5万名留学生到对方国家学习，美方宣布从2009年到2014年推动本国10万名学生到中国留学的计划，从大学延伸到美国的中小学，争取到2020年实现100万美国学生学习中文的目标，美国的中文热持续升温。据中新网2015年9月25日报道，截至目前，全世界134个国家已建立495所孔子学院和1000个中小学孔子课堂。中国文化快速融入全球，将对全球发展产生长期的影响。我国积极推动的"一带一路"倡议，契合沿线国家的共同需求，为沿线国家优势互补、开放发展开启了新的机遇之窗，是国际合作的新平台，将为中国与沿线国家的深度合作奠定基础，共同建设你中有我、我中有你的"命运共同体"，是历史性解决中国与周边国家长期睦邻友好关系的重大创举。

4. 我国国民经济服务化迎来历史性浪潮

2012年，我国第三产业现价增加值占GDP比重上升到45.5%，首次超过第二产业成为国民经济第一大产业，第三产业第一次成为国民经济最大的部门，实现了产业结构演进的历史性跨越，国民经济向服务化迈进。2014年，第三产业占GDP的比重进一步上升至48.2%，第二产业占比持续下降到42.6%，中国经济结束第二产业主导发展阶段，在国家层面进入了工业化发展后期，成为第三产业主导发展状态，国民经济服务化已经成为未来非常明朗的发展趋势，服务业成为经济发展最大的蓄水池和动力源。对于改革开放以来逐步成长为全球制造业大国的中国来说，这种产业结构的变化是巨大的，具有历史性意义，标志着中国经济结构向更加高级的阶段迈进。实际上，全国发达地区第三产业已经在当地GDP中占据突出地位，像北京市、上海市、广东省和江苏省等第三产业占GDP的比重分别达到77.9%、64.8%、49.1%和46.7%，中西部经济欠发达地区第三产业发展相对滞后。2015年前三季度全国GDP达487774亿元，同比增长6.9%。其中，第一、第二、第三产业分别增长3.8%、6.0%和8.4%，第三产业成为全国经济发展的"火车头"。⑧伴随国家促进服务业发展政策措施的深入实施，尤其是国家持续推动的"双创""互联网+"行动计划的落实，生产性服务业和生活性服务业将进一步扩大需求、释放活力，全国服务业持续、高速发展将形成历史性浪潮。

5. 国家发展将加快改善民生的步伐

"十三五"期间，国家更加重视加快改善

民生的步伐，在义务教育、就业服务、社会保障、基本医疗和公共卫生、公共文化、环境保护等方面加强基本公共服务，努力实现全覆盖。加大对革命老区、民族地区、边疆地区、贫困地区的转移支付。进一步利用国家的力量，实施脱贫攻坚工程，实施精准扶贫、精准脱贫，分类扶持贫困家庭，探索对贫困人口实行资产收益扶持制度，建立健全农村留守儿童和妇女、老人关爱服务体系。提高教育质量，推动义务教育均衡发展，普及高中阶段教育，逐步分类推进中等职业教育免除学杂费，率先从建档立卡的家庭经济困难学生开始实施普通高中免除学杂费政策，实现家庭经济困难学生资助全覆盖。促进就业创业，坚持就业优先战略。实施更加积极的就业政策，完善创业扶持政策，加强对灵活就业、新就业形态的支持，提高技术工人待遇。缩小收入差距，坚持居民收入增长和经济增长同步，完善最低工资增长机制。建立更加公平更可持续的社会保障制度，实现职工基础养老金全国统筹，划转部分国有资本充实社保基金，全面实施城乡居民大病保险制度。推进健康中国建设，实行医疗、医保、医药联动，建立覆盖城乡的基本医疗卫生制度和现代医院管理制度。促进人口均衡发展，全面实施一对夫妇可生育两个孩子政策。这些民生政策，确实显示出国家把更多的真金白银投入民生改善，对于广大居民来说确实是重大利好。

6. 双创驱动激发就业与发展新活力

我国经济保持中高速增长、迈向中高端水平要有基本依托，这个基本依托就是推动形成大众创业、万众创新的新动能。[9]创新不仅是科学家、科技工作者的事，也是全社会的事。有人说，美国的创客和极度痴迷于创新的极客，1/3在高校，1/3在自家车库，1/3在孵化器。中国有9亿多劳动力，目前全国高校在校总人数达3500多万（包括高等职业学校等），每年有700多万高校毕业生，这是独一无二的宝贵资源，如果能投入创业创新，力量难以想象。推动大众创业、万众创新，

就是要充分利用我国丰富的人力资源、广阔的市场空间、完整的工业体系等优势，集众人智、汇创客流、结创新果、成动能势，让大量创新的火花在创业之中迸发，让一代青年人激情燃烧，让创业创新成为国家进步的动力。[10]只要把亿万中国人的积极性和创造力都调动起来、激发出来、发挥出来，创新的力量就会无穷大。一个为青年人创造平台与历史机遇的国家，肯定会迎来充满希望的未来。

这些战略预期，有比较可靠的科学依据，有比较明确的发展大势，有越来越强大的国家力量支撑，有日益众多的国际力量期盼，相信会成为我们国家"十三五"时期积极努力达到的战略考量。

四、初步结论

1. 五大发展理念是"十三五"规划的灵魂

"十三五"时期，我国发展面临许多新情况、新问题、新机遇，最主要的就是经济发展进入新常态。在新常态下，我国发展的环境、条件、任务、要求等都发生了新的变化。适应新常态、把握新常态、引领新常态、创新新常态，保持经济社会持续健康发展，必须坚持正确的发展理念。中共中央"十三五"规划建议，集中全国人民的智慧和世界最新发展成果，提出了创新、协调、绿色、开放、共享五大发展理念，全面贯彻落实这些理念是关系我国发展全局的一场深刻变革。各地必须按照这五大理念的要求，全面部署，统筹谋划，整体推进，务求实效。当这些具有前瞻性、科学性、战略性的新理念成为一个十几亿人口的共同意志时，我们民族的发展与进步必将形成排山倒海之势，向着惠及全体民众的目标以雷霆万钧之力挺进。

2. 创新发展历史性地走上民族进步的前台

在我国经济发展高歌猛进30多年之后，已经跨入需着力提升经济发展品质和效益的阶段。未来把创新发展置于五大发展理念之首，放在前所未有的高度，要求把创新摆在

国家发展全局的核心位置，让创新贯穿党和国家一切工作，让创新全覆盖、全方位落地，让创新在全社会蔚然成风。特别是国家持续推进的大众创业、万众创新将激发全民族创新发展活力，使我国经济社会发展历史性地跨入新的发展支撑状态，这必将促进国家科技实力和经济实力的协同提升，全面提高经济社会发展内在质量，稳步扩大国际影响力。显然，创新第一次成为全民族的共同事业，必须汇聚各方智慧与资源为之竭力奋斗。

3. 改善民生需要做艰苦细致的持续努力

加快改善民生，让广大居民有更多的经济社会发展的获得感，是全社会和谐稳定发展的历史需要。我们明确了这个定位之后，在实际工作中，需要做艰苦细致的持续努力。其中，广大居民受惠最多的政策之一，是让经济发展与居民收入提高同步。国外已有成功经验，我们国内经过"十二五"时期的初步探索，也找到了基本的切入点，就是在国民经济收入结构分配方面，持续做出较大的调整，把发展成果更多地用来直接惠及老百姓。中央的思路很明确，这次《建议》也说得很清楚，基层需要结合实际具体落实。一些地方政府不能再像过去一样，把地方可调动的资源大部分用于大型基础设施建设或者国家重大项目配套，而是要更加务实地解决当地居民身边的具体问题，为当地老百姓创造实实在在的福利，比如用于植树造林，改善空气质量；用于精准扶贫；用于困难学生资助；用于困难家庭救助；等等。当一个个县市，一个个乡镇，老百姓的生活越来越好，当地发展的短板逐步补齐，全面建成小康社会的目标也就会来到眼前。

4. 2020 年能确保全面建成小康社会

"十三五"规划，必须坚持目标导向和问题导向相统一，既要从实现全面建成小康社会目标倒推，厘清各个时间节点必须完成的任务，又要从迫切需要解决的问题顺推，明确破解难题的途径和方法。全国各地情况差异比较大，各地必须结合实际，立足于厚植优势，补齐短板，关注新技术、新业态、新趋势、新需求，坚持把发展作为第一要务，把大众创业、万众创新作为最大的动能，把"互联网+"、中国制造 2025、国民经济服务化作为关键举措，把扶贫攻坚作为最艰巨的任务，确保全面建成小康社会，确保老百姓有更多的获得感，确保跨越中等收入陷阱。

注释

① 学习小组：《习近平的全球治理观》，"学习小组" 微 信 公 众 号，http：//mp. weixin. qq. com/s? __ biz = MjM5NTEyNjUwOA = = &m id = 211898323&idx = 1&sn = a30d8434a0aca398 6e3e9367c1ec7d2a&scene = 4# wechat_ redirect，2015 年 10 月 14 日。

② 潘维：《世界的治理危机》，共识网，http：// www. 21ccom. net/articles/world/qqgc/20151016129736. html，2015 年 10 月 16 日。

③ 宋诚、周彪：《中美新型大国关系，在理想与现实中并进》，求是网，http：//www. qstheory. cn/ zhuanqu/qsft/2015-09/23/c_ 1116655490. htm，2015 年 9 月 23 日。

④ 张占仓：《中国经济新常态与可持续发展新趋势》，《河南科学》2015 年第 1 期。

⑤ 肖金成：《"一带一路"：开放、合作、发展、和平之路》，《区域经济评论》2015 年第 3 期。

⑥ 国家统计局：《新常态 新战略 新发展—— "十二五" 时期我国经济社会发展成绩斐然》，国家统 计 局 网 站，http：//www. stats. gov. cn/tjsj/zxfb/ 201510/t20151013_ 1255154. html，2015 年 10 月 13 日。

⑦ 平萍、张建新：《深入学习贯彻党的十八届五中全会精神 用全会精神武装头脑指导实践推动工作》，《河南日报》2015 年 11 月 6 日。

⑧ 国家统计局：《前三季度国民经济运行总体平稳》，国家统计局网站，http：//www. stats. gov. cn/tjsj/ zxfb/201510/t20151019_ 1257772. html，2015 年 10 月 19 日。

⑨ 李克强：《催生新的动能 实现发展升级》，《求是》2015 年第 20 期。

⑩ 张占仓：《创业创新 支撑发展》，《河南日报》2015 年 9 月 16 日。

绘就让中原更加出彩的宏伟蓝图[*]

2016 年 10 月 31 日，中国共产党河南省第十次代表大会开幕，时任河南省委书记谢伏瞻代表省委第九届委员会作了《深入贯彻党中央治国理政新理念新思想新战略为决胜全面小康让中原更加出彩而努力奋斗》的报告。初步研读谢书记的报告，深深感受到报告思路新颖，内容丰富，站位高远，实事求是，具有战略性、前瞻性、思想性、全面性，为决胜全面小康，让中原更加出彩描绘出亮丽的蓝图。

一、始终坚持"五大理念"牢固树立"四个意识"

报告政治立场坚定，政治敏锐性强，充满新意，确实让人耳目一新。

第一，报告通篇贯穿着党的十八大以来党中央治国理政新理念新思想新战略。把习近平总书记特别强调的"为民、发展、担当"理念贯彻其中，使人感觉到河南省委在筹划全省发展大局过程中，始终把"为民"放在突出位置，坚持以人民为中心的发展思想，增强人民群众对改革发展的获得感；坚持以创新、协调、绿色、开放、共享五大发展理念为引领，抓好决胜全面小康让中原更加出彩的第一要务，建设先进制造业强省、现代服务业强省、现代农业强省、网络经济强省，实施创新驱动战略，加快推进新型城镇化，强化基础能力建设，使整个发展理念既与国家战略保持高度同步，又紧密结合河南实际，非常接地气；在敢于担当方面，把发展面临的问题归纳出 13 个方面，敢于面对，对全面依法治省、全面从严治党做出系统部署。在

新思想方面，报告通篇把习近平总书记坚持问题导向的辩证唯物主义和历史唯物主义思想、坚持和发展中国特色社会主义的思想、关于经济发展新常态的思想、关于生态文明的思想、关于河南发展要打好"四张牌"的思想等融会贯通。在新战略方面，把党中央统筹推进"五位一体"总体布局和协调推进"四个全面"战略布局、创新驱动发展战略、人才是第一资源的战略、开放带动战略等融入实际工作之中，让人感受到报告确实大气磅礴，具有超前的战略思维。

第二，把中共中央十八届六中全会精神全面贯彻其中。报告明确提出"四个更加"：即做好未来五年的工作，必须牢固树立"四个意识"，特别是核心意识、看齐意识，更加紧密地团结在以习近平同志为核心的党中央周围，更加坚定地维护以习近平同志为核心的党中央的权威，更加自觉地在思想上政治上行动上同以习近平同志为核心的党中央保持高度一致，更加扎实地把党中央的各项决策部署落到实处。"四个更加"明确了我们未来发展的政治态度，原原本本贯彻了中共六中全会的新精神，是我们全体党员干部必须十分明确的政治规矩。

第三，把全省未来发展定位在新的历史起点。报告第一部分，系统总结了河南省第九次党代会以来五年不平凡的发展历程，特别是面对复杂的外部环境、艰巨的改革发展稳定任务，省委全面贯彻党的十八大和十八大以来历次中央全会精神，深入贯彻习近平总书记系列重要讲话精神和调研指导河南工作时的重要讲话精神，团结带领全省广大干

---

* 本文发表于《河南日报》2016 年 11 月 11 日第 7 版。

部群众，聚焦中原崛起河南振兴富民强省，在抢抓机遇中乘势而上，在攻坚转型中砥砺前行，在从严治党中凝神聚力，较好地完成了省第九次党代会确定的主要目标任务，干成了一批强基础利长远的大事，办妥了一批多年想办办不了的要事，实现了一系列具有标志性意义的突破。五年来，河南省综合实力大幅提升，战略支撑更加坚实，改革开放成效显著，民主法治不断加强，文化建设成果丰硕，人民生活显著改善，党的建设全面加强。从而，使中原崛起河南振兴富民强省迈出坚实步伐，决胜全面小康、让中原更加出彩站上了新的历史起点。既实事求是地总结了过去的发展实情，也以站上新的历史起点，激励全省人民不忘初心，继续前进。

第四，阐明河南发展的新情况。未来五年，决胜全面小康、让中原更加出彩是摆在我们面前的重大历史任务。在世界经济深度调整、我国经济发展新常态特征更加明显的背景下，河南省发展的外部环境依然严峻复杂，面临诸多困难和挑战，但仍处于可以大有作为的重要战略机遇期，战略地位更加凸显，战略格局更加完善，战略优势更加彰显，战略保证更加有力，蓄势崛起态势日益强化。只要我们强化机遇意识、责任意识，保持定力、敢于担当，大胆创新，就一定能有效应对各种风险和挑战，开拓发展新境界，打造发展新优势，创新发展新亮点。

由于整个报告思路新，使我们在国家层面与党中央的最新精神高度契合，在地方层面与省委多年来重大战略谋划一脉相承，很容易让广大干部群众统一思想、统一认识、统一意志、统一行动，共同迈向更加出彩的未来！

二、倾力打造"三个高地"奋力实现"三大提升"

在谢伏瞻同志的报告中，提出今后五年要奋力实现三大目标。

第一，建设经济强省。提高发展的平衡性、包容性、可持续性，实现经济总量大、结构优、质量效益好的有机统一。经济总量保持全国前列，生产总值年均增速高于全国平均水平一个百分点以上。经济结构不断优化，服务业比重较快提升，工业化信息化基本实现，农业现代化全国领先，户籍人口城镇化率较大提高，中原城市群竞争力和影响力进一步增强，城乡区域发展趋于协调。发展质量效益明显提高，全要素生产率持续提升，财政收入占生产总值的比重稳步上升。他用这一系列指标为我们标注经济强省的概念，让全省人民意气风发迈向新的发展高度。

第二，打造"三个高地"。一是奋力建设中西部地区科技创新高地。2016年3月获得国家批准的郑洛新自主创新示范区建设取得重大进展，全省自主创新体系日益完善，创新创业蓬勃发展，科技进步对经济增长的贡献率大幅上升，成为创新型省份。我们都知道，由于历史的原因，科技创新一直是河南省发展的短板，而这一次提出这样的目标，确实让我们提振精神，看到了省委在创新驱动战略方面发力的具体路线图。二是基本形成内陆开放高地。融入国家"一带一路"倡议取得新成效，郑州航空港经济综合实验区、中国（河南）自由贸易试验区、中国（郑州）跨境电子商务试验区等开放平台更加完善，建成联通境内外、辐射东中西的现代立体交通体系和物流通道枢纽，开放型经济水平位居中西部地区前列。这是国家全面融入全球的战略与我们当地已获批、可操作、有前途的国家战略的全面融合与叠加，必将对全省开放型经济发展产生巨大的推动作用。三是加快构筑全国重要的文化高地。河南是全国传统历史文化积淀丰厚的大省，文化产业发展已经具备了较好的基础。在习近平总书记明确提出文化自信以后，我们筹划几年的华夏历史文明传承创新区建设、国民经济中文化创意产业发展、现代公共文化服务体系建设等均迎来历史性大发展的机遇，确实需要我们全面发力，在文化创新发展方面有所作为。

第三，实现"三大提升"。一是人民群众

获得感幸福感显著提升；二是治理体系和治理能力现代化水平显著提升；三是管党治党水平显著提升。

这些目标内容要求具体，工作量非常大。然而，正是我们现有的发展状态比较好，很多方面在全国先声夺人，未来"跳起来"可以"摘桃子"的目标就可能实现。只有努力实现这些较高的目标，我们才能够按照党中央的要求，为国家发展做出更大贡献，也才能够更好地满足人民群众的期待，真正完成全面建成小康社会的战略任务。当然，这三大目标，确实要求比较高，是需要全省方方面面为之奋力拼搏的。

三、抓好发展第一要务推进全面从严治党

在思路清晰、目标明确的基础上，发展路子能否落到实处是关键。谢伏瞻同志的报告，从五个方面为我们论述未来五年的发展路子，非常清晰。

第一，按照习近平总书记的要求，打好"四张牌"，抓好发展第一要务。2014 年，习近平总书记调研指导河南工作时指出，要打好产业结构优化升级、创新驱动发展、基础能力建设、新型城镇化"四张牌"。按照这种战略要求，我们要加快产业结构转型升级，构建产业新体系。以供给侧结构性改革为主线，提升供给体系质量和效率，积极发展新技术新产业新业态新模式，加快产业结构性调整，推动产业向中高端迈进。建设"四个强省"，在金融豫军崛起的基础上，深化投融资体制改革创新，让现代金融的阳光雨露滋润中原大地，为实体经济发展提供支撑。大力实施创新驱动发展战略，培育发展新动能。把郑洛新国家自主创新示范区作为带动全省创新发展的核心载体，提升载体平台，壮大创新主体，突出开放创新，健全创新体制机制，全面提高自主创新能力。加快推进新型城镇化，把中原城市群一体化作为支撑新型城镇化的主平台，着力提高城镇化质量，构建区域协调发展新格局，推动城乡一体化发展，拓展发展新空间。强化基础能力建设，提升基础设施现代化水平，完善提升科学发展载体，实施人才强省战略，打造发展新支撑。习近平总书记为我们明确提出的这"四张牌"非常重要，对全省发展具有长远的战略意义，需要全省各地认真学习领会，真正结合当地实际具体抓好落实。

第二，全面深化改革开放，激发决胜全面小康、让中原更加出彩的动力活力。一是强化改革推动，充分释放发展潜能。坚持正确方向，突出问题导向，增强改革定力，保持改革发展的韧劲，发挥经济体制改革对经济社会发展的牵引作用，聚焦影响经济持续健康发展的突出矛盾深化改革，聚焦影响人民群众切身利益的突出问题深化改革，使改革精准对接发展所需、基层所盼、民心所向，真正解决我们发展中面临的实际问题。二是实施开放带动，充分利用"十二五"时期河南省在开放型经济发展方面积蓄的巨大动能，乘势推动中原腹地成为开放前沿。重点推动"引进来"，积极稳妥"走出去"，拓展开放的广度和深度，以开放促改革、促创新、促发展、促提升，打造内陆开放高地。利用陆上"丝绸之路"、空中"丝绸之路"和网上"丝绸之路"进一步拓展空间，深度融入国家"一带一路"建设，为全省经济社会发展与国际舞台"互联互通"打开方便之门。以制度创新为核心任务，大力推进中国（河南）自由贸易试验区建设，探索内陆地区深化改革和扩大开放的新途径。加快提升郑州航空港经济综合实验区建设水平，大力引进世界 500 强和国内 500 强企业，打造以航空经济为引领的现代产业基地。持续推进开放招商，突出精准招商，注重优质综合服务招商和功能区块整体开发运营招商，鼓励与发达地区共建产业园。

第三，推进全面依法治省，强化决胜全面小康、让中原更加出彩的法治保障。要推进全面依法治省，坚持依法治省、依法执政、依法行政共同推进，切实把各项事业纳入法治化轨道。坚持科学立法，提高地方立法质

量。推进严格执法，加快建设法治政府。保证公正司法，切实维护社会公平正义。促进全民守法，加快建设法治社会。

第四，坚持以人民为中心的发展思想，增强人民群众在决胜全面小康、让中原更加出彩中的获得感。坚持一切为了人民、一切依靠人民，使改革发展成果更多更公平惠及全体人民。发展社会主义民主，充分调动社会各个方面、各种社会力量的积极性。加强思想文化引领，凝聚强大精神力量。讲好河南故事，提升河南形象。推进中原智库建设，打造中国特色哲学社会科学的中原品牌。坚决打赢脱贫攻坚战，确保全面小康不落一人；着力保障和改善民生，夯实人民幸福之基；切实改善生态环境，建设天蓝地绿水净的美丽家园。

第五，推进全面从严治党，肩负起决胜全面小康、让中原更加出彩的历史使命。决胜全面小康、让中原更加出彩，关键在党，关键在党要管党、从严治党。要强化管党治党政治责任，严格遵守党章党规党纪，突出党的领导，加强党的建设，聚焦全面从严治党，做到管党有方、治党有力、建党有效。深入学习贯彻习近平总书记系列重要讲话精神，坚定理想信念。加强和规范党内政治生活，全面净化党内政治生态。坚持抓常抓细抓长，推动党的作风全面好转。树立正确选人用人导向，打造忠诚干净担当的执政骨干队伍。创新基层党建工作，夯实党的执政根基。坚定不移推进反腐倡廉，着力营造政治上的绿水青山。

四、调动社会各界力量谱写更加美好篇章

报告充分考虑全省各个方面的力量，充分考虑全省 18 个市和 10 个直管县（市）的实际，有针对性地部署了发展对策。

第一，在实践要求上提出要把握好"六个坚持"。坚持以习近平总书记系列重要讲话精神为科学理论指导和行动指南，深刻领会基本精神、基本内容、基本要求，深入把握

治国理政新理念新思想新战略，更好地用讲话精神武装头脑、指导实践、推动工作。坚持以新发展理念为战略引领，崇尚创新、注重协调、倡导绿色、厚植开放、推进共享，实现更高质量、更有效率、更加公平、更可持续的发展。坚持以人民为中心的发展思想，把增进人民福祉、促进人的全面发展作为出发点和落脚点，充分调动各方面积极性主动性创造性，形成人人参与、人人尽力、人人享有的生动局面。坚持以改革开放创新为根本动力，持续深化重点领域和关键环节改革，推进全方位、宽领域、多层次对外开放，推进以科技创新为核心的全面创新，让创新创造的活力竞相迸发。坚持依法治省的基本方略，坚定不移走中国特色社会主义法治道路，维护宪法法律权威，健全法治体系，推进科学立法、严格执法、公正司法、全民守法，促进治理体系和治理能力现代化。坚持以加强和改善党的领导为根本保证，落实全面从严治党要求，加强和规范党内政治生活，充分发挥各级党委总揽全局、协调各方的领导核心作用，把方向、管大局、作决策、保落实，更好肩负起领导经济社会发展和推进党的建设的责任。

第二，在全省区域发展布局上提出要发挥优势，分类指导，错位发展，提高整体实力，形成多点支撑全面发展的局面。以建设国家中心城市为目标，将郑州建成国际性现代化综合交通枢纽、中西部地区对外开放门户、全国重要的先进制造业和现代服务业基地，提升区域经济、金融、商贸、科技文化中心地位，推动周边城市与郑州融合对接，推进郑汴一体化深度发展，加快郑新、郑许、郑焦融合发展。建设组合型大都市地区，提升对全省发展的辐射带动能力。巩固提升洛阳中原城市群副中心地位，建设全国重要的新的装备制造业基地和国际文化旅游名城，推动豫西北与洛阳联动发展，形成带动全省经济社会发展的增长极。开封、新乡、许昌、漯河等产业基础和配套条件较好的市要突出提质发展，平顶山、安阳、鹤壁、焦作、濮

阳、三门峡、济源等资源型城市要突出转型发展，南阳、商丘、信阳、周口、驻马店等农业比重大的市要突出跨越发展。支持省际交界城市提升跨区域竞争力和吸引力，支持大别山革命老区振兴发展和黄河金三角区域合作，支持省直管县（市）加快发展。大力发展充满活力的县域经济，有重点地推进小城镇建设，打造一批各具特色的名镇、强镇。

第三，充分发挥社会各界的力量，共同促进发展。报告提出，推动人民代表大会制度与时俱进，支持人大及其常委会依法履行职权，支持人大代表充分发挥依法参与管理国家事务的重要作用。扩大人民群众有序政治参与。推动协商民主广泛多层制度化发展，加强政党协商、政府协商、政协协商，探索社会组织协商，不断提升协商民主的科学性、有效性。把政治协商纳入决策程序，自觉接受民主监督。完善基层民主制度，健全基层党组织领导的基层群众自治机制，发挥基层

各类组织协同作用。巩固和发展最广泛的爱国统一战线，充分发挥各民主党派、工商联和无党派人士的积极作用，做好外事、侨务、港澳、对台、工青妇等工作。

按照谢伏瞻同志的要求，决胜全面小康、让中原更加出彩，使命重大，责任在肩。在古老厚重而又充满生机的中原大地上，我们进行这样一项造福亿万人民、服务全国大局的宏伟事业，是各级党委的光荣和担当。让我们更加紧密地团结在以习近平同志为核心的党中央周围，高举中国特色社会主义伟大旗帜，深入贯彻党中央治国理政新理念新思想新战略，不忘初心，继续前进，把为党和人民事业无私奉献作为人生的最高追求，牢记"两个务必"，永葆奋斗精神，永怀赤子之心，用智慧和汗水创造无愧于历史、无愧于人民的亮丽业绩，谱写决胜全面小康、让中原更加出彩的美好篇章。

打造建设经济强省的"三区一群"架构[*]

面对国家战略规划与战略平台密集落地的历史机遇，2017年3月，省委《统筹推进国家战略实施和战略平台建设工作方案》出台，明确提出聚焦"三区一群"，构建支撑未来全省发展的改革、开放、创新三大支柱，打造带动全国发展的新增长极，使河南经济强省建设在战略思想层面进入发展的新起点。

一、郑州航空港经济综合实验区：打造全球有重要影响的智能终端生产基地

郑州航空港经济综合实验区，是内陆腹地开放型经济发展的先行先试区，是中欧空中"丝绸之路"探索与发展的典范，已经成为全球有重要影响的智能终端生产基地。加快发展步伐：一是要以建设国际航空枢纽为主要任务。坚持枢纽建设先行，加强与郑州国家中心城市建设配套衔接，形成以航空枢纽为主体、陆空衔接、公铁集疏、内捷外畅的综合枢纽新优势。二是完善航空经济产业体系。瞄准产业链、价值链高端，促进互联网与产业发展、制造业与服务业深度融合，做大做强航空物流、高端制造、现代服务业三大主导产业。三是开展体制机制创新示范，创造更多以制度创新为引领的发展优势。探索政务服务和社会公共服务大数据开放共享新机制，建设国家大数据综合试验区核心区。在交通物流融合、口岸平台建设、贸易转型升级、产业体系构建等方面与中国（河南）自由贸易试验区全面对接，打造服务"一带一路"建设的现代综合交通枢纽。四是探索建设绿色智慧航空都市。"十三五"期间，实验区突出空港片区高端服务功能，建成中部设计中心、国际企业中心等地标式商务中心，推进"三街一圈"特色商业街区建设，规划建设特色融合创新小镇，打造集商贸、金融、文化、旅游于一体的航空都市CBD。到2020年，全国航空港经济发展先行区地位持续提升，成为内陆地区最具活力的发展区域。

二、郑洛新国家自主创新示范区：突出创新发展主题，为中原崛起增添新动能

郑洛新国家自主创新示范区，突出创新发展的主题，探索创新发展的路径，为中原崛起增添新动能。一是深化体制改革和机制创新。加快科技体制机制创新。建立统筹协调发展机制，统筹科技创新、制度创新和体制创新，以深化体制机制改革加强对科技创新的保障。二是提升自主创新能力。突破关键核心技术。以高端装备、电子信息、生物医药、新能源及新能源汽车等为重点，强化科技创新的全链条设计，围绕产业链系统部署创新链，提升主导产业创新发展效率，推动主导产业成群成链发展。加快培育创新主体，积极培育创新龙头企业，支持一批对产业发展具有龙头带动作用、创新发展能力强的创新龙头企业做大做强。加强创新载体建设，强化国家高新区的核心作用，把提升高新区发展质量作为建设示范区的重要支撑，创新人才队伍建设。三是推进技术转移和开放合作。加快国家技术转移郑州中心建设和运行。以国家技术转移郑州中心为核心，积极融入全球和全国创新网络，主动承接技术

---

* 本文发表于《河南日报》2017年4月28日第6版。

转移，促进知识产权交易，打造知识产权交易高地。充分发挥示范区在国家"一带一路"倡议中的区位优势和交通枢纽优势，大力开展国际科技合作。四是引领提升优势产业。大力推进《中国制造2025河南行动纲要》实施，发展基于互联网的个性化定制、众包设计、云制造等新型制造模式，促进新一代信息技术与制造业深度融合，向服务型制造、绿色制造、智能制造方向转型升级，全面提升优势产业核心竞争力。实施"互联网+"行动计划，加强产业融合和商业模式创新，培育一批新技术、新业态和新模式。五是构建创新创业生态体系。积极构建创新创业孵化载体。积极发展众创众包众扶众筹，培育一批基于互联网的新型孵化平台，推动技术、开发、营销等资源共享。以国家科技服务业试点区域为重点，加快推动科技服务业发展。推动产、学、研、金深度结合，强化产业链、创新链、资金链"三链融合"。六是促进郑洛新城市群协同创新发展。建立一体化协同推进机制，统筹优化区域创新资源布局，统筹重大科技基础设施建设，提升郑洛新城市群整体协同创新能力。

三、河南自由贸易试验区：突出开放主题，为河南建设内陆开放高地探索路子

中国（河南）自由贸易试验区，突出开放主题，为河南省建设内陆开放高地探索路子，为河南省全面融入国家"一带一路"倡议寻求科学可行的途径。经过三至五年改革探索，形成与国际投资贸易通行规则相衔接的制度创新体系，营造法治化、国际化、便利化的营商环境，努力将自贸试验区建设成为投资贸易便利、高端产业集聚、交通物流通达、监管高效便捷、辐射带动作用突出的高水平高标准自由贸易园区，引领内陆经济转型发展，推动构建全方位对外开放新格局。其中，郑州片区重点发展智能终端、高端装备及汽车制造、生物医药等先进制造业以及现代物流、国际商贸、跨境电商、现代金融

服务、服务外包、创意设计、商务会展、动漫游戏等现代服务业，在促进交通物流融合发展和投资贸易便利化方面推进体制机制创新，打造多式联运国际性物流中心，充分发挥服务"一带一路"建设的现代综合交通枢纽作用，大力发展国际化枢纽经济。开封片区重点发展服务外包、医疗旅游、创意设计、文化传媒、文化金融、艺术品交易、现代物流等服务业，提升装备制造、农副产品加工国际合作及贸易能力，构建国际文化贸易和人文旅游合作平台，打造服务贸易创新发展区和文化创意产业对外开放先行区，促进国际文化旅游融合发展。洛阳片区重点发展装备制造、机器人、新材料等高端制造业以及研发设计、电子商务、服务外包、国际文化旅游、文化创意、文化贸易、文化展示等现代服务业，提升装备制造业转型升级能力和国际产能合作能力，打造国际智能制造合作示范区，推进华夏历史文明传承创新区建设。

四、中原城市群：打造资源配置效率高、经济活力强的国家级城市群

中原城市群，是全国区域发展大局中发展比较活跃的城市群之一。其战略定位是，经济发展新增长极，重要的先进制造业和现代服务业基地，中西部地区创新创业先行区，内陆地区双向开放新高地，绿色生态发展示范区。发展路径，一是核心带动，推进郑州为中心的大都市区国际化发展。把支持郑州建设国家中心城市作为提升城市群竞争力的首要突破口，强化郑州对外开放门户功能，提升综合交通枢纽和现代物流中心功能，推动与周边毗邻城市洛阳副中心协同发展、与开封一体化发展、与新乡、许昌、焦作等融合发展，形成带动周边、辐射中原经济区、联通国际的核心区域。二是轴带导向，推进交通网络现代化发展。以京广、陇海等多种交通方式融合的主通道为支撑，构建"米"字形综合经济发展轴带，形成以郑州为中心，半小时、1小时和1.5小时交通圈，加快推进高速铁路建设，完善普通铁路和高速公路网

络，优化枢纽布局，推动各种交通方式高效衔接，形成跨区域多路径高品质的现代交通网络。三是生态宜居，推进生产生活绿色化发展。把建设优良生态环境作为城市群发展的基本保障，扩大生态空间，减少环境污染，发展低碳经济，建设优美和谐、林水相依的城市景观系统，增强生态承载力和服务功能，打造山清水秀、绿色宜居的美丽中原。四是创新驱动，推进产业集群高端化发展。把提升产业竞争力作为推动城市群发展的战略基点，瞄准科技和产业发展前沿，构建创新驱动型现代产业体系，推进创新链产业链深度融合，培育一批融入全球价值链创新型企业和产业集群，形成服务经济与智能制造"双轮驱动"、新动能培育与传统产业升级互促共进的发展格局。五是共建共享，推进城市群一体化协同发展。把深化城际分工合作作为

推动城市群发展的重大任务，全面推进基础设施和公共服务对接共享，完善区域合作机制，协调处理好中心城市与其他城市、大城市与中小城市的关系，创新城乡统筹发展机制，全面提高城镇化发展质量和水平。

实际上，"三区一群"是一个有机整体，共同组成河南经济强省建设的基本战略架构，将引领国家已经批准河南省的相关战略实施与战略平台建设。虽然从不同的着力点发力，但是目标非常一致，那就是充分发挥区域资源优势，进一步强化区域发展优势，想方设法创造有效供给优势，通过改革、创新、开放三个方面的突破，推动产业结构优化升级，培育发展新优势，在探索实践五大发展理念的过程中，全面推进河南省经济强省建设，支持国家中部崛起战略实施，确实造福于全省人民。

"无废城市"建设的科学内涵与探索方向[*]

党的十九大以来，党中央下决心铁腕治污，积极组织污染防治攻坚战，环境治理效果初步显现。为深入贯彻习近平同志的生态文明思想和全国生态环境保护大会精神，2018年12月，国务院办公厅印发了《"无废城市"建设试点工作方案》。"无废城市"建设试点开始部署，一项重大污染防治工作进入试验推进状态，如何理解其科学内涵、厘清其实践基础、开展管理探索、推动实际工作顺利起步等，都需要认真研究。

一、"无废城市"的科学内涵

"无废城市"在全球范围内兴起了近20年，但"无废城市"在国际上没有统一的定义。按照国务院办公厅文件，"无废城市"是以创新、协调、绿色、开放、共享的新发展理念为引领，通过推动形成绿色发展方式和生活方式，持续推进固体废物源头减量和资源化利用，最大限度减少填埋量，将固体废物环境影响降至最低的城市发展模式。这个定义具有显著的时代特色，它把中国系统提出的五大新发展理念融入其中，能够比较充分地体现当今发展中国家经济社会发展的实际需求。但是，从科学意义上分析，不严谨之处也很明显。比如，"将固体废物环境影响降至最低的城市发展模式"，什么是最低？没有量的概念，无法进行比较与鉴别。"无废国际联盟"对"无废城市"的定义是："通过负责任地生产、消费、回收，使得所有废弃物被重新利用，没有废弃物焚烧、填埋、丢弃至露天垃圾场或海洋，从而不威胁环境和人类健康。"这个定义，简单明了，内涵比较科学，落脚到"不威胁环境和人类健康"，表述与实践比较容易形成统一。从全球来看，目前提出建设"无废城市"的多为发达国家，且由于政治愿景、技术基础、废弃物管理体系等不同，决定了纳入"无废"的废弃物种类也有所不同。综合来看，我们可以将"无废城市"进一步理解为：以创新、协调、绿色、开放、共享的新发展理念为引领，通过资源的系统整合，改变生产、消费、回收固体废弃物方式，重新利用城市所有固体废弃物，没有废弃物焚烧、填埋、丢弃至露天垃圾场或海洋，从而不威胁环境和人类健康。这既体现了中国现阶段发展需要的时代特色，也与"无废国际联盟"落脚点一致，从而为将来国际范围内交流管理经验和应用技术进行科学概念上的衔接与铺垫。

二、"无废城市"的实践基础

1. 国外管理实践

从现有的文献看，国外城市的废弃物管理体系主要是政府主导、生产企业负责、家庭分类投放、废弃物处理商负责收集运输及处理，商业企业、建筑企业、工业企业则一般单独签约专门服务商为其处理废弃物。由于生活废弃物的产生者较多，而且比较分散，分类投放、收储、运输和处理显得特别重要。国外试点城市均非常重视生活废弃物的源头分类，配备有充足且指引明确的垃圾箱，同时制定专门的方案单独回收及处理有机生活废弃物（如厨余垃圾），也有部分城市提供生

---

* 本文发表在《区域经济评论》2019年第3期第84-89页，是"无废城市建设：新理念　新模式　新方向"专家笔谈内容之一。

活废弃物上门收集服务。整体来看，由于废弃物管理体系较为完善，这些试点城市征收的垃圾费已经能够完全覆盖相关支出，废弃物管理进入了良性运转轨道，地方政府并没有进行大量资金补贴。

在实际操作技术层面，一般遵循废弃物避免、减少、重复使用、循环利用、能量恢复、填埋的处理优先级顺序。在管理体系上，一般是引入市场主体参与，进行专业化管理。政府是建立"无废城市"的主要责任人，但由于废弃物的收集、运输、处理链条比较复杂，充分调动市场资本及专业技术力量有助于更有效地管理。在政策法规方面，国外试点城市均将严格的行政措施和灵活的市场手段相结合，收到明显成效。

2. 我国的初步实践

近些年，在可持续发展、循环经济、绿色发展等理念影响下，中国不少地区或城市在探索"无废"或"减废"途径方面也做了大量摸索工作，部分领域取得了比较好的进展。在国家层面，党的十八大以来，相关部门分别组织开展了一系列固体废弃物回收利用的试点。如由国家发展和改革委员会牵头开展的循环经济示范城市（县）、餐厨废弃物资源化利用和无害化处理试点建设；工业和信息化部组织开展的工业固体废弃物综合利用基地建设；农业部开展的畜禽粪污资源化利用等；住房和城乡建设部实施的城市生活垃圾强制分类、建筑垃圾治理试点；商务部开展了再生资源回收体系建设试点等。这些试点及其取得的经验对于推动各类固体废弃物减量化、资源化和无害化发挥了重要作用。在地方和企业层面，也开展了积极探索。在餐厨垃圾处理方面，苏州市形成了"属地化两级政府协同管理、收运处一体化市场运作"的餐厨垃圾资源化利用和无害化处理的"苏州模式"。在建筑垃圾管理与资源化方面，河南许昌的"金科模式"规范核准制度、加强工地管理，规范消纳处置，推广利用再生产品，建立了涵盖建筑废弃物收集、运输、处置和资源化再利用的产业链，实现了从建筑废弃物到再生建筑材料的循环发展。广州在垃圾分类、低值废弃物管理政策和处理利用方面进行了探索，形成了"广州模式"。安徽界首、湖北荆门的"城市矿产"发展模式，也都为"无废城市"建设奠定了一定的基础。

三、"无废城市"的管理探索

中国"无废城市"的首倡者、中国工程院院士杜祥琬指出，通过"无废城市"试点推动固体废弃物的资源化利用，逐步建设"无废社会"，将引导全社会减少固体废物产生，提升城市固体废物管理水平，加快解决久拖不决的固体废物污染问题，使提升固体废物综合管理水平与推进城市供给侧结构性改革相衔接，将直接产生环境效益、经济效益和社会效益。这为我们在管理探索方面打通"无废城市"建设通道指明了方向。

1. 从源头上减少固体废弃物产生

因为中国处在建设与发展时期，按照传统的技术路线与思维方法，客观上容易产生大量固体废弃物。但是，在实际生产与生活过程中，理念落后、对新技术新做法不熟悉也是影响固体废弃物大量产生的根源。比如城市建设，传统的办法就是一个建筑工地开工前先进行"三通一平"，这一直是大家的常规思维方法，而这个过程就容易形成大量的建筑垃圾。特别是在"一平"过程中，将地表建筑物拆除，把土地推平，甚至把现场的大小树木都砍伐掉，往往就要产生大量固体垃圾。尤其是在旧城改造过程中，拆除现有建筑物，产生固体废弃物量非常大。按照"无废城市"建设理念，如何寻求新的技术路线，在城市规划与建筑单体规划设计过程中，应充分考虑现场实际，把现场的每一种既有元素都作为资源，而不是作为一种垃圾简单处之，就会大量减少固体废弃物产生。甚至把现场原有建筑和地表堆积物经过技术处理，有可能直接转化为建筑材料使用，可以降低建筑成本；把现场原有树木或绿地，合理规划与适度保留，还可以直接减少主体建筑完成之后再花费大量资金去重新绿化的费用。

在生活垃圾处置方面，潜力也非常大。就现有的试验情况看，比如一个家属院，如果能够全面落实垃圾分类，把能够直接利用的有机物（剩余菜叶、过期蔬菜、水果剩余物、家庭养花产生的干枝叶、家属院绿化乔灌木落叶等）就地或在附近集中处置转化为堆肥或有机肥料，一般就可以减少 1/3 左右的家庭固体废弃物产生，还可以为城市绿化或居民家庭养花提供廉价的有机肥料。在工业固体废弃物处置方面，主要通过清洁生产工艺改进和包装材料回收重复利用，可以大大减少工业固体废弃物产生的数量。

2. 提升城市固体废弃物综合管理水平

固体废物不是无用的废物，而是有用的资源、宝贵的财富。我国作为一个人均资源有限、环境容量远低于世界平均水平的发展中国家，要更珍惜资源和保护环境，而提升固体废弃物管理水平，就是综合利用资源和保护环境的有效途径。固体废弃物的分类方法很多。如果按照来源分类，城市固体废弃物可以分为工业固体废弃物、农业固体废弃物、城市生活垃圾、危险固体废弃物、放射性废弃物和非常规来源固体废弃物 6 类。就工业固体废弃物管理而言，以全生命周期的视角分析，从产品设计、生产到原材料采购，再到销售使用和废弃，都是"无废城市"建设的着力点。在产品设计阶段，通过开展产品生态设计、应用新技术、运用全生命周期评价法评价产品对环境的影响、开展供应链管理、实施产品责任管理计划等，尽可能减少资源投入，减少原料中有害物质的含量，从而减少固体废弃物产生，有效降低末端处置压力。在生产阶段，开展清洁生产，对涉危废弃物的重点行业，实施强制性清洁生产审核。在使用阶段，推行产品生态标签和绿色标识，提高公众环境保护和绿色消费意识。在回收阶段，构建有效的环境管理体系，建立废弃产品逆向回收物流系统。在利用处置阶段，注重提升资源循环利用水平和资源利用效率，减少最终处置量。一般而言，对于农业固体废弃物（主要是作物秸秆、人畜粪便等）的处置积累经验较多，技术上也比较成熟。以秸秆就地还田，生产秸秆有机肥、优质粗饲料产品、固化成型燃料、沼气或生物质燃气、食用菌基料和育秧、育苗基料，生产秸秆板材和墙体材料等为主要技术路线，建立肥料化、饲料化、燃料化、基料化、原料化等多种利用模式。以回收、处理等环节为重点，提升废旧农膜及农药包装废弃物再利用水平。对于工矿城市的矿业固体废弃物处置，要针对当地具体情况，采取针对性的应对举措。比如，对煤矿城市，解决煤矸石和煤泥污染问题最为突出，而有效的办法之一是通过科技创新，把煤矸石直接利用起来，变成一种新的原料资源，变废为宝。对冶金类城市而言，各种冶金残渣是破解的难点。可行的办法也是通过科技创新，把这些残渣中有用的成分进一步提取，进一步利用，减少垃圾最终处置量；或者通过综合的办法，把残渣经过一定的工业工艺处理，以一种新的混合物的方式，全部利用起来。对于城市生活垃圾，关键是需要分类处置。其中，居民生活垃圾主要是要在源头上想办法，一方面要通过倡导绿色生活方式，大幅度减少生活垃圾产生；另一方面要进行科学分类，把可回收利用部分有效回收利用，这同时也减少了垃圾的处置量。对于城建渣土，要逐步建立全市域周转循环利用信息系统，以利需求之间建立联系，相互利用资源。近几年，郑州市把大规模集中建设过程中城建渣土在建成区选择适当位置集中堆积，直接用于规划建设城市森林公园的人造山，处置量比较大，成效也较好，值得关注。对于危险固体废弃物、放射性废弃物和非常规来源固体废弃物要按照国家有关规定，严格规范处置，避免遗留后患。

3. 有效解决城市固体废弃物污染问题

"无废城市"是建设美丽中国的细胞工程。特别是考虑到我国作为发展中国家，仍然处在城镇化快速推进阶段，城市建设与发展的双重任务都非常繁重，不产生固体废弃物几乎是不可能的。但是，在"无废城市"

建设试点提上国家的议事日程之后，科学管理与处置城市固体废弃物并有效解决城市固体废弃物污染就显得非常迫切。借鉴国外的经验，同时参考近些年国家有关部委在全国各地进行的初步探索与试验，可以发现，加快解决城市固体废弃物污染问题是科学可行的。比如，对城市生活垃圾中的厨余垃圾和粪便，就必须建立与城市人口规模相当的污水处理厂和垃圾处理厂，这是真正解决问题的可靠办法。而对于建筑垃圾，特别是老百姓比较反感的扬尘类垃圾，必须加强管理，做好技术处理与再利用工作，而且要不留后患、不留漏洞、不能变通，以利于为城市居民创造一个清洁的工作和生活环境。实践中不乏成功范例，比如，北京市朝阳区建成首个建筑垃圾处置固定设施，项目由建筑废弃物处理系统、焚烧炉渣处理系统、资源化产品生产系统等组成，建筑垃圾年处理量可达100万吨，此外，还将对生活垃圾焚烧厂产生的炉渣进行资源化处置，年处置量可达23万吨。经处理的建筑垃圾，可用于制备再生骨料、道路用无机混合料、再生混凝土、混凝土砌块、海绵城市建设（透水砖、路面砖）等，资源化率达90%以上，可广泛应用于市政基础设施建设。江西省乐平市将建筑垃圾制成环保砖，让建筑垃圾变成抢手的"香饽饽"，破解了长期困扰城建领域的难题。对于跟大家生活关系特别密切的居民家属院的生活垃圾及时清运问题，必须建立高质量、规范有效的管理与监督体系。目前，大多数大城市这种体系建立得比较规范，而且运行质量也比较高；在中小城市，这种体系建立得不够规范，质量参差不齐，需要补齐短板。

四、"无废城市"的行动方向

按照国务院办公厅《"无废城市"建设试点工作方案》，拟在全国范围内选择10个左右有条件、有基础、规模适当的城市，在全市域范围内开展"无废城市"建设试点。因为这项工作涉及面非常大，试点选择是否科学直接关系到未来试点的实际成效。所以，

建议在学术界充分讨论的基础上，广泛征询各方面的意见，既要考虑选择城市的积极性，也要充分注意将来这批试点在全国的代表性，还要关注选择试点城市的综合科研实力，以利于为中国在这项实施难度比较大的重大工程中闯出一条科学、可行、可靠的建设之路。具体来看，一是注重创新驱动。着力解决当前固体废物产生量大、利用不畅、非法转移倾倒、处置设施选址困难等突出问题，统筹解决本地实际问题与共性难题，加快制度、机制和模式创新。对于技术难点要动员多方面科研力量参与，协同创新，突破大宗固体废弃物循环再利用的技术瓶颈，实现重点领域重大技术创新，为"无废城市"建设铺平技术道路，促进形成"无废城市"建设长效机制。二是坚持分类施策。试点城市根据区域产业结构与当地发展阶段和特点，重点甄别主要固体废物在产生、收集、转移、利用、处置等过程中的薄弱点和关键环节，紧密结合本地实际，明确目标，细化任务，完善措施，精准发力，持续提升城市固体废物减量化、资源化、无害化水平。三是注重系统集成。在各个试点围绕"无废城市"建设目标系统集成固体废物领域相关核心技术与管理经验和做法，形成协同破解难题的合力。同时，通过政府引导和市场主导相结合，提升固体废物综合管理水平，推进供给侧结构性改革，实现生产、流通、消费各个环节的绿色化、循环化、无害化。通过这三个方面的试点探索，寻求到在不同类型的地区建设"无废城市"的具体方法与途径。

"无废城市"建设离不开技术的支持，同样也依赖社会主体环境意识的提高。按照理念先行的原则，在具体实践中，应通过广泛的社会宣传，积极倡导全民参与"无废城市"建设。全面增强生态文明意识，将绿色低碳、循环发展作为"无废城市"建设的重要理念，引导民众改变传统消费观念，推动形成简约适度、绿色低碳、文明健康的生活方式和消费模式。同时，强化企业自我约束，杜绝资源浪费，提高资源利用效率。依法加强固体

废物产生、利用与处置信息公开，充分发挥社会组织和公众监督作用，形成全社会共同参与"无废城市"建设的良好氛围。通过基层组织，面向学校、社区、家庭、企业开展生态文明教育，凝聚民心、汇集民智，倡导生产生活方式绿色化。加大固体废弃物环境管理宣传教育，有效化解"邻避效应"，引导形成"邻利效应"。将绿色生产生活方式等内容纳入各级干部相关教育培训体系中，让各级领导干部对"无废城市"的基本概念、基本做法、主要目标、推动举措都有比较系统的认识，以利营造促进"无废城市"建设的社会氛围。

关于"十四五"规划的若干重大问题研究[*]

摘 要　"十四五"时期要充分发挥传统包容文化的优势,激励科技人才特别是青年科技人才创新创业,以全面深化改革激发制度与机制活力,持续实施创新驱动战略,推动国民经济高质量发展。建议"十四五"时期全国GDP增长速度保持年均6.0%的水平。在高端制造与智能制造领域集聚创新资源,致力于创新、创造、创业,在物联网、AI、航空航天等领域形成新的突破之势,增强中国在全球的核心竞争力。贯彻落实绿水青山就是金山银山的理念,坚持铁腕治污,促进生态环境保护与恢复。积极实施重大国家战略,特别是要加大力度推动黄河流域生态保护和高质量发展,破解全国区域发展不均衡、不充分的难题。继续坚持开放发展的基本国策,促进更高水平的开放发展,全面提升国家综合实力,满足人民群众对美好生活的需求。

关键词　"十四五"规划;高质量发展;生态保护;开放发展

2020年,中国将全面建成小康社会,国家发展迈入新阶段。展望"十四五"时期,中国面临一系列新机遇、新挑战、新任务,需要在若干重大问题上做出重要的调整与创新。

一、关于高质量发展与GDP增长速度问题

关于高质量发展与GDP增长速度问题需要注意以下几个方面:

1. 关注高质量发展问题

党的十九大报告明确提出,中国经济已由高速增长阶段转向高质量发展阶段,正处在转变发展方式、优化经济结构、转换增长动力的攻关期,建设现代化经济体系是跨越关口的迫切要求和战略目标。这种战略定位是党的十九大以后国民经济发展的主旋律,需要我们竭尽全力为之奋斗。因此,国家"十四五"规划的第一关键词就是高质量发展,这要成为全社会的高度共识。在这种共识的支持下,国民经济运行的中心任务就是围绕高质量发展进行既符合各地实际又具有创新意义的探索,促进经济社会发展质量实现历史性跃升,为建立现代经济体系奠定基础。

在全球新一轮科技革命和产业革命快速推进的背景下,各国科技创新进入活跃期。中国人工智能、量子信息、移动通信、工业互联网、物联网、区块链等领域快速发展,为经济社会发展注入了强大活力。基于这样的科技创新基础,"十四五"时期,中国的高质量发展要以更加包容开放的理念认真学习与借鉴发达国家的经验与做法,调动和集中更多社会资源,加大研发投入,研究与试验发展(R&D)经费占GDP的比重要达到2.6%以上。充分发挥国家高学历、高层次人才数量巨大的优势,全面实施创新驱动战略,高度重视各类创新人才,尤其是青年创新人才的创新主力军作用,以多种方法鼓励各个

---

* 本文发表于《区域经济评论》2020年第1期第23-31页,是"十四五"规划研究专题文章。
　基金项目:国家社会科学基金重大项目"新时代促进区域协调发展的利益补偿机制研究"(18ZDA040)。

领域 35 岁以下的优秀人才脱颖而出，发挥其创新创业对经济社会进步的代际促进作用和对新业态、新产品、新模式、新服务的激发引导作用。在涉及国计民生的领域中形成更多的创新引领效应，在国际科技进步舞台上拥有越来越多的发言权与标准制定权，稳步提高国家科技创新水平与科技实力。

当然，创新发展难度仍然非常大，在高端领域创新发展的难度更大。改革开放以来，国家高等教育的高速发展，使得各个领域的科技人员数量大幅增加。2018 年，按折合全时工作量计算的全国研发人员总量为 419 万人/年，连续 6 年居全球第一位，已经到了孕育人才红利的黄金期。现在，无论是专业科研机构，还是大学或企业内部的科研部门，处在活跃创新期的 35 岁以下的青年创新人才数量充足，支持创新的资金、设备、实验室等均比较充裕，以供给侧结构性改革的战略

思路向全社会供给比较充裕的创新资源的条件已经具备，以创新支撑经济社会高质量发展势在必行。

2. 关注 GDP 增长速度问题

近年来，中国的经济发展在全球受到越来越多的关注，这主要是因为中国坚持发展是执政兴国的第一要务，致力于国民经济持续较快发展。2018 年，中国 GDP 达 13.60 万亿美元，为全球经济增长的贡献达 29.8%，居第一位（见表 1）。同时，又要注意脚踏实地，时刻不要忘记中国是最大的发展中国家的基本国情，仍然把 GDP 增长速度作为高质量发展的主要考核指标之一，进行科学理性的安排。系统考虑国民经济运行的整体特征，充分考虑中国在全球进一步提升影响力的需要，综合分析与运用多种方法测算后，我们认为，"十四五"期间中国 GDP 增长速度拟定为年均增长 6.0% 较为科学可行。

表 1　2018 年 GDP 前十名的国家及其对全球经济增长的贡献率

国家	GDP（万亿美元）	GDP 占比（%）	GDP 增量（万亿美元）	GDP 对全球经济增长的贡献（%）
美国	20.51	23.9	1.00	20.4
中国	13.60	15.9	1.46	29.8
日本	4.97	5.80	0.11	2.24
德国	4.00	4.66	0.31	6.30
英国	2.83	3.30	0.19	3.88
法国	2.77	3.23	0.18	3.67
印度	2.73	3.18	0.08	1.60
意大利	2.07	2.41	0.12	2.45
巴西	1.87	2.18	-0.18	-3.67
加拿大	1.71	1.99	0.06	1.22
合计	57.05	66.5	3.33	67.89

注：①本表数据来源于世界银行相关资料，由笔者整理而成。②2018 年全球 GDP 总量 85.79 万亿美元。名义增长 6.1%，实际增长 3.7%。

世界银行发布的 2019 年 10 月东亚太平洋经济半年报指出，全球需求疲软，导致出口和投资增长下滑，考验着东亚太平洋地区的韧性。预计该地区经济体 2020 年和 2021 年增速分别为 5.7% 和 5.6%。按照世界银行的预测，中国也应该有信心把"十四五"时期

GDP 年均增长速度设置在 6.0%，这也是我们对稳定东亚太平洋地区经济发展的一种责任担当。

3. 妥善处理高质量发展与 GDP 增长速度的关系

创新驱动的高质量发展与 GDP 保持较快

增长速度并不矛盾，二者是一对相辅相成的要素统一体。从创新驱动的角度来分析，"十三五"期间，国家大力实施创新驱动发展战略，全社会研发投入不断创出新高。2018年，全国R&D经费支出19657亿元，比上年增长11.8%，占GDP的2.19%，投入总额居全球第二，增长速度居全球第一。中国授权发明专利数量达到43.2万件，排名第二的美国是31.1万件，排名第三的日本是18.9万件，中国的比较优势明显。中国主要科技创新指标已经跃居世界前列，一大批创新成果先后转化为生产力，为经济社会发展注入了强大动能，科技进步对经济发展的贡献率达58.5%。正是因为强大的科技创新力量，才使得2018年全国万元GDP能耗比2017年下降了3.1%，而全员劳动生产率达到107327元/人，比2017年提高了6.6%，经济发展质量确实在稳步提升。

4. 关注中国红利期的转变

人均工作时间的增加导致中国原有的人口红利减退，低端产业开始向越南、菲律宾等国家转移。但是，中国受高等教育人口规模快速扩大，在校本科生占全球的1/5，出国留学生占全球的1/3以上，出国留学人员回国潮已持续5年，青年科技人才数量大幅增加，人才红利期日益显现。

华为在科技创新领域取得的成就为国内企业的科技创新树立了典范，也将激励更多有远大理想的企业学习与借鉴"华为之路"，在科技创新上迈出更大的步伐。以华为为引领的5G技术的普及以及5G普及拉动的物联网时代，将为包括普通民众在内的国内外客户与广大民众带来巨大的促进技术更新换代与经济升级发展的效应。与此同时，全球高度关注的AI、大数据、移动支付等重大技术创新领域，中国都具有比较充足的人才与技术积淀，发展状态比较活跃，未来也将为国民经济高质量发展创造持续不断的新动能，全国各地越来越充满创新活力的高质量发展机理与机制正在孕育与形成，2020年我们要进入创新型国家行列，整体创新能力还将进

一步提升。所以，对"十四五"时期支撑经济社会发展的创新动力要有充分的自信。

按照这种分析与研判，"十四五"时期的高质量发展是一种既高度重视实施创新驱动发展战略，切实提高国民经济发展质量和发展效益的发展，也是一种立足于中国是最大的发展中国家的国情，需要保持适当较快发展速度的发展。这样的发展状态既不同于以前的发展，因为我们把高质量发展纳入了主体思路，也将为以后进一步提升发展质量探索切实可行的路子，有利于逐步建立现代化经济体系。

二、关于高端制造与智能制造问题

关于高端制造与智能制造问题需要注意以下几个方面：

1. 制造业新的历史方位

2014年，习近平总书记在河南视察中铁工程装备集团有限公司时提出了推动中国制造向中国创造转变、中国速度向中国质量转变、中国产品向中国品牌转变的重要论述，形成了"三个转变"的理论架构，这为中国装备制造业的发展指明了方向。2017年，党的十九大报告中提出，加快建设制造强国，加快发展先进制造业，促进中国产业迈向全球价值链中高端，培育若干世界级先进制造业集群，这为中国制造业创新发展提出了新目标。2019年9月，习近平总书记在河南调研时指出，制造业是实体经济的基础，实体经济是中国发展的本钱，是构筑未来发展战略优势的重要支撑；要坚定推进产业转型升级，加强自主创新，发展高端制造、智能制造，把中国制造业和实体经济搞上去，推动中国经济由量大转向质强，扎扎实实实现"两个一百年"奋斗目标，这为我们指明了制造业发展与实体经济之间的辩证关系。因此，我们必须坚定不移地继续发展制造业，把这个实体经济的基础巩固好。实体经济是中国发展的本钱，本钱是无论如何也不能丢的，必须始终不渝地紧紧攥在手中。按照习近平总书记的要求，把制造业和实体经济搞上去，

才有利于构筑未来发展的战略优势，这是中国制造业发展新的历史方位。

2. 加快制造业转型升级

实现由制造大国向制造强国的转变，已经成为新时代中国经济发展面临的重大课题。伴随着工业化的持续推进，中国已经成为全球制造业第一大国，有大量工业产品产量占全球产量的 50% 以上。制造业产品是中国出口产品中对全球影响最大的产品，很多国家普通民众的吃、住、行等消费品都与中国的制造业密切相关。正是因为中国坚定不移地推进制造业可持续发展，在很多领域都形成了完整的制造业产业链、供应链、价值链，形成了比较完善的制造业体系，才使得国家在应对国际形势变幻时表现出比较淡定的大气和非常有自信的底气。在经济发展由高速增长转向高质量发展的新的历史条件下，高度重视制造业可持续发展是推动中国经济由量大转向质强的基本依托，也是进一步提升国家工业综合实力的标志。只有通过持续的科技创新，扎扎实实地推动制造业迈向高质量发展，并加强自主创新，发展高端制造、智能制造，促进中国由制造大国迈向制造强国才能够更加有底气，以先进制造业支撑国民经济高质量发展的基础才能够更加稳固。

3. 把实体经济搞上去

实体经济是关系国计民生的部门或行业，典型的有机械制造、纺织加工、建筑安装、石化冶炼等，是以物质生产为主的经济，是国民经济可持续发展的基本支撑。习近平总书记强调，实体经济是中国发展的本钱。既然是本钱，就必须有所保障，而且无论如何不能弱化。因为弱化，或者丢掉，就意味着国民经济的弱化。国内外大量事实证明，无论一个大国国民经济水平提高到何种程度，如果弱化实体经济或放弃实体经济，就意味着偏离了国民经济稳定、健康、可持续发展的轨道，将给国家的发展、特别是给老百姓的就业、提升收入水平造成损失。与实体经济对应的虚拟经济对国民经济发展也很重要，也需要重视并适度发展。但是，虚拟经济是为实体经济服务的，是为促进实体经济进一步发展提供生产要素支撑的，绝不可以把一个大国的国民经济发展的大局完全寄托于虚拟经济，"脱实向虚"是一个大国经济畸形发展的表现，不少国家近些年经济发展困难的深层次原因就是在"脱实向虚"的道路上走得太快太远，以至于忘记了经济发展的初心，给本国老百姓生活造成了巨大的困难。因此，按照习近平总书记的明确要求，把实体经济搞上去，对未来国民经济健康发展影响深远。

4. 高度重视高端制造与智能制造的技术创新与集成

高端制造、智能制造领域的创新发展是"十四五"时期中国制造业发展的关键。近些年，随着国家重大装备研发计划的推进，已经在高端制造领域取得重大进展，在航空航天装备、深海装备、核动力装备、计算机及电子设备等方面逐步具备了参与国际竞争的条件。进一步创新的重点是通过自主创新掌握各个领域更多核心技术与发明专利，在医疗装备、检测装备、数字制造装备等方面取得新突破，共同为未来高端制造业发展提供新技术、新基础零部件、新材料等支持。制造业数字化、网络化、智能化是新一轮工业革命的核心技术，是未来制造业发展的制高点和突破口，有实力的国家都在想方设法抢占技术制高点与国际标准的话语权。借鉴国际上促进智能制造发展的经验，一般都采取重大项目联合攻关的组织方式。2015 年以来，中国已经组织实施了一批智能制造项目，"十四五"时期需要在总结经验的基础上，进一步部署更多的智能制造重大项目，调动社会各个方面的创新资源，共同破解技术创新与管理难题，推动智能制造快速发展，为国家经济高质量发展提供先进制造业支撑。

三、关于生态环境保护与恢复问题

关于生态环境保护与恢复问题需要注意以下几个方面：

1. 认清生态环境保护与建设的迫切性

党的十八大以来，以习近平同志为核心

的党中央高度重视生态文明建设，提出绿水青山就是金山银山等一系列创新理论，形成了习近平生态文明思想，成为"十四五"时期中国开展生态环境保护与建设的基本遵循。面对环境整治的繁重任务，我们要切实认清生态环境保护与建设的迫切性。习近平总书记指出，自然是生命之母，人与自然是生命共同体，人类必须敬畏自然、尊重自然、顺应自然、保护自然。生态环境是人类生存和发展的根基，生态环境变化直接影响文明兴衰演替。改革开放以来，中国经济发展取得了巨大成就，也产生了大量生态环境问题。伴随着中国社会主要矛盾的变化，人民群众对优美生态环境的需要成为这一矛盾的主要方面。因此，必须把生态文明建设摆在发展全局的高度，以实际行动积极回应广大人民群众所思、所盼、所急，切实推进生态文明建设。

党的十九大以来，国家铁腕治污，全国生态环境质量明显改善，赢得了人民群众的普遍赞誉。但是，我们必须明白，过去多年高速发展积累的环境污染问题解决起来绝非一朝一夕之功，生态环境治理稍有松懈就有可能出现反复。当前，生态文明建设仍处于压力叠加、负重前行的关键期，已进入提供更多优质生态产品以满足人民日益增长的优美生态环境需要的攻坚期，也是解决生态环境突出问题的窗口期。因此，"十四五"时期，中国必须坚定不移地继续打好环境污染防治攻坚战，切实让生态环境日益向好。

2. 践行绿水青山就是金山银山的发展理念

习近平总书记的绿水青山就是金山银山的绿色发展观，阐明了经济发展和生态环境保护的内在关系，揭示了保护生态环境就是保护生产力、改善生态环境就是发展生产力的科学道理。生态环境保护和经济发展并不是矛盾对立的关系，如果处理妥当就可以形成辩证统一的关系。实践证明，良好的生态环境蕴含着无穷的经济价值，能够源源不断地创造综合效益，实现经济社会可持续发展。

从哲学层面分析，经济发展不应是对自然资源和生态环境的竭泽而渔，生态环境保护也不应是舍弃经济发展的缘木求鱼，而是要坚持在经济发展中重视环境保护、在保护环境中追求经济发展，达到经济发展与环境保护的有机统一。

3. 推动形成绿色发展方式和生活方式

推动形成绿色发展方式和生活方式，是发展观的一场深刻革命。绿色发展就是要解决好人与自然和谐共生问题。要从根本上解决生态环境问题，必须贯彻绿色发展理念，坚决摒弃损害甚至破坏生态环境的经济发展模式，加快形成节约资源和保护环境的空间格局、产业结构、生产方式、生活方式，把经济活动、人的行为限制在自然资源和生态环境能够承受的限度内，给自然生态留下休养生息的时间和空间。加快形成绿色发展方式，近期的重点是调整产业结构和能源消费结构，优化国土空间开发布局，培育壮大节能环保产业、清洁生产产业、清洁能源产业，推进生产系统和生活系统有效循环链接。按照有关规定，要加快划定并严守生态保护红线、环境质量底线、资源利用上线三条红线。对突破红线的行为，坚决依法整治。加快形成绿色生活方式，要牢固树立生态文明理念，通过大众化的宣传与普及，增强全社会的节约意识、环保意识、生态意识。通过公众生活方式绿色革命，倒逼生产方式绿色转型，把建设美丽中国的伟大梦想转化为广大民众的自觉行动。

4. 统筹推进山水林田湖草系统治理

从哲学原理上分析，人的命脉在田，田的命脉在水，水的命脉在山，山的命脉在土，土的命脉在林和草，这个生命共同体是人类赖以生存和发展的物质基础。从系统论的思想出发，按照生态系统的整体性、系统性和规律性，统筹考虑自然生态各个要素、山上山下、地上地下、陆地海洋以及流域上、中、下游，进行整体规划，分类保护，系统修复，综合治理，增强生态系统的自然循环能力，维护生态系统动态平衡。根据国土空间规划，实施大江大河全流域生态系统保护和修复工程，主动增强生态产品生产能力，继续开展大规模国土绿化行动，加快水土流失和荒漠化、石漠化地区综合治理，扩大湖泊、湿地面积，保护生物多样性，全面提升自然生态系统稳定性，逐步筑牢生态安全屏障。

5. 实行最严格的生态环境保护制度

针对中国处在污染防治攻坚期的现实，必须把制度建设作为推进生态文明建设的重中之重，深化生态文明体制改革，把生态文明建设纳入制度化、法治化轨道，逐步从当前主要依靠行政手段的铁腕治污走向依法治污，让生态环境保护变成全社会的自觉行动。

四、关于重大国家战略实施问题

关于重大国家战略实施问题需要注意以下几个方面：

1. 关注重大国家战略体系形成

2019 年 9 月 18 日，习近平总书记在河南主持召开黄河流域生态保护和高质量发展座谈会并发表重要讲话指出，黄河流域生态保护和高质量发展，同京津冀协同发展、长江经济带发展、粤港澳大湾区建设、长三角一体化发展一样，是重大国家战略。至此，重大国家战略体系已比较明朗，初步形成了涉及全国重要区域的体系。按照目前已经明确的工作部署，京津冀协同发展、长江经济带发展、粤港澳大湾区建设、长三角一体化发展 4 个重大国家战略均已完成顶层设计并出台实施方案，"十四五"期间，这些重大国家战略需要持续推进，为支撑国民经济发展提供新的增长动力。黄河流域生态保护和高质量发展刚刚纳入重大国家战略体系，需要按照习近平总书记重要讲话精神的要求，尽快完成顶层设计与规划纲要编制工作，以便进入实施推进阶段。

黄河流域是中国重要的生态屏障和重要的经济地带，是打赢脱贫攻坚战的重要区域，在经济社会发展和生态安全方面具有十分重要的地位。保护黄河是事关中华民族伟大复兴和永续发展的千秋大计。加强黄河治理保护，推动黄河流域高质量发展，积极支持沿黄各省份打赢脱贫攻坚战，解决好黄河流域人民群众，特别是少数民族群众关心的防洪安全、饮水安全、生态安全等问题，对维护社会稳定、促进民族团结具有重要意义。

习近平总书记指出，黄河宁，天下平。党的十八大以来，党中央着眼于生态文明建设全局，明确了节水优先、空间均衡、系统治理、两手发力的治水思路，黄河流域经济社会发展和百姓生活发生了很大变化。同时，也要清醒地看到，黄河流域仍存在一些突出困难和问题，如生态环境脆弱、水资源保障形势严峻、发展质量有待提高等。这些问题，表象在黄河，根子在流域。所以，黄河流域生态保护和高质量发展是一项系统工程。要坚持山水林田湖草综合治理、系统治理、源头治理，统筹推进各项工作，加强协同配合，推动黄河流域高质量发展。

2. 做好黄河流域生态保护和高质量发展的顶层设计

黄河流域横跨青藏高原、内蒙古高原、黄土高原和黄淮海平原 4 个大的地貌单元，流经青海、四川、甘肃、宁夏、内蒙古、陕西、山西、河南、山东 9 个省（区），流域面积 79.5 万平方千米，占全国国土面积的 8.3%。截至 2018 年底，黄河流域 9 个省（区）总人口为 4.2 亿人，占全国总人口的 30.3%；GDP 达 23.9 万亿元，占全国 GDP 的 26.5%。在中国生态安全和经济社会发展中具有重要的全局性和战略性地位。

黄河生态系统是一个有机整体，要充分考虑上、中、下游的差异。其中，河口镇以上为黄河上游，河道长 3472 千米，流域面积 42.8 万平方千米，要以三江源、祁连山、甘南黄河上游水源涵养区等为重点，实施一批重大生态保护修复和建设工程，提升水源涵养能力，提高生态环境质量。河口镇至桃花峪为中游，河道长 1206 千米，流域面积 34.4 万平方千米，是黄河流经黄土高原形成泥沙特征最为明显的河段，需要工程措施与生物措施并用，突出抓好水土保持和污染治理。

桃花峪以下为下游，河道长 786 千米，流域面积只有 2.3 万平方千米，是全球著名的地上河，部分河段还有二级悬河，每年汛期河道防洪是主要任务。新中国成立以来，黄河下游虽然没有发生重大洪涝灾害，但是，无论是大堤内部仍然居住的居民，还是沿线防洪形势，都依然存在比较大的灾害威胁，进一步加强治理的任务仍然繁重。入海口的黄河三角洲需要做好湿地保护工作，提高生物多样性。

沿黄各省份要从实际出发，积极探索富有地域特色的高质量发展新路子。三江源、祁连山等生态功能重要的地区，主要是保护生态，涵养水源，创造更多新的生态产品。河套灌区、汾渭平原等粮食主产区要发展现代农业，努力提升农产品质量，巩固粮食生产基地的地位。兰州、银川、西安、郑州、济南等经济发展条件较好的地区要做好集约发展规划，提高经济和人口承载能力，进一步提升经济发展水平，努力推动区域均衡发展。沿黄各省份的贫困地区要提高基础设施和公共服务设施建设水平，全力保障和改善民生。沿黄各省份要充分利用紧邻"陆上丝绸之路"的区位优势，积极参与共建"一带一路"，培育开放型经济发展土壤，提高对外开放水平，有条件的区域要打造内陆开放高地，以开放促改革、促发展、惠民生。同时，要从战略高度保护、传承、弘扬黄河文化，推进黄河文化遗产的系统整理与保护，深入挖掘黄河文化蕴含的时代价值，集国内外思想智慧建立黄河学研究架构，以更加科学的方法讲好黄河故事，延续历史文脉，坚定文化自信，为实现中华民族伟大复兴的中国梦凝聚精神力量。

3. 保障黄河安澜

由于特殊的地理环境，使黄河水少沙多、水沙关系不协调，这是其复杂难治的症结所在。梳理黄河治理的基本经验，紧紧抓住水沙关系调节这个"牛鼻子"，通过工程措施与生物措施完善水沙调控机制，解决分头管理问题，实施河道和滩区综合提升治理工程，

减缓黄河下游泥沙淤积，持续加固沿黄下游堤坝工程，确保黄河下游沿岸安全。针对沿黄地区水资源缺乏的实际情况，积极推进水资源节约集约利用，坚持以水定城、以水定地、以水定人、以水定产。把水资源作为沿黄地区最大的刚性约束，合理规划人口、城市和产业发展，坚决抑制不合理用水需求，大力发展节水产业和技术，通过政策引导推进农业节水，实施全社会节水行动，让黄河成为造福沿岸人民的幸福河。

五、关于开放发展问题

关于开放发展问题需要注意以下几个方面：

1. 继续坚持开放发展的理念不动摇

实践证明，开放发展是新发展理念的重要支撑之一，是国家站起来、富起来到强起来的必由之路。习近平总书记指出，一个国家能不能富强，一个民族能不能振兴，最重要的就是看这个国家、这个民族能不能顺应时代潮流，掌握历史前进的主动权。当今世界，经济全球化是社会生产力发展的客观要求和科技进步的必然结果，是谋划发展所要面对的时代潮流。面对新一轮工业革命的浪潮，特别是已经开始普及的 5G 通信技术及其带来的互联网升级、物联网普及、AI 快速发展之势，社会化大生产进一步在世界范围内深度展开，世界各国之间经济文化日益融合，全球供应链、产业链、价值链紧密联系，生产要素在全球范围内高速流动，各个国家之间已经形成利益共同体、责任共同体、命运共同体。2019 年 3 月 15 日，全国人民代表大会通过的《中华人民共和国外商投资法》以更加开放的逻辑思维，以法治化的方法，强力推动更高水平的开放发展。因此，我们必须坚定不移地继续坚持开放发展的理念不动摇，以更加包容的胸襟，在开放发展的道路上行稳致远，再创高质量开放发展的辉煌！

2. 加大共建"一带一路"的力度

自从 2013 年中国提出"一带一路"倡议以来，中国牢牢把握互联互通这个关键，以

政策沟通、设施联通、贸易畅通、资金融通、人心相通为主要内容，得到沿线各国的积极响应，取得了丰硕成果。在各方的共同努力下，"六廊六路多国多港"的互联互通架构基本形成，一大批合作项目落地生根，首届高峰论坛提出的合作成果顺利落实，150多个国家和国际组织同中国签署共建"一带一路"合作协议。"一带一路"倡议同联合国、东盟、非盟、欧盟、欧亚经济联盟等国际和地区组织的发展和合作规划对接，同沿线各国的发展战略或战略规划框架契合，促进了各国之间的合作共赢。"一带一路"倡议为世界经济增长开辟了新空间，为国际贸易和投资搭建了新平台，为完善全球经济治理拓展了新实践，为增进各国民生福祉做出了新贡献，成为引领新一轮全球化的有效载体。据世界银行研究报告显示，近年来，"一带一路"倡议成为拉动世界经济增长的新引擎。"一带一路"倡议将使相关国家760万人摆脱极端贫困、3200万人摆脱中度贫困，将使参与国贸易增长2.8%～9.7%、全球贸易增长1.7%～6.2%、全球收入增加0.7%～2.9%。"一带一路"倡议顺应经济全球化的历史潮流，顺应全球治理体系变革的时代要求，顺应各国人民过上更好日子的强烈愿望。事实证明，"一带一路"倡议不仅为世界各国发展提供了新机遇，也为中国开放发展开辟了新天地。按照习近平总书记2019年4月在第二届"一带一路"国际合作高峰论坛上重要讲话精神的要求，面向未来，我们要聚焦重点，深耕细作，共同绘制精谨细腻的"工笔画"，推动共建"一带一路"沿着高质量发展方向不断前进。

3. 在自由贸易试验区和自由贸易港建设上探索新路子

自由贸易试验区和自由贸易港建设以投资便利化、贸易便利化和金融开放创新等为主要内容，为全国其他地区创造可复制推广的经验与做法。2013年9月至2019年8月，中国已分多批次批准了18个自由贸易试验区和1个自由贸易港，初步形成了"1+3+7+1+6"的自由贸易试验区和自由贸易港格局，呈现出区域协调、陆海统筹的开放态势，推动形成了中国新一轮全面开放发展的战略态势。2019年1～6月，全国自由贸易试验区实际使用外资同比增长20.1%，进一步说明自由贸易试验区建设的科学性和促进全国开放发展的可行性。"十四五"期间，中国需要发挥各地优势，持续探索自由贸易试验区和自由贸易港推动开放发展的新路子、新方法，为推动高质量开放发展提供强有力的新支撑。

4. 从长计议，应对百年未有之大变局

2018年7月，习近平总书记出席在南非约翰内斯堡举行的金砖国家工商论坛，并发表题为《顺应时代潮流实现共同发展》的重要讲话。习近平总书记指出，当今世界正面临百年未有之大变局。对广大新兴市场国家和发展中国家而言，这个世界既充满机遇，也存在挑战。未来10年，将是世界经济新旧动能转换的关键10年，是国际格局和力量对比加速演变的10年，是全球治理体系深刻重塑的10年。这种判断，说明未来全球政治经济格局变化与重塑不可避免。

按照理论分析，当一个新崛起大国GDP达到守成大国60%时，两者之间的竞争博弈就不可避免。2016年，中国GDP相当于美国GDP的比例超过60%的敏感点，所以中美博弈就全面爆发。中国和平崛起与美国竭力遏制中国和平崛起的持续博弈将会是一个无法回避的过程，我们需要做好长期进行复杂较量的各种准备。在实际运作中，既不能与之过度博弈，陷入"修昔底德陷阱"，影响中华民族伟大复兴的进程，也不能在原则问题上随意让步，要有充分的耐心与韧性理性应对。在这样的特殊历史条件下，我们只有从长计议，一心一意谋发展，集中力量办大事，坚定不移推动高质量发展，才能够在百年未有之大变局面前稳定前行，不断迈向可持续发展的新高度。

联合国贸易和发展会议《2019年世界投资报告》显示，2018年全球外国直接投资延续了下滑趋势，规模较2017年下降了13.0%，但中国实现了逆势增长，继续稳居全球第二大外资流入国地位，实际利用外资1350亿美元，增长3.0%。2019年上半年，中国实际使用外资同比增长7.2%，展现出对外资的强大吸引力，也进一步坚定了我们继续坚持开放发展的信心。"十四五"时期，中国与美国等国家之间的发展博弈压力仍然会比较大。但是，只要冷静应对、智慧应对、积极应对，我们完全有信心在博弈中更加坚定地走出中国特色社会主义和平崛起的发展之路。

六、初步结论

通过以上分析，我们可以得出以下初步结论。

1. 高质量发展是"十四五"规划的第一关键词

"十四五"时期，中国需要围绕高质量发展，部署国家战略资源，充分利用人才红利黄金期的机遇，深入实施创新驱动战略，让R&D经费占GDP的比重达到2.6%以上，进一步激发科技人员创新创业的积极性，以更多的人力、物力、财力投入集中力量破解高质量发展的科学技术难点，在物联网、AI、航空航天等领域形成一批对未来发展有重要影响的高科技成果，为国民经济可持续发展注入强大的新动能，全面推动高质量发展。同时，妥善处理高质量发展与保持GDP较快增长速度的关系，牢记中国是发展中国家的基本国情，坚守发展是执政兴国的第一要务，时刻不忘以全面深化改革激发经济社会发展活力，专心致志谋划经济社会可持续发展，建议"十四五"时期全国GDP年均增长速度拟定为6.0%，继续保持国民经济比较活跃的发展状态，进一步彰显大国经济包容性增长的韧性。

2. 高度重视高端制造与智能制造

充分利用中国工业体系完整、综合实力持续增长的优势，充分发挥科技创新人才数量巨大、创新资源越来越丰富的人才红利，从一线技术创新做起，围绕数字化与智能化主题思路，全面加强自主创新，凝聚一代人的创新智慧，集中力量攻克高端制造与智能制造的一系列技术难题，形成一批有重大国际影响的创新产品，稳步提升中国制造业在全球价值链中的地位，建设现代产业体系，逐步由制造大国迈向制造强国，全面促进国民经济高质量发展。

3. 继续坚持铁腕治污

按照党中央的统一部署，"十四五"时期要继续坚定不移地推动污染防治，全面落实绿水青山就是金山银山的发展理念，动员全社会力量，从一点一滴做起，在生产方式和生活方式的改进与提升上下硬功夫，在绿色技术研发上集聚创新资源，形成更多的突破性技术，并推广应用，促进生态环境保护与恢复取得重大进展，以更好的生态环境满足广大人民群众对美好生活的需求，为全球生态保护贡献中国的智慧与力量。

4. 有序推动重大国家战略实施

黄河流域生态保护和高质量发展，同京津冀协同发展、长江经济带发展、粤港澳大湾区建设、长三角一体化发展一样，是重大国家战略，"十四五"时期要以更大的力量推动重大国家战略实施。特别是在推动黄河流域生态保护和高质量发展中要科学规划，有序启动。针对黄河流域的特殊情况，坚持生态优先、绿色发展，以水而定、量水而行，因地制宜、分类施策，上下游、干支流、左右岸统筹谋划，共同抓好大保护，协同推进大治理，加强生态保护治理，保障黄河长治久安，促进全流域高质量发展，改善人民群众生活，传承和弘扬黄河文化，让黄河成为造福人民的幸福河。

5. 坚定不移在高水平开放发展上迈出新步伐

面对全球百年未有之大变局，我们要坚定不移地坚持开放发展的理念不动摇，并且坚持主动开放、有序开放、持续扩大开放，以更加包容的胸怀支持全球多元化发展、包容性增长。全面贯彻落实《中华人民共和国外商投资法》，以法制化的力量为扩大开放保驾护航。对标国际先进水平，按照《优化营商环境条例》所提出的要求，为所有合法投资者提供宽松和谐的营商环境。持续推动"一带一路"建设、自由贸易试验区建设、自由贸易港建设等一系列高水平开放举措实施，以开放赢得更多发展空间，以开放获得更多发展机遇，以开放促进中国与全球的深度融合，以开放为实现中华民族伟大复兴的中国梦增添力量。

参考文献

［1］张占仓．中国经济将在克服困难中稳定前行［N］.中国经济时报，2019-03-01.

［2］郭克莎．中国产业结构调整升级趋势与"十四五"时期政策思路［J］.中国工业经济，2019（7）.

［3］郭占恒．"十四五"规划的里程碑意义和重大趋势［J］.浙江经济，2019（9）.

［4］迟福林．以高质量发展为核心目标建设现代化经济体系［J］.行政管理改革，2017（12）.

［5］武卫政，赵永新，余建斌，等．提升科技创新能力——把握我国发展重要战略机遇新内涵述评之二［N］.人民日报，2019-02-18.

［6］张伟．中美贸易战的演变历程、经济影响及政策博弈［J］.深圳大学学报（人文社会科学版），2018（5）.

［7］范恒山．把握战略机遇　推动高质量发展［J］.区域经济评论，2018（3）.

［8］钱津．新中国经济建设70年的道路与成就［J］.区域经济评论，2019（5）.

［9］陈伟雄，杨婷．中国区域经济发展70年演进的历程及其走向［J］.区域经济评论，2019（5）.

［10］周武英．世行：今年东亚太平洋地区经济增速或放缓至5.8%［N］.经济参考报，2019-10-12.

［11］余淼杰．改革开放四十年中国对外贸易奇迹：成就与路径［J］.国际贸易，2018（12）.

［12］金碚．以区域协调发展新机制焕发区域发展新动能的重要机理［J］.区域经济评论，2019（1）.

［13］张占仓．以包容文化滋润开放发展［N］.中州学刊，2018（9）.

［14］张占仓．绿色生活从我做起［N］.人民日报（海外版），2018-12-04.

［15］牛建强，姬明明．源远流长：黄河文化概说［N］.黄河报，2017-07-11.

［16］张金良，刘生云，暴入超，等．黄河下游滩区生态治理模式与效果评价——"黄河下游滩区生态再造与治理研究"之五［J］.人民黄河，2018（11）.

贯彻新发展理念 实现高质量发展[*]

——对河南省"十四五"规划的几点建议

按照党中央、国务院的战略部署，全国各地在统筹推进新冠肺炎疫情防控与经济社会发展的同时，均已启动备受关注的国民经济与社会发展"十四五"规划的相关工作。根据世情、省情、民情之变，河南省"十四五"规划中要贯彻新发展理念，把创新驱动、产业转型升级、生态文明建设等作为主线，贯穿"十四五"全过程。

一、聚焦高质量发展，大力实施创新驱动战略

党的十九大报告明确指出，我国经济已由高速增长阶段转向高质量发展阶段，正处在转变发展方式、优化经济结构、转换增长动力的攻坚期，建设现代化经济体系是跨越关口的迫切要求和我国发展的战略目标。因此，各地要进行符合实际的积极探索，确保高质量发展实现历史性跃升。

调动和集中更多社会资源加大研发投入。河南省现有研发投入强度仅1.4%，与创新型发展2.6%的研发投入强度差距比较大。下一步要以大幅度提高政府研发投入强度为重点，全面实施创新驱动战略，创造更加宽松的政策环境。激发各类创新人才尤其是青年创新人才进行科技创新的积极性，激励35岁以下创新活力充沛的优秀人才脱颖而出，放大青年一代对新理念、新业态、新模式、新产品、新服务的代际驱动作用，突破主要产业领域部分技术瓶颈，稳步提高河南省科技创新水平与整体科技实力。

统筹兼顾高质量发展与GDP增长速度的协同关系。2019年，河南省GDP达5.4万亿元，稳居全国第五位。系统考虑河南省国民经济运行的整体特征和河南省工业化城镇化可持续发展的历史需要，我们认为在坚定不移推动高质量发展的同时，"十四五"期间GDP年均增长速度预定为6.0%左右比较合适。因为只有保持国民经济稳定、较快、可持续发展，才能保障全省就业形势基本稳定，老百姓才会有较高的获得感、幸福感和安全感。

二、加快产业转型升级，大力发展高端制造业

2019年9月，习近平总书记在河南考察调研时明确指出："制造业是实体经济的基础，实体经济是我国发展的本钱，是构筑未来发展战略优势的重要支撑。"2020年4月，习近平总书记在陕西考察调研时进一步强调："制造业是我们经济的命脉所系。"落实习近平总书记重要讲话精神，就要突出制造业这个重点，妥善处理制造业与实体经济发展的关系，下大力气推动产业转型升级，努力把制造业和实体经济搞上去，促进河南省经济由量大逐步转向质强，为建设制造业强国贡献中原力量。

巩固提升制造业基础地位。高度重视制造业的可持续发展，通过科技创新与弘扬"大国工匠"精神，扎实推动制造业迈向高质量发展之路，并加强核心技术研发，积极发展高端制造、智能制造、智慧制造，适应以5G为标志的新信息时代的需要，以先进制造业支撑国民经济高质量发展。发挥我们在部分制造

---

* 本文发表于《河南日报》2020年6月10日第9版。

业领域积累的技术创新优势，不仅要在生产领域创造更多领先的产品，更要在实验室、医院、安全监控等敏感领域形成创新产品，为全国高科技拓展新领域作出新的贡献。这次新冠肺炎疫情防控过程中，智能机器人、无人机、5G云端医护助理等智能、智慧产品集中登台，显示出高端制造的创新优势，将成为河南省先进制造业加快发展的一个新起点。

不断加强实体经济实力。实体经济是我们发展的本钱。既然是本钱，就必须有所保障，而且无论如何不能弱化，更不能丢掉。因为弱化或者丢掉本钱，就意味着国民经济的整体弱化、看家本领的丧失。国内外大量事实证明，如果弱化实体经济，甚至放弃实体经济，就意味着在理论意义上偏离了国民经济稳定、健康、可持续发展的轨道，在实践上将给经济发展和老百姓就业造成不可挽回的困局。

促进制造业与实体经济协调发展。充分发挥河南这个经济大省现有制造业规模比较大、具有各个方面创新人才的优势，把先进制造业搞上去，进一步巩固实体经济的整体实力，构筑全省经济发展的战略优势，全面提升综合经济实力。

三、树立生态文明理念，破解生态保护瓶颈

按照习近平总书记在黄河流域生态保护和高质量发展座谈会上重要讲话精神的要求，把全省生态保护的整体责任压实，努力破解生态保护的瓶颈。

践行绿水青山就是金山银山的发展理念。历史已经证明，生态兴则文明兴，而生态衰则文明衰。生态环境是人类赖以生存和发展的根基，其发展变化直接影响当代文明的兴衰演替。当前，河南省生态文明建设正处在压力叠加、负重前行的关键期，进入了提供更多优质生态产品用以满足人民群众日益增长的优美生态环境需求的攻坚期。要下定决心，乘胜追击、咬牙攻坚，爬上这个坡、迈过这道坎，坚定不移打赢环境污染治理攻坚战，破解生态保护的难点，切实让全省生态环境日益好转。

集中力量破解环境污染治理的技术难题。坚持生态惠民、生态为民、生态利民、生态富民，以解决损害群众身体健康的突出环境污染问题为重点，通过科技攻关破解河南省重点行业和影响比较大的领域环境污染的技术难题，为人民创造越来越好的生态环境与生活环境，让优良的生态环境成为广大人民幸福生活的支撑点。

全面提升自然生态系统的稳定性。按照生态系统固有的整体性、系统性和规律性特征，统筹兼顾考虑自然生态各种要素、山上与山下、地上与地下、陆地与河湖以及流域上、中、下游的关系，立足于进行整体规划，实现分类保护、系统修复和综合治理，增强生态系统本身的循环能力，维护生态系统平衡。根据国土空间规划，稳步实施大江大河全流域生态系统保护与修复工程，不断增强生态产品生产能力，积极推进大规模国土绿化行动，加快水土流失综合治理，有序扩大湖泊、湿地面积，保护生物多样性，全面提升自然生态系统的稳定性，筑牢生态安全屏障。

加快形成绿色生产生活方式的步伐。一方面，积极调整产业结构与能源消费结构，优化产业结构，培育壮大节能环保产业、清洁能源产业和清洁生产产业，加快推动生产系统和生活系统有效循环链接。另一方面，通过大众化的宣传和普及，增强全社会的生态意识、环保意识、节约意识，实现天蓝、地绿、水清、河美。积极组织开展全民绿色消费行动，倡导简约适度、绿色低碳的生活方式，反对奢侈浪费与不合理的过度消费，在全社会倡导绿色、健康、文明、科学的生活风尚。

深化生态文明体制机制改革。按照治理体系与治理能力现代化的要求，深化生态文明体制机制改革，把制度建设作为推进生态文明建设工作的重中之重。尽快完善生态文明建设政策法规体系，把生态文明纳入制度化、法治化轨道，尽快从当前主要依靠行政手段的铁腕治污走向制度化的依法治污，为生态环境保护与恢复创造可靠的法治环境。

当前我国经济发展的六个关注点[*]

摘 要　2020年初暴发的新冠肺炎疫情对全球经济形成了空前的冲击。面对新形势，我国需要进一步深化对当前经济发展的重要问题的认识：保障粮食等重要农产品供给是为政之要，高质量发展要与GDP适度的增长速度协同推进，制造业与实体经济是发展重点，破解生态环境保护与恢复难点更加紧迫，公共卫生应急体系短板亟待补齐，加快数字经济发展步伐势在必行。

关键词　新冠肺炎疫情；经济发展；关注点

2020年初，受新冠肺炎疫情冲击影响，我国第一季度GDP同比下降6.8%。国际货币基金组织根据当前全球疫情蔓延态势及经济表现，预计全球经济下降3%，中国增长1.2%。这预示着全球可持续发展格局将出现重大调整[1]，我们更加深刻理解了面临百年未有之大变局的丰富内涵[2]。因此，我们需重新思考当前我国经济发展的深层次问题，准确把握发展要点，克服新冠疫情的不利影响，扎实做好"六稳"工作，全面落实"六保"任务促进经济稳定向好发展。

一、守牢基点——保障粮食等农产品供给

1. 粮食安全是为政之要

随着疫情在全球的大范围蔓延，很多国家开始限制粮食出口，一些国际机构担心如果疫情拖延时间较长或将引发全球粮食危机。我国一直以来高度重视粮食安全，食品供给保障程度比较高，因此在2020年1~2月，疫情暴发初期我国并没有出现食品类商品被抢购的局面。这充分地说明稳农业、稳粮食等农产品供给是国家安定、人心稳定、市场平定和预期可定的重中之重。人多地少是我国最为突出的基本国情。正是因为这一个特殊原因，确保粮食安全在我国国家发展战略中始终居于特别重要的地位。据统计，全球人均耕地0.37公顷，而我国只有0.1公顷，不足世界平均数的1/3。我国作为人口大国，确保粮食安全意义非凡，在一定意义上说，我国农业发展问题主要是粮食生产问题，粮食生产与供给稳住了，农业其他问题都可迎刃而解。

2. 粮食生产稳定发展

对粮食等农产品供给的高度重视，使得我国在人均耕地资源较少的特殊情况下，通过科技创新、政策支持等措施保障了粮食生产稳定发展。根据《中国统计年鉴》（2009）和2019年国民经济和社会发展统计公报数据，2001年，我国加入世界贸易组织（WTO）时，粮食总产量为45264万吨，人均粮食占有量为355.9公斤；2019年，我国粮食产量增至66384万吨，人均474.2公斤，分别比2001年增长46.7%和33.2%。当前，我国粮食人均占有量高于世界平均水平，稳定居于联合国粮农组织规定的安全线以上，水稻、小麦等主要粮食品种自给率达95%以上，库存充足，部分粮食进出口主要是消费品种调节的

---

* 本文发表于《中国国情国力》2020年第8期第22-25页。

需要。我国肉类人均占有量也超过世界平均水平，禽蛋人均占有量已经达到了发达国家平均水平。表明经过持续不断地努力，我国顺利解决了人多地少国家的吃饭问题，并为全球粮食安全作出了特殊贡献。

3. 保护耕地任务艰巨

2020年2月25日，在抗疫最紧迫的时候，习近平总书记强调："越是面对风险挑战，越要稳住农业，越要确保粮食和重要副食品安全。"进一步强调了粮食安全的极端重要性。从长远发展看，由于我国人均耕地资源较少，加之人口总量仍然在进一步增长，确保粮食等主要农产品供给的任务依然繁重。粮食生产的根本在耕地，我国要始终如一地保持对"三农"工作的高度重视，加大力度实施乡村振兴战略，坚决遏制土地违法行为，牢牢守住耕地保护红线。

二、聚焦热点——高质量发展与GDP增长速度协同

1. 加大力度实施创新驱动战略

当前，高质量发展已经成为我国经济进一步发展的主旋律，在这样的条件下，需要进行适合我国实际的大胆创新与探索。面对高质量发展新需求，我们在努力借鉴与学习发达国家的经验与做法的同时，需要调动和集中更多社会资源，全面实施创新驱动战略，特别是要加大研发投入，让R&D（研究与开发）占GDP的比重达到国际公认的创新型国家2.6%以上水平，改变近两年徘徊在2.19%的状态，为高质量发展注入新动能。

同时，把握住高学历、高层次人才数量增长快、全国已经进入人才红利期的历史机遇，调动各类创新人才的积极性创造性，在全社会树立鼓励创新发展导向，尤其要重视青年创新人才的创新主力军建设，结合不同行业、不同地区的实际需要，制定激励政策，促进新理念、新技术、新业态、新模式、新产品和新服务的普及应用。启动更多重大创新工程，在涉及国计民生的核心领域形成更多的创新支撑，在国际科技创新舞台上拥有越来越多的技术领先优势，全面增强我国科技创新整体实力。

2. 保持GDP增速在合理区间运行

在实施创新驱动战略的同时，要统筹兼顾GDP增长速度与高质量发展的协同关系。改革开放以来，我国国民经济保持了较快的增长速度，创造了发展中国家GDP持续高速度增长的奇迹，为全球经济增长作出了较大贡献。2019年，我国GDP为14.4万亿美元，稳居全球第二位；对全球经济增长的贡献率达30%左右，稳居第一位。统筹考虑我国国民经济运行的阶段性特征，并结合在全球需要进一步提升核心竞争力的历史性任务，笔者分析认为，近期在努力做好"六稳"工作、确保金融安全的基础上，未来我国GDP增长速度预定年均增长6.0%左右较为可行（2020年受疫情影响，GDP增速约为3.5%，属于特殊情况）。因为只有保持国民经济能够稳定、较快和可持续发展，才能保障就业形势的基本稳定，为实现中华民族伟大复兴的中国梦奠定更加坚实可靠的经济基础。

三、突出重点——制造业与实体经济发展

1. 制造业新的历史定位

2019年9月，习近平总书记在河南调研时指出：制造业是实体经济的基础，实体经济是我国发展的本钱，是构筑未来发展战略优势的重要支撑。2020年4月，习近平总书记在陕西调研时强调："制造业是我们经济的命脉所系"，这说明制造业对我国经济长远发展的重要性。制造业与实体经济的关系极为密切，这是对未来我国经济发展的战略重点的一种新的历史定位。因此，要突出制造业与实体经济可持续发展这个重点，通过自主创新，以数字化智能化为支撑，积极推动制造业高质量发展，加大力度发展高端制造、智能制造和智慧制造，持续提升制造业的核心竞争力，促进制造业由量大逐步转向质强，为顺利地实现"两个一百年"奋斗目标奠定越来越坚实的经济基础。

2. 加快制造业转型升级

制造业作为我国国民经济的基础，必须不断巩固、不断加强、不断注入新动能和培育新的增长点。只有基础稳固，才能够大有作为，实现可持续发展。制造业是国民经济的命脉，必须把发展的主动权时刻紧握手中，在巩固制造业基础地位上持续下硬功夫，抓住新冠肺炎疫情后全球制造业格局重组的历史机遇，努力实现由制造大国向制造强国跃升的历史性跨越。通过科技创新与弘扬"大国工匠"精神，推动制造业在高质量发展道路上积累新能量、培育新支点、打造新优势、攀上新高度。加强核心技术研发，积极发展先进制造，适应以5G为标志的信息时代的新需要，以实力雄厚的先进制造业支撑国民经济高质量可持续发展。不仅要在生产领域创造更多我国领先的产品，更要在实验室、医院和安全监控等领域形成中国创新的新一代产品，为人类高科技发展作出历史性贡献。

3. 打造制造业新的支撑点

当前，我国拥有全球最完善的制造业体系和最大的制造业规模，但是离制造业强国还有一定差距。如我国高等院校、科研机构、医院和检测机构等使用的大量高端装备大多从美国、日本和德国等发达经济体进口，而且从技术代际更迭来看，这一代高端装备已经被大量事实证明其科学性、先进性是有限的，尤其是在重大疾病诊断方面的技术缺陷比较明显。因此，我们应担当起高端制造、智能制造和智慧制造创新发展的历史重任，发挥我国制造业规模特别大、具有方方面面人才的集成优势，把先进制造业搞上去，研发更多升级换代的高端装备，进一步提升制造业与实体经济的整体实力，构筑我国经济发展新的战略优势，在科技创新方面为人类文明作出贡献。

四、破解难点——生态保护与恢复

1. 认清生态保护的紧迫性

生态环境作为人类赖以生存和发展的自然根基，生态环境的可持续状态直接影响当代文明的兴衰演替，人类与生态是命运共同体。当前，我国生态文明建设处于多重压力叠加与负重前行的关键期，也已经进入需要提供更多优质生态产品来满足人民群众日益增长的优美生态环境需求的攻坚期，更是有决心、有信心、有条件、有能力破解生态环境问题的窗口期。因此，我们必须树立绿色发展理念，坚持不懈打赢环境污染治理攻坚战，破解生态保护与恢复的难点，一点一滴地改善生态环境，让生态质量日益好转。

2. 统筹推进山水林田湖草系统治理

按照生态系统本身所固有的整体性、规律性和系统性特征，统筹考虑自然生态各类要素、山上与山下、地上与地下、陆地与海洋以及一个流域上、中、下游的协同关系，科学地进行整体规划，开展分类保护、系统修复与综合治理，加大绿色要素影响，提升生态系统自身的循环能力，维护生态系统运行的平衡性。按照国土空间规划，积极推动大江大河全流域生态系统保护、恢复与修复，持续实施大规模国土绿化工程，进一步加快水土流失与荒漠化、石漠化地区的综合治理，稳妥有序地扩大湖泊、湿地等保护面积，促进生物多样性保护，全面提高自然生态系统稳定性，确实筑牢生态安全屏障，让祖国大地拥有越来越多的绿水青山。

3. 普及绿色发展方式和生活方式

在实践应用领域，加快形成绿色生产方式和绿色生活方式。一方面，以科技创新促进产业结构与能源消费结构调整，减少化石能源的消费总量，培育壮大清洁能源产业、节能环保产业和绿色清洁生产产业，优化国土空间布局，加快推进生产系统和生活系统绿色化有效循环链接。另一方面，牢固树立绿色发展理念，通过多种形式的宣传与普及，增强全社会绿色意识、生态意识、节约意识与环保意识，加快实现天蓝、地绿、水清、河美愿景的步伐。有序组织开展全民绿色消费行动，积极倡导简约适度、绿色低碳和尊重自然的生活方式，促进全社会逐步实现绿色、健康、文明和科学的生活新风尚。

4. 加快依法治污步伐

目前，针对我国处在环境污染治理攻坚期的现实情况，要按照国家治理体系与治理能力现代化的要求，吸取新冠肺炎疫情暴发和蔓延的教训，深化生态文明体制机制改革，把加强制度建设作为推进生态文明建设工作的重中之重，加速完善生态文明建设的政策法规体系，完成生物安全立法，真正把生态文明纳入制度化、法治化轨道，为生态环境保护与恢复创造提供稳定的法制环境支撑。

五、医治痛点——公共卫生应急体系

1. 公共卫生应急体系亟待加强

面对来势凶猛的新冠肺炎疫情，我国发挥社会主义体制优势，众志成城，初步打赢了新冠肺炎疫情防控总体战，并且正在驰援全球抗疫，为很多国家提供了力所能及的帮助。但是，痛定思痛，在此次"战疫"过程中也暴露出国家公共卫生体系的短板。如在高等院校、科研机构、高端医院等科教和人才资源比较丰富的武汉，新冠肺炎疫情发生初期也出现了暂时性的医疗资源严重不足的困难局面，因此，亟须加强公共卫生应急体系建设。

2. 健全国家公共卫生应急防护管理体系

针对此次新冠肺炎疫情防控中暴露出来的短板和明显不足，要按照党中央国务院的统一要求，抓紧堵漏洞、补短板、强弱项和建体系，系统完善重大疫情防控体制机制，健全国家公共卫生应急防护管理体系。同时，要居安思危，考虑更加长远与更加复杂情况的需要，从保护人民健康、保障国家安全、维护国家长治久安的战略高度，建立健全公共卫生应急管理体系，建设覆盖全国的传染病医疗机构和服务体系，储备足够的公共卫生应急物资，培训足够的公共卫生应急专业人员队伍，做足做好应对更加复杂的公共卫生事件的预案。

3. 重新思考公共医疗机构的改革方向

近年来，由于医疗体制改革推进过程中过分强调其市场属性，大大限制了医疗机构及其医护人员队伍的健康发展。统计数据显示，全国医院数量从1978年的9293家增长到2018年的33009家，扩大3.6倍，同期GDP增长244.7倍[3]。二者增幅落差明显，表明我国公共卫生领域投资明显不足，发展速度与国民经济运行严重不同步。因此，亟须尽快建立医护人员的安全保障机制，提高医务人员职业尊严，特别是公共医疗机构要突出其与生俱来的社会属性，淡化其市场属性，为百姓提供高质量的公共卫生服务。

六、强化亮点——数字经济发展

1. 抗疫中数字经济大显身手

一是云服务技术加速发展。受新冠肺炎疫情影响，云办公快速普及，远程办公用户增长数倍。云学习快速扩展到数以亿计的大中小学生。云购物快速发展，数据显示，2020年第一季度在全社会消费品零售总额下降19%的情况下，网上零售额同比增长5.9%，比2019年同期提高5.4个百分点，显示出新消费模式的强大动力。云娱乐快速发展，成为年轻人娱乐的重要方式。云服务的普及，使服务绿色化浪潮席卷全国。二是大数据向基层渗透。在抗疫过程中，利用大数据追踪人群接触史、摸排相关人员、为公众提供服务、引导舆情以及进行社区管理等，促使大数据应用深入普通百姓生活。三是人工智能产品进入千家万户。消毒智能机器人、5G测温巡查机器人、无人消毒车、无人配送车以及无人零售商店等各种人工智能产品进入防疫一线，直接影响百姓生活。这些信息技术的广泛应用，使我国数字经济迎来全面发展的特殊机遇。受疫情影响，2020年第一季度全国GDP出现了1992年开始实行按季度核算GDP以来第一次的负增长，但我国的信息传输、软件和信息技术服务业却出现逆势增长13.2%的超常业绩。同时，因为居家消费需求大幅度增长，引致线下企业积极开拓线上销售业务，互联网销售逆势增长。1~3月，全国居民通过互联网购买商品或服务的次数同比增长 21.2%。手机下单、线下无接触收货成为人们的消费新习惯，"网红带货"等社交电商的兴起也为新消费模式注入了新动能。打造"在线新经济"发展高地成为很多地方新的发展思路。

2. 乘势加快经济数字化智能化发展步伐

在此次新冠肺炎疫情防控过程中，迫于实际工作的需要，云计算、大数据、物联网和人工智能等技术直接应用于经济社会管理工作之中，加快了经济数字化、智能化进程，也改变了全社会的观念。面对信息技术普及与应用的新趋势，我们要加快经济数字化智能化步伐，特别是在党政机关日常管理、社会基层精细化管理、重大社会活动运行、线上线下销售、学校管理与教学以及人员之间的日常联系等领域，数字化智能化大有可为，商机无限，值得全社会高度关注。

参考文献

［1］张占仓. 新冠肺炎疫情冲击下中国产业发展的新热点［J］. 区域经济评论，2020（2）：11-13.

［2］金碚. 世纪之问：如何认识和应对经济全球化格局的巨变［J］. 东南学术，2020（3）：34-41.

［3］国家统计局. 2019 中国统计年鉴［M］. 北京：中国统计出版社，2019.

豫西黄土丘陵地区人地耦合关系绿色化势在必行[*]

豫西黄土丘陵地区包括巩义市、偃师市、孟津县、新安县、义马市、灵宝市等，属于黄河沿岸典型的矿产资源丰富、产业发展基础较好、人口密度相对较低的地域类型。在传统发展道路上，该地区由于资源丰富，工业经济发展起步较快，与当地资源关联的相关产业发展潜力较大。如果能稳妥地处理人口、资源与环境的关系，未来有可能在黄河流域生态保护与高质量发展过程中创造新的区域发展模式，形成高质量的人地耦合关系。

与河南黄河沿岸豫东的平原地区相比，豫西黄土丘陵地区地下矿产资源丰富是最大的优势，比如该区域的铝土矿资源、金矿资源、煤炭资源等蕴藏量大、开采条件较好、产业发展基础稳固。与豫西山区相比，豫西黄土丘陵地区交通条件较好、耕地资源比较丰富、对外联系比较便利，没有山区存在的交通困难、人均耕地少、农业发展基础薄弱等突出难题。所以，豫西黄土丘陵地区一直是全省县域经济发展实力较强的区域，像巩义市是全国最大的电解铝和铝材加工基地，是全国百强县（市）之一，2019 年在全国排51 位，在河南省排第 1 位；偃师市是全国最大的三轮摩托车研发与生产基地，已形成分工协作配套比较完整的产业集群；新安县是全国重要的电解铝产业基地，曾经在全国新型电解铝生产工艺方面做出重要贡献；义马市一直是重要的煤炭及煤制气生产基地，煤炭埋藏较浅、便于露天开采是其主要特色；灵宝市是全国著名的黄金生产基地，在全国黄金行业一直影响较大。这些县市的资源类产业受矿产资源产地的影响，又不集中在县城，使每个县市在县城之外都形成了若干个特色产业镇，从而分散了县城人口集中、城镇建设用地紧张的问题，使其在原有的发展模式中人地耦合关系相对比较协调。

然而，2012 年以来，全国性环境污染成为公众关注的突出问题以后，这些矿产资源开采与加工业集中的地区，环境污染问题成为其可持续发展的最大障碍。近几年，虽然在国家相关部门的倾力支持下，当地已经进行了大范围的环境污染治理工作，但至今仍然没有达到当地环境容量可以接受的程度。特别是到了冬季，有时候连续几个月出现空气污染超标现象，成为人口、资源与环境关系协调中最棘手的难题。从我们多次到当地调研了解的情况分析，绝大部分企业都能够积极配合冬季国家环境管控的要求，在空气扩散条件不好、污染指标超过控制标准的时段停工停产。不过，连续停工停产也确实为这类企业的生产经营造成非常大的压力。现有环境治理技术还无法达到高标准清洁排放的要求，加上当地用电成本较高，已经连续两年出现电解铝企业向四川、新疆迁移的情况，对于当地经济的可持续发展已经造成比较明显的负面影响。面对这样的历史性挑战，通过科技创新，特别是借鉴国内外先进经验组织多学科联合技术研发攻关，全面破解当地矿产资源类企业普遍面临的环境污染难题，创造更多的绿色工艺、无废工艺等，并通过产业结构转型升级，发展高端制造业，开辟绿色化发展模式，对这类区域的高质量发展

　＊ 本文发表于《自然资源学报》2021 年第 1 期第 18-19 页，是"黄河流域人居环境的地方性与适应性：挑战和机遇"栏目专家笔谈文章之一。

确实已迫在眉睫。

党的十九大以来，铁腕治污已经成为促进区域经济高质量发展的利器，更多地享受绿水青山和蓝天白云也是广大老百姓向往美好生活的需求。因此，类似豫西黄土丘陵这样资源类产业集中的地区确实需要疏散一部分环境污染负荷较重的传统产业，通过产业结构转型升级，发展更多高端制造业，坚定不移地迈向绿色化发展之路。

构建国内国际双循环新发展格局的障碍和举措[*]

针对后疫情时代全球发展形势的新变化，结合即将开启的建设社会主义现代化国家新征程的新需要，推动形成以国内大循环为主体、国内国际双循环相互促进的新发展格局，是习近平总书记近期反复强调的一个重大问题，需要我们积极探索其构建的科学路径。

一、构建双循环新发展格局遇到的主要障碍

国内消费增长压力较大。近几年，最终消费成为国民经济发展的主要动力。2017年，最终消费支出对国内生产总值增长的贡献率为58.8%。2018年，最终消费支出对国内生产总值增长的贡献率为76.2%，同比提高17.4个百分点，是近几年的一个高点。2019年最终消费支出对国内生产总值增长的贡献率为57.8%，下降幅度比较大。2020年前三季度，受疫情冲击，最终消费支出向下拉动GDP2.5个百分点，但与上半年下拉2.9个百分点相比，提升了0.4个百分点。全国居民人均消费支出下降3.5%，较上半年收窄2.4个百分点。由于居民对经济增长预期有限，大大影响了消费的积极性。特别是受疫情影响较大的湖北，2020年1~9月，社会消费零售总额同比下降27.4%，GDP同比下降10.4%，成为全国这一时段因为最终消费下降对经济发展影响最大的地区。

科技自强自立能力亟待提升。从1995年启动科教兴国战略以来，经过20年的努力，到2015年顺利实现了科教大国的目标。近几年，科技创新能力持续较快地提高。2020年9月，世界知识产权组织在日内瓦发布了2020年全球创新指数（GII）报告，对中国的创新发展给予了高度肯定。中国创新指数居全球第14位，连续两年位居世界前15，在多个领域表现出领先优势，是跻身综合排名前30位的唯一一个中等收入经济体。然而，与发达国家相比，我们在关键核心技术领域，尤其是在信息技术、安全技术、大型医疗装备、大型科研装备等敏感领域，依然缺乏自强自立能力，不少方面受制于人。伴随中美战略博弈的持续发酵，特别是美国对中国先进技术的围追堵截，进一步提升我国关键领域核心技术自强自立能力的形势更是迫不及待。

影响创新发展的体制机制因素仍然突出。虽然经过20世纪80年代中期以来的科技体制改革与创新，中国破解了大量影响创新发展的体制机制问题。但是，在全社会创新资源配置、研发投入强度、科技人才高效流动、创新成果较快转化、激励颠覆性创新、包容特殊人才等方面，我们仍然存在比较突出的问题。特别是从鼓励青年人创新方面，能够像深圳那样，把创新的着力点更多地放在青年人才上，全国大部分地区做得不够好。从创新规律看，工业革命以来全球自然科学领域70%以上的重大创新，都是由35岁以下年轻人完成的。在很多地区，一谈到创新，就是引进著名专家、引进两院院士，这非常重要，但是仅仅这样是不行的。在基层，如果没有专业上的影响力，虽然有非常好的创新成果或项目，想获得社会支持一般比较困难。而在国有科研机构，特别是在大型科研机构，

＊ 本文发表于《区域经济评论》2021年第1期第25-26页，是"双循环新发展格局与区域经济发展"栏目专家笔谈文章之一。

普遍存在科研经费花不完的现象。因此，更加科学合理地配置创新资源、支持优秀创新人才大展宏图势在必行。

二、构建双循环新发展格局的主要举措

畅通国内大循环。要充分利用拥有 14 亿人口的超大规模市场与全球制造业体系比较完善的双重优势，立足于长远稳定发展、主流消费不断升级、高端消费占比越来越大的客观需要，打破行业垄断与地方保护，以供应链思维贯通生产、分配、流通、消费、服务等各个环节，通过产业结构、产品结构与消费结构的全面对接与优化升级磨合，为广大消费者生产满足各类人群的不同档次、不同风格、不同消费倾向的产品体系，以更大活力与动力畅通国内大循环。特别是要高度重视青年消费群体的消费需求变化，以多样性、新潮性、时尚性产品组合，为最具消费增长能力的这一类消费群体提供扩大市场消费规模的机会，培育新型消费。同时，以更加科学、及时、符合物联网时代消费需求的方式，扩大新业态、新模式、新品种消费，满足 5G 时代新的消费市场浪潮需要。针对全国社会逐步进入老龄化的特殊阶段消费需求，创造性地开辟老龄市场空间，以符合"50 后""60 后"价值观念的市场定位，较大幅度地创造适合这一代人消费需要的老龄化市场产品，特别是为老龄化服务的市场产品，为全国进入老龄化社会提供及时的新市场供给。

促进国内国际双循环。要以更加开放包容的全球化视野，在占据优势的产业领域，进一步提升主流产品的技术档次，为发达国家居民扩大消费服务，持续开拓国际市场，稳定提升全球第一制造业大国的地位。对于因为疫情防控而导致的国际市场流通与交流障碍，可以通过更加灵活的出口方式与出口渠道创新，巩固并开拓新的市场空间。同时，为了长远稳定发展与稳定市场的需要，也要在开放国内市场方面进一步大胆创新，特别是加大力度开放服务业市场方面需要有更多

新的政策创新点支持，以国内大循环、大市场、大流通吸引全球资源要素向国内集聚，在集聚的过程中通过进一步创新与资源整合，创造出新的更大的市场空间。在国内外双循环过程中，创造出新的全球化消费热点、全球化消费浪潮、全球化融合力量。既通过双循环促进中国经济长期稳定发展，又为新的全球化贡献中国的智慧与中国的力量。

积极拓展投资空间。对于我们这样的发展中国家来说，投资始终是促进国内生产要素循环、稳定经济发展大局的特别重要力量。国内现有需要投资的领域仍然非常多，特别是在基础设施领域，虽然改革开放以来已经有非常大的进步，但是像乡村公路、乡村清洁供水设施、乡村公共医疗设施等仍然比较薄弱，点多量大，需要长期大量投资。在中西部地区丘陵山区，高速公路普及程度与通车密度也有大量投资空间。虽然不少县市现在做到了县县通高速公路，但是大部分乡镇仍然没有高速公路出口。如果加大投资力度，多开一些高速公路出口，对沿线乡村经济发展促进作用很大。河南栾川曾经是一个国家级贫困县，因为老百姓渴望通公路，当地基层干部于 1987 年顺口说出"要想富，先修路"的名言。近些年，当地干部在与交通管理部门深入沟通的基础上又创造出"道路通、百业兴"的感叹。也就是在这样高度重视交通对经济发展影响的山区贫困县，竟然可以在 2020 年底实现很多乡镇都拥有高速公路出口的目标，也正是因为交通部门的持续支持，使伏牛山深山区的一个贫困县顺利实现脱贫的历史性目标。因此，持续拓展基础设施投资空间大有可为。

在科技自强自立上迈出大步伐。通过 2018 年以来中美战略博弈，特别是美国在芯片、光刻机等特殊领域对中国企业的封杀，使我们深深感受到作为一个人口最多的世界大国，必须拥有现代经济社会发展所需的重要核心技术。真正对经济社会发展影响较大的核心技术，是引不进、要不到、买不来的，必须依靠自强自立。在构建双循环新发展格

局中，我们以更加科学、包容、宽松、有效的政策环境，更具针对性支持敏感领域的科技创新，尤其要拿出更多真金白银更大力度地支持青年人才大胆创新。对于具有颠覆性意义的重大技术创新或发明创造，要以国家的力量予以支持。对于技术难度比较大的重大科技创新项目，要通过科技体制改革，彻底摆脱按照年度考核一线科技人员的拙笨方法，改用按照创新项目长期目标使用人才、激励人才成长，确实使潜心从事科研工作的一线人员能够不畏浮云，安心科研，通过孜孜以求的长期积淀与持续努力，最终有可能在世界性难题破解上取得重大突破。当今中国，已经进入和平盛世时代，我们完全有可能通过实施一批长远性重大科技创新项目，在全球科技创新领域创造新的重大奇迹，为人类文明进步做出新的重大贡献。而这种重大贡献者，绝不可能是日夜东奔西走、顾三顾四、无法安心工作的科研人员，一定是国家或企业提供宽松条件，有充足时间一心一意钻研业务的一批人。

以能源绿色化为重点加快实现我国"双碳"目标[*]

无论是 2020 年以来全球来势汹汹的新冠肺炎疫情的强烈冲击，还是 2021 年我国北方河南、陕西、山西、河北、山东、辽宁等省份出现的秋季持续时间长达 3 个多月的大暴雨和特大暴雨极端灾害的历史性影响，大自然都在向我们提醒，人类活动导致的气候变化确实到了影响全世界和平安宁的程度。因此，全球携起手来推动碳达峰、碳中和刻不容缓，而我们作为 2020 年碳排放量占全球 30.7% 的第一大国，更要以负责任大国的积极态度，加快绿色转型发展的步伐，确保按时实现"双碳"目标。

一、从全球能源革命演进趋势，把握碳减排的重点领域

作为人类生存和发展的能源支撑，煤炭、石油、天然气等化石能源大规模使用保障了 19 世纪到 21 世纪 200 多年来人类文明进步和经济社会发展，人类社会也因此由农耕文明进入工业文明时代。但是，200 多年来，这种工业文明也带来了严重的环境污染、气候变化和可持续发展问题。近些年，非化石能源利用技术快速发展，绿色能源技术加快普及，新一轮能源革命正在全球兴起，并推动人类由工业文明迈向生态文明时代。

从更深层次回望历史，1776 年，英国人詹姆斯·瓦特发明了蒸汽机，开辟了人类利用能源新方法，把人类带入了以煤炭驱动的"蒸汽时代"，这就是全球能源使用结构发展变化的第一阶段，即以煤炭为主阶段。1883 年，德国的戴姆勒创制成功第一台立式汽油内燃机，并快速在各个方面广泛应用，把全球带入了油气为主的时代，成就了全球能源结构以石油和天然气为主的第二阶段。近些年，发达国家正在转向以非化石能源为主的新时代，即以绿色能源为主的第三阶段。我国现代工业发展起步较晚，我们的能源资源禀赋多煤少油缺气，与工业化相伴而行的能源使用结构变化已经历了以煤炭为主的第一阶段，和以煤炭与石油、天然气、水电等混合使用为主第二阶段。"十三五"以来，我们开始高度重视风力发电、太阳能发电、生物质能发电等绿色能源的发展，并且取得了较快的进展，也在努力冲刺能源结构绿色化的第三阶段。

根据国际能源署报告，2020 年，全球碳排放的主要来源中，能源发电与供热占 43%，交通运输占 26%，制造业与建筑业占 17%，其他合计占 14%。这种碳排放来源构成说明，能源领域碳排放是最大的罪魁祸首，大幅度减少碳排放需要从新的能源革命入手。按照我国公布的信息，我国碳排放占比第一是能源部门，占比约为 51%；第二是工业部门，占比约为 28%，其中钢铁、建材、石化等是工业领域碳排放大户；第三是交通运输部门，占比约为 9.9%；第四是建筑部门，占比约为 5%；第五是居民日常消费，占比约为 5%；其他占比约为 1.1%。我国这种碳排放来源构成情况表明，我们实现 2030 年碳达峰与 2060 年碳中和最大的难点在能源与工业领域。面对实现"双碳"目标的新任务，大踏步向绿色、低碳、安全、高效能源转型时不我待，尤其

* 本文发表于《区域经济评论》2022 年第 1 期第 25—27 页，是"'双碳'目标与区域经济发展"专家笔谈文章之一。

是大幅度减轻能源、工业领域的碳排放量是我国碳减排的重中之重。如果路径选择科学准确，我国能源使用结构也会较快转入以非化石能源为主的新阶段，简称绿能时代。

二、大胆探索切实可行的绿色低碳发展之路

借鉴发达国家的经验，结合我国经济社会发展的实际，我们认为，我国绿色低碳发展之路主要从以下六个方面推进：

第一，加快能源绿色化发展步伐。从我国是发展中国家的最大国情出发，经济增长速度保持在合理区间至关重要。正是基于这种战略思考，我们仍然需要持续强化发展才是硬道理的理念，这是实现中华民族伟大复兴的经济基础支撑。在面临全球百年未有之大变局的情况下，2020年我国GDP达到1013567亿元，同比增长2.2%，是在经历新冠肺炎疫情严重影响下全球大国中唯一获得GDP正增长的国家。与"十三五"末的2015年相比，GDP增长幅度达47.1%，经济发展成效全球瞩目。而同期我国能源消费总量仅增长了15.8%，充分说明我国单位GDP中能耗降低速度比较快。但是，截至2020年底，我国非化石能源消费比重仅为15.9%，急需大幅提升。因此，下一步，我们在保持国民经济持续较快发展的同时，进一步加快风力发电、太阳能发电等绿色能源发展步伐，持续减少煤炭消费占能源消费总量的比重，对提前完成2030年碳达峰目标具有最为直接的战略意义。

第二，推动工业绿色化转型升级。通过产业结构调整与科技创新，大力发展以重大技术突破和重大发展需求为基础、对经济社会全局和长远发展具有重大引领带动作用、知识和技术密集、物质资源消耗少、成长潜力大、综合效益好的战略性新兴产业，包括新一代信息技术、高端装备制造、新材料、生物、新能源汽车、新能源、节能环保、数字创意产业和相关服务业等，为全国经济高质量发展注入强大的创新动力。同时，通过

技术创新与配套技术升级改造，加快传统制造业高端化、智能化、绿色化、无人化发展，以硬举措坚定不移遏制"两高"工业项目盲目发展，特别是要加快推动钢铁、水泥、建材等重点高耗能行业尽快实现碳达峰，确保"十四五"期间万元GDP能耗年均有较大幅度下降，为2030年实现碳达峰奠定经济与技术基础。

第三，实施交通运输结构低碳发展行动。调整交通系统建设思路，根据各地地理环境条件，沿大江大河规划建设一批干线水运航道和铁路专用线，加快发展低碳、环保、低成本的水运和铁路货运，推进全国性大宗货物运输"公转水""公转铁"，大幅度降低高速公路和干线公路货物运输在整个交通运输结构中的占比，从整体上加快速度降低交通运输业的能源消耗。加快新能源车辆推广普及工作，系统构建沿交通线全覆盖的充电设施网络，全面提高电动汽车在交通运输中的占比，显著减少燃油汽车的碳排放量。

第四，推动城乡建设绿色化。制定相关政策法规指引，扩大国家绿色建筑标准执行范围，加速推广绿色建造方式，全面深化可再生能源建筑应用，提高建筑终端电气化水平，到"十四五"末，城镇新建建筑100%执行国家绿色建筑标准，新建公共机构建筑、新建规模以上企业厂房房顶光伏覆盖率力争达到50%以上，加快提高城镇建筑可再生能源替代率。

第五，积极构建绿色生态屏障。全面贯彻落实"绿水青山就是金山银山"的理念，支持引导各类投资，推进大规模国土绿化，巩固退耕还林还草成果，扩大林草资源总量，启动各具特色的森林生态建设工程，提高全国森林覆盖率，较大幅度扩大各类湿地面积，系统提高全国的碳汇能力。

第六，倡导绿色低碳生活方式。组织开展全国性绿色低碳示范省、示范市、示范县等创建活动，积极探索各种绿色消费方式，促进全社会资源循环利用，从我做起，从小事做起，让绿色低碳生活方式尽快成为全国

城乡居民的自觉行动。

三、全面促进绿色低碳转型发展的对策建议

第一，全面积极参与国际碳达峰、碳中和行动。在国家层面，按照习近平主席多次在国际气候大会上发言提出的战略思路，针对我国经济社会发展现实情况，继续以负责任大国的坦荡胸怀，全面系统参与国际碳达峰、碳中和行动计划。在学术层面，支持一大批学者深度研究发展中国家碳达峰、碳中和的具体路径，参与全球各种重要的碳达峰、碳中和学术会议，代表我国学界发声，实事求是介绍中国全面推进碳达峰、碳中和的做法与经验，让全球客观公正了解我国为全球碳达峰、碳中和所做出的积极贡献，抵御外国政客各种各样恶意诋毁我国碳达峰、碳中和的挑衅，避免我国对外经济技术交往中因为碳达峰、碳中和而遭到不公正批评和误会。在广大民众层面，深入系统做好碳达峰、碳中和的国际化宣传与相关技术推广普及，让普通民众能够结合自己身边的具体人、具体事深刻理解我们为实现碳达峰、碳中和所做出的不懈努力和承担的国际义务，共同为推动这项全人类绿色生态文明事业贡献智慧。

第二，加快建立统一规范的碳排放统计核算指标体系。按照国务院的部署，加强全国与省（区、市）级碳排放统计核算能力建设，在借鉴发达国家已有方法的基础上，结合我国实际情况深化碳排放核算方法研究，加快建立统一规范的碳排放统计核算指标体系，为全国各地落实碳达峰、碳中和任务提供科学的数据支撑。通过财政经费支持的方法，支持重要行业、大中型企业依据自身特点开展碳排放核算方法学研究，建立健全碳排放计量指标体系，为基层企业深度参与碳达峰、碳中和行动并适应绿色化发展的新形

势提供科学依据。加大力度支持碳排放统计核算领域著名专家与对创新最敏感的青年专家积极参与国际碳排放核算方法研究，切实反映发展中国家碳达峰、碳中和的实际情况，推动全球建立更为公平合理的碳排放核算方法，为发展中国家有效推进碳达峰、碳中和提供更加符合实际的方法论支持。

第三，建立健全碳达峰、碳中和政策法规体系。针对我国和全国碳排放大省面临的碳达峰、碳中和实际，按照国务院《2030年前碳达峰行动方案》的总体部署，尽快制定科学可行的省（区、市）级2030年前碳达峰行动方案及与之相适应的全国性与地方性支持方案落实的相关政策法规，既充分考虑我们实现"双碳"目标的节奏，用先立后破、对经济较快发展不造成较大影响的方法，务实探索碳减排的可行路径，又要以可操作性为切入点，用"小切口"立法的方法，及时跟进碳达峰、碳中和推进的步伐，以全国性与地方性政策法规的强大力量确保按时完成这一具有历史性意义的重大任务。

第四，以政府财政投资为主加快绿色科学技术研发步伐。与发达国家相比，我国在绿色科学技领域虽然也进行了积极探索，但是积累的更新换代的绿色科学技术仍然有限，加之我国能源技术领域对传统煤炭消耗依赖性较大，高耗能工业占比比较大，目前整套性的绿色生产技术明显不足。所以，要以政府财政投资为主，调动较大规模的科研队伍，尤其是以青年优秀人才为主的科研团队，集中力量对涉及面比较大领域的绿色技术进行联合攻关，尽快破解煤炭替代技术、低成本太阳能发展设备和风能发电设备技术、地热大规模利用技术、储能技术、光伏制氢技术等，全面提升绿色转型发展的技术水平，为实现2030年碳达峰与2060年碳中和奠定坚实可靠的科学技术基础。

新冠肺炎疫情之后中国产业发展的新热点[*]

2019年底以来,来势凶猛的新冠肺炎疫情对中国经济社会发展带来较大冲击。在来势汹汹的疫情面前,中国经济以巨大的韧性经受了历史的考验,虽然暴露出部分经济发展的短板,但在这一次"大考"之后中国经济发展也显示出一些新热点。

一、云服务产业加速发展

云服务是互联网领域的专业问题,普通百姓直接应用有限。但是在这一次疫情冲击中,由于全社会都担心人与人之间直接接触传染病毒,不得不寻求非直接接触方式完成相关工作。因此,利用互联网的云服务产业被迅速普及。

一是云办公。疫情让线上办公和协同办公加速到来。由于各种原因,党政部门或公司有很多工作无法停顿,又无法采用传统办公方式,就设法借助互联网云服务软件进行云办公。百度数据显示,自2020年1月18日以来,近30天远程办公需求环比上涨663%。阿里巴巴的应用程序——钉钉的活跃数据达到5年来的最高水平,很快成为一个超级应用。腾讯公司数据显示,自2020年2月10日以来,其办公协作应用程序——企业微信的业务量同比增长了10倍。华为公司数据表明,其办公软件华为云正在以50倍的速度增长,每天新增用户超过100万人。伴随市场需求增加,未来将会研发各种工具来解决线上办公中遇到的具体问题,促进云办公进一步普及。

二是云学习。受突如其来的疫情影响,很多学校不能正常开学,学生只能在家里学习,"停课不停教、不停学"让云学习模式加速推开,而且从大学到小学、再到成年人的专业学习与讨论全面开花。截至2020年2月10日,广东、江苏、河南等30多个省份、300多个城市的学校加入阿里钉钉"在家上课"计划,预计覆盖全国5000万学生。因此,在这一次云学习浪潮影响下,学校教育方式可能面临一场大的变革。未来的教育可能更多是"学习中心+课程组合",而不再仅仅是传统的"学校+老师"模式,在云学习环境下学生可以自己选择老师,可以自己定制课程,优质教育资源共享性能大幅提升。另外,在职人员学习模式也发生重大变化,云学习将被引起高度重视。

三是云购物。受疫情影响,全国消费者几乎同时开启了"宅"生活模式。电商成为主要消费渠道,见证了"宅经济"的快速崛起。据拼多多平台统计,疫情防控期间,除了医疗、消毒用品需求大幅上升外,水果生鲜、方便速食、休闲零食、数码产品、儿童玩具、棋牌娱乐、健身器材等类目的商品销量也出现大幅上涨。

四是云娱乐。来自北京、重庆、成都、长沙、青岛、苏州等城市的众多头部夜店纷纷入驻"云蹦迪"抖音、快手、B站等平台,进行直播。有头部夜店开播26分钟圈粉30万人,市场影响力可见一斑。

从这些产业在特殊情况下加速发展的趋势看,全社会对云服务产业需求确实非常大。充分把握这样的发展机遇,进一步加快云服务产业发展势在必行。

---

* 本文发表于《区域经济评论》2020年第2期第11—13页,是"新冠肺炎疫情与区域经济发展"专题文章。

二、大数据产业向基层渗透

2020 年 2 月 10 日，习近平总书记在北京调研新冠肺炎疫情防控工作时强调，要运用大数据等手段，加强疫情溯源和监测。大数据作为防控疫情的新型作战力量，为联防联控提供了重要支撑。

一是利用大数据追踪人群接触史。因为疫情防控不仅是事后补救，更需要事先预测解决。通过数据采集和大数据分析技术，专业人员利用大数据技术梳理感染者的生活轨迹，追踪人群接触史，锁定感染源及密切接触人群，为疫情防控提供了宝贵信息。还可根据移动行为轨迹特征来识别高危人群，监测人群从高风险地区向外迁徙的具体情况，并对未来的迁徙行为进行预测。国家卫生健康委员会高级别专家组成员李兰娟院士在接受媒体采访时曾表示，专家利用大数据技术追踪人群接触史，锁定感染源及密切接触人群非常宝贵。

二是利用大数据摸排相关人员。疫情暴发初期，浙江发挥大数据基础平台优势，通过充分运用"大数据+网格化"手段，精准滚动摸排相关人员，落实具体管控措施。同时，对相关人员严格落实隔离观察措施，实行聚集活动限制；通过全面启动省际边界、陆地口岸等车辆人员检疫查验等手段，精确到具体人，严防疫情跨界输入，把大数据技术应用到最基层。

三是利用大数据为公众服务。在中国联通大数据官方微信公众号里，进入"抗'疫'专区"，可以看到"中国联通大数据疫情防控行程查询助手"，输入手机号码，加上验证码，点击"确认"，就可以看到本人在近 14 天内是否到达疫情严重地区的情况——这是"防控行程查询"。此外，上面还有"区域风险查询""城市动态查询""数据精准防控""AI 产品精准防控"等，这些都是利用大数据得到的结果。

四是利用大数据引导舆情。用好大数据能有效促进信息透明。重大疫情面前，及时发布权威信息，公开透明回应群众关切，能够解决信息不对称的问题，有效压减谣言等虚假信息传播空间，更好地维护社会大局稳定。一段时间以来，有关部门和相关机构及时发布确诊、疑似、治愈和病亡人员数据，一些互联网公司运用大数据、云计算、可视化技术优势，推出"实时疫情动态""疫情地图""同乘患者查询系统""发热门诊地图"等产品，同步普及科学防护知识，有效满足了民众的信息需求，有利于引导群众理性看待疫情，增强自我防范意识和防护能力。面对新冠肺炎疫情相关信息传播，公众确实享受到了大数据带来的便利。

中国大数据产业发展迅速，过去主要是在中高层重大技术问题或决策方面应用较多，对基层公众来说，很多只是停留在一般概念状态。这一次由于新冠肺炎疫情涉及每一个人的切实利益，为大数据产业向基层渗透提供了机遇，使中国大数据技术储备能量得到快速释放，也使大数据产业发展与每一个居民的实际利益密切相关，促进了大数据产业发展与一般老百姓的现实生活的密切联系。中国人口众多，一旦大数据产业发展与老百姓的生活紧密联系，就为大数据产业进一步加速发展打开了广阔的市场。

三、人工智能产业进入百姓生活

这次疫情防控期间，各种人工智能产业带来的无人化服务大显神通。

一是无人机服务。这次疫情暴发之后，空中的无人机通过搭载的设备对人流进行实时监控，一旦发现未戴口罩人群，将立即喊话提醒，防疫喷雾消毒智能机器人也迅速研发并投入防疫一线使用，"抗疫应急物资无人机"顺利完成全流程飞行运输。

二是无人驾驶车服务。在这次疫情防控期间，无人消毒车可以在疫区与隔离区提供清洁消毒、送餐和物流等智能无人化服务，物流配送部分采用无人配送车承担起疫区的配送工作。

三是机器人服务。在武汉同济天佑医院

和上海第六人民医院，在疫情防控期间通过5G云端医护助理机器人、5G云端消毒清洁机器人等工作，有效减少了人员交叉感染，提升了病区隔离管控水平。

四是无人零售服务。武汉火神山医院建成交付后，疫区无人超市也在一天之内上线，由阿里巴巴的淘鲜达和湖北连锁超市中百仓储承建，超市24小时营业，开业第一天接待200余名顾客。在疫情防控期间，过去开设的无人药店或无人零售货柜，也活跃起来，满足了客户的需要。近些年，我们国家人工智能产业发展比较快，但是涉及的领域相对比较有限。这一次大规模疫情防控的特殊需要，通过智能协同为人工智能产业与老百姓生活紧密相连打通了神经网络，打开了巨大的市场，将成为中国人工智能产业跨越式发展的一个新的跃升点。

四、完善公共卫生及防疫体系成为新的投资热点

虽然中国现在也有公共卫生与传染病防治的相关机构与体系，但通过这一次特殊战"疫"的试验，确实暴露出公共卫生及防疫体系是经济社会发展的短板。中国各个城市目前还都缺少一套完善的公共卫生与防疫体系。

一是各地缺乏系统的传染病防治医疗体系。2003年的"非典"疫情、2020年的新冠肺炎疫情中，大量感染人员在常规医院无法收治，就是因为卫生医疗机构的基础设施缺乏。

二是防治传染病的相关产品生产与储备能力严重不足。在这一重大疫情面前，全国各地"一罩难求"的局面令人尴尬不堪，确实发人深思。必须在下一步供给侧结构性改革中认真解决，特别是要解决好应对重大疫情所需应急物资的储备问题。

三是医疗机构的改革方向需要重新调整思路。医疗机构和医护人员历来以救死扶伤为天职，要为社会提供公共卫生服务。但是，近些年体制改革过程中过分强调其市场属性，淡化了其社会职能，让公共医疗机构自负盈亏，大大限制了这些医疗机构及其医护人员

队伍的健康发展。通过此次重大疫情防控的实际验证，进一步表明这种崇高的职业需要有科学合理的制度保障，更需要全社会足够的投资予以支撑。

基于以上认识，在全国高质量发展运行机制中，要制定更加科学硬核的政策支持，引导更多投资进入这个领域，加快完善公共卫生与防疫体系，让其与中国社会公众的社会化需求更加吻合，弥补经济社会与产业发展中存在的短板，进一步提升中国经济发展的内在品质。

五、结论与建议

新冠肺炎疫情对中国经济发展的冲击比较大，特别是旅游、餐饮、线下娱乐等行业受到了直接冲击。但是，按照全球已经历过的重大疫情以及中国2003年"非典"疫情对经济发展的影响，这种影响一般是暂时性的，对中长期经济发展趋势影响有限。中国经济经历了这种大浪淘沙的冲击之后，可能导致经济发展格局的部分重构，已经显示出部分发展的新热点新动能。研究表明，云服务产业加速发展，呈现快速增长态势；大数据产业向基层渗透，大大拓宽了市场空间；人工智能产业进入百姓生活，深度应用势在必行；完善公共卫生及防疫体系成为新的投资热点，已经并将继续引导社会资本加速进行投资。这些新热点新动能，既是新冠肺炎疫情防控这样特殊时代背景下中国经济发展显示出来的新机遇，也是我们进一步调整与优化产业结构、推动经济高质量发展新的努力方向。为了适应这种新热点新动能的变化，我们要统筹做好疫情防控和经济社会稳定发展工作，坚定不移贯彻新发展理念。要根据新情况、新热点、新动能继续深化供给侧结构性改革，乘势推动经济发展热点，特别是数字经济加速发展，加大公共卫生及防疫体系投资建设力度，持续打好三大攻坚战，努力实现2020年全年经济社会发展目标，实现决胜全面建成小康社会、决战脱贫攻坚目标任务，在高质量发展上迈出新步伐。

第三篇

区域发展战略研究

河南省建设中原经济区战略研究[*]

摘　要　伴随区域规划国家化、区域管理精细化、区域发展模式多样化的发展趋势，河南省在谋求国家区域发展战略中，系统提出建设中原经济区的战略思想。中原经济区的战略定位是全国"三化"协调发展实验区，全国重要的先进制造业和现代服务业基地，全国重要的综合性交通枢纽和物流中心，华夏文明传承核心区；中原经济区战略目标是全国区域经济发展新的重要增长极；中原经济区战略重点是以新型城镇化为切入点，以建设提升特色工业基地为支撑，以农业和粮食生产稳定健康发展为保障。全面推进中原经济区加快发展，利于实现中原崛起，河南振兴，谱写中原崛起新篇章，探索内陆人口稠密地区发展崛起的新模式。

关键词　经济区划；中原经济区；发展战略；河南省

经济区和经济区划既是经济地理学研究的传统课题之一，也是一个具有实践性的规划问题[1]。伴随我国区域发展格局出现重大变化，建设中原经济区研究再次成为区域发展研究领域的热点之一。

一、战略背景

1. 区域规划的"三化"趋势

目前，中国区域规划与发展表现出三大趋势[2]：第一，区域规划国家化。近几年，国家已经批准了一大批地方性规划。特别是2009年以来，国家连续批准了《关于支持福建省加快建设海峡西岸经济区的若干意见》等14个区域规划，批准速度与数量均创历史之最。新规划所表达出来的区域经济发展格局有别于前30年东部地区以点状或线状开发为特色的非均衡发展模式，而是以一种新的、动态均衡的网格状方式，探索一条各地争雄、百花齐放的发展道路。这是一条新型发展道路，将从地域空间入手，从根本上激活各地

的生产要素，缓解各种结构性矛盾，缓和城乡差距、地区差距及收入差距，促进区域和谐发展。核心意图是通过国家的力量，体现国家区域发展的战略意志，突出地方特色，刺激地方经济社会科学发展。第二，区域管理精细化。新中国成立之初，国家主要考虑到沿海与内地的关系如何妥善处理；20世纪80年代，提出了东、中、西三大地带生产力布局与发展问题；1999年，中央提出西部大开发战略；2003年以后，中央把全国划分为东部、中部、西部和东北四大板块，各自赋予其独特功能[3]。近几年，伴随综合国力的增强，特别是我国人均GDP跃上3000美元，进入资本相对充裕期以后，国家逐步具备了对全国进行更加细化的战略管理的能力，所以就在更加具体的有地方特色的区域施加影响，赋予若干领域制度创新的先行先试权，积极探索促进地方经济发展的新途径。第三，区域发展模式多样化。伴随国家越来越多的批准区域规划，国家将通过分类指导和战略

---

*　本文发表于《河南工业大学学报（社会科学版）》2010年12月第6卷第4期第1-5页。

　　基金项目：2010年河南省政府重大专项研究。

引导的方法，促进各地积极探索加快发展、转型发展、绿色发展、协调发展、可持续发展等丰富多彩的区域发展模式，逐步形成遍地开花的更加活跃的区域发展格局，力图再创中国经济腾飞的奇迹。

2. 战略意义

中原，是我国历史上一个非常重要的地域概念。一般认为，狭义的中原，指河南省全部。而广义的中原，指河南省及周边地区。中原经济区是以河南省为主体，延及周边，支撑中部，东承长三角，西连大关中，北依京津冀，南邻长江中游经济带，具有自身特点、独特优势、经济相连、使命相近，是客观存在的经济区域。范围包括河南省全部和晋东南、冀南、鲁西南、皖西北等，面积25.9万平方千米，人口约1.5亿（见表1）。

表1　中原经济区概况

地区	面积（万平方千米）	人口（万人）	GDP（亿元）	粮食产量（万吨）	工业增加值（亿元）
河南省	16.7	9967	19367	5389	9858
晋东南	3.7	1064	2109	409	1116
冀南	1.2	943	2045	452	998
鲁西南	1.2	825	954	559	416
皖西北	3.1	2370	1953	1465	667
合计	25.9	15169	26428	8474	12782
全国	960	133474	335353	53082	134625
占全国比（%）	2.7	11.4	7.9	16.0	9.5

注：本表数据来自对2009年统计公报的汇总。

为什么我国素有"得中原者得天下"之说，因为中原地区是全国的战略腹地，一直是中华民族的粮仓，是中华民族传统文化的发祥地，是中华儿女的精神家园，是掌控全国政治军事形势的战略要地。历史上，只要是太平盛世，中原地区就迅速发展，成为支撑全国经济社会发展的核心地区。而只要遇到战乱，中原地区是"兵家必争之地"，老百姓就遭殃。因此，中原地区战略地位特别重要。正因为这样，中华民族5000年文明史，

有3000多年时间，中原地区是全国政治、经济、文化中心。"中原兴则天下定"为世人熟知，而"天下定兴中原"是历史赋予我们的责任。中原兴，则中部兴；中部兴，则中华兴，已经形成共识。

中原地区居全国之中，由于不沿海，不沿江，在工业经济发展壮大和改革开放以来我国依靠出口带动经济发展时代，该区经济发展相对滞后，目前人均GDP仅及全国平均水平的43.1%，与全国存在着明显差距。建设中原经济区，促进区域经济加快发展，实现中原崛起，在全国形成新的经济增长极，既是促进中部崛起的"加速器"，也有利于完善全国区域经济布局，保障国家粮食安全，拓展内需增长空间，提高人力资源保障能力，构筑全国重要的生态屏障，支撑全国经济发展实现再一次腾飞，探索内陆人口稠密地区经济崛起的新模式。

二、战略定位

1. 全国"三化"协调发展实验区

中原经济区要发挥区域优势，保障国家粮食核心区建设，积极推进新型城镇化、新型工业化和农业现代化，大胆探索，先行先试，真正走出一条不以牺牲农业和粮食、生态和环境为代价，"三化"协调推进、科学发展的新路子。"三化"推进的难点在统筹协调，压力在"三农"，潜力在城镇化，动力在工业化，支撑点在加快经济发展方式转变，而"三化"协调发展实验区的成功经验将对全国具有典型意义[4]。

2. 全国重要的先进制造业和现代服务业基地

中原地区要充分利用中西部地区投资持续升温、开发建设条件日益成熟、跨国集团高度关注的良好趋势，坚持"高端、高质、高效"战略取向。进一步优化创新资源配置，引进更多优秀人才，激发青壮年人才的创新热情，让创新活力竞相涌流。扎实推动自主创新体系建设，做强做优先进制造业，培育壮大战略性新兴产业。大力发展现代服务业，

促进工业化和信息化、制造业和服务业融合发展，形成一批具有核心竞争力的先进制造业和现代服务业集群，培养区域性产业集群品牌，加速区域工业化进程。

3. 全国重要的综合性交通枢纽和物流中心

中原经济区要发挥地理位置居中的独特优势，进一步完善郑州亚洲最大铁路编组站的基础设施，提高其调度能力，为全国铁路货运高效运转贡献力量。加快以郑州为中心，连南贯北的客运专线建设步伐，强化郑州高铁"十字架"的特殊地位。进一步改善郑州公路运输港的基础条件，提高郑州全国重要物流中心的地位。充分利用郑州航空港业绩增长迅速的机遇，加快开辟国际航线步伐，完善机场周边配套基础设施，强化航空港综合功能，为区域中高端生产要素配置创造条件。

4. 华夏文明传承核心区

中原经济区要发挥传统文化资源积淀丰厚的特殊优势，深化文化体制改革，挖掘和创新文化载体，发展壮大文化产业，围绕和谐文化、根文化、传统都市文化、武术文化、戏剧文化、文字文化等区域特色，创造具有国际影响力的文化品牌，在宣传弘扬中原文化的同时，增强中华民族凝聚力，建设传承中华传统优秀文化的核心区。

三、战略目标

1. 总体目标

力争通过 10 年努力，到 2020 年，人均主要经济指标达到或超过全国平均水平，实现中原崛起，为中部崛起贡献力量，为国家新一轮经济腾飞提供支撑，使中原经济区成为全国重要的增长极。

2. 分步目标

第一步，5 年彰显区域发展优势。在改革创新方面大胆探索，建立健全市场机制，以吸引和集聚优秀人才为标志，进一步优化投资与创业环境，吸引大型企业集团，尤其是跨国集团公司重大项目投资，激发区域发展活力，全面落实中部崛起规划的战略任务。

第二步，10 年顺利实现崛起。到 2020年，成为全国重要增长极，提前实现全面建设小康社会的战略目标。不简单地走东部地区发展之路，妥善处理"三化"协调发展的关系，探索走出一条不以牺牲农业和粮食、生态和环境为代价，促进新型城镇化、新型工业化和农业现代化，"三化"协调、科学发展的新路子。

四、战略重点

1. 以新型城镇化为切入点

第一，强化郑汴都市区核心增长极。把郑汴都市区（包括郑州市区、开封市区、郑州新区）作为全区的核心增长极，继续提升洛阳副中心地位，集聚生产要素，提高发展效益。近期，以郑州新区发展建设为突破口，以富士康集团等顺利进驻为契机，进一步完善城市功能，加速产业和人口集聚。中期，在郑汴都市区形成组团式、网络化的复合型城镇密集区，提升辐射带动功能，放大整体优势，争取到 2020 年集聚人口规模达 800万~1000 万人，使之成为中原地区进入世界的枢纽和世界进入中原的门户[5]。

第二，推动中原城市群健康发展。以"三化"协调发展为基础，以各具特色的产业集群为支撑，以郑汴洛工业走廊为依托[6]，以规划建设城市新区和城市群内部现代化公共基础设施为突破口，壮大中心城市工业实力，降低生产要素流动成本[7]，特别是要通过发挥"两群融合"（城市群与产业集群）地区的叠加优势[8]，提升区域经济社会发展水平，做大做强中原城市群，提高其集聚发展能力和核心竞争力。

第三，建设新型城镇体系。①发挥郑州国家区域中心城市的辐射带动作用。增强其高端要素集聚、科技创新、文化引领和综合服务功能，将郑州建设成为现代化、国际化、信息化和生态型、创新型城市。②加快发展省级区域中心城市。按照规模做大、实力做强、功能做优、环境做美的原则，发挥比较优势，加快发展，壮大其他各省辖市规模，增强其聚集要素和辐射带动地区发展作用，使之成为各区域空间组织的核心。③提升县（市）域中心城市发展水平。到2020年，发展条件较好的县（市）城人口规模达到30万~50万人，其他县城达到20万~30万人。④大力发展特色中心镇。到2020年，全区力争使400个以上基础较好的特色中心镇发展成为小城市或中等城市。⑤积极探索农村新社区建设。

2. 以建设和提升特色工业基地为支撑

第一，建设提升全国重要的能源原材料工业基地。继续发挥资源丰富的优势，集成区域发展的整体优势，全面提升骨干产业发展的技术标准，通过国际化途径，引进资金与技术，建设全国规模最大的煤化工产业基地，全国有重要影响的石油化工产业基地，全国能力最强的氧化铝、电解铝及铝精深加工产业基地，全国重要的特色钢铁生产基地，全国动力电源与核电产业基地，全国最大的铜精深加工产业基地，全国最大的钼业加工基地，全球最大的超硬材料产业基地等。以提高能源原材料工业发展水平，进一步强化区域比较优势。

第二，建设提升全国重要的先进制造业基地。发挥中高端产业技术领域研发机构集中，科技人才集中，大型骨干企业集中，技术储备充足的独特优势，积极扩大先进制造业发展规模，有选择地建设全国重要的新能源汽车基地（包括大型客车研发与生产、轿车及零配件生产），系列化的大型工矿企业装备研发与生产基地，大型专业机械工业基地，精密机械工业基地，数字化工业机床研发与生产基地，电子电气信息产业基地，生物制药产业基地，先进节能环保装备制造基地等。以提高工业企业的整体技术水准，强化独有的先进制造业发展优势，巩固和提高先进制造业在全国的战略地位。

第三，建设提升全国重要的农产品精深加工产业基地。以食品工业为骨干的农产品深加工业，是永不凋谢的朝阳产业，而且与当地的资源条件紧密相关。下一步，要立足于农产品资源丰富的独特优势，深入系统地发展农产品精深加工业，建设全国最大的农产品精深加工基地，把传统农业和粮食生产优势，转化成为以食品工业为主导的农产品加工业优势，确实把千百年来的"天下粮仓"逐步建成全国最为重要的"天下厨房"，实现由传统农业优势向现代工业优势的历史性跨越。

3. 以农业和粮食生产稳定发展为保障

第一，扎实推进粮食核心区建设。以高度负责的态度，通过严格保护耕地，稳定和保持种植业规模，加大投入力度，全面推进科技兴农，保护农业生态环境、控制面源污染等战略举措，提高粮食生产规模化、集约化、产业化、标准化水平，扎实推进国家粮食核心区建设，确保到2020年再新增粮食生产能力150亿公斤以上，为国家粮食安全贡献力量。

第二，积极发展现代农业。用工业思路发展农业，重点打造优质小麦、玉米、水稻、肉类、乳品、林产品、果蔬、花卉园艺、中药材、茶叶10大农业产业链。通过土地流转，产供销合作，扩大经营规模，全面发展高效、绿色、生态、精准等现代农业，提高农业发展效益，增加农民收入。

第三，科学解决农村发展遇到的新问题。如农村人口减少以后的迁村并点问题，农村贫困家庭的救助机制问题，农村公共服务设施建设与维护问题，农村生态环境整治问题等，要统筹协调，寻求科学可行的解决途径。

五、战略措施

1. 谋求国家支持

在区域规划国家化的战略背景下，建设中原经济区的战略规划，必须在充分体现国家发展意志、突出地方发展特色的基础上，通过各种途径，系统宣传，扩大影响，达成共识，力争尽快获得国家的认可与支持。以便以国家的力量，配置必要的国家资源，推动中原地区激活生产要素，激发发展活力，培育区域发展的内生机制，促进区域经济社会科学发展，强化区域发展优势，提升区域发展能力和发展水平，在服务全国大局和支撑中部崛起中发挥更加积极的作用[9]。

2. 谋划改革创新

中原经济区建设规划蓝图由政府绘就，而中原经济区加快发展的根本动力必须由市场机制推动。要在全国发展的战略格局中赢得更多先机，必须在市场经济制度创新方面有所突破，打造制度创新高地。只有这个区域市场运行效率更高，商务成本更低，企业家能够获得更多投资回报，才有可能迎来井喷式的资本投入，特别是跨国集团的大量投入。而跨国集团的批量进入，是推动区域经济发展的强大动力。在人力资本政策方面必须有比沿海地区更加优越的环境，让优秀人才得到更多发展与激励的机会，才可能赢得国内外高端人才青睐，使他们共同集聚中原，创新中原，建设中原，在推动中原地区科技和教育发展水平大幅度提高的基础上，促进中原经济区实现跨越式发展。面对后金融危机时代的特殊背景，在金融业发展方面急需大胆创新，以营造更好的金融业发展创新制度架构，吸引全球资本向该区域集聚，从而让企业能够比较容易获得金融资本支持，全面促进企业加快发展，从而提升中原经济区发展水平。

3. 谋略发展项目

建设中原经济区，要以区域经济的角度组织经济发展，而不再是以行政区划方式组织经济发展。这种变化，更加符合区域经济发展规律，有利于打造全国各具特色的地域经济体系，支撑全国各地各展所长，形成地域经济特色。而从区域经济角度组织经济发展，就要根据地域资源特点和其在全国发展大局中的比较优势，筹划重大基础设施建设项目和一批影响全局的产业发展项目，培育区域支柱产业，不断培养新的区域经济增长点，形成与中原经济区资源环境相适应的地域生产综合体，更好地承担在全国发展战略格局中的重任，为优化全国生产力布局贡献

力量。

4. 谋取发展实效

中原崛起，民生为本。建设中原经济区，促进中原崛起，根本目的是为了惠及民生，提高人民群众的生产和生活水平，增强区域经济发展的核心竞争力。因此，建设中原经济区的出发点和落脚点，都要立足于区域经济社会发展取得实效，大胆探索，走出一条不以牺牲农业和粮食、生态和环境为代价，科学推进新型城镇化、新型工业化和农业现代化"三化"协调、科学发展的新路子，让当地老百姓能够得到实惠，让国家利益能够得到保障，使科学发展观的思想在中原大地得到具体落实。

六、结束语

从新中国成立以来，全国开展过很多经济区划研究，不少学者提出并研究中原经济区建设与发展问题，特别是20世纪80年代初期以来，发表的关于中原经济区研究的文献比较多。这一次，河南省建设中原经济区研究，进一步明确了该经济区的基本概念、功能定位、发展目标，发展重点等战略问题，使中原经济区建设拥有了比较明确的方案，具备了良好的科学基础。伴随我国区域规划"三化"趋势的进一步延伸，特别是面对全国经济发展结构向依靠内需拉动形势的重大转变，自古以来在全国占有重要战略地位的中原地区，历史性地迎来了全面崛起的战略机遇。如果该区域规划能够上升为国家战略，将对中原经济区建设发挥重大的促进作用。我们殷切希望，在方方面面进一步深化对中原经济区研究与论证的基础上，国家能够批复《河南省建设中原经济区规划纲要》，既为中原人民谋取加快发展的长远福利，也为国家利益的实现提供制度上的保障，并探索内陆人口稠密地区发展崛起的新途径，创造具有中国特色的区域发展新模式。因此，建设中原经济区，利国利民利长远，科学可行可操作，是全国区域发展大势所趋[10]，需要顺势而为，奋力推进。

参考文献

［1］Mohannad Hemmasi. The Identification of Functional Regions Based on Lifetime Migration Data：A Case Study of Iran［J］. Economic Geography，1980，56（3）：223-233.

［2］谭永江. 中原经济区建设有很好的科学基础［N］. 科学时报，2010-07-27（A3）.

［3］刘本盛. 中国经济区划问题研究［J］. 中国软科学，2009（2）：81-90.

［4］张占仓. 建设中原经济区的典型意义［N］. 河南日报，2010-07-21（5）.

［5］张占仓. 河南省新型城镇化战略研究［J］. 经济地理，2010，30（9）：1462-1467.

［6］张占仓，杨延哲，杨迅周. 中原城市群发展特征及空间焦点［J］. 河南科学，2005，23（1）：133-137.

［7］张占仓. 论城区经济发展战略［J］. 经济地理，2009，29（1）：454-458.

［8］张占仓. 坚定不移地推动中原城市群发展［M］//秦耀辰. 中原城市群科学发展研究. 北京：科学出版社，2009：80-82.

［9］党涤寰. 奋力构筑中原崛起新平台［N］. 经济日报，2010-10-06（1）.

［10］张维迎. 中原经济区如不能纳入国家战略将是大遗憾［N］. 河南日报，2010-09-20（5）.

德国英国可再生资源开发利用和区域发展研究[*]

摘　要　德国在可再生资源开发利用研究，特别是在把这些资源精细化利用研究方面比较深入系统，取得了很多已经进入应用状态的研究成果。英国在区域与城市发展研究方面科学积淀深厚，特别是对各类区域的认识深刻，对发达国家区域共同治理研究取得重要成果，值得我们认真学习和借鉴。

关键词　生物质；可再生资源；区域研究；国外研究

应德国弗劳恩霍夫应用研究促进协会（Fraunhofer-Gesellschaft）、英国纽卡斯尔大学城市和区域发展研究中心邀请，河南省科学院组团于 2011 年 10 月 30 日至 11 月 8 日对德国、英国进行了关于生物质可再生资源开发利用、区域规划理论与方法等研究领域的学术交流活动。代表团与德国弗劳恩霍夫应用研究促进协会化工技术研究所（Fraunhofer Institute for Chemcal Technologry，ICT）、应用聚合物研究所（Fraunhofer Institute for Applied Polymer Research，IAP）、英国纽卡斯尔大学城市和区域发展研究中心（Centre for Urban & Regional Development Studies，CURDS，of Newcastle University）进行了比较深入的学术交流，并就进一步加强合作进行了协商。根据交流过程中我们直接了解的信息，本文对德国可再生资源的开发利用以及英国区域发展研究情况进行综述，供国内同行研究借鉴。

一、可再生资源开发利用研究

弗劳恩霍夫应用研究促进协会是德国，也是欧洲最大的应用科学研究机构。该协会有 70 多个研究所，年经费 16.5 亿欧元。其中 2/3 来自企业和公助科研委托项目，另外 1/3 来自联邦和各州政府，用于前瞻性的研发工作，确保其科研水平处于世界领先地位。该协会同样是国家科技发展的重要力量，它积极参与欧盟的科技发展项目，接受德国各州及联邦政府委托，特别是对社会发展具有重大意义的环保、能源、健康等公共领域进行一系列战略性研究，为企业及社会不断提供高质量的研发服务。

1. ICT 可再生资源开发研究利用研究情况

化学技术研究所的重点是化学燃料技术、布局、特色化和质量安全，还包括整个生命周期的行为、循环和代谢，以及实验设备的设计、建造和运作。在动力燃料和爆破领域的应用性研究方面，如炸药、触发与点火装置、火箭燃料、气体发生器、烟火制造和炸药燃料，在德国的水平首屈一指。

环境工程部主要进行可再生资源合成各种化学品研究。将生物质粉碎、抽提、蒸煮可以得到木质素、纤维素、壳多糖、半纤维素、糖、淀粉、油/脂肪等，通过化学和生物方法进行转化，得到的化学品主要有：乙醇、2，5-呋喃二羧酸、糠醛、乳酸、琥珀酸、乙酰丙酸、3-羟基丙酸、富马酸、衣康酸、甘油、山梨醇、木糖醇、1，3-丙二醇、2，3-

---

　＊　本文发表于《河南科学》2012 年 3 月第 30 卷第 3 期第 363-367 页。作者为张占仓、董桂萍、余学军、赵献增、段爱萍。张占仓、董桂萍工作单位为河南省科学院，余学军、赵献增工作单位为河南省科学院高新技术研究中心，段爱萍工作单位为河南省建筑材料设计研究院有限公司。

丁二醇、1，4-丁二醇、氨基酸等。这些产品可用于聚合物、表面活性剂、溶剂、燃料、芳香化合物、药物、化妆品、染料、润滑剂、纤维的合成。

例如：甘油经生物法合成，在脱氢酶作用下得到1，3丙二醇。糖经热水解可以得到5-羟甲基糠醛和2，5-二羟基二噁烷，经还原热水解，得到甘露醇和山梨醇。5-羟甲基糠醛经进一步氧化可以得到2，5-呋喃二羧酸，氧化催化剂为Pt/Pd，收率大于98%。5-羟甲基糠醛还可以经还原得到2，5-二羟甲基呋喃，经脱羧氨化可以得到2，5-二氨甲基呋喃。以上化合物已经中试，可用于聚酯、聚氨酯、聚酰胺和热塑性弹性体的合成。

由2，5-呋喃二羧酸与二元胺合成的聚酰胺，依据二元胺亚甲基的数量，熔点为125～250℃；与多元醇反应得到的聚酯熔点为120～210℃。由生物质制备的"尼龙"具有低熔点、低密度、较好的耐水解、极好的低温抗冲击和良好的耐磨耗性能。由葡萄糖热水解得到的2，5-二羟基二噁烷，加氢还原获得乙交酯，经聚合获得聚乙交酯，熔点为223～228℃，相比较，聚乳酸熔点为185℃。

木素纤维素也称为可流动的木材，可以用塑料加工的方式生产各种制品，如音像制品等。从自然界获得的木素纤维素经化学和物理的方法预处理，可以获得相应的木质素、半纤维素和纤维素。木质素经水解、裂解和还原热处理可以获得各种酚类化合物；半纤维素经水解和还原，获得糠醛以及多元醇；纤维素经水解获得羟甲基糠醛以及乙酰丙酸，经还原处理可以获得多元醇。例如：在温度250～300℃，压力250bar，质量分数2% NaOH，质量分数2%～10%木质素（有机溶剂中），10分钟处理条件下，就可以获得酚类混合物。

该所已建立了一个功能完备的中试工厂，进行生物质可再生资源综合利用，工厂分为6个单元，分别为：酶催化剂单元；木素纤维素化学单元；烯烃单元；润滑剂、表面活性剂、胺等单元；微藻、CO_2利用单元；其他生物质热水解反应单元，能够满足利用生物质合成化学品所需的各种反应条件。

2. IAP可再生资源开发研究利用研究情况

弗劳恩霍夫应用聚合物研究所（IAP）的研究由淀粉生物聚合物、功能聚合物、合成聚合物、水溶性聚合物、中试工厂（实验室规模的聚合物合成和聚合物加工）五部分组成。应用聚合物研究所在合成聚合物的基础上研发的材料和技术包括纤维、薄膜、原料、功能材料、添加剂、高纯化学试剂和促媒剂。研究所将重点放在对纤维素和淀粉的研究上，涵盖了从化学加工到新产品和新工艺研发的各个方面。在合成聚合物的基础上，IAP研发出了具有独特光学或电子性质的新型功能材料，并将其加工成聚合电子的构件。为造纸业和洗涤剂制造业研发的水溶性聚合物产品（聚合电解质、聚合活化剂、水凝胶、胶体、胶乳），也可以在生命科学领域找到用武之地。位于施科保的弗劳恩霍夫试验中心研发合成物并加工人造材料，与工业生产规模相适应。

生物质的利用主要通过以下途径：分离得到物质；分离得到材料；破碎得到天然生物质；燃烧产生能量；燃烧产生热；燃烧产生合成气。通过分离得到的物质为：纤维素、淀粉、半纤维素、木质素、蛋白质、天然油。自然界植物中各种物质的含量不同（见表1）。

表1　农业资源中的生物质

农业资源	纤维素	半纤维素	木质素
小麦秸秆	38	29	15
倾草	37	29	19
芒草	43	24	19
甜高粱秸秆	23	14	11
牛毛草	25	25	14
玉米秸秆	38	26	19

目前在造纸工业中，生物质只有50%得到有效利用，其他被废弃。如仅利用其中的纤维素，黑液中的木质素只能被燃烧处理。

而木素纤维素经过预处理，半纤维素可以转化为无纺布、纸等物质，木质素可以转化制备热塑性和热固性塑料以及纤维等。

人造纤维素纤维技术原理：溶解浆经碱化，改性，得到改性的纤维素溶解浆，再经纺丝再生，得到再生纤维素纤维，此法即为粘胶工艺；溶解浆直接纺丝再生，得到再生纤维素纤维，此法为纤维工艺。

生物质衍生物的成型制造工艺主要有：混合（捏合、增强）、挤压、注塑或模压、熔融纺丝等手段，评价产品质量的主要方法为：材料热机械性能、宽角或小角 X-射线衍射、透射和扫描电镜、固体核磁等。

合成生物质衍生物主要通过酯化、醚化、接枝、共聚、氧化、交联、水解等反应进行，得到的产品功能为：高/低取代度、离子/非离子、亲水性/疏水性、水溶性/水不溶性，应用领域主要为：建筑材料、胶黏剂、洗涤剂、化妆品、药物、食品、生物质塑料、纤维、无纺布等。例如：醋酸纤维素取代度为 0.6~3.0，硝化纤维素取代度为 1.8~2.3，羧甲基纤维素取代度为 0.5~2.9。

生物质材料中间产品成本相比石油产品在许多方面已经有竞争力。就目前而言，生物质产品在各个领域的应用，一个巨大的市场已经存在，市场也需要一些高附加值的生物质产品，并且这些产品能够实现。

目前，应用聚合物研究所已经能向市场提供如下产品：①纤维素类产品。卫生用品及化妆品用可生物降解超吸收剂；血液相溶剂，混凝剂和药物涂层；化学和食品工业中的分离膜；助留和助滤剂；造纸行业、水净化和污水处理、污泥脱水用絮凝剂；化妆品、食品，染料，化学工业用粘度调节剂和分散稳定剂；纤维板用胶粘剂；血液净化用选择性载体系统和分离材料。②淀粉类制品。污水处理和污泥脱水用絮凝剂；造纸助剂如表面施胶剂；纺织浆纱剂；用于瓦楞板、文件袋、盒、袋的环保型胶黏剂；塑料板和矿物纤维板粘合剂；混凝土、石膏板添加剂；化妆品、洗涤剂和清洁剂中的淀粉衍生物；食品工业添加剂，如增稠剂、粘合剂和凝胶剂；医药工业中的压片助剂、微胶囊；电影胶片用淀粉衍生物。

二、CURDS 研究情况

纽卡斯尔大学建于 1834 年，是英国最为古老的百年大学之一，具有强大的科研实力和卓越的国际声望。纽卡斯尔大学城市和区域发展研究中心成立于 1977 年。自成立以来，研究经费超过 2500 万英镑，主要来自国际、英国、地方或其他地方机构。CURDS 目前的研究主要涉及全球化的不均衡发展对社会、经济、技术和文化的影响等。

这次 CURDS 专门为我们安排了四位专家的学术报告。研究中心主任 John Tomaney 教授在"地方和区域发展与共同治理"报告中，从世界性区域发展出发，介绍了从原来的发展主义变为现在的全球主义，政府从管理发展到现在的共同治理，并就世界主要的经济区域，如欧盟、APEC、北美自由贸易协定、东盟的主要特征作了介绍，对自由主义型国家、福利型国家、发展中国家、过渡型国家、依赖型国家从主要特征、政策体系、经济组织机构等方面进行了讲解。他认为，"governance"一词的含义不是管制，而是共同治理。要妥善处理发展与共同治理的关系，好的发展有利于共同治理[1]。当今社会，政府也是社会的一部分，政府治理结构正在发生重大变化，处在改革之中。第二次世界大战之后，发展主义盛行，但一直是封闭发展。在全球化条件下，政府治理结构也要变化，因为福特制已经结束。从政策制定到共同治理是一个很大变化，这时政府只是一个协调者。此时，出现了地区主义，中央与地方也成为合作者。而原来的凯恩斯理论提倡中央政府治理模式。20 世纪 70 年代末期，发达国家进入后工业化时代，即全球化时代，社会发展目标开始转向福利化，一个公民享受福利是基本权利。发展中国家，原本采用封闭的市场发展自己的产业。当发展中国家开放市场以后，全球化浪潮更加激烈。有人甚至认为，是不是全球化导致了 2008 年的金融危机。在发展中国家，通过国家政策干预经济行为比较普遍。到 20 世纪 80 年代以后，中央政府职权开始向地方转移。所以，在发展主义时代，依靠中央政府支持地方发展。在全球化时代，充分发挥自己的竞争优势，而缺乏优势的地区就一落千丈。为了克服区域发展的不平衡，全球成立了很多超国家的组织，对全球经济共同治理。传统的治理模式，是自上而下，由国家制定政策，通过条条管理，由中央各部委落实，容易官僚化。现在欧盟的管理，都是自下而上的模式，鼓励地方竞相发展。新的治理模式，带有半自治性，针对地方特色与潜能。OECD 的 33 个国家，中央集权差异很大。一般情况下，中央集权国家用于地方投资很少。像英国中央政府管理到具体人，地方政府就是为中央政府"打工"，权力很小，投入公共服务的财力也很少。相比较，加拿大公共投资占 90% 以上，而希腊仅占 15%，奥地利就非常地方化。从科学的角度看，中央集权化与权力下放，要有一个合适的度，公共治理与民主的关系是争论的焦点。

研究中心执行主任 Andy Pike 教授在"如何建立地方品牌"报告中，介绍了纽卡斯尔如何从传统制造业城市转型为科技创新型城市的过程，并就城市区域与功能、城市形象设计等方面进行了详细介绍。他认为，地方标识越来越重要。全球化时代，地方品牌是吸引投资的标识。目前，最重要的竞争是人才的竞争，而人才首先选择适合自己发展的地方。有影响的地方，有时甚至花较少的资源就可以得到优秀人才。研究地方标识，变成一种新兴的产业门类[2]。在英国这是一个非常热的话题：地方标识的再确立再创新。纽卡斯尔是一个转型成功的地区，已经变为知识型地区，特别是纽卡斯尔大学科技创新对地方形象转变起到了很大作用。一个地区转型是非常困难的，也可能出现很多问题，创造地方标识一定要因地制宜。过去英国东北部地区是造船等重工业基地，是低技能工人集中地，现在东北部已变化为高科技形象，

先后建成著名的千禧桥、现代音乐厅等。新的地方标识一定要立足于地方文化与特色，像纽卡斯尔是欧洲第二大夜生活城市，酒吧文化发达，保留了历史文化传统。在知识经济条件下，大学往往是一个城市的中心，能够引领地方发展。

Stuart Dawley 博士在"传统工业城市转型过程中如何吸引新产业"报告中提出，产业发展有路径依赖，传统工业城市转型过程中很难吸引创新型产业过来，而过去以第三产业为主的城市更容易吸引新型产业。英国东北部地区，过去是以煤炭、造船、钢铁著称的工业基地，原有的科技能力对新型产业吸引力不强。转型地区如何采用新政策吸引新产业入驻，政策作用显著[3]。对于这样的地区，面临两种选择：一是改造提升原有产业；二是原有产业消失。关键是一个城市传统产业开始下降时就要有政策进行干预。这种干预是战略性的，必须超前。学术上发现问题与地方政府开始解决问题可能不同步，从理论上讲传统产业兴旺时就要考虑到可持续发展问题。最好的选择是立足于原有的工业基础进行转型，成功的可能性比较大。英国东北部地区，对新能源比较重视，如很早就开始在海上试验风力发电。英国政府规划，2020年全国能源消耗 15% 由可再生能源提供，其中风力发电是一个很大的市场，大约可以带来 7 万人就业。由于在新能源方面有优势，1979 年就开始搞风电研究，项目得到 UNDP 的支持，1992 年有不少公司进行投资，当时还不是政府的战略。1994～2004 年得到政府批准，可以在海上建设风电设施。很多大公司认识到风电的前景，开始收购小型风电企业。2000 年开始，政府加大政策支持力度。所以，政府发现新产业往往靠后。纽卡斯尔从研发风力发电，到形成风电发展优势，吸引了西门子、三菱集团等跨国公司有意在此投资风电或风电装备。现在发现，通过培育研发能力，形成专业优势，可以吸引新型产业投资和发展。因此，通过研发带动，将来可能产生更多就业机会。目前，政府正努力

把纽卡斯尔打造成世界风力发电研究中心。

中心原主任 Mike Coombes 教授在"作为一个空间和经济功能区的城市区域"报告中，介绍了纽卡斯尔作为英国东北部中心城市在前期城市区域规划及所做的努力。他认为，后工业化时代到来以后，城乡之间一体化，后来又出现去城镇化趋势，城镇化进入新阶段，人口由过去迁移集中变为分散化[4]。在发展中国家，城乡差异较大，经济投资集中在城镇。在西方，福利制国家，公民享受同等的福利，城乡差别比较小，城市集聚经济效益不明显，取而代之是空间的发展。从空间上看，20世纪50年代提出大都市区，是极化的概念，是以城市为中心，必须达到一定规模，才能达到带动区域发展的作用。发达国家提倡空间概念，均衡发展。城市区域，不同于都市区域，它不强调中心城市，可能是功能互补的区域，有利于整体发展。围绕国家产业政策制定，突破行政区划，不但要弄清楚城市区域的范围，还要考虑跨区域活动人员的福利保障。从经济功能区的概念出发，有中心城市，没中心城市，都可以是一个功能区。

张占仓研究员应邀作了"中国区域规划的理论与实践"报告，系统介绍了中国最新的追求区域协调发展、和谐发展的研究进展情况，重点介绍了由他带领的团队创新的"综合集成的区域规划方法"以及应用情况，并以中原经济区建设规划纲要为案例，说明中国区域规划国家化、区域管理精细化、区域发展模式多样化的趋势以及各级地方政府推动区域规划上升为国家战略的最新动态[5]。在中国，区域政策涉及投资集聚程度、国家战略资源配置和国家可调配资源直接支持，所以对区域经济社会发展影响非常大。

三、总结

1. 领先的可再生生物质资源替代化学品研究与应用

在德国，农林业中用于生产可再生原料的作物种植面积在 2010 年达到了 87 万 hm^2，占德国耕地总面积的 18%。德国联邦政府每年为可再生能源的研究应用提供 5000 万欧元的经费。德国工业使用的原料中有 10% 是可再生原料。可再生原料的应用不仅有利于保护有限的石化资源，降低碳排放，还能在农村地区创造就业岗位。

德国在可再生原料的研究与应用方面处于世界领先地位，在可再生材料方面的主要应用包括：①生物塑料，如用于包装或者一次性餐具的具有可降解特性的塑料产品；②医疗缝合材料和植入材料，在经过一段时间后可以和肌体融合，不需要进行手术拆除；③生物建材，主要是木材还有一些保温材料、装饰材料和涂料，特别是环保木地板和可再生清洁保养材料非常受欢迎，近年来还研究出了木塑复合材料；④用于汽车工业的生物塑料，采用了天然纤维增强塑料（NFC）技术；⑤可迅速降解的生物润滑剂，目前德国市场上已经有超过 500 种的生物润滑剂，如齿轮油、机油和液压油。

除以上已应用的领域，德国也在进行生物质可再生资源合成其他化学品的研究，如生物质尼龙、聚酯、聚氨酯等工程塑料、纤维，虽然现有生物塑料的生产成本为普通塑料的 2～4 倍，高昂的生产成本阻碍了大规模的生产和应用，但随着研究的逐步推动，降低成本已成为必然的趋势。同时化学界还在研究从固体生物质生产合成燃料的工艺。

2. 中国可再生生物质资源替代化学品研究的差距及对策

中国对可再生生物质资源综合利用也进行研究与应用。在淀粉利用方面，已有氧化淀粉、乙酸淀粉、羟甲基淀粉、羟乙基淀粉、可降解淀粉等在造纸、纺织、粘合剂、塑料领域应用；纤维素利用方面，除传统的造纸外，已有醋酸纤维素、羧甲基纤维素、硝化纤维素、羟甲基纤维素、羟乙基纤维素等在涂料、增稠等领域应用；半纤维素利用方面，已有木糖、糠醛等产品；油脂利用方面，有脂肪酸、甘油等产品；木质素利用方面，已有木质素磺酸钠产品用于混凝土添加剂。与德国相比，我国在生物质可再生资源的利用上主要存在以下差距：①综合利用上存在差距，我国企业对生物质利用目前仅局限于对某一产品的利用，对其他产品，限于技术或市场原因废弃处理，这样在利用的同时，造成了新的环境污染，如糠醛和木糖的提取等；②品种少，我国可再生生物质资源利用产品比较少，应加大投入，扩大利用生物质可生产的品种；③酶的使用，我国使用生物酶来利用生物质合成化学品研究和应用均很少；④木质素的综合利用，如合成酚类化合物、多元醇、多元酸、多元胺的研究；⑤下游产品开发研究，如生物质塑料、生物质尼龙、聚酯、聚氨酯等原料、制品合成及工艺研究。

中国虽然地大物博，但人均资源占有量很少，更应该进行生物质可再生资源化学品的研究与开发。国家和地方政府要通过制定可再生能源开发利用政策和法规，鼓励社会各界积极参与可再生能源开发利用事业；因地制宜，开发利用可再生能源，构建新型可再生能源开发利用管理模式。结合我国的实际情况，生物质的开发利用不能与人争粮、油、糖，由淀粉、油料、糖转化开发化学品应该适度，应在纤维素、半纤维素、木质素的利用上做文章，加大对开发利用纤维素、半纤维素、木质素研究支持力度，重点支持利用生物酶的研究与开发、生物塑料研究、下游化工产品如酚类化合物、多元醇、多元酸、多元胺以及生物质制品的研究开发等。这样，才能形成具有中国特色的生物质可再生资源合成化学品开发模式，促进经济社会的可持续发展。

3. 区域规划与协调发展方面要加强相互交流

在学术交流方面，我们的区域规划理论与方法创新让他们感到非常满意，使他们对发展中国家区域规划对区域发展的影响印象深刻。但他们对区域的认识比较成熟，对区域和城市的关系分析得非常透彻，对纽卡斯尔城市转型过程的研究值得我们认真借鉴，特别是英方专家提出的"governance 不是管制，而是共同治理"值得我们国内学术界认真学习和思考。另外，德国和英国在社会福利化以后，区域之间协调发展的做法，让城乡居民共享发展成果的做法，都值得我们借鉴。英国专家提出的"在关注'发展'的含义和可持续性的同时，发展中加剧的不均衡和加剧的不平等也成为困扰特定人群和地域的大问题"对我们具有重要的参考价值。因为我们国家在全面高速发展的同时，区域之间发展不平衡已经成为非常突出的问题，可以借鉴他们的方法进行解决。

参考文献

[1] Pike A，Tomaney J. The state and uneven development：The governance of economic development in England in the post-devolution UK [J]. Cambridge Journal of Regions，2009，2（1）：13-34.

[2] Pike A. Geographies of brands and branding [J]. Progress in Human Geography，2009，33（5）：619-645.

[3] Dawley S. Fluctuating rounds of inward investment in peripheral regions：Semiconductors in the North East of England [J]. Economic Geography，2007，83（1）：51-73.

[4] Champion T，Coombes M，Brown D L. Migration and longer-distance commuting in rural England [J]. Regional Studies，2009，43（10）：1245-1259.

[5] 张占仓. 河南省建设中原经济区战略研究 [J]. 河南工业大学学报（社会科学版），2011，6（4）：1-4.

新形势下河南转变发展方式的对策[*]

摘要　中共中央总书记胡锦涛 2012 年 7 月 23 日重要讲话，对转变经济发展方式提出了实施创新驱动发展等四大战略任务，标志着转变经济发展方式形势出现重大变化。河南转变发展方式可以领导方式转变促进经济发展方式转变，凝心聚力推动"两不三新"三化协调发展，以提高职工收入扩大内需为直接抓手，以积聚人才为核心推动创新驱动发展战略实施。

关键词　创新驱动；发展方式；发展战略；中原经济区；河南省

中共中央总书记胡锦涛 2012 年 7 月 23 日的重要讲话，站位全局，放眼全球，对全国政治经济社会形势作出科学、客观、全面、系统的分析与判断，为我们进一步做好新形势下各个方面的工作指明了方向。贯彻落实胡锦涛同志重要讲话精神，我们要结合河南实际，在转变经济发展方式上下功夫，寻求新形势下的发展对策。

党的十七大报告高瞻远瞩提出经济发展方式转变，"是关系国民经济全局紧迫而重大的战略任务"。当时提了三个转变："由主要依靠投资、出口拉动向依靠消费、投资、出口协调拉动转变，由主要依靠第二产业向依靠第一、第二、第三产业协同带动转变，由主要依靠增加物质资源消耗向主要依靠科技进步，提高劳动者素质提高、管理创新转变。"这一次总书记在讲话中把原来的"三个转变"进行了扩展，把"扎扎实实抓好创新驱动发展战略，推动经济结构战略性调整，推动城乡一体化发展，全面提高开放型经济发展水平"等确定为加快经济发展方式转变的四大战略任务，这是对转变经济发展方式最新的战略部署。按照胡锦涛同志重要讲话的要求，我们要通过创新驱动、城乡一体化、开放型经济发展等战略实施，主动调整经济结构，促进国民经济持续发展，创新发展，开放发展，一体化发展。

河南转变发展方式的对策有四大选择：

一、以领导方式转变促进经济发展方式转变

在当今中国，领导干部支配社会很多资源，特别是支配着大量人力、物力、财力资源，支配着政策资源，支配着全社会高端公共资源的配置，对经济社会发展影响深远。一个适应时代发展需要的领导和领导班子，对一个地区、一个部门、一个单位发展至关重要。正是基于对这种现实性的科学判断，河南省委领导非常明确地提出"以领导方式转变促进经济发展方式转变"的科学命题，而且已经在大量实际工作中显示出巨大威力。特别是通过"一文九论十八谈""新九论"以及与之配套的"十八谈映象版"，使全省干部思想空前统一，形成解放思想的高潮和"亿众一心"的政治环境，形成了全省加快发展、为民发展、科学发展、绿色发展的新局面。从理论上分析，这是中共河南省委在贯彻落实中央战略部署过程中，结合河南干部队伍

---

* 本文发表于《中州学刊》2012 年 11 月第 6 期第 49—50 页。

实际提出的可操作性战略举措，是中国特色社会主义理论在河南实践的结果之一，具有显著的地方特色和重大政策创新意义，对河南务实发展、持续发展产生了十分重要的影响。根据中央和河南省委的部署，按照"四个重在"的实践要领和"四个明白"的要求，进一步推动经济发展方式转变是形势所迫，也是大势所趋。

二、凝心聚力推动"两不三新"三化协调发展

中原经济区建设的核心任务是积极探索不以牺牲农业和粮食、生态和环境为代价的新型城镇化、新型工业化和新型农业现代化"三化"协调发展的路子（以下简称"两不三新"三化协调发展），这是我们过去多少年艰苦探索初步摸索到的路子。经过中原经济区建设方案的研究以及近两年的进一步探索，特别是中原经济区上升为国家战略，中央给我们"先行先试"的政策之后的大胆探索，具体路子越来越清晰，以新型城镇化引领"三化"协调发展，以新型农村社区建设为新型城镇化的切入点和城乡一体化结合点的战略部署越来越清晰。我们正在推进新型城镇化，尤其是新型城镇化中的新型农村社区建设，突破了新农村建设的政策障碍，找到了实现"三化"协调发展的具体方法。

实践证明，新型农村社区建设是缓解土地资源不足、为工业化和城镇化寻求发展空间非常直接的方法。一般一个行政村，通过这个过程可以节约居民点占地约400亩，潜力非常大。因为涉及最为敏感的耕地保护问题，过去这个路子国外学者不明白，很多人听了很渺茫，甚至产生质疑，但是凡来到河南，凡亲自到基层考察过的，对新型农村社区建设可以盘活很多土地资源都能很快认可。尽管我们的探索刚刚开始，我们在基层的很多实际工作上还存在种种不足与需要改进的地方，但这种方法在基层盘活土地资源的能力非常强，为当地农民改善居住条件和工作条件的作用非常显著。在国家土地法没有进行

修改的情况下，通过这种办法把以前不能盘活的土地资源可以盘活，这是事实。只要能把土地资源盘活，对河南这样人口稠密的地区来说，就具有战略意义。所以，我们对"两不三新"三化协调发展要有充分的信心，要继续做深入细致的探索，我们目前选择的这个方向是正确的，而且已经看清了具体路径。持续探索，应该会对河南省的发展，对中原经济区建设，对我国中西部地区在制度层面破解"三农"问题做出重要贡献。

三、以提高职工收入扩大内需为直接抓手

现在全国区域发展中都是"三驾马车"一起推进，我们也必须在"三驾马车"上都要下功夫。尤其是我们在干部层面需要转变观念，在扩大内需促进地方经济发展上创新思路，大胆作为，既解决发展中需求不足的难题，也满足人民群众提高生活水平的实际需要。其中，拉动内需最直接的方法之一就是提高职工平均工资水平。我们长期以财政紧张为理由，实际上是用很传统的方法压低工资。其结果之一是使当地干部对自己发展都没有信心，使年轻干部继续流失，使我们自己的子女大学毕业以后都不愿回河南工作，何谈人才强省战略？所以，我们要痛下决心，把一些长线投资项目适当压低一些，把各类资金资源盘活，一定要在提高职工平均工资方面转变观念，采取一些重大举措。如果总是经济增长速度比收入增长速度高，居民消费赶不上，拿什么拉动消费呢？正像我们改革开放之初连续几次调整中国职工的平均工资一样，平均工资提高了，社会消费才能够上得去。改革开放之前，我们追求高积累，应该发给职工的工资没有发，都拿去搞建设了，结果导致内需严重不足。改革开放之后，全国职工工资涨起来了，很多人才明白消费也能够促进经济发展。我们要在战略层面看待这个问题，不要把全省职工平均工资搞得比较低，这与我们以内需拉动经济发展的客观需要不符。观念引导决策，决策引领环境

变化，工资影响人才集聚。人才决定地区发展。建设中原经济区，我们非常需要大批人才，因此必须拿出能够吸引人才特别是青年人才的实际举措。

四、以积聚人才为核心推动创新驱动发展战略实施

科学发展观的核心是以人为本，就是把人的发展放在最重要的位置。但我们现在很多政策本身并没有以人为本，比如说大量的财政转移支付资金都跟着项目走，重物不重人。河南省部分县财政收入才2亿元左右，财政支出就需要10亿元左右，大约有8亿元是财政转移支付，占比相当大。但是，这么大的资金解决什么问题？都是解决农业基础设施建设问题，或者是解决扶贫问题。修路可以财政转移支付，给贫困农民建房可以用财政转移资金，但真正用到人才方面的资金很少。

全世界70%以上的重大科技创新是35岁以下的年轻人完成的，我们对各类人才高度重视的同时，要特别注意青年人才这个特殊群体。在我们实际工作中，我们要高度重视年轻人才，特别是35岁以下创新活力最充沛的年轻人才，我们完全有能力把与河南发展需要相适应的创新队伍建设起来，我们的自主创新体系一定能够搞好，我们创新驱动战略肯定能够顺利实施，我们转变经济发展方式的战略任务也一定能够落到实处。

追寻世界科技创新轨迹　高度重视青年人才成长[*]

党的十八大报告提出，要坚持走中国特色自主创新道路，实施创新驱动发展战略，以全球视野谋划和推动创新，为我们进一步加强自主创新提出了十分明确的要求。我们追寻世界科技创新的轨迹，可以看出科技创新最基本的经验之一就是高度重视青年科技人才成长。

工业革命以来，全球科技中心转移，经历了从 18 世纪的英国，到 20 世纪初的德国，到第二次世界大战以后的美国，三次转移都是以重大科技创新驱动的。1830 年，当英国产业革命达到高潮时，德国仍然处于落后的农业社会。它最先认识到科技创新的重要性，处心积虑坚持 40 年政策不变，大批向英国派遣青年学生，向英国学习，以科技创新推动经济社会发展，到 19 世纪末 20 世纪初上升为全世界的科学中心，进而成为全球的经济中心。后由于国内法西斯思想泛滥，导致短时间之内连续发动两次世界大战，使其迅速衰败。现在中小学教科书里边，包括大学本科教科书中，大部分以人命名的定律，都是 20 世纪上半期德国科学家创造的。

"二战"后期，美国开始把人才作为国家战略，采取各种措施吸引人才，导致全球人才向美国集中，很多德国科学家战后也集中到了美国。因此，美国"二战"以后迅速成为世界科技中心，持续称霸世界长达几十年。20 世纪 80 年代中期，日本经过战后持续高速增长，也成为全球科技最发达的国家之一，促使日本在 80 年代经济持续繁荣，甚至要"收购全球"，包括美国最著名的公司在内。中国 1995 年提出并实施"科教兴国"战略，

快速提升了综合实力，特别是科技创新实力，影响迅速扩大。从 2008 年金融危机开始，中国利用外汇储备充裕的优势，收购了一批外国公司，特别是石油公司和高科技公司，影响较大。现在，全球已经发出了声音，说"中国在收购世界？"当然，中国迅速发展的同时，也面临一些前所未有的挑战，特别是国外已出现过的低收入群体过大导致的"中等收入陷阱"，是必须竭力避免的。

全球科技中心转移都是通过重大的科技创新、重大的科学进步实现的。现在，中国已初步具备重大科技进步、重大科学创新条件。比如，中国的科技人员队伍数量已经是全球第一，2011 年发表的学术论文数量居全球第二，部分高新技术领域在全球领先，日益增多的中青年科技人员充满创新活力，改革开放国策引致全世界所有对发展中国家开放的实验室几乎毫不例外地都有中国留学生，国家的科技创新投入迅速增加，部分重大科学工程跨入世界前沿，部分高端领域科技创新获得突破，等等。尽管我国很多硬指标和发达国家还有几十年差别，比如天宫一号，虽然很先进，能够把宇航员顺利送达太空，但是苏联在 1961 年就完成了。2011 年全国城镇化率达 51.3%，被认为是城镇化的重大转折点，但是美国 1920 年城镇化率就达到了51.2%，我们大致与其相差 91 年。2012 年"蛟龙号"载人深潜器连续创造了 3000 米、5000 米和 7000 米下潜成功的辉煌业绩，但是这类作业型载人深潜器美国在 1964 年就已经下水开展工作，探险型深潜器更是在 1960 年就下潜到 10916 米。中国航母辽宁号正在进行

---

* 本文发表于《创新科技》2013 年第 2 期第 16-17 页。

舰载机试验，引起全球高度关注，但是日本第一艘航母是 1922 年下水的，我们与这些科技发展标志的差距还很大。可是，这些差距不影响我国已经成为科技大国的现实，而且我们正在向科技强国稳步迈进，这个过程将以科学技术进步为支撑，以若干领域重大科技创新为标志，支撑中国经济结构发生重大调整。

科技中心不断转移是规律，是国家之间竞争的必然结果。中国的振兴，首先要从科教兴国和人才强国战略扎实起步。只有认清了这种历史走势，才能够明白中央为什么对经济发展方式转变这样高度重视，这样明确部署，而且不停地出实招，加快转变的步伐。只有按照中央的部署，务实推进经济发展方式转变，切实把创新驱动战略放在应有位置，产业结构升级的历史性任务才能够顺利完成。

改革开放的代表作深圳特区的发展历程，也是创新驱动发展的典范。深圳刚开始建的时候，主要是在借鉴和模仿香港，立足于依靠自由贸易起家，但是到 20 世纪 80 年代中期，它们以优惠政策引进科技人员，优先出台了"只要是中级职称到深圳都可以解决夫妇两地分居问题"，致使全国兴起了一轮大规模"孔雀东南飞"潮流，全国大批科技人员尤其是创新活力最旺盛的中青年科技人员向深圳积聚，迅速改善了深圳发展的方向，使深圳成为创新创业创造的热土。1992 年邓小平南方谈话以后，深圳又率先出台了"创业基金"政策。只要你带新科技项目到深圳去，一周之内给你答复，如果审查通过，无偿给你 8 万元扶持你在深圳创业。干成了继续在深圳发展，干不成不追究责任，宽容失败，这一措施导致全国成千上万的青年科技人才和高新技术项目迅速聚集深圳，促进深圳很快成长为全国高新技术产业发展基地。深圳这两轮激励科技创新的政策，把深圳早期学香港走国际贸易的路子，迅速提高为依靠科技人才集中带动科技进步，促进地方高速发展的最现代化的新路。现在深圳的高新技术产业规模比北京、上海都大得多，已成为全中国高新技术产业最集中的基地。应该说，像北京和上海的名牌大学、著名科研机构数、科技人员总数等和深圳完全不在一个层级上，比深圳好得多，但深圳现在能够成为全国最大的高新技术产业基地，确实是它们两次重大政策创新及其不断深化引致青年科技人才集中集聚集群发展的结果。现在，一个深圳市科技局掌握的研发经费，比中西部一个省都多，所以深圳的重大科技项目、重大科技创新成果相当多，很多青年科技人才，特别是海归青年人才仍然选择在深圳创新创业，促使科技创新带动地方经济社会持续高速发展的效果也特别突出。

我们从中可以悟出，全球和全国通过科技创新驱动地方发展的潜力，也更能够明白加快科技创新不是等到地方经济发达之后的事，提升地方科技创新能力的关键是政策创新、环境优化、吸引青年人才集聚。英国、德国、美国、日本以及国内深圳等能够制定出适合当时发展需要的科技政策，我国也应该有信心、有能力通过优先发展科技和教育，把科技创新能力提高到一个更加有利于创新驱动发展的状态。

党的十七大上，胡锦涛总书记明确提出，科学发展观第一，要义是发展，核心是以人为本。但我们现在很多科技政策、人才政策本身并没有突出以人为本。比如说大量的财政转移支付资金都是跟着项目走，重物不重人。像河南省部分县，财政收入 2 亿左右，财政支出 10 亿左右，大约有 8 亿元是财政转移支付，占比相当大。可是，这么大的资金解决什么问题？都是解决农业基础设施建设问题，或者是解决扶贫问题。修路可以财政转移支付，给贫困农民建房可以用财政转移资金，但真正用到人才方面的资金很少。美国"二战"以来，动用大量的财力做科技和教育，始终把人才放在战略高度，特别是一贯高度重视青年人才的引进、培养与扶持，为全球青年人才提供非常优厚的条件到美国学习与工作。为什么到现在为止，中国很多孩子只要学习能力差不多，都要设法送到美国学习？大家知道，美国人也清楚，全世界70%以上的重大科技创新是35岁以下的年轻人完成的，具有创新潜力的青年科技人员都在向美国集中，美国的创新能力怎么会不强呢？我们很多干部都到美国学习过，应该是了解这种背景的，也应该深思美国对待青年人才方法的科学性、超前性和战略性。

为此我建议，在对各类创新人才高度重视的同时，要特别注意青年人才这个特殊群体。在我们实际工作中，一说重视人才，吸引人才，招聘人才，都是要院士、科技领军人才，"千人计划"人才，博导，等等。这样做对不对，非常对！但是，非常不全面。实际上，你引进院士或领军人物很重要，但很难，即使招到了，引到了，他真正到当地工作的时间非常有限，因为他们一般都是原单位的宝贵资源，在原岗位上都有非常重要的工作要干。如果我们把人才资源的概念全面

化、系统化、科学化，特别是把年轻人才地位放到应有高度，从全国招募三五千名青年科技人员很容易，这样的队伍适当进行必要的专业训练之后，从事科技创新，按照管理学上的"二八定律"，都有可能成就一批科技创新的优秀人才。当然，谁都知道，二的前提是八，没有八就没有二。如果我们能够把观念调整到重视各种创新人才的同时，也高度重视年轻人才成长，特别是35岁以前创新活力最充沛的年轻人才，那么自主创新体系一定能够搞得更好，创新驱动战略肯定能够顺利实施，转变经济发展方式的战略任务也一定能够落到实处。

青年人是活力，青年人是未来，青年人是创新骨干，青年人是创新驱动发展战略的力量源泉。一个高度重视青年人才的中国，才会在转变发展方式的征程中迎来光辉灿烂的明天。

打造科技中心的人才战略[*]

党的十八大报告提出，要坚持走中国特色自主创新道路，实施创新驱动发展战略，以全球视野谋划和推动创新，为我们进一步加强自主创新提出了十分明确的要求。我们追寻世界科技创新的轨迹，可以看出科技创新最基本的经验之一就是高度重视青年科技人才成长。

工业革命以来，全球科技中心转移，经历了从18世纪的英国，到20世纪初的德国，到第二次世界大战以后的美国，三次转移都是以重大科技创新驱动的。

中国通过1995年提出并实施"科教兴国"战略，快速提升了综合实力，特别是科技创新实力，中国的影响确实在以迅雷不及掩耳之势扩大。从2008年金融危机开始，中国利用外汇储备充裕的优势，收购了一批外国的公司，特别是石油公司和高科技公司，影响较大。现在，全球已经发出了声音，说"中国在收购世界？"当然，我们迅速发展的同时，也面临一些前所未有的挑战，特别是国外已出现过的由于低收入群体过大导致的"中等收入陷阱"，是我们必须竭力避免的。

全球科技中心转移都是通过重大的科技创新、重大的科学进步实现的。现在，我们中国已初步具备重大科技进步、重大科学创新条件。尽管我们很多硬指标和发达国家还有几十年差别，但是，这些差距不影响我们国家已经成为科技大国的现实，而且我们正在向科技强国稳步迈进，这个过程将以科学技术进步为支撑，以若干领域重大科技创新为标志，支撑中国经济结构发生重大调整。正像我们观看的伦敦奥运会一样，已经举办三次奥运会，而且是现代管理学发源地的英国，竟然在奥运会期间不停地出现类似把国旗搞错等管理学方面的常识性错误，说明昔日的大英帝国确实不再辉煌，其管理能力衰败趋势显著，也表明它已远离当代科技中心。

科技中心不断转移是规律，是国家之间竞争的必然结果。中国的振兴，首先要从科教兴国和人才强国战略扎实起步。对此我们要有充分的认识，充分的决心，充分的信心，只有认清了这种历史走势，才能够明白中央为什么对经济发展方式转变这样高度重视，这样明确部署，而且不停地出实招，加快转变的步伐。只有按照中央的部署，务实推进经济发展方式转变，确实把创新驱动战略放在应有位置，我们产业结构升级的历史性任务才能够顺利完成。

我们改革开放的代表地区深圳特区的发展，是创新驱动发展的典范。20世纪80年代中期，深圳以优惠政策引进科技人员，优先出台了"只要是中级职称到深圳都可以解决夫妇两地分居问题"政策，致使全国兴起了一轮大规模"孔雀东南飞"潮流，全国大批科技人员尤其是创新活力最旺盛的中青年科技人员向深圳积聚，迅速改善了深圳发展的方向，使深圳成为创新创业创造的热土。1992年邓小平南方谈话以后，深圳又率先出台了"创业基金"政策：干成了继续在深圳发展，干不成不追究责任，宽容失败。就这一个措施促使全国成千上万的青年科技人才和高新技术项目迅速聚集深圳。深圳这两轮激励科技创新的政策过程下来，把深圳早期学香港地区走国际贸易的路子，迅速提高为依靠科

* 本文发表于《中国科学报》2013年2月25日第7版。

技人才集中带动科技进步，促进地方高速发展的最现代化的新路。现在深圳的高新技术产业规模比北京、上海都大得多，已成为全中国高新技术产业最集中的基地。应该说，像北京和上海的名牌大学、著名科研机构数、科技人员总数等和深圳完全不在一个层级上，比深圳好得多，但深圳现在能够成为全国最大的高新技术产业基地，确实是他们两次重大政策创新及其不断深化引致青年科技人才集中集聚集群发展的结果。

我们从中应该可以悟出，全球和全国通过科技创新驱动地方发展的潜力，也更能够明白加快科技创新不是等到地方经济发达之后的事，而政策创新、环境优化、吸引青年人才集聚是提升地方科技创新能力的关键。英国、德国、美国、日本以及国内深圳等能够制定出适合当时发展需要的科技政策，我们全国也应该有信心、有能力制定，更应该通过优先发展科技和教育，把我们的科技创新能力提高到一个更加有利于经济社会以创新驱动发展的状态。按照党的十八大的战略部署，通过实施创新驱动战略，而不是创新驱动战术，才能够有效推动经济发展方式转变。

在党的十八大会议上，科学发展观已经进入全党的指导思想，在下一步我们所有工作中将发挥更加全面的作用。其核心是以人为本，就是把人的发展放在最为重要的位置。但我们现在很多科技政策、人才政策本身并没有突出以人为本的理念，真正用到人才方面的资金很少。我们看一看美国"二战"以来，动用那么大的财力做科技和教育，始终把人才放在战略高度，特别是一贯高度重视青年人才的引进、培养与扶持，为全球青年人才提供非常优厚的条件到美国学习与工作。为什么到现在为止，我们国家很多孩子只要学习能力差不多，都要设法送到美国学习？大家都知道，美国人也清楚，全世界70%以上的重大科技创新是35岁以下的年轻人完成的，具有创新潜力的青年科技人员都在向美国集中，美国的创新能力怎么会不强呢？我们很多干部都到美国学习过，应该是了解这种背景的，也应该深思美国对待青年人才方法的科学性、超前性和战略性。

为此我们建议，在对各类创新人才高度重视的同时，要特别注意青年人才这个特殊群体。如果我们把人才资源的概念全面化、系统化、科学化，特别是把年轻人才地位放到应有高度的话，在我们国家所有省招募三五千名青年科技人员很容易，而这样的队伍适当进行必要的专业训练之后，从事科技创新，按照管理学上的"二八定律"，都有可能成就一批科技创新的优秀人才。当然，谁都知道，"二"的前提是"八"，没有"八"就没有"二"。如果我们能够把观念调整到重视各种创新人才的同时，也高度重视年轻人才成长，特别是35岁以下创新活力最充沛的年轻人才，我们现在完全有能力把与创新队伍建设得更加强大，我们的自主创新体系一定能够搞得更好，我们创新驱动战略肯定能够顺利实施，我们转变经济发展方式的战略任务也一定能够落到实处。

用市场的力量有效治理环境污染[*]

党的十八届三中全会《关于全面深化改革若干重大问题的决定》明确提出，要使市场在资源配置中起决定性作用，更好地发挥政府的作用。伴随我国环境管理制度改革与节能减排制度建设的战略性推进，把大家最为关心的环境污染有效治理问题如何全面纳入市场轨道，备受各界关注。国务院办公厅2014年8月印发的《关于进一步推进排污权有偿使用和交易试点工作的指导意见》（以下简称《指导意见》），旨在借鉴国际经验，总结我们自己的实践探索，全面深化改革，发挥市场高效配置资源的作用，促进主要污染物排放总量持续有效减少，加快环境污染治理步伐。该指导意见的出台，意味着我国排污权有偿使用和交易试点在地方探索的基础上走向更加规范的运作状态，将对全面推进环境污染治理发挥探路与积累更多经验的重要作用。

一、深刻理解其科学内涵

排污权是指排污单位经核定、允许其排放污染物的种类和数量。排污权有偿使用，是指在满足主要污染物排放总量控制要求前提下，排污单位通过向县级及以上环境保护部门缴纳排污权有偿使用费取得排污权的行为。而排污权交易是指在满足环境质量和主要污染物排放总量控制要求的前提下，排污单位通过排污权交易平台依法公开出让或受让排污权的行为。

由于产业发展本身的问题，部分企业在创造大量物质财富的同时，产生了各种污染物。这些污染物达到一定数量之后，就对社会公众产生了影响正常生活甚至破坏健康的问题。如何科学地治理环境污染，并通过市场配置资源的手段，高效地改善环境质量，理论界已经进行了大量卓有成效的探索与研究。1912年，英国学者庇古（Pigou）提出，可以采取对污染者征税或收费的办法来解决外部性问题，这种税就称为庇古税或者排污收费。1960年，著名经济学家科斯（Coase）提出，只要市场交易成本为零，无论初始产权如何配置，市场交易总可以将资源配置达到最优。因此，环境污染问题可以"通过产权的清晰界定获得资源配置的效率"。科斯认为，市场失灵是由产权界定不明确导致的，只要明确界定所有权，市场主体或经济行为主体就可以有效地解决外部性问题，即通过产权的明晰与界定可以将外部成本内部化。1966年，托马斯·克罗克（Thomas Crocker）将这个理论应用于对空气污染控制的研究，获得成效。1968年，约翰·戴尔斯（John Dales）将科斯定理应用于水污染的研究。这些研究明确了"污染权"的概念，奠定了排污权交易的理论基础。1972年，蒙哥马利（Montgomery）从理论上证明了基于市场的排污权交易系统明显优于传统的环境治理政策。他认为，排污权交易系统的优点是污染治理量可根据治理成本进行变动，这样可以使总的协调成本最低。因此，如果用排污权交易系统代替传统的排污收费体系，就可以节约大量的成本。美国是最早实践排污权交易的国家，从早期先将排污权交易应用于大气污染和水污染管理，到后来的酸雨治理计划，都获得了显著的经济社会环境效益。欧洲的

---

* 本文发表于《河南日报》2014年9月26日第4版。

碳排放交易也比较成功。

我国从 20 世纪 80 年代就开始进行排污权有偿使用与交易试点的探索,2007 年进入试点探索深化期,国家环保部与财政部先后批复了浙江、江苏、天津、河北、内蒙古等 11 个地区排污权有偿使用与交易试点。经过多年来的试点,这些地区取得了积极成效,为我国下一步深入推进排污权有偿使用与交易积累了宝贵的实践经验与初步的理论基础。特别是在排污权的核定、有偿使用及交易价格设计、实施时限、初始分配方式、有偿取得和出让方式、规范交易行为与政策实施范围,以及交易管理和实施保障方面,基本上有了比较一致的认识,为进一步全面推进试点工作奠定了良好的理论基础。

二、系统把握政策要点

国务院《指导意见》的政策要点是两个方面:第一,建立排污权有偿使用制度;第二,加快推进排污权交易。到 2017 年,试点地区排污权有偿使用和交易制度基本建立,试点工作基本完成。

如何建立排污权有偿使用制度呢?第一,要严格落实污染物总量控制制度。只有污染物总量得到有效控制,我们的环境质量才能够得到逐步改善。所以,试点地区要严格按照国家确定的污染物减排要求,将污染物总量控制指标分解到基层,落实到具体的企业。第二,要合理核定排污权。试点地区应于 2015 年底前根据有关法律法规标准、污染物总量控制要求、产业布局和污染物排放现状等全面完成现有排污单位排污权的初次核定,以后原则上每 5 年核定一次。排污权以排污许可证形式予以确认。第三,实行排污权有偿取得。排污单位在缴纳使用费后获得排污权,或通过交易获得排污权。排污单位在规定期限内对排污权拥有使用、转让和抵押等权利。第四,规范排污权出让方式。试点地区可以采取定额出让、公开拍卖方式出让排污权。第五,加强排污权出让收入管理。排污权使用费由地方环境保护部门按照污染源管理权

限收取,全额缴入地方国库,纳入地方财政预算管理。排污权出让收入统筹用于污染防治,任何单位和个人不得截留、挤占和挪用。

在推进排污权交易方面,指导意见规定:第一,规范交易行为。排污权交易应在自愿、公平、有利于环境质量改善和优化环境资源配置的原则下进行。交易价格由交易双方自行确定。第二,控制交易范围。排污权交易原则上在各试点省份内进行。涉及水污染物的排污权交易仅限于在同一流域内进行。火电企业原则上不得与其他行业企业进行涉及大气污染物的排污权交易。第三,激活交易市场。试点地区要积极支持和指导排污单位通过淘汰落后和过剩产能、清洁生产、污染治理、技术改造升级等减少污染物排放,形成"富余排污权"参加市场交易。积极探索排污权抵押融资,鼓励社会资本参与污染物减排和排污权交易。第四,加强交易管理。排污权交易由地方环境保护部门负责。跨省级行政区域的排污权交易试点,由环境保护部、财政部和发展改革委负责组织。

三、积极推动试点工作

河南省是新一轮全国排污权有偿使用和交易改革创新的十个试点省之一,2014 年 10 月 1 日,将按照省政府制定的办法进行试点。也就是说,在满足国家或地方排放标准前提下,河南省排污企业使用向环境排放污染物的权利将由过去的"无偿"变为"有偿",将开始大胆探索通过市场的方法配置环境资源,促进全省环境保护工作进入一个新的发展阶段。

第一,充分认识排污权有偿使用和交易试点的重要意义。当今社会,绿色发展是全体民众的共同期盼。开展排污权有偿使用和交易,目的是推动企业减少环境资源的占取,市场化地解决环境容量资源长期无价和低价使用问题。通过排污权有偿使用和交易制度,可以使排污企业为了自身的经济利益提高治污的积极性,全社会的污染治理从过去政府的强制行为变为企业自觉的市场行为,有利

于削减政府和企业节能减排压力，提高环境资源的配置效率，降低污染治理成本，促进环境质量改善，最终造福于广大老百姓。

第二，加强组织领导。在省委、省政府领导下，相关部门密切合作，共同推动试点工作健康运行。要按照省政府出台的《河南省主要污染物排污权有偿使用和交易管理暂行办法》规定重点对化学需氧量、氨氮、二氧化硫、氮氧化物四项主要污染物实行排污权有偿使用和交易，并进一步制定具体可行的配套政策，建立工作协调和利益激励机制，加强执行力建设，积极稳妥推进试点工作有序开展。

第三，严格社会监督。排污单位应当按照规定准确计量污染物排放量，主动向当地环境保护部门报告。重点排污单位应安装污染源自动监测装置，与当地环境保护部门联网，确保检测装置稳定运行、检测数据真实可靠。管理部门和全社会要强化对排污单位的监督监测，保障执法监管力度，对于超排污权排放或在交易中弄虚作假的排污单位，要依法严肃处理。

第四，加强舆论宣传与引导。按照省委、省政府的战略部署，通过市场配置环境资源的方法，加快环境污染治理进程，是涉及广大老百姓切身利益的大事，需要全社会的充分理解与积极支持，特别是需要相关企业的积极配合与实质性参与。为此，各种媒体要勇于承担社会责任，积极宣传排污权有偿使用和交易的基本知识和政策法规，以利于在全社会形成科学有效有序治理环境污染的浓厚氛围，共同推动这项真正造福于全社会的伟大工程。

准确把握新形势下全省发展的切入点[*]

按照中央和河南省委经济工作会议部署，在2015年省政府工作报告中，时任河南省省长谢伏瞻指出，要主动适应经济发展新常态。这是顺应历史发展潮流的大逻辑，是做好2015年经济发展工作的思想基础。按照习近平总书记的明确阐述，经济发展新常态的三个主要特点是：速度——由高速增长转为中高速增长，结构——经济结构不断优化升级，动力——从要素驱动、投资驱动转向创新驱动。我们必须系统认识与领会这些主要特点，准确把握新形势下河南省发展的切入点，才能够按照省政府的要求，做好2015年的经济发展工作。

一、坚持中高速发展的大方向

面对错综复杂的国内外经济形势，针对河南省发展的真实情况，在持续推进国家三大战略规划实施过程中要继续重视投资驱动，引导消费拉动，进一步加强出口带动，"三驾马车"协调发力，主动应对各种挑战，集中精力加快发展步伐，实实在在造福于人民大众。尽管全国发展态势变化巨大，但是对于河南来说，必须始终坚定不移地把发展放在第一要务。这是我们最大的省情需要，也是最大的百姓心声。习近平总书记讲，问题是时代的声音，人心是最大的政治。因此，在经济欠发达的河南省加快发展步伐，实现中原崛起河南振兴富民强省就是最大的政治。按照省政府工作报告中的安排，2015年全省GDP增长8%，工作中争取更好结果。这是全省今年经济发展的硬任务，是省政府对全省人民的庄严承诺，需要各地全力以赴完成。分析2014年各地发展情况，全省GDP增长完成了8.9%，业绩比较好，在全国31个省、市、自治区中排第13位，在全国经济总量最大的前10个省中排第3位，特别是鹤壁、濮阳、济源三市GDP增速均达10%或更高，为全省发展大局做出了重要贡献。但是，我们18个省辖市中有5个GDP增长速度都在8.9%以下，最低市的GDP增速是8.1%，资源型城市经济转型发展困难较大，全省经济发展格局比较严峻，下行压力非常大。在这种情况下，2015年各市如何为全省发展做出贡献，把当地GDP增长速度稳定在8%或以上，而不是以种种理由拖全省经济发展的后腿，成为检验地方领导班子驾驭转型发展能力的关键。郭庚茂书记早已告诫我们，全省经济发展处于爬坡过坎、攻难克艰的紧要关头，各地务必要心无旁骛地为经济发展排忧解难，促进地方加快发展。2014年发展业绩相对较弱的5个市严酷的现实进一步说明，郭书记的告诫是多么忠恳、多么重要。面对传统行业发展普遍比较困难的现状，如何知耻后勇，变被动为主动，着力扩大增长点、转化拖累点、抓好关键点、抢占制高点、稳控风险点，促进经济发展焕发活力，持续前行，确实需要各地夜以继日、奋力拼搏，更需要当前发展状态较弱的各市深刻反省工作方法，转变发展理念，寻求加快经济发展的具体路子。

二、要在产业结构调整上有大作为

2013年，我国第三产业占GDP的比重达到46.9%，第二产业降至43.7%，第三产业第一次成为国民经济最大的部门，实现了产业结构演进的历史性跨越，国民经济向服务

---

* 本文发表于《河南日报》2015年2月6日第9版。

化迈进。2014年，第三产业占GDP的比重进一步上升至48.2%，第二产业占GDP的比重持续下降到42.6%，中国经济结束第二产业主导发展阶段，在国家层面进入了工业化发展后期，明显进入第三产业主导发展状态，国民经济服务化已经成为未来非常明朗的发展趋势，服务业成为经济发展最大的蓄水池和动力源。对于改革开放以来逐步成长为全球制造业大国的中国来说，这种产业结构的变化是巨大的，具有历史性意义，标志着中国经济结构向更加高级的阶段开始迈进。实际上，全国发达地区第三产业已经在当地GDP中占据突出地位，像北京市、上海市、广东省和江苏省等第三产业占GDP的比重分别达到77.9%、64.8%、49.1%和46.7%，中西部经济欠发达地区第三产业发展相对滞后。2014年，河南省第三产业占GDP的比重为36.9%，比2013年提高4.9个百分点，产业结构调整成效明显。但是，我们第三产业占GDP的比重比全国平均水平低11.3个百分点，是全国第三产业发展最为薄弱的地区之一。如何适应这种全国性的产业结构调整趋势，在持续推进工业化，特别是加快建设制造业强省的同时，加快第三产业发展步伐，努力建设服务业大省，尤其是扩大生产性服务业发展规模，提高全社会的资源配置效率，提升国民经济发展的质量与效益，需要研究和破解的难题非常多。全面贯彻落实2014年7月省政府召开的全省服务业大会的精神，像过去抓工业发展一样，全民动员，全面推动服务业加快发展，已经成为当前和今后一个阶段全省经济发展的一项战略任务。全省2014年发展的实践已经证明，哪一个市县认清了这种发展形势，踏上了这种节拍，在抓好第一产业、持续推进工业化的同时，在第三产业加快发展上下足了劲，全年经济发展形势就明显好一些，而仍然一味抱着原来的发展观念，只是集中力量发展第一产业和第二产业，没有把第三产业放在应有地位的市县，经济发展形势就明显要差一些。所以，积极主动优化产业结构成为促进地方经济加快发展的重要切入点。

三、积极推动创新驱动发展

实施创新驱动发展战略，是党的十八大提出的重大战略，是国家推动经济发展方式转变的基本支撑点，已经在全国显示出巨大的发展潜力。2014年，在全国受到高度关注的阿里巴巴、腾讯、百度、京东等公司，无不是以高科技互联网为支撑的企业。这些事实说明，中国经济已经到了创新驱动发展时代，过去主要依靠资源投入、环境投入、资金投入和廉价劳动力投入的传统发展模式正在越来越缺乏活力，而像发达国家一样通过创新驱动发展已经成为一种看得见、摸得着的历史趋势。谢伏瞻省长的报告中，把"不断强化创新驱动发展"作为全省2015年最为重要的十大工作之一，进行了周密安排，足见省政府对创新驱动发展的高度重视。而推动创新驱动发展，是我们最为艰巨的任务之一，因为我们现实的创新能力并不强，不少人对创新驱动发展缺乏信心。认真分析国内外发展的实践，自工业革命以来全球创新驱动发展成功的典型，都是在原来创新能力并不强的地区，只要下定决心，舍得向创新领域持续投入人力、物力、财力，高度重视各类人才作用的发挥，尤其是高度重视青年创新人才作用的充分发挥，就有可能获得某些领域或某个阶段的创新突破，并为地方经济发展注入强大的活力，创造出地方发展的新优势，甚至创造出区域发展崛起的新奇迹。因此，统一思想，提高认识，通过全面深化改革，向创新驱动领域多投入，从一点一滴做起，打造宽松的创新、创业、创智、创造环境，让各类创新人才走上发展的前台，特别是让最能够代表未来的一代青年人才充分释放出青春与活力，形成浓厚的创新氛围，鼓励和激励各类创新成果转移转化，是我们各地各部门非常明确的战略选择。其实，我们的总理李克强在这个方面做得非常好，他在为各类人才创新创业方面大张旗鼓地鼓与呼，提出"大众创业、万众创新"的时代强音。我们需要把这些鼓励创新的战略措施落到实处，在当地生根、开花、结果，真正使创新驱动发展逐步成为河南省经济社会发展的新常态。

建设"丝绸之路经济带"的国家战略需求与地方策略

2013 年 9 月，习近平在访问中亚四国期间首次提出共建"丝绸之路经济带"的战略构想。2013 年 10 月，习近平在访问东盟期间又首次提出共建"21 世纪海上丝绸之路"的战略构想。此后，"一带一路"倡议得到广泛关注。2014 年，丝绸之路经济带沿线国家与地区对其建设的科学性、可行性、迫切性进行了大量调研与讨论，并积极付诸行动。2015 年 2 月 1 日，中央推进"一带一路"建设工作会议在北京召开，标志着"一带一路"建设进入运行状态。从学界到政界，很多人还没有弄清楚"一带一路"的基本问题，国家却大刀阔斧地进入推进阶段。因此，我们需要从更高的国家战略需求角度来认识和适应丝绸之路经济带建设的必然性，并积极寻求支持丝绸之路经济带建设的地方策略。

一、建设丝绸之路经济带是国家战略需求

中国改革开放以来，综合国力稳定增长，2010 年 GDP 总量达到 397983 亿元人民币（折合 58798 亿美元），超越日本（54742 亿美元），成为全球第二大经济体。面对中国发展进入新常态的特殊形势，中国未来发展之路怎么走，确实面临一系列战略选择。

"一带一路"建设，是以习近平同志为总书记的党中央主动应对全球形势深刻变化、统筹国际国内两个大局做出的影响未来发展大局的重大战略决策。这一宏伟战略已被写入 2013 年 11 月出台的《中共中央关于全面深化改革若干重大问题的决定》和 2014 年 3 月

发布的《政府工作报告》，成为国家推动经济社会可持续发展的重大战略举措。

2014 年 6 月，习近平在和平共处五项原则发表 60 周年纪念大会上的讲话中指出："中国正在推动落实丝绸之路经济带、21 世纪海上丝绸之路、孟中印缅经济走廊、中国—东盟命运共同体等重大合作倡议，中国将以此为契机全面推进新一轮对外开放，发展开放型经济体系，为亚洲和世界发展带来新的机遇和空间。"

2014 年 11 月 4 日，习近平主持召开中央财经领导小组第八次会议，研究丝绸之路经济带和 21 世纪海上丝绸之路规划、发起建立亚洲基础设施投资银行和设立丝路基金。习近平强调，丝绸之路经济带和 21 世纪海上丝绸之路倡议顺应了时代要求和各国加快发展的愿望，提供了一个包容性巨大的发展平台，具有深厚的历史渊源和人文基础，能够把快速发展的中国经济同沿线国家的利益结合起来，要集中力量办好这件大事。

2014 年 11 月 8 日，习近平在加强互联互通伙伴关系对话会上宣布，中国将出资 400 亿美元成立丝路基金。丝路基金是开放的，欢迎亚洲域内外的投资者积极参与。

2014 年 11 月 11 日，亚太经合组织第 22 次领导人非正式会议在北京举行。各成员领导人围绕"共建面向未来的亚太伙伴关系"主题深入交换意见，共商区域合作大计，达成广泛共识。习近平在会上提出，面对新形势，我们应该加快完善基础设施建设，打造全方位互联互通格局。开展互联互通合作是

---

* 本文发表于《区域经济评论》2015 年第 3 期第 81~83 页，是"一带一路"下的区域合作与发展五篇专题文章之一。

中方"一带一路"倡议的核心。中方欢迎志同道合的朋友积极参与有关合作，共同将"一带一路"建设成为大家的合作之路、友好之路、共赢之路。无论是中国提出的互联互通建议，还是支撑互联互通的"一带一路"倡议，均是自第二次世界大战结束以来，在全球经济格局建设中包容、互惠、共赢、可行的战略思想，得到了与会各国领导人的高度评价。日本《外交学者》11月17日载文：APEC、东亚峰会和G20峰会之后，中国跃升为全球领袖。

2015年2月25日，中国工商总局网站资料显示，2014年末成立的中国丝路基金有限责任公司注册资本615.25亿元人民币。中国央行此前公布，丝路基金重点将在"一带一路"发展进程中寻找投资机会，并提供相应的投融资服务。

大量证据表明，建设丝绸之路经济带是国家可持续发展的战略需求，是中国未来发展的融入全球的重大战略部署，是中国与周边国家通过建立互联互通基础设施、实现长远睦邻友好发展的重大战略举措，是实现中华民族伟大复兴中国梦的重要战略支撑点之一，是21世纪中国引领世界发展的奠基之作。

二、国家战略的地方支撑

在国家战略需求明确之后，国内丝绸之路经济带沿线地区，已经展开大量实际行动，而且卓有成效。

地处国内最西部的新疆，2014年出台丝绸之路经济带核心区建设实施意见和行动计划，丝绸之路经济带国际研讨会成功举办，西行货运班列开通，喀什综合保税区通过国家验收、封关运行。2015年，新疆提出紧紧抓住国家"一带一路"建设重大历史机遇，按照北、中、南通道建设规划，切实抓好重大基础设施项目建设和储备。积极推动中巴经济走廊及面向中西南亚和欧洲的物流通道、信息通道建设。突出与周边国家道路联通、信息相通。

地处西行重要通道的甘肃省，2014年研究出台丝绸之路经济带甘肃段建设总体方案，开通兰州至迪拜、第比利斯、新加坡3条国际航班和中欧货运班列"天马号"（武威至阿拉木图）。2015年，甘肃提出加快丝绸之路经济带甘肃段建设，深入实施丝绸之路经济带甘肃段建设总体方案，努力提升对外开放水平，构建交通物流网络，深化人文交流合作。

2014年，青海省深度融入国家"一带一路"倡议，加快推进互联互通，与中亚南亚国家建立多个合作平台，新缔结3对国际友好城市。2015年，青海省提出坚持向东和向西相结合，全方位、多层次、宽领域扩大开放。深度融入"丝绸之路经济带"，打造与丝绸之路沿线国家和周边省区航空、铁路、公路有效对接的现代交通网络，继续举办丝绸之路沿线国家经贸合作圆桌会议，全力扩大对内对外交流合作。

具有特殊开放优势的内蒙古，2014年全面提升对外开放水平，深化与俄蒙的务实合作，被国家纳入"丝绸之路经济带"建设范围，向北开放桥头堡建设迈出重要步伐。2015年，内蒙古提出抓住国家实施"一带一路"等倡议带来的机遇，创新同俄蒙的合作机制，积极推进与俄蒙基础设施的互联互通，扩大商贸往来和人员交流，全面提升沿边开发开放水平。

具有民族文化优势的宁夏回族自治区，2014年抓住国家实施"一带一路"倡议的难得机遇，以推进中阿务实合作为重点，宁夏清真食品认证机构获国家批准，与12个国家和地区签署清真食品标准互认合作协议。2015年，宁夏提出以国家"一带一路"倡议为引领，进一步打造丝绸之路经济带战略支点。树立全球眼光，拓展国际视野，以宁夏内陆开放型经济试验区为平台，用好用足中阿博览会"金字品牌"，加快建设陆上、网上、空中丝绸之路。

2014年，陕西省抓住机遇加快建设丝绸之路经济带新起点，首届丝绸之路国际艺术节等成功举办，与中亚四国相关省州缔结友好关系，"长安号"班列实现常态运行，与中亚国家在基础设施、地勘、能源、农业等领域的合作项目超过百个。2015年，陕西提出"引进来、走出去"相结合，加强与中亚国家和澳大利亚等国在资源勘探、支持杨凌建立"一带一路"农业技术援外培训基地和在国外实施节水农业、良种繁育、生物工程项目，引导建材、纺织等产业到中亚国家释放产能。

2014年，山西省积极融入"一带一路"倡议，加强与沿线地区的开放合作。2015年，山西省提出，加快对外开放。积极对接国家"一带一路"等倡议，扩大与相关地区的交流合作，加大承接"长三角""珠三角"等地区产业转移力度，主动融入环渤海经济圈和中原经济区，加快晋陕豫黄河金三角承接产业转移示范区建设。

2014年，河南省积极融入"一带一路"倡议，郑州、洛阳成为丝绸之路经济带主要节点城市，郑欧班列班次密度、货重货值均居中欧班列前列，郑州至卢森堡定期货运航线开通，成为空中丝绸之路。2015年，河南省提出要深度融入"一带一路"建设，推动中原腹地走向开放前沿，构建与欧亚地区便捷的运输通道。强化郑州、洛阳节点城市辐射带动作用，谋划建设亚欧大宗商品商贸物流中心、丝绸之路文化交流中心、能源储运交易中心，积极开展产业对接，深化农业合作和文化旅游交流，努力形成与亚欧全面合作新格局。

地处桥头堡地位的江苏省，2014年抓住国家新一轮扩大开放重大机遇，积极融入"一带一路"倡议，开放型经济发展水平实现新提升。2015年，江苏提出深入落实国家"一带一路"等倡议，加快"一带一路"交汇点、连云港东中西区域合作示范区及中哈物流中转基地建设，打造战略出海口。

2014年，安徽省积极参与丝绸之路经济带建设，合新欧国际货运班列开通，跨境贸易电子商务通关运行。2015年的安徽省《政府工作报告》提出了抢抓"一带一路"等倡议机遇，扩大东西双向、对内对外开放，加快形成内陆开放新高地的工作要求。

三、河南省的行动策略

面对国内外对丝绸之路经济带建设高度重视的新形势，参考国内丝绸之路经济带主要依托地区的做法与经验，结合河南省发展的实际，建议下一步的行动策略为：

第一，制定河南省建设丝绸之路经济带建设战略规划。从2014年丝绸之路经济带沿线地区行动效果分析，凡是制订有系统规划方案的地区，思路清楚，重点突出，协同推进成效效果显著。如新疆明确提出建设丝绸之路经济带核心区，内蒙古提出深化与俄蒙的务实合作，宁夏提出用好用足中阿博览会"金字品牌"，打造丝绸之路经济带的战略支点，陕西提出加快建设丝绸之路经济带新起点等，既有区域特色，也能够凝聚力量，有利于整体工作的协同推进。河南省虽然也高度重视丝绸之路经济带建设，2014年建设成就斐然，但是似乎郑州、洛阳两个节点城市方向比较明确，成效显著，其他省辖市切入点并不是非常明朗。如何客观全面地认清国家"一带一路"倡议，如何结合18个省辖市的客观实际，加快融入丝绸之路经济带建设，如何把习近平总书记互联互通的战略思想在各地付诸实施，全面适应经济发展新常态，保持稳中求进的发展势头，确实需要更多的调查研究与周密论证，并在其基础上做出科学可行的规划方案，而且已经迫在眉睫。希望省政府组织尽快开展该项战略规划。

第二，进一步打造郑州作为中国乃至亚洲经济地理中心的战略枢纽优势。在基础设施建设方面，习近平总书记的思路非常明确，就是从国家长远战略的高度解决国与国和区域与区域之间的互联互通问题。河南省地处中原，郑州是中国乃至亚洲的经济地理中心，借鉴德国法兰克福的经验，是未来现代化过程中建设国际化大枢纽的风水宝地。1908年底，陇海铁路前身——汴洛铁路通车，与1906年4月通车的京汉铁路在郑州交会，构筑起了中国铁路史上的第一个黄金十字架。20世纪90年代初，中国进入高速公路时代，在国家支持和当地努力下，我国建成了全中国最发达的高速公路枢纽。2013年国务院高瞻远瞩，适应第五轮交通建设与区域发展的冲击波，批准在郑州建设面积达415平方千米的郑州航空港经济综合实验区，其核心功能之一是建设国际航空枢纽。郑州航空港自2011年开始，客货运输增长速度已持续四年保持全国第一的良好状态，用事实证明了国务院决策的科学性和可行性。2014年，国家批准建设以郑州为中心的"米"字形高铁网，成为中国进入高铁时代少有的高铁密集区。100多年以来这种一脉相承的战略思路，已经告诉我们建设与时代发展相适应的大型综合性枢纽始终是中原地区的战略优势。所以，想方设法加快郑州航空港经济综合实验区建设，积极推进以郑州为中心的"米"字形高铁网建设，进一步完善货运量、货运价值均居全国首位的郑欧班列运行机制，协同推进丝绸之路经济带建设，带动沿线地区经济社会持续健康发展，持续提升郑州综合性国际化大型枢纽地位，是国家战略部署的需要，也是当代建设者的一种历史责任。在目前全国性经济下行压力巨大的特殊时期，对郑州这样拥有100多年大型枢纽建设与发展历史的特殊节点城市，以国家的战略力量，筹集战略性建设资金，加快郑州国际化大枢纽建设步伐，立竿见影地就能够收到促进丝绸之路经济带沿线地区加快发展步伐的效果。

第三，用信息化支撑丝绸之路经济带建设。信息化是全球产业升级发展的大方向，任何大型战略性建设工程，只有日益信息化，充分信息化，智能信息化，特别是要与超级计算机和手持智能终端充分结合，才能适应未来智能发展的历史需求。由于历史的原因，我国大型工程建设项目中信息化一直是短板，所以要拿出更大的勇气与智慧，以更加超前的战略思维，在整个丝绸之路经济带建设方案谋划中，高度重视信息化基础设施和支撑能力配套建设，以利提高与之相适应的信息服务业的发展水平。根据河南省信息化发展需要，再次建议下决心规划建设基于公共服务的河南超级计算中心，为信息化高速发展条件下大量中小企业提供公共计算服务，集聚和提升高端计算服务能力，帮助大量中小企业迈过大数据处理的门槛，进入高端信息化的王国，迈入互联网经济新时代，促进未来的丝绸之路经济带成为一个现代化、信息化的经济带。

积极实施"互联网+"行动计划[*]

李克强同志在 2015 年政府工作报告中指出："制定'互联网+'行动计划，推动移动互联网、云计算、大数据、物联网等与现代制造业结合，促进电子商务、工业互联网和互联网金融健康发展，引导互联网企业拓展国际市场。"这为我们在信息化社会，如何搭乘信息化的高速列车，发展新兴产业和新兴业态指明了方向，也为中国经济抢占未来发展竞争的制高点奠定了科技基础。国家有关部委已经快速行动，进行了"互联网+"一系列的战略部署。我们的迫切任务是把握"互联网+"的本质，认识重大意义，以实际行动积极实施"互联网+"行动计划。

一、把握"互联网+"的本质

2012 年，时任易观国际董事长于扬最早提出"互联网+"的概念。他认为，互联网是基础设施，被传统企业掌握之后，其本质还是你所在行业的本身。淘宝其实就是"互联网+集市"；百度就是"互联网+小广告"；携程就是"互联网+旅行社"；世纪佳缘就是"互联网+红娘"。所以，互联网是工具，"互联网+"才是我们需要找的东西，每个企业应该通过"互联网+"找到自己的立足点。

2015 年 3 月，新华网的解读为："互联网+"代表一种新的经济形态，即充分发挥互联网在生产要素配置中的优化和集成作用，将互联网的创新成果深度融合于经济社会各领域之中，提升实体经济的创新力和生产力，形成更广泛的以互联网为基础设施和实现工具的经济发展新形态。

时任腾讯公司董事长马化腾认为，互联网本身是一个技术工具、是一种传输管道，"互联网+"则是一种能力，而产生这种能力的能源是什么？是因为"+"而激活的"信息能源"。"互联网+"代表着以人为本、人人受益的普惠经济。

阿里巴巴集团研究院认为，"互联网+"是中国经济新引擎。所谓"互联网+"，就是指以互联网为主的一整套信息技术（包括移动互联网、云计算、大数据技术等）在经济、社会生活各部门的扩散、应用过程。"互联网+"的本质是传统产业的在线化、数据化。互联网是迄今为止人类信息处理成本最低的基础设施，它使信息、数据在社会中被压抑的巨大潜力爆发出来，转化成巨大生产力，成为社会财富增长的新源泉。

研究认为，"互联网+"是在大数据和云计算时代把互联网作为一种新型公共基础设施，为全社会提供越来越便利的智能化信息服务，从而使信息资源的采集、传输、储存、开发和利用成为新的驱动经济社会发展和创造财富的源泉，促进智能化社会建设，逐步形成新的经济社会发展生态系统。正像农业社会必须有土地资源、工业社会必须有"铁公机"（铁路、公路、飞机）一样，在信息社会必须有"互联网+"支撑经济社会的可持续发展。

二、实施"互联网+"行动计划的对策

第一，加快制定"互联网+"行动计划。在时任国务院总理李克强人民代表大会报告之后，国家发改委牵头制定全国"互联网+"行动计划。截至目前，国家层面已经有 8 个部委推出相关方案或者工作计划，商务部已经公布《"互联网+流通"行动计划》，明确了未来流通

* 本文发表于《河南日报》2015 年 6 月 17 日第 5 版。

领域落实"互联网+"战略的核心任务与目标。中国电信正式发布了《"互联网+"行动白皮书》，郑重提出将致力于成为"互联网+"产业生态圈营造者。广东省也积极行动，推出六大"互联网+"行动计划。"互联网+政务"：安全智慧政务云，让政府运作更智慧；"互联网+制造"：聪明可靠物联网，让工厂生产更智能；"互联网+教育"：资源汇聚基础教育云，随时随地的在线课堂；"互联网+医疗"：零距离医疗云，变革传统寻医问诊方式；"互联网+物流"：行业物流云平台，打造物流产业链；"互联网+商贸"：中小企业服务平台，提供全渠道O2O服务。3月23日，河南省政府已经与腾讯公司签署"互联网+"合作协议，已经启动了"互联网+"部分工作，是全国行动最快的省市之一。近期，河南需要加快步伐，制定更加具体的"互联网+X"行动计划方案，推动更多"互联网+"实际工作的落实，特别是"互联网+电子政务"代表着一个地区的政府形象，对全社会落实"互联网+"行动计划影响非常大，急需相关部门制订方案，并付诸实施，以利在新条件下抢占发展新高地，创造发展新优势。

第二，积极推动"一个载体、四个体系"搭载"互联网+"的时代高速列车。按照省委九届八次全会通过的《河南省全面建成小康社会加快现代化建设战略纲要》总体部署，完善提升载体，推动产业集聚区提质转型创新发展，加快商务中心区和特色商业区（街）建设，加快构建四个体系。建议省直有关部门牵头制定"互联网+产业聚集区"行动计划、"互联网+商务中心区"行动计划、"互联网+特殊商业区"行动计划、"互联网+现代产业体系"行动计划、"互联网+现代城乡体系"行动计划、"互联网+现代创新体系"行动计划、"互联网+现代市场体系"行动计划等。只有把我们的重点工作，系统纳入"互联网+"的新的基础设施，才有可能搭载信息化的高速列车，实现全省经济社会发展的新跨越和新突破。

第三，强化资金引导与政策扶持。借鉴外省的经验与做法，建议2015~2017年省财政每年统筹不少于5亿元的省级互联网经济引导资金，鼓励大学生开展互联网创业，集中推动互联网产业大众创业、万众创新，并强化研发重点项目扶持；充分利用各种融资平台，创新融资服务，大力发展创业投资，设立不少于10亿元互联网经济创投引导基金，加大对互联网企业增信增贷扶持力度，鼓励各类私募基金和风投资金提前介入互联网企业，支持有市场前景的项目加快实施，积极培育互联网企业发展壮大，鼓励互联网企业融入农业、工业、服务业等转型发展的过程之中，为全面落实"互联网+"战略储备力量，为全省产业结构转型升级提供动力。市县政府也要结合当地实际，做出积极响应，拿出真金白银，扎扎实实支持"互联网+"战略在当地落到实处，为经济发展增添活力，为当地老百姓提高收入创造机遇。

第四，加快完善基础设施。从网络设施、数据中心、公共平台、物流网络四个方面，完善发展互联网经济的硬件环境，特别是要加快建设河南省超级计算中心，整合全省各方面互联网资源，形成基于云计算和大数据的数据采集、储存、加工、分析、开发、交易、发布及应用中心。要强化市场带动，加快建设统一的数据资源网，推动各级政府公共信息资源向社会开放，加大政府和企业信息化服务采购力度，扩大全社会信息消费，提升信息消费水平。在已经引进的数据处理龙头企业的基础上，推进以数据开发换项目、以平台建设招项目、以投资模式创新引项目，以特许经营等方式，将公共服务平台、公共信息资源优先委托省内企业运营开发。推进郑州、洛阳、焦作等人才密集、基础较好地区互联网产业集聚，整合建立产业集中发展区，加快建设若干家大数据重点产业园区，培育互联网企业集群发展优势。

"互联网+"是中国经济新常态条件下未来发展的一个支撑体系，中国经济将在"互联网+"行动计划的引领下，以创新发展为驱动引擎，不断融入新思维、新技术、新产品、新业态，快速形成大众创业、万众创新的新生态，乘"互联网+"的时代东风，创造出经济社会发展的新辉煌。

推进"互联网+" 构筑竞争新优势[*]

2015年7月4日，国务院发布《关于积极推进"互联网+"行动的指导意见》，2015年8月3日，省委书记、省人大常委会主任郭庚茂主持召开省委领导议事会，听取河南省发改委关于《河南省"互联网+"行动实施方案》等起草情况汇报，专题讨论研究河南省推进"互联网+"发展问题，使"互联网+"在河南省的推进进一步升温。

一、最大优势：有效提高全社会资源配置效率

"互联网+"是把互联网的创新成果与经济社会各领域深度融合，推动技术进步、效率提升和组织变革，提升实体经济创新力和生产力，形成更广泛的以互联网为基础设施和创新要素的经济社会发展新形态。

近年来，在科技革命推动下，随着互联网新技术、新应用、新模式的不断涌现，以互联网为基础设施的互联网经济表现出强劲的增长势头，带来了完全不同于过去传统农业社会和工业社会的发展理念的历史性跨越，也使全社会的生产方式、生活方式、消费方式以及社会管理方式发生了翻天覆地的变化，互联网已成为重要的经济社会活动和创新创业集聚发展基础平台。

从已经试验和大量发展实例看，"互联网+"最大的优势是可以有效提高全社会资源配置效率，有利于重塑经济形态、促进提质增效，推动互联网由消费领域向生产领域加速拓展，构筑新常态下的竞争新优势；有利于重构创新体系、激发创新活力，大幅度降低全社会的创业门槛和创新成本，推动大众创业、万众创新，加速推进由要素驱动为主向创新驱动为主的发展动力转变；有利于通过播撒互联网本身具备的低成本"分享"功能，提升公共服务水平、推动社会全面进步，为人民群众广泛便捷获取公共资源提供有效途径，最大限度地保障和改善民生。因此，郭庚茂书记明确指出，"互联网+"行动计划关乎全局，影响深远。

二、结合河南省情明确重点

充分考虑河南省是人口大省、经济大省、制造业大省的基本省情，衔接省委、省政府提出并正在努力推进的把农业做优、工业做强、服务业做大的重大部署，推动"互联网+"行动计划，建议考虑以下重点：

"互联网+"创业创新。当前，无论是全国，还是全省，经济发展上的头等大事是妥善应对经济下行压力，而中央高度重视的大众创业、万众创新以及在"互联网+"行动计划中首推的"互联网+"创业创新，是最为有效和主动的策略。在河南省，尤其需要更加重视创业创新，因为河南省是传统重工业大省，结构调整任务特别繁重，发展效益又相对较差。只有把创业创新放在更加突出的地位，才有利于激活全社会的创业创新资源，快速形成新业态、新增长点、新爆发点，为经济社会发展增添生机与活力。所以，要充分利用河南省人力资源充沛、特别是35岁以下充满创业激情与创新活力的青年人才充足的优势，充分发挥互联网的创新驱动作用，以促进创业创新为重点，推动各类要素资源聚集、开放和共享，大力发展众创空间、开

_____
　　* 本文发表于《河南日报》2015年8月14日第10版。

放式创新等，积极支持一代创客成长，引导和推动全社会形成大众创业、万众创新的浓厚氛围，打造经济发展新引擎，跟上高速信息化时代列车的步伐，积累集聚集成全省发展的新优势。特别是要客观认识和评估我们的创业创新优势，不能简单地以河南省院士少、著名专家少等为理由，低估我们的发展优势。自英国工业革命以来，哪一个新崛起的国家或者地区，都不是先培育著名专家，再实现崛起，而是想方设法激励一代人为崛起献身。创业创新最宝贵的资源，是激情四溢的青年人才和宽松和谐的创新环境。我们现在青年人才资源比较充足，如果进一步改善创新环境，出台更多激励创业创新的政策措施，完全有可能在一些领域形成创业创新优势。这是科学规律，我们要有这种自信。

"互联网+"协同制造。河南是制造业大省，拥有原国家工业部委 320 个专业机构中的 38 个研究院所，在盾构机、超硬材料及制品、超高压电气、大型成套矿山装备、智能终端、数控机床、机器人、大型客车、电池、食品等领域均形成了较好的发展优势。面对中国制造 2025 的战略部署，以数字化、智能化、国际化为发展方向，整合国内外最新技术，持续立足于把工业做优的既定策略，务实推动工业创新发展和升级增效，进一步巩固工业大省的地位，是全省发展大局的需要。

"互联网+"农业。河南省是国家粮食生产核心区，承担着国家粮食安全的重任，对农业的发展，只能加强，不能削弱。而对农业发展效益偏低问题，"互联网+"农业提供的机遇迎面而来。从鹤壁市的试验企业来看，通过"互联网+"农业的转换，种植业和养殖业等资源配置效率都大幅度提高，优质农产品进入市场的成本也大幅度降低，为农业全面提高发展效益带来新的希望。所以，我们在"互联网+"农业方面，要投入更多的人力、物力与财力，加快推动新一轮农业现代化的跃升。

"互联网+"电子商务。在传统发展模式中，由于河南地处内陆，没有沿海、沿边、沿江的对外开放优势，服务业发展受到比较大的制约，加上其他方面的原因，河南在发展服务业方面落到了全国后面。2013 年，河南省 GDP 构成中，服务业仅占 32%，居全国较低水平。2014 年，河南省召开了全省服务业发展大会，出台了一系列促进服务业发展的政策措施，使服务业在 GDP 中的占比快速提升 4.9 个百分点。这个提升过程使我们看到，服务业未来发展潜力最大的是电子商务等新兴服务业。因此，必须进一步调整我们的战略部署，在服务业新业态、新领域、新增长点上下功夫，形成新的更大突破。2015 年上半年，全省电子商务交易额 3860 亿元，增长 36.4%，其中网络零售交易额 660 亿元，增长 52.6%。这些数据启示我们，在电子商务时代，河南地处中国经济地理中心的区位优势又显示出勃勃生机。河南要充分发挥综合性交通枢纽优势，做大做强电子商务，特别是在跨境贸易电子商务、行业电子商务、线上线下互动体验式电子商务等方面力争取得新突破，促进电子商务持续实现跨越式大发展，把郑州由过去传统的以商品零售与批发为主的商都建设成为新的以电子商务为标志的国际化商都。

"互联网+"高效物流。郑州是全国重要的传统公路物流港、亚洲最大铁路枢纽、全国唯一的"米"字形高铁中心等，河南还拥有在国家快速推进的"一带一路"倡议中货运量与货运价值均居全国领先地位的郑欧班列、已经开通业绩增长迅速的郑州—卢森堡双枢纽、双基地空中"丝绸之路"等综合性交通枢纽优势，我们应利用"互联网+"带来的高效物流的技术优势，全方位提升采购、仓储、运输、配送、管理等物流关键环节网络化、标准化、智能化、国际化水平，打造具有重要影响力的智能化国际物流中心。

"互联网+"党政管理。全国已经公布的"互联网+"行动计划和河南省正在完善的"互联网+"行动计划都没有安排这项工作，其实在我们现行体制下，很难想象在快速"互联网+"化的未来，党政管理仍然停留在原有的运行模式之中。因此，我们最为重要的党政管理，也需要纳入"互联网+"行动计划，并以党政管理实现"互联网+"为动力，引导全社会进入"互联网+"新时代。

三、同心协力攻坚制胜

按照河南省委省政府要求，在推动"互联网+"行动计划过程中，全省各个方面要自觉着眼大局，高度重视，恪尽职守、同心协力，共同打好这一总体攻坚战。以改革开放的精神来推进落实。要充分发挥市场的主导作用和党政系统的引导支撑作用，调动社会各界的积极性，共同推动大众创业、万众创新。近期要着力解决基础设施、数据采集、存储、开放、开发、保密和资源共享等问题，促进全省有序进入"互联网+"时代。夯实基础设施。继续实施"宽带中原"战略，加快推进 4G 网络、公共场所和机关单位高速无线 Wi-Fi 普及等，使越来越多的城乡居民能够低成本享受信息服务。加强政策支持。结合发展实际，在河南省财政厅已经出台的支持"互联网+"发展基金的基础上，研究出台进一步鼓励"互联网+"发展的政策措施，激励更多的社会资本进入"互联网+"领域。加强学习培训，解决人才和应用普及问题。把"互联网+"列入各级党委、政府中心组学习的内容，提高领导干部适应"互联网+"的能力。用改革创新的办法引进和培养一批"互联网+"领域高端人才。健全组织保障。加强组织领导，建立专家咨询和智力支持系统，建立健全体制机制，确保"互联网+"行动有序高效推进。

四路并举　开放发展[*]

摘　要　当今世界，正在崛起的中国特别需要坚定不移地坚持开放发展的基本国策，而地处内陆的河南也正是因为近几年在开放发展方面探索到了科学可行的路子，才促进了河南省开放型经济在"十二五"期间以年均32.9%的速度高速发展。在国家推进"一带一路"倡议和供给侧结构性改革的新背景下，河南省发挥优势，把陆上、空中、网上和集海陆空于一体的立体"丝绸之路"四路并举，形成全方位开放发展的新优势，为全省经济社会发展供给新的生产要素，提高全要素生产率，将在创新区域发展模式、加快内陆地区发展方面大有作为。

关键词　"一带一路"倡议；供给侧结构性改革；"丝绸之路"经济带；郑州航空港经济综合实验区；河南省

对外开放是我国的一项基本国策，是中华民族伟大复兴的必由之路。我们作为传统意义上不沿海、不沿边的内陆大省，深知对外开放的特殊意义，一直把开放发展作为全省发展主战略，始终坚定不移探索积极可行的对外开放之路，逐步形成了开放发展新优势。"十二五"期间，河南省进出口总额累计完成2832亿美元，比"十一五"的714亿美元翻了两番，年均增长32.9%。2015年进出口总额超过4600亿元，居中部六省第一，同比增长15.3%，增速位居全国第三，高出全国平均增速22.3个百分点，成为经济发展新常态下全国对外开放的新亮点。统筹分析对外开放的新形势，按照国家"一带一路"倡议的总体部署，"十三五"期间我们要"四路"并举，协同发力，在开放创新上打造新支点，寻求新支撑，创造新优势，铸造新辉煌，全面融入国家"一带一路"倡议，为经济社会发展提供新的要素供给，提高全社会资源配置效率。所谓"四路"，是指我们在开放发展方面已经初步形成的以郑欧班列

（2016年6月8日，国家已统一对外称为中欧班列）为载体的陆上"丝绸之路"，以郑州—卢森堡国际航空货运航线等为载体的空中"丝绸之路"，以跨境电子商务为载体的网上"丝绸之路"，集海陆空运输网为一体的立体"丝绸之路"。因为郑州地处"天下之中"，是中国乃至亚洲的经济地理中心，早在3000多年以前就是著名的商城，20世纪90年代曾经爆发影响全国的商战，引致全国商业模式转型。一直是亚洲最重要的铁路枢纽，也是国内最重要的高速公路枢纽，2010年以来成为全球客货运输增长最快的国际航空枢纽之一，2015年成为全面铺开建设的第一个"米"字形高铁枢纽。综合性交通枢纽优势突出和市场优势，是河南省对外开放的最大法宝。因此，继续深入围绕交通枢纽和消费市场作文章，是河南省开放发展的大逻辑。

第一，积极推动陆上"丝绸之路"中欧班列（郑州）持续发展。中欧班列（郑州）从2013年7月18日开通，至2016年8月27日，累计开行班数400班，累计货值超18.96

---

* 本文发表于《中原发展评论》2016年第1期第52-55页。

亿美元，总货重约为18.01万吨。实现多口岸出境，多线路开行。特别是打通了连接"海上丝绸之路"的铁海联运通道，向东延伸到日本、韩国，国内外影响力和辐射力进一步扩大。从开通以来，中欧班列（郑州）从运行伊始每月一班发展到三个月后的每周一班，再到目前每周"三去三回"的常态化运行，一改国内大多数中欧班列"有去无回"的局面，成为中欧物流通道上国内唯一一家往返开行相对平衡的班列，凭借货运总量高、境内和境外集疏分拨氛围广等综合实力，在国内所有开行的中欧班列中持续保持领先地位（见表1）。如今，中欧班列（郑州）足迹遍布22个国家、112个城市、国内24个省、市、自治区，集货半径超过1500千米，并辐射2000千米的地域，且分拨目的地已从之前欧洲的36个城市增加至欧洲、中亚地区共108个城市，郑州作为中国中部连接欧亚的国际物流枢纽地位正在逐步形成。此外，中欧班列（郑州）运载的货品也越来越"贵"，像电子产品、卫星接收器，三星、微软等越来越多的世界名企开始选择郑欧班列，其运输

货品的附加值正在逐步增高。2016年，郑欧班列有了新的运行计划，在全年开行200班的基础上，将开辟郑州至中亚、土耳其、卢森堡等国家和地区的新线路。同时，郑州国际陆港公司借助中欧班列（郑州），将着力推进运贸一体化发展，不断推广"郑欧商城"电商平台，建设中欧班列（郑州）进口商品展示交易中心，努力打造跨境电商流通环节"全程资源汇集一体"的综合性服务体系。这个班列充分利用郑州铁路枢纽优势和郑州、洛阳是"丝绸之路"经济带节点城市优势，把河南省及周边地区同欧洲大陆之间的大宗商品交流从过去主要依靠速度比较慢的海洋运输，转化为速度快捷的陆路运输，大大提高了国际贸易效率，是推动河南传统产业对外开放的主渠道，也是河南企业从欧亚各国获得大宗资源或零配件的主要载体。据郑州国际陆港公司介绍，伴随沿线业务量的持续攀升，中欧班列（郑州）明年有望提升为每周"四去四回"。因此，进一步推动中欧班列（郑州）在"丝绸之路"经济带上加快发展潜力巨大。

表1　中欧班列（郑州）运行业绩增长情况

时间	去程数（列）	回程数（列）	总班数（列）	总班数增长（%）	货值（亿美元）	货值增长（%）	货重（万吨）	货重增长（%）
2013年	13	0	13		0.5		0.89	
2014年	78	9	87	669.2	4.3	860.0	3.62	406.7
2015年	97	59	156	179.3	7.14	166.0	6.35	175.4
截至2016年8月28日	85	59	144		7.0		7.71	

注：本表数据根据《河南日报》2016年8月29日报道整理。

第二，进一步加快空中"丝绸之路"郑州—卢森堡等货运航线建设。2014年6月，卢森堡货航与河南航投签订了商业合作协议，实施"双枢纽"战略，开通了飞往郑州新郑国际机场的航线，中欧"空中丝路"开启。当年，货运量突破1万吨。2015年11月23日，卢森堡货航郑州航线的运货量首次突破5万吨。2016年6月15日，在上海举办的2016

年中国航空货运博览会上，卢森堡国际货运航空公司负责人宣布，卢森堡与郑州两大枢纽通航不到两年的时间里，其货物运输量突破10万吨。这与2015年11月卢森堡货航宣布两大枢纽间货物运输量突破5万吨仅相隔7个月的时间。正是由于同类似郑州—卢森堡这样的高端国际货运公司合作，支撑了郑州国际航空枢纽的快速发展。2010~2015年，

郑州新郑国际机场的货物运输量从8.58万吨增长至40.3万吨，年均增长达40%，成为中国第八大航空货运枢纽。航空货运主要承运国际间高端产品，在国际货运统计中，货重与货值占比一般为1∶36。所以，河南近几年开放型经济快速发展的重要发力点是国际航空枢纽的快速崛起。国家民航局负责人曾经对郑州航空港快速发展感言："河南不沿海不沿边，对外开放靠蓝天。"也正是郑州国际航空港的快速发展，支持了郑州以智能手机为主的智能终端生产基地的形成。2015年，郑州智能手机生产量超过2亿部，占全球的1/7，成为全球最大的智能手机生产基地。2016年3月，郑州新郑国际机场二期扩建工程全部投运，客货运输能力跨上新台阶，为郑州航空港迎来新一轮快速发展的战略机遇，将为全省开放型经济发展注入新的活力。2016年上半年，郑州新郑国际机场旅客运输量937.7万人，货邮吞吐量19.7万吨，同比分别增长13.5%和16.7%，在全国大型机场排名分别排第17位和第8位。同期，武汉机场客货运输完成1000.7万人和8.2万吨，分别增长8.5%和11.7%，在全国排名第14位和第16位；长沙机场完成1018.1万人和6.3万吨，分别增长11.6%和3.9%，在全国排名第13位和第21位。因此，郑州的国际航空枢纽地位仍处于稳步提升之中。2016年8月1日，按照省委书记、省人大常委会主任谢伏瞻，省委副书记、省长陈润儿等省领导调研时的要求，要坚定不移推动郑州国际航空枢纽和航空港经济综合实验区建设，为河南省"双创"和开放型经济发展提供支撑力和拉动力，为全省供给侧结构性改革提供新动能。经过持续努力，郑州已经先后获批食用水生动物进口指定口岸、冰鲜水产品进口指定口岸、进口水果指定口岸、汽车整车进口口岸、进口肉类指定口岸、进口澳大利亚活牛指定口岸、邮政转运口岸、进境粮食指定口岸8类指定口岸。国家10类功能性指定口岸中，郑州已占其8，剩下的进口植物苗木花卉指定口岸及进口药品指定口岸也已在申建之中，河南已成为中西部省份中获批功能性口岸数量最多的省份。随着这些指定口岸功能的进一步完善与发挥更大作用，以及郑州开通越来越多的国际航空货运航线，依托郑州航空港国际枢纽的空中"丝绸之路"将在促进河南省开放型经济发展发挥更加积极的支撑作用。

第三，全面推进网上"丝绸之路"中国（郑州）跨境电子商务综合试验区建设。自2012年8月郑州跨境贸易电子商务服务试点方案获批以来，2013年7月，郑州试点率先开展业务测试；2013年12月，郑州试点信息化平台率先上线；2015年3月2日，在全国率先突破单日放量100万单；2015年8月3日，在全国率先突破双日200万单。2015年11月27日，郑州跨境贸易电子商务服务试点正式通过国家验收。郑州试点业务单量是全国其余6家试点的总和，纳税额、参与企业数量等综合指标也居全国首位。郑州试点业务量以惊人的速度发展，各项工作遥遥领先于全国其他试点城市。验收组称赞："郑州试点项目创新性强，是全国复制推广最成熟的模式。"这些成绩的取得，源于郑州试点在政策、机制、模式方面勇于创新、先行先试。其中，在政策创新方面，郑州试点在全国首创"电子商务+行邮监管+保税中心"的通关监管模式，实现了行邮税标准下的跨境电子商务物品保税进口，仅进口化妆品业务量就占到了全国的80%以上。在机制创新方面，郑州试点推动关检在同一区域实现现场查验流水线作业，实现"一次申报、一次查验、一次放行"，每秒通关可达20单。在模式创新方面，以跨境电子商务产业园为中心整合上下游产业链，搭建物流、交易、大数据、通关、B2B分销、支付六大平台。2016年1月，中国（郑州）跨境电子商务综合试验区获批。5月，中国（郑州）跨境电子商务综合试验区建设工作动员大会在郑州召开，意味着试验区进入全面建设阶段。至6月底，全省电子商务交易额同比增长28.2%，网络零售额增长39.5%，新认定电子商务企业1156家，累计达3239家，居全国前列。电子商务的持续快速发展，为河南省全面扩大对外开放合作、全面融入"一带一路"倡议、参与国际分工体系搭建了新平台，提供了新机遇，有利于河南省加快从过去开放度有限的内陆地区走向新常态下的开放前沿。跨境电子商务运行效率非常高，而以郑州为中心的中原地区，人口密度非常大，自古以来就是引人注目的商都、商战、商业模式创新之地。当跨境电子商务成为影响全球商业发展的新动力时，郑州的商业优势再一次彰显出来。未来随着跨境电子商务模式与运行方式的进一步创新，通过网上"丝绸之路"促进河南省开放型经济发展的前景非常广阔。

第四，科学推进集海陆空运输网为一体的立体"丝绸之路"建设。在如今大数据与云计算时代，用信息替代库存、让信息多跑路货物高效配送等商业模式已经成为我国开放发展的新支撑点。郑州的综合性交通枢纽优势突出，全球性快递业的全面崛起，为河南省特别是郑州市这样具有国际意义的交通枢纽地区的发展创造了千载难逢的发挥立体交通枢纽优势的机遇。我们都知道，凡是到郑州航空港葡萄酒体验现场调研过的领导和专家，都为在郑州能够低价买到正宗法国等著名品牌葡萄酒感慨万千，而之所以能够创造出这样的商业模式，切实与海陆空网立体协同配合密切相关。正是在当今科技进步因素支撑下，特别是网络信息技术支撑下，海

陆空多式联运显示出独特优势。类似葡萄酒这样国际交易量比较大的商品，恰恰特别适宜通过海陆空多式联运，使其周转货运成本大大降低，加上实体店展示和网络销售带来的市场增长优势，切实促进了这些传统商品商业运行成本的大幅度降低，为消费者带来了实实在在的优惠。另外，依托郑州航空港大家可以通过电商平台方便地买到国外的品牌化妆品、果汁、新鲜水果、澳大利亚牛肉、孟加拉湾的鳝鱼等大量商品，也是不同商业元素高效链接的成功探索，切实为商家找到了市场，为老百姓带来了便利，为郑州建设国际商都提供了新动力。其实，比照这些模式，以更加开阔的思路，进一步挖掘信息与传统产业的链接点，把"互联网+"向深度普及和应用，我们的很多产品"走出去"，国外很多产品"走进来"，包括我们的招商引资活动更多通过网络运行，都切实可行。沿着这种思路深化，让早就以商城、商战著称，近几年以跨境电子商务著称的郑州，在新一轮国际化商业升级过程中，继续发挥地处"天下之中"独特地理优势，在申建中国（河南）自由贸易试验区和促进内陆地区开放发展的过程中一定能够更加出彩！

四路并举，是我们业已形成的对外开放新优势。开放创新，是我们需要持续坚守、久久为功的新任务。两者结合，相映生辉，我们河南开放发展的前景充满希望！

实施网络强国战略　拓展区域发展空间[*]

《中共中央关于制定国民经济和社会发展第十三个五年规划的建议》提出实施网络强国战略，拓展网络经济空间。河南作为中国经济地理中心，在过去的铁路、高速公路、国际航空枢纽和"米"字形高速铁路战略布局中，始终处于枢纽地位。河南在"十三五"规划中明确提出建设网络经济大省，在网络强国战略实施过程中，担负着重要的责任。

一、实施网络强国战略恰逢其时

目前，国内外对于"网络强国"的概念和内涵没有统一的描述，通过对发达国家进行梳理和研究，大致上可以将"网络强国"的内涵概括为以下三个方面：一是规模和效益并举，信息化基础设施处于世界领先水平。特别是云计算、移动互联网、大数据以及物联网的建设和应用应处于世界领先水平。二是应用和生产并举，互联网应用处于世界领先、互联网关键技术自主可控。三是国内治理与国际治理并举，国内网络完全足够保障、国际规则制定拥有话语权。

根据中国互联网络信息中心（CNNIC）2016 年 1 月发布的第 37 次《中国互联网络发展状况统计报告》公布的数据，我国已经成为互联网大国，网络规模、网民数量、智能手机用户以及利用智能手机上网的人数等都处于世界第一位，国内域名数量、境内网站数量以及互联网企业等也处于世界前列。

但与此同时，我们更应关注到，我国互联网发展整体上存在"大而不强"问题，突出表现为宽带基础设施建设明显滞后，城乡和区域之间"数字鸿沟"问题突出，人均宽带与国际先进水平差距较大；关键技术受制于人，自主创新能力不强，网络安全面临严峻挑战，因此，实施网络强国战略，势在必行，具有重大意义：

有助于我国国际竞争力提升。从全球范围看，信息化、网络化成为推动经济社会转型、实现可持续发展、提升国家综合竞争力的强大动力。在经济领域，促进传统产业转型、催生新的经济形态；在政治领域，改变传统政治生态、促进民主法治发展；在社会领域，促进社会结构变革、改变社会成员生活方式；在文化领域，推动文化的内容、形式和传播方式发生巨大变革；在科技领域，现代信息技术、网络技术水平成为国家科学技术进步的重要标志。

有助于推动国家创新发展。作为新经济形态的"分享经济"，由于信息快速便捷地流通，能够使物理世界的各类资源更有效地分配。腾讯研究院在 2016 年 3 月发布的《中国分享经济全景解读报告》数据显示，2014 年至 2015 年分享经济企业出现井喷式爆发，新增分享经济企业数量同比增长 3 倍，成为经济增长的新动能，从分享经济参与者比重看，我国分享经济有着巨大成长空间。互联网技术的不断创新，不仅能为相关行业带来新的增长点，也能为就业市场带来新的工作机会。"互联网思维"成为经济新常态下"大众创业、万众创新"的动力源，催生了许多新技术、新产品、新业态、新模式，提升了实体经济的创新力、生产力、流通力，为传统行业的发展带来了新机遇、新空间、新活力。

＊ 本文发表于《河南日报》2016 年 3 月 23 日第 7 版，作者为张占仓、赵西山。

有助于继续巩固新形势下的国家安全。当下，以社交媒体为构架的政治空间，以信息话语为博弈的权力结构，已经发生着范式重建的转变。互联网已成为继领土、领海、领空之后的"第四空间"，成为大国博弈的战略制高点，网络发展水平事关国家安全。

有助于推进国家治理现代化。国家治理体系与治理能力的现代化，需要有效克服治理中的信息"屏障"，推动治理的科学化与精细化。通过移动互联、大数据的收集、整理与运用，可以更好地反映经济社会的真实状态，大大提高决策的科学性，提高社会风险防控的准确性，提升国家治理的现代化水平。

二、河南建设网络经济大省基础良好

以互联网为基础的网络经济，已经成为当前发展最快、最为活跃的新兴产业之一，形成了带动全局变革的巨大力量。河南省"十三五"规划提出要建设网络经济大省，既是对国家网络强国战略的积极回应，又是立足于自身发展战略优势的一种历史性选择。河南电商发展总体水平位居全国前列，无疑具备发展"互联网+"经济的突出优势条件，建设网络经济大省具有良好基础。

电商发展位居全国前列。河南电商发展总体水平已进入全国第一方阵，位居中西部前列。2015 年全省电子商务交易额 7720 亿元，增长 36.4%，其中网络零售交易额 1330 亿元，同比增长 53.7%，近几年呈现出强劲的增长势头。聚焦高端，跨境电子商务服务试点业务规模全国领先。2012 年郑州被列为首批跨境贸易电子商务服务试点城市，至 2015 年国家组织验收时其业务量位居全国第一，已经形成独具特色的跨境进出口商业模式。相关企业培育的世界工厂网、企汇网、中钢网、全球内衣网等本土网络平台快速崛起。其中，位居郑州高新技术开发区的世界工厂网已成为全国最大的装备制造业 B2B 外贸平台，郑州汽车口岸、肉类口岸、澳大利亚活牛进口指定口岸、进境果蔬及花卉指定

口岸建成投用，食品、药品口岸正在建设，我国第三个"多式联运监管中心"获批落户郑州，获批 13 个国家邮包直封权，一个端口对外、覆盖全省、联通国内 12 个关区的电子口岸已上线运行，高效便捷的陆海空立体化多式联运国际物流网络已初步形成，各项工作遥遥领先于全国其他试点城市。2016 年 1 月，中国（郑州）跨境电子商务综合试验区正式进入国家综合试点。深耕本土，电子商务农村推广应用效果明显，2015 年全省 7 个国家级电子商务进农村综合示范县电子商务交易额 94 亿元，增长 112%，全年"农村淘宝"合作县（市）达 25 个，覆盖 1600 个行政村，农村淘宝已经成为河南电商发展的重要支撑。

大数据建设强力推进。2014 年河南省政府与阿里巴巴集团签署了云计算和大数据战略合作框架协议，成立了河南中原云大数据集团有限公司，搭建了"中原云"平台。2015 年北斗（河南）信息综合服务平台顺利通过验收并正式启动，该系统是我国迄今为止建设精度最高的省级北斗信息综合服务平台，全国首个省级北斗大数据中心随之诞生。中国联通中原数据基地、中国移动（郑州）数据中心等重点项目相继建设，郑州正在逐步成为全国重要的数据枢纽中心。

基础设施支撑有力。河南是全国 7 大互联网信源集聚地、全国数据中心建设布局二类地区，郑州是全国十大互联网骨干枢纽之一，4G 网络实现全省 100% 行政村全覆盖，"全光网河南"2015 年底已经建成。2015 年，全省通信业完成固定资产投资 296.5 亿元，较上年增长 43%，移动电话基站新增 7.4 万个，达到 24.9 万个，居全国第 5 位，较上年增长 37%，互联网省际出口带宽新增 2119G，达到 6514G，居全国第 5 位，较上年增长 48.2%。基础设施支撑能力进一步提升。

应用市场空间广阔。河南拥有近 1 亿常住人口，经济总量多年居全国第五位，且是"欧亚大陆桥"经济带上的重要支点和东部桥头堡，具有突出的人力资源优势和市场优势。

根据河南省通信管理局《2015 年河南省通信业经济运行情况》公布的数据，2015 年，全省互联网用户新增 1055.7 万户，居全国第 1 位，总数达到 6626.9 万户，居全国第 5 位，其中移动互联网用户新增 915.1 万户，总数达到 5398.4 万户，居全国第 6 位，移动宽带用户（即 3G 和 4G 移动电话用户）新增 1455.7 万户，总数达到 4905.8 万户，居全国第 4 位，渗透率达到 62.2%，高于全国平均水平 2.1 个百分点，应用市场空间广阔。

三、发展网络经济使河南拥有竞争新动力

有利于河南加快产业转型升级。在全新的互联网时代，大数据、云计算、移动互联网、互联网金融等新兴产业方兴未艾，成为经济转型升级的新引擎。过去河南经济发展主要依靠要素驱动、投资驱动，传统产业的发展已经遇到了瓶颈和制约，在经济新常态下必然要转向创新驱动，而互联网经济无疑是当前最具创新活力的引擎之一。河南出台了以"互联网+"行动计划为代表的一系列战略举措，将进一步促进互联网与各行业深度融合，推动互联网成为社会进步的重要驱动力，推动农业、制造业和生产服务业的转型升级，成为河南经济最大的增长点。

有利于河南重塑区域竞争格局。伴随着经济增速换挡回落与经济结构优化调整，河南经济社会正发生着深刻的变化。经济新常态背景下，在狭窄资源空间和传统技术层面上实施的"平推式"区域经济发展模式，逐渐受到生产要素及传统观念的限制，出现了资源利用下降、生态环境过载以及区域发展不平衡问题，区域整体经济效益的下滑倒逼区域经济增长方式的转型。"互联网+"战略的兴起，为探索河南经济创新发展提供了新的路径。建设网络经济大省，运用互联网思维去改造传统产业经济的生产方式与商业模式，通过互联网与区域内各因素之间的融合，以新变化、新特点重构区域经济新生态，实现河南整体资源的合理配置，最终形成区域

竞争的新优势、新动力。

有利于河南激发"双创"发展活力。党的十八届五中全会首次出现了"分享经济"一词。分享经济是在互联网技术发展的大背景下诞生的一种全新商业模式，是拉动经济增长的新业态，通过分享、协作方式搞创业创新，门槛更低，成本更小，速度更快，让更多人参与进来。利用移动互联网、大数据等技术进行资源匹配，整合重构闲置资源，降低资源使用成本，这也为广大的创新创业行为提供了更好的契机，激发了"万众创新、大众创业"的发展活力。

有利于河南提升公共服务水平。随着生活水平的不断提高，人们对于以教育、医疗、养老、交通等为代表的公共服务需求日渐扩大。然而，由于供需矛盾突出，致使上学难、看病难、买票难、打车难等问题层出不穷，已成为广大民众对公共服务不满的主要表现。然而，互联网在公共服务领域的蓬勃兴起，为破解公共服务的供需矛盾、提升服务质量提供了有效的解决方案。通过互联网，人们可以方便地获得在线教育、在线医疗、在线订火车票、打车服务等公共服务，大大节约了时间和成本。建设网络经济大省，让互联网成为提高公共服务效能的帮手，有助于河南优化完善公共服务"最后一公里"。

四、突出优势主动作为争取国家更大支持

鉴于经济地理位置的重要性和在全国发展大局中的特殊作用，河南在贯彻实施网络强国战略、建设网络经济大省中更要积极作为，力争在"十三五"时期实现跨越式发展。

积极争取国家重大战略布局。根据河南省地处中国乃至亚洲经济地理中心的特殊区位优势，在已经拥有亚洲最大铁路枢纽、中国最大高速公路枢纽、正在快速崛起的国际航空枢纽和已经全面铺开建设的"米"字形高速铁路枢纽基础上，要立足于为国家提供更加便利高效的信息服务，建设全国最大的现代信息枢纽。因此，希望国家在信息基础

设施建设、国家骨干网升级改造、超级计算中心布局、云数据处理、网络技术与安全管理等方面给予特别支持。

一是建议在郑州规划建设全国大数据基地，打造大型信息枢纽。充分发挥中原地区地处天地之中的区位优势和周围人口密集的市场优势，在郑州规划建设大数据基地，协调开展综合性信息服务，特别是在数据储存、加工、增值服务等方面加快发展步伐，为信息化条件下全国发展提供便捷服务。二是支持河南建设北斗大数据中心。已经通过验收的北斗（河南）信息综合服务平台是我国迄今为止建设精度最高的省级北斗信息综合服务平台，进一步加大支持力度，加速北斗、遥感卫星的商业化应用，形成更多智慧管理、智慧生活、智慧工作新模式。三是支持河南建设"互联网+现代农业"综合实验区。河南是农业大省，在智慧农业领域已经有了一些探索和积累，国家应加大支持力度引导河南探索依托互联网发展现代农业的经验，为农民增收、农业增效、农村致富探索信息化新路子。四是支持郑州打造国家级移动智能终端安全服务基地。在国家网络空间安全领域，河南拥有解放军信息工程大学等高端创新资源优势，郑州信大捷安信息技术股份有限公司已经中标国家工信部移动智能终端公共安全技术基础服务平台建设项目，应重点支持郑州打造国家级移动智能终端安全服务基地。

突出比较优势积极主动作为。一是充分利用郑州地处中国经济地理中心的特殊优势，努力把郑州打造成电子商务国际大通道的战略基地，加快建设网上"丝绸之路"，稳定推进郑州国际商都建设。郑州在跨境电商领域走在全国前列，并且创造了国家肯定的郑州模式和经验。在国务院已经批准中国（郑州）跨境电子商务试验区的基础上，进一步发挥郑州地处全国商业中心的优势，扩大跨境电子商务领域，引导更多形式的跨境电子商务业务拓展，逐步实现在网上"买全球，卖全球"的理想，使网络经济发展惠及千家万户，造福更多老百姓，也为北上广等特大城市疏

解部分职能做出实际贡献。二是发挥解放军信息工程大学在信息技术领域的研发优势，抢占信息技术新的制高点。在2016年1月8日召开的国家科学技术奖励大会上，一个获得"国家科学技术进步奖创新团队奖"的群体——信息工程大学网络通信与交换技术创新团队备受瞩目，这是他们第13次登上国家科技领域的顶级领奖台。其团队带头人中国工程院院士邬江兴和解放军信息工程大学教授于宏毅带领的课题组，经过持续努力，将可见光通信速率提高至每秒50G。这一速度是当前国际公开报道的最高通信速率的5倍，相当于0.2秒完成一部高清电影的下载。该成果2015年11月通过工业与信息化部电信传输研究所组织的第三方测试认证。下一步将进入小型化、微型化设计与实现阶段。预计未来，全球数百亿的LED设备将构筑起一张巨大的可见光通信网，为破解"互联网+"时代大量终端接入的需求提供新方法，为降低信息传输成本立下汗马功劳。建议国家支持在郑州建设可见光信息应用基地，为信息产业获得新的突破性发展探路。三是支持河南创建网络经济大省。河南已经提出，在"十三五"时期建设网络经济大省的规划，但是现在网络经济发展受到原有税收、海关监管等政策法规制约。请中央授权河南先行先试，在网络经济发展方面大胆探索，逐步找到既兼顾国家利益，又有利于客户发展的商业模式，为全国实现网络强国梦铺路搭桥，寻求实际路径。

深化改革激活大数据资源。一是及时把握中国经济新常态下经济社会变革态势，紧跟前沿，搭乘供给侧结构性改革的时代快车，通过体制机制创新，为经济社会发展提供更多中高端生产要素，破除与网络经济发展不相适应的思维与制度障碍，不断加大思想解放、对外开放的力度，为网络经济发展创造优良环境，从整体上改善全社会供求关系。二是通过中央顶层设计尽快突破目前全社会信息资源分散管理、各自为政的体制约束，解放数据资源，把数据资源作为全社会可以

共享的公共财富，整合管理渠道与平台，建设与老百姓生活和工作密切相关的数据中心，为全社会提供公共服务。三是利用国家实施"互联网+"战略的历史机遇，积极搭建创业创新平台和资本融通平台，为青年人创业创新提供便利，激发青年一代的双创潜力，在已经具有一定优势的领域积极探索创业创新经验与模式，力争把网络强国战略与年青一代实现人生梦想融为一体，共同创新，共同努力，让更多极富创新能力的青年英才在网络强国战略实施过程中绽放自己事业的青春火花。

郑州航空港临空经济发展对区域发展模式的创新[*]

摘 要　作为区域经济发展的增长极，临空经济区带动区域经济发展的路径是：微观上改变区域发展要素禀赋，中观上实现与区域产业耦合，宏观上促进区域税收和就业增长。作为我国临空经济发展代表之一的郑州航空港经济综合实验区，在深化管理体制改革、推进"五化同步"、打造"一个载体四个体系"、建设"四个河南"、促进供给侧结构性改革和整合河南临空资源等方面起到十分重要的带动和示范作用。结论认为，供给侧结构性改革需要加快发展融入国际前沿的临空经济，在"一带一路"倡议实施中发展临空经济也大有可为，郑州临空经济发展推动了区域发展模式创新，为我们展示出未来区域发展新"四化"趋势。依托于国际航空运输体系的临空经济进一步发展，有可能改变自工业革命以来区域发展重点一直在沿海或沿江地区的发展模式，开辟出区域发展热点重返内陆地区的新时代。

关键词　临空经济；供给侧结构性改革；郑州航空港经济综合实验区；区域发展模式；内陆时代

临空经济是机场及机场周边地区的一种新型区域经济形态。近年来，随着经济的不断发展和生产技术的不断进步，大数据、互联网和智能制造的发展正在改变着行业竞争以及商业企业选址的规则，一个以航空化、数字化、全球化和以时间价值为基础的全新竞争体系加速形成。为了满足这种对效率、灵活性和可靠性的要求，北京、上海、广州等地纷纷将对时间高度敏感的产业逐渐向机场周边聚集，高科技和IT企业大量出现在机场周边，同时刺激航空货运、航空快递的进一步扩张，临空经济发展初具规模，形成了具有一定影响的产业优势和品牌优势。作为我国临空经济发展代表之一的郑州航空港经济综合实验区，在短短四年的建设中取得了举世瞩目的成绩。本文通过深入剖析临空经济的基本特征，科学阐释临空经济带动区域经济发展的机理和路径，并结合郑州航空港的实践准确把握其带动河南经济发展的深层原因，以期对我国临空经济发展进行系统的理论总结。

一、临空经济的特征

1. 临空经济是速度经济

速度经济（Speed Economy）是指企业因为快速满足顾客的各种需求，从而带来超额利润的经济。"速度经济"一词最早由美国经济学家小艾尔弗吉德·D. 钱德勒在其名著《看得见的手：美国企业的管理革命》中提出。他认为："现代化的大量生产与现代化的大量分配以及现代化的运输和通讯一样，其经济性主要来自速度，而非规模。"在速度经济时代，时间越来越珍贵，如何在最短的时间内满足客户的差异需求是企业之间以及供应链之间新的竞争焦点，时间的节约就是成本的节约，时间已经成为企业核心竞争力的

* 本文发表于《中州学刊》2016年3月第3期（总第231期）第17—25页。作者为张占仓、陈萍、彭俊杰，其中：陈萍，河南省社会科学院区域经济评论杂志社副研究员；彭俊杰，河南省社会科学院城市与环境研究所助理研究员。

重要来源。在这种背景下，企业商业活动首先考虑的就是效率和灵活性。临空经济发展的核心载体是航空枢纽和飞机，是当今世界对生产要素反应速度最快的交通方式，能够通过不断加速行业间及行业内的网络式发展、国际外包和个性化生产以及产品和服务的快速运输来提高其效率，节约供应链时间，临空经济最具速度经济的属性。正如美国著名学者约翰·卡萨达提出的那样，建设国际航空枢纽，发展临空经济，关键是"速度，速度，还是速度"。

2. 临空经济是国际化的高效经济

在现代社会，随着信息技术的全面运用，以知识加工、整合为内涵，以创造智能工具来改造和更新经济各部门和社会各领域的现象日趋普遍，大量高附加值、小体量化产品不断涌现，如电脑芯片、软件、生物医药、微电子等，这些产品的运输成本，只占到总成本的很小一部分，成本比例的下降使某些跨国公司寻求在全球范围内进行生产成为可能，而航空运输使经济活动的扩展空间极度放大。在全球经济发展中，航空货运价值已经占全球货运价值1/3以上的份额，足以见证航空货运在全球贸易体系中的重要地位。2011年，国际机场协会报告显示，全球航空运输量占所有运输方式货运总量的1%，而航空货运价值却占当年全球货运总价值的36%。1∶36，成为公众认识与分析当代航空运输在全球经济发展中发挥巨大作用的一个风向标，也是当今中高端产业发展的实质性标志之一。

3. 临空经济是引领全球经济一体化的美妙音乐

在经济全球化的影响和推动下，生产过程和服务所涉及的地域不断向全世界扩展，生产要素也在全球范围内进行优化配置，社会分工得以在全球范围内按照产业链进行分解。进入21世纪，全球经济一体化进入了高科技时代，尤其是全球信息技术迅猛普及，公司产品必须快速打入由不同供应商构成的全球网络，以获得最好的材料、组件以及尽可能低的价格，或者说"全球易达性"成为

全球化的新要求。Justin D. Stilwell 和 R. John Hansman（2013）的研究表明，超过半数的财富500强企业总部位于美国的枢纽机场16公里以内，而29%的商业机构都离机场较近。国际枢纽机场拥有最快捷和范围最广的全球航线网络，适应国际贸易距离长、范围广、时效快等要求，具备"全球易达性"的要求，因此国际航空枢纽对跨国公司来说变得比规模经济和范围经济更具异乎寻常的强大价值，也成为跨国公司商业地点以及地区商业的首要选择，成为全球经济一体化美妙的商务版图中最富特色的音符。在这种背景下，航空货运成为促进区域经济增长的重要驱动力，临空经济成为引领全球经济一体化的最佳选择。

4. 临空经济促进全球市场互联互通

临空经济是多个开放型要素综合而成的开放型系统，依托机场的航线网络连接国内外重要城市，优质经济要素如资本、信息、技术、人才在航线网络中循环，并快速融入全球经济网络，带动整个经济系统的循环，促进全球市场的互联互通。同时，国际航空枢纽本身具备自由贸易功能，在为人员往来带来便利的同时，也为广大消费者购买国际著名品牌的商品，特别是中高端商品和时尚产品，如化妆品、智能终端、高档服装、流行时装、名牌手表等提供了极大便利，快速满足消费者需求。因此，发展临空经济，就是为当地消费者建造购物天堂，为全球互联互通创造便利。

5. 临空经济促进国际旅游业快速发展

随着人们生活水平的提高，人们对远距离旅游、休闲的需求越来越多，航空运输也就成为旅游者的最佳选择。国际机场协会研究表明，未来20年，随着国际航空运输的发展，旅游业的收入将再增长两倍。以曼谷为例，20世纪60年代以来，曼谷游客的数量增长了近40倍，这个奇迹般的增长主要归功于波音747强大的载客量。强大的航空载客量引领着以旅游包机为特色的大规模国际旅游进入新时代。据联合国世界旅游组织统计，旅

游客运已占到全部航空客运量的 75%，然而全球有能力负担飞行旅游的人中，却只有 7% 的人会选择飞行旅游。世界经济论坛发表报道称，旅游国家有一个共同点，那就是形成了一套便捷的、高品质的空中交通网络，以及与之配套的公路、酒店和银行等服务体系。这些行业间的互通性一旦形成，其效力将极为强大，发展潜力巨大。同时，因为航空公司固定资产投资占压资金较多，为保证其资本回报率，航空公司必须日夜兼行，淡旺季兼飞，从而使航空运输的平均价变得越来越便宜。可以说，航空运输强大的载客量和越来越低廉的运价使人们越来越多的国际旅游需求变成现实，临空经济成为促进国际旅游业发展的重要诱因。

6. 临空经济促进中西文化的交流与融合

从我国东中部到欧洲跨越 1 万多公里，在如此广阔的地域空间开展经贸交流，可能会因为耗费时间太长、成本太高而被取消或者减少，因此，中西交流对交通运输方式的时效性提出了很高的要求。伴随交通方式的演进和高科技产品体积的小型化，基于全球日益便利的航空运输方式的普及，通过航空运输完成的货物越来越多，而依赖国际航空枢纽的临空经济快速发展，相同规模的经济社会活动在相同距离之间的运输时间大幅度减少，从而使空间在时间序列发展中呈现出一种不断收敛的过程，使全球各民族之间、不同国家之间来往非常便利，促进了中西方文化的交流与融合。可以说，由于航空运输的便利性，使中西文化在交流中相互学习，在融合中相互借鉴，在相互学习与借鉴中不断创新与提升，从而促进了人类文明的持续进步。这种交流与融合既保障了地域文化的多样性，也进一步发挥了优秀文化引领发展的灵魂作用，提高了世界各国包容发展的文化自觉，降低了由于文化不同而导致政治冲突的风险。

二、临空经济带动区域经济发展的路径分析

2008 年航空运输小组报告指出，航空运输业是全球经济增长的主要贡献者，2006 年运输 22 亿人次以上的乘客，完成全球国际贸易中约 35% 的份额，为全球创造了 3200 万个就业机会，在全球创造经济效益约 3.56 万亿美元，占世界 GDP 的 7.5%。2002 年，国际机场协会欧洲部在其《欧洲机场对社会经济的影响》中指出：机场作为国内和区域经济的发展动力，对区域经济的贡献表现在对区域经济增长与社会就业的带动作用上。Appord 和 Kasard（2013）对美国 25 个最繁忙的客运机场附近就业所做的研究发现，2009 年在半径为 4 千米范围内的机场，就业岗位有 310 万个（占美国就业总量的 2.8%）；在半径为 8 千米范围内，就业岗位有 750 万个（占美国就业总量的 6.8%）；在半径为 16 千米范围内，就业岗位有 1900 万个（占美国就业总量的 17.2%）。曹允春（2009）提出临空经济通过航线网络、地面网络积极地与环境（一般的社会经济环境）以及腹地经济社会进行持续不断的交互作用，不断发挥吸引、扩散、带动、支撑、反馈等作用，优化自身的结构和功能。临空经济区充分利用腹地输入优惠政策、资金扶持、管理体制和人力资源等要素，利用机场本身的航线网络、人流和物流，形成高端产业集聚，利用增长极的支配效应、乘数效应和扩散效应，与腹地经济进行持续不断的交互作用，促进和带动区域经济发展。

1. 在微观上临空经济改变区域发展要素禀赋

在一定的生产方式支撑下，一定时期内，一个区域经济结构的要素禀赋特征是相对稳定的。由于国际航空枢纽的建设与作用的日益发挥，以及围绕航空枢纽而生的临空经济快速发展，航空枢纽周边逐步成为区域的核心增长极。在这个发展过程中，临空经济与腹地经济互动过程中，会不断地将新的、更好的生产要素吸引和输入到腹地经济中，尤其是对速度与时间敏感的生产和消费要素，如最时尚的高科技产品及零部件生产、最时尚的服装、最受消费者欢迎的化妆品、新鲜水果、高品质牛奶、国际物流服务等，都会

快速向航空枢纽附近集聚，并形成规模效应。如果国际化营商环境具备，世界500强企业进入，这种变化会更加显著，甚至突飞猛进。随着时间的推移，临空经济和腹地区域将不断积累这些生产要素，并因为新的生产要素的集聚，导致与之相关的人力资本结构出现重大变化，与临空经济及相关产业关系密切的高端人才也快速集中，显著提升所在地区要素禀赋结构和产业结构，从而在资本和技术更为密集的产业发展中越来越有核心竞争力。与此同时，许多其他变化也将随之而至，企业所采用的技术越来越先进，资本需求增加，上市公司进入或者本地产生更多上市公司，当地生产和市场规模也不断扩大。因此，临空经济发展将在微观上改变腹地经济的要素禀赋特征，并通过提升区域资本化水平，改善腹地的产业结构，提高腹地经济的核心竞争力。

2. 在中观上临空经济与区域发展实现产业耦合

一旦国际航空枢纽进入快速发展状态，为航空枢纽直接配套的如航空制造、航空维修、航空物流、航空服务、航空人力资源培训等航空产业的崛起势在必然。在这样的条件下，一方面，腹地企业为航空产业提供产品配套与外延服务，可以使区域其他企业更容易从航空产业中获得知识溢出和资本、人才投入，从而在较短时间内提高所在区域企业的技术和管理水平，促进其国际化，快速拓展市场空间。另一方面，还能够为航空产业节省大量的物流成本，提高信息交流速度和准确性，促进黏性知识的有效传播，从而有效促进航空产业理念创新和技术创新，提升其在全球价值链中的地位，进一步增强区域对特殊产业集群的集聚效应和锁定效应，最终推进腹地产业实现升级发展，进入国际市场。因此，依托航空枢纽发展的临空经济与腹地经济的产业互动，在中观视野内，表现为产业链耦合、产业间耦合以及产业环境发展耦合，而且通过这种具有国际意义的产业耦合，提高区域经济发展的内在质量，为当地老百姓带来扎扎实实的效益。

3. 在宏观上临空经济促进区域税收和就业增长

在凯恩斯宏观经济框架内，作为国民经济重要部门的航空港发展表现为航空产业产出的增加，吸纳更多的劳动者就业，引起更多的消费，带来更多的财政收入。换句话说，通过建设国际航空枢纽和与之配套的商务区、出口加工区、保税区、物流园、跨境电子贸易区等多个功能区，大力发展金融、贸易、邮电、通讯、餐饮、会展、旅游等第三产业，吸纳大量的人口就业，增加区域收入。这些就业人口的工资和为当地创造税收的增加，客观上形成了经济辐射和扩散作用，并通过消费和政府购买服务的行为带来更大范围的经济的进一步增长。2014年6月2日，在卡塔尔首都多哈召开的第70届国际航空运输协会年会暨世界航空运输峰会上，国际航空运输协会理事长兼首席执行官汤彦麟在开幕式演讲中指出："当今航空业已经成为全球经济发展的生命线，它支持着5800万个工作岗位，并在每年的经济活动中创造2.4万亿美元的价值。今年恰值全球商业航班飞行100周年，在进入第二个百年之际，全球航空业有望实现187亿美元的利润，达到历史上的最高水平。"显然，当今临空经济发展对全球发展的宏观促进作用非常重要。

综上所述，临空经济虽然是一种新的经济形态，但是在微观、中观和宏观层面已经对全球发展起到了非常重要的作用，全球航空货运价值已经占年货运价值的1/3以上。美国孟菲斯机场、德国法兰克福机场、荷兰阿姆斯特丹斯希普霍尔机场、阿联酋迪拜机场、韩国仁川机场等一系列的实际发展业绩已经为全世界证明，在全球交通运输方式与区域发展模式进入第五轮循环的新的历史条件下，临空经济有可能改变自工业革命以来区域发展热点一直在沿海或沿江地区的发展模式，开辟区域发展热点重返内陆地区的新时代（见图1），让人口密集、资源丰富、高效快递物流支撑的网络经济发展迅速、城市建设空间较大、宜居宜业的部分内陆成为区域发展的新热点。

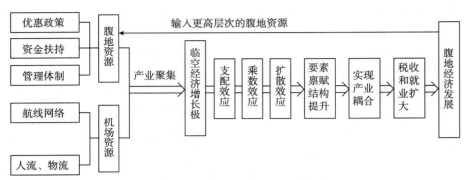

图1　临空经济带动区域经济发展的模型

三、郑州航空港临空经济发展的主要成效

郑州航空港经济综合实验区发展规划于2013年3月7日获得国务院批复，是目前全国唯一的国家级航空港经济综合实验区，也是河南省三大国家战略规划之一。郑州航空港经济综合实验区自建设以来，经济社会发展迅猛，已经成为中原经济区的核心增长极。

1. 经济总量增长迅速

郑州航空港建设以来，取得了举世瞩目的成绩，航空港生产总值由2010年的27.6亿元上升为2015年的520.8亿元，5年增长超18倍，"十二五"期间年均增长43.3%。其中，规模以上工业增加值完成429.9亿元，同比增长26.0%，高于全国19.9个百分点，高于全省17.4个百分点。计算机、通信设备和其他电子设备制造业完成增加值419.4亿元，同比增长27.3%，占规模以上工业增加值的97.6%。2015年，郑州航空港完成固定资产投资521.8亿元，同比增长30.2%；实际利用外资5.05亿美元，同比增长74.7%；进出口总额483.3亿美元，同比增长27.5%；完成全口径财政总收入358.9亿元，同比增长84.5%。其中，海关收入267.3亿元，同比增长72.5%；完成一般公共预算收入和支出分别为29.5亿元和86.6亿元，同比分别增长39.4%和38.5%。在经济快速增长的同时，航空港就业数量也快速扩张，成为郑州市就业增长最快的区域。2010~2015年，郑州市GDP从4000亿元，到2012年突破5000亿元，2013年突破6000亿元，2014年达到6783亿元，2015年达到7315亿元，郑州航空港均做出了重要贡献，其发展引擎作用比较显著（见表1）。

表1　郑州航空港经济综合实验区发展情况

项目 \ 年份	2010		2011		2012		2013		2014		2015	
	总量	增速（%）	总量	增速（%）	总量	增速（%）	总量	增速（%）	总量	增速（%）	总量	增速（%）
GDP（亿元）	27.6	16.5	111.5	89.8	190.7	77.6	323.0	69.4	412.9	18.0	520.8	22.5
固定资产投资（亿元）	38.2	17.2	80.4	110.7	116.2	44.0	212.0	82.4	400.9	89.1	521.8	30.2
财政预算收入（亿元）	1.6	15.8	3.9	143.8	7.3	87.2	15.2	106.8	21.2	40.4	29.5	39.4
进出口总额（亿美元）	0.14	16.3	89.1	62298.3	280.0	214.3	349.0	24.6	379.2	8.7	483.3	27.5
就业人数（万人）	6	15.5	12	200.0	20	66.7	28	40.0	35	25.0	40	14.3

资料来源：由作者根据有关资料整理。

2. 国际航空枢纽建设突飞猛进

到 2015 年底，郑州新郑国际机场共开通航线 171 条，比 2011 年增加 92 条，其中全货运国际航线 30 条，居全国内陆第一，基本形成了覆盖全球主要经济体的航线网络，客货运输增长迅速（见表 2）。旅客吞吐量达到 1730 万人次，5 年实现了翻番，居全国第 17 位；货邮吞吐量达到 40.3 万吨，5 年增长 3.7 倍，居全国第 8 位。2013 年和 2014 年货运增长速度居全国大型机场第一位，2014 年客运增速居全国大型机场第一位。客货运的快速增长，使航空枢纽对所在地区经济社会发展的辐射带动作用显著增强。2014 年 9 月，国际民航组织航空货运发展论坛在郑州举行时，国际民航组织理事会主席贝纳德·阿留在论坛上称郑州新郑国际机场是"世界货运增长最快的机场"。2014 年，郑州新郑国际机场国际和地区货邮吞吐量同比增长 82%，占货邮总量的 55%，国际和地区货邮量已超过国内货邮量，全货机承运的货邮量已占主导地位。由于货运快速增长，对中欧航空货运影响较大，"郑州价格"成为中欧间国际航空货物运价的重要风向标。截至 2015 年底，郑州新郑国际机场口岸出入境人数突破 120 万人次大关。郑州新郑国际机场口岸出入境流量连续 8 年保持年均 50% 的增幅，增幅位居全国空港口岸前列。UPS、FedEx、南航、东航等货运航空公司均已入驻。郑州新郑国际机场开通国际货运航线数量占中部地区九成左右，成为中部地区唯一获批开展国际快件业务的机场。2014 年 6 月 27 日，"郑州—卢森堡"国际货运"双枢纽"航线开通运营，郑州新郑国际机场迎来首个国际货运航空基地公司，至年底货运量突破 1 万吨。2015 年 11 月 23 日，卢货航已累计执飞航班 438 班，为郑州新郑国际机场贡献货运吞吐量 5 万吨，至年底突破 6 万吨。郑州—卢森堡"双枢纽"货运航线的开通与加速运行，加速了郑州国际航空枢纽全球货运网络布局，成为中欧之间的空中"丝绸之路"。伴随着 2015 年底郑州新郑国际机场二期工程投入使用，郑州航空港客货运输能力大幅度提升。按照"十三五"规划，郑州航空港到 2020 年客运量将达到 2900 万人次，货运量将达到 100 万吨，成为全球客货运市场增长最为活跃的机场之一。

表 2　2011 年以来郑州航空港客货运输增长情况

年份	货运量		客运量	
	绝对值（万吨）	增长速度（%）	绝对值（万人）	增长速度（%）
2011	10.3	19.8	1015	16.5
2012	15.1	46.6	1167	15.0
2013	25.6	69.5	1314	12.6
2014	37.0	44.5	1581	20.3
2015	40.3	8.9	1730	9.4

资料来源：由作者根据有关资料整理。

3. 临空产业发展成效显著

郑州航空港经济综合实验区临空产业从无到有，发展迅速。其中，高端制造业发展强劲，已形成了从手机研发、整机制造、配件生产、软件开发与产品设计、手机销售于一体的全产业链，引进了富士康、酷派、天宇、创维等 119 家智能手机整机或者配套企业，2015 年生产智能手机 2.0 亿部，占全球供货量的约 1/7。临空服务业发展快捷，率先获批国际城市航空快件总包直封权，郑州至纽约、莫斯科、伦敦等 13 个国际城市可"当日寄出、次日递达"；新郑综合保税区成为"自产内销货物返区维修"全国 10 个试点之一，开通了卡车航班或海关监管卡车。开通中部首家快件监管中心，获批开展保税货物结转试点，开通北京、上海、重庆等 13 个主要城市的"卡车航班"。2012 年 8 月郑州跨境贸易电子商务服务试点获批，成为全国唯一依托保税监管场所"入区退税、进境保税、国际分拨、配送"功能的进出口综合性试点，通过"电子商务+保税中心+国际邮件直封体系"模式，为全国 31 个省（市、区）和 8 个国家的网购者提供网购服务，吸引德、俄、美、日、韩、以色列等国 3000 多家企业前来合作对接。2014 年 11 月和 12 月进出口商品包裹量分别达 10 万件和 20 万件，2015 年 1

月突破 100 万件，第一季度更是达到 470 万件，第三季度峰值处理能力已达 500 万单，98% 以上的单证实现自动审核。2015 年 11 月 27 日，郑州跨境贸易电子商务试点通过国家工信部验收。其业务量突破 5000 万单，业务量、纳税额、参与企业数量等综合指标居全国试点城市首位，在产业融合、业务流程、监管模式创新等方面成为中国跨境电子商务发展风向标。2016 年 1 月，国务院批准建立中国（郑州）跨境电子商务综合试验区，打造完整产业链和生态圈，过去以商城和"商战"著名的郑州迎来了以"买全球，卖全球"为特色的国际商都发展的新时代。

4. 初步建成内陆开放高地

《中原经济区规划（2012—2020 年）》提出在郑州航空港建设内陆开放高地，曾经让不少人感到无法理解。2010 年 8 月，郑州为富士康智能手机项目落地创造出从项目签约到生产线投产仅用一个月时间的奇迹；2010 年 10 月，郑州新郑综合保税区从申报到批准创造出 100 天内完成的佳话；2012 年郑州新郑综合保税区进出口额达 285 亿美元，升至全国 31 个综保区第二位，成为全国综保区的一匹黑马，引起业界高度关注。伴随综合保税区各项功能设置不断完善，2013 年和 2015 年郑州综合保税区进出口额连续保持国内综保区第二位的佳绩；2015 年 11 月，国家工信部验收郑州跨境电子贸易试验区，郑州一个试点的业务量超过国内所有试点的总和，又创造出跨境电子贸易高速发展的"郑州样本"。2015 年，郑州航空港经济综合实验区进出口总值 483.3 亿美元，约占郑州市进出口总额的 85.0%，占河南省进出口总额的 67.4%，成为名副其实的内陆开放高地。伴随国家对外开放力度的进一步加大，郑州汽车整车口岸、肉类口岸、澳洲活牛进口指定口岸、进口果蔬及花卉指定口岸等已投入使用，食品、药品、医疗器械等在建口岸 2016 年即可投入使用，植物、种苗等口岸正在申建，成为全国内陆地区对外开放口岸最多的航空港，被海关总署称为"全国小区带动大省的典范"，

成为全省对外贸易发展的新引擎。

四、郑州航空港经济综合实验区对河南的带动作用

发展临空经济是国家经济升级发展的战略需要，郑州航空港经济综合实验区建设以来持续高速发展，特别是在投资、进出口、客货运输超高速增长支撑下，高端制造业快速扩张，GDP 增长势头强劲，其建设和发展对河南省影响深远。

1. 对全面深化体制改革的带动作用

党的十八大提出全面建成小康社会，必须全面深化改革。河南要从根本上破解发展难题和资源环境等瓶颈制约，实现中原崛起河南振兴富民强省，必须全面深化改革。郑州航空港作为中原经济区核心增长极，在全面深化改革方面发挥了引领带动作用：一是引领经济体制改革。郑州航空港充分发挥市场在资源配置中的决定性作用，让市场配置资源的公开、公平、公正和高效率充分发挥作用。二是引领社会体制改革。紧紧围绕更好保障和改善民生、促进社会公平正义深化社会体制改革，推进城乡基本公共服务均等化。三是引领生态文明体制改革。紧紧围绕建设美丽河南的要求，以"两大生态走廊"建设为重点，以改善人居环境为核心，加快建立有特色的生态文明制度。四是引领行政管理体制改革。利用新建机构的优势，坚持"小政府大服务"的方向，建立健全高效运转的体制机制。建立健全"两级三层"的工作架构和责任机制，尝试省直部门与郑州航空港直通车制度，逐步扩大直通范围和优化直通流程，同时实行相对灵活的机构设置办法。郑州航空港在体制机制上先行先试，成为全省深化改革的典范。

2. 对"五化同步"发展的带动作用

郑州航空港按照中央和省委要求，沿着新型城镇化、工业化、农业现代化、信息化和绿色化同步推进，谋求"五化同步"发展。尤其是郑州航空港坚持临空经济特色，围绕高端制造业打造临空产业集群，突出抓好智

能手机、航空航材、生物医药、精密机械等重点产业发展，大力推动新型工业化，为全省新型工业化推进起到了典型示范作用。郑州航空港具有最新的城市规划理念，在打造新型城镇化功能方面积极探索新路，特别是在智慧城市建设、绿色发展、低碳发展、可持续发展方面寻求科学可行的方法，开辟了新型城镇化建设的先河。郑州航空港以抓好城乡一体化建设为重要工作，为22万农村居民融入城市提供保障，为到航空港就业的更多居民提供顺利融入城市的政策支持与制度保障，大大提高河南的新型农业现代化建设。同时，郑州航空港优先发展绿色产业，重点发展高端服务业，建设绿色智慧城市，充分借助绿博园的绿色优势，使航空港形成新的绿色都市区。郑州航空港正在建设超级计算中心，全面实施"互联网+"行动计划，发展互联网、物联网、云计算、大数据等智慧信息、智慧服务、智慧经济，使航空港成为引领信息化和新技术的航空都市。

3. 对"一个载体四个体系"建设的带动作用

当前，河南把构建"一个载体四个体系"作为推动科学发展、加快发展方式转变的具体实践形式和总体工作布局。郑州航空港利用机场的优势资源，依托航空货运网络，加强与原材料供应商、生产商、分销商、需求商的协同合作，充分利用全球资源和国际国内两个市场，形成特色优势产业的生产供应链和消费供应链，带动高端制造业、现代服务业集聚发展，形成国内外知名的临空产业聚集区，并构建以航空物流为基础、航空关联产业为支撑的航空港经济产业体系，引领高端产业发展。同时，发挥产业基础和区域市场优势，通过与全省产业间前向、后向的复杂联系，使周边的企业融入其产业链，参与全球产业分工，带动周边地区的大发展。

4. 对"四个河南"建设的带动作用

"四个河南"是党的十八大提出的"五位一体"总体布局在河南的具体化，是指"富强河南、文明河南、平安河南、美丽河南"

建设。郑州航空港通过产业结构调整，按照"竞争力最强、成长性最好、关联度最高"原则，大力发展在现代港区经济产业体系构建方面中的高成长性产业、战略性新兴产业以及现代服务业，引领全省新产业、新业态的发展，培育产业发展新动力打造"富强港区"的同时，促进"富强河南"建设。郑州航空港紧抓核心价值观实践转化的突破口和载体，抓道德建设，通过培育和践行社会主义核心价值观，推动核心价值观从理论形态向社会实践转化，建设"文明港区"的同时，带动"文明河南"建设。以社会管理创新为抓手，紧紧扭住做好群众工作这条主线，加强社会矛盾的源头预防和综合治理，坚持科学决策、民主决策，认真落实社会稳定风险评估制度，创新完善科学合理的考评体系，打造"平安港区"的同时，探索带动"平安河南"建设。全面落实节约资源和保护环境基本国策，优化国土空间开发格局，推进绿色、循环、低碳、可持续发展，推进资源节约型、环境友好型社会建设，以航空大都市的发展理论为指导，以人居环境优美为方向，以体制机制创新为动力，坚持生态优先，建设"美丽港区"的同时，加快带动"美丽河南"建设。

5. 对供给侧结构性改革的带动作用

郑州航空港充分发挥临空产业优势，将与航空相关的配套产业吸纳进临空高端制造业，在这些产业的前向、后向、侧向联系中，促成了航空港区向全省其他区域的人才、技术、知识、信息等生产要素的溢出和扩散，弥补了过去河南省高端生产要素不足的短板，进而带动全省供给侧结构性改革，促进了先进制造业大省建设。正是因为郑州航空港供给侧结构性改革的先期启动，才使2014年以来全国性经济下行的背景下，河南省进出口贸易出现逆势上涨的可喜局面，特别是2015年全国进出口总额下降7%的运行格局中，地处内陆的河南省进出口总额逆势增长15.3%，加上河南省服务业持续调整力度较大，在GDP构成中，服务业占比从2013年的32.0%上升到2015年的39.5%，共同支撑了河南省经济持续活跃发展。2015 年全国 GDP 增长 6.9%，河南省完成了 GDP 增长 8.3% 的优良业绩，GDP 总量稳居全国第五位，相对地位持续上升。同时，郑州航空港发挥国际航空枢纽位居全国乃至亚洲地理中心的区位优势，利用郑州新郑国际机场二期工程逐步形成的航空客货运输能力，以更加开放的国际视野，加快发展航空物流、航空金融、跨境电子商务、大数据存储与处理、科技研发、工业设计、教育培训、商务会展、文化创意产业等，培育现代服务业发展新业态，开创国际物流、跨境电子商务支撑的现代服务业发展新局面，将进一步带动全省供给侧结构性改革，有效促进高成长服务业大省和网络经济大省建设，为经济转型升级发展进行了必要的道路铺垫。

6. 对河南临空资源的整合作用

伴随着郑州新郑国际机场客货运输量的高速增长，郑州新郑国际机场已经成为区域发展的热点。与此同时，河南省的洛阳机场、南阳机场、开封机场等客货运输能力远远没有发挥出应有的作用。按照创新发展和分享发展的最新理念，以国际航空枢纽建设为目标的郑州航空港，未来的覆盖区域将更大，功能将更强，效率将更高。郑州航空港通过体制机制创新，建设以郑州航空港为引领，以洛阳机场、南阳机场、信阳明港机场等为辅助的干支配套、布局合理、功能完善的网络化运输机场体系，打造郑州航空港的主备降机场、高中端航空人才培育基地，有利于全省临空经济资源的整合，形成整体性发展优势。此外，郑州新郑国际机场的卡车航班、综保区、海关等已经拥有的特殊资源也可适度放大效应，从而整合全省临空资源，让郑州航空港的临空资源为全省共享，为全省经济社会发展带来更大的直接效益和间接效益，带动全省临空经济和开放型经济的发展。

五、初步结论

1. 供给侧结构性改革需要加快发展融入国际前沿的临空经济

临空经济是在国际航空运输体系支撑下

全球发展的一种高端形态，是我们国家刚刚涉入其中的一个新兴领域。郑州航空港经济综合实验区建设是国家发展临空经济的大胆探索，是国家转变经济发展方式、推动供给侧结构性改革、适应经济新常态、引领经济新常态的重大战略举措。我们要以更加宽阔的国际视野和胸怀认识和看待郑州航空港经济综合实验区建设与发展，以更加饱满的政治热情和创新勇气，围绕速度和国际化做文章，在生产性服务业上形成更大优势，大胆探索国际航空枢纽以及航空港经济综合实验区建设与发展的新路子，为国家推动供给侧结构性改革积累经验，为中西部地区开放型经济发展开辟新的渠道，为河南省产业结构战略性调整和经济升级奠定产业基础，通过扩大就业和提高收入为当地老百姓创造更加实惠的发展效益。

2. 在"一带一路"倡议实施中发展临空经济大有可为

郑州航空港发展的初步尝试，表现出中国经济融入全球过程中临空经济发展的巨大魅力。特别是郑州航空港客货吞吐量的高速增长以及带动河南省及周边地区开放型经济跨越式发展的真实业绩，证明临空经济已经成为河南省经济发展的新引擎，也充分说明国家在北上广之后下决心在地处全国地理中心的郑州建设国际航空枢纽的战略决策具有超前性、战略性和全局性，已经并将继续对中西部地区培育当地发展新优势、开辟空中"丝绸之路"产生重大影响。随着郑州发展临空经济优势的进一步显现和国家支持临空经济发展政策法规的进一步完善，临空经济在中国进一步创造发展机会的潜力巨大，未来发展的前景非常广阔。正如约翰·卡萨达讲的那样，若能合理地将机场规划、城镇规划、商业选址规划进行有机结合，郑州有望成为中国领先的国际航空大都市。而国际航空大都市，对内将促进腹地经济发展，对外将形成空中"丝绸之路"，架起中国经济融入全球的桥梁，促进中国"一带一路"倡议的顺利实施。

3. 郑州临空经济发展推动区域发展模式创新

《边缘城市》作者约耳·加罗指出："城市的发展，总是依托当时最先进的交通方式。"《航空大都市》作者约翰·卡萨达指出："长期以来，城市的轮廓与命运都取决于交通运输方式。"国际航空枢纽建设对郑州和河南省发展临空经济影响巨大。临空经济最大的特征就是速度，经过近几年的发展，郑州也创造出闻名中外的"郑州速度"，这些"郑州速度"的背后，是当地投资环境的改善，是国际营商环境的优化，是政府管理效率的提高，是中原发展优势的彰显，是区域发展新模式的探索。这些进步与跨越，正是河南省改革发展中最为抢眼的亮点。因此，郑州航空港经济综合实验区是一盏明灯，照亮了河南省未来全面深化改革和"五化同步"发展的方向，创造出内陆地区开放发展的新模式，为供给侧结构性改革闯出了新路。像河南这样拥有1亿人口大省通过实践创造的发展模式具有重要的理论意义，可能标志着自工业革命以来全球80%以上的发达地区都集中在沿海或沿江地区的区域发展理论，面临一次由于航空运输方式在全球经济发展中作用日益扩大，从而形成区域经济发展热点重返内陆地区的契机。如果这种分析成立的话，发展经济学理论将出现重要创新，全球区域经济发展格局将出现历史性重大变化，地处内陆的一部分有临空经济发展条件的地区将迎来发展崛起的重要机遇。

4. 郑州临空经济发展为我们展示出未来区域发展新"四化"趋势

2012年，全国GDP中服务业占比第一次超过第二产业，成为经济发展最活跃的因素，中国迎来服务业全面发展的黄金期。与全省、全国的发展趋势一致，郑州临空经济发展也呈现新"四化"趋势：第一，区域经济发展服务化。郑州航空港国际物流持续高速增长，跨境电子商务高速发展，云计算机和大数据服务高速发展，未来发展空间巨大，为河南省加快建设服务业大省提供了巨大动力。第

二，服务业发展信息化。特别是生产性服务业发展搭乘信息化的时代快车，充分利用云计算和大数据的机遇，将全面实现信息化。第三，信息业发展智能化。中国各种智能设备普及率迅速提高，特别是智能手机普及率全球最高，大数据研究与应用正在迈向智能化，而智能化将对我们未来的工作与生活影响深远。第四，产业发展绿色化。当前，绿色发展已经成为我国人民大众最基本的需求，这种需求将迫使我们彻底转变发展理念，调整产业发展路径，重新整合优化全社会的资源配置结构，全面促进可持续发展，让蓝天、绿水、青山重新与我们为伍，全面提升我们经济社会发展的质量，适应广大民众对绿色化发展的历史性追求。

参考文献

［1］［美］小艾尔弗雷德·D.钱德勒.看得见的手：美国企业的管理革命［M］.重武，译.北京：商务印书馆，1987.

［2］［美］约翰·卡萨达，格雷格·林赛.航空大都市：我们未来的生活方式［M］.曹允春，沈丹阳，译.郑州：河南科学技术出版社，2013.

［3］曹允春，李晓津.机场周边经济腾飞与"临空经济"概念［N］.经济日报，2004-05-25.

［4］曹允春.临空经济发展的关键要素、模式及演进机制分析［J］.城市观察，2013（2）.

［5］曹允春.临空经济：速度经济时代的增长空间［M］.北京：经济科学出版社，2009.

［6］国际机场协会欧洲部.欧洲机场对社会经济的影响［R］.2002.

［7］张占仓，蔡建霞.郑州航空港经济综合实验区建设与发展研究［J］.郑州大学学报（哲学社会科学版），2013（4）.

［8］任晓莉.把握实质　精准发力供给侧结构性改革［N］.河南日报，2016-02-19.

［9］张占仓.我国"十三五"规划与发展的国际环境与战略预期［J］.中州学刊，2015（11）.

［10］陈爱国.把郑州航空港区建成中国中部自由贸易区［N］.河南日报，2013-12-25.

［11］张占仓.创新发展的历史规律与战略举措［J］.区域经济评论，2016（1）.

［12］第70届国际航空运输协会年会暨世界航空运输峰会举行［EB/OL］.人民网，http://world.people. com. cn/n/2014/0602/c1002-25093382. html, 2014-06-02.

［13］Justin D. Stilwell, R. John Hansman. The Importance of Air Transportation to the U. S. Economy: Analysis of Industry Use and Proximity to Airports ［R］. Massachusetts Institute of Technology, 2013.

［14］G. Camelia, S. Mihai. The Economic and Social Benefits of Air Transport ［J］. Ovidius University Annals Economic Sciences, 2010（Ⅹ）: 1.

［15］Stephen J. A. , John D. K. The Airport City Phenomenon: Evidence from Large U. S. Airports ［J］. Urban Studies, 2013（50）: 6.

提升思路　加快电子商务发展步伐[*]

2016年3月，河南省出台了《关于大力发展电子商务加快培育经济新动力的若干意见》，必将为河南省经济社会发展注入新动能。

近些年，河南省电子商务发展势头强劲，总体水平已进入全国第一方阵，位居中西部前列，2015年全省电子商务交易额7720亿元，增长36.4%。跨境电子商务全国领先，作为全国跨境贸易试点城市之一，郑州2015年业务总量超过5000万包，货值39.26亿元，各项综合指标均居全国试点城市首位。

借鉴国内外经验，河南省加快电子商务发展需要进一步提升思路，做到三个并重。一是消费互联网与产业互联网并重，中国正经历着从消费互联网向产业互联网的转型，电子商务已从销售工具演进到重构产业生态及价值创造阶段，我们一定要抢抓产业互联网兴起的战略机遇。二是城市电商与农村电商并重，促进电子商务下沉到基层。河南农业比重大，将电子商务渗透到农业生产、加工、流通等环节，有效解决"三农"问题，打造"互联网+"现代农业综合实验区。三是引进平台与培育本土平台并重，在大力引进阿里巴巴、京东等知名电商平台的同时，积极支持本地电商平台发展壮大，世界工厂网等案例说明，内陆地区一样可以培育全球领先的电商平台。

从促进电子商务与实体经济深度融合、培育经济新动力角度分析，河南省的实践路径包括：一是围绕优势产业搭建产业链电商平台。在有色、化工、建材等领域引导优势企业搭建一批产业链电商平台，用信息化支撑供给侧结构性改革。二是加快实施大数据战略，推进电子商务大数据与政府数据资源共享，为新产业、新模式、新业态发展提供新要素供给，引导成立省级大数据产业联盟，推动企业、高校和研究院所等实现资源共享、协同创新。三是加强电子商务专题研究，为电子商务发展升级提供智力支撑。

---

[*] 本文发表于《河南日报》2016年5月11日第7版。

绿色发展：破解掣肘　绘就美丽未来[*]

发展是人类社会的永恒主题，而自然环境则是人类社会生存和发展的基础条件。建设"天蓝、地绿、水净、景秀"的美丽中国，是"中国梦"的重要篇章，也是整个社会的共同愿景。坚持绿色发展，必须坚持绿色富国、绿色惠民，推动形成绿色发展的生产方式和生活方式。河南省传统产业占比较大、绿色发展指数不高、产业转型压力较大、环境整治任务繁重，如何走好绿色发展之路，绘就"美丽中国"的河南画卷，成为"十三五"时期全省迫在眉睫的历史重任。

一、我们的差距在哪里

正视现实方能走得更远。作为我国重要的经济大省和工业大省，河南在发展过程中尚未摆脱"高投入、高消耗、高排放、高污染"的传统粗放型增长模式，生态破坏严重、环境污染加剧、资源消耗迅速，已经成为经济社会可持续发展的"瓶颈"制约。同时，与发达国家和先进省份相比，河南省还存在人均资源有限，生态承载力较弱，气候变化明显、水资源缺乏且年际与地域分布不均，土地利用率不高现象，限制了绿色发展空间和新增长点的培育。

绿色资源总量不足，森林覆盖率偏低。据2015年统计年鉴显示，河南省林业用地面积为504.98万公顷，森林面积为359.07万公顷，在全国31个省（自治区、直辖市）中居第22位，人均有林地面积只有全国平均水平的1/5；森林覆盖率为21.5%，在全国排名第20位，低于全国平均水平0.13个百分点，人均占有森林蓄积相当于全国平均水平的1/7。

并且，河南省林业用地面积占全省土地总面积的比例只有29%，林地资源总量不足，发展空间有限，难以满足经济社会发展对生态环境质量不断增长的需求。另外，森林资源分布也不均衡。森林资源丰富的地区主要集中在豫西伏牛山一带，其林业用地面积、有林地面积、活立木蓄积分别占全省的68.3%、68.2%、57.4%；豫北的太行山地区，土壤较为贫瘠，立地条件较差，森林资源贫乏，其林业用地面积、有林地面积、活立木蓄积分别只有全省的10.3%、6.8%和8.8%。森林资源总量不足且分布不均，严重影响了河南省森林生态系统整体功能的发挥，制约了林业发展与生态建设的进程。在全国森林资源分布的框架中，河南省作为人口密集地区，森林覆盖率偏低成为制约未来绿色发展的重大障碍之一。

绿色指数不高，发展掣肘突出。作为绿色发展指数的重要内涵之一，经济增长绿化度是对一个地区经济发展过程中绿色程度的综合评价。根据2015年中国绿色发展指数报告测算结果表明，河南经济增长绿化度为-0.08，排在全国的第19位。绿色发展指数不高，反映出河南省在绿色发展方面面临的巨大压力。一方面，从产业层面看，河南产业发展层次不高，在大量承接东部制造业转移的同时，资源环境承载空间被进一步压缩，特别是服务业比重与发达省份相比明显偏低，服务业本身存在增速低、比重小、结构不优、竞争力不强等突出问题，对城市经济增长绿化度的贡献度不高，带动作用不强。另一方面，从产业发展方式上看，粗放型发展方式

＊　本文发表于《河南日报》2016年7月6日第8版，作者张占仓、彭俊杰。

尚未得到根本性改观，万元生产总值能耗、水耗等指标仍处于不容乐观的较低水平，在长期粗放型发展中累积的资源环境问题尚未从根本上得以破解。

生态环境脆弱，气候变化显著。河南作为人口大省，在经济不断发展的同时，面临着资源、能源和环境的现实压力，环境退化和资源耗竭引起的生态环境脆弱依然严峻。具体表现为大气污染严重，雾霾天气多发频发；水污染问题突出，部分河流水质超标、农业面源污染、重金属、地下水、土壤、持久性有机物污染仍处高发态势。对于中部地区的河南来说，气候变化显著，由气候变暖引起的极端干旱、洪涝、寒潮等自然灾害频发，给粮食生产、水资源、森林生态系统以及人类健康产生了诸多不利影响，阻碍了经济社会的可持续发展。据统计，由于气温的持续升高，由气候变化引发的各种自然灾害每年在河南省均有不同程度的发生，造成的经济损失平均达 30 亿~40 亿元，受灾最严重的年份高达 70 亿~80 亿元。

全社会生态文明意识亟待加强。由于历史的原因，全省生态文明建设考核奖惩机制不完善，在生态环境保护目标考核和责任追究、生态环境保护决策、生态创建激励机制、环境治理和生态修复以及生态环境监管等方面的工作机制还不够健全。人们对生态文明建设的重要性认识不足，执行节约优先、环保优先方针不坚决，少数地方还存在牺牲环境利益换取暂时性经济增长的现象。部分企业环保责任意识不强，超标排放、非法排污、恶意偷排等行为依然存在。全社会生态文明理念还不牢固，尊重自然、保护自然、与大自然共生的意识还没有真正形成。传统的生活方式和消费理念尚未转变，绿色消费、绿色出行等还没有真正成为人们自觉遵守的道德准则和行为规范，提高全社会生态文明意识任重道远。

二、我们的路径在哪里

习近平总书记指出：绿水青山就是金山银山。保护环境就是保护生产力，改善环境就是发展生产力。对于河南来说，面对日益严峻的环保形势，想方设法补齐生态短板，坚持走智能化、资本化、质量型、市场化的绿色发展道路，是一项只有起点没有终点的系统工程，更需要实实在在的行动和举措。"十三五"时期，我们要按照绿色发展理念，树立大局观、长远观、整体观，厚植绿色优势，自觉用低碳、循环发展引领发展方式和生活方式转变，着力建设天蓝、地绿、水净、人康的绿色发展新家园，为美丽河南的可持续发展赢得光明的未来。

以绿色生产推进绿色大省建设。围绕先进制造业大省建设，实施创新驱动引领，重点发展新能源、新材料、生物技术和新医药、节能环保等战略性新兴产业，推动传统优势产业向高端、绿色、低碳方向发展。围绕高成长服务业大省建设，大力发展金融、旅游、现代物流、软件和信息服务等绿色产业，积极发展云计算、物联网应用服务、电子商务等一批在全国具有先导性、示范性的高技术服务业。围绕现代农业大省建设，普及农业清洁生产，加强农业面源污染控制，积极发展都市农业、现代设施农业和创意生态农业。大力推进生态循环农业生产基地、无公害农产品、绿色食品和有机食品种植基地建设，切实保障"米袋子""菜篮子"有效供给和质量安全。围绕网络经济大省建设，充分利用"互联网+"、大数据、虚拟现实等技术，大力发展分享经济，积极推广高效节能、新能源等绿色消费产品，积极策应绿色需求。贯彻落实"互联网+流通"行动计划，培育壮大绿色商场、绿色市场、绿色饭店等绿色流通主体，积极拓展绿色产品农村消费市场，有效平衡绿色供给。

以绿色治理增进民生福祉。实施蓝天工程，以雾霾治理为重点改善大气质量，深入实施《河南省蓝天工程行动计划》，加强以可吸入颗粒物（PM10）和细颗粒物（PM2.5）为重点的大气污染防治，逐渐消除重污染天气，切实改善环境空气质量。实施碧水工程，以流域保护为重点改善水环境质量，统筹调水引流、控源截污、生态修复以及小流域综合整治等措施，推进水污染防治，实现重点流域水质全面达标，积极推动全省水环境持续改善。实施乡村清洁工程，以区域重金属环境综合整治，农村生活污染源治理和农业面源污染防治为重点深入开展土壤污染治理与修复，建立土壤污染治理与修复技术体系。实施环境风险防控工程，以重污染天气、饮用水水源地、有毒有害污染物等关系公众健康的领域为重点建立风险预警机制，定期对生态风险开展全面调查评估，对化学品、危险废物、持久性有机物等相关产品行业实施全过程环境风险管理。

以绿色行动践行绿色承诺。实施全民节能行动计划，全面推进工业、建筑、交通运输、公共机构等领域节能减排。实施全民节水行动计划，实行最严格的水资源管理制度，推广节水技术和高效节水产品，加快农业、工业、城镇供水管网节水改造，加快建设节水型社会。强化土地节约集约利用，推进建设用地多功能开发、地上地下立体开发，探索推广应用节地技术和模式。加强矿产资源节约和管理，大力发展绿色矿山和绿色矿业，实施矿产资源节约与综合利用先进技术推广示范工程。大力加强生态系统建设，以主体功能区建设、重点生态廊道建设和林业生态省建设为重点，开展大规模国土绿化行动，实施重大生态修复和建设工程，加快构建

"四区三带"区域生态格局。积极培育生态文化，不断强化全社会的生态伦理、生态道德、生态价值意识，形成政府、企业、公众互动的社会行动体系，努力提升公民环境意识和文化素养。积极引导绿色自觉，自觉减少使用一次性用品，自觉抵制过度包装，提倡健康节约的饮食文化，反对铺张浪费，推动形成符合绿色发展要求的社会新风尚。

以绿色创新技术促进绿色产业发展。传统产业的长期发展，之所以形成如此严重的环境污染，确实与传统技术体系有关。当绿色发展成为迫在眉睫的任务时，我们绿色产业技术储备不足，甚至在很多行业缺乏绿色技术，是面临的最为突出的问题。因此，从思想深处改变科学研究的哲学思路，寻求一代绿色发展技术的突破，形成绿色技术支撑体系，是迫切需要破解的难题。所以，要脚踏实地，从现在做起，从每一个科研单位与企业做起，结合全省产业发展实际，研发一系列绿色产业技术，是我们未来科技创新的主要任务之一。

绿色，是生命的象征，是未来的希望，是大自然的本色。绿色发展是人类文明进步的标志，是中原崛起过程中我们必须迈过的一道门槛。坚定信心，坚定不移走绿色发展之路，是历史给我们提出的一道难题，也是我们用智慧战胜发展困局的一次跨越。为了未来，为了人民幸福，为了环境安全，我们只能选择跨越，必须选择绿色！

在供给侧结构性改革攻坚中实现稳增长[*]

——2016年上半年河南省经济运行分析及全年走势展望

摘　要　2016年上半年，河南省牢固树立五大发展理念，大力推进供给侧结构性改革，着力稳增长、保态势、调结构、抓转型、防风险、促稳定，全省经济运行呈现"总体平稳、稳中有进、进中向好"的良好态势，但经济下行压力加大、企业生产经营困难、投资增长后劲不足、外贸形势持续下滑的态势依然没有缓解。下半年要抓住宏观政策持续宽松、供给侧改革稳步推进、深度融入"一带一路"倡议以及稳增长累积效应显现的有利条件，加大全面创新力度、全面扩大对外开放、切实增加投资有效供给、大力发展"新经济"、深入推进供给侧改革、努力改善民生福祉，确保完成全年经济增长8%的目标任务。

关键词　供给侧结构性改革；经济新常态；经济形势；蓝皮书

2016年以来，面对困难增多、挑战严峻的国内外环境，河南省上下深入贯彻落实党中央和省委、省政府的各项决策部署，主动适应和引领经济发展新常态，牢固树立创新、协调、绿色、开放、共享发展理念，大力推进供给侧结构性改革，着力稳增长保态势、调结构抓转型、防风险促稳定，经济运行呈现出"总体平稳、稳中有进、进中向好"的良好态势。展望下半年，国内外宏观经济形势依然复杂严峻，机遇与挑战并存，要坚定信心，始终把确保经济平稳增长作为工作重点，注重稳调结合，在调整中稳增长、在稳增长中促调整，持续推进经济转型升级，确保完成全年目标任务。

一、2016年上半年经济运行呈现总体平稳态势

2016年以来，面对世界经济复苏弱于预期和国内经济下行压力加大的双重困难局面，河南省在努力扩大总需求的同时，大力推进供给侧结构性改革，更加注重稳增长、促改革、调结构、强基础、惠民生、防风险综合平衡，实施了一系列有效政策措施，全省结构调整深入推进，新的发展动能加快集聚。从1~5月主要经济指标数据及其变动情况看，虽然部分指标出现不同程度回落，但基本上符合预期，呈现出"总体平稳、稳中有进、进中向好"的发展态势，预计上半年全省GDP增长8.0%（见表1）。

表1　2016年上半年河南省主要经济指标预测

指标	1~5月	上半年（预测）
地区生产总值增长率（%）	—	8.0
规模以上工业增加值增长率（%）	7.8	8.0
固定资产投资增长率（%）	12.8	12.6
社会消费品零售总额增长率（%）	11.4	11.5
居民消费价格指数（以上年为100）	102.1	102.0
进出口增长率（%）	-12.9	-11.4

注：1~5月数据来自《河南统计月报2016年5月》，预测数据由课题组分析预测所得。

* 本文发表于《中州学刊》2016年8月第8期第28-34页。作者为"河南省社会科学院"河南经济蓝皮书课题组。课题组组长：张占仓。课题组成员：完世伟、袁金星、唐晓旺、武文超、石涛。

1. 经济增长态势好于全国

第一，主要经济指标增长明显高于全国。第一季度，河南省地区生产总值达到8284.3亿元，稳居全国第5位；增速达到8.2%，高于全国平均水平1.5个百分点，居全国第11位、中部六省第3位，较2015年均前进2位。1~5月，全省规模以上工业增加值、固定资产投资、社会消费品零售总额分别增长7.8%、12.8%和11.5%，分别高于全国1.9个、3.2个和1.2个百分点（见图1）。

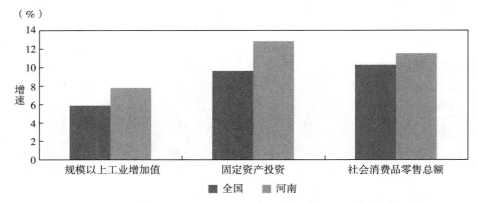

图1　2016年1~5月河南省三个主要经济指标增速及与全国平均水平比较

第二，主要先行指标出现积极变化。工业用电由负转正。2016年1~5月，全省工业用电增长1.3%，较上年同期和1~3月分别加快3.3个和0.1个百分点。货物运输量、货物周转量小幅回升。1~5月，全省货物运输量、货物周转量分别增长3.0%和2.4%，分别比上年同期增长0.8个和2.6个百分点；其中全省机场货邮吞吐量增长20.8%，比2015年同期增长33.3个百分点。工业品价格降幅收窄。1~5月，全省工业生产者出厂价格同比下降4.2%，降幅较1~3月、1~4月分别收窄0.8个和0.4个百分点。

2. "四稳"稳住河南经济

2016年以来，受产能过剩、高杠杆率和新增长点尚在孕育等因素的影响，全省进入一个增长动力转换和发展方式转变的新时期，经济下行压力加大，但总体仍保持了平稳增长态势。

第一，工农业生产总体稳定。农业生产基本平稳。2016年夏粮总产量达695.4亿斤，比2015年减产约1.0%，产量虽略有减少，但仍处于历史第二高位，属于丰收年。工业生产稳中有升。规模以上工业增加值小幅回升。1~5月，全省规模以上工业增加值增长7.8%，虽较上年同期小幅下降，但比1~2

月、1~3月增速分别高0.3个和0.1个百分点。支柱行业拉动明显。1~5月，全省40个大类行业中有34个增加值实现增长，15个保持两位数增长，其中化工、冶金、建材、轻纺、能源五大传统支柱产业增长6.5%，比上年同期高1.1个百分点（见图2）。

第二，固定资产投资缓中趋稳。1~5月，全省固定资产投资12558.4亿元，总量居全国第3位，同比增长12.8%，比1~4月回落0.8个百分点。重点项目建设加码提速。前五个月，全省876个A类项目共完成投资2638亿元，占年度目标的43.4%，总体进度略高于时序要求；新开工A类项目148个，开工率52.3%，提前实现任务过半。房地产投资快速增长。1~5月，全省房地产开发投资完成1758.1亿元，增长18.8%；房屋新开工面积4346.6万平方米，增长50.6%。房地产开发投资对全省固定资产投资作出了重要贡献。

第三，消费市场平稳增长。2016年以来，随着供给侧结构性改革的逐步落实，消费热点不断涌现，消费作为经济增长"稳定器""压舱石"作用进一步显现。1~5月，全省社会消费品零售总额达到6956.3亿元，增长11.4%。与房地产行业关联性强的商品消费增长较快。1~5月，家具、建筑及装潢材料商品

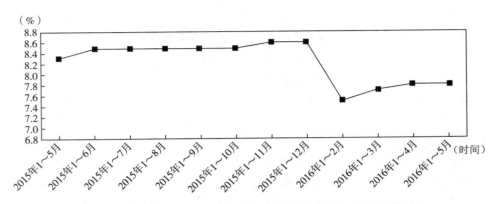

图2　2015年5月至2016年5月河南省规模以上工业增加值增速

消费同比分别增长16.5%和13.8%。信息消费快速增长。1~5月，全省通信器材消费同比增长9.1%，电信业务总量增长45.8%，比2015年同期高21.8个百分点。新业态蓬勃发展。与互联网有关的新业态继续高速扩张，5月全省限上零售业网上零售额增长76.0%，增速比社会消费品零售总额快64.7个百分点。

第四，物价、就业基本稳定。2016年以来，全省物价保持稳定态势。1~5月，全省居民消费价格总指数（CPI）上涨2.1%，其中，鲜菜、畜肉上涨幅度分别达到24.3%和20.3%，成为CPI上涨的主要推动力；从环比指标看，3~5月，CPI呈环比下降态势，上半年CPI继续上涨可能性不大。就业形势平稳。1~5月，全省城镇新增就业60.2万人，同比增长2.4%，超过2016年全年城镇新增就业目标的60%；城镇失业人员再就业20.0万人，同比增长2.1%。

3."四进"彰显好的势头

面对世界经济深度调整和国内经济增速放缓的压力，河南省委、省政府实施了一系列稳增长、调结构的政策举措，尤其是"三大"攻坚计划的大力实施、"四大"国家战略规划的深入推进等，实现了全省经济运行总体平稳，推动稳增长的积极因素不断积累并带来诸多积极变化。

第一，结构调整扎实推进。服务业发展持续加快。2016年第一季度，服务业增加值增速达到10.5%，比2015年同期高4.9个百分点，呈快速增长态势；同时，服务业增速

分别比工业、农业增速高了3.3个和7.3个百分点，超同期地区生产总值增速2.3个百分点；服务业占地区生产总值的比重达到41.5%，比2015年同期高6.4个百分点，服务业成为拉动全省经济增长的最主要力量。工业内部结构优化。1~5月，全省非公有制企业、高技术产业规模以上工业增加值分别增长9.8%和11.7%，分别超全省规模以上工业增加值增速2.0个和3.9个百分点；高成长性制造业占规模以上工业增加值比重达到47.2%，比2015年同期高1.4个百分点；六大高载能行业增加值占规模以上工业增加值的比重为33.1%，较2015年同期下降1.7个百分点。

第二，经济效益继续提高。财政收支增长加快。2016年1~5月，全省实现一般公共预算收入1375.1亿元，同比增长18.0%，比上年同期加快13.3个百分点。其中，税收收入986.8亿元，增长21.4%，比上年同期加快20.5个百分点。全省一般公共预算支出2600.5亿元，同比增长18.3%，较2015年同期加快9.9个百分点；财政收支双加速表明全省经济运行质量明显提高。工业利润小幅回升。1~5月，全省规模以上工业企业实现利润总额1913.7亿元，同比增长3.9%，增幅较1~3月、1~4月分别回升1.5个和0.2个百分点；40个大类行业中，36个实现盈利，其中28个大类行业利润同比增长。居民收入继续提高。1~3月，全省居民人均可支配收入同比增长8.3%，继续跑赢GDP增速。

第三，供给侧结构性改革成效明显。工业去库存、去产能成效明显。2016年以来，全省加强供给侧结构性改革，部分产能过剩行业产量、库存明显下降。1~5月，全省生产电解铝129.4万吨、原煤4979.8万吨，增速分别比2015年同期减少6.2个和9.7个百分点。房地产去库存效果明显。1~5月，全省商品房销售面积达2539.2万平方米，增长21.9%；与此同时，房地产开发企业土地购置面积235.6万平方米，同比下降23.9%。补短板步伐加快。针对基础设施欠账较多和第三产业发展不足等短板，2016年以来全省加大了相关领域投资力度。从产业角度看，1~5月，全省第三产业投资6072.0亿元，增长16.9%，比第二产业高8.6个百分点；从资金投向看，1~5月，全省基础设施累计完成投资2114.2亿元，同比增长30.7%，高于全省投资平均增速17.9个百分点。新兴供给成长加快。1~5月，全省高成长性制造业、高技术产业增加值分别增长8.9%和11.7%，增速分别快于全省工业1.1个和3.9个百分点。

第四，创新创业效应显现。大众创业态势向好。截至2016年5月底，全省市场主体总量达到380.7万户，居全国第6位、中部六省第1位；全省创业活力指数达到25.2%，较商事改革前提升了2.3个百分点。"互联网+"相关行业快速发展。移动互联网与传统行业加速渗透，不断催生新的服务模式，众创平台、网络约车等新型服务模式在省内各地全面铺开，广泛影响居民生产生活方式的同时极大地激发了经济活力。E贸易爆发式增长。2016年上半年，郑州市E贸易总业务量达1560.1万单，单量总数居全国试点城市首位，E贸易成为河南省商业发展新时尚。

二、当前经济运行要密切关注"四个没有缓解"

总体来看，2016年上半年河南省经济增速保持在合理区间。但也要看到，在经济新常态背景下，全省经济增速换挡、结构调整阵痛、新旧动能转换衔接不畅等深层次矛盾相互交织且日益凸显，一些新的不稳定不确定因素还在不断显现，经济平稳运行的基础还不稳固，稳增长任务依然十分艰巨。

1. 经济下行压力加大没有缓解

进入2016年，国际环境依旧复杂多变，全球经济复苏乏力，IMF、WTO都下调了全球经济增长预期，国内经济也呈现小幅下降态势。河南省经济也处在结构调整的关键阶段，新旧矛盾交织，新旧动力转换没有实质性改善，主要经济指标都呈现回落态势，经济下行压力加大没有明显缓解。1~5月，全省规模以上工业增加值增速、固定资产投资增速、社会消费品零售总额增速分别同比回落0.5个、2.8个和0.8个百分点。这些主要经济指标的变化，说明河南省经济仍面临较多的困难和挑战，必须引起高度重视，采取措施积极应对。

2. 企业生产经营困难没有缓解

2016年以来，工业市场需求依旧偏弱，部分传统行业受困产能过剩、价格低迷等影响，生产经营情况依旧不容乐观。部分传统行业经营困难加剧。去产能过程中，随着产量下降，1~5月，全省能源工业主营业务收入同比下降16.9%，利润总额同比下降72.7%。重点产品价格低位运行。1~5月，全省工业生产者价格指数为95.8，连续48个月下降，整个市场需求疲软状况没有根本性好转。值得注意的是，1~5月，全省规模以上国有企业主营业务收入同比下降11.6%，利润总额下降64.1%，由盈转亏，生产经营状况堪忧。

3. 投资增长后劲不足没有缓解

进入经济新常态，面对全省经济下行压力加大以及"三期叠加"的多重效应，投资对河南省经济增长带动作用仍至关重要，但从2016年上半年情况看，投资仍需继续发力。固定资产投资增速放缓。1~5月，全省固定资产投资同比增长12.8%，较2015年同期下降2.8个百分点，对经济增长的贡献有所降低。民间投资大幅回落，增长乏力。如图3所示，1~5月，全省民间投资累计完成9870.6

亿元，增长 4.8%，增幅同比回落 11.9 个百分点，占全省投资的比重为 78.6%，较 2015 年同期下降 6 个百分点。工业投资动力不足。1~5 月，全省工业投资 5918.0 亿元，增长 8.2%，较 2015 年同期下降 5.3 个百分点。民间投资、工业投资的回落说明投资者对市场的预期仍然比较悲观，这一现象对提振全省经济十分不利。

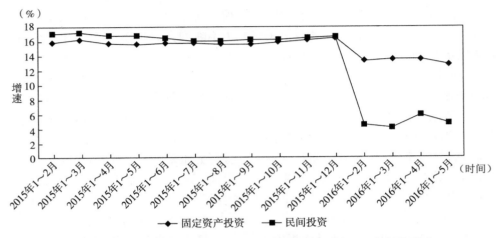

图 3　2015 年 1 月至 2016 年 5 月河南省固定资产投资、民间投资增速

4. 外贸形势下滑态势没有缓解

2016 年以来，全省进口和出口呈双下滑发展态势。如图 4 所示，1~5 月，全省进出口总额 1491.1 亿元，同比下降 12.9%，较 2015 年同期下降 39.6 个百分点，下降幅度大于全国；其中出口额 898.1 亿元，同比下降 9.9%，进口额 593.0 亿元，同比下降 17.1%。这种大幅下滑的态势与上年全省进出口逆势飘红的成绩形成了鲜明对比。

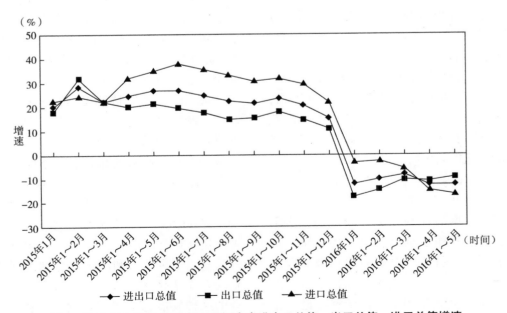

图 4　2015 年 1 月至 2016 年 5 月河南省进出口总值、出口总值、进口总值增速

三、下半年河南省经济运行走势展望

展望2016年下半年，国内外经济形势依然十分复杂，积极变化和不利影响同时显现，河南省经济运行仍处在寻求新平衡的过程中。随着稳增长、调结构、促改革一系列政策的实施，全省经济将趋稳向好，全年有望完成经济增长8%的目标。

1. 有利条件增多

第一，宏观政策持续宽松，发展环境进一步改善。自2015年以来，央行先后五次降息、六次降准，截至2016年6月已累计降息1.25个百分点、降准3.25个百分点，下半年央行有望继续降息降准1~2次。同时，下半年中央或将实施更加积极的结构性减税、减费政策，加大对交通、能源等基础设施投资，从而确保经济在合理区间运行。这些政策的逐步落地，为下半年经济发展提供了更加宽松的环境。

第二，供给侧结构性改革稳步推进，新的增长动能逐步增强。为应对经济下行的压力，2015年底，中央提出了以"三去一降一补"为重点的供给侧结构性改革。2016年上半年，河南省不断深化投融资体制、价格等重点领域改革，推动简政放权、放管结合、优化服务向纵深发展。2016年下半年，全省"三大"攻坚计划全面推进，省委、省政府还将出台一系列供给侧结构性改革的重大举措，帮助企业降低成本，化解房地产库存，防范金融风险等。这些改革举措，对于增强经济增长动能将起重大作用。

第三，积极融入"一带一路"，发展空间持续拓展。近年来，围绕"一带一路"这一国家倡议，河南省积极作为，以郑州、洛阳为节点，通过郑州航空港、中欧（郑州）班列等开放平台，打通了全省直通中亚、欧洲和大西洋的重要通道，融入全球价值链、融入全球市场。2016年下半年，全省将进一步完善对外开放的软硬件环境，加快内陆开放高地建设，着力提升口岸经济发展水平，对

外开放的条件将更加优越，开放发展将为全省经济增长提供更多有力支撑。

第四，稳增长累积效应逐步释放，抗风险能力显著增强。近年来，河南省新技术新业态新模式蓬勃兴起，六大高成长性产业规模不断壮大，全省经济抗风险、稳增长的能力不断增强。2016年上半年，全省积极实施"八大专项"，全力推进"米"字形高速铁路网建设，大力实施"1816"投资促进计划，强力推进脱贫攻坚工程等。2016年下半年，随着这些政策和重大工程的实施，河南省的区位交通优势、资源要素优势和产业基础优势将更加突出，应对风险的能力进一步增强，形成了下半年全省经济持续发展的"稳定器"。

2. 制约因素仍然突出

第一，世界经济复苏缓慢，外部环境依然偏紧。2016年下半年，世界经济复苏将持续放缓。在加息预期仍存以及其他经济体复苏乏力影响下，美国经济复苏放缓概率较大。受欧债危机以及英国脱欧等因素影响，欧洲经济仍将困难重重。巴西、印度、俄罗斯等仍然面临资本外逃、货币贬值等风险，新兴经济体延续疲软态势，中国的国际资金流出仍将继续，经济面临较大下行压力。就河南省来说，年初以来，市场资金面持续紧张，"融资难""融资贵"的问题非常突出，下半年全省经济增长面临的外部环境不容乐观。

第二，去产能持续发力，全省工业压力较大。2016年以来，随着供给侧结构性改革的推进，河南省的石油、煤炭、钢铁、电解铝等资源型产业领域部分企业经营困难增加。5月全省石油和天然气开采业、煤炭开采和洗选业、黑色金属冶炼及压延加工业增加值分别下降36.6%、6.5%和5%，合计下拉全省工业增速0.6个百分点。1~4月，石油和天然气开采业、煤炭开采和洗选业分别出现了34.1亿元及7.7亿元的亏损。2016年下半年，工业的这种发展态势仍将继续，全省经济下行压力依然较大。

第三，房地产分化加剧，去库存任务艰

巨。今年初以来，我国房地产市场出现了冰火两重天的局面，就河南省来说，以郑州为首的少数城市房地产火爆和多数市县房地产不景气并存，全省房地产去库存的压力仍然较大。房地产行业前后向产业关联度高，与钢铁、建材、家电、装饰材料等多个行业紧密相关，且房地产投资占固定资产投资比重达1/4，房地产市场不景气将严重掣肘投资及相关行业的增长，成为制约全省下半年经济增长的重要因素。

第四，财政收支矛盾突出，政府调控经济能力弱化。2016年上半年，受全省企业经济效益下滑、营业税改增值税政策等的影响，全省财政收入增速回落。1~5月，全省财政总收入增长13.3%，比1~4月回落2.3个百分点。其中，一般公共预算收入增长18%，比1~4月回落2.0个百分点。与此同时，财政支出不断加快。1~5月，全省基础设施投资增长30.7%，对投资增长的贡献度达到34.8%。2016年下半年，受财政收支矛盾不断加大的影响，全省基础设施投资继续维持高速增长的难度增加，形成了制约投资增长进而制约全省经济增长的重要因素。

3. 下半年及全年河南省经济走势展望

从2016年全年来看，随着宏观政策效应进一步显现，经济运行将初步企稳并可能有所回升，第三、第四季度经济增长有望略高于第二季度，全年GDP增速能够实现8%的目标或略高一点。从主要经济指标看，预计2016年全省规模以上工业增加值增长8.6%；固定资产投资增长14.5%；社会消费品零售总额增长12.0%；进出口增长有望转正；居民消费价格指数为101.9（见表2）。

表2　2016年上半年及全年主要经济指标预测

指标	上半年（预测）	全年（预测）
地区生产总值增长率（%）	8.0	8.2
规模以上工业增加值增长率（%）	8.0	8.6
固定资产投资增长率（%）	12.6	14.5
社会消费品零售总额增长率（%）	11.5	12.0

续表

指标	上半年（预测）	全年（预测）
居民消费价格指数（以上年为100）	102.0	101.9
进出口增长率（%）	-11.4	有望好转

注：相关数据由课题组分析预测所得。

四、促进河南省经济平稳较快发展的建议

2016年下半年，全省继续坚持稳中求进这一工作总基调，把握好近期目标和长远发展的平衡点，处理好稳增长、促改革、调结构、惠民生、防风险的关系，持续做好稳增长、保态势各项工作，从供给侧和需求侧两端发力，培育经济持续增长新动力，以确保完成全年经济发展的目标任务。

1. 加快推进供给侧结构性改革

供给侧结构性改革是当前全国和全省经济工作的主线。一是按照省委通过的推进供给侧结构性改革的总体方案，全面落实"三去一降一补"任务，确保改革措施落地生效。二是加快理顺"三煤一钢"四大国有企业产权关系，推动混合所有制改革迈出实质性步伐；积极化解煤炭、钢铁等行业过剩产能，对"僵尸企业"予以出清，妥善安置员工、处置债务。三是推进企业降成本、增效益。全面落实国家"营改增"改革、降低企业税费负担等方面的政策，加快研究消费税和资源税费改革，研究和制定帮助企业降成本、增效益的政策措施。四是深入推进"放管服"改革，探索建立企业投资项目负面清单制度，创新政府服务企业方式，鼓励金融机构以多种方式解决企业融资难、融资贵问题。

2. 加快创新发展步伐

大力推进以科技创新为核心的全面创新，发展新技术、新业态、新模式，使创新成为新常态下全省经济发展的新引擎。一是积极落实《关于加快推进郑洛新国家自主创新示范区建设的若干政策意见》，全面推动郑洛新国家自主创新示范区建设，支持示范区开展

相关政策先行先试，引领带动全省创新创业进入新高潮。二是全面实施"互联网+"行动方案，大力推进大数据、云计算等新技术与网络经济的融合发展，加快建设现代化的交通运输和物流体系，推动跨境电子商务发展。三是大力扶持小微企业发展，加快落实小微企业在注册、经营和税收等方面的优惠政策，全面激发民间创新创业热情。

3. 全面扩大对外开放

牢牢把握和平、发展、合作、共赢的时代潮流和国际大势，切实提高对外开放和招商引资实效。一是加快提升郑州航空港综合交通枢纽的建设和运营水平，紧跟上海、广东等自贸区步伐，学习体制创新经验，加快推进各类功能性口岸和海关特殊监管区建设。二是深化与卢森堡、波兰的航运、铁路公司的战略合作，打造空铁国际国内双枢纽，扩大郑州班列的营运规模；鼓励优势企业开展国际产能、装备制造领域合作和跨境并购。三是抓好开放招商，积极承接国内外产业转移，鼓励与发达地区共建产业园区，加强签约项目跟踪服务。

4. 保持有效稳定的投资供给

坚持抓好项目投资和建设，使项目投资既能在当前起到稳增长的作用，又能为持续发展奠定基础。一是加快推进"1816"投资促进计划项目，在高成长性服务业、先进制造业和农业、水利、能源等基础设施领域加大投资力度，加强信息基础设施建设。二是持续抓好重大项目和载体建设，继续加大对郑州航空港经济综合实验区的投入力度，加快高速铁路、高速公路、城际铁路等重大基础设施建设，推动产业集聚区和商务中心区持续发展和提升。三是强化项目用地、融资等方面保障，创新和探索通过 PPP 模式撬动民间投资的方式，推动民间投资迅速回暖。

5. 大力发展"新经济"

深刻认识经济发展的新特点新要求，让各项政策向新动能、新产业、新业态倾斜，大力发展"新经济"。一是加快实施《中国制造 2025 河南行动纲要》，积极支持电子信息、新能源汽车、生物医药、装备制造，以及以金融和生产性服务业为代表的高成长性服务业发展。二是以满足消费领域出现的新形态、新方式、新趋向为导向，鼓励新技术、新业态、新模式发展，激发电子商务、健康养老、家政服务等领域的发展活力。三是大力发展现代农业，推动农业规模化经营、标准化生产、品牌化营销，加强农产品流通设施和市场建设，积极发展"互联网+农业"。

6. 扎实做好民生工程

以人民群众最关心、最直接、最现实的利益问题为导向，使发展成果更多更好地惠及全省百姓。一是打好脱贫攻坚战。贯彻精准扶贫、精准脱贫基本方略，做好产业扶贫、金融扶贫，引导资金、技术等要素向贫困地区集聚，确保实现 2016 年 110 万农村贫困人口稳定脱贫的目标。二是促进就业和居民增收，解决好高校毕业生、城市下岗职工、农村转移人口等群体的就业创业问题，多种方式提高居民的经营性、工资性和财产性收入。三是做好大气污染治理工作，遏制雾霾天气频发态势，同时抓好重点流域、重点行业、重点企业水污染防治，强化能源和水资源消耗、建设用地等方面的控制。

参考文献

[1] 张占仓，等. 河南经济发展报告（2016）[M]. 北京：社会科学文献出版社，2016.

[2] 胡家勇. 论经济新常态下增长新动力的培育[J]. 中州学刊，2016（5）.

[3] 黄慧群，张航燕. 工业经济新常态愿景下的分化与突破——2015 年工业经济运行特征与 2016 年展望[J]. 区域经济评论，2016（3）.

[4] 张占仓. 我国"十三五"规划与发展的国际环境与战略预期[J]. 中州学刊，2015（11）.

[5] 河南省社会科学院"河南经济蓝皮书"课题组. 精准发力新常态多策并举稳增长——2015 年上半年河南经济运行分析和全年走势展望[N]. 河南日报，2015-07-15.

新常态下河南经济走势及对策思考[*]

面对经济发展新常态，习近平总书记明确指出："认识新常态、适应新常态、引领新常态，是当前和今后一个时期我国经济发展的大逻辑。"据时任中国社会科学院副院长蔡昉介绍，中国经济增长速度呈现出"L"形的发展趋势，供给侧结构性改革能够提高全要素生产率，并带来改革红利。推动我国经济长期中高速增长的关键就是潜在生产率加改革红利，所以促进经济持续较快发展，必须加快推动供给侧结构性改革。河南未来经济发展的走势、存在的突出难题、应对措施等都是需要我们深入思考的问题。

一、全年经济增速能实现预定目标

国家"十三五"规划提出，"十三五"时期经济保持中高速增长，到 2020 年国内生产总值和城乡居民人均收入比 2010 年翻一番，主要经济指标平衡协调，发展质量和效益明显提高。这就意味着"十三五"时期我国 GDP 年增长率在 7% 左右，底线是年平均增长率不低于 6.5%，以确保到 2020 年的发展目标。

河南省"十三五"规划提出，"十三五"时期全省经济保持较高速度增长，到 2020 年全省地区生产总值和城乡居民人均收入比 2010 年翻一番以上，主要经济指标年均增速高于全国平均水平，GDP 年均增长 8% 左右，高于全国平均水平 1 个百分点以上，力争经济社会发展主要人均指标达到全国平均水平。

2016 年上半年，全国 GDP 增长 6.7%，国民经济保持了总体平稳、稳中有进、稳中向好的发展态势，为完成全年经济目标奠定了较好基础。河南省上半年经济发展大局稳中向好。

从我们在各市县调研情况看，经济下行压力确实非常大，特别是实体经济承受着巨大压力，企业缺乏资金的情况比较普遍。但是，各地应对举措高招迭出，克服发展难题的勇气和智慧也日益彰显。因此，我们分析认为，随着全省发展战略与宏观叠加政策效应的进一步显现，特别是供给侧结构性改革举措进一步落实，经济运行将初步企稳并可能有所回升，第三、第四季度经济增长有望略高于上半年，全年 GDP 增速能够实现 8% 的预定目标或略高一点。"十三五"时期大致保持这种发展态势，河南省在全国发展大局中的地位将稳步提升。

二、经济增长面临突出难题

外部环境依然偏紧。下半年，世界经济复苏将持续放缓。在加息预期仍存以及其他经济体复苏乏力的影响下，美国经济复苏放缓的概率较大。受欧债危机以及英国脱欧等因素的影响，欧洲经济仍将困难重重。巴西、印度、俄罗斯等仍然面临资本外逃、货币贬值等风险，新兴经济体延续疲软态势。中国作为一个新兴经济体，国际资本流出将导致未来一段时期出现持续钱荒、投资减速、外贸下滑、产能过剩、房地产分化，经济面临的下行压力增大。就河南来说，年初以来，市场资金面持续紧张，融资难、融资贵的问题非常突出，下半年全省经济增长面临的压力依然较大。

全省工业发展压力较大。随着供给侧结构性改革的推进，国家加大了去产能、去库存的政策力度。河南石油、煤炭、钢铁、电解铝等资源型产业面临的发展压力较大，部分企业经营困难增加。在去产能的过程中，随着产

* 本文发表于《河南日报》2016 年 10 月 19 日第 6 版。

量的下降，全省石油和天然气开采业、煤炭开采和洗选业、黑色金属冶炼及压延加工业增加值都在下降，直接下拉全省工业增速。

房地产去库存任务艰巨。河南省房地产市场呈现以郑州为首的少数城市房地产升温和多数市县房地产不景气并存状态，全省房地产去库存的压力仍然较大。房地产行业前后向产业关联度高，与钢铁、建材、家电、装饰材料等多个行业紧密相关，且房地产投资占固定资产投资比重达1/4，房地产市场不景气将严重掣肘投资及相关行业的增长，成为制约全省下半年经济增长的重要因素，各地房地产去库存需要持续发力。

财政收支矛盾突出。2016年上半年，受全省企业经济效益下滑、营业税改增值税政策等的影响，全省财政收入增速回落。与此同时，为应对经济下行，全省实施积极的财政政策，加大民生和基础设施投资力度，财政支出不断增大。2016年下半年，受财政收支矛盾不断加大的影响，全省基础设施投资继续维持高速增长的难度增加，形成了制约投资增长进而制约全省经济增长的重要因素。

三、以供给侧结构性改革为引领推动经济发展

加快推进供给侧结构性改革。推进供给侧结构性改革是优化劳动力、资本、创新、土地等要素配置，扩大有效供给，提高全要素生产率，实现由低水平供需平衡向高水平供需平衡跃升的必由之路，必须将其摆在全省发展的突出位置。一是贯彻落实《河南省推进供给侧结构性改革总体方案（2016—2018）》，全面落实"三去一降一补"五大重点任务，促进产业转型升级。二是扎实推进国有企业改革。加快理顺"三煤一钢"四大国有企业产权关系，制订改革方案，推动混合所有制改革迈出实质性步伐；以政府主导、企业主体、市场运作的方式，化解煤炭、钢铁等行业过剩产能，鼓励企业以兼并重组或依法破产实现转型升级。三是通过全面实施"互联网+"简政放权，推进企业降成本、增

效益。全面落实国家"营改增"改革、降低企业税费、社会保险费、电力价格等政策，推进消费税和资源税费改革，做好税收征管体制综合改革试点工作。四是深入推进"放管服"改革。要继续放宽市场准入，探索建立企业投资项目负面清单制度，创新政府服务企业方式，鼓励金融机构以多种方式解决企业融资难、融资贵问题。

全面实施创新驱动战略。积极贯彻落实省委、省政府加快推进郑洛新国家自主创新示范区建设的若干政策意见，大力推进以科技创新为核心的全面创新，深入开展"互联网+"行动计划，发展新技术、新业态、新模式，使创新成为新常态下河南经济发展的新引擎。大力发展基于大数据、云计算、物联网等新一代信息技术的网络经济新形态，实施农村电商覆盖工程、跨境电子商务提升工程、电子商务物流配送工程、电子商务集聚发展工程，加快建设中国（郑州）跨境电子商务综合试验区，以新业态、新模式助力网络经济大省建设和产业转型升级。积极扶持小微企业发展，全面激发民间创新创业热情。

进一步扩大对外开放。加快推进各类功能性口岸和海关特殊监管区建设，加强国际贸易"单一窗口"建设，完善"一站式"大通关服务体系，加快建设郑州航空、铁路国际枢纽口岸，创新发展郑州多式联运监管中心，推动中欧（郑州）班列提升运营水平。深度融入国家"一带一路"倡议，鼓励优势企业开展国际产能、装备制造领域合作和跨境并购，深化与沿线国家资源开发以及农业、旅游等合作，鼓励对外工程承包与劳务合作，支持有条件的企业"走出去"。持续抓好开放招商，举办好重大国际会议和对外经贸合作活动，提高投资对全省发展的推动效应。

大力发展"新经济"。要深刻认识经济发展的新特点、新趋势、新要求，让各项政策向新动能、新产业、新业态倾斜，大力发展"新经济"，集众智、借外脑，全方位调动社会各方面、各领域积极性，加快形成投鞭断流的气势，增强新动能、新优势、新活力。

供给侧结构性改革步入深化之年[*]

中央经济工作会议指出，2017 年是实施"十三五"规划的重要一年，是供给侧结构性改革的深化之年。这种政策定位标志着我们稳中求进的战略走势，是我们坚持以推进供给侧结构性改革为主线思想的持续落实。

一、抓住了破解发展难题的关键

从 2013 年中央提出我国经济进入"三期叠加"阶段，到 2014 年 5 月习近平总书记在河南调研期间提出"新常态"一词并在北京 APEC 会议上作系统性理论论述，再到 2015 年 11 月中央财经领导小组第十一次会议上"供给侧结构性改革"率先破题，2015 年 12 月中央经济工作会议对"供给侧结构性改革"作出全链条部署，明确提出"三去一降一补"推进方案，2016 年 3 月全国人大通过的"十三五"规划提出供给侧结构性改革是"十三五"国民经济发展的主线，这是党的十八大以来党中央对我国经济社会发展不断探索、深化认识、提升治理水平的演化过程。

推进供给侧结构性改革，是破解"三期叠加"深层次矛盾的理论思维，是适应和引领经济发展新常态的重大理念创新，是应对国际金融危机发生后综合国力竞争新形势的主动选择，是贯彻落实稳中求进工作总基调这一治国理政重要原则的具体抓手，是焕发国民经济发展活力、更好满足人民群众日益增长的物质文化需求的宏观调控方法。

按照习近平总书记的要求，供给侧结构性改革重点是解放和发展社会生产力，用改革的办法历史性推进国民经济结构调整，减少无效和低端供给，扩大有效和中高端供给，增强供给结构对需求变化的适应性和灵活性，提高全要素生产率。要通过一系列政策引导和市场举措，特别是推动科技创新、发展实体经济、保障和改善人民生活的政策措施，解决我国经济供给侧长期积累起来的主要问题。

二、把"三去一降一补"落到实处

根据各地 2016 年推进过程中遇到的各种新情况、新问题、新挑战，要顺势应时，进一步推进供给侧结构性改革，确保"三去一降一补"五大任务的具体落实。

去产能。要继续推动钢铁、煤炭等行业化解过剩产能，这是一项具有历史意义的重大举措。只有过剩产能得到有效化解，才能为国民经济进一步优化结构腾出空间。因此，要通过简政放权，抓住处置"僵尸企业"这个牛鼻子，严格执行环保、能耗、质量、安全等相关法律法规和标准，创造条件推动企业兼并重组，妥善处置企业债务，做好下岗转岗人员安置工作。同时，要严格宏观调控政策，高度注意防止已经化解的过剩产能出现死灰复燃现象，以免影响进一步化解过剩产能工作。

去库存。要坚持实事求是原则，坚持分类调控，因地制宜、因时施策，通过政策指导、舆论引导、资金扶持等，重点解决三四线城市房地产库存过多的历史性难题，特别是重工业比较集中、近几年当地就业活力不足的中小城市，要引导当地产业结构深度调整，采取措施加快服务业发展，激活创业和就业活力，提高当地居民持续发展的信心，

———————
　＊　本文发表于《河南日报》2016 年 12 月 21 日第 9 版。

提高居民房产等购买力，在发展源头上化解房地产库存。同时，把去库存和促进人口城镇化结合起来，提高三四线城市和特大城市间基础设施的互联互通能力，提高三四线城市教育、医疗等公共服务水平，增强对农业转移人口的吸引力，激发地方经济社会发展活力。

去杠杆。核心是要提高各级领导干部现代金融知识水平，适应金融业快速发展和稳中求进的基本要求，在科学控制总杠杆率的前提下，把降低企业杠杆率作为重中之重。通过资产重组、优化配置市场资源，支持企业市场化、法治化债转股，加大股权融资力度，加强企业自身债务杠杆约束等，降低高风险企业的杠杆率。按照中央要求，严格规范政府举债行为，控制政府债务规模，保证不出系统性区域性金融风险。

降成本。要通过一系列实质性改革创新，特别是通过政府管理部门全面实施"互联网+"行动，实现主要管理程序在智能终端上高效办理，在减税、降费、降低要素成本上加快工作进度，提高管理效能，确实为企业减负，让企业把精力投入到提质增效上，促进各地逐步涌现一批具有显著成本优势的企业或行业，提升区域核心竞争力。要降低各类交易成本，特别要抑制各种新文件规定的制度性交易成本，简化政府管理部门的各种审批环节，尽可能把必须审批的环节通过网络审批。降低各类中介评估费用，降低企业能耗和用能成本，降低全社会物流成本，减低企业融资成本。

补短板。要从现实工作中显现出来的严重制约经济社会发展的重要领域和关键环节、从人民群众迫切需要解决的突出问题着手，既补硬短板也补软短板，既补发展短板也补制度短板。在我们已经成为全世界科教资源大国的基础上，确实把创新创业发展放在地方发展的核心位置，提升创新为民实力，确实让老百姓有更多获得感。以分享发展的理念，动员全社会的力量，特别是企业的力量，更有力、更扎实、更有效推进精准脱贫工作，集中力量攻克薄弱环节，确实帮助基层贫困群众解决实际问题，使所有贫困群众精准脱贫，享受国家扶贫福利。

供给侧结构性改革是一项系统工程，需要社会各界包括各种民营企业共同配合、共同发力，久久为功，相信在新的一年一定会取得历史性成效。

中原经济区城市经济综合竞争力的评价与思考[*]

摘　要　城市经济综合竞争力一直是影响区域经济发展的重要因素。中原经济区位于中国地理版图的中心位置，在实现中部崛起、承接东中西梯次发展起到关键作用。研究分析中原经济区城市的经济综合竞争力有利于把握中原经济区城市发展的现状和特点，对于中原经济区建设和城市发展都有着重要的参考意义。基于城市经济综合竞争力的内涵，从经济发展、经济结构和支撑要素三个方面构建的中原经济区城市经济综合竞争力评价指标体系，利用数量模型进行评价计算，并对评价结果进行了分析，最后就中原经济区城市经济综合竞争力的提升给出了对策建议。

关键词　中原经济区；经济综合竞争力；评价分析

中原经济区位于中国地理版图的中心位置，有着地理位置重要、人口众多、经济体量较大、文化底蕴深厚等优势和特点，能够在实现中部崛起、承接东中西梯次发展中起到关键作用，是全国改革发展大局中重要的组成部分。城市是中原经济区建设和发展的基本单元，30个城市的经济发展和综合竞争力的提高是中原经济区发展的根本和真实体现。中国经济进入新常态以后，经济发展更加注重结构调整和动力转换，"十三五"期间更是提出了"创新、协调、绿色、开放、共享"五大发展理念。在新发展理念的指导下，城市经济综合竞争力被注入了新的内涵。本文的研究通过定量和定性的方法对中原经济区的城市经济综合竞争力进行评价分析，有助于全面、客观地认识中原经济区城市经济发展水平、质量、环境和竞争力，有助于这些城市在未来发展中强优势、补短板，对中原经济区的建设决策具有一定的参考意义。

一、城市经济综合竞争力的内涵和相关研究

城市是人类社会生活实现空间聚集的高级形式。城市的发展日益成为整个经济社会进步的重要力量，发挥着巨大的引领作用，并逐渐成为地区乃至国家经济发展的重要载体，研究城市经济综合竞争力对于指导城市和地区经济发展有着重要的作用。城市经济综合竞争力包含资源禀赋、地理区位条件、经济发展、产业发展、科技创新、基础环境、居民消费等多方面的因素，是个复杂和多维度的问题。国内外学者对城市或区域综合竞争力评价有过不少的研究。一些学者注重从城市的生产总值、产业竞争力等经济角度解释城市的经济竞争力（Porter，1990；OECD，2006）。还有大量学者分别从战略、结构、社会、人力资本、开放度、科技创新等角度研究城市竞争力问题。比较有代表性的是Kresl和Singh（1999，2012）的研究，他们引入影响城市发展的经济因素和战略因素，建立城市竞争力的评价指标体系，并利用多因素回归分析来对这些指标进行检验，分析哪些指标对于城市竞争力有更重要的影响。国内学者对于区域和城市经济竞争力研究的关注度同样很高。倪鹏飞（2001）提出了城市竞争

---

* 本文发表于《区域经济评论》2016年第6期第80—85页。作者为河南省社会科学院课题组。课题组组长：张占仓，课题组成员：完世伟、王玲杰、武文超、李斌、王芳、石涛。

力的"弓弦模型"，并从多个角度对国内外不同类型城市的竞争力进行过分析和实证研究（倪鹏飞、侯庆虎，2009；倪鹏飞、李肃，2015）；王发曾和吕金嵘（2011）针对中原城市群建立了城市综合竞争力评价模型，进行了实证研究，并分析了中原城市竞争力的历史变迁。黄茂兴、李闽榕（2008）对中国省域经济竞争力评价展开研究，并对比了多种数量化模型在省域经济竞争力的预测方面的应用；杜明军（2014）从发展质量的角度构建了对于县域经济的评价体系，并利用河南省108个县（市）作为样本进行了实证分析。

总的来看，国内外学者已经对区域和城市经济综合竞争力进行过不少研究，但是由于经济社会的不断发展，以及经济社会发展新理念的变化，人们对于城市发展的需求和定位在不断变化，城市经济综合竞争力的内涵随之不断变化，城市之间竞争力也在此消彼长。因此，城市经济综合竞争力的评价和分析一直是学者和机构研究的热点。在当前中国经济进入新常态的情况下，"创新、协调、绿色、开放、共享"五大理念逐渐融入城市发展的理念当中，除经济规模、发展速度、产业结构、基础设施、金融水平等经济因素，科技创新、发展协调性、生态环境、经济外向度等因素成为衡量城市经济综合竞争力的新的重要因素。

二、中原经济区城市综合竞争力评价的指标体系和方法

城市的经济综合竞争力是一个全面、系统和复杂的概念，涵盖了城市经济的许多方面和影响因素。为了建立城市综合竞争力评价的定量分析模型，要在对城市经济竞争力的内涵和特征进行深入研究和系统分析的基础上，构建一个结构完整、层次清晰、科学合理、可比性强的评价指标体系。在当前中国经济进入新常态的宏观背景下，城市综合竞争力评价指标体系应该更加强调新常态下新的发展理念和发展思路。

1. 指标体系构建的思路和原则

在构建中原经济区城市经济综合竞争力

评价指标体系的过程中，主要遵循四个原则：第一，全面性和科学性。城市的经济综合竞争力由多方面因素构成，所以要评价一个城市的经济综合竞争力，就要尽可能地涵盖经济规模、发展速度、产业水平、财政金融、基础设施、创新能力、宜居水平等方面的指标因素，只有这样才能全面、科学地反映城市经济综合竞争力。评价体系和评价过程要尽可能地做到真实、客观。为了保证评价过程和数据的客观性和可靠性，评价体系主要选取定量化的评价指标。第二，体现经济新常态下的发展理念。在中国经济进入新常态以后，经济社会的发展目标、发展环境、发展思路都发生了重大变化，宏观经济环境的变化对于中原经济区的城市发展将产生重要的影响，城市经济综合竞争力的内涵和取向也会发生变化。具体来讲，经济规模和发展速度等指标所占比重降低，经济结构、科技创新、生态宜居、网络通信等指标比重提高，并结合全面建成小康和惠及民生等方面的新理念选取指标。第三，指标构成的多样性。坚持总量指标和人均指标并重的原则。中原经济区范围内不同的地市有着不同的规模、禀赋和发展特点。一方面，规模大的城市有着较大的经济体量、较大的市场规模，较多的人力资源，具备较强的要素聚集能力和辐射带动能力，是经济综合竞争力最为重要的体现之一；另一方面，较高的人均经济发展指标意味着地区发展水平较高，也意味着这一个城市人民群众生活的富裕程度较高。因此，我们在设置评价体系的过程中要坚持总量指标与人均指标并重的原则。此外，指标选取的过程中注意涵盖总量指标、增速指标、人均指标、占比指标等，保持指标构成的多样性。第四，数据的有效性和可比性。数据是保证研究结果质量的前提，本文选取数据来源于各类统计年鉴和统计公报，由于中原经济区地跨多个省区，不同省区公布的统计指标不尽相同，有些指标不能够进行对比，因此不能直接纳入指标体系中去。在选取指标过程中，需要结合数据的可得性，并经过

查找和比较，力求保证数据的完备性、准确性、一致性和可比性。

2. 评价指标的选择

城市经济综合竞争力是一个多目标的复杂问题，需要由多方面不同的指标来构成。这些指标相互协调、相互联系、相互补充，共同组成中原经济区经济综合竞争力的评价指标体系。本文根据评价指标选取的全面性、科学性，指标构成的多样性，数据的有效性和可比性等原则，按照经济新常态下"创新、协调、绿色、开放、共享"五大发展理念，构建了中原经济区城市经济综合竞争力评价指标体系。指标体系包括 3 个一级指标，12 个二级指标，30 个基本指标：

一是经济发展指标。经济发展指标是经济综合竞争力的核心和直观体现，只有经济发展水平高，才能体现出好的经济综合竞争力。经济发展指标包含 5 个二级指标：

（1）经济规模。经济规模指标主要包括地区生产总值（GDP）、常住人口、人均 GDP、全社会消费品零售总额、固定资产投资总额等。经济规模指标描述了一个城市经济体量的大小，经济规模大的城市能够吸引、集聚和支配更多的资源，是城市经济综合竞争力的重要体现。

（2）发展速度。发展速度指标主要选取了 GDP 增速和人均 GDP 增速两个指标，这类指标衡量了一个城市经济发展的速度。

（3）居民收入。居民收入指标包括城镇居民人均可支配收入和农村居民人均纯收入，衡量了一个城市居民收入水平的高低，是地区富裕水平的体现。

（4）财政金融。财政金融指标主要包括公共财政预算收入、公共财政预算支出、年末金融机构存款余额、年末金融机构贷款余额等，衡量了一个城市财政收支水平和集聚金融资源的规模。

（5）对外经济。对外经济指标主要包括实际利用外资金额和外贸进出口总额，反映了一个城市经济外向性和参与国际间贸易的规模水平。

二是经济结构指标。中国经济进入新常态以后，经济发展更加注重结构调整和转型升级，经济结构调整成为提升经济发展质量和水平的主要方向。因此，城市经济综合竞争力的评价指标需要纳入经济结构类的指标。

（1）城乡结构。城乡结构指标选取的是城镇化率指标。中原经济区范围内总体城镇化率仍显著低于全国水平，城镇化是未来经济发展的重要内容。

（2）产业结构。产业结构指标选取的是二三产业占地区生产总值比重。

（3）能耗水平。能耗水平指标选取的是单位 GDP 能耗。

三是支撑要素指标。一个城市的经济综合竞争力不仅需要有较好的经济发展水平和经济结构层次，还需要有良好的基础设施、宜居条件和社会事业发展水平。只有具备这些方面的基础，才能够提升城市的品位和承载力，集聚更多的人才、资源、信息和资金，支持城市经济的持续健康发展。

（1）科技教育。科技教育指标主要选取了专利申请受理量、普通高等学校数量、高等学校在校生人数，专利申请受理量反映了城市科技创新的产出水平，高等学校数量和在校生人数反映了城市教育水平和科技创新人才规模。

（2）交通通信。交通通信指标主要包括民用汽车拥有量、移动电话用户数、互联网宽带接入用户数、公路线路里程。这些指标反映了一个城市的交通基础水平，以及移动电话和互联网基础设施水平。

（3）医疗卫生。医疗卫生指标主要选取了每万人卫生技术人员数和每万人卫生机构床位数，选取人均指标能更好地反映城市的医疗卫生条件。

（4）城市建设。城市建设指标主要选取了城市人均绿地面积和城市供水总量，一定程度上反映了城市建设的水平。

3. 评价模型和方法

进行中原经济区城市经济综合竞争力评价的方法选取层次分析法和线性加权的方法。

具体方法主要分为三个阶段：

（1）数据的标准化处理。数据的标准化处理是为了要解决不同意义和计量单位的指标之间无法进行类比和计算的问题。具体来讲，计算方法为：

对于正指标：$\dfrac{A_i - minA}{maxA - minA}$

对于逆指标：$\dfrac{maxA - A_i}{maxA - minA}$

其中，$maxA$ 和 $minA$ 分别为指标 A 的最大值和最小值。本文评价指标体系当中，单位 GDP 能耗为逆指标，其他变量均为正指标，在评价过程中，为了使结果更加直观，将无量纲化的指标变换为 10 到 100 之间。

（2）计算指标权重。计算指标权重选取了层次分析法，把中原经济区城市经济综合竞争力评价问题分为三个层次的指标，构成递阶层次结构。然后，通过专家评价打分构造比较判断矩阵，由判断矩阵计算单层指标的相对权重并进行一致性检验；并且根据递阶层次结构逐层相乘，计算各级指标的总排序权重。尽管专家打分法有主观因素的影响，但可以给予经济结构、民生指标和人均指标等方面更多权重，能够更好地体现新经济发展理念。

（3）加权计算评价得分。要利用 30 个评价指标进行经济综合竞争力评价，需要对无量纲化的评价指数进行逐级的线性加权合成：

$$A = \sum \alpha X_i$$

其中，A 为 X 的上一级指标，α 为权重。通过逐层线性加权合成，得到评价体系的总得分。

三、实证分析

1. 研究对象

中原经济区规划于 2012 年被国务院正式批复，是指以郑汴洛都市区为核心、中原城市群为支撑、涵盖河南全省延及周边地区的经济区域，包括河南、安徽、山东、河北和山西的 30 个省辖市和 3 个区、县。中原经济区位于中国地理版图的中心位置，有着地理位置重要、人口众多、经济体量较大、文化底蕴深厚等优势和特点，战略定位是国家重要的粮食生产和现代农业基地，全国工业化、城镇化、信息化和农业现代化协调发展示范区，全国重要的经济增长板块，全国区域协调发展的战略支点和重要的现代综合交通枢纽，华夏历史文明传承创新区。中原经济区建设意味着 1 亿多人口地区的经济发展，对全面建成小康社会有着重要意义，而且能够对实现中部崛起、承接东中西梯次发展起到关键作用，是全国改革发展大局中重要的组成部分。

自 2012 年中原经济区规划实施以来，中原经济区围绕规划建设的目标和发展定位，积极推进经济发展模式转型升级，加快"米"字形高铁网络和综合交通枢纽建设，不断拓展对外开放的领域和深度，产业结构优化和经济转型升级不断取得新进步，居民收入大幅增加，基本公共服务水平和均等化程度明显提高。2013 年，郑州航空港经济综合实验区也上升为国家战略，成为中原经济区实现内陆地区对外开放重要门户和综合交通枢纽建设的依托。中原经济区依托郑州航空港的综合交通枢纽建设，用大枢纽带动大物流，用大物流带动产业群，用产业群带动城市群，用城市群带动中原崛起，中原经济区在全国范围内的影响力、辐射力、带动力稳步提升。截至 2015 年底，中原经济区总人口约为 1.5 亿人，GDP 约为 6 万亿元，经济总量仅次于长三角、珠三角及京津冀，列全国第四位。

中原经济区涵盖了来自 5 个省份的 30 个地市，从空间布局来讲，以郑州为中心、以洛阳为副中心，通过"米"字形高铁构建 4 个发展轴，同时以沿邯（郸）长（治）—邯（郸）济（南）经济带和沿淮经济带为南北两翼经济带。中原经济区的城市按照核心带动、轴带发展、节点提升、对接周边的原则，推动 30 个城市实现经济社会协调、联动发展，以及经济综合竞争力的不断提升。

2. 数据来源

中原经济区的 30 个城市分布在河南、河北、安徽、山东、山西五个省份，评价指标的数据来自五个省份 2015 年统计年鉴和 30 个城市的 2014 年度国民经济与社会发展统计公报，数据统计期限为 2014 年底。由于不同省份统计年鉴中公布数据指标存在差异，能耗等指标因无法取得一致性数据而被剔除。

3. 评价结果和分析

通过评价体系指标的选取，然后利用评价模型对统计数据进行计算，得到了中原经济区 30 个城市的经济综合竞争力总得分和排名结果，单项指标不再列出（见表 1）。

表 1　2015 年中原经济区城市经济综合
竞争力评价结果

排名	地区	经济综合竞争力	排名	地区	经济综合竞争力
1	郑州	91.974	16	鹤壁	39.662
2	洛阳	56.143	17	晋城	37.918
3	聊城	47.837	18	开封	37.85
4	蚌埠	47.56	19	长治	37.367
5	焦作	46.483.	20	漯河	37.309
6	新乡	45.501	21	濮阳	36.958
7	南阳	45.152	22	阜阳	36.051
8	菏泽	44.883	23	商丘	35.795
9	许昌	44.716	24	信阳	35.096
10	济源	43.473	25	邢台	34.899
11	安阳	42.425	26	宿州	34.731
12	邯郸	41.733	27	周口	34.245
13	淮北	41.312	28	运城	34.121
14	三门峡	41.026	29	驻马店	33.81
15	平顶山	40.267	30	亳州	30.876

从评价结果来看，郑州市作为河南省的省会、中原经济区的中心城市，其经济综合竞争力在中原经济区 30 个城市当中排在首位，而且得分遥遥领先。经济发展、经济结构和支撑要素 3 个一级指标都排在首位，9 个二级指标位列第一，基本指标有 21 个位列第一，凸显了郑州的全面优势地位。其中，郑州相对落后的方面是发展速度和城市建设，这可能与人口和经济基数较大有关。

洛阳市作为中原经济区的"副中心"，经济综合竞争力位居第二位，而且相比其后的城市，在得分上有着明显的优势。经济发展和支撑要素指标都排在第二位，经济结构指标位居第六位。相对而言，洛阳市突出的优势在经济规模、对外经济和财政金融等方面，而落后的指标主要是发展速度。

处于第三位至第十位的聊城、蚌埠、焦作、新乡、南阳、菏泽、许昌、济源等大致可以被列为第二梯队。这些城市或是经济和人口规模大，或是具有较好的二三产业发展基础，或是城镇化率和居民收入水平较高，这些因素对于提升城市经济综合竞争力产生了重要影响。同时，这些城市在基础设施、城市建设和社会事业等方面发展水平较高。

相对而言，排名比较靠后的城市呈现出的主要特点有：城市人口和经济规模较小、城镇化率和居民收入偏低、二三产业占比偏低等。部分城市因为地区面积和人口的因素，经济规模等总量指标很难超越靠前的城市，然而从自身而言，提升经济综合竞争力应当从提升城镇化率、居民收入和发展二三产业等方面下手。此外，位居中游的安阳和平顶山 11 个二级指标排名都位居中游，既没有特别突出的优势，也没有特别落后的短板，总体发展比较均衡，未来要提升经济综合竞争力需要积极谋划，开创属于自身特色的竞争优势。

从空间布局来看，中原经济区城市经济综合竞争力分布上呈现两个特点：一是北部地区城市相对于南部地区竞争力强，这主要是由于农业型城市主要分布在中原经济区的南部，这些城市受城镇化率偏低、二三产业占比偏低、居民收入不高等因素影响；二是距离郑州较近的城市竞争力相对较强，反之相对较弱，这反映了中心城市辐射带动作用的重要性，距离中心城市较近的城市在交通、产业等方面相对容易受益。

需要指出的是，由于数据可得性等原因，评价指标变量的选取受到限制，模型进行数据处理过程中不可避免地存在信息损失，这些因素会对评价结果产生一定影响。

四、中原经济区城市经济综合竞争力提升的对策建议

第一，整体谋划，统一布局。从建设中原经济区的总体大局出发，坚持推进中原经济区总体发展思路，同时根据30个地市的经济竞争力水平和优势、劣势，通过内部功能、结构的科学组织和各城市的良性竞争与合作互动。强化郑州作为全国区域性中心城市的地位，加快郑州航空港经济综合实验区建设，强化牵动全局的战略支点，着力提升郑州中心城市的辐射带动作用。提升洛阳副中心城市的作用，聊城、菏泽、新乡、焦作等市作为第二梯队，要围绕中心城市发掘自身优势，着力提升产业水平，实现持续发展和经济结构的转型升级，加快中原城市群一体化发展，坚持核心带动、轴带发展、节点提升、对接周边。推进城际轨道交通体系和高速铁路建设，构建以快速铁路为支撑的"半小时""1小时"交通圈，打造"米"字形发展轴带，加强城市功能互补和产业分工，实现交通一体、产业链接、服务共享、生态共建，促进大中小城市协调发展，建设辐射带动能力强、经济联系紧密、城市层级分明、体系结构合理、具有国际竞争力的开放型城市群。

第二，突出优势，弥补不足，提升城市的经济综合竞争力。总体来讲，中原经济区的城市仍处于工业化和城镇化加速阶段，居民收入、城镇化率和二三产业比重在全国仍处于偏低的水平，经济发展是提升城市经济综合竞争力的主要途径。要积极培育战略性新兴产业，大力发展先进制造业，加快改造提升传统产业，积极承接东中西产业梯次转移和国内外产业转移。加快破解新型城镇化发展难题，加快农村人口向城镇转移，推进城乡基本公共服务均等化，提升城乡居民收入水平。与此同时，不同地市有着自身独特的经济发展状况，找出自身的优势、劣势，发现水平差距，才能扬长避短，以发展自身特色的方式实现经济综合竞争力的提升。中

心城市郑州和洛阳应着眼于提升城市品位和基础设施建设，发展社会事业，提升城市承载力，并通过交通枢纽和产业布局提升自身的辐射带动能力；北部的传统工业城市要积极推动产业升级，发展先进制造业和高成长性服务业，推进基础设施建设和城乡统筹发展；南部的农业城市要在不牺牲粮食和生态的基础上，推动农村人口向城镇转移，提升农业发展水平，加快二三产业发展，使城市经济发展和居民收入稳步提高。

第三，转变经济发展方式，创造竞争新优势。加快调整产业结构，不断转变发展方式，积极扩大对外开放，培育发展新优势。推进郑州航空港经济综合实验区建设，打造"一带一路"互联互通的重要枢纽和内陆地区融入"一带一路"倡议的核心支点，探索以航空驱动型区域经济发展新模式；积极培育战略性新兴产业，大力发展先进制造业，加快改造提升传统产业，优化三次产业结构，促进产业深度融合；加快"大众创业、万众创新"，推进以科技创新为重点的全面创新，抓住"互联网+"发展的历史机遇，积极开展产品创新、业态创新、商业模式创新，抢占发展新技术、新产品、新业态、新模式的先机；提高资源能源的集约节约利用，提升经济发展的质量和效率，加大生态环境保护和污染治理力度，优化城市生态和人居环境，确保经济发展不以牺牲农业和粮食、生态和环境为代价。

第四，坚持简政放权，激发改革红利，改善竞争软环境。党的十八届三中全会以来，中央提出以全面深化改革带动释放发展红利。中原经济区要以此为契机，加快改革创新、简政放权、政府职能转变，利用人口、区位、交通、资源、文化上的优势和禀赋，破解发展中的瓶颈和障碍，在一体化通关和跨境电子商务、新业态新产业发展、国有企业改革发展、农业现代化和高标准粮田建设、医疗保险制度改革等方面力争取得突破，为经济社会的发展激发活力。各城市要不断完善城镇各项基础设施建设，推进文化卫生事业发

展，完善社会保障，满足人们基本的精神和物质生活等方面的需求。加快推动节约型城市、生态宜居城市、人文城市、智慧城市、海绵城市建设，全面提升城市规划建设管理水平，持续优化竞争软环境，增强城市经济综合竞争力。

参考文献

［1］Porter M E. The Competitive Advantage of Nations［M］. New York：Free Press，1990.

［2］OECD. Competitive Cities in the Global Economy［C］. Paris：OECD，2006.

［3］P. Kresl，B. Singh. Competitiveness and the Urban Economy：Twenty-four Large US Metropolitan Areas［J］. Urban Studies，1999，36（5-6）.

［4］P. Kresl，B. Singh. Urban Competitiveness and US Metropolitan Centres［J］. Urban Studies，2012，49（2）.

［5］倪鹏飞. 中国城市竞争力的分析范式和概念框架［J］. 经济学动态，2001（6）.

［6］倪鹏飞，侯庆虎. 全球城市竞争力的比较分析［J］. 综合竞争力，2009（1）.

［7］倪鹏飞，李肃. 中国二三线城市的竞争力比较研究［J］. 理论学刊，2015（3）.

［8］王发曾，吕金嵘. 中原城市群城市竞争力的评价与时空演变［J］. 地理研究，2011（1）.

［9］黄茂兴，李闽榕. 中国省域经济综合竞争力评价与预测的方法研究［J］. 福州师范大学学报（哲学社会科学版），2008（1）.

［10］杜明军. 县域经济发展质量的评价和反思［J］. 区域经济评论，2014（1）.

创新知识产权管理　促进经济强省建设[*]

2016 年 12 月 5 日，习近平总书记在中央全面深化改革领导小组第 30 次会议上提出"紧扣创新发展需求，发挥专利、商标、版权等知识产权的引领作用，打通知识产权创造、运用、保护、管理、服务全链条"。这对知识产权管理工作提出的新要求，进一步彰显出知识产权在国家建设与发展中战略引领作用。我们要按照习近平总书记的明确要求，结合河南省知识产权发展的实际，创新管理机制，以知识产权强省建设为重要支撑，促进省委十次党代会确定的经济强省建设。

一、珍惜知识产权加快发展的历史机遇

按照党中央国务院的战略部署，国家知识产权局全面启动知识产权强省建设工作，通过在全国布局和建设一批引领带动、支撑有力、特色明显的知识产权强省试点，推动形成与国家重大发展战略相适应、促进地方经济加快发展的知识产权建设空间格局。这是国家知识产权局全力推进知识产权强国建设的重大举措，更是河南这样知识产权工作亟待进一步加强的地区难得的一次发展机遇。由于历史原因，河南高端创新资源相对不足。面对省委第十次党代会提出的建设先进制造业强省、现代服务业强省、现代农业强省、网络经济强省的艰巨任务，加大力度实施创新驱动战略，特别是加快知识产权强省建设，对于河南坚持创新发展理念，促进产业结构调整优化，引领经济社会转型升级，实现创新发展，培育新业态，创造新模式，增强新动能，增强区域发展的核心竞争力，有着重要而深远的战略意义。在国家知识产权局的关心支持下，河南省已经成功获批支撑型知识产权强省建设试点省。这是国家知识产权局对河南的经济强省建设最好支持，也是河南全面实施创新发展的最好支撑。我们要以增强知识产权支撑创新驱动发展能力为重点，结合河南省知识产权事业发展实际和业已形成的相对优势，推动知识产权创造、运用、保护、管理、服务等全链条创新，引领带动经济社会加速发展，实现知识产权创造与全省经济社会发展的有机融合。

二、奋力打造中西部创新高地

近几年，在全省上下的共同努力下，河南省知识产权事业发展迅速。2015 年，全省年专利申请首次突破 7 万件大关，达到 74373 件，同比增长 19.1%；专利授权量首次突破 4 万件大关，达到 47766 件，同比增长 43.2%，增幅均高于全国平均水平。至 2016 年 9 月底，全省专利申请历史累计达 488022 件，累计授权量达到 276263 件。其中，2016 年专利申请 67411 件，同比增长 31.5%，授权量达 37828 件，同比增长 15.1%。发明专利申请量 18415 件，同比增长 24.7%，授权量为 5949 件，同比增长 56.8%。全省拥有有效发明专利达到 22272 件，每万人口拥有有效发明专利达到 2.37 件，较上年度同期增长 36.23%。然而，与沿海发达地区相比，2015 年全省专利申请量仅为江苏的 17.4%、山东的 38.5%、安徽的 58.2%；发明专利申请量也仅为江苏的 13.8%、山东的 22.8%、安徽的 31.2%。因此，与先进省市相比，河南省专利申请无论

---

* 本文发表于《河南科技》知识产权专栏 2017 年第 1 期第 27-28 页。

是数量还是质量均有较大差距。河南正是因为充分认识到科技创新方面与沿海发达地区差距较大，才在十次党代会报告中明确地提出要建设中西部创新高地的新目标，以利为经济强省建设提供新支撑。其实，知识产权创造能力，特别是发明专利拥有量就是创新高地建设的关键指标之一。我们按照中央供给侧结构性改革的要求，全面发力弥补我们知识产权创造创新方面的短板，是推动创新高地建设的直接抓手之一。所以，全省各地要以只争朝夕的精神，在高度重视的基础上，以实实在在的人力、物力、财力和政策投入，激发全社会知识产权创造能力，努力提升骨干科研单位、实力较强的大学、大型骨干企业、创新型中小企业等知识产权产出水平，尽快把知识产权强省建设工作推动起来，为中西部创新高地建设奠定科技基础。

三、积极营造知识产权创造的社会氛围

一是要完善创新政策激励。良好的创新政策，是推进知识产权创新创造的动力源泉。在郑洛新自主创新国家示范区建设和知识产权强省建设过程中，我们一定要重视激励政策协同，促进省委、省政府优惠政策确实能够落地生根。要进一步完善知识产权政策法规体系，构建保障和激励知识产权创新的政策体系，特别是针对青年人才知识产权创新能力强盛，要加大力度进一步激励青年人才创造知识产权。要继续强化知识产权创造运用的财税政策，完善支持单位和个人创新专利成果转化的财税措施。对重大专利技术，经规范评估以后，财政上要给予足够的资金支持，促进这些专利技术在当地转化应用。要完善知识产权评价政策，把知识产权作为科技项目立项、奖励、职称评定、科技创新公共服务平台和各类科技园区申报、认定的重要评价指标。二是要深化知识产权管理体制机制改革。要以适应经济新常态和创新驱动发展为目标，突破不利于知识产权引领创新驱动发展的体制机制障碍，深化知识产权领域综合改革，充分发挥知识产权激励创新的基本保障作用，为全面深化改革作出示范。要加快省直各部门和各市县联动，完善跨层级、跨部门的集中统筹和协同创新组织模式，积极探索推动在有条件的区域进行专利、商标、版权综合管理体制改革试点，简化程序，加快审定速度。改革试点成功的经验和做法，要及时复制推广，发挥更大的辐射带动效应。加强各级知识产权管理队伍建设，构建体系完备、协调有力的知识产权工作推进体系。三是以人为本，创新权益分配机制。科技创新关键在人，关键在优秀青年人才，我们要以激励人才为根本，形成激发人才创新活力的浓厚氛围。要以知识产权权益分配机制改革为核心，以激励知识产权持有人加速成果转化为方向，明确知识产权权利归属，推进知识产权处置、使用、收益分配方式创新。完善知识产权市场定价和交易机制，实现知识产权的市场价值。加快完善科研人员激励政策和薪酬制度，提高知识产权质量和转化运用权重，力争在知识产权运用与保护、知识产权与金融有机结合、人才引进与培养、专利转化等方面不断取得实质性突破和新进展，把中原大地培育成知识产权转化的一片沃土。

建设国家中心城市的战略意义与推进对策[*]

摘 要　国家中心城市是居于国家战略要津、肩负国家使命、引领区域发展、参与国际竞争、代表国家形象的现代化大都市。建设一批国家中心城市，提升中国经济社会发展在全球的核心竞争力，是针对中国人口特别多的基本国情、适应中国经济新常态、构建中国特色新型城镇体系的重大创新，具有重要的战略意义。推进国家中心城市建设，要夯实产业发展基础，突出改革创新引领，积极推进供给侧结构性改革，彰显区域文化特色，进一步提高开放型经济发展水平。

关键词　国家中心城市；城镇化；新型城镇化；城镇体系；中国

建设国家中心城市，是近一段全社会高度关注的热门话题。①那么，要理性看待国家中心城市及其对国家新型城镇化格局的历史性影响，就需要梳理国家中心城市建设的思想脉络，充分认识国家中心城市建设的重大战略意义，并积极寻求科学的推进之策。

一、关于国家中心城市的思想脉络

1. 名称由来

2005年，原国家建设部编制《全国城镇体系规划》时，首次提出建设国家中心城市这一概念。②它改变了中国传统的直辖市、省会城市、地级市、县级市和乡镇的城镇体系格局，使"中心城市"成为全国城镇体系金字塔的"塔尖"，这是结合中国国情在城镇化进程中理念创新的重要标志。

2007年，由原建设部上报国务院的《全国城镇体系规划（2006—2020年）》指出，国家中心城市是全国城镇体系的核心城市，在我国的金融、管理、文化和交通等方面都发挥着重要的中心和枢纽作用，在推动国际经济发展和文化交流方面也发挥着重要的门户作用。③国家中心城市应当具有全国范围的中心性和一定区域的国际性两大基本特征。这两大特征的明确，为国家中心城市建设寻求到基本的学理支撑，是在原来理念创新的基础上进一步深化国家中心城市科学内涵的重要进展。

2008年，国家中心城市正式出现在《珠江三角洲地区改革发展规划纲要》中，被用来描述广州的城市定位。④

2010年2月，国家住建部发布的《全国城镇体系规划（2010—2020）》中，明确提出五大国家中心城市（北京、天津、上海、广州、重庆）的规划和定位。⑤在国家层面肯定了国家中心城市在中国具备引领、辐射、集散功能⑥，使国家中心城市的科学内涵进一步丰富⑦。

2016年5月，经国务院同意，国家发改委和住建部联合印发《成渝城市群发展规划》，将成都定位为国家中心城市。⑧该规划中首次明确提出，成都要以建设国家中心城市为目标，增强成都西部地区重要的经济中心、科技中心、文创中心、对外交往中心和综合交通枢纽功能，使国家中心城市建设的操作性进一步明确。

*　本文发表于《中州学刊》2017年4月第4期第22—28页。

2016 年 12 月 14 日，国家发改委《关于支持武汉建设国家中心城市的复函》中指出，武汉市作为我国中部和长江中游地区唯一人口超千万人、地区生产总值超万亿元的城市，区位优势突出，科教人才资源丰富，文化底蕴深厚，具备建设国家中心城市的基础条件。⑨武汉建设国家中心城市，有利于增强辐射带动功能、支撑长江经济带发展，有利于激发改革创新动力、推动中西部地区供给侧结构性改革，有利于构筑内陆开放平台，纵深拓展国家开放总体格局。

2016 年 12 月 26 日，经国务院正式批复，国家发改委发布《促进中部地区崛起"十三五"规划》。该规划中明确提出支持武汉、郑州建设国家中心城市。⑩

2017 年 1 月 22 日，国家发改委出台《关于支持郑州建设国家中心城市的指导意见》，明确提出郑州市要努力建设具有创新活力、人文魅力、生态智慧、开放包容的国家中心城市，在引领中原城市群一体化发展、支撑中部崛起和服务全国发展大局中作出更大贡献。⑪

至此，国家已经明确支持建设的国家中心城市有北京、天津、上海、广州、重庆、成都、武汉、郑州 8 个，仍然有若干个城市在热烈的讨论与酝酿之中。

2. 确定方法

"如何来确定国家中心城市，有一类测算指标，不是按照数量来分配的，也不是说各个城市申报就可以的。"中国城市规划设计研究院副院长李迅告诉《中国经济周刊》记者。⑫

李迅表示，在测算中会综合评估城市的各方面条件，比如经济实力、创新能力、国际化程度、综合交通能力等。"有一些细化的指标，比如全球 500 强企业总部数量；对外开放平台，如自由贸易区、国家级新区等数量；国际科技创新基地、新型产业总部基地等数量；航空、航运、轨道交通的建设情况、吞吐能力；国家级会展中心、博物馆、展览馆等建设情况；国外领事机构、国际组织设立办事处数量；等等。""最重要的是看这个城市本身的定位和功能，它是不是区域中心城市，是不是高等级城市群内的核心城市。"李迅说，"国家中心城市要完成国家赋予的国家战略的实现，比如'一带一路'倡议，国家中心城市就必须在其中起到核心的节点作用；当前中国正在进行产业转型升级，从中国制造到中国创造，要参与全球的产业分工，提升产业分工的层次；同时还要设立各类对外开放的平台，比如自由贸易区，统筹建设国际交流区，提升中国国际化程度和国际竞争力；建立国际性的综合交通枢纽，提升中国的国际门户和枢纽地位；等等，都需要国家中心城市带动。"

李迅表示，还有一些重要的国家战略，比如科技创新、科教兴国、传统文化传承、绿色发展等，这些战略的实施，需要国家中心城市来释放引领作用。此外，中国在推进城镇化的过程中，发挥城市群的核心组织作用显得尤为重要，这些城市群核心作用的发挥，也需要国家中心城市的协同带动。

3. 科学内涵

按照国家发改委《关于支持武汉建设国家中心城市的指导意见》中的说法，国家中心城市是指居于国家战略要津、肩负国家使命、引领区域发展、参与国际竞争、代表国家形象的现代化大都市。这是至今官方文件表述最为明确的概念，使国家中心城市的科学内涵初步明确。

笔者认为，所谓国家中心城市，就是在中国新型城镇化进程中，居于国家城镇体系最高层级、综合实力强、发展活力充足、辐射带动能力大的全国性或区域性的经济中心、政治中心、文化中心、科教中心和对外交往中心，是代表国家参与国际竞争的城市，能够独立承担部分国家发展的职能。基于中国人口特别多的特殊国情，中国的国家中心城市是一个引领中国新型城镇化的体系，具有整体性，共同提升中国城镇体系在国际上的战略地位，各个国家中心城市之间具有战略功能的互补性。

国家中心城市有三大基本特点：第一，经济实力强，在国家层面是一定区域的经济中心，能引领区域发展；第二，独立承担部分国家职能，在全国具有不可替代性；第三，在部分领域具有独特国际优势，能代表国家参与国际竞争，具有明显的国际影响力。

二、建设国家中心城市的战略意义

1. 适应中国经济新常态，打造中国特色城镇体系顶层架构

新中国成立以来，我们长期沿用的直辖市、省会城市、地级市、县级市和乡镇等所谓的五级城镇体系，实际上是简单化的行政区划体系，没有按照经济区划的理念组织城镇体系。2014年，习近平总书记在河南调研期间，提出中国经济进入新常态，高瞻远瞩地描绘出中国经济发展的历史性转变状态。[13]那么，中国经济进入新常态以后，转型发展成为历史性任务。面对全球2008年金融危机以来经济复苏乏力的特殊时代背景，中国经济全面转型发展中各个方面的政策架构与对策方略都要作出重大调整，因为我们必须要以更加中国化的态势推动中国经济可持续发展，并稳妥地融入全球，而且还要在这个过程中避免陷入"中等收入陷阱"。正像诺贝尔经济学奖得主、美国哥伦比亚大学经济学教授斯蒂格利茨断言，中国的城镇化是21世纪影响全球最大的两大事件之一，所以中国的城镇化必须走一条符合中国国情的道路。针对中国人口特别多、人均耕地又特别少的特殊情况，如何创造性地破解中国人口城镇化与国民经济均衡发展的历史性矛盾，适时提出并建设一批国家中心城市，是解决中国人地矛盾突出、进入城镇人口数量特别大等问题，提高城市土地承载力，适应中国经济转型发展的历史需要。这种顶层设计，是中国特色新型城镇体系的重大创新，是促进中国国家中心城市在全球提升核心竞争力的重大战略举措，对未来全球城镇体系，特别是发展中人口大国城镇体系将会产生重要影响，对中国国内的区域发展战略格局影响深远。

2. 促进中国区域经济协调发展，打造一批各具特色的国家区域经济增长板块

自1978年中国改革开放以来，中国经济长期保持较快发展，创造出大国经济发展的"中国模式"。为了促进全国区域均衡协调发展，1999年国家启动西部大开发战略，2003年启动东北振兴计划，2004年启动中部崛起计划，使全国基本形成东部沿海、中部、西部和东北四大板块。2010年，中国GDP达到5.7万亿美元，超越当年日本的5.3万亿美元，成为全球第二大经济体。2013年，国家提出并实施"一带一路"倡议，加快了沿线地区的发展，特别是促进了中西部地区开放型经济发展的步伐，成为中国国内区域之间促进协调发展的强大力量。2016年，中国GDP达到11.4万亿美元，相当于美国的61.4%，是日本的2倍以上。[14]中国经济的进一步发展，已经不再可能靠哪一个经济中心支撑，而是要逐步迈向全面协调发展的新格局。事实上，2016年上海GDP为27466.15亿元，比上年增长6.8%；北京GDP为24899.3亿元，比上年增长6.7%。北京的GDP已经相当于上海的90.7%，上海作为传统意义上中国经济的中心地位正在发生较大的变化，其经济在全国的首位度仅为3.69%。而2016年重庆GDP达到1.75万亿元，天津GDP为1.79万亿元，广州和深圳的GDP均已达1.95万亿元，成都和武汉GDP均分别达到1.22万亿元和1.19万亿元，郑州GDP为0.80万亿元。已经进入国家中心城市建设系列的8个城市，在所在区域增长活力都比较充沛。所以，在全国发展的区域格局上，多点支撑、全面发力的雏形已经显现。在这样新的历史条件下，中国区域发展的分工体系正在形成之中，以国家中心城市为支点，发挥国家中心城市对所在区域的支撑和辐射带动作用，打造一批独具特色、能够独立承担部分国家发展职能、代表国家参与全球竞争的区域经济增长板块的时机已经成熟。伴随国家中心城市体系的逐步完善，未来国家中心城市不管是11个还是12个，或是其他结果，各个板块都将在国

家强大力量支持下获得持续较快发展。这种新的战略格局，既有利于增强中国经济的整体实力，也提高了中国经济应对各种风险和挑战的韧性，是中国由经济大国走向经济强国的一种战略性部署。2017年4月，党中央国务院决定，继深圳特区和上海浦东新区之后，设立河北雄安新区。这一举措有利于集中疏解北京非首都功能，加快构建京津冀世界级城市群，是国家区域发展战略布局的又一次重大创新。

3. 推动中国经济发展动能转换，打造供给侧结构性改革"领头羊"

中国经济进入新常态，发展动能转换是一个历史性过程，需要我们从体制机制甚至立法的高度，转变观念，大胆创新，探索一系列支撑国民经济可持续发展的新动能，逐步改变过去我们长期已经熟悉的支撑国民经济发展的"三驾马车"理论与实践框架，建立一套通过供给侧结构性改革，向国民经济运行体系输入新生产要素，特别是像发达国家那样的一系列中高端生产要素，促进国民经济发展高端化、国际化、绿色化、网络化，焕发经济长期可持续发展的活力。在"十三五"期间，供给侧结构性改革是国民经济创新发展的主线，在深入推进"三去一降一补"的同时，各地需要根据自身面临的发展难题，结合当地实际，探索供给侧结构性改革的深化问题。而国家中心城市都是所在区域的"领头羊"，对所在区域经济发展影响作用巨大。按照国家发改委的宏观部署，各个国家中心城市结合实际、大胆创新自己在供给侧结构性改革中的着力点和突破点，将为所在区域供给侧结构性改革提供宏观思路与具体对策。加上这些国家中心城市在产业链上与所在区域联系紧密，国家中心城市供给侧结构性改革中强优势的要素和补短板的要素，都会迅速在当地发生连锁反应，带动所在区域内在的供给侧结构性改革。

例如，郑州作为支持建设的国家中心城市，最突出的优势是综合性交通枢纽，最大的短板是科教力量不足。国家通过支持郑州

进一步强化综合性交通枢纽优势，特别是国家已经提出支持郑州建设国际性交通枢纽，打造内陆开放高地，将把郑州居"天下之中"的经济地理优势进一步放大，为中原崛起和中部崛起提供强大的支撑力量。事实上，2007年，为加快郑州国际航空枢纽建设，河南省委省政府批准设立郑州航空港区；2010年，国务院批准在郑州新郑国际机场设立郑州新郑综合保税区；2013年，国务院批复《郑州航空港经济综合实验区发展规划（2013—2025年）》，逐步为郑州建设内陆开放高地奠定了基础，促进了世界500强及相关企业在当地快速落地与发展。经过这些年的持续努力，郑州已成为全球最大的智能手机生产基地，至2016年，共集聚智能手机企业171家，其中已投产运营34家，正在装修及拟进场装修企业24家。生产智能手机2.58亿部，同比增长27.5%，占全球供货量的比重上升至18.97%。其中，苹果手机1.26亿部，同比下降9.7%；非苹果手机1.32亿部，增长1.1倍。目前，郑州新郑国际机场已开通全货运航线34条，其中国际航线29条；开通客运航线187条，其中国际航线26条，主要布局在"一带一路"国家和地区。2016年，郑州新郑国际机场旅客吞吐量达到2076万人次，增长20%，全国排名再进两位至第15位；货邮吞吐量完成45.7万吨，增长13.2%，全国排名再进一位至第7位。其中，外省货物占比超过50%，国际货物占比超过60%。航空港实验区对整个内陆地区的辐射带动作用进一步提升，也成为近几年全球客货吞吐量增长最快的国际航空枢纽之一，并带动当地开放型经济快速发展。作为我国开放型经济发展的高端平台，郑州新郑综保区2016年完成进出口总值3161.1亿元，跃居全国综保区第一名。在"十二五"期间，作为一个拥有1亿人口的内陆大省，在全国开放型经济遇到发展困难的情况下，河南进出口总额年均增长32.9%，成为促进当地经济加快发展的新生力量。[15]作为一种新的生产要素供给，一个定位科学的国际航空枢纽建设[16]，对区域发展的带动和促进作用非

常显著。[17]在弥补科教短板方面发力，河南省委、省政府已经积极行动，与中国科学院签署协议建设科研分支机构，与中国科学院大学、美国 UCLA 等签署协议，合作建设高水平大学，加快培育高端人才。这些战略举措的推进与落实，对郑州市以及中原城市群都将产生直接或者间接的影响，为中部崛起提供有力支持。

4. 探索提升中心城市建设质量之路，打造中国特色新型宜居宜业代表性城市

自 1996 年中国城镇化率超过 30% 达到 30.48%，进入美国地理学家诺瑟姆（Ray M. Northam）提出的城镇化高速发展期以来，全国城镇化持续快速推进[18]，2016 年城镇化率达到 57.35%，20 年提高了 26.87 个百分点，全国城镇人口由 1996 年的 37304 万人升至 2016 年的 79298 万人，增加 41994 万人，成为影响全球城乡格局的最活跃因素。这么大规模的人口进入城镇，创造了举世无双的人口城镇化奇迹，同时也确实让我们面临城镇化过程中的很多难题，特别是城镇化质量提升的历史性难题。然而，我们现在的城镇化水平，与诺瑟姆模型中下一个拐点城镇化率 70% 还有比较大的距离，就是说我们的高速城镇化仍然要持续比较长一段时间。那么，在进一步推进城镇化过程中，我们怎样既保障进入城镇的人口享受城镇化带来的发展红利，改善就业、子女上学、就医、居住等生活条件，又不至于因为长期高速城镇化造成新的更大的"城市病"特别是"大城市病"，迫切需要根据各地城镇发展条件与基础设施建设进展情况，积极探索提高城镇化质量的科学可行之路。

国家中心城市是各大区域发展的中心，拥有可持续发展的各种最为集中的中高端生产要素，特别是高端人才资源集中，创新发展能力、城市管理能力、应对复杂问题能力等都比较强，承担着更加繁重的带头提高城市发展质量的历史性任务。按照国家发改委对各地国家中心城市建设的指导意见，各地结合发展实际，采取扬长避短的基本策略，积极破解进一步发展与建设中遇到的各种难题，创造性地探索有利于传承和弘扬当地传统文化、符合当地居民就业需求变化的对策与措施，既保障国家中心城市可持续发展，在经济上不断增强发展实力，又有计划、有步骤、有目的地带头探索提升城市发展质量的具体路径，打造中国特色的宜居宜业代表性城市，促进中国城镇体系在区域上的多样化、文化上的地域化、功能上的国际化、方向上的绿色化。国家发改委在《关于支持武汉建设国家中心城市的指导意见》中指出，"加快建成以全国经济中心、高水平科技创新中心、商贸物流中心和国际交往中心四大功能为支撑的国家中心城市"，在《关于支持郑州建设国家中心城市的指导意见》中指出，"努力建设具有创新活力、人文魅力、生态智慧、开放包容的国家中心城市"，都非常明确地结合当地实际，提出了不同的建设努力方向，对未来提升当地宜居宜业能力具有直接的指导意义。而这些中心城市宜居宜业建设与发展方向，对所在区域板块具有重要的引领与带动作用。有一批国家中心城市在城市建设与发展质量方面的持续提升，将促进中国特色城镇化质量的全面提升，达到习近平总书记提出的新型城镇化就是质量提升的城镇化的要求。

三、推进国家中心城市建设的对策

1. 夯实产业发展基础

对于我们发展中国家来说，永远需要牢记发展才是硬道理。这是邓小平等老一辈政治家历经近百年世界风云变幻得出的最深刻的历史感悟，也是我们改革开放以来全国人民感受最深刻的基本道理。在国家中心城市建设过程中，夯实产业发展基础，是最基本的发展保障。其一，努力建设先进制造业基地。要按照《中国制造 2025》的要求，发挥中心城市人才资源集中的优势，紧紧把握中国经济转型发展的历史机遇，以智能化为核心，务实地发展壮大先进制造业。全面提升制造业基础能力和创新能力，在高端装备、电子信息、汽车及零部件、量子技术研发等

领域，培育一批国际知名创新型领军企业，打造一批具有国际竞争力的产业集群。发展壮大新一代智能终端、电子核心基础部件、智能制造装备、生物医药、高端合金材料等新兴产业，真正让先进制造业成为支撑工业持续进步的脊梁。其二，提高服务业在国民经济中的比重。适应国民经济服务化的历史趋势，全面提升服务业发展水平。增强国际交通枢纽功能和文化旅游交流功能，提高服务业外向度，积极引进跨国公司和企业集团区域性、功能性总部。加快各中心城市金融集聚核心功能区建设，搭建辐射全国的特色化、专业化服务平台，提升服务经济层次和水平。加快发展服务型制造和生产性服务业，创新发展商务服务、信息服务、文化创意、健康养老等服务经济新业态。其三，加快培育发展新经济。以激励青年人创业创新为重要动力，促进"互联网+"新业态、新模式、新技术创新，发展分享经济、平台经济、体验经济、社区经济、微信经济。建设提升各中心城市大数据基地设施水平，促进大数据在经济社会发展中的实际应用。在下一代信息网络、生命科学、人工智能、微信文化创意应用等前沿领域培育一批未来产业增长点。

2. 突出改革创新引领

全面深化改革，聚力创新发展，是我们这个时代的最强音，国家中心城市必须突出改革创新引领。一是持续深入推进政府职能转变。以高效市场、有限政府为目标，基本建立符合社会主义市场经济规律、适应现代治理体系要求的政府管理服务模式。带头进一步加大简政放权、放管结合、优化服务力度，全面建立权力清单、责任清单、负面清单，最大限度放宽市场准入和减少政府对市场经济活动的干预。全面实施政府办事"单一窗口"模式，能够上网或者进入智能终端的事务必须限期完成工作模式转换。同时，加强事中事后监管，对社会问题必须由政策兜底。二是改革优化创新政策制度。清理妨碍创新的制度规定和行业标准，构建符合当地发展特殊需要的普惠性创新支持政策。深

化保障和激励创新分配机制改革，按照习近平总书记的要求，落实创新成果处置权、使用权和收益权改革以及科技成果转化收益分配制度的相关政策。完善知识产权创造和保护机制，建设在线知识产权交易服务平台。三是加快集聚整合中高端创新要素资源。除了部分高等院校集中的中心城市，多数中心城市都要积极支持开展一流大学、一流学科建设，中西部地区的中心城市要引进国内外高水平大学和国家级科研院所设立分支机构，建设全国重要的科教中心，切实提升科技创新水平和国际合作办学水平，让越来越多的青年学子能够在家门口读世界一流大学，并根植于当地深厚的文化土壤，为创业创新奉献青春与热血。完善更加开放、更加灵活的人才培养、吸引和使用机制，集聚国内外创新型领军人才、高水平创新团队和专业人才队伍。促进科技和金融结合，让有志创业者有现代金融资源支持。四是打造创新创业平台。推进国家自主创新示范区建设，积极开展重大创新政策先行先试。培育产业技术研究院等新型研发机构，推进跨行业跨区域协同创新，建设制造业创新中心。加快国家中心城市国家双创示范基地建设，发展开放式众创空间，为青年人创新创业提供低门槛支持。建设国家区域性技术转移中心，促进国内外技术成果就地转移转化。促进中高端人才双向流动，积极融入全球创新网络，建设高水平国际联合研究中心和科技合作基地。

3. 积极推进供给侧结构性改革

供给侧结构性改革是我国"十三五"时期经济社会发展的主线，国家中心城市必须带头积极推进，这是从长计议促进经济社会发展焕发活力的历史性过程。首先，把"三去一降一补"落到实处。按照党中央国务院和所在省市区党委和政府的具体要求，扎扎实实落实具体措施，确实让无效供给减少，有效供给增加，激发经济社会发展的内在活力。对去产能，要提高认识，从产业结构历史性演变的高度把落后的过剩产能剔除，推动产业结构转型升级，培育发展新动能。对

老百姓切实关心的房价问题，通过符合当地实际的具体政策创新与试验，切实把习近平总书记提出的"房子是住的，不是炒的"落到实处，使国家中心城市提升城镇建设质量，给当地居民科学可行的发展预期，让居民增加幸福感，减少恐惧感，为刚刚步入社会的年轻人提供有能力逐步解决居住问题的社会环境。在补短板方面，重点仍然是在民生领域发力，为人民群众创造就业、看病、上学、社保等均衡化公共服务。对于中西部地区的部分国家中心城市而言，在弥补科教资源不足方面需要迈出较大的步伐。其次，提高双创能力。从体制机制创新入手，向深圳、苏州等高科技产业持续发展较好的地区学习，创造科技成果、科技人才、创新文化落地生根的宽松环境，吸引高端人才和青年人才，搭建有利于创业创新的制度架构与整体社会氛围，使国家中心城市尽快成为各有专攻、独具特色、充满活力、具有吸引力的双创中心，并引领周边区域迈向创新发展新时代。最后，加快特色镇和美丽乡村建设步伐。国家中心城市建设，不仅仅是在城市中心区建设高楼大厦，建设影响巨大的金融中心，同时也要在城市周边区域建设特色镇和美丽乡村，形成大城市的后花园，让高速运转的大城市有回归自然进行呼吸的空间，让中心城市忙碌的居民拥有休闲放松的场所，促进城乡之间的文化沟通与和谐发展。

4. 彰显区域文化特色

中华民族具有5000多年连绵不断的文明历史，创造了博大精深的中华民族传统文化，为人类文明进步作出了不可磨灭的贡献。经过几千年的沧桑岁月，把我国56个民族13亿多人紧紧凝聚在一起的，是我们共同经历的非凡奋斗，是我们共同创造的美好家园，是我们共同培育的民族精神，而贯穿其中的、更重要的是我们共同坚守的民族文化，这是凝聚中华民族最伟大的力量。建设国家中心城市，必须彰显区域文化特色，弘扬和创新传统民族文化。一是以文化引领大都市区建设。加快国家中心城市与周边城市融合发展，

共建现代、立体、高效衔接的公共基础设施，共守生态安全，健全多元共享的公共服务体系，打造具有区域文化特色的现代化大都市区。强化重大交通廊道支撑作用，推动城市功能整合和产业布局优化，形成网络化、多中心、组团式、集约型大都市区空间结构。二是营造美丽宜居环境。严守生态保护红线，优化生产、生活、生态空间布局，着力构建森林、湿地、流域、农田和城市五大生态系统，构筑主城区绿色生活圈、城市周边生态隔离圈、外围森林防护圈。突出山地、丘陵、平原、河道沿岸等生态空间主体功能，加强沿河湿地生态保护和修复。推进生态廊道建设，打造彰显绿城特色的生态网络。强化环境综合治理，促进资源集约与复合利用，加快形成绿色低碳的生产生活方式和城市建设运营新模式。三是彰显区域文化魅力。传承保护和创新发展传统文化、民俗文化、根亲文化和现代都市文明，提升凝聚荟萃、辐射带动和展示交流功能，建设有文化内涵的国际大都市，促进中华文明与世界文明对话交流。强化城市景观和不同街区的文化设计，塑造具有区域文化特色、传统与现代交相辉映的城市形象，为历史文脉留下区域文化标志性印记。深化对外文化交流，挖掘地方特色文化资源，讲好经典文化故事，培育地方知名文化品牌，让文化成为国家中心城市国际交流的重要力量。

5. 进一步提高开放型经济发展水平

坚定不移扩大开放是我国和平崛起的重大法宝，也是我们在新一轮全球化过程中引领发展的制胜武器。一要积极探索国家中心城市开放发展新模式。以积极融入"一带一路"建设为依托，推进中心城市构建开放型经济发展新体制，积极营造符合国际惯例的国际化、市场化、法治化营商环境，通过引进来与走出去双向开放，拓展开放型经济发展新空间。加快各国家中心城市自由贸易试验区建设，建设大通道，推动大通关，构筑大平台，不断提高投资自由化、贸易便利化和金融创新水平。发挥综保区引领带动作用，

推动各类开发区和海关特殊监管区转型升级与创新发展，建设更多开放高地。二要扩大开放领域。通过政策创新，先行先试，进一步放宽外资准入，鼓励外资设立各类功能性、区域性总部和分支机构，提升利用外资质量水平。有序扩大服务业对外开放，大力发展服务外包、跨境电子商务、云健康医疗服务等。实施优进优出战略，加快汽车及零部件进出口、科技兴贸等进出口基地建设，推动进出口贸易转型升级。以推进国际产能和装备制造合作为重点，深化与"一带一路"沿线国家和地区的经贸合作，提高企业国际化水平，努力开拓国际市场。三要拓展国际合作领域。积极吸引更多的国际性组织、国际商会（协会）和国际经贸促进机构落户国家中心城市。推动高校、科研机构、企业与"一带一路"沿线国家合作办学，共建研究中心或联合实验室。深化与国际友好城市及友好交流城市的交流。提升各类体育赛事活动的国际影响力，支持国家中心城市承办国际性展会、节会、会议和体育赛事。

四、结语

建设国家中心城市，提升中国经济社会发展在全球的核心竞争力，是历史赋予我们当代人的责任，也是中华民族伟大复兴过程中我们通过实践探索找到的符合中国国情的一项重大战略举措，虽然任重道远，但是前途光明。面对由中国引领的全球化 3.0 时代，我们需要更多的国际视野，需要更多的开放思维，需要更多的创新激情，需要更多的务实努力。中国特色的新型城镇化道路和中国特色的新型城镇体系将会在中国经济新常态背景下通过国家中心城市建设的大胆实践和艰苦探索日益展示出科学、独特的芳容，并引领中国特色新型城镇化持续健康发展。

注释

①⑪徐豪、王红茹、银昕：《国家中心城市数量

或为 12 个，你的城市上榜了么?》，《中国经济周刊》2017 年第 8 期。

②周阳：《国家中心城市：概念、特征、功能及其评价》，《城市观察》2012 年第 1 期。

③田美玲、方世明：《国家中心城市研究综述》，《国际城市规划》2015 年第 2 期。

④姚华松：《论建设国家中心城市的五大关系》，《城市观察》2009 年第 2 期。

⑤王凯、徐辉：《建设国家中心城市的意义和布局思考》，《城市规划学刊》2012 年第 3 期。

⑥李晓江：《"钻石结构"——试论国家空间战略演进》，《城市规划学刊》2012 年第 2 期。

⑦田美玲、刘嗣明、寇圆圆：《国家中心城市职能评价及竞争力的时空演变》，《城市规划》2013 年第 11 期。

⑧梁现瑞、熊筱伟、李龙俊：《将联合打通西向南向国际贸易大通道》，《四川日报》2016 年 5 月 5 日。

⑨《国家发展改革委关于支持武汉建设国家中心城市的复函》，国家发展和改革委员会网站，http://www.sdpc.gov.cn/zcfb/zcfbtz/201701/t20170125_836739.html，2016 年 12 月 14 日。

⑩冯蕾：《如何认识〈促进中部地区崛起"十三五"规划〉》，《光明日报》2016 年 12 月 28 日。

⑫栾姗、杨凌：《郑州建设国家中心城市定位明确》，《河南日报》2017 年 1 月 25 日。

⑬张占仓：《中国经济新常态与可持续发展新趋势》，《河南科学》2015 年第 1 期。

⑭张占仓：《河南从内陆腹地迈向开放发展前沿》，《河南科学》2017 年第 2 期。

⑮张占仓：《四路并举 开放发展》，《中原发展评论》2016 年第 1 期。

⑯张占仓、陈萍、彭俊杰：《郑州航空港临空经济发展对区域发展模式的创新》，《中州学刊》2016 年第 3 期。

⑰约翰·卡阿达、麦克·卡农：《规划高效发展的航空大都市》，《区域经济评论》2016 年第 5 期。

⑱张占仓：《河南省新型城镇化战略研究》，《经济地理》2010 年第 5 期。

临空经济：区域发展新的增长极[*]

自 1959 年爱尔兰香农国际航空港自由贸易区成立以来，国际机场一改城市进出门户的传统概念，形成了一种新的区域经济发展形态——临空经济。

临空经济是由多个开放型要素综合而成的复杂系统，依托机场的航线网络连接国内外重要城市，使优质生产要素如资本、信息、技术、人才在航线网络中优化配置，并快速融入全球经济网络，带动整个经济系统与全球市场的互联互通。同时，国际航空枢纽本身具备自由贸易功能，在为人员往来带来便利的同时，也能满足消费者高端消费需求。伴随科技进步，特别是信息技术的飞速发展，以知识加工、整合为内涵，创造智能工具来改造和更新经济各部门和社会各领域的现象日趋普遍，大量高附加值、小体量化产品不断涌现，如电脑芯片、软件、生物医药、微电子等，这些产品的运输成本只占到总成本的很小一部分，成本比例的下降导致比海运费用更高的航空运输进入跨国公司的产品物流链环节，并伴随全球化和贸易自由化的浪潮，在世界经济中快速扩张，航空运输发达程度成为世界经济中高端产业发展的实质性标志之一。

基于航空运输的临空经济，利用机场本身的航线网络、人流和物流，形成高端产业集聚，并给腹地经济带来资金、技术、管理和政策等资源要素，形成区域发展的新增长极，并利用增长极的支配效应、乘数效应和扩散效应，促进和带动区域经济快速发展。

微观局面，临空经济能够改变区域发展的要素配置。在一定时期内，一个区域经济结构的要素禀赋特征是相对稳定的。由于国际航空枢纽的建设与作用的日益发挥，以及围绕航空枢纽而生的临空经济快速发展，航空枢纽周边逐步成为区域发展的热点。在这个发展过程中，临空经济会不断地将新的、更好的生产要素吸引和输入腹地经济之中，尤其是对速度与时间敏感的生产和消费要素，都会快速向航空枢纽附近集聚，并形成规模效应。随着时间的推移，临空经济和腹地区域将不断积累这些生产要素，导致与之相关的人力资本结构出现重大变化，显著改变所在地区要素禀赋的配置结构和产业发展结构，并通过提升区域资本化水平，提升区域经济的核心竞争力。

中观层面，临空经济能够有效地实现与区域产业的耦合发展。一旦国际航空枢纽进入快速发展状态，直接为其提供配套服务的产业诸如航空制造、物流、维修等必将快速崛起。在这样的条件下，一方面，腹地企业为航空产业提供产品配套与外延服务，可以使区域其他企业更容易从航空产业中获得知识溢出和资本、人才投入，从而在较短时间内提高所在区域企业的技术和管理水平，促进其国际化，快速拓展市场空间；另一方面，能够为航空产业节省大量的物流成本，提升信息交流的集中度，促进黏性知识的有效传播，从而有效促进航空产业理念创新和技术创新，提升其在全球价值链中的地位，进一步增强区域对特殊产业集群的集聚效应，最终推进腹地产业实现升级发展，较快地进入国际市场。

宏观层面，临空经济能够促进区域税收

---

* 本文发表于《河南日报》2017 年 4 月 19 日第 15 版。

和就业增长。在凯恩斯宏观经济框架内，作为国民经济重要部门的航空港发展表现为航空产业产出的增加，吸纳更多的劳动者就业，引起更多的消费，带来更多的财政收入。这些就业人口的工资和当地税收的增加，客观上形成了经济辐射和扩散作用，并通过消费和政府购买服务的行为带来更大范围经济的进一步增长。在全球交通运输方式与区域发展模式进入第五轮循环的历史条件下，临空经济有可能改变自工业革命以来区域发展热点一直在沿海或沿江地区的发展模式，开辟区域发展热点重返内陆地区的新时代。

郑州航空港自批复以来，发展迅速，成绩可喜。在全球经济复苏乏力，国内经济增速放缓的大背景下，郑州航空港经济综合实验区逆势而上，各项经济指标持续快速增长。在决胜全面小康、让中原更加出彩的征程中，郑州航空港经济综合实验区将继续发挥国际航空枢纽对中原崛起的支撑作用。

河南省社科院侯红昌副研究员研究撰写的《航空港区产业发展研究》，是对郑州航空港经济综合实验区这一影响中国临空经济发展全局的一个具体案例已有实践的理论总结和初步概括，具有很强的现实意义。

河南建设经济强省的科学内涵与战略举措[*]

摘要　在中国共产党河南省第十次代表大会上，河南明确提出要建设经济总量大、产业结构优、质量效益好的经济强省的奋斗目标。这一目标的提出，体现了全省人民的共同愿望，是立足河南实际、顺应时代要求的重大举措，也是河南决胜全面小康，让中原更出彩的必然选择。建设经济强省，河南具有重大机遇和良好基础，应着力在打造经济强省建设的"三区一群"架构，提高经济发展的平衡性、包容性和可持续性，努力提高经济发展实力，加强基础能力建设，全面深化体制改革，扩大双向开放六个方面求突破、谋发展，努力实现由经济大省到经济强省的历史性飞跃。

关键词　河南省；转型发展；创新发展；"三区一群"；经济强省

在中国共产党河南省第十次代表大会上，谢伏瞻书记提出建设经济强省的奋斗目标。这是河南发展战略的重大提升，是实践用新发展理念解决河南发展新问题的重大战略部署。深刻理解经济强省的科学内涵，研究推进举措是当务之急。

一、建设经济强省的科学内涵与战略意义

中国共产党河南省第十次代表大会报告对建设经济强省作出了科学阐述，这是对以往发展经验的科学总结和提升。

1. 科学内涵

（1）提高河南经济发展的平衡性、包容性、可持续性。重视经济发展要与社会、环境等发展相互促进、协调进步，强化发展的全面性和目的性，是贯彻党中央五大发展理念的具体体现。其中，平衡性是指在建设经济强省的过程中，要统筹经济社会各个方面的发展要求，实现各个要素结构合理、相对协调的状态。包容性契合了经济新常态下全面建成小康社会的新思路，将人民福祉作为衡量发展的出发点和落脚点，力争实现经济发展与共同富裕的和谐统一。可持续性是指要正确处理人与自然的关系，既要实现经济发展，又要保护好环境、资源，将生产发展、生活富裕、生态良好的和谐统一作为评价发展好坏的基本标准。

（2）坚持经济总量大、产业结构优、质量效益好的有机统一。这三个方面，对河南而言既是目标又是举措，既是方向又是任务，是一个环环相扣、相辅相成的体系。其中，经济总量是规模和实力，代表了发展的基础。经济总量要大，是指河南省要保持较高的经济增长速度，GDP增速必须超过全国平均水平，努力走在全国前列，这是经济强省的基础。产业结构是体系和框架，提供了发展支撑。产业结构优，就是要不断优化三次产业结构、产业内部结构和区域结构，转变发展方式，由数量经济向质量经济转变，由粗放发展向集约发展转变，新型城镇化加速推进，最终实现区域协调发展。质量是档次和效益，

* 本文发表于《河南社会科学》2017年7月第25卷第7期第1-6页。

标志着河南省的综合发展水平。质量效益好，就是以创新驱动发展，提高居民收入水平，形成大众创业万众创新的生动局面，实现新型城镇化建设与城乡统筹发展相协调，是推动经济转型、从低层次发展迈向中高端发展的突破点。

中共河南省委提出的经济强省的奋斗目标是相互关联的有机整体，既强调经济建设，也强调人口、资源、环境相协调，既重视发展速度，更注重结构、质量、效益相统一，清晰地描绘了河南未来发展的美好愿景。

2. 战略意义

（1）建设经济强省是河南实现战略转换和战略升级的必然要求。粮食生产核心区、中原经济区、郑州航空港经济综合实验区、郑洛新国家自主创新示范区、中国（河南）自由贸易试验区是近年河南获批的五大国家战略，体现了不同时期不同阶段河南发展的不同着力点和动力源。这五大国家战略全面诠释了河南优势和资源禀赋，深度释放了河南的发展储备和贡献潜能，也说明河南在国家发展大局中的战略地位不断上升，是未来河南经济转型升级的动力和机遇。事实上，河南经过多年的发展，已经是经济大省。2016 年河南实现 GDP 达到 40160.01 亿元，稳居全国第 5 位。根据《中国省域经济综合竞争力发展报告（2015—2016）》，2015 年河南经济综合竞争力已经由中游区跨入上游区，居全国第 10 位，上升幅度较大，进入第一方阵。在战略叠加和现实需求的背景下，河南将发展目标由"经济大省"提升为"经济强省"，推动区位、产业、资源等局部优势向综合竞争优势转变，实现由规模扩张向提高发展质量与效益提升转变，是省域经济战略升级的必然要求，是适应和引领新常态的主动抉择，必将全面推动河南实现经济发展的转型升级。

（2）建设经济强省是适应经济新常态的重大举措。作为全国重要的人口大省、经济大省、资源大省，河南经济发展存在着"三个同时并存"，即：经济总量不断扩大，与人均 GDP 仅为全国平均水平的 78% 同时并存；结构不断优化，但第三产业比重仅为全国平均水平的 81%，城镇化率仅为全国平均水平的 85% 同时并存；发展质量和效益不断提高，但一般公共预算收入占 GDP 的比重仅为全国平均水平的 35% 同时并存。全省发展中长期积累的结构性矛盾没有得到根本性解决。尤其是进入新常态后，由于劳动力成本、资源价格和隐性成本的不断攀升，河南的低成本优势、人口红利逐渐消失，在低端市场逐渐失去竞争力。同时，受研发能力、高端人才资源等条件的制约，河南在中高端市场中也无法同北上广、长江经济带等省市相匹敌。面对这种情况，河南只有变革发展方式，从质量和效益出发，通过科技创新和制度创新，形成新的发展动力和优势，提高全要素生产率，才能全面提升河南在全国发展大局中的地位，形成更强的综合竞争力，推动经济可持续发展。

（3）建设经济强省是推动供给侧结构性改革的必由之路。推进供给侧结构性改革是我国"十三五"时期经济工作的主线，旨在通过改革调整经济结构，减少无效和低端供给，扩大有效和中高端供给，使生产和供给要素实现优化配置，提升经济增长的质量。目前，河南人均 GDP 达 6000 多美元，处于中等收入阶段；但人口多、底子薄、基础弱的基本省情仍没有改变，尤其是供给侧存在四大突出问题，即供给结构不合理，供给方式相对滞后，供给要素亟待升级，市场体制不健全。这些都是前期经济高速增长过程中积累的深层次问题。建设经济强省，由"大"到"强"的核心标志就是不再盲目追求规模、速度，而是以发展的质量、效益、水平作为衡量标准，这与供给侧结构性改革的目标相契合。因此，建设经济强省，以五大发展理念为指导，充分考虑全省经济发展的平衡性、包容性、可持续性，将经济总量、结构与效益质量有机结合起来，契合了供给侧结构性改革的历史需要。

（4）建设经济强省是决胜全面小康，让

中原更出彩的坚强支撑。在 2016 年中国城市 GDP100 强排名中，河南 18 个省辖市中只有郑州、洛阳、南阳、许昌、周口、新乡 6 个城市上榜，分别位于第 18 位、第 51 位、第 78 位、第 88 位、第 92 位、第 98 位，而广东 21 个省辖市中有 9 个进入全国百强，江苏 13 个省辖市全部进入全国百强，山东 17 个省辖市中有 15 个进入全国百强，浙江 11 个省辖市中有 8 个进入全国百强。由此可见，河南与其他 4 个经济大省相比差距较大。决胜全面小康，让中原更出彩需要河南在更高的层次、更广的空间中夯基础、谋发展、促转型。河南省第十次党代会报告明确指出，河南未来 5 年的发展目标是建设经济强省、打造"三个高地"、实现"三大提升"。其中，建设经济强省是三大目标的首位，是打造"三个高地"和实现"三大提升"的重要支撑和物质基础，是河南决胜全面小康，让中原更出彩重要而坚实的支撑。

二、建设经济强省的历史机遇与基础条件

1. 历史机遇

（1）全球科技革命和产业革命带来的机遇。一方面，全球新一轮科技创新与信息技术深度应用风起云涌，以智能化为标志的德国工业 4.0、美国工业互联网战略等催发再工业化浪潮，新的科学理论和技术工具不断涌现，以新技术突破为基础的产业革命，已经成为经济发展的新引擎。另一方面，在世界经济再平衡和产业格局再调整的背景下，全球供给结构和需求结构正在发生重大而深刻的变化，庞大生产能力与有限市场空间的矛盾愈加突出，这为河南在更大范围、更宽领域、更高层次参与经济合作与竞争，实现跨越式发展提供了新的可能性。与此同时，世界经济一体化持续推进，和平、发展、合作的时代潮流不可阻挡，生产要素流动性增强，国际产业转移仍在继续。只有顺应技术创新、社会生产力发展趋势以及市场需求变化的要求，提高发展质量与效益，实现经济转型升

级，才能在产业竞争中赢得优势和主动。

（2）供给侧结构性改革带来的机遇。随着我国经济运行由工业化中期向工业化后期迈进，各种矛盾集中爆发，其中结构性问题最为突出。我国围绕供给侧结构性改革出台了一系列的政策与措施，力图协调发展过程中的重大关系，通过全面深化改革，在保持经济增长的同时实现结构优化。河南作为传统原材料和基础工业品生产大省，2016 年冶金、建材、化学等五大支柱产业增加值占规模以上工业增加值比重仍有 44.5%，煤炭、化学、非金属等六大高载能行业增加值占规模以上工业增加值比重仍有 32.3%，煤炭、生铁、粗钢、电解铝、平板玻璃等行业去产能任务艰巨。但河南是经济大省、人口大省，拥有交通区位优势和多项国家战略交叉实施的叠加优势。如果能够充分把握好这些优势，紧抓供给侧结构性改革的机遇，就能破解河南经济转型的结构性矛盾，促进新业态、新模式、新技术的发展和应用，构建新旧动力转换的重要支撑，同时产生更大的区域经济溢出效应，实现经济总量大、产业结构优和质量效益好的有机统一。因此，对于河南而言，供给侧结构性改革是转变经济发展方式，破解结构性掣肘，实现由经济大省向经济强省迈进的重大机遇。

（3）河南推进国家战略规划实施带来的机遇。在新时期，国家出台了促进中部地区崛起的战略规划，河南获批一系列国家战略规划和战略平台。河南省粮食生产核心区、中原经济区建设持续推进，郑州航空港经济综合实验区加快发展，郑洛新国家自主创新示范区、中国（河南）自由贸易区建设全面启动，中原城市群、郑州国家中心城市建设正式启动，国家大数据综合试验区、中国（郑州）跨境电子商务综合试验区建设稳步推进。河南的战略地位更加凸显，战略格局更加完善，战略叠加效应显著增强，对全省经济发展形成了强有力的支撑。同时，河南积极融入国家"一带一路"倡议，改变了改革开放以来因为中原地区不靠海、不沿边无法

推进开放发展的被动局面，深度融入全球产业链、价值链和物流链，承接产业转移，实现产业结构优化；积极开展脱贫攻坚战，破解发展难题，争取贫困地区人民与全省人民共同实现全面小康。河南正处于可以大有作为的重要战略机遇期，多项国家战略的交会叠加，为建设经济强省，推动经济转型升级带来了重大历史机遇。

2. 基础条件

（1）经济总量不断扩大。按照习近平总书记的要求，河南着力发挥优势，打好"四张牌"，扎实开展"四大攻坚战"，充分发挥河南人力资源优势、市场规模优势、居天下之中的区位优势等，主动对接国家战略，经济保持总体平稳、稳中有升的运行态势。从经济增长角度看，2016 年河南省 GDP 增速达到 8.1%，居全国第 9 位，高于全国平均水平 1.4 个百分点。全省规模以上工业增加值、固定资产投资、社会消费品零售总额分别增长 8.0%、13.7%、11.9%，分别高于全国平均水平 2.0 个、5.6 个和 1.5 个百分点。从民生角度来看，河南省实施积极的就业政策，大力推动创新创业，2016 年全省城镇新增就业 145.1 万人，就业形势总体稳定；居民收入水平和生活水平稳步提高，2016 年实现居民人均可支配收入 18443.1 元，增长 7.7%；民生支出保障较好，2016 年全省一般公共预算支出 7456.6 亿元，增长 9.4%；居民消费价格涨势温和，同比增长 1.9%。总体来看，河南经济发展总体态势继续优于全国，为全国经济持续稳定发展发挥了重要作用。

（2）产业结构不断优化。就产业结构而言，通过实施服务业重点领域发展专项方案等，大力发展现代服务业，推动全省经济向"三二一"梯次演进；大力发展新能源汽车、智能手机、节能环保设备等高科技含量产品，实现工业持续向中高端迈进；推动传统产业产品结构向质量更优、技术含量更高的方向调整，转型升级成效显现。2016 年，河南三次产业结构比例为 10.7∶47.4∶41.9，其中，规模以上高成长性制造业企业的增速达到 10.6%，占

工业增加值 48.4%，服务业发展活跃，成为拉动经济增长的主要力量。就需求结构而言，河南坚持实施投资拉动战略，全省投资规模持续扩大，投资结构进一步优化；计算机及其配套产品、体育娱乐用品、电子出版及音像制品类等消费升级类商品增长较快，增速远远高于限上企业（单位）消费品零售总额增速。扣除价格因素，2016 年全省固定资产投资增长 13.7%，三次产业投资额占比分别为 4.9%、46.6%、48.6%，增长率分别为 31.1%、9.0% 和 17.1%。就城镇化角度而言，依托 180 个产业集聚区和 175 个"两区"建设发展，河南加速推进新型城镇化步伐，2016 年常住人口城镇化率达到 48.5%，比上年提高 1.65 个百分点，继续处于高速城镇化状态。

（3）质量和效益明显提高。提高质量效益是经济发展到一定时期的必然要求，也是创新驱动发展战略的最终目标。2016 年，河南积极落实"三去一降一补"任务，主动关闭煤炭矿井 100 对，压减炼钢产能 240 万吨，产成品库存下降 2.6%，截至 11 月实现商品房待售面积同比增速下降 2.1%，增加基础设施投资 29%，最终实现市场供求矛盾有所缓解，工业企业效益有所改善。依托郑州航空港经济综合实验区、郑洛新国家自主创新示范区、国家大数据综合试验区等载体，河南有效促进高端要素聚集，最大限度利用全球范围内的资源，实现产业价值链向中高端发展，推动河南经济实现提质增效。截至 2016 年 11 月，河南新登记各类企业增长 30.3%，高于全国平均水平 2.4 个百分点，发明专利授权量 6213 件，增长 29.4%，高于全国平均水平 11.7 个百分点。鼓励企业延伸产业链，增加产品附加值，提升抗风险能力，鼓励互联网、云计算、大数据为代表的新业态蓬勃发展，新动能成长势头较快。2016 年河南在汽车、电子信息、装备制造等高成长性制造业投资增长 7.5%，工业增加值同比增长 13%，占比达 50.4%，工业结构进一步优化，发展效益明显提高。

三、建设经济强省的总体思路与战略举措

1. 总体思路

以新一轮科技革命和供给侧结构性改革为契机，全面贯彻落实中央一系列战略决策和部署，着力发挥优势打好"四张牌"，积极融入国家"一带一路"倡议，主动适应和引领中国经济新常态，充分利用河南经济总量稳居全国第五的积累性优势，进一步发挥内陆开放型经济快速发展的历史性优势，借力全球经济发展由过去海权时代迈向空权和网权时代，部分内陆地区成为发展热点的理论创新优势，乘势而上，实施"三区一群"〔郑州航空港经济综合实验区、郑洛新国家自主创新示范区、中国（河南）自由贸易试验区、中原城市群〕战略，提高经济发展的平衡性、包容性和可持续性，努力提高经济发展实力，加强基础能力建设，全面深化体制改革，扩大双向开放，促进河南从"经济大省"向"经济强省"跨越，为决胜全面小康、让中原更出彩而努力奋斗。

2. 战略举措

（1）打造经济强省建设的"三区一群"架构。按照省委战略部署，发挥国家战略规划与战略平台叠加效应，努力打造经济强省建设"三区一群"架构。一是依托郑州航空港经济综合实验区，进一步扩大开放。要坚持建设大枢纽、发展大物流、培育大产业、塑造大都市的基本思路，着力完善现代综合交通枢纽功能，着力推进产业集聚和城市功能提升，着力创新体制机制，着力构建内陆高端开放平台，在引领区域发展、服务全国大局和融入世界经济体系中发挥更大作用。二是依托郑洛新国家自主创新示范区，大幅度提升创新能力，致力于打造具有国际竞争力的中原创新创业中心、技术转移集聚区、转型升级引领区、创新创业生态区。要加大科技投入，促进科技金融融合，支持自主创新，扩大开放创新，推进协同创新，广泛汇聚国内外创新资源，不断激发创新的活力和

动力，把示范区建设成为在全国有影响力的创新高地。三是依托中国（河南）自由贸易试验区，增强改革动力。郑汴洛三个片区功能明确，各有侧重。其中，郑州片区侧重打造国际性物流中心，发挥服务"一带一路"建设的现代综合交通枢纽作用；开封片区侧重打造服务贸易创新发展区和文创产业先行区，促进国际文化旅游融合发展；洛阳片区侧重打造国际智能制造合作示范区，推进华夏历史文明重要传承区建设。要加快转变政府职能，扩大投资领域开放，推动贸易转型升级，深化金融领域开放创新，充分发挥跨境电子商务的基础优势和贯通南北、连接东西的区位优势，建设现代物流体系，把河南自贸区建设成为服务于"一带一路"的现代综合交通枢纽，打造全面深化改革的试验田和内陆开放型经济示范区。四是依托中原城市群建设规划，加快推进以人为核心的新型城镇化。中原城市群空间范围涵盖河南18个省辖市和河北、山西、山东等周边省份，共30个市，2016年总人口1.81亿人，地区生产总值6.05万亿元。按照国家赋予的全国经济发展新增长极、全国重要的先进制造业和现代服务业基地、中西部地区创新创业先行区、内陆地区双向开放新高地和绿色生态发展示范区等战略定位，坚持中心带动、轴带发展、节点提升，把建设郑州国家中心城市作为提升城市群竞争力的首要突破口。着力提升郑州大都市区引领带动功能，着力推进基础设施一体衔接，着力推动产业结构优化升级，着力加强生态环境建设和保护，着力提高公共服务供给水平，全面提升中原城市群核心竞争力，建设具有较强竞争力和影响力的国家级城市群，带动以人为核心的新型城镇化加快发展。

（2）提高经济发展的平衡性、包容性和可持续性。平衡性、包容性、可持续性的发展，表明建设经济强省不仅仅是实现经济总量的扩张，更要实现发展方式的转变、产业结构的优化、社会公平与生态环境的改善，强化发展的全面性和协调性。一是要正确处

理发展中的重大关系。根据中原城市群中各个城市的基础条件、比较优势和发展定位，各展所长，竞相发展，实现速度与结构、质量与效益相统一，提高发展平衡性。二是要在经济发展中体现社会公平正义，增加公共服务供给，提高社会可承受能力，保障人人平等参与、平等发展的权利。在经济增长的同时增加居民收入，提高劳动生产率的同时增加劳动报酬，让人民在共建共享中获得认同感和幸福感，提高发展的包容性。三是要促进经济发展和社会人口资源环境相协调，充分考虑资源环境承载能力，转变经济发展方式，树立发展新理念，不再仅仅以 GDP 论英雄，在中高速发展状态下实现结构、质量、效益的持续优化，做到减速不减势，减速不减效，提高经济社会发展的可持续性。

（3）努力提高经济发展实力。河南经济总量虽稳居全国第 5 位，但全省人均 GDP 仅为全国平均水平的 80% 左右，实现全面小康的任务十分艰巨，持续做大经济总量、提高经济实力，仍然是建设经济强省的第一要务。因此，要锁定 GDP 年增速高于全国平均增速 1 个百分点以上为发展的硬任务。一是要突破思想观念束缚和传统发展路径约束，清醒认识到调速换挡的客观必然性。以创新、协调、绿色、开放、共享发展新理念引领发展，坚定走转型升级、绿色发展、跨越提升之路，以更大的气魄、更开放的思路、更包容的胸怀，创新发展，开创新格局，不断提升全省的综合经济实力。二是以供给侧结构性改革为主线，提高有效供给，减少无效供给，稳妥做好"三去一降一补"工作，全面化解煤炭、钢铁等过剩产能，大力推进智能制造，谋划和推进一批拉动作用大、带动能力强、科技含量高的重大项目。推动河南制造向河南创造、河南速度向河南质量、河南产品向河南品牌转变，全面提升经济发展质量。三是优化三次产业结构，强化现代农业强省优势，以智能化为核心建设制造业强省，弥补服务业发展短板，推动生产性服务业向价值链高端延伸，生活性服务业精细化、品质化

发展，推动服务业与互联网、大数据、云计算融合发展，增强"互联网+"、电子商务的支撑带动作用，努力建设现代服务业强省和网络经济强省。四是要积极发展新经济，以"双创"为支撑，以吸引优秀人才特别是青年人才扩大就业为切入点，积极培育壮大基于互联网的新业态、新模式、新技术，以新经济带动传统产业的转型升级，构筑发展新动能。五是高起点、高标准地抓好重大重点项目建设，着力谋划一批规模大、科技含量高、带动能力强、具有支柱和引领作用的产业，形成规模更大的产业集群。

（4）加强基础能力建设。投资是培育创新动能、改造老产业、发展新产业的物质基础，但目前全国范围内投资下行压力普遍较大，这会直接导致经济转型停滞，经济运行失速。因此，要采取有力措施扩大有效投入，大力提升基础设施、基础产业、基础功能现代化水平，打造发展新支撑。一是提升基础设施优势，推进米字形交通枢纽建设、郑州国家级互联网骨干智联点建设，打造重要的公路、铁路、高铁、航空和信息枢纽。二是结合新区建设、产业集聚区建设、旧城区改造、道路新（改、扩）建，以平衡、包容、可持续为前提，统筹地下建设和地上科学化建设，积极谋划具有推动区域发展的重大产业、基础设施、生态环保等项目，完善公共服务配套基础设施。三是以建设郑州国家中心城市为契机，提升郑州区域经济、金融、商贸、科技文化中心地位，推动周边城市与郑州融合对接，提升对全省发展的辐射带动能力。四是争取更多重大扶贫项目建设。按照国家精准扶贫的要求，抓好项目调研与论证，加快涉及贫困地区的重大交通项目、重大水利工程、山洪和地质灾害防治体系建设、光伏扶贫工程、宽带网络等基础设施在河南贫困地区的建设，加快农村危房改造和人居环境整治，改善贫困地区生产生活条件，支持革命老区、少数民族聚居地区和"三山一滩"地区脱贫攻坚，保障与全国一道实现精准脱贫。

（5）全面深化体制改革。推进行政、金融、科研管理、财税、投融资体制改革等领域采取一系列有力措施，加快构建科学发展的新体制、新机制，释放建设经济强省的制度红利。一是深化行政管理体制改革，进一步落实简政放权任务，以"互联网+行政管理"为主要载体，简化行政办事程序，降低行政管理成本，破除限制生产要素自由流动的各种体制障碍，激发市场主体的积极性，充分发挥市场在资源配置中的决定性作用。二是深化金融体制改革，增加直接融资比重，实现由银行主导的信贷模式向以直接融资为主的股权投资模式转型，发展互联网金融等普惠性金融组织，支持农村金融改革试验，支持各地开展创业投资基金试验，激励更多创业者创业。三是深化科研管理体制改革，着力改革和创新科研经费使用和管理方式，创建灵活宽松的科研管理体制，引导培育一批具有全球影响力的科技创新中心，发挥科研院所的智库功能，充分释放科研潜力。

（6）扩大双向开放。一是拓展对内对外开放新空间，全面融入"一带一路"倡议，加快实施航空、铁路国际国内"双枢纽"战略，推动中欧班列（郑州）往返高密度、高效益、常态化运营，建成连通境内外、辐射东中西的物流通道枢纽，实现"买全球、卖全球"的目标。二是围绕推进中国（河南）自由贸易试验区、郑州航空港经济综合实验区、中国（郑州）跨境电子商务综合试验区等平台建设，加快推进各类功能性口岸建设，吸引高端要素集聚，带动河南产业和经济开放发展，进一步提升河南省进出口总额占全国的比重。三是持续推进开放招商，坚持引资引智引技相结合，不断提升中国（河南）国际投资贸易洽谈会等平台影响力，积极引进以中高端产品为主的龙头企业、知名品牌和重大项目，推动招商引资和承接产业转移向高端化迈进。四是鼓励优势企业走出去。按照双向开放的战略思维，结合产业结构调整的历史性需要，组织我们有显著技术优势的企业，如宇通客车、中铁盾构、许继电气、中信重工、森源重工、汉威电子等沿着"一带一路""走出去"加快开辟海外市场，扩大这些优势企业在国际上的影响力。

参考文献

［1］喻新安. 建设经济强省关键在哪　如何推进［N］. 河南日报，2016-11-18（9）.

［2］张占仓. 绘就让中原更加出彩的宏伟蓝图［N］. 河南日报，2016-11-11（7）.

［3］袁凯声，毛兵，王玲杰，等. 努力打好"四张牌"让中原更加出彩［N］. 河南日报，2016-12-22（5）.

［4］金碚. 全球化新时代的中国区域经济发展新趋势［J］. 区域经济评论，2017（1）：11-18.

［5］金碚. 创新发展模式　建设经济强省［N］. 河南日报，2017-04-28（6）.

［6］完世伟. 优化产业结构　推进"四个大省"建设［N］. 河南日报，2016-07-27（11）.

［7］《河南"十三五"重大问题研究》课题组. "十三五"河南发展的思索和前瞻［N］. 河南日报，2016-01-22（12）.

［8］完世伟. 推动产业结构优化升级　提高供给质量效益［N］. 河南日报，2017-03-22（5）.

［9］王建国. 打好城镇化牌，关键在促进质与量协调发展［N］. 河南日报，2017-04-06（14）.

河南省 2017 年上半年经济运行分析及全年走势展望[*]

摘 要　2017 年上半年，河南以新发展理念引领经济发展新常态，着力发挥优势打好"四张牌"，聚焦"三区一群"战略，积极推进"三去一降一补"，持续开展"四大攻坚战"，全省经济运行呈现稳中有进、进中向好的态势，创造出地区生产总值增长 8.2% 的优异成绩。但是，经济发展存在投资增长动力不足、工业回暖基础不牢、转型步伐仍需加快、房地产市场存在负面影响等问题，下半年要继续坚持稳中求进总基调，积极扩大有效投资、稳定工业增长、大力实施创新驱动战略、深入推进改革开放，继续打好"四大攻坚战"，确保实现全年经济发展目标。

关键词　打好"四张牌"；稳中求进；河南经济；蓝皮书

2017 年上半年，面对错综复杂的宏观形势，河南认真贯彻落实中央各项决策部署，以新发展理念引领经济发展新常态，统筹稳增长与调结构、扩投资与促转型、抓改革与防风险、谋发展与惠民生，着力发挥优势打好"四张牌"，推进"三去一降一补"，持续推进"四大攻坚战"，长短结合，周密部署，经济运行呈现"稳中有进、进中向好"的良好态势。展望下半年，宏观经济形势依然严峻，机遇与挑战并存，要继续坚持稳中求进总基调，以提高质量效益为中心，以供给侧结构性改革为主线，持续推进经济转型升级，确保实现"三个同步""三个高于"的目标。

一、经济运行呈现稳中有进、进中向好的态势

2017 年上半年，河南省坚持稳中求进总基调，聚焦实施"三区一群"战略，全省主要经济指标运行平稳，且增速等指标高于全国平均水平，质量和效益明显提升，积极因素明显增多，市场预期持续改善。

1. 经济增长稳中向好

从经济增速上看，河南省 2017 年上半年实现地区生产总值 20307.72 亿元，同比增长 8.2%，比 2016 年同期提高 0.2 个百分点，高于此前公布的 6.9% 的"国家线"，也高于年初制定的 7.5% 以上的"目标线"，更高于 2017 年第一季度 8.0% 的"起步线"，保持了近年来经济发展速度高于全国平均水平 1 个百分点以上的总体态势，增速居全国第 9 位，列第一方阵（见图 1）。

工业运行呈现稳中趋升态势。2017 年上半年，河南省规模以上工业增加值增长 8.2%，高于全国平均水平 2.4 个百分点，相对于上年同期提高 0.2 个百分点；工业用电量、铁路货物发运量分别增长 5.8%、6.2%，分别比 2017 年第一季度提高 0.3 个、2.3 个百分点。固定资产投资实现较快增长。2017 年上半年，河南固定资产投资增长 10.9%，高于全国平均水平 2.4 个百分点。其中，基础设施投资增长 26.6%，房地产开发投资增长 22.9%。市场消费平稳运行。2017 年上半年，

* 本文发表于《中州学刊》2017 年 8 月第 8 期（总第 248 期）第 23—28 页。作者为河南省社会科学院"河南经济蓝皮书"课题组。课题组组长：张占仓；课题组成员：完世伟、武文超、王芳、李斌、李丽菲。

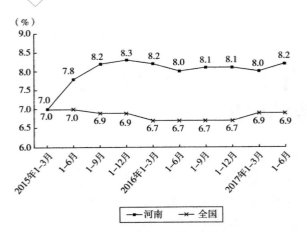

（%）

图1 2015~2017年上半年全国与河南GDP
逐季累计值增速

河南社会消费品零售总额9358.99亿元，增长12.0%，高出全国平均水平1.6个百分点，其中城乡消费均快速增长。对外贸易快速增长。2017年上半年，河南累计进出口总值2103.96亿元，同比增长17.1%，其中，出口1313.91亿元，增长23.2%；进口790.15亿元，增长8.2%；净出口523.66亿元。金融支持实体经济力度增强。2017年上半年，河南金融机构各项存款余额为60608.9亿元，同比增长10.4%；各项贷款余额突破4万亿元，同比增长17.6%。金融机构新增存贷比大幅度提高，投资类业务、表外融资增长放缓，金融运行更加向"实"，为更好地支撑实体经济发展打下了基础。

2. 结构调整不断深化

产业结构持续优化升级，2017年上半年，河南地区生产总值增长8.2%。其中，第一产业增加值增长4.4%，第二产业增加值增长7.5%，第三产业增加值增长10.0%，第三产业在经济结构中的比例不断提升。投资结构持续优化。分产业看，第一产业投资885.14亿元，增长14.9%；第二产业投资8550.18亿元，增长6.2%；第三产业投资9563.96亿元，增长15.0%。同时，高技术产业投资和技术改造投资高速增长，为先进产能注入新动力。2017年上半年，高技术产业投资增长25.9%，高于工业投资19.6个百分点，占工业投资的

比重为10.1%，同比提高1.6个百分点。消费结构向高端化、娱乐化迈进。2017年1~6月，全省限额以上批发和零售业商品零售额中，消费升级类产品增长较快，其中通信器材类增长22.5%，家具类消费增长19%，计算机及其配套产品消费增长17.7%，中西药品类增长16.1%，体育娱乐用品类增长15.0%。升级类商品消费增速明显高于社会消费品零售总额增速。财政收入质量优化。2017年1~6月，全省一般公共预算收入增长10.2%，其中税收收入增长13.7%。税收收入占一般公共预算收入的比重达到68%，同比提高2.1个百分点。外贸出口结构进一步改善。上半年，铝材、钛白粉、汽车零部件、珍珠及宝石、塑料制品等商品出口增幅均在30%以上。

3. 产业转型升级步伐加快

2017年上半年，河南省持续推进"三去一降一补"，实体经济转型升级的步伐加快。传统产业领域实行存量调整的同时，知识密集型、高附加值、符合转型升级方向的高技术产业和装备制造业快速发展。2017年前6个月，河南省规模以上工业增加值增长8.2%。分行业领域来看，40个大类行业中有34个行业增加值同比增长。五大主导产业中的电子制造业和装备制造业分别增长16.4%和14.7%，高技术制造业增加值增长17.1%，分别高于规模以上工业增加值增速8.2个、6.5个和8.9个百分点，转型升级态势良好。而传统的采矿业增加值同比增长7.1%，制造业增长8.4%，电力、热力、燃气及水生产和供应业同比增长5.3%。同时，2017年上半年高技术产业投资增长25.9%，制造业中技改投资增长32.7%，为转型升级奠定了基础。从产品方面来看，508种产品中有359种产品产量同比增长。锂电子电池、太阳能电池、卫星导航定位接收机等知识密集型、高附加值产品分别增长217.2%、52.1%、18.0%。

4. 发展新动能持续增强

经济转型升级步伐加快的背后，是驱动经济发展的新旧动能在实现快速转换。2017年上半年，战略性新兴产业增加值增长

12.8%，对全省工业增长的贡献率为16.0%，支撑作用明显。传统支柱产业通过技术创新、产品创新、模式创新，加快转型发展，新产业、新产品快速增长，盈利空间不断扩大，经济效益稳步回升。现代服务业保持较快增长。2017年上半年，第三产业增加值占GDP的比重为42.8%，对经济增长的贡献率第一次超过50%，达50.3%，已经稳定成为拉动经济增长的主要力量。新业态、新模式蓬勃发展。互联网相关行业高速增长，增速持续加快。跨境电商、冷链物流、网络配送等新业态、新模式迅速发展，2017年上半年，全省快递业务量增长32.3%，通过公共网络实现的商品零售额增长37.8%，新设立各类市场主体增长9.5%。郑州进出口包裹总量3434万单，占全国15个跨境E贸易试点城市总量的33.45%，交易额46.89亿元，增长76.16%。新产品、新服务快速增长，2017年上半年锂离子电池产量增长217.2%，太阳能电池增长52.1%，海绵钛增长23.9%，卫星导航定位接收机增长18.0%；新能源发电增长16.2%，高于发电量增速15.2个百分点。旅游、文化、体育、健康、养老等幸福产业快速发展，2017年上半年公园和旅游景区管理业投资增长42.3%，文化及相关产业投资增长22.1%，健康服务业（含体育、健康及养老）投资增长25.6%。

5.供给侧结构性改革扎实推进

去产能扎实有效推进。2017年上半年，全省生铁、原煤、电解铝、水泥、粗钢产量同比分别下降9.4%、3.2%、4.5%、2.5%和1.1%。企业利润较快增长，去杠杆效果显著。2017年前6个月，规模以上工业企业利润总额2659.72亿元，增长12.9%，增速比上年同期提高7.7个百分点。2017年5月末，规模以上工业企业资产负债率为49.1%，2017年以来持续下降，累计降低0.9个百分点。去库存效果显现。2017年6月末，全省商品房待售面积3046.23万平方米，下降13.7%，其中住宅待售面积2217.84万平方米，下降17.3%。至2017年6月底，新建商品房去化

周期为10个月，其中住宅去化周期为6个月，进入合理区间。补短板力度加大。2017年上半年，财政资金用于扶贫、科学技术、城乡社区、教育等领域的支出分别高于一般公共预算支出增速161.5个、28.6个、23.1个和6.7个百分点。电信广播电视和卫星传输服务、互联网和相关服务、生态保护和环境治理、公共设施管理、教育等行业投资增速分别为257.9%、126.5%、104.3%、31.4%、31.0%。深入实施百城建设提质工程，首批45个市县按照"多规合一"的要求，基本完成城乡总体规划修编，已开工项目2339个，累计完成投资853亿元，初步梳理出以水"润"城、以绿"荫"城、以文"化"城、以业"兴"城的战略思路。

6.民生大局保持稳定

居民收入稳步增加。2017年上半年，全省居民人均可支配收入9406.90元，同比增长8.9%，高出GDP增速0.7个百分点，既实现了和地区生产总值同步增长，也实现了增速高于全国的目标。就业、物价等领域态势良好。2017年上半年全省城镇新增就业72.73万人，失业人员再就业22.49万人，就业困难人员实现就业8.15万人。物价水平保持温和上涨，2017年上半年居民消费价格同比上涨0.9%，低于全国平均水平0.5个百分点。民生支出保障良好。2017年上半年，全省财政资金用于民生支出3605.50亿元，增长23.5%，占一般公共预算支出的比重达77.1%。安全生产、食品药品监管、社会治安形势总体较好，全省社会大局保持稳定。节能减排进一步加强。截至2017年6月底，PM2.5和PM10平均浓度分别降低1微克/立方米和7微克/立方米。全省135个地表水责任目标断面水质达标率为83.7%，同比上升5个百分点。万元地区生产总值能耗同比下降6%左右。

二、当前经济运行中存在的问题

当前，全省经济运行中仍然存在一些问题，需要切实加以解决。

1. 投资增长的动力不足

当前，全省投资增长主要靠基础设施等民生补短板领域和房地产开发投资带动，民间投资、工业投资增速持续回落，投资增长内生动力不足。2017年上半年，占全部固定资产投资45%的工业投资增长6.3%，比2017年第一季度低3.1个百分点，已经回落至2016年以来的最低水平。工业投资增长动力不足，会影响未来工业发展。投资新开工项目个数和计划总投资等先行指标持续下降，未来投资增长乏力。2017年上半年，全省新开工项目个数6756个，同比减少227个，新开工项目计划总投资下降3.6%。其中，工业新开工项目3101个，同比减少143个，计划总投资下降17.9%。工业新开工项目不足是影响工业投资增长的主要原因。2017年上半年，民间投资增长10.3%，慢于固定资产投资增速，总体上呈回落状态，但有趋稳的态势。

2. 工业回暖的基础不够牢固

尽管2017年上半年河南省工业运行状况良好，规模以上工业增加值和全省工业用电量均实现稳定增长，但是经济发展中的一些风险因素反映出工业回暖的基础不够牢固。一是部分传统行业产能过剩的问题没有得到根本缓解，房地产调控后对相关产业的拉动作用将会减弱，能源原材料价格高位运行缺乏有力支撑。二是工业产品价格变化挤压了工业企业利润空间。2017年上半年，河南省工业生产者购进价格同比上涨7.5%，高于出厂价格0.6个百分点，工业品已经连续18个月"高进低出"，购销剪刀差挤压了工业企业的利润。三是工业投资增长乏力，对未来进一步实现增长的支撑不够。四是随着国家推进大气污染治理的力度不断加大、标准不断提高，河南省大力实施环境治理攻坚战，使工业面临的资源环境约束进一步加剧，部分企业确实是因为环保不达标而直接影响了生产与运行。

3. 转型发展步伐仍需加快

一是传统产业占规模以上工业的比重依然偏高，2017年上半年占比达到45.7%，比去年同期提高0.2个百分点。高技术产业和战略新兴产业虽然发展较快，但是占比依然偏低，2017年上半年分别仅占7.7%和11.6%。二是服务业发展仍需加快，2017年上半年服务业增加值占生产总值的比重为42.8%，与全国服务业占比54.1%相比，仍有较大差距。在服务业内部，交通运输、批发零售、住宿餐饮、房地产等传统行业占服务业的比重仍在50%以上，服务业新业态发展不足。同时，服务业企业小、散、弱现象突出。三是资源环境约束加剧。在全国、全省环境污染治理力度持续加大的情况下，许多地区通过停产、淘汰落后产能等来实现环保目标，工业加快向绿色化转型的需求十分迫切。

4. 房地产价格上涨较多

2017年上半年，随着郑州市调控政策的逐步升级，调控外溢效应对周边城市的辐射影响越来越大，以周边城市为主，省内多个市县不同程度地出现了房价较快上涨现象，部分市县投机炒作性购房苗头显现，促使民间资本脱实向虚。房价上涨和调控措施的推出，使房地产开发投资和商品房新开工面积增速回落，对相关产业的拉动作用可能减弱。2017年前5个月，开封等7个省辖市市区商品住房销售价格同比增长超过20%。2017年上半年，全省房地产开发投资增长22.9%，比2017年第一季度回落2.3个百分点。房地产价格的上涨，加上近几年保障性住房供给不足、城市棚户区改造建设周期长等因素的影响，可能会对农村人口进城购房、转移市民化造成一定的困难，进而拖慢新型城镇化的步伐。

三、下半年河南省经济运行走势展望

2017年下半年，河南仍旧面临复杂的国内外宏观经济形势，积极因素和不利影响同时存在，要继续坚持稳中求进总基调，以提高质量效益为中心，持续推进经济转型升级，确保实现"三个同步""三个高于"的发展目标。

1. 有利条件

当前,河南省仍处于发展的战略机遇期,保持经济中高速增长的动力和潜力仍然十分明显。从发展空间看,河南省仍处于工业化和城镇化加快发展期,发展空间巨大,特别是城镇化率面临突破 50% 的重要转折点。从发展潜力看,消费潜力巨大且消费结构进一步优化升级,发展型和享受型消费方兴未艾,后发优势比较明显。从发展动能看,随着河南积极融入全球创新网络,创新发展驱动能力进一步提升,新动能带来的红利正在逐步释放。从政策措施效应看,2017 年上半年出台的一些政策措施效应将继续释放。同时,当前河南省新旧产业和发展动能转换正处在接续关键期,积极因素和新兴力量正在集聚,为下半年全省经济平稳较快发展提供了重要支撑。

2. 制约因素

2017 年下半年,河南省经济面临的宏观环境依然复杂严峻,结构性改革任重道远。长期积累的结构性矛盾短期内难以根本缓解,产能过剩矛盾短期内难以明显缓解,外需不足的状况短期内也难以改观,财政收支矛盾加大、资金保障供应难度加大、投资稳定增长难度加大等不利因素将继续存在,部分行业和企业面临的困难仍在累积加深,全省经济运行面临的困难具有复杂性、长期性的特征。

3. 2017 年全年河南经济走势展望

就 2017 年全年来看,随着宏观政策效应的进一步显现,第三、第四季度经济增长有望略高于第二季度,预计全年 GDP 增速为 8.2% 以上,全省规模以上工业增加值增长 8.5% 左右;固定资产投资增长 12% 左右;社会消费品零售总额增长 12% 左右;进出口增长 20% 左右;居民消费价格指数为 101.5(见表1)。

表1　2017 年上半年河南主要经济数据及全年指标预测

指标	上半年	全年(预测)
地区生产总值增长率(%)	8.2	8.2 以上
规模以上工业增加值增长率(%)	8.2	8.5
固定资产投资增长率(%)	10.9	12.0
社会消费品零售总额增长率(%)	112.0	12.0
居民消费价格指数(以上年为100)	100.9	101.5
进出口增长率(%)	17.1	20.0

注:2017 年上半年数据来自国家统计局和河南统计局网站,预测数据由课题组分析预测所得。

四、促进河南省经济平稳较快发展的建议

2017 年下半年,河南省应继续坚持以供给侧结构性改革为主线,发挥优势打好"四张牌",统筹推进"三区一群"战略,持续推进"四大攻坚战",着力解决好经济运行当中存在的突出矛盾和问题,确保实现全年发展目标。

1. 积极扩大有效投资

一要加快推动重大项目开工建设。结合"十三五"规划重点项目,以交通、产业、生态项目为突破口,抓紧启动实施一批重大项目,全力推进"米"字形高速铁路网、高速公路、城际铁路、骨干电网和输变电项目等重大基础设施建设,对已经开工的省市重点项目,要加大服务督导力度,特别是要加大对中央预算内投资项目以及省重点项目建设的推进力度,及时协调解决项目推进中存在的问题,确保真正落地和实质性开工。二要完善项目推进保障机制。进一步完善 PPP 模式、债券发行等的操作流程,不断建立健全税费、金融、价格等方面的支持政策,督促各地各有关部门提前做好项目前期准备工作和资金、土地、环保、审批等方面的保障,确保项目签约后能够尽早开工。三要鼓励民间资本加大对实体经济的投入。利用"降门槛""降成本"等方式进一步激发民间资本投资活力,引导民营企业围绕省委、省政府的

重大决策部署进行投资，如转型发展、百城提质等，促进民间资本向实体经济投资。

2. 加快培育工业增长新动力

一要引导工业企业科学组织生产。针对大宗商品价格波动情况，由有关行业主管部门牵头，加强对煤炭、钢铁、电解铝、水泥等大宗商品价格的监测分析，引导上游企业科学安排原料采购、订单生产，帮助企业降低成本、提高效益。二要加大重点工业行业的有效投资力度。重点聚焦制造装备、新一代智能终端、电子核心基础部件、新能源汽车及智能汽车、智能电力及新能源装备等对稳增长、调结构、促转型有显著作用的 10 个新兴制造业，发挥战略新兴产业投资基金等的引导作用，引进实施一批重大产业项目，支持企业加大技术改造投资，引导企业加快对设备的更新换代以及对智能制造的应用，加快形成一批千亿级新兴产业集群。三要继续开展"工业稳增长调结构增效益"活动。加快实施百千万助力企业成长计划、千亿资本助力制造强省建设行动、万名干部帮万企活动，深化银企、产销、用工、产学研"四项对接"，为工业经济平稳增长提供有力支撑。

3. 大力实施创新驱动战略

一要加强创新创业平台建设。深入推进郑洛新国家自主创新示范区建设，全面启动中原智慧谷、洛阳军民融合产业园等创新载体建设，加强核心区特色示范点培育，以及示范区创新型产业集群和高新技术产业化基地培育；重点围绕优势特色领域，争取更多国家重点（工程）实验室、工程（技术）研究中心、协同创新中心、工业设计中心、质量检测中心等国家科研基地布局，探索建立一批具有独立法人资格的制造业创新中心、产业技术研究院等新型研发机构，引领带动全省创新水平的整体跃升。二要培育壮大创新型企业。支持更多的企业进行高新技术企业申报，实施大中型工业企业省级以上研发机构全覆盖工程，充分发挥企业的主体作用，加快各类研发机构建设；选择一批具有较强创新能力和较高研发水平，并具有良好发展前景的创新型企业进行重点培育，使其在高层次创新平台建设、人才技术集聚以及重大关键技术研发等方面实现率先突破。三要打造创新创业优良环境。大力引进创新引领型人才和团队，支持其带技术、带成果、带项目来豫开展创新创业和成果转化，引导更多青年人才投身创业创新活动，培育新的经济增长点；不断增强财政对科技的投入力度，进一步完善财政性科技投入稳定增长机制，充分发挥财政对科技投入的引导作用，带动全社会科技投入的增加；进一步落实支持企业技术创新的研发费用加计扣除、高新技术企业所得税优惠、固定资产加速折旧企业所得税优惠等政策，激发企业的创新活力。

4. 深入推进改革开放

一要统筹推进重大战略实施。推动郑州航空港经济综合实验区、郑洛新国家自主创新示范区、中国（河南）自由贸易试验区联动发展，加快重大工程建设，强化改革政策集成，加快培育支撑未来发展的支柱；依托"三区"主体区域和产业集聚区、高新技术产业开发区、经济技术开发区、商务中心区等，在全省范围内规划建设一批国家战略协同示范区，作为复制推广"三区"经验的载体，尽快在全省范围内形成政策集成优势，发挥战略叠加作用。二要持续深化重点领域改革。切实抓好投融资、电力、科技、价格、财税等领域重点改革举措的落实，深入推进"放管服"改革，全面启动"35 证合一"改革，加快建设省电子政务服务平台，加快推动相关业务整合上云工作，确保年底前省、市、县、乡四级具备网上行政审批能力，群众关注的重点民生服务事项实现网上办理。三要继续扩大对外开放。提升中欧班列（郑州）运营水平，加快推进郑州—卢森堡"空中丝绸之路"河南核心区建设，推进开通和加密客货运航线、成立合资货运航空公司、开展签证便利业务、建设专属货站、促进多式联运发展、推动经贸合作等合作事项落实；进一步推进跨境电商综合试验区建设，加快促进农产品贸易、电子商务、航空物流和产能合作项目实施，加快打造内陆开放高地。

5. 持续打好"四大攻坚战"

一要打好发展转型攻坚战。全面启动绿色改造、智能改造、技术改造重点任务，加快实施以新产品开发为主的企业技术改造项目，积极推动绿色示范工厂、智能工厂和智能车间建设；建立转型发展重大项目库，着重推动物联网、冷链物流、装备制造等具有高成长性的行业快速发展。二要打好国企改革攻坚战。加快推进省属国有企业混合所有制改革以及省管企业战略重组工作，加快省属企业"三供一业"维修改造、煤炭企业封闭运行的医疗保险属地化管理、退休人员社会化管理等工作。三要打好农村脱贫攻坚战。建立健全各项精准脱贫措施，深入查漏补缺，进一步强化各级责任落实，严格责任追究，真正发挥考核指挥棒的作用，确保脱贫攻坚各项任务落到实处；加快推进易地扶贫搬迁工作，做好黄河滩区居民迁建工作，加快试点安置区建设，继续组织好易地扶贫搬迁宅基地复垦券交易，确保贫困地区和人民实现稳定脱贫。四要打好环境治理攻坚战。对治理大气污染的"三治标、三治本"相关措施要进一步完善，全面贯彻加强"河长制"，加快治理、消除省辖市建成区的黑臭水体，制定出台生态文明建设目标评价考核实施办法，加强对重点地区、重点流域、重点工程、重点事项的督查督办。

6. 扎实做好民生保障

一要做好就业再就业工作。对高校毕业生、下岗失业人员、农民工等重点群体的创业就业要做好指导工作，对困难群体人员要做好就业帮扶工作，对已经没有再就业能力的人员要做好基本生活保障工作。二要抓好民生实事。坚持问题导向，加大力度解决群众反映强烈、普遍关心的民生突出问题，认真落实工作责任制，加强督导检查，确保每件实事落到实处、见到实效。三要切实防控金融风险。要突出和发挥地方政府的责任和作用，一方面做好热点城市的房价稳定工作，防范楼市泡沫风险；另一方面着力做好部分县城和商业地产去库存工作，促进房地产市场平稳健康发展；密切监测担保圈链、非法集资、互联网金融等领域风险，严厉打击恶意逃废银行债务行为，确保不发生大面积信用违约风险，守住不发生区域性系统性风险的底线。四要积极防范社会风险。围绕重点行业进行治理整顿，有效遏制与防范重特大事故的发生，重点抓好食品药品安全、社会治安、信访等领域的工作，以维护社会的和谐稳定，进而确保经济社会的和谐发展。

参考文献

[1] 张占仓，等. 河南经济发展报告（2017）[M]. 北京：社会科学文献出版社，2017.

[2] 金碚. 全球化新时代的中国区域经济发展新趋势 [J]. 区域经济评论，2017（1）.

[3] 连维良. 在推进供给侧结构性改革中引领经济发展新常态 [J]. 求是，2017（12）.

[4] 张占仓. 打造建设经济强省的"三区一群"架构 [N]. 河南日报，2017-04-28.

[5] 张占仓. 建设国家中心城市的战略意义与推进对策 [J]. 中州学刊，2017（4）.

[6] 河南省社会科学院"河南经济蓝皮书"课题组. 在供给侧结构性改革攻坚中实现稳增长——2016年上半年河南省经济运行分析及全年走势展望 [J]. 中州学刊，2016（8）.

[7] 完世伟. 推动产业结构优化升级 提高供给质量效益 [N]. 河南日报，2017-03-22.

[8] 王玲杰. 产业结构优化升级要聚焦"五个导向" [N]. 河南日报，2017-03-25.

中国农业供给侧结构性改革的若干战略思考[*]

摘　要　农业供给侧结构性改革，是中国农业发展的一次革命性提升过程。要充分考虑农业供给侧结构性改革如何适应"一带一路"建设的需要，通过共商、共建、共享，与沿线国家形成更好的优势互补、资源共享关系。面对农业发展方式转变的历史性课题，要以科技创新能力的全面提升支撑与引领农业供给侧结构性改革。针对中国人口大国、人均耕地资源偏少的特殊国情，中国农业稳定发展特别重要，特别是要保证粮食等主要农产品基本自给，在进一步发展中要适当调减玉米种植规模，通过建立健全信息系统引导支持畜牧业提高稳定发展水平，对生姜、大蒜、大葱等波动比较大的农产品要加强调控。对促进农民持续增收的重大命题，重点要放在农村土地制度改革上。按照党的十八届三中全会的要求，结合全国已经进行的试点经验，全面提高农村集体经营性建设用地、宅基地、承包地等的市场化配置水平，切实让农村建设用地与城市建设用地实现"同地同价"，让占有土地资源较多的农民通过土地增值适度获得国家经济发展的红利，提高农民对供给侧结构性改革成效的获得感。

关键词　供给侧结构性改革；土地制度改革；"一带一路"；中国农业

2015 年 12 月召开的中央农村工作会议要求"着力加强农业供给侧结构性改革，提高农业供给体系质量和效率，真正形成结构合理、保障有力的农产品有效供给"，将农业供给侧结构性改革提高到了战略高度。2016 年中央"一号文件"进一步提出，"推进农业供给侧结构性改革，加快转变农业发展方式，保持农业稳定发展和农民持续增收"。进一步明确了全国农业供给侧结构性改革的方向与重点，为全面推进农业供给侧结构性改革提供了基本遵循。本文将对如何落实农业供给侧结构性改革的具体措施，从五个方面提出相关建议。

一、积极适应"一带一路"建设需要

作为中国和平融入全球的主要载体，"一带一路"倡议对未来全国经济社会发展影响十分深远。所以，未来中国战略性问题的基本走向，都要充分考虑"一带一路"建设的全面影响。

从 2013 年 9 月习近平在出访中亚国家期间首次提出共建"丝绸之路经济带"，当年 10 月又提出共同建设 21 世纪"海上丝绸之路"，到党的十八届三中全会通过的《中共中央关于全面深化改革若干重大问题的决定》中提出"推进丝绸之路经济带、海上丝绸之路建设，形成全方位开放新格局"，再到 2017 年 5 月 14~15 日在北京举办"'一带一路'国际合作高峰论坛"，"一带一路"建设在推动世界经济互联互通方面迈出了坚实步伐。"中国方案"首次引领国际合作，为世界经济冲出低迷困境、扭转"反全球化"思潮提供了强

---

* 本文发表于《中国农村经济》2017 年第 10 期第 26-37 页。

大的正能量。"一带一路"成为影响范围极广、程度极深的国家间合作计划；从地区性合作升级为国际性合作，超越传统的地域限制，成为国际化合作平台。由"一带一路"建设引领的全球化时代已经开启。

"一带一路"秉承开放包容的新理念，顺应了世界多极化、经济全球化、文化多样化、社会信息化的大潮流；探索互利共赢的新模式，打造政治互信、经济融合、文化包容的利益共同体、命运共同体和责任共同体；带来共同繁荣的新机遇，为解决当前世界和区域经济面临的问题、更好地造福各国人民做出重要贡献。

面对"一带一路"合作共赢的基本架构，农业供给侧结构性改革要充分考虑如何在"一带一路"合作过程中，释放中国农业发展积累的优势资源，特别是在粮棉油等基本农产品生产方面的品种优势、技术优势、人才优势等，为"一带一路"沿线国家提供更多的支持与帮助，共享人类现代文明成果。例如，河南省农科院培育推广的"银山2号"棉花种子2011年被塔吉克斯坦引进以后，不仅棉绒长、品质好，而且结桃多、产量高，使当地棉花产单产之前的每公顷2.5吨，一跃达到每公顷6吨，形成了良好的示范效应。塔吉克斯坦总统拉赫蒙在参观时，将其命名为"友谊1号"，并号召全国推广种植。2017年，塔吉克斯坦采用河南棉花种子种植的棉花达5.7万公顷，占该国棉花种植总面积的30%。

在支持"一带一路"沿线国家发展的同时，也要认真梳理与研判，通过"一带一路"建设与合作共赢，中国可以从"一带一路"沿线国家得到哪些农业资源与发展便利。"一带一路"沿线国家总人口约44亿，约占全球的63%，经济总量约21万亿美元，仅占全球的29%[①]。从这些基础数据可以看出，沿线地区主要是发展中国家，而通常情况下，发展中国家国民经济中占比较大的是农业。因此，无论是从支持沿线国家发展的角度而言，还

是从缓解中国国内耕地资源紧缺的特殊国情出发，尽可能多地从沿线国家，特别是马来西亚、印度尼西亚、印度、泰国、越南、俄罗斯、波兰等农产品资源充沛、一直对中国农产品贸易额较大的国家多进口基本农产品，并通过国际航空枢纽和跨境电子贸易等方式加快进口澳大利亚牛肉、智利水果、美国猪肉和活体龙虾、孟加拉湾黄鳝、巴西禽肉等，既能够减轻国内畜牧业养殖成本偏高的压力，也能够起到进一步丰富普通居民消费需求和满足消费升级的作用。

当然，从国家粮食等基本农产品长期安全考虑，基本农产品进口的总体规模需要国家宏观调控，不宜过大，以免形成过度依赖，甚至影响国内相关产业正常发展。对于国外属于地方特产类的水果、黄鳝、龙虾等产品，只要国内市场需求正常增长，进口量适当放大应该可行。伴随国内居民消费水平的逐步提高，为百姓提供越来越多的丰富多彩的消费选择，包括适度进口国外的名优特农产品，是符合经济发展一般规律的。另外，通过国内同类农产品的进口，比如猪肉，可以显示出国外产品的成本优势，进而倒逼国内畜牧业科技进步，加快同类产品降低成本的步伐。所以，在农业等基础产业的发展中运用开放性思维也非常重要（冯志峰，2016）。从理论上讲，只有开放产业，才能够不断补充能量，并持续提升其发展水平（孔祥智，2016）。在中国申请加入WTO，与美国谈判农业协定的过程中，对于类似"一旦向美国适度开放农产品市场，就有可能对中国农业形成重大冲击"等问题的疑虑，甚至还出现了当美国小麦第一次运抵连云港以后，因报价较低，曾经引起国内恐慌的现象。事实证明，当时让农业适度开放是正确的选择。它不仅没有把中国农业冲垮，反而在开放过程中，国内有更多的机会了解美国等发达国家农业发展的实际情况，开阔了视野，也逐步改进了农业政策，提升了农业科技水平，增强了农业发

---

① 中国新闻网，2014年10月21日。

展抵御市场风险的能力（蔡昉，2016）。因此，利用农业供给侧结构性改革的机会，搭乘"一带一路"快车，进一步双向扩大农业对外开放，恰逢其时。

二、转变农业发展方式

农业部等八部委联合发布的《全国农业可持续发展规划（2015—2030）》提出，"农业资源过度开发、农业投入品过量使用、地下水超采以及农业内外源污染相互叠加等带来的一系列问题日益凸显，农业可持续发展面临重大挑战"。这些突出问题主要是由传统的农业资源利用方式引发的，也是在过去基本农产品刚性需求压力不断增长的条件下形成的（涂圣伟，2016），需要通过供给侧结构性改革，特别是农业科技创新与制度创新，转变农业发展方式加以解决。

根据中国农业科学院院长李家洋的观点，2015年，中国农业科技进步贡献率超过56%，标志着中国农业发展已从过去主要依靠增加资源要素投入转向主要依靠科技进步的新时期。他列举的一组数据充分表明了中国农业科技进步对农业发展的贡献：农作物耕种收综合机械化水平达到63%，标志着中国农业生产方式已由千百年来以人畜力为主转到以机械作业为主的新阶段；农田有效灌溉面积占比超过52%，农业"靠天吃饭"的局面正在逐步改变；主要农作物良种基本实现全覆盖，畜禽品种良种化、国产化比例逐年提升，良种在农业增产中的贡献率达到43%以上；新技术新成果的应用示范，使农田氮磷等的排放量降低60%以上，坡耕地水土流失量减少50%以上，耕地地力提高1个等级、综合生产能力提高20%以上[①]。中国农业科技源头创新能力显著增强，产业关键技术不断突破，技术创新大幅度提升了农业资源利用效率（刘明，2017）。特别是中国杂交稻高产技术的突破与推广应用，为解决世界粮食短缺贡献特别大。中国小麦单产已经达到全球较高水平，在花生、芝麻等农作物育种领域已经居于世界前列（姜长云、杜志雄，2017）。

按照中国科学院2016年10月发布的《2016研究前沿》评估，中国农业科技整体上具有相对优势（见图1），与排名第一的美国仍然有明显的差距，但已经超过了德国、法国和日本[②]。

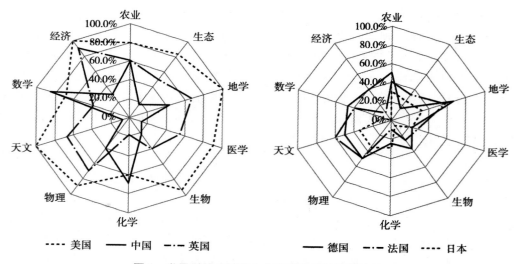

图1　世界科技大国在十大学科中的综合性地位

---

① 《光明日报》，2016年8月16日。

② 科学网，2016年10月31日。

从 15 世纪意大利成为全球科学中心，到 18 世纪英国工业革命成功，19 世纪初法国成为世界科学中心，19 世纪末 20 世纪初德国科学技术快速崛起，以及"二战"以后美国成为全球科学中心和第一经济强国，世界科技中心这五次转移的历史规律比较清楚地显示出，人才培养和集聚，尤其是青年人才，对驱动重大科技创新具有重要的作用（蔡昉，2017）。因此，人才是科技创新最重要的资源，而青年人才是重大创新的关键。

中国目前已经成为全球科技人才第一大国，科技人力资源总量超过 7100 万人，研究与发展（R&D）人员总量 535 万人（折合全时当量为 371 万人/年），均跃居世界第 1 位[①]。中国农业科技也已经居于世界前列，未来创新的重点首先是高度重视人才，特别是青年人才的培养和合理使用（吴海峰，2016）；同时，完善农业科技创新激励机制，让更多的优秀青年科技人才脱颖而出，充分发挥聪明才智，在专业研究上做出重大的创新与贡献（胡鞍钢等，2016）。只有农业科技创新能力真正提升到更高水平，涌现出更多专业科学家，才能够在中国这样农业自然资源相对紧缺的国家，依靠创新支撑农业发展方式转变，以创新支持和引领农业供给侧结构性改革（张占仓，2016）。

在持续推进农业科技创新的同时，面对农用化肥施用量过大、土壤农药污染积累较多、绿色农业技术体系不健全、有机农业发展水平较低、农业技术普及水平等一系列有待进一步提高的问题，需要创新思路，调整农业科技资源配置结构，增加中高端要素有效供给，减少低端要素的无效供给（傅晋华，2016）。中国农作物亩均化肥用量 21.9 公斤，远高于世界平均水平（每亩 8 公斤），是美国的 2.6 倍，欧盟的 2.5 倍。而三大粮食作物氮肥、磷肥、钾肥的利用率分别仅为 33%、24% 和 42%[②]。这不仅大量浪费肥料资源，也因为

长期过度施用各种化肥，导致土壤生态环境恶化，耕地肥力明显下降，全国土壤有机质含量平均不到 1%。因此，要通过土壤改良、农业技术创新、强化农业科技推广、农村人力资源开发、农产品标准修改、农产品市场监管等措施，向农业生产与经营系统供给更多新要素，支持与引导发展以生物工程为依托的绿色农业技术和产业链、价值链，推进农业清洁生产，大规模实施农业节水工程，集中治理农业生态环境，尽快支撑农业生产系统生产无农药残留、无有害添加剂、符合较高食用要求的优质农产品、优质畜产品、优质林果、优质农业加工品，进一步促进农业布局区域化、经营规模化、生产标准化、发展产业化、地理标志产品特色化，让广大老百姓从现在已经吃得饱向未来确保吃得好转变，为提升国民健康水平做出历史性贡献（于法稳，2016）。

三、持续保持农业稳定发展

农业是国民经济的基础。对于发展中大国，农业基础保持稳定相当重要。1982～1986 年，中央连续 5 年发布中央"一号文件"对农村改革和农业发展作出具体部署。从 2004 年开始，中央每年通过发布"一号文件"的方法，强调"三农"问题在中国特色社会主义现代化建设中"重中之重"的地位，指导与支持农村、农业可持续发展，帮助农民持续提高收入水平。

保持粮食生产能力持续提升，是农业稳定的基石（赵执，2016）。粮食生产稳定的基础，是要保持足够的粮食播种面积（苗洁，2016）。近几年，国家高度重视农业稳定发展，继续坚持最严格的耕地保护制度，牢牢守住 18 亿亩耕地红线，不断加大对粮食生产的补贴，粮食播种面积基本保持稳定（见表 1），加上技术进步带来的粮食单产的稳定提升，使中国这个人口大国人均粮食产量保持在联合国规定的年人均 400 公斤粮食安全线以

---

① 人民网，2015 年 7 月 2 日。

② 中国农业新闻网，2015 年 10 月 1 日。

上，为国民经济可持续发展与新常态下产业　　结构调整奠定了坚实基础。

表1　中国粮食作物播种面积与人均粮食产量

年份 项目	2010	2011	2012	2013	2014	2015	2016
播种面积（万公顷）	10988	11057	11121	11196	11272	11334	11301
人均粮食产量（公斤/人）	408	424	435	442	444	452	446

资料来源：《中国统计年鉴（2016）》，2016年数据来自源于《2016年国民经济和社会发展统计公报》（2017年2月28日）。

如果进一步分析农林牧渔业总产值变动情况（见表2），可以看出，农业稳定发展的大局很明显，农林牧渔业总产值指数每年保持4%左右的增长，基本符合农业正常发展的要求（林毅夫，2016）。但是，从农林牧渔业总产值内部结构变动情况来分析，结构性不稳定的问题仍然是突出的。其中，农业产值指数增长速度基本稳定，多数年份还适当高于农林牧渔业总产值指数；林业产值指数每年明显高于农林牧渔业总产值指数，说明近几年对以林业支撑的生态环境建设的重视，已经初见成效；除农业以外，产值占比最高的牧业的产值指数每年波动最大，最高年份5.2，最低年份1.1，相差非常大，这也表明，牧业将是未来农业发展中最突出的难题之一；

渔业指数总体上增长比较好，表明渔业近几年发展比较快。所以，农业稳定发展的直接障碍是畜牧业。事实上，近几年畜牧业的周期性波动一直非常大。笔者在河南省长垣县的调研显示，畜牧业处于上升状态时，刚满月的小猪仔，单价最高可以达到1300元/头，而在下降状态下，只能够卖600~700元/头。就占肉类消费量比例最大的猪肉来看，价格波动也非常大。这与产销双方市场信息不对称密切相关。因此，在农业供给侧结构性改革过程中，利用大数据和云计算科学分析与判断市场供求关系，并及时向市场释放科学可靠的市场信息，将是历史性难点，同时也是下一步必须突破的重点，因为这一点对于畜牧业长期稳定发展意义重大。

表2　中国农林牧渔业总产值及其指数变化

年份	农林牧渔业总产值（亿元）	农林牧渔业总产值指数（上年=100）	农业指数	林业指数	牧业指数	渔业指数
2010	40530.0	104.4	104.1	106.5	104.1	105.5
2011	42253.1	104.5	105.6	107.6	101.7	104.5
2012	44174.0	104.9	104.4	106.7	105.2	105.1
2013	45923.5	104.0	104.4	107.3	102.0	105.2
2014	47849.3	104.2	104.4	106.1	103.0	104.4
2015	49786.5	103.9	105.0	105.3	101.1	103.8

资料来源：国家统计局.中国统计年鉴2016［M］.北京：中国统计出版社，2016。

在种植业内部，近年来小麦、水稻种植规模相对比较稳定，市场运行也大致稳定。玉米价格波动幅度较大，对玉米主产区已经造成比较大的负面影响。这种情况实际上与玉米播种面积增长幅度过大有关（见表3）。

从2006~2015年全国粮食作物种植情况看，粮食作物总播种面积稳中有升，为粮食稳定生产创造了比较好的条件。其中，作为中国居民主食的水稻、小麦需求基本稳定，种植也基本稳定，发展大局也比较稳定。而玉米作为主要的饲料用粮，受畜牧业产品和饲料价格上涨较大的影响，种植面积扩大幅度过大。2015 年，玉米播种面积比 2006 年增长 33.9%，导致产量远大于市场需求。因此，玉米价格从过去最高时的 3.0 元/公斤左右下降到目前约 1.75 元/公斤，波动幅度在 40% 左右，刚好与玉米播种面积扩大幅度相反，说明对于玉米种植规模确实需要进行科学研判，调减种植规模趋势明显。2016 年，全国玉米种植面积 3676 万公顷，比 2015 年减少 136 万公顷，玉米价格回升并不明显，未来可能仍然需要进一步调整种植面积，以逐步恢复正常的供求关系。同时，豆类播种面积也有相对明显的波动。2015 年，豆类播种面积比 2006 年下降 27.0%，而且价格也出现较大波动。这主要与近些年大豆进口量大幅度增加有关。2006 年以来，全国大豆进口量从 2788 万吨径直扩大到 2015 年的 8156 万吨，近两倍的增幅对其市场运行影响较大。

表 3　中国主要粮食作物播种面积和大豆进口变化

年份	粮食作物播种面积（万公顷）	其中				大豆进口（万吨）
		稻谷	小麦	玉米	豆类	
2006	10496	2894	2361	2846	1215	2788
2007	10564	2892	2372	2948	1178	3035
2008	10679	2924	2362	2986	1212	3696
2009	10899	2963	2429	3118	1195	4255
2010	10988	2987	2426	3250	1128	5463
2011	11057	3006	2427	3354	1065	5243
2012	11120	3014	2427	3503	971	5806
2013	11196	3031	2412	3632	922	6318
2014	11272	3031	2407	3712	918	7120
2015	11334	3022	2414	3812	887	8156

资料来源：国家统计局 . 中国统计年鉴 2016 [M]. 北京：中国统计出版社，2016。

另外，最近几年，对居民生活影响比较大的生姜、大蒜、大葱等产品价格频繁大幅度波动的问题也比较突出，如 2016 年，大蒜价格曾达到 20 元/公斤左右。因为 2016 年大蒜价格非常高，当年秋季种蒜过程中缺乏正确的信息引导与地方政府的必要指导，大蒜种植面积盲目扩大，直接导致 2017 年春季蒜薹风波。在大蒜集中产区，蒜薹价格过低，甚至根本连抽蒜薹的工钱都不够，致使出现大面积蒜薹没有人收获的特殊现象。虽然新闻界一再呼吁需要重视蒜农遇到的难题，可对蒜农来说，实际效果有限。目前的情况大致是 2017 年大蒜价格可能要大幅下降。其实，这种波动现象不断出现，与供需双方信息严重不对称确实相关，这与当今的大数据、云计算时代有些不合拍。"谷贱伤农"事件对农业长期发展，特别是对陷入这种节奏的农民试图增收的努力负面影响太大。

近些年，中国农业发展的大局是稳定的。同时，因为农业生产本身周期比较长，大宗农产品价格出现适度波动，与全球农业生产丰歉年主要农产品产量波动也具有相关性。但是，农业稳定发展中暴露出的问题也比较明显，农业供给侧结构性改革的任务依然艰巨（金碚，2016）。第一，对于种植业内部出现的玉米种植规模过大以及玉米价格波动幅度较大问题需要高度重视，并在认真研判的基础上，对玉米主产区进行适度的指导与引导，进一步调减玉米种植面积势在必行。第二，对于农林牧渔业内部结构中畜牧业大幅度波动问题，必须进行系统的研究，有关部门需要建设更加科学的信息支持系统，及时向社会释放科学可靠的供求信息，以利引导畜牧业健康稳定发展。第三，对于小品种但与老百姓生活息息相关的生姜、大蒜、大葱等农产品的价格波动问题，需要主产区相关部门建立健全信息系统与协调沟通机制，及时向种植户提供指导性和建设性意见，应当尽快扭转有些老百姓说的"只要政府叫种啥，肯定不敢种啥"的被动局面，为农产品市场健康平稳运行提供科学的信息支撑。第四，针对消费者消费结构的变化，向市场提供更多高品质农产品，包括适度进口发达国家的名牌农产品，以丰富市场供给，满足高端客户需要，也是供给侧结构性改革的应有之义。

推进农业供给侧结构性改革，与以往农业结构调整、农村发展相比，既有传承和延续，更有重大创新和发展（李稻葵，2015）。长期以来，国内农业发展的主要任务是解决农产品供给总量不足的问题，而现在要在促进供求平衡的同时，注重提升农产品质量和效益，促进农业可持续发展；过去主要在调整农业生产结构上做文章，而现在需要在调整生产结构的同时，注重培育新产业新业态，加快农村土地制度改革，"以地生财"，促进农民持续较快增收；过去主要是在农业生产力范畴内调整，而现在要在突出发展生产力的同时，注重体制改革、机制创新，增强农业内生发展动力。推进农业供给侧结构性改革，涵盖范围广、触及层次深，是农业农村发展思路的一个重大转变（沈贵银，2016）。其本质，就是用改革的办法推动农业农村发展由过度依赖资源消耗、主要满足总量的需求，向追求绿色生态可持续、更加注重满足质的需求转变（魏后凯，2017）。这种转变是深刻的，在中国农业发展史上是空前的（李太森，2017）。所以，必须周密谋划，做好理论与方法铺垫，对各级农业部门的干部要进行系统培训，以适应这种重大转变的客观需要（王玲杰、赵执，2016）。

四、促进农民持续较快增收

在经济学的经典理论逻辑中，有两个最基本的学理支撑——"劳动是财富之父，土地是财富之母"。我国改革开放以来的大量实践也已经证明，激发劳动者的劳动积极性能够创造更多的财富，科学合理地利用土地资源也能够创造大量财富。

新中国成立初期，激发全国人民积极性的最重要方法，就是让全国农民都分到了土地，使祖祖辈辈没有土地的广大农民第一次全面获得了经济上的独立性，从而迸发出巨大的创造力。1978年，中国的改革开放也是从安徽凤阳小岗村18户农民代表联名签订了分田和包产到户的契约，从而拉开全国农村改革的序幕而开始的，土地制度变革在其中起到了决定性作用。1992年，邓小平南方谈话之后，中国城市的全面改革也是从土地制度市场化开始的，并由此掀起了中国城镇建设与发展的历史性高潮（魏后凯，2016），使普通老百姓也逐步知道我们脚下的土地比较有价值。党的十八届三中全会把"建立城乡统一的建设用地市场"作为60项改革任务之一加以明确，为我们指明了新时期农村改革的突破口（汤正仁，2017）。

从历史演进的角度分析，全社会财富分配制度的重大调整，一般都是从土地制度改革与创新入手。面对中华民族伟大复兴的新形势，如何配置中国城乡财富资源，在稳定推进城镇化的同时，持续促进农民增收，本文认为，仍然要按照党的十八届三中全会的部署，在农村土地制度改革方面迈出较大步伐。

作为农业供给侧结构性改革的重要内容，全面深化农村土地制度改革，可以进一步激发广大农民从事农业生产经营的积极性，释放土地资源本身应有的价值。同时，农民如果看到了土地资源的长期经营价值，就可以避免对土地的掠夺式经营，涵养土地就会成为他们的自觉行动。在农村劳动力日益短缺的情况下，土地经营方式的变革可以推动农村土地合理流转，发展农业适度规模经营。只有在政策上切实保护农民的土地财产权益，才能够使部分农民安心从事农业生产经营，或者安心离开农业和农村，进城就业，逐步融入城镇；也只有把土地资源转化为可周转的资金或者资本，才能够为农民到城镇就业和安居提供新的资金来源，从而为新型城镇化提供新动力。因此，土地制度改革是农业供给侧结构性改革的基础。

2013 年和 2014 年连续两年国有土地使用权出让收入突破 4 万亿元，2015 年也接近 4 万亿元，2016 年超过 3.7 万亿元。这么巨大的收入背后，因为现行土地征收制度不合理，由国家经济发展带来的土地增值收益，究竟应该分给农民多少？这确实值得我们以历史的眼光进行系统研究。其实，在现行体制下，广大农民最大的财富仍然是经济学经典中的两大支撑点——劳动和土地。近年来，全国城镇征地拆迁中，纠纷比较多，而且农民一直处于弱势地位。这说明，土地收益中分给农民的部分没有让其感到满意，使他们缺乏获得感。也正是基于这样的原因，党的十八届三中全会才提出了城乡土地"同地同价"的改革方向。如果能够逐步通过完善土地法规，切实做到城乡土地"同地同价"，那么，现在仍然持有土地使用权的农民，包括拥有农村建设用地使用权的农村基层组织，肯定能够大幅度提高收入水平。因此，加快农村土地制度改革，特别是农村建设用地、宅基地和承包土地改革，在农业供给侧结构性改革中特别重要。

2015 年初，农业部决定在江苏省常州市武进区和山东省青州市等 7 个地区开展土地经营权入股发展农业产业化经营试点[①]。所谓土地经营权入股，是指农民将土地经营权量化为股权，入股或组成股份公司或合作社等，从事农业生产经营。这项改革可以同时提高土地配置和利用效率，有利于发展规模化农业生产，增加农民财产性收入。在两年多时间

内，多个试点地区就土地经营权入股发展农业产业化经营的龙头企业及合作社，形成股份组织的运行机制，以及相关政策制度设计等进行了深入探索。2017 年 6 月，全部试点相关工作完成，试点地区将围绕这项全新的农地制度改革提交总结报告，并提出进一步推进改革的对策建议。

根据 2017 年 4 月国土资源部信息，按照中央要求，农村土地制度三项改革（农村土地征收、农村集体经营性建设用地入市、农村宅基地制度改革）试点地区从地方实际出发，从老百姓的获得感出发，初步探索出了一大批制度性成果。据统计，目前 33 个试点地区累计出台了约 500 项具体制度措施。其中，集体经营性建设用地入市地块共计 278 宗（其中，原 15 个试点地区 259 宗），面积约 4500 亩，总价款约 50 亿元；3 个原征地制度改革试点地区按新办法实施征地共 59 宗、3.85 万亩；15 个宅基地制度改革试点地区退出宅基地 7 万余户，面积约 3.2 万亩。土地征收制度改革试点取得实质性进展。山东（农用地、商住地、工业地）禹城探索形成了"一代管、二提高、三保障"的农民利益保障机制，有效提升了被征地农民的获得感。通过深化征地制度改革，征地范围进一步缩小，征地程序更加规范完善，被征地农民所得补偿和所分享的土地增值收益明显增加。集体经营性建设用地入市试点增效扩能。德清县就地入市已常态化，调整入市逐步推进，初步建立起了城乡统一的建设用地市场，实现了土地增效、农民增收、集体壮大、产业升级和基层治理加强。宅基地制度改革试点全面深入推进，江西（农用地、商住地、工业用地）余江县在全县范围内整体推进。2017年 5 月，余江县 1040 个自然村全面进行了宅基地制度改革试点。根据我们调研结果，河南省新郑市对于农村建设用地进行市域内调剂使用，每亩价款 60 万元，当地农民参与的积极性比较高，而且在推进农民城镇化过程

---

① 《经济参考报》，2017 年 5 月 2 日。

中顺利实现了农民身份转变和收入水平较大幅度提高。这些改革成果为下一步形成一批可复制、能够惠及广大群众的改革办法和《土地管理法》的修订提供了有益经验，也可以从中看到土地制度改革较大幅度促进农民收入提高的希望。

无论是农村土地经营权改革，还是宅基地、集体经营性建设用地制度改革，关键的政策取向是要破解伴随国家发展制度化提升农民收入问题，协调城乡财富资源配置结构，切实让农民有更多的获得感。所以，更加科学有效的农村土地制度供给成为直接影响农民收入提升的关键要素。在国家已经进行多种试点的基础上，促进农村土地制度改革创新有所突破势在必行，适度提高农民在土地创造的新财富中的分配比例是基本的政策取向。

五、初步结论

农业供给侧结构性改革涉及未来广大农村地区长远发展的战略性走向，必须引起全社会的高度重视。从笔者调研与分析情况看，在以下五个方面已形成比较明确的意见：

第一，中国农业也要在供给侧结构性改革中积极融入"一带一路"建设。按照共商、共建、共享原则，中国农业既要发挥在农业基础研究、农业新品种研究与推广、农作物种植与管理、有机农业和绿色农业技术研发、农业技术人员培训、农产品市场调控等方面的优势，为"一带一路"沿线国家农业加快发展贡献中国力量和中国智慧，也要以双向开放的思维，通过国际贸易与"一带一路"沿线国家形成更加密切的各类农产品贸易往来。这样既丰富国内农产品市场，为广大老百姓提供更多的有效供给，减轻中国农业发展对紧缺的土地资源的依赖，也在互联互通中进一步完善中国农业发展体系，稳定提升中国农业可持续发展能力。

第二，中国农业转变发展方式的根本出路仍然是科技创新。在党中央、国务院长期重视与支持下，经过农业科技人员辛勤耕耘，中国农业科技取得了非常重要成果，整体水平已经居于全球前列。但是，面对中国农业从现在能够满足全国人民吃得饱走向未来能够吃得好，农业科技进一步创新的任务仍然十分艰巨。特别是在破解农业环境污染、农产品农药残留、蔬菜绿色生产技术、高端农产品供给不足等难题方面需要加快创新步伐，以更多世界一流的农业科技创新，支撑和引领农业供给侧结构性改革。

第三，中国保持农业稳定发展的宏观政策架构比较科学可行。在党中央、国务院的高度重视与持续支持下，中国农业利用全球不足10%的耕地养活了全球19%的人口，而且大宗农产品供给比较充足，生产比较稳定，对此应该充分肯定。但是，中国农业内部结构确实需要调整。我们要利用大数据时代的信息技术优势，系统研判农产品供求规律，较大幅度调减玉米种植规模，破解畜牧业生产与市场供给波动过大、难以稳定发展的历史性难题，引导生姜、大蒜、大葱等小品种农产品健康稳定发展，努力为消费者提供更多高端农产品供给，适应中国居民消费升级的历史性需要。

第四，从全局高度促进农民持续增收需要在农村土地制度改革创新方面有所突破。按照党的十八届三中全会的战略部署，农村土地制度改革已经进行了比较有效的试点，也初步显示出改革的巨大潜力与明显成效。从国家长期政治稳定、城乡协调发展的战略高度积极推进农村土地制度改革，让农民现在仍然在直接或间接使用的土地转化为财产和资产，甚至是资本，将较大幅度地改善全国城乡财富配置关系，把更多的改革与发展红利让于农民，有效提升农民收入水平。全国农民收入总体水平的较快提高，对于国家供给侧结构性改革、新型城镇化推进、国民经济焕发发展活力、社会稳定等均具有战略意义，而农村土地制度改革将再一次起到独特的作用。所以，要坚定不移地推进农村土地制度改革，既盘活农村土地资源，为城镇化提供更加充足的土地，又通过提高农民收入水平，为全面建成小康社会贡献制度的力量。

第五，推进中国农业供给侧结构性改革要特别注意坚持稳中求进总基调。推进农业供给侧结构性改革是一个长期的过程，涉及面大，政策敏感性强，不可能一蹴而就，也会带来阵痛，付出一些阶段性代价。然而，"志不求易者成，事不避难者进"。只要按照习近平总书记稳中求进总基调的要求，牢牢守住"确保粮食生产能力不降低、农民增收势头不减、农村大局稳定不出问题"这三条底线，知难而进，苦干实干，孜孜以求，久久为功，就一定能够不断取得农业供给侧结构性改革新成效，不断开创"三农"工作新局面，不断提升农业可持续发展的总体水平。

参考文献

［1］冯志峰．供给侧结构性改革的理论逻辑与实践路径［J］．经济问题，2016（2）．

［2］孔祥智．农业供给侧结构性改革的基本内涵与政策建议［J］．宏观经济与微观运行，2016（2）．

［3］蔡昉．遵循经济发展大逻辑 深化农业供给侧结构性改革［N］．中国社会科学报，2016-11-16．

［4］涂圣伟．我国农业供给结构失衡的根源与改革着力点［J］．经济纵横，2016（11）．

［5］刘明．农业供给侧结构性改革背景下中国农业走出去的路径选择［J］．农业经济，2017（1）．

［6］姜长云，杜志雄．关于推进农业供给侧结构性改革的思考［J］．南京农业大学学报（社会科学版），2017（1）．

［7］蔡昉．如何认识和提高经济增长质量［J］．科学发展，2017（3）．

［8］吴海峰．推进农业供给侧结构性改革的思考［J］．中州学刊，2016（5）．

［9］胡鞍钢，周绍杰，任皓．供给侧结构性改革——适应和引领中国经济新常态［J］．清华大学学报（哲学社会科学版），2016（2）．

［10］张占仓．河南省供给侧结构性改革的难点与对策［M］//魏一明等．河南省供给侧结构性改革与创新发展．郑州：河南人民出版社，2016．

［11］傅晋华．科技创新在农业供给侧改革中的作用［J］．中国国情国力，2016（8）．

［12］于法稳．生态农业：我国农业供给侧结构性改革的有效途径［J］．企业经济，2016（4）．

［13］赵执．供给侧结构性改革与区域发展——第四届中原智库论坛综述［J］．区域经济评论，2016（4）．

［14］苗洁．推进农业供给侧结构性改革的探索与建议——以河南省为例［J］．农村经济，2016（12）．

［15］林毅夫．供给侧改革的短期冲击与问题研究［J］．河南社会科学，2016（1）．

［16］金碚．总需求调控与供给侧改革的理论逻辑和有效实施［J］．经济管理，2016（5）．

［17］李稻葵．关于供给侧结构性改革［J］．理论视野，2015（12）．

［18］沈贵银．关于推进江苏农业供给侧结构性改革的若干问题［J］．江苏农业科学，2016（8）．

［19］魏后凯．中国农业发展的结构性矛盾及其政策转型［J］．中国农村经济，2017（5）．

［20］李太森．构建统筹利用城乡建设用地的土地制度［J］．甘肃社会科学，2017（1）．

［21］王玲杰，赵执．探索供给侧改革背景下区域创新发展之路——第四届中原智库论坛综述［N］．河南日报，2016-05-06．

［22］魏后凯．坚持以人为核心推进新型城镇化［J］．中国农村经济，2016（10）．

［23］汤正仁．以"三变"改革深化农业供给侧结构性改革［J］．区域经济评论，2017（4）．

河南从内陆腹地迈向开放前沿[*]

摘　要　作为传统内陆腹地，河南省在十二五时期，通过建设郑州航空港国际枢纽，在供给侧提供新的生产要素，创造出"对外开放靠蓝天"的新模式。2016年，河南省多项国家战略获批，战略叠加效应凸显，发展动能提升。结合全面融入"一带一路"建设的需要，河南省明确提出建设内陆开放高地的战略目标，成为进一步发展的一种战略导向。我们研究认为，要实现这种战略目标，就要毫不动摇推动中原腹地成为开放前沿，毫不动摇地构建更加完善的开放体系，毫不动摇地提升开放型经济发展水平。促进开放型经济发展，重点抓好五大战略举措：深度融入国家"一带一路"倡议，进一步提升郑州航空港开放发展优势，支持郑州建设国家中心城市，加快推进开放式创新，积极探索自贸区建设之路。通过全面开放，河南正在从内陆腹地迈向开放发展的前沿，成为内陆地区发展的热点。

关键词　"一带一路"；郑州航空港；"对外开放靠蓝天"；内陆腹地；开放型经济

作为全国内陆腹地，河南省曾经是中国政治、经济、文化中心，为中华民族5000年文明史做出过重大贡献。但是，自北宋以后，随着全国政治经济版图的巨大变化，逐步成为经济落后的内陆腹地。从全球工业革命以来，沿海地区因为海洋运输成本只相当于陆路运输成本的约1/20，使沿海或者有通航能力的沿江地区，较快地推进工业化，成为经济相对发达地区，内陆地区则逐步演绎为经济相对落后的区域[1]。自1978年改革开放以来，得益于适应了经济全球化的历史性浪潮，中国在开放发展中获益良多，2010年GDP达5.7万亿美元，超越日本，成为全球第二大经济体[2]。河南作为传统意义上不沿海、不沿边的内陆大省，深知对外开放的特殊意义。从20世纪90年代中期开始，一直把开放发展作为全省发展主战略，积极探索对外开放之路。近几年，逐步寻求到开放发展新模式，正在迈向开放发展的前沿。

一、创造"对外开放靠蓝天"的新模式

1. 发展思路不断深化

2007年10月，为加快郑州国际航空枢纽建设，河南省委、省政府批准设立郑州航空港区。2010年3月，河南省启动规模空前的河南省发展战略研究。并逐步聚焦中原经济区。2010年10月，经国务院批准在郑州新郑国际机场正式设立郑州新郑综合保税区。2010年11月，中共河南省委八届十一次会议审议通过《中原经济区建设纲要（试行）》，并正式进入河南省"十二五"规划。2011年3月，第十一届全国人民代表大会正式将河南省《中原经济区建设纲要》纳入国家"十二五"规划。2011年9月，《国务院关于支持河南省加快建设中原经济区的指导意见》（国发〔2011〕32号）出台，标志着中原经济区上升为国家战略。2012年11月，国务院批复

---

* 本文发表于《河南发展报告》（2017）（英文版），社会科学文献出版社2017年12月出版。

《中原经济区规划》（2012—2020 年）。其中，第十章第五节，建设郑州航空港经济综合实验区。以郑州航空港为主体，以综合保税区和关联产业园区为载体，以综合交通枢纽为依托，以发展航空货运为突破口，加强政策支持，深化改革创新，积极承接国内外产业转移，大力发展航空物流、航空偏好型高端制造业和现代服务业，推进跨境贸易电子商务服务试点，建设全球网购商品集散分拨中心，不断拓展产业链，带动产业结构升级和发展方式转变，力争到 2020 年基本建成全国重要的航空港经济集聚区，成为生态、智慧、和谐宜居的现代航空都市和中西部地区对外开放的新高地、中原经济区的核心增长区域。2013 年 3 月，国务院批复了《郑州航空港经济综合实验区发展规划（2013—2025）》，河南开始探索依托国际航空枢纽建设推动内陆地区开放发展的新路子。

河南省成立郑州航空港区，标志着期望通过航空发展，寻求对外开放之路。对郑州航空港经济综合实验区规划的批复，是国务院面对 2011 年国际航空货运量突破全球货运总量 1%，航空经济进入快速发展期的特殊历史机遇，为中原人民送来的国际化发展红利。河南按照国务院的要求，举全省之力，在郑州航空港经济综合实验区建设过程中，大胆探索，大胆试验，招商引资，招商引智，招商引才，国际航空枢纽建设突飞猛进，彻底改变了 1978 年改革开放以来河南开放型经济发展困难的局面。

2. 国际航空枢纽建设成效显著

作为国务院批准的第一个航空港经济综合实验区，郑州航空港 2013 年和 2014 年货运增长速度居全国大型机场第一位，2014 年客运增速居全国大型机场第一位。客货运的快速增长，使航空枢纽对所在地区经济社会发展的辐射带动作用显著增强。2014 年 9 月，国际民航组织航空货运发展论坛在郑州举行时，国际民航组织理事会主席贝纳德·阿留在论坛上称郑州新郑国际机场是"世界货运增长最快的机场"。2014 年，郑州新郑国际机场国际和地区货邮吞吐量同比增长 82%，占货邮总量的 55%，国际和地区货邮量已超过国内货邮量，全货机承运的货邮量已占主导地位。截至 2015 年底，郑州新郑国际机场口岸出入境人数突破 120 万人次大关。郑州新郑国际机场口岸出入境流量连续 8 年保持年均 50%的增幅，增幅位居全国空港口岸前列。UPS、FedEx、南航、东航等货运航空公司均已入驻。郑州新郑国际机场开通国际货运航线数量占中部地区九成左右，成为中部地区唯一获批开展国际快件业务的机场。

2014 年 6 月 27 日，"郑州—卢森堡"国际货运"双枢纽"航线开通运营，郑州新郑国际机场迎来首个国际货运航空基地公司，至年底货运量突破 1 万吨。2015 年 11 月 23 日，卢货航已累计执飞航班 438 班，为郑州新郑国际机场贡献货运吞吐量 5 万吨，至年底突破 6 万吨。2016 年 6 月 15 日，在上海举办的 2016 年中国航空货运博览会上，卢森堡国际货运航空公司负责人宣布，卢森堡与郑州两大枢纽通航不到两年的时间里，其货物运输量突破 10 万吨。这与 2015 年 11 月卢森堡货运航宣布两大枢纽间货物运输量突破 5 万吨仅相隔 7 个月的时间。由于货运快速增长，对中欧航空货运影响较大，"郑州价格"成为中欧间国际航空货物运价的重要风向标。正是由于同类似郑州—卢森堡这样的高端国际货运公司合作，支撑了郑州国际航空枢纽的快速发展。郑州—卢森堡"双枢纽"货运航线的开通与高效运行，加速了郑州国际航空枢纽全球货运网络布局，成为中欧之间引人注目的空中"丝绸之路"[3]。2015 年，郑州航空港经济综合实验区进出口总值 483.3 亿美元，约占郑州市进出口总额的 85.0%，占河南省进出口总额的 67.4%，成为名副其实的内陆开放高地。伴随着 2015 年底郑州新郑国际机场二期工程投入使用，郑州航空港客货运输能力大幅度提升。

截至 2016 年底，在郑州新郑国际机场运营客运业务的航空公司达 41 家，其中国内 32 家，国际 9 家；开通客运航线 186 条，其中包括 25 条国际地区航线；客运通航城市 86 个，其中包括 19 个国际地区城市。开通全货运国际航线 34 条，居全国内陆第一，基本形成了覆盖全球主要经济体的航线网络。郑州新郑国际机场运营的货航公司、货机航班量和通航城市均居全球大型机场第四位，在全球前 20 位货运枢纽机场已开通 15 个航点。2016年，郑州航空港旅客吞吐量达到 2076 万人次，同比增长 20%，跻身国内机场第 15 位；货邮吞吐量达到 45.7 万吨，同比增长 13.4%，排名全国第 7 位，中部第 1 位，客货运输量均创历史新高[4]。2011～2016 年，郑州新郑国际机场的货物运输量从 10.3 万吨增长至 45.7万吨，增长迅速，成为中国第七大航空货运枢纽（见表1）。郑州新郑国际机场完成国际地区客货运吞吐量 126.58 万人和 7.51 万吨，同比分别增长 5.69% 和 20.93%，持续快速拓展国际业务。

表 1　2011～2016 年郑州航空港客货运输发展情况

年份	货邮吞吐量（万吨）	货邮吞吐量增长速度（%）	旅客吞吐量（万人）	旅客吞吐量增长速度（%）
2011	10.3	19.8	1015	16.5
2012	15.1	46.6	1167	15.0
2013	25.6	69.5	1314	12.6
2014	37.0	44.5	1581	20.3
2015	40.3	8.9	1730	9.4
2016	45.7	13.4	2076	20.0

注：本表数据由笔者根据有关资料整理。

3. 开放口岸建设全面铺开

经过近几年持续努力，郑州已经先后获批食用水生动物进口指定口岸、冰鲜水产品进口指定口岸、进口水果指定口岸、汽车整车进口口岸、进口肉类指定口岸、进口澳大利亚活牛指定口岸、邮政转运口岸、进境粮食指定口岸等 8 类指定口岸。国家 10 类功能性指定口岸中，郑州已占其 8，剩下的进口植物苗木花卉指定口岸及进口药品指定口岸也已在申建之中。目前，河南已成为中西部省份中获批功能性口岸数量最多的省份[5]。郑州航空、铁路"双枢纽口岸"建设扎实推进，中欧班列（郑州）保持领先水平。河南进口肉类指定口岸全年累计进口肉类 5.88 万吨、货值约 1.2 亿美元，业务量在全国内陆口岸排名第一；截至 2016 年 11 月底，累计进口水果

7000 吨，是 2014 年、2015 年两年进口量的总和；郑州国际邮件经转口岸进出口邮件 1029.8 万件，同比增长 113%。中欧班列（郑州）实现多口岸出境、多线路运营及高频往返均衡常态化开行，业绩突飞猛进（见表2），综合竞争力在中欧班列中持续保持前列。境内境外双枢纽和沿途多点集疏格局形成，"东联西进"覆盖辐射范围持续扩大，网络遍布欧盟和俄罗斯及中亚地区 22 个国家 112 个城市。随着这些指定口岸功能的进一步完善与发挥更大作用，以及郑州开通越来越多的国际航空货运航线，中欧班列（郑州）开行周期进一步缩短，依托郑州航空港国际枢纽的空中"丝绸之路"和依托中欧班列（郑州）的陆上"丝绸之路"将在促进河南省开放型经济发展发挥更加积极的支撑作用。

表 2　中欧班列（郑州）运行业绩增长情况

时间	去程数（列）	回程数（列）	总班数（列）	总班数增长（%）	货值（亿美元）	货值增长（%）	货重（万吨）	货重增长（%）
2013	13	0	13		0.5		0.89	
2014	78	9	87	569.2	4.3	760.0	3.62	306.7
2015	97	59	156	79.3	7.14	66.0	6.35	75.4
2016	137	114	251	60.9	12.67	77.5	12.86	102.5

注：本表数据由笔者根据有关数据整理。

4. 跨境电子商务优势凸显

2012年8月，郑州跨境贸易电子商务服务试点方案获批；2013年7月，郑州试点率先开展业务测试；2013年12月，郑州试点信息化平台率先上线；2015年3月2日，在全国率先突破单日放量100万单；2015年8月3日，在全国率先突破双日200万单。2015年11月27日，郑州跨境贸易电子商务服务试点正式通过国家验收。郑州试点业务单量是全国其余6家试点的总和，纳税额、参与企业数量等综合指标也居全国首位。郑州试点业务量以惊人的速度发展，各项工作遥遥领先于全国其他试点城市。验收组称赞："郑州试点项目创新性强，是全国复制推广最成熟的模式。"这些成绩的取得，源于郑州试点在政策、机制、模式方面勇于创新、先行先试。郑州在全国首创了"电子商务+保税中心+行邮监管（海关代码1210）"的跨境电商保税通关模式，跨境电商政策、交易规范和产业、物流发展创新成效显著，多项指标在试点城市处于领先地位。2016年1月，中国（郑州）跨境电子商务综合试验区获批。2016年5月，中国（郑州）跨境电子商务综合试验区建设工作动员大会在郑州召开，意味着试验区进入全面建设阶段，建成了服务全省的跨境电商通关服务平台。截至2016年11月底，郑州海关累计监管跨境电子商务零售进出口商品5281.6万单，同比增长30.24%；商品金额59.70亿元，增长71.16%；征收税款5.86亿元，增长4.78倍，居全国前列。2016年12月16日，中国（河南）国际贸易"单一窗口"（2016版）上线运行，实现了货物"秒申报""秒通关"，为跨境电子商务加快发展奠定了技术与管理基础。电子商务的持续快速发展，为全省全面扩大对外开放合作、全面融入"一带一路"倡议、参与国际分工体系搭建了新平台，提供了新机遇[6]。

5. 开放型经济发展创造出新模式

郑州航空港经济综合实验区临空产业从无到有，发展迅速。其中，高端制造业发展强劲，已形成了从手机研发、整机制造、配件生产、软件开发与产品设计、手机销售于一体的全产业链，先后引进和集聚了富士康、酷派、天宇、创维等159家智能手机整机或者配套企业，2016年生产智能手机2.58亿部，占全球供货量13.6亿部的18.97%，成为全球著名的智能终端生产基地。临空服务业发展快捷，率先获批国际城市航空快件总包直封权，郑州至纽约、莫斯科、伦敦等13个国际城市可"当日寄出、次日递达"；新郑综合保税区成为"自产内销货物返区维修"全国10个试点之一，开通了卡车航班或海关监管卡车。开通中部首家快件监管中心，获批开展保税货物结转试点，开通北京、上海、重庆等13个主要城市的"卡车航班"。

在郑州航空港带动下，"十二五"期间，河南省进出口总额累计完成2832亿美元，比"十一五"的714亿美元翻了两番，年均增长32.9%。2015年进出口总额超过4600亿元，居中部六省第一，同比增长15.3%，增速位居全国第三，高出全国平均增速22.3个百分点，成为经济发展新常态下全国对外开放的新亮点。2016年，在全国进出口总额同比下降0.9%的情况下，河南省进出口总额达4714.7亿元，同比增长2.6%。河南省进出口总额占全国的比重也进一步上升到1.94%（见表3），与过去长期徘徊在占比0.60%相比，确实发展形势喜人。

表3　2006~2016年中国和河南省进出口总额增长情况　　　　　　　单位：亿美元

年份	2006	2007	2008	2009	2010	2011	2012	2013	2014	2015	2016
中国	17604	21762	25633	22075	29740	36419	38671	41589	43015	39530	39174
河南	98	128	175	134	178	326	518	600	650	740	760
占比（%）	0.56	0.59	0.68	0.61	0.60	0.90	1.34	1.44	1.51	1.87	1.94

资料来源：《中国统计年鉴》（2016）和《河南统计年鉴》（2016），2016年数据来源于统计公报。

初步总结河南省开放型经济探索发展的特殊过程，"河南不沿海不沿边，对外开放靠蓝天"成为一种独特的区域发展模式。这种模式对于全球内陆地区开放发展，具有重要的参考与借鉴价值。

二、进一步打造内陆开放高地的主体思路

面对国内国外两个大局的新变化、新特点、新趋势，以习近平同志为核心的党中央及时提出开放发展新理念，丰富开放发展新思想。习近平总书记明确指出"人类的历史就是在开放中发展的；任何一个民族的发展都不能只靠本民族的力量；只有处于开放交流之中，经常与外界保持经济文化的吐纳关系，才能得到发展，这是历史的规律。"未来几年，是全面建成小康社会的决胜时期，也是全面深化改革的关键时期，只有进一步扩大开放才能不断开拓发展新空间，才能全面提升河南在全球产业链、价值链、信息链中的地位和作用，增创发展新优势。根据河南开放发展的实际和河南省情的基本特点，按照省委十次党代会的战略部署，我们认为未来打造内陆开放高地的主体思路是要坚持"三个毫不动摇"。

1. 毫不动摇推动中原腹地成为开放前沿

1978年改革开放以来，全国沿海和沿边地区，都是通过对外开放实现了经济社会持续高速发展。而我们地处内陆的经济大省，因为没有直接对外的开放通道，开放型经济发展一直步履艰难，进出口总额占全国的比重大约维持在0.60%，与全省经济总量居全国第五的地位非常不相称。因此，探索对外开放科学可行之路，一直是省委、省政府带领全省人民持续努力的方向。"十二五"时期的实践证明，因为我们抓住了国务院批准我们建设郑州航空港经济综合实验区的机遇，特别是郑州国际航空枢纽建设为我们打开了对外开放的通道，全省开放发展速度加快，利用外资水平快速提升。2016年，河南省直接利用外资170亿美元，同比增长5.6%，占全国的比重进一步上升到12.9%（见表4），开放发展成为推动地方经济发展的新动力。河南未来的进一步发展，仍然要毫不动摇地推动中原腹地成为开放前沿，真正像习近平总书记强调的那样"只有处于开放交流之中，经常与外界保持经济文化的吐纳关系"，促进中原大地与全球建立越来越多的联系，既使我们不断学习发达国家的先进经验与管理理念，又让我们的发展优势，特别是在中高端装备制造领域的发展优势"走出去"，形成更加开放的发展格局。对外全面开放与对内全面深化改革相互促进，共同推动了改革开放以来河南近40年经济的高速增长，也验证了对外开放产生的巨大动能及其持续推动改革开放不可逆转的发展趋势，我们必须把这一最基本的成功经验坚持好、实践好，不断开创对外开放的新领域，不断为全省经济社会发展增添新动能，不断提升河南省在全国对外开放大局的战略地位。

表4 2006～2016年中国和河南省直接利用外资增长情况　　　　单位：亿美元

年份	2006	2007	2008	2009	2010	2011	2012	2013	2014	2015	2016
中国	671	783	953	918	1088	1177	1133	1187	1197	1263	1315
河南	18	31	40	48	62	101	121	135	149	161	170
占比（%）	2.7	4.0	4.2	5.2	5.7	8.6	10.7	11.4	12.5	12.7	12.9

资料来源：《中国统计年鉴》（2016）和《河南统计年鉴》（2016），2016年数据来源于统计公报。

2. 毫不动摇地构建双向开放新体系

新形势下的对外开放，不再是简单地引进资金、技术、人才等生产要素的过程，而是经济国际化与工业化、城镇化、信息化、市场化相融合的全面开放，从过去单纯的产业开放向经济发展、科技交流、教育资源共

享、城市互动、社会融合等多层次、宽领域、全方位"引进来"与"走出去"相结合的双向开放转变。河南要顺应这一发展趋势，加快构建全方位的双向开放新体系。以经济发展为主线，加大科技交流力度，引进更多优秀人才，以省委、省政府推动的与中国科学院大学和美国 UCLA 合作办学为契机，实现高等教育对外合作新突破，与美国、英国、俄罗斯等高等教育发达国家的名牌大学合办一批高水平大学，让更多青年学子能够在家门口读国际名牌大学，弥补高等教育资源不足的短板，为未来更长时期的经济社会发展培养和储备地方性人才。同时，加大政策支持与激励力度，充分利用国家"一带一路"建设机遇，推动各市、县真正加快步伐"走出去"，积极开展国际产能合作，共享发展机会，让全社会开放的细胞都活跃起来，让更多开放发展的动能释放出来[7]。

3. 毫不动摇地提升开放型经济发展水平

"十二五"期间，河南内陆开放型经济高地建设已经初见成效，大大增强了进一步建设内陆开放型经济高地的信心[8]。按照省委十次党代会的部署，在进一步的开放发展中，要注重发挥各级政府在对外开放中的积极导向作用，同时更加注重发挥开放性市场配置资源的巨大作用，充分利用中国（河南）自贸区、郑州新郑综合保税区、南阳卧龙综合保税区、郑州经开综合保税区、商丘保税物流中心、郑州航空港区经济综合实验区、郑洛新国家自主创新示范区、国家大数据综合试验区等开放发展平台，积极推进陆上"丝绸之路"中欧班列（郑州）、空中"丝绸之路"郑州—卢森堡货运航线、网上"丝绸之路"跨境电子商务、集海陆空网于一体的立体"丝绸之路"进一步加快发展，高度重视新理念、新模式、新业态、新技术、新动向，在更大范围、更高层次、更广领域参与国际经济技术合作与竞争，打造更高水平的开放型经济新高地[9]，特别是更多地加快发展与互联网密切相连的新经济，为全省经济社会转型发展、创新发展提供新支撑。

三、促进开放发展的战略举措

2008 年全球金融危机以来，全球化进入转型发展的新阶段，中国在全球治理和推动全球包容发展方面高招迭出，影响越来越大。2016 年 G20 杭州峰会召开以后，中国风格、中国理念、中国方案、中国文化、中国智慧等成为引领全球发展的重要思想，我国的改革开放也从过去 30 多年与全球各国的货物交换升级到思想引领阶段。在这样的条件下，进一步加快开放是未来发展的重大工程。根据全球和全国开放发展的新格局，我们认为未来河南省打造内陆开放高地应充分发挥我们中原文化中包容文化发源地的思想优势，以更大的包容性寻求更大的开放合作空间，以习近平总书记反复强调的合作共赢理念为指引，以互联互通为支撑，重点抓好以下五大战略举措：

1. 深度融入国家"一带一路"倡议

发挥河南的文化、区位、产业、市场等突出优势，主动融入国家"一带一路"建设大局，全面推进与有关国家的多领域开放合作，切实增强中原腹地在"一带一路"倡议实施中的战略支撑作用。结合国家"一带一路"建设愿景，扎实推进河南"一带一路"建设行动计划，在"一带一路"沿线，筛选 10 个左右与河南省产业以及贸易往来互补性较强的国家，实施重点开拓、深度交流、集中突破，在与这些国家合作中，优选一批重大投资项目，实施重点跟踪、强力促进，全面打开融入"一带一路"倡议的新局面。近期，我们建议集中力量开展河南省对英国的"一省对一国"的深度合作与交流，把英国的文化创意创业、金融服务业、研发与高技术产业、智慧城市建设、航空城建设、新兴产业园建设、乡村建设、社会治理、高等教育等经验与做法进行重点研究与交流，主动派出政府代表团、教育代表团、企业家代表团和商务代表团同英国进行针对性深度磋商，探索双方开展全面合作的科学可行的具体路子。利用英国"脱欧"和对货运航线不设置上限的政策开放机遇，力争尽快开通郑州—纽卡斯尔双基地货运航线，把中英合作"黄金时代"的历史机遇，转化为提高郑州航空港国际航空枢纽地位的行动。进一步加大基础设施"互联互通"，发挥郑州国际航空枢纽的龙头作用，特别是扩大郑州航空枢纽货运优先发展的优势，在进一步拓展郑州—卢森堡双基地货运航线的基础上，着力扩展新航线。在东南亚经济发展活跃的越南、印度、巴基斯坦、柬埔寨等，要积极调研论证，开辟类似郑州—卢森堡这样的双基地货运航线。逐步构建起影响更大、线路更多、辐射范围更广的"一带一路"沿线主要城市空中通道，全面提升我们对外开放的空中"丝绸之路"建设水平，既拉动我们高端产业的发展，也加快让我们的优势产业和产品走出去的步伐。加快提高中欧班列（郑州）运营水平，在现有初步运营每周来往四班的基础上，创造条件，特别是加强与波兰和卢森堡的国际合作，尽快开通每周来往更多的中欧班列（郑州）。加速建设郑州国际陆港，加强与青岛、天津、上海等港口合作，向东积极参与中蒙俄、中巴等经济走廊基础设施建设，打通东联西进的出境出海通道，形成更加具有影响力的陆上"丝绸之路"。全面推进网上"丝绸之路"中国（郑州）跨境电子商务综合试验区建设。电子商务的持续快速发展，为河南省全面扩大对外开放合作、全面融入"一带一路"倡议、参与国际分工体系搭建了新平台，提供了新机遇，有利于河南省加快从过去开放度有限的内陆地区走向新常态下的开放前沿。跨境电子商务运行效率非常高，而以郑州为中心的中原地区，人口密度非常大，自古以来就是引人注目的商都、商战、商业模式创新之地。当跨境电子商务成为影响全球商业发展的新动力时，郑州的商业优势再一次彰显出来。未来随着跨境电子商务模式与运行方式的进一步创新，通过网上"丝绸之路"促进河南省开放型经济发展的前景非常广阔。同时，要强化人文交流，发挥河南文化资源底蕴深厚、人文、自然旅游资源丰富的优势，积极与"一带一路"沿线国家开展丰富多彩的文化交流活动，推动与沿线国家和城市旅游合作，扩大全省旅游业对外开放规模。

2. 进一步提升郑州航空港开放发展优势

把郑州航空港经济综合试验区作为全省临空产业发展最大的开放品牌，坚持建设大枢纽、发展大物流、培育大产业、塑造大都市，不断扩大其国际影响力、区域辐射带动力、资源集聚力。要加快航空港"民航、铁路、公路"一体化集疏网络建设，建成以航空枢纽为主体，融合高速公路、城际铁路、高速铁路、城市轨道交通、公共交通等多种交通运输方式的现代综合交通枢纽。要紧紧围绕构建国际物流中心，着力推进国际航空港、公路港、铁路港以及货运场站建设，深化与国内外航空运输货代企业的战略合作，加快建设航空物流园，完善分拨转运、仓储配送、信息服务、流通加工等功能，形成联通境内外的多式联运现代国际物流中心。要强化产业支撑，进一步做大做强智能终端研发生产和电子信息产业基地，积极发展航空维修、生物医药、精密机械等高端产业，形成以临空经济为引领的现代产业基地。要发挥临空经济对郑州周边区域经济的带动作用，通过政府、企业互动，推动临空经济与河南区域经济在各个层面上的协同发展，形成多元化、集约化和产业化的规模经济形态，切实发挥开放引领带动作用。

3. 支持郑州建设国家中心城市

郑州建设具有创新活力、人文魅力、生态智慧、开放包容的国家中心城市，是引领中原发展、支撑中部崛起、服务全国大局的历史需要，是打造"一带一路"重要节点城市的客观要求，是建设更高层次开放合作平台的重要支撑，也是提升郑州乃至全省对外开放水平的战略选择。要围绕五大核心任务发力：第一，夯实产业基础，全面提升综合经济实力。壮大先进制造业集群，提高服务于发展水平，加快培育发展新经济。依托中国（郑州）跨境电子商务综合试验区，打造跨境电子商务完整的产业链和生态圈，建设一批跨境电商园区、仓储物流中心、海外仓等，全力支持开展跨境电商业务，打造全球网络购物品集散分拨中心，扩大郑州在全球商界的知名度。第二，突出改革创新，加快培育壮大新动能。深入推进政府职能转变，深化"放管服"改革，提高郑州市场开放程度和投资、贸易便利化水平。改革优化创新政策制度，构建普惠性创新支撑政策体系，营造宽松的创新环境。加快聚合创新要素资源，集中资源，积极建设一流大学、一流学科，引进国内外高水平大学和国家级科研院所建立分支机构，建设全国重要的科教中心。打造创新创业发展平台，推动郑洛新自主创新示范区政策先行先试，加快建设双创基地。第三，发挥区位优势，打造综合性交通和物流中枢。着力增强航空枢纽作用，巩固提升全国铁路枢纽功能，建设多式联运国际物流中心。第四，坚持内外联动，构筑内陆开放型经济高地。努力提升"一带一路"重要节点城市作用，构筑双向开放大平台，大力发展口岸经济。第五，彰显人文特色，建设国际化现代都市。加快与开封、新乡、焦作、许昌等城市融合发展，共建高效衔接基础设施，共守生态安全，健全多元共享公共服务体系，打造具有中原特殊的现代化大都市区。严守生态保护红线，优化生产、生活、生态空间布局，营造美丽宜居环境。传承保护和创新发展古都文化、功夫文化、根亲文化和儒释道文化，提升凝聚荟萃、辐射带动和展示交流功能，建设国际文化大都市。提升嵩山论坛影响力，打造中华文明与世界文明对话交流的重要平台等。优化城乡空间布局，推动城乡统筹发展。

4. 加快推进开放式创新

科技创新是对外开放的一个重要领域，当前创新资源正在融汇成一个国际性集群状知识网络并在加速流动，未来的技术发展需要科技界和产业界进行更多的国际碰撞与融合，必须把推进科技开放、加快开放式创新作为扩大开放、积极融入全球产业体系的重要任务。充分利用国家支持河南省建设郑洛新自主创新示范区的战略机遇，打造各类创新平台支撑体系，提高全省各高新区、经开区、产业集聚区等园区创新体系的开放性，建立健全完善全省的国际联合实验室、国际科技合作基地等，支持有条件的企业更多地到海外布局研发机构。要积极发展中介服务体系，围绕专利服务、风险投资等业务引进若干国际知名中介机构，在郑洛新国家自主创新示范区内建立科技服务业集聚区，构筑全省科技开放合作核心载体，鼓励省内有创新实力的企业与国外公司共同研发、共享关键知识产权。要完善科技成果转化体系，借鉴"互联网+科技大市场"模式，把事关全省重大产业技术攻关项目，通过网络在全球范围发标、接受科学家、投资家投标；积极支持众创空间建设，打造一批低成本、便利化、全要素、开放式的众创空间，引导和激励更多青年人投身创业行动，迸发创业激情，为全省产业结构升级寻求最重要的原始动力和创新源泉。要完善人才保障体系，加大扶持力度，在全球范围内引进一批科技领军人才、高层次涉外人才、青年科技创新人才等，加快推进留学生创业园、院士工作站等人才载体建设，创新科研人员流动机制，增强各类优秀人才对河南的认同感和归属感，让更多优秀青年人才来中原大地创业、创新、创智、创造。

5. 积极探索自贸区建设之路

自贸区是优惠税收和海关特殊监管政策为主要手段，以促进贸易和投资便利化为主要目的的综合性多功能经济特区。2016年8月，党中央、国务院决定，设立中国（河南）自由贸易试验区，战略定位是构建贯通南北、连接东西的现代立体交通体系和现代物流体系，着力建设服务于"一带一路"建设的现代综合交通枢纽。这种战略定位契合了从20世纪初以来河南省地处全国乃至亚洲交通枢纽中心的特殊优势，对河南省进一步扩大开放意义重大，为河南省进一步发展"枢纽经济"提供了新的支撑。伴随自贸区开放优势的显现，在2017年自贸区内入驻企业有望达

1 万家，将成为河南开放型经济发展的一个新的爆发点。发展"枢纽经济"已被写入 2017 年河南省的政府工作报告，全省要以郑州等综合性交通枢纽城市为节点，完善枢纽现代功能，以物流带产业，以枢纽聚产业，培育高铁、临空产业，大力发展枢纽经济。现代立体交通体系和现代物流体系，是河南构建"枢纽地位"的两大抓手，政策创新是自贸区活跃发展的灵魂。因此，必须围绕投资便利化与贸易便利化，针对国际枢纽经济发展的实际需要，在政策创新上出新招，出新意，出实惠，以集聚大规模的枢纽经济相关产业，形成影响巨大的枢纽经济产业集群，推动全省进一步迈向开放前沿。

四、结语

今日世界，尽管全球化与逆全球化的思想始终处在热烈讨论与激烈争论之中，但是开放发展的历史趋势不可阻挡，只是开放方式在不断创新。由中国"一带一路"建设引领的更高水平的全球化 3.0 时代呼之欲出，中国独具优势的包容发展理念正在被全世界越来越多的国家和民族接受，全球确实已经日益成为一个你中有我、我中有你、共享发展的命运共同体。大开放，大发展；小开放，小发展；不开放，难发展；逆开放，不发展。在中国引领全球开放发展新的历史条件下，我们必须敢于担当，创新发展理念，在开放政策上发力提速、奋力争先，通过大量具体

创新促进全省由传统内陆腹地迈向开放发展的前沿，扎扎实实打造内陆开放新高地，让开放成为河南由经济大省向经济强省跨越的强劲动力，在富强民主文明和谐美丽的现代化新河南建设中发挥出更大作用，促进中原大地在全面决胜小康实现中华民族伟大复兴中国梦中更加出彩！

参考文献

[1] 张占仓，陈萍，彭俊杰. 郑州航空港临空经济发展对区域发展模式的创新 [J]. 中州学刊，2016（3）：17-25.

[2] 张占仓. 中英"一带一路"战略合作论坛综述 [J]. 区域经济评论，2017（1）：144-152.

[3] 张占仓. 四路并举　开放发展 [J]. 中原发展评论，2016（1）：52-55.

[4] 王书栋. 北美大龙虾来郑　郑州机场客货运又创新高 [EB/OL].（2017-1-10）[2017-1-26]. http://news.dahe.cn/2017/01-10/108141339.html

[5] 刘殿敏. 坚持开放发展　打造内陆开放高地 [N]. 河南日报，2016-01-06.

[6] 王喜成. 坚持开放发展　推进河南开放型经济建设 [J]. 领导科学，2016（7）：14-15.

[7] 张占仓. 新常态下河南经济走势及对策思考 [N]. 河南日报，2016-10-19.

[8] 齐爽. 河南开放型经济发展战略的历史演进与评述 [J]. 区域经济评论，2016（6）：141-150.

[9] 约翰·卡萨达，麦克·卡农. 规划高效发展的航空大都市 [J]. 区域经济评论，2016（5）：42-59.

决胜全面建成小康社会　开启中原更加出彩新征程[*]

在实现决胜全面小康奋斗目标、实现中华民族伟大复兴中国梦的进程中让中原更加出彩，是习近平总书记对河南发展的殷切期望。党的十九大报告提出，中国特色社会主义进入了新时代。面对新情况，我们要不忘初心、继续前进，牢记嘱托、不辱使命，加快推进改革开放和现代化建设进程，决胜全面小康，开启中原出彩新征程。

一、决胜全面小康是实现中国梦的关键

两个百年目标铸就伟大中国梦。回顾历史，"两个一百年"奋斗目标是几代中国共产党人带领全国人民致力于民族复兴的伟大历史创造中形成和逐步完善的。以毛泽东同志为代表的中国共产党人带领全国人民经过浴血奋战建立新中国，为国家发展和百年奋斗目标的确立与逐步实现奠定了制度基础、物质基础并做出各方面准备。以邓小平同志为代表的中国共产党人正式确立了20世纪末人均GDP翻两番实现小康社会的战略目标，并提出"三步走"的战略设想。党的十八大以来，以习近平同志为核心的党中央提出，实现中华民族伟大复兴是中华民族近代以来最伟大的梦想，要在新的历史起点上继续推进"两个一百年"奋斗目标的胜利实现。在党的十九大报告中，习近平总书记强调，既要全面建成小康社会、实现第一个百年奋斗目标，又要乘势而上，开启全面建设社会主义现代化国家新征程，向第二个百年奋斗目标进军。从2020年到2035年，在全面建成小康社会的基础上，再奋斗十五年，基本实现社会主义现代化；从2035年到本世纪中叶，在基本实现现代化的基础上，再奋斗十五年，把我国建成富强民主文明和谐美丽的社会主义现代化强国。可以看到，"两个一百年"奋斗目标凝聚着中国共产党人的集体智慧，寄托着全国人民的共同夙愿，已经成为13亿多中国人民团结奋进的共同意志。

决胜全面小康是实现中国梦的重要里程碑。我们今天为决胜全面小康而奋斗，就是在为实现中华民族伟大复兴中国梦而迈出的特别重要的步伐。决胜全面小康，是在系统总结建党96年、执政68年、改革开放近40年实践经验的基础上，中国共产党做出的战略选择和主攻目标，是承接实现社会主义现代化和中华民族伟大复兴中国梦的重要基础和关键一步，体现了中国共产党继往开来的责任担当。党的十九大报告吹响了决胜全面小康、建设社会主义现代化强国的号角，决胜全面小康，胜利实现第一个百年奋斗目标，标志着我们向着实现中国梦迈出了至关重要的一步，将成为中华民族伟大复兴征程上的一座重要里程碑。

决胜全面小康，践行庄严承诺。习近平总书记指出，到2020年全面建成小康社会，实现第一个百年奋斗目标，是我们党向人民、向历史做出的庄严承诺。重申并宣示践行这一庄严承诺，是我们党对人民负责、对民族负责、对历史负责的具体体现。值得注意的是，全面小康不是某一地区的小康，而是整个国家的小康。我国地域辽阔、人口众多，

---

* 本文发表于《河南日报》2017年12月13日第12版。作者为张占仓、完世伟、王芳、袁金星、高璇、李丽菲。

区域之间经济社会发展不平衡不充分问题比较突出，如期全面建成小康社会任务仍然十分艰巨。习近平总书记曾多次强调"全面建成小康社会，最艰巨最繁重的任务在农村，特别是在贫困地区。没有农村的小康，特别是没有贫困地区的小康，就没有全面建成小康社会"。可以说，区域协调发展，事关社会主义现代化建设全局和决胜全面小康目标的实现。作为全国人口大省和经济欠发达地区，河南的发展不仅是自身的问题，更是直接影响着全国决胜全面小康目标的顺利实现，对国家发展大局具有十分重要的影响。改革开放以来，河南经济社会取得了快速发展，已经成为全国重要的经济大省、新兴工业大省和有影响的文化大省。河南要自觉担负起支撑国家发展和推动自身加快发展的双重责任，促进经济社会持续健康较快发展，按期实现决胜全面小康目标。

二、中原出彩彰显河南新作为

"四张牌"打出河南新气质。2014年习近平总书记视察指导河南工作时指出，河南要着力打好产业结构优化升级、创新驱动发展、基础能力建设、新型城镇化"四张牌"，为全省经济社会发展指明了正确方向。其中，加快产业结构优化升级是重要基础，坚持创新驱动发展是根本动力，推动新型城镇化是有效途径，强化基础能力建设是必要支撑。打好"四张牌"把准了河南发展脉搏，切中了河南发展的突出矛盾和重大关键问题，成为引领河南发展的时代最强音，推动中原大地在发展思想上跃升到了更高的发展起点。正是因为有习近平总书记亲自把脉指导，才使河南发展充满活力。当全国 GDP 增长速度2015 年和 2016 年进入 8% 时代的条件下，河南 GDP 增长却仍然在 8% 时代，成为中国经济新常态情况下，全国经济大省中发展比较活跃的区域之一。2016 年全省 GDP 迈上 4 万亿元台阶，稳居全国第五位。产业结构优化升级步伐加快，高成长性制造业和高技术产业增加值占规模以上工业增加值的比重达

57.1%，服务业对全省经济增长贡献率达49.3%，全省经济整体素质及竞争力明显提升。打好"四张牌"，河南已经走上了可持续健康发展的光明大道，新的优势、新的潜能、新的希望正在中原大地蓬勃兴起。

"四大攻坚战"重塑河南新形象。不谋全局者，不足谋一域。围绕发展这一复杂的系统工程，河南提出打好精准脱贫、国企改革、环境治理、转型发展"四大攻坚战"，将其作为落实总书记打好"四张牌"指示的有效途径、作为贯彻落实中央决策部署的有力抓手。截至目前，脱贫攻坚富有成效，把脱贫攻坚作为重大政治任务和第一民生工程，摆上了统揽全局的突出位置，坚持把"六个精准"落在实处，把"转、扶、搬、保、救"落在实处，把深度贫困县、村脱贫攻坚落在实处；2013 年以来，河南每年有百万人脱贫；2016年有 2125 个村摘帽、112.5 万人脱贫，脱贫攻坚已进入思想认识提高、政策措施改善、推动落实有力与扶贫成果加大的良性循环局面，兰考县在全国第一批顺利实现脱贫。国企改革攻坚深入推进，连续出台"1+N"系列文件，国有省管工业企业清产核资、理顺产权关系、完善法人治理结构、加强内部监督等基本完成，分离移交办社会职能基本完成，加大力度处置"僵尸企业"，开展混合所有制、市场化选聘职业经理人等试点，一系列组合拳打破了体制机制束缚，使国有企业"瘦身"减负，脱胎换骨；2017 年上半年，全省省管企业实现利润 53.5 亿元，同比增利85.1 亿元，成效已经显现。环境治理攻坚效果显著，省委、省政府坚持标本兼治，强力推进扬尘污染治理、工业污染治理、燃煤污染治理等七大攻坚措施，持续推进蓝天、碧水、乡村清洁三大工程，建立起了市、县、乡、村四级环境监管网格，实现"横向到边、纵向到底、不留死角、不留空白"监管，大气、水、土壤环境等明显改善。转型攻坚亮点频现，出台五个攻坚实施方案，聚焦结构改革、创新引领、企业培育、产业集群四项工作，不断推动产业向高端化、绿色化、智

能化、融合化发展。2016 年，全省规模以上工业企业实现利润总额首次突破 5000 亿元大关，全省服务业投资增长 17.1%，远高于全省固定资产投资、工业投资增速；全省高技术产业增加值同比增长 15.5%，高于规模以上工业企业增速 7.5 个百分点。太阳能电池、环保设备、新能源汽车、风力发电设备等新产品均取得 25% 以上的增速。河南初步走出了一条结构更优、质量更高、效益更好、优势充分释放的发展新路。

"三个高地"打造河南新面貌。省十次党代会提出要着力打造"三个高地"，即奋力建设中西部地区科技创新高地、基本形成内陆开放高地、加快构筑全国重要的文化高地。新的战略定位彰显了河南在全国发展大局中的地位和作用，契合了河南的发展实际和发展诉求，为河南未来发展指明了道路。中西部科技创新高地正在奋起，2016 年全社会研发投入达到 490 亿元，创新平台大幅增加、创新人才大批集聚，创新成果大量涌现，创新型企业集群培育发展体系基本形成，全省总体科技创新水平达到中西部地区先进行列，为全省经济转型发展注入了新能量。内陆开放高地正在形成，"陆上丝绸之路""空中丝绸之路""网上丝绸之路"和"立体丝绸之路"四路并举、紧密衔接、灵活转换，推动河南加快构建全方位、多层次、立体化的开放新格局，加快融入"一带一路"建设和全球产业分工体系。2016 年，河南进出口总额 4714.7 亿元，位居全国前十、中西部地区第一；中原大地"枢"联天下的"黄金枢纽"高地作用愈加凸显，"国际范""全球味"越来越浓。全国重要的文化高地正在崛起，深入实施"五大工程"，文艺精品呈井喷之势，在全国独领风骚；文化及相关产业增加值超过千亿元并保持快速增长，全省规模以上文化及相关产业企业居中部六省之首；公共文化投入不断增加，基础设施、服务体系不断完善，公共文化阳光在中原大地普照；"文化+旅游""文化+科技""文化+共享"等新业态不断发展壮大，为河南社会发展、经济

转型注入了新动力。打造"三个高地"，让河南在决胜全面小康、开启中原出彩新征程中步伐铿锵。

"三大提升"展现河南新内涵。实现"人民群众获得感幸福感显著提升、治理体系和治理能力现代化水平显著提升、管党治党水平显著提升"是新时期省委、省政府确定的奋斗目标，也是对亿万中原儿女的庄严承诺。民之所盼、施政所在，民生改善更具民心。2016 年，全省财政民生支出占财政支出比重达 77.6%，教育、卫生、住房、社保等领域民生"礼包"不断，一张保基本、兜底线、广覆盖的民生保障网不断织密织牢，河南社会保障已经基本实现了从制度全覆盖到人员全覆盖的历史性跨越，民生"蛋糕"越做越大、越分越细。坚持"一跟两聚焦"，主要领域"四梁八柱"改革主题框架基本确立，治理体系进一步完善、治理能力进一步提高。从 2014 年至今，河南承担国家级改革试点达 100 项，省级开展改革试点 73 项，省级层面出台专项改革方案 500 多个，政府治理、社会治理、市场治理改革蹄疾步稳，推动河南在决胜小康社会建设新征程中行稳致远。自我革新、激浊扬清，从严治党永不松懈。在作风建设上常抓长管，在干部队伍建设上选优用好，在基层组织建设上强基固本，在惩治腐败上全面建立省市县三级党委巡视巡察制度，做到利剑高悬，同时不断用制度机制创新探索净化政治生态新办法，基本做到了管党有方、治党有力，得到广大老百姓的一致好评。

三、开启中原更加出彩新征程

继续打好"四张牌"，筑牢中原更出彩基础。党的十九大报告提出了新时代决胜全面建成小康社会、开启全面建设社会主义现代化国家新征程的目标任务，在对决胜全面建成小康社会作出部署的同时，明确了从 2020 年到本世纪中叶分两步走全面建设社会主义现代化国家的新目标。这一目标描绘了建成富强民主文明和谐美丽的社会主义现代化强

国的宏伟蓝图，是习近平新时代中国特色社会主义思想的具体体现。面对发展新征程，河南应继续发挥优势打好"四张牌"，推动现代经济强省建设，以坚实的经济基础筑牢中原更加出彩新征程的物质基础。一是打好产业结构升级优化牌。以提升供给体系质量和效率为中心任务，不断应对经济发展新趋势、新变化、新要求，积极发展新技术新产业新业态新模式，推进先进制造业强省、现代服务业强省、现代农业强省、网络经济强省建设。二是打好创新驱动发展牌。以自主创新强引领，以开放创新聚资源，以协同创新增能力，以大众创业万众创新添活力，加快创新型河南建设，培育发展新动能。三是打好基础能力建设牌。坚持突出重点、弥补短板、强化弱项，加快郑州国际性现代化综合交通枢纽建设，推动能源绿色转型，构建互联互通、调控有力的现代交通体系，全面提升基础设施现代化水平；以集群、创新、智慧、绿色为方向，推动产业集聚区提质转型发展，不断完善提升科学发展载体；积极推进人才发展体制改革和政策创新，完善全链条育才、全视角引才、全方位用才的发展体系。四是打好新型城镇化牌。突出产业为基、就业为本，强化住房、教育牵动，完善社会保障、农民权益保障、基本公共服务保障，推动农村人口向城镇转移落户；推动郑州国家中心城市建设，巩固提升洛阳中原城市群副中心城市地位，培育壮大区域中心城市和重要节点城市；加快推进海绵城市、智慧城市建设，全面实施"百城提质工程"，造福更多基层群众。

加快改革开放，激发发展新活力。党的十九大报告明确指出全面深化改革，破除一切不合时宜的思想观念和体制机制弊端，突破利益固化的藩篱，吸收人类文明有益成果，构建系统完备、科学规范、运行有效的制度体系，是推动中国发展、开启中国发展新征程的根本出路；党的十九大报告再次强调始终不渝走和平发展道路、奉行互利共赢的开放战略，实施对外开放是我国始终坚持的基本国策。决胜全面建成小康社会，开启中原更加出彩新征程，要坚定不移全面深化改革，坚定不移扩大开放，着力培育体制机制新优势，不断拓展开放发展新空间，为中原更加出彩新征程注入勃勃生机。一是全面深化改革，充分释放发展潜能。聚焦影响经济平稳健康发展的突出矛盾深化改革，全面深化行政审批、商事制度等改革，深入推进国有企业改革，积极推动投融资体制改革；聚焦影响社会和谐稳定、影响社会公平正义的突出问题深化改革，健全就业创业体制机制，完善收入分配制度改革，深化教育领域综合改革和医药卫生体制改革，坚持医疗、医保、医药联动，努力在分级诊疗、现代医院管理、全民医保、药品供应保障、综合监管等制度建设方面取得突破。建立更加公平更可持续更完善的社会保障制度。二是坚持开放带动，打造内陆开放高地。围绕打造内陆开放高地，着力建设"空中丝绸之路"核心区，全面提升郑州航空港经济综合试验区建设水平，积极推动中欧班列（郑州）往返高密度、高效益、常态化运营，持续推进中国（郑州）跨境电子商务综合试验区建设，加快推进中国（河南）自由贸易试验区建设，吸引更多国际500强企业与中国500强企业入驻中原大地，培育更多国际和国家500强企业，提升全省开放型经济发展质量。

践行新发展理念，让人民有更多获得感。党的十九大报告指出中国特色社会主义进入新时代，我国社会主要矛盾已经转化为人民日益增长的美好生活需要和不平衡不充分发展之间的矛盾。必须坚持人民主体地位，把人民对美好生活的向往作为奋斗目标。习近平总书记调研指导河南工作时也指出，河南是人口大省，要着力解决好教育、就业、社会保障、医疗卫生等人民群众的切身利益问题，努力让人民过上更好生活。决胜全面建成小康社会，开启中原更加出彩新征程，应加大保障和改善民生力度，努力使人民群众获得感幸福感显著提升。一是坚决打赢脱贫攻坚战。落实精准扶贫、精准脱贫基本方略，抓好转移就业、产业扶持、易地搬迁、社会保障、特殊救助等重点工作，强化教育、交通、医疗、水利、电力等基础条件建设，让更多群众稳定实现脱贫。二是坚决打好环境治理攻坚战。强力推进扬尘污染治理、工业污染治理、燃煤污染治理等七大攻坚措施；深入实施碧水工程，全面实行河长制，加强水源地环境保护和重点流域水污染防治；深入实施乡村清洁工程，开展土壤重金属污染防治和修复试点，促进土壤资源逐步改善。

三是坚持办好民生实事。抓好高校毕业生就业、农村劳动力转移就业、失业人员再就业和困难人员就业，实施就业优先战略；全面实施素质教育，推动义务教育均衡优质发展，全面普及高中阶段教育，统筹发展职业教育，推动高等教育水平不断提升，办好人民满意的教育；不断提升全民健康素养，加快构建与居民健康需求相匹配的医疗卫生服务体系，健全食品药品安全治理体系，不断完善社会救助体系，建设健康中原。

提升河南财政收入占生产总值比重的对策研究[*]

摘要　财政收入占GDP比重是反映区域经济运行质量和经济结构优劣的一个重要参数。近年来，河南财政收入规模不断扩大，但其占GDP比重在全国排位长期靠后。结合有关数据，通过与其他省的比较分析，可以发现河南财政收入占GDP比重偏低的原因主要有经济结构不优、服务业比重低、制造业层次不高、农业占比大等。提升河南财政收入占GDP比重可以采取加快供给侧结构性改革步伐、积极实施"三区一群"战略、加速新旧动能转换、做大做强主要税源企业、提升新型城镇化质量等对策。

关键词　财政收入；财政收入占比；税收结构；"三区一群"战略；河南省

财政收入占GDP比重是关系经济协调健康发展的重要指标，河南多年来传统产业比重低，产业产品层次不高，财政收入占GDP比重相对偏低，尤其是国际金融危机爆发以来，传统产业盈利能力下降，新兴产业支撑力弱，而同时民生支出持续增加，财政面临较大压力。深入研究河南财政收入占GDP比重相对偏低的现状及其原因，对全国同类地区具有一定的启示意义。

一、近十年来河南财政收入的变动特征

1. 财政收入总量增长较快

自2006年以来，河南省财政收入规模不断扩大。一般公共预算收入2008年突破1000亿元，到2012年突破2000亿元，到2015年达到3000亿元，总体规模快速扩大。2016年，全省一般公共预算收入达到3153.5亿元，同比增长8.0%，比全国平均增速4.5%高出3.5个百分点。

从全国排名看，河南省一般公共预算收入规模一直排在前10名，基本保持在第八位或第九位。但是，从人均水平看，河南省人均一般公共预算收入规模基本处于全国倒数位置，在第28位左右。而同时期，河南省GDP规模一直稳定在全国第五位，中部地区第一位，人均GDP居全国第22位左右，这说明河南省一般公共预算收入水平整体上与河南省GDP排位不够匹配。

2. 财政收入增速与经济波动基本一致

财政收入增速的变动有宏观环境的影响，也有微观影响因素的作用，相对GDP增速而言，是一个敏感性更强、趋势性更弱的宏观指标，往往波动幅度比较大。2006~2016年，河南省一般公共预算收入增速从26.3%降至8.0%，GDP增速从14.4%降至8.1%，一般公共预算收入增速与GDP增速变动趋势基本一致，但是波动幅度更大。特别是经过国际金融危机之后的短暂回升之后，从2011年开始，全省一般公共预算收入和GDP增速进入下降通道。受经济形势、产业结构调整以及化解过剩产能等因素影响，以及"营改增"减税效应的进一步释放，2016年河南省一般公共预算收入增速比GDP增速低0.1个百分

＊　本文发表于《区域经济评论》2017年第6期第54~61页。作者为河南省社会科学院课题组。课题组组长：张占仓；课题组成员：赵西三、袁金星、左雯、杨梦洁、刘仁庆。

点，降至 8.0%，河南财政收支矛盾更加凸显。

3. 税收比重下降

从河南省一般公共预算收入分项构成看，2007~2013 年，税收收入占一般公共预算收入的比重在 73%左右，从 2013 年开始，税收收入占比逐年下降，到 2016 年下降到 68.4%，非税收入占比则从 2013 年的 26.9%上升到 2016 年的 31.6%，非税收入占财政收入比重呈现明显提高趋势，这一现象需要密切关注。在当前河南省财政收入增长趋缓的形势下，在中央出台多项措施简政放权、实行普遍降费的情况下，河南非税收入大幅增加、占比明显提高，表明河南财政收入质量不高，存在"税不够、费来凑"的现象，企业的隐性负担在加重，全省投资环境有待进一步优化，简政放权有较大潜力和空间。

4. 区域之间财政收入增速不均衡

经济增长是财政收入增加的基础，财政收入增速是经济增长增速的宏观反映。根据财政局统计数据，在进入经济中高速增长的新常态下，2011~2016 年河南省一般公共预算收入增速呈逐年下降趋势，分别是 24.6%、18.5%、18.4%、13.4%、10.1%和 8%。与此同时，经济新常态带来了省辖市一般公共预算收入的"新常态"，即经济下行压力对省辖市一般公共预算收入影响呈"分化"趋势。2011~2016 年平顶山一般公共预算收入增速从 18.3%下降到 5.1%、安阳从 18.9%下降到 9.3%、济源从 14.9%下降到-10.1%，还有新乡、焦作等豫北豫西城市一般公共预算收入增速明显低于全省平均水平，说明"新常态"对以能源原材料等重工业为主、工业占比较高的城市冲击较大。反之，开封、漯河、驻马店、信阳、周口等豫东豫南等重工业占比较小的城市一般公共预算年均增速为 18.2%、17.7%、17.5%、16.4%、16.3%，在全省排名前五，增速降幅要小于豫北豫西地区。

5. 税收构成中第二、第三产业占比反向变化

从河南省产业税收收入占比变动情况看，

2007~2015 年，第二产业税收占比从 62.6%逐年下降到 41.9%，相应地第三产业税收占比从 37.5%稳步上升到 58.0%，第三产业税收占比高出第二产业 16.1 个百分点，反映了河南省经济结构调整的趋势。其中第二产业占比下降主要是由于采矿业、制造业税收收入贡献减弱，采矿业税收占比由 2007 年的 12.9%下降到 2015 年的 3.9%，下降了 9 个百分点；制造业税收占比由 2007 年的 36.9%下降到 2015 年的 23.9%，下降了 13 个百分点；与之对应的在第三产业领域，房地产行业和金融业成为第三产业税收收入快速增加的主要因素，两个行业占比之和由 2007 年的 14.8%上升到 2015 年的 26.5%，提高了 11.7 个百分点。随着河南省经济结构调整的深入和营改增改革的推进，第三产业在国民经济中的占比会越来越重，税收贡献也会越来越大。

6. 财政收入占 GDP 比重总体偏低

财政收入占 GDP 的比重是衡量国家或地区经济运行质量的重要指标，在一定程度上反映了国内生产总值分配中，国家（或地方）所得占的比重，比重越高，说明国家（或地方）财力越充足。作为一项监测指标，它表明财政收入的规模应当随着国民经济的增长而扩大。2006~2016 年河南省一般公共预算收入占 GDP 比重呈缓慢上升态势，由 2006 年的 5.5%上升到 2016 年的 7.9%，整体状况略有改善，但与全国相比，近十年来一直落后全国平均水平，平均落后 14.1 个百分点，全国该比重从 2006~2016 年从 17.9%上升到 21.4%，同样呈现缓慢上升态势，但河南十年来始终基本处于全国中下等水平。尽管 2016 年有缩小趋势，但是差距仍然比较大。这种状况反映了河南省财源基础比较薄弱，经济发展质量不高，处于爬坡提升过程之中。

二、河南财政收入占 GDP 比重的区域性比较

1. 与全国的综合比较

根据对中国相关统计数据的整理，河南

财政收入占 GDP 比重则又明显低于中国整体水平，如图 1 所示，全国各个省份一般公共预算收入占 GDP 比重可分为四个梯队。第一梯队为 15%～25%，有上海、北京、海南、天津 4 个省份，占全国省份总数的 12.9%；第二梯队为 11%～15%，排名居全国中间水平，有西藏、新疆、贵州、广东、重庆、宁夏、安徽等 12 个省份，占全国省份总数的 38.7%；第

三梯队为 9%～11%，偏低于全国中间水平，有内蒙古、江苏、四川、辽宁、湖北、陕西、青海等 9 个省份，占全国省份总数的 29.0%；第四梯队为 7%～9%，距离全国中间水平差距较大，有山东、湖南、广西、吉林、河南、黑龙江 6 个省份，占全国省份总数的 19.4%。其中，河南位于全国第四梯队，占比为 7.9%，排名仅高于黑龙江。

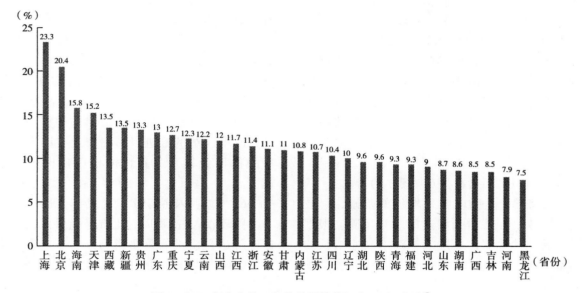

图 1　2016 年各省份一般公共预算收入占 GDP 比重①

2. 五个经济大省比较

近些年，广东、江苏、山东、浙江、河南五省经济总量排名全国前 5 位。以 2015 年数据分析，财政收入占 GDP 比重，广东、江苏、山东、浙江、河南分别为 13%、10.7%、8.7%、11.4%、7.9%，广东排名最为靠前，浙江、江苏位于第二梯队，山东和河南占比较低。税收在财政收入中占据绝对主要位置，下面从税收的产业构成和税种结构对五个经济大省进行比较分析。

税收总收入对比。五个经济大省的税收总收入具有最直观的差异，2015 年按税收总收入排名分别为江苏 13031 亿元、广东 11780

亿元、浙江 6478 亿元、山东 6399 亿元、河南 3935 亿元。河南税收总收入与其他四个省份存在较大差距，仅为江苏的 30.2%，与差距最小的山东相比，也仅有其 61.5%。

税收的产业构成对比。从 2015 年五个经济大省三次产业税收占比看，江苏、浙江、山东、河南、广东五个省份第二产业占比分别为 53%、47.7%、56.69%、41.88%、53.42%，第三产业占比分别为 46.73%、52.18%、43.06%、58.02%、46.49%，第一产业占比分别为 0.27%、0.11%、0.25%、0.09%、0.09%。河南税收收入中第二产业占比均为最低，第三产业占比最高，而三次产业增加值

① 全国一般公共预算收入除包含各个省份一般公共预算收入外，还包括中央本级收入等其他收入，因而其占 GDP 比重要高于单纯的各省份一般公共预算收入占 GDP 比重的平均水平。

构成为 11.4∶48.4∶40.2，第一产业、第二产业占比为五省最高，第三产业占比为五省最低，三次产业税收占比与三次产业增加值占比形成明显反差。河南第二产业税收贡献不足，第三产业发展不足。

从细分产业看，如表 1 所示，五个省份税收贡献前六位大多集中在制造业、建筑业、电力运输业、房地产业、批发零售和金融业，江苏的租赁和商务服务业较为发达。在所有行业中税收贡献最大的是制造业，其他四个经济大省均在 40%左右，而河南仅为 23.9%，说明河南制造业层次不高，建设制造业强省潜力较大。

表 1　2015 年五个经济大省排名前六
行业税收贡献占比　　　单位:%

	江苏	浙江	山东	广东	河南
制造业	41.8	38.3	40.1	44.7	23.9
房地产业	15.1	13.5	12.4	11.9	17.7
批发零售业	10.8	9.8	7.6	10.4	16.8
金融业	7.4	9.7	7.9	6.5	8.9
建筑业	7.6	5.5	6.8	4.4	9.3
租赁和商务服务业	4.2	—	—	—	—
电力运输业	—	—	4.9	3.5	4.8
其他产业	—	4.8	—	—	—

税种构成对比。对五个经济大省税收收入占比最高的 5 个税种进行分析，为便于对比，我们选择了前 7 个税种。地方税收主要包括增值税、消费税、营业税、企业所得税以及个人所得税等。未来营业税会全部改为增值税，契税比重相对较低，主要考察增值税、企业所得税和个人所得税。从表 2 可以看出，与其他省份相比，河南省增值税比重偏低，个人所得税比重更低且不在贡献前 5 的税种之中，与经济发展质量偏低、居民收入偏低直接相关。

表 2　2015 年五大省份税收贡献最高的税种对比
　　　单位:%

	江苏	浙江	山东	河南	广东
增值税	35.8	35.5	34.5	29.0	41.2

续表

	江苏	浙江	山东	河南	广东
消费税	5.4	4.0	6.3	8.2	7.5
营业税	18.7	15.3	16.4	16.7	11.6
企业所得税	17.1	19.1	14.3	17.0	17.6
个人所得税	6.9	8.2	—	—	6.1
城镇土地使用税	—	—	5.0	—	—
耕地占用税	—	—	—	4.7	—

3. 中西部典型省份对比

我们选择与河南具有类似区域条件或经济结构的中西部省份如安徽、湖北、四川、贵州等进行比较分析，这 4 个省一般公共预算收入占 GDP 比重值上均明显高于河南。

税收的产业构成对比。首先，从三次产业税收占比看，安徽、湖北、四川、贵州、河南第二产业占比分别为 49.34%、50.45%、39%、46.9%、41.88%；第三产业占比分别为 50.48%、49.53%、60.68%、52.8%、58.02%，第一产业占比分别为 0.17%、0.02%、0.32%、0.31%、0.09%。与相似性更大的中西部省份相比，河南第二产业税收贡献占比偏低，仅高于四川，但四川第三产业税收贡献最高，河南居第二，说明近几年第三产业税收增长较快。

从细分行业看，对中西部典型省份税收贡献前六位的行业进行分析，从表 3 可以看出，在安徽与湖北的税收收入中，制造业的贡献最大，河南则显得相对较低。四川总体税收收入是河南的 1.58 倍，其中服务业贡献作用要更大些。在以上对比中西部省份中，只有四川税收贡献最高的前六个行业中第三产业占了四个位置，其他都是三个。贵州行业税收贡献并无特别之处，其财政收入占GDP 比重比河南高，很重要的原因是 GDP 排名很靠后。

表 3　2015 年部分中西部省份排名前六
行业税收贡献占比　　　单位:%

	安徽	湖北	四川	贵州	河南
制造业	34.0	35.3	22.1	22.5	23.9

续表

	安徽	湖北	四川	贵州	河南
房地产业	16.9	16.0	18.8	10.8	17.79
批发零售业	8.7	11.4	12.0	14.9	16.8
建筑业	8.4	9.9	9.4	15.4.	9.3
金融业	8.2	7.2	10.4	7.7	8.9
电力运输业	3.9	—	—		4.8
租赁商服业	—	4.4	—	7.3	—
其他产业	—		5.6		—

税种构成对比。本部分选择中西部典型省份税收收入占比最高的 7 个税种进行分析，如表 4 所示，河南在个人所得税上较湖北和四川偏低，而在消费税上比四川之外的省份均偏低，个人所得税与消费存在一定的对应关系，在某种程度上说明河南整体居民收入相对较低，从而使居民消费水平受到限制。其他税种与安徽、湖北、四川、贵州在结构上并无太多差异性和特殊性。

表 4　2015 年部分中西部省份税收
贡献最高的税种对比　　单位:%

	安徽	湖北	四川	贵州	河南
增值税	28.5	24.7	25.5	20.5	29.0
消费税	9.4	14.1	7.4	12.3	8.2
营业税	17.8	16.8	18.8	18.4	16.7
企业所得税	17.5	17.8	17.6	16.2	17.0
个人所得税	—	4.9	6.6	—	3.9
契税	5.2				
土地增值税	—			4.5	

三、河南财政收入占 GDP 比重偏低的原因分析

1. 产业结构不优

税收是财政收入的重要来源，一般来说，第三产业、高附加值产业和新兴产业比重高的区域，财政收入占 GDP 比重也比较高，第一产业、传统产业比重大的区域，由于产业附加值低，财政收入占 GDP 比重相对偏低，河南产业结构不优，在一定程度上造成了财

政收入占 GDP 比重相对偏低。

一是服务业比重低。从全国看，近几年工业增速与盈利能力明显下降，税收贡献逐步降低，而服务业受消费升级带动，新业态新模式持续涌现，税收增速较快，已经成为财政收入的重要来源，2015 年全国第三产业税收占比 55%，工业税收占比 39.1%。从区域看，各省份 2016 年服务业占 GDP 比重与一般公共预算收入占 GDP 比重存在明显的正相关关系（见图 2），服务业占 GDP 比重高的区域一般公共预算收入占 GDP 比重相对较高。2016 年河南三次产业结构为 10.7：47.4：41.9，其中工业占 GDP 比重 41.9%，与全国平均水平相比，第二产业高 7.6 个百分点，工业高 8.6 个百分点（居全国第三位），第三产业低 9.7 个百分点（居全国倒数第五位）。工业比重大、服务业比重低是河南财政收入占比偏低的原因之一。

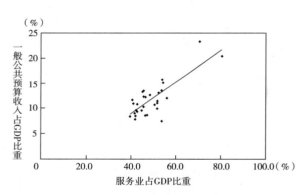

图 2　2016 年各省份服务业占 GDP 比重
与一般公共预算收入占 GDP 比重散点图

二是制造业层次不高。河南工业结构偏传统、价值链偏低端、产业链偏上游，产品附加值不高，盈利水平低，也是税收偏低的原因之一。前面分析中的数据表明，河南制造业税收贡献偏低，从规模以上工业附加值率（工业增加值与主营业务收入之比）看，2015 年，河南规模以上工业增加值与主营业务收入之比为 21.6%，在中西部地区仅高于甘肃（20.5%）。河南采矿业、原材料等上游产业占比较大，2016 年冶金、建材、化工、

轻纺、能源 5 大传统产业主营业务收入占全省规模以上工业主营业务收入比重仍高达44.5%，近些年传统产业经营困难，税收贡献降低。从制造业产品结构看，河南一般性中低端产品多，高端、终端产品相对较少，利润率低，企业毛利率水平直接决定了企业流转税及所得税两大税种的税额高低，所以税收贡献不高。

三是农业占比大。2016 年河南第一产业增加值 4286.3 亿元，居全国第二位（低于山东），占 GDP 比重 10.7%，全年粮食产量5946.6 万吨，居全国第二位（低于黑龙江），为全国粮食安全做出了巨大贡献。但是农业几乎没有税收贡献，农业生产加工环节以及涉农企业税收优惠比较大，河南第一产业税收占全部税收比重仅为 0.1%。

四是税收贡献大的产业占比低。从细分行业看，金融业、批发和零售业、房地产业、建筑业等税收贡献较大的产业，2015 年我国这四个行业实现税收位列前四位，分别实现税收 18457.6 亿元、16733.9 亿元、16475.2亿元、8343.8 亿元，占全国税收比重分别为13.6%、12.3%、12.1% 和 6.1%，2015 年河南税收贡献前四位的细分行业分别为房地产业、批发和零售业、建筑业、金融业，税收占比分别为 17.5%、16.6%、9.3% 和 9.0%。但是，这四个行业河南与全国相比均存在差距，金融业、房地产业、批发和零售业、建筑业四个行业增加值占 GDP 比重均低于全国平均水平，分别低 3.0 个、1.6 个、2.5 个和1.0 个百分点。

2. 企业结构不优

从企业结构看，大型企业集团、上市企业、创新型企业等产品附加值高，财务制度完善规范、相对税收贡献较大。河南大型企业集团、上市企业、创新型企业等相对缺乏，也是造成财政收入占比偏低的原因之一。

一是大型企业数量少。一般来说，大企业集团能够对产业链进行系统整合，提高区域优势产业链整体竞争力，提高产业链附加值，税收贡献较大。河南大型企业集团少，缺乏综合解决方案提供商，降低了产业链整体竞争力和盈利能力，税收贡献相对就弱。2015 年河南规模以上工业企业中大型企业仅为 681 家，占规模以上工业企业比重不到3%。2016 年中国企业联合会、中国企业家协会发布 2016 年中国企业 500 强名单，河南仅有 9 家企业入围，居全国第 15 位，排名前六位分别是北京、山东、广东、江苏、浙江、上海，与河南省经济总量全国第五的地位不相称。加之河南省大型企业集团中国有企业较多，近几年经营困难，虽然改革成效正在显现，但是税收贡献下滑。2016 年河南民营企业税纳税 100 强中纳税总额超过 3 亿元的企业 17 家，而全国年纳税额 3 亿元以上的大企业集团 1062 家，河南仅占 1.6%。另外，有一些外省大型企业集团在河南开展业务，但是税收贡献不在本地，造成一定的税源流失。

二是上市企业数量少。上市公司财务制度规范，税收贡献较大。2016 年，沪深 3222家上市公司支付的各项税费共计 2.84 万亿元，占全国税收收入 11.59 万亿元的 24.5%，平均每家上市公司贡献税款 8.81 亿元，是全国重要税源。截至 2017 年 6 月 22 日，河南省上市公司 76 家，居全国第 12 位。上市公司市值代表一个区域的企业竞争力和盈利能力，在一定程度上也代表了区域税收潜力，从上市公司市值占 GDP 比重看，2017 年 6 月 22 日各省份上市公司总市值占各省份 GDP 比重，河南为 22.3%，低于全国水平（77.9%）55.6 个百分点，在全国排名倒数第 3 位，仅高于江西（21.8%）、广西（17.3%）两省份，说明河南上市公司竞争力和盈利能力不高。

三是创新型企业少。一般来说创新型企业产品与服务附加值较高，是税收持续增长的重要源泉。2016 年，河南国家级创新型（试点）企业 18 家，省级创新型（试点）企业 515 家，全省高技术产业增加值占规模以上工业增加值的 8.7%，低于全国水平（12.4%）3.7 个百分点。2016 年河南研究与试验发展经费支出 490 亿元，占 GDP 比重为1.22%，低于全国水平（2.08%）0.86 个百分点。近几年，以互联网、大数据为代表的新经济、新业态、新模式蓬勃发展，涌现出一批平台型企业，成为一些区域的新税源，与沿海省份甚至湖北、四川、陕西等省份相比，河南这类企业发展明显滞后。

3. 城镇化水平低

一般来说，城镇化水平高的区域，集聚效应明显，产业分工复杂，高附加值环节比重大，产业层次高，人均收入水平高，对税收支撑较强。2016 年，各省份城镇化率与一般公共预算收入占 GDP 比重存在着明显的正相关关系（见图 3），2016 年河南城镇化率 48.5%，全国倒数第 7 位，排在河南后面的省份为西藏（29.56%）、贵州（44.15%）、甘肃（44.69%）、云南（45.03%）、广西（48.08%）、新疆（48.35%）。河南城镇化水平低，制约了产业层次和人均收入的提高，2016 年河南人均 GDP、居民人均收入分别为 42363 元和 18443 元，分列全国第 20 位和第 24 位，是财政收入占比偏低的一个重要原因。

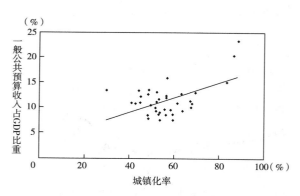

图 3　2016 年各省份城镇化率与一般公共预算收入占 GDP 比重散点图

四、提升河南财政收入占 GDP 比重的对策

1. 加快供给侧结构性改革步伐

减少无效和低端供给。无效产能和低端供给只增加 GDP 而不能带来优质的税收收入，同时占用了大量资源，使要素无法从过剩领域流转到有市场需求的领域、从低效率领域流转到高效率领域，既抑制了新兴产业的发展，也抑制了新兴产业发展带来的优质税收增长。要坚决淘汰无效和落后产能，减少由于资源错配对优质税源的抑制作用。

增加有效和高端供给。通过技术改造提高产业发展水平，提高全要素生产率，改善供给质量，增强有效供给能力。一方面，增加高端产品的供给，提高产业发展创造财富的能力，推动产业结构高端化；另一方面，加大基础设施以及教育、医疗、养老等民生项目投入，增加相关领域公共产品和服务供给，提升基础设施与公共服务对产业发展的支撑水平。

改善供给结构。由于现代产业和下游产业产品附加值和利润率高于传统产业与上游产业，要推动全省由传统上制造初级产品的产业占优势逐渐向制造中间产品和最终产品占优势的方向转移，延伸产业链，提高产业附加值。以降低技术使用成本、提高资本利用效率、提高劳动生产率为目标，制定相应的高端产业发展扶持政策，实现价值链升级，增加全球价值链高端产业比重，提高经济发展质量，增强经济创富能力。

2. 积极实施"三区一群"战略

面对国家战略规划与战略平台密集落地的历史机遇，2017 年 3 月，河南省委《统筹推进国家战略实施和战略平台建设工作方案》出台，明确提出聚焦"三区一群"［郑州航空港经济综合实验区、郑洛新国家自主创新示范区、中国（河南）自由贸易试验区和中原城市群］，构建支撑未来全省发展的改革、开放、创新三大支柱，打造带动全国发展的新增长极。其中，郑州航空港经济综合实验区突出改革主题，加快发展步伐，以建设国际航空枢纽为主要任务；郑洛新国家自主创新试验区，突出创新发展的主题，探索创新发展的路径，为中原崛起增添新动能；中国（河南）自由贸易试验区突出开放主题，为河南省建设内陆开放高地探索路子；中原城市群要打造资源配置效率高、经济活力强、具有较强竞争力和影响力的国家级城市群，以建设郑州国家中心城市为突破口，提升郑州对中原城市群的支撑服务能力。通过这些国家战略的实施，为建设经济强省增添活力，为中高端经济发展增加后劲，为财政收入较快提高源源不断地提供支撑力量。

3. 加速新旧动能转换

大力发展服务业。服务业是当前税收增长的主要力量，要运用新理念、新技术和新模式，推动批发和零售业、房地产等传统税收贡献较大的产业转型发展，稳定税源；将现代金融、现代物流等对税收贡献增长较大的产业作为全省现代服务业发展的主导产业，进一步扩大"金融豫军"发展规模，拓展税基，培育现代服务业竞争新优势；推进"互联网+"行动，加快研发产业、信息技术服务业、体育和娱乐业等新兴服务业税源培育，在提升税收规模总量的同时形成增量支撑，加快国民经济服务化进程，努力实现与"三二一"税收结构相匹配的"三二一"产业结构。

改造提升传统优势产业。加快推进传统产业改造升级，巩固提升传统动能，振兴实体经济，是新旧动能转换接续的关键所在，能够确保转型过程中税收收入的稳定。当前，传统产业正处在转型升级的关键阶段，面临成本上升、利润下滑的困境，很多企业正在谋划转型项目和创新产品，应加大支持力度，努力搭建实用化的转型平台，助力企业转型，推动制造业服务化，形成新的增长点和税源。尤其是一些税收贡献大的产业，如酒、烟草等产业，加快产品升级，提高产品档次，巩固和扩大税源基础。

培育新的经济增长点。瞄准未来产业发展方向，引进、培育和发展一批具有广阔发展前景、代表未来产业方向、辐射带动能力强的产业，壮大新经济新业态新模式，形成一批新的支柱产业和新的经济增长点，使其发展成为未来新的税收来源。

4. 做大做强主要税源企业

税收主要来源于企业，因此支持经济发展、提高经济增长的质量和水平一定要提高企业经济效益，企业经济效益是提高财政收入占 GDP 比重的根本保证：一是要大力倡导企业家精神，着力培育壮大税大利大的支柱性财源企业。充分发挥大型企业对经济和税收的龙头带动作用，积极引进和培养全球和全国 500 强企业；推动地方大型企业的整合和发展，推动本土优质企业做大做强，培育新的税源大户。二是以鼓励激励"双创"为切入点，扶持包容小微企业发展。小微企业处于成长期和培育期，不应将其作为主要的税收来源，应支持包容其发展，为未来储备新的税源。三是大力发展总部经济，抢抓境外跨国公司加快向我国中西部布局的机遇，北京疏解非首都职能的机遇，吸引相关企业在河南落户；紧抓服务业扩大开放契机，吸引国际一流的服务业跨国公司进驻河南；创造良好的发展环境，吸引已在省外建立总部的本土企业回归河南建立总部，围绕中原崛起的优势领域加快发展。四是加快企业上市步伐。上市企业能够利用资本市场的巨大力量，加快发展步伐，提高税收创造能力。建议省政府成立专门协调机构，加快培育上市企业，争取更多企业通过规范上市，提升在行业领域的影响力，提高全省经济发展的资本化水平。

5. 提升新型城镇化质量

加快城镇化步伐。城镇化率是影响财政收入占 GDP 比重的重要因素，要把新型城镇化建设作为培植壮大财源的重要载体。2016年，河南省城镇化率达 48.5%，低于全国平均 8.9 个百分点，需要进一步加快新型城镇化进程，促进人口和产业集聚，从而使财政收入的源泉更加稳定。

提升城镇化质量。2017 年，河南面临城镇化率跨越 50% 的历史机遇，要以此为契机，顺势而为，提升城镇化质量。把城镇化潜力转化为推动经济社会发展的动力和现实生产力，带动财源的增长。要推进农业转移人口市民化，使农民真正成为市民，通过其生活方式改变，改善消费结构，促进经济发展，挖掘潜在的财政收入。要优化全省城镇体系，推动中原城市群一体化发展，加快郑州国家中心城市建设步伐，促进高端产业高端要素集聚发展，加快实施"百城建设提质工程"，提高县城的人口承载能力，进一步集聚县域经济发展活力。

多渠道提高居民收入水平。河南居民人均可支配收入一直落后于全国平均水平，工资水平偏低，一方面影响了个人所得税税源，另一方面制约了消费。因此，要解放思想，优化收入分配结构，保持居民收入增长与经济增长基本同步；保证企业平稳发展和支持民间创业，积极创造更多的就业岗位，多渠道提高居民收入。

参考文献

［1］李明，毛捷，杨志勇．纵向竞争、税权配置与中国财政收入占比变化［J］．管理世界，2014（5）．

［2］李普亮．产业结构调整与税收增长：抑制还是促进［J］．税务与经济，2016（1）．

［3］张淑芳．财政收入与GDP不匹配的原因及改进对策［J］．创新科技，2016（7）．

［4］孔翠英，薛建兰．资源型地区产业结构调整与税收收入变动关系［J］．经济问题，2016（11）．

［5］严晓玲，涂心语．产业结构调整、财政收入与经济增长的关系——以福建省为例［J］．经济研究，2017（1）．

［6］朱德云，李萌．经济欠发达地区财政收入增长影响因素研究——基于山东菏泽的样本分析［J］．财贸经济，2012（7）．

［7］宋凯，彭阳坤．我国财政收入占GDP比重的比较研究［J］．中国财政，2013（14）．

［8］邓子基．财政收入与GDP的协调关系研究——兼评所谓"国富民穷"之说［J］．经济学动态，2011（5）．

［9］广东省财政科学研究所课题组．广东省财政收入与GDP关系研究［J］．财政研究，2015（12）．

［10］罗富政，罗能生．税收负担如何影响产业结构调整？——基于税负层次和规模的讨论［J］．产业经济研究，2016（1）．

［11］姚公安，王培霞．保障区域税收收入持续稳定增长的税源结构研究［J］．税务与经济，2017（3）．

推进农业供给侧结构性改革的战略思考[*]

我主要从四个方面来谈推进农业供给侧结构性改革的战略思考：

第一，如何适应"一带一路"建设需要。"一带一路"倡议在三大国家战略中排在首位，也是未来引领全球化的重要战略，"一带一路"倡议靠谁来实现呢？要靠13亿多中国人民，每一个人都要贡献自己的力量。农业作为国家的基础产业，也必须积极融入"一带一路"建设。在"一带一路"倡议中，中国需要做哪些事情呢？首先，"一带一路"沿线人口占全球的60%多，GDP占全球的29%，而且"一带一路"沿线大部分是发展中国家，对发展中国家来说，农业特别重要，他们希望共享中国农业发展成果，比如，在"海上丝路"沿线国家和地区推广杂交水稻的潜力非常大；河南的棉花品种推广到哈萨克斯坦以后，当地的棉花单产产量翻了两番。其次，改变中国农产品有效供给不足的局面。目前中国农产品有效供给不足，不能很好地满足消费者的消费需求。通过进口智利车厘子、美国波士顿大龙虾、日本奈良牛肉、菲律宾香蕉等，可以改变这种局面。再次，适度进口国外的农产品，尤其是"一带一路"沿线国家的农产品，可以适当减轻中国耕地资源紧缺的压力。2015年，我们到波兰调研时，跟波兰相关部门的七位部长在一起交流，他们非常感激中国进口他们国家的农产品。对于中国来说，不仅这些地区的农产品受污染程度较低，深受消费者喜爱，而且适当进口他们的农产品也可以减轻中国耕地的压力。最后，倒逼中国农业科技进步。我觉得中国劳动力成本上升是正常的，这是经济学的一般原理。科技水平提高对于农业的贡献在杂交稻方面得到了很好的印证，杂交稻推广的第一年亩产只有300公斤，第二年即达到600公斤，这就是科技的力量。

第二，如何转变农业发展方式。首先，要对农业科技有信心，据2016年10月中国社会科学院发布的全球大国按大学科分类的科技水平评估报告显示，中国的数学领域、化学领域、地理学领域、农业领域在全球具有优势。虽然与英国、美国相比，中国在农业领域还有很大差距，但是中国的农业综合水平排在第三位，优于德、英、法、日的评估结果。其次，高度重视破解中国农业发展积累的突出问题，尤其是污染问题。最后，以科技进步支撑和引领农业供给侧结构性改革。其实邓小平早就讲过，农业的最终出路还是要依靠科技进步。美国耕地多，出台了很多鼓励耕地休耕的政策，每年约有1/5的耕地休耕，休耕还可以领取高额补贴，而中国的人均耕地是美国的1/8，大面积实行休耕政策没有可行性。2017年5月18日，达沃斯世界论坛发了一篇文章，它讲到在房顶上建农场，根据联合国粮农组织估计，全球有8亿人在城市及周边地区种植粮食和蔬菜，也就是说全球有20%的城市人口以不同的方式在务农，这叫城市农业。为什么呢？因为现在很多高科技一旦在农业领域进行推广应用，就会出现神奇的效果。

第三，如何保持农业稳定发展。首先，对于农业来说，稳定发展是前提。中国的耕地资源特别紧张，过去许多年中国都是为填饱肚子发愁的国家，从1978年改革开放之初

———————————
* 本文发表于《区域经济评论》2017年第6期第24—26页。

粮食严重短缺，到1998年中国大部分农产品、工业产品实现基本自给，再到现在大多数农产品供应比较充足。这两个台阶上来以后，奠定了中国稳定发展的坚实基础。另外，联合国给中国定的人均粮食产量标准是400公斤，目前中国持续在400公斤以上，所以我们适度进口，调节品种，不必要拿着一个品种过度解读。其次，中国农业供给侧结构存在明显问题。从农林牧渔业总产值与指数变化可以看出，近年来农业总产值指数平均为4.0左右，比较稳定，林业指数明显高于农业指数，说明中国的农业结构在优化。畜牧业指数和大家的关联度最高，也是波动幅度最大的，好的年份和差的年份其波动幅度相差5倍左右。渔业指数相对比较稳定。我觉得从这四类指数的变化，可以感受到农业结构在不断优化，其中畜牧业是农业内部结构中调整难度最大的，而且对居民价格指数影响最大，也是老百姓尤其是低收入老百姓反映最强烈的问题。从主要农作物播种面积来看，小麦、水稻长期处在基本稳定状态，玉米面积持续扩张速度过快。前些年中国大力发展畜牧业，玉米需求旺盛，最高的时候每斤涨到1.5元，现在降到0.7元左右，这个浮动过大了，主要原因还是种植面积过大，扩张速度过快。由于大豆进口量比较大，导致中国豆类种植面积有所减少。另外，近几年出现的"姜你军""蒜你狠"等现象，也说明了农业供给侧结构存在突出问题。最后，积极推进农业供给侧结构性改革。一是在认真研判的基础上，对玉米生产规模进行适度调减。二是建立更加科学的信息系统，及时向社会释放科学可靠的信息，引导和支撑畜牧业健康稳定发展。三是针对生姜、大蒜、大葱等的波动性问题，建立健全信息系统与协调沟通机制，及时发布相关信息以供种植户和经营者参考。四是针对全国消费结构的变化，向市场提供高品质的农产品，包括适度提供发达国家的名牌农产品，满足高端客户需求。

第四，如何促进农民持续增收。当前，关于农民增收问题，社会各界已经讨论的很多，也提出了很多对策建议，但是为什么农民还是不愿意种地呢？这主要是由于种粮的收益没有办法保证，且每年增幅才3%左右，远低于城镇职工工资增长的幅度。那么，政策的根源在哪里呢？我觉得还是要回到经济学的经典理论逻辑上来。经典理论逻辑认为，劳动是财富之父，土地是财富之母，无论是年轻劳动力还是上了年纪的劳动力，让他卖力干活都没有问题，问题是收益如何。现在全国很多城市创造财富最多的是土地，可是土地是从哪里来的呢？是从农民手里收来的。怎么收来的呢？中国的《土地管理法》规定，土地一级市场只能由政府主导，进行商业拍卖和招拍挂。我觉得如何把土地创造的财富科学的在全社会进行分配，可能是现在必须面对的问题。实际上，党的十一届三中全会已经非常明确地提出，城乡建设用地可以同地同价。不管是国土资源部搞的试点，还是农业部搞的试点，试点地区的农村土地价值都得到了极大提升，如果将土地溢价部分的分配适当向农民倾斜，农民的收入就能有大幅提升。

综上所述，以上这些内容可以归纳为以下几点：第一，中国农业也要在供给侧结构性改革中积极融入"一带一路"建设。第二，转变农业发展方式的根本出路仍然是科技创新。第三，中国农业稳定发展的宏观政策架构基本科学可行，但是适度的结构性调整确实迫在眉睫。第四，促进农民增收需要在农村土地制度改革创新方面有所突破。第五，农业供给侧结构性改革需要特别注意坚持稳中求进的总基调。

中部打造内陆开放高地的主体思路[*]

经过近些年的探索，河南省逐渐走出了一条内陆地区开放型经济发展的新路子。在郑州航空港综合实验区建设的带动下，河南开通了得到习近平总书记充分肯定并支持的郑州—卢森堡"空中丝绸之路"，促进了传统内陆地区开放型经济的高速发展，创造出"河南不沿海不沿边，对外开放靠蓝天"的开放型经济发展新模式。这个蓝天力量有多大？"十二五"期间，在全国开放型经济发展遇到较大困难的情况下，河南省进出口总额年均增长32.9%，2016年河南进出口达到4700多亿元，在中西部地区跃居第一位，而原来一直居于中西部地区第一位的重庆进出口总额完成4100多亿元，与河南省拉开了明显的差距。通过开放型经济创新模式，加快发展，河南省初步成为内陆开放高地。特别是在智能手机生产方面优势初步形成，2016年生产智能手机2.58亿部，成为全球智能终端重要生产基地之一。现在郑州航空港聚集智能手机生产企业已达130多家，零部件企业更多，形成了在全球有重要影响的智能手机产业集群。河南省进出口总额在整个中部地区各省中占比较高，2016年达到30.15%，开放发展成为促进地方加快发展的一大动力。2017年上半年，河南省进出口仍然保持比较活跃的状态，进出口总额同比增长17.1%，开放发展的优势仍然在进一步强化。

进一步打造内陆开放高地的主体思路：一是毫不动摇地推动中原腹地迈向开放发展前沿。河南省委、省政府下决心提出这样的发展目标，也是经过反复论证的，比如2016年利用外资总量同比增长5.6%，占全国的比重上升到12.9%。中部6个省如果每一个省利用外资水平能够扎扎实实提升，占全国的比重达到比较高的水平的话，中部地区的开放发展水平就会较快提升。二是毫不动摇地构建双向开放新体系，现在不仅要对外开放，还要对内开放，双向开放，河南省力度比较大。三是毫不动摇地提升开放型经济发展水平。如今在"一带一路"建设方面，河南省建设了在全国很有影响的中欧班列（郑州），2017年初达到每周四去四回，均衡运行。5月，达到每周五去五回，6月达到每周六去六回，8月开始达到每周八去六回，成为中欧班列中开行密度最大的班列之一。河南省还开通了郑州—卢森堡的"空中丝绸之路"，2014年运量突破1万吨，2015年运量突破5万吨，2016年运量突破10万吨。由于运量增长迅速，报价比较合理，在欧洲航运市场形成了影响比较大的"郑州价格"，成为引领中欧航空货运市场的风向标。河南省通过体制创新，还建设了影响比较大的"网上丝绸之路"。在2014年全国启动的7个试点中，郑州试点的业务量一直占全国的50%以上。2016年初，全国试点扩大到13个，郑州试点的业务量仍然占全国的40%左右，成为全国跨境电子商务发展的标杆。河南省还开通了集海陆空网于一体的"立体丝绸之路"，从法国、澳大利亚等的红酒和化妆品进口中，郑州在全国的占比比较高，切实为老百姓带来了实惠，为开放发展创新了商业模式。河南省四路并举，开放发展，创造出开放型经济发展的新模式。

打造内陆开放高地的战略举措：一是深度融入"一带一路"建设，促进全省全面开

* 本文发表于《区域经济评论》2018 年第 1 期，第 27－28 页。

放，为"一带一路"建设贡献更大力量。二是进一步增强郑州航空港开放发展优势。截至 2017 年 7 月底，郑州航空港客货运输量上升到中部机场第一位，进一步发展潜力巨大，已经成为全国发展最为活跃的大型国际航空枢纽之一。三是支持郑州建设国家中心城市，培育新的经济增长极，形成更强的发展动力。四是加快推进开放式创新，弥补因为历史原因导致的河南省科教资源不足的短板。近些年，在引进国内外优质高等教育资源方面，河南省已经有了很好的基础，下一步仍然需要持续加力。五是积极探索以"枢纽经济"为标志的自贸区建设之路，发挥河南省居"天下之中"的独特优势，全面推动投资便利化、贸易便利化和金融创新，全面提升河南开放发展的水平。

河南省最大的特点就是"中"，是中原之中，也是中国之中。正是因为有这个特点，河南省从来都是坚持中庸和谐之路，形成了独特的发展优势。也是因为有了这种优势，河南这几年的发展基本上比较稳固，在全国经济新常态条件下，逐步显示出中原地区越来越明显的发展优势。

总体来看，河南省近些年的发展有了良好基础，开放型经济发展在全国有了一定地位，进出口总额占全国的比重由过去长期约占 0.6%，近几年开始比较快地提升，2016 年占全国的比重上升到 1.94%，2017 年进出口总额占比有可能超过 2%，开放型经济发展不断迈上新台阶。未来发展，河南省的路还很长，希望各位专家继续关注、继续重视、继续支持，共同为中原崛起而努力，共同为中部崛起而奋斗，共同为中华民族伟大复兴奉献力量。

河南以稳投资为支撑促进经济稳定较快发展的探索[*]

摘　要　按照党中央统一部署，河南在稳投资方面储备项目充足，2019 年上半年投资增长较快，促进了经济稳定较快发展。但是，目前稳投资方面存在民间投资增速持续较低、政府部门"放管服"改革不到位、基础设施投资项目过度依赖财政资金、部分地区投资项目前期谋划不足等问题。持续推进稳投资需要进一步提高对稳投资重要性的认识水平、在改善营商环境上下硬功夫、畅通项目投融资渠道、加强项目前期准备工作。研究结论认为，稳投资在"六稳"中居于非常重要的地位，改善营商环境的实际效果要通过激活民营企业投资来检验，稳投资需要谋划更多优质项目支撑，保障稳投资需要金融系统的创新与务实支持。

关键词　稳投资；"六稳"；区域发展；投资项目；河南省

2018 年 7 月底，中央在深刻洞察国际国内形势的背景下，做出了稳就业、稳金融、稳外贸、稳外资、稳投资、稳预期的"六稳"重大经济政策部署。作为拉动经济增长的"三驾马车"之一，固定资产投资对于一个区域保持经济运行在合理区间、促进经济社会持续健康较快发展具有重大的现实意义[1]。作为经济欠发达地区的河南，面对世界经济百年未有之大变局和经济下行压力[2]，以稳投资为支撑，促进了经济稳定较快发展。

一、河南省稳投资及进展

1. 投资项目储备比较充足

2019 年初，按照全国统一部署精神，河南省发改委印发的《河南省"7819"扩大有效投资行动实施方案》中[3]，聚焦先进制造业、现代服务业、重大基础设施、新型城镇化、农业农村、生态环保、社会民生七大领域，集中力量推进 8000 个左右重大项目，总投资 7.5 万亿元，其中 2019 年力争完成投资 1.9 万亿元。旨在拉动有效投资，实现稳增长、防风险和惠民生的有机统一。

七大重点投资领域中，占比最大的是先进制造业领域，共有项目 1989 个，占项目总数的 25%，2019 年计划完成投资 4941 亿元。实施的项目包括郑州上汽乘用车二期、平顶山尼龙新材料产业园、许昌远东汽车传动系智能制造产业园、航田智能终端手机产业园、上海合晶硅材料公司合晶半导体单晶硅片、中信重工重装众创成果孵化平台等项目。如上汽乘用车郑州基地建设是河南重点推进的项目之一，截至 2019 年 6 月，公司二期项目正在施工建设，预计 2019 年将建成投产。其一期项目 2018 年整车产量达到 17.3 万辆，产值突破百亿元大关；二期项目全部投产后，郑州基地年产量将达到 60 万辆，占上汽集团自主品牌三大基地的"半壁江山"，将成为郑州经济增长的新动力源。

占比第二大的是新型城镇化领域，占项目总数的 22%。河南将全面加快郑州大都市

---

* 本文发表于《河南科学》2019 年 10 月第 37 卷第 10 期第 1682-1689 页。

基金项目：国家社会科学基金重大项目"新时代促进区域协调发展的利益补偿机制研究"（18ZDA040）。

区建设，推进百城建设提质工程，推动城市老旧小区综合功能改造，实施郑州市轨道交通4号线、洛阳市轨道交通1号线、郑州市四环线及大河路快速化工程、城市地下综合管廊、水体整治、生活垃圾分类及处理设施、污水处理设施、海绵城市等方面1770个左右项目，计划2019年完成投资4530亿元。

2. 上半年投资增长较快

2019年1~6月，全省固定资产投资（不含农户）同比增长8.2%，增速比1~5月加快0.1个百分点（见图1），投资增速比全国的5.8%高2.4个百分点。

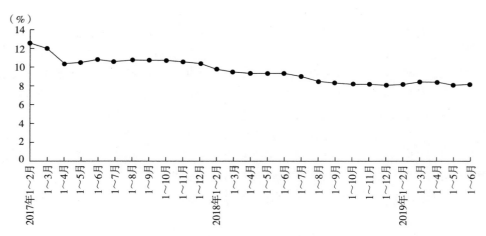

图1 2017年以来河南省固定资产投资分月进展情况

分产业看，第一产业投资同比下降10.9%，降幅比2019年1~5月扩大1.3个百分点；第二产业投资增长6.1%，增速加快1.5个百分点；第三产业投资增长10.7%，增速回落0.2个百分点。第三产业投资增长较快是最大支撑点。从三大主要领域看，工业投资同比增长5.6%，增速比2019年1~5月加快1.5个百分点；基础设施投资增长16.7%，增速加快0.5个百分点；房地产开发投资同比增长4.1%，增速与2019年1~5月持平。基础设施投资是全社会的热点。

在工业投资中，采矿业投资同比增长39.5%，增速比2019年1~5月回落0.7个百分点；制造业投资同比增长1.8%，增速加快0.3个百分点；电力、热力、燃气及水生产和供应业投资增长26.2%，增速回落2.2个百分点。

在基础设施投资（不含电力、热力、燃气及水生产和供应业）中，水利、环境和公共设施管理业（不含土地管理业）投资同比增长22.2%，增速比2019年1~5月回落3.6个百分点；交通运输和邮政业投资同比增长23.9%，增速加快9.1个百分点；信息传输业投资增速下降19.1%，降幅收窄0.5个百分点。作为全省投资最活跃的郑州市，2019年上半年固定资产投资同比增长8.4%，高于全国2.6个百分点，高于全省0.2个百分点。其基础设施投资增速提升，受四环线及大河路快速化工程、轨道交通、郑州南站、贾鲁河综合治理生态绿化工程等项目影响，2019年上半年基础设施投资同比增长38.7%，比上年同期、2019年第一季度分别回升12.6个和17.6个百分点。

分登记注册类型看，内资企业投资同比增长8.5%，增速与2019年1~5月持平；港澳台商投资下降18.9%，降幅收窄17.9个百分点；外商投资增长26.6%，增速回落7.9个百分点。

3. 投资结构持续改善

2019年上半年，工业企业技术改造投资增长73.1%，占固定资产投资的9.4%，同比提高3.5个百分点；服务业投资增长10.7%，占固定资产投资的比重 66.4%，同比提高 9.2 个百分点：①供给侧结构性改革持续推进。短板领域投资快速增长，2019 年上半年生态保护和环境治理业、公共设施管理业投资分别增长 140.2%、18.1%，增速分别高于固定资产投资 132.0 个、9.9 个百分点；商品房库存减少，2019 年 6 月末商品房待售面积同比下降 8.5%，其中住宅待售面积下降 10.1%。②新产业快速成长。2019 年上半年，战略性新兴产业增加值增长 10.1%，其中新能源产业增长 13.8%，新材料技术产业增长 13.3%，新一代信息技术产业增长 10.3%；2019 年 1~5 月，现代新兴服务业营业收入增长 10.2%，其中互联网和相关服务业、软件和信息技术服务业、商务服务业分别增长 35.9%、23.8%、16.0%。③从到位资金情况看，固定资产投资实际到位资金增长 12.2%。其中，国家预算资金增长 57.4%，国内贷款增长 1.9%，自筹资金增长 8.8%，利用外资增长 2.9%。④2019 年上半年，全省房地产开发投资 3261.12 亿元，增长 4.1%。商品房销售面积 5747.48 万平方米，增长 7.7%；商品房销售额 3683.45 亿元，增长 20.0%。⑤财政金融总体平稳，减税降费效应显现。2019 年上半年，全省一般公共预算收入 2147.5 亿元，增长 6.3%；其中，税收收入增长 6.7%，同比回落 11.3 个百分点。税收占一般公共预算收入的比重 70.4%，同比提高 0.3 个百分点。一般公共预算支出 6137.6 亿元，同比增长 12.8%。2019 年 6 月末，金融机构人民币各项存款余额 69204.4 亿元，增长 9.9%；人民币各项贷款余额 52667.9 亿元，增长 17.4%。

4. 稳经济的效果初步显现

在投资增长较快的支撑下，2019 年上半年河南省 GDP 增长 7.7%，高于全国平均水平 1.4 个百分点，增速居全国第 8 位，比上年晋升 3 位[4]。其中，第一产业增加值 1870.74 亿元，增长 2.1%；第二产业增加值 11209.93 亿元，增长 8.3%；第三产业增加值 11123.13 亿元，增长 8.2%。对全省发展影响比较大的工业，也表现出较好的发展状态。2019 年上半

年，全省规模以上工业增加值增长 8.3%，高于全国平均水平 2.3 个百分点。分经济类型看，国有企业增加值增长 8.5%，集体控股企业增长 2.1%，股份制企业增长 8.9%，外商及港澳台商投资企业增长 4.0%。分三大门类看，采矿业增加值增长 6.8%，制造业增长 8.5%，电力、热力、燃气及水生产和供应业增长 6.9%。40 个行业大类中有 36 个行业增加值实现增长。2019 年 6 月，全省规模以上工业增加值增长 7.7%，比 2019 年 5 月提高 0.2 个百分点。消费品市场平稳运行，农村消费增长快于城镇。2019 年上半年，全省社会消费品零售总额 11009.95 亿元，同比增长 10.7%，高于全国平均水平 2.3 个百分点；其中，限上单位消费品零售额 3143.14 亿元，增长 9.1%。按经营单位所在地分，城镇消费品零售额 8701.08 亿元，增长 10.5%；乡村消费品零售额 2308.87 亿元，增长 11.4%。按消费类型分，商品零售 9380.28 亿元，增长 10.4%；餐饮收入 1629.67 亿元，增长 12.5%。2019 年 6 月，全省社会消费品零售总额 1838.77 亿元，增长 12.3%，比 2019 年 5 月提高 1.3 个百分点。作为全省经济发展的火车头，郑州市 2019 年上半年新能源汽车、工业机器人、锂离子电池、工业自动调节仪表与控制系统产量，分别增长 44.5%、91.5%、39% 和 24.6%，为产业结构优化注入新的动力。全省经济发展的总体形势趋稳，产业结构优化结果明显，高质量发展迈出稳健的步伐。

二、河南省稳投资存在的主要问题

1. 民间投资增速持续较低

2019 年 1~6 月，河南省民间投资增长 3.8%，虽然高于上年增长 2.9% 的速度，但是仍然分别低于全省投资增速和全国民间投资平均水平 4.4 个和 1.9 个百分点。因为全省民间投资占固定资产投资的 80% 左右，是稳投资当之无愧的主力军。主力军投资增速低迷，对稳经济的大局影响较大，也确实说明全省在营造宽松营商环境方面还存在较大差距。

究其原因，全省民间投资主要集中在工业和房地产领域，当前不少工业企业，特别是中小微企业普遍反映存在市场竞争激烈、招工困难、用工成本高、融资难融资贵等问题，直接影响投资信心。同时，在房地产领域，各地落实"一城一策"，抑制房地产领域投机炒房行为，导致房地产开发投资增速趋缓。2019 年 1～6 月，全省房地产开发投资 3261.12 亿元，同比增长 4.1%，增速与 2019 年 1～5 月持平。其中，住宅投资 2631.90 亿元，增长 11.3%，增速回落 0.2 个百分点。住宅投资占房地产开发投资的比重为 80.7%。房地产投资增速大幅度低于全国同期民间投资增长 13.0% 的速度。我们到基层调研时很多民营企业家反映，我国遇到国际经济大变局，中美贸易战升级，全国股市一直较大幅度波动，使民营企业对未来投资预期不明朗，特别是对新项目不敢投、等待观望情绪比较明显，直接影响了民间投资的增长，包括河南省民营经济发展比较活跃的许昌市，也出现了民间投资不活跃的情况。在重大基础设施领域，虽然全省投资增速较快，但民间投资进门难也直接拟制了民营企业的投资。看看同期民营经济发展基础很好的浙江省的情况，我们对这个问题紧迫性的认识会更强。2019 年 1～6 月，浙江省固定资产投资增长 9.7%。其中，民间投资增长 10.0%。正是因为浙江省民营经济投资增长比较活跃，为其进一步保持经济稳定较快发展提供了比较充足的动力。

2. 政府部门"放管服"改革不到位

近几年，全国"放管服"改革进展非常快，确实取得了巨大成就。河南省"放管服"改革也取得积极进展，35 证合一、"最多跑一次""一网通办"等富有成效，得到企业界高度评价[5]。在当前经济下行压力较大的新情况下，稳定有效投资，需要充分发挥投资、财政、信贷、土地、环保等部门的政策合力。然而，我们在调研中发现，政府相关部门政策整体协调性不够，新的企业"办事难""办事慢"现象比较突出，时常遇到相关部门各说各有理的情况，强调部门规定的特别是新规定的情况较多，尤其是相关部门遇事要经过看似合理的"评审"程序，为企业带来的麻烦确实比较多[6]。相关部门之间，政策不协调情况较多。如个别地方专项债券等财政资金使用进度较慢，PPP 模式推广受 10% 的政策红线制约等。由于银行系统管理与企业需求之间的政策不协调，在部分企业出现抽贷、断贷、惜贷等不讲信用现象，融资难、融资贵似乎成了普遍现象。在土地管理中，土地占补平衡、占优补优等政策落实困难，一方面在基层存在不少产业用地闲置或使用不充分现象，特别是在部分县市的产业集聚区，用地不充分问题比较普遍，而另一方面也存在新的用地审批程序复杂、用地审批周期较长[7]。如何面对新的发展形势，以整合社会资源的思路有效盘活产业用地资源，支持稳投资政策落地，亟待进行跨部门的政策创新[8]。

3. 基础设施投资项目过度依赖财政资金

按照相关规定，河南省政府隐性债务和杠杆率一直保持在适度范围，政府债务风险总体处在可控水平。但是，在稳投资的背景下，基础设施投资项目等政府主导类项目投资基本上都是依靠财政资金，形成过度依赖财政资金的状态。省级财政，或财政基础比较好的市，财政调节余地较大，目前还基本能够应对，但已经感到压力非常大；一般市县，地方财政调控余地有限，对这种基础设施建设推进的趋势已经难以应对，甚至会造成新的财务风险。在金融领域防风险、去杠杆、强监管政策背景下，特别是国家防范化解地方政府债务风险、规范融资平台、对央企项目融资实行穿透式管理等政策压力下，对部分政府投资启动的基础设施项目进一步实施影响较大，特别是一些市县的 PPP 项目，持续推进已经感到力不从心，需要引起高度重视[9]。

4. 部分地区投资项目前期谋划不足

我们在调研中多次遇到部分重大项目在前期储备时，对建设布局、土地使用、资源保障、精准定位等论证不足，对外部环境、市场需求、经济社会效益等调研不够深入系统，导致到后期出现规划选址变更或不适应市场变化等问题，直接影响项目按时开工建设，有些甚至造成新的"半拉子"工程。通过河南省投资项目在线审批监控平台对项目实施情况监测分析发现，全省项目落地率较低，直接原因就是项目在办理备案前期手续后，往往因为各种前期谋划不足并未真正让项目落地实施，对落实稳投资政策负面影响比较明显。特别是要注意加快新型基础设施建设，把"新基建"打造成为稳投资、稳经济的重要支点。所谓"新基建"，更偏重于5G、人工智能、工业互联网等代表未来转型升级方向的基础设施领域。通过基础设施领域的创新发展，可以进一步完善现代经济体系，给经济发展带来新的活力、新的动力[10]，形成新的经济增长点，推动产业结构转型和居民消费升级[11]。但是，基层干部对这类项目了解深度不够，科学筹划不足，运行中遇到的问题比较多，是影响稳投资、稳增长的直接障碍因素[12]。

三、持续推进稳投资的对策

1. 进一步提高对稳投资重要性的认识水平

2019 年中央经济工作会议指出，我们投资潜力仍然巨大。要发挥投资关键作用，加大制造业技术改造和设备更新，加强人工智能等新型基础设施建设，加大市政基础设施建设等投资力度，补齐农村基础设施和公共服务设施短板等。这次会议精神为今后一个时期稳投资，特别是扩大合理有效投资工作指明了方向，提供了根本遵循。无论是深化供给侧结构性改革，还是促进形成强大国内市场，均离不开发挥投资的关键作用，要在稳投资中积极扩大有效投资，为经济平稳运行提供有力支撑。同时，从我国仍然是发展中国家和河南省属于中西部地区的实际情况看，河南省现有的基础设施水平与人民日益增长的美好生活需要相比，仍然存在不平衡、

不充分等问题，亟须通过有效投资来补短板。我们要按照中央的精神和省委、省政府重大项目推进会的要求，坚持稳中求进工作总基调，贯彻落实新发展理念，以高质量发展为方向，以供给侧结构性改革为主线，深刻认识作为"六稳"中最为关键的一个环节稳投资发挥着特别重要的作用。那么，面对中美贸易战持续博弈甚至需要长期博弈的百年未有之大变局，要想顺利完成稳投资的历史重任，就必须聚焦关键领域和地方薄弱环节，以科技创新为导向，高质量谋划实施一批打基础、利长远、经济社会效益好、辐射带动能力强的好项目[13]，并强化政策保障、资金支持、畅通管理机制，有效激发市场活力，强化管理者的责任意识，全力推动稳投资项目扎扎实实落地实施。要发挥好投资的关键作用，关键是要紧扣国家发展战略与时代背景，立足于推动高质量发展的基本要求[14]，选准投资领域和项目，把有限的资金花在"刀刃"上，提高投资的有效性。

2. 在改善营商环境上下硬功夫

2017 年 7 月，习近平主持召开中央财经领导小组第十六次会议强调，营造稳定公平透明的营商环境加快建设开放型经济新体制。2018 年 3 月，时任总理李克强同志在《政府工作报告》中就已经明确提出，优化营商环境就是解放生产力、提高竞争力。2018 年 6 月，李克强同志在湖南考察调研时也明确指出，承接产业转移不能靠比优惠政策，而要靠比营商环境。现在，从中央到地方，积极改善与优化营商环境已经成为共识，但是要把共识变成具体的服务措施，不是仅地方政府开几次会议，或者出几个文件就能够完成的，各级政府的具体措施一定不能只落在纸上，而是要真正落在服务上，落在市场主体的所思所想所需上，真正破障碍、去烦苛、筑坦途，为市场主体添活力，为人民群众增便利。营商环境也不是几项优惠政策、几项便民服务，更不仅仅是降税减费，营商环境是一个直指民心的综合工程，是一项涉及经济社会深化改革和开放发展众多领域的系统

工程。可以说，营商环境好了，民营经济的投资增长就会活跃起来，招商引资就会不请自来[15]。正如百姓所言，"种下梧桐树，引来金凤凰"。只有占市场份额大部分的民营经济投资真正活跃起来，我们稳投资的重任才能够真正形成一种新的机制[16]。近几年，不少地方民营企业投资增长缓慢，甚至下降，其实最根本的原因，是一个地区营商环境是否改善的标志。因此，面对稳投资的历史重任，要深入推进投资领域"放管服"改革，以改善营商环境为政策着力点，进一步放宽市场准入，破除投资领域的隐性障碍，确保民营企业享受平等的市场准入标准和优惠政策，营造公平竞争的市场环境[17]，帮助企业做好项目前期论证，加快项目前期工作；确实简化审批流程，定时加快审批项目手续办理效率；对已完成审批尚未开工的项目，抓紧落实建设条件，确保项目及时开工，并正常运行。

3. 畅通项目投融资渠道

转变观念，加快金融体制改革，尽快克服金融机构把大量资金使用短期化、房地产化的运作机制，引导金融机构把更多资金投向长期性利国利民项目。地方政府要严格按照国家政策要求，加强投融资协调服务，保障项目建设资金需求。要聚焦体现国家意志的重大资金投向，有针对性加强重大项目储备，完善前期条件，积极争取中央预算内投资，切实用好国家大幅增加地方政府专项债券额度的政策红利，促进地方发展。地方政府要加强与开发性、政策性金融机构合作对接，定期梳理形成条件成熟的重大投资项目清单向金融机构推介，通过建立贷款风险补偿机制、完善融资担保体系、开展"银税互动"等方式，引导各类金融机构按照市场化、风险可控的原则加大对重大基础设施类项目、重大民生项目、重大社会领域项目的投融资支持力度。适时组织开展政银企对接活动，为金融机构与民营企业合作搭好平台、建立机制，搞好服务，推动银企良性互动，有效推动纳入稳投资项目库的项目顺利实施。要

抢抓国家政策机遇，支持符合条件的企业通过发行企业债券、公司债券、资产支持证券和项目收益票据等扩大直接融资规模，主要用于补短板等领域重大项目建设。依法合规推广PPP模式。加大对符合规定的PPP项目推进力度，完善市场化投资回报机制，支持民营企业通过独资、组建联合体、设立投资基金等方式参与重大项目建设，特别是要鼓励民间资本采用PPP模式参与补短板项目建设，盘活存量资产。

4. 加强项目前期准备工作

面对稳投资的历史重任，政府相关管理部门要通过体制改革与职能转化，在精简项目申报材料、优化在线平台功能、提升整体服务功效等方面持续发力，深入推进投资项目审批制度改革，有效激发市场主体活力。要狠抓投资项目事项清单和材料清单落实，督促有关部门按照投资项目审批事项清单和申请材料清单抓紧修改完善部门相关办事指南，确实为企业着想，为基础客户服务，统一事项名称和申请材料，不得要求项目单位提供清单之外的申请材料，或补充材料。同时，按照人工智能的思路，发挥现代信息技术的优势，进一步优化审批事项办理流程，依托发改系统的投资项目在线审批监管平台，实行"一张表单、并联审批、限时办结"制度，推动审批事项全程在线、智能便捷办理。发改系统要优化提升在线平台功能，加快对投资项目在线审批监管平台改造升级，将精简规范以后审批事项和优化以后的审批流程固化到在线平台，同步丰富完善"多规合一"业务协同、PPP项目在监测服务、网上中介服务超市等功能，推进投资项目统一平台、统一赋码、统一受理、统一办理、统一监管、统一服务"六个统一"，打造地方投资项目在线审批监管平台新版本，为加快投资项目审批制度改革提供技术支撑，全面实现清单之外无事项、平台之外无审批。另外，考虑到新上项目涉及政府管理部门的新要求，地方政府可定期组织开展适度的投资政策、项目审批、在线操作等辅导，为企业项目准备提

供科学可行的帮助。

四、结论与讨论

1. 稳投资在"六稳"中居于非常重要的地位

面对全球百年未有之大变局，要牢记"心若静，风奈何"的哲学原理，既要做好长期准备，积极应对各种各样的风险与挑战，坚定不移扫清中华民族和平崛起道路上的各种障碍，也要静下心来扎扎实实做好自己的事情，永远把"发展是执政兴国的第一要务"放在特别重要的位置，持续不断地探寻高质量发展之路。认真分析改革开放以来的发展成就，确实为进一步推动经济社会持续健康较快发展增强了信心。但是，系统对照我们河南省的基础设施的整体水平，特别是公共基础设施均衡化水平，与发达国家仍然在很多方面有较大差距。对于这种差距怎么样实现补短板？在当前这种特殊条件下，是发挥我们管理体制优势，进一步推动公共基础设施建设的绝佳时机。因此，各地要静下心来，系统谋划当地重大基础设施的项目，特别是提升当地高质量发展的重大基础设施项目，通过创新投资机制，吸引各个方面的资本进行投资，尤其是要重视吸引民营资本进行投资，并形成良好的回报效应。这样协调推动"六稳"工作，既能够达到稳投资的目的，为地方经济持续发展注入资本的活力，也确实能够持续完善我们基础设施均衡化水平，特别是有利于完善乡村地区的基础设施水平，为实施乡村振兴战略铺平道路，逐步破解我们发展不平衡不充分问题。按照这种战略思维，经过一段时间的持续努力，把我们河南省的基础设施现代化水平全面提升，将为未来长期的高质量发展奠定更好的支撑条件，也为基层老百姓创造更多高质量的工作便利与生活便利，这正是广大人民对美好生活的向往，也是我们发展的初心。

2. 改善营商环境的实际效果要通过激活民营企业投资来检验

自习近平总书记主持召开民营经济座谈

会以来，各地高度重视民营经济发展问题，先后出台了各种促进民营经济高质量的政策措施，也确实初步显示出了激活民营经济发展的明显效果。但是，在面对未来发展不确定因素增多的特殊条件下，仅仅有当地苦心出台的支持鼓励民营经济发展的几十条文件显然还不行，还要在改善当地营商环境方面做更加深入细致的工作。因为民营企业是市场经济的主体，只有民营企业投资的积极性被调动起来了，才能够说我们改善营商环境的政策措施对症下药起到了真正的作用。从2019年1~6月各地稳投资实际进展情况分析，为什么在河南省这样基础设施更需要投资的经济大省民营经济投资只增长了3.8%，而浙江省却增长了10.0%，福建省更是同比增长11.4%，我们调研分析认为与当地出台的鼓励支持民营经济发展几十条意见的含金量与执行力直接相关。因此，在认真向浙江、福建等民营经济发展活跃的省份学习的基础上进一步细化我们支持鼓励民营经济发展的政策措施迫在眉睫，而且任务比较艰巨。政府相关部门要认真学习浙江、福建等民营经济发展活跃地区的经验与做法，确实站位民营企业发展遇到的实际困难，立足于为民营企业扩大投资解决实际困难，探索更加贴合当地实际的政府管理、投融资、项目报批、投资回报等政策措施，以最终能否激活民营企业投资为检验标准，从每一件具体事情做起，孜孜以求地改善当地的营商环境，确实为民营经济加快发展注入生机与活力。这是我们政府相关管理部门练硬功的过程，必须从理论与实践相结合的视角，扎扎实实做实事，勤勤恳恳为民营企业服务，为全省营商环境改善探索切实可行的具体路径与方法。

3. 稳投资需要谋划更多优质项目支撑

新形势风云变幻，新任务责任重大，新技术不断涌现，新产业创新发展。实际上，区域经济发展的关键支撑和推动力量是重大重点项目，抓发展的实质就是有效地抓地方骨干项目。而抓好地方骨干项目的前提，是持续不断地谋划出一批又一批优质项目。因此，要始终坚持经济工作项目化、项目运行责任化，责任落实具体化，监督推动常态化。为了真正把一批批项目落实，需要我们的各级干部进一步强化系统学习，提升对项目发展客观规律的深刻认识，全面提高推动经济高质量发展的能力和水平，加强项目全生命周期管理。项目谋划要踩准政策鼓点、坚持开放理念、突出需求导向，围绕地方长远发展的战略定位谋划一批重大基础设施项目，对照市场需求谋划一批重大产业升级项目，满足群众需求谋划一批重要民生项目，提高社会治理水平谋划一批重要社会项目。项目推进要以建立高效常态便捷的沟通机制为重点，综合运用现代信息技术手段，第一时间掌握项目进展、由各级领导分工牵头解决项目运行中遇到的各种具体问题，高效配置要素资源，确保项目早开工、早建设、早建成、早见效，并保持其持续健康稳定运行。地方干部抓项目能力的全面提升，是区域经济高质量发展的历史要求。按照这种战略思路，需要我们持续不断谋划促进地方发展的重大项目，坚定不移推动重大项目落地，通过体制机制创新激发重大项目活力。用这种方法抓项目落实，就能够把稳投资与谋发展实现有机统一，把高质量发展转化为可操控的政府行为与市场行为，最终在持续健康较快发展方面创造行稳致远的运行机制。

4. 保障稳投资需要金融系统的创新与务实支持

2019 年第一季度，我们稳健的货币政策体现了逆周期调节的要求，并扩大了财政投资的力度，促使经济发展显示出比较好的实际效果。进入第二季度后，货币政策回归稳健中性，各地重大投资遇到新的不确定性。下一步，要保持战略定力，不断创新和完善宏观调控体系，适时适度实施逆周期调节，加强宏观政策协同协调。要实施好积极的财政政策和稳健的货币政策。财政政策要加力提效，继续落实落细减税降费政策。货币政策要松紧适度，保持流动性合理充裕。推进金融领域供给侧结构性改革，引导金融机构

增加对制造业、民营企业的中长期融资，把握好风险处置节奏和力度，压实金融机构、地方政府、金融监管部门责任。为了保持全社会经济发展活力，要特别重视确保小微企业贷款实际利率进一步降低，真正为小微企业发展创造宽松金融环境。一方面要持续深化利率市场化改革，完善商业银行贷款市场报价利率机制，更好地发挥贷款市场报价利率在实际利率形成中的引导作用，推动银行降低贷款附加费用，确保小微企业融资成本下降。另一方面要支持中小微企业通过债券、票据等融资。完善商业银行服务小微企业监管考核办法，确实提高银行对小微企业的贷款能力。按照国务院部署，实施好小微企业融资担保降费奖补政策，发挥国家融资担保基金作用，降低再担保费率，引导担保收费标准进一步降低。积极支持扩大知识产权质押融资，以拓宽企业特别是民营小微企业、"双创"企业获得贷款渠道，推动缓解融资难题。引导银行对知识产权质押贷款单列信贷计划和专项考核激励，激发青年一代的创新创业热情；探索打包组合质押，拓宽质押物范围和处置途径。

参考文献

［1］张占仓. 中国经济新常态与可持续发展新趋势［J］. 河南科学，2015，33（1）：91-98.

［2］张占仓. 中国经济将在克服困难中稳定前行［N］. 中国经济时报，2019-03-01.

［3］河南省发改委. 关于印发河南省"7819"扩大有效投资行动实施方案的通知［EB/OL］. http：//www. hndrc. gov. cn/2019/02-28/735964. html.

［4］河南省统计局. 上半年全省经济运行总体平稳［EB/OL］. http：//www. ha. stats. gov. cn/sitesources/hntj/page_ pc/tjfw/zxfb/article53f693dc8f684ea28cc8023d1e498900. html.

［5］秦长江. "放管服"改革中存在的问题及其对策——基于河南的调研与思考［J］. 中州学刊，2019（4）：1-7.

［6］孙欣欣. 国家治理现代化下地方政府的"放管服"改革［J］. 管理观察，2019（4）：49-50.

［7］李太淼. 农村集体经营性建设用地入市的难点问题论析［J］. 中州学刊，2019（2）：43-49.

［8］石晋昕，杨宏山．政策创新的"试验—认可"分析框架——基于央地关系视角的多案例研究［J］.中国行政管理，2019（5）：84-89.

［9］张占仓．中部打造内陆开放高地的主体思路［J］.区域经济评论，2018（1）：27-28.

［10］谷建全，周立，王承哲，等．稳中有进稳中向好保持定力行稳致远——2019年上半年河南经济运行分析及全年走势展望［N］.河南日报，2019-07-16.

［11］金碚．准确把握现代产业体系的开放性［N］.经济日报，2018-07-19.

［12］范恒山，魏礼群，张军扩，等．区域政策与稳增长［J］.区域经济评论，2019（3）：1-7.

［13］胡明晖，楚明超，康艳，等．科技创新推动河南经济高质量发展研究［J］.河南科学，2019，37（4）：470-476.

［14］张长星．推动河南经济高质量发展的对策研究［J］.区域经济评论，2019（3）：73-83.

［15］耿明斋．推动河南经济高质量发展［N］.河南日报，2019-01-13.

［16］孙新雷．高质量发展与河南的选择［J］.协商论坛，2018（8）：20-21.

［17］范恒山．把握战略机遇推动高质量发展［J］.区域经济评论，2018（3）：1-5.

河南省经济高质量发展存在的突出问题与战略对策研究[*]

摘 要 当前，河南省经济高质量发展仍然存在科技创新投入强度不够、生态环境保护问题比较突出、制造业亟待转型升级、民营经济活跃度不高、乡村振兴战略推进不均衡等突出问题。针对这些问题，我们建议进一步推动河南省经济高质量发展的对策是：实施创新驱动战略亟须政府加力，以高端制造智能制造为支撑挺起先进制造业的脊梁，坚定不移保护生态环境，激发民营经济发展活力需要新的重大策略，总结推广企业还贷周转金的"洛阳模式"，实施乡村振兴战略需要全面加强党的基层组织建设。

关键词 高质量发展；创新驱动战略；高端制造；智能制造；河南经济

为了认真贯彻落实习近平总书记2019年9月在黄河流域生态保护与高质量发展座谈会上的重要讲话精神[1]，坚定不移走高质量发展路子，增强经济发展的动力和韧性，推动河南省经济由量大转向质强[2]，我们与省直机关相关厅局对接交流研讨，先后深入郑州市、商丘市、信阳市、鹤壁市、新乡市、焦作市、洛阳市、许昌市及其相关县调研了解基层情况，分别到上海市、江苏省、广东省等先进地区学习借鉴先进经验，认真分析与认识河南省经济高质量发展进展态势、存在的突出问题，提出了促进河南省经济高质量发展的战略对策。

一、河南省经济高质量发展的基本特征

1. 高质量发展引起各地高度重视

按照党的十九大关于"我国经济已由高速增长阶段转向高质量发展阶段"的重大判断，河南省委省政府先后召开重要会议并制定出台《关于推动高质量发展的实施方案（2018—2022年）》《河南省高质量发展指标体系与市县高质量发展考核评价实施办法》等，各市县也结合当地实际制定出台了更加具体细致地促进高质量发展的实施意见，并建立考核机制，保障了高质量发展的全面推进。从我们调研了解的情况看，各地推进高质量发展的积极性都比较高，而且结合当地经济发展的实际，都在想方设法寻求破解高质量发展难题的具体方法，特别是结合现代信息技术、大数据应用、AI研发、区块链推广应用等前沿领域人才与产业基础，推动当地经济高质量发展[3]。

2. 各地高质量发展显示出初步活力

高质量发展虽然是一个新的历史性命题，但是各地由于认识到位，都在大胆探索高质量发展之路。郑州市2018年先进制造业高质量发展快速推进，智能手机产值突破3000亿元。"三大改造"深入推进，技改投资增长40%以上，建成省级智能工厂（车间）21家，

* 本文发表于《创新科技》2020年1月第20卷第1期第30-36页。作者为张占仓、杨书廷、王建国、贺建委、柴中畅、罗建中。

基金项目：国家社科基金重大项目（18ZDA040）；河南省人民政府参事室2019年重点调研项目。

新增国家级绿色工厂8家，郑煤机高端制造和智能制造赢得习近平总书记的充分肯定。2019世界传感器大会在郑州举行，会上中国（郑州）智能传感谷规划正式发布，引起广泛关注。2018年，洛阳市研发投入强度达到2.14%，跃居全省第一位。中信重工研发的消防机器人实战能力非常强，其推广应用将改变整个消防行业的基本业态，大大减轻消防从业人员的安全威胁。新乡市建立河南电池研究院，加大动力电池研发力度，市委书记市长等均亲自到研究院落实研发任务。焦作市高度重视创新驱动，聚焦本地骨干企业创新，形成了一批在国内外有重要影响力的产品。目前，全市处于国际领先地位的工业产品有9个，在行业处于领先地位的企业产品有11个，在这些产品的影响下，全市企业创新研发的积极性进一步提高。柘城县一个金刚石企业投入大量人力、物力、财力成功研发首饰级钻石，是全球少数掌握该技术的企业之一，成品已批量出口美国等，企业也因此在全行业大大提升了影响力。民权县引进国外技术生产的二维码用电池刚刚投产就赢得8亿元的订单，而且产品盈利水平比较高，从而使企业可持续发展充满活力[4]。

3. 优化营商环境推进力度较大

2018年9月，河南省委省政府办公厅出台《河南省优化营商环境三年行动方案（2018—2020年）》，2019年初河南省政府办公厅印发《关于聚焦企业关切进一步推动优化营商环境政策落实的通知》，全省围绕推动高质量发展、提高开放水平、服务实体经济和依法维护企业权益，全面优化营商环境，正确处理政府、市场、企业的关系，把深化"放管服"改革作为核心抓手，把企业办理业务全流程便利度作为衡量标准，把企业对营商环境建设成效满意度作为改革取向，实施营商环境核心指标对标优化行动，集中力量解决营商环境存在的突出问题，着力破解企业投资生产经营中的"堵点""痛点"，加快打造市场化、法治化、国际化营商环境，增强企业发展信心和核心竞争力。我们在各地调研过程中，企业普遍反映改善营商环境进展较快，政府相关管理部门的办事效率提升明显，由政府推动的企业减税降费、减轻负担进展顺利，为企业发展创造了看得见、摸得着的实际利益[5]。

4. 创新驱动是高质量发展的主要抓手

实施创新驱动战略，关键是要在创新资源投入、创新要素集聚、特别是研发机构和创新人才引进、使用和充分发挥作用方面下硬功夫。近两年，河南省委省政府连续举办的招才引智大会以及取得的显著成就为全省启动了以优秀人才为支撑实施创新驱动战略的大幕，在国内外产生重要影响，使全社会对未来经济高质量发展需要把人才作为第一资源形成共识[6]。郑州市以高投入引进研发机构、引进人才、引进项目、引进创新团队为主要内容掀起的抢人才浪潮，对全省影响非常大，也激励很多市县效仿郑州市的做法，出台了集聚创新要素的文件，重视科技创新的整体氛围大大加强。郑州、洛阳、鹤壁、焦作、新乡等地都已经成功引进一批中科院、中国工程院、中国农科院等研发机构，多数市根据当地产业发展需要，也先后成立了一批新的专业研发机构，骨干企业的研发机构也得到进一步加强，各种立足于企业需求的工程技术中心、重点实验室、院士工作站等如雨后春笋般成批建立，市委、市政府主要领导亲自调研科研机构、亲自深入科研机构了解创新项目进展情况、亲自与科研人员深度交流。

5. "项目为王"成为各地高质量发展的共识

各地发展差异很大，推动高质量发展均需要结合当地实际的具体抓手。因此，按照新发展理念，符合高质量发展要求的重大重点项目成为推动高质量发展的热点，也是推动高质量发展的难点。正因为是热点难点，才需要地方党委和政府投入更多的管理资源，发挥我们的体制优势，集中力量办大事、办难事、办急事，为高质量发展真正注入高科技、高能量、高服务。各地瞄准高质量发展的大方向，以主要领导带头、班子成员分工负责的方式抓重大重点项目，切实为高质量项目落地或者高效率运行服务，初步形成了"项目为王"推动高质量发展的浓厚氛围，也成为全社会推动高质量发展的广泛共识。正是因为各地抓住了高质量发展的骨干项目，特别是突破性项目或引领性项目，才有力推动了当地高质量发展一系列重大措施的有效落实，在目前传统产业发展遇到持续下行压力的特殊情况下保持了经济稳中求进、稳中有进、稳中向好、稳中出彩的趋势[7]，支撑了全省GDP增长速度一直比全国快1个百分点的发展大局，维护了全省GDP总量长期稳居全国第五位、中西部地区第一位的战略地位。

二、河南省经济高质量发展存在的突出问题

1. 科技创新投入强度不够

2017年9月，河南省政府办公厅《河南省研发投入提升专项行动计划（2017—2021年）》提出，到2018年，河南省全社会研发投入约600亿元，占生产总值比重1.3%以上。到2021年，河南省全社会研发投入力争赶上全国平均水平[8]。实际上，2018年全省研发投入占比达1.40%，较好完成了提出的年度目标。但是，当年全国研发投入占比升至2.19%，北京、上海、天津、重庆分别达到6.17%、4.16%、2.62%和2.01%，广东、江苏、浙江、山东、福建分别达到2.78%、2.70%、2.57%、2.51%和1.80%。河南省与全国平均水平相比差距比较大，与先进省市相比差距更大[9]。同是地处中部的安徽、湖北、湖南、江西等研发投入占比已分别升至2.16%、2.09%、1.81%和1.41%，连地处西部的陕西、四川也已升至2.18%和1.81%。与之相比，河南省GDP稳居全国第5位，与研发投入居全国第16位非常不匹配，对实施创新驱动战略投入强度明显不够，不利于吸引和集聚创新资源，尤其是不利于吸引优秀人才[10]，更不利于形成长期推动高质量发展

的持续动力[11]。

2. 生态环境保护问题比较突出

自2012年全国开始定期公布PM2.5等空气污染指标以来，郑州、焦作、安阳、洛阳、鹤壁、濮阳等市经常出现在全国空气污染最严重的前20个城市之内。近几年，河南省下决心启动污染防治攻坚战，确实采取了很多重要措施，大量企业承担了减轻环境污染的历史责任，全省环境污染状况总体上有很大改观。但是，从20世纪80年代开始河南省按照国家能源原材料基地建设的要求发展，目前全省火电装机容量占比高达77.94%，钢铁、煤炭、电解铝、水泥、玻璃、传统煤化工（甲醇、合成氨）、焦化、铸造、铝用炭素、耐火材料、陶瓷等污染较重的企业比较集中，加上西高东低地形不利于近地面污染物扩散[12]，致使全省环境污染负荷仍然比较重。在全国网络购物快速发展的同时，城镇居民家庭包括生活垃圾、包装垃圾等数量快速增加，垃圾污染也成为城镇生活面临的一个突出问题，离国家提倡并已经开始试点的"无废城市"距离较远[13]，与绿色生活方式还没有直接的关系[14]。在全面迈向高质量发展的背景下，河南省生态环境保护问题仍然比较突出，污染防治攻坚战的任务依然繁重。

3. 制造业亟待转型升级

近年来，制造业发展呈现出"软件定义、数据驱动、平台支撑、服务增值、智能主导"的新趋势。按照河南省政府出台的《河南省智能制造和工业互联网发展三年行动计划（2018—2020年）》，全省制造业高端化、智能化推进力度较大，全省投资3000万元以上的示范项目超过了1000个。目前，河南省有国家两化融合管理体系贯标试点企业99家，2018年河南省两化融合发展水平指数51.2，居全国第11位，较2017年前移两位。河南省制造业发展规模居全国第一方阵，特别是在超高压电力装备、盾构装备、农机装备、矿山装备、智能手机、专用机器人等领域产业规模较大，产品质量优良，远销全球几十个国家，创新发展态势较好，在国内外有较大

影响力。但是，河南省制造业总体上大而不强，高端供给不足、中低端供给过剩的结构性矛盾也比较突出，很多领域创新能力弱、资源消耗大、智能化水平偏低、龙头企业少、品牌影响力不强、集群化程度不高等短板比较明显，高端制造、智能制造占比较低，郑州、洛阳、许昌、新乡等研发实力较强的城市高端制造、智能制造也处在起步状态，尚没有形成明显的行业竞争优势与核心技术竞争优势，直接制约了制造业高质量发展。2018年，全省规模以上工业企业数字化研发设计工具普及率、关键工序数控化率、数控设备联网率分别达到71.1%、45.6%和35.7%，较2017年分别提高6.1个、1.4个和2.2个百分点，进一步提升空间较大。面对物联网、大数据、AI、5G等为代表的新的产业技术革命浪潮，全省制造业高端化、智能化、绿色化、服务化、国际化势在必行，亟待通过创新驱动转型升级，逐步打造先进制造业强省，进一步强化创新发展的优势，培养更多国际化知名品牌。

4. 民营经济活跃度不高

2019年1～9月，河南省民间投资增长5.7%，虽然高于2018年增长2.9%的速度，但是仍然低于同期全省投资增速2.5个百分点。全省民间投资占固定资产投资的80%左右，是以投资促进经济高质量发展当之无愧的主力军。主力军投资增速低迷，对稳经济、促发展的大局影响较大，也说明在转轨经济背景下，政商关系出现了新情况，针对性营造宽松营商环境方面还存在较大差距。就河南省的情况深究其原因，得知全省民间投资主要集中在工业和房地产领域。当前不少工业企业，特别是中小微企业普遍反映存在国内外市场竞争激烈、招工困难、用工成本高、融资难融资贵等问题，直接影响投资信心。同时，在房地产领域，各地落实"一城一策"，抑制房地产领域投机炒房行为，导致房地产开发投资增速趋缓，有钱不敢投的现象比较明显。在基层调研时很多民营企业家反映，我国面临百年不遇之大变局，全国股市一直波动较大，使民营企业对未来投资预期不明朗，特别是对新项目不敢投、等待观望情绪比较重，直接影响了民间投资的增长速度。过去民营经济发展比较活跃的许昌市，也出现了民间投资增长不活跃的新情况。部分资产规模较大的民营企业由于资金链出现问题，形成非正常运行现象，也影响了民营企业投资的信心。

5. 乡村振兴战略推进不均衡

实施乡村振兴战略，是党的十九大做出的重大战略部署，是新时代"三农"工作的总抓手。按照省委、省政府关于推进乡村振兴战略的实施意见，全省各地坚持高质量发展的时代主旋律，按照产业兴旺、生态宜居、乡风文明、治理有效、生活富裕的总要求，统筹推进农村经济建设、政治建设、文化建设、社会建设、生态文明建设和党的建设，涌现出各种各样的加快农村发展的新模式、新业态、新经验，特别是三产融合效果比较突出，有效促进了当地农民增收、农村生态环境改善和农村精神文明建设。2019年3月，全国两会期间，习近平总书记参加河南代表团审议时，对如何推进乡村振兴提出明确要求，强调"乡村振兴是包括产业振兴、人才振兴、文化振兴、生态振兴、组织振兴的全面振兴，实施乡村振兴战略的总目标是农业农村现代化"。要扛稳粮食安全这个重任，要推进农业供给侧结构性改革，要树牢绿色发展理念，要补齐农村基础设施这个短板，要夯实乡村治理这个根基，要用好深化改革这个法宝。按照习近平总书记的新要求，省委组织了大规模的专题调研，聚焦人、土地、市场、改革等重点问题，形成了进一步推动乡村振兴的一系列新举措，深受基层欢迎。但是，乡村振兴涉及面比较宽，现在各地进展差异较大，特别是基层党组织不健全或缺乏好带头人的农村，乡村振兴进展较慢，需要引起我们高度重视。

三、进一步推进河南省经济高质量发展的战略对策

1. 实施创新驱动战略亟须政府加力

习近平总书记强调："发展是第一要务，

人才是第一资源，创新是第一动力""创新是撬动发展的第一杠杆""实施创新驱动发展战略决定着中华民族前途命运""自主创新是推动高质量发展、动能转换的迫切要求和重要支撑"。习近平总书记这些论述，为我们指明了高质量发展的关键支撑是创新驱动，这也是发达国家实践证明的、科学可行的高质量发展之路。实施创新驱动发展战略，需要全社会投入足够的人力、物力、财力，这是创新发展的一般规律。企业的应用性研发需要以企业为主体投入，而社会公共科技投入、基础研究投入、超前性重大项目研发投入则需要以政府投入为主。河南省作为全国 GDP 第五大省，研发投入占比明显偏低的现象必须引起高度重视，并下决心从省市县政府做起，瞄准研发投入占 GDP2.50% 的目标，想方设法带头提高全社会研发投入占比在全国的位次，以比较充裕的研发投入营造宽松的创新氛围，培育深厚的创新沃土，进而大量吸引人才、集聚创新资源、滋养创新项目、激发创新热情、积淀创新成果，以持续不断的创新成果推广应用为全省经济高质量发展增添不竭动力，以创新发展谱写新时代中原更加出彩的绚丽篇章。

2. 以高端制造和智能制造为支撑挺起先进制造业的脊梁

9 月 17 日，习近平总书记在郑煤机调研时指出：制造业是实体经济的基础，实体经济是我国发展的本钱，是构筑未来发展战略优势的重要支撑。要坚定推进产业转型升级，加强自主创新，发展高端制造、智能制造，把我国制造业和实体经济搞上去，推动我国经济由量大转向质强，扎扎实实实现"两个一百年"奋斗目标。按照习近平总书记的要求，我们要旗帜鲜明地发展实体经济，而在实体经济中，要牢牢把握制造业高质量发展这个基础。基础不牢，地动山摇。只有把制造业这个基础不断巩固与加强，实体经济才能够有战略支撑。两者相辅相成，国民经济就能够保持发展活力，老百姓就能够在经济发展中充分享受发展红利，不断提高获得感、

幸福感、安全感。

3. 坚定不移保护生态环境

按照习近平总书记在黄河流域生态保护与高质量发展座谈会上重要讲话精神的要求，我们要坚定不移地把生态环境保护与环境污染防治攻坚战协同推进。一是要把黄河流域生态保护与高质量发展做实，坚持绿水青山就是金山银山的理念，坚持生态优先、绿色发展，以水而定、量水而行，因地制宜、分类施策，上下游、干支流、左右岸统筹谋划，共同抓好大保护，协同推进大治理，按照国家顶层设计要求，启动一批"大保护""大治理"工程，着力加强生态保护治理、保障黄河长治久安、促进全流域高质量发展、改善人民群众生活、保护传承弘扬黄河文化，让黄河成为造福人民的幸福河。二是按照习近平总书记在这一次重要讲话中生态保护的思想，对全省生态保护进行系统规划，提出全面推进生态保护的方案，并举全省之力分步实施，推动全省生态保护工作迈出新的重大跨越，让全省越来越多的区域形成绿水青山的面貌，让老百姓享受美丽家乡的幸福。三是继续坚持铁腕治污，特别是要从长计议，全社会协同推进，在降低燃煤发电占比、提高风力发电、太阳能发电等绿色能源比例上做出长远规划，并调动全社会资源推动落实，以板上钉钉的硬举措大规模减少批量污染物来源，让绿色发展之光照亮我们美好生活的未来。四是推动绿色生产方式与绿色生活方式普及，让每一个企业与社会成员成为绿色发展的参与者与奉献者。在生产领域，建议以税收优惠的方法加快建设绿色车间与绿色企业，鼓励越来越多的企业成为绿色发展的支持者。在生活领域，由郑州、洛阳等带头，从我做起，从现在做起，从减少城市垃圾、建立居民家庭垃圾分类处理体系入手，让绿色生活概念进入普通百姓生活实践，在全社会营造绿色发展的整体氛围。

4. 激发民营经济发展活力需要新的重大策略

由 2019 年 1~6 月全省稳投资实际进展情

况分析可知，在河南省这样基础设施更需要投资、发展机会较多、外商投资比较活跃的经济大省民营经济固定资产投资只增长了3.8%，而同期浙江省却增长了10.0%，福建省更是同比增长11.4%。我们调研分析认为与当地出台的鼓励支持民营经济发展几十条意见的含金量与执行力直接相关。不少民营企业负责人反映，管理部门在处理与民营企业的"亲清关系"上，"清"处理得比较好，但是"亲"处理得不妥。有些企业需要相关部门帮助协调解决一些具体问题，多次联系，但是连具体管理者的面都见不到，使民营企业负责人感觉比较"凉"，确实影响了民营企业进一步发展的积极性。因此，在认真向浙江、福建等民营经济发展活跃的省份学习的基础上进一步细化、增加支持鼓励民营经济发展的新的政策措施迫在眉睫，而且任务比较艰巨。政府相关部门要认真学习浙江、福建等民营经济发展活跃地区的经验与做法，站位民营企业发展遇到的实际困难，立足于为民营企业扩大投资解决实际问题，探索更加贴合实际的政府管理、投融资、项目报批、投资回报等政策措施以及落地落实问题，以最终能否激活民营企业投资为检验标准，从每一件具体事情做起，改善当地的营商环境，为民营经济加快发展注入生机与活力。

5. 总结推广企业还贷周转金的"洛阳模式"

面对百年未有之大变局，企业正常经营遇到多方面的困难，再加上历史性转型升级的需要，很多企业高质量发展中反映最集中的问题之一是融资难融资贵，而资金链条不畅，对企业可持续发展影响特别大。洛阳市充分发挥市财政资金"四两拨千斤"的作用，建立企业还贷周转金，引导省、市、县三级财政注入资金2.5亿元。自开办以来至2019年9月底，共办理还贷周转金7601笔，周转金额352.1亿元，财政资金放大倍数达141倍以上，为企业节约融资成本5亿元以上，为很多企业渡过短期资金难关发挥了重要作用。建议省财政厅对此组织系统调研，向全省推广普及这种做法，并可进一步创新，帮助企业破解融资难融资贵难题，发挥财政制度的独特优势。

6. 实施乡村振兴战略需要全面加强党的基层组织建设

习近平总书记对河南省乡村振兴特别重视，2019年3月和9月两次就河南省乡村振兴提出明确要求，河南省要对乡村振兴倾注更多的精力。据调研所到的基层情况可知，乡村振兴战略实施成效显著的地方最重要的经验都是基层党组织建设特别好。既有德才兼备的支部书记，又有善于合作共事的支部一班人。在这样强有力的党组织带领下，充分利用党中央实施乡村振兴战略的一系列优惠政策，就能够顺利推动当地乡村振兴，加快农业农村高质量发展步伐。因此，实施乡村振兴战略必须把加强农村基层党组织建设放在突出位置，这是整个工作的重中之重，也是党的十九届四中全会对基层党建制度建设的要求。

四、结语

1. 高质量发展是未来河南省经济发展的第一关键词

高质量发展是当今时代中国发展的主旋律，也是中国经济由大到强实现历史性跨越必须经过的一个发展阶段。河南省作为全国GDP第五大省，特别是作为全国占比较重要分量的制造业大省，未来必须把高质量发展作为经济发展的第一关键词，围绕高质量发展部署全省的战略资源，在粮食生产与加工、高端制造、智能制造等优势领域打造具有国际影响力的知名品牌，培育一批核心竞争力强的骨干企业，形成一批特色鲜明的产业集群，促进全省产业结构转型升级，使经济发展效率大幅度提升、人民生活水平持续改善、绿色发展快速推进、城乡面貌更加美丽。

2. 高质量发展需要坚定不移实施创新驱动战略

实施创新驱动战略，提高经济发展的高科技含量，主动适应5G、物联网、大数据、

AI、区块链等产业变革的新形势，是推动高质量发展最得力的战略举措。而创新驱动需要投入比以往更多的人力、物力、财力，吸引成批的科技人才，特别是青年人才，建设一批高水平的重点实验室、工程技术中心、院士工作站、国际合作交流平台等。因此，要调整战略思维方式，整合全社会的科技资源，坚定不移实施创新驱动发展战略，集中力量协同攻关，破解影响产业升级的共性技术和关键技术，创造更多的知识产权，培育驱动经济高质量发展的强大动力和新动能。

3. 高质量发展需要与生态环境保护协同推进

我们在经历了重化工业化的发展阶段以后，尝到了环境污染带来的危害，保护生态环境成为进一步发展中必须协同推进的历史性任务。特别是河南省重化工业比较集中，燃煤发电占比高，电解铝、钢铁、水泥等原材料工业规模大，从源头上减少环境污染源的任务繁重。按照党的十九大以来全国统一部署，树立和践行绿水青山就是金山银山的理念，坚持节约资源和保护环境的基本国策，协同推进高质量发展与生态环境保护。坚持铁腕治污不动摇，持续打好污染防治攻坚战，把生态环境保护的重大举措落到实处，切实改善生态环境质量。

4. 高质量发展需要高度重视激活民营资本

民营经济是市场竞争的主力军，民营资本的活跃程度直接影响未来经济高质量发展的大局。在推进高质量发展的过程中，既要妥善处理好政商之间的"亲清关系"，又要高度关注民营企业的实际诉求。按照公平竞争的市场规则，向民营经济开放更多的市场领域，并根据全国性产业结构转型升级特殊历史阶段的特殊需要，发挥政府宏观调控作用，帮助民营企业破解招工难、人工成本上升快、融资难融资贵、国际市场波动大、创新资源不足等实际问题，让民营企业有"亲"的感觉，激发民营资本的市场活力，让民营经济成为高质量发展的主力军。

5. 高质量发展需要保持战略定力

高质量发展作为一个历史性战略命题，既有其紧迫性，又有其长远性和复杂性。因此，对于当前面临的产业结构转型升级问题，我们必须有紧迫感，并通过创新驱动、加大力度发展高科技产业等，抓紧推进，让普通民众能够感受到高质量发展的实际成效，增强全社会进一步推动高质量发展的信心。要做出长远规划，并保持战略定力，坚定不移地逐步付诸实施，使河南省经济发展迈入高质量发展的轨道，完成这个发展阶段历史赋予我们的艰巨任务。

参考文献

［1］新华社．习近平在河南主持召开黄河流域生态保护和高质量发展座谈会时强调共同抓好大保护协同推进大治理让黄河成为造福人民的幸福河［N］．河南日报，2019-09-20．

［2］新华社．习近平在河南考察时强调坚定信心埋头苦干奋勇争先谱写新时代中原更加出彩的绚丽篇章［N］．河南日报，2019-09-19．

［3］耿明斋．推动河南经济高质量发展［N］．河南日报，2019-01-13．

［4］张占仓．河南以稳投资为支撑推动经济稳定较快发展的探索［J］．河南科学，2019（10）：1682-1689．

［5］孙新雷．高质量发展与河南的选择［J］．协商论坛，2018（8）：20-21．

［6］李铮冯，芸马涛．中国·河南招才引智创新发展大会中国·河南开放创新暨跨国技术转移大会隆重开幕［N］．河南日报，2019-10-27．

［7］谷建全，周立，王承哲，等．稳中有进稳中向好保持定力行稳致远：2019年上半年河南经济运行分析及全年走势展望［N］．河南日报，2019-07-16．

［8］河南省政府办公厅：河南省研发投入提升专项行动计划（2017-2021年）［EB/OL］．（2017-09-20）［2019-10-20］．http：//news. dahe. cn/2017/10-13/195081. html.

［9］胡明晖，楚明超，康艳，等．科技创新推动河南经济高质量发展研究［J］．河南科学，2019（4）：470-476．

［10］刘晔，曾经元，王若宇，等．科研人才集聚对中国区域创新产出的影响［J］．经济地理，2019（7）：139-147．

[11] 金碚. 关于"高质量发展"的经济学研究 [J]. 中国工业经济，2018（4）：5-18.

[12] 王丽萍，夏文静. 中国污染产业强度划分与区际转移路径 [J]. 经济地理，2019（3）：152-161.

[13] 张占仓，盛广耀，李金惠，等. 无废城市建设：新理念新模式新方向 [J]. 区域经济评论，2019（3）：84-95.

[14] 张占仓. 绿色生活从我做起 [N]. 人民日报（海外版），2018-12-04.

加快郑州生态保护与高质量发展步伐[*]

7月3日，省委、省政府召开专题会议，深入学习贯彻习近平总书记重要讲话精神，认真研究谋划事关郑州发展全局和长远的重大问题，为加快推进郑州国家中心城市建设赋能助力，郑州发展迎来新一轮跨越前行的重要机遇。

一、围绕紧临黄河优势，打造绿色生态环境

20世纪80年代，郑州就以"绿城"而闻名全国。2019年9月，习近平总书记在郑州主持召开黄河流域生态保护与高质量发展座谈会，并将其上升为重大国家战略。郑州坐落在中华民族母亲河黄河岸边，受黄河文化影响较大，可以围绕紧邻黄河的优势，把城市与黄河贯通，打造各具特色的亲近黄河、融合黄河的生态环境，为城市增添黄河文化特殊功能。

引黄河水入城，打造水韵城市。考虑到长期引水的经济性，借鉴南水北调的设计思路，从郑州以西适当地点引水入城，为郑州市内的金水河及各个支流、西流湖等湖泊注入黄河水，提高市区水面覆盖率，建设生态水系，打造中国北方水城，让郑州能够"因水而秀"，城市能够"因湖而雅"，市民能够"观水而乐"，使黄河真正成为造福人民的幸福河。

打造生态园林城市，让绿意更浓。经过多年努力，郑州市2014年已经获得"国家森林城市"称号。近几年，郑州市加快生态园林城市建设步伐，在精雕细琢上下功夫，实施增绿、治水、防污等一系列生态建设项目，

对原有绿化改造提升。至2019年底，郑州市建成区绿化总面积1.95亿平方米，绿地率35.84%，绿化覆盖率40.83%，人均公园绿地面积13.2平方米，分别比2006年增加4.14个百分点、5.93个百分点、5.03平方米。2020年初，郑州被命名为"国家生态园林城市"，是长江以北唯一获此殊荣的省会城市。下一步郑州要配合市区引黄河入城建设生态水系的需要，继续提高生态环境建设质量，实现"城在林中、人在花间、行在树下、四季常青"的美好憧憬，为百姓带来更多优良生态环境的现代享受。

建设绿色人文生态廊道，展示郑州亮丽风采。结合国家中心城市建设需要，坚持"城市就是园林"的现代理念，形成"抓点、连线、成片"的生态园林建设体系。围绕郑州"北静"的发展定位，加快郑州黄河生态廊道示范段建设，精心规划，匠心琢磨，打造能够代表黄河文化主要特征的新地标，挖掘黄河文化的深层次内涵，展示黄河文化的亮丽风采，让亲临者感受黄河文化的丰厚底蕴。在沿河地段，建设供居民休闲娱乐与接受黄河文化滋润的绿色人文生态廊道，确实让广大市民享受幸福河的时代福音。

二、实施创新驱动战略，打造内陆开放新高地

实施创新驱动战略，增添高质量发展动力。全面实施创新驱动战略，以政府的高投入带动全社会对研发投入的重视，以全社会的高投入营造重视人才、尊重人才、吸引人才、人尽其才的创新氛围。"十四五"期间，

* 本文发表于《河南日报》2020年7月24日第11版。

全市研发投入应达到 2.6% 的战略目标。结合国民经济发展中主导产业转型升级的需要，布局重大研发项目，集中力量攻破技术难关，打造高端制造业高质量发展的新优势，提升实体经济发展的活力，支撑新业态、新模式、新技术推广应用，支持新基建持续布局，夯实经济发展基础，为全市经济高质量发展注入强劲的创新动力。

把先进制造业作为主攻方向。习近平总书记在河南视察时指出，制造业是实体经济的基础，实体经济是我国发展的本钱，是构筑未来发展战略优势的重要支撑。我们要按照习近平总书记的指示精神，把制造业高质量发展作为主攻方向，摆在突出位置，挺起产业发展的"脊梁"，筑牢实体经济的"骨架"，持续打造"中铁盾构""宇通客车""郑州金刚石""智能传感器"等先进制造业品牌，完善品牌产业的创新链、产业链、价值链，形成更具核心竞争力、富有地域特色的一批产业集群。

加快打造内陆开放新高地。把握好"加快打造内陆开放高地"的重大要求，跳出郑州看郑州、跳出河南看郑州，以大视野、大手笔谋划大开放、大发展，全方位对接国际国内先进地区，对接国际市场规则，以更高水平开放迎来全市发展势能跃升。一是加快转变思想观念。40 多年改革开放的实践证明，只有转变思想观念，才会有大的发展，只有不断解放思想，才能实现新的发展。郑州各级干部要以国际化思维，站在中原崛起的高度，以更加开放的胸襟学习和借鉴国内外经验与做法，进一步推动全市高质量开放与发展。二是在更高水平上求突破。近年来，郑州市的开放发展为河南省建设内陆开放高地发挥了重要作用，2019 年郑州的进出口总额达 4129.9 亿元，占全省的 72.3%，居全国省会城市第 5 位，居中部 6 省第 1 位，成为开放型经济发展业绩亮丽的城市。未来要在更高水平求突破，要按照省委、省政府专题会议的部署，以新的重大项目为支撑，加快打造内陆开放新高地步伐。

准确把握实施乡村振兴战略的科学内涵与河南推进的重点[*]

摘要 根据习近平总书记在多次重要会议和深入基层调研过程中的重要讲话精神，确保粮食供给是实施乡村振兴战略的首要任务，坚持农业农村优先发展是实施乡村振兴战略的总方针，农业农村现代化是实施乡村振兴战略的总目标，产业兴旺、生态宜居、乡风文明、治理有效、生活富裕是实施乡村振兴战略的总要求，乡村振兴是包括产业、人才、文化、生态、组织振兴的全面振兴。河南作为全国最具代表性的农业农村大省，要积极承担"扛稳粮食安全这个重任"，彰显"天下粮仓"的区域优势；把落实"四个优先"的要求作为做好"三农"工作的重头戏，切实在实际工作中把农业农村农民工作优先体现出来，期望在新一轮农村土地制度改革上有所突破；按照县域发展"三起来"的要求，积极探索具有地域特色的农业农村现代化之路；按照产业兴旺、生态宜居、乡风文明、治理有效、生活富裕的总要求，推动一二三产业融合发展，着力提高农民收入水平；针对乡村振兴人才不足的难题主动采取措施，促进乡村产业、人才、文化、生态、组织等全面振兴。

关键词 乡村振兴战略；粮食安全；农村土地制度改革；农业农村现代化；河南省

党的十九大提出了实施乡村振兴战略的历史命题，充分体现了党中央对"三农"工作的高度重视和对新时代世情和国情国力特征的准确把握[1]。乡村振兴战略是党中央对过去提出的重要农业农村战略思想的系统总结和一次新的质的升华，既涵盖了改革开放以来党的各项农村政策的精髓，也顺应国情、时情、农情变化，赋予农村加快发展、实现农业农村现代化的新内涵[2]。实际上，党的十九大以来，全国各地因地制宜，对实施乡村振兴战略进行了大规模的实践探索与初步总结，习近平总书记也多次在相关调研与重要讲话中，从各个侧面阐述了实施乡村振兴战略的相关问题[3]，使实施乡村振兴战略的科学内涵日益丰富，进一步实施乡村振兴战略的重点更加明确[4]。作为全国农业农村大省的河南，如何按照习近平总书记多次重要讲话精神准确把握实施乡村振兴战略的科学内涵，是我们持续实施乡村振兴战略的紧迫任务。

一、确保粮食供给是实施乡村振兴战略的首要任务

由于历史原因，人多地少是我国的一个突出国情。因此，确保粮食安全始终在我们国家发展战略中居于特别重要的地位。据统计，全球人均耕地 0.37 公顷，而我国只有 0.1 公顷/人，不足世界平均数的 1/3（见图1）。因此，在这样人口特别多的一个大国，确保粮食安全意义重大。所以，我国农业发展问题主要是粮食生产问题[5]，粮食稳住了，农业其他问题都可以迎刃而解[6]。1995 年，

---

[*] 本文发表于《河南工业大学学报（社会科学版）》2020 年 8 月第 36 卷第 4 期第 1—9 页。

基金项目：河南省哲学社会科学重大委托项目"当前河南乡村振兴战略实施的难点及破解路径"（2019ZDW05）。

美国学者布朗在其书籍《谁来养活中国?》中，表达了对中国粮食供给的担忧，从一个特殊角度宣扬"中国威胁论"，当时在全球范围造成很大负面影响。目前，我国每年粮食消费量已远远超过世界粮食贸易量。基于此，我们必须"以我为主、立足国内"解决自己的吃饭问题[7]。

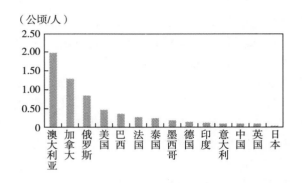

（公顷/人）

图1 世界部分国家人均耕地面积
资料来源：世界银行。

习近平总书记对粮食安全高度重视，明确提出"粮食安全要靠自己"[8]。2013年，在中央农村工作会议上，习近平总书记对新时期粮食安全战略进行了系统阐述，强调了粮食安全的极端重要性。习近平总书记明确指出，只要粮食不出大问题，中国的事就稳得住。粮食安全既是经济问题，也是政治问题，是国家稳定与发展的"定海神针"[9]。2017年10月，在党的十九大报告中，习近平总书记指出，确保国家粮食安全，把中国人的饭碗牢牢端在自己手中。2018年3月8日，习近平总书记在全国两会期间参加山东代表团审议时指出，实施乡村振兴战略是一篇大文章，要发展现代农业，确保国家粮食安全[10]。2018年9月，习近平总书记在十九届中央政治局第八次集体学习时强调，我国人多地少矛盾十分突出，户均耕地规模仅相当于欧盟的1/40、美国的1/400，"人均一亩三分地、户均不过十亩田"，是我国许多农村的真实写照[11]。2019年3月8日，习近平总书记在全国两会期间参加河南代表团审议时指出，要扛稳粮食安全这个重任，确保重要农

产品特别是粮食供给，是实施乡村振兴战略的首要任务[12]。第一次把确保粮食供给提高到实施乡村振兴战略首要任务的高度。2019年5月，习近平总书记在江西主持召开推动中部地区崛起工作座谈会时强调，要推进农业农村现代化，夯实粮食生产基础，坚持质量兴农、绿色兴农，不断提高农业综合效益和竞争力[13]。2019年9月，习近平总书记在河南调研时强调，要扎实实施乡村振兴战略，牢牢抓住粮食这个核心竞争力，深入推进优质粮食工程，在乡村振兴中实现农业强省目标[14]。这是习近平总书记第一次明确肯定河南"粮食这个核心竞争力"，而且要求牢牢抓住，为河南指明了实现农业农村现代化的发展方向。2020年1月，《中共中央 国务院关于抓好"三农"领域重点工作确保如期实现全面小康的意见》指出，确保粮食安全始终是治国理政的头等大事。粮食生产要"稳"字当头，稳政策、稳面积、稳产量。2020年的中央一号文件已经把习近平总书记在河南调研时对确保粮食供给问题的重要讲话精神全面融入，成为全党全国人民实施乡村振兴战略的统一要求。2020年3月，因为新冠肺炎疫情升级，美国市场上食品类商品被抢购一空；随着疫情在全球的大范围蔓延，很多国家开始限制粮食出口，很多机构开始担心如果疫情拖延时间过长，或将引发全球粮食危机。而2020年1月底到2月，我国新冠肺炎疫情快速暴发时期并没有出现食品类商品被抢购的局面。这是因为这些年我们国家高度重视粮食安全，我们的食品供给保障程度比较高。这个事实充分说明，在我们这样的人口大国，稳农业、稳粮食供给确实是国家安定、人心稳定、市场平定的重中之重。

习近平总书记系统阐述了粮食安全对我们国家长远发展和实施乡村振兴战略的特别重要的战略意义，"粮食生产根本在耕地，命脉在水利，出路在科技，动力在政策，这些关键点要一个一个抓落实、抓到位，努力在高基点上实现粮食生产新突破"[15]。历来作为中华粮仓的中原大地，河南一定要担当起这

一历史重任，在确保国家粮食安全方面有新担当、新作为、新奉献，坚持不懈为国家粮食安全做出积极贡献。近些年，我们依托国家粮食生产核心区建设和高标准基本农田建设，用占全国 6.0% 的耕地，生产了全国 10.1% 的粮食和 25.0% 以上的小麦，每年调出 200 亿公斤原粮及粮食制成品（见表1），粮食加工企业规模和数量均居全国前列，确实拥有"粮食这个核心竞争力"，而且在粮食生产及其加工品出口方面显示出越来越明显的新优势。特别是 2019 年，河南省夏粮总产达到 3745.4 万吨，单产达到 436.6 公斤，总产和单产均创历史新高，其中，总产较上年增产 131.7 万吨，占全国增产量的 47.1%，在高起点上实现了粮食生产的新突破；在夏粮中，全省小麦产量 3741.8 万吨，占全国的 28.0%；小麦增产 138.9 万吨，占全国增产量的 64.3%，小麦生产优势进一步彰显[16]。未来，要通过创新驱动和国家不断加大的粮食奖补政策的支持与引导，守牢耕地保护红线，进一步提高粮食生产、储藏、加工、流通、监管等环节的科技含量，激励粮农生产的积极性，藏粮于地、藏粮于技，稳定提升粮食供给能力，不断优化粮食结构，进一步提高优质粮食占比，努力把"天下粮仓"打造成"国人厨房""世界餐桌"和在全球有重要影响的"中国粮谷"，为中国和全球现代粮食文明做出独特的贡献。

表1　河南省粮食产量以及在全国占比

年份	1978	1990	2000	2010	2018	2019
河南（万吨）	2097	3304	4102	5582	6649	6695
全国（万吨）	30477	44624	46218	55911	65789	66384
河南占比（%）	6.9	7.4	8.9	10.0	10.1	10.1

资料来源：河南省统计局 2019 年经济社会发展专题分析报告及数据概要。

我们要充分贯彻执行 2020 年的中央一号文件，推动河南省粮食生产可持续发展[17]。第一，要依法严格保护耕地资源，这是"藏粮于地"的基本保障。要规范有序地推进农村土地流转，培育种粮大户和农业新型经营主体。第二，要积极推动粮食生产高质量发展。加大力度推动农业科技创新，培育更多优质小麦、玉米等主要粮食作物新品种，以品种优势支撑"藏粮于技"。特别是要重视优质高产小麦品种培育，以此为依托推进优质粮食工程，让中原小麦享誉全国。第三，加快智慧农业技术推广应用。伴随物联网、大数据、电子商务、数字乡村等新一代信息技术的深度应用，以农业 4.0 为标志的智慧农业技术已经越来越成熟地在河南省各地应用。智慧农业经过前期试点应用、技术储备、基础设施持续投入等铺垫之后，规模化经营农田的企业、种粮大户等，已经认识到智慧农业不仅可以将专家的智慧与大田里的农情即时深度融合并直接应用，促进农业丰收，提升农产品品质，而且还可以大幅度节约农田管理成本，在大面积适度灌溉、大面积病虫害防治以及特殊农情预警等方面显示出独特优势。所以，智慧农业进一步扩大应用已具备了较好的条件，河南省各地要加速智慧农业推广应用规模，全面提高农业现代化水平。第四，加快培养农业农村优秀人才队伍。持续巩固和提升河南农业高等院校、科研机构等的人才优势，为扛稳粮食安全重任提供源源不断的人才资源支持。第五，试验探索对粮食主产区的长效补偿机制。要结合产粮大县、规模化种粮企业、产粮大户等的实际需要，按照党中央已经明确的对农产品主产区提供有效转移支付的方法，开展试点，积极探索建立健全财政转移支付的可行路径与相关法规，更好地为粮食安全增添可持续发展的动力。

二、坚持农业农村优先发展是实施乡村振兴战略的总方针

2017 年 10 月，习近平总书记在党的十九大报告中提出，要坚持农业农村优先发展。2018 年 9 月 21 日，中共中央政治局进行第八次集体学习时，习近平总书记强调，坚持农业农村优先发展是总方针[11]。所谓总方针，

就是引导事业前进的总方向与指针。就如何实现农业农村优先发展，习近平总书记指出，要在资金投入、要素配置、公共服务、干部配备等方面采取得力措施，加快步伐补齐农业农村发展的短板，让农业成为有奔头的产业，让农民成为有吸引力的职业，让农村成为安居乐业的家园[11]。2019 年 1 月 3 日，《中共中央 国务院关于坚持农业农村优先发展做好"三农"工作的若干意见》明确提出："坚持农业农村优先发展总方针""加强党对'三农'工作的领导，落实农业农村优先发展总方针"。这个对"三农"工作影响深远的2019 年一号文件，把习近平总书记提出的实施乡村振兴战略，"坚持农业农村优先发展是总方针"转化为了具体的行动方案，在全国范围内进行落实。从逻辑关系看，从党的十九大报告提出坚持农业农村优先发展，到2019 年中央一号文件将其进一步明确为做好"三农"工作的总方针，再到 2020 年中央一号文件中进一步强调"坚持农业农村优先发展，强化五级书记抓乡村振兴责任"，实施乡村振兴战略的具体方法更加清晰，"三农"使全党工作的重中之重的分量凸显。

作为高风险、低收益的基础产业，农业在工业化、城镇化进程和市场化竞争中往往面临更多问题、更大风险。因此，重农固本是安民之基、治国之要。在实现中华民族伟大复兴的进程中，如果没有农业农村的现代化，就不会有国家的现代化。无论是 2020 年全面建成小康社会，还是未来全面建设社会主义现代化强国，最繁重、最艰巨的任务在农村，最深厚、最广泛的经济根基在农村，最重要的后备资源和最大的发展潜力也在农村。在国家战略资源优化配置过程中，只有坚持农业农村优先发展，深入实施乡村振兴战略，激活农村各类生产要素，促进农业全面升级、农村全面进步、农民全面发展，全面推动乡村振兴，让乡村发展与国家发展同步，才能够最终实现全国城乡一体化的均衡发展和充分发展。

作为全国农业农村大省，河南要严格按照习近平总书记的要求，坚定不移地坚持农业农村优先发展总方针，结合实际需要制定具体的政策与措施。树立农业农村优先发展的政策导向，进一步调整与理顺工农关系和城乡关系，在干部资源配置中优先考虑农村，在生产要素优化配置中优先满足农村，在可调配资金投入中优先保障农村，在不断扩大的公共服务中优先安排农村。不断夯实乡村振兴的人才基础，培育和打造善打硬仗、乐于奉献、忠诚干净的"三农"干部队伍；通过政策支持与改革，有效引导各类生产要素向农业农村流动，激发农村发展的巨大潜力；把农业农村作为地方财政优先保障的领域和现代金融优先服务的领域，打通促进"三农"发展的资金和资本瓶颈，为农村发展增添现代金融的活力；筹集足够的资金，加快补齐农村宽带网络、交通运输、乡村物流、农村饮用水、农田水利等基础设施短板，全面推进农村"污水革命""垃圾革命""厕所革命"，切实改善农村生产、生活、生态条件。同时，坚持农业农村优先发展总方针，需要建立行之有效的制度和保障机制。在实际工作中切实把"优先"体现出来，彻底改变农业农村工作"说起来重要、干起来次要、忙起来不要"的非正常现象。强化求真务实的工作作风，在实施乡村振兴战略中要出实招、求实效，扎扎实实、孜孜以求，切实为农业农村发展创造利益。

当前，农业农村工作得到了空前的重视。但是，农业农村工作经济效益不佳，农村生产要素特别是土地资源无法正常进入市场，这是农业农村发展的最大障碍。众所周知，改革开放以来，我们国家改革开放早期的突破点，就是安徽省小岗村的土地制度改革，20 世纪 90 年代我国城市改革的突破点，也是土地市场支持的房地产业的大发展。这些改革符合经济学最经典的"劳动是财富之父，土地是财富之母"的基本原理，也符合现代区域发展过程中"谁掌控了土地市场，谁就掌控了发展主动权"的现实特征。无论过去，还是现在，农村地区最大的资源优势一直是土地资源，城市土地市场的资源也主要来自农村。但是，由于种种原因，特别是原有土地法对农村土地资源的刚性约束，制约了农村地区土地资源的合理利用与有序开发[18]。2019年，我国土地法修改已经完成，为盘活农村土地资源特别是农村集体经营性建设用地资源，奠定了必要的法律基础，但是在执行和落实层面如何具体化，仍然在探索之中，遇到的障碍也比较多。2020年中央一号文件已经明确提出制定农村集体经营性建设用地入市配套制度，为农村集体经营性建设用地改革带来重要机遇。认真借鉴与推广全国土地市场改革试点的经验与做法，积极探索新一轮农村土地制度改革的科学方法，将加快清除农村土地制度历史积累的改革障碍，真正让城乡建设用地"同地同价"，激发农村地区土地资源的内在价值，让农村的土地也成为"财富之母"。这是进一步实施乡村振兴战略中急需突破的重大难题之一。各地要结合实际，认真探索土地制度特别是集体经营性建设用地直接市场化的具体操作方法。在确保耕地安全红线、稳定保障粮食生产的同时，鼓励各地积极稳妥地探索农村土地制度改革的新路子，尽快在制度层面彻底盘活农村土地资源，建立健全城乡一体化的土地市场，打通城乡之间资本双向流通的渠道，在深层次科学原理基础上加快乡村振兴的步伐。

三、农业农村现代化是实施乡村振兴战略的总目标

党的十九大报告提出，要加快推进农业农村现代化。2018年9月21日，习近平总书记在主持中共中央政治局第八次集体学习时明确提出，农业农村现代化是实施乡村振兴战略的总目标[11]，使我们对实施乡村振兴战略目标的认识更加明确。

目前，我国仍处于并将长期处于社会主义初级阶段的主要特征，在很大程度上表现在农村，我国人民日益增长的美好生活需要和不平衡不充分的发展之间的矛盾最为突出的表现也在农村。所以，我们国家实现现代

化，短板在农业，难点在农村，突破点在加快提高农民收入水平。2019年，我国农业科技进步贡献率达到59.2%。在种植业领域，主要农作物良种覆盖率超过96%，主要农作物自主选育品种提高到95%以上，主要农作物耕种收综合机械化率超过70.0%，水稻功能基因组学与绿色超级稻、农作物强杂交优势利用与新品种创制等均处于国际领先地位，我国农业科技主要创新指标已经跻身世界前列[19]。但是，与农业现代化发展形成鲜明对比的是，我国农村发展滞后问题仍比较突出，不少地方基础设施水平仍比较低，农村发展水平与城镇不协调问题依然突出。从实施乡村振兴战略的视角分析，农民富不富、农村美不美、农业强不强直接影响和决定着亿万农民的获得感和幸福感，也决定着我们全面建成小康社会的成色和实现社会主义现代化的内在质量。为了加快农村发展步伐，我们要创新方法，坚持农业现代化和农村现代化一体规划、一体设计、一并推进、一同见效。按照这样的新思路，我们就要像重视农业一样重视农村发展与建设，使两者协同部署、同步推进、相得益彰、共同进步，促进我们由农业大国迈向现代农业强国，让亿万农民共同参与现代化进程，共享现代化成果。

从区域发展理论分析，实施乡村振兴战略，必须走城乡融合发展之路，这是我们推进农业农村现代化过程中区域层级更高的发展需要。一方面，我国城镇化持续高速推进，2019年城镇化率达到60.6%[20]，城镇经济实力不断增强，区域发展的动力越来越强；另一方面，只有城乡融合发展，乡村振兴才能够获得源源不断的发展力量。因此，我们要向改革要动力，加快建立健全城乡融合发展的体制机制和与之相适应的政策支撑体系，通过金融体制改革建立健全农村全面发展的多元化投融资保障机制，有效增加对农村公共服务体系和基础设施建设的投入，有效推动土地、人才、资本、公共产品等生产要素在城乡之间双向流动，用城乡融合的力量激发农村地区的发展活力，促进城乡协调发展。

按照党中央的统筹安排，2020年全面建成小康社会之后，我国将消除绝对贫困，为全世界发展中国家消除贫困做出重大贡献，也为我们贫困地区农业农村现代化增添发展动力。但是，从区域发展实践分析，区域之间的相对贫困在我国仍将长期存在。我们要针对相对贫困地区发展的新需要，在乡村振兴战略架构下统筹促进其可持续发展，持续为当地农民增收提供政策、资金等多方面的支持。

作为全国经济欠发达的农业农村大省，河南未来农业农村现代化面临艰巨的历史任务。我们要按照习近平总书记的要求，把强县和富民统一起来、改革和发展结合起来、城镇和乡村贯通起来，积极探索具有河南地域特色的乡村振兴之路，根据不同地区的实际，通过不同的乡村发展模式，推动农业强、农村美、农民富。针对河南省城乡发展不均衡不充分问题，要通过系统的财政转移支付渠道，在支持农村改善基础设施条件方面持续发力，特别是要按照交通强国建设试点的要求，把改善农村交通条件放在比较突出的位置予以大力支持。同时，对河南省各地农村地区的通信条件、生态建设、水利条件、公共医疗服务条件、党群活动中心、文化广场等也要统筹规划，加快完善步伐，稳步扩大农村环境优美的比较优势，为广大农村地区现代化奠定更好的物质基础，提供更多精神文明活动载体。

四、产业兴旺、生态宜居、乡风文明、治理有效、生活富裕是实施乡村振兴战略的总要求

习近平总书记在党的十九大报告中提出，实施乡村振兴战略，按照产业兴旺、生态宜居、乡风文明、治理有效、生活富裕的总要求推进。

所谓产业兴旺，就是农村发展要有足够的产业支撑。产业发展要立足于构建现代农业产业体系、生产体系、经营体系[21]，走一二三产业融合发展的独特道路。当然，一定

要牢记，县域经济发展的重心是县城与部分特色乡镇；产业发展的主要载体仍然是当地的产业集聚区；产业发展的主要方法是集中力量建设有地方特色的产业集群，在有地方特色的乡镇或村庄发展一二三产业融合的产业以及特色旅游、民宿旅游等。但是，发展产业的难点在于：结合当地实际如何确立需要发展的产业，如何稳定起步，如何培育产业发展的带头人，如何形成规模化效应等。2008年以来，河南省建设了多个产业集聚区，在很多地方形成了产业集聚效应。凡是产业集聚区所在的县城或乡镇，当地农民就业和提高收入水平就有了保障。像栾川县利用地处深山区的优势，发展全域旅游，很多村都结合当地实际，进行了有地域特色的休闲旅游项目开发。当地的接待条件，特别是卫生条件得到较大改善，在节假日特别是整个夏季，从各大城市到当地去休闲旅游的人非常多，确实提高了当地农民的收入水平。而且，这种产业一旦形成影响，将形成良性循环，成为农民持续提高收入水平的产业依托。但是，河南省很多地方不具备发展全域旅游的条件，就需要寻求当地乡村振兴的产业怎样起步与如何发展的切入点。我们在孟津县魏家坡村调研时看到，该村古民居是豫西地区规模最大、保存最完整的清代建筑群。该村历史上曾经出过4位诰命夫人、20多位七品以上官员。2014年开始，经过第一期5.7亿元的资本投入，魏家坡村已初步建成休闲旅游的特色小镇，并形成较大影响，节假日旅游人数较多，对提高当地老百姓的收入起到了直接推动作用。从魏家坡的实践，我们可以得到一些启发：中原大地传统文化资源特别丰富，很多地方在中国历史上发生过有重要影响的故事，是讲好中国传统故事的最好地点，如果通过科学规划，有序引进城镇资本，开发有地方特色的休闲旅游小镇，会有比较大的发展潜力。

生态宜居，是农村环境优势的体现，主要指农村生态和人居环境质量要不断改善。生态宜居既强调人与自然和谐共处共生，要

"望得见山，看得到水，记得住乡愁"，也是"绿水青山就是金山银山"理念在乡村振兴战略中的具体体现。同时，在乡村振兴过程中进一步强化乡村地区的生态环境优势，可以增强农民的获得感。在实际工作中，推进生态宜居面临的最大难点是生态建设投入成本比较高。很多经济实力不太强的县域，难以承担生态建设持续投入的经济负担，需要寻求新的农村生态建设投资与补偿机制。

乡风文明，是乡村振兴过程中对农村精神文明建设的要求，也是乡村振兴的紧迫任务。求治之道，莫先于正风俗。要切实结合各地实际抓好乡风文明建设，保护和传承优秀乡土文化，大力弘扬社会主义核心价值观，不断提升农民科技文化素养，努力打造农民的精神家园，增强乡村地区发展的软实力[22]。下大力气抓好农村移风易俗，打破不合时宜的陈规陋习，倡导和树立现代文明新风，用现代文明的雨露滋养美丽乡村。目前，乡风文明的难点在于，很多基层缺乏乡风文明建设的基本载体，存在工作虚化的情况。我们在西华县奉母镇调研中看到，当地历史上以孝贤美德闻名遐迩，近几年当地以传承弘扬传统的孝文化为载体，把孝文化与基层党建、创建学习型乡镇、精神文明建设、青少年价值观培育、美丽乡村建设和脱贫攻坚等相结合，践行社会主义核心价值观，倡树文明新风，着力弘扬正气，形成了尊老爱幼、崇尚美德、团结友善、积极向上的良好风气，当地群众反响特别好。乡风文明成为一种看得见、有特色、充满正能量的地域文化现象，值得借鉴与学习。

治理有效，是对基层组织建设的要求，体现乡村治理目标的新导向，强调治理体制与治理能力的改革与提升，注重治理效率和基层农民群众的主动参与，是乡村治理体系与治理能力现代化的具体体现[23]。我们在基层调研时确实多次看到，凡是基层党组织健全的地方，治理情况都比较好；在党组织健全而且党组织领导人比较优秀的基层农村，不仅治理有效，而且当地特色经济发展较快，乡村振兴的经济基础比较牢固；而在党组织不健全的农村基层，治理情况相对较差，具有地方特色的经济发展也明显薄弱。因此，农村基层党组织建设是否健全，是治理是否有效的关键。

生活富裕，是农民生活水平不断提升的新标准，也是实施乡村振兴战略的主要目的。我们在调研中发现，生活富裕最大的难点在于，不少地方缺乏产业支撑，生活富裕在不少地方落实起来难度仍然较大。2020年中央一号文件提出发展富民乡村产业，比较适合实施乡村振兴战略的现实需要。据此，我们要组织引导河南省各地立足当地资源优势，打造各具特色的农村产业链，形成有地方特色的产业集群，有效推动农村一二三产业融合发展，逐步形成不同地区各具特色的一二三产业融合发展的新格局[24]。从城乡体制机制公平的视角分析，乡村居民如何像城市居民一样，既有日常的工资性收入，又有国家经济发展带来的财产性收入，对未来乡村居民生活富裕的影响非常大。而乡村居民的财产性收入，主要潜力仍然在农村集体经营性建设用地租赁使用的折股分红、农村集体经济发展分红、农村集体资产盘活与分红、农村闲置宅基地租赁收入等。这些方面改革创新的潜力较大，部分乡村已经进行了有益的探索，需要各地根据当地实际进一步加大试验与探索力度，寻求更多切实可行的具体路子。

五、乡村振兴是包括产业、人才、文化、生态、组织振兴的全面振兴

2018年3月8日，在全国两会期间，习近平总书记在参加十三届全国人大一次会议山东代表团审议时，为乡村振兴战略实施指明五条具体路径：推动乡村产业振兴、人才振兴、文化振兴、生态振兴和组织振兴[10]。2018年9月26日，中共中央　国务院发布的《乡村振兴战略规划（2018—2022年）》也明确提出，要科学有序推动乡村产业、人才、文化、生态和组织振兴。2020年3月，习近

平总书记在浙江调研时指出，要在推动乡村全面振兴上下更大功夫，推动乡村经济、法治、文化、治理、生态、党建全面强起来，进一步拓展了乡村全面振兴的内容[25]。

乡村产业振兴要突出农村产业发展的地域特色，在一二三产业深度融合发展上下硬功夫[26]。产业振兴的支撑点是发展现代乡村产业，培育新的经济增长点，提高乡村创造财富的能力。适应高质量发展的时代需要，应推动农业从传统意义上的增产导向转向增产与提质并重的新导向，持续增强农业科技创新能力和核心竞争力，为经济社会发展提供更多优质农产品，为农民增收拓展新空间。

推动乡村人才振兴，关键是要改善农村人才成长环境，想方设法留住部分农村优秀人才，吸引部分外出人才回乡和部分社会优秀流动人才，以人才汇聚的智慧推动和促进乡村振兴，增强农业农村发展的内生能力，为乡村振兴注入新动能[27]。要培养更多知农爱农、扎根乡村的人才，推动更多科技成果真正应用到田间地头，造福于基层群众。畅通各类人才下乡回乡渠道，支持年轻大学生、退役军人、各类企业家等到农村干事创业、大展宏图。组织更多城市科技人员下乡服务。只有更多的人才愿意到农村去，乡村人才振兴才有希望。

推动乡村文化振兴，是乡村振兴的铸魂工程，主要途径是坚持物质文明和精神文明一起抓，深入、系统、全面挖掘农村内涵丰富的优秀传统文化精髓。因此，应结合新时代农村发展的需要，在保护传承的基础上创造性转化、创新性发展，充分利用身边的人和有正面教育意义的事，培育乡风文明新时尚，以充满活力、有地方特色的乡村文化，宣传乡风文明新亮点，更好满足广大农民精神文化生活的新需求，繁荣兴盛农村文化。

推动乡村生态振兴，就是要坚持生态优先、绿色发展，让生态宜居成为乡村振兴的支撑点。通过系统的环境整治，优化产业结构，积极推进农业农村绿色发展，引导农民绿色消费，加快农村人居环境综合治理，严

格控制化肥、农药的使用量，扩大农村自然环境优美的传统优势，让优美生态、幸福家园、诗意山水、蓝天白云成为乡村振兴的新支点，打造农民安居乐业的美丽图景[28]。

推动乡村组织振兴，就是要发挥把党组织建到基层的体制优势，以优秀基层党支部为支撑，不断强化农村基层党组织建设，着力培养农村基层党组织带头人队伍。积极发展农村集体经济和新型农民合作经济组织，提升农村基层党组织对乡村振兴的全面领导水平。依法完善村民自治制度，健全乡村治理体系，提高乡村治理水平，让乡村社会充满发展活力，为广大农民安居乐业、农村社会安定有序提供组织保障[29]。

乡村全面振兴是党中央"五位一体"总体布局、"四个全面"战略布局在新时代"三农"工作中的重要体现。乡村全面振兴，任务艰巨，是一场攻坚战，也是一场持久战，必须一步一个脚印地努力，久久为功，才能够逐步见到实效。

从我们在基层调研了解的情况分析，目前对乡村全面振兴影响最大的因素是人才资源严重不足。乡村组织振兴，缺乏德才兼备的村干部；乡村产业振兴，缺乏优秀的具备企业家素养的带头人。近些年，我们通过持续向农村派驻第一书记，通过持续的干部驻村扶贫帮扶，确实为农村带去了现代经济发展的新理念、新思想、新方法，部分地弥补了农村优秀人才不足的问题。但是，这些干部不是"永久牌"，与当地长远发展的深度融合问题难以彻底解决，也缺乏根植于当地为地方发展长期效力的制度保障。所以，针对乡村振兴的长远需要，如何通过制度化的方法，激励部分农村当地的优秀外出务工、经商人员，包括在城市工作已经退休的各种有组织协调领导能力的原当地人员，或通过乡村重大项目开发能够长期扎根农村的青年优秀人才，稳定地回归乡村、服务乡村、支持乡村、富裕乡村，培育一批新时代的乡贤，为农村发展提供充足的人才资源保障，可能是我们未来需要进行深入探索的制度性问题

之一。人气活，则经济活；人气兴，则乡村兴。从人才资源上形成支持乡村振兴的机制，乡村振兴的活力才能够有效迸发出来。

六、结论

第一，习近平总书记关于实施乡村振兴战略的重要论述日益完善。党的十九大以来，结合全国各地的探索实践，习近平总书记站位全局、放眼未来，对我国实施乡村振兴战略进行系统思考，明确提出了确保粮食供给是实施乡村振兴战略的首要任务；坚持农业农村优先发展是实施乡村振兴战略的总方针；农业农村现代化是实施乡村振兴战略的总目标；产业兴旺、生态宜居、乡风文明、治理有效、生活富裕是实施乡村振兴战略的总要求；乡村振兴是包括产业、人才、文化、生态、组织振兴等的全面振兴，不仅具有重要的理论研究价值，也特别切合我国实施乡村振兴战略的客观需要，需要我们在实施乡村振兴战略中准确把握。

第二，实施乡村振兴战略需要充足的资源支持。在我们这样拥有 14 亿人口的发展中大国，全面实现乡村振兴是前无古人、后无来者的伟大创举，没有现成的、可照搬照抄、直接学习的经验，只能依靠我们自己一步一个脚印地坚持长期探索，才能够把未来的路子越走越宽广。乡村振兴既然作为国家战略来实施，那么就需要调动全社会方方面面的资源。在国家政策法规层面需要新的重大突破；在国家资源配置领域需要有新的战略导向，引导更多战略资源支持乡村振兴；在认识发展中大国"三农"问题上需要新的跃升；在区域经济学理论与方法上也需要进行创新，形成新的理论支撑，指导我国各地因地制宜实施乡村振兴战略。

第三，河南作为全国典型的农业农村大省，大胆探索破解实施乡村振兴战略中的难点，意义重大。在实施乡村振兴战略中，河南担负着"要扛稳粮食安全这个重任"的特殊任务，要继续发挥农业科技创新实力较强的优势，一要坚守地域农业发展特色，由

"天下粮仓"持续向"国人厨房"和全球有重要影响的"中国粮谷"迈进，为全国和全球现代粮食文明做出新的贡献；二要坚定不移坚持农业农村优先发展总方针，集中力量在 2020 年完成打赢脱贫攻坚战任务，通过更多财政转移支付项目，加快补齐全面小康在"三农"领域的突出短板，促使农村基础设施与公共服务进一步完善；三要坚持因地制宜，按照不同地区不同的发展模式，着力推动农业强、农村美、农民富，扎实推进农业农村现代化；四要按照产业兴旺、生态宜居、乡风文明、治理有效、生活富裕的总要求，综合施策，协同发力，提升农民的收入水平；五要按照乡村产业、人才、文化、生态、组织振兴的明确思路，促进乡村全面振兴。按照河南各地进行的探索，乡村振兴要立足于三产融合，促进产业兴旺是大方向；营造农村人才成长与发展的环境，聚集人才资源，健全基层党组织，是激发乡村内在活力的必由之路；打通城乡要素市场，聚焦生活富裕，才能真正使乡村振兴战略落到实处，实实在在造福更多普通百姓，并为全国实施乡村振兴战略贡献中原智慧和中原力量。

参考文献

[1] 魏后凯，张瑞娟，王颂吉，等. 走中国特色的乡村全面振兴之路 [N]. 经济日报，2018-08-02 (16).

[2] 魏后凯，刘长全. 中国农村改革的基本脉络、经验与展望 [J]. 中国农村经济，2019 (2)：2-18.

[3] 韩俊. 以习近平总书记"三农"思想为根本遵循实施好乡村振兴战略 [J]. 管理世界，2018 (8)：1-10.

[4] 邓金钱. 习近平乡村振兴发展思想研究 [J]. 上海经济研究，2019 (10)：36-45.

[5] 张占仓. 中国农业供给侧结构性改革的若干战略思考 [J]. 中国农村经济，2017 (10)：26-37.

[6] 魏后凯. 把饭碗牢牢端在自己手中 [N]. 经济日报，2019-09-03 (15).

[7] 李辛一，朱满德. 新时代中国粮食安全形势：现状、挑战与应对 [J]. 农业经济，2020 (1)：3-5.

［8］张正河.习近平关于粮食安全的重要论述解析［J］.人民论坛，2019（32）：12-15.

［9］习近平反复强调保障粮食安全是永恒课题［N］.人民日报，2016-03-01（6）.

［10］习近平在山东代表团参加审议时强调实施乡村振兴战略是一篇大文章要统筹谋划科学推进［EB/OL］.（2018-03-09）［2020-04-22］.http：//difang.gmw.cn/cq/2018-03/09/content_27935745.htm.

［11］习近平主持中共中央政治局第八次集体学习并讲话［EB/OL］.（2018-09-22）［2020-04-22］.http：//www.gov.cn/xinwen/2018-09/22/content_5324654.htm.

［12］习近平参加河南代表团审议［N］.河南日报，2019-03-09（1）.

［13］习近平在江西考察并主持召开推动中部地区崛起工作座谈会［EB/OL］.（2019-05-22）［2020-04-22］.http：//www.gov.cn/xinwen/2019-05/22/content_5393815.htm.

［14］习近平在河南考察时强调　坚定信心埋头苦干奋勇争先　谱写新时代中原更加出彩的绚丽篇章［N］.河南日报，2019-09-19（1）.

［15］李斌，平萍，张建新.粮食生产王牌不能丢　商贸物流目标向全球［N］.大河报，2014-05-11（2）.

［16］河南省统计局，国家统计局河南调查总队.2019年河南省国民经济和社会发展统计公报［N］.河南日报，2020-03-11（8）.

［17］张占仓.牢记嘱托扛稳粮食安全重任［N］.河南日报，2020-03-25（6）.

［18］张占仓.深化农村土地制度改革促进乡村振兴［J］.中国国情国力，2018（5）：27-29.

［19］2019年我国农业科技进步贡献率达到59.2%［EB/OL］.（2020-01-26）［2020-04-22］.ht-tp：//www.gov.cn/xinwen/2020-01-26/content_5472249.htm.

［20］国家统计局.中华人民共和国2019年国民经济和社会发展统计公报［EB/OL］.（2020-02-28）［2020-03-16］.http：//www.stats.gov.cn/tjsj/zxfb/202002/t20200228_1728913.html.

［21］李国祥.实现乡村产业兴旺必须正确认识和处理的若干重大关系［J］.中州学刊，2018（1）：32-38.

［22］唐兴军，李定国.文化嵌入：新时代乡风文明建设的价值取向与现实路径［J］.求实，2019（2）：86-96.

［23］朱丽荣.新时代乡村治理面临的挑战及对策分析［J］.农业经济，2019（2）：42-43.

［24］郭军，张效榕，孔祥智.农村一二三产业融合与农民增收：基于河南省农村一二三产业融合案例［J］.农业经济问题，2019（3）：135-144.

［25］习近平在浙江考察时强调统筹推进疫情经济社会发展目标任务［N］.人民日报，2020-04-02（1）.

［26］李明贤，刘宸璠.农村一二三产业融合利益联结机制带动农民增收研究：以农民专业合作社带动型产业融合为例［J］.湖南社会科学，2019（3）：106-113.

［27］张萌，张秀平.以人才振兴助力乡村振兴［J］.合作经济与科技，2019（4）：109-111.

［28］刘志博，严耕，李飞，等.乡村生态振兴的制约因素与对策分析［J］.环境保护，2018（24）：48-50.

［29］黄克亮.乡村组织振兴视域下增强农村基层党组织和党员内生动力的路径研究［J］.探索，2018（5）：43-50.

河南：如何建设内陆开放高地[*]

摘 要　河南依托自身优势，创造性地开通了空中、地上、海上、网上四条"丝绸之路"，以枢纽经济闯出了一条开放发展新路，进出口总额不断攀升，跃居中西部地区第一位，初步成为内陆开放高地。然而，由于产业基础较弱、开放观念滞后、产品结构单一、多式联运体系有待加强、招商引智持续性不足等因素制约，河南开放发展水平仍有待提升。面对后疫情时期的新形势，进一步推动河南内陆开放高地建设，需要在开放发展思路上谋新篇，在畅通国内外双循环上布新局，在创造开放通道新优势上聚力量，在"五区联动"上下功夫，在招商引智上出新招。

关键词　开放发展；枢纽经济；内陆开放高地；河南

近年来，河南高度重视和发展开放型经济，结合自身优势，走出了一条开放发展的特色之路，初步成为内陆开放高地。面对后疫情时代国际国内新形势，进一步探索开放发展新举措，是河南进一步打造内陆开放高地的重要途径。

一、河南开放发展路径探索

1. 以航空枢纽建设推动开放发展

2013 年 3 月，国务院批复《郑州航空港经济综合实验区发展规划（2013—2025）》。河南开始探索依托国际航空枢纽建设推动内陆开放发展的新路子，以郑州航空港高速发展为标志带动了河南的开放发展（见表 1），进出口总额在全国的占比大幅度提升，郑州新郑国际机场在全球航空领域快速崛起。河南"不沿海不沿边，开放发展靠蓝天"的"蓝天经济"发展模式形成，在内陆地区开放发展战略上闯出了新路。2020 年上半年，在新冠疫情影响下郑州新郑国际机场货邮吞吐量逆势增长 20.7%，增速居全国第一。

表 1　郑州新郑国际机场货邮和旅客吞吐量增长情况与河南省进出口总额及全国占比

年份	货邮吞吐量（万吨）	在全国的位次（位）	货邮吞吐量增速（%）	旅客吞吐量（万人）	在全国的位次（位）	旅客吞吐量增速（%）	河南省进出口总额（亿元）	河南省进出口总额全国占比（%）
2010	8.58	21	21.6	870.79	20	18.6	1204.4	0.6
2011	10.28	20	19.8	1015.01	21	16.6	2071.2	0.9
2012	15.12	15	47.1	1167.36	18	15.0	3260.3	1.3
2013	25.27	12	69.1	1314.00	18	12.6	3716.5	1.4
2014	37.04	8	44.9	1580.54	17	20.3	3994.4	1.5
2015	40.33	8	8.9	1729.74	17	9.4	4600.2	1.9

---

* 本文发表于《开放导报》2020 年 10 月第 5 期（总第 212 期）第 22-27 页。

基金项目：国家社会科学基金重大项目"新时代促进区域协调发展的利益补偿机制研究"（18ZDA040）。

年份	货邮吞吐量（万吨）	在全国的位次（位）	货邮吞吐量增速（%）	旅客吞吐量（万人）	在全国的位次（位）	旅客吞吐量增速（%）	河南省进出口总额（亿元）	河南省进出口总额全国占比（%）
2016	45.67	7	13.2	2076.32	15	20.0	4714.7	1.9
2017	50.27	7	10.1	2429.91	13	17.0	5232.8	1.9
2018	51.50	7	2.4	2733.47	12	12.5	5512.7	1.8
2019	52.20	7	1.4	2912.00	12	6.5	5712.7	1.8
2020 年上半年	25.50	6	20.7	801.1	12	-44.0	2280.4	1.6

资料来源：根据相关统计资料整理。

2. 以构建"丝绸之路"丰富开放发展新内涵

郑州在全球范围首创跨境电商"1210 海关监管模式"，成为全国跨境电商的"模板"，并在全国和全球多地复制应用，业务单量连续多年居全国第一。此外，欧洲最大、世界排名第九的全货运航空公司卢森堡国际货运航空公司与河南民航发展投资有限公司签约"联姻"，在郑州与卢森堡建设"双枢纽"国际货运航线，即以郑州为亚洲货运枢纽，以卢森堡为欧洲货运枢纽。这一合作标志着国际一流的全货运航空公司落户郑州航空港经济综合实验区，郑州新郑国际机场以"货运优先"的战略优势融入该项国际合作之中，并因此架起了一条横贯中欧的国际货运"空中丝绸之路"。2017 年郑州新郑国际机场货邮吞吐量达到 50.27 万吨，跃居全球货运机场 50 强。"空中丝绸之路"连接欧美亚大陆，沟通大洋两岸，为中原开放和崛起注入了强大的新动能，为河南开放型经济的快速发展赋予了新的内涵。

3. 不断打造开放高地

"十二五"期间，河南进出口总额累计达 2832 亿美元，比"十一五"时期的 714 亿美元翻了两番，年均增长速度高达 32.9%，比同期全国年均增速 5.9% 高出 27 个百分点，成为全国该时期开放发展的新支撑。2015 年，进出口总额超过 4600 亿元，跃居中部六省第一位，同比增长 15.3%，增速居全国第三位，高出全国平均增速 22.3 个百分点，初步成为

内陆开放高地。2016 年，在全国进出口总额同比下降 0.9% 的特殊情况下，河南开放发展却逆势上升，进出口总额达 4714.7 亿元，同比增长 2.6%，跃升至中西部地区第一位。至 2019 年，河南省进出口总额达 5711.6 亿元，同比增长 3.6%，始终居中部六省第一位。

2020 年上半年，河南省进出口总额达 2280.4 亿元，同比增长 7.7%，高于全国平均增速 10.9 个百分点，增速居全国第六位，成为后疫情时代全国开放型经济发展较快的省份之一。

二、河南建设内陆开放高地的优势与问题

1. 优势

（1）"五区联动"的政策优势。在郑州航空港经济综合实验区拉动下，河南开放型经济加速发展，为各地积极探索开放发展路子增强了信心。至 2019 年，以郑州航空港经济综合实验区、中国（河南）自由贸易试验区、郑洛新国家自主创新示范区、中国（郑州）跨境电子商务综合试验区、国家大数据（河南）综合试验区为载体的"五区联动"形成整体合力。在国家有关部门的大力支持下，2019 年，郑州航空港经济综合实验区首次被确定为空港型国家物流枢纽，郑州新郑国际机场客货吞吐量继续保持了中部双第一，自贸区 160 项试点任务基本完成，自主创新示范区重大创新项目进展顺利，跨境电商进出口增长 20% 以上，国家超级计算郑州中心、国

家农机装备创新中心均顺利落地，省部共建的食管癌防治、作物逆境适应与改良国家重点实验室获准启动建设。无论是对内苦练内功，提升自主创新能力，适应数字化、智能化发展的新形势，还是对外拓展市场，扩大开放发展规模，进军新的开放领域，河南都取得了不俗的成绩。

（2）"四路协同"的聚合优势。在国家推动共建"一带一路"倡议以后，河南发挥综合性交通枢纽的优势，与陆、空、网、海对接，形成陆上、空中、网上、"海铁联运"四大"丝绸之路"并举的独特格局。历来具有铁路枢纽优势的郑州，通过铁路开通与欧洲的直接联系，标志着经过几代人努力的"亚欧大陆桥"成为当代"陆上丝绸之路"，对亚欧大陆沿线各国加强经贸与人文合作具有历史性标志意义。以郑州—卢森堡"双枢纽"货运航线开通为依托横贯亚欧美的"空中丝绸之路"，创造出内陆地区发展"蓝天经济"的新模式，为河南高质量开放发展作出了重要贡献。"网上丝绸之路"起始于2012年全

国第一批启动的跨境电商郑州试点，通过系统创新，监管制度以贸易便利化为导向，为全球跨境电商提供了郑州模式；业务流程上跑出了日均处理能力1000万包、通关速度每秒500单的郑州速度；商业模式上探索跨境电商O2O零售商业模式，允许保税商品担保出区，通过"秒通关"加"前店后仓"，消费者足不出户便可购买全球商品。2019年郑州跨境电商交易额超过107.7亿美元，同比增长超24.6%，为河南开放发展作出了特殊贡献。作为内陆地区的河南，开通"铁海联运"，打通了"海上丝绸之路"。2019年，完成海铁联运1.1万标准箱，为河南大宗商品开放发展开辟了通道。

（3）省会郑州龙头引领的发展优势。在河南开放发展过程中，省会郑州始终处在龙头引领的战略地位。2019年，郑州进出口总额4129.9亿元，占河南的72.3%，居全国省会城市第五位，连续八年保持中部省会城市第一位，对河南进出口持续增长贡献重大（见表2、表3）。

表2　2019年郑州市人口经济与进出口总额在河南省和中国的占比

地域	人口（万）	GDP（亿元）	进出口总额（亿元）
郑州市	1035.2	11589.7	4129.9
河南省/中国	9640/140005	54259.2/990865	5711.63/315505
郑州市占比（%）	10.7/0.7	21.4/1.2	72.3/1.3

资料来源：根据相关统计资料汇总。

表3　2019年中国中部各省会城市进出口情况

城市	进出口总额（亿元）	同比增长（%）	占全省比重（%）	在全国省会城市排名（位）	在中部省会城市排名（位）
郑州市	4129.9	0.6	72.3	5	1
武汉市	2440.2	13.7	61.9	6	2
合肥市	2221.2	9.5	46.8	9	3
长沙市	2002.0	56.4	46.6	10	4
太原市	1119.6	3.1	77.4	13	5
南昌市	1061.8	5.6	30.2	16	6

资料来源：根据相关统计资料汇总。

2020年上半年，郑州发挥国际航空港货运优先的特殊优势，积极扩大抗疫物资等出口，扩大智能手机及零部件进出口，外贸进出口总额完成1583.5亿元，同比增长13.7%，高于全省6.1个百分点。其中，出口1011.6亿元，增长7.6%；进口571.9亿元，增长26.5%，进出口和出口分别占河南进出口和出口总额的69.4%和69.0%，继续居中部省会城市第一位（见表4）。

表4　2020年上半年中国中部各省会城市进出口情况

城市	进出口总值（亿元）	同比增长（%）	占全省比重（%）	总量在中部省会城市排名（位）
郑州市	1583.5	13.7	69.4	1
合肥市	1187.9	19.7	48.7	2
长沙市	1045.6	25.1	50.3	3
武汉市	1037.90	3.1	62.3	4
南昌市	527.52	25.0	26.7	5
太原市	409.6	-13.7	74.1	6

资料来源：根据相关统计资料汇总。

2. 问题

（1）全省开放发展不均衡。从进出口总值分析，省会郑州一直占全省份额的70%左右，大部分市进出口总值在全省占比非常有限，洛阳、焦作、三门峡、周口、济源占比仅为3.0%左右，平顶山、鹤壁等占比则不足1.0%。2020年上半年，受进出口产品结构影响，河南18市中，9市进出口总额保持正增长，另外9市均出现负增长，漯河、开封分别负增长40.1%和34.2%，使开放发展的不均衡性更加突出（见表5）。

表5　2020年上半年河南各市进出口总值及增长变化情况

地区	进出口总值（亿元）	在全省位次（位）	占全省（%）	进出口总值增速（%）
全省	2280.37		100.0	7.7
郑州市	1583.52	1	69.4	13.7
开封市	23.59	12	1.0	-34.2
洛阳市	69.79	4	3.1	-10.0
平顶山市	15.43	17	0.7	-17.4
安阳市	26.90	11	1.2	-8.2
鹤壁市	12.50	18	0.5	25.1
新乡市	50.47	8	2.2	27.1
焦作市	67.62	5	3.0	-4.5
濮阳市	46.29	9	2.0	37.8
许昌市	50.60	7	2.2	-10.5
漯河市	20.87	14	0.9	-40.1
三门峡市	72.35	2	3.2	11.9
南阳市	17.84	16	0.8	30.3
商丘市	45.71	10	2.0	-0.4

地区	进出口总值（亿元）	在全省位次（位）	占全省（%）	进出口总值增速（%）
信阳市	20.95	13	0.9	11.1
周口市	66.09	6	2.9	−24.7
驻马店市	19.35	15	0.8	3.3
济源市	70.51	3	3.1	2.0

资料来源：2020年6月《河南省统计月报》。

（2）开放发展的主要产品结构相对单一。在省进出口产品中，智能手机一枝独秀，在进出口总值中占比高达60%左右。近几年，虽然宇通客车、中铁盾构、煤矿机械、大型矿山设备、新型农业拖拉机等增长比较快，进一步强化了加工制造业进出口的优势，以郑州为代表的跨境电子商务也出现持续较快发展的局面，促进了河南农产品出口额的快速增长。但是，加工制造业产品和农产品总体出口规模尚比较小，还没有形成对全球市场较大的影响力。此外，河南虽然仍处在进出口增长较快的省份之列，但无论是进出口总额，还是进出口增速，都被安徽超越，中部的江西、湖南进出口增速也大幅度高于河南（见表6），需要进一步在改善进出口产品结构方面发力。

表6　2020年上半年中国进出口总额增长较快的部分省份

省份	进出口总额（亿元）	同比增长（%）	出口增长（%）	进口增长（%）	增长速度在全国的位次（位）
江西	1974.7	25.1	25.8	23.2	1
四川	3659.1	21.0	19.5	23.0	2
湖南	2080.7	13.4	5.9	30.9	3
安徽	2441.6	9.0	6.7	12.2	4
河北	1924.5	8.0	1.7	18.0	5
河南	2280.4	7.7	1.3	21.6	6

资料来源：根据各省份发布的上半年经济形势分析数据整理。

（3）多式联运体系亟待加强。郑州以"居天下之中"著称，枢纽经济是其特殊优势。近些年，虽然创造性地开通了空中、地上、网上和海上四条"丝绸之路"，也在大胆试验多式联运，打通了部分节点，显著提高了运输效率。但是，连天接地的多式联运体系仍然比较薄弱，与数字化、智能化的科技创新趋势没有很好地衔接，直接影响了国内外双循环的效率。

（4）招商引智持续性不足。河南现有的开放发展格局中，很多骨干企业都是在2010~2015年期间引进与培育的。近几年，虽然河南仍然把招商引智放在非常重要的地位，也在想方设法加大工作力度，但是实际上引进的重大项目与重要科技人才并不多，除郑州、洛阳等部分市对人才引进政策力度较大以外，不少地方仍然缺乏可操作性强的人才落地政策，发展后劲不足。

三、新时代推动河南建设内陆开放高地的路径选择

面对后疫情时代的新形势，针对中美战略博弈的长期性、复杂性与不确定性，以及经济高质量发展的新要求，河南进一步建设内陆开放高地，既要以恒心守正，巩固提升现有开放发展优势，更要大胆创新，不断探索新举措。

1. 在开放发展思路上谋新篇

一是在扩大开放领域上拓新路。充分发挥河南地处"天地之中"的区位优势，紧紧扭住"枢纽经济"不放松，以共建"一带一路"为统领，盯紧继续建设内陆开放高地的目标不动摇，扩大开放合作新领域，特别是在第三产业领域加快开放发展步伐，为一二产的扩大开放铺路搭桥。二是在增加进出口总额上出硬招。以更加开放的视野谋创新，以实实在在的开放发展成果惠及更多百姓，推动外贸形态优化升级，以高水平开放促进高质量发展，确保开放型经济主要指标始终处于中西部前列。三是在包容开放上展智慧。面对世界百年未有之大变局，要以更加有利于让利合作为主体思路，围绕产业结构优化升级，加快形成区域功能齐全、发展要素集聚、区域之间互联互通、营商环境优良的开放发展新格局，以更高水平开放发展先进制造业，以更大力度促进实体经济发展。

2. 在畅通国内外双循环上布新局

一是在畅通国内外双循环中寻求新突破。尤其是在开辟国际市场新领域方面深耕细作，全面融入电子商务理念，扩大涉及国计民生的生产生活产品的出口规模。二是以新方法促进外商投资便利化。充分考虑后疫情时代的新形势、新趋势、新需求，全面落实外商投资准入负面清单制度，引导外商扩大在河南的投资规模。按照"项目为王"的思路，对于重大项目、重要事项，一事一议，有针对性地认真研究鼓励、激励其落地的政策措施。全面落实各个方面的惠台政策，发挥"老家河南"的文化传统品牌优势，持续促进豫台经济文化等多领域深度交流与广泛合作。三是加快国际贸易"单一窗口"建设步伐。充分利用数字化、智能化、云办公的现代信息技术条件，高标准建设与完善国际贸易"单一窗口"制度，大幅度提高现代商务效率。推动共享数据信息、共享公共资源、协同监管服务等。四是积极提高涉外服务工作水平。在国家中心城市郑州、副中心城市洛阳等筹划开办国际学校、配置国际化医疗资源、建设休闲服务设施等，系统提供与国际接轨的教育、医疗、生活、娱乐等保障性服务。加快河南卢森堡中心建设投用步伐，让更多普通百姓共享到欧洲签证及办理相关外事手续的便利。为外国优秀高端人才在办理永久居留、签证等方面随时随地提供高质量服务，开创国际优秀人才引进先河。

3. 在创造开放通道新优势上聚力量

一是以新思路推动"四路协同"，深度融入"一带一路"。深化郑州—卢森堡"双枢纽"战略合作关系，坚持郑州新郑国际机场货运优先的特殊定位，在大型、特型、特殊商品国际货运市场不断开辟新天地。结合后疫情时代全球化的新特点，优化通航点布局，持续加密国际货运航班航线，推动新开直飞欧洲、大洋洲、美洲等相关城市的洲际客运航线，让"空中丝绸之路"飞得更远、覆盖面更大、服务更加便捷。积极实施"中欧班列（郑州）+"建设工程，适度加密往返班次，筹划拓展到东盟、北欧、南欧等地的新线路，分步设立一批海外分拨集疏中心和货物物流分拨调度基地，扩大"陆上丝绸之路"的国际影响力。开通更多河南至沿海主要港口的海铁联运班列，进一步推动淮河、沙颍河等内河水运与沿海港口无缝衔接，全面对接"海上丝绸之路"。持续推动跨境电商创新发展，开辟新商业模式，打造跨境电商更加完整的产业链，营造更加宽松的跨境电商发展生态，加快建设E贸易核心功能集聚区。支持行业领军企业主动与国际贸易组织开展对话交流，积极参与世界跨境电商贸易标准规则讨论与制定。创新性办好全球跨境电商大会，持续推进"1210模式"推广应用。二是以云办公为依托，建立健全多式联运体系。充分利用5G技术普及和疫情防控期间云办公快速普及的机遇，加快多式联运集疏中心建设步伐，开展多式联运创新监管试点，科学探索监管新举措。在现有"四路并举"基础上，积极完善铁海、公铁、陆空、空铁联运等"一单到底"的服务规则、服务标准建设，促进与运输箱体、大数据信息、体制机制创新等共享标准的衔接。在大数据中心建设全省统一的多式联运大数据服务平台，积极探索不断为客户降低运输成本的具体方法与路径。三是以智能化思维推进大通关体制改革。推动通关与物流智能"并联"，大幅度简化实际通关流程，进一步压缩办理时限。创造条件推动河南海关与"一带一路"沿线相关国家海关的深度合作，让客户感受到共建"一带一路"时代红利。四是加快各类开放口岸建设。充分利用郑州国家一类口岸的政策优势，完善功能性口岸体系，加快扩大进口水果、粮食、肉类、药品、汽车、国际邮件等口岸业务规模。抓紧制定中国（河南）国际邮政枢纽口岸"十四五"发展规划，加快建设邮政枢纽口岸综合业务基地。加快洛阳综合保税区建设步伐，促进洛阳市开放发展；推进郑州新郑综合保税区扩建规模，建设更具国际影响力的综保基地；促进郑州经开综合保税区高质量运行，提高经开区开放发展水平。支持现有保税物流中心拓展业务、做大做强，支持更多区域性中心城市建设保税物流中心。

4. 在"五区联动"上下功夫

一是充分发挥郑州航空港经济综合实验区主要开放门户功能，在开放发展上再创新机、布新局。充分发挥郑州国际航空货运枢纽国家一类口岸与国内大型机场中唯一货运优先战略定位的特殊优势，利用疫情防控期间初步探索到的畅通特殊国际货运通道的新增长点，加快郑州新郑国际机场第三专门货运跑道建设，以货运能力突破100万吨为战略目标，尽快迈向国际著名航空货运枢纽的新目标。二是全面提升中国（河南）自由贸易试验区贸易便利化的开放引领作用。针对全球贸易秩序重构的新变局，挖掘中原传统文化中包容开放的思想精华，以"为国家试制度，为人类创文明"的历史担当，借鉴郑州跨境电子商务中创造的"1210模式"的思维方式，通过区块链技术，创造更加智能化的国际贸易便利化新模式，积极创造条件加快申建郑州自由贸易港。三是在国际化创新合

作上蓄势形成新突破。以郑洛新国家自主创新示范区国际化开放合作为支撑，全面加强与发达国家和地区科技创新的深度合作，促成国内外高水平科技创新成果在示范区转化应用。加大投入支持中科院、国家相关部委等直属院所、"双一流"高校等在示范区设立分支机构，共建新型技术协同创新平台。利用在部分工业领域创新能力强的现实优势，创造条件建设洛阳大型装备智能化、新乡医药、郑州智能传感器等国家级公共技术创新平台，提升区域级公共技术创新能力，全面提升当地的自主创新水平，创造更多国际级创新新产品。四是充分利用后疫情时代跨境电商高速发展的历史机遇。大胆创新中国（郑州）跨境电商综合试验区的电商模式，立足于破解后疫情时代国际贸易途径难题，让郑州"大中门"在全国唯一的电子商务新模式再次创造更加智慧的跨境电商跨越式发展的新亮点。五是在大数据资源整合利用上下功夫。加快国家大数据（河南）综合试验区建设步伐，充分发挥大数据整合资源的技术优势和新冠疫情期间普及应用的群众基础优势，优先在郑州航空港、自贸区、自主创新示范区、跨境电商试验区等国际化业务上使用大数据技术智能化处置信息资源，为全社会数据共享创新创造可操作的科学路径，让大数据成为服务民生的新福利。

5. 在招商引智上出新招

一是贯彻"项目为王"的招商新理念。对于重大项目，一定要由地方主要领导亲自抓实抓细，以确保招商引资重大项目稳妥落地、高效运行。二是扩大先进制造业招才引智。把制造业高质量发展作为主攻方向，高质量招引制造业高端企业和高端人才，全面提升河南制造业高端化、智能化发展水平。进一步深化豫京、豫沪、豫浙、豫粤等战略合作关系，积极承接沿海地区优质产业、优质产能、优质服务向当地转移。三是积极引进国内外著名企业总部及其各种功能性机构。积极开放市场，争取世界500强、全国500强、行业100强企业在豫设立区域总部或分

部，全面拓展在豫业务。四是积极推进国际金融资本与当地产业资本深度融合。主动对接国际金融中心，建立健全国际化金融交流合作机制，完善产业金融合作服务体系。五是围绕产业集群招商。在现有产业发展基础上，主动推进产业链招商，立足于建链补链延链强链，扩大产业集群发展规模，提升产业集聚效应，增强当地骨干产业发展的核心竞争力。

参考文献

［1］迟福林，郭达. 在大变局中加快构建开放型经济新体制［J］. 开放导报，2020（4）：27-36.

［2］匿名. 上半年机场数据出炉：郑州新郑货运增速20.7%跑赢全国［EB/OL］.［2020-08-18］. http://www.thepaper.cn/newsDetail_forward_8369022.

［3］赵振杰，孙婷婷. 上半年河南进出口总值同比增长7.7%［N］. 河南日报，2020-07-17（01）.

［4］赵振杰. 抓住机遇　主动出击　掀起招商引资新高潮［N］. 河南日报，2020-07-22（01）.

［5］张占仓. 中部打造内陆开放高地的主体思路［J］. 区域经济评论，2018（1）：27-28.

郑州高质量发展的使命与责任[*]

按照习近平总书记 2019 年 9 月在郑州召开的黄河流域生态保护与高质量发展座谈会上重要讲话精神的要求,结合省委、省政府 2020 年 7 月在郑州召开的加快推进郑州国家中心城市建设专题会议精神,面对"十四五"规划的新机遇,我们认为郑州必须加快高质量发展步伐,全面融入国内外双循环的新发展格局,为建设国家中心城市赋能,为黄河流域生态保护与高质量发展国家重大战略实施做出新的、更大的贡献。

一、打造高质量生态环境

按照习近平总书记关于黄河流域生态保护与高质量发展的新要求,郑州要围绕紧邻黄河的特殊优势,努力把城市与黄河贯通起来,增添新的人文生态功能,加快形成富有地域特色的亲近黄河、融入黄河、传承弘扬黄河文化的人文生态城市特色。

第一,引黄河水入大都市,以水润城。郑州虽然是全国八大古都之一,但是由于地处北方,当地天然降水量较少,整个城区缺水一直是发展建设中的一大问题,像流经全市中心区域的金水河常年水量非常有限,有河无水或少水是常态。我国北方城市园林生态,历来"因水而秀"。所以,在全国进入高质量发展历史阶段的新背景下,利用紧邻黄河的条件,引黄河水入大都市,已成为公众关注的热点。充分考虑绿色发展与长期引水的经济性,借鉴南水北调中线工程的总体设计思路,通过高质量的科学规划,从郑州以西适当位置开辟人工河,以自然流动的方式,在国家配置的用水量之内引黄河水入郑州市,

把郑州市内的金水河以及各个支流分段加修蓄水坝以后注入黄河水,将市内西流湖等湖泊也合理注黄河水,在主要住宅区、高等院校、大型企业院内新规划修建一批与金水河及相关湖泊相连的小型湖泊,使整个市区内水面覆盖率提高 2～3 倍,高质量规划建设循环流动的新型生态水系,以"黄河之水天上来,流入寻常百姓家"的新方式,打造中国北方新水城,让郑州大都市区也"因水而秀",把生态水城建设成为造福百姓的时代杰作,让更多郑州人因在自家阳台上能够"观水而乐",在住宅区附近能够"绕河湖休闲",让更多的城市居民区"因湖而雅""有湖而美",让全市民众能够越来越多地在家门口体味亲近母亲河乳汁的香甜,感受大河流域的生态魅力,为广大民众提供享受新时代美好生活的新体验。

第二,建设高质量生态园林城市,让绿城绿意更浓。经过 10 年努力,郑州市 2014 年已经获得国家森林城市称号。近几年,伴随老百姓对绿水青山需求的进一步增加,郑州市加快生态园林城市建设步伐,在精雕细琢上下功夫,实施增绿、治水、净土、防污等一系列生态建设项目,贴近居民的小游园、街道绿化、高级别树种、原有公园的改造提升等成效明显。至 2019 年底,郑州市建成区绿化总面积 1.95 亿平方米,绿地率 35.84%,绿化覆盖率 40.83%,人均公园绿地面积 13.2 平方米,分别比 2006 年增加 4.14 个百分点、5.93 个百分点、5.03 平方米。2020 年初,郑州被命名为"国家生态园林城市",是全国长江以北唯一获此殊荣的

---

* 本文发表于《郑州日报》2020 年 11 月 9 日第 8 版。

省会以上城市，确实创造了我国北方地区绿城更绿的骄人业绩。按照习近平总书记"绿水青山就是金山银山"的新理念和黄河流域生态建设的新要求，下一步要配合市区引黄河水入市建设生态水系的需要，继续提高生态环境建设质量，规划建设更多高质量的园林系统，并配置各具特色的黄河文化景观，确实让城市规划建设中"城在林中，人在花间、行在树下、四季常青"的美好生态城市憧憬为老百姓带来更多优良生态环境的现代享受，进一步擦亮"绿城郑州"的亮丽名片。

第三，规划建设黄河国家公园，扮靓美丽幸福河。结合国家中心城市建设需要，坚持"城市就是园林""城市就是现代文明中心"的新理念，建设"抓点、连线、立体、成片"的生态园林体系。围绕郑州大都市区"北静"的发展定位，精心规划，匠心琢磨，加快郑州黄河生态廊道示范段工程建设，大幅度扩大沿黄河生态廊道绿地规模。集全社会的智慧于一体，在广泛征求意见的基础上，沿黄河规划建设黄河国家公园（郑州段），打造能够代表黄河文化主要特征的新地标，挖掘黄河文化的深层次科学内涵，展示黄河文化的独特风采，把公园建设成为供城市居民休闲娱乐与接受黄河文化熏陶的绿色人文生态家园。建设这种黄河国家公园既是郑州彰显"北静"特征的需要，也是国内外到访者认识黄河文化底蕴与历史变迁过程的观摩现场。我们要充分利用国家公园的国际影响力和黄河流域是全球四大文明发祥地的地域文化优势，以现代信息技术、人工智能技术等新方式，向全球讲好丰富多彩的黄河故事，延续历史文脉，让亲历者感受黄河文化的博大精深以及对中华民族发展延续的历史贡献，以独特的黄河文化内涵特别是在全球四大文明中表现出来的可持续性特别好的优势，增强广大民众对我们传统文化的自信，为实现中华民族伟大复兴的中国梦凝聚精神力量，确实让普通百姓享受黄河母亲作为一条幸福河的时代福音。

二、创新驱动制造业转型升级

按照习近平总书记在黄河流域生态保护与高质量发展座谈会上重要讲话精神的新要求，郑州要以创新驱动为动力，以招引人才、集聚人才、支持人才成才为抓手，在高质量发展的大潮中创造新辉煌。

第一，全面实施创新驱动发展战略。面向建设社会主义现代化国家的新目标，开启全面实施创新驱动战略的新征程，以政府的高投入带动全社会对研发投入的重视，以全社会的高投入营造重视人才、尊重人才、吸引人才、人尽其才的创新氛围，以创新驱动产生的新动能、新技术、新理念促进制造业转型升级。2019年，全市研发投入强度达到2.04%，比上一年提高0.3个百分点。"十四五"时期，全市研发投入强调一定要达到2.6%的战略目标，自觉为创新驱动铺路开道，为战略性新兴产业发展充实力量，为培育新的经济增长点储备不可或缺的先进技术要素。结合国民经济发展中主导产业转型升级的历史性需要，建设若干国家级公共核心技术创新平台，集中力量布局重大研发项目，协同合作攻破技术难关，打造高端制造业高质量发展的新优势，提升实体经济发展的活力，为全市经济高质量发展源源不断地注入强劲的创新动力，支撑新业态、新模式、新技术推广应用，支持新基建持续布局，加快形成全市高质量发展的底层基石。

第二，把制造业高质量发展作为主攻方向。2020年初以来，对全球影响空前的新冠疫情再一次证明习近平总书记在河南调研时指出的"制造业是实体经济的基础，实体经济是我国发展的本钱，是构筑未来发展战略优势的重要支撑"的正确性。因此，我们要按照习近平总书记的谆谆教诲，把制造业高质量发展作为主攻方向，持续把制造业发展摆在突出位置，挺起产业发展的"脊梁"、筑牢实体经济的"骨架"，做大做强做长做精先进制造业，持续打造"中铁盾构""智能手机""宇通客车""郑州金刚石""智能传感器"等先进制造业品牌，以供应链思维，完善品牌产业的创新链、产业链、价值链，建设与完善更具核心竞争力、富有地域特色的一批产业集群，真正让产业集群成为制造业发展的主业态，让产业集群所拥有的核心竞争力支撑制造业的高质量发展。要借鉴2010年引进富士康等企业时的特殊做法，以"项目为王"的市场法则，由省市主要领导亲自主导，周密谋划，主动出击，尽快引进并培育新的重大制造业项目，支撑"十四五"时期国家中心城市的高质量发展。

第三，在构建双循环中加快建设国家中心城市。牢记发展才是硬道理的哲理，深入研究城市发展中的重大问题，充分利用国家构建国内外双循环新发展格局的历史机遇，在继续提升郑东新区和郑州航空港经济综合实验区建设发展水平的同时，以郑州市120多平方千米老城区大规模系统改造为支撑，全面提升大都市区的城市建设质量，为广大居民创造美好生活环境，确实以全市的高质量发展赢得更大发展空间，塑造国家中心城市更加美好的未来。盯紧在全省发挥更大辐射带动作用、在全国同类城市竞争中形成更多比较优势、在国际舞台上扩大更大影响力，以更宽视野、更大胸怀、更实举措、更新方法谋划推进国家中心城市建设的新篇章。在保护、传承、弘扬与创新黄河文化的基础上，努力提高城市人文品位，把黄河文化深深地融入郑州大都市区规划建设和城市形象塑造的实践之中，强化传统优秀文化优势，积极涵养黄河文化中包容开放的人文精神，让现代城市更有气质、更具品位、更富魅力、更有情怀。

第四，启动建设郑洛西高质量发展合作带。郑州、洛阳、西安三个城市是黄河流域经济高质量发展最为重要的中心城市，工业基础雄厚，高等教育及高技术人才资源集中，历史文化资源沉淀积累全球闻名，具备高质量发展的独特优势。按照习近平总书记关于黄河流域高质量发展的要求，郑州具备担当黄河流域高质量发展"领头羊"的条件。但

是，如果每一个城市单独行动，虽然也可能取得较大成就，却很难在国家创新驱动发展大局中发挥国际性影响。建议由国家统筹协调，推动建设郑洛西高质量发展合作带，启动该区域国家创新走廊建设、国际文旅区建设、先进制造业基地建设、大型智能装备基地建设、高质量"一带一路"协作区建设等，推动该区域高质量发展，带动整个黄河流域中心城市高质量发展，为全国高质量发展探索科学可行的路子，增强黄河流域经济发展实力，为国家破解南北方经济均衡发展问题贡献力量。

三、建设内陆开放新高地

按照习近平总书记的要求，把开放的大门打得更开。跳出郑州看郑州、跳出河南看郑州、跳出中国看郑州，以大视野、大气魄、大手笔谋划大开放、大改革、大发展，全方位对标国际国内先进地区，对接国际市场规则，以更高水平开放迎来全市发展势能跃升。

第一，在思想开放上下功夫。改革开放以来40多年的实践证明，开放发展本身就是一个思想开放、认识先进、融入全球的过程。观念一变天地宽，开放发展无止境。面对后疫情时代的新形势，经济全球化仍是历史发展潮流，各国之间分工合作、互通有无、互利共赢、共同构建命运共同体是长期趋势，国际经济进一步扩大联通和深度交往仍是世界经济发展的客观要求。对外开放是基本国策。习近平总书记在经济社会领域专家座谈会上强调"以高水平对外开放打造国际合作和竞争新优势"。因此，我们需要全面提高对外开放水平，建设更高水平开放型经济新体制，形成国际合作和竞争新优势。全市各级干部要以国际化思维，站位中华民族伟大复兴与中原崛起的历史需要，以更加开放的胸襟学习借鉴国内外先进经验与做法，进一步推动全市高质量开放发展。

第二，在更高水平开放发展上蓄势突破。近些年，郑州市的开放发展为河南省建设内陆开放高地发挥了十分重要的作用，2019年

郑州的进出口总额达4129.9亿元，占全省的72.3%，居全国省会城市第5位，居中部六省第1位，成为享誉全国的开放型经济发展业绩亮丽的城市。2020年上半年，面对新冠肺炎疫情的巨大冲击，郑州发挥国际航空港货运优先的特殊优势，想方设法扩大抗疫物资等出口，创造出货邮吞吐量逆势增长20.7%，增速居全国大型机场第一位的新亮点。同时，郑州市积极扩大智能手机及零部件进出口，外贸进出口总额完成1583.5亿元，同比增长13.8%，高于全省6.1个百分点。其中，出口1011.6亿元，增长7.6%；进口571.9亿元，增长26.5%。进出口和出口分别占全省进出口和出口总额的69.4%和69.0%，继续位居中部省会城市第一位，展示出特殊条件下高水平开放发展的强大韧性。未来更高水平的开放发展，需要按照习近平总书记2019年调研指导河南工作时的要求和省委、省政府专题会议的部署，以积极培育新的重大项目为支撑，加快打造更高水平的内陆开放高地步伐，蓄势形成新的突破。

第三，充分发挥企业在开放发展中的主力军作用。在市场经济条件下，企业是开放发展的主力军，承担着开放发展的历史重任。树大才能根深，根深才能叶茂，叶茂才能花多，花多才会有丰硕的果实。我们需要按照这个原理，通过持续不断地优化营商环境，以更多的智慧为企业兴旺发达提供丰富的阳光雨露与多方面的营养元素，让越来越多的企业家感受到我们作为国家中心城市的营商环境在快速地改善，我们作为一个黄河流域的中心城市在奋力拼搏，我们作为黄河文化沉淀丰厚地区新崛起的大都市区有很多可持续发展的故事与特殊机遇，在这片土地上尊重企业家、支持企业家发展是政府的责任，是百姓的期盼。在充满活力的郑州大都市区，只有更多优秀企业和企业家的茁壮成长，全市高质量开放发展才会更有希望。

黄河文化是中华民族的根和魂！加快黄河流域生态保护与高质量发展步伐时不我待，推动郑州高质量发展是我们的使命与责任。这既是时代的新命题，也是当代人的新担当。不负韶华，继续追梦，郑州的未来一定会更美好！

郑州枢纽经济高质量发展的着力点[*]

根据河南省两会精神，特别是省委书记王国生提出的贯彻落实新发展理念的要求和河南省人民政府工作报告的部署，针对"十四五"的战略机遇期，我们如何充分发挥郑州枢纽经济的优势，走好高质量开放发展的新路，值得认真研讨。

一、枢纽经济是郑州最大的发展优势

郑州枢纽经济的 1.0 时代。20 世纪初，京汉铁路与汴洛铁路建成通车以后，郑州就成为一个在当时有重要影响的铁路枢纽，枢纽经济开始起步。到 20 世纪 80 年代中期，郑州成为亚洲最大的铁路货运枢纽和全国最繁忙的铁路客运枢纽，枢纽经济的地位在全国上升到有重大影响的水平，成就了郑州枢纽经济的 1.0 版本。

郑州枢纽经济的 2.0 时代。20 世纪 90 年代，高速公路成为经济运行的活跃支撑要素，郑州很快成为全国重要的高速公路枢纽，至今在郑州，通过京港澳南北向的过境车辆占比、经过连霍高速东西向的过境车辆占比均在 50%左右，郑州成为全国最重要的高速公路枢纽，郑州枢纽经济发展进入 2.0 版本时代。

郑州枢纽经济的 3.0 时代。2007 年 10 月，为加快郑州国际航空枢纽建设，河南省委省政府批准设立郑州航空港区。2010 年 10 月，经国务院批准在郑州新郑国际机场正式设立郑州新郑综合保税区。2011 年 9 月，《国务院关于支持河南省加快建设中原经济区的指导意见》发布，标志着中原经济区上升为国家战略。2013 年 3 月，国务院批复了《郑州航空港经济综合实验区发展规划（2013—2025）》，郑州开始探索依托国际航空枢纽建设推动内陆地区开放发展的新路子，郑州航空港很快成为国内外高度关注的国际航空枢纽，郑州枢纽经济发展进入 3.0 版本。

郑州枢纽经济的 4.0 时代。伴随全球性信息技术升级、5G 技术普及和智能化技术的快速突破与全面拓展应用，智能化正在成为所有行业与重要领域的一种思维与发展常态。近几年，打造以航空枢纽为引领、以数字化为支撑、多式联运的智能化的枢纽经济已经成为一种新的时代诉求和趋势。编制郑州枢纽经济智能化方案，打造枢纽经济 4.0 版本，加快枢纽经济智能化势在必行。

二、枢纽经济让郑州成为内陆开放高地

郑州是河南省开放发展的龙头。近几年，河南省因为开放型经济发展迅速，成为国内外高度关注的内陆开放新高地。在枢纽经济带动下，郑州是河南省开放发展的龙头。2019 年，引进域外境内资金 2235 亿元，增长 6%，占全省的 22.4%。引进世界 500 强企业 6 家，实际吸收外资 44 亿美元，增长 5.0%，占全省的 23.5%。2020 年，在新冠肺炎疫情影响严重的情况下，郑州市进出口总额 4946.4 亿元，同比增长 19.7%，占全省的 74.3%，连续 9 年保持中部六省第 1 位，为河南省进出口增长贡献特别大。

郑州航空港保持高速发展状态。2020 年，郑州新郑国际机场完成货邮吞吐量 63.94 万

* 本文发表于《郑州日报》2021 年 2 月 8 日第 8 版。

吨，在全国排名提升至第 6 位，同比增长 22.5%；完成旅客吞吐量 2140.67 万人次，在全国排名提升至第 11 位，客货运全国排名均晋升 1 位，运输规模连续 4 年保持中部"双第一"。在新冠疫情影响严重的 2020 年，郑州国际航空港的枢纽经济仍然业绩靓丽。

三、加快郑州枢纽经济高质量发展的着力点

着力打造郑州枢纽经济 4.0 版本。针对全球百年未有之大变局，郑州航空港之所以能够在这种特殊的环境下逆势大幅度增长，除了与我们卓越的统筹发展能力相关以外，确实与我们"居天地之中"的区位优势密切相关，因为这种优势可以大幅度降低航空运输成本，为越来越多的著名航空公司带来实实在在的发展空间。在这种发展状态下，我们要乘势提升战略站位，进一步开阔视野，解放思想，与更多的国际航空公司合作，充分挖掘数字化、智能化、国际化带来的发展红利，以天地融合的思维方式，以多式联运为手段，促进航空、铁路、公路、产业协同发展，突出国际航空引领开放发展这个主题，努力让郑州航空港货邮吞吐量突破 100 万吨、进入国际航空港货邮吞吐量 20 强，全面推动郑州乃至河南省开放发展迈向新的高度，为构建国际国内相互促进的双循环做出贡献。

扎实推进外经贸优化升级。一是积极扩大对外开放领域。在全面落实准入前国民待遇加负面清单管理制度的同时，结合郑州市主导产业发展需要，聚焦商用车制造、乘用车制造、证券投资基金管理公司、期货公司等已经解禁外资限制类项目，抢抓先机，务实推进，谋划对接一批有希望落地的大型企业在郑州落地生根。瞄准 5G 核心元组件、芯片封装设备、数字设备、智能设备、工业机器人等电子信息产业与高端智能制造业，以超常规的方式方法引进并落地，全面落实习近平总书记 2019 年调研河南时强调的发展高端制造、智能制造的指示。二是加快对外贸易优化升级。改造提升传统外贸产业，鼓励

加工贸易向研发设计、检测维修、高端设备再造等领域拓宽，支持企业在郑州设立境外售后维修服务中心和配件生产基地。持续开展外贸集群转型升级培育工作。实施出口品牌战略，大力培育自主品牌。三是促进服务贸易创新发展。巩固扩大文化、旅游、运输、建筑等传统服务出口，着力形成服务外包、文化、教育、中医药、知识产权、创意设计等服务新优势，推动服务贸易数字化。四是培育国际贸易新业态新模式。大力发展跨境电子商务，鼓励企业设立海外营销渠道和海外仓。加快发展"保税+"新型贸易模式。完善强制性产品认证、质量追溯和售后服务体系。支持有条件的专业市场申请开展国家内外贸结合市场试点和市场采购贸易试点。五是推进国际金融资本与产业资本有效对接。加强与全球主要国际金融中心对接，完善国际化金融交流机制。支持更多有条件的企业境外发行股票筹集资金并回流使用。

在高质量招商引资上蓄势，形成新的突破口。一是把握好"加快打造内陆开放高地"的重大要求。积极作为，跳出郑州看郑州、跳出河南看郑州、跳出中国看郑州，以大视野、大气魄、大手笔谋划大开放、大改革、大发展，全方位对接国际国内先进地区，对接国际市场规则，以高水平开放迎来整体气质之变、发展势能跃升。二是牢记项目为王的招商铁律。主要领导牵头，相关部门协助，切实把我们需要的重大招商项目认清、谈透，并一对一服务，为其落地运行铺路搭桥，尽快形成招商引资的重大突破。特别是围绕枢纽经济智能化，招引一批与枢纽经济智能化相关的研发机构与重要企业。三是持续围绕郑州航空港实验区建设招商。郑州市开放型经济发展的突破点是航空港实验区建设，下一步更高水平开放发展的重点仍然是航空港实验区的建设与发展。我们应继续把郑州航空港实验区建设放在应有的位置上，为其赋能，这事关全市招商引资的大局。因此，必须继续坚持行之有效的工作机制，由省委书记、省长和市委书记、市长定期到航空港实

验区现场办公，现场解决问题，现场为全省开放型经济发展探路。没有郑州航空港实验区新的跨越式发展，就很难有全市开放型经济新的跃升。无论如何，都要使用好这块宝地。

强化"四路协同"体制机制建设。要与国家相关部委深入对接，吸引国家更多的先行先试政策在中原大地特别是郑州市创新和试验，为经济社会发展创造更多的政策红利。一是在新发展理念上协同。坚定不移坚持创新发展、协调发展、绿色发展、开放发展、共享发展，以更加开放的思维方式引领发展。二是在开放发展思路上协同。牢记我们改革开放40多年的基本经验，按照习近平新时代中国特色社会主义思想的要求，以新方法谱写开放发展的新篇章。三是在体制机制上协同。建立四条丝绸之路建设与发展协同联动联席会议制度，定期召开会议，研究重大政策、关键举措、重大项目等相关问题，及时解决实际工作中遇到的难题。四是在开放政策上协同。紧紧围绕开放性，高效对接国家有关部委的各项政策，以政策的叠加扩大四条丝绸之路等开放平台和载体的政策溢出效应，不断探索新的更加开放的政策措施，为企业服务。五是在开放型经济发展要素配置上协同。立足于企业发展，围绕税收优惠，推动涉及开放型经济发展的人才、资本、信息、技术、土地等要素优化配置，借鉴国内外的已有做法，移植或创建新的政策，吸引相关要素集聚，形成政策创新高地，建设高水平的信息共享平台，做强金融、物流支撑，完善对外开放体系的构建。

高标准改善营商环境。一是充分利用黄河流域生态保护与高质量发展国家重大战略贯彻落实的机遇，全面推动郑州生态化建设，以优美环境提升城市的美誉度，以美誉度吸引人才，特别是年轻人才，促进更高水平开放发展。二是在数字化、智能化、便利化服务上创造新优势。新冠肺炎疫情防控常态化以后，全球思维方式、工作模式、社交形成等都将发生翻天覆地的变化，而伴随5G技术的普及与推广应用，越来越多的日常交往和商务活动日益数字化、智能化、便利化。我们必须适应这种历史性变化的需要，通过对全市干部的系统培训，提升应用新一代信息技术的能力，全面普及云办公、云商务、云交流、云报告、云协同、云指挥、云服务等云技能，切实跟上一切拿"云"说事的时代步伐，打造优良的云环境。三是以包容文化素养强化服务意识。兼容并蓄、海纳百川是中原文化的最大特点，我们要发挥包容文化的优势，以人为本，尊重对方，为客商服务、为客商造福、为提升营商环境质量贡献更多的智慧与汗水。

全面推进河南省乡村产业振兴的若干政策建议[*]

摘要 根据我们对河南省11个市30多个县乡村产业振兴模式及政策支持调研，针对调研中发现的影响乡村产业发展的主要问题，我们提出七个政策建议：加大粮食等农产品安全供给的政策支持力度，加大对特色种养加产业链延伸模式的政策支持力度，加快农村土地制度改革步伐，构建现代乡村产业体系，推进农村集体产权制度改革，提高乡村治理能力和水平，促进工商资本有序下乡。

关键词 乡村振兴；乡村产业振兴；农村经济；区域政策；河南省

2020年12月，习近平总书记提出："民族要复兴，乡村必振兴"，把"三农"问题提升到新的历史高度[1]。2021年2月21日，中央一号文件《中共中央 国务院关于全面推进乡村振兴加快农业农村现代化的意见》正式发布，第一次提出全面推进乡村振兴的动员令[2]。乡村振兴，需要统筹协调、全面发力。而乡村产业振兴，是乡村创造物质财富最直接的途径之一，是弥补乡村发展不均衡不充分短板的重要力量。因此，产业振兴在全面推进乡村振兴中居于特别重要的地位[3]。针对我们在河南省11个市30多个县调研与分析中遇到的乡村产业振兴中存在的实际问题，特提出全面推进河南省乡村产业振兴的政策建议。

一、加大粮食等农产品安全供给的政策支持力度

针对我们国家人均耕地不足全球平均水平的1/3的特殊国情，结合河南省地处中原、四季分明、物产丰富、农业生产条件特别好、历来是国家粮仓的发展基础，按照近些年实施乡村振兴战略过程中中原大地初步探索成功的确保粮食安全模式形成的政策架构与仍

然存在的支撑条件短板，我们建议从以下四个方面进一步加大政策支持力度，以确保粮食等农产品安全供给。

1. 采取更加严格的政策措施保护耕地资源

面对2020年以来新冠肺炎疫情对全球发展的影响，特别是对粮食安全带来的威胁和我们国家繁重的稳定粮食发展大局的双重重任，严格依法保护耕地资源是我们推动农业可持续发展、保障粮食安全、促进乡村产业振兴最为重要的原则，也是落实"藏粮于地"要求的基本保障[4]。按照党中央的规定，不折不扣地落实耕地保护基本国策和最严格的耕地保护制度，坚决制止耕地"非农化"行为，严禁违规占用耕地发展乡村产业，一定要防止耕地"非粮化"，坚决守住耕地保护红线和粮食等农产品供给的安全底线。在推进城镇化过程中，依法依规做好耕地占补平衡，确保粮食播种面积基本稳定，杜绝以各种各样的理由乱占耕地。规范有序地推进农村土地流转，探索耕地托管入股方法，既培育种粮大户和充满活力的农业新型经营主体，又为农民增加收益寻求新的途径。不断增加财政投入，高质量持续开展高标准基本农田建

----
* 本文发表于《河南科学》2021年3月第39卷第3期第479-487页，为特约稿件。

基金项目：世界银行贷款中国经济改革促进与能力加强项目〔（TCC6）（B06-2019）〕子项目研究的阶段性成果。

447

设,稳定提高永久基本农田保护和管理水平,加快速度完善耕地质量调查监测体系和规范的耕地保护补偿机制,把"藏粮于地"的要求落实到每一个细节。

2. 把农业科技创新摆在更加突出的战略地位

乡村振兴、农业发展、粮食安全、保障供给,说到底,关键是要依靠农业科技进步,特别是要拥有一批老中青结合的优秀农业农村科技人才支撑[5]。河南省一直是农业农村大省,农业类高等院校、专业科研机构、农技推广体系等人才队伍规模较大,研发水平较高,在全国农业农村领域一直占有重要地位。要持续巩固和不断提升这种长期积累的行业优势和专业技术优势,充分利用我们农业科技创新资源积累积淀比较丰厚的基础条件;以建立长期稳定的经费支持机制为保障,以更大的研发人才和资金投入,集中精力持续推动农业科技创新;重点培育优质小麦、玉米、花生等主要粮油作物新品种,为全国打好种业翻身仗贡献中原力量,以品种品质优势全面落实"藏粮于技"和农业科技自强自立的重大粮食安全策略,尤其是要在优质高产小麦新品种培育和推广应用上持续下硬功夫,继续提高单产水平,提升高筋、中筋、低筋小麦品质;深入推进优质粮食工程,以产业化思路发展小麦经济,持续打造中原"小麦品牌",让中原小麦品种、中原小麦生产、中原面粉加工、中原面制品生产、中原速冻食品、中原休闲食品等享誉国内外,打造高质量的"世人餐桌",更好地满足国内外消费者对高质量食物供给的需求。增加对各级各类农业农村人才培养教育投入,站位 2035 年基本实现社会主义现代化的战略高度,积极扩大国际合作与交流,引导与培养更多热爱"三农"、奉献"三农"、创富"三农"、支撑"三农"可持续发展的人才队伍,为扛稳粮食安全重任提供充足的优秀人才资源支持。

3. 建立健全国家对粮食主产区的长效补偿机制

由于我国基本国情所迫,粮食安全历来受到高度重视。但是,在市场经济发展的大潮中,粮食生产的直接效益偏低是一个全球性难题,多数发达国家均依法采用一定的政策补偿机制予以支持和保障。近些年,我们国家始终高度重视粮食安全,已经对粮食主产区、种粮大县、种粮大户进行了一定的政策性补偿,而且确实产生了积极促进粮食增产提质的效应。现在仍然存在的突出问题是政策补偿力度不够,制约了种粮的积极性,下一步需要进一步加大补偿力度,补偿对象需要进一步具有针对性,补偿方法也需要尽快法制化,不能长期依赖年度性新出台的文件支撑[6]。因此,我们要结合产粮大县、规模化种粮企业、农村种粮大户等的实际需要,按照党中央已明确地对粮食等农产品主产区提供有效转移支付的方法,积极开展试点试验,探索建立健全以财政转移支付为主导的相关法规,适应市场经济条件下促进行业之间、区域之间利益均衡的长期需要,更好地为粮食安全贡献较大者增添可持续发展的内在动力[7]。

4. 加快推进农业绿色发展

以绿色发展理念为指导,通过多种切实有效的政策措施加快推进农业绿色发展,尤其是在减轻农业土壤面源污染方面要加大绿色技术推广应用范围,促进土壤质量稳定恢复与逐步提升,为粮食等农产品绿色化生产提供基础条件保障[8]。加快研发推广绿色高效的功能性肥料、生物肥料、新型土壤调理剂、低风险农药等绿色防控品,推广应用绿色高效饲料添加剂、低毒低耐药性兽药、高效安全疫苗等科技新产品,尽快突破农业生产中关于化肥和农药减量、安全、高效等方面技术问题。以数字化智能化为支撑,创新推广更多节能低耗智能机械装备,全面提升农业生产信息化、智能化、无人化、高效化水平。通过技术创新提高肥料、饲料、农药等投入品的有效利用率。形成一批主要作物绿色增产增效、种养加循环利用、区域低碳循环、田园生态综合体等农业绿色发展技术体系。研发应用一批耕地质量、产地环境、面源污染、土地承载力等监测评估和预警分析技术，完善评价监测技术标准和技术体系，全面促进农业绿色发展。

二、加大对特色种养加产业链延伸模式的政策支持力度

特色种养加产业链延伸模式，对河南省乃至全国重要农业大省来说，均具有比较显著的代表乡村产业发展最重要特征的一二三产业融合发展的科学内涵，是稳固农业农村发展大局的特别重要的乡村产业振兴模式。然而，就我们调研中所了解与分析的综合情况看，该模式进一步发展仍然需要加大相关政策的支持力度。

1. 以智慧农业的方法促进种植业环节提升效益

现在，很多地方的实际情况是在种养加产业链发展过程中，种植业环节的经济效益相对较低，直接影响发展的可持续性。如果不设法提升该环节的经济效益，现在仍然从事这个环节的一代农民一旦年龄更大，可能面临没有年轻人接续的历史性难题。即使是现在部分地区探索的新型农业经营主体，或者是已经有明显成效的"准股田制"土地托管经营模式，也都面临种植业本身经济效益偏低问题。所以，我们在政策储备层面需要探索长期支撑种植业稳定发展方法。我们在调研中发现了部分苗头，很有进一步实践的价值，就是以智慧农业的方法，促进种植业环节提升经济效益。该方法充分利用现代信息技术，特别是正在广泛普及的 5G 及人工智能技术，把种植业生产过程中的很多生产环节数字化、智能化、远程化，既减轻了直接劳动投入，降低了生产成本，又通过专家智能系统，及时诊断与发现生产现场需要解决的实际问题，保障种植业可持续发展[9]。所以，配合数字乡村建设，在政策层面优先支持特色种养加产业链发展基础较好县市的智慧农业发展，以智慧农业的方法，降低种植业生产成本，破解种植业可持续发展问题，具有长远实践价值。

2. 以普惠金融等现代金融力量支持养殖业规模化发展

我们调研所到之处，养殖业发展较好的县市，只要遇上现代化加工业，均面临养殖业规模不足、加工业生产原料供给跟不上、加工业效益难以持续较快提升等共同难题。而我们与养殖业业主交流的过程中，讨论为什么不扩大养殖业规模时，回答最集中的原因是资金不足。为什么不贷款呢？多数业主回答在与银行交涉过程中，贷款条件评估无法通过，或者即使是通过了，贷款额很有限，无法较快地扩大规模，等等。归根结底，缺乏现代金融支持，是抑制养殖业规模化发展的主要原因。而在河南省兰考县、卢氏县等普惠金融试验试点的县市，这个影响乡村发展的金融资源不足的难题已经迎刃而解。所以，建议在进一步扩大普惠金融试点过程中，对种养加产业链发展模式基础较好的县市，优先纳入普惠金融试验试点，探索普惠金融支持养殖业规模化发展的政策支撑体系，以现代金融的力量为种养+产业链发展模式注入金融活水，增强种养+产业链的均衡协调发展能力，促进养殖业规模化发展，形成 $1+1>2$ 的效应，为乡村产业振兴提供更加充沛的动力[10]。

3. 以技术创新支持农产品加工业高质量发展

面对高质量发展的历史性浪潮，科技创新成为所有行业增强发展能力的基本功。对农产品加工业而言，既要按照一般工业的发展规律，以适度的工业生产规模追求规模效益，又要通过不断的技术创新提升主导产品的知名度与影响力。我们河南省的农产品加工业在全国居于非常重要的位置，产业规模居全国前列，双汇肉制品、三全速冻食品、夏南牛雪花牛肉、郏县红牛肉、永城面粉等品牌影响较大，市场占有率比较高，进一步发展的产业基础比较雄厚。但是，对于大量新进入规模化加工阶段的农产品加工来说，特别是 2020 年新冠肺炎疫情以来在网络上销售火爆的休闲食品和地方性特色产品，著名

品牌不足，市场影响力不大仍然是全面发展过程中直接的障碍。所以，全面加强农产品加工业技术创新，通过科技创新的力量，提升农产品加工制成品的品质，以品质制胜，扩大市场影响力，扩大农产品加工业发展规模，是大势所趋，也是每一个农产品加工企业高质量发展的持久性着力点。

三、加快农村土地制度改革步伐

按照经济学基本原理，土地是财富之母，具有创造财富无可比拟的要素力量。我们改革开放初期，安徽省小岗村在土地制度承包制改革上的大胆探索，为我们全国的土地制度改革闯出了一条康庄大道。近些年，党中央国务院对农村土地制度改革高度重视，已经在全国进行了大量的改革试验，也积累了不少经验与做法[11]。然而，从加快乡村产业振兴的视域出发，我们认为，河南省农村土地制度改革急需在以下方面取得新突破。

1. 鼓励农民直接参与土地制度改革

农村土地制度改革，最为关心的是农民，利益直接相关者也是农民，最大的改革智慧也可能来自农民。目前，我们在农村土地制度改革已经进行了大量试验的基础上，暂未拿出切实可行的、让广大农民获得较大收益的新举措。推进新的农村土地制度改革，关键的卡脖子点没有让农民直接参与政策制定，没有真正结合乡村产业振兴的现实需要。新近涉及农村土地制度改革的各种文件，以限制性规定居多，而放权给农民的东西不多，让农民大胆试的东西不多，通过土地制度改革促进农民增收的新举措不多。这三个"不多"，限制了农民参与农村土地制度改革的积极性，拟制了土地资源创造财富的能力，需要进行逻辑性纠正。为此，我们建议，在全面探索农村土地制度改革过程中，按照习近平总书记"全面深化改革"的要求，抓住"十四五"时期全面推进乡村振兴的历史机遇，出台鼓励农民直接参与农村土地制度改革的新文件，引导真正热心"三农"的一批农民以主人翁的角色，拿出基层一线最了解

农村、农业、农民智者的智慧，迸发农村土地制度改革新的思想火花，汇聚新一轮农村土地制度改革的伟力，尽快突破制约当今农村土地制度改革的障碍，形成新的政策支撑点，为乡村产业振兴增添活力与动力。

2. 以更加灵活的方式盘活农村经营性建设用地资源

自20世纪90年代初期以来，全国大规模的城镇化和城市建设改变了中国发展运行的基本状态，我们国家自全球工业革命以来第一次全面推进了工业化与城镇化进程，全社会财富增加量全球瞩目。在这个历史进程中，无论是城市建设资金，还是城镇居民个人资产大幅度增加，都直接与盘活城镇周边土地资源密切相关。时至今日，很多城市土地出让收入仍然占当地财政运行经费的很大比例。因此，土地资源创造巨大财富的能力几乎人人皆知。现在，在推进城乡协调发展过程中，大家看得非常清楚的一个现实是，一方面大中城市周边地区，地价如金，动不动一亩地商业价值上千万元，到了寸土寸金的程度；而与此同时，在广大乡村地区，空心村、闲置建设用地、空闲楼院、空闲院落、空闲窑洞等比比皆是，大量宝贵的土地资源处在闲置状态。虽然，各地结合当地情况，已经对农村经营性建设用地改革进行了部分试验与探索，但是在面上没有全面盘活农村经营性建设用地资源是一个事实。这种状况既是一个全社会资源浪费的现象，也是拉高大中城市土地价格、为青年人购买住房不断增加压力的直接原因。因此，以更加灵活的方式盘活农村经营性建设用地资源是一个涉及全社会利益调整的重大事项。

我们建议，相关部门不要简单以现有政策法规为依据，处处限制农村经营性建设用地盘活的改革方法，而要鼓励与支持基层的改革探索。实际上，河南省新郑市以政府收储的方法鼓励农村经营性建设用地盘活的方法，长垣县"通过集体建设用地调整入市建设乡（镇）工业园区，为促进乡村产业集聚、转型发展提供了有效平台"的经验做法，很

多地方已经试验的以农村经营性建设用地为原始资本通过转让使用权获得村集体经济长期稳定收益的方法，等等，都具有实际应用价值，而且实施成效比较好，确实有进一步扩大实施范围的可行性。应该从促进乡村产业振兴的战略高度出发，以包容开放的姿态，支持基层探索符合当地发展需要的经营性建设用地制度改革方法，为盘活这一块最有潜力的社会资源鼓劲加油，为乡村产业振兴提供变资源为资本的渠道，为农民提高收入水平提供制度保障[12]。探索在农民集体依法妥善处理原有用地相关权利人的利益关系后，将符合规划的存量集体建设用地按照农村集体经营性建设用地直接入市的方法。在符合国土空间规划条件下，鼓励对依法登记的宅基地等农村建设用地进行复合方式利用，用于发展乡村民宿、农家乐、农产品加工、电子商务等乡村产业。

3. 扩大全域土地整理试点

从近些年各地实践探索的效果分析，全域土地整理确实可以提升土地资源利用效率，有些地方甚至将一个行政村范围内耕地面积扩大 30% 左右，成效非常值得关注[13]。为此，我们建议在征得基层群众自愿的前提下，加快步伐扩大全域土地整治试点。对于土地整治潜力较大的丘陵山区，可以整乡（镇）通过收储以后引进工商资本进行全域土地整治。对于平原农区，可以整村进行土地整治。通过全域整治，把零零散散、边边角角的土地资源充分利用起来，提高了土地资源利用效率。腾挪出多余的土地利用指标，既可用于乡村产业发展，也可用于扩大耕地面积。

4. 保持农村土地承包关系长期稳定

2020 年 11 月，全国农村承包地确权登记颁证工作总结暨表彰会议在北京召开，标志着我国农村承包地确权登记颁证工作告一段落，也使农村承包地第一次拥有了合法的证件，从法律意义上确定了对农民土地承包经营权的物权保护，让广大农民吃上了长效"定心丸"，进一步巩固和完善了农村基本经营制度。农民承包地是其在农村赖以生存的基本生产资料，是改革开放初期对提高农民收入水平最重要的制度保障，至今仍然是农民在现代土地制度体制中最重要的权利保障[14]。在历史性完成承包地确权登记颁证以后，仍然要坚持把依法维护农民合法权益作为农村土地制度改革的出发点和落脚点，继续坚持农村土地农民集体所有制不动摇，坚持家庭承包经营基础性地位不动摇。同时，运用农村承包地确权登记颁证成果，积极稳妥推进第二轮土地承包到期后再延长 30 年的工作，保持农村土地承包关系长期稳定，并依法受到保护。

四、构建现代乡村产业体系

我国发展进入以建设社会主义现代化国家为目标的新时代，而我国农村经济社会主要矛盾的变化，一方面表现为农业农村发展与城镇发展的不平衡不充分；另一方面表现为农产品供给结构性矛盾比较突出，与全社会高质量发展的需求不适应。因此，必须按照实施乡村振兴战略和城乡协调发展的总要求，积极推进供给侧结构性改革，培育农业农村发展新动能，加快构建现代乡村产业体系，在新发展格局中激活乡村产业发展的每一种要素。

1. 优化县域城乡产业布局

依托各地乡村特色优势资源，通过打造农业全产业链的方法，完善乡村产业发展新格局。一般情况下，要把产业链主体留在县城，确保其发展的相关要素能够合理高效配置；把产业链延伸的触角渗入乡村，让农民及时便利地分享产业增值效益。由农业龙头企业牵头，结合当地乡村主要产业发展需要，加快建立健全现代农业全产业链标准体系，推动新型农业经营主体都能够按标准生产，提升乡村产业的市场竞争力。立足县域农特产品生产规模化需要，合理布局特色农产品产地初加工和精深加工基地，建设现代农业创新园、创业园和产业园，在乡村产业相对集中的区域建设乡村产业强镇和优势特色产业集群[15]。适应后疫情时代网购快速发展的需要，推动公益性农产品市场和农产品流通物流体系和骨干网络建设，为农村电商加快发展创造更好的支撑条件。配合丘陵山区全域旅游发展开发休闲农业和乡村旅游精品线路，完善乡村旅游配套基础设施，提升乡村旅游的服务质量和水平。积极推进农村一二三产业融合发展示范园和科技创新示范园区建设，以大幅度提升乡村产业化水平的方法破解城乡发展不均衡不充分难题。把农业现代化示范区作为推进农业农村现代化的重要抓手，围绕提高农业产业体系等现代化水平，建立考核指标体系加强年度考核，以县（市、区）为单元开展创建活动，力争到2025年在全省创建50个左右示范区，形成梯次推进农业现代化的新格局。与全国同步组织开展"千企兴千村"行动，为乡村产业振兴注入更加充沛的活力。

2. 做大做强农业产业化龙头企业

农业产业化龙头企业，对于农业发展、乡村振兴均具有引领与支撑作用。只有全面优化涉农企业的政策法规体系，为农业产业化龙头企业创造更加宽松的法制环境，才能够促进农业产业化龙头企业加快发展步伐，为农业产业化创造更加充足的财富支持。从我们调研了解的情况分析，改革开放以来，河南省利用各种机会，培育了一批在全国有重要影响的农业产业化龙头企业，像目前在市场上颇具影响力的牧原股份、双汇发展、三全食品、雏鹰农牧、科迪乳业、好想你枣业、秋乐种业、郑州花花牛乳制品等公司，均在所在行业占据重要地位，为所在县（市）农业产业化发展做出了较大的贡献。但是，从无论是农业产业化龙头企业数量，还是这类企业在对全省农业产业化的带动作用方面，都仍然有很大的发展潜力。未来进一步发展，需要充分利用国家全面推进乡村振兴的机遇，瞄准乡村产业振兴的重点领域，按照一二三产业融合发展的特殊定位，把现有农业产业化龙头企业进一步做大做强做优，同时持续培育更多农业产业化龙头企业，尤其是在确保粮食安全、全域旅游、种养加产业链延伸、

特色农产品规模化种植加工、传统文化特色小镇建设、服装产业集群发展、农村电商等领域加大支持力度，再培养一批新的农业产业化龙头企业，为这些乡村产业振兴的新领域拓展发展空间，获取更加充足的社会资本，开创农业农村现代化新局面[16]。

3. 以专业化方法培育新型农业经营主体

既按照农业经营比较分散的规律办事，又立足于经济学规模化、专业化的客观需要，积极发展农村专业大户和家庭农场，培育一代充满活力的新型农业经营主体。在农村专业大户培育方面，不仅要充分考虑规模化效益问题，也要兼顾农民经营的适度规模问题，避免发展规模扩张过快导致的资金链断裂、管理失衡、接续能力不足等异常现象。在家庭农场培育方面，借鉴发达国家的经验，打牢经营基础，稳扎稳打，保持特色，稳健发展，避免重大自然灾害风险，特别是类似非洲猪瘟、新冠疫情这样的重大灾害风险，积淀发展能量，在行稳致远上下功夫。作为地方政府对新型农业经营主体的帮扶，要用足用活乡村产业振兴的政策机会，及时为新型农业经营主体提供财政性补贴和特殊情况下的特殊帮助，让这些量大面广的新型农业经营主体始终保持较好的发展状态。地方政府相关部门应按照分类推进与专业指导的思路，结合各类经营主体的比较优势和行业分工属性，以提高新型农业经营主体的规模化、集约化、社会化和专业化水平为手段，完善其产前、产中和产后各环节全覆盖的支持政策，克服新型农业经营主体潜在的组织局限性，引导各类新型农业经营主体优化资本运作效率、延展产业格局和发挥品牌功效，以新发展理念为指引集成兼具市场性、技术性和商业性的农业产业经营新模式。

4. 高质量培养新型职业农民

乡村产业振兴，关键在人。从发达国家农业现代化发展经验看，经过正式培训的现代化职业农民更能胜任新型农业经营体系之下的各类生产经营活动的实际需要[17]。为此，要转变观念，把新型职业农民培养培育纳入

经济社会发展"十四五"规划和各地年度职业教育培训计划，并整合全社会职业教育资源，创新培训方式和方法，改进与优化培训教育内容，结合当地主要乡村产业发展需要，有针对性地开展产业先进技术、现代企业管理理论与方法、产业链、价值链、供应链和资本链拓展与应用等多方面的专业技术培训，打造一代懂技术、有悟性、善经营、适应智能化时代需要的高知识素质的新型职业农民。以"三农"人才引育与聚集为契机，壮大新型职业农民队伍，既从根本上破解"谁来种地""怎么样种地""高质量种地""怎么样经营土地"等现实困境，也助推乡村一二三产业在融合发展中实现关键环节和核心要素的脱胎换骨，推动乡村产业的转型升级。所以，必须按照 2021 年中央一号文件的要求，更新发展理念，转变对新型农业经营主体和乡村产业发展存在的认知偏见，不断提升乡村专业从业人员的社会地位。同时，从城乡协调发展的角度出发，积极营造全面推进乡村振兴的氛围，大力倡导和引导、鼓励、支持青年优秀大学生，尤其是涉农专业的优秀大学毕业生积极投身到农业生产经营一线和乡村产业振兴的实践之中，持续为农业农村现代化注入鲜活动力。以务实的政策为支撑，积极营造农村就业创业的良好社会环境，吸引一批有情怀的优秀城市企业家参与乡村产业发展，在城乡融合发展中造就一支新的"一懂两爱"的"三农"企业家队伍。

五、推进农村集体产权制度改革

自 2016 年党中央、国务院出台《关于稳步推进农村集体产权制度改革的意见》以来，各地都在结合实际积极探索农村集体资产产权制度改革与创新的具体路子，在不少领域均取得了重要进展，下一步需要加快推进农村集体产权制度改革，为乡村产业振兴提供新的农村集体资产、资源和资本支持。

1. 努力把握正确的改革方向与创新重点

按照市场经济规则，依据相关法规，以促进乡村产业振兴为导向，以依法维护农民根本利益为出发点，以扩大农村集体经济实力为目标，充分发挥市场在资源配置中的决定性作用和更好发挥政府作用，大胆改革创新，在确保农村集体经济组织市场主体地位的基础上，探索建立与完善农民对集体资产拥有的合法股份权利，借鉴安徽省、浙江省等已在农村集体产权制度改革方面取得较好进展地区的经验，制定切实可行的农村集体资产产权制度改革方案，落实农民的宅基地使用权、土地承包权、集体收益分配权和对集体经济重大活动的民主参与和管理权，形成有效维护农村集体经济组织全体成员合法权利的治理体系，并在付诸行动中逐步予以修改与完善，全面促进农村集体经济发展，以股份分红和就业参与等形式直接增加当地农民收入，壮大村集体的经济实力，增加农民的财产性收入，加强和巩固农村基层政权。

2. 全面加强农村集体资产经营管理

经过近几年持续努力，各地基本上把农村集体所有的各类资产进行全面清产核资，已经摸清了集体资产的家底，建立了集体资产台账。现在，比较紧迫的任务是依法建立健全农村集体资产管理制度，并利用正在进行的农村基层组织换届选举的机遇，选拔德才兼备、有家国情怀的农村基层组织带头人，依法依规全面加强农村集体资产的经营管理，促进集体资产保值增值，让这些沉睡多年的农村集体资产转变成乡村产业振兴的资源和资本，为乡村产业振兴和集体经济发展提供原始资本保障，为当地农民创造稳定的财产性收入来源，为巩固农村基层组织、发展农村集体经济、活跃乡村市场提供政治保障和经济支撑[18]。

六、提高乡村治理能力和水平

党的十九届四中全会《中共中央关于坚持和完善中国特色社会主义制度 推进国家治理体系和治理能力现代化若干重大问题的决定》提出，"健全党组织领导的自治、法治、德治相结合的城乡基层治理体系"。按照四中全会的要求，提高基层社会治理能力和水平是推进国家治理体系和治理能力现代化的重要基础。新时代全面推进乡村振兴，建设社会主义现代化国家，既为提高乡村治理能力和水平奠定了良好基础，同时也对乡村治理能力和水平的进一步提升提出了新的更高的要求。提高乡村治理能力和水平是全面推进乡村振兴、推进国家治理体系和治理能力现代化、巩固党在农村执政基础、满足农民群众日益增长的美好生活需要的必然要求[19]。针对乡村产业振兴的实践要求，提高乡村治理能力和水平，需要多措并举，协调推进。

1. 巩固和提升农村基层党组织的核心领导能力

乡村治理作为国家治理体系中最细微的"神经末梢"，联系着千千万万基层群众的实际利益，其能力与水平高低直接关系到国家治理的根基，也关系到我们党的长期执政基础。因而，必须坚定不移地巩固和提升农村基层党组织在乡村治理中的核心领导能力。充分利用2021年我们隆重举行纪念中国共产党建党100周年的重大历史机遇，以农村基层党组织建设先进典型为榜样，系统总结基层党组织建设的经验，切实加强基层党员干部的理论学习与思想武装，坚定正确的政治方向，坚定理想信念，充分发挥基层党组织在乡村治理中的战斗堡垒和先锋模范作用。以优秀党员的榜样力量和学习党史的历史逻辑，加强基层党员干部的党性修养和理论修养。教育和引导基层党支部书记坚持带头严肃党内生活，通过系统培训和自觉学习，认真熟悉和掌握党在农村的路线、方针和政策，自觉把全面推进乡村振兴与本地发展实际相结合，以乡村产业振兴为抓手，带领基层组织加快乡村产业振兴步伐，为老百姓创造更加丰富的精神财富与物质财富。

2. 提高集体经济的保障能力

我国发展进入社会主义新时代，社会主要矛盾已转化为人民日益增长的美好生活需要和不平衡不充分发展之间的矛盾，全社会新业态新模式新需求层出不穷，广大农民跟随时代进步也有了更多的物质与精神需要，对乡村治理提出了新的更高要求。在这样的条件下，作为最基层的一级组织，特别需要农村集体有更为坚实和不断增强的物质基础作为保障。所以，乡村集体经济的发展与壮大，作为集体公共利益，可以加快乡村公共服务设施建设、优化与提升公共服务供给质量、满足基层民众幸福生活的实际需求，为乡村治理提供物质财富支持。促进乡村集体经济发展的重点之一就是深入推进集体产权制度改革，尽快落实集体经营性资产股份合作制改革方案，盘活与整合乡村现有集体资产与各种可利用集体资源，特别是潜力较大的农村经营性建设用地资源，并努力实现保值增值，壮大农村集体经济实力。通过管理创新，坚持集体经济利益属于全体村民的利益机制，完善集体经济与乡村治理的利益关系，让集体经济在公共利益上的驱动作用成为提升乡村治理能力和水平的一个支撑点。在条件允许的基层乡村，可以利用集体经济资产，通过组建股份合作社或与资产托管类有限责任公司合作参与市场竞争，并适度吸纳社会资本，开阔视野，以市场化方式创新集体经济发展模式，拓宽集体经济发展渠道，增强集体经济的发展活力。充分利用全国性数字化智能化浪潮，通过数字乡村建设为集体经济注入新动能，促进农村电商、普惠金融、信息服务等新业态发展，让村民分享数字经济发展红利，焕发农村集体经济发展活力。

3. 完善农村基层治理体系

乡村基层治理过程中，自治、法治、德治是相互统一的一个科学体系，只有实现"三治合一"，融合运转，才能为基层乡村治理提供比较完善的治理体系。因此，要通过对基层干部有针对性的教育培训，增强其自治、法治和德治相互融合的能力，促进三者之间相辅相成、有机统一，有效促进农村基层治理水平提升。其中，法治和德治都要在自治的过程中脚踏实地落实落地，要坚持以自治为基础，充分发挥村民自治的自我管理、自我服务、自我约束、自我教育、自我监督功能，让自治成为群众的自觉行动，通过自治增强基层的公共管理能力。自治、德治都要在法治约束下运行，以法治为行为准则，依法办事，依照法律法规和村规民约规范乡村干部群众的行为，让基层干部依法决策、依法行政、依法管理成为思想自觉和日常行为习惯，增强基层组织的凝聚力。自治、法治需要德治力量的支撑，以德治弘扬正气，以德治为共同的行为约束，培育和传承当地良好的家风、乡风和民风，以实际行动践行社会主义核心价值观。通过有组织的活动，发挥乡贤的模范带动作用，大力传承弘扬优秀乡土文化，尤其是要积极倡导在中原地区具有广泛群众基础的孝贤文化，在基层民众之中大力营造尊老爱幼、孝敬父母、忠诚国家、和谐和睦的传统文化氛围，提升老百姓享受现代美好生活的获得感、幸福感和自豪感。

七、促进工商资本有序下乡

党的十八大以来，新一轮社会资本进入农业农村，农民工返乡创业，工商企业下乡创业，大学生"创客"、农村能人回乡创业等风生水起，成为乡村产业振兴的重要动力。但是，就乡村产业振兴的总体需求分析，当前工商资本下乡的法制环境有待优化，政策支持体系有待完善，进一步促进工商资本下乡是乡村产业振兴的核心驱动要素之一[20]。

1. 强化工商资本下乡的政策引导

按照全面推进乡村振兴的战略部署和全省乡村产业振兴发展规划，融合普通金融和普惠金融的共同资源，制定可操作性比较强的支持工商资本下乡参与乡村产业振兴的具体指导意见，完整地列出工商资本能够享受到的相关扶持政策及其相关要求，引导工商资本重点参与发展小麦经济、现代种养+产业链产业、地方性特色农产品规模化种植+工业、名特农畜产品+工业、丘陵山区全域旅游业、乡村康养等新型服务业、农村电商、数字乡村建设等，开辟农村市场，提高农村消费能力，畅通城乡之间要素流动，让投资主体形成明确市场预期，促进乡村投资的可持续发展。同时，要强化企业监管，建立工商资本下乡准入和监管制度，严格实行乡村土地用途管制，在符合土地利用规划、区域经济社会发展规划的条件下，制定专业的乡村产业发展规划，引导工商资本确定适当的经营内容、经营项目和投资重点，避免与城市产业形成不合理的竞争关系，防止违规占用耕地特别是永久基本农田从事非农产业，确保为乡村产业振兴助力，不侵害农民权益。

2. 积极拓展工商资本下乡的投资空间

从政策环境看，在2020年我国全面完成扶贫攻坚、全面建成小康社会的历史性任务以后，要认真做好巩固拓展脱贫攻坚成果同乡村振兴有效衔接，把乡村产业发展得更好，把乡村建设得更美，让农民更加富裕。乡村产业振兴前景广阔，投资潜力巨大。从市场需求分析，高质量优质绿色农特产品，民风民俗、农家乐、田间采摘的农耕文化和田园风光等日益成为休闲旅游的稀缺资源，受到越来越多的市场青睐。从投资潜力看，工商资本既可以投资乡村重点产业发展，收获全面推进乡村振兴的时代红利，又可适度参与农产品仓储保鲜、冷链物流、高标准农田建设、农村污水处理等有一定稳定收益的基础设施项目，还能加入村庄发展规划、美丽乡村建设、教育养老、乡村旅游、电商消费等发展迅速的现代服务业发展，为城乡服务业共融共享贡献智慧与力量。从投资条件分析，农村交通、通信、仓储等基础设施不断改善，现代物流运输正在全面覆盖，加上劳动力、土地等要素成本相对较低，拥有一批初步成功的新型农业经营主体能够与工商资本直接对接，投资环境在快速优化，也确实值得引起工商资本重视。

3. 为工商资本下乡提供良好的公共服务环境

全省各地条件不同，乡村产业振兴的需求各异。要根据当地实际，以制定优惠政策的方法，明确工商资本能够享受到的全面推进乡村振兴的扶持政策及其前置条件，激发工商资本投资农业农村产业发展的积极性，鼓励其进入适合工商资本企业化经营的，基层农民或农民合作社不擅长干的领域，比如规模化高效种养业、大型农产品加工业、平台型农村电商等，这些大多是资本、技术、人才密集型产业。以单体 15 亩的高标准设施大棚为例，其一次性直接投资需要上千万元，并非一般农户或农民合作社所能承受，恰恰是工商资本的优势所在，适合工商资本投资，而且从近几年不少乡村发展的实践看，这些领域工商资本进入之后投资回报比较高。

参考文献

［1］习近平．民族要复兴，乡村必振兴［N］．新华每日电讯，2020-12-30（1）．

［2］新华社．中共中央　国务院关于全面推进乡村振兴加快农业农村现代化的意见［N］．经济日报，2021-02-22（1）．

［3］张占仓．准确把握实施乡村振兴战略的科学内涵与河南推进的重点［J］．河南工业大学学报（社会科学版），2020（4）：1-19．

［4］张占仓．牢记嘱托扛稳粮食安全重任［N］．河南日报，2020-03-25（6）．

［5］完世伟．创新驱动乡村产业振兴的机理与路径研究［J］．中州学刊，2019（9）：26-32．

［6］安晓明．新时代乡村产业振兴的战略取向、实践问题与应对［J］．西部论坛，2020（6）：38-47．

［7］陈明星．"十四五"时期农业农村高质量发展的挑战及其应对［J］．中州学刊，2020（4）：49-55．

［8］魏后凯．加快推进农业农村现代化［N］．中国社会科学报，2020-11-24（1）．

［9］刘保仓．在中原更加出彩的征程中谱写"三农"新篇章［J］．决策探索，2019（2）：23．

［10］李国英．乡村振兴战略视角下现代乡村产业体系构建路径［J］．当代经济管理，2019（10）：34-40．

［11］张占仓．深化农村土地制度改革促进乡村振兴［J］．中国国情国力，2018（5）：27-29．

［12］申延平．在乡村振兴中建设农业强省［J］．农村工作通讯，2019（24）：29-30．

［13］魏后凯．"十四五"我国农业农村发展十大新方向［N］．中国经济时报，2020-11-12（3）．

［14］李国祥．以实施乡村建设行动为抓手全面推进乡村振兴［N］．河南日报，2020-11-25（10）．

［15］张占仓．当前我国经济发展的六个关注点［J］．中国国情国力，2020（8）：22-25．

［16］韩长赋．铸就新时代"三农"发展新辉煌［N］．人民日报，2020-10-20（9）．

［17］李国英．补齐乡村基础设施短板强化城乡共建共享［N］．中国社会科学报，2020-10-21（7）．

［18］周立．乡村振兴的核心机制与产业融合研究［J］．行政管理改革，2018（8）：33-38．

［19］张晓山．推动乡村产业振兴的供给侧结构性改革研究［J］．财经问题研究，2019（1）：114-121．

［20］周庆元．构建新型农业经营体系的动力机制与协同路径［J］．内蒙古社会科学，2020（5）：155-161．

河南省丘陵山区县域全域旅游发展模式研究[*]

摘　要　自 2016 年习近平总书记提出发展全域旅游以来，河南省丘陵山区部分县市进行了积极探索，主要通过做好顶层设计、围绕山水特色做文章、挖掘地方特色文化资源、提供旅游发展要素保障、打造大中小相结合的旅游项目集群，促进了县域全域旅游的快速发展，为乡村产业振兴找到了一条新的路径。在党中央提出全面推进乡村振兴的时代背景下，总结梳理全域旅游发展获得显著成效县域的经验与做法，从中厘清县域全域旅游发展的基本理论、基本方法、主要着力点等问题，有益于为类似地域发展全域旅游提供参考和借鉴。

关键词　乡村产业振兴；乡村振兴；全域旅游；地域模式；河南省

全域旅游，是指在一定区域内，以旅游业为优势产业，通过对区域内经济社会资源尤其是旅游资源、相关生产要素进行全方位、系统化的有机整合，集中力量发展旅游业，以旅游业带动和促进经济社会协调发展的一种新的区域发展模式。2016 年 7 月，习近平总书记在宁夏调研时指出，"发展全域旅游，路子是对的，要坚持走下去"，为推进旅游业改革创新发展指明了方向、提供了遵循。2017 年 3 月，国务院总理李克强在政府工作报告中首次提出的"全域旅游"一词，成为"两会"热词，引起全社会重视。河南省南部的大别—桐柏山区、西部的伏牛山区和西北部的太行山区，旅游资源丰富，具备发展全域旅游的条件。近些年，经过各地积极探索，初步在部分县域形成了比较切实可行的全域旅游发展模式，为当地乡村产业振兴提供了有效路径，推动了新发展格局的构建，有效促进了内循环。

一、河南省发展县域全域旅游的方法

1. 做好顶层设计

丘陵山区相关县市过去对旅游业关注度不高，没有下大功夫发展旅游业。近些年，伴随着经济社会发展水平的提升，春季赏花、夏季避暑、秋季看红叶、冬季滑雪或欣赏冰挂，成为很多时尚消费者的共同需求。因此，位于丘陵山区、自然条件优越的县域，发展全域旅游成为一种战略选择。为此，我们调研了相关县市，下文所提及的数据也均为调研所得。对于县域领导来说，发展全域旅游是一件全新的工作。尽管国外有成熟的案例，沿海地区也有做得比较好的县域，但真正把这一项工作在当地顺利推动起来，形成乡村产业振兴的新热点，确实需要在顶层设计上下功夫。正如习近平总书记强调的那样，"县委书记要把主要精力放在'三农'工作上，当好乡村振兴的'一线总指挥'"。也就是说，作为地方党委的一把手，县委书记要对

---

　*　本文发表于《中州学刊》2021 年 4 月第 4 期（总第 292 期）第 27—33 页，为"旅游业创新发展研究专题"文章。

　基金项目：世界银行贷款中国经济改革促进与能力加强项目"河南省乡村产业振兴的模式探索与政策支持研究"［TCC6（B06—2019）］。

该项工作高度重视，直接领导，亲自谋划与推动，克服运行过程中遇到的各种困难和问题，培育出当地乡村产业振兴的新支点。我们调研的相关县市基本上都是这样做的。比如近几年以文旅融合推动县域全域旅游成效比较显著的豫南大别山区的新县，立足"红色引领、绿色发展"的定位，将文化旅游事业作为发展主要方向之一，坚持整体推进，注重改革创新，强化支撑保障，扎实推动文旅融合和全域旅游发展。新县在顶层设计上突出三大保障：一是强化组织领导。成立县旅游委，县委书记任主任，县长任第一副主任，明确一名副县长主管旅游，强化旅游委在政策协调、文旅融合、产业布局等方面的统筹领导，建立健全"县有旅游委、乡有旅游办、村有管委会"的新三级旅游管理体系，树立大抓旅游的鲜明导向。结合全县机构改革，整合文化、旅游、广电、体育职能，组建全信阳市唯一的文化广电和旅游体育局，县政协副主席兼任局长，成立文物事务中心、文化旅游规划发展中心和非物质文化遗产保护中心，重组县文化馆、图书馆，构建"文广旅体"大盘子，消除文旅融合体制机制方面的障碍。二是创新工作机制。完善公共文化服务体系建设协调机制，实现县、乡、村公共文化设施全覆盖。建立"1+3+N"旅游综合执法机制，创新设立旅游安监分局和食品安全监察大队，将旅游执法职能并入文化市场综合执法体系，实现文化旅游市场监管全覆盖。成立涵盖全县所有文化、旅游、体育企业的行业协会组织26个，完善行业自律机制。探索建立全域旅游统计指标体系，优选600个样本点，在传统旅游统计基础上，增加乡村旅游消费、农业观光采摘等7个统计门类，尽可能客观反映旅游发展的实际情况。三是建立多元投入机制。组建文化旅游发展投融资平台，统筹整合项目资金和财政资金，设立"5个1000万"的产业发展引导资金，鼓励乡村内置金融投入建旅，支持工商资本下乡兴旅，实现政府筹资、部门争资、招商引资、市场融资、民间注资"多轮驱动"。对

重大文化旅游项目招商采取"一事一议"的弹性引进制度，鼓励各类资本、人才等参与旅游开发，为文旅融合提供强有力的投资与人才资源支撑。又如豫西山区的栾川县，在推动全域旅游过程中，成立了由县委书记任政委、县长任指挥长，全县15个乡镇、50个县直单位为成员的全域旅游示范区创建指挥部，定期协调解决重大问题。栾川县将全域旅游发展纳入全县目标考核，考核结果作为奖优罚劣和干部选任的重要依据。还有以美学经济引领全域旅游的修武县，也是涉及全域旅游的重要事项，由县委书记直接谋划、直接指挥、直接督办、直接参与，形成了全县上下齐抓共管的强大合力。

2. 围绕山水特色做文章

丘陵山区最大的特色就是自然景观美丽，而且有山、有水、有绿、有故事，容易营造吸引游客，让旅游者流连忘返的多种场景，这是在发展旅游方面丘陵山区与平原地区相比最突出的优势。基于这种优势，县域在进行旅游规划时，要紧紧围绕山水特色，做出科学内涵丰富、地域特色突出的高质量旅游规划，以引领当地新产业的健康发展。大别山区的新县，自2013年起开展了连续三年的"英雄梦、新县梦"规划设计公益行活动，把旅游规划做得非常系统。在规划建设过程中，坚持"三个尊重"，牢守"底线""红线"。一是尊重自然生态。把生态环境作为旅游的根基土壤，倡导树立"视山如父、视水如母、视林如子"的生态理念，坚持不挖山、不填塘、不砍树、不截断河流、不取直道路，守好生态底色。二是尊重历史风貌。坚持以因地制宜、因势利导为原则发展全域旅游，不大拆大建、不涂脂抹粉、不贪大求洋，保持村庄自然肌理，做到"修旧如旧"，把传统村落改造好、保护好。挖掘乡村传统文化积淀，建设非遗博物馆、村史馆等文化传习场馆，开发出民俗文化体验、传统文艺表演、农耕文化展示等特色文旅产品，守护乡村旅游的"灵魂"。三是尊重群众主体。在涉及当地发展的重大问题上，真正让群众唱主角，当政

府部门、专家意见和村民意见不一致时，以村民意见为主；当大多数村民意见和个别农户意见不一致时，尽可能尊重个别农户意见，通过"村规民约"来解决分歧，形成全员共建、全民共享的发展格局。栾川县坚持规划引领，高标准高质量编制了《全域旅游发展规划》《休闲农业与乡村旅游精准扶贫项目规划》《旅游重点村发展规划》等31项旅游专项规划，形成了包含总规、控规、项目设计等层次分明、规范有效、相互衔接、执行有力的全域旅游规划体系。太行山区以"红旗渠"著称的林州市，瞄准一流水平，投入1000余万元，聘请中科院地理研究所、中国城市建设研究院等知名规划设计机构，高起点、高标准、高质量完成了《林州市全域旅游总体规划》《林虑山风景名胜区详规》等多项旅游规划，孕育出红旗渠红色教育游、太行大峡谷绿色生态游、林虑山蓝天滑翔游三大品牌，成为引领当地全域旅游发展的纲领性依据。

3. 挖掘地方特色文化资源

地方特色文化资源，是最具有吸引力的文旅资源，而且文化故事往往常说常新、经久不衰，是发展全域旅游的软实力。高度重视文化资源挖掘，是推动全域旅游的重要支撑点。新县是全国著名的将军县，也是国家生态县和国家扶贫开发工作重点县和大别山集中连片特困地区扶贫攻坚重点县。立足境内丰富的"红、绿、古"文化资源，深挖蕴藏其中的红色文化、山水文化、传统文化，将文化元素最大限度融入旅游之中，不断探索文旅融合新路径。一是以红色文化引领研学游。抢抓国家"1231"红色旅游工程发展机遇，对全县365处红色遗址遗迹进行排查、保护，先后对鄂豫皖苏区将帅馆、红四方面军将士纪念馆、河南省检察博物馆等40多个精品工程，重点对鄂豫皖苏区首府博物馆、烈士陵园和首府旧址街区等进行改造提升，建好红色景区。以大别山干部学院、大别山商学院为依托，深入挖掘大别山精神内涵，大力发展红色教育、商务培训产业，开发了现场式、访谈式、体验式等10余种教学方式，打造现场教学点，开展多层次红色旅游体验活动，构建了多门类教学体系，开班以来共培训学员20余万人。2016年以来，红色培训需求日益增长，全县自发成立红色培训机构17家，年培训各地学员达10万人次。经中国质量认证中心评估，大别山红色教育旅游品牌价值高达38.6亿元。二是以山水文化带动生态游。引进大别山露营公园公司，建成大别山房车小镇，推进香山湖水上游乐园、大别山体育馆、武占岭漂流度假区等生态旅游项目建设，拓展旅游空间。建成全省首条500公里大别山（新县）国家登山健身步道，先后举办了国家登山健身步道联赛、全国百公里户外运动挑战赛、亚洲越野大师赛等大型体育赛事，步道经济繁荣发展。利用大别山四季花、四时景，坚持以花为媒、以花会友，打造"赏花济"旅游品牌，带动了旅游、民宿、餐饮等行业发展。发展以田园风光为依托的文化采风游，中央人民广播电台首个民歌采风基地、大别山摄影采风基地、大别山文学创作基地等落户新县，吸引更多游客追寻乡村故事、发现山水之美，推动"山水之乐"向"文化之乐"升级。三是以传统文化助力乡村游。依托原生态古建筑、古树、古寨等风貌特色，将自然与人文、古朴与现代深度融合，打造了西河湾、丁李湾、毛铺等古村落休闲度假基地。依托"豫风楚韵"特色，激活以"乡村创客"为主题的创意游，用"双创"理念经营乡村，将创客平台植入乡村，打造了河南省首个乡镇层面的创客小镇田铺大塆。建成千斤乡农耕文化馆、奇龙岭民俗文化园、丁李湾古村落生态博物馆、大别山油茶文化公园等一批文化旅游精品项目，展现原生态豫南乡村的独特魅力。举办全国村晚盛典、大别山民间文化艺术节、大别山民俗文化节等系列大型文化旅游活动，拍摄《美在九镇十八湾》《西河恋歌》等多部乡村微电影，与中央电视台合作拍摄播出《中国影像方志·新县篇》，全方位展示新县民俗文化、饮食文化、农耕文化。

4. 提供旅游发展要素保障

发展县域全域旅游，需要涉及旅游发展各个方面的要素保障，特别是资金、用地、管理、服务等投入。只有这些要素供给充足，才能够促进全域旅游健康发展。栾川县通过六项创新为全域旅游提供了要素保障。一是创新投入机制。提出工业反哺旅游业的号召，引导县内民营企业家累计投资近50亿元注入旅游业，老君山、重渡沟、伏牛山滑雪乐园、抱犊寨、龙峪湾、伊水湾大酒店、伏牛山居温泉度假村等一大批亿元以上的旅游项目落地投用。全县景区数量达到15家，其中14家由社会资本投入。目前，全县已建成2个国家5A级景区、7个国家4A级景区以及5个3A级乡村景区。二是创新金融支持方法。制定出台了《金融支持栾川全域旅游发展实施意见》，主要通过设立信用村、开展旅游景区经营权质押和门票收费权质押等方式，盘活金融资源，加大投融资支持力度，已累计向旅游景区、农家宾馆等各类旅游经营主体发放贷款15亿元。三是创新用地政策。紧紧抓住国家级旅游业改革创新先行区机遇，制定出台了《生态旅游与环境保护衔接工作方案》，提出旅游用地分类体系，盘活宅基地的公共资源属性，科学引导农村居民有序发展乡村旅游。同时，结合农村集体产权制度改革和林业综合改革，探索多种农民集体土地、林地利用方式，带动乡村旅游发展，促进旅游精准扶贫。四是创新旅游管理。围绕优化旅游市场发展环境，率先成立了国内首个县级旅游警察大队，组建旅游联合执法队，成立旅游巡回法庭、旅游工商分局，形成旅游治理"1+3+N"新模式。为提升农家宾馆服务质量，在全省率先开展农家宾馆"10个1""44个有"标准提升行动，明确经营农家宾馆的44个必备条件，顺利完成全县1119家农家宾馆的提升改造工程，同时在各旅游专业村成立农家宾馆协会，提升管理水平，实现共同约束。五是创新营销模式。策划推出"奇境栾川"旅游目的地形象品牌，持续在央视等主流媒体叫响栾川旅游品牌。连续两年成功举办"老家河南，栾川过年"、迎新马拉松比赛等系列活动，打造冬季游品牌。连续三年在全国率先举办高速公路免费活动，累计接待游客395万人次，实现旅游综合收入26.3亿元，直接、间接带动13万人参与旅游经营服务，开启了"旅游+交通+扶贫"新模式。六是创新旅游服务。树立"游客永远是对的"理念，发布栾川旅游"十个不"公开承诺，严格规范旅游从业行为。因此，栾川县的旅游服务质量得到了明显提升。

5. 打造大中小相结合的旅游项目集群

发展全域旅游必须根据当地经济社会发展做好中长期旅游规划，整合旅游景点、旅游项目和所有旅游资源，形成组合优势。因为全域旅游涉及全县的每一个乡村，几乎涉及每一个居民。所以，要把大中小旅游项目组合起来，包括吃、住、行、游、购、娱等方面的资源，共同整合为旅游项目集群，以满足不同消费者的需要。特别是在吃、住、行方面，要丰富业态，做好每一个具体支点，提升每一位游客的满意度。同时，要制定优惠政策，加大招商引资的力度和提升质量，吸引旅游领域的高端资源介入，扩大当地旅游项目的影响力。栾川县坚持旅游业态和旅游项目"谨慎选择、定位精准、档次高端、规模适中、适当超前"的原则，充分做好市场调研，广泛征求专家意见和建议，与上级主管部门密切沟通，使项目业态符合上级旅游总体规划和发展方向，适应高端资源在市场上优化配置的需要。经过不断地丰富旅游业态、做优旅游项目集群，栾川的全域旅游发展已经进入良性循环阶段，绿水青山正发挥出源源不断的经济社会效益。新县在推动全域旅游过程中，通过打造田铺大湾、西河、丁李湾等一批特色精品旅游村，叫响了"九镇十八湾"等旅游品牌；通过打造提升大别山干部学院，形成了全国知名的红色教育品牌。在这两大品牌影响下，"山水红城、健康新县"的美誉越来越响、越传越远，主要景区景点的知名度和美誉度不断提升，为促进全域旅游加快发展起到了很好的推动作用。

二、河南省县域全域旅游发展的成效

1. 改变了城乡面貌

发展全域旅游不仅能为广大游客提供优美的自然环境与干净整洁卫生的接待条件，还可以改善当地城乡居民的居住环境，打通城乡交通线路，加快改善城乡面貌。例如，地处大别山区的新县通过全域旅游全面改善了城乡面貌。在城区，围绕魅力县城建设和文明城市创建，持续加大市政建设投入，打造10分钟停车圈、10分钟公厕圈、10分钟公共文化服务圈、10分钟体育健身圈，营造主客共享的、以整洁美丽为主题的城市旅游环境。在乡村，实施美丽乡村、生态新县建设三年和五年行动计划，坚持"干净就是美、持续就是好"，建立健全"村收集、乡转运和县处理"的垃圾处理机制，推广生活垃圾分类处理，实施垃圾污水处理PPP项目，推进"厕所革命"，被评为河南省"厕所革命"先进县；实施农村公路建设三年行动计划，百人以上自然村都修通了旅游公路，建成智慧旅游服务平台和旅游大数据中心，推动重点景区和精品乡村旅游点免费Wi-Fi全覆盖。人居环境综合整治实现全覆盖，全县所有乡镇均创建成为国家级生态乡镇和省级以上卫生乡镇。优美的环境，成为全域旅游发展的硬支撑。如林州市，充分利用太行山区山高水长、断崖峭壁林立的自然环境优势，以环境清洁为抓手，结合庙荒村、止方村、马地掌村、魏家庄村等乡村振兴战略示范村，打造红旗渠畔西部生态旅游休闲带，建成了市域西部山区环境优雅的森林休闲带，成为旅游者热爱的打卡地。其他还有石板岩的休闲度假、鲁班壑的登山健身、茶店的菊海花田等都受到慕名前来的游客的热捧。在全民旅游时代，昔日的大山深处，因为环境幽美，成为今日的网红热点。

2. 拓展了旅游空间

丘陵山区各县市，充分利用自然地理环境优势，发掘游客感兴趣的各式各样的地形地貌、生态绿色、古色古香村落、红色故事、文化经典、地方小吃、文创产品、野外写生等旅游项目，为旅游观光者提供不一样的旅游体验，吸引了老、中、青、幼等各类群组的游客，使旅游空间大大拓展。如革命老区新县，立足特殊资源禀赋，推动红色文化游、绿色生态游、古色乡村游等多彩融合。在平面布局上，重点建设"一城三线"精品旅游线路，打造红、绿、古三大旅游片区；在立体布局上，山上重点发展避暑休闲、观光览胜，山下重点发展乡村旅游、休闲自驾，中间重点发展特色文化、写生创作；在时间布局上，发展全天候、全时段四季游，打破旺季淡季界线，形成全景、全域、全时旅游经济生态圈。通过全方位文旅融合、全域发展，推动旅游由传统"卖景区"向现代"卖全域"拓展，由过去"卖风景"向现在"卖文化"延伸，由以往"少数人忙"到当今"全民忙"转变，既解决了传统理念下景区景点少的难题，又从同质化竞争的困境中成功突围，形成了自己的特色。全县旅游实践呈现"有门无票、有区无界、有景无点"的鲜明特色，被新华社专题报道点赞。以"红旗渠精神"著称的林州市，以石板岩镇为代表，按照全域旅游的思路打通了深山峡谷对外的交通联系。在困难时代因为交通不便而创造的"扁担精神"，为了适应自然环境而形成的使用"石板岩"盖房子的习俗与景观，因为太行山行路特别困难而绕山沟修建的盘旋十六拐的公路，因为太行山山脊狭窄而沿山脊修建的太行天路，因为耕地资源稀缺而在山半腰地势相对平缓的地段修建的梯田以及居住户数较少的小村落，困难年代当地老百姓赖以存活的黑面窝窝头等，现在均成为全域旅游的好项目，让大量来自大中城市的游客流连忘返，让城市环境生长的少年儿童新鲜无比，让银发一族回忆起"难忘的岁月"，让研学者体验到了大自然的魅力。

3. 促进了一二三产业融合发展

乡村产业振兴，最大的理论支撑点之一就是一二三产业融合发展，主要用来弥补城市产业发展的短板。作为乡村产业振兴的代表性产业之一，全域旅游更具有典型性，也是一二三产业融合发展的缩影。立足于一产基础，有乡村绿色农业产品作支撑。基于一产延伸，升级成为地方特色农牧产品加工业，农产品转变成旅游商品。顺延产业链，形成乡村旅游发展最火的乡村特色餐饮与乡间民宿，为乡村第三产业发展开辟广阔市场。正是因为在乡村旅游形成的一二三产业融合发展的特殊业态，使全域旅游具有稳定的可持续性，成为乡村产业振兴的重要模式之一。大别山区的新县拥有好山好水好空气，也生产好产品。游客走进乡村亲眼所见、亲身体验，就是最好的广告，大大刺激了当地绿色农产品消费。在此基础上，全县发展旅游商品加工企业 68 家，开发茶叶、油茶、葛根、山野菜等农副土特产品和特色手工艺旅游商品 340 多种，建成了一批村级旅游商品示范店，催热了备受欢迎的"后备厢"经济。乡村旅游还拉动了餐饮、住宿等相关服务业发展，很多农特产品成为旅游商品，促进了产业融合发展。至 2019 年，全县第三产业增加值占 GDP 比重由 2012 年的 33.5% 上升至 42.6%，产业结构呈现明显的转型升级趋势。豫西山区的栾川县，按照"政府引导、企业运营、市场运作"的原则，全力打造"栾川印象"区域农产品品牌，发展扶贫基地 27 个，先后带动 1751 户贫困户、5250 人增加了收入。如今，栾川的玉米糁、土蜂蜜、柿子醋等山货"出山"，都打上了"栾川印象"的标签，身价倍增，成为游客购物车中的"新宠"。依托 20 多家涉农企业发展扶贫产业基地 27 个，打通"土地流转挣租金、入股分红挣股金、务工就业挣薪金"的增收渠道，辐射带动 2 万余名群众增收致富，第三产业发展激活了乡村地区的经济资源。

4. 推动了乡村产业振兴

全域旅游涉及面比较广，就业人口比较多，成为乡村产业振兴的重要支柱。革命圣地新县近几年深入挖掘开发乡村的文化资源、旅游资源和人力资源，把乡村"沉睡的资源"唤醒，变成财富、变成资本、变成乡村产业

振兴发展的重要资源，带动了全县经济社会发展。2017 年至 2019 年，全县旅游综合收入、游客接待量均保持年 20% 以上的增长速度。2019 年，全县一共接待游客 1008.8 万人次，实现旅游综合收入 78.7 亿元。如果用年接待游客人次与当地常住人口之比作为县域全域旅游接待指数的话，2019 年新县的全域旅游接待指数为 34.7。因为旅游业的发展，全省县（市）区经济社会发展综合考核评价中，2014 年新县排名全省第 49 位，2017 年升至第 12 位，实现长足进步。2019 年 9 月，习近平总书记在新县调研考察时指出，新县"依托丰富的红色文化资源和绿色生态资源发展乡村旅游，搞活了农村经济，是振兴乡村的好做法"，对当地乡村振兴的做法给予充分肯定。栾川县通过发展全域旅游，全县农家宾馆数量由原来的 750 户增加到现在的 1442 户，农家宾馆直接从业人员由 2200 人快速增加到 3880 人，带动从业人员由 13.4 万人增加到 17.1 万人，形成了重渡沟、庄子、协心等全省知名的乡村旅游发展典范村。2014 年以来，栾川接待游客量连年突破 1000 万人次。2019 年，全县共接待游客 1638.1 万人次，县域全域旅游接待指数达 46.2，居全省县域第一位，实现旅游总收入 96.3 亿元，旅游业增加值占 GDP 比重升至 16.5%，成为县域经济发展的新支柱产业。

5. 促进了当地群众脱贫致富

因为发展全域旅游，形成了新的产业增长点，老百姓通过就地就业增加了收入，县域经济被激活，当地群众实现了脱贫致富。以新县为例，通过引导农户发展乡村旅游及相关产业，实现"入股股金、就业薪金、资产租金"多重收益，将乡村旅游发展成果最大限度转化为群众共享的红利。经过持续努力，全县 32 个村成为全国乡村旅游扶贫重点村，实现整体脱贫。全县旅游从业人员 5 万多人，84% 的贫困群众在旅游及相关产业发展的各个环节受益，吃上了"旅游饭"，人均年增收 5000 多元。同时，乡村文化旅游的发展，还为农民打开了一扇"睁眼看世界"的窗户，

新观念、新思维和现代化生活方式的涌入，让村民开始重新打量生于斯长于斯的这块土地，文明习惯在养成、内生动力被激发，实现了扶贫与扶志、扶智的双赢。新县发展乡村旅游助力脱贫攻坚、助推乡村振兴的做法具有代表性，先后被央视《焦点访谈》《新华每日电讯》等进行专题报道，被《河南日报》《河南新闻联播》等连续报道。2017～2019年，连续三年河南省旅游扶贫现场会在新县召开，学习新县的经验与做法。新县也因为发展全域旅游，率先在大别山区脱贫摘帽，被确定为河南省旅游扶贫示范县、乡村振兴示范县。栾川县以全域旅游为载体，充分发挥各地的优势，61个村被列为全国乡村旅游扶贫重点村，占建档立卡贫困村的81%。由于发展全域旅游，农民收入大幅度增加，2019年栾川正式退出贫困县序列。

三、初步结论

通过对河南省新县、栾川县、林州市、修武县等丘陵山区发展全域旅游的方法与实际成效的调研与分析，初步得出以下结论：

1. 丘陵山区是河南省发展县域全域旅游的重点

就河南省各地的自然地理环境与历史人文条件看，丘陵山区不仅拥有丰富多彩的地形地貌与绿水青山，而且在中华5000多年的历史文明积淀上都有很多可以挖掘的有重要价值的文化资源，加上革命战争年代和新中国成立以后发展与建设过程中积累的红色文化资源，使大部分丘陵山区县市具有发展全域旅游的内在条件与外在需求。近几年，全省大部分丘陵山区县市开始重视全域旅游发展，已经有部分县市获得了比较显著的成效，值得认真梳理与总结。就市场需求分析，在全省丘陵山区再发展一批全域旅游县市，仍然具有可行性。我们在基层调研时，常听到部分平原县市提出要发展全域旅游，对此，还需慎重考量，认真做进一步的调研与论证，以免过度热衷于县域全域旅游导致乡村产业振兴之路受阻。从2019年、2020年国家文化和旅游部公布的两批国家全域旅游示范区名单看，河南省第一批入选3个，分别是修武县、济源市、新县；第二批入选4个，分别是林州市、栾川县、浉河区、博爱县。其中，只有博爱县是平原县，其余6个均在丘陵山区。所以，河南省发展全域旅游的重点应放在丘陵山区。

2. 发展县域全域旅游必须加强组织领导

发展县域全域旅游，是县域经济发展中遇到的全新课题，需要调动全社会方方面面的资源，整合县、乡（镇）、村各级领导力量。从目前全省发展成效比较显著的各县市的实际情况分析，凡能够从加强组织领导入手，动员各方面力量协同推进全域旅游发展的，均取得了比较好的发展效果。均为县（市）书记亲自抓、亲自谋划、亲自推动，从上到下形成整体性工作合力，才促进了全域旅游快速发展，成为乡村产业振兴的重要力量。

3. 发展县域全域旅游一定要在旅游项目谋划上下功夫

与传统的重大旅游项目引领旅游业发展的方式不同，县域全域旅游是在一个县域的绝大部分地区都要形成旅游业态，吸引各级各类的游客群。所以，县域全域旅游在项目谋划上确实需要大胆创新，在充分利用绿水青山资源的同时，以地方特色文化为灵魂，把本地特色文化挖掘好、利用好，让每个地方都有一个引人入胜的故事、有一段传颂古今的佳话、有一些吸引眼球的特色建筑或民俗活动，才能彰显独特魅力、放大发展优势，让文化旅游产业更具生机和活力。按照这种思路，在县、乡、村分别谋划大中小相结合的旅游项目集群，并提供相关的要素保障，以满足不同类别的游客群体需求，尽力为每一位游客提供比较满意的服务。

4. 发展县域全域旅游要突出群众主体地位

发展县域全域旅游，目的是促进当地乡村产业振兴，提升群众的收入水平。所以，发展县域全域旅游要时刻不忘人民群众的主体地位，一切围绕群众的利益。乡村产业振兴，首先是人的振兴。在推进乡村振兴中，必须坚持以人民群众为中心，紧紧依靠群众、充分尊重群众、广泛发动群众，注重发挥群众主体作用和首创精神，让群众在发展中出一分力、建一分功，增强荣誉感归属感，提升获得感幸福感，激发出努力奋斗的内生动力和推动产业发展的强大活力，让乡村产业振兴与发展有动力、可持续，并增强群众的获得感、幸福感、满足感。

5. 发展县域全域旅游需要统筹相关要素保障

县域全域旅游发展涉及面广，不仅需要政府部门统筹推进，更需要全社会的积极支持和共同参与。一要强化金融支持。深化旅游投融资改革，加强农村信用体系建设，依托金融机构推出普惠性信贷产品，积极向旅游景区、农家宾馆等各类旅游经营主体发放贷款，解决景区融资、个人贷款难题，为全域旅游提供现代金融的源泉活水。二要搭建共享信息平台。借助现代信息技术，统筹景区各项资源，通过公司化运作，建立适合景区自身的消费模式和营利模式，提升旅游产品的增值服务能力和信息扩散能力。三要重视全域旅游管理运营。项目落地实施前就要考虑以后的运营管理，吸收借鉴外地发展乡村旅游的先进模式，加强与专业团队合作，提高乡村旅游专业化水平。通过有效整合要素资源，提高旅游项目的运营效率，确保全域旅游更好地促进农民增收，同时也调动村民参与发展全域旅游的积极性。

6. 发展县域全域旅游是构建新发展格局的重要领域

构建新发展格局的重要内容之一是畅通内循环，有效扩大内需和居民消费。县域全域旅游是近几年刚刚起步的一个消费领域，契合了城镇居民向往美好生活的历史性需求，发展潜力比较大。因此，从加快构建新发展格局的视野出发，需要进一步加快县域全域旅游发展步伐，为城镇居民创造更加丰富多彩的旅游消费机会，为地方经济发展输入更加强劲的动力。

参考文献

［1］习近平. 民族要复兴，乡村必振兴［N］. 新华每日电讯，2020-12-30.

［2］王佳果，韦俊峰，吴忠军. 全域旅游：概念的发展与理性反思［J］. 旅游导刊，2018（3）.

［3］徐珍珍，余意峰. 国家全域旅游示范区空间分布及其影响因素［J］. 世界地理研究，2019（2）.

［4］张占仓. 准确把握实施乡村振兴战略的科学内涵与河南推进的重点［J］. 河南工业大学学报（社会科学版），2020（4）.

［5］张可云，肖金成，高国力，等. 双循环新发展格局与区域经济发展［J］. 区域经济评论，2021（1）.

［6］徐忠勇. 乡村振兴战略下乡村旅游发展对策探析［J］. 农业经济，2020（9）.

［7］陈明星. "十四五"时期农业农村高质量发展的挑战及其应对［J］. 中州学刊，2020（4）.

［8］安晓明. 新时代乡村产业振兴的战略取向、实践问题与应对［J］. 西部论坛，2020（6）.

［9］沈维萍，田红. 我国低山丘陵区乡村生态旅游开发研究——以山东省胶州市里岔镇南部山区为例［J］. 经济论坛，2018（12）.

［10］王胜昔，胡青青. 金融支持乡村旅游转型升级的路径思考［J］. 中国集体经济，2019（26）.

［11］魏后凯. 推动脱贫攻坚转向乡村振兴［N］. 中国纪检监察报，2020-10-15.

［12］吴必虎. 袁家村经验：谁是乡村的主人是乡村振兴的首要问题［J］. 中国乡村发现，2021（1）.

河南乡村产业振兴的典型地域模式探析[*]

摘 要	在连续对河南 11 个省辖市超过 30 个县（市）现场调研和对上海、重庆等 5 个省（市）调研的基础上，归纳整理出河南乡村产业振兴的平原农区确保粮食安全模式、丘陵山区全域旅游模式等 10 种地域模式。根据对 10 种乡村产业振兴地域模式发展特征的研究，可以发现，河南乡村产业振兴地域模式丰富多彩，乡村产业振兴地域模式必须因地制宜，乡村产业振兴地域模式运行一定要符合市场经济规则，乡村产业振兴的根本动力在于创新驱动，乡村产业振兴对提升农民收入水平意义重大，乡村产业振兴一定要加强基层组织领导。
关键词	乡村产业振兴；乡村振兴；地域模式；河南

一、引言

根据世界银行贷款中国经济改革促进与能力加强项目"河南省乡村产业振兴的模式探索与政策支持研究"〔（TCC6）（B06-2019）〕子课题研究的需要，笔者参与的课题组从 2020 年 5 月初开始，想方设法克服新冠肺炎疫情影响，主要以现场综合调研的方法，夜以继日奔赴南阳、驻马店、新乡、洛阳、信阳、濮阳、焦作、商丘、鹤壁、安阳、济源 11 个省辖市超过 30 个县（市）深入基层调研，还先后到上海、重庆、江苏、湖北、山东等省（市）进行了针对性调研，学习与吸取来自生产一线的海量新信息，开阔了研究视野，进一步认识到习近平总书记提出的"民族要复兴，乡村必振兴"的重大战略意义。

所谓地域模式，在本研究中是指在县（市）、乡（镇）、村等行政区域之内形成的有一定代表性的经济发展模式。按照这种逻辑推理，乡村产业振兴的地域模式，就是在县（市）、乡（镇）、村等行政区域之内乡村产业发展与较快提升当地百姓收入水平的一种产业发展模式。

二、河南乡村产业振兴的主要地域模式

对调研了解的乡村产业振兴的各种发展模式进行整理、筛选与归纳，笔者认为河南乡村产业振兴的地域模式主要有以下 10 种类型。

1. 平原农区确保粮食安全模式

习近平总书记指出，确保重要农产品特别是粮食供给，是实施乡村振兴战略的首要任务。河南等作为农业大省，粮食生产对全国的影响举足轻重。"要扛稳粮食安全这个重任"，必须确保粮食生产规模。2019 年 3 月，习近平总书记在参加全国人大河南代表团审议时对河南确保粮食安全和推动农业高质量发展提出明确要求：要发挥好粮食生产这个优势，立足打造全国重要的粮食生产核心区，推动藏粮于地、藏粮于技，稳步提升粮食产

---

* 本文发表于《区域经济评论》2021 年第 3 期第 151-160 页。

基金项目：世界银行贷款中国经济改革促进与能力加强项目"河南省乡村产业振兴的模式探索与政策支持研究"〔（TCC6）（B06-2019）〕。

能，在确保国家粮食安全方面有新担当新作为。按照习近平总书记的要求，河南省委、省政府高度重视粮食生产，在确保粮食安全方面大胆实践，探索出了具有重要理论意义与实践价值的平原农区粮食安全供给模式。

河南四季分明，物产丰富，是著名的"天下粮仓"。河南省委、省政府高度重视粮食生产与加工，始终在确保国家粮食安全方面积极作为。2020年，河南省用占全国6%的耕地，生产粮食总产量1365.16亿斤，比上年增长1.9%，占全国粮食总产量的10.2%，确实不负重托，为国家粮食安全做出了重要贡献。尤其在平原农区，大部分县（市）均不负众望，以新方法努力扛稳粮食安全这个重任。

河南永城地处豫东平原，常住人口为123.9万人。其中，农业人口为115万人，耕地面积为206万亩，常年粮食种植面积达320万亩，素有"豫东明珠、中原粮仓"美称。近些年，永城加快高标准农田建设，共建设高标准农田139.8万亩，占耕地总面积的67.9%，落实"藏粮于地"的要求。引进农业高新科技，推广农业集成技术，落实"藏粮于技"的策略。统筹推进布局区域化、经营规模化、生产标准化、发展产业化，加强对粮食生产的科学管理，把粮食生产做成了精细化的产业，既保障了粮食稳产高产，又促进了粮食生产与加工的高质量、高效益、绿色化发展。2020年，粮食总产量达13.7亿公斤，居全省第二位，同比增长3.0%以上，创历史新高。同时，围绕"豫东大粮仓转型升级豫东大厨房""从田间到餐桌"小麦全产业链紧密衔接工程，企业经营实现了优势面粉加工向主食加工、方便食品、休闲食品、速冻食品等的延伸拓展，初步形成了"种植—面粉—面制品"产业链，从"面粉城"成功转向"食品城"，过去的粮食生产转变成现在的粮食产业，经济社会效益大幅度提升。

豫北的延津县常住人口为45.7万人，土地面积为886平方千米，地处黄河岸边的华北大平原，粮食生产条件得天独厚。多年来，在优质粮食生产方面大胆探索、系统运作，

按照粮食生产产业化的方向，闯出了一条独特的发展小麦经济的新路子，有力地促进了粮食持续稳定增长。现种植优质小麦面积100万亩，小麦品质各项指标媲美加麦和美麦。其中，建成强筋小麦生产基地50万亩，被国家市场监督管理总局确定为"全国优质强筋小麦品牌创建示范区"。依托优质小麦资源优势，形成了以小麦食品加工为主业的产业聚集区，园区入驻食品加工企业48家，并成为国家级农业产业化示范区。被农业农村部评为"全国小麦全产业链产销衔接试点县""国家优势制种基地县"等，在以小麦生产与加工为支撑的乡村产业振兴中日益展现出勃勃生机。

地处豫北平原的滑县也是闻名全国的粮食生产大县，是河南粮食生产第一县。2020年，小麦种植面积为181万亩，平均亩产达555.8公斤，比上年增长3.3%，对国家粮食安全做出了重要贡献。

该模式的主要特征有四个：一是粮食生产条件优越。这些粮食生产大县，均地处华北大平原，耕地资源丰富，土壤肥沃，水热条件适宜，当地老百姓有比较丰富的农业生产技术，善于从事农业生产。二是当地党委和政府高度重视粮食生产。在当地的常年工作安排中，始终把确保粮食安全供给放在特别突出的战略地位，特别是在高标准农田建设方面持续给力，稳定扩大高标准农田面积，为"藏粮于地"奠定了基础。三是在推广应用农业新技术方面下硬功夫。发挥当地农业基础好的传统优势，做好先进技术引进推广工作，落实国家"藏粮于技"的要求。四是延伸产业链条。从过去生产粮食，到后来的粮食初加工，以及近几年大规模的食品加工和网络销售，形成"粮食生产+粮食加工+食品生产+网络销售"越来越丰富的产业链条，推动粮食生产产业化，提升粮食产业的整体效益。

2. 丘陵山区全域旅游模式

全域旅游是指在一定区域内，以旅游业为优势产业，通过对区域内经济社会资源尤

其是旅游资源、相关生产要素进行全方位、系统化的有机整合，集中力量发展旅游业，以旅游业带动和促进经济社会协调发展的一种新的区域协调发展模式。2016年7月，习近平总书记在宁夏调研时指出："发展全域旅游，路子是对的，要坚持走下去"，为推进旅游业改革创新发展指明了方向、提供了遵循。2017年，李克强总理在政府工作报告中首次提到"全域旅游"，并成为两会热词，引起全社会重视。河南中西部地区主要是丘陵山区，旅游资源比较丰富，具备发展全域旅游的条件。近些年，经过各地积极探索，初步在部分县（市）形成了比较切实可行的全域旅游发展模式。

河南利用大别山区、伏牛山区、太行山区的地理资源优势，抓住全民休闲旅游热潮兴起的历史机遇，在一部分丘陵山区县（市）探索形成全域旅游发展新格局，成为乡村产业振兴的新路径。

2019年，习近平总书记亲自视察调研的新县，地处河南南端大别山腹地，是鄂豫两省接合部，总面积为1612平方千米，常住人口为29.1万人。该县是全国著名的将军县，也是国家生态县、国家扶贫开发工作重点县和大别山集中连片特困地区扶贫攻坚重点县。近年来，新县全面深入贯彻落实习近平总书记关于文化和旅游融合发展的重要论述，依托丰富的红色历史、绿色生态、古色乡村资源，按照"以文促旅、以旅彰文"工作思路，树牢"旅游兴县、旅游富民"发展理念，认真做好文旅融合发展大文章，构建全域旅游发展大格局，打造旅游强县富民大产业，走出了一条以文旅融合引领全域旅游、促进乡村产业振兴、带动农民增收的可持续发展之路，探索出了可复制、可推广的全域旅游的"新县模式"。2019年，全县一共接待游客1008.8万人次，实现旅游综合收入78.7亿元。2019年9月，习近平总书记在新县调研考察时指出，新县"依托丰富的红色文化资源和绿色生态资源发展乡村旅游，搞活了农村经济，是振兴乡村的好做法"，对当地乡村产业振兴的做法给予充分肯定。

栾川县地处豫西伏牛山腹地，总面积为2477平方千米，常住人口为35.4万人，森林覆盖率为82.7%，空气质量优良天数常年保持在310天以上，是生态旅游和矿产资源大县，也是国家级贫困县和秦巴山区连片扶贫开发重点县。近年来，该县把全域旅游作为引领全县经济社会发展的主要抓手，努力将生态环境资源优势转化为经济社会发展优势，实现了城市乡村景区化、景区发展全域化、旅居福地品质化，初步构建了游"奇境栾川"、品"栾川味道"、住"栾川山居"、购"栾川印象"的全域旅游产业链条，走出了一条全域旅游带动乡村产业振兴、促进农民增收的绿色发展新路子。2016年，国家旅游局将栾川模式总结为"全域景区发展型"，在全国推广。2018年，重渡沟带贫模式入选世界旅游联盟旅游减贫案例。2019年，栾川县旅游产业扶贫的做法入选全国精准扶贫典型案例。当年，全县共接待游客1638.1万人次，实现旅游总收入96.3亿元，旅游业增加值占GDP比重升至16.5%，成为当地经济发展的支柱产业。如果用年接待游客人次与当地常住人口之比作为县域全域旅游接待指数的话，2019年栾川县全域旅游接待指数达46.2，居全省第一位。2020年7月8日，《人民日报》头版刊发文章《生态饭才是长久饭》，对栾川围绕生态保护发展乡村旅游、带领群众精准脱贫的典型案例点赞。

该模式的主要特征有五个：第一，突出丘陵山区优美生态环境优势。在自然资源上，丘陵山区有大山大岭河流等秘境，适合于春季观花、夏季度假、秋季看红叶、冬季观冰挂的游客需求。第二，挖掘丘陵山区各具特色的传统文化积淀。融汇大量的传统文化故事，有引人入胜的富有地方特色的传统文化活动，有吸引城市居民的乡愁记忆等场景。第三，强化全域旅游的组织领导。充分发挥县委书记是乡村振兴"一线总指挥"的作用，强化对全域旅游建设工作的总体设计和组织推动，最大限度地形成工作合力。第四，以人民为中心发展全域旅游。调动广大群众的积极性、主动性、创造性，让群众参与到旅游发展的各个环节，并从中广泛受益。第五，做优旅游项目。重视全域旅游的宣传，做优旅游项目，丰富旅游业态，做强品牌，让绿水青山源源不断地向金山银山转化，造福当地老百姓。

3. 乡村集体经济发展模式

乡村是我国"三农"工作的基础，也是基层政权的重要驻地。如果村一级的组织没有经济基础做支撑，就很难长期维护我们的基层政权。所以，乡村集体经济发展情况，对巩固和提升基层治理至关重要。

近些年，河南全省按照中共中央四中全会精神要求，健全党组织领导的自治、法治、德治相结合的乡村基层治理体系，在选准德才兼备的基层带头人的基础上，以各式各样结合当地实际的方法，积极推动集体经济发展，促进了乡村产业振兴，提高了农民的收入水平。

新乡县地处豫北平原，常住人口为34.8万人，县域面积为393平方千米，为全省乡村振兴战略示范县。新乡县注重党建引领，坚持做到自治、法治、德治"三治"有机融合，实现法治乡村、德治乡村、平安乡村有效治理。因为基层组织健全，在基层带头人的带领下，大力发展集体经济，走出了符合当地需要的乡村产业振兴之路。新乡县围绕"做精一产、做强二产、做大三产、促进融合发展"的思路，持续壮大支柱产业发展，优化产业布局，提高带动群众增收致富的能力。2019年，全县农村居民人均可支配收入达到20145元，位居全省前列。全县农村居民人均食品消费支出占生活消费支出的21%，达到富裕水平。

辉县市张村乡裴寨村在村领导班子带领下，把一个位于太行山区原来只有595口人、人均年收入不足千元的省级贫困村，发展成11800人入住、2019年人均年收入近两万元的新型农村社区。他们重点抓好三大举措：一是选好带头人。2005年4月，在老支书裴清泽和党员群众的再三邀请下，裴春亮以94%

的得票率，当选裴寨村村委会主任。2010年，他又挑起了村党支部书记的重担。二是集中力量解决村民住房和用水难题。2005年，裴春亮个人捐资3000万元，带领乡亲们苦干3年半，挖平荒山，不占一亩耕地，建成160套上下两层、每套200平方米的连体别墅楼。2008年冬至，全村153户居民欢天喜地搬进了两层小洋楼。三是积极发展乡村产业。全村已发展高效农业1500多亩，结合当地石材资源丰富的特点创建了以水泥为主导产业的春江集团，还发展了红薯产业，创建国家4A级宝泉旅游风景区，建设服装产业园，发展农村电商，共带动周边群众5000余人在家门口就业创业。如今的裴寨村，在乡村振兴中声名远扬，当地群众都以自己是裴寨人为荣，幸福指数不断攀升。

该模式主要特征有三个：第一，加强基层组织建设是促进乡村全面振兴的重要保障。基础不牢，地动山摇。如果当地有比较强的基层组织建设基础，让乡村治理"活起来"，对乡村全面振兴影响非常大。第二，选拔好德才兼备、有家国情怀的基层组织带头人是乡村产业振兴的关键。第三，做大做强产业是乡村振兴的长远大计。乡村振兴涉及方方面面，但是乡村产业振兴是头等大事，是提高居民收入水平的直接抓手。

4. 特色种养+产业链延伸模式

河南作为传统农业大省，在过去粮食资源短缺年代，各地基本上全力以赴发展种植业。伴随着农产品供给形势的好转，在种植业基础上，发展养殖业成为河南很多县（市）的自然选择。进而，依托养殖业发展加工业和服务业，成为一二三产业融合发展的典型，为乡村产业振兴开拓出新的路径。

作为农业农村资源丰富的大省，河南各地在传统种植业的基础上，进一步发展养殖业，在城镇化工业化浪潮推动下，又延伸产业链，发展基于当地养殖业基础的加工业，从而形成了很多地方种养加产业链延伸模式，促进了乡村产业振兴。

地处豫南的泌阳县常住人口为67.4万人，

总面积为 2335 平方千米，属浅山丘陵区，境内伏牛山与大别山交汇，长江与淮河分流，总体呈"五山一水四分田"格局，属于自然条件非常适合畜牧业发展的县域。当地历来重视畜牧业发展。从 1986 年开始，由祁兴磊带领的科研团队先后历时 21 年，于 2007 年培育成功中国第一个肉牛品种——夏南牛。该牛具有适应性强、生长发育快、耐粗饲、易育肥、肉用性能好、肉质细嫩、遗传性能稳定等优良特性。当地立足于该品种原产地与对全套技术掌控完整的优势，把夏南牛饲养、加工做成了当地乡村产业振兴的标志性产业。通过提升种群品质、扩大种群规模、做大做强产业龙头——河南恒都食品有限公司、打造知名品牌，当地建成高质量夏南牛饲养加工产业集群。河南恒都食品有限公司联结种、养、加工等相关企业和农村新型经营主体 2300 多家共谋发展，有 2 万余户近 10 万人围绕恒都肉牛产业上、中、下游从业，带动农民种植业年增收 3 亿元以上，加工业年增值 10 亿元以上，冷储、运输、物流、科技、餐饮、服务等行业年收入 5 亿多元，实现一二三产融合发展。2019 年，河南恒都食品有限公司产值达 46 亿元，实现利税总额 2.6 亿元，带动夏南牛产业集群实现年产值达 120 亿元，成为远近闻名的优质肉牛养殖、加工基地。

确山县常住人口为 40.3 万人，总面积为 1650 平方千米，属亚热带气候和暖温带气候的过渡地带，山地、丘陵、平原各占 1/3，地处秦岭、淮河地理分界线。全县耕地面积 99.84 万亩，有 86 万亩荒山牧坡，90 多万亩林间隙地和 20 多万亩宜牧草场，年产牧草可达 20 多万吨，自然条件非常适合畜牧业发展。确山县委、县政府高度重视畜牧业的发展，加快恢复生猪生产，预计 2021 年底生猪生产基本恢复正常；扩大肉牛生产规模，2020 年年底，肉牛存栏 9.45 万头，出栏 6.65 万头；做大羊产业，持续提升北羊中育南运养羊基地的地位，平均每年从北方调运、经过短期育肥再销售到广东等南方市场的羊达到 100 万只以上，高峰年份达到 200 万只；建设肉鸽之乡，年出栏 60

万只以上的优质肉鸽，是豫南"肉鸽之乡"；发展畜产品加工业，建成生猪和肉牛屠宰加工基地。畜牧业着力扩基础、育龙头、补链条、保安全，全县规模化养殖比重达到 70% 以上，畜牧业产值占农业总产值的比重达到 40% 以上。确山县已经成为全国畜牧大县、全国生猪调出大县、全国肉牛产业集群建设项目县、全国肉羊集散地，畜牧业发展成为当地乡村产业振兴的重要支柱。

该模式最突出的特色是一二三产业融合发展。在当地种植业发展基础上，立足于地方性特殊地理资源条件，进一步发展养殖业，形成比较明显的畜牧业发展优势，持续延伸产业链，发展成为畜牧产品加工基地，乡村一二三产业融合发展，逐步成为根深蒂固的乡村骨干产业基地，为提升老百姓的收入水平提供了就地就业和创业发展的历史机遇。

5. 地方特色农产品规模化种植加工模式

河南地处中原，各地农业资源丰富多彩，地方性特色农产品有较好的发展基础。近些年，适应市场经济的需要，不少地方集中力量，开展地方特色农产品规模化种植加工，形成了一批在市场上有重要影响的特色农产品生产加工基地，为乡村产业振兴提供了源源不断的新动力。

各地利用自然资源优势，或者产业技术优势，集中力量培育有地方特色的农产品集群，形成了特色农产品规模化种植加工模式，成为当地乡村产业振兴的主要途径。

西峡县地处豫西南伏牛山腹地，常住人口为 43.0 万人，土地面积 3454 平方千米，是河南面积第二大县，全县"八山一水一分田"。经过持续多年的探索，该县在香菇产业生产加工方面逐步走出了前沿化科研、生态化栽培、标准化管理、科学化监管、多元化服务、品牌化经营、信息化提升、国际化发展和相关产业协同提升的乡村产业振兴之路。全县有近 20 万人从事香菇种植、加工和购销，农民纯收入的 60% 来自香菇产业，香菇年总产量突破 20 万吨。香菇种植业效益稳定在 30 亿元左右，与香菇加工、销售等相关的产业综合效益达到 200 亿元以上。2020 年 1 月 1 日,"西峡香菇铁海快线(中欧)专列"正式开通,实现了对俄罗斯等欧洲市场的产地直供。目前,西峡县香菇自营出口企业达到 100 多家,产品远销俄罗斯、法国、德国、美国、韩国、日本等 30 多个国家和地区,其中"一带一路"国家 20 多个。西峡县香菇自营出口额 2005 年不足 350 万美元,2019 年达到 13.4 亿美元,累计出口额达到 66 亿美元,占全国香菇出口额的 30% 左右,是名副其实的全国香菇出口第一县。

地处豫东北平原的清丰县常住人口为 62.8 万人,土地面积为 828 平方千米。近年来,清丰县委、县政府高度重视食用菌产业的发展,经过实践探索,初步梳理出"党建作保障、政府作引导、公司作龙头、基地作示范、贫困户作股东、种植户作产业"的发展思路,着力实施"党建+扶贫+食用菌"工程,走出了一条特色产业强县富民之路,成为平原地区很有特色的、在全国有重要影响力的蘑菇生产加工大县。目前,该县蘑菇种植呈规模化态势。全县种植面积达 1700 万平方米,年产蘑菇 30 万吨,综合产值突破 25 亿元。蘑菇加工实现工厂化。先后培育龙丰实业、瑞丰农业等"丰"字头工厂化生产企业 14 家,工厂化日产鲜菇 300 吨,成为河南最大的食用菌工厂化生产基地。2020 年,"清丰食用菌"作为全省遴选的特色农产品,在全省推广。中共河南省委书记王国生、河南省人民政府省长尹弘等省领导对"党建+扶贫+食用菌"工程给予了高度评价。

该模式一是农业气息比较浓,围绕地方特色农产品作大文章。二是科技创新支撑力量比较强,围绕主导产业扎扎实实做好科技创新,形成了当地独特的产业技术优势,培育了特殊行业的大规模人才队伍,支撑了特色产业的可持续发展,促进了当地农民脱贫致富。

6. 以"巧媳妇工程"为依托的服装产业集群发展模式

在河南各地实施的"巧媳妇工程"主要是通过引导女能人创业办项目,以各类巾帼示范基地、专业合作社等为平台,帮助农村贫困妇女和留守妇女等掌握一技之长,实现在家门口或者在家就业脱贫,促进乡村产业振兴、农民安居就业致富的一种产业组织方式。

近几年,河南全省各地抢抓东南沿海服装产业向中西部地区转移的机遇,积极创造条件,改善营商环境,促进服装产业在当地集群发展,成为乡村产业振兴的一大亮点。

地处淮河之滨的淮滨县常住人口为 57.0 万人,土地面积为 1209 平方千米。近年来,淮滨县在上级妇联和河南省服装协会指导下,结合当地实际,大力推进"巧媳妇工程",把农村留守妇女这一庞大的群体转化为承接产业转移的有效资源,让留守妇女实现在家门口就业。该县借全国性服装产业转移大势,积极培育化纤纺织服装产业集群,按照"全产业链专业园区"发展思路,规划建设了 16 个相互关联、互为配套的纺织服装"区中园",已发展纺织服装企业 142 家,2019 年实现产值 119 亿元,带动从业人员 2.78 万人,妇女占 65% 以上,成为信阳市唯一超百亿级纺织服装产业集群,被中纺联授予"中国新兴纺织产业基地县"称号。

地处豫中南的西平县常住人口为 68.1 万人,土地面积为 1089.77 平方千米。2016 年以来,西平县委、县政府以嫘祖服饰文化为依托,围绕"五大新发展理念",充分利用"西平裁缝"这个全国优秀劳务品牌的专业技能人才优势,切实做好嫘祖文化与服装产业发展的有机"嫁接联姻",与河南省服装行业协会密切合作,大力推进"巧媳妇工程",以智能制造为导向,有力推动了纺织服装产业集群发展。截至 2020 年底,西平县产业集聚区入驻纺织服装企业已由 2016 年的不足 20 家增长为 62 家,服装产业工人由不足 2000 人增加到 7000 余人,年生产服装 8000 万件,产值达 50 亿元,服装产业成为当地乡村产业振兴的主要支柱。

该模式有三个突出特点:一是适应全国

服装产业转移的新形势。充分利用近些年东南沿海服装产业向中西部地区转移的机遇，成为承接服装产业转移的基地，发展比较快。二是促进了女工就地就近就业。充分发挥了河南省妇联与河南省服装协会联合推动的"巧媳妇工程"的助推作用，促进了当地女工就地就近就业，既大幅度提升了收入水平，又照顾了家庭生活，深受当地群众欢迎。三是服装产业发展空间比较大。该产业涉及的县市比较多，未来的进一步发展将对全省乡村产业振兴产生深远影响，需要引起各级领导高度重视。2021 年 1 月，河南省人民政府办公厅发布《关于促进服装产业高质量发展的实施意见》，提出"继续实施'巧媳妇工程'"。该文件的贯彻落实，将有力促进全省服装产业的高质量、规模化发展。

7. 传统文化特色小镇建设模式

河南因为是全球四大文明发祥地之一的黄河文化主要集中区域，所以传统文化资源特别丰富。时逢太平盛世，各地抓住"盛世兴文"的机遇，在挖掘传统文化资源方面大做文章，开拓文化产业发展空间，这既是对中华民族传统文化的弘扬与传承，又能够满足广大人民群众对优秀传统文化的消费需求。

近些年，河南各地依托当地传统文化与资源禀赋，在挖掘地方特色文化、创新产业形态上下功夫，全省涌现出一批越来越有影响力的特色文化小镇，帮助当地居民大幅度增加了收入，打开了乡村产业振兴的新门路。

魏家坡村，又名卫坡，位于河南孟津县朝阳镇境内，坐拥北邙福地，南依洛阳，北靠孟津，荣获"中国美丽乡村"创建试点村、中国传统村落、河南省历史文化名村等荣誉称号。村内保存有比较完整的清代顺治年间卫氏先祖卫天禄及其后人修建的集祠堂、私塾、绣楼、南北老宅于一体的官宦家族宅院，是经典的传统文化积淀丰厚的小镇，也是河南省重点文物保护单位。魏家坡村是豫西地区最大、保存最完整的清代建筑群，具有较高的历史文化和开发利用价值。2020 年 11 月，被评为第六届全国文明村镇。其主要吸

引点：一是清代古民居建筑群。魏氏古民居占地面积为 42000 平方米，由天井窑院、簸箕窑院、靠山窑院、南北祠堂、私塾、三进院、五进院、车马院、逃生通道、望台、望楼组成，古民居共有厅、堂、楼、廊 567 间，窑洞 76 孔，有"民间故宫"之称。二是魏家名人故事。魏家曾经出过 4 名诰命夫人，29 位七品以上官员，其家传、家教、家风、家规等都成为很多游客关注的热点。三是魏紫牡丹的诞生地。魏家培育出名扬天下的魏紫牡丹，被誉为牡丹之后，它花朵硕大丰满，花瓣重叠，高耸紧凑，花形直立，状如皇冠。四是特色演艺沉浸式实景演绎魏坡谣。每天安排有多场演出，彰显地方文化特色，给参观者留下深刻印象。五是特色美食街。本地特色美食店有 60 家，非遗文创产品店有 7 家，引进省内外知名特色业态店有 30 家，为旅游者提供丰富多彩的传统美食餐饮体验。近些年，魏家坡村在科学合理保护文物古迹的基础上，引进外来资本第一期投入 5.7 亿元，开发形成颇有影响的特色文化小镇，逐步铸就了"古民居建筑群+魏家名人故事+魏紫牡丹+现代资本运作+特色小吃+官方大型活动"的开发模式，由传统文化村落晋级为乡村旅游热点，甚至成为网红打卡地。

获嘉县同盟古镇·袁家村文旅小镇位于获嘉县亢村镇府庄村，是一个由投资方河南袁家村文化旅游产业发展有限公司推动的、以传统建筑文化+同盟文化主题公园+民宿体验+特色小吃+文旅活动等为支撑的文旅小镇项目，目标是逐步打造一个活态中原古村落建筑博物馆。该项目总投资 50 亿元，占地面积 2000 亩，总建筑面积 40 万平方米。项目全部建成后预计可实现年游客接待量 600 万人次，年旅游收入约 30 亿元，带动周边就业人口约 1 万。一期工程是袁家村核心体验区和同盟文化主题公园，占地 270 亩，已于 2019 年 9 月建成并投入运行，成为当地农民就业、提高收入水平的主要途径。因为距离省会郑州距离较近，吸引郑州大量年轻人晚上或者周末前往体验，很快就成为一个新的网红打

卡地。

该模式有三个特点：一是大打文化牌。在传统文化上做文章，让参与者能够记得住乡愁，唤醒愿意多次到访的意识。二是不忘吃的硬道理。以传统特色小吃为卖点，既吸引游客全家出动，共享美食美味，营造家庭和谐的"家和万事兴"的和谐氛围，也保障项目运行的资金流支撑，为特色小镇可持续发展提供源源不断的动力。三是有足够的资本支撑。完善相关政策，促进工商资本进入乡村产业振兴的各个领域，是乡村产业振兴中需要引起高度重视的一个现代经济学问题，也是进一步促进传统文化资源活起来的一大秘诀。

8. 普惠金融试验发展模式

普惠金融是指立足于社会发展机会平等和商业可持续原则，以可负担的、较低的成本为有金融服务需求的社会各阶层和群体提供适当、有效的金融服务。一般情况下，小微企业、农民、城镇低收入人群、贫困人群和残疾人、老年人等特殊群体是普惠金融重点服务的对象。

2016年以来，在党中央、国务院支持下，河南通过探索普惠金融扶持小微企业和贫困户发展的方式，在促进乡村产业振兴方面初步显示出现代金融的独特魅力。

2016年，在充分调研论证的基础上，河南提出把普惠金融作为全省金融改革创新的突破口，探索普惠金融促进地方经济发展的具体路径，选择代表性较强的国家级贫困县——兰考县作为试点，制定了普惠金融试点方案。当年12月，兰考普惠金融试验区方案获国务院审批同意，由中国人民银行联合银监会等8部委联合印发，兰考普惠金融试验区成为全国第一个国家级普惠金融改革试验区，河南也因此实现国家级金融改革试验区零的突破。

兰考县自普惠金融改革试验区获批以来，立足县域经济发展需求和普惠金融的特殊性，稳妥有效地推进各种普惠金融改革创新措施，将政府引导与市场主导有机融合，推动传统金融与数字金融协同发展，解决了农村金融发展中的融资难、融资贵、信用体系不完善、风险防控机制不健全等问题，探索出了以数字普惠金融为核心的"一平台四体系"兰考模式。其中，"一平台"是指打造普惠金融数字服务平台，推动解决普惠金融服务的"低效率、高成本、风控难"等问题。"四体系"一是指建设普惠授信模式体系，针对一些农民信用记录空白及有效抵押担保资源匮乏的实际，变革传统小额信贷的"信用+信贷"流程，创新推出了"信贷+信用"普惠授信模式，推动解决农民贷款难、贷款贵、贷款慢问题；二是建设乡村普惠金融服务体系，让金融服务深入基层，推动解决金融机构下乡成本高、基层服务人员不足问题；三是建设"信用信贷相长"体系，开展信用信贷相长行动，实施相应的守信激励和失信惩戒措施，旨在促进信用信贷的相互促进，引导农户增强守信诚信意识，不断提升农村的信用环境建设水平，推动解决农村信用体系建设难、信用环境差等问题；四是建设"四位一体""分段分担"的信贷风险防控体系，除了出资设立风险补偿基金、周转还贷金之外，还探索了"银行、政府、保险公司、担保公司"四位一体的分担机制，系统性推动了银行贷款中风险分担权责利不对等问题的解决。在普惠金融试点力量推动下，兰考县经济社会全面加快发展步伐，于2017年2月率先实现脱贫摘帽，普惠金融指数实现了大幅度跃升，在全省县（市）的排名由2015年的第22位升至2017年的第1位，并保持至今，主要经济社会指标增速持续位居全省前列。

从2018年上半年开始，兰考普惠金融模式在全省22个试点县（市、区）进行复制推广，均取得比较显著的效果，也引起全国各地普遍重视，展示出现代金融促进乡村产业振兴的勃勃生机和旺盛活力。

该模式主要特征有四个：第一，普惠金融补齐了乡村产业振兴的现代金融短板。第二，数字化智能化为普惠金融的全面发展提供了新机遇。第三，普惠金融服务乡村产业振兴需要不断创新的政策支持。第四，普惠金融可持续发展需要建立健全风险防控体系。要防止普惠金融试行过程中局部的风险逐步演化为系统性和区域性风险。

9. 农村电商发展模式

电商，作为现代服务业的重要热门领域，在全球发展迅速。我国大中城市电子商务发展普及特别快，对提升全社会资源配置效率起到了特别大的作用。广大农村地区，居住分散，更需要电子商务这样的现代服务业进入，以利于全面提升农村地区各类资源配置效率。

近些年，伴随着电子商务技术的普及，农村电商也迅速铺开，既促进了农特产品，特别是时令农产品的快速销售，也培育了农村创业就业的新渠道，为乡村产业振兴开辟了一条新通道。

地处豫东平原的宁陵县常住人口为50.8万人，土地面积为798平方千米，是比较传统的农业县，粮食作物以小麦、玉米为主，是远近闻名的酥梨之乡、温棚葡萄之乡。近年来，随着互联网购物浪潮的兴起，该县抢抓数字经济发展新机遇，积极探索电子商务进农村发展新模式，通过电商人才培训、质量保障与追溯体系建设、现代流通体系建立等多种举措，推动产业与电子商务、追溯体系建设融合发展，联合相关科技公司积极探索"电商+追溯"扶贫新模式，加强农产品产销对接，助力精准扶贫和乡村振兴。2017年，宁陵县被商务部、财政部、国务院扶贫办评为"国家级电商进农村示范县"。到2019年，产业园入驻优质企业65家，成功孵化企业50多家，带动从业人员1300余人，电商交易额达3.8亿多元，在国家级电子商务进农村综合绩效考评中，宁陵县成绩位居全省第一。通过发展农村电商，促进了农民增收、农业增效、农村发展。

鲁山县地处河南中南部的伏牛山东麓，县域面积为2432.32平方千米，常住人口为78万人。近几年，鲁山县积极发展农村电商，构建农村电商生态链，通过"电商人才培育+

电商企业+经营主体+贫困户"模式，帮助贫困群众参与网上销售自产的各种农产品，成效明显。2020年上半年，全县完成电子商务交易额3.3亿元，其中农产品网络销售7000余万元，电商服务已覆盖全县所有乡镇，共有40多万当地农村群众受益。

农村电商发展主要有三个特点。第一，发展比较快。很多县市农村电商销售额近几年平均增速均在30%以上，2020年增长速度高达50%以上。第二，农村电商对盘活农产品资源具有非常重要的作用。第三，农村电商发展管理中存在着技术支撑体系不完善的短板。比较突出的是各地快递业务体系建设不均衡，直接影响农村电商均衡化推进。

10. 乡村土地资源盘活模式

乡村地区最大的资源优势就是拥有比较丰富的土地资源。按照经济学原理上最为经典的理论体系，劳动是财富之父，土地是财富之母。所以，乡村土地资源如何科学、合理、高效、市场化利用历来都是乡村振兴研究的重中之重。

各地积极探索土地资源盘活的具体方式，已经显示出提升当地群众或集体收入的比较重要的作用。

在耕地资源盘活方面，南阳宛城区近几年提出并探索的"准股田制"土地托管经营模式显示出比较好的实际效益。宛城区总人口为61万人，其中，农村人口约42万人。现有耕地69.7万亩，2019年粮食总产量8.16亿斤，土地流转面积21.5万亩，占耕地面积的30.8%。其中，河南文景园农业科技有限公司探索推进农业"准股田制"土地托管经营模式，已实现规模经营2万多亩，大幅度提升了农民的收入水平，有力地推动了乡村产业振兴。该公司坚持"让农民增收、让农业增值、让农村增色"的新理念，以"股田制"土地托管新模式为主体，以农业综合管理及金融服务为两翼，大力整合相关产业资源，着力打造可持续发展的农业共同体。其运行模式的核心是村民将农地经营权委托给村集体，村委会（合作社）再流转给企业，农民1

亩 1 股，企业以自己的经营资本和田间管理等占另一半的股份，保底收益为略高于当地耕地平均租金的定额，折算成市场价下的大宗作物产量（200 公斤小麦+200 公斤玉米，首轮合同为期 3 年）；分红方法为企业与农民各占一半。在效益上，小麦产量 600~650 公斤/亩，约合 1400 元；玉米 600 公斤/亩，约合 1200 元，两项合计共收入 2600 元，扣除地租 1000 元以及农资、浇水等支出约 400 元，亩均净收益约 1200 元。按照农民、企业各一半进行分红，则企业亩均净利润达 600 元，农民则相当于收入 1600 元/亩，远远高于农民分散种植收益，显示出比较好的进一步扩大发展规模的前景。

新郑城关乡结合当地实际，探索盘活乡村土地资源的新途径，成效显著。该乡以盘活乡村土地资源的思路，着力解决农村公共服务体系建设问题。2020 年，该乡累计摸排出能够有效利用的闲置资源 162 处、土地 278 亩。在此基础上，将闲置资源优先用于村级公共服务配套设施建设，这些昔日无人问津的"五闲资源"，如今成了群众流连忘返的好去处。该乡聘请专业团队编制村庄规划，高标准实施"五小项目"建设（打造小讲堂 14 个、小书屋 8 个、小广场 18 个、小游园 35 个、小舞台 8 个），实施"修百里路、亮千盏灯、暖万民心"惠民工程，修建乡村道路和宅前道路 86 千米，安装路灯 2630 盏，做到一张蓝图谋划好、量力而行实施好，空间落到规划上、项目落在土地上，深受群众欢迎。

该模式主要特点有三个：第一，土地资源盘活潜力比较大。无论是耕地资源还是乡村闲置建设用地资源，都有比较大的盘活空间。第二，基层组织的领导能力成为盘活土地资源的关键。只有乡村基层组织健全，基层干部领导能力比较强，才能有效推动该项工作。第三，进一步认识土地资源创造价值的能力非常重要。其实，土地是财富之母是一个经济学上的基本命题，也是创造财富的有效途径。如何结合构建新发展格局的要求，从基层做起，探索更多新的方法，盘活乡村土地资源、推进乡村建设、增加当地农民的收入需要深入思考和探究。

三、结论与启示

笔者通过本次的调研和归纳分析，得到如下结论和启示：

1. 河南乡村产业振兴地域模式丰富多彩

河南地处中原，山河壮丽，人文荟萃，乡村产业振兴路子宽广，产业振兴模式丰富多彩。上文所梳理出来的 10 种乡村产业振兴的地域模式，有一定的代表性。这些发展模式涉及很多县（市）、乡（镇）、村等基层地域的实践探索，是基层干部与当地群众认真探索、大胆创新的结果，已经或正在显示出促进乡村振兴的美好前景，值得继续关注，对相关地区也有重要的参考借鉴价值。

2. 乡村产业振兴地域模式必须因地制宜

新县、栾川县、林州市等之所以能够形成比较好的丘陵山区全域旅游模式，新乡县、永城市、滑县等能够在平原农区确保粮食安全供给方面闯出新路，确山县、泌阳县等结合当地畜牧业发展条件优越的优势形成特色种养加产业链发展模式等，都是立足于当地实际，脚踏实地探索出来的，乡村产业振兴地域模式符合当地发展需要。而与此同时，在基层调研时经常看到或听到的情况是不少地方在学习借鉴外地乡村产业振兴做法的过程中，贪大求洋味道较重，不切实际的想法较多，需要引起有关部门重视，并给予及时指导与引导。只有切合当地实际的路子，才会走起来踏踏实实，能为当地的长远发展创造实际效益。

3. 乡村产业振兴地域模式运行一定要符合市场经济规则

乡村产业振兴是促进乡村发展的长远大计，必须具有可持续性。从调研所了解到的各种地域模式来分析，只要按照市场经济规则运行，各种地域模式都具有较好的发展活力。当然，这些乡村产业振兴的地域模式在进一步实施与推进过程中也确实存在着一些实际问题，有些甚至是比较突出的问题，需要我们在深入探索实践中逐步予以解决和完善。

4. 乡村产业振兴的根本动力在于创新驱动

与过去乡镇企业发展的历史基础相比，当前我国乡村产业发展的基础条件、人力资本、目标任务、运行机制和主要制约因素等都发生了深刻变化，农产品产业链比较短、农牧产品深加工不足、乡村产业信息化智能化程度低、乡村产品国际化渠道不畅是普遍现象，推动乡村产业高质量发展是大势所趋。而乡村产业高质量发展，必须依靠创新驱动。在基层调研时看到，发展活力充沛的乡村企业，均在创新创意创造方面做得比较充分，形成了独特的技术体系或保障产品高质量发展的技术支撑条件，在研发投入方面持续发力，在吸引人才方面大刀阔斧，敢于出真招。进一步强化创新驱动，是乡村产业振兴与可持续发展的必由之路。

5. 乡村产业振兴对提升农民收入水平意义重大

尽管各地经济发展条件不同，但只要遵循实事求是的原则，发挥当地群众的积极性、主动性、创造性，探索出符合当地实际的乡村产业振兴模式，就能够稳定扩大农民在当地的创业就业机会，而有了稳定的就业机会，不断提升农民收入就有了稳定的保障。乡村振兴中产业振兴作为"五大振兴"之首，是实施乡村振兴战略的关键，也是解决乡村内生性可持续发展问题的基本前提。所以，乡村产业振兴意义重大，是提升农民收入水平的直接推动力量。

6. 乡村产业振兴一定要加强基层组织领导

在基层调研时，感受最为深刻的道理就是，只要县（市）委、县（市）政府领导高度重视乡村振兴，把主要精力放在"三农"上，充分发挥好"一线总指挥"的作用，把更多资源向"三农"投入，让更多生产要素向乡村集聚，在更高起点上谋划推动乡村振兴，就能够探索出具有地方特色的乡村产业振兴之路。有些地方乡村产业振兴的发展思路至今不明确，更没有形成有地域特色的发展模式，关键就是因为当地领导对于实施乡村振兴战略重视不够。

参考文献

［1］习近平 . 民族要复兴，乡村必振兴［N］. 新华每日电讯，2020-12-30.

［2］申延平 . "中原粮仓"扛稳粮食安全重任［J］. 农村工作通讯，2020（4）.

［3］张占仓 . 准确把握实施乡村振兴战略的科学内涵与河南推进的重点［J］. 河南工业大学学报（社会科学版），2020（4）.

［4］完世伟 . 创新驱动乡村产业振兴的机理与路径研究［J］. 中州学刊，2019（9）.

［5］李国祥 . 以实施乡村建设行动为抓手全面推进乡村振兴［N］. 河南日报，2020-11-25.

［6］魏后凯 . 加快推进农业农村现代化［N］. 中国社会科学报，2020-11-24.

［7］李国英 . 补齐乡村基础设施短板强化城乡共建共享［N］. 中国社会科学报，2020-10-21.

［8］韩长赋 . 铸就新时代"三农"发展新辉煌［N］. 人民日报，2020-10-20.

［9］安晓明 . 新时代乡村产业振兴的战略取向、实践问题与应对［J］. 西部论坛，2020（6）.

［10］陈明星 . "十四五"时期农业农村高质量发展的挑战及其应对［J］. 中州学刊，2020（4）.

［11］张占仓 . 深化农村土地制度改革促进乡村振兴［J］. 中国国情国力，2018（5）.

河南经济创新驱动高质量发展的
战略走势与推进举措*

摘　要　伴随全国经济高质量发展的浪潮，河南提出建设国家创新高地的新目标，建立党政"一把手"抓创新的工作机制，全面实施创新驱动科教兴省人才强省战略，在"双一流"大学建设上努力实现新跨越，全面奏响了创新驱动高质量发展的时代乐章。针对研发投入强度不足、科技创新的人才环境仍待进一步优化、制造业亟待转型升级、对民间创新不够重视等短板，研究提出推进河南经济高质量发展的战略举措为：在提高全社会研发投入强度上实现新跨越，以高端制造、智能制造为支撑挺起先进制造业大省的脊梁，以引聚人才为核心优化创新生态，坚定不移推动绿色发展，全面推进乡村振兴。结论认为，在省级层面建立党政"一把手"抓创新的体制机制意义非凡，大幅度提高研发投入强度是河南创新驱动高质量发展的重中之重，引聚人才需要在体制机制上有重要突破。

关键词　高质量发展；创新驱动；一流创新生态；人才强省

自党的十九大提出我国经济社会进入高质量发展阶段以来，全国各地经济社会高质量发展的整体节奏加快，不少领域都涌现出大量新技术新模式新业态，部分领域出现了新的重大突破，全国经济高质量发展出现了一系列稳中向好的新变化。面对举国上下高质量发展的历史性潮流，中原大地波涛汹涌，捷报频传。从中共河南省委书记楼阳生亲自带头，深度谋划，大幅度增加对科技创新的人力、物力、财力投入，频繁参加科教领域的各种活动，日夜为打造国家创新高地倾注心血，到河南省人民政府2022年工作报告提出，要加快创新驱动发展，构建重大创新平台，激励企业大胆创新，大力引育创新人才，开工建设"中原之光"等大科学装置，推进"智慧岛"双创载体省辖市全覆盖，打造未来化市场化国际化创新创造品牌，各地全面奏响了创新驱动高质量发展的时代乐章。

一、河南经济创新驱动高质量发展的战略走势

作为全国经济总量位列第五的经济大省，河南一直在发挥传统优势，探索促进经济较快发展的科学之路。近几年，河南高度重视创新驱动高质量发展，特别是2021年下半年以来，在创新驱动高质量发展方面大胆作为，快节奏推进，不断开创经济高质量发展的新境界。

1. 创新驱动高质量发展明确了新目标

按照党的十九大关于"我国经济已由高速增长阶段转向高质量发展阶段"的重大判断，中共河南省委、省政府召开了多次研讨会，反复研究并制定出台《关于推动高质量发展的实施方案（2018—2022年）》《河南

---

* 本文发表于《区域经济评论》2022年第4期第70-78页。

基金项目：河南省社会科学院2022年创新工程重大项目"全面实施创新驱动、科教兴省、人才强省战略"（22A04）。

高质量发展指标体系与市县高质量发展考核评价实施办法》等，各县市也结合当地实际出台了更加具体细致的促进高质量发展的实施意见，并初步建立考核机制，为高质量发展逐步建立起新的推进机制。2021年7月，《中共中央　国务院关于新时代推动中部地区高质量发展的意见》发布，按照党中央、国务院的战略部署，河南制定了《关于在新时代中部地区高质量发展中奋勇争先的实施意见》，提出"打造国家创新高地、先进制造业基地、黄河流域生态保护示范区、现代交通物流枢纽和改革开放新前沿"的战略定位，努力在中部地区加快崛起中彰显新担当、新作为，尤其是第一次明确提出"打造国家创新高地"的新目标，为河南经济社会高质量发展指明了前进方向，使河南上下真正拥有了新的创新驱动高质量发展的战略目标。既然要建设国家创新高地，就必须借鉴国内外的成功经验与做法，发挥体制机制优势，由主要领导牵头，以空前的力度抓创新发展，在全社会凝聚创新力量。河南过去曾经提出建设中西部地区创新高地，而这一次面对新的高质量发展的需要，进一步提出建设国家创新高地，培育国家战略科技力量，在拉高标杆中争先进位，在加压奋进中开创新局，确实让河南人民有了新的期盼，也将在中部暨全国高质量发展新征程中显示中原大省的新形象。

2. 建立党政"一把手"抓创新的工作机制

中共河南省委书记楼阳生明确提出，要坚定把创新摆在发展的逻辑起点、现代化河南建设的核心位置，主动对接国家战略科技力量体系，大力实施创新驱动、科教兴省、人才强省战略，加快打造一流创新生态，奋力建设国家创新高地、成为重要人才中心，走好创新驱动高质量发展"华山一条道"。"把坚持创新发展摆在各项任务的首位，这是河南现代化建设的动力源泉"。2021年9月22日，河南成立科技创新委员会，省委书记楼阳生、省长王凯担任"双主任"，省委、省政府有关领导担任委员，建立党政"一把手"抓创新的工作机制，落实地方领导和组织本地创新发展的主体责任，充分表明省委、省政府对构建一流创新生态、建设国家创新高地的高度重视。此后，分别于2021年11月29日、2021年12月28日、2022年2月25日，先后召开了三次河南省科技创新委员会会议，研究创新驱动高质量发展的相关重要议题，连续出台一系列文件，支持提升科技创新能力，推进科教创新工作的节奏非常之快。其实，这种工作节奏本身，已经彰显出在现有体制下在省级层面建立党政"一把手"抓创新的制度性优势，也必将为全面创新发展注入更加充足的动力与能量。

3. 创新驱动科教兴省人才强省战略全面实施

高质量发展是"十四五"发展的主旋律，也是发展方式转变的历史性重大命题。经过全社会各个方面的积极努力，特别是2021年9月河南省委工作会议提出全面实施"十大战略"以来，作为"十大战略"之首的创新驱动科教兴省人才强省战略已经于2021年12月形成实施方案，明确提出按照"起高峰、夯高原、补洼地"三个导向，以前瞻30年的眼光、打破常规的创新举措，实现国家级重大创新平台、国家大科学装置、世界一流学科、重大前沿课题研究、重大原创性成果"五个突破"，为高质量发展储备和增添第一动力，重建重振河南省科学院。坚持前瞻谋划并采取超常规举措，支持科学院布局基础研究学部，重塑研发体系、转化体系和服务体系，把科学院建设成为汇聚高端人才、科研实力雄厚、产学研合作与科技成果转化的高能级平台和高端科技智库。2021年12月28日，重建重振河南科学院揭牌仪式在郑州举行，标志着这艘河南科研新"航母"正式起航。在揭牌仪式上，中共河南省委书记楼阳生向全世界科学家发出诚挚邀请："今日之河南，比以往任何时候都需要创新，比以往任何时候都重视创新，也比以往任何时候都渴求人才。""归来吧，河南科学院在向你招手；家乡的父老乡亲在向你招手!"楼阳生书记这一次饱含深情的讲话,打动了国内外不少科学家与青年人才,在全国科教领域形成巨大反响。同时,支持河南农科院构建现代农业科技创新体系和推广服务体系,打造成为"国内一流、国际知名"的种业科技创新高地和区域农业科技创新中心,为国家解决农业"卡脖子"问题贡献中原力量。2022年初,省政府工作报告第一次提出2022年河南研发经费投入强度1.96%以上,实现了研发投入较大幅度的增长,显示出河南对创新发展的高度重视。按照河南省委、省政府整体部署,从2021年7月17日起,第一家省实验室嵩山实验室在信息工程大学正式揭牌运行,这标志着河南重塑实验室体系、搭建一流创新平台迈出了实质性步伐。截至2022年3月22日,河南已经成立实验室6家(见表1)、中试基地21家(见表2)、产业研究院25家(见表3),而且都是省委书记楼阳生和省长王凯为其揭牌和聘任相关专业领域的院士担任实验室主任,推进速度之快和工作力度之大在河南历史上都是空前的。从这三类新成立的研发机构分布情况看,对河南各地覆盖性比较好,未来对河南高质量发展将产生全面的推动作用。因此,在省委、省政府的直接推动下,河南创新驱动高质量发展的整体氛围越来越浓厚。

表1 2022年3月河南已成立实验室概况 (前二批)

序号	实验室名称	实验室所在城市	牵头组建单位	实验室主任	研究主攻方向
1	嵩山实验室	郑州	信息工程大学、郑州大学	邬江兴院士	新一代信息技术
2	神农种业实验室	郑州	河南农业科学院、河南农业大学	张新友院士	农业生物品种
3	黄河实验室	郑州	黄河水利科学研究院郑州大学	王光谦院士	黄河流域生态保护和高质量发展
4	龙门实验室	洛阳	河南科技大学、郑州大学	樊会涛院士	新材料与智能装备
5	中原关键金属实验室	郑州	郑州大学、三门峡市人民政府等	何季麟院士	关键金属
6	龙湖现代免疫实验室	郑州	河南农业大学、郑州大学	张改平院士	公共卫生安全和生物安全

资料来源:实验室揭牌仪式的相关报道。河南计划成立10个实验室,至2022年3月22日已经成立6个。

表2 2022年3月河南已成立中试基地概况 (前二批)

序号	中试基地名称	中试基地所在市、县	建设依托单位
1	河南省高端装备中试基地	洛阳	清华大学天津高端装备研究院洛阳先进制造产业研发基地
2	河南省环保与精细化工新材料中试基地	沁阳	豫科创新〔沁阳市〕科创园有限公司
3	河南省生物医药CXO一体化中试基地	郑州	郑州创泰生物技术服务有限公司
4	河南省食品加工中试基地	漯河	漯河市食品研究院有限公司
5	河南省轻质金属材料中试基地	洛阳	洛阳特种材料研究院
6	河南省纳米材料中试基地	济源	河南河大纳米材料工程研究中心有限公司
7	河南省新能源电池中试基地	新乡	河南电池研究院有限公司
8	河南省智能传感器中试基地	郑州	郑州大学、河南昊博智能传感产业发展有限公司
9	河南省电子装备柔性中试基地	郑州	中国电子科技集团公司第二十七研究所
10	河南省低碳能源技术中试基地	郑州	郑州中科新兴产业技术研究院
11	河南省体外诊断产品中试基地	郑州	郑州安图生物工程股份有限公司
12	河南省智能制造系统中试基地	郑州	机械工业第六设计研究院有限公司、国机工业互联网研究院(河南)有限公司

序号	中试基地名称	中试基地所在市、县	建设依托单位
13	河南省碳基新材料中试基地	开封	开封平煤新型炭材料科技有限公司
14	河南省先进高温材料中试基地	洛阳	中钢集团洛阳耐火材料研究院有限公司
15	河南省光子集成芯片中试基地	鹤壁	河南仕佳光子科技股份有限公司
16	河南省微电子中试基地	郑州	河南芯睿电子科技有限公司、郑州中科集成电路与信息系统产业创新研究院、新乡新东微电子研究院有限公司
17	河南省生物基材料中试基地	郑州	宏业控股集团有限公司、河南科学院
18	河南省生物发酵与植物提取中试基地	临颍	河南中大恒源生物科技股份有限公司
19	河南省先进光学与功能镀膜中试基地	南阳	中光学集团股份有限公司、河南科学院南阳光电研究所
20	河南省地下工程中试基地	平舆	坝道工程医院（平舆）
21	河南省医用防护用品中试基地	长垣	河南亚都实业有限公司

资料来源：河南中试基地揭牌仪式等相关报道。

表3　2022年3月河南已成立产业研究院概况（前二批）

序号	产业研究院名称	产业研究院所在市、县	牵头单位
1	河南尼龙新材料产业研究院	平顶山	中国平煤神马集团
2	河南农机装备产业研究院	洛阳	第一拖拉机股份有限公司
3	河南氢能与燃料电池汽车产业研究院	郑州	郑州宇通集团有限公司
4	河南氟基新材料产业研究院	焦作	多氟多新材料股份有限公司
5	河南现代医药产业研究院	郑州	河南真实生物科技有限公司
6	河南高性能医疗器械产业研究院	长垣	河南驼人医疗器械集团有限公司
7	河南人工智能产业研究院	郑州	河南讯飞人工智能科技有限公司
8	河南生物医药产业研究院	新乡	华兰生物工程股份有限公司
9	河南先进膜材料产业研究院	卫辉	河南银金达控股集团有限公司
10	河南智能传感器产业研究院	郑州	汉威科技集团股份有限公司
11	河南煤矿智能开采装备产业研究院	郑州	郑州煤矿机械集团股份有限公司
12	河南先进光子技术产业研究院	郑州	中国电子科技集团公司第二十七研究所
13	河南高温新材料产业研究院	洛阳	中钢洛耐科技股份有限公司
14	河南动物疫苗与药品产业研究院	洛阳	普莱柯生物工程股份有限公司
15	河南高端轴承产业研究院	洛阳	洛阳LYC轴承有限公司
16	河南智慧康养设备产业研究院	内黄	河南翔宇医疗设备股份有限公司
17	河南新能源及智能网联汽车电子电器产业研究院	鹤壁	河南天海电器有限公司
18	河南新型动力及储能电池材料产业研究院	新乡	河南科隆新能源股份有限公司
19	河南钛基新材料产业研究院	焦作	龙佰集团股份有限公司
20	河南生物基材料产业研究院	南乐	宏业生物科技股份有限公司
21	河南金刚石材料产业研究院	长葛	河南黄河旋风股份有限公司
22	河南数字光电产业研究院	南阳	中光学集团股份有限公司
23	河南中药现代化产业研究院	新县	河南羚锐制药股份有限公司
24	河南聚乳酸可降解材料产业研究院	郸城	河南金丹乳酸科技股份有限公司
25	河南先进有色金属材料产业研究院	济源	河南豫光金铅集团有限责任公司

资料来源：河南产业研究院揭牌仪式等相关报道。

4. 在"双一流"大学建设上努力实现新跨越

经过历届河南省委、省政府和河南人民的努力，高等教育获得了较快发展，特别是省会郑州在校大学生人数超过百万，成为全国高度关注的在校大学生超过百万人的六个城市之一，并且人数跃居全国第二名（见表4）。高等教育的快速发展，使郑州作为国家中心城市成为一个具有重要影响的新兴大学城。大学城是较大规模集聚优秀高等教育人才、科研人才和青年学子的一个新高地，这种人才集聚的新高地必然孕育高质量发展的新机遇。新一届省委、省政府顺势而为，提高站位，强调要以前瞻30年的战略眼光、战略思维、战略举措谋划推动"双一流"大学建设，积极为河南高等教育高质量发展赋能助力。按照省委、省政府部署，河南正加大对郑州大学、河南大学"双一流"建设支持力度，深入推进高校布局、学科学院、专业设置优化调整。着力打造郑大、河大"双航母"，按照"量身定做、精准施策"的要求，为郑大、河大"双一流"建设分别制定了全方位支持意见，推动两校在国家"双一流"建设中力争实现晋位升级。从以上已经启动建设的6个河南实验室牵头建设单位组成情况可以看出，郑州大学以其雄厚的专业实力，全面融入河南实验室建设体系之中。这种战略布局，将对郑州大学全面提升基础研究水平产生深远影响。同时，中共河南省人民政府全力培育"后备军"，实施"双一流"学科创建工程，按照扶优、扶强、扶特的原则，遴选河南理工大学等7所高校的11个学科作为"双一流"创建学科，集中优势资源支持其加快发展，力争在特色专业上实现率先突破，在国家下一轮"双一流"布局中抢占先机，使河南新增1~2所高校进入国家"双一流"建设行列。河南科技创新委已经制定出台支持政策，将郑大、河大和"双一流"创建高校作为改革特区，制定专项方案，充分放权赋能，努力构建一流人才政策体系，聚天下英才而用之，为河南高等教育高质量发展建立起快速集聚优秀人才的内在机制。2022年初，在110年校庆的特殊节点，由中共河南省人民政府直接协调确定，河南大学由过去开封与郑州双校区、双校址，变更为郑州单校址，标志着河南大学全面投入河南省会郑州的怀抱，为"双一流"建设迎来新的更加宽广的舞台，使这所百年名校社会高端资源配置条件大幅度提升与优化，为其高质量发展直接注入新的实质性要素机制。

表4 2021年中国在校大学生超过百万人的城市　　　　　单位：万人

城市	在校本专科生	在校研究生	合计
广州	141.26	14.57	155.83
郑州	127.40	5.76	133.16
武汉	110.56	18.27	128.83
成都	98.10	12.10	110.20
重庆	100.27	9.74	110.01
北京	59.60	41.30	100.90

资料来源：中国各地2021年统计公报。

二、河南经济创新驱动高质量发展存在的主要短板

对比国内外发达地区的成功经验与创新做法，系统分析河南创新驱动高质量的历史基础与现实状态，对标区域经济高质量发展的主要标志，河南经济创新驱动高质量发展存在的主要短板非常突出。

1. 研发投入强度不足

2017年9月，河南省人民政府办公厅

《河南研发投入提升专项行动计划（2017—2021年）》提出，到2018年，全社会研发投入达到600亿元左右，占生产总值比重达1.3%以上。到2021年，河南全社会研发投入强度力争赶上全国平均水平。实际上，2018年河南研发投入强度达1.40%，较好完成了原方案提出的年度目标。但是，当年全国研发投入强度升至2.19%，北京、上海、天津、重庆分别达到6.17%、4.16%、2.62%和2.01%，广东、江苏、浙江、山东、福建分别达到2.78%、2.70%、2.57%、2.51%和1.80%。河南与全国平均水平相比差距比较大，与先进省市相比差距更大。同是地处中部的安徽、湖北、湖南、江西等研发投入占比已分别升至2.16%、2.09%、1.81%和1.41%，连地处西部的陕西、四川已升至2.18%和1.81%。与之相比，河南GDP仍居全国第5位，与研发投入强度居全国第16位非常不匹配。2021年，全国研发投入强度达2.44%，而河南仅为1.68%，同年北京、上海、广东、浙江、山东则分别达到6.0%、4.1%、3.1%、2.9%和2.3%，差距依然较大。因为研发投入不足，直接影响了河南创新能力提升。在《中国区域创新能力评价报告2021》排名中，河南居第14位。当地创新资源最为集中的省会郑州，在2021年全国科技创新百强市排名中只列全国第13位。河南

至今有三个科技领域为零的弱项，分别是国家实验室、国家技术创新中心、国家大科学装置。高层次创新平台较少，使关键核心技术攻关能力不强。原始性创新能力薄弱，缺乏在国内外有重大影响的原始性创新。近些年，在国家实验室、大科学装置等科技创新的高端领域，不要说沿海地区，即便是中部的湖北、安徽，或是西部地区的四川、山西等都已经进行了积极部署，而河南显然起步较晚。因为没有足够的研发投入，肯定没有较好的科技产出。缺乏科技进步的第一动力，经济社会高质量发展很难有正常保障。正是因为创新支撑能力不足，才导致出现河南经济发展活力明显下降的情况。2020年，河南GDP增速仅1.3%，低于全国2.3%的水平，增速居全国各省（区、市）倒数第6位。2021年，河南GDP增速6.3%，低于全国8.1%的平均水平，增速居全国倒数第4位。作为2004年至今的全国第5经济大省，连续两年出现GDP增速明显低于全国平均水平的现象，确实需要引起河南各界高度重视。目前，全国GDP排名第6位的四川，过去5年与河南GDP的差距拉近了10个百分点，2021年已相当于河南GDP的91.4%（见表5）。如果河南再不奋力加速发展，失去全国第5经济大省地位的压力日益显现。

表5　2016~2021年河南与四川GDP比较

年份	河南GDP（亿元）	四川GDP（亿元）	四川GDP占河南的比重（%）
2016	40160.0	32680.5	81.4
2017	44988.2	36980.2	82.2
2018	48055.9	40678.1	84.6
2019	54259.2	46615.8	85.9
2020	54997.1	48598.8	88.4
2021	58887.4	53850.8	91.4

资料来源：2016~2021年河南、四川统计公报。

2. 科技创新的人才环境仍待进一步优化

伴随全国对科技创新工作的高度重视，河南在改善人才环境方面做了大量的实际工作，也取得了明显的成效。但是，目前无论是专业科研机构的科技人员，还是大学或企业的专业科技人才所实际享受的科技人才待

遇仍亟待改善。一是现有科技人员的实际工资待遇较低。2012 年，河南省人力资源与社会保障厅制定出台的关于科技人员在完成岗位任务的基础上可享受岗位工资 100%～300% 的奖励政策，截至目前真正执行的科研机构有限，主要原因是资金来源无保障，细化的执行政策也不一致。二是在专业科研单位或高等院校科技人员报账难仍然比较普遍。前些年，各单位制定的各种报账制度在经历若干次检查后，所在单位为了减少管理上的问题，不少单位都把报销规定简单化，有票据才能够报账成为一种普遍现象，智力劳动奖励机制淡化，从而导致科技人员到处想方设法开发票报销课题经费成为一种人人皆知的不正常现象。三是针对青年人才的优惠政策力度不够。科技创新青年人才是关键，没有大批青年人忘我地投入，想在科技创新上有较大进展是不可能的。在近些年各地抢人才大战中，针对青年人才的优惠政策不断创新。就河南现有的青年人才政策来看，除了郑州大学等少数单位以外，整体上住房补贴较低、工资待遇较低、机制不灵活，直接影响吸引人才。2020 年郑州成为全国流向北京、上海、杭州人才最多的前 5 位城市。四是高端人才环境营造不够给力。近几年，随着国家科技创新水平的提升与创新资源的大幅度增加，全国出现出国留学归国人员数量大增的可喜局面。但是，在河南的相关机构中这种现象基本上还没有起步。经过多次深度调研，出国留学人员反映最集中的问题除了待遇偏低外，双语幼儿园、小学、中学配备不足是一个突出短板。因为真正在国外读完博士再回国的青年人才往往都 30 岁左右了，很多人都已经结婚生子，回来以后直接面临孩子上学的难题。郑州现在办有少量的民办双语幼儿园和小学，不仅收费高，而且招生规模有限，接送孩子距离过远，不能满足实际需要。正是因为人才环境不优，导致高端创新人才匮乏，青年创新骨干人才团队不足。河南两院院士（24 人）、国家杰出青年科学基金获得者（18 人）数量仅分别占全国总数的 1% 和 0.03%，

高端人才严重不足。

3. 制造业亟待转型升级

河南制造业发展规模居全国第一方阵，特别是在超高压电力装备、盾构装备、大型客车、农机装备、大型矿山装备、汽车零部件、智能手机、机器人、传感器、超硬材料、新能源、生物医药等领域创新基础与发展态势均比较好，在国内外有较大的影响力，尤其是郑州、洛阳等在大国重器研发方面积累了大量技术与人才优势，初步形成了一批各具特色的制造业产业集群。但是，与沿海发达地区相比，河南制造业总体上大而不强，高端要素供给不足、中低端要素供给过剩的结构性矛盾比较突出，很多领域创新能力弱、资源消耗大、智能化水平偏低、有较大影响的龙头企业少、品牌影响力不强等短板比较明显，高端制造、智能制造虽然快速发展，但高端产品占比较低，直接影响与制约了河南制造业的高质量发展。2021 年，河南战略性新兴产业占规模以上工业的 24.0%，高技术制造业占规模以上工业的 12.0%，与沿海地区相比，这两种产业占比都偏低。近几年，在科技创新领域特别受到重视的瞪羚企业、独角兽企业、专精特新企业等发展不够活跃，河南不少县市"双创"的热度明显不足。面对全球以物联网、大数据、AI、5G、元宇宙等为代表的新产业革命浪潮，制造业高端化、智能化、绿色化、国际化、无人化势在必行，河南亟待通过全面的创新驱动实现制造业转型升级，在高质量发展方面培育和创造新的产业发展优势。

4. 对民间创新不够重视

创新在一定程度上是一种自觉行为。在广袤中原大地的百姓之中，千百年来都不乏对科技创新有浓厚兴趣的人才，而且有些人才创新的科研成果应用价值非常大。据调研，现在不少领域都蕴藏有重要的民间创新人才与创新项目。其中，有些创新成果具有重要的应用前景。但是，由于体制机制的限制，特别是受官本位思想影响，这些民间创新项目，很难在现有体制下推广应用。鹤壁创新

发展研究院院长苏卫星完成的重大技术发明"两驱动一体发电设备"，是他带领的团队经过持续30多年的不懈研究探索实现的一项重大技术突破。经多家机构检测，其发电效率提高3倍以上。该技术属国际首创，在风力发电技术领域达到了国际领先水平。其推广应用有可能为全社会大幅降低用电成本提供技术支撑，为国家实现"双碳"目标做出重大贡献，为全球发电装备更新换代提供历史性机遇。然而，这样高水平的创新成果，至今没有得到河南重视，没有得到政府创新资金的支持，推广应用一直处于非常艰难的状态。

三、推进河南经济高质量发展的战略举措

面对全球性产业革命与全国性高质量发展形成的新竞争压力，必须转变观念，紧跟时代步伐，用系统性思维，统筹河南高质量发展的各种要素配置，以更多的创新力量推进经济高质量发展。

1. 在提高全社会研发投入强度上实现新跨越

习近平总书记强调："发展是第一要务，人才是第一资源，创新是第一动力""创新是撬动发展的第一杠杆""实施创新驱动发展战略决定着中华民族前途命运""自主创新是推动高质量发展、动能转换的迫切要求和重要支撑"。习近平主席这些论述，为我们指明了高质量发展的关键支撑是创新驱动，这也是发达国家实践已经证明科学可行的高质量发展之路。实施创新驱动发展战略，需要全社会投入足够的人力、物力、财力。企业的应用性研发需要以企业为主体投入，而社会公共科技投入、基础研究投入、超前性重大项目研发投入则需要以政府投入为主。作为全国GDP第五大省，河南研发投入强度明显偏低的现象必须高度重视，并下决心从省、市、县政府做起，瞄准研发投入强度2.60%的公认标杆，向先进省份学习，想方设法带头在提高全社会研发投入强度上实现新跨越，快速提升河南研发投入强度在全国的位次，以

此为保障吸引人才、滋养项目、积淀创新成果，以省辖市"智慧岛"建设全覆盖为切入点，以规上工业企业研发全覆盖为支撑，以全面激励"双创"为直接抓手，为河南经济高质量发展增添不竭动力，以创新发展谱写新时代中原更加出彩的绚丽篇章。

2. 以高端制造、智能制造为支撑挺起先进制造业大省的脊梁

2019年9月17日，习近平主席在郑煤机调研时指出：制造业是实体经济的基础，实体经济是我国发展的本钱，是构筑未来发展战略优势的重要支撑。要坚定推进产业转型升级，加强自主创新，发展高端制造、智能制造，把我国制造业和实体经济搞上去，推动我国经济由量大转向质强，扎扎实实实现"两个一百年"奋斗目标。按照习近平主席的要求，我们要旗帜鲜明地发展实体经济，而在实体经济中，要牢牢把握制造业高质量发展这个河南制造业大省的发展基础。基础不牢，地动山摇。只有把制造业这个基础不断巩固与加强，实体经济才能够有战略支撑。两者相辅相成，国民经济就能够保持足够的发展活力，老百姓就能够在经济发展中充分享受时代发展红利，不断提高获得感、幸福感、安全感。下一步河南要全面落实规划方案，以创新发展为主要动力，以数字化智能化为支撑，以打造更具影响力的先进制造业集群为矩阵，积极推进制造业转型升级，促进河南制造业特别是高端智能制造业跨越式发展，力争在优势产业领域实现更多重大技术突破，尽快打造一批新的大国重器和高端制造业产品，为国家富强、民族复兴、地方经济高质量发展挺起先进制造业大省的脊梁，持续不断为制造业高质量发展注入创新驱动的新动能。

3. 以引聚人才为核心优化创新生态

创新发展的核心是人才问题，引聚人才始终是优化创新生态的重中之重。一是必须在科技人才基本待遇上有魄力。近几年，伴随我国经济发展水平的快速提高，北京、上海、广东等引进国际一流人才，都实行了与

国际接轨的年薪制和奖励机制。需要在向他们学习的同时，制定更加具有吸引力的工资与奖励机制，以提升吸引人才、留住人才的体制机制性竞争力。我们只能把政策的宽松程度比他们更优，才有可能真正引进较多的世界一流人才。只有拥有一批世界一流人才，才可能不断完成新的重大重要创新成果，加快建设国家创新高地。二是在高水平创新平台建设方面尽快跃上新台阶。现在，河南没有国家大科学装置，没有国家实验室，没有国家技术创新中心，难以为国际一流人才提供合适的专业就业岗位。按照河南十一次党代会的部署，在大力度实施创新驱动战略和重塑实验室体系中，要尽快在国家大科学装置、国家实验室、国家技术创新中心建设方面有重大行动，实现实质性跃升，以便为引聚国际一流人才提供切实可行的科研岗位支撑。三是在科技成果奖励政策上实现大跨越。对在科技创新中获得重大或重要技术突破并获得较好应用的科研成果要比照深圳、苏州、合肥等的实际做法，予以较大力度甚至更大力度的奖励，以激励更多优秀人才愿意在科技成果创新上有大作为。四是在科研经费财务制度管理上有重要改革创新。按照国务院"放管服"改革的明确要求，进行大幅度的改革创新，尽快营造让科研人员安心从事科研工作的氛围，而不是让科研人员都成为"会计"。五是在为世界一流人才生活需求提供周到服务方面开辟新天地。只有让世界一流人才在河南有安居乐业的生活条件，比如有双语幼儿园和中小学、有国际化社区等，他们才可能长期稳定在当地安心从事专业工作，才可能在高质量重大项目研发上形成国际一流的重要成果，并为产业升级换代提供科学技术支持，为全面提升核心竞争力提供高质量技术保障。

4. 坚定不移推动绿色发展

按照习近平主席在黄河流域生态保护与高质量发展座谈会上重要讲话精神的要求，要坚定不移地把生态环境保护与环境污染防治攻坚战协同推进，务求不断取得绿色发展的实效。一是继续把黄河流域生态保护与高质量发展做实做细。坚持绿水青山就是金山银山的理念，坚持生态优先、绿色发展，以水而定、量水而行，因地制宜、分类施策，上下游、干支流、左右岸统筹谋划，共同抓好大保护，协同推进大治理，持续规划完成一批"大保护""大治理"工程，着力加强生态保护治理、保障黄河长治久安、促进全流域高质量发展、改善人民群众生活、保护传承弘扬黄河文化，让黄河成为造福人民的幸福河。二是按照《河南"十四五"水安全保障和水生态环境保护规划》，全面推进高质量的水安全与生态保护，确实让更多的区域形成绿水青山，全面优化城乡人居环境。三是继续坚持铁腕治污，特别是要从长计议，全社会协同推进，在降低燃煤发电占比、提高风力发电、太阳能发电等绿色能源比例上从长计议，确实减少污染物与碳排放来源，为碳达峰碳中和奠定基础，真正让绿色发展之光照亮我们未来的美好生活。

5. 全面推进乡村振兴

民族要复兴，乡村必振兴。乡村振兴，事关"三农"大局，对于广大农民提升收入水平与幸福感特别重要。按照党中央、国务院的战略部署，充分考虑河南农业大省的实际，结合各地的资源优势与产业基础，以绿色发展为底色，以第一、第二、第三产业融合发展为理论支撑，以具有地方特色的乡村产业振兴为切入点，以建立健全基层党组织为组织保障，以全社会加大基础设施投资力度为支撑条件，以稳步提升农民收入水平为明确目标，全面落实2022年中央新的一号文件精神，推动乡村产业、人才、文化、生态、组织等全面振兴。真正通过乡村振兴全面提升河南城乡协调发展水平，破解城乡之间发展不平衡不充分的难题，全面提升基层农民的生活水平，为农业农村高质量发展赋能助力。

四、结论

2022年，面对全球政治局势动荡、新冠肺炎疫情反复冲击、全国性经济下行压力加大的特殊情况，中央经济工作会议作出稳字当头、稳中求进的重要决策，为全国经济高质量发展确定了新的努力方向。在这样的条件下，河南经济高质量发展既面临巨大压力，也确实通过以上系统分析看到了新的重要机遇。

第一，在省级层面建立党政"一把手"抓创新的体制机制意义非凡。从河南成立科技创新委，建立党政"一把手"抓创新的实践与已经取得的明显成效看，对创新驱动高质量发展这样难度非常大的历史性重大课题，确实需要发挥体制机制优势，让党政"一把手"抓创新变成一种完全融入体制机制的重要工作，以利于促进区域经济的高质量发展。

第二，大幅度提高研发投入强度是河南创新驱动高质量发展的重中之重。国内外的理论与实践都证明，区域经济创新驱动高质量发展需要足够的研发投入。近几年，河南研发投入强度提高速度较快，但是与发达地区相比，差距仍然比较大。没有足够的研发投入，就无法在科技创新能力提升上有重要作为。如果创新能力不足，省域经济高质量发展就缺乏活力与动力。只有持续不断提高河南研发投入强度，才能够为河南经济高质量发展奠定坚实可靠的科技基础。

第三，引聚人才需要在体制机制上有重要突破。只有充分考虑各类科技人才的实际需要，制定更加优惠与宽松的政策，打造一流人才环境，才能够在引聚人才上真正形成体制机制性吸引力。而人才集聚的直接效应之一，就是通过提升科技创新能力，有效促进地方经济高质量发展。因此，区域经济高质量发展事实上是各类科技人才集聚支撑的一种新发展模式。

参考文献

［1］金碚．人类文明新形态是不断探索中的伟大创造：中国特色社会主义的世界意义和共同价值［J］．人民论坛·学术前沿，2021（19）．

［2］李力．让创新成为新时代河南最鲜明的标识［N］．河南日报，2022-01-14.

［3］王凯．政府工作报告：2022年1月6日在河南第十三届人民代表大会第六次会议上［N］．河南日报，2022-01-11.

［4］张占仓，杨书廷，王建国，等．河南经济高质量发展存在的突出问题与战略对策研究［J］．科技创新，2020，20（1）．

［5］范恒山，金碚，陈耀，等．新时代推动中部地区高质量发展［J］．区域经济评论，2021（3）．

［6］楼阳生．传承弘扬伟大建党精神在建设现代化新征程上阔步前进［N］．学习时报，2021-07-12.

［7］冯芸，马涛．楼阳生在调研科技创新工作时强调下非常之功用恒久之力全力建设国家创新高地［N］．河南日报，2021-07-07.

［8］李铮，冯芸．省科技创新委员会召开第一次会议 蹄疾步稳久久为功 建设国家创新高地［N］．河南日报，2021-09-23.

［9］李铮，冯芸，马涛．确保高质量建设现代化河南确保高水平实现现代化河南全面实施"十大战略"在新征程上奋勇争先更加出彩［N］．河南日报，2021-09-08.

［10］尹江勇，师喆．创新驱动，河南全方位发力［N］．河南日报，2021-12-22.

［11］李铮，冯芸．重建重振河南科学院揭牌仪式举行［N］．河南日报，2021-12-29.

［12］冯芸，马涛．努力进入国家战略科技力量体系像嵩山一样屹立在中华大地［N］．河南日报，2021-07-18.

［13］李铮，冯芸．完善创新链条贯通产学研用创新体制机制激发创造活力［N］．河南日报，2022-03-23.

［14］冯芸，马涛．加快建设"双一流"在中原大地起高峰［N］．河南日报，2021-07-06.

［15］李铮，冯芸．锚定"双一流"奋勇攀高峰［N］．河南日报，2021-09-10.

［16］李铮，冯芸．省科技创新委员会召开第四次会议［N］．河南日报，2022-02-26.

［17］赛迪顾问．2021中国科技创新百强市排行榜［EB/OL］．（2022-01-21）［2022-04-11］．http://top.askci.com/news/20220121/1709491731327.shtml.

［18］胡艳，张安伟．新发展格局下大科学装置共建共享路径研究［J］．区域经济评论，2022（2）．

［19］河南统计局，国家统计局河南调查总队．2021年河南国民经济和社会发展统计公报［EB/OL］．（2022-03-12）［2022-04-11］．http://www.henan.gov.cn/2022/03-12/2413033.html.

［20］耿明斋．建设国家创新高地［N］．河南日报，2021-11-03.

郑州"起高峰"的金水作为[*]

2021年10月，中国共产党河南省第十一次代表大会提出："要坚持龙头带动和整体联动相结合，推动中心城市'起高峰'、县域经济'成高原'，加快形成以中原城市群为主体、大中小城市和小城镇协调发展的现代城镇体系。"郑州作为河南省省会城市和国家中心城市，必须当好国家队、提升国际化，引领现代化河南建设，通过提升集聚、裂变、辐射、带动能力，打造成为国内一流、国际知名的创新高地、先进制造业高地、开放高地、人才高地等，切实肩负起中心城市"起高峰"的重任，做好在中原大地上"起高峰"的表率和标杆。

金水区作为全省经济总量第一区，在郑州市作为中心城市"起高峰"过程中承担着引领者的特殊作用。那么如何科学、全面、系统地认识郑州"起高峰"的内涵，对于未来推进金水区的高质量发展、部署金水区的重大创新工程均具有特别重要的实际意义。

一、金水助力郑州"起高峰"的现实基础

金水区作为郑州国家中心城市的中心城区和承担省会政治功能的核心区，肩负着省委、市委赋予的"对标先进、全面提升，干在实处、力拔头筹，在服务全市全省发展大局中攀高峰、创一流"的责任和重托。河南要发展，郑州必须要发挥好龙头带动作用，郑州建设国家中心城市，作为中心城区的金水区有能力、有条件也有责任必须肩负起攀高峰的重任，走在全省、全市前列。

一是发展地位重要。金水区是河南省省直机关集中地域，也是全省唯一被同时纳入郑洛新国家自主创新示范区和中国（河南）自由贸易试验区的县（市）区。在郑州市内各区常住人口数量对比上，金水区人口体量最大，常住人口数量排名第一；区域面积对比上，排名第六，以占全市1.8%的国土面积承载了全市13%的常住人口，集聚了全市20%的科技型企业和21%的科研人员，贡献了全市15%的地区生产总值和21%的财政总收入。2022年，在赛迪顾问城市经济研究中心发布的全国高质量发展百强区排名中居第二十位，较2021年提高2个位次，在创新百强区排名中居第八位，创新强区亮点突出。

二是经济基础坚实。经济基础决定上层建筑，推进中心城市"起高峰"，助力郑州建设国家中心城市，经济实力是重要基础，产业发展是关键支撑。2021年，金水区地区生产总值完成1878.8亿元，同比增长3.1%，地区生产总值在市内各区中排名第一位，经济实力突出。来源于金水区的财政总收入259.8亿元，同比增长4.3%，地方一般公共预算收入完成121.1亿元，同比增长1.79%，财政实力较其他区更为雄厚。

三是创新实力突出。建设国家中心城市，经济体量是一个基本条件，但更重要的还是质量，而创新则是推动高质量发展的核心动力。金水区坚持把创新摆在发展的逻辑起点，深入开展"三标"活动，推进"十大战略"行动，聚力"十百千"企业创新、"领创新赛道"人才创新、大院名所和高校引培创新、"数智金水产业大脑"服务创新、"亩均论英雄"绩效评价创新"五大创新工程"，全力创

* 本文发表于《河南日报》2022年12月12日第8版。作者为张占仓、韩树宇。

建集聚创新活力的经济高质量发展先行区，创新成为金水区最鲜明的底色。2022年3月4日，在"国家大众创业万众创新示范基地"2021年度评估中，金水区取得全国第2名的好成绩；4月6日跻身"赛迪创新百强区"（2022）第八位。

四是城市品质趋优。对于在我国经济社会发展过程中具有区域影响力的大城市、特大城市来说，除了注重人口规模、GDP、区域带动力、国际影响力等方面的提升，还需要更多地重视城市品质问题。金水区坚持品质建设、精细管理，全力推进高品质现代化城区建设，城区功能、生态、形象、品质大幅提升，有力支撑郑州国家中心城市全面建设。

五是民生事业进步。民生是人民幸福之基、社会和谐之本。民生连着民心，民心凝聚民力，民力促进发展。金水区在践行初心中传递普惠民生的"金水温度"。坚持"政府过紧日子、群众过好日子"，在收支压力极大的形势下，民生领域支出达62.3亿元，占一般公共预算支出的76.5%，居民人均可支配收入全省第一。

六是营商环境优良。当前，经济增长已由高速增长阶段转向高质量发展阶段，要推动经济高质量发展，不仅需要基础设施等"硬环境"的持续改善，更需要深化体制机制改革创新，在"软环境"上实现新的突破。营商环境是金水区实现经济高质量发展并且可持续所需的环境，更是金水区实现市场赋能提升的主要着力点。一个地方的营商环境怎么样，企业最有发言权。郑州市是全国第8个百万市场主体的省会城市，金水区作为郑州市的主城区，截至2020年底注册市场主体总量达到26万家，占郑州市的1/5，占河南省全部市场主体的1/30，展现了良好的发展环境和巨大的发展优势。

二、金水助力郑州"起高峰"的良好态势

近年来，金水区保持战略定力，紧抓郑州国家中心城市现代化建设、中部地区崛起、黄河流域生态保护和高质量发展战略机遇，聚焦打造"创新智城·品质金水"、建设国家一流现代化国际化中心城区的总体目标，强化统筹，精准发力，深入推进"十大战略"，保持了经济的稳定增长。2022年以来，金水区整体呈现稳中向好、质效双高的发展态势，各项工作都取得了良好成效，助力郑州国家中心城市建设和"起高峰"动力十足。

一是经济发展稳中向好。面对复杂多变的经济形势，金水区坚定发展信心，增强战略定力，保持工作连续性，主动担当作为，推动各项工作稳步向前。2022年上半年金水区依然延续了良好发展态势，经济总量达到1000亿元，增长3.3%，对全市贡献率21.1%、位居市内各区第一，较上年同期提高4个百分点。总的来看，金水区经济发展向好的基本面没有变，向上的动力依然十分强劲，支撑性指标增长较快。

二是创新要素快速集聚。创新是决定一个区域竞争力的关键因素。金水区正在加快创建集聚创新活力的经济高质量发展先行区，争当郑州打造国家创新高地和人才高地的主力军。科技创新逐渐成为推动金水区高质量发展的最强动力源、最强发动机、最强智慧大脑。

三是重大项目硕果累累。中心城市重点项目建设是提升城市综合承载力、推动经济社会发展、保障改善民生的重要载体和有力抓手。金水区按照"链主"引领，"雁阵"起飞的思路，充分发挥驻北京、上海、深圳招商工作组的作用，延伸招商触角，推动立柱产业集聚，形成产业升级示范标杆。2022年上半年，新签约易宝支付跨境电商产业园等83个项目，总金额358亿元；新开工中钢网国际交易产业园等12个项目，总金额268亿元。总体来看，2022年上半年金水区在项目建设上硕果累累，发展态势良好，为郑州中心城市"起高峰"奠定良好的项目基础。

四是实体经济快速复苏。一个地区的发展后劲与该地区"虚实"的经济结构有很大的关联，尤其在工业化转型时期，脱实向虚

的发展是很难持续的。金水区委、区政府高度重视金水区的虚实经济关系，出台了一系列政策，扶持帮助实体经济做大、做优、做强，在大力招商引资发展外源经济的同时，积极鼓励全民创业、万众创新，充分利用区域内的资本优势，积极发展中下游与之对接的中小企业，产生了积极的效果，由此形成了金水区良好的实体经济发展规模。2022年上半年，金水区实现逆势新增市场主体2.8万户、总量超过29万户，累计帮助6500家中小微企业获得担保贷款11亿元，新增"四上"单位入库119家，两项指标均位居全市第一。

五是营商环境持续改善。建设一流城市必须打造一流的营商环境。金水区在这一方面做了许多工作。如成立统筹全区营商环境推进工作领导小组，建立书记、区长任组长的"双组长"制和区领导分包优化营商环境重点领域机制，构建多位一体的营商环境工作机制；统筹推进"证照分离""多证合一"改革，强力推动"一件事"集成服务事项，推行新办企业注册登记"一条龙"服务等。从开办企业到纳税、政务服务，再到市场监管、法治环境、政策环境，金水区逐步构建起企业全生命周期的精准服务体系。

六是"专精特新"快速成长。加快培育"专精特新"企业，既是激发市场主体活力，推动制造业高质量发展的必然要求，也是引导优质制造业中小企业提档升级，打造特色发展优势的迫切需要。金水区积极引导辖区企业转型升级，鼓励支持中小企业走"专业化、精细化、特色化、新颖化"发展道路。截至2021年，金水区已培育各级"专精特新"中小企业200多家，其中国家级重点"小巨人"企业3家，国家级"小巨人"企业4家，省级"专精特新"企业20家，市级"专精特新"中小企业177家。2022年上半年，金水区又新增25家省级"专精特新"企业，创历年新高，"专精特新"企业成长迅速。

七是乡村振兴积极推进。重塑城乡关系，走城乡融合发展之路，是郑州建设国家中心城市的重要一环。金水区持续推动都市农业高质量发展，有力有序推进乡村建设，增强农村发展活力，有效推进乡村治理，高水平打造沿黄生态走廊未来乡村聚落，坚持走在前、做表率，厚植发展优势、拓展中心城区"能量"，提升辐射带动能力。

三、金水助力郑州"起高峰"的现实挑战

针对河南省委、省政府提出郑州中心城市"起高峰"的新标杆、新任务、新要求，既要积极探索新路径，适应发展的新需求，又要冷静检视金水区发展的现实基础，客观认识目前仍然存在的短板弱项与不足，以利扬长避短，为下一步的高质量发展开辟更加广阔的空间。通过系统调研分析，我们认为金水区目前仍然存在以下短板与不足。

一是产业结构仍需优化。2021年，金水区全年地区生产总值完成1878.8亿元，同比增长3.1%。三次产业结构占比0.02∶11.63∶88.35。细分产业内部结构，可以看出，①金水区第一产业占比非常小，对经济高质量发展影响非常有限。②第二产业中工业占比非常小，工业发展对当地经济贡献非常有限，成为与全国性强区对比中的一大软肋。

二是从百强区对比中仍可得到新的启示。2022年7月27日，赛迪顾问城市经济研究中心正式发布《2022年中国城区经济高质量发展研究报告暨2022赛迪百强区》，作为河南唯一上榜的城区，金水区排名再次刷新，比上年上升了2个位次。面对斐然成绩，金水区时刻保持危机意识，深入剖析所面临的挑战，整装再出发，聚力打造国家一流现代化国际化中心城区。从经济实力来看，金水区经济总量为1878.8亿元，同比增速为3.1%，正处于新旧动能转换的窗口期，城区能级水平和发展质效仍然有较大的发展空间。从产业结构看，2021年，金水区三次产业结构为0.02∶11.63∶88.35，符合发达经济体第三产业比重高的特征，但第三产业内部结构还亟待优化，对经济贡献强的现代服务业发展质效支撑力

度还待增强，尤其是营利性服务业内部的软件业和专业服务业等行业更需做大做强。

三是创新资源仍显不足。在全国经济高质量发展的历史性潮流中，创新驱动是高质量发展的主要动力源泉。我们站在郑州看金水，金水区是创新资源相对丰富区域，而对比深圳市南山区看金水，创新资源尤其是人才资源明显不足，战略性新兴产业发展差距较大，以恒久之力推进创新发展，需要继续爬坡过坎，踔厉奋发，追求更高的创新发展目标，这是适应全国高质量发展的时代需要，更是金水区构建可持续发展内在机制的历史性需要。

四是产业生态仍待优化。在金水区占有非常重要地位的楼宇经济，目前规模已经比较大。但是，产业生态仍然需要继续改善，各片区的楼宇经济主业不突出，没有形成明显的集群效应，直接影响了楼宇经济的特色化发展。

五是营商环境仍待完善。近几年，在改善营商环境方面，金水区倾注了巨大的心血，取得了明显的成效。然而，对标沿海发达地区的营商环境，当前金水区的营商环境仍然存在薄弱环节，亟待进一步改善。近几年全国性改善营商环境进步速度非常快，金水区营商环境也在快速改善，只是从更加有利于金水区高质量发展的视角分析，仍然存在营商环境方面需要继续努力改善的具体工作。

六是引聚人才仍待发力。由于体制机制等方面的历史性原因，在金水区长期从事科研工作的大量科技工作者与金水区联系不够紧密。应当在引聚人才方面实实在在为科技人才提供及时、具体、真实、急需的服务，全面解决青年人才公寓问题，以新的战略思维方法，确实把坚持创新驱动发展摆在各项任务的首位，高质量优化人才环境，打造创新人才集聚高地、创新高地、创业高地，为创造金质金水打开一条具有前瞻性而且科学可行的康庄大道。

四、郑州"起高峰"的金水任务

立足金水区过去长期发展积累的良好基础，在郑州市作为全省中心城市发展中"起高峰"的过程中，金水区要以更大的担当与责任，创建金质金水，在以下四个方面有大胆作为，迈出高质量发展的步伐，为全市"起高峰"助力添彩。

一是创建集聚创新活力的经济高质量发展先行区。创新是引领发展的第一动力，人才是创新驱动高质量发展的动力源泉。人才数量也是衡量一个地区综合实力的重要指标。因此，金水区的高质量发展，要坚持创新第一动力、人才第一资源、领导第一责任，按照省委、省政府要求，成立区科技创新委员会，由区委书记和区长任创新委员会双主任，以此为支撑建立健全党政一把手抓创新的工作机制，抢抓全省全面实施"十大战略"的机遇，充分利用金水区科技资源相对丰富的既有优势，抓住用好金水科教园区、国家知识产权创意产业试点园区、河南科技园区、郑州国际金贸港、特色楼宇"五大平台"，加快构建以创新发展为引领、服务经济为主导、工业经济为新增长点的现代化城区经济体系。

二是创建富有都市形态的城市高品质建设典范区。充分考虑 2021 年河南省常住人口城镇化率已经达到 56.5% 的实际情况，尤其是郑州市作为河南省省会，2021 年常住人口城镇化率已经达到 79.1%，全省已经历史性进入以城镇形态为主的发展阶段。借鉴发达国家与我国沿海地区城市文明演绎过程与走向，金水区作为中原第一区，按照党中央以人为核心的新型城镇化要求，要以打造绿色、宜居、活力、韧性、智能的现代化城市为目标，统筹经济属性、社会属性、生态属性，从规划设计、工程建设、人居环境、市场消费、数字治理、服务体验等方面构建现代化发展体系，完善功能配套，塑造特色风貌，丰富城市业态，提升城市品位。

三是创建充满数智理念的社会高效能治理引领区。适应 5G 技术普及的时代节奏，突出数字化、智能化引领作用，打造以新型基础设施建设为支撑、发展数智产业为主攻方向、深化融合创新应用为关键、整体数智能力提升为保障的数字化、智能化发展格局，建立健全数字经济、数字社会、数字政府生态体系，全方位建设数智强区，推动全社会迈向数智时代。

四是创建彰显美好生活的民生高标准供给标杆区。全面践行以人民为中心发展思想，积极主动解决群众"急难愁盼"的具体问题，尽快实现街道党群、养老、医疗、托育、农贸"五个一"公共服务设施高标准全覆盖，全力打造全龄友好包容型城区、共同富裕先行示范区。

五、郑州"起高峰"的金水抓手

2022年6月，省委主要领导在河南省郑州国家中心城市建设领导小组会议上强调，推进郑州都市圈提质扩容发展，要站位国家区域经济发展战略布局、中原城市群建设大局，准确把握时代新要求、发展新趋势、阶段新特征，对标全国都市圈发展，以务实精神、长远眼光、开放思维，深入研究郑州都市圈发展的机遇挑战、优势潜力、短板不足，找准发展定位，明晰发展思路，选准发展路径，破解发展瓶颈，推动郑州国家中心城市"起高峰"，建设现代化高能级郑州都市圈。按照省委明确要求，我们经过调研认为郑州"起高峰"过程中金水区的主要抓手如下：

一是建设高标准创新体系，为国家创新高地建设贡献金水智慧。河南省实施创新驱动、科教兴省、人才强省战略，主要目标之一就是建设国家创新高地。金水区作为郑州市科教资源最为丰富的城区，要发挥优势，高标准建设创新体系，为国家创新高地建设贡献金水智慧，让"起高峰"在金水区科教领域集中展现。金水区现有金水科教园区、国家知识产权创意产业试点园区、河南科技园区三个科技类产业园区，拥有大中专院校43所、院士工作站46个、国家级孵化载体24家，可谓科教资源丰厚，但建设高质量创新体系仍然面临艰巨任务，需要大胆探索，积极作为。

二是超常规引聚科技人才，建设全国重要人才基地。当今时代，重视创新发展是高质量发展的共同趋势，而促进创新能力提升的内在动因就是引聚人才、培育人才，打造区域性人才高地。要想大规模引进人才，必须学习借鉴沿海地区的做法，制定优惠的人才落地政策，形成有吸引力的人才环境，尤其是住房、子女上学、家属安置等具体政策，真正让各类人才愿意来、能安心、高高兴兴从事科技创新工作。通过深化科技体制改革，优化科技资源配置，激发创新主体活力，释放人才动能。全面加强知识产权保护，在全社会营造尊重知识、尊重人才、尊重创新、尊重创造的浓厚氛围。

三是加快产业结构调整步伐，为经济高质量发展赋能。金水区第一产业占比很小，对经济可持续发展影响有限。第二产业占比仅11.6%，与同类型的一般城市大区或强区相比，占比明显较低。尤其值得注意的是，在第二产业中，工业增加值仅占GDP的0.6%，难以支撑一个GDP近2000亿元的城区继续较快提升综合经济实力，对于"无工不富"的规律无法适应。无论从理论支撑，还是从实践探索来看，下决心调整产业结构、为经济高质量发展注入更多新动能势在必行。

四是促进区域协调发展，打造共同富裕的金水样板。共同富裕的实质是在中国特色社会主义制度保障下，全体人民共创日益发达、领先世界的生产力水平，共享日益幸福而美好的生活。如何实现共同富裕，各地都在进行积极的探索。金水区作为全省经济总量最大的一个县级行政单元，有责任有义务在探索过程中先走一步，为全省作出金水区的贡献。

五是打造一流营商环境，为各类市场主体排忧解难。近几年，金水区营商环境改善速度非常快，特别是在为市场主体破解难题方面尽锐出战，成效显著。但是，就高质量发展要求而言，打造一流营商环境，仍有大量工作需要进一步提升。要以"简"为核心优化政务环境、优化法治环境、优化创新创业环境。

六是积极推进绿色低碳发展，打造宜居宜业品质金水。面对实现"双碳"目标的新形势新要求，积极推进绿色低碳发展，打造宜居宜业品质金水势在必行。要重点推进能源领域绿色低碳转型发展、稳步推进工业领域绿色低碳转型升级、有序做强绿色交通、倡导绿色低碳简约生活方式。

七是增进民生福祉，打造高品质幸福生活新标杆。2022 年 7 月 28 日，习近平总书记主持召开的中共中央政治局会议部署下半年经济工作时强调，要扎实做好民生保障工作。要着力保障困难群众基本生活，做好高校毕业生等重点群体就业工作。按照习近平总书记的最新部署，金水区要着力增进民生福祉，努力打造高品质幸福生活新标杆，确

保公众基本生活用品供给，继续做好"一老一小一青壮"工作，全面提升城乡居民文化素养。

八是提升城市数治水平，打造治理现代化的金水典范。2021 年，中共中央、国务院印发《关于加强基层治理体系和治理能力现代化建设的意见》，就加强基层治理体系和治理能力现代化建设的指导思想、基本原则等作了前瞻性、全面性、系统性部署，为新时代加快推进基层治理现代化提供了根本遵循和行动指南。按照党中央国务院的要求，全面提升城市数治水平，打造治理现代化的新型城区，金水区应当加强"友好型"基层智慧数治平台建设，完善党全面领导基层数治制度，以创新赋能城市数治能力提升。

以农业强省建设为支撑促进河南城乡融合区域协调发展研究*

摘要 由于地理环境的特殊性，河南历来在中国农业发展、特别是粮食生产方面具有传统优势。目前，河南以占全国1/16的耕地生产占全国1/10的粮食，为确保国家粮食等农产品供给安全做出了重要贡献。但是，面对党的二十大提出建设农业强国的新目标，河南需要与时代同步，加快建设农业强省，并以此为支撑，通过较快提高农民人均可支配收入水平，促进全省城乡融合区域协调发展。建设农业强省，河南需要多措并举：以改革创新为农业强省建设注入强大动力，在扛稳粮食安全重任上有新担当，以乡村产业振兴为突破口全面推进乡村振兴，以恒久之力在农业科技创新上下硬功夫，以更加充足的投入建设高标准农田，加快数字乡村建设，坚持党领导"三农"工作原则。

关键词 农业强国；农业强省；城乡融合；区域协调发展；河南

党的十九大提出实施乡村振兴战略，促进了农业农村的较快发展，农民收入水平较快提高，对促进中国城乡融合区域协调发展发挥了重要作用。党的二十大明确提出建设农业强国的重大战略部署，契合了中国长远发展的战略需要，使"三农"问题在国家战略部署中的地位进一步提升，将为进一步促进城乡融合区域协调发展注入更加充足的动能。河南作为全国经济大省与"三农"大省之一，伴随国家战略部署力量的调整与优化，在由农业大省迈向农业强省的过程中，虽然已经有比较好的发展基础，但是也面临明显的短板和弱项，针对性地探索推动农业强省建设促进城乡融合区域协调发展之路，需要进行系统深入的研究。

一、河南建设农业大省促进城乡融合区域协调发展的良好基础

改革开放以来，河南"三农"发展一直比较快，在全国处在非常重要的地位。在党中央、国务院的持续支持与河南的长期努力下，河南在全国"三农"大省的地位不仅稳定提升，而且发展优势更加凸显。

1. 坚定不移扛稳粮食安全重任

新中国成立初期，全国粮食生产水平比较低，粮食短缺是主要问题。1949年，河南粮食产量仅142.7亿斤，占全国粮食产量2263.6亿斤的6.3%，与耕地面积占全国1/16的比例大体相当。虽然河南是农业大省，但在生产力水平比较低的情况下，与全国的情况一样，粮食等基本农产品供给不足，经常需要从外省调入粮食弥补口粮不足。改革开放以后，家庭联产承包责任制激发了广大农民从事农业生产的积极性与创造性，河南粮食产量开始较大幅度的增长。1980年，河南粮食产量基本上达到自给有余。从1981年起，河南开始部分地向外供给粮食。1983年，河南粮食产量达到580.80亿斤，首次跨上500

* 本文发表在《区域经济评论》2023年第2期第19—26页。

基金项目：河南省哲学社会科学规划办公室委托项目"研究阐释党的二十大精神和习近平总书记视察延安、安阳重要讲话精神"（2022DWT057）。

亿斤台阶。2006年，河南粮食产量突破1000亿斤，占全国粮食产量的10.1%，河南以占全国1/16的耕地生产占全国1/10的粮食，成为国家重要的粮食生产基地与供给基地，历史上曾经影响很大的"中原粮仓"重新回归公众视野，且显示出新的发展活力。2019年3月8日，习近平总书记参加第十三届全国人民代表大会第二次会议河南代表团的审议并发表重要讲话时强调，要扛稳粮食安全这个重任。确保重要农产品特别是粮食供给是实施乡村振兴战略的首要任务。河南作为农业大省，农业特别是粮食生产对全国影响举足轻重。要发挥好粮食生产这个优势，立足打造全国重要的粮食生产核心区，推动藏粮于地、藏粮于技，稳步提升粮食产能，在确保国家粮食安全方面有新担当、新作为。按照习近平总书记的明确要求，河南省委、省政府高度重视粮食生产与深加工，坚定不移地扛稳粮食安全重任，坚持藏粮于地、藏粮于技，全面加快高标准农田建设等，促进了粮食生产稳定发展。2020年，在新冠肺炎疫情冲击下，全球粮食供给紧张形势加剧，而河南粮食产量达1365.2亿斤，创造了粮食总产量的新高，占全国粮食总产量的10.2%，为国家保障粮食安全供给做出重要贡献，确保了河南粮食生产在全国发展大局中的稳定地位（见表1）。2022年，河南夏粮播种面积8525.64万亩，夏粮总产量达381.3亿公斤，播种面积和夏粮总产量均居全国第一，而且优质强筋小麦周麦36"千亩大田"创造出亩产754.6公斤的新纪录，引起社会广泛关注，在特殊之年再次发挥了"中原粮仓"的"压舱石"和"稳定器"作用。

表1　1949年以来河南粮食产量变化情况

年份	河南粮食产量（亿斤）	全国粮食产量（亿斤）	河南粮食产量占全国的比重（%）
1949	142.7	2263.6	6.3
1978	213.5	6095.0	6.9
1983	581.0	7745.4	7.5
2000	820.3	9243.6	8.9
2006	1002.0	9960.8	10.1
2020	1365.2	13390.0	10.2
2022	1357.9	13731.0	9.9

资料来源：根据历年的《中国统计年鉴》《河南统计年鉴》和年度统计公报整理。

2. 坚持"藏粮于地""藏粮于技"

河南为什么能够在粮食生产方面大胆作为，勇于担当，确实与党中央、国务院的一贯支持与河南几代"三农"人的持续坚守密切相关。首先，河南始终坚守耕地保护红线，像保护生命一样，保护耕地。因此，近年来河南耕地面积一直保持稳定状态，为农业发展特别是粮食生产提供了最基本的土地资源保障。同时，河南在高标准农田建设方面也特别给力，使耕地质量稳步提升。据河南省农业农村厅数据，在河南省委、省政府的持续重视下，2022年河南在建高标准农田总面积超过1900万亩、总投资超过300亿元，创历史之最。截至2022年底，河南累计建成高标准农田8330万亩，占耕地总面积的68.9%。正是因为高标准农田建设的持续推进，使河南耕地质量平均等别为7.42，高于全国平均水平2.54个等别，为粮食稳产增产打牢了高质量耕地基础，高水平落实习近平总书记提出的"藏粮于地"的重大战略部署。高标准农田规模化建设，为河南粮食稳产高产提供了技术性支撑，特别是在2022年抗旱保秋中直接发挥了重要作用。河南建设高标准农田的做法已连续三年获得国务院激励表彰、连续四年全国领先。其次，河南特别重视农业科技创新，在农业优质高产作物新品种培育方面一直硕果累累。河南农业大学国家一级重点学科小麦栽培方向学术带头人郭天财教授研究首创了 15 亩连片平均亩产 1064.10 公斤的全世界同面积小麦最高产量纪录，并在国内率先创造了在同一块土地上小麦、玉米万亩连片平均亩产超吨半粮（1524.74 公斤）的高产纪录，为小麦品种培育与栽培技术创新做出了重要贡献。2011 年 1 月，时任国务院总理温家宝到鹤壁市农业科学院与著名玉米育种专家程相文深度交流，并对河南对玉米生产的贡献给予充分肯定。2021 年 9 月，神农种业实验室在河南省农业科学院揭牌成立，河南省委书记楼阳生为神农种业实验室揭牌并发表重要讲话，河南省长王凯为中国工程院院士张新友颁发神农种业实验室主任聘书。神农种业实验室致力于解决种业重大科学问题，攻克种业关键核心技术，培育突破性农业生物品种，孵化种业龙头企业，努力实现"种业科技自立自强、种源自主可控"的目标，着力打造现代种业强省，努力把种子这个农业"芯片"牢牢握在自己手里。多年来，河南小麦、玉米、花生、芝麻等新品种培育和动物免疫等领域一直业绩亮丽，人才辈出，在全国享有盛誉。2009 年，河南省农业科学院动物免疫学专家张改平当选中国工程院院士。2015 年，河南省农业科学院长期从事花生遗传育种研究的张新友当选中国工程院院士。2021 年 11 月，河南省农业科学院小麦专家许为钢当选中国工程院院士。由于农业科研工作扎实，河南省农业科学院成为近些年河南在全国农业系统中产生院士最多的专业科研机构，以实际行动贯彻落实习近平总书记"藏粮于技"的指示精神。

3. 持续深耕粮食市场与农产品深加工产业

河南借鉴发达国家的经验与做法，持续深耕粮食市场和流通两大领域。1990 年，经国务院批准，郑州期货交易所开始试点运行。在现货远期交易成功运行两年以后，于 1993 年 5 月 28 日正式推出期货交易，开创了中国期货交易的先河。目前，郑州粮食期货交易市场基本上就是中国粮食交易的晴雨表。在粮食期货市场的带动下，既要让农民种好粮，更要让市场用好粮，稳定种粮预期。河南以"粮头食尾""农头工尾"为抓手，牢固树立粮食产业发展观，不断增加种粮补贴，在支持农民做好粮食生产的基础上，延伸粮食产业链、提升价值链、打造供应链，让"小农户"牵手"大市场"，稳步提升种粮者的比较效益，保护农民种粮的积极性。目前，河南粮油加工转化率达 80%，主食产业化率 65%，农产品加工业成为全省重要的特色产业，河南生产了全国 1/2 的火腿肠、1/3 的方便面、1/4 的馒头、3/5 的汤圆和 7/10 的水饺，培育出双汇、牧原等闻名国内外的农业龙头企业和漯河这样的全国食品名城。河南是全国第一肉制品加工大省，生猪、家禽、肉牛年屠宰加工能力分别达 8300 万头、11 亿只和 124 万头，乳制品年加工能力达 350 万吨，均位居全国前列。双汇发展是全球最大的肉制品加工企业，年产肉类产品逾 4000 万吨，猪肉年产能居全球第一位。按照 2023 年河南省政府工作报告的部署，在新乡、信阳等地大力发展预制菜产业新业态，积极推进建设全国重要的预制菜生产基地。到 2025 年，河南规模以上预制菜工业企业主营收入突破 1000 亿元，为农产品深加工开辟新赛道。著名畜牧专家祁兴磊带领科研团队先后历时 21 年于 2007 年培育成功中国第一头肉牛新品种——夏南牛，肉质细嫩，遗传性能稳定，主要肉质指标可与全球著名的日本和牛媲美，成为市场上影响力快速提升的高档牛肉，而且已经在其发源地泌阳县及周围若干县形成较大规模的养殖与加工能力，成为百亿级种养加产业链延伸的高档畜牧业产业基地，已经成为当地促进乡村产业振兴的重大富民项目。未来进一步扩大生产规模，提升产业集群发展水平，完全有可能成为中国进军世界市场的高端肉牛品牌。其专业化饲养与规模化加工、高档化市场定位也在快速改变中国演绎数千年的把无法耕作已经衰老的耕牛作为主要牛肉消费的观念，促进中国牛肉市场高质量发展。

4. 通过改革创新持续不断提高农民的实际收入水平

改革开放以来，通过改革创新为中国的经济社会发展与进步不断注入新政策、新能量、新动力，尤其是在促进城乡融合发展方面成效明显。对 1978 年以来的改革创新政策组合过程进行分析，可知由于不同时段城乡改革政策侧重点不同，导致城乡融合程度有较大波动。其中，改革开放之初，农村改革政策优先突破。所以，1978～1981 年，农村居民人均可支配收入增长较快，城乡居民收入比由 1978 年的 3.00 降低到 1981 年的 1.83。1982 年农村居民人均可支配收入只提高了 1 元，而城镇居民人均可支配收入却提高了 34 元，导致当年城乡居民收入比提高到 1.98。1983～1984 年，农村居民人均可支配收入提速加快，使 1984 年城乡居民收入比降低到 1.65，成为改革开放以来城乡居民收入比最低的一年。之后，除 1987～1989 年农村居民人均可支配收入提高速度快于城镇居民外，

至 1994 年，所有年份城镇居民人均可支配收入提高速度较快，使 1994 年城乡居民收入比升至 2.88。从 1995 年开始，连续 4 年农村居民人均可支配收入提升速度较快，到 1998 年城乡居民收入比降到 2.26。1999～2005 年，除 2004 年农村居民人均可支配收入增速较快外，其他年份全部是城镇居民人均可支配收入增速较快，使 2005 年全省城乡居民收入比提高到 3.02，创出新高。2006 年以来，除 2008 年城镇居民人均可支配收入增速较快外，其他所有年份均为农村居民人均可支配收入增速快于城镇居民人均可支配收入，从大的政策导向上高度重视农村的扶贫开发与收入水平提高，使城乡居民收入比逐年下降，至 2021 年这一数值下降为 2.12（见表 2），明显低于全国 2.30 的水平，说明河南城乡融合区域协调发展情况更好一些。2022 年 5 月，河南省人民政府印发《关于持续增加农民收入的指导意见》，提出 20 项举措持续增加农民收入，将进一步促进城乡融合区域协调发展。

表 2　1978 年以来代表性年份河南城乡居民人均可支配收入比变化情况

年份	1978	1980	1984	1985	1990	1994	2000	2003	2005	2008	2010	2012	2015	2020	2021
收入比	3.00	2.27	1.65	1.83	2.41	2.88	2.40	3.10	3.02	2.97	2.88	2.72	2.36	2.16	2.12

　　资料来源：1978～1991 年，城镇居民人均可支配收入根据当年生活费收入测算。2013 年以前的农村居民人均可支配收入为纯收入口径，2014 年以后的为实施城乡一体化调查的数据。

5. 全面推进乡村振兴取得明显成效

党的十九大提出实施乡村振兴战略以来，乡村振兴成为促进乡村加快发展的重大举措。河南各地按照党中央的战略部署，在促进乡村产业振兴、人才振兴、文化振兴、生态振兴、组织振兴方面都进行了积极探索，并且取得了日益明显的实际成效。自 2020 年 12 月，中央农村工作会议提出全面推进乡村振兴以后，河南乡村振兴推进力度加大，成效更加显著，促进了全省城乡融合区域协调发展。其中，在产业振兴方面，河南各地充分利用大中城市产业转移的机会，结合各地资源环境条件，积极推进乡村特色产业发展，为提高当地农民的收入水平发挥了重要作用。

在人才振兴方面，以向基层派遣乡村第一书记的方式，促进了城镇大批人才沉下心来，为乡村发展服务，增添了乡村发展的人才功能。在文化振兴方面，河南各地充分发挥中华民族传统文化积淀丰厚的优势，开发利用地方特色文化资源，尤其是传统孝文化、家国情怀文化、传统乡村民间优秀文化等，促进了乡村文明水平的提高，也明显削弱了过去部分乡村不健康的一些文化活动。在生态振兴方面，充分利用国家大力推进环境整治与绿色发展的机会，通过各种各样行之有效的方法，促进乡村生态恢复与绿色发展，使越来越多的乡村生态环境得到明显改善，和美乡村建设进步很大。在组织振兴方面，结

合乡村基层党支部与村委主任一体化体制机制的推行，特别是从城镇吸引回去一批适应市场需要的优秀村党支部书记，为乡村振兴注入了强大的组织力量，更为乡村产业振兴带来了领头人的特殊人才资源，对全面推进乡村振兴具有特别重要的实际意义。正是全面推进乡村振兴的巨大动能，为提升农民收入水平发挥了空前的推动作用，显著促进了河南各地城乡融合区域协调发展。

二、河南建设农业强省促进城乡融合区域协调发展存在的短板和弱项

从建设农业强省的视野分析，当前河南在乡村地区高质量发展方面存在的短板和弱项还是比较突出的。从我们在基层调研所了解到的情况看，至少在以下五个方面存在明显的短板和弱项：

1. 农村的基础设施仍然薄弱

近年来，河南不断加大农村基础设施建设投资力度，交通、邮电、农田水利、供水、供电、商业服务等基础设施改善很大，但是与城市相比，不少地方仍然比较薄弱。比如高速公路，在有些县，包括离郑州几十公里的部分县，高速公路在全县覆盖面有限，加上高速公路开口很少，大部分乡镇上高速都比较费时、费事，实际上是当地大部分乡镇还没有进入高速公路时代。这些县城尚且如此，更不要说乡级和村级行政区，出行不够便利仍然是制约乡村经济发展的重要障碍。道路通才能产业兴，产业振兴才能够促进农村居民收入水平较快提高。所以，进一步加快乡村包括高速公路在内的基础设施建设仍然任务艰巨。另外，从建设农业强省的角度看，在河南这样天然降水量比较少的农区，水利是农业的命脉。目前，虽然随着高标准农田的不断建设，很多乡村农业水利设施有大幅改善，但由于总投资以及重大投资项目覆盖面有限，不少乡村农业水利设施仍不够完善，亟待进一步加强农业水利基础设施建设，从而为农业强省建设提供现代化的水利基础设施支撑。

2. 农业科技创新水平有待进一步提高

从全国层面来看，不管是河南农业大学还是河南省农业科学院，在国内都属于农业科技领域靠前的一流梯队。但是，我们站在全球看河南，站位农业强省看今天，就会发现河南在高水平农业科技创新方面仍然存在薄弱环节。虽然河南是一个省，但有将近1亿人口，这种人口规模放到全球就是一个大国。然而，河南在全球著名的农业专家有多少呢？在育种、农业技术、田间管理方面，在全球有影响力的专家有多少呢？所以，无论是全国建设农业强国，还是河南建设农业强省，继续大幅度提高投入水平，全面提升农业科技创新水平，以引聚人才为核心，强化现代化建设人才支撑，加快培育一批在全球与全国农业科技领域有重要地位的专家势在必行。

3. 乡村产业发展不充分不均衡

经过党的十九大以来的积极探索，虽然河南已经涌现出具有重要示范意义的10种乡村产业振兴的地域模式，且对当地农民提升收入水平产生了直接作用，但是，我们在基层调研时看到的情况是，仍有约2/3的乡村缺少乡村产业，甚至乡村产业振兴还没有起步，一个乡或者一个村，基本上没有什么乡村产业发展，更没有发展潜力巨大的地方性特色产业。当地农民仍然是以外出打工为主，而且由于农民职业培训没有跟上，很多外出打工者，主要是干一些最一般的工种，所得工资待遇较低，无法适应农业强省建设的新需要。大部分乡村产业发展不充分不均衡直接影响当地农民收入水平的有效提高，这成为制约乡村振兴的主要影响因素，也是全面推进乡村振兴新征程中需要尽快补上的短板之一。

4. 农村居民人均可支配收入水平仍然偏低

近年来，作为农业农村大省，在国家扶贫攻坚战与实施乡村振兴战略等利好政策的支撑下，尽管河南农业农村工作取得了很大进步，特别是农村居民人均可支配收入增长较快，确实促进了城乡融合区域协调发展。但是，河南与东南沿海地区相比，农村居民

人均可支配收入水平明显偏低。2021 年，河南农村居民人均可支配收入为 17533 元，而江苏、浙江、广东的农村居民人均可支配收入分别为 26791 元、25415 元、22306 元，河南只分别相当于这三个省的 65.4%、69.0%、78.6%，差距比较明显。形成这种局面的主要原因是不少乡村产业基础薄弱，有大量农民仍然依靠外出打工提升自身收入水平。借鉴沿海地区发展的经验和河南乡村振兴工作推进成效显著县市的做法，只有更加务实地把乡村产业振兴抓出成效，大部分乡村产业发展起来了，农民才能在家门口就业，收入水平较快提升才会有保证，而且生活的幸福感、获得感才会更好。伴随乡村产业振兴步伐的加快，乡村产业发展比较充分的话，当地财政收入水平也会较快提高，城乡融合发展的深层次问题才会得到根本性的解决。

5. 农村生态环境有待进一步改善

这些年，在全国环境污染攻坚战过程中，大中城市的环境污染治理，尤其是大中城市河流黑臭水体治理、工厂污染治理、重点大型污染企业治理等成效显著，为我们探索出了环境治理的有效途径。在美丽乡村建设过程中，有些乡村环境改善力度也很大，展示出乡村独有的天蓝、地绿、空气新鲜的优美环境优势。但是，现在仍有部分乡村的污染治理工作仍然没有到位，甚至个别地区环境污染还比较严重，一些乡村垃圾围村、黑臭水体较多等问题比较突出，农药、化肥的面源污染依然存在。此外，由于前些年高污染企业的存在，造成河南部分乡镇到目前为止仍有一定面积重金属污染区域，无法进行正常的农业种植，直接影响当地乡村产业发展，也影响当地经济的可持续发展。所以，按照党中央高质量发展的新部署，通过系统的规划与全面的综合治理，较大幅度地改善农村生态环境质量是建设农业强省过程中的重要难题，必须想方设法进行破解。

三、推动河南农业强省建设促进城乡融合区域协调发展的战略举措

习近平总书记在党的二十大报告中提出，着力推进城乡融合和区域协调发展，为我们从长计议破解城乡之间发展不平衡不充分指明了持续努力的方向。同时，党的二十大提出，建设农业强国，为国民经济长期稳定可持续发展提供基础保障。在 2022 年 12 月召开的中央农村工作会议上，对如何推进农业强国建设进行了非常明确的部署。河南作为全国农业大省之一，在建设农业强国过程中承担着非常重要的历史使命，需要持续担当作为，加快建设农业强省步伐，为建设农业强国做出积极贡献，并通过农业强省建设，全面提升农民的收入水平，推进农村高质量发展，促进河南城乡融合区域协调发展。我们认为，建设农业强省，促进河南城乡融合区域协调发展，需要重点抓好以下七大战略举措。

1. 以改革创新为农业强省建设注入强大动力

面对建设农业强省的新目标，持续深化城乡改革，激发城乡可持续发展活力仍然是有效的法宝。针对目前影响城乡融合区域协调发展的突出矛盾，通过系统化、深层次、多方位的改革，激发城乡协同发展的活力，特别是加快打通城乡生产要素流通机制，使土地、资本、人才等对经济发展影响较大的基本生产要素在城乡之间自由流动。在经济学上最为关注的"劳动是财富之父，土地是财富之母"，至今仍然是经典。劳动依靠的是各级各类人才的支撑，但城乡户籍制度抑制了各种人才的流动，因此，我们要继续推进户籍制度改革。城乡土地流动与开发利用依靠的是相关的法律与政策法规。近年来，我们通过各种途径，包括全国人大直接修改了原来的《土地法》，企图搞活城乡之间土地自由流动难题，但是时至今日制约土地要素流动的实质性难题仍然没有解决。在大中城市建设用地寸土寸金的今天，农村集体建设用地却仍然大量闲置，相互之间不是没有需求，而是相关政策法规限制多。所以，亟待进一步探索城乡之间土地合理流动的政策法规支撑机制。只有逐步打通城乡之间生产要素正

常流动机制，协同盘活城乡各类要素资源，才能够为农业强省建设提供更具活力与可持续能力的政策法规支撑。

2. 在扛稳粮食安全重任上有新担当

继续发挥"中原粮仓"的传统优势，力争为全国粮食再增产1000亿斤贡献1/10份额。2022年12月召开的中央农村工作会议提出，将启动粮食总产量再增产1000亿斤的工程，这是建设农业强国的首要任务。对于中国这样人多地少的大国来说，端稳自己的饭碗，始终都是涉及全体百姓切身利益的第一大事。只有持续不断提升全国的粮食生产能力，才能够解决好全国人民的吃饭问题。这既是一个经济问题，也是一个重大的政治问题，切不可掉以轻心。实际上，经过多年努力，中国粮食总产量已经连续8年稳定在13000亿斤以上。河南是全国农业大省和粮食大省，粮食产量占全国的1/10左右。在保证国家粮食安全供给方面，河南在2010年以来的这一轮粮食生产能力提升过程中，为国家做出了大约增产1/10的重要贡献，得到党和国家的高度评价。在新一轮全国粮食生产能力再提升中，河南要体现新的担当，努力做出新的贡献，力争承担全国1/10的增产份额，在现有粮食总产量稳定在1300亿斤的基础上，通过"藏粮于地""藏粮于技"等，再增产粮食100亿斤，把粮食生产能力稳定提升到1400亿斤以上的水平。同时，借鉴永城市、临颍县等地的做法，通过粮食加工业规模化发展，在全省各地打造一批粮食等农产品加工业产业集群，全面提高粮食产业的经济效益，为当地农民提高收入水平奠定坚实的产业基础。

3. 以乡村产业振兴为突破口全面推进乡村振兴

经过党的十九大以来全国各地的持续探索，尤其是我们承担世界银行"河南省乡村产业振兴的模式探索与政策支持研究"项目在全国和河南做了持续3年多的系统调研，深刻认识到乡村产业振兴是提高当地农民收入水平最给力、最管用、最有效的方法，更是破解城乡发展不均衡不充分难题的直接途径，也是不同区域发挥地方性产业优势、加快特色产业发展，促进区域协调发展的直接动力。因此，乡村振兴，产业先行。乡村产业得到全面发展，农民在家门口就业，不仅可以较快地提高实际收入水平，更能够大幅度提升农民的获得感与幸福感，是帮助农民创造美好生活的最佳方法，有利于加快城乡融合步伐。当然，发展乡村产业需要因地制宜、因时制宜，结合当地的资源环境条件与原来的相关产业基础以及人才供求情况，科学规划，大胆探索，确实立足于为当地培育能够长期生存与发展的特色产业，比如，在平原地区发展平原农区确保粮食安全的粮食产业，在丘陵山区发展全域旅游产业，在特色农产品产地发展特色农产品规模化种植与加工产业，在种养+基础条件较好的丘陵地区发展种养+产业链延伸产业，在中华民族传统文化沉淀丰厚的乡村发展特色文旅产业，在服装产业相对集中的乡村发展服装产业集群，在水泥原材料集中的山区发展规模化的水泥等建材产业，各地在推进乡村产业振兴中要积极探索更多的具体路径。目前，乡村产业发展同质化比较普遍，这是地域缺乏特色的一种表现。河南各地科学选择适合当地发展的乡村产业，而且要形成规模，打造成产业集群，其核心竞争力就容易形成。一旦当地有了较好的乡村产业发展基础，农民收入水平就会加快提高，乡村人才振兴、文化振兴、生态振兴、组织振兴就会全面推进，乡村发展水平较快提高就有了产业保障，城乡融合发展就拥有了全面融合的经济基础。

4. 以恒久之力在农业科技创新上下硬功夫

针对建设农业强省的新目标，仅依靠过去积累的农业大省的农业科技创新技术基础是不行的，因为大和强是两个概念。伴随科技创新能力的稳定提升，农业强省建设更多地依赖创新驱动高质量发展。按照党的二十大的系统部署与河南对农业科技创新的全面布局，要一体推进种业基地、神农种业实验室、国家生物育种产业创新中心、省级农业高新技术产业示范区建设，引导河南种业科研资源向"中原农谷"集聚，持续在小麦、玉米、花生、油菜等新品种培育方面全面提升创新能力与水平，尽快彻底破解种业被部分发达国家"卡脖子"难题。加快推进河南周口国家农业高新技术产业示范区建设，努力打造小麦产业创新发展引领区、黄淮平原现代农业示范区、科技支撑乡村振兴典范区，启动建设一批省级农业高新技术产业示范区。持续支持河南农业大学联合国内优势科研力量、龙头企业申建国家小麦技术创新中心，进一步强化河南小麦科技研发优势、优良新品种优势与小麦产量占全国1/4以上的集中产区优势，打造影响全球的农业创新高地，为国家农业强国建设做出更大贡献。同时，加大农村经营人才、管理人才、技术人才等的培训、培育和培养，为农业强省建设提供人才基础。

5. 以更加充足的投入建设高标准农田

建设高标准农田是巩固和提高粮食生产能力、保障国家粮食安全的基础工程，也是实施乡村振兴战略、确保粮食等农产品保障供给的重要支撑。"十三五"时期，河南以习近平新时代中国特色社会主义思想为指导，按照习近平总书记的指示精神，坚决扛稳粮食安全重任，深入贯彻"藏粮于地、藏粮于技"战略，积极整合资源，统筹推进高标准农田相关项目实施，集中力量建设高标准农田，使全省高标准农田建设初见成效。"十四五"以来，河南省委、省政府高度重视高标准农田建设，进一步加大工作力度。2022年9月16日，河南省人民政府印发《河南省高标准农田建设规划（2021—2030年）》，预计到2025年全省高标准农田占耕地面积的比例将达到78%，高标准农田高效节水灌溉率达到45%，实现粮食生产功能区和重要农产品保护区高标准农田全覆盖，将为全省粮食产量稳定持续增长提供高质量耕地基础保障。

6. 加快数字乡村建设

河南是农业农村大省，面对全国数字化转型发展的历史潮流，加快数字乡村建设势在必行。2020年4月，河南省人民政府印发《关于加快推进农业信息化和数字乡村建设的实施意见》，提出用3~5年的时间，推动河南农业信息化和数字乡村建设取得重要进展，力争走在全国前列，全省农村固定宽带家庭普及率达90%以上，大力发展农业农村数字经济，构建乡村数字治理体系，为实施乡村振兴战略提供有力支撑。2021年10月，河南省第十一次党代会提出，要实施数字化转型战略，全面推进农业数字化。2022年8月，河南省委书记楼阳生在全省数字化转型工作会议上强调，加快数字化转型，打造农业数字化发展典范，构建农业物联网，大力发展数字田园、智慧养殖、数字种业等高端农业新业态，带动产业结构优化升级。按照河南省委、省政府的部署，在全面推进乡村振兴、加快建设农业强省中，以数字村庄、数字田园、数字果园、数字菜园、数字茶园、数字菌园、数字药园、数字花园、数字牧场、数字渔场"一村九园"为抓手，全面推进数字乡村建设。全省以构建农业物联网、发展精准种植和养殖、推广农产品数字营销等为重点，大力发展数字农业，力争到2025年，农业生产数字化率达到30%以上；以完善乡村数字设施和提升乡村数字治理能力为重点，全力打造数字乡村。力争到2025年，打造60个以上省级数字乡村示范县。伴随着数字乡村建设的全面推进，农业、农村的精准化、科学化、智慧化管理将逐步形成全新的现代信息体系，为农业强省建设提供现代信息系统支持。

7. 坚持党领导"三农"工作原则

党的领导是"三农"工作持续保持优先发展的主要动力，加强党对"三农"工作的领导始终是河南进一步促进农业强省建设的根本保障。特别是要加强基层党组织建设，凡是交通条件好、生态环境好、乡村产业发展好的地方，基层党组织都很强健，党组织的产业发展能力、市场驾驭能力、服务意识都很强。所以，在坚持"五级书记"抓"三农"工作的同时，要高度重视加强基层党组织的建设，尤其是要选好配强基层党支部书记。只有在更多优秀基层党支部书记的带领下，乡村振兴和农业强省建设才能拥有更好的一线干部队伍支撑。

参考文献

［1］张占仓. 河南乡村产业振兴的典型地域模式探析［J］. 区域经济评论，2021（3）.

［2］李泉. 着力推进城乡融合和区域协调发展的实践探索与重点突破［J/OL］. 兰州学刊. https：//kns. cnki. net/kcms/detail//62. 1015. c. 20221228. 1556. 003. html.

［3］刘玉梅，王丹. 全力提高农业综合生产能力［N］. 河南日报，2022-03-18.

［4］宋虎振. 扛稳粮食安全重任建设现代农业强省［J］. 农村工作通讯，2022（21）.

［5］刘晓波. 粮食安全重任牢牢扛在肩［N］. 河南日报，2022-09-28.

［6］本报评论员. 让农村更富裕、生活更幸福、乡村更美丽［N］. 河南日报，2022-09-24.

［7］张占仓. 河南经济创新驱动高质量发展的战略走势与推进举措［J］. 区域经济评论，2022（4）.

［8］柯杨，史晓琪，冯军福. 新星闪耀中原：走近河南科技人才"星云团"［N］. 河南日报，2022-08-02.

［9］李铮，冯芸. 神农种业实验室揭牌成立［N］. 河南日报，2021-09-24.

［10］尹江勇，师喆. 河南迎来首位"小麦院士"［N］. 河南日报，2021-11-19.

［11］刘晓波. 河南省开展农村人居环境集中整治行动［N］. 河南日报，2021-11-15.

［12］刘怀丕，孙清清，韩朝阳，等. 春涌中原满眼新［N］. 新华每日电讯，2022-01-19.

［13］冯芸，马涛，张笑闻. 依靠科技创新加快现代化农业强省建设［N］. 河南日报，2023-01-16.

［14］张占仓. 中国式现代化的科学内涵与推进途径［J］. 改革与战略，2023（1）.

［15］张占仓. 高质量实施科教兴国战略［N］. 光明日报，2022-11-22.

［16］梁鹏. 乡村振兴战略下河南省城乡融合发展路径研究［J］. 农业经济，2022（7）.

［17］张占仓. 补短板强弱项河南加快农业强省建设的几点建议［EB/OL］. https：//theory. dahe. cn/2022/12-30/1159238. html. 2022-12-30/2023-01-20.

补齐五个短板弱项　加快建设农业强省[*]

2023年2月13日，河南省委农村工作会议在郑州召开。会议全面贯彻落实党的二十大精神和中央农村工作会议部署，对做好2023年全省的"三农"工作、全面推进乡村振兴、加快建设农业强省进行全面部署，为实现河南省第十一次党代会确定的"两个确保"提供有力支撑。会议要求，要统一思想行动，把习近平总书记关于"三农"工作的重要论述与视察河南重要讲话重要指示贯通起来学习领会、贯彻落实，切实增强建设农业强省的使命担当。站位服务保障国家大局的高度，抢抓难得历史机遇，立足基础优势锐意进取，加快补齐农业农村工作的短板弱项，努力在农业农村现代化上走在全国前列，在建设农业强国上展现更大河南担当、贡献更多河南力量。

一、河南农业农村工作的明显优势

作为全国农业大省之一，在党中央、国务院的正确领导下，河南农业农村工作已经形成明显的优势。

第一，河南是全国重要的粮食生产加工基地。近些年，河南以占全国1/16的耕地生产全国1/10的粮食，是全国粮食生产核心区，粮食总产量居全国第二位，是全国能够稳定向外大量调出粮食的六个粮食生产大省之一，每年调出原粮及其制成品300亿公斤左右。2020年，在新冠肺炎疫情冲击下，河南粮食总产量达682.6亿公斤，比上年增长1.9%，连续第四年稳定在650亿公斤以上，首次跨越675亿公斤台阶，创历史新高，占全国粮食总产量的10.2%。2021年，在新冠肺炎疫情与夏秋季节百年不遇特大暴雨双重影响下，粮食总产量仍然达654.4亿公斤，稳居全国第二位，为确保国家粮食安全作出重要贡献。2022年，全省夏粮播种面积8525.64万亩，夏粮总产达381.3亿公斤，播种面积和夏粮总产量均居全国第一，而且优质强筋小麦品种周麦36"千亩大田"创下亩产754.6公斤的新纪录，引起全社会广泛关注，再次发挥了"中原粮仓"的"压舱石"和"稳定器"作用。在保持粮食生产持续稳定增长的同时，河南一直高度重视粮食加工业发展，全省粮油加工转化率达80%，主食产业化率达65%，农产品加工业成为全省重要的特色产业，河南生产了全国1/2的火腿肠、1/3的方便面、1/4的馒头、3/5的汤圆和7/10的水饺，培育出双汇、牧原等闻名国内外的农业龙头企业和漯河市这样的全国食品名城。

第二，河南农业科技创新能力一直保持全国第一梯队的水平。多年来，全省小麦、玉米、花生等农作物新品种和牲畜新品种培育一直业绩亮丽、人才辈出，在全国享有盛誉。畜牧专家祁兴磊带领的科研团队先后历时21年，于2007年培育成功我国第一头肉牛新品种——夏南牛，它肉质细嫩，遗传性能稳定，主要肉质指标可与著名的日本和牛媲美，成为市场上影响力快速提升的高档牛肉，而且已经在其发源地泌阳县及周围若干县形成较大规模的养殖与加工能力，成为当地促进乡村产业振兴的重大富民项目。2009年，河南省农科院动物免疫学专家张改平当选中

* 本文发表于《党的生活》2023年第3期（上）第29-31页。

基金项目：本文系"河南省哲学社会科学规划办公室研究阐释党的二十大精神和习近平总书记视察延安、安阳重要讲话精神委托项目"（2022DWT057）阶段性研究成果。

国工程院院士。2015 年，河南省农科院长期从事花生遗传育种研究的张新友当选中国工程院院士。2021 年 9 月，河南省神农种业实验室在河南省农科院揭牌成立，省委书记楼阳生为神农种业实验室揭牌并发表重要讲话，省长王凯为张新友院士颁发神农种业实验室主任聘书。该实验室致力于解决种业重大科学问题，攻克种业关键核心技术，培育突破性农业生物品种，孵化种业龙头企业，努力实现"种业科技自立自强、种源自主可控"的目标，着力打造现代种业强省，努力把种子这个农业"芯片"牢牢握在自己手里。2021 年 11 月，河南省农科院小麦专家许为钢当选中国工程院院士。由于农业科研工作扎实，河南省农科院成为河南省近些年产生院士最多的专业科研机构，以实际行动贯彻落实习近平总书记关于"藏粮于技"的重要指示。

第三，河南粮食市场化交易一直引领全国发展。1990 年，经国务院批准，郑州期货交易所开始试点运行。在现货远期交易成功运行两年以后，于 1993 年 5 月 28 日正式推出期货交易，开了中国期货交易的先河。目前，郑州粮食期货交易市场基本上就是中国粮食交易的晴雨表。在粮食期货市场的带动下，既要让农民种好粮，更要让市场用好粮，稳定种粮预期。全省以"粮头食尾""农头工尾"为抓手，牢固树立粮食产业发展观，通过不断增长的种粮补贴，在支持农民做好粮食生产的基础上，不断延伸粮食产业链、提升价值链、打造供应链，让"小农户"牵手"大市场"，稳步提升种粮者的比较效益，保护农民种粮的积极性。

二、河南农业农村工作的短板弱项

对河南来说，建设农业强省需要补齐哪些短板弱项呢？我们分析认为主要表现在以下五个方面：

第一，农业科技创新能力需要进一步提高。虽然我们与国内各省市区对比，农业科技基础较好，为近些年河南成为全国农业大

省作出了重要贡献；但是，从建设农业强省的高度来看，我们距离科技强省的目标仍然存在非常大的差距，特别是在种业高质量自强自立、智慧农业发展、农机装备现代化、农民科学素质提升等领域存在明显短板弱项，亟待补齐。

第二，在畅通城乡要素流动体制机制改革方面仍需新的探索与突破。由于体制机制等方面的多种原因，城乡要素流动不畅是影响当前农业农村发展、制约乡村振兴的短板之一。特别是在城市土地资源短缺、日益成为制约经济高质量发展重要因素的同时，在广大农村经营性建设用地资源却一直处在无法利用的状态，既直接影响城乡融合区域协调发展，又造成最宝贵的土地资源浪费。

第三，在高标准农田建设上需要深度提升的工作仍较多。河南省是全国高标准农田建设规模最大的省之一，确实为农业"藏粮于地"作出了重要贡献。但是，由于过去对高标准农田建设标准设定得偏低，加上近几年主要精力放在新的高标准农田建设上，使原来已经建设的高标准农田与下一步建设农业强省的目标出现了新的不适应。所以，按照数字农业、智慧农业的新发展要求，全面提升高标准农田建设标准、为农业强省建设提供直接支撑迫在眉睫。

第四，在乡村产业振兴方面整体力量较弱。党的十九大提出实施乡村振兴战略以来，全省各地都积极行动，在探索乡村振兴之路上下了不少功夫，也找到了一部分科学可行的乡村振兴模式，为当地农民较快提升收入水平提供了新动力。但从全省各地比较普遍的情况分析，针对当地自然资源与传统文化底蕴，发展乡村特色产业，促进农业较快增收的路子仍然非常有限，大约 2/3 以上的乡村仍然主要依靠外出打工提高农民收入，致使乡村产业振兴的整体性力量较弱。

第五，在巩固拓展脱贫攻坚成果方面需要持续保持定力。由于历史的原因，河南省是全国脱贫攻坚任务比较繁重的大省之一。虽然在党中央、国务院的全力支持下，经过

全省"三农"战线持续艰苦努力，河南省于2020年如期顺利完成了脱贫攻坚任务；但是，由于新冠肺炎疫情的持续影响，不少地方原来新上的脱贫攻坚项目运行不够稳定，原来依托丘陵山区全域旅游规划开发的农家乐、民宿、儿童乐园、养老基地等项目运行不佳、效益有限，直接影响脱贫攻坚成果的巩固与稳定。因此，持续加大力度巩固拓展脱贫攻坚成果仍然任务繁重。

三、加快建设农业强省的主要抓手

从我们深入基层调研分析的情况，就河南省情而言，建设农业强省的主要抓手是以下六个方面：

第一，持续抓好粮食安全这个头等大事。围绕全方位夯实粮食安全根基，积极对接国家实施新一轮千亿斤粮食产能提升行动，强化"藏粮于地、藏粮于技"的物质基础和体制机制保障，抓住耕地和种子两个要害，牢牢守住耕地保护红线，加快推进高标准农田建设，加强水利工程建设，树立大食物观，充分调动农民种粮积极性，确保2023年粮食产量稳定在650亿公斤以上，在国家粮食总产量再提升5000亿公斤的过程中大胆作为，力争能够再贡献1/10的河南力量。

第二，在农业科技创新上下更多硬功夫。伴随科技创新能力的稳定提升，农业强省建设更多地将依赖创新驱动高质量发展。按照党的二十大的系统部署与河南省对农业科技创新能力提升的全面布局，要一体推进种业基地、神农种业实验室、国家生物育种产业创新中心、省级农高区建设，引导全省种业科研资源向"中原农谷"集聚，持续在小麦、玉米、花生、油菜、牲畜等新品种培育方面提升创新能力与水平，尽快破解我国种业被部分发达国家"卡脖子"的历史性难题。

第三，集中力量抓好乡村特色产业振兴。立足乡村发展实际，集中力量做足做活一二三产业融合发展这篇乡村振兴的大文章，加快发展乡村特优产业，持续推动农产品加工业升级，大力扶持龙头企业发展，着力培育

农村新产业新业态新模式，不断强龙头、补链条、兴业态、树品牌，推动乡村产业全链条升级，增强市场竞争力和可持续发展能力，以乡村产业振兴为农民提升收入水平奠定经济基础。全省各地已经探索并获得较好成效的特色农产品规模化种植加工之路、种养加产业链延伸模式、在具备企业家能力的党支部书记带领下发展农村集体经济的探索、栾川县新县等丘陵山区依托绿色资源与红色资源发展全域旅游的实践、特色产业小镇建设富民方法、农村电商发展造福百姓的新探索等，值得各地学习借鉴。

第四，抓好脱贫攻坚成果巩固拓展。严格落实"四个不摘"，紧盯监测帮扶和重点地区发展，把脱贫人口和脱贫地区的帮扶政策衔接好、措施落到位，抓好农民就业这个增收主渠道，实施高素质农民培育计划，让更多农民逐步拥有一技之长，不断增强脱贫地区和脱贫群众的就业能力与内生发展动力。

第五，抓好宜居宜业和美乡村建设。瞄准农村基本具备现代生活条件的新目标，组织实施好乡村建设行动，持续提高村庄规划布局合理性、基础设施完备性、公共服务便利性、人居环境舒适性，实现乡村由表及里、形神兼备的全面提升，让农村天更蓝、地更绿、环境更美、农民更富、人地关系更和谐。

第六，抓好乡村现代治理水平提升，依法依规搞好乡村治理。坚持以党建引领乡村治理，深化"五星"支部创建，强化县乡村三级治理体系功能，以传统孝文化活动为载体，加强乡村精神文明建设，持续健全"四治融合"基层治理体系，加快实现乡村善治。

四、建设农业强省的保障措施

要想保证以上"抓手"顺利实施、不落空，需要以下四个方面的保障措施：

第一，要加强党的全面领导，为加快建设农业强省提供坚强的政治保证。要扛稳压实政治责任，按照习近平总书记的要求，坚持五级书记抓乡村振兴，各级党委主要负责同志切实担起第一责任人责任，县委书记当

好乡村振兴的"一线总指挥",坚定不移把建设农业强省的目标任务一步步落到实处,把全面推进乡村振兴的战略部署落地落实落细。

第二,进一步完善农业强省建设的投入机制。农业强,国家兴。农业作为国民经济发展的基础产业,是需要持续加大投入力度的。按照党中央、国务院的统一部署,我们在充分用足用好国家农业农村优先发展政策的同时,要调动地方各级投资主体的积极性,想方设法加大对农业强省建设的投资力度,拓宽投入渠道,形成坚持不懈抓落实的强大合力,确保全社会新投入的各类投资中农业强省投资能够较快增长。

第三,积极促进乡村人才振兴。引育用好各类人才,积极培育乡村人才,积极引进人才,优化人才政策,有序引导大学毕业生到乡、能人回乡、农民工返乡、企业家入乡,确保乡村人才振兴。从近几年各地实际探索的经验与成效看,乡村人才振兴中,吸引在城市创业成功人士回乡担任农村党支部书记与村委会主任是成效显著的方法之一。因此,在特别讲究家国情怀的中原大地,营造更加温馨的人文环境,吸引一批企业家回乡带领家乡人民以企业家的思维与方法促进农业强省建设、全面推进乡村振兴时不我待。

第四,锻强能力作风,培育新一代"三农"人。发挥组织优势,以基层组织部门牵头,分级分批分类开展精准化培训,实施好"墩苗育苗"计划,打造一支政治过硬、适应新时代要求、具有领导农业强省建设能力的"三农"干部队伍势在必行。

努力走出人口大省高质量发展的新路子[*]

2023 年 2 月 12 日，河南省级党员领导干部会议在郑州召开，传达学习习近平总书记在新进中央委员会的委员、候补委员和省部级主要领导干部学习贯彻习近平新时代中国特色社会主义思想和党的二十大精神研讨班开班式上的重要讲话精神，研究部署全省的贯彻落实工作。省委书记楼阳生在会议上提出，要立足中国式现代化是人口规模巨大的现代化，努力走出人口大省高质量发展的新路子。为我们结合实际贯彻落实习近平总书记重要讲话精神指明了方向，也为全省高质量发展提出了重点。

一、坚持发展是第一要务，主动服务和融入新发展格局

改革开放 40 多年的实践证明，我们坚持发展是第一要务，对全党全国人民统一思想认识意义重大。正是因为我们一直坚持发展是第一要务，所以我们创造了世界人口大国经济持续高速发展的奇迹。1978 年，我国人均 GDP 约 156 美元，2022 年达到人均 12741 美元，增长了 80.7 倍，使我们一个人口数量巨大的国家在全球的政治经济地位发生了翻天覆地的重大变化。面对推进中国式现代化的新征程，习近平总书记在党的二十大报告中明确指出，中国式现代化是人口规模巨大的现代化。这个重要观点对全球现代化进程具有特别重要的理论创新与实践意义。因为到目前为止，全球已经现代化国家人口总和才 10.4 亿人，相当于中国人口总数的 72.0%，而我们中国式现代化是 14 亿多人口大国共同实现现代化，确实会直接改变全世界现代化

的版图。之所以能够这样，就是我们一个全球人口大国经济稳定崛起了。因此，在全面建设社会主义现代化新征程中，我们河南省必须继续坚定不移坚持发展是第一要务的思想，一心一意集中力量谋发展，以 GDP 年增长率高于全国 0.5 个百分点为底线，促进河南经济持续稳定高质量发展。针对以国内大循环为主体、国内国际双循环相互促进的新发展格局，我们既要积极培育完整的内需体系，激励鼓励引导居民提升消费水平，提高广大居民的幸福感获得感，又要充分发挥我们已有较好基础的内陆开放高地优势，利用全球疫情过后国际市场大范围重组的新机遇，积极引进世界 500 强企业，大胆开拓国际市场，在河南省 2022 年进出口总额首次跃居全国第 9 位的基础上，进一步在国际市场上展示人口大省的人力资源优势，在高质量开放发展上迈出新步伐，主动服务和融入新发展格局。

二、坚定走好创新驱动高质量发展"华山一条路"，加快构建现代化产业体系

按照党的二十大的战略部署和河南省第十一次党代会的明确安排，锚定"两个确保"，全面实施十大战略，特别是要高质量实施创新驱动、科教兴省、人才强省战略。按照已经显示出勃勃生机的由省委、省政府党政一把手担任双组长的河南省科技创新委员会引领的新体制机制，在以大学、专业科研机构与河南省实验室体系为主的基础研究、以产业研究院与企业研发机构为主体的应用研究领域全面布局创新资源，既以更加优惠

* 本文发表于《河南日报》2023 年 3 月 9 日第 8 版。

的政策举措想方设法引进院士、杰青等各类高端人才，又以空前力度集聚和培育本土人才，尤其是着力培育一代青年科教人才，通过批量化人才成长为中原大地孕育越来越多的优秀科技创新成果，扎扎实实打造全国创新高地与重要人才中心，在明知非常艰难却又必须坚定不移走下去的创新驱动高质量发展"华山一条路"上勇毅前行，为经济社会高质量发展提供源源不断的科技创新成果支撑，为国家科技高水平"自强自立"贡献中原力量。在创新驱动力量支撑下，加快构建现代化产业体系。充分发挥河南省制造业大省的既有优势，在盾构机、矿山机械等大型高端装备、新能源汽车、高端服务器、智能手机、医药、高端铝材、信息安全等技术储备比较充足的领域加快新产品研发步伐，稳定提升综合实力与核心竞争力，进一步开拓中高端国际国内市场，全面提升制造业数字化、智能化、绿色化、服务化水平，为现代化产业体系筑牢高端制造业根基。对传统制造业进行全面技术改造，稳定提高全省传统制造业在国内外市场上的地位。对于战略性新兴产业，聚焦新一代信息技术、生物技术、新材料、节能环保等优势主导产业，大力建链延链补链强链，加快引进培育一批头部企业和拥有核心技术的零部件企业，提升产业链水平和自主可控能力，全面增强品牌影响力和市场竞争力，打造一批战略性新兴产业集群。加强关键技术装备的突破应用和数字技术的融合赋能，促进新技术加速向高端装备、新能源、智能网联汽车、航空航天和新兴服务业等领域广泛渗透，培育壮大高成长性产业。超前谋划未来产业发展，谋篇布局量子信息、氢能与储能、类脑智能、未来网络等未来产业，力争在若干前沿领域实现重大突破，为产业高质量发展注入新动能。

三、结合省情，打造高质量发展新优势

作为人口大省、经济大省和地处中原的综合性交通枢纽，在推进中国式现代化过程中，我们要科学规划、统筹协调，积极主动把河南省人口规模优势、经济体量优势、区位交通优势更好地转化为高质量发展新优势。在全国人力资源成本快速上升的新时代背景下，我们要主动利用全国东南沿海地区产业向中西部或东南亚持续转移的机会，通过地方主要领导亲自到东南沿海地区招商引资的方式，像近几年引进智能手机、服装产业等劳动密集型产业一样，较大规模地招引这类产业直接落户县城或有较好同类产业基础的乡镇，既大幅度降低用地用工成本，也为我省在外打工人员回乡就近就业创造条件，以产业振兴加快乡村振兴步伐，通过工业集聚集群快速提升县域经济的综合实力，尽快打造一批县域经济"千亿县"，促进城乡融合区域协调发展。利用河南省经济大省的优势，在建设农业强省、工业强省、服务业强省方面系统开拓市场空间，在促进国内大循环方面展示经济大省的综合性优势，进一步在做大的基础上立足于通过创新赋能做强第一、第二和第三产业，为建设社会主义现代化国家贡献更多河南力量。持续发挥地处中原的区位优势，在已经建成并投入运行的全国重要的高速公路枢纽、全球第一个"米"字形高铁枢纽、2010年以来快速跨入全球货运机场40强的国际航空枢纽的基础上，通过高铁成网、航空客货运与高铁高效对接，建设"高铁货运示范区"，探索智能化多式联运新模式等，进一步提升河南省综合性交通枢纽地位，全面发展枢纽经济，为中国式现代化贡献新一代信息技术支撑的智能化枢纽经济高质量发展的新智慧，在中国式现代化河南实践中创造人类新文明。

顺应全面推进中国式现代化新征程的历史潮流，我们有信心发挥河南人口大省经济社会发展的内在优势，以恒久之力把发展作为第一要务，在探索人口大省高质量发展的新路子上倾力创新，为中国式现代化做出中原大地新的更大的贡献。

河南省高质量实施科教兴省战略的新布局与新举措[*]

摘 要　自 2021 年下半年以来，河南省关于实施科教兴省战略推出了一系列新的重大举措，建立了主要领导抓创新的工作机制，在"双一流"大学建设上实现新跨越，实施科教兴省战略成效明显。但是，河南省实施科教兴省战略仍存在短板弱项，特别是科教人才资源不足、研发投入强度不够、经济社会发展活力欠佳，直接影响全省的高质量发展。高质量实施科教兴省战略，要完善科技创新体系，办好人民满意的教育，高质量实施创新驱动发展战略，打赢关键核心技术攻坚战，深入实施人才强省战略。研究结论认为，河南省正处在高质量实施科教兴省战略的黄金期，建立健全科技创新体系成效显著，但在实施科教兴省战略中人才资源不足是最突出的短板，河南省高质量实施科教兴省战略大有可为。

关键词　科教兴省；创新驱动；人才强省；高质量发展；河南省

党的二十大报告提出实施科教兴国战略，强化现代化建设人才支撑[1]，对全面建设社会主义现代化国家首要任务——高质量发展将产生深远影响。2021 年 10 月，河南省第十一次党代会提出锚定"两个确保"，全面实施"十大战略"。其中，第一项就是实施创新驱动、科教兴省、人才强省战略[2]。党的二十大报告专门以第五部分系统部署科教兴国战略，提出了更加全面、更具时代高度、更有国际视野的新要求[3]。我们需要按照党的二十大的新部署，高质量实施科教兴省战略，为现代化河南建设提供充足的科教资源支持。

一、河南省高质量实施科教兴省战略的新布局

自 2021 年下半年以来，中共河南省委、省政府更加重视创新发展，大幅度增加对科技创新的人力、物力和财力投入，持续不断为打造国家创新高地和重要人才中心而积极努力。河南省政府 2022 年和 2023 年工作报告均把研发投入强度列入年度责任目标，全省上下协同奏响了实施科教兴省战略的时代乐章[4]。

1. 建立省级主要领导协同合力共抓创新的工作机制

按照党中央、国务院实施科教兴国战略的系统部署，河南省委书记楼阳生明确提出并多次强调，坚定把创新摆在经济社会发展的逻辑起点、现代化河南建设的核心位置，通过提升科技创新能力为全省高质量发展赋能助力。2021 年 7 月，河南省成立科技创新委员会，省委书记楼阳生、省长王凯^①担任双主任，省委、省政府有关领导担任副主任和委员，自此河南省首次建立了省级主要领导协同合力共抓创新的工作机制，充分表明省委、省政府对构建一流创新生态、建设国家创新高地和重要人才中心的高度重视。2021

＊　本文发表于《创新科技》2023 年 4 月第 23 卷第 4 期第 44—50 页。
　　基金项目：河南省社会科学院 2022 年创新工程重大项目"全面实施创新驱动、科教兴省、人才强省战略"（22A04）。
　①　本文中的相关人员职务为时任，余同。

年9月22日，河南省科技创新委员会召开第一次会议，深入贯彻习近平总书记关于科技创新的重要论述，研究构建一流创新生态、建设省实验室体系、建设"双一流"大学等工作。2021年10月，河南省第十一次党代会明确提出，锚定"两个确保"，全面实施"十大战略"。其中，实施创新驱动、科教兴省、人才强省战略被放在第一位，进一步强化了对创新发展的系统性推进举措。2021年11月23日，河南省委书记楼阳生、省长王凯先后与科技部主要领导、教育部主要领导、中国工程院主要领导进行工作会谈，讨论深化合作事宜。2021年11月29日、12月28日，河南省科技创新委员会召开第二次、第三次工作会议，研究大科学装置建设、高校布局优化调整、高层次人才引进等工作。2022年2月25日、5月12日、7月21日、9月1日、9月27日，河南省科技创新委员会分别召开第四、第五、第六、第七、第八次工作会议，研究加快推进省科学院重建重振、郑洛新自创区发展、神农种业学院建设和河南农业大学"双一流"创建、义务教育优质均衡发展等工作。2022年6月，河南省政府与中国科协签署战略合作协议。2022年7月、8月河南省委书记楼阳生在郑州分别与科技部部长王志刚、中国工程院院长李晓红等进行工作会谈，见证河南省政府与中国工程院签署战略合作框架协议。从这些科教领域重大活动的情况来看，河南省委省政府推进创新工作的节奏快，连续部署一系列工作的力度大，展现了高度重视创新驱动高质量发展的新作为。

2. 在"双一流"大学建设上实现新跨越

针对河南省高等教育存在的短板弱项，河南省委省政府以前瞻30年的战略眼光、战略思维、战略举措，谋划推动郑州大学、河南大学"双一流"大学建设，以充足的人力、物力、财力投入，着力打造郑州大学、河南大学"双航母"，积极推动两校在国家"双一流"建设中实现晋位升级。同时，加大对全省高等学校"双一流"建设的支持力度，根据不同学校的实际需要，系统推进高校布局，优化调整学科学院和专业设置，遴选河南理工大学等7所高校的11个学科作为"双一流"创建学科，加大力度支持其高质量发展，期望在国家下一轮"双一流"建设布局中率先实现新突破，力争新增1~2所高校进入国家"双一流"建设行列。在人才制度改革创新方面，将郑州大学、河南大学和"双一流"创建高校作为改革特区，制订专项方案，充分放权赋能，激发人才创新活力，促进高校高质量发展。借鉴外地经验，河南省委省政府制定出台新政策，着力构建一流人才政策体系，在国内外引聚各类优秀人才。2022年初，河南大学注册地变更为郑州市，为省会郑州提升"双一流"大学建设水平注入新动能。2022年5月12日，在河南省科技创新委员会第五次工作会议上，省委书记楼阳生指出，河南农业大学创建"双一流"大学是保障国家粮食安全、推进全省"双一流"大学第二梯队建设的重要举措，标志着"双一流"大学第二梯队建设获得新进展。2022年6月5日，中国科学院院士李蓬受聘担任郑州大学校长，中国科学院院士张锁江受聘担任河南大学校长。这既是落实河南省与清华大学、中国科学院战略合作协议的具体成果，也是河南省引进顶尖人才推动河南"双一流"大学建设和打造国家创新高地的重大举措[5]，将为河南省高等教育高质量发展注入强大的动力与活力[6]。郑州市目前已经成为全国在校大学生超过100万人的6座城市之一，而且数量居全国第2位（见表1），这为河南省高层次人才培养创造了空前的优越条件。

表1　2021年中国在校大学生超过100万人的城市　　　　　　　　单位：万人

排序	城市	在校本专科生	在校研究生	合计
1	广州	141.26	13.57	155.83
2	郑州	127.40	5.76	133.16
3	武汉	110.56	18.27	128.83

排序	城市	在校本专科生	在校研究生	合计
4	成都	98.10	12.10	110.20
5	重庆	100.27	9.74	110.01
6	北京	59.60	41.30	100.90

资料来源：中国各省市 2021 年统计公报。

二、实施科教兴省战略成效

1. 重建重振河南省科学院取得重要进展

按照国内外专业研发机构的新发展趋势，聚焦新型研发机构的战略定位，对河南省科学院实施新的办院模式，对首席科学家赋予充分的项目与资金决定权，鼓励以首席科学家为引领的专业团队倾力创新。2021 年 12 月 28 日，重建重振河南省科学院揭牌仪式举行，河南省委书记楼阳生在会议上向全世界科学家和优秀人才发出诚挚邀请。2022 年 6 月 1 日，河南省委书记楼阳生在河南省科学院调研时强调，重建重振河南省科学院是河南省建设国家创新高地和重要人才中心的一号工程。2022 年 7 月 30 日，河南省人大常委会第 34 次会议审议通过《河南省科学院发展促进条例》，为河南省科学院依法可持续发展提供法律保障。为省级科学院单独立法，在全国尚属首例。2022 年 12 月 28 日，河南省科学院院长聘任仪式在郑州举行，中国科学院院士徐红星担任河南省科学院院长，为河南省科学院在创新发展方面大展手脚提供了空前的高端人才支持。

2. 创新发展综合配套改革进展顺利

河南省出台了 10 个方面的配套政策，全方位支持创新发展；加快规上工业企业研发活动全覆盖，且已经取得了一批重大科技成果。河南全省技术合同成交额首次突破千亿元大关，达到 1025 亿元，同比增长 68%，技术创新为全社会提供的新动力快速增强。首颗豫字牌卫星"河南一号"于 2022 年 7 月顺利升空，河南省开始探索卫星遥感应用及产业化发展新领域。经过河南省委书记楼阳生多次调研、筹划与指导，在郑州市中原科技城 260 平方千米内，集中全省专业团队的创新资源，推进创新链系统性布局，新组建 6 家研究所。2022 年底之前，已经先后组建嵩山实验室等 8 家均由同专业著名院士担任主任的河南省实验室（见表 2），新建 25 家省产业研究院、21 家省中试基地、12 家省创新联合体，促进河南省创新体系逐步完善，为经济社会高质量发展直接赋能。

表 2　新组建的河南省实验室基本情况

序号	实验室名称	所在城市	牵头组建单位	实验室主任	研究主攻方向
1	嵩山实验室	郑州	信息工程大学、郑州大学	邬江兴院士	新一代信息技术
2	神农种业实验室	郑州	河南省农业科学院、河南农业大学	张新友院士	农业生物品种
3	黄河实验室	郑州	黄河水利科学研究院、郑州大学	王复明院士	黄河流域生态保护与高质量发展
4	龙门实验室	洛阳	河南科技大学、郑州大学	樊会涛院士	新材料与智能设备
5	中原关键金属实验室	郑州	郑州大学、三门峡市人民政府等	何季麟院士	关键金属材料
6	龙湖现代免疫实验室	郑州	河南农业大学、郑州大学	张改平院士	公共卫生安全和生物安全
7	龙子湖能源实验室	郑州	河南大学、郑州中科新兴产业技术研究院	张锁江院士	新能源及其智能化
8	中原食品实验室	漯河	河南工业大学、郑州轻工业大学、中国农业大学	任发政院士	食品新资源挖掘与转化

资料来源：实验室揭牌仪式的相关报道。

3. 引育并举加快汇聚一流创新人才

河南省委省政府制定实施了一系列新的人才政策[7]，加大力度为各类人才尤其是青年人才营造最优发展环境。2021年，引进海内外高层次人才2950人；2022年前9个月，已引进高层次人才3055人，其中包括全职引进3名院士[8]。

4. 《河南省创新驱动高质量发展条例》顺利通过立法并付诸实施

2022年11月26日，河南省十三届人大常委会第36次会议顺利表决通过《河南省创新驱动高质量发展条例》（以下简称"条例"），并于2023年1月1日起施行[9-10]。作为地方的重要立法，该条例内容涵盖科技创新平台、创新主体、创新人才、成果转化等创新体系的各个方面，其施行为全省创新驱动高质量发展赋能加力[11]。

河南省实施科教兴省战略力度大[12]，尤其是河南省委书记楼阳生、省长王凯亲自筹划并频繁参加科教领域重要活动次数多、程度深、效果好。正是因为河南省委省政府的高度重视，科教兴省战略实施进展才能如此迅速[13]，高质量发展成效已经初步显现[14]，为河南省高质量发展注入了强大的新动能[15]。

三、实施科教兴省战略存在的短板弱项

新中国成立以来河南省科教资源积淀有限，实施科教兴省战略的人才、技术、装备等基础比较薄弱，目前仍然存在以下短板：

1. 科教人才资源不足

一是河南省高学历R&D人员占比偏低，高层次优秀青年人才队伍明显不足[16]。2020年，河南省拥有本科以上学历的R&D人员占比不足60%，在中部六省中排名第5位。其中，拥有博士学位的R&D人员数量在中部六省中仅高于山西省和江西省；拥有硕士学位的R&D人员占比不足13%，在中部六省中排名第5位，略高于山西省。在高层次人才队伍方面，湖北省两院院士有81人、湖南省有44人、安徽省有35人，而河南省两院院士只有25人，数量仅占全国的1.0%。在青年人才队伍建设方面，数量显著不足。以获得国家杰出青年科学基金项目资助的人员数量为例，湖北省有225人，安徽省有129人，河南省仅有20人，数量仅占全国的0.3%。二是河南省本地培养的硕博生数量严重不足。2020年，河南省高等院校毕业硕士、博士研究生共有16122人，占全国的2.2%，位列全国第17位。其中，博士研究生共有494人，占全国的0.8%，在中部六省中仅高于江西省；硕士研究生共有15628人，占全国的2.4%，在中部六省中排名第4位。硕士和博士研究生的培养能力低，对整个人才队伍建设尤其是高学历青年人才的补充影响非常大。另外，2020年，河南省科学研究与技术服务业非私营单位和私营单位的年平均工资分别为86681元和52670元，仅相当于全国平均水平的62.0%和72.9%，直接影响了对外地高学历人才的引进。由此可见，提高研发人员的工资待遇以吸引各类人才，成为现实工作中一个非常紧迫的重要任务。

2. 研发投入强度不够

目前，河南省研发投入强度在全国处在中等水平。2021年，全国R&D经费与GDP之比为2.44%，其中，北京市、上海市、天津市、广东省、江苏省、浙江省、山东省研发经费投入强度分别达到6.53%、4.21%、3.66%、3.22%、2.95%、2.94%和2.34%，而河南省仅为1.73%，居全国第16位，与其生产总值居全国第5位的情况不相匹配。中央在推动中部地区高质量发展的意见中明确要求，"十四五"末中部地区研发投入强度要达到全国平均水平。国家统计局2023年1月20日公布的数据显示，2022年全国研发投入强度为2.55%。河南省要想在"十四五"末达到全国平均水平，就需要采取力度更大的举措。《中国区域创新能力评价报告2022》显示，河南省创新能力排名全国第13位，比2021年上升1位，比2012年的第22位上升9位[17]。由于高层次科教创新平台不足，河南省对特殊专业人才或特色专业人才吸引力不

强，地方特色关键核心技术攻关能力弱化，依靠长期积累而形成的原始性创新能力薄弱，缺乏在国内外有重大影响的原始性创新项目或重大成果。从1995年国家实施科教兴国战略以来，在国家实验室、大科学装置等科技创新的高端领域，河南省与中部的湖北省、安徽省，或是西部的四川省、陕西省等相比都有差距，起步比较迟缓。因为没有足够的科技研发投入，缺乏高端人才支撑，没有较好的科技产出，也就无法有效支撑经济社会持续高质量发展。在中国式现代化成为全社会发展主流思想的新形势下[18]，如何通过高质量实施科教兴省战略，提升创新驱动高质量发展能力，成为影响河南省发展大局的头等大事。

3. 经济社会发展活力欠佳

由于科技人才不足、研发投入强度不够，河南省科技创新能力偏弱，全省经济社会高质量发展很难与时代同步。正是由于创新支撑能力不强，近年来河南省出现经济发展活力明显不足的情况。2020年，作为全国经济大省之一，河南省生产总值增速仅为1.3%，明显低于全国平均2.3%的水平，增速排全国倒数第6位。这与河南省在特殊情况下缺乏高端重大项目与重要产业集群支撑以及经济发展的韧性不足有关，导致经济发展局面比较被动。2021年，在全国经济恢复发展比较好

的情况下，河南省生产总值增速为6.3%，仍然低于全国平均8.1%的水平，增速排全国倒数第4位。与此同时，近几年生产总值增长比较活跃的四川省已跃居全国第6位。2016~2022年，四川省生产总值占河南省的比例增加了11.1%（见表3），有与河南省一争高低的发展态势，迫使河南省要奋力通过创新驱动加快经济发展步伐。从2021年下半年开始，河南省全面发力推动创新驱动高质量发展，到2022年上半年，河南省生产总值同比增长3.1%，高于全国同期0.6个百分点，扭转了自2020年第三季度以来连续7个季度累计增速低于全国的被动局面。2022年第三季度，河南省生产总值同比增长3.7%，增速高于全国平均水平0.7个百分点，经济发展速度连续两个季度高于全国平均水平，也高于四川省2022年前三季度生产总值同比增长1.5%的水平。据国家统计局数据统计，2022年河南省生产总值为61345.05亿元，同比增长3.1%，高于全国平均增速0.1个百分点。四川省生产总值为56749.8亿元，同比增长2.9%，低于全国平均增速0.1个百分点。但是，2022年四川省生产总值已经占到河南省的92.5%，与河南省的差距在继续缩小，河南省保住全国第五经济大省地位的压力越来越大。

表3　2016~2022年河南省与四川省生产总值比较

年份	河南省生产总值（亿元）	四川省生产总值（亿元）	四川省生产总值占河南省生产总值的比例（%）
2016	40160.032	680.5	81.4
2017	44988.2	36980.2	82.2
2018	48055.9	40678.1	84.6.
2019	54259.2	46615.8	85.9
2020	54997.1	48598.8	88.4
2021	58887.4	53850.8	91.4
2022	61345.1	56749.8	92.5

资料来源：2016~2022年河南省与四川省统计公报。

四、高质量实施科教兴省战略的新举措

按照党的二十大的新部署，坚持科技是第一生产力、人才是第一资源、创新是第一动力，深入实施科教兴省、人才强省、创新驱动战略，开辟经济社会发展新领域新赛道，培育河南省经济发展的新优势和新动力，提

高全省经济社会发展活力，主要采取如下5项新举措：

1. 完善科技创新体系

按照党的二十大精神和河南省委十一届四次全会的新部署，继续坚持把创新摆在发展的逻辑起点、现代化建设的核心位置，进一步完善省、市、县三级"党政一把手抓创新"的工作机制，建立健全实施科教兴省战略的领导体系。以郑州大学和河南大学"双一流""双航母"建设、新遴选的11个学科"双一流"学科建设、河南省实验室建设、河南省重点实验室建设、重建重振河南省科学院、做大做强河南省农业科学院、促进河南省社会科学院建设高端智库等为重点，全面加强全省基础研究，完成一批"从0到1"的创新突破，夯实创新源头的基础。以面向经济建设主战场为基准方向，以全省重大科技攻关项目为支撑，以专业科研机构与大中型企业研发机构深度合作、协同创新为主要组织方式，依托国家与河南省企业技术创新中心，组织实施一批农业强省建设、工业强省建设、网络强省建设创新项目，坚决打赢关键核心技术攻坚战，全面提升河南省创新体系整体效能，培育形成一批高新技术产业发展需要的新技术、新专利、新增长点，巩固提升全省经济社会发展的硬核实力。在新材料、信息安全、大型装备制造、智能机器人制造、新能源汽车、节能减排、绿色低碳等专业领域继续提高创新水平，为高质量创新发展注入新的动能。充分利用河南省中国科学院科技成果转移转化中心和河南省新组建中试基地、产业研究院、民营科研单位等新型研发机构，加快高新技术成果转移转化，完成更多"从1到10"的跨越。

2. 办好人民满意的教育

按照党的二十大战略部署，全面贯彻党的教育方针，落实立德树人根本任务，坚持以人民为中心发展教育，促进教育公平，加快建设符合河南省发展实际需要的高质量教育体系。加快义务教育优质均衡发展和城乡一体化，优化全省教育资源配置，统筹高等教育、职业教育、高中初中小学教育、学前教育等协同创新，为现代化河南建设培育德智体美劳全面发展的建设者和接班人。针对全省高等教育总规模较大、高学历层次教育资源明显不足、工科力量偏弱的现实问题，亟须调整优化高等教育思路，大幅度提升硕博士招生与培养规模，让更多河南学子在本地享受优质教育资源，为现代化河南建设储备高素质人才。由于本地培养的高学历人员在专业上与当地的经济社会发展结合得更加紧密，其工作以后对本地未来经济社会高质量发展的助推作用更强。在专业设置调整方面，依托现有学科基础与国家高质量发展的新需求，加快建设一批新工科专业基地，加速完善全省高等教育结构，为河南省由制造业大省迈向制造业强省提供人才资源支持。结合"技能河南"建设，进一步加强职业技能教育，让越来越多的青年人走出校门时能够身怀一技之长，顺利实现稳定就业。

3. 高质量实施创新驱动发展战略

以较快提高河南省研发投入强度为切入点，高质量实施创新驱动发展战略。2023年，全省研发投入强度目标为2.0%以上，对此河南省需要进一步加力，为2025年赶上或超过全国研发投入强度奠定基础。在推进规上工业企业研发活动全覆盖方面进一步加力，引导、组织、动员更多工业企业设立研发机构，增加研发投入，促使其承担技术创新主体的责任，不断提升自身的核心竞争力。在农业科技领域，依托河南省神农种业实验室、河南省农科院、河南农业大学等，着力培育更多全省农业发展需要的小麦、玉米、花生、油菜、蔬菜等新品种，稳步推进种业实现自强自立，为农业强省建设提供技术支持。对于小微企业，尤其是由青年人才发起、处在创业初期阶段的企业，要针对性地通过宽松的政策环境进行引导与组织协调，支持更多新企业、新理念、新业态、新模式创新发展，培育新的经济增长点，发现新的人才，开辟新的产业领域，创造新的时代亮点。

4. 打赢关键核心技术攻坚战

按照党的二十大战略部署，坚持创新在

我国现代化建设全局中的核心地位，健全新型举国体制，集中更加充沛的时代力量，加快提高研发投入强度。以更加充足的人力、物力、财力投入，在高端芯片、服务器、信息安全、传感器、超硬材料、航天、大型工业智能装备、专用机器人、新能源汽车、新药、绿色节能等重要领域，系统筹划一批涉及未来全省核心竞争力的重大科技创新项目，组织老中青结合、以青年人才为主力的专业科研团队，协同作战、联合攻关，打赢关键核心技术攻坚战，破解高科技领域"卡脖子"难题，提升全省科技自主创新水平，为加快实现高水平科技自立自强、世界科技强国建设贡献中原智慧。在涉及全省国民经济发展与安全的重要领域，建立健全自主可控的高端技术体系、标准体系与话语体系，筑牢经济社会发展强盛之基，保障发展安全。

5. 深入实施人才强省战略

继续大力引进院士、著名专家、杰出青年等高端人才，弥补全省高端人才资源严重不足的短板。继续沿用为郑州大学、河南大学引进院士担任校长的做法，力争为全省科教实力较强且已经列入"双一流"学科创建名单的7所大学引进一批院士担任校长，切实为全省高等教育高质量发展补充顶端人才支撑。借助《河南省科学院发展促进条例》《河南省创新驱动高质量发展条例》《河南省中原科技城总体规划管理条例》立法通过并组织实施的机遇，在重建重振河南省科学院、做优做强河南省农业科学院、促进河南省社会科学院建设高端智库等方面形成稳定支持其加快发展的新局面，促进全省专业科研机构与各种新型研发机构高质量发展。针对全省一线科技人员薪酬待遇偏低的实际情况，以较大幅度提高薪酬待遇为突破口，以鼓励青年人敢闯、敢试、敢干、敢为为价值导向，优化全省科技人才发展环境，吸引、集聚、培育新一代年轻优秀的创新人才，壮大科教人才队伍整体规模，为实施人才强省战略提供源源不断的青年人才资源支持，为建设国家创新高地与重要人才中心打好科教人才资源基础。

五、结论

1. 河南省正处在高质量实施科教兴省战略的黄金期

按照习近平总书记对创新驱动高质量发展的要求，无论是省委书记和省长直接筹划、直接督促的科教领域大型活动次数或事项，还是自河南省科技创新委员会成立以来，在"党政一把手抓创新"工作机制的驱动下，河南省科技创新委员会召开会议的次数和研究通过的实施创新驱动、科教兴省、人才强省战略重要议题的数量，都创造了河南省的历史之最。同时，河南省人大常委会已经顺利通过《河南省科学院发展促进条例》《河南省创新驱动高质量发展条例》《河南省中原科技城总体规划管理条例》等地方立法并先后付诸实施，为高质量实施科教兴省战略提供了法律保障。河南省科学院、河南省农业科学院、河南省社会科学院三大专业科研机构在新一轮机构改革中，所拥有的省编委核定的事业编制数量截至目前在全国31个省（区、市）中均居第一位。在支持郑州大学、河南大学"双一流""双航母"建设中，省委省政府给予的财政支持力度空前，为全省高等教育高质量发展赋予强劲动力。在河南省委、省政府的高度重视下，全省同频共振，协同奏响了科教兴省的时代最强音。

2. 河南省建立健全科技创新体系成效显著

按照科技创新发展规律，全省以研究型大学、专业科研机构、河南省实验室等为主，加强基础研究与前沿研究，部署足够的力量力争实现一批"从0到1"的原始性创新与突破，为建设国家创新高地与重要人才中心提供支撑，也为更多贴合全省经济社会发展实际需要的重要领域、重点产业、重大项目提供科学原理层面的基础研究支持。以企业研发机构、中试基地、产业研究院、技术推广站、民营研发机构等为主，进一步扩充应用研究机构数量，实现更多应用研究"从1到10"的跨越，推广应用更多新成果、新技术、新专利，为经济社会高质量发展注入创新动能。推进规上工业企业研发活动全覆盖，促进全省高新技术产业加快发展，推动传统产业转型升级，扩增高科技市场主体数量，为高质量发展直接赋能。从全省科教兴省战略实施的成效看，与高质量发展匹配的科技创新体系正在快速完善，科技创新的活力日益提升，科技进步对经济社会高质量发展的支撑作用显著增强。从2022年第二季度开始，全省生产总值增速恢复到高于全国平均水平的状态，而且居全国6个经济大省的第2位。在第四季度全省遭遇新冠肺炎疫情严重冲击的情况下，河南省生产总值增速也高于全国平均水平，创新驱动高质量发展的总体势能日益强盛。

3. 河南省实施科教兴省战略中人才资源不足是最突出的短板

从全省科教人才供给与需求两方面的分析都已经证明，无论是高等学校招录与培养的研究生数量，还是在高校、专业科研机构、河南省实验室等从事研发活动的科教人员数量，特别是以院士、杰出青年等为代表的高端人才数量整体性不足，已成为实施科教兴省战略中最为突出的短板。借鉴深圳、杭州、武汉的做法，在构建全国一流人才环境方面重点发力，尽快出台新的政策，掀起引聚一流人才的新一轮热潮，全面落实党的二十大提出的聚天下英才而用之的明确要求，营造重视人才、尊重人才、激发人才创新活力的人才发展环境。

4. 河南省高质量实施科教兴省战略大有可为

从党的十九大提出经济高质量发展，到党的二十大进一步拓展到科技、经济、社会等全面高质量发展，时代已经进步到全面建设社会主义现代化国家的新阶段。在这一背景下，河南省高度重视实施科教兴省战略，在建设国家创新高地与重要人才中心方面已经迈开大步伐，创新驱动为经济社会高质量发展注入的新动能已经初步显现出来，全社会重视创新驱动高质量发展的氛围日益浓厚。按照河南省委省政府持续不断推出的新举措，进一步高质量实施科教兴省战略、全面促进现代化河南建设前景可期、大有作为。

参考文献

［1］习近平. 高举中国特色社会主义伟大旗帜为全面建设社会主义现代化国家而团结奋斗：在中国共产党第二十次全国代表大会上的报告［N］. 人民日报，2022-10-26（1）.

［2］董亮，杜小伟. 省委十一届四次全会召开［N］. 河南日报，2022-11-30（1）.

［3］张占仓. 高质量实施科教兴国战略［N］. 光明日报，2022-11-22（2）.

［4］张占仓. 河南经济创新驱动高质量发展的战略走势与推进举措［J］. 区域经济评论，2022（4）：70-78.

［5］李蓬. 扎实推进一流大学建设［N］. 河南日报，2022-11-16（6）.

［6］尹洪斌. 加快建设高质量教育体系［N］. 河南日报，2022-11-17（5）.

［7］李红见. 加快建设现代化产业体系［N］. 河南日报，2022-11-23（7）.

［8］王胜昔，崔志坚，丁艳. 河南：擦亮创新发展新名片［N］. 光明日报，2022-09-26（1）.

［9］楼阳生. 奋力建设国家创新高地和重要人才中心［J］. 人民周刊，2022（6）：33.

［10］师喆. 河南奏响创新最强音［N］. 河南日报，2022-10-24（6）.

［11］冯华，金正波，常钦，等. 加快实施创新驱动发展战略［N］. 人民日报，2022-10-22（1）.

［12］马健. 高质量推进现代化河南建设［N］. 河南日报，2022-11-16（6）.

［13］冯华，金正波，常钦，等. 加快实施创新驱动发展战略［N］. 人民日报，2022-10-22（1）.

［14］陈耀. 高质量发展是首要任务［N］. 河南日报，2022-10-27（13）.

［15］赵永新. 我国区域科技创新发展成效显著［N］. 人民日报，2022-12-13（15）.

［16］张占仓. 实施科教兴国战略强化现代化建设人才支撑［J］. 党的生活，2022（12）：20-21.

［17］祝侣，武雨婷. 需求侧创新政策国外实践及对我国的启示［J］. 创新科技，2022，22（10）：85-92.

［18］张占仓. 中国式现代化的科学内涵与推进途径［J］. 改革与战略，2023（1）：1-11.

努力走出生态大省绿色发展的新路子[*]

河南省委书记楼阳生在省级党员领导干部会议上提出，要立足中国式现代化是人与自然和谐共生的现代化，努力走出生态大省绿色发展的新路子。这为我们结合河南实际贯彻落实习近平新时代中国特色社会主义思想和党的二十大精神指明了方向，也对推动全省经济社会高质量发展提出了工作重点。

一、以绿色发展理念引领高质量发展的必要性

在高质量发展成为全面建设社会主义现代化国家首要任务的新形势下，为什么我们要走生态大省绿色发展的新路子呢？

第一，绿色发展是贯彻落实党的二十大精神的必然要求。党的二十大报告强调，"推动绿色发展，促进人与自然和谐共生"。这既是中国式现代化的科学内涵和本质特征之一，也是我们全面贯彻落实党的二十大精神、推进中国式现代化河南实践的必然要求。因为大自然是人类赖以生存发展的基本条件，尊重自然、顺应自然、保护自然，是全面建设社会主义现代化国家的内在要求。所以，必须牢固树立和积极践行"绿水青山就是金山银山"的理念，站在人与自然和谐共生的高度谋划发展、推动发展，不断创造人类文明新形态。我们要按照党的二十大的战略部署，加快发展方式绿色转型。推动经济社会发展绿色化、低碳化，加快推动产业结构、能源结构、交通运输结构等调整优化，如期完成碳达峰碳中和任务。从我做起，从现在做起，全面倡导绿色消费，推动形成绿色低碳的生产方式和生活方式。

第二，绿色发展是全面推进生态文明建设的必然选择。2005年8月15日，时任浙江省委书记习近平到浙江余村进行调研，当听到村里下决心关掉了石矿，停掉了水泥厂，便给予了高度肯定，称这是高明之举，并首次提出了"绿水青山就是金山银山"的理论。这样一种既来自一线群众实践，又具有高瞻远瞩理论价值的重要观点，改变了我们过去很多年来在经济社会发展特别是工业化过程中形成的普遍性认识，第一次把中国传统文化中追求人与自然和谐共生的思想运用到现代经济社会发展的实践之中，破解了人类活动对大自然生态环境不断造成各种各样破坏的难题，为现代生态文明建设找到了新路径。2012年11月，在党的十八大报告中，习近平总书记首次把"美丽中国"作为生态文明建设的宏伟目标，把生态文明建设摆上了中国特色社会主义"五位一体"总体布局的战略位置。此后，习近平总书记无论是在国内主持重要会议、考察调研，还是在国外访问、出席国际会议发表重要讲话，都始终如一地强调建设生态文明、维护生态安全。我们要按照习近平生态文明思想的要求，探索走出生态大省绿色发展的新路子，让河南这一生态大省的生态环境进一步优化，绿色发展更有成效。

第三，绿色发展是促进生产生活方式绿色转型的必由之路。整体谋划国土空间开发保护格局，是推进生态文明建设的重要举措。2023年初，在前期反复调研论证的基础上，我省编制完成《河南省国土空间规划（2021—2035）》，根据农业空间、生态空间、

＊ 本文发表于《河南日报》2023年6月25日第9版。

城镇空间三个区域，分别对应划定耕地和永久基本农田保护红线、城镇开发边界、生态保护红线三条控制线，就是大家现在非常重视的"三区三线"。其中，全省划定生态保护红线面积约 14030 平方公里，占国土面积的 8.47%，构建了北部太行山生态屏障、西部秦岭生态屏障、南部桐柏山—大别山生态屏障和黄河干流沿线湿地"三屏一带"生态保护空间格局。我们要严守该规划划定的生态保护红线，保护我们的生态环境，优化农业、生态、城镇等功能空间，以资源集约高效利用促进生产生活方式绿色转型。

二、河南推进绿色发展遇到的主要问题

河南地处中原，自然环境独特，作为黄河中下游连接的关键河段、淮河发源地与主要河流流经地段、长江流域的重要支流与南水北调中线工程核心水源地和流经距离最长的省份、海河重要河段等，在全国生态格局中拥有生态大省的特殊地位。然而，由于自然资源禀赋特征，以及过去对绿色发展认识不足，导致全省绿色发展遇到的问题比较突出。

第一，能源资源禀赋结构单一。全省煤炭资源在资源结构和能源消费结构中长期占据主导地位。煤炭资源是河南省的主要矿产资源，原煤占全省能源生产总量的比重一直比较高。2022 年，全省发电装机容量 11946.66 万千瓦，比上年末增长 7.5%。其中，火电装机容量 7272.23 万千瓦，下降 0.4%；水电装机容量 438.65 万千瓦，增长 7.7%；风电装机容量 1902.75 万千瓦，增长 2.8%；太阳能发电装机容量 2333.04 万千瓦，增长 50.0%。全年规模以上工业发电量 3190.36 亿千瓦时，比上年增长 8.8%。其中，清洁可再生电力（水电、风电、光电）发电量 482.71 亿千瓦时，增长 3.0%，占规模以上工业发电量的比重为 15.1%，比全国占比 33.5% 低 18.4 个百分点，差距非常大。由此看来，河南能源绿色化转型任务艰巨。因为

火力发电是二氧化碳排放最为集中的行业，这种能源结构给全省绿色发展带来的压力特别大。

第二，重工业导致的环境污染仍然比较严重。全省传统工业企业中，重工业一直占比较高，像洛阳、三门峡、平顶山、安阳、鹤壁、新乡、焦作、郑州等，都是重工业占比较高的城市，特别是洛阳重工业占比长期高达 80% 左右。虽然这种工业结构对国家大国重器研发与生产、大型工业装备供给等贡献非常大，但是重工业大多是高耗能、高污染、高排放行业，在绿色发展上升到非常重要位置的今天，这类企业环境污染治理任务就显得非常繁重。正是因为全省重工业占比较高，空气污染现象比较突出，2022 年全国空气污染最严重的 10 个城市，河南有鹤壁、安阳、驻马店、新乡四个城市上榜，影响比较大。2022 年，全省地级及以上城市空气质量优良天数比例 66.4%，比全国占比 86.5% 低 20.1 个百分点。全省可吸入颗粒物（PM10）平均浓度为 79.0 微克/立方米，细颗粒物（PM2.5）平均浓度为 47.7 微克/立方米，而北京市分别为 54 微克/立方米、30 微克/立方米，河南省推进空气质量持续改善的任务仍然繁重。

第三，绿色科技创新能力不足。因为历史的原因，河南著名科研机构与名牌大学相对比较少，高端人才一直不足。近几年，虽然全省在创新驱动发展方面持续发力，投入增加速度非常快，取得了比较好的成效，创新驱动成为推动河南经济社会高质量发展的主旋律。但是，毕竟高端人才与研发团队总量有限，积累的绿色科技成果有限，对于难度大、需求多、时间又非常迫切的绿色发展关键核心技术的创新还远远没有跟上。不少企业从国内外引进了一部分新的绿色技术，并进行了比较好的运用，取得了明显成效，但全省大量需要进行技术改造升级的工业企业仍然面临绿色技术创新不足的问题，因为缺乏足够的创新技术支撑，绿色发展整体推进的速度不够理想。

第四，黄河流域生态保护与洪水防控任务艰巨。2019年9月，习近平总书记在黄河流域生态保护和高质量发展座谈会上的讲话中指出，当前黄河流域仍存在一些突出困难和问题。根据目前的情况来看，洪水风险依然是流域的最大威胁，小浪底水库调水调沙后续动力不足，水沙调控体系的整体合力无法充分发挥。下游防洪短板突出，洪水预见期短、威胁大，"地上悬河"形势严峻。黄河流域生态环境脆弱，水资源保障形势严峻，发展质量有待提高。解决这些问题，需要贯彻落实习近平总书记重要讲话精神，加快黄河流域生态环境保护与综合治理，确保黄河安澜。

三、明确思路目标，推动绿色发展提速

按照党的二十大的新部署，我们要从战略上高度重视绿色发展，推动全省绿色发展全面提速，并在涉及绿色发展的相关重大问题上大胆探索，尽快获得重大进展。

第一，明确战略思路。以习近平新时代中国特色社会主义思想为指导，深入贯彻落实党的二十大精神，全面贯彻落实习近平生态文明思想和习近平总书记关于河南工作的重要讲话和指示批示精神，坚定不移贯彻新发展理念，坚持重点突破、创新引领、稳中求进、市场导向的工作原则，践行绿色发展理念，全方位全过程推行绿色规划、绿色设计、绿色投资、绿色建设、绿色生产、绿色流通、绿色生活、绿色消费，建立健全绿色低碳循环发展经济体系，确保如期实现碳达峰碳中和目标，积极推动绿色发展跨上新台阶，让我们的天更蓝、水更清、地更绿、环境更美、人民更幸福。

第二，确定主要目标。经过全省人民的积极努力，到2025年，全省划定的生态保护区全面得到保护，黄河流域生态保护与高质量发展水平稳定提升，确保南水北调中线工程一泓清水永续北上，环境结构、产业结构、能源结构、运输结构明显优化，全省森林覆盖率稳定提升，绿色产业比重显著提升，基础设施绿色化水平不断提高，生产生活方式绿色转型成效显著，市场导向的绿色技术创新体系更加完善，绿色政策法规体系更加全面，绿色低碳循环发展的生产体系、流通体系、消费体系初步形成。全省森林绿化率由现在的25.07%稳定提升到26.09%，能源利用效率大幅提高，单位地区生产总值能源消耗降低15%以上，全省非化石能源消费比重比2020年提高5个百分点以上，全省重度及以上污染天数比例控制在1.4%以内。新创建绿色工厂300家、绿色工业园区15个、绿色供应链管理企业20家。全省绿色食品、有机农产品达到3500个，畜禽粪污综合利用率达到83%以上。城市生活垃圾综合回收利用率达到35%，电商快件基本实现不再进行二次包装。改造农村无害化卫生厕所550万户，农村生活污水治理率达到45%，农村黑臭水体治理率达到40%，有条件的县（市、区）基本实现农村生活垃圾分类、资源化利用全覆盖。全省生态环境持续改善，主要污染物排放总量持续稳定减少，生态大省绿色发展的新路子初步形成。

到2035年，全省绿水青山规模稳步扩大，"三屏一带"生态保护空间格局持续完善，黄河流域生态保护与高质量发展水平达到全国先进水平，南水北调中线工程一泓清水永续北上，沿线生态环境持续改善，经济社会绿色发展内生动力显著增强，绿色产业规模较大幅度跨上新台阶，重点行业、重点产品能源资源利用效率达到国际先进水平，广泛形成绿色生产生活方式，碳排放实现达峰后稳中有降，生态环境实现根本好转，生态强省建设目标基本实现，生态大省绿色发展的新路子越走越宽。

四、多措并举，走好现代化河南绿色发展之路

面对推动人与自然和谐共生、探索生态大省绿色发展新路子的新要求，我们需要从战略层面高瞻远瞩、多措并举，扎扎实实走

出降碳、减污、扩绿、增长的生态强省建设之路。

第一，全面提升黄河流域生态保护与治理水平。一是务实地保护沿黄地区的生态环境。加大生态建设投入，以高质量建设沿黄绿色生态廊道与黄河干线湿地保护区为主干，实施流域山水林田湖草沙全面综合治理，不断优化黄河流域生态环境。二是通过工程措施确保黄河安澜。通过重大水利工程，提升存在洪水隐患河段的安全水平，重点补齐防洪与水沙调控薄弱环节，确保夏秋季节黄河安全度汛。近期最为紧迫的水利建设工程是郑州桃花峪大型水利枢纽，要尽快开工建设，从根本上遏制夏秋季节洪水高发时段黄河以南的伊河、洛河与黄河以北的沁河形成的洪水对下游河堤与滩区造成较大安全威胁的难题，同时通过桃花峪综合性水利枢纽的水力发电，为绿色发展注入新动能。三是全方位贯彻落实"四水四定"原则。坚决贯彻落实习近平总书记提出的"以水定城、以水定地、以水定人、以水定产"原则，严格限制高耗水产业发展，打造因水制宜的创新发展模式，坚定不移走好沿黄地区水资源高效利用、水安全有效保障、水生态明显改善的集约节约发展之路。

第二，确保一泓清水永续北送。在经历2014年12月12日"南水北调"中线工程正式通水以来的实际历练、积累了多方面的管理经验之后，2021年5月14日，河南省人大常委会启动南水北调饮用水水源保护相关立法工作，并采取多种有效措施，加快立法步伐。2022年1月8日，河南省十三届人大六次会议高票通过《河南省南水北调饮用水水源保护条例》。2022年3月1日，该条例正式实施，一泓清水永续北送得到了法律保障。下一步，伴随南水北调中线工程管理的数字化与智能化，一泓清水永续北送将搭乘时代列车，实现更加科学有效精准的管理，确保这一项造福我国北方地区数亿人的伟大工程生态安全、水质安全、供水安全、运行安全。

第三，加快推进能源绿色低碳转型。按照2023年2月河南省委、省政府印发的《河南省碳达峰实施方案》，"十四五"期间，全省产业结构和能源结构优化调整取得明显进展，能源资源利用效率大幅提升，煤炭消费持续减少，新能源占比逐渐提高的新型电力系统加快构建，绿色低碳技术研发和推广应用取得新进展，减污降碳协同推进，人才队伍发展壮大，绿色生产生活方式得到普遍推行，绿色低碳循环发展经济体系初步形成，确保单位生产总值能源消耗、单位生产总值二氧化碳排放和煤炭消费总量控制完成国家下达指标，为实现碳达峰奠定坚实基础。"十五五"期间，产业结构调整取得重大进展，清洁低碳安全高效的能源体系初步建立，非化石能源成为新增用能供给主体，煤炭消费占比持续下降，重点行业能源利用效率达到国内先进水平。到2030年，顺利实现碳达峰目标。

第四，深入打好蓝天、碧水、净土保卫战。近几年，全省蓝天保卫战进入精准治霾新阶段，要着力打好重污染天气消除、臭氧污染防治、柴油货车污染治理三个攻坚战，加强大气面源和噪声污染治理。大力推进钢铁、焦化等重点行业产业结构调整和转型升级，加快钢铁、水泥、焦化行业及锅炉超低排放改造。推动氢燃料电池汽车示范应用，推广新能源汽车和非道路移动机械。深入打好碧水保卫战，提升黄河流域水土保持和水源涵养等功能，推进伊河、洛河等主要支流现有水电站整治。持续推进县级城市建成区黑臭水体排查治理，到2025年基本消除黑臭水体，为下一步全面完成碧水保卫战奠定良好基础。打好净土保卫战，积极推进"无废城市"建设，加快垃圾焚烧发电工程建设。对于量大面广的农村，要在技术创新的基础上，全面治理农业面源污染，控制化肥、农药使用量，积极治理乡村"三废"污染，还农村更多净土与安宁。

第五，全面治理工业污染。按照省政府办公厅印发的《河南省制造业绿色低碳高质量发展三年行动计划（2023—2025年）》，聚焦传统优势产业、绿色低碳产业发展，实施制造业绿色低碳发展十大行动。促进产业结构不断优化，绿色低碳产品供给能力显著增强，绿色制造水平全面提升。

第六，坚决守牢生态环境安全底线。实施山水林田湖草沙一体化保护和修复工程、湿地保护与修复工程，开展水土流失综合治理和矿山生态修复，加强生态保护修复监督评估。持续开展国土绿化、城乡绿化，让全省的绿水青山更多。严格落实重金属排放"减量替代"要求，严密防控环境风险。

以恒久之力推进黄河流域生态保护与
高质量发展[*]

摘 要

黄河是中华文明的摇篮。党的十八大以来，黄河流域生态保护与高质量发展成效显著。党中央确定了黄河治理"生态优先、绿色发展"的新思路，全流域生态保护取得重要进展，高质量发展迈出新步伐，传承、弘扬黄河文化引人关注，《中华人民共和国黄河保护法》完成立法。目前，黄河流域生态保护与高质量发展存在的突出矛盾与问题，一是水资源短缺，二是生态环境脆弱，三是洪水威胁隐患，四是高质量发展有待持续加速。持续促进黄河流域生态保护与高质量发展，要扎扎实实做好黄河流域生态保护这篇大文章，加快推动黄河上中游重大水利工程建设，全方位贯彻落实"四水四定"原则，在高质量发展方面迈出更大步伐，积极传承、弘扬、创新黄河文化。结论认为：党中央对黄河流域生态保护与高质量发展高度重视，确保黄河安澜前景可期，新时代黄河治理需要有重大水利工程保障，沿黄地区高质量发展需要全面加速，传承、弘扬、创新黄河文化大有可为，加快建立、健全新的黄河治理协调推进机制势在必行。

关键词　黄河流域；生态保护；高质量发展；黄河安澜；黄河文化

黄河，是我们中华民族的母亲河和中华文明的摇篮，与我们中华儿女有着深入骨髓、触动心灵的血肉联系。高质量的黄河治理牵动着每一位炎黄子孙的神经。习近平总书记心怀"国之大者"，一直高度重视黄河安澜，已经走遍黄河流域沿线9个省区进行深入细致的调研[1]，创造了我国历史上历代国家主要领导关心关注关怀关爱黄河治理的次数最多、时间最长、力度最大的新纪录。我们要系统学习研究习近平总书记对黄河相关问题重要讲话的丰富内涵，站位对历史负责的战略高度，从全面建设社会主义现代化国家的时代需求，认识黄河、尊重黄河、关心黄河、爱护黄河、保护黄河，以高质量发展筑牢黄河安澜之基，确保"十四五"时期黄河流域生态保护和高质量发展取得明显成效。

一、党的十八大以来黄河流域生态保护与高质量发展成效显著

在党中央、国务院的高度重视下，党的十八大以来，沿黄各地踔厉奋发，在生态保护与高质量方面大胆探索，勇于实践，创造了非常优异的业绩。

1. 确定了"生态优先、绿色发展"的新思路

党的十八大以来，以习近平同志为核心的党中央高度重视中华民族的母亲河——黄河流域生态保护与高质量发展，先后多次到黄河流域调研，走遍沿黄九省区，并在河南郑州、山东济南先后两次主持召开黄河流域生态保护和高质量发展座谈会，还将黄河流域生态保护和高质量发展上升为重大国家战

　＊　本文发表于《黄河文明与可持续发展》辑刊2023年（上）第21辑第38—48页。

略。习近平总书记强调："治理黄河，重在保护、要在治理。"[2] "要坚持正确政绩观，准确把握保护和发展关系。把大保护作为关键任务"，要"坚定不移走生态优先、绿色发展的现代化道路"，"确保黄河安澜"。[3] 习近平总书记为推动黄河流域生态保护和高质量发展指明方向，划定了红线。沿黄九省区抱着对母亲河的深情厚谊，按照习近平总书记的谆谆教诲，牢牢把握共同抓好大保护、协同推进大治理的战略导向，推动黄河流域生态保护和高质量发展取得历史性新进展。由于黄河沿线绿色发展水平提高，生态环境不断优化，不少地方都成为珍稀鸟类的家园。在河南孟津段黄河岸边，国家一级重点保护鸟类黑鹳、有"鸟中大熊猫"之称的中华秋沙鸭随处可见。在河南新乡、开封等地黄河滩区，前来越冬的国家一级重点保护鸟类大鸨成群结队。在天鹅之城三门峡，10 年来大天鹅数量从几百只增至目前的 1.3 万只以上。[4] 近几年，伴随黄河三角洲湿地生态明显改善，众多珍稀鸟类也被吸引而来。黄河三角洲国家级自然保护区一级保护鸟类由 2013 年的 12 种增加到目前的 25 种，鸟类总量达到 371 种，丹顶鹤、东方白鹳等国家一级保护鸟类 24 种，大天鹅、灰鹤等二级保护鸟类 64 种，成为鸟儿迁徙的重要中转站、越冬地和繁殖地。[5] 从上游到下游，黄河岸边一幅幅人与自然和谐共生的美好画卷正徐徐展开。

2. 上、中、下游生态保护取得显著进展

沿黄各地按照共同抓好大保护的要求，在生态保护方面迈出了坚定的步伐。在黄河上游，青海、四川、甘肃以三江源、祁连山、若尔盖湿地为重点，承担好维护生态安全、保护三江源和"中华水塔"的重大使命，推进实施了一批重大生态保护修复工程，[6] 生态环境显著改善。过去五年来，三江源地区向下游输送水量年均增加近 100 亿立方米，生态兴，水源足，大生态造出景观。在黄河中游的黄土高原，人们创造性地持续开展淤地坝等水土保持工程。仅陕西省，这样的淤地坝就建成 3.4 万座，有效封堵了向下游输送泥

沙的通道。[7] 山西省持续打响汾河治理攻坚战，控污、增湿、清淤、绿岸、调水"五策并举"，水生植物在汾河流域先后种植 200 多万株，有效吸附了水中的污染物，[8] 改善水环境的效应明显。在黄河下游，以确保黄河安澜为重点，全面推进防洪工程建设和沿黄生态廊道建设，保障黄河汛期运行安全。2021 年 4 月，山东与河南两省政府签订《黄河流域（豫鲁段）横向生态保护补偿协议》，开始探索我国跨省生态补偿的方法。2022 年 4 月，按照双方协议约定，经过河南方面积极努力，由河南进入山东的水质稳定保持在 Ⅱ 类以上，化学需氧量、氨氮等关键污染物指数也持续下降，山东省作为受益方，通过省际财政转移支付，向河南省兑付了生态补偿资金 1.26 亿元，开启了我国省际间黄河流域生态治理协同作为、责任共担、成果共享、造福母亲河的新篇章，[9] 实现了跨省生态补偿的合作共赢。

3. 高质量发展迈出新步伐

按照党中央战略部署，各地积极努力，黄河流域高质量发展顺利迈出新步伐。在青海，清洁能源建设跑出加速度，源源不断的绿电通过超高压线路远送中下游的河南等相关省份，联手成就未来的绿色发展。在宁夏，形成了完整的风光电储全产业链，单晶硅棒产能约占全球 1/5，[10] 成为立足于当地资源优势的骨干产业。在陕西、河南、山东，高新技术企业数量均较大幅度增加，在全面贯彻新发展理念、构建新发展格局、促进国际国内双循环中，高度重视创新驱动、科教兴国、人才强国战略实施，全社会对高新技术产业投资保持较快增长势头，创新驱动高质量发展态势持续向好。2021 年，河南省工业战略性新兴产业产值同比增长 14.2%，占规模以上工业产值的 24.0%；高技术制造业产值同比增长 20.0%，占规模以上工业产值的 12.0%，增速均远远高于全省 GDP 增长 6.3% 的水平。山东省高技术制造业增加值同比增长 18.5%，陕西省同比增长 17.1%，也大大高于本省 GDP 分别增长 8.3% 与 6.5% 的水平，高质量发展的效应凸显。为了全面提升黄河

治理的科学水平，河南省利用水利部黄河水利委员会及下属科研机构驻郑的优势，专门在郑州组建了省级实验室——黄河实验室，成为贯彻落实黄河流域生态保护和高质量发展国家战略的一个重要抓手，对全面提高黄河治理与管控的数字化、智能化水平将发挥重要作用。[11]

4. 传承、弘扬黄河文化大作连篇

黄河文化是黄河流域的广大劳动人民在长期从事相关生产实践活动中所创造的物质财富和精神财富的总和，既包括政治制度、哲学思想等方面的内容，涵盖道德规范和社会生活习俗，也包括沿黄古都文化、黄河山水文化和黄河治理文化等[12]，内涵丰富，博大精深。黄河文化是中华民族的根和魂，是中华民族的母亲河文化，[13] 积淀了中华民族传统文化基因，彰显着中华儿女文化自信的坚实底气。无论是上游青甘地区的河湟文化，宁夏、内蒙古地区的河套文化，还是中下游地区的中原文化、河洛文化、齐鲁文化，既各具特色，又血肉相连，共同构建了黄河文明的主干，对中华民族传统文化传承与可持续发展发挥了特别重要的作用。[14] 党的十八大以来，在传承、弘扬黄河文化方面，各地大胆探索，积极作为，挖掘创作出很多黄河文化精品力作，特别是河南《唐宫夜宴》《端午奇妙游》《七夕奇妙游》等作品火热出圈，赢得大批年轻人对黄河文化的极大兴趣，为坚定文化自信增添了内在动力。2022 年初，山东省委、省政府印发《山东省黄河流域生态保护和高质量发展规划》，提出打造黄河文化旅游长廊，优化文化旅游布局。山东文旅厅组织编制《黄河文化保护传承弘扬规划》《山东省黄河文化旅游带总体规划》《山东省黄河流域非物质文化遗产保护传承弘扬规划》等系列规划，谋划黄河文化保护、传承、弘扬的战略布局，[15] 盛世兴文的浪潮震撼人心。

5.《黄河保护法》较快完成立法

为了加强黄河流域生态环境保护，保障黄河安澜，推动沿黄河各地高质量发展，保护、传承、弘扬黄河文化，十三届全国人大常委会三十七次会议 2022 年 10 月 30 日表决通过《中华人民共和国黄河保护法》（以下简称《黄河保护法》），将于 2023 年 4 月 1 日起施行。[16] 该法的制定出台，为黄河流域生态保护与高质量发展提供了规范的法律支撑，党中央、国务院、国家相关部门和沿黄九省区将统一按照《黄河保护法》的要求开展相关工作，将为提升黄河治理水平、确保黄河安澜起到历史性促进作用。

二、科学认识黄河流域生态保护与高质量发展存在的突出矛盾与问题

由于地理环境的特殊性与中华民族发展历史等原因，加上黄河中游经过黄土高原，因为水土流失形成大量泥沙，致使黄河下游是全球含沙量最高河流的特殊性，黄河流域生态保护与高质量发展仍然存在一些突出矛盾与亟待解决的问题。

1. 黄河流域突出的矛盾是水资源严重短缺

由于地理环境的原因，尤其是黄河上中游降水量比较少，而黄河流域年径流量主要由大气降水补给，使黄河从源头上水资源短缺比较严重。在大气环流的影响下，上游、中游年降水量较少，而干旱、半干旱地区占比较高，这些地区地面蒸发能力很强，黄河年平均径流量 580 亿立方米，仅相当于降水量的 16.3%，产水系数非常低。黄河天然年径流量占全国河川径流量的比重仅有 2.1%，是长江的 1/17，珠江的 1/8。所以，黄河是全球著名的水资源量特别不足的河流。在水资源严重不足的背景下，黄河流域常住人口却占全国的 12%，耕地面积占全国的 15%，经济总量占全国的 14%，人均占有水资源量仅为全国平均水平的 27%，致使黄河流域长期以来水资源供求关系特别紧张，[17] 水资源开发利用率高达 80%。正是因为长期面临水资源不足的客观条件，黄河沿岸人民早就创造出节水效果显著的有机旱作农业模式，确实基本上与大自然的赋予保持了能够勉强运行的状态。从流域年径流深等值线来看，黄河流

域水资源地区分布很不均匀，主要趋势是由南向北递减。南部山地丘陵为主地区，多年平均降水量600毫米以上，年径流深一般高于100~200毫米，属于黄河流域水资源相对丰沛地区，植被也普遍比较好。流域北部气候干燥，年降水量低于300毫米，年径流深小于10毫米，是黄河流域也是全国水资源最贫乏地区之一，水资源严重不足直接制约了当地经济社会的发展。在流域中部面积非常大的黄土高原地区，年平均降水量400~500毫米，年径流深25~50毫米，因为地表黄土本身含沙量高导致遇到雨水之后，特别是夏秋季降雨量集中阶段水土流失非常严重。这种地域性地理环境特征，导致其成为黄河泥沙的主要来源地区，对黄河正常运行，尤其是黄河下游河床淤积影响非常大。从历史水文数据分析，黄河流域年径流在一年的时间分配上，还有连续枯水时段持续时间长的特点。长时段连续枯水，给黄河沿线水资源开发利用直接带来许多不利影响，也直接影响沿黄省区经济社会可持续发展，尤其是影响农业的稳定发展。[18] 各地只有因水制宜，把水资源作为最大的刚性约束制约，想方设法节约集约利用水资源，才能够持续推进经济社会稳定发展。

2. 黄河流域最大的软肋是生态脆弱

前已述及，黄河流域因受典型的大陆季风气候影响，河川径流的季节性变幅特别大。夏秋季节，时常出现局部性暴雨导致的河水暴涨，并在历史上频繁造成泛滥成灾。在冬春季节，河流来水量很小，造成沿岸地区水资源严重匮乏。一反一正，成为生态保护脆弱的直接原因。正常情况下，每年汛期在7~10月。这个阶段，黄河干流及较大支流径流量约占全年的60%，防汛压力比较大。在3~6月，多年平均径流量仅占全年10%~20%，沿岸水资源供给不足。因为黄河流域大陆性季风气候年际波动大，造成水资源供给量年际变化也很悬殊。在郑州花园口水文站，多年平均径流量580亿立方米。然而，年径流量最大时曾经高达938.66亿立方米（1964年7月至1965年6月），年径流量最小记录为273.52亿立方米（1928年7月至1929年6月）。最大年与最小年相比，年径流量波动比值高达3.4，对中下游地区黄河治理造成非常大的难度。根据相关水文记录数据，黄河主要支流年径流在年际之间变幅更大，最大年与最小年径流量波动比值为5~12。在气候比较干旱地区的中小支流，这个比值高者可达20以上。加上黄河流域年径流经常出现长时段连续枯水，给水资源利用带来很大的变数。正是这种水资源不足，而且年度之间与每年的季节之间分配不均衡，导致无论是上游的三江源，还是中游的黄土高原、下游的黄淮海平原地区，生态环境非常脆弱，部分地方人居环境也面临着严峻挑战。[19]

3. 洪水隐患仍然是黄河流域最大的威胁

2019年9月，习近平总书记在郑州主持召开的黄河流域生态保护和高质量发展座谈会上讲话时明确强调，"洪水风险依然是流域的最大威胁"。长期研究黄河的张金良也认为，洪水风险依然是黄河流域的最大威胁，特别是当前小浪底至花园口尚有1.8万平方千米无工程控制区，夏秋季一旦遇到暴雨洪水对下游河堤防护的威胁确实很大。[20] 由于全球气候变暖，极端天气不断出现，像2021年河南郑州等地在"7·20"前后出现的百年不遇的特大暴雨，如果洪水集中到黄河中下游河道，对郑州及以下的黄河大堤防洪压力可能是非常大的。其实，2022年，无论是我们全国的气候异常，像重庆北碚8月18日创下45℃高温新纪录，还是全球的气候异常情况，像美国加州萨克拉门托市中心9月6日气温创下了高达47℃的新纪录，种种迹象表明全球极端天气都有进一步加剧的趋势。加上全球处在温湿气候历史阶段，连西北干旱地区都出现了较多的降水，局部地区出现了较大降雨甚至暴发洪水灾害的可能性进一步增加。因此，强化对包括气候异常在内的重大自然灾害的防范意识，提高常态化防范标准，做好遇到重大洪水威胁时的各种准备，持续加强黄河大堤安全工程建设与高质量精准化管护，是我们"十四五"时期确保黄河安澜非常紧迫的任务。[21]

4. 沿黄各省区高质量发展有待持续加速

由于黄河流域资源开发类产业与传统农业在当地发展中占比较大，少数民族地区、革命老区、干旱半干旱地区、贫困地区等较多，大部分地区又处在内陆，改革开放所带来的发展红利相对不足，导致整个黄河流域经济发展在全国相对滞后。[22] 上游的青海、甘肃等，虽然近几年在生态保护方面成效显著，但是产业结构转型升级与高质量发展仍然面临一系列新问题，需要针对当地的自然条件与生态环境探索符合实际的绿色发展之路。在宁夏、内蒙古等河套地区，自然条件本身属于干旱少雨地区，加上进一步发展遇到的水资源供不应求的客观实际，如何探索新的高效节水型产业发展模式，需要持续探索的技术问题与管理举措仍然非常多。陕西、山西、河南等北方地区与我国南方相比，在全国都属于欠发达地区，高质量发展不充分不均衡现象比较突出。山东虽然属于沿海地区，但是传统产业仍然占比较大，高新技术产业发展不足。按照党的二十大的战略部署，全面加快推进黄河流域高质量发展的步伐，尤其是在国家高端战略科技资源配置方面可能要更多考虑沿黄省区的迫切需要，[23] 以新时代科教兴国之力助推其加快经济社会高质量发展步伐[24]，既有利于当地资源的充分利用，为国家发展做出更大贡献，又适应全国区域协调发展的宏观需要，从区域格局上促进协同发展与共同富裕。

三、持续促进黄河流域生态保护与高质量发展的战略举措

按照党的二十大精神要求，我们初步研究认为，未来推动黄河流域生态保护和高质量发展的战略举措重点在以下五个方面：

1. 扎扎实实做好黄河流域生态保护这篇大文章

针对黄河流域水资源严重短缺、生态环境脆弱、洪水威胁依然较大等重大治理难题，上、中、下游要因时制宜，因地制宜，因水

制宜，突出地方特色，各有侧重，强化地区发展优势，按照党中央"生态优先、绿色发展"的战略思想，以更加充足的生态建设投入，一步一个脚印改善各地的生态环境，实施流域山水林田湖草沙全面综合治理，让黄河流域生态环境不断优化。对于黄河上游，生态环境条件非常特殊，持续保护三江源和"中华水塔"，保护与恢复河源地区原有生物多样性、独特性等生态环境任务依然艰巨，需要以更加稳定的国家投入保障三江源等上游地区的可持续发展。对于黄河中游而言，黄土高原特殊的地理环境与水土流失一直是最大的特色与负担，持续加力推进生态环境综合治理依然是长久之计，更是治本之策。伴随城镇化推进，乡村地区人口逐步减少，通过更大范围的退耕还林、退耕还草，持续加大力度进行更大范围的植树造林、种草护坡、高质量建设淤地坝等行之有效的系统性措施，减轻水土流失、改善黄土高原生态环境是必须始终坚持、不断推进的重大生态保护任务。对于黄河下游来说，以当代科技进步之力，充分利用国家经济高质量发展、财政支撑能力上升的历史机遇，保证重大特大洪水年份大堤安全乃国之大事。所以，要通过重大水利工程提升存在洪水隐患河段的安全水平，重点补齐防洪与水沙调控薄弱环节，确保夏秋季节安全度汛是行稳致远之路。在河南、山东沿黄河大堤规划建设高标准生态廊道，有利于持续提高黄河沿线大堤生态系统的整体抵御风险能力。利用数字技术、智能系统等对黄河大堤进行精准管护，及时采取疏导、救险等得力措施，有利于稳定减少夏秋汛期的洪水威胁。在黄河入海口，按照习近平总书记调研指导时的要求，要进一步加大湿地保护力度，维护生物多样性，系统提升生态环境质量。

2. 加快推动黄河上中游重大水利工程建设

在黄河流域相关规划支撑下，通过沿黄河一系列重大水利工程开工建设，大幅度改善黄河流域水资源配置水平，大胆探索水资

源紧缺地区高质量发展的新途径。其中，对于黄河上游影响最大的水利工程就是尽快开工建设南水北调西线工程。自1952年南水北调工程伟大构想提出并首次组织对南水北调西线工程勘查以来，南水北调西线工程前期勘察设计等工作已持续了整整70年。经历几代人的艰苦努力，现在对建设南水北调西线工程已经基本上形成比较广泛的共识。通过东线工程、中线工程的建设与成功运行，充分发挥不同地区水源调配互济供水的综合效益，初步解决了我国华北部分地区的水资源短缺难题，对于水资源调出地区生态环境影响有限，而对于水资源补充地区生态环境正向影响非常大。按照现在已经论证的方案，通过西线工程从雅砻江、大渡河等调水80亿立方米进入黄河源头河道是解决黄河流域缺水的根本举措，同时也可为西部地区有效补充生产生活需要的水资源，甚至扩充一部分可耕地，促进西部地区经济社会可持续发展，为实现国家东西部、南北方区域协调发展提供新的重要战略资源支撑。对于黄河中游来说，近期最为紧迫的水利工程是尽快开工建设郑州桃花峪大型水利枢纽，有利于从根本上解决夏秋季节洪水高发时期从黄河以南的伊洛河与黄河以北的沁河形成的洪水对下游河堤造成威胁的难题，还能够通过水力发电为绿色发展注入新动能。

3. 全方位贯彻落实"四水四定"原则

按照习近平总书记在济南会议上重要讲话要求，针对黄河流域水资源特别紧缺的实情，我们沿黄各省区在城市建设、经济社会发展等各项工作中要坚决贯彻落实以水定城、以水定地、以水定人、以水定产原则，严格限制高耗水产业发展，打造因水制宜的创新发展模式，坚定不移走好水资源高效利用、水安全有效保障、水生态明显改善的集约节约发展之路。无论是城镇产业与生活用水，还是农业灌溉用水，都要通过研发和推广应用新节水技术，精打细算用好稀缺宝贵的水资源。其中，已经初步推广应用的云雾培农业节水技术，已经超越以色列的农业滴灌技术，不仅可以大幅度节约用水，而且还能够提高农产品产量与品质，有专家认为是新一代高效农业节水技术，在干旱少雨地区推广应用潜力巨大，值得引起高度重视。另外，在管理层面，利用数字化技术和现代智能信息技术，从严从细管好水资源。深化水资源管理制度改革，创新水权、排污权等市场化交易方法，同步用好财税杠杆，发挥市场价格机制作用，倒逼提升全社会的节约用水效果，加快速度探索建设节水型产业体系与精准节水型社会。

4. 在高质量发展方面迈出更大步伐

黄河流域一直在全国经济发展大局中具有非常重要的特殊地位，上游的青海、甘肃等生态地位突出；中下游的陕西、山西、河南、山东等省份人口集中度比较高，产业基础较好，高质量发展任务繁重。结合党的二十大的战略部署，对沿黄河的省区，尤其是黄河沿线的大中城市，要伴随新时代全国构建新发展格局的需要，高质量促进科教兴国战略在当地落实落地，建议有计划在沿黄河省区的省会城市布局建设一批国家实验室、国家大科学装置、大国重器研发基地、重大科技基础设施、"双一流"重点学科、"一带一路"建设重大工程等，既继续保持并提升黄河沿线相关城市传统工业基础雄厚、人才比较集中、高新技术产业发展有一定实力的优势，也为沿黄河各地现代化建设注入新时代创新驱动发展的新动能，集聚和培育更多科教领域的高端资源，以提升硬核实力的积极方法，全面提高黄河上、中、下游省区的经济社会发展活力与整体经济实力，为扭转我国北方地区与南方地区近些年经济发展差距拉大的不利局面、促进全国区域协调发展做出重要贡献。

5. 积极传承、弘扬、创新黄河文化

习近平总书记指出："要深入挖掘黄河文化蕴含的时代价值，讲好'黄河故事'，延续历史文脉，坚定文化自信。"[25] 为我们传承、弘扬黄河文化指明了方向，讲清楚了主要做法。2021年10月，中共中央、国务院印发的《黄河流域生态保护和高质量发展规划纲要》

中进一步强调要"保护、传承、弘扬黄河文化",部署了更加明确的重大项目。按照习近平总书记重要讲话精神的明确要求和规划纲要的战略部署,要全面传承、弘扬、创新黄河文化。第一,要大力弘扬黄河文化。黄河文化底蕴深厚,内容丰富,尤其是黄河文化中从"善事父母""既养且敬"的孝文化,到"离父事君"、忠诚于国家的"家国情怀",对中华民族传统文化传承至今发挥了轴心与灵魂作用。以新时代的视域,弘扬黄河文化,特别是培养新一代青年人忠诚于事业、忠诚于国家的情怀,对于进一步坚定中华民族文化自信具有特别重要的战略意义。第二,要加快规划建设黄河文化国家公园。按照国家发改委组织研讨情况,黄河文化国家公园沿黄河展开,布局在沿黄河两岸的九个省区,要立足于构建黄河文化价值体系、黄河文化地标体系、黄河治理文化、黄河非物质文化遗产等标志性内容,展示黄河文化的全球性可持续发展意义,突出共同抓好大保护,协同推进大治理的新时代印记。第三,建设黄河文化国际交流与合作平台。充分利用水利部黄委会自上而下的全流域管控优势和黄委会系统、沿黄河各省区大批专家长期关心黄河、研究黄河、学术积淀丰厚的优势,建议建立黄河文化国际交流平台,定期举办"大河文明国际论坛",由水利部与沿黄河九个省区政府联合承办,每年在沿黄河各省区轮流举行国际性大型学术交流活动,既能打通国内沿黄河九省区的深度交流渠道,让黄河文化在新时代交流过程中碰撞出新的思想火花,创造新的时代经典,又能在国际上通过每年持续不断举办高规格学术研讨会,学习交流全球大江大河科学治理的经验与做法,与国际同类论坛形成协同创新机制,集国内外大河变迁规律研究的集体智慧打造具有国际意义的"黄河学",设立国家级的黄河研究基金,系统资助出版《黄河学研究文库》,以盛世创经典的雄心壮志向全球和全国人民讲好"黄河故事",全面提升黄河流域生态保护与高质量发展的水平。

四、结论与建议

通过以上分析研判,我们认为可以得出以下结论与建议:

1. 党中央对黄河流域生态保护与高质量发展高度重视

无论是到沿黄河省区调研的次数,还是对黄河治理的深度思考与战略部署,以习近平同志为核心的党中央均创造了新的历史记录。"生态优先、绿色发展"的黄河治理理念与实际操作方法,已经成为习近平新时代中国特色社会主义思想的重要组成部分,为我们大胆探索黄河流域生态保护与高质量发展开辟了非常广阔的前景。我们要十分珍惜这样的历史机遇,按照习近平总书记先后两次在黄河流域生态保护与高质量发展座谈会上的重要讲话精神要求,加快黄河治理步伐,创造无愧于历史的黄河治理新篇章,确实让我们中华民族的母亲河成为造福人民的幸福河。

2. 确保黄河安澜前景可期

实践已经证明,习近平总书记提出的黄河治理的新思想与新方法科学可行,适合黄河治理的实际需要,沿着这种思路以恒久之力推进黄河治理恰逢其时,全面提升黄河流域生态保护与高质量发展水平前景可期。

3. 新时代黄河治理需要有重大水利工程保障

按照"四水四定"原则,坚定不移推进节水型社会建设的同时,借鉴南水北调东线与中线建设的运行经验,以更加前瞻的战略思维,加快推动西线南水北调工程建设。为了确保下游黄河大堤安全,加快启动建设郑州桃花峪水利枢纽有利于从根本上破解夏秋季洪水高发时期从伊洛河与沁河形成的洪水对下游河堤造成威胁的难题。

4. 沿黄地区高质量发展需要全面加速

针对近几年受到关注的南北方发展差距拉大的现实需要,充分利用黄河流域生态保护由高质量发展上升为国家重大战略的机遇,按照党的二十大的新部署,以高质量实施科教兴国战略为支撑，通过国家直接加大力度支持沿黄河各地尤其是沿黄各大中城市高端科教资源布局，吸引更多优秀人才投身于黄河流域的高质量发展，加快沿黄河各省区高质量发展步伐，是促进全国区域协调发展和共同富裕的战略选择。

5. 传承、弘扬、创新黄河文化大有可为

黄河文化是我们中华民族的根和魂，是我们中华儿女的精神家园，确实蕴藏着极其丰富的中华民族传统文化的优秀基因。以国家的力量组织与推动黄河文化传承、弘扬与创新，既有利于坚定我们的文化自信，又有利于向全球讲好黄河故事，扩大黄河文化的国际影响力。

6. 加快建立、健全新的黄河治理协调推进机制势在必行

建议由国家发改委牵头，组织沿黄河九省区党委与政府，建立、健全黄河流域生态保护与高质量发展定期交流与重大项目协同推进机制，有利于从总体上提升黄河治理现代化水平。

参考文献

［1］陆军. 坚持重在保护　要在治理　着力打好黄河生态保护治理攻坚战［N］. 中国环境报，2022-09-06（3）.

［2］习近平. 在黄河流域生态保护和高质量发展座谈会上的讲话［J］. 求是，2019（20）.

［3］习近平. 咬定目标脚踏实地埋头苦干久久为功　为黄河永远造福中华民族而不懈奋斗［N］. 河南日报，2021-10-23（1）.

［4］刘晓阳，赵一帆，李运海. 为了母亲河的永续发展——河南黄河流域生态保护和高质量发展回眸［N］. 河南日报，2022-05-17（1）.

［5］杨曼妮. 黄河入海口·山东东营：这里有座"鸟类国际机场"［EB/OL］.［2022-11-14］2022-11-26. https：//m. gmw. cn/baijia/2022-11/14/36158885. html.

［6］李佳政. 保护三江源　保护"中华水塔"［N］. 人民日报，2021-09-21（5）.

［7］申东昕. 高原绿　黄河清——我省黄河流域生态治理走笔［N］. 陕西日报，2021-10-21（1）.

［8］赵东辉，晏国政，魏飚等. 让一泓清水入黄河［EB/OL］.（2022-11-26）［2022-11-27］，ht-tps：//m. gmw. cn/baijia/2022-11/26/36189797. html.

［9］夏晨翔. "鲁豫之约"实现双赢　山东兑现河南生态补偿资金1.26亿元［N］. 中国经营报，2022-07-07（1）.

［10］白央，侯军，盛云等. 让黄河成为造福人民的幸福河［EB/OL］.（2022-09-14）［2022-11-27］，https：//news. cctv. com/2022/09/14/ARTIM8fGo2Tin3XvksoEJiVp220914. shtml.

［11］刘晓阳. 如何"把黄河装进计算机"——〈数字孪生黄河建设规划（2022—2025）〉出台［N］. 河南日报，2022-05-09（1）.

［12］苗长虹. 打造具有国际影响力的黄河文化河南品牌［N］. 光明日报，2020-08-21（11）.

［13］王震中. 黄河文化的丰富内涵及历史意义［N］. 光明日报，2020-08-21（11）.

［14］张占仓. 黄河文化的主要特征与时代价值［J］. 中原文化研究，2021（6）.

［15］石晓丹. "一廊一带四区多点"，黄河国家文化公园（山东段）将于2030年建成［EB/OL］.（2022-02-17）［2022-11-27］，https：//www. culturechina. cn/m/136847. html.

［16］刘诗平，黄垚. 守护母亲河，黄河保护法明年4月起施行［EB/OL］.（2022-10-31）［2022-11-27］，http：//www. news. cn/mrdx/2022-10/31/c_1310671979. htm.

［17］张金良. 全面提升黄河流域大保护和大治理能力［N］. 光明日报，2021-11-02（6）.

［18］金凤君. 黄河流域生态保护与高质量发展的协调推进策略［J］. 改革，2019（11）.

［19］汪芳、苗长虹、刘峰贵等. 黄河流域人居环境的地方性与适应性：挑战和机遇［J］. 自然资源学报，2021（1）.

［20］段永利. 张金良36年，只为守护黄河安澜［J］. 科技创新与品牌，2021（11）.

［21］张金良. 关于完善黄河流域防洪工程体系相关举措的思考［J］. 人民黄河，2022（1）.

［22］王金南. 黄河流域生态保护和高质量发展战略思考［J］. 环境保护，2020（Z1）.

［23］王静、刘晶晶、宋子秋等. 黄河流域高质量发展的生态保护与国土空间利用策略［J］. 自然资源学报，2022（11）.

［24］张占仓. 光明论坛高质量实施科教兴国战略［N］. 光明日报，2022-11-22（2）.

［25］习近平. 在黄河流域生态保护和高质量发展座谈会上的讲话［J］. 求是，2019（20）.

第四篇

新型城镇化研究

河南省新型城镇化战略研究[*]

摘　要　由于传统城镇化的弊端日益显现，以促进城乡一体化为目标、致力于资源节约型可持续发展的新型城镇化成为非常明朗的发展趋势。河南省新型城镇化以郑汴都市区为增长极，以中原城市群为依托，着力构建由国家区域中心城市、省级区域中心城市、县（市）域中心城市、特色城镇和农村新社区构成的新型城镇体系，坚持紧凑型城市布局方针，努力走出一条资源节约、环境友好、经济高效、文化繁荣、社会和谐、城乡统筹、大中小城市和小城镇协调发展、个性鲜明的城镇化道路，建设新型城镇化示范基地。到2020年，全省城镇化率达50%以上，郑汴都市区人口集聚规模800万~1000万，中原城市群经济实力显著增强，在中西部地区影响力进一步提升。城市基础设施和公共服务设施更加配套完善，建设城市立体交通系统，增强综合承载能力。城乡一体化程度明显提高，城乡居民收入水平差距逐步缩小，城乡社会和谐局面初步形成，环境面貌明显改善。

关键词　新型城镇化；河南省；战略

城镇化是区域发展的历史趋势，但传统城镇化日益显现出种种弊端，新型城镇化便呼之欲出[1]。作为全国人口最多的河南省，在新一轮城镇化浪潮中，要积极探索新型城镇化战略。

一、国外城镇化模式及启示

按照政府与市场机制在城镇化进程中的作用、城镇化进程与工业化和经济发展的相互关系，可将国外城市化发展概括为四种模式。

1. 西欧政府调控下市场主导型的城市化

以西欧为代表的发达的市场经济国家，市场机制在其城市化进程中发挥了主导作用，政府通过法律、行政和经济手段，引导城市化健康发展[2]。城市化与市场化、工业化总体上是一种比较协调互动的关系，是一种同步型城市化。

其特点：一是工业化与城市化相互促进。城市产业结构不断调整和重新分工，产业发展与城市发展密不可分。二是政府在城市化过程中发挥着不可替代的作用。

在西欧的城市化过程中，人口、土地、资本等经济要素能够自由流动和配置，受市场主导。政府则通过体制机制的不断完善，弥补市场机制的不足。

2. 以美国为代表的自由放任式的城市化

美国是自由市场经济的典型代表，在其城市化和城市发展过程中，市场发挥着至关重要的作用。由于美国政治体制决定了城市规划及其管理属于地方性事务，联邦政府调控手段薄弱，政府也没有及时对以资本为导向的城市化发展加以有效引导，造成城市化发展的自由放任。突出的表现就是过度郊区化，城市不断向外低密度蔓延。1950年到1990年，美国城市人口密度减少了40%。

---

* 本文发表于《经济地理》2010年9月第30卷第9期第1462-1466页。

美国城市的郊区化有效地满足了广大中产阶级追求理想居住环境的需求，人口密度降低，城市与郊区、乡村之间的差距缩小，不断融合，但也为此付出了巨大的代价：土地资源浪费严重等。越富的人居住地离城越远，富裕的郊区环绕着相对贫穷的中心城区成为美国城市的主要特征。

20 世纪 90 年代以来，美国政府官员、学者和普通百姓都开始意识到过度郊区化所带来的危害，提出了"精明增长"理念。其主要内容包括强调土地利用的紧凑模式，鼓励以公共交通和步行交通为主的开发模式等，但美国模式过分浪费土地资源的教训应该吸取。

3. 以日本为代表的集中型城市化

日本在资源极度匮乏的条件下，为实现跨越式发展，选择了适合本国土地资源条件的区域布局和整体发展模式，走出了一条集中型城市化道路。

其主要特征是以大城市为核心的空间集聚模式，以获得资源配置的集聚效益。伴随着城市不断扩展和城乡人口转移，日本及时进行町（镇）村合并，其中 1950～1955 年村的数量由 8357 个锐减到 2506 个，减少了70%，提高了土地的使用率。

日本政府对于城市化的引导作用比较显著。但政府区域发展政策的成效有限，东京等大都市圈人口和经济活动的"极化"现象越来越显著。

4. 受殖民地经济制约的发展中国家的城镇化

拉丁美洲与非洲大部分国家的城镇化与其历史上长期为西方列强的殖民地直接相关，具有独特的发展模式。表现为在外来资本主导下的工业化与落后的传统农业经济并存，工业发展落后于城镇化，政府调控乏力，城镇化大起大落，属于"过度城市化"。"二战"前夕，巴西、墨西哥、委内瑞拉、哥伦比亚和秘鲁五个处于半工业经济类型的国家，城镇化率和工业化率大致相当，都在 10%～15%。到 1960 年，工业化比例没有发生太大变化，仍维持在 10%～15%，而 2 万人以上城镇人口的比例却增至 30%～50%。而且这些国家的首都"首位度"都很高。在乡村居民持续不断地流向城市的过程中，经济日趋衰落或停滞不前。正规就业水平持续下降，城市必要的基础设施严重短缺，环境恶化，贫民窟增多。该类国家城市化水平与西方国家接近，但经济水平是西方国家的 1/20～1/10，城市发展质量较低。

5. 启示

第一，城镇化是一个涉及经济社会方方面面的复杂系统，需要在政府宏观调控下发挥市场配置资源的功能，而且要根据本国人地关系的实际情况，探索符合国情的城镇化道路。第二，尽管国外城镇化模式是多样的，但世界上没有哪一个国家的城镇化模式能供我们直接照搬，因为我国人多地少的基本国情是世界上任何国家都无法比拟的，所以我们只能够借鉴其经验。第三，我们的城镇化与西方发达国家处在完全不同的外部环境之中，我们无法像欧洲那样通过向其殖民地国家扩散人口等要素来完成城镇化过程。所以，中国只有走自己的路，这就是中国特色的新型城镇化道路[3]！这可能是历史留给我们的唯一选择！部分专家期望的田园城市，在中国可能是梦想，很难成为现实。

二、新型城镇化理论与实践背景

1. 城镇化基础

新中国成立以来，中国的城镇化取得了举世瞩目的成就，城镇化水平由 1949 年的10.6% 提高到 2009 年的 46.6%，年均增长0.60 个百分点。其中：1949～1977 年，年均增长 0.28 个百分点；1978～1995 年，年均增长 0.64 个百分点；1996～2009 年，年均增长1.25 个百分点。河南省城镇化水平已达37.7%，而且从 2004 年以来，城镇化率年均增长 1.76 个百分点，状态较好。

1979 年，美国地理学家诺瑟姆（Ray M. Northam）将世界各国城市化轨迹概括为一条稍被拉平的"S"曲线。据此，我国和我省城镇化均处在城市化水平 30% 和 70% 之间的快速发展阶段。

纵观传统城镇化的历程，不难发现，城乡差距在持续扩大，城乡矛盾日益突出，资源环境条件恶化的问题也相伴而生。因此，以促进城乡一体化为目标、致力于资源节约型可持续发展的新型城镇化成为非常明朗的发展趋势。

2. 新型城镇化的含义

党的十六大报告提出，要逐步提高城镇化水平，坚持大中小城市和小城镇协调发展，走中国特色的城镇化道路。中共十七大报告提出，走中国特色城镇化道路，按照统筹城乡、布局合理、节约土地、功能完善、以大带小的原则，促进大中小城市和小城镇协调发展。以增强综合承载能力为重点，以特大城市为依托，形成辐射作用大的城市群，培育新的经济增长极。

2006 年 8 月，浙江省委、省政府出台了《关于进一步加强城市工作，走新型城市化道路的意见》，提出要创新发展机制，走资源节约、环境友好、经济高效、社会和谐、大中小城市和小城镇协调发展、城乡互促共进的新型城市化道路[4]。2006 年 11 月，中共广西壮族自治区第九次代表大会提出走新型城镇化道路的构想。"围绕统筹城乡经济社会发展，坚持高起点规划、高质量建设、高效能管理，走布局科学、结构合理、功能完善、资源节约、集约发展、以人为本理念得到充分体现的多样化有特色的城镇化道路"。2007 年 5 月，温家宝总理在关于长江三角洲地区进一步加快改革开放和经济社会发展的座谈会上，明确提出"不仅要坚持走新型工业化道路，而且要走新型城镇化道路"，充分显示中央高层对"走新型城镇化道路"的肯定。2007 年，《江西省新型城镇化"十一五"专项规划》中提出，按照产业集聚、功能完善、节约土地、集约发展，合理布局、各具特色的原则，积极稳妥地推进城镇化进程。2007 年 10 月，河南省召开全省城市发展与管理工作会议提出，全面做好新时期城市发展与管

理工作，走出一条符合河南实际的新型城镇化道路。河南新型城镇化道路可以概括为：科学发展、建管并重、城乡一体、集约节约、统筹协调。2009 年 10 月，山东省委省政府出台《关于大力推进新型城镇化的意见》，指出走资源节约、环境友好、经济高效、文化繁荣、社会和谐、以城市群为主体，大中小城市和小城镇科学布局，城乡互促共进、区域协调发展的新型城镇化道路[5]。

2009 年 12 月，中央经济工作会议对以城镇化建设促进经济发展提出了新要求。特别值得注意的是，放宽户籍限制，推进城镇化改革的内容，在 2010 年的中央一号文件中从篇幅到政策的力度上都是空前的。从这个意义上讲，该文件是进一步推进城镇化的总纲领。

吴江等认为，新型城镇化主要是指以科学发展观为统领、以新型产业以及信息化为动力，追求人口、经济、社会、资源、环境等协调发展的城乡一体化的城镇化发展道路。杨重光认为，新型城镇化是在科学发展观指导下，以新型工业化和现代服务业为产业基础，以现代交通通信网络为物质技术手段，形成大中小城市和城镇合理的结构和空间体系，充分发挥各自的特点和功能，并以城乡和谐发展为目的，城市带领农村发展，从而形成国民经济全面、和谐和可持续发展的城市化道路[6]。

我们认为，新型城镇化是相对传统城镇化而言，是指资源节约、环境友好、经济高效、文化繁荣、社会和谐、城乡互促共进、大中小城市和小城镇协调发展、个性鲜明的城镇化。

3. 新型城镇化的意义

走新型城镇化道路，有利于和谐社会建设、有利于城乡共同发展、有利于扩大内需、有利于促进可持续发展、有利于形成各具特色的城镇体系。

三、河南省新型城镇化的指导思想与战略目标

1. 指导思想

高举中国特色社会主义伟大旗帜，以邓

小平理论和"三个代表"重要思想为指导，深入贯彻落实科学发展观，坚持"四个重在"，以郑汴都市区为增长极，以中原城市群为依托，着力构建新型城镇体系，以加快转变经济发展方式为契机，牢记人多地少的基本省情，努力走出一条资源节约、环境友好、经济高效、文化繁荣、社会和谐、城乡统筹、大中小城市和小城镇协调发展、个性鲜明的城镇化道路，探索建设全国农业大省新型城镇化示范基地。

2. 战略定位

长期坚持紧凑型城市布局方针，走资源节约、环境友好、城乡和谐发展之路；探索建设农业大省新型城镇化示范基地；彰显黄河文化与现代科学技术相结合的城镇建设风格。

3. 战略目标

2020 年，全省城镇化率达 50%以上，郑汴都市区人口集聚规模 800 万~1000 万，中原城市群经济实力显著增强，在中西部地区影响力进一步提升。城市基础设施和公共服务设施更加配套完善，建设城市立体交通系统，增强综合承载能力。城乡一体化程度明显提高，城乡居民收入水平差距逐步缩小，城乡社会和谐局面初步形成。城乡环境面貌明显改善，初步遏制环境污染退化局面。

四、河南省新型城镇化的战略重点

1. 强化郑汴都市区核心增长极

把郑汴都市区（包括郑州市区、开封市区、郑州新区、新乡平原新区）作为全省的核心增长极，继续提升洛阳副中心地位，持续促进中原城市群建设[7]，集聚生产要素，提高发展效益。近期，以郑州新区发展建设为突破口，进一步完善功能，以吸引跨国集团入驻为契机，加速产业和人口集聚，扩大城市规模。中期，以跨国集团重大项目建设为支撑，在郑汴都市区形成组团式、网络化的复合型城镇密集区，提升辐射带动功能，放大整体优势，增强发展活力，争取到 2020 年集聚人口规模达 800 万~1000 万人，形成产业规模 300 亿美元以上，使之成为河南进入世

界的枢纽和世界进入河南的门户。

2. 推动中原城市群健康发展

中原城市群已经在全国中西部地区具有显著的发展优势，下一步要以"三化协调"发展为基础，以省政府全面推进的产业集聚区建设为依托，以各具特色的产业集群发展壮大为基本途径，以郑汴洛工业走廊为发展基础，以规划建设城市新区为突破口，以建设与完善城市之间公共基础设施为手段，以现代服务业特别是金融业跨越式发展为推力，提高公共服务水平，降低商务成本，促进中高端产业集聚，壮大中心城市工业实力[8]，特别是要通过发挥"两群融合"（城市群与产业集群）地区的叠加优势[9]，提升区域经济社会创新发展能力，做大做强中原城市群，提高集聚发展水平和核心竞争力，进一步提升中原城市群在全国区域发展格局中的战略地位，支撑中原崛起，河南振兴，促进中原经济区尽快上升为国家战略。

3. 建设新型城镇体系

第一，发挥郑州国家区域中心城市的辐射带动作用。增强高端要素集聚、科技创新、文化引领和综合服务功能，将郑州建设成为彰显黄河文化和中原城市特色、适宜创业发展和生活居住的现代化、国际化、信息化和生态型、创新型城市。第二，加快发展省级区域中心城市。按照规模做大、实力做强、功能做优、环境做美的原则，发挥比较优势，加快发展，壮大其他各省辖市规模，增强聚集要素和辐射带动地区发展作用，使之成为各区域空间组织的核心。到 2020 年，中心城区人口，洛阳市达到 300 万人以上，开封市、平顶山市、安阳市、新乡市、焦作市、南阳市、商丘市、信阳市 8 个城市达到 100 万~200 万人，濮阳市、鹤壁市、三门峡市、周口市、驻马店市、许昌市、漯河市、济源市 8 个城市达到 50 万~100 万人。第三，提升县（市）域中心城市发展水平。通过建设各具特色的产业集聚区，积极培育特色产业集群，壮大支柱产业。到 2020 年，发展条件较好的县（市）城人口规模达到 30 万~50 万人，其

他县（市）达到 20 万~30 万人。第四，大力发展特色中心镇。主要通过发展传统产业集群，壮大经济实力，扩大发展规模，到 2020 年，全省力争使 300 个以上基础较好的特色中心镇发展成为小城市或中等城市。第五，积极探索农村新社区建设。以新农村建设规划为抓手，以中心村建设改造为核心，积极探索新农村社区建设，稳妥推进迁村并点试验，促进土地节约、资源共享，提高农村的基础设施和公共服务水平，提升农民生活质量，扩大农业经营规模，提高农民收入水平。

五、河南省新型城镇化的战略对策

1. 更新城镇化观念

借鉴国内外城镇化经验，全面更新城镇化观念，以科学发展观为指导，坚持以人为本，推进城乡统筹发展，转型发展，集约发展，协调发展，可持续发展，大胆探索城乡和谐发展新途径，创造新型城镇化发展的新经验。核心是全面推进城乡统筹发展，促进城乡二元结构逐步弱化，在扎实推进城镇化的同时，实实在在地推动农村地区健康发展，较快地提高农民经济收入水平和农民的消费水平，为国民经济发展结构向内需拉动转型提供支撑，让越来越多的农民享受改革开放和创新发展的成果，为城乡和谐社会建设奠定经济基础。

2. 妥善处理"三化协调"发展的关系

一是建设生态宜居城市。按照国家规定，针对能源重化工业集中的特征，扎实落实节能减排措施，改善城乡环境质量。以南水北调、生态绿化、污染治理为重点，加快城镇污水处理设施建设，配套完善污水管网，改造提升污水处理工艺，进一步提高污水收集率和处理质量，让城市居住环境更加优美。二是在继续集中精力推进工业化的同时，切实推进资源能源节约。制定政策，鼓励全社会节地节能节水节材，倡导健康、节约、环保的生产方式和生活方式。把节约土地放在突出位置，合理确定建设用地开发强度和投资强度。三是把加快工业化城镇化与土地资源开发整理紧密结合，确保耕地资源应有的规模，稳定粮食生产，继续走不牺牲农业条件下新型工业化新型城镇化发展之路。

3. 打造城市文化特色

充分发挥我们位居中国传统文化主要发源地的优势，广泛吸收国内外城市规划建设的先进理念，精心构建城市规划与建筑特色。城市重要地段和建（构）筑物应充分体现时代气息和地域特色，形成与城市的历史、文化、经济、社会、环境相适应的建筑风格和城市风貌，提升城市品位。加强城市历史文化遗产保护，重视历史文脉的继承和发展，弘扬地域传统文化，提升城市文化内涵，彰显黄河文明传承与创新的风韵。

4. 努力推动城乡一体化发展

一是鼓励城市支持农村发展。积极推进城乡规划、产业布局、基础设施、生态环境、公共服务、组织建设"六个一体化"，促进城乡统筹发展。二是推动农村人口向城镇稳定转移。在放宽城镇，特别是小城镇落户条件的基础上，积极推动农村人口向可以稳定就业的城镇转移，减少农村与城市两栖人口数量，提高农村土地的有效使用率。三是加快公共服务向农村延伸。以"路、水、电、气、医、学"为重点，统筹城乡基础设施和社会事业发展，逐步提升农村社会事业服务水平。

5. 加强组织领导

一要高度重视新型城镇化工作，把握历史趋势，顺势推进新型城镇化进程，让更多的农村人口转变成为城镇人口，完成农村社会向城镇社会的跨越。二要深化改革，全面破除体制障碍，成立由省政府主要领导牵头的专门机构，定期研究实际工作中遇到的难题，推动新型城镇化工作持续、健康、快速发展。三要建立健全科学的考核机制，把推动城镇化工作纳入地方党委和政府的年度考核内容，规定年度指标和任务，奖优罚劣，建立健全工作机制，促进新型城镇化可持续发展。

六、初步结论

1. 全面推进新型城镇化势在必行

传统城镇化的历史性弊端日益显现，而

经济社会进一步发展的资源制约也越来越显著，哥本哈根会议警示全球节能减排成为我们这一代人的重要社会责任，加之科学技术的发展，特别是上海世博会为我们展示的一系列节能减排成果，诸如零碳馆、被动屋、太阳能利用新技术等，迫使我们必须按照科学发展观的要求，做出科学可行的选择，放弃传统城镇化的老路，全面推进新型城镇化进程。

2. 新型城镇化关键是资源节约和城乡和谐发展

21 世纪，中国和河南省的城镇化涉及人口规模空前，只有走资源节约的新型城镇化道路，才有可能在全面推进城镇化的同时，不至于导致资源供应出现过大的缺口。另外，在我们进入人均 GDP 3000 美元的资本相对充裕期以后，也已经有能力进一步改善城乡二元结构，促进农村地区加快发展。所以，城乡和谐发展是政治、经济、社会的需要，是国家长治久安的需要，也是扩大内需改善国民经济发展结构的需要。

3. 在河南建设新型城镇化示范区具有典型意义

河南是全国的典型代表，整体上具备多方面的代表性，如人口总量大、农村人口比例高、人均资源不足、人均经济指标偏低等。站在时代发展的新起点，按照科学发展观的总要求，突出资源节约和城乡和谐发展的历史主题，发挥"三化协调"发展的既有优势，全面推进新型城镇化进程，在战略与战术层面摸索科学可行的具体路子，对全国推动城镇化进程具有十分典型的示范意义。只有在河南这样人多地少地区能够试验成功的新型城镇化方式方法和经验，在全国推广应用的可行性才比较好。

4. 体制机制创新是推进新型城镇化的重要动力

调查发现，在全省推动新型城镇化的过程中，体制问题仍然是比较大的障碍。因此，我们建议：第一，确实放开城镇户籍管理。对在城镇已经形成稳定就业，本人愿意把户口转入所在地城镇的农民工及其家属，可以制定规范的转入办法，让这些农民顺利转成市民。其实，他们除了户籍之外，早已是市民了，确实是户籍制度在把持着他们，使他们无法享受正常的市民待遇。第二，对巩义市回郭镇、安阳市水冶镇、新乡市魏庄镇等产业集群发展基础良好、已经形成"产业大、城镇小"的特色镇，可以借鉴福建省的做法，实施"镇级市"改革，赋予其更多的管理权，推动这些实际上已经超过很多县城发展规模的镇摆脱行政区划的约束，尽快建设成为充满活力的中小城市，带动周边地区农村加快发展步伐，培育新型城镇化的突破点。

5. 新型城镇化过程中需要探索的问题还非常多

从发展进程看，2006 年开始，我国部分地区才开始全面探索新型城镇化道路，积累的实际经验还非常有限，形成的思想成果更少。从河南省发展需要分析，人口转移压力特别大，钱从哪里来？人往哪里去？民生怎么办？粮食怎么保？这些难题破解均需要一个艰苦探索的过程。加上资源节约、城乡和谐方面需要研究和摸索的实际问题也非常多。所以，在坚定信念走新型城镇化道路的同时，要科学求实地探索新型城镇化道路上一系列难题，不能随意冒进，求真、求实、求效，真正造福人民。

参考文献

[1] 吴江，王斌，申丽娟. 中国新型城镇化进程中的地方政府行为研究 [J]. 中国行政管理，2009 (3)：88-91.

[2] 仇保兴. 国外模式与中国城镇化道路选择 [J]. 人民论坛，2005 (6)：42-44.

[3] 仇保兴. 城镇化的挑战与希望 [J]. 城市发展研究，2010 (1)：1-7.

[4] 吴晓勤，等. 浙江省推进新型城市化发展的启示 [J]. 安徽建筑，2009 (2)：1-4.

[5] 孙东辉，周鑫. 山东全力推动新型城镇化发展 [N]. 中国经济时报，2009-11-09.

[6] 杨重光. 新型城镇化是必由之路 [J]. 中国城市经济，2009 (11)：38-43.

［7］张占仓，杨延哲，杨迅周．中原城市群发展特征及空间焦点［J］．河南科学，2005，23（1）：133-137.

［8］张占仓．论城区经济发展战略［J］．经济地理，2009（1）：45-48.

［9］张占仓．坚定不移地推动中原城市群发展［M］//秦耀辰．中原城市群科学发展研究，北京：科学出版社，2009：80-82.

中心城市体系建设及河南省的战略选择[*]

摘 要　伴随经济全球化，中心城市在各个地区经济社会发展中的作用日益重要。研究认为，中心城市具有就业、居住、要素集聚、支撑发展和辐射带动五大经济学功能。河南省已经处在城镇化高速推进期，中心城市体系建设面临重要任务：建设郑汴都市区，推动中原城市群健康发展，建设新型城镇体系和特色产业城市、宜居城市。同时，要充分认识到中心城市在区域发展中的战略意义，建设郑汴都市区是河南省中心城市体系建设的突破口，河南省中心城市体系建设要走新型城镇化道路。

关键词　中心城市；发展战略；城市规划；河南省

当今世界，城市在经济社会发展中的作用越来越显著。少数大城市将代表自己的国家和地区参与全球分工和竞争[1]。早在2000年，全球GDP的90%就已由城镇生产。而这90%中，又有50%以上由国家级中心城市生产。在城市化与全球化时代，一个国家或区域的地位，正是由中心城市的地位及其影响力所决定的。

一、中心城市的内涵及作用

1. 内涵

传统意义上，中心城市是指在一定区域内或全国社会经济活动中处于重要地位、具有综合功能或多种主导功能、起着枢纽作用的城市。

中心城市的城市性质以多职能综合性为主，除包括生产、服务、金融和流通等作用外，大多是政治和行政管理中心、交通运输中心、信息与科技中心和人才密集之地。按其影响范围大小，可将中心城市分为全国性、区域性和地方性等不同等级，所以，中心城市是一个体系。

2005年，国家建设部根据《城市规划法》编制全国城镇体系规划时，提出国家级中心城市、区域性中心城市和地方性中心城市等概念，这一概念在国家城市规划与发展中日益受到重视。

我国的国家级中心城市是指国家城镇体系顶端的城市，这些城市要在全国具备引领、辐射、集散功能，这种功能表现在政治、经济、文化诸方面[2]，它们分别是北京、天津、上海、广州、重庆。其中，上海是东部的中心，北京、天津是北方地区和环渤海地区的中心，广州是珠三角地区的中心，重庆是西南部的中心。国家中心城市考察的七大指标为综合经济能力、科技创新能力、国际竞争能力、辐射带动能力、交通通达能力、信息交流能力和可持续发展能力等。

2. 作用

周立群指出，国家级中心城市的确定，将是中央的战略性决策要义和重要棋子[3]。他说，现在一个国家的地位，不是由某一区域大小来决定，而是由特大城市的地位所决定。换句话说，国家中心城市好比是国家经济的聚宝盆，任何发达国家都会建立相应数量的"国家中心城市体系"。如德国有柏林、

---

　*　本文发表于《河南科学》2010年9月第28卷第9期第1189–1193页。作者为张占仓、蔡建霞。

　　基金项目：河南省哲学社会科学规划项目（2010年）。

法兰克福，法国有巴黎、里昂，美国也有十多个"国家中心城市"，如纽约、洛杉矶、芝加哥等。

中心城市是一个开放系统，是形成开放式、多层次、网络型的经济区的核心与基础，是高端生产要素集中与扩散基地，在自己腹地范围内具有相对比较完善的生产要素组合。

西方国家的中心城市通常是指：在一组相互接近、联系密切、不同规模的城镇群体中，一两个规模最大或位置适中的城市，它们在经济、社会、文化等方面发挥主导作用。中心城市是经济区域内生产和交换集中的地方，对周围地区可产生较强的经济辐射作用，它们承担着组织和协调区域经济活动的特殊作用。

河南省的中心城市也分为国家级区域中心城市、省级中心城市、县域中心城市、地方性特色中心城镇等，体系比较完善，符合人口稠密地区城镇体系建设的需要。

在交通条件、通信条件不断改善的信息时代，我国国家级中心城市和国家区域性中心城市发展的重要趋势之一是国际化，如上海、北京、深圳、青岛等城市国际化进程比较快。郑州市作为国家区域性中心城市，已经提出了国际化发展方向，实际任务仍任重道远[4]。

2009 年 12 月，中央经济工作会议对以城镇化建设促进经济发展提出了新要求。特别值得注意的是放宽户籍限制，推进城镇化改革的内容。在 2010 年的中央一号文件中从篇幅到政策的力度上都是空前的，从这个意义上讲，该文件是进一步推进城镇化的总纲领。

二、中心城市的经济学功能

按照科学发展观的要求，中心城市的经济学功能主要包括五个方面：

1. 就业功能

城市是二三产业集聚地，相对第一产业来说，二三产业就业空间特别大，而中心城市作为一定区域的中心，就业序列相对最长，是所影响区域就业规模最大的地域。因此，

中心城市往往是所影响区域人口规模最大的城市，也是就业结构相对最复杂的城市，一般具有当地范围内从低端到高端全部序列的就业结构，就业三角形中的高端要素比较突出。

2. 居住功能

大量人口向城市集聚，城市本身首要任务之一，是向所有市民及在该城市流动的人口提供当时经济社会条件允许的居住条件。一般在发达国家，中心城市可以提供环境优异的宜居条件，而发展中国家主要提供不断改善的保障性居住条件。拉美等过度城市化的国家除为中高收入者提供较好的居住条件外，对大多平民往往无法提供最基本的居住条件，以至于形成大量的贫民窟[5]。我国人均 GDP 已经超过 3000 美元，进入资本相对充裕期，就经济实力而言，已经具备为当地居民提供比较宽松的居住条件的能力。

3. 要素集聚功能

中心城市是所在区域区位条件最为优越，生产要素、生活要素集聚效益最为显著的地点。各种要素集聚以后，享受现代经济追求的资源共享、效益最大化的共同利益，成为一个区域的经济增长极，特别是中心城市能够集聚社会化超前发展需要的高端要素，如大学、研究院所、有创新能力的大型公司、创新型人才、资本市场、进入更大区域的门户（飞机场、枢纽型火车站、港口等）等，具备创造新的经济增长点的能力。所以，在经济发展环境宽松或不宽松的各种条件下，中心城市的发展活力都更加充沛。

4. 支撑发展功能

中心城市是一个区域长期适应发展需要逐步形成的，一般都具有相对比较完善的基础设施，对城市经济社会发展能够提供基本支撑功能。因为基础设施完善，使得当地生产成本、生活成本相对都比较低，或者起码是生产成本相对比较低，从而可以吸引大量企业，包括当地成长的企业或外地迁移到当地的企业，在当地以更加具有竞争力的成本生产出同类产品或服务，在更大的区域竞争

中获得核心竞争力。产业无论是向高端城市转移，还是向低端城市转移，其实均是寻求更加符合自己需要的低成本生产地，因为不同级别的中心城市，基础设施支撑能力不同，对不同产业具有不同的支撑功能。高科技企业趋向于更大的中心城市，主要是寻求高端人才支撑，而传统产业往往向低端城市转移，主要是为降低劳动力成本。

5. 辐射带动功能

中心城市在集聚生产要素和生活要素的同时，就开始对所在区域产生辐射带动功能。其中，大型中心城市的辐射带动功能比较显著，如行政领导功能、经济组织功能、信息中心功能、上游产业或产品的扩散功能、新文化的引领功能等。地方性中心城市也具有辐射带动功能，如一个县城，在当地经济社会活动中仍然具有比较完备的辐射带动功能。实际上，据调查分析，在经济发展情况相对比较好的一部分特色镇，对当地仍然具有非常明显的辐射带动功能。如巩义市回郭镇，是全国最著名的铝材深加工产业集群，拥有120万吨铝材深加工能力，2009年销售收入200多亿元，产业工人规模超过5万人，镇区人口11万，除了吸引当地人口几乎全部就地就业外，还吸引外地到当地就业2万人以上，成为当地经济社会的运行中心。

三、建设河南省中心城市体系的战略构想

2009年，河南省城镇化率达到37.7%，正处于美国地理学家诺瑟姆（Ray M. Northam）认为的高速发展期，已经具备了建设中心城市体系的基本条件，加速构建更高层次的中心城市体系势在必行。

1. 建设郑汴都市区

河南省城镇体系的最大弱点是缺乏国家级中心城市，从而严重影响全国性高端要素向河南集聚，从深层次直接影响河南经济社会发展的质量。在全国性城市格局初步形成的历史性背景下，如果长期默认这种格局，就很难在区域发展战略层面创造出新的重大

发展机遇，也难以打破中央政府长期以来对河南发展的战略定位。借鉴国内外发展经验，建议要规划建设郑汴都市区，尽快在该区域形成人口集聚规模1000万人以上、有国际影响的城市连绵带，以克服在人口1亿的区域缺乏有影响力的大都市的弊端，逐步形成河南走向世界的枢纽，世界进入河南的门户，为全国中西部地区再造一个新的增长极。从分析的情况看，该区域现有经济实力雄厚，包含郑汴洛工业走廊主体部分，产业结构的互补性强，主要交通设施完备，城市建设用地充足，水资源能够满足发展需要，具备建设千万人大都市的条件。目前，该区域已经实际拥有城镇人口600万以上，正在建设的郑汴新区发展潜力巨大，一系列有影响的重大建设项目正在集中布局，如果加快建设速度，在10~15年形成大都市区大有希望。而该都市区一旦形成，其影响力将大为提升，河南省的国际化才有可能跃上更高的台阶。

2. 推动中原城市群健康发展

把中原城市群的发展作为中原崛起、河南振兴的重要带动力和推进"三化"协调发展的重点之一，构筑"一极两圈三层"的城市空间格局，通过政府推动和市场拉动的双重机制，推进该区域交通一体、产业链接、生态共建、资源共享，建设向心布局、集聚发展、功能互补、共同繁荣的开放型城市群。特别是要在坚持不以牺牲农业和粮食为代价的基础上，积极推进新型工业化、新型城镇化和农业现代化的战略方向，以"三化协调"发展为区域特色，以已有良好基础的产业集群为支撑，以郑汴洛工业走廊为依托，以规划建设城市新区为突破口，扩大中心城市发展规模，壮大中心城市工业实力，充分发挥"两群融合"（城市群与产业集群）地区的叠加优势，提升区域经济社会发展水平，做大做强中原城市群，努力提高集聚发展能力和核心竞争力，为中部崛起提供区域支撑，为中西部地区科学发展探索新路，为国家经济腾飞贡献力量。

3. 建设新型城镇体系

第一，发挥郑州国家区域中心城市的辐

射带动作用。增强高端要素集聚、科技创新、文化引领和综合服务功能，将郑州建设成为彰显黄河文化和中原城市特色、适宜创业发展和生活居住的现代化、国际化、信息化和生态型、创新型城市。第二，加快发展省级区域中心城市。按照规模做大、实力做强、功能做优、环境做美的原则，发挥比较优势，加快发展，壮大省辖市规模，增强聚集要素和辐射带动地区发展作用，使之成为各区域空间组织的核心。到 2020 年，中心城区人口，洛阳市达到 300 万以上，开封、平顶山、安阳、新乡、焦作、南阳、商丘、信阳 8 个城市达到 100 万～200 万，濮阳、鹤壁、三门峡、周口、驻马店、许昌、漯河、济源 8 个城市达到 50 万～100 万。第三，提升县（市）域中心城市的发展水平。通过建设各具特色的产业集聚区，积极培育特色产业集群，壮大支柱产业。到 2020 年，发展条件较好的县（市）城人口规模达到 30 万～50 万人，其他县城达到 20 万～30 万人。第四，大力发展特色中心镇。主要通过发展传统产业集群，壮大经济实力，扩大发展规模，到 2020 年，全省力争使 300 个以上基础较好的特色中心镇发展成为小城市或中等城市。第五，积极探索农村新社区建设。以新农村建设规划为抓手，以中心村建设改造为核心，积极探索农村新社区建设，稳妥推进迁村并点试验，促进土地节约、资源共享，提高农村的基础设施和公共服务水平，提升农民生活质量，扩大农业经营规模，提高农民收入水平。

4. 建设特色产业城市

首先是建设特色城市。一个城市如果没有特色，包括规划风格、建筑风格、文化映像、标志性建筑、标志性街道、标志性人物、标志性饮食等，就缺乏活力，缺乏影响力，缺乏吸引力，就会影响其发展后劲。提到法国巴黎就联想到时尚，提到美国纽约就联想到金融经济，提到维也纳就会想起音乐，提到河南的漯河就知道是中国的食品名城，原因就是这些城市的特色非常鲜明，而且在某些方面为当地或世界做出了重要贡献。我国

是发展中国家，城市化速度非常快，如果不在特色上下功夫，挖掘当地的区域特色，特别是文化内涵，就很难逐步形成各具特色的城市风貌，有可能贻误塑造城市特色的历史机遇，无法为未来城市长远发展奠定科学合理的基础。其次是要建设产业城市。以当今被国内外发展实践证明了的产业集群为基本的产业组织形式[6]，以产业集聚区建设为抓手，毫不放松地发展产业，壮大城市经济实力，支撑城市成长，为高水平的城市化建设做出新的贡献。

5. 建设宜居城市

宜居城市指宜居性比较强的城市，凸显"以人为本"的核心理念[7]。宜居城市有宏观、中观、微观 3 个层面的含义。从宏观层面来看，宜居城市应该具备良好的城市大环境，包括自然生态环境、社会人文环境、人工建筑设施环境，是一个复杂的巨系统；从中观层面来看，宜居城市应具备规划设计合理、生活设施齐备、环境优美、亲切和谐的社区环境；从微观层面来看，宜居城市应该具备单体建筑内部良好的居室环境，包括居住面积适宜、房屋结构合理、卫生设施先进，以及良好的通风、采光、隔声等功效。落实科学发展观，突出以人为本的理念，关键是要建设宜居城市。只有从宏观到微观，把城市规划、建设、管理得宜居，才能够真正让广大居民享受现代文明，提升幸福指数，促进社会和谐，保持长治久安。

四、初步结论

1. 充分认识中心城市在区域发展中的战略意义

当一个区域发展到城镇化快速推进期，中心城市就成为区域经济社会发展的发动机，也是区域发展的增长极。只有把中心城市集聚生产要素、降低发展成本、提高发展效率、辐射带动区域发展、扩大对外开放的基本功能充分挖掘出来，才能够促进区域经济社会健康发展、可持续发展。目前，河南省已经进入城镇化高速发展期，进一步凸显中心城

市的特殊功能，对全省经济社会进一步加速发展、形成更好的发展机制至关重要。只有充分认识这种历史性趋势，在指导思想上把中心城市发展放在区域发展的战略高度，科学谋划中心城市发展，才有利于蓄势储能，逐步形成区域经济发展新的突破口，快速转变区域发展模式，使全省尽快进入城市经济发展阶段。

2. 建设郑汴都市区是河南省中心城市体系建设的突破口

河南省城镇人口总数已近 4000 万，应该对全国的经济社会发展产生较大的影响。但是，由于历史的原因，河南省省会城市郑州目前规模偏小，无论是人口规模还是经济规模，其首位度均不足以支撑河南省经济社会进一步向更高的区域层次发展。因此，结合河南省实际，构建郑汴都市区，促进郑汴一体化，成为破解省域中心城市不够强大难题的一个可行性选择。根据近几年实际工作推进情况看，郑汴都市区发展潜力已逐步显示出来，从更大区域分析，在中国北方地区，能够建设千万级人口规模城市的区域并不多，而该地区一旦形成这个级别的城市，必将在构建全国性经济增长极方面发挥更加重要的作用。如果说珠三角、长三角与环渤海湾是中国经济发展的三大极，重庆因为两江新区批准建设有可能成为中国经济发展第四极的话，那么郑汴都市区以及其依托的中原城市群有可能成为中国经济发展的第五极。因此，建设郑汴都市区不仅是河南省经济社会发展的战略需要，也是全国区域布局完善的需要，

对中西部中心城市体系建设都会产生重要影响。

3. 中心城市体系建设要走新型城镇化道路

面对中原地区人口密度特别大的现实，结合这些年来在不牺牲农业和粮食生产基础上推广新型工业化、城镇化和农业现代化的经验，河南省中心城市体系建设必须走出一条资源节约、环境友好、经济高效、文化繁荣、社会和谐、城乡统筹、大中小城市和小城镇协调发展、个性鲜明的新型城镇化道路，这是克服传统城镇化弊端的有效办法，符合科学发展观的需要，对城乡居民都将创造更加实惠的利益。

参考文献

[1] 谢守红，宁越敏 . 世界城市研究综述 [J]. 地理科学进展，2004，23（5）：56-66.

[2] 仇保兴 . 城镇化的挑战与希望 [J]. 城市发展研究，2010（1）：1-7.

[3] 周立群 . 重庆中心城市战略地位凸显 [EB/OL]．（2010-02-10）[2010-07-20]．http：//www.nkbinhai.com.cn/html/xwzx/xwzx/445.html.

[4] 张占仓，杨延哲，杨迅周 . 中原城市群发展特征及空间焦点 [J]. 河南科学，2005，23（1）：133-137.

[5] 仇保兴 . 国外模式与中国城镇化道路选择 [J]. 人民论坛，2005（6）：42-44.

[6] 张占仓 . 论城区经济发展战略 [J]. 经济地理，2009（1）：45-48.

[7] 石忆邵 . 再论城市研究中的若干问题 [J]. 城市规划学刊，2009（4）：79-81.

如何破解"三化"协调难题[*]

《国务院关于支持河南省加快建设中原经济区的指导意见》（以下简称《指导意见》）中对中原经济区的战略定位之一是"全国工业化、城镇化和农业现代化协调发展示范区。在加快新型工业化、城镇化进程中同步推进农业现代化，探索建立工农城乡利益协调机制、土地节约集约利用机制和农村人口有序转移机制，加快形成城乡经济社会发展一体化新格局，为全国同类地区发展起到典型示范作用"。这些定位给中原经济区建设提出了非常紧迫的要求，就是要努力探索"三化"协调发展的科学可行之路，真正为全国同类地区起到典型示范作用。

一、吃透内涵

"三化"协调发展是指一个国家或地区工业化、城镇化和农业现代化三者之间相互促进、良性循环、和谐发展的过程，而不是相互掣肘、制约发展的状态。在一般意义上，工业化、城镇化和农业现代化是人类文明进步的重要标志，是发展中国家现代化建设的基本内容。在一个国家或地区经济社会发展的进程中，工业化、城镇化和农业现代化是一个有机联系的整体系统，三者相互联系、相互作用，既有资源利用上的竞争关系，也有相互推动、互为支撑的协调关系。实现"三化"协调发展，是促进经济平稳较快发展、社会和谐稳定、顺应农业农村发展新变化新挑战的迫切需要和必然要求，也是在资源约束条件下工业化、城镇化推进过程中的一种战略需求。

事实上，这些年来，河南省一直沿着工业化、城镇化和农业现代化协调推进的路子在探索。特别是从 2004 年开始，全省在快速推进工业化、城镇化的同时，开展了以农村空心村、黏土砖瓦窑、工矿废弃地为重点的"三项整治"，取得了显著的成效。到 2008 年，全省共整治土地 129 万亩，新增耕地 78 万亩。其中，全省共拆除黏土砖瓦窑厂 7760 多个，复垦土地 21.6 万亩。通过"三项整治"，不仅有效保护了耕地，而且提高了农村土地的集约节约利用水平，为工业化、城镇化提供了有效的土地资源支撑。在 2010 年河南省委省政府提出的《中原经济区建设纲要（试行）》中，"三化"协调发展作为河南建设中原经济区的核心思路，被放到了空前重要的位置。而国务院出台的《指导意见》更是把"三化"协调作为中原经济区建设的核心任务。

目前，河南仍然处于工业化城镇化的中期阶段，产业结构的特点是能源、原材料等资源与资本密集型产业比重较大，这种基本情况非常不利于"三化"之间的协调，"三化"之间不够协调已成为河南和谐发展的重要制约因素。此外，针对河南的实际情况和建设中原经济区的实际需求，在河南"三化"协调发展问题上，走"新型工业化""新型城镇化"的观点得到了广泛的认同，"加快新型工业化，构建现代产业体系""加快新型城镇化，构建现代城镇体系""推进农业现代化，加快社会主义新农村建设"写入了《中共河南省委关于制定全省国民经济和社会发展第十二个五年规划的建议》。由于新型工业化、新型城镇化和农业现代化是一个涉及经济社

---

* 本文发表于《中州学刊》2011 年第 6 期第 85—87 页。

会方方面面的复杂系统工程，既要在政府宏观调控下发挥市场配置资源的功能，又要根据本区域内的经济社会情况，在认真总结我们自己创造的经验的同时，辩证地学习和借鉴外地的成功经验，选择符合自身特点的发展模式是探索全面破解"三化"协调发展难题的关键。

二、澄清背景

美国经济学家、诺贝尔经济学奖获得者刘易斯于1954年发表的《劳动力无限供给条件下的经济发展》论文是有关"三化"协调发展的最早研究成果，为我们描述了一个"三化"协调发展的经典框架。在人多地少的发展中国家，情况就非常复杂。因为，工业化和城镇化都要大量占用土地资源，而既要维持当地粮食安全，又要保持农业应有的生产规模，特别是要保持粮食生产能力持续提升，相互之间的矛盾如何破解？

我们系统研究这个问题，提出了资源总量平衡理论，即从一个区域资源总量平衡情况分析，同样数量的人，在农村生产和生活时，人均占有的土地资源相对比较多，而在城市生产和生活时，人均占有的土地资源相对比较少。因此，当一个地区完成城镇化以后，土地资源的总量应该是节约的。发达国家的经验已经证明，这是真理。而发展中国家，一般情况下人均土地资源比较少，能否在城镇化过程中，能够减少人口对土地资源的压力呢？我们认为结果是肯定的。

据我们初步分析，河南省在盘活土地资源方面潜力还是非常大的。第一，如新乡已经进行的探索与试验，在条件适宜的县市搞农村新社区建设，不仅可以快速改善农村的基础设施条件，提高公共服务水平，大大改善农民的生活条件和生产条件，而且一般可以节约农民住宅建设用地1/3。那么，在一个100万人的县，如果按最低户均0.6亩宅基地（包括农村道路、公共基础设施等）计算，25万户的宅基地就可以节约占地5万亩，潜力之大可见一斑。第二，河南省现有城镇居民约

4000万人，其中大约3000万人是第一代城市居民。这些居民很多尽管已经在城市生活多年，但是由于政策法规等方面的原因，现在很多人仍然在农村占有宅基地，而且这些宅基地多数都处在低效利用或者未利用状态。如果也平均按照每户4口人，每户占有0.6亩宅基地的话，大约合计就要占450万亩宅基地。如何盘活这部分资源，也大有文章可做。第三，未来10年，河南省大约可以转移农村人口进城1000万人，如果能够使这些居民在城镇安居乐业，我们在制度层面大胆创新，通过利益机制保障其生产和生活，使他们顺利转换在农村的宅基地为城镇建设或工业用地的话，也能够腾出城镇或者工业发展用地约150万亩。第四，按照国土资源部门这些年行之有效的土地资源整理的经验，在投入有保障的情况下，未来10年整治复垦工矿废弃地、废旧砖瓦窑等大约可以提供可用土地资源100万亩。这几项相加，大约可以有1000万亩的可利用土地资源。而如果用这些土地资源进行城镇建设的话，按照人均占有100平方米的标准计算，就可以容纳6000万人以上，基本上可以解决河南省现有全部农村人口的城镇化用地。所以，我们在积极推进工业化、城镇化的过程中，保住现有的耕地规模，保障粮食生产能力持续提升的可能性是有的。

三、探索路子

在以上背景分析的基础上，我们认为破解"三化"协调发展的难点是提高土地资源节约集约利用水平。为此，建议从以下几个方面进行大胆探索：

第一，改革和完善土地管理制度，建立城乡统一的土地市场。建议尽快开放农村土地市场，让农村土地能够顺利上市交易，把农村土地资源交易与城镇土地资源交易并轨，通过正常的利益机制，彻底盘活农村低效利用或者没有利用的宅基地，为城镇发展，特别是中心城市发展提供应有的土地资源，也为国家土地法的修改完善探索具体的路子。

第二，以新型城镇化为引领，全面推进

农村新社区建设。在总结新乡、义马、舞钢、新密等地经验的基础上，以农民自愿为前提，通过科学的规划，在地方财政资金允许的县、乡开展农村新社区建设，推动农村居民点迁村并点，既改变农村公共基础设施条件及公共管理和服务条件，提高农村居民生活水平，也提高农村住宅用地节约集约利用水平，减少农村居民点占用土地资源数量，为工业化、城镇化筹备土地资源，也为农村居民就地转移进入第二、第三产业创造条件，推动城乡一体化发展。

第三，建立健全土地整理补偿机制，促进耕地后备资源复耕。尽管我们制定有非常严格的耕地保护制度，但是工业化、城镇化的发展，大型基础设施建设等不可避免地仍然要占用一部分耕地。为了真正做到占补平衡，必须每年不断地整理出一部分耕地。这是长远大计，必须坚定不移、坚持不懈。增加投入，保障新增耕地者的利益。

第四，探索开辟新的土地利用模式，支撑工业化和城镇化持续推进。参考国内外土地利用模式，像美国康奈尔大学、中国文化大学、香港中文大学等完全建在山上，欧洲有不少著名城镇也都建在山上，均节约了大量建设用地；济源市、焦作市利用临近山区的特殊优势，已经探索而且富有成效的"工业出城、项目上山"的土地资源开发利用模式，在一些荒山未利用土地上巧做文章，建设工业集聚区和大型工业项目，大量节约了常规的工业用地；商丘市在修建商丘至周口、商丘至亳州等高速公路的施工中，坚持科学规划，统筹安排，采取合理选址、降低路基、增加涵洞和从河滩取土等方法，创造了大型建设项目节地1万余亩的佳绩；各地已经初步推广应用的建设多层工业标准厂房，提高土地资源利用效率的模式；等等。

河南省新型城镇化战略实施中需要破解的难题及对策[*]

摘　要　新型城镇化，作为省一级行动 2006 年发源于浙江省。2010 年，河南发展高层论坛第 31 次会议专题讨论河南省新型城镇化战略，引起时任省委书记卢展工高度重视，并对会议纪要作出重要批示。2011 年 8 月 1 日，省委书记卢展工在舞钢市调研时提出，新型城镇化引领"三化"协调发展新观点，并全面推动了河南省新型城镇化建设。经调查研究认为，新型城镇化战略实施中需要破解新型城镇化引领"三化"协调发展、与传统城镇化整合、新型农村社区建设资金筹措、居民就业、土地资源节约集约利用、大中小城市协调发展、农村传统文化保护与传承七个难题，并通过确立新型城镇化引领"三化"协调发展的新理念、确定新型农村社区建设在新型城镇化中的特殊作用、确保新型农村社区建设因地制宜、确实通过新型城镇化推动"三化"协调发展等对策促进新型城镇化健康发展。结论认为，要全面理解新型城镇化的科学内涵，新型城镇化具有引领"三化"协调发展的作用，新型农村社区建设需要相关政策持续创新，推进新型城镇化要为"三化"协调科学发展奠定科学技术与管理创新基础。

关键词　新型城镇化；"三化"协调发展；先行先试；河南省

河南省九次党代会确立了建设中原经济区，持续探索不以牺牲农业和粮食、生态和环境为代价，新型城镇化引领"三化"协调科学发展的新路子。全省各地积极探索，大胆实践，理论界也做了大量调查研究，取得了扎实的成果。但是，在新型城镇化战略实施中确实面临一系列难题急需破解，本文在系统调查研究的基础上对该问题进行研究，并提出了相应的对策。

一、新型城镇化实践基础与理论进展

1. 实践基础

我国城镇化基本上分三个阶段：新中国成立以后的 1949~1977 年，年均城镇化率提高 0.28 个百分点，属于城镇化低速发展阶段；1978~1995 年，年均城镇化率提高 0.64 个百分点，属于发展中国家发展相对较快的阶段；从 1996 年之后到现在，年均增长 1.46 个百分点，进入经济学和地理学意义上城镇化的高速增长期[1]。

改革开放以来，河南省城镇化增长率经历了四个阶段：一个是从 1978~1990 年，年均增长 0.16 个百分点；1990~1995 年，年均增长 0.34 个百分点；1995~2004 年，年均增长 1.3 个百分点；2004~2011 年，年均增长 1.74 个百分点。为什么 2004 年以后进入高速期？因为 2005 年河南省的城镇化突破了 30%，2004~2005 年完成了这个跨越。城镇化率越过 30% 以后，进入城镇化的高速增长期[2]。

[*] 本文发表于《河南科学》2012 年 6 月第 30 卷第 6 期第 777-782 页。作者为张占仓、蔡建霞、陈环宇、陈峡忠。
基金项目：国家 2012 年软科学项目（2012GXS2D018）。

全国的转换点和河南省的转换点都很典型，这就是美国地理学家诺瑟姆的"S"模型，就是城镇化率在30%之前，是小马拉大车，走得很慢，但是从30%到70%之间，会是一个城镇化高速增长期，这时候经济结构的活跃性、人口结构的活跃性，都支撑城镇化高速推进。到70%之后，进入全社会追逐高福利状态，所以经济增速下降，城镇化速度又开始进入慢速发展阶段。2021年，我国城镇化率为51.3%，这也是一个重要的转折点，全国的城镇化率第一次突破50%。河南省2021年的城镇化率是40.6%，是全国城镇化率最低的省区之一。目前，全国和全省现在都处在城镇化上升速度最快阶段，这也是全球的规律。

与国外相比，我们从1981年到2003年，用了22年使城镇化率提高了20个百分点，但是发达国家从20%~40%，英国用了120年，法国用了100年，德国用了80年，美国用了40年，苏联用了30年，日本用了30年。我们中国的第一个20%用了22年，从最近这十几年的速度看，第二个20%用16~17年就可以完成[3]。所以我们可以得出一个结论，中国正在经历世界规模最大和速度最快的城镇化进程，就这个进程来说，具有全球无法比拟的特殊性。

2. 城镇化与新型城镇化的内涵演变

关于城镇化的内涵，正像河南原省委书记李克强讲的一样，城镇化化的是什么，化的是农民，农民变成城镇居民，实质在这里。为什么要城镇化？因为城市是一定区域要素集聚的结果。为什么要集聚？因为经济学上最基本规律之一，集聚产生效益，集聚提高效率。那么农村是自然天成的聚落，所以农村在更大程度上不具备现代经济学追求的规模效益。当生产要素成长到一定程度之后，其本身需要追求效率的话，就会形成集聚、集约、集中的过程。

关于新型城镇化，2002年党的十六大报告提出了中国特色的城镇化发展道路，2007年十七大报告进一步对中国特色的城镇化道

路进行了内容丰富的解释。2006年浙江省委省政府出台《进一步加强城市工作走新型城镇化道路的意见》，作为一个省级区域开始全面推进新型城镇化。在此之后，很多省先后都提出了新型城镇化问题。2007年，温家宝总理在苏南调研，提出"中国不仅要走新型工业化道路，也要走新型城镇化道路"，这是中央领导对新型城镇化最明确的说法。

2010年4月，在《浙中城市群规划》专家评审会上仇保兴发言时指出，新型城镇化就是对老城镇化模式的一种升级。新在什么地方？现在理论界还没有十分清晰的概念。我认为，首先就新在现在需要用质量型的城镇化取代过去数量型的城镇化。所谓质量型的城镇化，就是既要使城市中人们的生活更加美好，同时又能节能减排。如果说过去我国的城市发展模式能使经济运行更有效率，那么现在就是城市发展应使生活更美好，要回到城市的本质内涵上来。回顾历史，世界上所有先行国家的城镇化，到了这个阶段都提出了城市美化运动。城市美化运动的起源就是人民群众对高质量生活场所的一种追求和实践。我们所做的所有工作都是为了满足人民群众的需求，不同的阶段有不同的需求，这个时候压倒一切的就是生活质量的需求和生态环境的需求。其次，新型城镇化一定是均衡化的城镇化。过去的城镇化叫先富一小部分地区和城市，以点开花，以点带面。现在我们要追求的是整个区域的均衡发展，要追求城乡一体化协调互补发展，要追求城市、乡村的居民都能够共同富裕。这就是一种均衡、和谐的发展观。此外，新型城镇化还必须要回答我国城镇化面临的一些瓶颈问题，要准确应对当地面临的各种挑战。新型城镇化的结果必须是生态的、低碳的[4]。

2010年4月，河南发展高层论坛第31次会议，专题讨论河南省新型城镇化战略，由笔者作主讲发言，提出初步方案，会议纪要上报省委以后，5月5日时任省委书记卢展工作出重要批示，标志着新型城镇化引起河南省委高度重视。

3. 新型城镇化的引领作用

2011 年 8 月 1 日，省委卢展工书记在舞钢调研时提出了新型城镇化引领"三化"协调发展。此后，理论界快速行动，王永苏等调研发表了新型城镇化引领"三化"协调科学发展研究报告，引起广泛关注。之后，《河南日报》先后发表了新型城镇化的新密样本、舞钢样本、潢川样本、淮阳样本等，《十八谈（许昌篇）》专门谈了以新型城镇化引领"三化"协调发展。10 月 13 日，全省理论界第一次召开新型城镇化引领"三化"协调发展高层论坛，当时争论的焦点就是新型城镇化能不能引领，多数与会专家热烈讨论后认为具有引领作用。

2011 年 10 月九次党代会，省委正式把新型城镇化引领"三化"协调科学发展纳入省委工作报告。按照党代会报告里新型城镇化的定义，新型城镇化是以城乡统筹、城乡一体、产城互动、节约集约、生态宜居、和谐发展为基本特征的城镇化，是大中小城市、小城镇、新型农村社区协调发展、互促共进的城镇化。这个说法和全国学界公认的说法基本接近。但河南提出引领作用，引起全国高度关注。

2012 年 4 月 6 日，《人民日报》头版头条发表了"不以牺牲农业和粮食、生态环境为代价，以新型城镇化引领的'三化'协调科学发展之路悄然延伸——河南务实发展稳步前行"的文章，说明我们的做法走在了全国前列。4 月 7 日，《河南日报》发表舞钢市为 21 户进入社区的居民发放集体土地使用证和房产证的报道，标志着新型农村社区建设管理政策取得突破，农民的财产性收入有了制度保障。4 月 13 日，河南发展高层论坛召开第 49 次会议，主题为河南省新型城镇化实践及对策，仍然由张占仓作主讲发言，题目为"河南省新型城镇化战略实施及对策"，4 月 14 日《河南日报》报道后，迅速引起省委领导重视，并要求发言全文在省委主办的《河南工作》上刊发。5 月 9～11 日，青海省党政代表团到河南调研，重点学习新型城镇化引领"三化"协调科学发展的做法与经验。5 月 31 日《河南日报》报道，5 月 30 日舞钢市 21 户首批领到房产证的农民中的 10 户拿到了房屋抵押贷款 331 万元。有了房产证，农民手中的"死资产"变成了"活资本"，通过抵押贷款，入住新型农村社区的当地居民创业与致富更有盼头，中原经济区建设中先行先试的政策威力初步显现。

二、河南省新型城镇化战略实施中的难题

1. 新型城镇化引领"三化"协调发展问题

"三化"协调发展，难点是发展空间，也就是土地问题[5]。所以，卢书记讲，建设中原经济区走一条不以牺牲农业和粮食、生态和环境为代价的"三化"协调发展之路，新型城镇化是引领，要通过新型城镇化建设，整合村庄、土地、人口、产业等要素，增强新型农村社区综合服务功能，着力破解保护耕地和保障城乡建设用地的问题，提升节约集约用地水平。一般人都很好奇，工业化要占地，城镇化要占地，你还非说你的粮食生产能力能够持续提升，他不信。因为沿海走过的路，广东、浙江等走过的路，都是城镇化上去了，工业化上去了，农业却下来了。而我们从寻求发展空间入手，一般县市通过新型农村社区建设，可以节约 1/3～1/2 农村居民点建设用地，全省算下来就可以节约几百万亩，潜力巨大，这就是引领的关键所在。舞钢市通过新型农村社区建设，让农民有了财产性收入，并顺利通过房产抵押，拿到了创业与致富的贷款，政策创新确实为当地老百姓带来了发展的实惠，这也是引领的具体体现。

2. 新型城镇化与传统城镇化的整合问题

传统城镇化道路，已经显示出明显的弊病[6]。通俗的说法，城市像欧洲，农村像非洲，城乡二元结构显著。这样不仅不利于经济本身的发展，也对社会稳定、国家安定造成潜在威胁。新型城镇化的核心是强调城乡

协调发展，而不是把二元结构越拉越大，就是要在国家宏观调控下，更多地调动国家资源，支持农村的发展，解决"三农"问题。发展中国家最难破解的是"三农"问题，如果不用国家的力量推动资源向"三农"倾斜，国家长治久安是会出问题的。现在，我们通过新型城镇化，特别是建设新型农村社区，让更多的农民低成本转化为城镇居民，既解决了集中集聚集约发展提高效益问题，也解决了我们国家由于"人多地少"而迫切需要的发展空间问题，有利于促进城乡统筹发展，特别是有利于农村加快发展[7]。

3. 新型农村社区建设的资金筹措问题

新型农村社区建设现在最大的问题之一是资金筹措。新型社区建设核心内容是让过去分散的农村居民点变成集中的居民点，把过去因为分散导致多占用的土地资源腾出来，为工业化和城镇化腾出空间。这样我们的基本农田、耕地保住了，农业生产能力就能持续提升。新型农村社区建设就是要用更高的标准建基础设施配套完善、住宅条件很好的社区，所以筹集足够的资金是关键问题。目前，我们各地探索的路子各具特色，比如新密，利用煤炭塌陷区改造这个特殊优势，不仅把新型社区建得很好，基础设施配套也非常到位。长葛的众品集团通过市场化运作投资建设新型农村社区，而且获得了平均每个行政村400亩地的发展空间。舞钢市采取多种办法筹集资金进行基础设施建设，而房屋建设成本由自愿入住的居民出，公共基础设施由地方政府和商业运作筹集，资金运转比较好。据统计，河南省上年新型农村社区建设已经筹资650亿元，和过去相比有很大增长，今年的投入肯定会更多，特别是金融机构已经积极介入，信贷资金投入将进一步缓解资金难题。

4. 新型农村社区居民的就业问题

这个问题现在是北京的学者，包括国外学者最担心的问题。把居民集中起来，我们能做到，但是集中以后让居民干什么？如果居民集中在社区，是去种地，还是从事第一

产业，都是不行的。我们从理论分析，到实际调研，形成这些观点：一是中国确实已经出现了刘易斯拐点，剩余劳动力不再无限供应，已经出现劳动力价格稳定上涨的状态，招工难，稳定普通职工从业更难。在这种状态下，历史已经发展到可以加快农村居民积聚，而且能够让越来越多的居民在二三产业实现就业。二是对河南省来说，我们看到了一种现象，一个富士康打破了郑州市与河南省用工市场多年一边倒的平衡。它来的时间很短，但在郑州已招收十几万人，这个转变导致劳务市场上用工成本在迅速提升。实际上富士康为什么大规模向中国中西部转移，确实和中国现在已经出现刘易斯拐点相关。三是河南省强力推进的180个产业集聚区建设，改变了我们工业发展与产业工人规模扩张的格局，过去就业是大难题，现在招工难题在挑战就业难题。所以在现有条件下，尽管各市县情况有差别，但是从总体上看，就近到二三产业就业通过协调是有希望解决的。舞钢市枣庄社区，就在社区旁边招商引资，建起几家台资企业，就地安置，就近就业。濮阳市西辛庄村，原有村民600多人，现在工业企业安置就业8000多人，进一步集聚人口建设社区，条件已经具备。

5. 新型农村社区建设中土地资源节约集约利用

从我们调研全省情况看，平原地区会节约农村居民点占地1/3左右，丘陵地区潜力最大，平均可以节约一半左右。丘陵地区是户均占有宅基地面积最大的，一般在1亩左右。把这些土地资源整合之后，可以腾出大量发展空间。相比较而言，山区不仅人均宅基地不多，而且宅基地复垦难度大，一般平原地区也要慎之又慎，因为平原地区都是比较穷的地方，筹集资金难度比较大。京广铁路沿线的丘陵地区是全省新型农村社区建设的突破口，不仅人均占有宅基地最多，而且经济相对活跃，经济实力较强，二三产业就业情况较好。舞钢市通过建设新型社区，在人口相对密集的地区，户均住宅由原来平均半亩

以上，到现在户均 0.23 亩，节约了一半用地。永城市芒山镇雨亭中心社区原有 6 个村 1.5 万多人，占地 6000 亩，新社区规划占地 1000 亩，节约出土地 5000 亩，目前社区一期工程基本结束。

6. 大中小城镇的协调发展问题

新型城镇化仍然要求大中小城镇协调发展，这是城镇化的大局，也是经济发展的规律。全球城镇化的过程都证明，中心城市集中发展，是城镇化的普遍规律，基于这种规律，在全省推动新型城镇化战略过程中，真正集聚要素的重点，仍然是在各级中心城镇，特别是以省会郑州为中心的国家区域性中心城市，以各市政府驻地为中心的市域中心城市，以各县城为中心的县域中心城镇，以各乡镇政府所在地为中心的节点城镇，以新型社区为中心的新集聚地，是分级集聚中心，要协调发展，互促共进。

7. 传统文化保护与传承问题

由于我们中原大地是全国传统文化沉淀非常丰厚的地方，如巩义市康百万庄园、偃师市二里头文化遗存、义马市石佛村具有 300 年历史的李家大院、渑池县地坑窑院、经典豫西民居，等等，这些传统文化载体大多在基层农村。在农村新型社区建设过程中，如何对类似这些传统文化载体进行科学保护，并伴随经济发展，进一步对其进行研究、认识、挖掘、继承、传承、利用和弘扬，确实需要我们做更加深入细致的工作。万万不能在新型农村社区建设过程中，随着部分村庄被复垦或者变成建设用地，让这些宝贵遗产被遗弃，甚至被毁掉。

三、河南省新型城镇化战略实施的重点

1. 从战略上强化郑汴都市区核心增长带动作用

区域发展的核心地区拥有强大的集聚辐射能力，可以消除强大的集聚中心。我们要充分利用郑汴都市区位置居中、基础设施配套条件优越、人才资源相对丰富、适宜中高端项目，特别是大型产业转移项目落地的特殊优势，模拟富士康项目引进时创造的"郑州速度"，提高政府管理部门的运行效率，创造更加宽松和谐的环境，加速集聚高端生产要素和生活要素，提高产业发展层次，加快区域经济国际化步伐，借势促进经济发展方式转变，全面提升发展效益，打造中原经济进入世界的枢纽和世界经济进入中原的门户。到 2020 年，力争集聚人口规模 800 万~1000 万，集聚产业实现生产总值 2 万亿元以上[8]。

2. 加快中原城市群集聚集群集约发展

以加快其集聚发展为基本思路，发挥"两群融合"（城市群与产业集群融合）的叠加优势[9]，节约集约利用土地资源和相关公共资源，依托各市产业集聚区和现有产业基础，集中规划布局建设一批产业集群，尽快在产业集聚区实现以产业集群发展为主要形态的"两集融合"（产业集聚区与产业集群融合），确实把我们已经创造的产业集聚区项目容易落地的政策优势与国内外已经证明的产业发展最具核心竞争力的产业集群发展优势紧密结合，让我们拥有更多充满活力的产业集群，推进工业化上水平、上档次、上规模，并通过产业集群产品易于国际化的路径，为内陆开放高地建设铺平产业发展的道路。

3. 全面规划建设五级新型城镇体系

过去河南省城镇体系一直是四级体系，郑州市是国家区域性中心城市，其他各省辖市是地方区域性中心城市，县城是县域中心，特色镇是增长节点，现在发展到第五级，就是新型农村社区，这是个新的亮点。事实上农村社区在管理体制上进一步创新，纳入城镇管理，将是推动城镇化的重要动力，它在促进农村人口尽快转移方面具有特殊优势。

4. 努力提高城乡协调发展水平

新型城镇化的核心是城乡协调发展，关键是通过国家宏观调控的力量，支持农村加快发展[10]。为此，一是鼓励城市支持农村发展，让更多的资源向农村倾斜[11]。二是推动

农村人口向城镇有序转移，必须在户籍制度上为进入社区的居民开绿灯。三是尽快开展农村土地市场开放试点，像1992年开放城市土地市场一样，先行先试，积极探索农村土地使用权进入市场的具体办法，激发农村发展活力，盘活农村土地资源，为工业化、城镇化提供支撑。四是加快公共服务向农村延伸步伐[12]。统筹城乡基础设施建设和社会事业发展[13]，逐步提升农村社会事业公共服务水平，加快推动城乡一体化发展，完成向新型城镇化的转型[14]。

四、促进河南省新型城镇化战略顺利实施的对策

1. 要确立新型城镇化引领"三化"协调发展的新理念

借鉴国内外城镇化经验，更新城镇化观念，树立新型城镇化理念，全面理解和认识新型城镇化的科学内涵，以科学发展观为指导，坚持以人为本，推进城乡统筹发展、转型发展、集约发展、协调发展、可持续发展，摆脱传统城镇化的思想束缚，积极探索城乡协调发展新途径。通过新型城镇化的引领作用，促进"三化"协调科学发展，为全国探索路子，积累经验，试验示范。

2. 要确定新型农村社区建设在新型城镇化中的特殊作用

当前，河南省正处于工业化、城镇化和农业现代化快速发展期，工业化需要空间，农业现代化也需要空间，城镇发展本身就是空间拓展的过程。空间问题是制约发展的突出矛盾，要解决资源短缺和空间需求大的这一矛盾，只能从提升空间使用效率上寻求突破口，河南基层的实践已经证实这个突破口就是以新型农村社区建设为切入点和城乡一体化发展结合点的新型城镇化。

3. 要确保新型农村社区建设因地制宜

新型农村社区建设，面临规划、资金、土地、就业等一系列问题，我们虽然已经进行了大量探索，积累了一定的经验，但是，毕竟这项工作涉及的问题非常多，成熟的、适合各地的经验还非常有限。而且，新型城镇化建设本身也是一个需要较长时间逐步推动的过程。所以，一定要因地制宜，因时制宜，实事求是，坚持分类指导、科学规划、群众自愿、就业为本、量力而行、尽力而为，积极稳妥开展新型农村社区建设，推动土地集约利用、农业规模经营、农民多元就业、生活环境改善、公共服务健全，加快农村生产方式和农民生活方式转变。

4. 要确实通过新型城镇化推动"三化"协调发展

一是通过新型城镇化，低成本加速农民市民化，节约集约利用土地资源，为"三化"协调发展提供土地空间。二是通过新型城镇化，让更多农民离开第一产业，进入第二、第三产业，为耕地流转、农业规模经营提供支持，促进农业现代化，提高农民收入水平。三是通过新型城镇化，为农区工业化提供劳动力、工业用地支撑，加速推进工业化进程。四是通过新型城镇化，调控更多资源向农村倾斜，加快农村发展，加速城乡一体化进程，促进和谐社会建设。

五、初步结论

1. 要全面理解新型城镇化的科学内涵

新型城镇化各地都在积极探索，其科学内涵包括追求城镇化质量，使城镇居民生活更美好，生态化，节能、低碳、节地，城乡均衡发展，大中小城市和新型农村社区协调发展等。新型城镇化的突破口是新型农村社区建设，但是新型城镇化绝不等于新型农村社区建设。新型城镇化有非常丰富的科学内涵和大量规划建设的实际内容，省委九次党代会报告上有科学完整的表述，我们必须全面系统地理解和贯彻落实。

2. 新型城镇化具有引领"三化"协调发展作用

新型城镇化引领"三化"协调发展是中原经济区建设最大的特色，实践已经初步证明，其引领作用毋庸置疑。要充分认识新型农村社区建设在新型城镇化战略实施中的切

入点和结合点地位，这是破解土地资源节约集约利用行之有效的战略举措，已经在全省很多县市显示出巨大的政策潜力，有可能为我国中西部地区寻求工业化和农业现代化发展空间探索到科学可行的路子，为加快城镇化提供经验与政策支撑。

3. 新型农村社区建设需要相关政策持续创新

新型农村社区建设一定要充分利用国务院给我们的先行先试的历史机遇，科学规划、因地制宜、大胆探索、勇于创新。国务院《指导意见》给我们四个方面的先行先试权，这是政策含量最高的东西。所谓先行先试，就是可以使用更加灵活的方式破解当地发展的难题。到目前为止，"三化"协调发展政策的突破点应该在基层，基层突破了，实践证明切实可行，然后总结规范之后，才可能在更大的范围应用。实际上，全省第一线的干部创新潜力巨大，现在已经在土地证、房产证、户籍、社保、抵押贷款等方面初步找到了路子，确实为当地老百姓带来了实惠，为国家相关政策创新奠定了实践基础，继续探索，大有可为。

4. 推进新型城镇化要为"三化"协调科学发展奠定科学技术与管理创新基础

新型城镇化推进过程中需要科学层面、技术层面和管理层面做大量的理论总结，只有理论和实践紧密结合，相辅相成，方方面面思想认识一致，形成合力，我们的整个工作才能更加科学、更加健康、更加务实、更加有效。

参考文献

[1] 张占仓. 河南省新型城镇化战略研究 [J]. 经济地理，2010（9）：1462-1467.

[2] 张占仓. 如何破解"三化"协调发展难题 [J]. 中州学刊，2011（6）：86-87.

[3] 仇保兴. 中国的新型城镇化之路 [J]. 中国发展观察，2010（4）：56-58.

[4] 仇保兴. 科学规划认真践行新型城镇化战略 [J]. 小城镇建设，2010（8）：20-27.

[5] 张占仓. 河南省建设中原经济区战略研究 [J]. 河南工业大学学报，2010（4）：1-5.

[6] 杨重光. 新型城镇化是必由之路 [J]. 中国城市经济，2009（11）：38-43.

[7] 仇保兴. 城镇化的挑战与希望 [J]. 城市发展研究，2010（1）：1-7.

[8] 张占仓，蔡建霞. 中心城市体系建设及河南省的战略选择 [J]. 河南科学，2010，28（9）：1189-1193.

[9] 张占仓. 河南省新型城镇化的战略重点 [N]. 经济视点报，2011-12-29.

[10] 蓝枫，彭森，李铁，等. 科学推进城镇化进程着力提升发展质量和水平 [J]. 城乡建设，2010（9）：22-26.

[11] 耿明斋. 对新型城镇化引领"三化"协调发展的几点认识 [J]. 河南工业大学学报，2011（4）：1-4.

[12] 王明瑞. 关于河南省新型城镇化建设的思考 [J]. 农业纵横，2011（11）：57-58.

[13] 王发曾. 中原经济区的新型城镇化道路 [J]. 经济地理，2010（12）：1972-1977.

[14] 王旭. 芝加哥：从传统城市化典型到新型城市化典型 [J]. 史学集刊，2009（6）：84-90.

河南省新型城镇化实践与对策研究综述[*]

摘要 在建设中原经济区过程中，河南省提出以新型城镇化引领"三化"（新型城镇化、新型工业化、新型农业现代化）协调科学发展的重大科学命题，并且已经在很多市县进行了初步探索，找到了切实可行的路子，为当地农民带来了非常可观的经济利益，引起了全国学界、政界高度关注。笔者在 2010 年专题研讨的基础上，又一次组织全省理论界研究新型城镇化实践及发展对策，形成了一些新的重要观点，特别是提出了新型农村社区建设是新型城镇化建设的切入点和结合点的观点。这种观点已经引起中央和很多省市的高度重视，也引起了国外学者的关注。希望这种观点能为"三化"协调发展提供广阔的发展空间，对我国中西部地区乃至发展中国家推动"三化"协调发展提供广泛的借鉴价值。

关键词 新型城镇化；"三化"协调发展；中原经济区；河南省

为科学指导河南省新型城镇化实践，2012 年 4 月 13 日，由省社联主办的河南发展高层论坛召开了第 49 次会议。省科学院副院长张占仓研究员作了主讲发言，中共舞钢市委高永华书记、中共新密市委张红伟副书记、新乡县张怡春副县长、滑县赵继芳副县长等结合当地新型城镇化实践，介绍了各自对推进新型城镇化的认识和体会。省政府发展研究中心王永苏主任、省社科院副院长刘道兴研究员、河南大学原副校长王发曾教授、省社科联原副主席赵怀让研究员、河南大学经济学院院长耿明斋教授、郑州大学商学院副院长李燕燕教授、省科学院地理研究所杨迅周研究员、省社科院农村研究所吴海峰研究员、省政府发展研究中心李政新研究员、河南财经政法大学李晓峰教授、河南财政专科学校陈爱国教授、河南科技学院城市与区域研究中心雒海潮等作了主旨发言。省社科联杨杰主席和孟繁华副主席、中共河南省委办公厅信息调研处张世平处长、省财政厅研究室副主任郭宏震副研究员、省住房和城乡建设厅办公室（研究室）王广军副主任、黄淮学院经济管理系刘金荣副教授、河南大学环境与规划学院副教授刘静玉博士等 50 余名理论和实际工作者以及媒体记者参加研讨会，省社科联李恩东书记主持会议。为了开好这次会议，使理论研究与实践探索相结合，省社科联在会前组织部分专家学者对舞钢市、新密市、滑县、新乡县等新型城镇化建设典型进行了实地考察和调研。现将专家学者提出的河南省新型城镇化建设主要观点综述如下。

一、关于新型城镇化的实践基础与科学背景

张占仓研究员认为，我国的城镇化基本上分三个阶段。第一阶段：1949～1977 年。其间年均城镇化率提高 0.28 个百分点，属于

---

*　本文发表于《管理学刊》2012 年 8 月第 25 卷第 4 期第 102-106 页。作者为张占仓、孟繁华、杨迅周、李明。张占仓、杨迅周的工作单位为河南省科学院，孟繁华、李明的工作单位为河南省社科联。

城镇化低速发展阶段。第二阶段：1978~1995年。其间年均城镇化率提高 0.64 个百分点，属于发展中国家发展相对较快的阶段。第三阶段：从 1996 年到现在。其间年均城镇化率提高 1.46 个百分点，已进入经济学和地理学意义上的城镇化高速增长期[1]。

改革开放以来，河南省城镇化增长率经历了四个阶段。第一阶段：1978~1990年。其间年均增长率为 0.16。第二阶段：1990~1995 年。其间年均增长率为 0.34。第三阶段：1995~2004 年。其间年均增长率为 1.3。第四阶段：2004~2011 年。其间年均增长率为 1.74。为什么从 2004 年以后才进入高速增长期呢？因为 2005 年河南省的城镇化突破了 30%（突破 30% 以后，进入城镇化的高速增长期），从 2004 年到 2005 年完成了这个转换。全国的转换点和河南省的转换点都很典型，这就是美国地理学家诺瑟姆建立的"S"模型，即城镇化率在 30% 之前，是小马拉大车，走得很慢；城镇化增长率从 30% 到 70%，是城镇化的高速增长期，这时候经济结构的活跃性、人口结构的活跃性，都支撑城镇化高速推进。城镇化增长率突破 70% 之后，进入全社会追逐高福利状态。这时经济增速下降，城镇化速度又开始进入慢速发展阶段，这也是全球城镇化增长率的发展规律[2]。2011 年，我国的城镇化率为 51.3%，第一次突破了 50% 的重要关口，这是一个重要的转折点。2011 年，河南省的城镇化率为 40.6%。目前全国都处在城镇化上升速度最快的阶段。

与国外相比，我国从 1981 年到 2003 年城镇化率提高了 20 个百分点，但是发达国家的城镇化增长率从 20% 到 40%，英国用了 120年，法国用了 100 年，德国用了 80 年，美国用了 40 年，苏联用了 30 年，日本用了 30 年，而我国只用了 22 年。从最近这十几年的增长速度看，如果我国的城镇化率再提高 20 个百分点，需用 16~17 年就可以完成。所以笔者得出一个结论：我国正在经历世界规模最大和发展速度最快的城镇化进程，具有全球其他国家无法比拟的特殊性[3]。

关于城镇化的内涵，正像中共河南省原省委书记李克强讲的那样，城镇化化的是什么，化的是农民变成城镇居民，这就是城镇化的实质。关于新型城镇化问题，2006 年中共浙江省委、省政府出台了《进一步加强城市工作走新型城镇化道路的意见》。浙江省作为一个省级区域开始全面推进新型城镇化[4]。在此之后，很多省、自治区先后提出了新型城镇化问题。2007 年，温家宝总理在苏南调研时提出了我国不仅要走新型工业化道路，而且也要走新型城镇化道路的主张。2011 年 8 月 1 日，中共河南省委书记卢展工在舞钢调研时提出了新型城镇化引领"三化"协调发展的观点①。此后，理论界快速行动，发表了新型城镇化引领"三化"协调科学发展的研究报告，并引起了社会的广泛关注。之后，《河南日报》先后发表了新型城镇化建设的新密样本、舞钢样本、潢川样本、淮阳样本等文章。新型城镇化建设《十八谈》中的"许昌篇"，还专门介绍了许昌以新型城镇化引领"三化"协调发展的经验。2011 年 10 月 13日，全省理论界首次召开了新型城镇化引领"三化"协调发展高层论坛，当时争论的焦点就是新型城镇化能不能引领"三化"协调发展。

在 2011 年 10 月召开的中共河南省第九次代表大会上，中共河南省委正式把新型城镇化引领"三化"协调科学发展纳入省委工作报告。2012 年 4 月 6 日，《人民日报》的头版头条发表了《不以牺牲农业和粮食、生态和环境为代价，以新型城镇化为引领的"三化"协调科学发展之路悄然延伸——河南务实发展稳步前行》的文章，表明河南省的做法引起了全国的重视。

二、对新型城镇化实质的认识

中共河南省第九次代表大会报告指出：

---

① "三化"指的是新型城镇化、新型工业化、新型农业现代化。

"新型城镇化是以城乡统筹、城乡一体、产城互动、节约集约、生态宜居、和谐发展为基本特征的城镇化,是大中小城市、小城镇、新型农村社区协调发展,互促共进的城镇化。"以此为指导,与会代表从不同角度对新型城镇化的实质进行了深入探讨。

张占仓认为,河南省新型城镇化研究与探索有非常好的基础。2010年4月,河南发展高层论坛第31次会议专门讨论了河南省新型城镇化的战略问题。会后,我们组织人员撰写了会议综述并上报中共河南省委。5月5日,河南省委书记卢展工对会议综述作出重要批示,标志着省委领导已经开始高度重视新型城镇化问题。新型城镇化是相对于传统城镇化而言的,其实质是通过国家宏观调控向农村投入更多的资源,促进城乡协调发展,避免传统城镇化导致的城乡二元结构,实现城市生态化、农村集中化和农民居民化,更加有效地促进农民向城镇有序转移。新型城镇化的突破口是新型农村社区建设,但是新型城镇化绝不等于新型农村社区建设。新型农村社区建设是新型城镇化建设的切入点和结合点,是破解土地资源节约集约利用的战略举措,能够为"三化"协调发展腾出广阔的发展空间。在政策取向上,新型农村社区建设能够为社会弱势群体——农民提供更加直接而且具有长远意义的支持或扶持,所以应该是有利于社会进步的制度探索[5]。

耿明斋认为,新型城镇化是有规划的、开放的、集约的城镇化[6]。王永苏和耿明斋均认为,应该从居民的居住方式和生产方式结合的角度,深入探讨什么样的城镇体系才是科学合理的,特别是整个城镇体系层次合理的人口规模结构,整个城镇体系空间分布的理想模式是什么,每一个城市组团内部结构是什么样的,农民有多少应该进入城市,有多少就近进入新型农村社区[7]。

三、河南省新型城镇化的重点与关键

张占仓认为,河南省新型城镇化战略实施的重点是:从战略上强化郑汴都市区核心增长带动作用;加快中原城市群集聚集群集约发展步伐;全面规划建设国家区域中心城市、省级区域中心城市、县(市)域中心城市、特色中心镇和新型农村社区五级新型城镇体系;努力提高城乡协调发展水平,鼓励城市支持农村发展,推动农村人口向城镇有序转移,尽快开展农村土地市场开放试点,加快公共基础设施和公共服务向农村延伸的步伐[8]。

王发曾认为,中原经济区新型城镇化有几个关键问题,即中原经济区的城乡发展方针是:国家区域中心城市(郑州,郑汴都市区)复合式发展、地区中心城市(其他省辖管市)组团式发展、中小城市(县域中心城市)内涵式发展、小城镇(中心镇)集聚式发展、新型农村社区积极稳妥发展;中原经济区的核心增长极是郑汴都市区;中原经济区的核心增长板块是郑汴与洛阳、新乡、许昌、焦作"五星联动"区域;中原经济区城乡统筹发展的切入点是新型农村社区建设;保障农业劳动力的数量与质量是为新型城镇化搭建本土承载平台的战略性大问题,普遍培植农业生产专业户、大户和培养高层次的职业农民应是当务之急[9]。

李晓峰认为,做好城乡建设用地增减挂钩试点工作是加快河南省新型城镇化建设的重要抓手,应用准、用足、用活政策。

高永华认为,新型农村社区建设增加了农民的财产性收入。《中华人民共和国土地管理法》第六十二条明确规定:"农村村民出卖、出租住房后,再申请宅基地的,不予批准。"[10]这句话的另外一个解释就是允许房屋转让,只是房屋出让、出卖、转让后不能再申请宅基地。所以,舞钢市就出台了一个配套政策,即给所有的社区居民办理土地使用证,然后颁发房产证。颁发了房产证以后,现在张庄社区每户200平方米左右的住房评估价都在50万元以上。有了房产证之后,政府就开始给农户办理贷款手续,按照70%的贷款,每户至少可以贷30万元,然后可以利用

这些钱继续开办其他非农产业。如果是过去那种分散的一家一户的住宅，即使房子再好，如果不办理土地使用证、房产证等手续，那样的房子也不值钱。现在张庄社区已经有人卖房了，政府已经对这种卖房行为进行了制止，并对卖房人说，如果你出卖房子必须经过批准。现在市面上有人出 60 万元买这种房子。农民由以往的分散居住到新型社区集中居住，除了把宅基地占地减少一半左右的贡献以外，由于住房性质的变化，一下子就致富了。再过两三年，这类房子的价值有可能会上涨到百万元。这样，农民的财产性收入一下子就增加了。这是政府在建设新型农村社区过程中给农民办的最大的一件好事。

四、河南省新型城镇化建设需要关注的问题和对策

张占仓认为，河南省新型城镇化战略在实施过程中需要破解的难题包括：新型城镇化与"三化"协调发展的关系，特别是如何发挥新型城镇化的引领作用问题；新型城镇化与传统城镇化的整合问题；新型农村社区建设的资金筹措问题；新型农村社区居民的就业问题；新型农村社区建设中土地资源节约集约利用问题；大中小城镇的协调发展问题。河南省新型城镇化战略实施对策包括：确立新型城镇化引领"三化"协调发展的新理念，确定农村新型社区建设在新型城镇化中的特殊地位，确保新型农村社区建设因地制宜，确实通过新型城镇化建设逐步破解"三化"协调发展难题。

杨迅周认为，在河南省新型城镇化建设进程中，应特别关注包括劳动力结构性短缺、人口老龄化和局部地区人口性别比例严重失衡等问题在内的人口问题，包括新型农村社区在内的五级城镇体系的服务业发展载体建设问题，以及在规划建设中对地域文化的传承与创新问题，并就每个问题分别探讨了解决的对策[11]。

雒海潮认为，河南省推进新型城镇化进程中的问题主要有：城乡二元结构的制度仍然存在，城乡公共服务质量和均等化水平亟待提高，城乡统筹缺乏实质性推进，城乡之间的差距不断拉大，农民工融入城市的机制体制问题亟待解决。

雒海潮还认为，河南省推进新型城镇化的对策主要有：将城乡二元结构的破除作为新型城镇化发展的重要保障，将城乡基本公共服务均等化作为新型城镇化发展的重要内容，将农村繁荣和农民富裕作为新型城镇化发展的重要标准，将农民工市民化作为新型城镇化发展的关键环节。

目前，新密市已经建成和正在建设的有 36 个新型农村社区，涉及 3.27 万户，83 个行政村，共节约了 1.08 万亩土地。现在已经具备入住条件的有 29 个社区，已经建成 1.9 万套住房，已经入住了 5000 户。到今年底还可以入住约 1 万户，将近 4.7 万人。张红伟认为，加快新型城镇化建设步伐的对策是：科学规划部署是前提，整合各种资源、破解资金难题是关键，建设新型农村社区是基础，完善工作机制是保障。

五、积极稳妥推进新型农村社区建设

张占仓认为，河南省的新型农村社区建设初步实践证明：一般来说，在平原地区可以节约农村居民点占地 1/3，而在丘陵地区可以节约农村居民点占地 1/2。这对于在人口稠密的中原经济区破解"三化"协调发展空间难题具有战略意义，对我国中西部地区具有实际借鉴价值[12]。因此，要充分认识新型农村社区建设在新型城镇化战略实施中的切入点和结合点地位。探索新型农村社区建设的科学、可行路径，一定要牢牢抓住国务院给我们的"先行先试"的历史机遇，科学规划，因地制宜，大胆探索，勇于创新，切实解除农民的后顾之忧，为全国破解"三农"问题探索路子，积累经验。

刘道兴认为，建设新型农村社区，可以实现造福农民、美化环境、节约土地、稳固农业、统筹城乡、扩大内需、改善公共服务、

创新社会管理等多重目标[13]。为使全省新型农村社区建设扎扎实实地稳妥推进,河南省在新型农村社区建设方面应该有一个大战略,在推进新型农村社区建设方面应当加大投入力度;应当对新型农村社区建设形成的房产和城市房产实行相同的政策和法规;要建立一体化的城乡建设用地有效利用和配置机制;完善农村金融制度,支持农民改善居住条件。

高永华认为,建设新型农村社区意义重大。一是破解用地的难题,二是彻底改变农民的生活方式,三是使农民的生产方式也得到彻底转变,四是增加农民的财产性收入,五是优化资源配置,六是带动社会管理的创新。推进新型农村社区建设,一要坚持政策引导,不搞强迫命令。只要出台的政策是为农民解决实际问题的,他们就会积极响应。二要坚持规划先行,一定要使农村社区的环境优美。如果新型农村社区规划没有品位,社区的价值就会大打折扣,新型农村社区建设就可能会失败。三要坚持培育主导产业,为入住居民解决多元就业问题。

赵继芳认为,在推进新型农村社区建设中,还存在着规划、土地、政策、资金、机制和建设等方面的问题。因此建议要建立城乡土地交易平台,建设规划要起到主导引领作用,启动新型农村社区建设要简化程序、放宽条件,出台扶持推进新型农村社区建设的系统性政策,把推进新型农村社区建设列入各级党政的考核目标。

张怡春认为,采取切实可行的办法鼓励农民住新区、拆旧村,同时还应关注和解决新型农村社区建成并安置农民后的旧村拆迁复垦难的问题。

李燕燕认为,在新型农村社区建设中,土地问题是核心问题,应建立全省城乡统一的土地交易市场;新型农村社区建设要与整个城镇体系规划衔接,特别是在人口规模上要做到精准对接;要探索和突破新型农村社区作为社会最基层的农村社区组织在河南乃至我国发展过程中遇到的瓶颈问题,自下而上地推动政策的变革和社会的发展。

陈爱国认为,新型农村社区建设是解决城乡一体化发展问题的一个有效途径,是解决土地流转的一种有效方式,它还可以使农民隐性的财产变成显性的财产,让农民尽快富起来。同时他建议,新型农村社区发展要有个性,要有特色,要稳步推进,不要急于求成,要注意与工业化和农业现代化协调发展。

吴海峰认为,新型农村社区建设应注意八个结合:一是与区域功能定位结合,二是与科学的城镇体系结合,三是与产业特色和生产方式结合,四是与人口流动主要趋向以及未来优化配置结合,五是与社区内部结构结合,六是与产业发展结合,七是与区域文化及其特色结合,八是与各个区域发展阶段尤其是与工业化进程结合。

赵怀让认为,国务院给予中原经济区很多"先行先试"的政策,各地要敢于"先行先试",要在土地交易平台等问题上有所突破。

李政新认为,新型农村社区建设要防止出现土地"黑洞",要考虑新型农村社区公共产品供给和保障能否长久。

六、结论

新型城镇化引领"三化"协调科学发展,已经被河南省舞钢市、新乡县、新密市、滑县等地证明是切实可行的,并引起全国高度关注。最近,山西省、青海省等省委、省政府主要领导带队,专程到河南省考察新型城镇化建设,足以证明我们的战略选择具有重大的科学价值和实际推广应用价值。所以,我们要树立新型城镇化引领"三化"协调发展的新理念,坚定不移地继续探索这条道路,为破解"三化"协调发展难题作出我们应有的贡献。

新型城镇化建设的突破口是新型农村社区建设,但是新型城镇化绝不等于新型农村社区建设。这个问题在很多场合已经讲过了,好像一谈新型城镇化,就是新型农村社区建设,其实新型城镇化有非常丰富的科学内涵和大量规划建设的实际内容。在中共河南省第九次代表大会报告中对此有科学完整的表述，我们必须全面系统地理解和贯彻落实。

新型农村社区建设一定要牢牢抓住国务院给我们的"先行先试"的历史机遇，科学规划，因地制宜，大胆探索，勇于创新。《国务院关于支持河南省加快建设中原经济区的指导意见》给我们四个方面的先行先试权，这是政策含量最高的东西。所谓先行先试，就是可以使用更加灵活的方式破解当地发展的难题。"三化"协调发展的突破点应该在基层，如果基层难题被破解了，同时实践又证明是科学可行的，那么然后再总结经验，之后，才能在更大的范围内推广应用。实际上，工作在第一线的河南省广大干部群众有着巨大的创新潜力，现在已经在规划建设、土地使用证、房产证、户籍、社保、社会管理等方面初步找到了路子。若继续探索，则大有作为。

推进新型城镇化要为"三化"协调科学发展奠定科学技术和管理基础。在新型城镇化建设过程中需要在科学层面、技术层面和管理层面做大量的理论提升与总结工作。只有理论和实践相结合，我们的整个工作才能更加科学、更加务实、更加有效。

参考文献

［1］张占仓. 河南省新型城镇化战略研究［J］. 经济地理，2010（9）.

［2］张占仓. 如何破解"三化"协调发展难题［J］. 中州学刊，2011（6）.

［3］仇保兴. 中国的新型城镇化之路［J］. 中国发展观察，2010（4）.

［4］杨重光. 新型城镇化是必由之路［J］. 中国城市经济，2009（11）.

［5］张占仓. 河南省建设中原经济区战略研究［J］. 河南工业大学学报，2010（4）.

［6］耿明斋. 对新型城镇化引领"三化"协调发展的几点认识［J］. 河南工业大学学报，2011（4）.

［7］王永苏，欧继中，厚实. 新型城镇化引领"三化"协调科学发展研究报告［EB/OL］.（2011-10-14）［2012-05-10］. http://theory.people.com.cn/GB/15896872.htm.

［8］张占仓. 河南省新型城镇化的战略重点［N］. 经济视点报，2011-12-29（46）.

［9］王发曾. 中原经济区的新型城镇化道路［J］. 经济地理，2010（12）.

［10］中华人民共和国土地管理法［EB/OL］.（2004-08-28）［2012-05-10］. http://www.dffy.com/faguixiazai/xzf/200311/20031110204405.htm.

［11］杨迅周，黄剑波，邹涛. 河南省"三化"协调发展评价研究［J］. 河南科学，2011（12）.

［12］蓝枫，彭森，李铁，等. 科学推进城镇化进程着力提升发展质量和水平［J］. 城乡建设，2010（9）.

［13］喻新安，刘道兴，谷建全. 在实践中探索区域科学发展之路［J］. 中州学刊，2012（3）.

河南新型城镇化建设的启示*

按照国务院建设中原经济区的要求和省委九次党代会的部署，河南省创造性提出探索一条以新型城镇化引领"两不三新"（不以牺牲农业和粮食、生态和环境为代价的新型城镇化、新型工业化、新型农业现代化）的"三化"协调发展的路子。全省新型城镇化建设持续推进、持续探索、持续创新、持续提升，初步呈现出具有战略意义的亮点。

一、中心城市拓展发展空间

中原经济区建设的核心之一是要加快建设郑州都市区，形成中原经济区核心增长极，使郑州真正成为全国区域性中心城市，实现增长速度、发展质量和综合效益居于全省和中西部地区前列的目标。都市区规划由"三核五城十组团"组成，基本明确了郑州作为国家区域性中心城市的未来发展前景，摆脱了过去传统的发展思路，是继郑东新区规划建设之后郑州市规划建设整体思路的全面提升与重大跨越。特别是郑州航空经济示范区等这种凸显新功能的城区规划与建设，对依托原有城市发展基础，改善区域性中心城市经济发展质量，具有重要的理论创新意义和实践价值。继郑东新区规划建设成功之后，全省各市突破传统的"摊大饼"发展模式，全面规划建设城市新区，拓展城市发展空间，获得突破性进展。先后有开封、洛阳、焦作、平顶山、新乡、许昌、南阳、鹤壁、安阳、漯河等获准建设复合型新区，拓展了城市发展空间，大幅度提升了中心城市发展实力。特别是每个城市新区更加重视产城融合与地域文化建设，建设高质量绿地系统，研究探索和推广应用节能低碳建筑技术，形成产业发展特色和规划建设特色。郑州、三门峡等市县全面启动规划建设中心商务区和特色商业区，为新型城镇化注入新的活力，促进第三产业加快发展，有利于改善产业结构，促进经济发展方式转变。

二、城市群一体化与城镇特色化并进

以加快公共基础设施建设为载体，以加快集聚发展、提高城市经济发展效率为基本方向，促进了中原城市群一体化网络化发展。发挥"两群融合"（城市群与产业集群融合）的叠加优势，节约集约利用土地资源，依托中原城市群产业集聚区和现有产业基础，全省集中规划布局和引导建设了一批科技含量较高的产业集群，把已经创造的产业集聚区项目容易落地的政策优势与最具核心竞争力的产业集群发展优势有机集成，产生放大效应，推进中原城市群二三产业上水平、上档次、上规模，让新型城镇化更具时代性、创新性和地方特色。

县城是河南省吸引人口转移、发展现代产业、推进新型城镇化建设的前沿基地。河南省各县（市）紧紧抓住全省新型城镇化高速推进的历史机遇，制定优惠政策，吸引投资、完善基础设施，提升公共基础设施和公共服务水平，以产业集聚区发展带动产业与人口集聚，促进了县城的快速扩张。

以特色工业、旅游业或商贸业为主，全省一批特色镇正在迅速崛起，向着中小城市方向迈进。著名工业重镇回郭镇，经过多年

---

* 本文发表于《中国科学报》2012 年 8 月 18 日第 3 版。

打造，形成具有全国影响的铝材加工产业集群，2011 年销售额达 400 亿元以上。以冶铁著称的安阳县水冶镇，拥有著名的钢铁冶炼产业集群，2011 年被确定为全国 25 个经济发达镇行政管理制度改革试点之一，有望发展成为一个中等规模的城市。全国最大的玉器工艺品加工制造销售中心镇平县石佛寺镇，更是先后荣获"全国特色景观旅游名镇""中国人居环境范例奖"等荣誉。

三、新型农村社区建设获突破

新型农村社区，是指打破原有村庄界线，把两个或两个以上行政村，按照一定标准，经过统一规划，建设新的居民住房和服务设施，统筹产业发展和居民就业，形成农村新的居住模式、管理模式和发展模式。新型农村社区不是新农村的概念，它们之间有着本质的区别。比如，城市公共服务设施要延伸到自然村难度很大，但可以到达农村社区。通过这种途径，未来 10 年，河南至少可以节约 400 万亩耕地，这些耕地可以部分解决河南未来城镇化、工业化进程对土地资源的需求。

时任河南省委书记卢展工说，这是继家庭联产承包责任制之后农村发展的第二次革命，是继"离土离乡"城镇化、"离土不离乡"城镇化之后探索的"既不离土也不离乡"的第三条城镇化道路。通过新型农村社区建设，可以节约 1/3 到 1/2 的农村居民点建设用地，具有重要的政策试验与示范意义。

"'三化'协调与中原经济区建设"研讨会综述[*]

2012 年 10 月 14 日,"中国地理学会 2012 年学术年会"在河南财经政法大学隆重举行。为了推动中原经济区建设,积极探索工业化、城镇化和农业现代化"三化"协调发展之路,年会专门设立了"'三化'协调与中原经济区建设"分会场。来自北京大学、南京师范大学、河南省科学院、河南省科学技术协会、河南省人民政府发展研究中心、河南省委政策研究室、河南省统计局、河南大学、河南财经政法大学、河南工业大学、郑州轻工业学院、中共河南省委党校、河南省统计学校、河南商业专科学校的专家学者,以及来自人民网、中国科学报社、河南日报报业集团、经济视点报社、河南经济报社、河南科技报社、《河南科学》杂志社、《管理学刊》编辑部等报刊出版单位的媒体记者和编辑,共 40 余人参加了研讨。会议上半段由时任河南省科学技术协会副主席梁留科教授主持,时任河南省政府发展研究中心主任王永苏进行评议;会议下半段由时任河南省社科院副院长张占仓研究员主持,时任河南省统计局高级统计师王作成进行评议。研讨会发言主要围绕新型农村社区建设、"三化"协调发展和中原经济区建设等问题展开。现将专家学者的主要发言内容综述如下。

一、新型农村社区建设研究

张占仓研究员作了题为《河南省新型农村社区建设研究》的报告,在报告中,他对新型农村社区的概念进行了界定。他认为,所谓新型农村社区,是指打破原有村庄界线,把两个或两个以上的行政村,按照城镇标准统一规划、统一建设新的居民住房和服务设施,统筹产业发展和居民就业,以优惠政策加以引导,在一定期限内实现迁村整合,形成农村新的居住模式、管理模式和发展模式,并开创性地纳入城镇管理体系。他还指出了新型农村社区建设与新农村建设的区别,分析了新型农村社区在城镇体系中的地位及建设要求,并提出以下观点:新型农村社区建设的基本定位是新型城镇化的切入点、城乡一体化的结合点、农村发展的增长点、新型城镇化新型工业化新型农业现代化"三化"协调科学发展的突破点;建设目标是把空间留给"三化"、把利益留给"三农";核心功能是消除统筹城乡发展的体制障碍。他认为,新型农村社区建设的基本方法可以概括为"一保留七变化"。"一保留"就是保留国家给予农民的土地利益、土地开发收益、农村计划生育政策。"七变化"包括农民居住集中化,实现基础设施共享;基础设施现代化,提高生活质量;居民财产资本化,为拥有财产性收入奠定制度基础;户籍社保居民化,提升社会地位;居民就业非农化,增加平均收入;居民管理社区化,弱化家族势力影响,加强社区文化建设;土地利用节约集约化,为"三化"协调发展腾出宝贵的空间[1]。他将新型农村社区建设的基本模式概括为移民搬迁型、产业集聚区建设集中型、龙头企业支持型、中心村升级型、中心镇拓展型和旅游带动型 6 种。之后对新型农村社区建设的基本成效和重大意义作了如下总结:新型农村

* 本文发表于《管理学刊》2012 年 10 月第 25 卷第 5 期第 105-108 页。作者为张占仓、杨迅周。杨迅周的工作单位为河南省科学院地理研究所。

社区建设是农村发展方式的重大变革，是打破土地瓶颈的有效途径，为农民获取财产性收入提供了制度保障，是拉动内需的可靠途径[2]。最后，张占仓研究员从5个方面进行了总结：第一，河南省通过新型农村社区建设，找到了破解"三化"协调发展难题、实现土地资源供求平衡的有效路径，具有重大创新意义。第二，河南省通过制度创新，为进入新型农村社区的居民办理了土地证、房产证，使农民获得了拥有财产性收入的权利，具有历史意义。如继续探索，有可能打开农村土地市场开放的突破口，对我国正在酝酿的第三次土地市场化改革政策示范试验意义特别重大。第三，河南省把新型农村社区纳入城镇体系进行管理，使全国城镇体系由过去的五级调整为六级，对我国的城镇化建设具有示范意义。第四，通过开展新型农村社区建设，以较低的成本把农民转化为城镇居民，加快了城镇化进程。第五，目前我国的新型农村社区建设主要在人口密度比较大的河南、山东等地展开，在筹划、运行、管理诸环节都有很多需要进一步探索的问题，其中资金、政策等方面存在的问题尤为突出。我们应当持续、大胆地进行探索，新型农村社区建设是一件对社会弱势群体有利的大事，是一项制度创新，我们要有足够的信心和勇气继续推动该项事业向前发展[3]。

时任河南省委政策研究室副巡视员白廷斌报告的题目是《对新型农村社区建设的三点认识》。他在报告中指出，走新型城镇化道路、推进新型农村社区建设是河南省经济社会发展的必然趋势。他从以下四个方面对该问题进行了阐述：第一，生产方式决定了生活方式，目前河南省农村的生产方式正在悄然发生变化。第二，从城镇化的发展规律看，河南省处于城镇化快速发展阶段。第三，推进新型农村社区建设，不仅河南省在做，其他省份也在做。这是因为我国农村的生产形态、生活形态要提升到一个较高的层次，目前已经有了一定的物质基础。第四，从韩国、日本等国家的发展经验看，城乡一体是必然

的发展趋势[4]。他认为，新型农村社区建设需要5个基本条件：第一，有外来的建设资金。资金的一部分用于公共设施建设，另一部分可作为对群众的补贴。第二，土地承包经营权大面积流转。在平原农区尤其要强调这一条，没有了这一条，群众也就没有集中居住的必要了。第三，能够腾出土地。进一步讲，腾出土地还要能够产生效益[5]。第四，很好地确立了支撑产业，尤其是非农产业。第五，农民能够就业（指大部分农民实现非农就业）。他依据上述5个条件，以外来资金的来源作为主要的划分依据，将目前河南省新型农村社区建设分为城郊和集聚区周边开发型、龙头企业带动型（村企联建型）、中心镇村集中型、旅游开发型、工矿占地搬迁型、扶贫移民及水库移民搬迁型6种模式。

二、"三化"协调发展问题研究

王永苏主任在题为《"三化"协调保双赢》的报告中阐述了什么是"三化"协调发展和河南省为什么提出要推进"三化"协调发展的问题。他指出，为实现富民强省和粮食安全双赢，河南省必须在以下几个方面下功夫：一是实施集聚发展战略，促进产业集聚、人口集中、产城融合。二是把统筹城乡的重点放在加快城市化进程上，城乡联手，促进农民向城镇持续稳定转移，加快农民工转市民步伐。三是巩固农业基础地位，实施粮食生产"百千万"工程，继续实施中低产田改造，在减少农民数量的基础上促进土地流转，推进农业规模化、现代化，确保粮食生产能力不断增强。四是加强农村宜农土地复耕工作，建立健全城乡统一的土地指标流转市场，促进土地资源优化配置和高效利用，在保障建设用地的同时确保耕地面积不减少。五是提高开放水平，按照发展产业集群和基地的需要科学招商选资，加快吸引产业转移的步伐。六是深化体制机制改革，着力打破城乡二元体制，建立健全有利于"三化"协调发展的体制机制。七是解放思想，更新观念，进一步清除小农意识和村本思想，强化

城市意识和集群观念，树立系统的粮食安全观和动态的耕地红线观，营造有利于"三化"协调发展的舆论氛围和社会环境[6]。

河南省科学院地理研究所刘爱荣研究员作了题为《河南省"三化"协调发展的制约与土地集约利用》的报告。在报告中，她分析了"三化"推进与土地资源供给不足的矛盾以及稳粮保粮与富民强省的矛盾。她认为，土地资源（尤其是建设用地资源）的稀缺成为工业化和城镇化的瓶颈，打破这一瓶颈的关键在于节约集约用地。她总结了河南省土地资源节约集约利用的经验，这些经验包括：通过规划引领，在宏观尺度上引导节约集约利用土地资源；完善激励和约束机制，促进土地节约集约利用；坚持把产业集聚区作为节约集约用地的重要平台；城乡统筹整合，促进土地节约集约。最后，她就如何通过制度创新，实现保增长保发展前提下的建设用地动态平衡提出了相关建议：第一，改革土地管理制度，建立城乡统一的土地市场，促进集体建设用地市场流转。第二，探索建立土地节约集约高效利用机制。第三，深化土地管理改革，实行"人地挂钩"政策。第四，建立健全土地整理补偿机制，促进耕地后备资源复耕。她强调，河南省新型城镇化必须走一条资源节约型的发展道路，即走一条"高密度、高效率、节约型、现代化"的道路，建设资源节约型城市。

三、"三化"协调发展评价研究

河南省科学院地理研究所杨迅周研究员在题为《河南省"三化"协调发展评价研究》的报告中，对"三化"协调和协调度的概念进行了界定。他认为，"三化"协调发展是一个"三化"相互推动、共同发展的渐进过程，"三化"关系紧密、互包互容、相辅相成。他将"三化"协调的目标概括为两个方面：一是相互促进，而不是以牺牲"一化""两化"为代价来发展其他；二是遵循经济发展的规律，实现"三化"共同发展。他根据评价指标体系构建的六大原则，建立了"两不"限制性指标和新型"三化"协调发展指标两类

指标体系。其中"两不"限制性指标一票否决，由上级或同级政府事先规定，不参与后面的计算过程。他采用客观赋权法中的熵权法确定指标的权重，采用线性加权法计算新型"三化"综合发展水平，根据效益理论与平衡理论构建协调度计算公式及划分协调度等级。通过对河南省1996年以来"三化"发展协调度进行分析，他认为河南省新型城镇化、新型工业化和新型农业现代化系统的协调度总体较好，总的发展趋势是日趋协调，其中1996年处于勉强协调状态，1997年、1998年、1999年、2001年、2002年、2003年处于初级协调状态，2000年、2004年、2005年处于中级协调状态，2006～2010年处于良好协调状态，说明近些年河南省对"三化"协调科学发展的探索大有成效。他在对2010年河南省18个省辖市的对比协调度进行分析后得出如下结论：信阳、三门峡、平顶山处于勉强协调状态，信阳工业化、城镇化率比较低，三门峡、平顶山农业现代化水平较低。洛阳、漯河、周口处于初级协调状态，其中洛阳农业发展水平较低，漯河、周口城镇化水平较低。郑州、开封、濮阳、许昌、南阳、商丘、驻马店处于中级协调状态，其中郑州、南阳农业发展水平较低，濮阳、开封、许昌、驻马店城镇化水平和农业现代化水平都不高；焦作、新乡、安阳、鹤壁、济源处于中级协调状态，"三化"发展比较协调。最后，他对河南省"三化"协调度发展趋势进行了预测，结论是：在保持河南省现有发展态势的基础上，河南省"两不三新""三化"协调科学发展能力将逐步增强，到2017年前后，其协调程度由良好阶段进入优质阶段，全省经济社会发展质量将明显提高。

王作成高级统计师作了题为《工业化城镇化对粮食生产影响的统计观察》的报告。他采用粮食产量、一产比重、二三产比重（广义工业化率）、二产比重（狭义工业化率）和城镇化率等指标，分析了改革开放以来河南省粮食持续增产与工业化、城市化速度加快共存的现象，并以"2020年全省粮食增产

200 亿斤的目标"[7] 为周期，分析了河南省粮食增产周期、广义工业化率和城镇化率的变化。他通过对全国 30 个省（市）截面数据进行分析，得出如下结论：粮食生产与狭义工业化率正相关，与广义工业化率、城市化率成反比，城市化程度越高、工业化水平越高，粮食产量就越低，城市化对粮食生产的影响比广义工业化对粮食生产的影响要大。但是这两者的统计检验尚不显著。比较城市化率、广义工业化率、狭义工业化率对粮食生产的影响，工业化影响粮食生产的统计学意义不显著，但城市化对粮食生产的影响远大于工业化对粮食生产的影响。同时，他还以广东省为例，分析了发达地区城市化蚕食粮食生产能力的情况。他最后指出，中原经济区"三化"协调的关键是中原经济区城镇化、工业化的速度需要加快，但又不能以牺牲农业为代价。

四、新型城镇化研究

时任河南省信息统计职业学院院长王志电教授在其报告《河南省城镇化发展进程与对策》中，将河南省城镇化进程划分为 5 个阶段：城镇化的起步阶段（1949~1957 年）、城镇化的起伏阶段（1958~1978 年）、城镇化的平稳阶段（1979~1991 年）、城镇化的提速阶段（1992~2004 年）和城镇化的快速发展阶段（2005 年至今）。他指出，河南省推进新型城镇化受到以下因素的制约：城镇化水平较低、资金缺口较大、人口转移面临巨大挑战、资源短缺与利用效率低下并存及众多矛盾交织带来的较大社会建设压力等。他认为，河南新型城镇化发展可以着重做好以下 4 个方面的工作：确立新型城镇化发展理念，走中国特色新型城镇化道路[8]；科学编制城镇体系规划，促进城镇建设协调发展[9]；加强城镇基础设施建设，完善城市功能；完善政策体系，营造城镇化的良好环境。

时任中共河南省委党校副教授宋伟在题为《推进新型城镇化的两点思考》的报告中建议，应当根据人口流动与迁移规律，科学构建城镇体系，同时为农民进城提供顺畅的渠道。

五、新型农业现代化研究

时任河南省科学院地理研究所助理研究员任杰在报告《河南省新型农业现代化研究》中提出，新型农业现代化的内涵为：安全性、产业化、现代要素和协调性。他分别从粮食核心区建设、农业产业结构调整、农业产业化经营、农业基础设施建设、林业生态省建设、农业服务体系建设和农业发展的政策扶持与激励等方面对河南省新型农业现代化建设进行了总结。他指出，河南省新型农业现代化的亮点为夏粮实现"十连增"、耕地连续 13 年实现占补平衡、农业科技创新成就突出、农业产业化经营成效明显和农民财产性收入实现突破等，但目前仍存在一些不足，突出表现为农业基础设施不完善、农业产业化经营程度偏低、农业生态环境问题凸显和现代农业发展滞后等。最后，他提出如下政策建议：切实搞好粮食生产核心区建设，加快发展特色高效农业步伐，持续加强农业基础设施建设，创新农业发展体制机制，持续提高农业科技水平，完善农业服务体系。

时任河南省科学技术协会副主席梁留科教授在大会发言中建议，河南省应申请建立国家级现代农业示范区，以更加优惠的政策支持农业发展，在保障国家粮食安全方面发挥更大的作用。

六、中原经济区发展研究

河南大学原副校长王发曾教授在题为《中原经济区战略的若干问题》的报告中指出，中原经济区战略的主题是科学发展观指导下的"两不三新""三化"协调科学发展，主线是发展方式转变中的新型城镇化引领"三化"协调科学发展。新型城镇化引领，应当从新型农村社区建设与现代城镇体系建设来切入，两个切入点是引领的突破口和具体抓手，它们为新型城镇化引领培育一种动力机制，是引领的力量源泉与发力渠道。新型城镇化引领新型工业化、新型农业现代化等其他"两化"，为"三化"协调建立了联系，搭建了实施平台。新型城镇化引领产业集群发展、产城互动发展、城乡统筹发展3条发展路径，全面覆盖了"三化"协调科学发展的实施通道。新型城镇化引领城镇体系建设、基础设施建设、生态环境建设、社会管理建设4项基本建设，全面覆盖了"三化"协调科学发展的保障体系。中原经济区"城乡发展方针"可总结为"国家区域性中心城市（郑州、郑汴都市区）复合式发展，地区性中心城市（其他省辖市）组团式发展，地方性中心城市（县域中心城市）内涵式发展，中心镇（县域建置镇）集聚式发展和新型农村社区积极稳妥发展"。中原经济区的核心增长极是郑州市区和开封市区对接而形成的一个东西向的城市连绵带——郑汴都市区。

河南大学丁志伟博士作了题为《中原经济区城镇体系的规模序列和等级层次结构研究》的报告。在报告中，他对中原经济区城镇体系规模序列结构和等级层次结构的特征进行了分析，并针对两大结构的优化调整提出建议。他认为，中原经济区城镇体系两大结构优化的战略重点为：第一，增强郑汴都市区的中心带动作用。第二，促进中原城市群城镇的网络化发展。第三，增强县域城镇体系的支撑作用。第四，打造特色鲜明的中心镇。第五，积极稳妥推进新型农村社区建设。

郑州轻工业学院仝新顺教授报告的题目是《中原经济区"三化"协调发展的物流思考》。他在报告中指出，可以从两个方面来分析物流业与中原经济区的辩证关系：一方面，中原经济区整体建设为中原经济区现代物流业的发展提供了坚实的经济基础；另一方面，中原经济区区域物流的发展有利于转变中原经济区经济发展方式，对中原经济区建设起到产业支撑作用。他认为，"三化"协调发展的物流定位是：物流业是中原经济区农业现代化的基本保障，是中原经济区新型工业化的重要产业支撑，物流业的发展将加快中原

经济区新型城镇化建设步伐。中原经济区要实现"三化"协调发展，物流业应确立以下发展方向：第一，完善农村现代物流体系，解决农产品"卖难"和价格季节性波动的问题，促进增收。第二，大力发展生产性物流，促进物流业和制造业的互动。第三，加快发展社会化、专业化的第三方物流。第四，倡导绿色物流，发展共同配送，努力实现物流业的可持续发展。

七、初步结论

在研讨会上，专家学者发言踊跃，讨论热烈，围绕"三化"协调发展、新型农村社区建设、中原经济区建设等热点问题畅所欲言，有争论，也有共识，交流比较充分。与会者主要在以下三个方面初步达成共识：第一，推进新型农村社区建设是针对人口稠密地区实际出台的旨在破解"三农"问题的政策措施，对促进"三化"协调发展作用显著，该项政策的推出是重要的制度创新。第二，河南省探索的"两不三新""三化"协调科学发展之路，是在充分研究国情、省情的基础上确定的能够有效促进当地实现科学发展的一条新路。定量评价的结果显示，其发展趋势越来越好，是中国特色社会主义理论在河南省的成功实践。第三，在中原经济区建设过程中，"三化"协调科学发展遇到的政策瓶颈还很多，在新型城镇化、新型农村社区建设、新型农业现代化、物流发展等方面需要探索的问题也还非常多。按照国务院先行先试的要求，持续加快制度创新、政策创新、科技创新势在必行。

参考文献

[1] 白全贵. 河南在全国发展大局中的战略地位越来越重要——访河南省科学院副院长张占仓 [N]. 河南日报，2012-09-19.

[2] 张占仓. 河南新型城镇化建设的启示 [N]. 中国科学报，2012-08-18.

[3] 张占仓. 河南省新型城镇化战略研究 [J]. 经济地理，2010（9）.

[4] 白廷斌. 新型农村社区是新型城镇化建设的

着力点和战略基点 [J]. 中州建设，2012（11）.

[5] 杨迅周等. 河南省"三化"协调发展评价研究 [J]. 河南科学，2011（12）.

[6] 王永苏等. 以新型城镇化为引领积极推进"三化"协调发展 [J]. 河南日报，2011-12-30.

[7] 王超. 河南：努力实现增产粮食 200 亿斤 [N]. 中国青年报，2011-11-12.

[8] 张占仓等. 河南省新型城镇化实践及对策研讨综述 [J]. 管理学刊，2012（4）.

[9] 张占仓. 河南省新型城镇化战略实施中需要破解的难题及对策 [J]. 河南科学，2012（6）.

河南省"三化"协调与中原经济区建设研究进展及问题[*]

——以中国地理学会 2012 年学术年会"三化"协调与中原经济区建设分会成果为视角

摘要 河南省在长期探索与系统研究的基础上，确立了以新型农村社区建设为新型城镇化的切入点、城乡一体化的结合点、促进农村发展的增长点和"三化"协调发展的突破点的战略思想。综述了"三化"协调与中原经济区建设的最新成果和重要意义，并分析了当前中原区经济建设亟待解决的四个问题。

关键词 "三化"协调；中原区经济建设；新型农村社区；新型城镇化

一、"三化"协调与中原区经济建设研究进展

2012 年 10 月 14 日，中国地理学会 2012 年学术年会，"三化"协调与中原区经济建设专题研讨会在河南财经政法大学新校区隆重举行，来自省内外的学者 41 人参加了会议，发言内容丰富多彩，代表了中原经济区研究的最新成果。

1. 关于新型农村社区建设

河南省科学院副院长张占仓指出，新型农村社区建设是河南省建设中原经济区最为耀眼的题眼，其基本定位是新型城镇化的切入点、城乡一体化的结合点、促进农村发展的增长点、"三化"协调发展的突破点。主要目标是：把空间留给"三化"，把利益留给"三农"，通过制度创新，促进城乡统筹发展和一体化发展。通过保留农民原有权益，和居住集中化、基础设施现代化、居民财产资本化、户籍社保居民化、居民就业非农化、居民管理社区化和土地利用节约集约化的"一保留七变化"的方法推进新型农村社区建设。目前，新型农村社区建设主要有六种模式，即移民搬迁模式、产业集聚区建设集中模式、龙头企业扶持模式、中心村升级模式、中心镇拓展模式和旅游带动模式。新型农村社区建设，为当地民众带来了巨大的利益，是河南人民在实践中的重大创新，要继续深入探索与完善，以有效促进城乡统筹发展，为破解"三农"问题探索科学可行之路。

中共河南省委政策研究室白廷斌就新型农村社区建设的合理性进行了调查，他认为目前我国农村的生产方式变化决定了生活方式需要的改变，农村土地流转数量占耕地总面积的比重逐渐上升，土地规模经营态势已经在很多县市形成，随着生产方式的改变，集中居住比分散居住更具有优越性。同时，从发达国家的农村进程来看，城乡一体化是必然的发展趋势，我国目前的生产形态、生活形态上升到一个新层次，推进新型农村社

* 本文发表于《河南工业大学学报》（社会科学版）2012 年 12 月第 8 卷第 4 期第 33-37 页。作者为张占仓、金森森。金森森的工作单位为河南工业大学经济与贸易学院。

区建设拥有一定的物质基础；从城镇化发展规律来看，当前和今后一段时间，河南省将处于城镇化快速发展阶段，这也是河南省开展新型农村社区建设的大背景和基础。他认为推进新型社区建设要顺势而为，不可操之过急。主要应该满足五个基本条件：一是有外来的建设资金；二是土地经营承包权大面积流转；三是能够腾出土地且腾出土地能够产生经济效应；四是确立支撑产业尤其是非农的支撑产业；五是农民能够就业。

2. 关于"三化"协调发展

河南省政府发展中心主任王永苏，就河南省为何要实施"三化"协调发展，"三化"协调与保证粮食安全、富民强省的关系做出解释，提出了"三化"协调发展的具体策略：一是实施集聚发展战略；二是把统筹城乡的重点放在加快城市化进程方面；三是加强农业基础地位，实施粮食生产千百万工程；四是加强农村宜农土地复耕；五是提高开放水平，积极进行招商引资；六是深化体制改革，打破城乡二元结构；七是解放思想，营造有利于"三化"协调发展的舆论氛围。

河南省科院地理研究所研究员刘爱荣就目前河南省"三化"协调发展的制约因素——土地问题、国内外解决土地制约问题的关键方法、节约集约用地等进行了分析和交流。她表示，"三化"协调面临的矛盾和难点问题是土地问题，一方面耕地保护政策越来越严格，土地红线约束越来越紧，保证粮食安全的责任越来越重；另一方面工业化、城镇化建设的高速发展对增加用地的需求越来越强烈。面对这种情况，她认为提高城乡用地效率是缓解城市化用地扩张与农地保护矛盾的关键。"十二五"期间，河南省建设用地供需矛盾将更加突出，需进行制度创新来实现建设用地的动态平衡。其中，新型农村社区建设是重要的突破口。

在"三化"协调的定量分析和评价方面，河南省社科院地理研究所研究员杨迅周通过数据分析了河南省"两不三新"三化协调发展的情况。结果显示，2005年之后河南省新型农业现代化发展水平高于新型城镇化和新型工业化水平，"三化"协调度在经历了2000~2002年的小幅回落之后，从2003年开始进入协调增长期，目前河南省"三化"协调度总体处于良好态势。同时，他还运用数学模型对未来"三化"协调度作出预测，结果显示，按照现有趋势发展，到2017年左右，河南省"三化"协调程度将由良好协调阶段进入优质协调阶段，全省经济社会发展质量明显提升。河南省统计局综合处处长王作成运用数据对粮食增产周期和工业化率、城镇化率之间的相关性进行了分析，表明粮食产量与城镇化呈反向相关，即粮食产量越高的地方，城镇化率相对越低。报告提出的2020年河南省粮食产量650亿公斤目标与"三化"之间如何协调的问题，引人深思。

3. 关于新型农业现代化和新型城镇化

在新型农业现代化方面，河南省科学院助理研究员任杰对新型农业现代化的内涵即安全性、产业化、现代要素和协调性进行了详细介绍，并就河南省新型农业现代化的实践和工作亮点进行展示。他认为当前河南省新型农业现代化的制约因素有：农业基础设施不完善，农业产业化经营程度偏低，农业生态问题凸显，现代农业发展滞后。具体对策是切实做好粮食核心区建设，加快发展特色高效农业，持续加强农业基础设施建设，创新农业发展体制机制，持续提高农业科技水平，完善农业服务体系。

在新型城镇化发展方面，河南省信息管理学校的王之电将河南省城镇化建设划分为五个阶段，认为到2010年底河南省城镇化率将达到38.8%，处于快速发展阶段。同时，城镇化发展面临的问题也逐渐增加，一是城镇化水平偏低；二是资金缺口依然较大；三是人口转移面临巨大挑战；四是资源短缺和利用率低下并存；五是众多矛盾交织带来较大的社会建设压力。针对这些问题，需要完善一些对策，树立新型城镇化发展理念，走中国特色新型城镇化道路，科学编制城镇体系规划，促进城镇建设协调发展，加强城镇基础设施建设，完善城市功能，完善政策体系，营造城镇化发展的良好环境。

河南省委党校副教授宋伟认为，新型城镇化建设应根据人口流动和迁移规律，科学构建城镇体系，并着重构建农民进城的顺畅渠道，完善社会保障体系，处理好农民承包地与宅基地问题，解决好农民户籍问题。

4. 关于建设中原经济区战略研究

在中原经济区战略研究方面，河南大学原副校长王发曾教授和学者丁志伟博士分别就中原经济区发展战略和城镇体系的规模序列和等级层次结构进行发言，指出了中原经济区战略的主题和主线、城乡发展方针、如何打造核心增长极以及把中原经济区打造成核心增长板块的重要意义。运用规模序列和等级层次结构理念对中原经济区城镇体系的231个城市进行分层，并提出中原经济区城镇体系两大结构优化的战略重点。

河南省科协副主席梁留科认为，河南省粮食优势突出，在国家粮食安全中占有非常重要的战略地位，但是由于体制机制等原因，粮食生产的基础并不牢固，所以建议国家在河南省设立粮食生产实验区，支持探索粮食持续增产的新途径、新方法、新政策。

二、会议研究成果在中原经济区建设中的重要意义

1. "三化"协调发展的突破点及其意义

目前，我国学术界对中原经济区建设问题的研究不胜枚举，从对中原经济区的基本概念、功能定位、发展目标、发展重点等战略问题的研究[1]，到2011年《国务院关于支持河南省加快建设中原经济区的指导意见》的出台，从中原经济区的战略定位研究到寻求破解"三化"协调难题、实现中部崛起的方略。河南省在立足众多发展战略研究的基础上，用实践描绘了中原经济区新型城镇化建设的美丽图景，确立了以新型农村社区建设为新型城镇化切入点、城乡一体化结合点、促进农村发展的增长点和"三化"协调发展的突破点的战略思想，提出了以新型城镇化

引领"三化"协调科学发展的新理念，尝试性地把新型农村社区纳入城镇体系管理，对全国新型城镇化建设具有借鉴意义。

2. 新型城镇化道路及其意义

关于新型农村社区建设，河南省经过大量实践和试验，详细提出了建立新型农村社区的5个基本条件、6种基本模式和"一保留七变化"的方法，为全国建设新型农村社区提供了比较科学、完整的理论指导。通过历史资料研究和数学计算分析，提出河南省城镇化发展分为5个阶段，是当前河南省新型城镇化建设研究的最新成果，为中原经济区建设制订科学发展规划、发展目标、发展途径提供参考依据。同时，结合河南省实际情况，指出河南省推进新型城镇化面临的挑战和制约因素，并提出河南新型城镇化的发展对策，不仅在一定程度上完善了新型城镇化建设理论，而且丰富了河南省城镇化建设的相关对策，对今后的城镇化建设具有重要意义。

3. "三化"协调发展模式的战略意义

"三化"协调发展模式已确立为全国各个省、市经济发展所必须遵循的原则，河南省是"三化"协调的先行区和实验区，河南省经济发展的"三化"协调程度对国家推行这种模式具有指导作用。目前，学术界已经认识到"三化"协调中三者之间的关系，即在城镇化、工业化与农业现代化的进程中，强调要以新型城镇化为引领，以工业化为主导，以农业现代化为基础[2]。已经明确中原经济区建设中"三化"协调发展，应着重处理好农业尤其是粮食稳定发展与城镇化、工业化的关系这一理论问题。实现既要保障国家粮食安全，又要加快城镇化、工业化进程；既不能牺牲农业尤其是粮食为代价发展城镇化、工业化，又不允许以迟延城镇化、工业化为代价发展粮食生产，要把粮食稳定增产的长效机制，建立在粮食主产区城镇化、工业化快速协调推进的基础上[3]。

4. 土地资源节约集约利用的意义

年会结合河南省经济发展的实际情况，探讨了河南省土地资源节约集约利用的主要

经验，提出了如何通过制度创新，实现保增长保发展条件下的建设用地的动态平衡，是"三化"协调理论中关于土地问题的最新突破。同时，也指出城镇化、工业化进程中的土地资源供应紧张问题是今后研究工作的主要方向，即如何协调好城镇化和工业化建设用地对农业生产的影响，实现"十二五"规划中提出的到 2020 年河南省粮食产量达到 650 亿公斤的目标。

目前，学术界已认识到必须始终把发展自由的农地流转市场放在基础的、优先的地位；在自由的农地市场基础上实施激励性、诱导性的引导政策；在自由的农地市场和激励性、诱导性政策的基础上实行一些强制性的调控政策[4]。今后，河南省需要继续探索、研究实施一些具体有效的政策来引导、调控、化解土地供需矛盾状况。

三、当前中原经济区建设亟待解决的问题

1. 人口与就业问题

中原经济区建设已经上升为国家战略。审视分析河南省情，人口问题仍然是中原经济区建设的一个重要制约因素，对中原经济区建设具有强大的反作用力。因此，解决好人口发展问题已成为中原经济区建设的重要前提。首先，是人口数量问题，人口基数大，人口低增长率和高增长量长期并存。资料显示，1990 年末，河南省人口总量达到 8649 万人，占全国的 7.57%，在全国排在第 2 位；2000 年末，河南省人口总量增加到 9488 万人，占全国人口的 7.49%，人口总数上升为全国第 1 位。2008 年河南省人均耕地面积仅为 1.2 亩。庞大的人口分母效应将给河南崛起带来沉重的负担。众多农村人口拥挤在有限的耕地上，意味着农业内部就业容量很小，大量的劳动力与较少的土地资源难以有效配置，农民在农业上的增收空间有限。这对河南省建设现代农业造成重大影响。其次，是人口质量问题，总体上文化素质不高，结构性矛盾凸显，高层次创新人才缺乏。随着国际及国内人才市场竞争的日益激烈，努力培养和建立适应中原经济区发展战略需要的高层次创新创业人才队伍，已成为当前中原经济区建设中亟待解决的关键问题。最后，是人口流动问题。河南省是人口输出大省，但近年来，随着当地经济发展速度加快，大批农民工和高素质劳动力开始走上返乡创业、就业之路。因此，如何尽快有效解决返乡创业者面临的"用地难、资金难、招工难"等问题，已成为当前中原经济区建设中亟待解决的新的重要课题。

2. 粮食生产与农业产业化发展问题

河南是农业大省，也是全国重要的粮食生产基地，目前面临的最大困难是农业比较效益低，导致地方抓粮、农民种粮的积极性不高，农田水利等农业基础设施建设严重滞后、抗灾减灾能力弱，农业特别是粮食持续稳定增产的难度增大；农业产业化发展程度不高，单一小规模发展的形式较多，大型粮油加工和食品加工企业竞争力有待提高。政府应着手改善农业生产条件，提高抗灾减灾能力；调整农业生产结构，提升农业比较效益；提高农业经营组织化建设，逐步解决小生产和大市场的矛盾；建立健全现代农业服务体系，加快建设一批全国性和区域性的农产品批发交易市场，提升郑州农产品期货市场水平，降低农产品交易成本；完善强农惠农政策，择机逐步提高粮食最低收购价等。同时，在省内建设一批以农业为支撑的产业聚集区，如建设全国大型农业示范区，提高河南省农业现代化水平和服务水平，走以保证粮食生产能力逐年增加为基本条件，积极探索以主食产业化为特色的现代农业发展之路。

3. 经济发展方式转变问题

如今，河南省与东部沿海地区的省市相比，城市化、工业化和经济发展水平相对落后，当先进省市工业化已经进入调整结构、优化布局、产业升级阶段时，河南省的工业和城市发展水平还远远没有进入和人口数量相匹配的阶段。因此，建设中原经济区不仅

是一个区域经济发展规划，而且应该是转变经济发展方式的战略规划，尤其是要解决国民经济中的重点和难点问题、解决经济增长的方式和动力问题。清华大学政治经济学研究中心国家发展战略部主任韩建方称，中原经济区发展需要"四轮驱动"，即设立优质的大手笔和高回报的投资项目，省内分区规划、促进各地区共同发展，开辟城乡良性互动的新型城市化道路，积极发展新兴产业[5]。如何结合地方实际，适应全国经济发展方式转变的历史趋势，突破资源环境制约，有效转变经济发展方式急需开展多种形式的试验与探索。

4. 改善民生与加大财政支持问题

近年来，随着我国国民经济快速发展，关注和改善民生问题成为政府和社会关注的焦点，民生建设与广大人民群众的利益息息相关，着力保障和改善民生，使人民享受经济发展的成果，也是中原经济区建设的根本出发点和落脚点。相关资料显示，"十一五"期间，河南省财政筹措的用于民生工程的资金超过 2000 亿元，年均增长 200 亿元以上。五年来，河南省社会保障支出累计 1669 亿元，年均增长 21.8%；教育支出累计 1563 亿元，年均增长 32.4%；医疗卫生支出累计 527 亿元，年均增长 50.7%；累计筹措住房保障资金 79.4 亿元，年均增长 227%[6]。但是，河南省是传统的农业大省，人口多，财力弱，经济发展相对滞后，用于民生改善的资金水平仍然偏低，相关基础设施建设投资不够充足，公共服务体系不完善，城乡居民收入差距过大，教育、医疗卫生事业发展水平不均，就业再就业形势严峻等问题仍然突出。因此，必须通过优化财政支出结构、完善公共政策、构筑制度保障等措施，加大财政政策向民生方面的倾斜度，为河南省民生建设提供更加有力的支持。

参考文献

[1] 张占仓. 河南省建设中原经济区战略研究 [J]. 河南工业大学学报（社会科学版），2010（4）：1-5.

[2] 蔡世忠. 中原经济区建设中"三化"协调发展问题研究 [J]. 河南农业科学，2011，40（6）：1-4.

[3] 欧继中. 中原经济区的产业定位 [N]. 河南日报，2010-10-08（4）.

[4] 张继梅. 中原经济区建设背景下的农地规模化经营 [J]. 河南社会科学，2011（4）：137-139.

[5] 韩建方. 中原经济区发展要"四轮驱动" [EB/OL]. 中国新闻网河南频道，[2010-08-30] http://www.ha.chinanews.com.cn newcnnews164/2010-08-30/news-64-169.

[6] 王芳. 中原经济区建设重在改善民生 [J]. 黄河科技大学学报，2011（3）：49-52，59.

河南省安濮鹤产业集聚区发展研究[*]

摘要　系统调研了河南省安阳、濮阳、鹤壁三市产业集聚区建设发展基础，分析了其发展特色和建设贡献，指出了产业集聚区发展中存在的问题，系统提出产业集聚区主要发展产业集群的核心观点，并提出了促进产业集聚区发展的对策：持续深入贯彻落实《国务院关于支持河南省加快中原经济区建设的指导意见》和河南省委九次党代会精神，持续推进产业集聚区产业集群发展，持续推进产业结构调整与升级。

关键词　产业集聚区；产业集群；中原经济区；河南省

按照河南省政府统一部署，对安阳、濮阳、鹤壁（安濮鹤）三市产业集聚人口集中情况进行了系统调查研究，深感省委、省政府在产业聚集区建设方面的战略举措高瞻远瞩，确实促进了当地产业以一种空前的、与世界接轨的科学方法在有序地推进[1]，为地方经济社会长远发展和全面建成小康社会奠定了战略基础。

一、产业集聚区发展基础

1. 产业集聚发展

2008 年以来，按照河南省委、省政府"项目集中布局、产业集群发展、资源集约利用、功能集合构建、人口有序转移"的战略部署[2]，安濮鹤三市围绕建设中原经济区区域性中心强市的目标，结合自身资源禀赋优势与区位优势，以产业集聚区为载体，把建设产业集聚区作为优化产业结构、推动资源节约集约利用最基础的环节推进，以重大项目、龙头企业为支撑，促进了产业集聚区的快速发展。经过几年的努力，产业集聚区已逐步成为各市承接产业转移和产业转型升级的主要平台、经济发展的重要增长极。

安阳市现有 9 个省级产业集聚区，主要围绕钢铁及精深加工、装备制造及汽车零部件、煤化工等特色主导产业，优化配置要素资源，产业集群规模逐步扩大，集聚效应逐步显现，已逐渐发展成为促进全市工业经济发展和产业转型升级的重要支撑。濮阳市现有 8 个省级产业集聚区，主要围绕石油化工、林纸林板、家具制造等特色产业发展，全市工业实力进一步增强，新型工业化的支撑能力不断提高。鹤壁市现有 4 个省级产业集聚区，作为国家级循环经济试点城市，通过引导资源、资金、劳动力、技术等生产要素向产业集聚区集中，形成了煤盐化工、金属镁冶炼和精深加工、汽车及零部件、电子信息等主导产业。

截至 2011 年，安濮鹤三市共有省级产业集聚区 21 个，总规划面积 313 平方千米，已建成区总面积达到 161 平方千米；入驻各产业聚集区企业达到 2308 家，分别为：1125 家、736 家、447 家；其中规模以上工业企业 684 家，分别为 296 家、232 家、156 家；2011 年完成固定资产投资总额达到 819 亿元，分别为

---

* 本文发表于《河南科学》2013 年 3 月第 31 卷第 3 期第 377-383 页。作者为张占仓、陈群胜、沈辉、闫国平、高现林、杨迅周。张占仓、陈群胜、杨迅周的工作单位为河南省科学院，沈辉的工作单位为河南省国土资源厅，闫国平的工作单位为河南省住房和城乡建设厅，高现林的工作单位为河南省工业和信息化厅。

基金项目：2012 年河南省人民政府重点调研项目。

409 亿元、242 亿元、167 亿元；产业集聚区主营业务收入达到 1896 亿元，分别为 1239 亿元、66 亿元、590 亿元。

2. 产业集群发展

安濮鹤三市根据各自的资源禀赋条件、区位优势和已有工业发展优势，构建了不同的产业集群。目前，安阳市已初步形成钢铁及精深加工、装备制造及汽车零部件、煤化工、建材陶瓷等 8 个特色产业集群，并在发展中注重产业集群在辖区内各产业集聚区中的合理布局。如安阳钢铁及精深加工产业集群，重点在安阳县产业集聚区布局，加快钢铁行业战略重组，推进中低端产品向高端产品转型升级，将安阳西部全力打造成千万吨级精品钢基地和钢铁精深加工产业园。装备制造及汽车零部件产业集群则重点布局在林州市产业集聚区和安阳高新技术产业集聚区，构建铸造、机加工、关键零部件制造、成套设备生产的完整产业链条，推进产业集群发展。煤化工产业集群，重点在安阳县产业集聚区布局，依托安化、顺成、利源、宝硕、豫龙 5 家大型煤化企业，构建以煤焦油和焦炉煤气为核心的煤化工循环经济产业链，推进煤化工行业由粗加工向精加工升级。在内黄县产业集聚区，进一步扩大高端建材陶瓷产品比重，构筑多品种、高端化、系列化产品体系，加快推进"中原瓷都"的建设。陶瓷产业集群呈现出最为典型的产业集群效应，而其发展也影响着晋、鲁、冀等省周边地区的陶瓷业生产、流通和消费，促进了陶瓷业的科技进步。

濮阳市积极推动各产业集聚区培育壮大主导产业，形成了富有特色的产业集群。2011 年，光电产业集群完成产值约 121 亿元。目前，濮阳已有 9 个光电子项目建成投产，2012 年又新开工 3 个光电子项目。家具制造产业集群，将传统"木工之乡"的技能优势转化为产业优势，倾力打造"中部家具之都"。目前，集聚区内投产家具企业达到 35 家。充分发挥化工产业主基地作用，大力发展化工（精细）产业集群，至 2011 年，在濮

阳经济技术开发区和范县集群化工企业有 111 家，化工企业呈链式集聚发展，积极推进石油化工、煤化工、盐化工融合发展，中原乙烯 60 万吨甲醇制烯烃等一大批项目建成投产。2011 年销售收入突破 100 亿元，占全区主营业务收入的 60%，产业集群发展效应显著。

鹤壁市积极培育现代煤化工、汽车及零部件、纺织服装、电子信息、金属镁精深加工七大产业集群，促进优势产业大规模聚集。现代煤化工产业集群基本形成，有煤化工企业 11 个，其中 60 万吨甲醇、盐化工，10 万吨 1,4-丁二醇一期等项目建成投产。10 万辆华晨载货车项目，带动了一批汽车及零部件 11 个项目建设，总投资 48.05 亿元，促进了汽车及零部件产业集群发展。电子信息产业集群初具规模，目前鹤壁已有电子信息企业 90 余家。尤其是深圳仕佳通信科技有限公司与中国科学院半导体所合作的 PLC 芯片项目填补了国内空白，投资 6.5 亿元年产 400 万片 PLC 芯片项目，将带动下游产业的发展，形成 200 多个品种的电子产品。其中汽车插接件、接入网光缆、植保杀虫灯产量分别占国内市场 20%、40% 和 90% 的份额以上。金属镁精深加工产业集群，依托区内创世电机、金山镁业、富迈特镁业、格兰达镁业等骨干企业，实现由镁粉、镁屑等初加工产品向镁合金汽车零部件、3C 产品、高速列车零部件等精深加工产品转变。目前，拥有国家镁及镁合金产品质量监督检验中心、轻合金精密成型国家工程研究中心、河南省镁合金及制品工程研究中心等研发机构，有力地支撑了金属镁精深加工产业集群的发展。

产业集聚和集群发展符合区域经济学规律，与世界产业发展布局趋势接轨[3]，为地方集聚发展注入了管理创新的活力，显示出良好的发展前景。

二、产业集聚区发展特色

1. 注重产业集聚区科学规划

通过科学规划，实现优化产业布局、促进产业合理集聚。安阳市为此还特聘请国际

一流的研究机构——德国罗兰·贝格公司，高水平编制了《安阳市总体功能定位、主导产业确定和空间布局优化规划》。鹤壁市打破行政区划，全域优化布局，沿鹤山区、山城区西侧30多千米长的丘陵地规划了宝山循环经济产业集聚区，在新区与淇县县城之间的连接带规划了鹤淇产业集聚区，确保了资源要素保障、产业集群发展与集聚区建设的有机统一和完整套合。濮阳市则是围绕集群发展，统一摆放项目，实行"四不"措施，即对产业集聚区外项目不备案审批、不配土地指标、不给环境容量、不提供政策扶持，引导所有工业项目全部进入产业集聚区。

2. 着力培育主导产业

安濮鹤三市着力培育主导产业，突出特色产业集群培育，优化配置要素资源，扩大集聚效应，加快提升产业集聚发展水平。2012年，安阳市要求各产业集聚区主导产业年度投资和主营业务收入两项指标占比必须达到70%以上。濮阳市则按照"龙头带动、市场引导、关联配套、政策支持"的思路，积极推动各产业集聚区培育壮大主导产业，形成特色产业集群。鹤壁市立足产业基础，明确发展定位，形成了宝山循环经济产业集聚区，以煤化一体化产业支撑发展。三市积极培育和发展主导产业，使工业发展的后劲明显增强。

3. 加快公共设施配套建设

加大对集聚区公共设施配套建设的投入，增强承载能力，有效保障产业集聚发展。安阳市自2009年以来，全市产业集聚区累计新建道路538.3千米，管网946.3千米，电网343.2千米，全市集聚区新增建成区面积41.3平方千米，目前建成区总面积达到82.0平方千米，产业集聚区水、电、路网等设施基本具备，承载能力和服务功能快速提升。濮阳市按照"统筹推进、适度超前、突出重点"的原则，快速推进产业集聚区道路、供排水及污水管网等基础设施建设。目前，产业集聚区路网框架日臻完善，水、电、气、通信等相关设施实现了同步覆盖，为项目落地创

造了良好条件。

4. 统筹推进城乡发展

统筹城乡发展，将产业集聚区建设与新型城镇化和新型农村社区相结合，努力实现产业发展与城镇发展相互依托、相互促进。安阳市安阳县提出建设"大水冶"的思路，将水冶规划建设成为30万人口的中等城市。濮阳市在"一中心三组团"产业布局上，中心城区重点发展高新技术产业，金融、会展等现代服务业，形成区域发展核心增长极；工业园组团着重围绕建设全国重要的石油化工产业基地的产业定位，为中心城区的发展提供产业支撑。鹤壁市则采取推进新区拓展和建成区提升、老区全面改造、县城改造建设、小城镇建设和新型农村社区建设等工程，促进产城互动发展。

5. 加大政策扶持和体制机制创新

安濮鹤三市在围绕规划引导集聚区发展、培育壮大产业集群、完善配套服务功能等方面，不断创新管理体制与机制，加大政策扶持力度，积极优化产业集聚区发展环境。安阳市先后出台了一系列政策性文件，指导和促进了产业集聚区的快速发展，逐步理顺体制机制，实行市级领导、各县（市、区）和市直部门三级推动。濮阳市建立招商引资激励机制，抢抓沿海发达地区产业转移的战略机遇，出台了一系列政策措施，不断提高招商引资的针对性和实效性。鹤壁市则是通过建立长效机制，如落实市领导分包产业集聚区制度、坚持产业集聚区工作会议制度和完善产业集聚区管理机制等，不断提高管理水平和服务能力。

三、产业集聚区建设的贡献

1. 固定资产投资增速加快

安阳市现有9个省级产业集聚区，自2009年到2012年6月已累计完成固定资产投资1113.1亿元，年均增速达到50%以上。濮阳市8个省级产业集聚区，2012年上半年共完成投资171.6亿元，同比增长44.3%，增速居全省第7位。鹤壁市全市工业投资70%以

上集中在产业集聚区，在 4 个省级产业集聚区
中，就有宝山循环经济产业集聚区、浚县产
业集聚区被评为全省"2011 年十快产业集聚
区"。

2. 主导产业发展迅速

产业集聚区已成为各市经济增长的主要
增长极，经济社会发展主要的支撑力量，区
内主导产业发展迅速，集群效应明显。2011
年，安阳市 9 个省级产业集聚区规模以上工业
企业主营业务收入达到 1117.4 亿元，与 2009
年相比翻了一番；2012 年上半年，全市 9 个
省级产业集聚区规模以上工业企业实现主营
业务收入 520.1 亿元，占全市的比重为 40% 左
右。2012 年上半年，濮阳市 8 个省级产业集
聚区实现主营业务收入 289.9 亿元，同比增长
24.8%，增速居全省第 7 位。2012 年上半年，
鹤壁市特色主导产业共完成工业增加值 127.5
亿元，占全部规模以上工业增加值的 79.1%，
同比增长 9.7%。

3. 有效承接产业转移

产业集聚区成为有效承接产业转移的平
台，产业集聚规模持续壮大。各市在引进央
企、国内外 500 强和高新技术等重点企业上下
功夫，并力争取得突破。2012 年上半年，安
阳市产业集聚区共引进省外项目 31 个，合同
金额 191.9 亿元，累计到位省外资金 70.8 亿
元，投资超亿元以上的 26 个省外工业项目入
驻产业集聚区。鹤壁市通过加大招商引资力
度，抓好龙头企业和重大项目，迅速做大产
业规模，2012 年新开工超亿元工业项目 50 个
以上，全年建设超亿元工业项目 100 个以上，
完成投资 180 亿元以上。

4. 带动城乡基础设施建设

产业集聚区加速带动城乡基础设施建设。
2009 年以来，安阳市 9 个省级产业集聚区新
增建成区面积 41.3 平方千米，目前建成区总
面积达到 82.0 平方千米，承载能力和服务功
能快速提升。濮阳市快速推进产业集聚区道
路等基础设施建设。2012 年上半年，已有 6
个省级产业集聚区启动了污水处理厂建设，
各产业集聚区均建成了高标准、现代化的集

聚区规划展览馆，产业集聚区路网等基础设
施日臻完善，为项目落地创造了良好条件。
鹤壁市 2012 年全年投资将超 80 亿元，用于加
快基础设施和公共服务设施建设，修建完善
道路 50 千米以上，新建成标准化厂房 40 万平
方米以上，重点推进"水、电、气、路和场
地平整"等基本的基础设施建设项目，加快
发展生产性服务业，促进二、三产业协调
发展。

5. 促进了人口就地就近就业

据调查统计，安濮鹤三市产业集聚区安
排就业 47.5 万人，其中安阳产业集聚区就业
20.5 万人，濮阳产业集聚区就业近 13 万人，
鹤壁产业集聚区就业 14 万人。这些产业集聚
区成为当地解决就业的主要渠道和基地，为
农村劳动力就地转移开辟了稳定的途径。特
别是这些产业聚集区立足于就地就近解决当
地居民就业，吸引了不少原来在外地打工的
人员回到家乡就业，既不影响就业，又能够
就近照顾家庭，降低了生活成本，深受老百
姓欢迎。

四、产业集聚区发展中存在的问题

1. 产业集群发展不显著

产业集群是在某一特定领域中，在地理
位置上集中，且相互联系的公司和机构的集
合，并以彼此共通性和互补性相联结[4]。从
对安濮鹤三市调研情况看，目前，部分产业
集聚区产业集群效应较为显著，但不少产业
集聚区产业集群发展效应还不够明显，距离
真正意义上的集群发展要求还有很大差距。
一是企业集中度不高。除了安阳市内黄县产
业集聚区（引进 40 余家陶瓷及关联配套企
业）、汤阴县产业集聚区（引进 170 余家食品
工业企业）、林州市产业集聚区（引进 36 家
汽车及汽车零部件企业）、濮阳市的清丰县产
业集聚区（引进投产 35 家家具制造企业）、
濮阳县文留电光源专业园区（入驻 28 家规模
以上企业）、鹤壁市（引进 188 家煤电化材企
业、入驻 150 余家电子信息企业、引进 89 家
规模以上食品企业）的集中度较高，关联配

套较好，形成了明显集群发展态势外，其他已建成的产业集聚区内的主导产业企业及关联企业数量不多，产业集群规模较小、总量较少，集群发展效应难以显现和发挥。二是产业集群整体发展水平不高。多数产业集群的企业个头还不够大、中小型企业多而不强，大多数产业还处于刚刚起步或初期成长阶段，特别是龙头型企业的带动支撑作用不太明显。同时，多数集群式发展的企业产品品牌整体竞争力不高，特别是承接引进产业大项目、科技含量高的企业不够，难度还较大。三是产业集群企业关联度不高。主要表现在有的集群企业分散布局，专业化分工与合作不够，产品过于雷同，如有的地区内的同类产业分散在各个乡镇，生产同类且低端产品企业过多。同时，缺乏细致专业化的分工，上下游产业关联度过低，如有的企业仍然停留在原料采购到初级产品加工的环节，产业链条向高端、终端延伸发展远远不够，生产半成品企业多，链条互补效应不强，特别是在研发设计、投资融资、物流、包装等横向配套服务方面不够完善。

2. 产业结构不优

一是集聚区主导产业发展后劲不足。目前，虽然各个集聚区普遍重视产业发展，但也有部分集聚区主导产业发展缓慢，承接引进关联项目较少，储备后续发展项目有限，发展后劲不足。个别集聚区为了完成年度承接产业转移的招商引资任务，在实际操作中不能按照主导产业有序引进发展，造成了行业领域定位过宽，链条延伸过短[5]。如有的县主导产业中的95%以上产品处于产业链前端或低端，几乎没有直接面对广大消费者的终端产品，同时，其产业发展对能源原材料行业依赖度过大，抗风险能力差，产业发展后劲明显不足。二是集聚区产业之间存在同构现象。从调研情况看，三市24个产业集聚区（含鹤壁市3个工业园区）确定的主导产业，主要包括机械制造（含汽车零部件加工）、食品加工、电子信息、化工（煤炭、石油、盐）、钢铁、家具制造、陶瓷、新能源、

生物医药、纺织服装、新型建筑材料等，主导产业中涉及机械制造（含汽车零部件加工）的有15个，占比超过60%；涉及食品加工的有7个，占比近30%；涉及化工产业的有7个，占比近30%；涉及电子类的有6个，占比25%。可见，集聚区存在明显产业同构现象，将影响集聚区的长远发展。三是部分集聚区自身产业结构不合理。部分产业集聚区虽然产业集聚度较高，但只是"零散小"效益不高项目的引进和同类企业产品的简单"扎堆"，部分项目的技术含量低，产品附加值低，产业关联小，难以真正形成特色突出、链条耦合性好、竞争力强的集聚发展格局。

3. 技术创新能力较弱

一是尚未形成技术创新体系。据调查统计，安濮鹤三市的24个产业集聚区中，虽然目前拥有57个省级（含省级）以上、80个市级企业研发中心，但省级以上重点实验室和孵化中心偏少，不同类别研发机构比例失衡较为突出，难以形成"以企业为主体，企业与高校、科研院所相结合"的科学完善的技术创新体系，直接影响和制约企业自主创新能力提升与增强[6]。如安阳市9个省级产业集聚区仅有省级以上重点实验室5个、省级孵化中心1个。濮阳市8个省级产业集聚区仅有省级重点实验室2个、省级孵化中心1个。鹤壁市目前尚未建立省级以上重点实验室和孵化中心，市级也未超过2个。二是缺乏科学配套的人才引进机制。多数县（市、区）和集聚区内企业专业人才少、农民工转化为技能型产业工人速度慢，但集聚区又缺少编制而难以引进更多的优秀专业科技人才和高端管理人员，造成科技专业型人才和技术熟练型工人短缺，难以满足当前产业发展的人才需求。三是大企业、大项目和知名品牌的产业支撑力不强。调查显示，3年来，三市24个产业集聚区中虽然入驻企业总数达到2557家，但规模以上企业（782家）也仅占全部入驻企业的30.6%。同时，世界500强企业仅有10家，占入驻企业总数的0.4%；国内500强企

业也仅有 26 家，占入驻企业总数的 1%。此外，目前三市 21 个省级产业集聚区内所有企业仅拥有中国名牌产品 23 个，产业技术创新难以形成大企业、大项目、大品牌的引领带动效应。

4. 投资强度与产出效益不高

一是一些集聚区的土地利用率不高。在土地缺口普遍较大的情况下，部分集聚区未能有效挖潜，建设用地单位面积固定资产投资强度和单位面积产出偏低[7]。其中，个别集聚区 2009~2012 年单位面积固定资产投资强度远远低于豫政〔2011〕27 号文件规定的 233 万元/亩的执行标准，个别集聚区单位面积产出受新开工项目的影响甚至低于单位面积固定资产投资强度。二是部分集聚区对建设多层标准化厂房的积极性不高。多为单层厂房，建设规模普遍较小。特别是一些刚起步的集聚区，由于土地资源相对充裕，出现了土地资源占用较多、利用粗放的现象，浪费了宝贵且有限的土地指标。三是个别集聚区空间布局不够合理。关联产业在空间布局上相距较远，交通运输成本较高，直接影响企业效益[8]。

5. 公共服务水平偏低

一是公共服务平台建设滞后。部分集聚区对公共服务平台建设重视不够，还不具备能够辐射集聚区的科技公共服务平台、科技企业孵化器，融资平台形同虚设，没有产品检验检测平台和信息化、电子商务、人力资源服务等公共服务平台，使集聚区中小企业融资难、创业难。二是有的聚集区缺乏高层次的发展创业中心和有关培训机构，加之中介组织少，部分企业招用技术专长工、一般熟练工的困难较大。如三市目前尚未有省级创业中心，市级创业中心数量也有限。三是大多数县（市、区）由于财政困难，投融资平台融资能力不足，集聚区基础设施及服务平台建设大多采用 BT 模式，导致融资成本高、政府负债重、还款压力大。再者，由于目前大多数企业经营困难，尤其是规模以下企业项目获得银行信贷支持相当困难，部分企业不得不向民间高息融资，不但生产成本提高，而且经营风险加大。

五、促进产业集聚区科学发展的对策

1. 持续深入贯彻落实国务院《指导意见》与河南省委九次党代会精神

按照《国务院关于支持河南省加快中原经济区建设的指导意见》（以下简称《指导意见》）第 14 条要求，"促进产业集聚发展"。"科学规划建设产业集聚区，积极构建现代产业体系、现代城镇体系和自主创新体系发展的重要载体，促进企业集中布局、产业集群发展、资源集约利用、功能集合构建、人口有序转移。"其核心内容是如何科学合理地建设产业集聚区。河南省委九次党代会报告指出，以产业集聚区为载体推动集聚发展，培育和引进龙头型、基地型企业，促进同类企业、关联企业和配套企业集聚，形成一批特色鲜明的产业集群。有了这些基本的遵循，产业集聚区建设就有了明确的方向与目标。从安濮鹤三市产业集聚区建设面临的实际情况看，弄清楚大方向仍然十分重要。河南省委、省政府规划建设产业集聚区，是期望通过科学、超前、有竞争力的方式，而不是用传统工业区的路子，促进区域新型工业化和新型城镇化进程，有效提升地方经济社会发展水平。产业集聚区是产业集群的载体，是部署产业集群的。因为当今全球工业布局最为有效的组织模式就是产业集群。河南省规划建设产业集聚区的实践已经证明，用产业集群的方法建设的产业集聚区，产业的发展就能够高歌猛进，迅速形成区域优势，甚至是区域品牌，像漯河市的食品加工、巩义市的铝材加工等；而仍然按照普通工业区的方法建设的产业集聚区，产业发展的活力就不足，甚至遭到比较大的挫折。安濮鹤三市产业集聚区发展基础相对较弱，近些年招商引资积极性非常高，确实引进了大量对当地经济发展，特别是新型工业化进程影响巨大的好项目，对于当地提高工业化发展水平，转移农村劳动力,提高居民收入,改善居民生活,促进产业结构升级,起到了极具长远意义的战略支撑作用。但是,确实有些产业集聚区急于招商引资,急于加快发展,急于形成产业规模,急于出形象,没有把产业集聚区当作集聚区建设,而是按照普通工业区建设,基本上没有产业集聚的内容,更没有形成产业集群。这样不仅对当地产业集聚区发展不利,很难形成地域特色,也难形成区域品牌,很难形成核心竞争力,无法具有长期发展效应,而且抑制了产业集聚区健康发展,影响了当地招商引资,影响了当地的投资环境,影响了当地政府的管理形象,影响了当地群众的公共利益。所以,在产业集聚区建设获得一定阶段发展以后,河南省委、省政府组织这样的调研活动特别具有现实意义。如果通过这次调研,把这些直接影响产业集聚区正常发展,特别是与国务院《指导意见》和河南省委第九次党代会要求不一致的地方认真检查并努力纠正过来,对于当地产业集聚区的可持续发展将产生十分重要的影响。

2. 持续推进产业集聚区产业集群发展

在国外,产业集群发展的观点已经成为企业和政府思考经济、评估地区的竞争优势和制定公共政策的一种新方式。我国在引进产业集群理念的基础上,也在积极探索各地产业集群发展之路。胡锦涛在2003年中央经济工作会议上提出要"发展新型产业集群"。2004年11月,中共福建省委省政府下发《关于加快产业集聚培育产业集群的若干意见(试行)》(闽委发〔2004〕13号),把发展产业集群提高到战略高度积极推进。浙江省人民政府颁布的《浙江省先进制造业基地建设规划的框架与重点》也把产业集群作为发展的重点。广东省经济贸易委员会发布《关于建设产业升级示范区加快产业集群发展的意见》提出,要集中力量建设一批产业升级示范区,促进产业集群发展。2005年2月,在《国务院关于鼓励支持和引导个体私营等非公有制经济发展的若干意见》中提出:"推进专业化协作和产业集群发展",并要求"促

进以中小企业集聚为特征的产业集群健康发展"。2008年,河南省委、省政府创造性地提出以建设产业集聚区的方法发展产业集群,既解决了在国家对用地管制特别严格情况下的项目落地问题,又顺应了产业布局科学可行的趋势,发展成效十分显著。被一些基层领导称为打开了地方经济发展的战略思路。按照这次实地调查研究情况,认为大约有1/3的产业集聚区科学、健康、有序、规范,有1/3正在逐步规范,有1/3处于无序运行状态。因此,建议要进一步规范产业集聚区管理,逐步划定一些硬性规定,如一个产业集群区最多只能够有两个到三个主导产业,以利于引导产业集聚,促进产业集群的形成。否则,一个产业集聚区规划五个到六个主导产业,实际上背离了产业集聚区的建设初衷,背离了科学发展的轨道,注定没有前途。另外,对有污染的企业进入产业集聚区也要有一些硬指标限制,确保产业集聚区其他企业的公共利益,确保当地生态环境不被破坏,确保产业集聚区建设与新型工业化的大方向相适应。

3. 持续推进产业结构调整与升级

当前,面临全国性产业结构调整,甚至是经济结构调整问题。面对这样的历史性考验,可供选择的战略就是产业结构高度化,即通过科技进步与技术改造,大幅度提升科技创新,特别是自主创新能力,研发与生产更多科技含量高、环境污染少、绿色环保、有地方特色的产品,发展更多的战略性新兴产业。安濮鹤三市工业发展基础比较好,产业集聚区建设进程中也确实招到了一些高科技、节能减排、绿色环保类企业,为当地产业结构升级奠定了良好的基础。为进一步激励这些有前景的产业发展,建议地方政府要对产业集聚区内部能够适应这种需求的企业进行分类排队,并通过高新技术企业认定、创新型产业集聚区认定等举措,支持这类企业加快发展,培育新的经济增长点。相信对这类企业的扶持与支持,将为当地产业集聚区上水平、上档次、提效益创造空前的机遇,

也将为具有地方特色的产业集聚区建设奠定方向性产业基础，并且有可能使一些产业集聚区在全国性产业结构调整过程中脱颖而出，形成优势，形成特色，形成亮点，形成突破口。

参考文献

[1] 张占仓，蔡建霞，陈环宇，等. 河南省新型城镇化战略实施中需要破解的难题及对策 [J]. 河南科学，2012，30 (6): 777-782.

[2] 张占仓. 河南省建设中原经济区战略研究 [J]. 河南工业大学学报，2010 (4): 1-5.

[3] 宋伟. 河南省产业集聚区发展问题浅析 [J]. 产业与科技论坛，2010 (3): 56-61.

[4] 张占仓. 国外产业集群研究走势 [J]. 经济地理，2006，26 (5): 737-741.

[5] 杨贞，李剑力. 河南产业集聚区建设中存在的问题与对策 [J]. 郑州航空工业管理学院学报，2009 (6): 31-35.

[6] 张占仓，沈晨. 新形势下河南转变发展方式的对策 [J]. 中州学刊，2012 (11): 49-50.

[7] 张占仓. 如何破解"三化"协调发展难题 [J]. 中州学刊，2011 (6): 85-87.

[8] 耿明斋，李燕燕. 中原经济区现代化之路 [M]. 北京：人民出版社，2012.

建设郑州国际航空港的历史趋势与战略方向[*]

2013 年 3 月 7 日，国务院批复郑州航空港经济综合实验区发展规划，把"建设竞争力强的国际航空货运枢纽"的历史性任务交给了郑州，这标志着我国将全球日益重要的临空经济纳入国家战略，并将利用国家的力量推动郑州建设国际航空港。过去用铁路来拉动经济增长的郑州，在新一轮改革开放浪潮中，被推到了发展临空经济的前沿，也为自工业革命以来因为地处内陆而颇受开放型经济发展挤压的中原地区迎来千年等一回发展崛起的历史性机遇，为中原亿万人民实现过上好日子的梦想创造了空前的支撑条件。

一、临空经济是全球发展的新时尚

国外最早的临空经济形态始于 1959 年在爱尔兰香农国际航空港成立的自由贸易区，并因此促进了当地航空港的快速发展。1965 年，美国航空研究专家 Mckinley Conway 发表"The Fly-in Concept"论文，最早提出临空经济的概念，他指出，以机场为核心，综合发展集航空运输、物流、休闲、购物、产业开发等多项功能为一体的经济就是临空经济。

1991 年，美国学者约翰·卡萨达（John Kasarda）在阐述交通运输对于工商业企业区位选择的重要影响时提出，交通运输对于企业区位选择影响可分为五次浪潮，即海运、河运、铁路、公路和航空，第五次浪潮由航空运输驱动产业发展。在这个阶段，航空运输业、国际市场基于时间的竞争起决定性作用。这个时代开始于大型、高速喷气式飞机，先进通信技术和三种不可逆转的重要推力驱动第五次浪潮向前发展，这三种不可逆转的重要推力就是：商业交易的全球化，即时生产和产品分销的出现，通过飞机运输产品给远方顾客需求的出现。由于科技进步以及科学技术传播速度加快，基于时间竞争的重要性得到强化，越来越依赖于航空货运，从而改变企业区位选择形成航空偏好性。2001 年，他研究指出与国际机场相关的产业走廊、产业集群、产业带导致新城市形态即空港大都市出现。2006 年，他提出了空港大都市基础设施规划，2009 年对临空经济区管理进行了研究，2011 年《航空大都市——我们未来的生活方式》是约翰·卡萨达对航空大都市进行阐释的一本书，在中国影响比较大。1993 年，英国剑桥系统研究所 lenE. Weisbrod 等学者对日本、北美和欧洲的航空港进行了调查研究，并根据产业在航空港相邻地区集中的程度，将其分为四种类型：非常高度集中的产业、高度集中的产业、中等集中的产业、越来越集中的产业。

1999 年，中国学者曹允春研究认为临空经济区是指由于航空运输的巨大效益，促使生产、技术、资本、贸易、人口在航空港周围聚集，形成多功能的经济区域。2004 年，金忠民提出空港城概念，指出空港城是国际化城镇体系的重要组成部分，具有服务机场和利用机场的特征，以国际枢纽机场为依托，包括客货运输、仓储加工、综合贸易、商业服务、会议展览、生活居住、园艺农业、文娱体育设施，是以航空产业为特色的综合性新城。2005 年，李建研究认为，临空经济首先是区域概念，临空经济发展必须以机场为依托；其次是产业概念，即临空产业，它是临空经济的内核；最后是经济概念，是一种经济现象，具有一般的经

* 本文发表于《区域经济评论》2013 年第 3 期第 142-144 页，为"郑州航空港与临空经济发展笔谈（五篇）"之一。

济特点，又因为其是空港地区特有的一种经济现象，因而有独特性。2006 年，肖李春等研究指出，临空经济是产业结构演变和交通运输方式变革的产物，积极发展航空物流业，打造航空物流园区，从而形成强大的资金流和信息流的聚集，推动区域经济社会发展的一种经济模式。2009 年，曹允春研究提出，有机场的区域，由于机场本身所带来的大区域空间收敛性，以及机场建设使得周边地区交通的便利所带来的小区域空间收敛性，使得运输空间的时间成本和空间成本都在降低，导致区域生产要素和产品的流动性更强，那么区域经济开放度就会增强，产业就围绕机场在该区域聚集。2013 年，曹允春指出全球经济一体化使人类进入了"速度经济"时代，区域经济如何获得竞争优势，速度是关键，机场是载体。荷兰阿姆斯特丹国际机场发展总部经济，阿联酋迪拜国际机场发展航空运输，都是围绕机场周边区域，凭借临空优势发展区域经济。市场经济是以市场作为资源配置的基础性方式和主要手段的经济，而临空经济是一种快速、高效地配置全球资源的方式。临空经济让中国沿海城市的航运贸易优势不再明显，包括郑州在内的中西部内陆城市将成为中国新的经济增长高地。

因此，学界已形成共识，临空经济成为一种区域发展的新模式，国际航空港成为中高端生产要素集聚集中集约集群的核心影响因素，建设国际航空港成为临空经济大发展的载体。

二、临空经济发展对内陆地区意义重大

认真分析全球区域发展的客观现实，我们可以发现 80% 的发达地区都分布在沿海或者有通航能力的沿江地区 100 英里以内。因为在工业经济发展初期和中期，沿海或者沿江能够提供廉价的运输条件，所以运输成本对工业集聚影响显著。而到了工业化中期以后，铁路与公路运输，特别是高速铁路与高速公路运输，能够比较好地解决人员等要素快速流动问题，所以对产业布局影响明显，凡是铁路枢纽或者是公路枢纽，往往成为产业集

中发展的基地。因此，基础设施对生产要素流动影响巨大。像德国鲁尔工业区、英国南部、美国东北部等少数内陆发达地区，基础设施条件都特别好，成为所在国经济发展比较好的地区。而随着新科技革命的兴起，特别是国际互联网导致的信息技术和信息化设备的普及，依托国际航空港的快速物流技术与网络的完善，即时生产、即时供货、即时满足客户（简称三个即时）需要成为高端制造业、高端服务业和高端物流业竞争的重要手段。在这样的特殊历史条件下，通过产业向国际航空枢纽集中集聚集群发展，迎合了"三个即时"竞争的需要，所以临空经济就成为一种新的时尚。

中国广大内陆地区，在海运、河运时代，赶不上基础设施低成本的要求，很多都沦落为相对落后的地区。在铁路、公路支撑地区发展时代，国际化浪潮席卷全球，特别是在 WTO 框架下，国际贸易高速发展，沿海或者能够快速进入国际市场的沿江地区，利用国家改革开放的历史机遇，以出口拉动为主要力量，持续 30 年左右高速发展，分享了中国对外开放的时代红利。与此同时，内陆地区对外开放成本远远不及沿海或者沿江地区，在中国改革开放大潮中并没有享受多少开放之利，以至于像河南省这样全世界人口多达 1 亿的内陆省份，在 GDP 已经持续多年居全国第五位的同时，2008～2010 年进出口总额只占全国的 0.6%，几乎可以忽略不计，在国家对外开放的战略平台上无法分享最基本的利益。客观上，不是当地不努力开放，核心问题是通过传统路子开放型经济发展成本偏高，发展时机不成熟。以至于曾经对全球发展做出过巨大贡献的中原地区，自北宋以来，经历了长期被边缘化的痛苦。

面对全球经济一体化和内陆地区发展开放型经济的历史性困惑，近几年，河南省委省政府不等不靠，大胆开拓，勇于创新，在谋划中原经济区建设方案中，强烈意识到建设内陆开放高地的紧迫性。在这样思想的支配下，先以行政效率高著称，引进具有标志性意义的国际化企业富士康，创造了所谓郑

州速度。国务院批准在郑州建设全国中西部第一个综合保税区，保税区封关运行之后，引致外向型国际化企业落地，促进河南省进出口额在全国异军突起，连续两年增长速度都在58%以上，开放型经济发展实现重大突破，并进一步导致郑州航空港客货运输飞速增长，因为郑州航空港在全国客货运输中的巨大潜力与希望，全国第一个航空港经济综合实验区批复给郑州。因为有了这个中国独具特色的航空港经济实验区，郑州市的建设与发展迅速具有了现代国际都市的战略意义与前景，并将促进郑州市以及中原经济区开放型经济获得空前发展，迎来重新崛起的重大机遇。这种内陆地区持续跟进式发展开放型经济的路径，成为一种经济全球化条件下内陆地区发展开放型经济的典型模式，对于中国中西部地区以及发展中国家内陆地区均具有重要的理论借鉴意义和实际应用价值。

三、建设全球最大的现代航空都市

按照国务院批复的方案，郑州航空港经济综合实验区规划面积415平方公里，将成为全球规模最大的航空都市。系统分析当今工业发展情况，全球80%的工业增加值是产业集群创造的，因为产业集群拥有当代经济学追求的最高境界——资源共享机制，从而使其充满了生机与活力。全球各个国家的实践均证明，只有在产业集群，才能够把同样的产品做得质量最好、成本最低，在市场上最具竞争力。因此，郑州航空港经济综合实验区建设的根本任务之一就是在加快建设国际航空货运中心的基础上，规划与引导航空偏好性产业尽快在郑州航空港形成科学合理的临空产业集群，并以此支撑郑州现代航空都市建设，促进中原经济区产业结构调整。

首先，要立足于建设国际航空货运中心。建设国际航空货运中心，是郑州作为国际航空枢纽的前提，是基础设施、是支撑点、是特色，也是突破点。为此，要加快建成第二跑道、第二航站楼，适时研究建设货运专用跑道、第三航站楼；建成郑州新郑国际机场综合交通中心，

实现客运零距离换乘。加快航空货运仓储设施建设，完善快件集中监管中心、海关监管仓库等设施，全面提升郑州新郑国际机场航空货运保障能力。强化与国内外大型枢纽机场的合作，发展货运中转、集散业务，提升国际航空港地位。

其次，要加快速度打造以智能手机为标志的电子信息产业集群。按照省政府办公厅发布的《河南省以手机为重点的电子信息产业集群引进2013年行动计划》，河南省要按照"两扩一聚"的发展模式（以龙头品牌制造商、龙头代工企业为中心向四周扩散，以产业链配套和服务支撑为重点集聚发展），引进智能手机品牌和代工制造商，打造全球智能手机制造中心；建设针对手机特点的物流体系，打造全球智能手机物流服务中心；以扩大人才引进规模为动力，打造全球智能手机研发基地。最终，形成以全球最大的智能手机为代表的电子信息产业集群。这将是郑州航空港与北京、上海、天津等航空港临空产业发展的主要差异，也是我们最有可能做大做强的优势领域。

最后，规划建设产城互动的现代航空都市。坚持集约、智能、绿色、低碳的新型城镇化发展理念，突出新型城镇化是以人为核心的时代特色，优化空间布局，以建设超级计算中心或云计算中心为支撑，强化现代信息技术引领。建设生物科技产业园，打造临空经济增长点。全面发展航空服务业，特别是航空金融业，支撑现代经济高速运转。以航兴区，产业支撑；以区促航，产城融合，生态宜居，建设高品位和国际化的城市综合服务区，形成空港、产业、居住、生态功能区共同支撑的有国际影响的现代航空都市。

临空经济发展，中国追赶时代潮流。中原经济区建设，为中原崛起迎来了千年等一回的历史机遇。郑州航空港经济综合实验区起航，成为中原经济区建设的突破口。郑州智能手机生产优势的形成，为我们利用国际航空港优势扩大对外开放奠定了战略基础。乘中原地区临港开放发展的历史机遇，郑州将实现跨越式发展的梦想，中原人民将实现崛起富裕的梦想，中国临空经济也将实现大发展的梦想！

河南省新型城镇化战略实施的亮点研究[*]

摘　要　伴随中原经济区建设进程，河南省在新型城镇化战略实施中涌现出郑州都市区规划建设、中心城市新区建设、中原城市群一体化网络化发展、县城的快速扩张、特色镇的崛起、新型农村社区建设的突破等亮点，新型农村社区建设涌现出移民搬迁型、产业集聚区建设集中型等六种模式。研究认为：新型城镇化推进过程中亟待土地政策法律突破和完善；新型农村社区建设要牢牢把握为农民创造利益的大方向，还要在先行先试上下功夫。

关键词　新型城镇化；新型农村社区；中原经济区；河南省

一、新型城镇化战略实践基础及进展

1. 实践基础

新中国成立以来，我国城镇化发展过程起伏较大，1995 年城镇化率为 29.04%，1996 年达到 30.48%，跨越 30% 的转折点，进入城镇化高速增长期，年均城镇化率提高 1.46 个百分点。河南省城镇化水平相对较低，2005 年城镇化率突破了 30%，进入城镇化的高速增长期，此后年均城镇化率提高 1.8 个百分点，发展势头迅猛。全国城镇化率转换点和河南省的转换点都非常典型，完全符合美国地理学家诺瑟姆提出的"S"模型，就是一个国家或者地区城镇化率在 30% 之前，是小马拉大车，走得很慢，但在 30% 到 70% 之间，是城镇化的高速增长期[1]。

2011 年，我国城镇化率第一次突破 50%，达到 51.3%，是一个重要的转折点。但是，这个水平大致相当于 1920 年的美国，它当时的城镇化率是 51.2%。所以，我国与发达国家相比，差距相当大。

2. 河南的探索

2010 年 4 月，河南发展高层论坛第 31 次会议，专题讨论河南省新型城镇化战略，由作者作主讲发言，提出了河南省新型城镇化战略建议方案，与会学者提出了建议，对主要问题形成共识。会议综述上报省委后，5 月 5 日时任河南省委书记卢展工作出重要批示，标志着新型城镇化战略引起省委高度重视[2]。7 月初，河南省委正式确定力争推动中原经济区建设上升为国家战略，并把"三化"协调发展（即河南省委省政府提出的"推进工业化、城镇化与农业现代化"协调发展战略，以下简称"三化"）作为最大特色[3]。下半年，郑州都市区建设规划浮出水面。

2011 年 8 月 1 日，时任省委书记卢展工提出了新型城镇化引领"三化"协调发展的新观点，引起高度关注。10 月，河南省委第九次党代会正式把新型城镇化引领"三化"协调科学发展纳入工作报告，并且把新型农村社区建设纳入城镇体系管理，进一步创新了新型城镇化理念[4]。

2012 年 4 月 6 日，《人民日报》头版头条发表了《不以牺牲农业和粮食、生态环境为代价，以新型城镇化引领的"三化"协调科学发展之路悄然延伸——河南务实发展稳步前行》

＊ 本文发表于《经济地理》2013 年 7 月第 33 卷第 7 期第 53-58 页。作者为张占仓、蔡建霞，作者工作单位为河南省科学院。

一文，标志着河南的做法得到肯定。4月13日，河南发展高层论坛召开第49次会议，主题为河南省新型城镇化战略实践及对策，基于持续研究基础，由作者代表所在团队作主讲发言，题目为"河南省新型城镇化战略实施及对策"，并安排在省委主办的《河南工作》上全文刊发。6月7日，时任省委书记卢展工在洛阳主持召开全省扶贫开发工作调研座谈会。他强调，建设新型农村社区，要把握好以下几个方面：一是政策引领，二是规划先行，三是突出主体，四是保障权益，五是规范有序，六是拓展创新，七是互动联动，八是一体运作。促进城乡一体化发展，使广大农民更多地享受到改革发展的成果。6月13日，国家发展改革委等10部委组成的调研组，来河南省就城镇化工作进行专题调研。6月21日《河南日报》报道，省财政筹措资金10亿元，支持各地新型农村社区建设，标志着新型农村社区建设进入全省财政运行轨道。8月，时任省委书记卢展工在新乡、焦作调研时指出，新型城镇化是城乡统筹的城镇化、是城乡一体的城镇化、是包括农村在内的城镇化、是破解城乡二元结构的城镇化、是着力实现更均等更公平社会公共服务的城镇化，对新型城镇化作出新表述。

种种迹象显示，河南以新型城镇化引领"三化"协调发展的路子大有可为，作为新型城镇化切入点、城乡一体化结合点和农村发展增长点的新型农村社区建设直接涉及了农村土地市场化问题，河南省已经探索到初步的路子，有可能是激发新一轮农村土地市场化改革的突破点。

二、河南省新型城镇化战略实施的亮点

作为一个拥有1亿人口的欠发达地区的大省，河南省近几年在推进新型城镇化过程中，抓住中原经济区上升为国家战略的机遇，大胆探索，勇于创新，涌现出一系列亮点。

1. 郑州都市区规划建设

2010年下半年，郑州市委全会上，围绕中原经济区建设形成共识，就是要加快建设郑州都市区，持续推进跨越式发展，形成中原经济区核心增长极，使郑州真正成为全国区域性中心城市，实现增长速度、发展质量和综合效益居于全省和中西部地区前列的目标。都市区规划由"三核五城十组团"组成，基本上明确了郑州作为国家区域性中心城市的未来发展前景，摆脱了过去传统的发展思路，是继郑东新区规划建设之后郑州市规划建设整体思路的全面提升与重大跨越，符合现代大型中心城市发展规律，反映了可持续发展的基本理念，有利于规避大城市病的影响，特别是郑州航空示范区等这种凸显新功能的城区规划与建设，对依托原有城市发展基础改善区域性中心城市发展质量具有重要的理论创新意义和实践价值。

2. 中心城市新区建设

继郑东新区规划建设成功之后，全省各市突破传统摊大饼发展的模式，全面规划建设城市新区，拓展城市发展空间，获得突破性进展。先后有开封、洛阳、焦作、平顶山、新乡、许昌、南阳、鹤壁、安阳、漯河、驻马店等获准建设复合型新区，拓展了城市发展空间，大幅度提升了中心城市发展实力，激发了经济社会发展活力。各个城市新区规划起点高，前瞻性好，更加注重体现"城市，让生活更加美好"的基本理念，为城市居民生产和生活预留绿色空间大，生态环境质量优，历史性迎来中心城市跨越式发展的重大机遇。特别是每个城市新区更加重视产城融合与地域文化建设，超前规划建设高质量绿地系统，优化生态环境，研究探索和推广应用节能低碳建筑技术，形成产业发展特色和规划建设特色。郑州、三门峡等全面启动规划建设中心商务区和特色商业区，为新型城镇化注入新活力，促进第三产业加快发展，有利于改善产业结构，促进了发展方式转变。

3. 中原城市群一体化网络化发展

以加快公共基础设施建设为载体，以加快产业集聚、人口集中、土地节约集约利用，提高城市经济发展效率为基本方向，促进了中原城市群一体化网络化发展。发挥"两群

融合"（城市群与产业集群融合）的叠加优势[5]，依托中原城市群产业集聚区和现有产业基础，集中规划布局和引导建设一批科技含量较高的产业集群，尽快在产业集聚区实现以产业集群发展为主要形态的"两集融合"（产业集聚区与产业集群融合），确实把已经创造的产业集聚区项目容易落地的政策优势与国内外已经证明的产业发展最具核心竞争力的产业集群发展优势有机集成，放大效应，形成更多充满活力的产业集群，推进中原城市群二三产业上水平、上档次、上规模，并通过产业集群产品易于国际化的路径，为中原经济区内陆开放高地建设铺平产业发展之路，让河南的新型城镇化更具时代性、创新性和地域性。

4. 县城的快速扩张

作为县域政治、经济、社会、文化中心，县城在地方发展中影响深远，在当地居民心目中吸引力较大，是河南省这样人口稠密地区吸引人口转移、发展现代产业、推进新型城镇化建设的前沿基地。河南省各县（市）紧紧抓住全省新型城镇化高速推进的历史机遇，利用县城基础设施相对较好的优势，充分借鉴国内外经验，制定优惠政策，吸引投资、完善基础设施，特别是提升公共基础设施和公共服务水平，以加快产业发展，特别是产业集聚区发展，带动产业与人口集聚，促进了县城的快速扩张。据省发展改革委调研，2006～2010年，河南省各级城镇新增人口有50.3%集中在县城和县级市市区，说明其在吸纳人口转移过程中具有十分突出的地位。像平原地区的平舆县，2004年县城人口才7万人，2011年已经激增至18万人。巩义市市区人口更是高达30多万人，已经成为生机勃勃的中等城市。按照目前的发展态势，河南省大约有1/3以上的县城处于快速扩张之中，发展活力充沛，在全省城镇体系中地位将持续提升。

5. 特色镇的崛起

依据资源环境条件，特别是产业集聚区和产业集群发展基础，以特色工业、旅游业或商贸业为主，全省一批特色镇正在迅速崛

起，向着中小城市方向迈进。著名工业重镇回郭镇，经过多年打造，形成具有全国影响的铝材加工产业集群，现有铝加工企业2000多家，铝板、铝带、铝箔和铝加工装备研发等系列产品一应俱全，2011年销售额达400亿元以上，拥有永泰、永顺等著名企业，铝加工关键技术及装备创造了很多项全国第一，荣获中国最具发展潜力产业集聚区、河南省最具产业竞争力集聚区等多项荣誉，成功创建河南省高新技术特色产业基地，在创建国家级新型工业化示范基地方面取得重要进展。与此相伴，人口集聚达11.4万，远超过当地原有人口，一个特色鲜明的城市形象已初步显露出来。以冶铁著称的安阳县水冶镇，建成区面积达18平方千米，拥有著名的钢铁冶炼产业集群，集聚人口13.5万，先后荣膺国家建设部全国小城镇建设试点镇、全国重点镇、河南省改革发展建设综合试点镇等称号，已成为经济繁荣、生活富裕、环境优美、社会文明的现代化新型城镇。2011年，水冶镇被确定为全国25个经济发达镇行政管理制度改革试点之一，未来发展成为一个中等规模的城市大有希望。全国最大的玉器工艺品加工制造销售中心镇平县石佛寺镇，更是先后荣获"全国特色景观旅游名镇""中国人居环境范例奖"等荣誉。

6. 新型农村社区建设的突破

河南省在推进"三化"协调科学发展过程中，逐步探索，找到了推进新型城镇化的切入点和城乡一体化的结合点，就是建设新型农村社区[6]。它可以持续扩大内需，低成本地改善农民的生产和生活条件，让农民过上和城里一样的生活，节约集约利用土地资源，促进耕地流转和规模经营，对新型工业化和新型农业现代化均具有战略意义。时任省委书记卢展工说，这是继家庭联产承包责任制之后农村发展的"第二次革命"，是继"离土离乡"城镇化、"离土不离乡"城镇化之后探索的第三条道路，即"既不离土也不离乡"的城镇化。通过新型农村社区建设，可以节约1/3～1/2的农村居民点建设用地，

既解决了今后的建设用地问题，也更好地就地解决了农民群众改善居住环境和提高收入水平的期待。中央早就提出要城乡统筹发展，但怎么统筹一直难以破题，河南的领先之处就在于找到了切入点。通过这种途径，未来10年之内河南至少可以节约400万亩耕地，这些耕地可以解决河南10年城镇化、工业化进程对土地资源的需求。同时，按照舞钢市等地的探索，进入新型农村社区的居民，在不影响原有涉及农业方面基本利益的情况下，将其转为城镇户籍，办理城镇社保，办理土地使用证和房产证，使居民财产资本化，可以进行抵押贷款，为其创业和实现财产性收入奠定了制度基础。这种制度与政策创新，向社会的弱势群体倾斜，为当地农民带来了实实在在的利益，有利于破解"三农"发展难题，成为城乡一体化的支撑点[7]。加上国土资源部与河南省政府联合在河南省试验"人地挂钩"政策，初步为新一轮土地制度改革和农村土地市场开放摸索到了切入点。

三、河南省新型农村社区建设模式

作为新型城镇化最大的亮点之一，河南省在新型农村社区建设方面大胆探索，积极进取，先后涌现出一批具有重要示范意义的典型。按照主要动因，可将新型农村社区建设划分为6种模式。

1. 移民搬迁型

由于水利建设、矿区塌陷或者是贫困山区生产生活条件较差导致的移民搬迁，过去传统的做法是由原来的旧村搬到后来的新村，村还是村，居民居住依然分散，生产要素和生活要素难以集中。近几年，各地总结历史经验，适应新型城镇化建设的需要，按照靠近城镇、靠近产业集聚区、靠近骨干交通道路的思路，采用统一规划，一步到位的方法，直接规划建设新型农村社区。因为这类社区有专项搬迁补贴费用的支持，所以一般情况下建设速度比较快，成效比较显著。像南水北调移民搬迁，在规划过程中，确保了房屋建设、道路、给排水、公共绿地和学校、幼儿园、医院、超市、敬老院、公园、社区活动服务中心等配套设施优化配置，布局合理。搬迁涉及全省丹江口库区移民16.2万人，安置区涉及6个省辖市25个县（市、区）。搬迁后居民点占地比搬迁前的1260公顷节约560公顷[8]。新密市委、市政府审时度势，以煤矿沉陷区搬迁安置为契机，采取"党委政府引导、部门支持、社会帮扶、上下联动"的办法，动员各方力量，整合各种资源，探索出一条新型农村社区建设新途径，在以新型城镇化为引领、推进"三化"协调科学发展的道路上率先起步，进行积极有益的尝试。其煤矿塌陷区搬迁，除郑煤集团给予的专项补助外，还动员当地企业家自愿捐款数亿元，使建设资金比较充足，确保了新型农村社区建设的质量，形成了独具特色的建设理念。

2. 产业集聚区建设集中型

部分地方为了建设产业集聚区，把原来居住在规划区内部的居民，通过统一规划，集中居住，建设新型农村社区[9]。像滑县的锦和新城，是目前河南省规模最大的省级新型农村社区建设试点。他们按照"以社区建设为突破，以产业发展为支撑，以人文关怀为纽带，以文明建设为保证"的方针，对当地土地、村庄"双整合"，全面规划建设新型农村社区。该社区共整合33个村，可容纳4万多人。一期工程投资12亿元，建设面积96.4万平方米，整合18个村1.9万人居住。目前，已经有2940户搬入连体独院或多层、小高层楼房新居，占一期搬迁总户数的62.1%，其余农户预计2012年底之前可实现全部入住。二期工程预计投资22亿元，建筑面积113.3万平方米，整合15个村2.4万人居住，将在两年内完成。与之配套的相关设施有些已经投入运营，有些正在建设。紧邻濮阳县城的濮上人家社区，由原来产业集聚区内部10个行政村、2500户、1.1万人集中建设，居民主要安置房是11层的小高层楼房。按照正在建设实施的方案，对原来居民的旧房进行评估，均价大约为8万元，与新楼建成以后分给居民的120平方米的住房价格大致相当，另外每户居民按照成本价 1200~1300 元可以优惠购买高层住房 80 平方米，按照成本价购买地下储藏室 10 平方米，门面房 30 平方米，即每户居民可以在新型社区得到 240 平方米的房子，既解决了城镇化的住房，还可以解决居民就业与收入问题。

3. 龙头企业支持型

依托龙头企业的管理优势与资金运筹优势，由其支持建设新型农村社区，推动地方经济社会发展，企业本身通过市场运作获得相关发展效益。长葛市石象乡古佛寺社区即是由著名企业众品集团公司支持建设的。该社区西距长葛市区 10 千米。规划由古佛寺和苗庄 2 个行政村、6 个自然村迁并而成，共 1790 户、5647 口人，耕地面积 482.1 公顷、人均 0.085 公顷（1.28 亩），属于传统农业村，原来主要以粮食种植业为主，大部分劳动力外出务工，2011 年人均纯收入 8800 元。原村庄占地面积 72.44 公顷，社区规划占地面积 26.4 公顷，节约土地 46 公顷，节地率达到 64%；规划总建筑面积 254252 平方米，总投资 2.4 亿元，其中居民房屋建筑面积 19 万平方米，计划分两期建设，两年完成。浚县王庄镇中鹤社区由鹤壁市中鹤集团为主投资建设。该社区规划面积 11 平方千米，总投资 60 亿元，分三期建设，计划用 15 年时间建成可容纳 6 万~8 万人集中居住的新型农村社区。中鹤新城建成后，可新增耕地 1933.33 公顷。中鹤集团准备将王庄镇的全部土地流转承包，规划了居住区、综合服务区、产业发展、种植示范、畜牧养殖等 13 个功能区，该社区拥有与城市居民一样的基础设施和就业、就学、就医等公共服务。中鹤新城一期 2010 年 8 月启动，拟搬迁小齐村、大齐村等 10 个行政村，可节约土地 256.67 公顷。目前，共开工建设住宅楼 164 栋，其中，59 栋 1430 套达到入住条件，105 栋 4812 套正在施工，预计年底主体竣工。2012 年 3 月，启动了 4 个行政村、1234 户的搬迁工作，进展顺利。

4. 中心村升级型

原有发展基础比较好的大村，经过统一规划与升级改造，成为新型农村社区。辉县市裴寨社区，以张村乡裴寨村为中心，整合周边 11 个行政村联合建设了一个超万人的大型新型农村社区。2008 年 12 月，原裴寨新村建成。后来，伴随新型农村社区全面铺开，紧挨着新村，又有几十栋同样的连体小楼拔地而起，就是正在建设之中的裴寨社区。2007 年该村建春江水泥有限公司，2011 年 9 月又上马了第二条生产线，总投资达 8 亿元，年实现销售收入 10 亿元，利税超亿元，并有力带动交通运输、饮食服务等第三产业的迅速发展。由于集体经济比较好，有能力改造村庄。2010 年 3 月，裴寨老村的整体拆迁改造全面展开，不到 3 个月时间，不仅拆完了老村的所有房屋，而且还把村庄周围的沟渠填埋起来，总共增加了 40 多公顷土地。濮阳县庆祖镇西辛庄村，原有 172 户家庭，680 口人。近些年，在党委书记李连成带领下经济发展迅速，已有近 20 家村办企业，2011 年企业总产值超过 10 亿元，村民人均收入 2.6 万元，全村有 8000 多名外来务工人员，非农就业 1 万多人。1998 年，当地就启动了新农村建设，家家住上了超过 200 平方米的别墅式住宅，建设了高标准小学、幼儿园和民生医院，基础设施日益完善，初步具备了环境优美、功能齐全的新型农村社区雏形。看到西辛庄发展好，周围 15 个村的群众纷纷表示自愿并入西辛庄，已经启动规划建设西辛庄社区。

5. 中心镇拓展型

依托原有城镇向外拓展，进行新型农村社区建设，既节约城镇基础设施配套建设费用，也容易得到当地老百姓的认可，是深受基层群众欢迎的一种新型农村社区建设类型。舞钢市八台镇丰台社区、枣林镇枣园社区、尹集镇柏都社区等都属于这种类型。这种社区一般依托原有中心镇，选择建设条件相对较好的地区，规划建设标准较高的社区，成本相对比较低，加之原有镇本身相关基础设施，特别是学校、集市、医院、公共上下水、警务等配备齐全，早已是地方经济社会活动的中心，建设成的社区容易吸引居民入住，是目前很多县市推进量比较大的类型。当我们走进以连体别墅为主要建筑类型的丰台社区时，确实可以感受到当地群众发自内心的喜悦。他们祖祖辈辈居住在分散的农村，在这一次新型农村社区建设过程中，以享受种种优惠的方法进入社区，不仅彻底改变了居住条件，成为城镇居民，而且作为农民仍然享受国家规定的一系列优惠政策，地方政府为他们办理了集体土地使用证、房产证，使自己的家庭财产资本化，为财产性收入奠定了制度基础。如果需要的话，他们的土地证和房产证还可以抵押贷款，为创业或者置业创造了条件。临颍县杜曲中心社区，也属于城镇拓展型。该社区规划吸纳镇区北部9个行政村20平方千米范围内2.5万群众聚集。根据现有的村庄区位布局和工商业分布，杜曲中心社区从西到东由彼此相连的三个居民区组成，即北徐居民区、颍河家园和龙云居民区。三个居民区依托天然的颍河故道水系和不断完备的道路体系合围发展，统一规划建设公共绿地广场、社区服务、教育文体、医疗卫生、商贸金融等公共基础设施和服务设施，构成一个布局集中、要素集约、资源共享的社区。

6. 旅游开发型

依托当地旅游资源，建设新型农村社区，让进入社区的居民主要从事旅游服务业，既解决了原来分散居住导致的生产生活条件差问题，也解决了集中居住以后的就业问题，大大提高了居民收入水平，改善了群众的生产和生活条件，往往还造就出各具特色的风情小镇。汝阳县的西泰山新型农村社区，由原来分散居住在山区的居民集中以后依山而建，错落有致，距离县城50千米，宛如坐落在群山环抱中的风情小镇。这个小镇的群众依托当地旅游资源，家家户户办起农家乐，发展旅游业，人年均纯收入由搬迁前的2760元增加到2011年的9000多元。社区内基础设施配套齐全，公共服务基本健全，村民不仅实现脱贫，而且基本上过上了市民的生活。鄢陵县陈化店镇明义社区由6个行政村整合而成（共2285户、8480口人，耕地748.33公顷）。该社区紧邻许昌至鄢陵城际快速通道和花都温泉度假区，原村庄占地139.21公顷，迁并后社区安置用地37.73公顷，节约土地101.47公顷，节地率达到73%。目前，该社区一期工程已经建成，占地面积11公顷，建设砖混结构住宅22栋，安置户数647户；二期工程规划占地26.67公顷，建筑总面积27.77万平方米，共1638套住宅。社区重点围绕务农、务工、服务、经商四个行业发展，实现群众就业。其中，通过发展高产农业、花木种植业、现代畜牧业，并拉长产业链条，可提供1700个就业岗位；通过旅游纪念品和工艺品、箱包及优质饮用水生产，可提供870个就业岗位；通过开放茶文化商业街、地方特色美食街和温泉度假游，可提供1120个就业岗位，真正解决了群众有活干、有钱挣的问题，让群众在家门口实现就业增收。舞钢市尹集镇张庄社区，也是依托当地旅游资源，以服务于旅游为主要功能的社区。该社区占地510亩，可容纳1100户、4000余人，是一个依山傍水、风景秀丽，集生活居住、休闲娱乐、观光度假为一体的旅游服务型社区。"风景墙、别墅房，青山绿水变银行，家家有项目，户户奔小康，社区栽下梧桐树，满天飞来金凤凰"，就是当地老百姓生活的真实写照。

当然，实际上河南全省各地开展的新型农村社区建设还有更加丰富多彩的内容，我们也只是在初步调查研究的基础上，归纳出这6种模式。伴随这场农村发展史上革命性的重大创举的不断深化，相信必将涌现出更多值得我们关注的建设模式。

四、初步结论

1. 新型城镇化亟待土地政策和法律的突破与完善

从2006年浙江省全面推进新型城镇化以来，全国各地结合实际在推进新型城镇化方面做了大量各具特色的理论探讨与实践试验，已经在实际层面取得了很多成效。近几年，河南省在新型城镇化研究与实践方面大胆探索，提出了新型城镇化引领"三化"协调发展的新理念，新型农村社区建设是新型城镇化切入点和城乡一体化发展的结合点的新方法，探索新型城镇化建设中遇到的问题与难点，主要集中在农村土地政策和法律方面，也是全国农村土地制度改革的关键点和突破口。

2. 新型农村社区建设要牢牢把握为农民创造利益的大方向

新型城镇化的切入点是新型农村社区建设，但是新型城镇化具有丰富的科学内涵，绝不简单等同于新型农村社区建设。在贯彻落实的过程中，必须牢牢把握新型农村社区建设是为当地农民创造利益的，而绝不是攫取农民利益的。因为改革开放到现在，我们于1992年开放了城市土地市场，使城市经济，特别是房地产经济获得了巨大发展，为国家和城市居民积累了大量看得见、摸得着的物质财富。但是，由于农村土地市场一直没有开放，导致在涉及土地资源利益分配的天平上，农民处于非常不利的地位。我们现在正在探索的新型农村社区建设，政策或法律的突破点仍然是土地资源溢价利益的科学分配问题，必须充分考虑目前最大的弱势群体农民的长期生存与发展保障问题。只有确实把握住为当地农民创造利益的大方向，才能够在政策制定和执行上处处为当地农民考虑。建设新型农村社区的目的非常清楚，就是为了把发展空间留给"三化"，但是要非常注意把发展利益留给"三农"，因为这些利益本来就是农民的。如果过多地让开发商获取这个过程中的利益，势必直接伤害农民的权益。因此，要牢记土地是新中国成立以来农民从国家获取的最大资源，如果不从这种资源上让农民获得应有的利益，不从政策和法律上向社会的弱势群体倾斜，支持弱势群体加快发展，不利于从制度上促进"三农"问题的最终解决，也不利于国家的长治久安。

3. 新型农村社区建设要在先行先试上下功夫

所谓先行先试，就是可以使用更加灵活的方式破解当地发展的难题。到目前为止，"三化"协调发展的突破点仍然在基层，基层突破

了，实践证明切实可行，确实能够为当地农民带来实实在在的福利，确实能够让当地农民理性地接受，确实具有科学可行性，然后总结规范之后，才可能在更大的范围推广应用。在建设中原经济区和推进新型城镇化过程中，新型农村社区建设是一个突破点，但也是一个刚刚进入公众视野的新生事物。一定要以持续创新的态度，充分利用国务院给予先行先试的契机，广纳良策、科学规划、尊重民意，因地制宜、大胆探索、持续创新。实际上，全省第一线的干部群众创新潜力巨大，现在已经在"两证"（土地证、房产证）、"两转"（转城镇户口、城镇社保）、"两保"（保障农民原有权益、保障农村居民点土地开发收益受益）以及贷款、社会管理等方面初步找到了路子，得到越来越多基层群众的欢迎，持续探索、持续创新、持续提升、持续规范，大有可为。

参考文献

［1］张占仓. 河南省新型城镇化战略研究［J］. 经济地理，2010，30（9）：1462-1467.

［2］张占仓，蔡建霞，陈环宇，等. 河南省新型城镇化战略实施中需要破解的难题及对策［J］. 河南科学，2012（6）：777-782.

［3］蓝枫，彭森，李铁，等. 科学推进城镇化进程着力提升发展质量和水平［J］. 城乡建设，2010（9）：22-26.

［4］耿明斋. 对新型城镇化引领"三化"协调发展的几点认识［J］. 河南工业大学学报，2011（4）：1-4.

［5］张占仓. 河南省新型城镇化的战略重点［N］. 经济视点报，2011-12-29.

［6］王永苏，郭军，耿明斋，等. 以新型城镇化为引领积极推进"三化"协调发展［N］. 河南日报，2011-12-30.

［7］张占仓. 河南新型城镇化建设的启示［N］. 中国科学报，2012-08-18.

［8］王树山. 谱写河南新型农村社区建设新篇章［N］. 河南日报，2012-08-27.

［9］白廷斌. 新型农村社区是新型城镇化建设的着力点和战略基点［J］. 中州建设，2012（11）：26-29.

郑州航空港经济综合实验区建设与发展研究[*]

摘　要　作为国务院正式批复的全国首个航空港经济综合实验区，郑州航空港经济综合实验区的建设着眼于规划国际一流的航空货运枢纽，建设航空偏好性高端产业集聚区和现代航空都市。实验区的成立标志着郑州首开中国航空经济大发展的先河，同时为中原经济区带来产业结构调整的战略机遇，对中国新型城镇化建设具有示范意义。

关键词　航空港；航空经济；产业集聚区；中原经济区；新型城镇化

2012 年 11 月 17 日，国务院正式批复《中原经济区规划》，正式同意规划建设郑州航空港经济综合实验区，河南省与国家有关部门随即启动实验区规划编制工作。2013 年 3 月 7 日，国务院批复《郑州航空港经济综合实验区发展规划（2013—2025）》[1]，标志着该实验区建设与发展进入全面推进阶段。如何建设？如何发展？值得系统研究。

一、战略意义

航空运输在全球正在成为继海运、河运、铁路、公路之后拉动区域经济发展的第五轮冲击波，航空经济正在成为继陆路经济、海洋经济之后又一新的增长点，对区域经济发展产生的综合带动作用正在日益凸显。

截至 2012 年底，全国共有 27 个省（区、市）的 51 个城市先后提出 54 个航空经济区的规划与设想，而郑州航空港经济综合实验区是国务院正式批复的全国首个航空港经济综合实验区发展规划[2]。就加快中原经济区建设的战略层面而言，战略突破口需要具备三大功能：一是吸引和集聚高端要素；二是辐射和带动区域发展；三是推动扩大对外开放。而航空港经济综合实验区正是建设中原经济

区所选择的一个战略突破口，以期通过先行先试、示范带动，形成中原经济区的对外开放平台、核心增长极。正如国务院批复要求所指出的那样："努力把实验区建设成为全国航空港经济发展先行区，为中原经济区乃至中西部地区开放发展提供强有力支撑。""建设郑州航空港经济综合实验区，对于优化我国航空货运布局，推动航空港经济发展，带动中原经济区新型城镇化、工业化和农业现代化协调发展，促进中西部地区全方位扩大开放具有重要意义。"河南正积极借鉴美国孟菲斯、路易斯维尔、德国法兰克福等内陆地区发展航空经济的经验，规划建设郑州航空港经济实验区，以寻求区域发展的新突破。

二、战略定位与发展目标

1. 战略定位

根据国家发展与中原经济区建设的需要，我们认为该实验区的战略定位是：

第一，全国重要的国际航空物流中心。在郑州新郑国际机场二期工程建设第二条客运跑道基础上，建设郑州国际航空货运机场，打通连接世界重要枢纽机场和主要经济体的航空物流通道，完善陆空高效衔接的综合运

＊　本书文发表于《郑州大学学报（哲学社会科学版）》2013 年 7 月第 46 卷第 4 期第 61~64 页。作者为张占仓、蔡建霞，作者工作单位为河南省科学院。

输体系，提升货运的中转和集疏能力，逐步发展成为全国重要的国际航空物流中心。这是克服中原地区地处内陆发展外向型经济运输通道障碍的捷径，是国内外已经成熟的内陆地区发展崛起的有效途径。

第二，以航空经济为引领的现代产业集聚区。发挥航空运输业对高端要素的综合带动作用，强化创新驱动战略，吸引高端要素特别是人才资源集聚，大力发展航空航材制造维修、航空物流等重点产业，培育壮大航空偏好性制造业和现代服务业集群，形成特色鲜明的临空产业聚集区。

第三，内陆地区对外开放重要门户。提升航空港开放门户功能，推进综合保税区、保税物流中心发展和陆空口岸建设，完善国际化开放营商环境，提升参与国际分工层次，构建开放型产业体系，建设内陆地区对外开放高地，彻底改善内陆地区对外开放环境，化过去的发展外向型经济劣势为新条件下的优势。

第四，现代航空都市区。坚持集约、智能、绿色、低碳的新型城镇化发展理念，突出新型城镇化以人为核心的时代特色，优化空间布局，强化现代信息引领，以航兴区，以区促航，产城融合，生态宜居，建设高品位和国际化的城市综合服务区，形成空港、产业、居住、生态功能区共同支撑的航空都市区。

第五，中原经济区核心增长区域。坚定不移强化高端产业集聚和集群发展，引导人口有效集中，土地集约利用，为居民就业和吸引高端人才创造条件，增强综合实力，加快筹建超级计算中心，提升大数据处理能力，支撑和引领现代信息业发展，推动与郑州中心城区和郑汴新区资源共享和联动发展，建成中原经济区最具活力和增长潜力的区域。

2. 发展目标

规划确定，实验区是郑汴一体化区域的核心组成部分，包括郑州航空港、综合保税区和周边产业园区，规划面积 415 平方千米，建成以后大约能够容纳 400 万人。以其为纽

带，连接现有郑州市区、郑东新区和开封市区，总人口超过 1000 万人的郑汴都市区将矗立于中原大地，成为中原地区新型城镇化的龙头。在发展上，到 2025 年，将达到三大目标：一是郑州航空港经济综合实验区将成为"大枢纽"——航空货邮吞吐量达到 300 万吨左右，跻身全国前列，国际航空货运集散中心地位显著提升；二是将拥有"大产业"——形成创新驱动、高端引领、国际合作、特色显著的产业发展格局，与航空关联的高端制造业主营业务收入超过 10000 亿元；三是将建成"大都市"——营商环境与国际全面接轨，建成进出口额达到 2000 亿美元的现代化航空都市，成为引领中原经济区发展经济、服务全国、连通世界的开放高地[3]。

三、建设路径

1. 规划建设国际一流的航空货运枢纽

大幅度提升郑州新郑国际机场航空货运能力，在完成二期工程建设的同时，积极建设开辟专门货运跑道，充分利用电子商务高速发展的历史机遇，发挥郑州航空港电子产业集中的优势，发展多种形式的航空货运服务业，接通各种陆路运输线路，完善快件集散、海关监管体制机制，形成客运、货运优势兼备的国际航空港，为内陆地区外向型经济发展提供通往世界各地的特殊便利条件，弱化内陆地区发展开放型经济的区位制约。未来郑州航空港将会分担周边机场特别是一些大门户机场的压力，它们专心做世界性客运枢纽，郑州更加突出做货运枢纽，通过产业结构的深度调整来优化分工，承担大区域的货运集散以及与之相连的产业集聚任务。所谓大枢纽，不只是运输生产地的货物，而是周边地区的货物也向这里集中，并便利地运送到世界各地；世界各地的货物也集聚到这里，再通过各种交通工具分散到各地去，充分发挥大枢纽的集散作用，降低商务成本，提高发展效率。

2. 建设航空偏好性高端产业集聚区

大力发展航空物流业，包括特色产业物

流、航空快递物流、国际中转物流、航空物流服务等。全面发展高端制造业：发展航空航材制造与维修，集聚航空偏好型产业，力争尽快形成产业集群；建设超级计算中心和超级计算应用基地，为信息化研发与应用升级奠定基础；建设智能产业研发与应用基地，抢占战略性新兴产业制高点；建设与完善智能手机生产与研发基地，形成全球规模最大的智能手机以及零部件产业集群；利用现有优势产业基础，充分考虑引进中国科学院相关研发机构，建设生物医药生产与研发基地。同时，通过产业联动模式，有重点地发展现代服务业[4]，建设基于超级计算的金融服务基地和电子商务中心，形成大数据处理能力，为都市区现代企业发展创造优异的国际电子商务结算支撑平台和大数据处理支撑条件。

3. 高起点规划建设现代航空都市

建设资源集约型都市，在土地资源、水资源等约束性资源利用方面探索新路，创造新的资源节约型发展模式。建设智能型都市，充分利用云计算和现代超级计算基础设施，广泛吸纳信息化、智能化、人性化的建设与管理技术，跨越性提高现代都市运行与管理的智能水平。建设绿色都市，吸收借鉴国内外绿色发展的经验与技术成果，规划建设绿色建筑、绿色城市设施、绿色配套设施、绿色管理制度，倡导绿色消费理念，创建具有国际示范意义的绿色生态型都市。建设低碳型都市，引进与研发大批适合当地需要的低碳技术，全面应用低碳产品，构建全新的低碳都市，为全球节能减排探索路子，创新示范，寻求低碳科学技术与公共管理政策的新突破。

4. 推动先行先试政策创新

充分利用《国务院关于支持河南省加快建设中原经济区的指导意见》给予我们先行先试的历史机遇[5]，吸收借鉴国内外航空港经济发展与创新的经验，发挥我们文化积淀丰厚的优势，探索制定促进内陆地区航空港经济快速、健康、智慧、可持续发展的政策架构，在土地资源开发利用、人地挂钩、城

市投融资、居民收入水平提升、生态环境治理与改善、信息产品进出口、研发行业发展、航空偏好型产业发展、人才引进与培养、国际商务合作等方面大胆创新、大胆探索、大胆试验、大胆突破，创造出全球产业转型、新产业革命来临时代的软环境、硬环境优势，为航空港经济综合实验区创新发展提供支撑。

5. 提高航空经济科学管理水平

航空经济是以航空枢纽为依托，以现代综合交通运输体系为支撑，以提供高时效、高质量、高附加值产品和服务并参与国际市场分工为特征，吸引航空运输业、高端制造业和现代服务业集聚发展而形成的一种经济形态，也就是航空偏好性产业集群，如荷兰史基浦机场及周边地区、美国底特律机场及周边地区、德国法兰克福机场及周边会展业、韩国仁川国际机场的松岛新城、阿联酋的迪拜城、我国北京机场的航空核心产业集群、天津机场的航空制造产业集群等[6]。这种经济形态在全球都是非常新颖的领域，发展成功的经验比较有限，我国更是第一次在国家层面高度重视这个领域，我们对其运行规律的认识非常少，相关信息了解也很少。因此，在干部层面认真学习这方面的知识与技能至关重要。我们不可能用过去传统的思维方法和管理理念来管理这个非常新颖的经济形态，而是要充分利用国家把第一个实验区放在郑州的机会，认真学习、研究、探索、提升、创新航空经济发展规律，力争创造出更加符合全球科技革命前夜背景下航空经济发展的范例。

四、前景展望

1. 支撑内陆开放型经济实现跨越式发展

建设郑州航空港经济综合实验区，将彻底拉近中原与世界大市场的距离，克服我们在工业经济条件下不沿海、不沿江的区位制约，强化我们的发展优势，有利于整合海关特殊监管区域，加快对外口岸建设，促进通关便利化，构造国际化营商环境，创新对外开放体制机制，提高开放型经济发展效率和

发展水平，为内陆开放型高地建设提供制度保障和创新创造的空间，为全国经济持续稳定发展创造新的动力与活力。

2. 促进郑汴都市区实现一体化大发展

郑州市作为河南省省会，首位度一直比较低，对全省经济社会发展辐射力、影响力、带动力不足，在河南省中心地带形成强大的中心城市是中原经济区建设的客观需要。我们很早就提出建设郑汴都市区，即现在的郑州市区、开封市区，加上郑汴之间的区域，形成集聚人口 1000 万以上的都市区[7]。郑州航空港经济综合实验区，规划面积 415 平方千米，正常情况下能够容纳 400 万人，把郑汴两个城市连为一体，将成为我国中部地区的一个增长极，对于中原经济区建设意义重大。对于优化全国中部地区城市格局，均衡区域发展力量，促进全国区域之间和谐发展也具有现实意义。

3. 为中原发展乃至中国经济发展创造新优势

当今全球经济发展乏力，中国经济虽然"一枝独秀"，但是发展动力不足是一个不可回避的历史性难题。如何寻求新的发展动力，激发新的发展活力，创造新的经济形态，突破原来的发展模式，适应新产业革命的需要，都有赖于各地大胆创新与探索。郑州航空港经济综合实验区有很多方面的独特性，在全国发展大局中具有重要创新价值，我们乘国务院批准建设中原经济区的特殊机遇，再加上新批准的航空港经济综合实验区规划的特殊性，非常有利于我们创新发展思想，实现重大跨越，在内陆地区创造新的增长点和发展动力，迅速形成新的发展优势。

4. 促进郑州市发展出现新的跨越

1906 年，京汉铁路与陇海铁路在郑州交叉，郑州在中国经济版图上的地位提升，成为由火车拉来的一座快速发展的城市。1954年，河南省省会由开封市迁到郑州，郑州成为河南省省会，掀开了郑州作为河南省省会中心城市的建设序幕。1990 年，郑州著名的商战打响，郑州在全国市场竞争中的战略地位得到提升。2011 年，中原经济区获批建设，郑州成为在中原经济区的中心城市，真正走上了全国区域性中心城市发展的道路。2013年，郑州航空港经济综合实验区规划获批，以国家的力量为郑州注入了新的发展活力，拉开新一轮大规模的建设序幕，航空偏好性特色产业聚集区将应运而生[8]，郑州发展的比较优势再一次显示出来，实现新的跨越式发展势在必行。

5. 为居民创造更加幸福的新生活

体制机制创新，是促进区域经济发展的不竭动力。区域经济发展了，最终是为居民创造更加幸福的生活条件。全球自工业革命以来，发达地区主要集中在沿海或者有通航能力的沿江地区，内陆地区由于商务成本较高，特别是传统的以海洋运输为主要形式的国际物流对内陆地区发展影响巨大。面对航空货运在高新技术产品国际物流中地位大幅度提升的历史转折点，我们在全国率先建设航空港经济综合实验区，有可能创造一系列内陆地区现代产业发展的奇迹，真正造福于未来航空都市的 400 万居民。

五、初步结论

1. 郑州省开中国航空经济大发展的先河

在中国经济持续稳定发展并日益加快赶超世界先进国家的过程中，我们需要在很多新领域大胆创新、大胆试验、大胆突破、大胆超越。作为拥有善于集中力量办大事的一种国家体制优势，我们在理论认识达到一定积累以后，以国务院文件批准郑州航空港经济综合实验区建设规划，并赋予了一系列优惠政策与措施支持其加快发展，首开了以国家力量推动中国航空经济大发展的先河，对中国经济发展方式转变，对中国区域经济结构转型、对中国中部崛起和中原经济区建设均将产生重要影响。这个先河的标志性意义还体现在中国大胆向先进的航空经济领域挺进，将吸引更多全球的高端制造业向中国集中集聚集群，并进一步引导更多中高端优秀人才特别是青年人才的集中集聚。因此，航空经济加速发展，将加快改变中国在全球高端制造业产业链上过去一直占据末端位置的劣势，促进中国向产业链前端移动，大幅度提升中国在全球经济发展中的核心竞争力。郑州航空港将因此加速经济转型，为全国航空偏好性高端制造业发展探索路子，创造经验，集聚正能量。

2. 中原经济区迎来产业结构调整的战略机遇

中原经济区包括河南省及周边地区，过去由于地处内陆，远离沿海和沿江，与全球大市场联系便利程度偏低，综合性商务成本偏高，直接影响了国际化企业集中集聚集群集约发展支撑条件。尽管当地拥有非常多的发展优势，但是外向型经济发展受到严重制约，国际化企业进出不够便利，以至于成为传统产业集聚区，长期形成了以资源型产业为主的区域经济特征。与科技进步日新月异的时代背景相比，资源型产业发展活力有限，盈利空间较小，所以直接制约了区域发展效益的提高。郑州航空港经济综合实验区的全面建设与发展，将以全球最为时尚的航空偏好性产业，特别是郑州航空港目前已经形成优势的以智能手机生产为依托的 IT 产业为主要发展方向，将彻底改变中原地区作为内陆发展的战略思想，促进全球高端制造业以及与其相关的中高端优秀人才的集中集聚，为中国内陆地区，特别是中原经济区调整产业结构创造了历史性机遇和实实在在的支撑条件，将极大促进中原地区，包括与之相关的中西部地区加快产业结构调整的步伐，为提高中西部地区区域经济发展效益奠定空前的有利条件，促进全国区域经济发展的协调性与均衡性，为中国实现由制造业大国向制造业强国迈进创造了难得的战略机遇。

3. 郑州航空都市建设与发展将为中国新型城镇化提供示范

2013 年中央经济工作会议提出，要把生态文明理念和原则全面融入城镇化全过程，走集约、智能、绿色、低碳的新型城镇化道路。这是一个全新的概念，那么，什么是集约、智能、绿色、低碳的新型城镇化？在中央经济工作会议战略部署之后，国务院对郑州航空港经济综合实验区的批复，就明确要求建设集约、智能、绿色、低碳的航空都市，这是全国第一例实验性新型城市。郑州市已经在国务院批复之后开始向全球招标航空都市的概念性建设规划方案。如果工作顺利，必将在全球科技进步与城市建设最新理念支撑下，"用信息技术和其他先进的科学技术来把城市建设好、管理好、发展好"，规划建设最为典型的体现集约、智能、绿色、低碳的新型城市。如果这个过程能够正常运行并获得成功的话，将为中国新型城镇化进行试验，为新型城镇化探索具体路子，提供实验示范。所以，其典型意义特别大，在国内外特别引人注目。

参考文献

[1] 芦瑞. 国务院给河南送大礼郑州航空港区建设获批准 [N]. 河南商报，2013-03-11.

[2] 新华社. 我国"航空经济"正蓬勃兴起 [N]. 河南日报，2013-03-12.

[3] 刘瑞朝等. 张大卫解读郑州航空港经济综合实验区 [N]. 大河报，2013-03-12.

[4] 曹允春，董磊. 郑州航空港区临空高科技产业体系的构建研究 [J]. 交通与运输，2011（7）.

[5] 张占仓等. 河南省新型城镇化战略实施中需要破解的难题及对策 [J]. 河南科学，2012，30（6）.

[6] 康晓蓉，石兰英. 空港城市之国际样本 [J]. 西部广播电视，2009（10）.

[7] 张占仓. 河南省新型城镇化战略研究 [J]. 经济地理，2010（9）.

[8] 李晓江编译，王缀宪校译. 航空港地区经济发展特征 [J]. 国际城市规划，2009 年增刊.

河南省安濮鹤三市人口集中问题研究[*]

摘　要　在推进城镇化和工业化过程中，人口有效集中一直是一个战略性问题。自2008年以来，河南省通过建设产业集聚区，积极探索促进人口集中的具体途径和方法。系统调研了河南省安阳、濮阳、鹤壁三市产业集聚区建设所引发的人口集中的主要做法：积极拓展城镇发展空间，促进和扩大就业，提升人口承载能力，不断完善社会保障体系。分析了人口集中效应，指出了人口集中存在的问题，提出了促进人口科学集中的对策：持续提升认识，促进人口集中；持续建设产业集聚区，支撑人口集中；持续推进新型城镇化，引导人口有序集中。

关键词　产业集聚区；新型城镇化；人口集中；河南省

为了弄清自2008年以来产业集聚区建设引致"三集"（土地集约、产业集聚、人口集中）的实际效果，按照河南省人民政府统一部署，2012年8~9月研究组对安阳、濮阳、鹤壁三市（以下简称安濮鹤三市）产业集聚人口集中情况进行了调查研究，结果表明，河南省委、省政府推动产业聚集区建设对地方经济社会科学发展影响深远，并因此促进了当地人口有效集中，推动了新型城镇化进程[1]，为地方经济社会长远发展奠定了良好的政策基础。

一、促进人口集中的主要做法

安濮鹤三市伴随产业集聚区建设，促进了人口有序集中，实现了产城融合、城乡协调发展[2]，为数以万计的当地居民创造了发展机会和发展空间。

1. 积极拓展城镇发展空间

以新型城镇化为引领，根据各自的区位优势，紧紧围绕各城市的发展定位，以产城互动为依据，加快新区开发和旧城改造，着力推进小城镇和新型农村社区建设，城乡面貌变化明显，新型城镇化建设取得较好成效。积极拓展城镇发展空间，产城融合发展成效明显。安阳市汤阴县提出"一区促三化、三化助一区"的发展模式，以产业集聚区为载体，依托龙头企业延伸产业链条，带动农业产业化上档升级，促进农业规模经营，加速土地流转，引导农民脱离土地、入区就业、向城市转移，提升空间使用效率，助推城镇化建设，吸引县域内及外来人口大量集中。濮阳市按照"生态型、文化型、旅游型、宜居型"城市发展目标，全面加强新型城镇化各项规划编制工作，统筹城镇产业、人居、文教和市政等各项建设。鹤壁市在大力推进产业集聚区建设的同时，不断加快新型城镇化建设，推进新区拓展和建成区提升，促进了人口向城镇集中，取得了良好成效。

2. 促进和扩大就业

加快产业集聚区建设，强化人口集中的

---

　*　本文发表于《地域研究与开发》2013年10月第32卷第5期第172-176页。作者为张占仓、陈群胜、沈辉、闫国平、高现林、杨迅周。张占仓、陈群胜的工作单位为河南省科学院，沈辉的工作单位为河南省国土资源厅，闫国平的工作单位为河南省住房和城乡建设厅，高现林的工作单位为河南省工业和信息化厅，杨迅周的工作单位为河南省科学院地理研究所。

基金项目：2012年河南省人民政府重点调研项目。

产业支撑，扩大就业岗位和就业机会。安阳市滑县等通过强化产业支撑、促进人口集聚，加快了农村人口向城镇集聚。目前，安阳市在省级集聚区全部就业人口达到20.5万人。濮阳市在培育集群、招商引资、完善功能等方面加大工作力度，省级产业集聚区的集聚效应日渐凸显，吸纳居民就业明显增强，截至调查时，濮阳市省级产业集聚区容纳就业人口近13万人。鹤壁市省级产业集聚区已成为全市经济社会发展的主要支撑，省级产业集聚区容纳就业人口14万人，是人口集中最为有效的载体。

3. 提升人口承载能力

安阳市安阳县加快水冶组团基础设施建设步伐，不断完善公共服务平台等配套设施建设，促进城镇功能集合构建，增强了城镇吸纳人口的能力。濮阳市为进一步提升中心城市功能，改善人居环境，提高承载能力，2010年11月，开展了中心城市基础设施、城市水系及市容环境绿化等综合提升工程，提升了人口承载能力。鹤壁市扎实推进城镇基础设施建设，多项基础设施完善工程全面开展，重点城镇供水管网工程建设进展顺利，集中供热入网面积已达635万平方米，天然气用户总数达8万户，城市燃气普及率达70.4%，全市2011年底污水集中处理率达到85.4%，生活垃圾无害化处理率达到80%以上，为居民安居乐业创造了越来越好的环境。

4. 不断完善社会保障体系

不断完善社会保障体系，促进了人口自觉集中。安阳市汤阴县启动了城乡居民社会养老保险，将产业集聚区内符合条件的人员全部纳入城乡居民社会养老保险，享受城乡居民社会养老保险待遇，吸引了人口向产业集聚区集中。濮阳市加快建立与新型城镇化相适应的体制、机制：一是深化土地使用与管理制度改革，建立有利于城镇发展的土地置换和调整机制，创新土地使用和流转方式，加大土地货币化力度，确保农民的土地流转收益，为其转变成城镇人口提供物质保障；二是深化户籍制度改革，逐步探索建立城乡统一的户口登记管理制度，放宽落户条件，加快城镇居民转移步伐；三是建立健全社会保障体系，扩大社会保障覆盖范围，逐步健全和完善多层次的社会保障体系。鹤壁市在全省率先推出农民工和失地农民参加养老保险、基本医疗保险等一系列政策措施，还在全省率先进行户籍管理制度改革，取消了非农业和农业户口的划分，统一登记为居民户口，对新型农村社区的居民按照城市规范化户籍管理的要求进行管理，促进农民真正转变为市民，2008年以来，全市农村约有10万人转移到城镇生产和生活。

二、人口集中效应

人口集中的前提是当地的产业发展，建立在产业发展基础上的人口集中才是科学有序的集中，并显示出相关效应[3]。

1. 分工深化效应

产业集聚区建设促使人口集中和社会劳动分工的进一步深化，而产业集群的成长是在劳动分工深化与知识创造的动态交互作用下实现的。分工深化可通过工业、服务业的发展来为农业内部的进一步分工创造条件，安阳市三次产业结构比例由2008年的13.8：62.5：23.7调整至2011年的11.8：58.7：29.5；濮阳市三次产业结构比例由2008年的13.8：66.5：19.7调整至2011年的13.8：67.4：18.8；鹤壁市三次产业结构比例由2008年的12.4：65.8：21.8调整至2011年的11.0：71.5：17.5。三市三次产业结构的变化促使每一个生产部门内的社会劳动分工不断细化和深化，从而也导致就业结构的变化，并促进劳动者素质不断提高。至2011年，安濮鹤三市已有47.5万人向非农产业转移，主要在产业集聚区就业或从事其他非农产业。农村劳动力转移为农村内部的进一步分化创造了条件。农村劳动力向二、三产业转移可增加农业劳动者人均拥有的土地资源数量，促进农业适度规模经营和规模化、机械化、多样化、组织化以及创新收益方式，从而提高农业生产率、土地利用率和单位资源产出率。

2. 降低成本效应

安濮鹤三市农村人口居住比较分散,自然村落点多面广,要在农村就地解决农民现代化问题,如通公路、通电力和通信等实施公共服务延伸和均等化成本高、速度慢、效益低。通过一定范围的人口集中可节省资源和交易成本。由于以中心城市扩张为目标的人口集中公共成本显得过高,农村城镇化和新型农村社区建设中商业、通信、运输及其他服务设施的比较效益明显。新型城镇化客观上要求扩大中小城镇的规模和新型农村社区的建设,居民点集中建设可以节约成本。安濮鹤三市以往一家农户在分散居住时一般20年就要重建翻新一次房屋,其总成本超过20万元。而目前,新型农村社区小高层或高层房屋建设成本平均为 1000~1300 元/平方米,每户按 120 平方米计算,其直接建设成本约为 12.0万~15.6万元。在具体操作中,农户基本上以宅基地和现有房屋可以换一套 120平方米的社区新房。这样不仅有效解决了农村和农民城镇化问题,也实现了经济发展要素综合成本的最小化。

3. 高生活质量效应

安濮鹤三市随着产业集聚区的不断发展,实现城镇化发展的县城或者新型农村社区的群众物质文化生活水平快速提高,与人口分散区域的群众物质文化生活缓慢提高形成极大反差。在工业化、城市化生活出现反差后,受追寻更大的物质和文化生活福利驱使,在没有其他相应措施的情况下,分散居住的农民会进一步被边缘化,更加不利于保障粮食生产和生态环境保护。中原经济区建设提出的"两不三新"三化协调科学发展,客观上也要求以产业集聚区为载体进行产业集聚和人口集中[4]。安濮鹤三市初步实现城镇化的人口集中区域,医院、学校等公共产品提供能力不断增强,由于过去在城镇规模过小或农民分散居住时,不仅国家投资成本过大,同时,私人亦因投资成本过大而不愿投资。目前,人口集中区域内公共服务设施齐全,教育、文化、医疗等有保障,农民的生活质量显著提高,初步显示出人口集中引起的高生活质量效应。

4. 创新管理机制效应

研究表明,在人口集中和政府管理自身正常运转情况下,管理半径、人口密度与管理成本成反比,人口过度分散导致管理成本增加。从安濮鹤三市实践经验看,以中小城镇或新型农村社区为目标的人口集中的好处是,不仅城市压力小,也不会出现"大城市病",而且可以激起分散的农民集中于城镇的欲望,也进一步减少传统意义上因为过度分散导致的"农村病"的影响。从目前三市人口集中区域的社会管理功能、服务功能看,是完全能够逐步办到的。安濮鹤三市新型农村社区建成以后,按照城市社区管理标准,逐步探索建立起与之相适应的管理机制和现代化的管理服务体系,使这部分居民社会稳定基础更加牢固。目前,三市人口分散地区和部分人口集中区域并存,需要创新政府管理机制,加大统筹城乡发展的力度。

三、人口集中存在的主要问题

1. 对人口集中的意义认识不足

在实际工作中,安濮鹤三市个别地方和部门对新型城镇化和城镇建设的重要意义认识不够深刻,没有正确把握城镇化与经济发展的关系,创新意识欠缺,发展紧迫感不强。加快城镇化、实现人口集中是经济社会发展的必然趋势,也是现代化的重要标志。一是可以有效增加城市消费群体数量,扩大消费需求[5]。二是可以显著提高农村居民生活水平。大量农村人口逐步转为城镇居民,有助于推进农业的适度规模经营,对增加农民收入和提高农民消费水平具有明显效果。三是有力拉动了基础设施、公共服务设施建设和房地产开发等多方面的投资需求。总之,加快新型城镇化、实现人口集中对河南省未来发展具有重大战略意义,事关发展全局,事关数千万人的生活质量提升,必须扎扎实实推进。

2. 对深化户籍制度改革认识不一

安濮鹤三市有的地方积极探索，大胆实践，对户籍管理制度进行了改革：如取消非农业与农业户口性质划分，统一登记为居民户口，改二元制为一元制；取消农转非计划限制，实行有合法固定的住所、有稳定的职业或生活来源条件下的准入制度等多项改革措施，并深化服务进城务工农民和服务新型农村社区的户籍改革措施。但有些市县认识还不到位，改革推进较为缓慢[6]。只有根据各地实际，积极稳妥地推进户籍管理制度创新，全面实行更加开放的居民管理制度，解决好城乡居民在就业、子女上学、社会保障、医疗卫生和住房租购等方面的问题，真正实现公共服务由户籍人口向常住人口的全覆盖，才能够促进新型城镇化健康发展[7]，转变经济发展方式，实现"以人为本"科学发展观的本质要求[8]。

3. 地方社会保障能力不高

从社会保障方面看，安濮鹤三市近几年来虽有大批的农民进入城镇，但由于受现行户籍制度的约束，他们并未全面享受到市民应有的待遇，成为真正的城镇居民。对农民提供的基本公共服务的水平和质量与当地城镇居民有较大差距。农民工社会保障覆盖面窄，保障程度低，现有的社会保障与其他地区之间缺乏必要的转移接续；在住房保障方面，为农民工提供的住房仍然有限。从城市承载能力上看，县城和小城镇的道路、供排水、供热、供气、电力、通信等基础设施建设比较滞后，特别是教育、医疗卫生基础建设滞后，就学难、就医难、出行难等问题较为突出，阻碍了人口的集中集聚。

4. 新型农村社区建设推进不均衡

农民集中入驻新型农村社区，推动了农民由农村向城镇转移，推进了新型城镇化。土地的集约、劳动力的解放为企业的发展和产业集聚奠定了基础，提供了条件，加快了新型工业化步伐[9]。土地的有序流转、规模经营促进了农业产业化的集群发展，推进了新型农业现代化进程。安濮鹤三市各地新型

农村社区发展状况不一，有的地方发展较快，有的地方发展较慢。问题首先在于资金方面，资金筹措困难是制约新型农村社区建设的一大"瓶颈"。加快推进新型城镇化需要强劲的资金支持，而且是持续多年的过程，这就给新型城镇化资金供给带来很大的挑战，特别是在当前经济下行压力增大、投资预期下降、土地价格下滑的情况下，部分新型农村社区建设项目搁浅或建设周期拉长，建设成本增加。其次是新型农村社区住房大部分是利用集体土地建设的，产权制度不够明晰，影响了群众购买和置换的积极性。最后是新型农村社区建设项目前期手续办理较为繁琐，耗时较长，很多基层部门对此缺少足够的了解，导致办理过程中耗费大量的时间，影响了人口集中的整体推进。

5. 城镇承载能力较低

安濮鹤三市经济发展水平较低，多数建制镇是由过去自然经济条件形成的农村集镇演化而来，普遍存在基础设施欠账多、城镇人口偏少、生产要素集聚水平偏低、辐射能力偏弱等问题。部分原有城镇的规模较小、质量不高，造成发展空间和辐射区域较小，对资源的利用能力有限，对周边的资源和资金的吸引力较小，城镇功能不能很好地体现，影响了人口的集中和产业的集聚[10]。一些偏远镇无产业支持，或者产业规模偏小，布局较为零乱，对资源依赖性较强，提供的就业岗位不多，产业用工吸纳能力不强，无法促进人口进一步集中。

6. 生产生活方式转变困难

实现农民向非农生产方式的转变是人口向城镇集中的核心。由于劳动者文化素质不高，农民工难以向正式经济部门转移，农民工受教育年限有限，外出农民工大多没有接受过系统的技能培训，大大阻碍了农村人口向城镇稳定集中。低技术含量的就业岗位使劳动力的收入偏低，加上制度性因素制约，在住房、就医、子女受教育等方面均无法融入正常的城市生活，甚至成为城市中的贫困阶层。进城农民收入难以实现稳步增长，生

活方式转变升级缺乏内在动力，导致人口有效集聚缓慢，游荡性转移人口较多，稳定性、长远性、技能性转移人口有限，阻碍了新型城镇化的健康推进。

四、促进人口科学集中的对策

1. 持续提升认识，推进人口集中

人口集中，是发展中国家走向现代化过程中需要科学、妥善处理的一项涉及民生的重大难题。为了克服城乡分离的状况，党中央国务院采取了很多推动城乡一体化的举措。其中，最为直接的就是积极推进新型城镇化。省委九次党代会提出，强化新型城镇化引领，统筹城乡发展、推进城乡一体。这里面河南省有两大创新：一是以新型城镇化为引领，二是将新型农村社区纳入城镇体系管理。这是全省人民针对河南省实际情况从大量实践中创造的宝贵经验，也是省委、省政府提升、规范、理论化以后对全省整体工作的战略部署。因此，所有的人口集中都要紧紧围绕这两大创新展开。一方面，要通过产业集聚区建设和产业集群发展促进人口科学、有序、有效、规范集中，打破过去长期的城乡分离限制，切实为产业集聚区建设培养稳定、可靠、经过职业训练、能够适应产业集群发展需要的技能型专门人才，既保障产业集聚区的健康发展，也为这些员工稳定就业、稳定生活、稳定发展、稳定后方等创造条件。在这个过程中，有一个关键举措，就是能否按照稳定就业一年以上，在不影响原有农民所拥有利益的情况下，本着自愿的原则，给愿意的职工转化为城镇户籍和城镇社保。如果这样办了，这部分职工就有可能是与该产业集聚区命运相关的利益体。否则，随便就业、随便流动，都没有责任与担当，不符合新型城镇化的潮流，不符合以人为本的时代精神，不利于省委、省政府倾力推动的新型城镇化战略的实施。另一方面，在建设产业集聚区过程中，当地农民为了给产业集聚区腾地，很多做出了巨大的牺牲，目前面临妥善安置问题。从调查了解的情况看，多数市县都高度重视这部分居民的安置问题，特别是把这部分居民的安置与新型农村社区建设紧密结合，为被安置的居民创造了比较宽松的安置条件，还充分考虑了被安置农民的就业与发展、创收等问题，比较人性化。凡是为产业集聚区建设腾地的居民，建议地方政府要按照新型农村社区建设相对宽松的政策，尽可能让这部分居民能够一次安居乐业，既是进一步建设与扩大产业集聚区的实际需要，也与推进新型城镇化的战略合拍，把产业集聚区建设与为民谋利融为一体。

2. 持续推进产业集聚区建设，支撑人口集中

自2008年以来，河南省委、省政府创新管理思路，大胆推动全省180个产业集聚区建设，既促进了各地工业加快发展，也逐渐把产业集聚区产业集群发展的科学理念明晰，产生了越来越显著的综合发展效益。由于产业集聚区的快速稳定发展，促进了人口的有序集中，加之各地积极探索创新，想方设法吸引居民就业，产城互动局面初步形成。各地人口的有效集中，根本动力仍然来源于产业发展，而按照河南省目前发展的主体思路，各地产业发展的主要载体是产业集聚区。因此，需要持续抓好产业集聚区建设，集中力量把这个载体规划好，建设好，发展好，才能够为当地人口稳定转移创造空间。在产业集聚区建设与发展过程中要充分考虑居民稳定就业与长期生活问题，为城镇发展居民生活预留足够的空间，确实本着以人为本的理念，通过制度创新为进入产业集聚区就业的居民创造安居乐业的基本条件。过去，由于当地产业发展不足，很多农民常年外出打工，实际上过着漂泊的生活，与家人特别是老人与孩子团聚的机会比较少，明显影响生活质量。近几年，当地产业发展规模逐步起来以后，很多农民开始转移到当地就业，不仅收入与过去大体相当，甚至有所提高，而且由于在家门口就业，能够方便地照顾家庭，确实提高了居家生活质量，这也是这部分居民共享发展成果的体现。从当地产业集聚区长

远发展需要分析，处于工业化持续推进阶段，需要稳定的、高素质的职工队伍，而当地居民应该是依靠的主要对象。这样就有必要想方设法创造条件让这些就业者安心在当地产业聚集区就业，既解决劳动力供给问题，也通过系统的技能培训，让更多的就业者逐步形成一技之长，有利于产业聚集区发展。

3. 持续推进新型城镇化，引导人口有序集中

所谓新型城镇化，是以城乡统筹、城乡一体、产城互动、节约集约、生态宜居、和谐发展为基本特征的城镇化，是大中小城市、小城镇、新型农村社区协调发展、互促共进的城镇化，是集约、智能、绿色、低碳的城镇化。《国务院关于支持河南省加快建设中原经济区的指导意见》为推进新型城镇化提供了诸多可操作性政策，允许先行先试，大胆创新，但是在实践中没有用足，更没有用活这些政策。基层地方政府可以加大工作力度，把中央和省委、省政府政策具体化，尽快探索和出台扶持新型城镇化建设和向"三农"倾斜的政策。在"多予、少取、放活"方针指导下，充分发挥各级政府的主导作用，积极研究制定相关政策，加大政策扶持力度，实施政策推动战略。重点研究制定和完善农村集体土地流转、产权置换政策，促进中心镇和新型农村社区建设的政策，引导农民进城、进镇、进社区建（购）房居住和就业的政策等，强化乡镇政府在工商管理、社会治安等方面公共服务与管理职能，引导农村人口科学合理、有序转移，逐步破解"三农"发展政策"瓶颈"，促进人口有效集中，推动新型城镇化健康发展。

参考文献

[1] 张占仓，蔡建霞，陈环宇，等. 河南省新型城镇化战略实施中需要破解的难题及对策 [J]. 河南科学，2012，30 (6)：777-782.

[2] 张占仓，杨迅周. "'三化'协调与中原经济区建设"研讨会综述 [J]. 管理学刊，2012 (5)：105-108.

[3] 赵峥，倪鹏飞. 我国城镇化可持续发展：失衡问题与均衡路径 [J]. 学习与实践，2012 (8)：5-10.

[4] 袁国强，冯德显，张淼，等. 中原经济区科技创新体系建设研究 [J]. 地域研究与开发，2012，31 (5)：135-139.

[5] 李克强. 在改革开放进程中深入实施扩大内需战略 [J]. 求是，2012 (4)：3-10.

[6] 宋伟. 河南省产业集聚区发展问题浅析 [J]. 产业与科技论坛，2010 (3)：56-61.

[7] 张占仓，陈群胜，沈辉，等. 河南省安濮鹤产业集聚区发展研究 [J]. 河南科学，2013，31 (3)：377-383.

[8] 张占仓，沈晨. 新形势下河南转变发展方式的对策 [J]. 中州学刊，2012 (11)：49-50.

[9] 宋歌. 河南省产业集聚区建设的现状分析与对策建议 [J]. 企业活力，2011 (6)：10-14.

[10] 贾利平. 浅议河南省产业集聚区公共服务体系建设 [J]. 企业导报，2013 (15)：133-134.

中国新型城镇化的理论困惑与创新方向[*]

摘 要

以新型城镇化为关键词和主题，以中国知网截面数据为依据，分析比较了学术界被引最高的10篇论文对新型城镇化概念的表达情况，系统梳理了党和国家领导人对新型城镇化的要求与期望，系统分析了新型城镇化面临的理论困惑：方向之困、速度之困、质量之困、户籍之困、用地之困。提出中国新型城镇化要在6个方面锐意创新：新型城镇化是"四化"同步发展的城镇化，是"向质量提升转变"的城镇化，是"以人为核心"的城镇化，是集约、智能、绿色、低碳的城镇化，是城乡一体化的城镇化，是有"中国特色"的城镇化。结论为：中国新型城镇化研究初步具备了良好的学术基础，新型城镇化是中国经济升级发展的主要动力，新型城镇化科学内涵丰富，实践探索与理论总结任务繁重，需要破解一系列发展难题。

关键词

新型城镇化；理论困惑；"四化"同步；以人为本；中国特色；升级发展

欧美等发达国家在20世纪已经基本完成了城镇化过程，目前处在后城镇化阶段，而很多发展中国家目前正面临城镇化高速发展阶段。由于历史的原因，发展中国家没有办法走传统城镇化的道路，因此提出新型城镇化的理念。作为比较典型的发展中国家，中国的新型城镇化在全球引人注目，也取得了非常优异的业绩，但确实存在非常值得进一步探索的问题。结合大量实践与已有理论研究，我们对中国新型城镇化的基本理论问题进行了初步梳理。

一、关于新型城镇化的概念

我们通过对中国知网截面数据分析，发现在中国以新型城镇化为关键词被引最高的10篇论文中（见表1），对新型城镇化概念的表述具有一定的代表性。

表1 中国以"新型城镇化"为关键词被引最高的论文

序号	题名	作者	来源	发表时间	数据库	被引（次）	下载（次）	作者单位
1	中国新型城镇化发展研究	胡际权	西南农业大学	2005年2月	博士	56	9821	西南农业大学
2	中原经济区的新型城镇化之路	王发曾	经济地理	2010年11月	期刊	28	2879	河南大学
3	河南省新型城镇化战略研究	张占仓	经济地理	2010年9月	期刊	24	2347	河南省科学院
4	中国新型城镇化进程中的地方政府行为研究	吴江、王斌、申丽娟	中国行政管理	2009年3月	期刊	24	2249	西南大学

* 本文发表于《管理学刊》2014年2月第27卷第1期第27-33页。

基金项目：国家科技部软科学项目（2012GXS2D018）。

序号	题名	作者	来源	发表时间	数据库	被引（次）	下载（次）	作者单位
5	新型工业化和新型城镇化协调发展研究——基于重庆市全国统筹城乡综合配套改革试验区的实证	冉启秀、周兵	重庆工商大学学报（西部论坛）	2008年3月	期刊	15	1034	重庆工商大学
6	新型城镇化背景下异地城镇化的特征及趋势	黄亚平、陈瞻、谢来荣	城市发展研究	2011年8月	期刊	13	2447	华中科技大学
7	对新型城镇化引领"三化"协调发展的几点认识	耿明斋	河南工业大学学报	2011年12月	期刊	12	932	河南大学
8	新型城镇化的战略意义和改革难题	张占斌	国家行政学院学报	2013年2月	期刊	11	2750	国家行政学院
9	河南省"三化"协调发展评价研究	杨迅周、黄剑波、邹涛	河南科学	2011年12月	期刊	11	368	河南省科学院
10	我国新型城镇化发展道路探讨——以陕西省榆林市新型城镇化发展为例	杨晓东	中国市场	2010年10月	期刊	10	1101	国家发展改革发展委

资料来源：中国知网 2013 年 9 月 17 日下午 4：30 的截面数据，以"新型城镇化"为关键词搜索的结果。

胡际权（2005）认为，所谓新型城镇化，是体现以人为本、全面协调可持续发展的科学理念，以发展集约型经济与构建和谐社会为目标，以市场机制为主导，大中小城市规模适度、布局合理、结构协调、网络体系完善，与新型工业化、信息化和农业现代化互动，产业支撑力强，就业机会充分，生态环境优美，城乡一体的城镇化发展道路[1]。

张占仓（2010）认为，新型城镇化是相对于传统城镇化而言的，是指资源节约、环境友好、经济高效、文化繁荣、社会和谐、城乡互促共进、大中小城市和小城镇协调发展、个性鲜明的城镇化[2]。

吴江等（2009）认为，新型城镇化主要是指以科学发展观为统领，以新型产业以及信息化为推动力，追求人口、经济、社会、资源、环境等协调发展的城乡一体化的城镇化发展道路[3]。

冉启秀等（2008）提出新型城镇化是指社会生产力在市场化、信息化的基础上，在经济制度、经济结构、人口素质、人口居住等方面，由传统农村文明转变成为现代城镇文明的自然历史过程，也是城市生活方式不断向农村扩散和传播的社会过程[4]。

杨晓东（2010）认为新型城镇化是以科学发展观为统领，坚持以人为本，以新型工业化为动力，以统筹兼顾为原则，以和谐社会为方向，以全面、协调、和谐、可持续发展为特征，推动人本城镇化、品牌城镇化、集约城镇化、城乡统筹城镇化、集群城镇化和绿色城镇化发展，全面提升城镇化质量和水平，走科学发展、集约高效、功能完善、环境友好、社会和谐、个性鲜明、城乡一体、大中小城市和小城镇协调发展的新型城镇化路子[5]。

王发曾（2010）在其论文中，引用了彭红碧等的表述[6]。黄亚平等（2011）引用了张占仓的表述[7]。耿明斋[8]、杨迅周[9] 和张占斌[10] 在其论文中没有讨论新型城镇化的概念。也就是说，学术界对新型城镇化的概念认识相对集中，没有出现过大的分歧。

这些概念侧重点不同，是作者当时对新型城镇化认识水平的表达，为我们从学术角度认识新型城镇化的概念提供了基础。

二、国家对新型城镇化的要求与期望

2007年5月，温家宝在关于长江三角洲地区进一步加快改革开放和经济社会发展的座谈会上，明确提出"不仅要坚持走新型工业化道路，而且要走新型城镇化道路"，充分显示出国家对"走新型城镇化道路"的肯定。

李克强在2009年第15期《求是》杂志发表的《保持经济平稳较快发展》一文中指出，我们要"协调推进新型工业化、新型城镇化，形成新的增长极、增长带、增长面，拓展扩大内需的新空间"[11]。

2011年9月，习近平在天津调研时强调："推进新型城镇化与新农村建设互动发展、共同提高。"[12]

2012年4月，《求是》杂志发表李克强的重要文章《在改革开放进程中深入实施扩大内需战略》。文章提到，我国正处于重要战略机遇期，市场空间大，内需潜力大，对发展具有持久的拉动作用。扩内需的最大潜力在城镇化[13]。5月4日，李克强发表在《人民日报》上的《开启中欧城镇化战略合作新进程》一文中指出，"城镇化是中国经济增长持久的内生动力"。中国的城镇化，是扩大内需、可持续发展的城镇化，是与工业化、农业现代化协同推进的城镇化，是以人为本、公平共享的城镇化[14]。

2012年第11期《行政管理改革》杂志发表李克强题为《协调推进城镇化是实现现代化的重大战略选择》的文章进一步指出，城镇化是中国现代化进程中一个基本问题，是一个大战略、大问题。特别是在国际经济环境发生深刻变化、我国进入中等收入国家行列以及面临经济下行压力的新形势下，我们按照贯彻落实科学发展观的要求，深入研讨城镇化科学发展问题，意义重大[15]。

在李克强的思路里，城镇化不仅是中国的问题，也是关乎世界的问题。2012年11月，李克强在会见世界银行前行长金墉时指出，我们推进城镇化，是要走工业化、信息化、城镇化、农业现代化同步发展的路子。"13亿人的现代化和近10亿人的城镇化，在人类历史上是没有的，中国这条路走好了，不仅造福中国人民，对世界也是贡献"。

2012年11月，党的十八大提出，"坚持走中国特色新型工业化、信息化、城镇化、农业现代化道路"，"促进工业化、信息化、城镇化、农业现代化同步发展"。"四化"同步发展成为国家的意志。

2012年11月30日，中共中央在中南海召开党外人士座谈会，习近平指出要推动结构调整取得明显进展，在稳定外需的同时努力扩大内需，加大产业结构调整升级力度，稳步推进城镇化健康发展。

2012年12月，中央经济工作会议指出，城镇化是我国现代化建设的历史任务，也是扩大内需的最大潜力所在，要围绕提高城镇化质量，因势利导、趋利避害，积极引导城镇化健康发展。要构建科学合理的城市格局，大中小城市和小城镇、城市群要科学布局，与区域经济发展和产业布局紧密衔接，与资源环境承载能力相适应。要把有序推进农业转移人口市民化作为重要任务抓实抓好。要把生态文明理念和原则全面融入城镇化全过程，走集约、智能、绿色、低碳的新型城镇化道路。

2013年1月15日，李克强在国家粮食局科学研究院考察调研时指出，推进城镇化，核心是人的城镇化，关键是提高城镇化质量，目的是造福百姓和富裕农民。要走集约、节能、生态的新路子，着力提高内在承载力，不能人为"造城"，要实现产业发展和城镇建设融合，让农民工逐步融入城镇。要为农业现代化创造条件、提供市场，实现新型城镇化和农业现代化相辅相成。

2013年3月8日，习近平在参加十二届全国人大一次会议江苏代表团审议时指出，要积极稳妥推进城镇化，推动城镇化向质量提升转变，做到工业化和城镇化良性互动、城镇化和农业现代化相互协调。10日，习近平在参加广西代表团讨论时要求广西加快转变经济发展方式，推进新型工业化、城镇化，提高经济社会发展质量和水平。习近平表示，新型城镇化慢不得，也快不得。显然，新型城镇化的节奏是一个非常重要的问题。

2013 年 3 月 17 日，李克强在记者会上表示，我们强调的新型城镇化，是以人为核心的城镇化。现在大约有 2.6 亿农民工，让他们中有愿望的人逐步融入城市，是一个长期复杂的过程，要有就业支撑，有服务保障。李克强指出，城镇化不能靠摊大饼，还是要大、中、小城市协调发展，东、中、西部地区因地制宜地推进。还要注意防止城市病，不能一边是高楼林立，一边是棚户连片。

2013 年 3 月 27～29 日，李克强在江苏、上海考察时指出，适度规模经营可以提高土地、劳动力效率，更好更多地提供农产品，对新型城镇化会形成有力支撑。城镇化要有产业做支撑，实现产城结合。进城农民有就业能创业，生活就会安稳，城镇化就能走得更扎实。

2013 年 5 月 6 日，李克强在国务院常务会议上指出，围绕提高城镇化质量、推进人的城镇化，研究新型城镇化中长期发展规划。出台居住证管理办法，分类推进户籍制度改革，完善相关社会保障制度。保护农民合法权益。

2013 年 5 月 23 日，李克强在瑞士《新苏黎世报》上发表题为《为什么选择瑞士》的署名文章指出，中国正在积极稳妥地推进城镇化，数亿农民转化为城镇人口会释放更大的市场需求。

2013 年 9 月初，李克强专门邀请两院院士及有关专家到中南海，听取城镇化研究报告并与他们进行座谈，徐匡迪、陆大道两位院士分别介绍了工程院、中科院城镇化课题研究成果，10 多位院士、专家结合各自研究领域，纷纷发表见解建议。李克强认真倾听，与大家互动探讨。李克强最后说，感谢院士专家的真知灼见。现在社会上对城镇化有各种讨论，这些都是为了让新型城镇化之路走好走顺。城镇化是一个复杂的系统工程，必须广泛听取意见建议，科学论证，周密谋划，使实际工作趋利避害[16]。

党和国家领导人对新型城镇化的一系列要求非常明确，是我们推进实际工作和进行理论研究的基本依据。

三、新型城镇化面临的理论困惑

中国的城镇化无论是涉及的人口数量，还是对全世界需求市场的影响，都是全球 21 世纪影响最大的事件。也正是因为有这样的特殊性，所以中国的城镇化确实面临一系列理论困惑。

第一，方向之困。面对中国发展的现实，究竟未来是学习借鉴国外的经验，走传统城镇化的道路，还是走中国特色的新型城镇化道路，在理论研究上存在比较大的分歧。表 1 是以"新型城镇化"为关键词在中国知网检索的结果，而在以"新型城镇化"为主题进行检索时，结果就发生了很大变化（见表 2）。对比两个表可以看出，在被引最高的 10 篇论文中，只有 4 篇是一样的，而多数不一样。说明这些被引最高的论文，出于种种原因，并没有认为新型城镇化是关键词。如果用城镇化作为关键词或者主题进行检索，全国被引最高的 10 篇论文变化更大。因此，把新型城镇化作为未来的发展方向，还有很多理论工作需要深入探讨，统一认识的任务非常艰巨。

表 2　中国以"新型城镇化"为主题被引最高的论文

序号	题名	作者	来源	发表时间	数据库	被引（次）	下载（次）	作者单位
1	中国新型城镇化发展研究	胡际权	西南农业大学	2005 年 2 月	博士	56	9821	西南农业大学
2	中国特色的城镇化模式之辨——"C 模式"：超越"A 模式"的诱惑和"B 模式"的泥淖	仇保兴	城市发展研究	2009 年 1 月	期刊	42	1992	建设部

序号	题名	作者	来源	发表时间	数据库	被引（次）	下载（次）	作者单位
3	新型城镇化道路的科学内涵	彭红碧、杨峰	理论探索	2010 年 7 月	期刊	36	2849	四川大学等
4	中原经济区的新型城镇化之路	王发曾	经济地理	2010 年 11 月	期刊	28	2869	河南大学
5	"空间城镇化""人口城镇化"的不匹配与政策组合应对	陶然、曹广忠	改革	2008 年 10 月	期刊	25	1207	北京大学等
6	河南省新型城镇化战略研究	张占仓	经济地理	2010 年 9 月	期刊	24	2347	河南省科学院
7	中国新型城镇化进程中的地方政府行为研究	吴江、王斌、申丽娟	中国行政管理	2009 年 3 月	期刊	24	2244	西南大学
8	中国农村城镇化动力研究	冯尚春	吉林大学	2004 年 4 月	博士	22	3357	吉林大学
9	中国的新型城镇化之路	仇保兴	中国发展观察	2010 年 4 月	期刊	17	1475	建设部
10	关于新型农村社区建设中的几个重要问题	崔伟华	中国党政干部论坛	2012 年 2 月	期刊	17	1199	泰安市委党校

资料来源：中国知网 2013 年 9 月 17 日下午 4：30 的截面数据，以"新型城镇化"为主题搜索的结果。

第二，速度之困。中国城镇化发展经历了漫长的历史过程，大致分为三个阶段（见表3）。

表3　中国 1949 年以来城镇化过程

时段（年）	年均增长率（个百分点）
1950~1977 年	0.26
1978~1995 年	0.64
1996~2012 年	1.46

资料来源：《中国统计年鉴》，中国统计出版社（2013年版）。

1949 年新中国成立时，城镇化率仅为 10.6%，到 1996 年突破 30% 的拐点后，我国进入快速城镇化阶段，2012 年城镇化率达到 52.6%。就目前发展状态分析，年均 1.46 个百分点的增长率，有专家认为有些快。中科院陆大道院士认为，城镇就业是决定城镇化速度、城镇规模的主要支撑条件。近年来我国城镇化速度较快，产业支撑无法跟上，城镇就业岗位的增加赶不上城镇新增人口的增长。我国城镇化率近年来每年增长 1.3 个百分点，每年相应增加城镇人口 1800 万，但每年新增就业岗位不到 1200 万。未来 10 年，城镇化率应以 1% 的年均增速为宜，要提升城市产业支撑能力，改变当前质量不高、方式粗放的城镇化发展现状[17]。当然，就各地情况而言，差异非常大。比如，处于中部的河南省，2005 年城镇化率突破 30%，进入快速城镇化阶段，最近几年年均增速达到 1.74 个百分点，而我国沿海地区，城镇化率已经达到 60% 多，已经接近 70% 的另一个拐点。按照国外的实际发展情况，到 70% 的拐点以后，就会进入城镇化的缓慢发展期（见表4）。所以，未来城镇化速度各地差异显著，政策上要有针对性，要因地制宜。

表4　2000~2011 年部分国家城镇化率变化情况

单位：%

国家	2000 年	2005 年	2010 年	2011 年	11 年增加点数
美国	79.09	80.73	82.14	82.38	3.29
加拿大	79.48	80.12	80.55	80.66	1.18
英国	78.65	79.01	79.51	79.64	0.99
德国	73.07	73.36	73.82	73.94	0.87
法国	76.90	81.56	85.23	85.74	8.84
俄罗斯	73.35	72.93	73.65	73.82	0.47
日本	78.65	85.98	90.54	91.14	12.49

续表

国家	2000 年	2005 年	2010 年	2011 年	11 年增加点数
韩国	79.62	81.35	82.93	83.20	3.58
印度	27.67	29.24	30.93	31.30	3.36
巴西	81.19	82.83	84.34	84.60	3.41
澳大利亚	87.17	88.18	89.05	89.19	2.08
南非	56.89	59.26	61.55	61.99	5.10

资料来源：国家统计局网站，由作者计算汇总。

第三，质量之困。中国城镇化过程非常复杂，涉及的问题也特别多。近些年，城镇化的快速发展，确实创造出了很多令世人瞩目的优异业绩，但是城镇化质量问题越来越引人注意。中国工程院徐匡迪院士认为，"城镇化，如果顺势而为、妥善引导，将会释放巨大的内需潜力，成为带动经济发展的动力；走得不好，现有的'城市病'将蔓延，影响现代化进程，无法顺利跨越'中等收入陷阱'"。"半城镇化"问题尤其突出。徐匡迪说，城镇化率统计指标高于实际的户籍非农业人口比重 15 个百分点左右，高达 1/3 的农村流入人口无法享受城镇户籍待遇，2 亿多"候鸟式"迁徙人口虽被视为统计上的"城镇常住人口"，但享受不到城镇基本公共服务和社会保障。"这是我国城镇化质量不高的突出表现"。

第四，户籍之困。中国自从 1958 年建立城乡户籍制度以来，城镇户口与农村户口管理制度对经济社会发展影响深远。虽然这些年国家一再强调放宽城镇户籍限制，不少地方也出台了很多具体措施，但是户籍问题仍然是制约城镇化的最大制度障碍之一。对于地方政府来说，城镇户籍就意味着很多社会保障问题要由当地财政埋单，所以真正放开户籍确实面临一系列难题。对于中心城市来说，户籍管理就意味着控制城市发展人口规模问题。对于小城镇来说，城镇户籍也意味着一系列待遇，比如医保、农村补贴等。因此，户籍管理问题如何更加科学可行，目前仍然没有明确的说法。

第五，用地之困。在正常情况下，城镇化将带来建设用地节约集约，因为城镇建设用地效率比农村要高得多。但是，1992 年以后，我们迅速开放了城市土地市场，而由于种种原因，至今没有开放农村土地市场，致使大量已经离开农村的居民，原有的宅基地长期闲置，造成了常见的"空心村"现象。现在，在《土地法》影响下，一方面大中城市建设用地寸土寸金，使城市建设与发展用地特别是城市新增居民住房价格持续升高，让消费者难以接受；另一方面在广大农村却有大量长期闲置的土地资源没有办法利用[18]。方方面面已经尝试了很多盘活土地资源的方法，但是对于农村土地市场开放问题一直没有突破。这种不协调、不平衡的城乡土地市场关系甚至已经影响到了中国城乡协调发展，仍然在继续加剧城乡二元结构，从制度层面影响了农民收入水平的提高。

上述五大困惑，虽然都是发展中的问题，但是对于中国城镇化进程的影响却是深刻的，必须通过深化改革，特别是通过理论研究和实践探索加以破解。

四、新型城镇化的创新方向

从理论界研究积累与国家的要求和期望分析，新型城镇化应在以下六个方面锐意创新：

第一，新型城镇化是"四化"同步发展的城镇化。这是党的十八大提出的明确要求，是科学发展观在城镇化方面的具体体现，是我们作为一个发展中大国跨越"中等收入陷阱"的实际需要。只有推动"四化"同步发展的城镇化，才能够有利于国家的长治久安，有利于和谐社会建设，有利于解决基层老百姓最关心的就业、收入、居住等实际问题[19]。这是一种统筹协调的思想，需要系统推进，不可随意偏废。

第二，新型城镇化是"向质量提升转变"的城镇化。这是党的十八大提出的全面建成小康社会目标的主要要求之一。新型城镇化不再是过去简单的城市人口比例增加和城市建成区面积的扩张，更重要的是实现经济结构、产业结构、就业方式、人居环境、社会保障等一系列由"乡村"到"城镇"实质性的转变。习近平明确强调，推进城镇化过快过慢都不行，"要推动城镇化向质量提升转变""稳步推进城镇化健康发展"。

第三，新型城镇化是"以人为核心"的城镇化。以人为本是科学发展观的核心立场，也是推进新型城镇化必须坚持的基本原则，李克强多次明确强调"以人为核心"的城镇化，不少外国专家也给我们多次提这样的建议。自 2013 年 3 月以来，国务院常务会议均强调，研究新型城镇化中长期发展规划，要围绕提高城镇化质量、推进人的城镇化。而人的城镇化，受现有的体制机制等各个方面的制约，是很多需要融入城镇的居民最关心的问题之一，也是我们下一步改革攻坚的难点之一。

第四，新型城镇化是集约、智能、绿色、低碳的城镇化。自从 2012 年 12 月中央经济工作会议提出这个科学命题之后，迅速得到了社会各界的广泛重视和认可。这是集我国的基本国情与当代世界城镇化最新潮流为一体的科学理念，是我们日益紧张的环境污染形势"倒逼"我们必须作出的历史性选择，现代信息技术的高速发展为我们提供了这种可能性，它是我们未来从长计议推进新型城镇化的明确目标，需要我们在科学、技术、管理、法制等方面做深入细致的工作，逐步探索切实可行的基本理论与方法。国务院已经批复郑州建设智能绿色现代航空都市，实践探索工作已经起步[20]。

第五，新型城镇化是城乡一体化的城镇化。城乡一体化，是发达国家走过的而且非常成熟的城镇化之路，对我们这样一个地域广阔、民族众多、区域差异显著、城乡二元结构突出、正在跨越"中等收入陷阱"阶段的国家来说，推动更多的社会资源向社会弱势群体、弱势地区、弱势行业倾斜，促进城乡公共服务和公共基础设施均等化显得特别迫切和重要。只有逐步实现城乡一体化，才能够在体制上克服"大城市病"，促进大中小城市和小城镇均衡发展[21][18]，使全国各地都能够逐步实现建设美丽家园的梦想。

第六，新型城镇化是有"中国特色"的城镇化。所谓中国特色的城镇化，就是全国一盘棋的城镇化，就是在国家主体功能区规划指导下的城镇化，就是充分考虑中国国情的城镇化，就是世界规模最大、影响最深、涉及问题最复杂、推进速度比较快、能够体现中国不同区域文化特点的城镇化。所以，对于发达国家所创造的多种城镇化模式，我们需要认真学习与借鉴，但是任何国家城镇化的经验与做法我们都不能照搬，更不能盲目抄袭，我们新型城镇化所面临的特殊性是任何国家都无法比拟的，必须坚定不移走我们自己的新型城镇化道路，持续创新具有中国特色的城镇规划理念、建设方式、管理模式、推进机制等。

五、结论

第一，中国新型城镇化研究初步具备了良好的学术基础。以新型城镇化为关键词，已经出现了一批高被引论文，特别是胡际权的论文被引达 56 次，远远超过国际公认的 30 次的高被引标准，说明学术界对该文的认可程度比较高。从其提出的新型城镇化的概念分析，该论文确实考虑得比较系统和全面，与现在国家的主要要求契合度比较高。另外，这一批高被引论文，多数也已经成为高被下载（超过 1000 次）论文，说明市场对其认可度较好。特别是胡际权的学位论文，下载一次需要 122 元，至表中所示已下载 9821 次，已经为中国知网创造了 110 多万元的直接收入，凸显出知识创新的价值。从论文作者分布情况看，有 8 篇的作者是中西部地区的，张占斌和杨晓东虽然是国家部委的，但他们关注的主要问题也是中西部地区的。所以，新型城镇化在中国中西部地区受到关注的程度非常高，这与中西部地区目前面临的艰巨而复杂的新型城镇化任务直接相关。

第二，新型城镇化是中国经济升级发展的主要动力。李克强提出中国经济升级版的概念之后，引发全球高度关注。中国经济升级版的核心是投资、出口和内需"三驾马车"均衡发展，共同推动中国经济持续稳步前进，顺利跨越"中等收入陷阱"，进入高收入国家行列。其中，扩大内需的最大潜力在城镇化已经形成共识，是中国对区域发展理论的重要贡献。加之我国城镇化的总体水平才刚刚迈过50%的门槛，未来城镇化的过程还比较长，所以用城镇化拉动中国经济持续发展，既为国家经济社会发展提供持续不断的动力，也为数以亿计的农民实现过上城里人的好日子的梦想创造了空前的历史机遇。在转型发展而导致中国经济出现下行压力的情况下，进一步科学加快新型城镇化进程，对稳增长、调结构和保民生显得更加具有积极的意义。

第三，新型城镇化科学内涵丰富。按照本文的初步研究，新型城镇化起码包括六个方面的科学内涵，即新型城镇化是"四化"同步发展的城镇化，是"向质量提升转变"的城镇化，是"以人为核心"的城镇化，是集约、智能、绿色、低碳的城镇化，是城乡一体化的城镇化，是有"中国特色"的城镇化。正是因为科学内涵丰富，并且伴随新型城镇化的推进，还会有新的内容补充进来，所以持续研究、持续探索、持续提升、持续规范的理论任务非常繁重，需要更多的学者关注新型城镇化的理论总结，推进新型城镇化创新发展。

第四，新型城镇化需要破解一系列发展难题。如前所述，中国新型城镇化面临方向之困、速度之困、质量之困、户籍之困、用地之困，既需要顶层设计的战略引导，也需要思想认识的逐步统一，还需要政策法规的突破，改革攻坚任务十分繁重。我们已经可以感受到，中央对顶层设计非常重视，李克强总理反复调研，广泛征求各个方面专家的意见，国家有关部委也在作深入细致的系统研究，全国各地都在结合当地实际积极探索破解难题的方式方法，理论界的研究，特别是中国科学院、工程院和世界银行等高层专家的交叉研究，将为相关难题的最终破解提供越来越多的创新思想与具体途径。持续发挥我们集中力量办大事的体制优势，集聚社会各界的智慧与正能量，中国新型城镇化的理论困惑将逐步解决，未来的前景一定是美好的！

参考文献

［1］胡际权. 中国新型城镇化发展研究［D］. 重庆：西南农业大学，2005.

［2］张占仓. 河南省新型城镇化战略研究［J］. 经济地理，2010（9）.

［3］吴江，王斌，申丽娟. 中国新型城镇化进程中的地方政府行为研究［J］. 中国行政管理，2009（3）.

［4］冉启秀，周兵. 新型工业化和新型城镇化协调发展研究——基于重庆市全国统筹城乡综合配套改革试验区的实证［J］. 重庆工商大学学报（西部论坛），2008（2）.

［5］杨晓东. 我国新型城镇化发展道路探讨——以陕西省榆林市新型城镇化发展为例［J］. 中国市场，2010（42）.

［6］王发曾. 中原经济区的新型城镇化之路［J］. 经济地理，2010（12）.

［7］黄亚平，陈瞻，谢来荣. 新型城镇化背景下异地城镇化的特征及趋势［J］. 城市发展研究，2011（8）.

［8］耿明斋. 对新型城镇化引领"三化"协调发展的几点认识［J］. 河南工业大学学报，2011（4）.

［9］杨迅周，黄剑波，邹涛. 河南省"三化"协调发展评价研究［J］. 河南科学，2011（12）.

［10］张占斌. 新型城镇化的战略意义和改革难题［J］. 国家行政学院学报，2013（1）.

［11］李克强. 保持经济平稳较快发展［J］. 求是，2009（15）.

［12］徐京跃，李靖. 习近平在天津调研时强调坚持求真务实作风推进城乡协调发展［N］. 解放军报，2011-09-23（03）.

［13］李克强. 在改革开放进程中深入实施扩大内需战略［J］. 求是，2012（4）.

［14］李克强. 开启中欧城镇化战略合作新进程［N］. 人民日报，2012-05-04（02）.

［15］李克强. 协调推进城镇化是实现现代化的重大战略选择［J］. 行政管理改革，2012（11）.

［16］陆琦，倪思洁. 城镇化进程中的科技界声

音［N］．中国科学报，2013-09-17（01）．

　　［17］陈海波，齐芳．城镇化发展须提升城市产业支撑能力［N］．光明日报，2013-09-12（01）．

　　［18］张占仓，刘爱荣，杨迅周．三化协调发展的河南实践［M］．北京：人民出版社，2012．

　　［19］张占仓，孟繁华，杨迅周，等．河南省新型城镇化实践与对策研究综述［J］．管理学刊，2012（4）．

　　［20］陈萍．内陆开放型航空港：基于要素流动的空间效应［J］．区域经济评论，2013（3）．

　　［21］张占仓，蔡建霞，陈环宇，等．河南省新型城镇化战略实施中需要破解的难题及对策［J］．河南科学，2012（6）．

郑州航空港经济综合实验区建设与发展研究综述[*]

摘　要　国务院批准郑州航空港经济综合实验区建设，彻底改变了河南地处内陆的区位条件，形成了临港发展新优势，支撑了内陆开放高地建设。郑州国际航空物流中心的战略定位，为临空经济大发展创造了历史性机遇，而临空经济发展将为中国经济升级版开创新途径，增添新内涵。因此，包括郑州在内的中国中西部地区未来建设与发展将出现新的重大跨越。

关键词　临空经济；郑州航空港；中原经济区；发展战略；河南省

2013年5月24日河南发展高层论坛召开第55次会议，专题讨论郑州航空港经济综合实验区建设与发展问题。郑州航空港经济综合实验区领导小组办公室李自强副主任和郑州新郑综合保税区管委会政策研究室王明华主任重点介绍了郑州航空港经济综合实验区的基本情况和需要研究的重大问题，河南省科学院副院长张占仓研究员作了主讲发言，河南省社科联原副主席赵怀让研究员，河南省民营经济维权促进会郭运敏副会长、郑州市发改委王国安副主任、郑州大学商学院宋光华教授及副院长李燕燕教授、《河南日报》理论部孙德中主任、河南省社科院工业经济研究所所长龚绍东研究员、河南财政税务高等专科学校工商管理系主任陈爱国教授、郑州大学城乡一体化发展研究中心主任张合林教授、河南省科学院地理研究所杨迅周研究员、国家统计局河南调查总队综合处张广宇处长、郑州大学商学院孔喜梅副教授、河南大学经济学院许广月副教授等作了大会发言，河南省社科联孟繁华副主席、省委政研室财贸处李兴山处长、河南人民银行政策法规处处长张树忠高级经济师、河南省财政厅政研

室王银安副主任、河南农业大学经济管理学院院长吴一平教授、河南省统计局统计科研所金美江所长、河南省委党校经济管理教研部宋伟教授、新乡学院《管理学刊》常务副主编王建增教授、河南大学中原发展研究院赵志亮教授、河南财经政法大学产业经济研究所所长刘美平教授、河南财经政法大学中部经济研究所所长李新安教授、河南大学经济学院刘涛副教授、《河南日报》理论版记者王丹、华辰伟业科技有限公司执行董事张伟华、河南省社科联办公室李新年主任及普及处李同新处长和李明副处长、郑州市社科联普及部余晓梦部长等30余名理论和实际工作者以及媒体记者参加了研讨。为了开好这次会议，使理论研究与实践探索相结合，会前部分专家学者对郑州航空港经济综合实验区进行了实地考察和调研。现将专家提出的主要观点综述于下：

一、实验区的地位与作用

与会人员从不同角度对郑州航空港经济综合实验区的地位与作用进行了讨论。其中，张占仓认为，郑州是亚洲的地理中心，类似

---

[*]　本文发表于《河南科学》2013年7月第31卷第7期第1080-1084页。作者为张占仓、孟繁华、杨迅周、李明、陈峡忠。张占仓、杨迅周、陈峡忠的工作单位为河南省科学院，孟繁华、李明的工作单位为河南省社科联。

德国法兰克福在欧洲的区位。国务院批复的《郑州航空港经济综合实验区发展规划》提出，在郑州建设国际航空物流中心，使郑州的建设与发展具备了重要的国际意义，为中原地区创造了临港发展优势。因此，实验区将支撑内陆开放型经济实现跨越式发展，促进郑汴都市区实现一体化发展，为中原发展乃至中国经济升级版创造发展新优势，为中原经济区迎来产业结构调整的战略机遇，为中原人民创造更加幸福的新生活，促进郑州发展出现新的重大跨越并成为有国际影响的城市，为中国新型城镇化提供示范，首创中国内陆地区持续跟进式外向型经济发展新模式[1]。郑州航空港经济综合实验区发展规划获批，激发了中国临空经济发展的浪潮[2]，推动中国经济升级版释放出新的科学内涵，为中国经济发展方式转变寻求到新的动力[3]。

李自强认为，实验区的建设和发展将为河南省产业升级转型带来重大机遇，将增加经济总量，提升经济发展质量。

王国安根据知名专家约翰·卡萨达教授的航空城[4]与航空大都市[5]关系理论，就实验区与郑州市的发展关系绘制出"郑州航空大都市发展模型"。在模型中，整个郑州航空大都市被形象地描述为一架正在起飞的飞机：主城区是机体，承载着城市发展的主要功能。东西两翼提供动力，郑州新区（郑东新区、经开区、中牟县）是东翼，已初具规模，发展动力强劲；正在谋划的郑上新区是西翼，具有广阔的发展空间。北部沿黄生态综合发展示范区是绿肺，意味着要为子孙后代留下一块无污染的生态空间，为城市发展提供新鲜空气。实验区是尾翼，目标是建设世界著名的航空城，左右着郑州市未来的发展方向。机头是无形的也是有形的，向着北京，盯着国家政策。模型图上标示："历史上的郑州是火车拉出来的城市，未来的郑州靠飞机飞出去"，说明了郑州发展临空经济，建设航空大都市的重要意义。图上最下面一句话说明了建设郑州航空大都市的操作路径，就是以E贸易试点和富士康项目建设为切入

点，大力发展航空物流，打造航空货运枢纽，形成全国重要的铁路、公路、航空综合交通枢纽，从而推动郑州经济转型和产业结构高级化，培育适合速度经济要求的大产业，最终把郑州建设成为世界级的著名航空大都市[6]。

杨迅周认为，实验区应充分发挥地处我国主要经济区地理中心的区位优势和航空港、铁路港、公路港多式联运的综合交通优势，将实验区建设成为全国重要的综合交通枢纽、高端临空产业集聚区、现代航空大都市和中原经济区的核心增长极，积极发挥辐射带动作用。除发挥都市工业辐射等作用带动郑汴都市区建设外，还要充分发挥"增长三角"的作用，打造郑州—开封—许昌"金三角"核心区[7]。按照"环形+交通轴"辐射的网络型格局，辐射带动更大地域的发展。

王国安还介绍了北京航空航天大学张宁教授关于郑州航空港经济综合实验区是继深圳和浦东之后我国改革开放第三极的认识，对此与会专家学者进行了热烈的讨论。陈爱国认为，这个观点提得很好，符合中国的政治经济现实和事物内在发展规律；而张合林认为，以实验区为增长极的中原经济区是我国经济发展继长三角、珠三角、环渤海外的第四极；但也有一些专家学者持谨慎态度，认为应重点做好自己的工作。

二、实验区产业发展与布局

张占仓认为，应瞄准临港发展优势，建设高端航空港经济产业体系。大力发展航空物流业，包括特色产品物流、航空快递物流、国际中转物流、航空物流服务等。集聚发展高端制造业：发展航空航材制造与维修，包括机载设备加工、航空电子仪器、机场专用设备以及航空设备维修等[8]；建设超级计算机和超级计算应用基地，为大数据时代提供基础设施支撑，为高端产业发展提供信息化手段支持；建设智能产业研发与应用基地，以此支撑未来智慧城市建设；建设智能手机生产与研发基地，并进一步拓展发展电子信息产业，形成以电子信息产业集群为核心内

容的产业集聚区[9]；建设生物医药生产与研发基地，拓展优势产业。全面发展现代服务业，建设基于超级计算的航空金融服务基地、电子商务中心、服务外包基地，发展专业会展，建设有利于青年人才脱颖而出的产业创新中心[10]。

龚绍东认为，实验区加快推进产业发展优化产业布局应协调好几方面的关系：一是核心区产业与外围地区产业的辐射带动关系；二是高端制造业、航空运输业等主导产业与现代服务业等辅助产业的关联依存关系；三是二产与三产布局的空间融合关系，使实验区高端制造业与现代服务业特别是生产性服务业空间布局呈现无缝对接、产业链嵌入形态；四是在重视引进大企业的同时积极引进具有产业链生态关系的小企业集群；五是近期快速扩大规模和长远可持续发展的关系。

杨迅周认为，实验区产业发展要做到专业化与综合发展相结合、对外开放与扩大内需相结合，大力发展航空核心产业、航空关联产业和航空引致产业，重点引进的产业和项目要培育其植根性。其产业布局遵循圈层结构，应根据产业的临空偏好度进行布局，跟机场关联性越强的产业，就应该离机场越近。要根据机场和区域的实际情况来布局临空产业，将好的空间位置留给优势突出的项目和产业，合理分布和配置临空产业，形成不同的临空产业集群。同时要注意在空间布局上留有余地。

陈爱国研究了我国奢侈品市场的发展趋势和存在的问题，分析了实验区的优势特别是保税区优势，并借鉴舟山、青岛、上海等地的经验基础上，建议在实验区建造中国中部最大奢侈品消费市场，同时提出如下建议：转型升级高端产业同时积极发展贸易和旅游业；建立电子交易平台，创建"进口贸易促进创新示范区"；开展工业贸易旅游等产业项目，带动周边经济发展；长远目标是建立自由贸易港区。

宋光华认为，在实验区内应主抓以物流业引领其他相关产业发展的物流网络，重点

应该是金融业、物流业、总部经济、进出口产业，对仅供本地居民需要的地方性产业、企业不予安排，污染性产业要迁出实验区。许广月也认为应重点发展总部经济，孔喜梅则强调发展创意经济和信息产业。

李燕燕认为，中国高铁正处于高速蓬勃发展时期，高铁通过改变城市产业结构与商务活动带给中国巨大的影响，郑州航空港经济综合实验区临空经济的发展应该与高铁经济交融。

张广宇认为，实验区经济发展要特别注意充分考虑新兴经济体的重要地位和作用、航空业务拓展和港区产业布局等，要为以金砖国家为代表的新兴经济体留足空间。

三、实验区建设路径

张占仓认为，实验区建设路径包括建设竞争力强的国际航空货运枢纽，完善陆路交通运输体系，发展多式联运；高起点建设绿色智慧航空都市，打造集约、智能、绿色、低碳现代航空都市；建设内陆开放型航空港区，提升开放平台服务功能，构建国际化营商环境，创新对外开放体制机制等。

宋光华认为，实验区要建成国内一流的航空港，建成世界级的国际化航空港和国际化大都市，大胆放开外引，重在内联共建，重点建设快速交通网络和物流网络两大网络。

张合林认为，要突出郑州航空港的功能，加快提升郑州航空港的客货运转能力，加快建设和完善以郑州航空港为核心的立体综合交通运输体系，加快发展 E 贸易，建设完善互联网和物联网体系，以郑州航空港为依托把郑州建成国际化、现代化的全国电商交易中心。

杨迅周认为，我国新型城镇化具有如下特征：一是在城乡一体、"四化"同步发展、"五位一体"总布局和扩大内需、深化改革开放大背景下的城镇化，特别是要走与新型工业化和信息化结合实现创新驱动的城镇化；二是城市体系合理、城市形态优化、产城结合，并与区域经济发展和产业布局紧密衔接的城镇化；三是实现农民工市民化，以人为

本，建设和谐社会、注重地域文化传承创新条件下的城镇化；四是适应资源环境承载能力可持续发展的城镇化；五是融入生态文明理念，绿色、低碳、集约发展的城镇化。实验区建设要适应这些要求，特别是要重视以下两个方面：第一，作为规划面积达415平方千米的航空港经济综合实验区，不可能仅仅作为单一的产业功能区，要建设成为航空都市区，产业功能区与城市其他功能区要合理布局、科学结合，实现"产城融合"[11]；第二，应树立生态文明理念，积极探索绿色低碳发展模式[12]，大力发展低碳产业、低碳交通、低碳建筑、低碳服务，倡导低碳文化和低碳生活，完善低碳信息，研发低碳技术，培养低碳人才，增加碳汇，制定高水平发展规划和具体措施[13]，实施一批重点项目。

张广宇认为，实验区建设要注意处理好本土文化与外来文化的关系，使中原文化在开放中吸收，外来文化在融入中适应。建议在建设中突出特色，在充分调研的基础上，考虑规划建设国别特色产业园区或街区；鉴于我国中部地区没有设立美国等领事馆，可超前谋划、适时申请在实验区设立美国等国家领事馆。

四、实验区建设推进举措

张占仓认为，实验区建设的主要推进举措包括：高起点做好建设规划，超前部署战略资源，在体制机制和政策创新上下功夫，在思想开放上要有新突破，尽快提高临空经济科学管理水平，在招商引资上围绕临空产业集群做大文章等。特别是要超前部署战略资源，将建设超级计算机作为支撑点，形成大数据处理中心，提升信息化水平；把人才集聚作为迸发点，营造宽松的人才环境，大量引进各类人才，特别是要高度重视青年人才引进，为新形势下青年人才脱颖而出创造环境、提供支持；把自由贸易区加网购中心作为燃烧点，重视为青年消费者提供时尚服务[14]，促进郑州成为中原地区新的现代购物天堂。

郭运敏认为，主要措施包括三个方面：

第一，有国际视野的建设规划；第二，有吸引力的政策；第三，要有出奇制胜的起点和切入点[15]。

王国安建议设立省市联合的航空港经济综合实验区产业发展基金，同时设立世界航空港经济暨郑州航空港经济综合实验区发展论坛，积极开展理论探讨。赵怀让建议加大宣传普及力度；孙德中则认为应提高宣传的专业化水平，切实破解实验区建设和发展中的难题。

杨迅周认为，实验区建设和发展要高端定位，注意把握"度"的问题，速度、程度、广度都要适度，优势和重要性的强调也要适度，既要积极主动，又要留有余地。张合林认为应打造港区一流人才高地。

五、对策建议

1. 尽快形成全省推动实验区建设的工作合力

枢纽机场是临空经济的发动机，临空经济是经济全球化条件下一种新的经济形态，是所影响区域经济发展的引擎。在中国经济发展转型的关键时期，国务院批准郑州航空港经济综合实验区建设，以国家的力量支持临空经济加快发展，将为中国经济升级版提供新的动力和内涵，为我们中原经济区产业结构调整提供新的契机，省委、省政府高度重视实验区的建设，各市县与省直机关也要结合实际把该项工作纳入工作议程，发挥各自优势，努力出谋献策，形成强大合力，共同推动整体工作不断有新的进展。

2. 按照集约智慧绿色低碳要求做好实验区现代航空都市建设规划

在国务院批准发展规划以后，有关方面已经着手在全球范围内征集航空都市建设规划，力争在已经创造的郑东新区规划荣获联合国人居奖的基础上，再创航空港经济综合实验区规划世界一流的奇迹。这个规划涉及415平方千米的地域面积，又是我国第一个现代航空都市规划，要确实吸收与借鉴国内外最新城市规划理念，特别是约翰·卡萨达教授航空都市模型的先进思想，结合中原文化的特征，充分考虑大数据时代智慧发展的最新科技进步要求，从长计议，高瞻远瞩，增强战略性、国际性、超前性、科学性，拿出体现时代特征、能够吸引世界眼光的建设规划。只有规划具有战略性、具有世界眼光、具有重大创新标志，才可能创造出世界一流的现代航空都市。

3. 继续探索内陆地区持续跟进式外向型经济发展新模式

面对改革开放以来全国通过开放走向全球的伟大创举和内陆地区发展外向型经济步履艰难的历史性困惑，河南省委、省政府不等不靠，大胆开拓，勇于创新，高度重视建设内陆开放高地。先以行政效率高著称，坚定不移地引进了具有标志性意义的国际化企业富士康，创造了所谓"郑州速度"。为了让富士康顺利发展，省委、省政府又以超常规的方法在100天之内报国务院批准在郑州建设中部第一个综合保税区。保税区封关运行之后，富士康以及为其配套服务的物流企业、零部件企业等快速发展，并引致大批外向型国际化企业向郑州以及河南集聚，促进河南省进出口额在全国异军突起，连续两年增长速度都在58%以上，外向型经济发展实现了重大突破，进出口总额从2008年占全国的0.68%提升到2012年的1.34%，特别是郑州新郑综合保税区2012年完成进出口额285亿美元，在全国31个保税区中迅速上升到第2位，并进一步导致郑州航空港客货运输飞速增长。2012年，郑州新郑国际机场客货运输快速增长，货邮运输增长47.07%，增速居全国第一；客运量达1167.36万人次，同比增长15.01%，增速位居全国第二。因为客货运输持续快速增长，在全国各地竞相竞争航空港经济综合实验区上升为国家战略过程中，国务院看到了郑州航空港的巨大潜力与希望，所以把全国第一个航空港经济综合实验区批复给位居"天下之中"的郑州，期望打造成亚洲的"法兰克福"。因为有了这个中国独具特色的航空港经济综合实验区，郑州市的建设与发展迅疾具备了现代国际都市的战略意义与前景，并将促进郑州市以及中原经济区外向型经济获得空前的大发展。这种内在逻辑性关联非常紧密的内陆地区持续跟进式发展外向型经济的路径，具有重要创新意义。沿着这条路子持续探索，并进一步完善运行机制，对河南省持续发展与转型发展，打造中国经济升级版均具有重要的理论意义和实际应用价值。

参考文献

[1] 张占仓. 临空经济为郑州插上腾飞翅膀 [N]. 郑州日报，2013-04-04（6）.

[2] 张占仓. 郑州建设国际航空港的历史趋势与战略方向 [J]. 区域经济评论，2013（3）：142-144.

[3] 张占仓. 中国经济升级版的科学内涵与地方响应 [N]. 河南日报，2013-06-19（13）.

[4] 约翰·卡萨达. 航空大都市：21世纪的商业流动性与城市竞争力 [J]. 城市观察，2013（2）：25-34.

[5] John Kasarda，Greg Lindsay，Aerotropolis：The Way We'll Live Next [M]. New York：Farrar，Strausand Giroux，2011.

[6] 柯杨，栾姗，李红. 建设枢纽见证转变 [N]. 河南日报，2013-5-29（2）.

[7] 杨迅周，杨延哲，刘爱荣. 中原城市群空间整合战略探讨 [J]. 地域研究与开发，2004（5）：33-37.

[8] 曹允春. 临空经济发展的关键要素、模式及演进机制分析 [J]. 城市观察，2013（2）：5-16.

[9] 张占仓. 河南省安濮鹤产业集聚区发展研究 [J]. 河南科学，2013（3）：377-383.

[10] 张占仓. 追寻世界科技创新轨迹高度重视青年人才成长 [J]. 创新科技，2013（2）：16-17.

[11] 王永苏. 以港城互动促中原城市群跨越式发展 [J]. 区域经济评论，2013（3）：145-146.

[12] 张大卫. 郑州航空港经济综合实验区——经济全球化时代推动发展方式转变的探索与实践 [J]. 区域经济评论，2013（3）：5-15.

[13] 王喜成. 推进郑州航空港建设的路径思考 [J]. 区域经济评论，2013（3）：147-149.

[14] 陈萍. 内陆开放型航空港：基于要素流动的空间效应 [J]. 区域经济评论，2013（3）：149-151.

[15] 杜君. 现代服务临空升级 [N]. 河南日报，2013-05-27（2）.

完善体制机制推动河南新型城镇化科学发展[*]

——河南发展高层论坛第 61 次会议综述

|摘　要| 借鉴国外城镇化的经验和最新学术思想，新型城镇化要高度重视城乡资源配置政策不公平导致的贫富差异扩大问题，克服"增长极"思想的不利影响，把党的十八届三中全会提出的"以促进社会公平正义、增进人民福祉为出发点和落脚点"贯彻落实到新型城镇化实施的过程之中，以人为本，努力探索新型城镇化引领"三化协调"和"四化同步"发展的科学可行之路，促进大中小城镇协调发展、和谐发展、智慧发展、绿色发展，让城乡居民共享改革发展的成果。新型城镇化的体制机制完善，要加快推进城乡体制机制一体化，建立全省统筹的规划建设协调机制，建立科学合理的产业集聚机制，建立健全以人为本的要素流动机制，建立健全动态的耕地占补平衡机制，健全城镇投融资体制机制。研究提出了未来新型城镇化的政策建议，即要高度重视新型城镇化政策的公平性，坚持全面提高城镇化质量的正确方向，牢固树立新型城镇化以人为本的核心理念，建立健全城乡发展一体化体制机制，积极推动城镇绿色发展。

|关键词| 新型城镇化；城镇化；体制机制创新；公平性；河南省

为完善体制机制，推动河南新型城镇化科学发展，由河南省社科联、省政府发展研究中心、省科学院和郑州轻工业学院主办，郑州轻工业学院经济与管理学院承办的河南发展高层论坛第 61 次研讨会，于 2014 年 6 月 20 日在郑州轻工业学院图书馆举行。会议由河南省社科联孟繁华副主席主持，郑州轻工业学院副院长安士伟教授致欢迎词，河南省政府发展研究中心主任王永苏研究员和省科学院副院长张占仓研究员作了主讲发言，河南大学原副校长王发曾教授、河南财经政法大学郭军教授、河南省政府发展研究中心李政新研究员、河南省委党校宋伟教授、河南省科学院地理研究所杨迅周研究员、河南省

政府发展研究中心刘战国副研究员等作了大会重点发言，郑州大学朱美光教授、河南财经政法大学李金凯教授、中共长垣县委宣传部王晨光、河南师范大学杨玉珍博士等作了大会自由发言，王发曾教授还与有关学者进行了现场讨论。河南省社科联李庚香主席、郑州轻工业学院党委书记剧乂文教授、河南省委政研室白廷斌副主任、平顶山学院党委书记许青云教授、鹤壁市中级人民法院刘明院长、《河南日报》理论部孙德中主任、河南师范大学任太增教授、华北水利水电大学王延荣教授、许昌学院周颖杰教授、洛阳师范学院刘玉来教授、南阳理工学院姬定中教授、河南城建学院毕军贤教授、河南工程学院张

---

　　* 本文发表于《河南科学》2014 年 7 月第 32 卷第 7 期第 1329-1334 页。作者为张占仓、孟繁华、杨迅周、李明、刘仁庆。张占仓、刘仁庆的工作单位为河南省科学院，孟繁华、李明的工作单位为河南省社科联，杨迅周的工作单位为河南省科学院地理研究所。

贯一教授、郑州轻工业学院彭诗金教授、河南财专陈爱国教授、河南机电高等专科学校刘安鑫教授、省科学院陈群胜研究员、《河南科学》杂志社刘仁庆副社长、省社联科普及处李同新处长、李明副处长、郑州轻工业学院相关专业师生等共200余名理论研究和实际工作者参加研讨。《河南科学》杂志专门为此次会议出版了包含11篇新型城镇化学术论文的专集。现将与会专家提出的主要观点综述如下。

一、我国新型城镇化的政策走向与实施理念

张占仓在发言中通过对法国经济学家托马斯·皮克迪新书《21世纪资本论》主要论点和发达国家城镇化过程及影响的系统分析，认为应高度重视城乡资源配置政策的公平性，克服"增长极"思想的不利影响，确实把党的十八届三中全会提出的"以促进社会公平正义、增进人民福祉为出发点和落脚点"贯彻落实到新型城镇化实施的实际过程之中，努力探索新型城镇化引领"三化协调"和"四化同步"发展的科学可行之路，促进大中小城镇协调发展、和谐发展、智慧发展、绿色发展，避免皮克迪提出的资本作用过大对社会和谐稳定和贫富差距扩大的不利影响，既科学务实推进影响我国数亿人生产和生活的新型城镇化进程，又促进城乡发展一体化、城乡社会和谐化、城乡居民收入政策公平化[1]。研究提出了我国新型城镇化过程中，存在科学研究积累有限、面临"中等收入陷阱"的威胁、人口资源环境发展不协调、城镇规划建设缺乏地域文化特色等突出问题[2]，认为未来我国新型城镇化的政策走向主要是：第一，坚持质量提升的正确方向。改革完善户籍管理制度，积极推动农业转移人口市民化；立足于本土优秀传统文化的挖掘与创新，提升城镇规划建设水平，打造城镇适宜的人居环境；抓住全国性经济升级发展的战略机遇，全面调整城镇产业发展布局，提升城镇经济发展质量。第二，坚持以人为本的核心

理念。必须让进城农民享受到国家发展给每一位公民带来的人格尊严，注重对城镇现有居民生活和工作环境的持续改善，加强公共基础设施建设，确保流动人口工作和生活便利，创造越来越好的营商环境，培养全社会包容发展的人文情怀。第三，坚持城乡一体的政策目标。特别是从城乡一体化的土地资源配置系统入手，建立城乡统一的建设用地市场，深化征地制度改革，改变政策不公平导致的城乡二元结构。第四，坚持绿色发展的国际趋势。加强绿色科技创新，改变目前粗放的经济增长方式，调整产业结构，构建绿色经济体系，形成绿色生产生活方式，营造绿色生态环境。按照循环经济要求，规划、建设和改造各类产业园区，引进或研发关键链接技术，建设关键链接项目，最大限度地节能、节地、节水、节材，实现土地集约利用、能量梯级利用、资源综合利用、废水循环利用和污染物集中处理和再利用，逐步把工业项目布局与区域综合发展衔接，开创城市—区域发展模式。

王发曾认为，如何以正确理念设计我国新型城镇化的实施道路等重大问题仍然存在许多认识误区，必须端正实施理念：认清新型城镇化的发展背景，不要用僵化的计划经济的一套代替社会主义市场经济体制；认清新型城镇化的发展目标，不要用外延扩张代替内涵优化，不能重规模、轻质量；认清新型城镇化的发展重点，不要眼睛只盯着城市而忽略了乡村和集镇，要大中小城镇协调发展；认清新型城镇化的发展主体，不要忽视多种社会力量的主体地位；认清新型城镇化的发展方式，不要单纯追求城镇化率而忽视了城镇化水平的提高；认清新型城镇化的发展动力，不要忽略多种因素的综合效应[3]。

朱美光认为，我国新型城镇化应处理好十种关系，即权益和利益、短期和长期、政府与社会、时间和空间、就业和创业、城市与交通、中心和外围、普遍和特殊、发展与生态、传承与创新的关系。李金凯认为，新型城镇化新在以人为本，是一场由政府主导，

主要由农民完成的现代化过程。

二、河南省新型城镇化的科学发展

张占仓认为，2014年3月，《国家新型城镇化规划》（2014—2020年）出台，为我们提出了新型城镇化顶层设计的总体要求。河南省也已经出台《中共河南省委关于科学推进新型城镇化的指导意见》、《河南省新型城镇化规划（2014—2020年）》和《河南省科学推进新型城镇化三年行动计划》。我们需要按照中央和省委、省政府的战略部署，在城镇化科学发展上下功夫。在具体实践上，要特别注意新型城镇化科学性、长远性、规律性。既认真借鉴与吸收国外与沿海地区的先进经验，又充分考虑我们河南省人多地少、人地关系特别紧张、"三化协调"与"四化同步"发展任务十分艰巨的实际需要，未来要适度控制新型城镇化的速度、着力提升新型城镇化的质量特别重视城乡协调发展、确实立足于建设以人为本的城镇体系，让城乡居民共享改革发展的成果，同步提高生活的幸福指数。

王发曾根据全国城镇化目标结合河南实际，对河南省到2020年农业转移人口市民化的数量进行了多方案比较，认为比较适宜的数量是1000万人左右，并建议适当放宽全省的落户限制：常住城区人口100万人以下的城镇，全面放开落户限制；100万~300万人的大城市，合理放开落户限制，每年3.75万~7.50万人；300万~500万人的大城市，合理确定落户条件，每年不少于7.50万人；500万人以上的特大城市，严格控制人口规模，每年不超出7.50万人。

李政新认为，公共服务能力也是决定城镇化水平的重要因素。提高公共服务能力，首先是需要中央和各级地方政府高度重视，加大投入；其次是鼓励社会资本为公共服务进行投入，使其成为混合物品[4]。

宋伟认为，城镇化的空间结构是由产业空间布局和就业地域结构决定的，城镇化的快慢主要是由农民工收入水平决定的，就业基础是人口城镇化的关键因素。就当前的政策选择来看，首先，应扩大就业，不断强化新型城镇化的就业基础；其次，应从城镇与农村两方面消除人口城镇化的制度障碍，构建农民进城的顺畅渠道；最后，应进一步深化土地制度改革，让多数农民有机会分享土地增值收益，增加农民资产性收入，提高农民市民化的能力[5]。

杨迅周认为，分类推进、分类指导，积极探索各具特色的新型城镇化发展模式是新型城镇化的重要任务，其发展模式既包括不同地域模式，也包括不同领域发展模式。新型城镇化的不同地域发展模式有中心城市城区全域城市化模式、经济发达县（市）新型城镇化模式、都市区新型城镇化模式、传统农区新型城镇化模式等；不同领域发展模式有农业转移人口市民化发展模式、基本公共服务均等化发展模式、城市更新改造模式等。不同的发展模式具有不同的特征和发展重点。及时总结推广行之有效的发展模式，可以为全面深入推进新型城镇化提供示范[6]。

刘战国认为，构造中原城市群的战略重点是：第一，优先发展郑州市，构建"多中心"的大郑州都市区，使郑州成为国家级中心城市；第二，强化"多核心"的大郑州都市圈，构造郑州和洛阳双中心的结构模式；第三，放活外围区，建设安阳、三门峡、商丘、信阳、濮阳、周口六大副中心城市[7]。

杨玉珍认为，河南省应在"人地挂钩"政策方面有所创新，地随人走政策的实施要以户为单位推进劳动力的转移。

三、河南省新型城镇化的体制机制创新

王永苏认为，党的十八届三中全会决定中关于处理好政府和市场的关系的要求完全适用于城乡关系的处理，科学推进河南新型城镇化，必须从自身实际出发，尊重客观规律，按照决定的要求先行先试，着力深化体制机制改革，更加注重改革的系统性、整体性、协同性，建立健全有利于科学发展的体

制机制。深化改革完善体制机制重点在以下几个方面：第一，加快推进城乡体制机制一体化。正确理解和推进城乡一体化，不能把城乡一体化理解成城乡一样化，应当把城乡一体化的着力点首先放在城乡体制机制一体化上，通过深化改革尽快打破城乡二元体制，实现城乡之间生产要素自由流动，促进产业集聚、人口集中、土地集约，争取较高的规模效益和聚集效益。第二，建立全省统筹的规划建设协调机制。树立全省规划一盘棋的理念，以全球、全国视野审视河南，内外结合，省市协同，对全省特别是中原城市群的产业体系、城镇体系、创新体系进行高水平的统筹研究和中长期规划。第三，建立科学合理的产业集聚机制。要充分认识分散发展非农产业的局限性，充分认识专业化分工协作的必要性，集中精力发展特色优势产业集群和基地，建立健全生产要素大范围集中集聚机制。第四，建立健全以人为本的要素流动机制。深化户籍制度改革，允许河南户籍人口在省内自由流动、自主择业、自主选择居住地；积极创造条件吸纳农村转移人口在城镇就业居住，把进城落户农民完全纳入城镇住房和社会保障体系中；着力于建立健全大城市中心城区科学的人口进出机制；建立健全城乡一体化的资金融通机制，深化农村产权制度改革。第五，建立健全动态的耕地占补平衡机制。积极推进耕地占补平衡，在允许占优补劣的同时，强调通过中低产田改造提升地力，在合理满足城市建设用地的基础上保障地力的整体提升；积极争取耕地面积、粮食产能地方行政首长负责制试点，使市场在土地资源配置中发挥更大作用，更好发挥政府作用；完善土地管理的体制机制，稳妥推进农村土地产权制度改革，深化土地征用制度改革，实行集约节约用地制度，探索建立农村宅基地和耕地承包权腾退补偿基金。第六，健全城镇投融资体制机制。鼓励社会资本参与城镇基础设施和公用设施投资运营，建立财政转移支付同农业转移人口市民化挂钩机制，农业、扶贫以外的投资要适当向城镇倾斜，进一步完善财政转移支付制度，推动城镇基本公共服务均等化和全覆盖[8]。

张占仓认为，城镇化的过程，就是城乡系统协调演化的过程，必须把城乡之间的各种资源配置放在一个系统之中权衡与协同，重视均衡发展、协调发展、公平发展、和谐发展，避免让资本绑架发展，避免进入"中等收入陷阱"，避免全社会贫富不均矛盾的集中集聚积累，这是全世界城镇化的规律。我国的新型城镇化，要更加注重结合国情，更加注重人口众多的特殊需要，更加注重城乡一体化的政策定力保持不变。这是按照科学规律办事的基本体现，也是走出城乡发展矛盾特别集中误区的必然选择。党的十八届三中全会已经明确，要建立城乡统一的建设用地市场。国家新型城镇化规划进一步指出，在符合规划和用途管制前提下，允许农村集体经营性建设用地出让、租赁、入股，实行与国有土地同等入市、同权同价。这个要求大大提高了农村建设用地的资源价值，是城乡土地资源配置政策的重大调整。中央的政策非常清楚，就是要探索建立城乡统一的建设用地市场，让城镇建设用地有合理、科学、可行的来源，让被征地的农民得到更多的补偿，让城乡土地资源市场配置更加符合整体利益的需要，而不是目前对地方政府相对比较有利，而对被征地农民非常不利的局面。我们必须深刻理解党的十八届三中全会和国家新型城镇化规划中对城乡统一建设用地市场的政策界定，必须用城乡一体化的思想推动建设用地资源配置方法改革创新，把本来最为宝贵的建设用地资源科学、合理、合规、合法、合情地进行调配，必须给提供最为宝贵的建设用地资源的农民充分补偿，让新型城镇化的阳光普照大地，普照城乡居民，特别是要普照到为新型城镇化做出历史性贡献的广大农民，形成城乡居民共同推动新型城镇化健康发展、可持续发展和智慧发展的内在机制。

郭军认为，从体制机制理论看，推进新

型城镇化科学发展的着力点应在制度体制和国家治理能力两个维度上，在发展的轨道和发展的动力上。要全面正确履行政府职能，把城镇化发展纳入宏观调控体系，探寻完善城镇化健康发展的体制机制，达成城镇化发展和经济社会发展的互动性和正效性，重视决策权限划分和各主体利益保障，特别是农民利益的保障[9]。城镇化是一个自然而然的过程，河南应当走农业人口向大中城市转移与向县城和小城镇集聚相结合多层次的城镇化发展道路[10]，政府应依据各主体的动力需求来制定、调整、完善、创新现行制度、体制机制和政策，推进新型城镇化的健康发展[11]。

王晨光认为，河南新型城镇化科学发展的文化机制构建应从四个方面着手：一是文化符号，就是在新型城镇化过程中应该留有历史的记忆，是人们对过去生活样式的一种纪念。二是文化归属感，就是在新型城镇化中，通过传统文化与现代文化的融合，以文化创新架构人文价值关怀，给人以认同感和归属感。三是文化传承，对于传统文化，要取其精华、去其糟粕，既要心存敬畏，百般珍惜，又不能因循守旧、故步自封，做到古为今用、推陈出新。四是人文关怀，就是建设以人为本的美丽家园，实现从经济城市到人文城市的跨越[12]。

四、政策建议

1. 高度重视新型城镇化政策的公平性

中国特色新型城镇化是国家现代化的必由之路，推进新型城镇化是解决农业、农村、农民问题的重要途径，是推动区域协调发展的有力支撑，是扩大内需和促进产业升级发展的重要抓手，对全面建成小康社会、加快推进社会主义现代化具有重大现实意义和深远历史意义。新型城镇化也是一个自然历史过程，是我国发展必然要跨越的经济社会发展过程。推进中国特色的新型城镇化必须从我国社会主义初级阶段基本国情出发，遵循规律，因势利导，使城镇化成为一个顺势而

为、水到渠成的发展过程。在整个过程之中，破解"三农"问题是核心所在，而"三农"问题的核心是农民问题，然而农民问题现在最为急迫的仍然是提高收入问题，只有越来越多的农民收入不断提高，他们进入各类城镇的积极性、主动性、自觉性才能够迸发出来，形成顺应新型城镇化潮流的需要。现在，很多农民愿意进城，但进城成本过高，门槛过高，所以无法进城，或者无法落户，或者无法在城镇安居乐业，无法享受公平的公共政策。因此，破除各种进城政策的限制，全面落实党的十八届三中全会提出的"以促进社会公平正义、增进人民福祉为出发点和落脚点"显得特别重要，为中低收入者提供能够在城镇逐步安居乐业的实际条件，是我们所有新型城镇化政策的基本走向，也是我们中国特色社会主义制度的基本体现。

2. 坚持全面提高城镇化质量的正确方向

与国民经济发展速度适当调低相适应，新型城镇化要高度重视质量提升，把健康有序发展放在突出位置，通过具体有效的措施全面提升城镇发展质量。首先，要加快改革完善户籍管理制度，积极推动农业转移人口市民化。根据全国的基本格局，河南省户籍人口城镇化率每年都要适度超过常住人口城镇化率，促进户籍人口城镇化率与常住人口城镇化率差距逐步缩小，真正让越来越多的进城农民享受改革发展的成果。其次，要立足于本土优秀传统文化的挖掘、传承与创新，把以人为本、尊重自然、传承历史、绿色低碳、智慧发展理念融入城市规划全过程，提升城镇规划建设水平，发现和创新更多体现当地自然地理环境与人文特色的规划思想，确实把城镇规划建设成当地居民可亲可爱的家园，打造适宜的人居环境，建设富有特色的人文城市，让当地居民有为之骄傲的亮点。最后，抓住全国性经济升级发展的战略机遇，全面调整城镇产业发展布局，完善"一个载体"、构建"四个体系"，推进产业集聚、人口集中、土地集约，促进大中小城市和小城镇协调发展，提升城镇经济发展质量。

3. 牢固树立新型城镇化以人为本的核心理念

以人的城镇化为核心，通过政策调整，合理引导人口流动，有序推进农业转移人口市民化，稳步推进城镇基本公共服务常住人口全覆盖，保障随迁子女平等享有受教育的权利，加强基础教育和职业教育，不断提高人口科学文化素质，促进人的全面发展和社会公平正义，使全体居民共享现代化建设成果。在新型城镇化推进过程中，坚持以人为本，优先让进城农民享受到国家发展给每一位公民带来的人格尊严，特别是让进城农民在自己的孩子面前有做父母的尊严。以人为本还要体现在对城镇现有居民生活和工作环境的持续改善上，特别是对城镇公共交通、公共服务、看病、就业、上学、大气污染等具体事务，必须不断有所改善，不能一方面我们在高速推进城镇化，但现有城镇居民享受不到经济发展带来的实惠，反而天天感觉原有城镇越来越拥挤了、越来越污染了、越来越不方便了。同时，要加强公共基础设施建设，确保流动人口工作和生活便利，创造越来越好的营商环境和要素流动条件，培养全社会包容发展的人文情怀，让城镇多一些温暖与人情，少一些冷漠与鄙视，确实成为现代文明的集聚体。

4. 建立健全城乡发展一体化体制机制

城乡二元结构是制约城乡发展一体化的主要障碍，也是影响新型城镇化进程的主要障碍。必须通过全面深化改革建立健全新型城镇化体制机制，形成以工促农、以城带乡、工农互惠、城乡一体的新型工农城乡关系，让广大农民平等参与现代化进程，共同分享现代化成果。在改革创新方面，按照《国家新型城镇化规划》提出的"在符合规划和用途管制前提下，允许农村集体经营性建设用地出让、租赁、入股，实行与国有土地同等入市、同权同价"的要求，探索建立城乡统一的建设用地市场，使农民更大程度通过土地增值获得改革发展效益的空间，扭转目前在城镇发展建设用地中农民土地只能够单方

面被征用的不合理局面。按照省委、省政府要求，要把握好"两个方面、一个抓手"：一方面，各地要依据《河南省科学推进新型城镇化三年行动计划》，大胆探索，积极作为，推进新型城镇化健康发展。另一方面，要分类指导、循序渐进推进新农村建设，坚持以人为本、产业为基，城乡统筹、"五规合一"，因地制宜、分步实施，群众自愿、因势利导，以产业规模、生产方式、生产性质来决定村庄的位置、规模和形态。一个抓手就是推进城乡一体化示范区和全域城乡一体化试点建设，积累更多基层群众创造的鲜活经验与科学可行的做法，为实现城乡一体化发展奠定更加科学的政策与制度基础。

5. 积极推动城镇绿色发展

面对日益严重的环境污染，积极推动城镇绿色发展是我们面向未来科学理性的战略选择。绿色发展的本质是要形成城镇绿色发展模式，逐步改善工业化以来长期沿用的黑色发展模式，通过引进、研发、创新更多的绿色科学技术，务实地提高产业发展技术水平，降低经济增长中各种能源、资源、原材料等消耗，实现以人为本、人与自然全面协调的可持续发展。绿色发展的根本任务是营造城镇绿色生态环境，切实加强大中小城镇自然生态系统保护，扩大森林、湖泊、湿地、绿地面积，保护生物多样性，大幅度增强生态产品生产能力，严格控制和治理各种工业污染和生活污染，扎扎实实改善我们赖以生存的城乡生态环境，建设美丽河南。

参考文献

[1] 张占仓，王学峰. 从皮克迪新论看我国新型城镇化的政策走向 [J]. 河南科学，2014，32（6）：930-938.

[2] 张占仓. 中国新型城镇化的理论困惑与创新方向 [J]. 管理学刊，2014，27（1）：27-33.

[3] 王发曾. 从规划到实施的新型城镇化 [J]. 河南科学，2014，32（6）：919-924.

[4] 李政新，刘战国. 试论开封市向中原经济区副中心城市迈进的战略取向 [J]. 河南科学，2014，32（6）：958-963.

［5］宋伟．从就业基础看河南省新型城镇化的政策选择［J］．河南科学，2014，32（6）：970-974．

［6］杨迅周，杨流舸．中原经济区中心城市城区新型城镇化水平综合评价［J］．河南科学，2014，32（6）：964-969．

［7］刘战国．构建郑州国家级中心城市问题探讨［J］．河南科学，2014，32（6）：975-979．

［8］王永苏．科学推进新型城镇化必须着力深化体制机制改革［J］．河南科学，2014，32（6）：911-918．

［9］郭军．科学推进新型城镇化［J］．河南科学，2014，32（6）：949-952．

［10］赵书茂，马秋香．促进河南省农业人口转移市民化的思考［J］．河南科学，2014，32（6）：953-957．

［11］耿明斋，曹青．河南省城市结构及城市形态的演进与预判［J］．河南科学，2014，32（6）：939-948．

［12］刘道兴．从"经济城市"到"人文城市"［J］．河南科学，2014，32（6）：925-929．

郑州航空港经济综合实验区
建设及其带动全局的作用[*]

——河南发展高层论坛第 60 次会议综述

摘 要　自 2013 年国务院批准郑州航空港经济综合实验区规划以来，其建设进展顺利，特别是国际航空枢纽的建设与国际航空运输市场的开拓，开辟了中国中西部地区开放型经济持续快速发展的新模式，促进了河南省经济升级发展，带动了全省发展理念的转变和政府管理效率的提升，已经并将继续成为中原经济区发展的核心增长极。郑州航空港经济综合实验区的进一步建设，对河南省发展全局的带动作用显著，对中国临空经济发展将积累更多经验。

关键词　临空经济；郑州航空港；中原经济区；经济升级发展；国际航空枢纽

为加快郑州航空港经济综合实验区建设，更好发挥其带动全局作用，由河南省社科联和省经济学学会主办、河南财政税务高等专科学校和河南财经政法大学河南经济研究中心承办的河南发展高层论坛第 60 次研讨会，于 2014 年 4 月 11 日在河南财政税务高等专科学校举行，全省共 50 余名理论和实践工作者参加会议。河南省社科联孟繁华[①]副主席主持会议，河南财政税务高等专科学校党委王雪云书记致欢迎词，郑州航空港经济综合实验区管委会经济发展局综合处武政伟处长和河南省航空港经济综合实验区领导小组办公室综合处郭慧敏副处长分别就港区一年来的工作推进情况和 2014 年的主要工作任务、港区建设存在的主要矛盾和问题等进行了说明，河南省科学院副院长张占仓研究员作主讲发言，河南省政府发展研究中心李政新研究员、河南大学中原发展研究

院院长耿明斋教授、河南财经政法大学河南经济研究中心主任郭军教授、郑州大学商学院经济系主任王海杰教授、河南财专工商管理系主任陈爱国教授、省科学院地理研究所杨迅周研究员、《河南日报》理论部孙德中主任等作了大会重点发言，其他学者作会议发言。为开好这次会议，使理论研究与实践探索相结合，河南省社科联在会前组织部分专家学者对郑州航空港经济综合实验区再次进行了实地考察和调研[1]，港区管委会党工委书记胡荃、主任张延明等同专家们作了系统沟通与研讨。现将专家们提出的主要观点综述于下。

一、关于对临空经济及其重要性的认识

张占仓认为，临空经济是速度经济，需要在速度上做大文章；临空经济是高效益经

---

* 本文发表于《河南工业大学学报》（社会科学版）2014 年 9 月第 10 卷第 3 期第 65—69 页。作者为张占仓、孟繁华、杨迅周、李同新、陈群胜、李明。张占仓、杨迅周、陈群胜的工作单位为河南省科学院，孟繁华、李同新、李明的工作单位为河南省社科联。

① 本文中相关人员的职务为时任，余同。

济，2011年航空运输完成全球货运量的1%，而其价值占全球的36%，1：36就是临空经济最突出的特征[2]；临空经济是全球经济一体化的美妙音乐，每一个国际航空枢纽都是各具特色的一个音符，相互之间必须密切配合，协同发展；临空经济是购物天堂，国际航空枢纽与自由贸易区关系密切，一旦批准建设自由贸易区，当地老百姓就能够享受非常便利的自由贸易购物；临空经济是爱琴海之旅，国际航空枢纽建设为当地居民国际旅游提供了巨大的便利，能够促进更多居民实现国际旅游的梦想；临空经济是中西文化的交流融合，有利于在交流中相互借鉴，形成更加开放的思维方式和文化环境。发展临空经济是国家经济升级发展的战略需要，郑州航空港经济综合实验区建设以来的实践证明，发展临空经济大有可为，其建设和发展对河南全局的带动作用显著，已经并将继续发挥中原经济区核心增长极的作用[3]，改善河南的投资环境，优化国际营商环境，促进全省开放型经济加快发展，提高政府管理效率，加快河南经济升级发展步伐。港区建设与发展的战略优势表现在：地处中国地理中心的特殊区位优势突出，国际航空客货集散成本较低；郑州新郑国际机场地面与空域条件优越，特别适宜建设大型国际航空枢纽；中原经济区产业发展与支撑作用显著，有利于推动国际航空枢纽的持续快速发展；中国经济正在转型升级，而临空经济是一种高端经济形态，其发展将为经济升级发展提供新的强大动力[4]。

王海杰认为，临空经济具有临空偏好、时间偏好和全球价值链偏好三大特征，从而要求区域经济实现高科技性、高效益性和高开放性，围绕这些特性，倒逼河南经济升级适应。

李政新、郭军、杨迅周等均认为，应进一步提高对临空经济重要性的认识，理论界应与实际工作者紧密合作深化该方面的研究，创新发展思路，促进港区建设取得更大成效，占领临空经济发展的制高点。

二、港区建设对河南发展全局的带动作用

与会专家按照河南省委书记郭庚茂提出的围绕郑州航空港区用大枢纽带动大物流，用大物流带动产业集群，用产业集群带动城市群，用城市群带动中原崛起河南振兴的战略思路[5]，就港区如何发挥带动全局作用的相关问题进行了热烈讨论。

张占仓提出，郑州航空港区近几年的持续高速发展，特别是在投资、进出口、客货运输量超高速增长支撑下，高端制造业快速扩张，GDP增长势头强劲，已经成为中原经济区发展的核心增长极，带动了全省发展理念的转变，政府管理效率的提升，促进了传统内陆地区经济发展方式的转变。具体表现在六个方面：第一，全面深化改革的带动作用，包括经济体制改革、社会管理体制改革、生态文明体制改革、文化体制改革、行政体制改革和党的建设制度改革等；第二，"四化"同步发展的带动作用，特别是信息化和信息产业发展带动作用显著；第三，"一个载体，三个体系"建设的带动作用突出，集中力量建设临空产业集群，打造国内外知名的临空产业聚集区[6]；第四，打造"四个河南"的带动作用；第五，经济升级发展的带动作用，大力发展以智能手机为龙头的电子信息、精密机械制造、航空航材、飞机制造、生物医药、时装生产等高端制造业，加快发展航空物流、航空金融、电子商务、大数据存储与处理、科技研发、工业设计、教育培训、商务会展等新兴服务业，引领全省工业做强，服务业做大；第六，国际航空枢纽资源充分利用和全省机场资源整合的带动作用。

李政新认为，要树立全省一盘棋的思想，明确功能分工，港区应突出核心功能，把有些功能分散到其他地区，特别是开封、许昌、洛阳等毗邻地区，充分发挥多主体的作用。

耿明斋认为，打造高端的公共基础设施和公共服务平台让全省共享，促进河南经济结构向高端转型是港区建设的主要功能。为

此，近期主要举措有：抓紧启动郑汴都市区的规划建设，加快郑汴都市区特别是开封到机场的快速通道建设，让开封机场民用化，制定按照垂直分工的全省产业布局规划，加快公共服务体系高端化发展[7]。

郭军认为，郑州航空港区对全省的影响，既有带动性，也有互动性，特别是对河南省的各类物流产业园区、物流企业，包括正在建设中的 176 个商务中心区、特色商业区建设，都会产生一种正能量的影响。各地政府应把谋划本地区发展与省委、省政府的战略指向结合起来，以郑州航空港经济综合实验区以及航空物流产业发展带动本地区的发展，以本地区的发展支持、助推郑州航空港经济综合实验区以及航空物流产业发展。主要措施有：以航空物流产业为导向，全面整合、重组、提升河南省物流产业；以航空物流、跨境电子商务产业为导向，提升市县（区）商业、商务服务产业内容层级；以航空物流产业为导向，促进路桥工程企业转型升级，开辟路域经济新的增长极。

杨迅周从港区与大区域空间组织角度分析了其带动作用，就其与郑州都市区主城区的关系，科学路径应是：单一功能区—综合新区—卫星城—独立增长核—增长带动极核。从功能与规模上看，综合性越来越强，规模越来越大。从与郑州主城区关系看，前期主要依靠主城区，中期独立性增强，后期在全市乃至中原经济区将发挥龙头带动作用。从与郑、汴、许及郑、许、洛等增长三角的空间组织看，郑州与洛阳、开封、新乡、许昌、焦作等毗邻城市合作，可以形成多个增长三角，其中对港区发展比较重要的是郑、汴、许及郑、许、洛。对这些增长三角的形成和发展，要多方面促进和强化相互间的联系，特别是交通联系和产业分工协作，主要通过城市群和产业集群的"两群融合"模式，实现在竞争合作基础上的规模效应和一体化发展。中原经济区的空间组织，应以"圈层+米字形"辐射的网络型格局辐射带动中原经济区发展。与丝绸之路经济带的空间组织，是

典型的点—线—面空间结构，港区作为国际航空物流中心和我国内陆地区对外开放的重要门户，应成为"丝绸之路经济带"上参与国际经济循环的重要支撑点、经济增长极和交通物流凝聚核[8]。

陈爱国认为，应加快建立以郑州新郑国际机场为核心，以洛阳、南阳、信阳明港、商丘、安阳、濮阳等为辅助的干支配套、布局合理、功能完善的网络化运输机场体系，发挥网络化作用，各有分工，互相配合，增加合力[9]。

张合林认为，要以实验区建设为抓手，着力打造丝绸之路经济带上内陆全方位开放新高地；以自由贸易区建设为突破口，加快形成全省全方位对外开放的新格局；与郑州市主城区一道构建多中心现代综合立体交通运输枢纽，实现客运零换乘和货运无缝隙对接；以轨道交通网络建设为新契机，进一步密切港区和全省的联系[10]。

孙德中认为，政府应出台一系列有效的政策，吸引更多更高能级的主体入驻港区，从而更好发挥港区带动作用。周柯认为，应采用飞地经济模式，鼓励河南各地政府共同支持港区发展。陈芳认为，将明港建成信阳市空地一体的交通物流吞吐港是明港镇积极融入郑州航空港经济综合实验区建设的重要举措。

三、港区建设存在的问题与解决途径

张占仓认为，港区建设面临的难题有：缺乏国家特殊政策支持，需要借鉴发达国家临空经济发展经验，尽快研究支持临空经济国家实验区建设与发展的政策架构方案，报国务院审批；行政区划调整问题，需要达成共识，在兼顾各方实际利益基础上，按照行政区划管理权限，申请把已经明确划归实验区的区域进行行政区划调整；建设用地指标保障问题，需要郑州市、河南省和国家国土资源部门在充分沟通的基础上，拿出切合实际的能够保障港区高速建设需要的具体方案，

探索城乡土地资源调节使用路径，优先在实验区盘活农村建设用地资源，形成城乡统一的建设用地市场；实验区与全省其他地市发展的内在关系科学衔接问题，需要通过创新体制机制、密切经济联系予以解决。

武政伟认为，港区建设存在的主要矛盾为：产业快速发展与城市功能提升较慢之间的矛盾，规模快速扩张与区内人员结构不相匹配之间的矛盾，经济社会快速转型与社会稳定需要之间的矛盾，大建设与财政实力不强之间的矛盾，城区快速扩张与环境整治之间的矛盾，区域全覆盖和功能全覆盖与目前体制机制之间的矛盾[11]。

李政新认为，实验区的产业形态应是智能化、高技术、高加工度的，今后需要下很大的功夫提升产业结构，也要在产业主体的塑造和引领方面下功夫；实验区的社会形态是高层次、高效率，与产业结构相适应，社会结构再造同样不能忽视。

杨迅周建议，实验区要顺应我国新型城镇化和地方政府机构改革的大趋势，借鉴其他城市大部制改革、减少行政层次或街区整合等改革的经验，特别是在实验区内部的空间组织中如何实现经济功能区和行政功能区的职能分解与协同配合进行积极探索[12]。

陈爱国认为，港区要注重与上海自由贸易区的联动协调发展，把郑州航空港区打造成中部自由贸易区[13]；港区的建设要有人才的支撑，要建设人才高地[14]，特别是航空港建设与自由贸易区建设急需培养大批创新活力充沛的青年人才[15]。

陈群胜认为，港区建设要重视文化软实力，以文化为先导；建设绿色智慧大都市，积极推动高端制造业和物流产业发展[16]；注重循环经济的规划和布局，加快绿色发展步伐[17]。

四、对策与建议

1. 组织专业队伍对国家支持临空经济发展政策进行专题研究

由于临空经济在中国发展时间非常有限，而其本身发展的特殊性非常明显，如何在国务院批准郑州建设415平方千米实验区的基础上，拿出更加符合临空经济自身发展规律的政策架构支持其健康发展、科学发展，确实需要组织专门队伍进行系统、全面的研究，提出具体政策建议，经过河南省委、省政府决策之后，报国务院审批，为郑州航空港区加快建设与发展提供独特的政策法规支撑，也为我们国家进一步发展临空经济奠定政策法规基础。

2. 在兼顾相关方面利益基础上调整行政区划

现在的实验区涉及若干市、县、乡，按照国家属地化管理的原则，确实在相关方面的实际工作中，已经成为制约提高行政管理效率的障碍。而临空经济又是速度经济，对行政管理效率要求特别高。无论是近期的实际工作需要，还是长远的管理与执法需要，均需要对国务院已经批准的区域进行行政区划调整，统一划归港区管委会管理。因此，建议由省民政部门牵头，与国家民政部沟通，研究提出实验区行政区划调整方案，经省政府同意后报国务院审批，对港区行政区划进行必要的调整，为港区建设与发展创造宽松、和谐、稳定的行政管理环境。

3. 协调解决实验区建设用地资源保障问题

虽然国务院批准实验区建设规模415平方千米，但是真正在实际运作中，除郑州新郑国际机场二期工程及周边部分基础设施项目建设用地已经获准使用以外，如何按照河南省政府已经批准的概念性总体规划的功能分区和时间进度，规范高效地为实验区提供建设用地保障，事关实验区全面建设与发展的大局。建议由河南省国土资源部门牵头，系统调查研究实验区建设的用地实际需求，在兼顾全省建设用地大局的情况下，与国土资源部充分沟通与协商，特事特办，拿出实验区建设用地的一揽子安排意见，一次性完成制度基础层面的协调工作，为实验区高效率建设、高效率管理、高效率运行创造条件。

4. 探索实验区建设资金市场化筹措方法

面对把郑州建设成为中国领先的航空大都市的战略目标，从2014年开始的基础设施建设确实要做到高起点、高标准、高配置，而在较短的时间内要完成这样的艰巨任务，需要大量的基础设施建设资金投入。如果全部依靠财政资金投入，势必给河南省财政与郑州市财政造成巨大压力。但是不筹集足够的资金，又难以高水准完成基础设施建设任务。因此，建议由河南省财政部门牵头，协商国家财政部，借鉴上海浦东新区、天津滨海新区、重庆两江新区等管理经验，充分借助金融市场的力量，研究通过市场化途径筹集建设资金方案，开辟大型航空都市这种对时间要求特别紧迫地区的基础设施建设资金市场化来源的渠道，也通过大型航空都市建设所产生的高效益给市场投资者以较高的回报，再创为临空经济服务的"郑州速度"。

5. 通过体制机制创新破解实验区建设发展与其他市县内在的科学联系问题

现在，实验区建设是河南省委、省政府高度重视的重大战略任务，但是实际工作中已经显现出其建设与发展除与开封、许昌等周边地区联系相对紧密以外，与其他市县关联度不高，影响方方面面力量参与实验区建设与发展的积极性。建议由河南省发改委牵头，调查研究其他市县的内在需求，通过体制机制创新，充分利用综合保税区、国际航空枢纽、海关监管区、各地机场资源等，把实验区建设转换成全省多数市县的开放型经济和临空经济发展的公共或者共享平台，更好发挥其带动全省发展大局的作用。目前，伴随郑州新郑国际机场客货运输量的高速增长，机场容量已经比较紧张，现在客运能力已经超负荷运转。与此同时，洛阳机场、南阳机场等客货运输能力远远没有发挥应有的作用。怎样整合全省机场资源，让已有机场资源更加充分发挥作用？比如，在兼顾相关利益的情况下，三星手机在西安制造，能否考虑其从洛阳机场出境？微软公司在珠海的批量货运可否通过南阳机场出境？上街机场和开封机场可否开通一定数量的客运？等等。可以整合资源的空间是有的，带动作用也是显而易见的。

6. 尽快在实验区启动建设河南省超级计算基地

面对大数据时代到来的滚滚浪潮，紧密结合实验区智能手机、电子信息、航空航材、精密机械、航空金融、综合保税、国际结算、航空物流、智能骨干网建设等发展的实际需要，作为信息化条件下的大型公共基础设施之一，借鉴山东省的做法，建议由省科学院等牵头，以国家工业云创新服务试点平台为基础，研究提出河南省超级计算基地建设方案。经河南省委、省政府批准后付诸实施，尽快建设超级计算基地，为全省中小企业和实验区中高端企业提供大数据存储和超级计算服务，也借此提高全省信息化装备和应用水平，积极开发大数据"金矿"，适应大数据时代信息化发展的新需要。

参考文献

[1] 张占仓，孟繁华，杨迅周，等. 郑州航空港经济综合实验区建设与发展研究综述 [J]. 河南科学，2013，31（7）：1080-1084.

[2] 曹允春. 临空经济发展的关键要素、模式及演进机制分析 [J]. 城市观察，2013（2）：5-16.

[3] 张占仓，蔡建霞. 郑州航空港经济综合实验区建设与发展研究 [J]. 郑州大学学报（哲学社会科学版），2013（4）：61-64.

[4] 张占仓，金淼森. 河南省"三化"协调与中原经济区建设研究进展及问题 [J]. 河南工业大学学报（社会科学版），2012（4）：33-37.

[5] 平萍，朱殿勇，张建新. 郭庚茂、谢伏瞻等省领导调研航空港实验区建设 [N]. 河南日报，2014-2-26（1）.

[6] 张占仓，陈群胜，沈辉等. 河南省安濮鹤产业集聚区发展研究 [J]. 河南科学，2013，31（3）：377-383.

[7] 罗自琛，耿明斋. 基于区域经济一体化的中部地区现代物流发展策略研究 [J]. 物流技术，2014（1）：67-69.

[8] 杨迅周. 城区产业空间载体分类发展研究

[J]. 郑州航空工业管理学院学报, 2013（3）: 17-21.

　[9] 陈爱国. 把郑州航空港区建成中国中部自由贸易区 [N]. 河南日报, 2013-12-25（11）.

　[10] 张合林, 贾晶晶. 我国城乡统一建设用地市场构建及配套政策研究 [J]. 地域研究与开发, 2013（5）: 119-122.

　[11] 张大卫. 郑州航空港经济综合实验区——经济全球化时代推动发展方式转变的探索与实践 [J]. 区域经济评论, 2013（3）: 5-15.

　[12] 张占仓. 中国新型城镇化的理论困惑与创新方向 [J]. 管理学刊, 2014（1）: 27-33.

　[13] 陈爱国. 郑州航空港向自由贸易港区发展之瞻 [J]. 河南商业高等专科学校学报, 2013（6）: 51-54.

　[14] 刘彩霞. 郑州航空港建设与我省高校国际商务应用型人才培养 [J]. 河南商业高等专科学校学报, 2013（6）: 107-109.

　[15] 张占仓. 论创新驱动发展战略与青年人才的特殊作用 [J]. 河南科学, 2014, 31（1）: 88-93.

　[16] 孙宏岭, 张小蒙. 郑州航空港经济综合实验区促进中原经济区物流业发展研究 [J]. 河南工业大学学报（社会科学版）, 2013（4）: 90-94.

　[17] 张占仓. 建设郑州国际航空港的历史趋势与战略方向 [J]. 区域经济评论, 2013（3）: 142-144.

中国新型城镇化研究进展与改革方向[*]

摘要　在系统梳理新型城镇化概念的基础上，提出了新型城镇化六个方面的科学内涵。通过研究文献量分析、学术趋势分析、用户关注度分析，得出中国对城镇化研究积累深厚，对新型城镇化研究积累还非常有限，2013年刚刚进入学术研究爆发期，学术关注度和用户关注度都空前提高，对新型城镇化关键问题的认识相对一致的结论。关于新型城镇化的改革问题，研究提出户籍制度改革的关键是让能够并且愿意在中小城市和小城镇落户的农业转移人口落户，土地制度改革的突破点是盘活农村建设用地资源，住房制度改革的核心是让进城居民能够有希望买得起住房，城镇体系改革与创新的趋势是限制特大型城市和大型中心城市发展，推动全社会资源向中小城市和小城镇倾斜，城镇体系要均衡化发展。研究认为，中国新型城镇化的科学内涵丰富，中国新型城镇化研究已经进入学术爆发期，中国新型城镇化改革与创新的方向是向质量提升转变，中国城镇体系建设均衡化势在必行。

关键词　城镇化；新型城镇化；城乡一体化；城镇体系；智慧城市

2013年12月12~13日，中央城镇化工作会议在北京举行。这是中央第一次专门召开城镇化工作会议，标志着城镇化问题已经上升到国家战略高度，需要中央进行顶层设计。面对全世界规模最大的中国城镇化浪潮，如何认真吸取国内外城镇化过程中的教训，创造性地开创中国特色新型城镇化道路，很多学者已经进行了大量研究，国家新型城镇化规划已经出台，各省市区进行了非常务实的实践与探索。但是，城镇化过程中面临的理论与实践问题仍然非常多（张占仓，2014），需要进行系统的梳理与不断的总结、提升和归纳，以利于为实际工作持续推进提供科学、可靠、可行、智慧的依据。

一、关于新型城镇化的概念

1. 概念表述

胡际权（2005）认为，所谓新型城镇化，

是体现以人为本、全面协调可持续发展的科学理念，以发展集约型经济与构建和谐社会为目标，以市场机制为主导，大中小城市规模适度、布局合理、结构协调、网络体系完善，与新型工业化、信息化和农业现代化互动，产业支撑力强，就业机会充分，生态环境优美，城乡一体的城镇化发展道路。

2006年8月，浙江提出要创新发展机制，走资源节约、环境友好、经济高效、社会和谐、大中小城市和小城镇协调发展、城乡互促共进的新型城市化道路（安徽省赴浙江城镇化调研组，2009）。2006年11月，广西提出走新型城镇化道路的构想："围绕统筹城乡经济社会发展，坚持高起点规划、高质量建设、高效能管理，走布局科学、结构合理、功能完善、资源节约、集约发展、以人为本理念得到充分体现的多样化有特色的城镇化道路。"2007年，江西提出按照产业集聚、功

---

* 本文发表于《中国城市研究》2015年第1期第18~34页，为城镇化与城市病研究专题文章。作者为张占仓、蔡建霞、陈环宇，作者工作单位为河南省科学院。

能完善、节约土地、集约发展，合理布局、各具特色的原则，积极稳妥地推进城镇化进程。2007年10月，河南提出新型城镇化道路为：科学发展、建管并重、城乡一体、集约节约、统筹协调（张占仓，2010）。

冉启秀等（2008）提出新型城镇化是指社会生产力在市场化、信息化的基础上，在经济制度、经济结构、人口素质、人口居住等方面，由传统农村文明转变成为现代城镇文明的自然历史过程，也是城市生活方式不断向农村扩散和传播的社会过程。吴江等（2009）认为，新型城镇化主要是指以科学发展观为统领，以新型产业以及信息化为推动力，追求人口、经济、社会、资源、环境等协调发展的城乡一体化的城镇化发展道路。2009年10月，山东提出走资源节约、环境友好、经济高效、文化繁荣、社会和谐、以城市群为主体，大中小城市和小城镇科学布局，城乡互促共进、区域协调发展的新型城镇化道路（孙东辉、周鑫，2009）。

张占仓（2010）认为，新型城镇化是相对传统城镇化而言的，是指资源节约、环境友好、经济高效、文化繁荣、社会和谐、城乡互促共进、大中小城市和小城镇协调发展、个性鲜明的城镇化。杨晓东（2010）认为新型城镇化是以科学发展观为统领，坚持以人为本，以新型工业化为动力，以统筹兼顾为原则，以和谐社会为方向，以全面、协调、和谐、可持续发展为特征，推动人本城镇化、品牌城镇化、集约城镇化、城乡统筹城镇化、集群城镇化和绿色城镇化发展，全面提升城镇化质量和水平，走科学发展、集约高效、功能完善、环境友好、社会和谐、个性鲜明、城乡一体、大中小城市和小城镇协调发展的新型城镇化路子。

仇保兴（2012）认为，新型城镇化要从六个方面突破：从城市优先发展的城镇化转向城乡互补协调发展的城镇化，从高能耗的城镇化转向低能耗的城镇化，从数量增长型的城镇化转向质量提高型的城镇化，从高环境冲击型的城镇化转向低环境冲击型的城镇化，从放任式机动化的城镇化转向集约式机动化的城镇化，从少数人先富的城镇化转向社会和谐的城镇化。

2012年12月，中央经济工作会议指出，要围绕提高城镇化质量，因势利导、趋利避害，积极引导城镇化健康发展。要构建科学合理的城市格局，大、中、小城市和小城镇、城市群要科学布局，与区域经济发展和产业布局紧密衔接，与资源环境承载能力相适应。要把有序推进农业转移人口市民化作为重要任务抓实抓好。要把生态文明理念和原则全面融入城镇化全过程，走集约、智能、绿色、低碳的新型城镇化道路。

2013年3月8日，全国"两会"期间，习近平参加江苏代表团审议时指出，要积极稳妥推进城镇化，推动城镇化向质量提升转变，做到工业化和城镇化良性互动、城镇化和农业现代化相互协调。3月17日，李克强在记者会上表示，我们强调的新型城镇化，是以人为核心的城镇化。

张占斌（2013）把新型城镇化道路的内涵和特征归纳为四个方面：一是工业化、信息化、城镇化、农业现代化"四化"协调互动。二是人口、经济、资源和环境相协调。三是构建与区域经济发展和产业布局紧密衔接的城市格局，以城市群为主体形态，大、中、小城市与小城镇协调发展。四是实现人的全面发展。

2013年12月，中央城镇化工作会议要求，要以人为本，推进以人为核心的城镇化，提高城镇人口素质和居民生活质量，把促进有能力在城镇稳定就业和生活的常住人口有序实现市民化作为首要任务；要优化布局，根据资源环境承载能力构建科学合理的城镇化宏观布局，把城市群作为主体形态，促进大中小城市和小城镇合理分工、功能互补、协同发展；要坚持生态文明，着力推进绿色发展、循环发展、低碳发展，尽可能减少对自然的干扰和损害，节约集约利用土地、水、能源等资源；要传承文化，发展有历史记忆、地域特色、民族特点的美丽城镇。

2014 年 3 月，国家新型城镇化规划提出，"走以人为本、四化同步、优化布局、生态文明、文化传承的中国特色新型城镇化道路"，对新型城镇化的概念作出新的诠释。

2. 科学内涵

综上所述，新型城镇化科学内涵非常丰富，起码包含以下六个方面内容：以人为本，以人为核心；向质量提升转变，城乡一体、四化同步，建设智慧城镇；把城市群作为主体形态，促进大中小城市和小城镇协调发展，优化城镇布局；坚持生态文明，发展绿色城镇和低碳城镇；节约集约利用水、土等资源，建设紧凑型城镇；传承和创新地域文化，形成各具特色的城镇景观。之所以科学内涵这么丰富，这就是中国特色之处，因为中国只有通过自己独特的新型城镇化之路，才能够系统、和谐、智慧地解决自己城镇化过程中面临的独特问题。

二、关于城镇化与新型城镇化研究进展

中国城镇化研究由来已久，各类研究文献非常丰富。而新型城镇化研究非常热门，文献量却非常有限。对新型城镇化与城镇化研究进展情况，需要用数据进行系统分析。

1. 研究文献量分析

我们通过中国知网截面数据分析可以看出（见表 1），对新型城镇化研究不足仍然是主要问题。时至今日，研究城镇化的文献非常多，而研究新型城镇化的文献量仅仅是研究城镇化文献量的 2.6%，足见在学术领域对新型城镇化概念的接受程度是有限的。

表 1　中国城镇化与新型城镇化研究文献统计

项目	城镇化	新型城镇化	新型城镇化（%）
文献数（条）	47562	1227	2.6
情况论文数（条）	19653	1047	5.3
2014 年最新文献（条）	3668	191	5.2
2014 年最新论文（条）	464	179	38.6
文献最高被引（次）	221	61	27.6

续表

项目	城镇化	新型城镇化	新型城镇化（%）
期刊最高被引（次）	221	54	24.4
文献最高被下载（次）	10170	19958	196.2
期刊最高被下载（次）	10170	10170	100.0

资料来源：中国知网 2014 年 5 月 26 日 10：00 的截面数据，分别以"城镇化"和"新型城镇化"为关键词搜索的结果。

从论文最高被引情况分析，以城镇化为关键词被引最高的文献是洪银兴 2003 年发表的论文——《城市功能意义的城市化及其产业支持》，其被引 221 次，应该算是业界认可度非常高的论文。以"新型城镇化"为关键词被引最高的文献是胡际权 2005 年的博士学位论文——《中国新型城镇化发展研究》，被引 61 次，学术界认可度也比较高。两者比较，对城镇化的研究比新型城镇化要深厚许多。因此，下一步对新型城镇化推进的实际过程中，涉及重大问题确实要审慎对待，不能够盲目冒进，因为全中国对其研究和认识的深度、广度、厚度都是有限的。

在以"新型城镇化"为关键词的文献被下载统计表中出现了胡际权的博士学位论文被下载 19958 次的记录，其被下载一次需要付费 112 元，那么它已经为中国知网创造了 243.49 万元的收益，可见知识创新的价值，也可以让我们感受到新型城镇化引起全社会关注的程度。与此对应，在以城镇化为关键词的文献被下载最高的是张占斌 2013 年的论文——《新型城镇化的战略意义和改革难题》，发表一年多被下载 10170 次，说明社会对其需求比较强烈。在期刊论文中，以城镇化和新型城镇化为关键词搜索，被下载最高的论文都是张占斌的，原因首先是这篇论文内容丰富，创新点突出，其次这篇论文非常巧妙地既把城镇化作为关键词，也把新型城镇化作为关键词，而且涉及目前全社会最为关注的改革问题，贴近现实需求，引起了共鸣。

从城镇化研究发表文献的时间分布情况

看，在中国知网数据中，以城镇化为关键词的文献 1982 年有 2 篇，1999 年突破 100 篇（为 103 篇），2004 年突破 1000 篇，2013 年突破了 10000 篇，说明城镇化研究受关注的程度越来越高。其中，2010 年是一个发表文献的高峰，2013 年再创新高（见表 2）。说明在中国以城镇化为关键词进行的研究占有绝大部分份额，而以新型城镇化为关键词发表的文献，2005 年才开始出现，到 2013 年才增长到 864 篇。客观地看，中国对新型城镇化的研究积累非常有限，研究基础还远远没有打牢。当然，我们已经看到，很多文献涉及新型城镇化研究，但是并没有把新型城镇化作为关键词，也说明新型城镇化的研究地位有限。

表 2　中国 2005 年以来发表的城镇化与新型城镇化研究文献时间分布

年份	2005	2006	2007	2008	2009	2010	2011	2012	2013	2014
城镇化文献（篇）	1067	1529	1436	2333	5289	7822	4726	5008	10930	3668
新型城镇化文献（篇）	1	0	3	4	3	20	40	89	864	191

资料来源：中国知网 2014 年 5 月 26 日 10：00 的截面数据，分别以"城镇化"和"新型城镇化"为关键词搜索的结果。

2. 学术趋势分析

我们使用中国知网学术趋势搜索"新型城镇化"，得到学术关注度变化曲线（见图1）。从中可以看出，在 2009 年之前，新型城镇化学术关注度非常低，当年只有 20 篇研究文献，之后关注度迅速上升，2010 年研究文献 98 篇，2011 年上升为 189 篇，2012 年 436 篇，2013 年升至 3343 篇，与中央高度重视新型城镇化并在 2013 年召开中央城镇化工作会议直接相关，说明该方面的研究刚刚进入学术研究爆发期。

与此相关，我们搜索中国全部年份新型城镇化的相关热门被引文章（见表3），排在前 10 位的学术论文最高被引 26~70 次，相对比较集中，说明学术领域对新型城镇化的认识一致性比较好。这些论文中，发表最早的是 2009 年国家住房和城乡建设部原副部长仇保兴。被引用最多的论文是彭红碧与杨峰合著

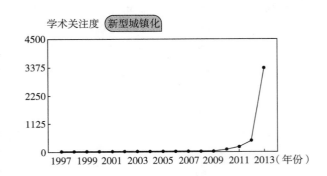

图 1　中国新型城镇化研究学术关注度

的《新型城镇化道路的科学内涵》，文中提出新型城镇化道路的科学内涵是：以科学发展观为引领，发展集约化和生态化模式，增强多元的城镇功能，构建合理的城镇体系，最终实现城乡一体化发展。这个提法与中央城镇化工作会议的表述比较吻合，成为被引最高的学术论文确实有它的独到之处。

表 3　中国全部年份新型城镇化的相关热门被引文章

序号	文献名称	作者	文献来源	发表时间	被引频次
1	新型城镇化道路的科学内涵	彭红碧、杨峰	理论探索	2010 年 7 月 1 日	70
2	中国特色的城镇化模式之辨——"C 模式"：超越"A 模式"的诱惑和"B 模式"的泥淖	仇保兴	城市发展研究	2009 年 1 月 26 日	56
3	新型城镇化的战略意义和改革难题	张占斌	国家行政学院学报	2013 年 2 月 20 日	54
4	中国新型城镇进程中的地方政府行为研究	吴江、王斌、申丽娟	中国行政管理	2009 年 3 月 1 日	47

序号	文献名称	作者	文献来源	发表时间	被引频次
5	中原经济区的新型城镇化之路	王发曾	经济地理	2010年11月23日	46
6	河南省新型城镇化战略研究	张占仓	经济地理	2010年9月26日	36
7	新型城镇化：从概念到行动	仇保兴	行政管理改革	2012年11月1日	30
8	新型城镇化的基本模式、具体路径与推进对策	倪鹏飞	江海学刊	2013年1月10日	29
9	新型城镇化背景下异地城镇化的特征及趋势	黄亚平、陈瞻、谢来荣	城市发展研究	2011年8月26日	27
10	中国的新型城镇化之路	仇保兴	中国发展观察	2010年4月5日	26

资料来源：中国知网2014年5月26日10：00使用学术趋势搜索的截面数据。

3. 用户关注度分析

我们使用中国知网学术趋势搜索"新型城镇化"，得到用户关注度曲线（见图2）和近一年新型城镇化的热门下载文章（见表4）。从中可以看出，新型城镇化的用户关注度在2013年8月之后迅速提高，12月下载量达24816篇，这应该与我们11月召开的中央城镇化工作会议密不可分。2014年1月用户下载量微降至22927篇，2月降到13004篇（大约与春节有关），3月升至23957篇，4月为23808篇，维持在较高的用户关注度。

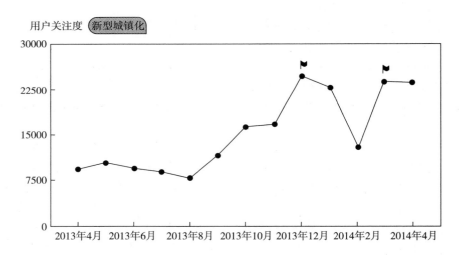

用户关注度 新型城镇化

图2 中国新型城镇化研究论文用户关注度

注：▶表示标记点数值高于前后两点，且与前一数值点相比增长率大于30%。

表4 中国近一年新型城镇化的热门下载文章

序号	文献名称	作者	文献来源	发表时间	下载频次
1	新型城镇化的战略意义和改革难题	张占斌	国家行政学院学报	2013年2月20日	9142
2	新型城镇化的基本模式、具体路径与推进对策	倪鹏飞	江海学刊	2013年1月10日	6702
3	新型城镇化理论初探	盛广耀	学习与实践	2013年2月15日	3210
4	论基于生态文明的新型城镇化	沈清基	城市规划学刊	2013年1月20日	3134

序号	文献名称	作者	文献来源	发表时间	下载频次
5	"新型城镇化"概念内涵、目标内容、规划策略及认知误区解析	单卓然、黄亚平	城市规划学刊	2013年3月20日	2937
6	新型城镇化科学发展的内涵、目标与路径	王素斋	理论月刊	2013年4月10日	2667
7	新型城镇化背景下异地城镇化的特征及趋势	黄亚平、陈瞻、谢来荣	城市发展研究	2011年8月26日	2641
8	中原经济区的新型城镇化之路	王发曾	经济地理	2010年11月23日	2567
9	新型城镇化战略下的城市转型路径探讨	李程骅	南京社会科学	2013年2月15日	2418
10	中国新型城镇化进程中的地方政府行为研究	吴江、王斌、申丽娟	中国行政管理	2009年3月1日	2258

资料来源：中国知网2014年5月28日18：00学术趋势搜索的截面数据。

从近一年热门下载文章分析，列前十篇的文章均下载2200次以上，均属于被高下载之列，集中度比较高。其中，张占斌与倪鹏飞的文章均发表于2013年初，一年下载量均超过6700次，说明市场化需求非常旺盛。王发曾（2010）等研究地方新型城镇化的文章，也能够入选被高下载之列，说明新型城镇化应用层面的研究也受到普遍重视。

4. 研究进展小结

根据以上研究文献分析情况，中国对城镇化问题研究比较深厚，研究积累比较充分，重大问题的共识程度比较高，而对新型城镇化，全中国对其研究和认识的深度、广度、厚度都是非常有限的，应该处在起步状态，科学积累远远不足。但是，对于新型城镇化的研究从2013年开始已经进入学术研究爆发期，学术关注度和用户关注度都空前提高。因此，我们要深刻认识中央城镇化工作会议对新型城镇化实际工作的战略意义。因为中国城镇化涉及几亿人的生存与发展问题，是全球任何国家都不曾遇到的重大问题，目前也确实面临一系列亟待破解的难题（张占仓、蔡建霞，2013），所以要召开全国规格最高的专门会议，从顶层设计高度凝聚全国人民的智慧，集中探索新型城镇化发展过程中遇到的理论与实践问题。这次会议，分析了中国城镇化发展形势，明确了推进城镇化的指导思想、主要目标、基本原则、重点任务，对

未来中国城镇化影响深远。面对新型城镇化研究积累不足的实际，下一步对新型城镇化推进的实际过程中，涉及重大问题确实要审慎对待，一般要在试点探索成功的基础上逐步铺开，不能够盲目冒进，更不宜搞新型城镇化的群众运动，要科学、理性、智慧、节约、集约，既充分考虑中国的国情，又具有长远的战略眼光，充分考虑可持续发展的需要。

三、关于新型城镇化的改革与创新

2013年11月，党的十八届三中全会通过的《中共中央关于全面深化改革若干重大问题的决定》（以下简称《决定》）指出，完善城镇化健康发展体制机制。坚持走中国特色新型城镇化道路，推进以人为核心的城镇化。三中全会精神为我们从战略层面推进城镇化指明了方向，科学、合理、有效地贯彻落实这些精神，亟待在改革与创新上下功夫。

1. 关于户籍制度改革

党的十八届三中全会《决定》指出，推进农业转移人口市民化，逐步把符合条件的农业转移人口转为城镇居民。创新人口管理，加快户籍制度改革，全面放开建制镇和小城市落户限制，有序放开中等城市落户限制，合理确定大城市落户条件，严格控制特大城市人口规模。这个部署非常清楚，就是全国分四种情况推进户籍制度改革。其中，绝大

部分地区都存在前两种情况，即全面放开建制镇和小城市落户限制和有序放开中等城市落户限制之列，对大城市和特大城市也确实需要限制人口规模。从2014年初全国31个省市区地方两会安排部署情况分析，至少24个省份在城镇化章节涉及户籍问题，对如何推进"农业转移人口市民化"做出初步部署。其中，广东、河北、江西、辽宁、青海、山西、四川、西藏、江苏、海南、湖南、安徽等省份明确提出"推进户籍制度改革"，超过一半的省区并没有明确安排户籍制度改革内容。所以，提高对户籍制度改革紧迫性认识在实际工作中仍然至关重要。我们一方面大喊加快新型城镇化步伐，提高城镇化质量，但同时对城镇化中最为要害的进城人员的户籍制度问题又避而不谈，那么新型城镇化"化"什么呢？不管是中央反复强调的以人为本，还是针对性更加突出的以人为核心的城镇化，解决人的问题是关键，就是要拿出具体政策措施，让适宜而且愿意在城镇落户的居民顺利进入城镇，并且真正能够融入城镇生活。这是中国发展的历史趋势，也是基层老百姓的真实需要，更是党的十八届三中全会和城镇化工作会议的明确要求。其实，户籍改革真的那么难吗？应该不是。但是，"造城运动"确实有庞大的利益机制，涉及社会既得利益者；而户籍改革是为社会弱势群体服务，需要有效的激励机制。我们需要冷静地正视这个问题，建议把农业转移人口市民化列入城镇化考核指标，这样我们的新型城镇化才有利于逐步减去泡沫，把事实上的常住人口与我们政府机构控制的户籍人口尽快相融，还老百姓一个真实、科学、可以对历史交代的新型城镇化。2014年李克强在政府工作报告中提出了"三个1亿人"问题，使户籍制度改革迈出了坚实的步伐，期望顺利促进"约1亿农业转移人口落户城镇"。

2. 关于土地制度改革

党的十八届三中全会《决定》指出，建立城乡统一的建设用地市场。在符合规划和用途管制前提下，允许农村集体经营性建设用地出让、租赁、入股，实行与国有土地同等入市、同权同价。这个《决定》意见具有划时代意义，标志着中国农村土地市场的开放，为全国城镇化推进与城乡一体化发展奠定了土地资源深化改革的制度基础。在此之前，一方面城市土地市场热火朝天，可是同时农村建设用地市场一直没有开放，在这种严重不对称的资源配置制度框架下，中国土地市场畸形发育。2013年全国国有土地使用权出让收入高达41250亿元，创出了土地市场有史以来的新高。但被征地的农民，并没有因为土地市场火爆而得到多少实惠。在城市，特别是中心城市寸土寸金，各个城市不断出现新"地王"，并因为土地持续快速升值，导致房价过快上涨，引发买房者日益严重的不满情绪。而在广大农村，有大量闲置的建设用地长期得不到正常使用，甚至大量荒废。大家有目共睹的事实是，改革开放以来已经离开农村并在城镇稳定就业的大量居民，由于农村建设用地没有退出机制，所以数亿人的废旧宅基地大都处于闲置或利用不充分状态（张占仓等，2012）。近些年来，依据《土地法》由地方政府单方面征地、对被征地农民补偿不足的方法，确实为中国社会发展积累了大量的不稳定因素，征地拆迁纠纷一直影响巨大。这种由于缺乏城乡统一的土地市场而导致的制度化的不公平，严重影响着城镇化过程中土地资源的合理配置（张占仓等，2012）。那么，按照党的十八届三中全会的要求，我们在对相关法规进行修改之后，逐步建立城乡统一的建设用地市场，允许农村集体建设用地与国有土地同权同价，不仅将为城镇化推进能够提供比较充裕的建设用地资源，也将为手持土地这种最为宝贵资源的农民增加收入提供制度支撑，还有利于从根本上盘活农村大量闲置或者废弃的土地资源，确保在推进城镇化的同时，保住全国18亿亩耕地红线（姚士谋等，2013）。因此，各个地区根据三中全会的精神，大胆探索土地制度改革，特别是盘活农村建设用地资源的可行方法，具有特别重大的战略意义，也将为中国城镇化的健康推进奠定土地资源供给的制度保障（张占仓等，2012）。

3. 关于住房制度改革

新型城镇化过程中，住房保障体系始终是最为重要的支撑之一。自我国实施城镇住房市场化以来，确实促进了中国住宅建设的高速发展，城市建设日新月异，很多城市面貌发生了翻天覆地的变化，很多城市居民的住房条件得到巨大改善，"城市像欧洲"就是最为形象的表述。但是，由于城镇建设用地制度本身的缺陷和我们宏观调控政策的不稳定性，导致城镇房价上涨过快也成为我们不容忽视的突出问题。因为我们至今没有建设起城乡统一的土地市场，土地资源配置没有真正地市场化，而是通过地方政府这道人为作用特别显著的门槛征地供应房地产市场，所以地方政府拥有法律赋予的征地权，通过征地获得了巨大的土地溢价利益，而真正供地的农民却在非常低的拆迁补偿制度约束下，并没有通过城镇化得到多少改革与发展的红利，以至于出现所谓的"农村像非洲"非常突出的城乡二元结构。现在，明显的表现是，农村有房没人住（很多人进城打工了），城市有人没房住（真正想进城的打工者，包括新毕业的大学生，特别需要住房，但是收入低，买不起住房），高收入者拥有多套住房。这种状态离"居者有其屋"的理想目标差距比较大，特别是对充满憧憬、充满梦想、充满活力的年轻人压力太大，确实对社会的长治久安不利。党的十八届三中全会《决定》指出，稳步推进城镇基本公共服务常住人口全覆盖，把进城落户农民完全纳入城镇住房和社会保障体系。健全符合国情的住房保障和供应体系，建立公开规范的住房公积金制度，改进住房公积金提取、使用、监管机制。这为我们深化住房制度改革指出了具体途径。第一，要把解决进城落户农民纳入城镇住房和社会保障体系，让最急需住房者看到希望，真正解决城镇化过程中进城人员的实质性问题。第二，通过建立城乡统一的土地市场，开放农村建设用地市场，盘活闲置的建设用地资源，缓解建设用地紧张局面，降低城镇建设用地成本，从制度与体制上抑制城镇房价过快上涨，让中低收入者能够买得起房子。第三，通过健全政府保障房制度，让需要保障房的居民，能够比较容易获得保障性住房。第四，通过建立公开规范的住房公积金制度，让住房公积金真正发挥促进住房持续消费、健康消费的作用。住房制度改革，涉及千家万户的切身利益，甚至影响国家宏观经济运行的质量，需要真正为中低收入者着想，为国家的安定与可持续发展提供更多支持。

4. 关于城镇体系建设

党的十六大报告提出，要逐步提高城镇化水平，坚持大中小城市和小城镇协调发展，走中国特色的城镇化道路。党的十七大报告提出，走中国特色城镇化道路，按照统筹城乡、布局合理、节约土地、功能完善、以大带小的原则，促进大中小城市和小城镇协调发展。以增强综合承载能力为重点，以特大城市为依托，形成辐射作用大的城市群，培育新的经济增长极。党的十八大报告提出，科学规划城市群规模和布局，增强中小城市和小城镇产业发展、公共服务、吸纳就业、人口集聚功能。加快改革户籍制度，有序推进农业转移人口市民化，努力实现城镇基本公共服务常住人口全覆盖。加快完善城乡发展一体化体制机制，着力在城乡规划、基础设施、公共服务等方面推进一体化，促进城乡要素平等交换和公共资源均衡配置，形成以工促农、以城带乡、工农互惠、城乡一体的新型工农、城乡关系。中央城镇化会议提出，要优化布局，根据资源环境承载能力构建科学合理的城镇化宏观布局，把城市群作为主体形态，促进大中小城市和小城镇合理分工、功能互补、协同发展。从中国城镇化的思想脉络可以看出，走中国特色城镇化道路的大方向非常明朗，坚持大中小城市和小城镇协调发展路子坚定不移，把日益重要的城市群纳入发展的重点是大势所趋，建立健全城乡一体化体制机制，破除城乡二元结构的历史性任务迫在眉睫。充分考虑近几年表现非常突出的大气雾霾污染治理的现实需要，如何坚持生态文明，着力推进绿色发展、循环发展、低碳发展，科学可行的路子需要认真探索与试验。就目前全国的情况分析，除北京、上海、天津等直辖市城镇化率本来就比较高以外，沿海地区各省城镇化率也已经比较高（见表5），像江苏、浙江、广东等已经达到65%左右，距离国际公认的城镇化的第二个转折点70%非常接近，所以进一步的城镇化在数量上即将进入缓慢推进阶段，目前的城镇体系格局已经大致确定，特别是已经形成了在全球具有重要影响的京津冀、长三角、珠三角三大城市群，很快就要进入质量提升为主的发展状态。而广大中西部地区，城镇化率处在50%左右，最低的贵州、甘肃等还不足40%，未来城镇化的任务仍然十分繁重。这些地区的城镇体系如何更加符合当地的实际，特别是更加适应当地的自然环境与自然资源禀赋，值得各地本着科学、可行、可持续的方针认真试验。起码不是每个地区都要搞城市群和特大型城市，尤其是西部生态环境比较脆弱的地区，建设特大型城市成本就非常高，建设城市群成本更高，城市用水、环境治理等长期成本需要仔细研判，不能够简单地跟着沿海地区走，要高度重视城镇生态文明建设（沈清基，2013）。实际上，沿海地区尽管环境容量比较大，但是目前出现的超负荷运转的情况已经非常突出，节能减排等面临"大城市病"的制约已经非常大（宁越敏，2012）。所以，无论是城乡一体化的国家利益需要，还是发达国家走过的城镇化道路给我们的启示（王学峰，2011），以及我们国家部分地区已经进行的探索性试验，都非常明确地昭示出，城镇体系布局要特别注意基于生态环境的因地制宜（樊杰等，2013），特别注意考虑农村转移人口的实际需要（顾朝林、李阿琳，2013），特别注意发展各具特色的中小城市和小城镇（樊杰等，2013），特别注意节约集约利用水、土资源（周春山、叶昌东，2013），特别注意大数据时代智慧城市的规划与建设（秦萧等，

2013），特别注意建设包容性城市（宁越敏、杨传开，2013），这是由我国的基本国情和各地资源环境地域差异显著等客观因素决定的（王发曾等，2013），也是国家新型城镇化规划的要义（新华社，2014）。

表5 中国部分地区城镇化率变化

单位:%

年份	2000	2005	2010	2012	2000~2012 年提高点数
北京	77.54	83.62	85.96	86.20	8.66
上海	74.60	84.50	89.30	89.30	14.70
天津	71.99	75.11	79.55	81.55	9.56
辽宁	54.24	58.70	62.10	65.65	11.43
山东	38.00	45.00	49.70	52.43	14.43
江苏	41.49	50.11	60.58	63.00	21.54
浙江	48.67	56.02	61.62	63.20	14.53
福建	41.57	47.30	57.10	59.60	18.03
广东	55.00	60.68	66.18	67.40	12.40

资料来源：根据《中国统计年鉴》（2013）整理得出。

四、结论

1. 中国新型城镇化的科学内涵丰富

尽管专家们对中国新型城镇化做了大量研究工作，有些研究成果认可度比较高，提出了各有特色的新型城镇化的概念，本文做出初步总结，归纳出六个方面的内容。但是，面对全世界从来没有经历过的中国几亿人的生存、生活与发展方式的历史性转变，充分考虑中央第一次召开城镇化工作会议的历史性影响，我们抱着对历史负责、对科学敬畏、对未来预留更多空间的态度，建议用更加包容的方法，鼓励越来越多的国内外学者和社会各界人士从不同角度和出发点继续探索新型城镇化的科学内涵，并通过更多的实践与创新，挖掘潜藏于老百姓内心深处的心灵需求与真实愿望，创造更加符合各地资源环境、传统文化特征和创新需求的新型城镇化元素，包括城镇规划特色、城镇建设风格、地域文化标识、记得住的乡愁、时代发展标志、智

慧城市建设等，逐步构建、丰富和完善新型城镇化的科学内涵，为中国特色的新型城镇化，也为全球的城镇化做出历史性贡献。

2. 中国新型城镇化研究已进入学术爆发期

如果从科学发展的一般规律分析，经过对中国新型城镇化研究进展情况的多方面探讨，我们认为中国新型城镇化研究已经走过了起步阶段，从2013年进入学术研究爆发期，各种研究成果和研究论文爆发式激增，学术关注度和用户关注度空前高涨，全社会对新型城镇化无论从理论研究，还是在实践探索上都高度重视，中央召开了有史以来第一次城镇化工作会议。但是，与传统城镇化研究相比，新型城镇化研究的科学积累仍然非常有限，最高被引文献和期刊论文也就分别达到61次和54次，与传统城镇化论文被引221次相比，新型城镇化研究的成熟度确实有限。在中央召开了城镇化工作会议以后，在中央明确提出未来城镇化工作的基本方向与方法之后，学界与政府部门都将在一个新的起点上开始更加深入的试验与探索，也会在实践的基础上，不断总结、提升、归纳出新的理论与实践方面的创新性智慧。因此，对于中国学术界来说，国家对新型城镇化的重视，为开展深入系统的研究提供了可遇不可求的历史机遇，需要更多学者，特别是创新活力充沛的青年学者深入基层、深入一线、深入老百姓之中，从细微之处入手，积淀一点一滴的创新火花，积累和创造出越来越多的更加成熟的关于新型城镇化研究的科学成果，为在学术爆发期有可能出最为经典的高水平成果而努力，共同推动中国新型城镇化研究逐步进入更加令人兴奋的高潮期。

3. 中国新型城镇化改革与创新的方向是向质量提升转变

乘着2014中国新一轮改革元年的历史东风，各地要按照中央的战略部署，胆子要大，步子要稳，坚持以人为本，突出以人为核心的城镇化，从最基层老百姓的需求出发，切实本着为老百姓创造改革红利的精神，务实推进城镇化向质量提升转变，保障未来的城镇是为居民提供越来越好工作和生活条件的人居环境。其中，在户籍制度改革上各地要多做具体事，给当地已经和愿意融入城镇生活者提供便利，让他们进城的愿望圆梦于深化改革的实务之中。在土地和住房制度改革中，确实本着建设城乡统一的土地市场、让市场配置最为稀缺的土地资源的方向，从盘活农村建设用地资源入手，为中国城镇居民挖掘更多的建设用地资源，让中国的城镇化走在土地资源供求平衡的健康之路上，既为提供建设用地资源的农民给予市场化应有的经济补偿，也为城镇本身获得更加充裕的建设用地资源提供保障，通过建立健全市场机制破解城镇房价过快上涨的难题。对城镇棚户区和城中村要调动更多国家的资源，支持其加快改造进度，并更加长远地为其提供比较正常的宜居宜业条件，逐步消除城市内部的二元结构。通过云计算平台或建设超级计算中心，推动智慧城镇建设，促进城市规划管理信息化、基础设施管理与使用智能化、公共服务便捷化、产业发展现代化、社会治理精细化、居民生活幸福化。

4. 中国城镇体系建设均衡化势在必行

国内外的城市发展实践都已经证明，一个国家要有适度的若干个特大型城市和城市群，以其形成中高端生产要素的集聚中心，通过资源共享机制，追求规模化效应，成为国家经济社会发展的发动机，而其他大部分地区要把城镇化发展的重点放在中小城市和小城镇。这样既能为当地居民提供就近转入城镇的便利，也符合全球节能减排和绿色发展趋势的需要。2013年，中国城镇化率为53.73%，未来城镇化任务非常艰巨。但是，在中国的大城市和特大型城市，近两年雾霾污染严重，堵车问题突出，房价持续升高，生活成本上涨过快，对城市居民正常生活影响巨大。因此，国家必须出台引导性政策，限制大型城市和特大型城市继续沿着"经济城市"的方向膨胀，对于不是必须在中心城市拥有的职能，要下决心疏散出去。像北京、上海、西安、武汉等地比较集中的高等院校，北京非常集中的企业总部，很多省会城市非常集中的普通制造业，等等，都应该逐步疏散到真正适合的城镇。美国最著名的哈佛大学、麻省理工学院既不在首都华盛顿，也不在经济中心纽约，而是在波士顿；英国最著名的牛津大学、剑桥大学也都长期在规模非常有限的城镇，但是并不影响它们为全世界造就了大批著名的科学家和教育家，而我们国家著名的大学都集聚在少数特大型城市，确实背离了教育资源的公平性，而且因此导致各地招生制度的严重不公平，进而引导人口过度集中，产生了严重的大城市病。中国城镇体系建设的方向性调整迫在眉睫，城镇布局更加均衡化，而不是进一步集中化，发展的重点向中小城市和小城镇倾斜是大势所趋，也只有这样，中国的城乡一体化才能够逐步走上健康发展之路，越来越多的城镇才能够建设成为"人文城市"。

参考文献

［1］安徽省赴浙江城镇化调研组．浙江省推进新型城市化发展的启示［J］．安徽建筑，2009（2）．

［2］樊杰，刘毅，陈田等．优化我国城镇化空间布局的战略重点与创新思路［J］．中国科学院院刊，2013（1）．

［3］樊杰，周侃，陈东．生态文明建设中优化国土空间开发格局的经济地理学研究创新与应用实践［J］．经济地理，2013（1）．

［4］胡际权．中国新型城镇化发展研究［D］．西南农业大学博士学位论文，2005.

［5］顾朝林，李阿琳．从解决'三农问题'入手推进城乡发展一体化［J］．经济地理，2013（1）．

［6］李克强．新型城镇化以人为核心［EB/OL］．http：//news. xinhuanet. com/politics/2013-03/17/c_115054227. htm.

［7］倪鹏飞．新型城镇化的基本模式、具体路径与推进对策［J］．江海学刊，2013（1）．

［8］宁越敏．中国城市化特点、问题及治理［J］．南京社会科学，2012（10）．

［9］宁越敏，杨传开．中国城市研究（第六辑）［M］．北京：商务印书馆，2013.

［10］彭红碧，杨峰．新型城镇化道路的科学内涵［J］．理论探索，2010（4）．

［11］仇保兴．新型城镇化：从概念到行动［J］．行政管理改革，2012（11）．

［12］仇保兴．中国特色的城镇化模式之辨——"C模式"：超越"A模式"的诱惑和"B模式"的泥淖［J］．城市发展研究，2009（1）．

［13］秦萧，甄峰，熊丽芳等．大数据时代城市时空间行为研究方法［J］．地理科学进展，2013（9）．

［14］冉启秀，周兵．新型工业化和新型城镇化协调发展研究——基于重庆市全国统筹城乡综合配套改革试验区的实证［J］．重庆工商大学学报（西部论坛），2008（2）．

［15］沈清基．论基于生态文明的新型城镇化［J］．城市规划学刊，2013（1）．

［16］孙东辉，周鑫．山东全力推进新型城镇化发展［J］．中国经济时报，2009-11-09.

［17］王发曾．中原经济区的新型城镇化之路［J］．经济地理，2010（12）．

［18］王发曾，丁志伟，史雅娟．我国城市—区域系统研究30年［M］//宁越敏．中国城市研究（第六辑）．北京：商务印书馆，2013.

［19］吴江，王斌，申丽娟．中国新型城镇化进程中的地方政府行为研究［J］．中国行政管理，2009（3）．

［20］王学峰．发达国家城镇化形式的演变及其对中国的启示［J］．地域研究与开发，2011（4）．

［21］习近平．推动城镇化向质量提升转变［EB/OL］．http：//www. chinanews. com/gn/2013/03-08/4628312. shtml.

［22］新华社．国家新型城镇化规划（2014～2020年）［EB/OL］．http：//news. xinhuanet. com/politics/2014-03/16/c_119791251. htm.

［23］姚士谋，张艳会，陆大道等．我国新型城镇化的几个关键问题——对李克强总理新思路的解读［J］．城市观察，2013（5）．

［24］杨晓东．我国新型城镇化发展道路探讨——以陕西省榆林市新型城镇化发展为例［J］．中国市场，2010（42）．

［25］张占斌．新型城镇化的战略意义和改革难题［J］．国家行政学院学报，2013（1）．

［26］张占仓．中国新型城镇化的理论困惑与创新方向［J］．管理学刊，2014（1）．

［27］张占仓．河南省新型城镇化战略研究［J］．经济地理，2010（9）．

［28］张占仓，蔡建霞．河南省新型城镇化战略实施的亮点研究［J］．经济地理，2013（7）．

［29］张占仓，蔡建霞，陈环宇等．河南省新型城镇化战略实施中需要破解的难题及对策［J］．河南科学，2012（6）．

［30］张占仓，刘爱荣，杨迅周．三化协调发展的河南实践［M］．北京：人民出版社，2012．

［31］张占仓，孟繁华，杨迅周等．河南省新型城镇化实践与对策研究综述［J］．管理学刊，2012（4）．

［32］中央城镇化工作会议［EB/OL］．http：//politics. people. com. cn/n/2013/1215/c1024-23842026. html.

［33］中央经济工作会议．明确明年稳中求进总基调提出六大任务［N］．人民日报，2012-12-17．

［34］周春山，叶昌东．中国城市空间结构研究评述［J］．地理科学进展，2013（7）．

城镇化对国家粮食安全的影响[*]

——基于 31 个省份面板数据的实证分析

摘 要 运用我国 2005~2012 年 31 个省份的面板数据，主要以人口城镇化和土地城镇化 2 个指标衡量城镇化发展水平，分别从全国和区域 2 个层面实证检验了我国城镇化对粮食安全的影响。研究结果显示，从全国层面看，我国城镇化对粮食安全具有显著的负向作用；从区域层面看，东部、中部地区城镇化对粮食安全具有负向作用，但东部地区负向作用显著，中部地区负向作用不显著，西部地区城镇化却能显著提高粮食安全水平。城镇化进程中，为保障国家粮食安全，要合理利用农业生产要素，大力推进农业现代化，科学发展城镇化，在保障国家粮食安全的前提下探索出一条符合中国农情、粮情、城情的新型城镇化道路。

关键词 城镇化；粮食安全；实证检验；农业现代化

改革开放以来，伴随市场经济的快速发展和经济的高速增长，我国城镇化进程逐步加快、城镇化水平日益提高。1996~2012 年年均增长率为 1.46%，2012 年我国的城镇化率已经达到了 52.6%[1]。根据美国城市地理学家提出的城市化进程的 S 型发展规律，我国明显已进入城市化发展的加速时期，也是推进城镇化健康发展的关键时期[2]，而城镇人口的不断增加以及城镇化过程中耕地等资源的不断减少，必然对粮食安全问题产生重大影响。在党的十八大提出"四化同步"的背景下，切实保护农业的可持续发展，确保粮食安全是我国新时期经济健康发展的基础。城镇化与农业现代化相辅相成且存在竞争，本文通过实证检验分析城镇化发展对我国粮食安全的影响，提出确保粮食安全和城镇化健康发展的对策建议。

从粮食供给方面而言，许多学者认为城市建设和工业发展导致农地过度非农化，以及"占优补劣"的方式致使高质农地数量的持续减少，最终粮食供给量减少，农作物生产机构不平衡[3]，并且由于长期以来粮食作物的价格持续较低，大大降低了农民生产的积极性，致使农户调整产业结构，选择种植经济作物和发展养殖业等产业[4]，对粮食生产力的提升产生负面影响。从粮食需求方面而言，中国的人口不断增加，随着城镇化的快速发展，城镇人口亦不断增加，而城镇居民对肉制品、蛋制品、奶制品和水产品等的消费比农村高，由于这类食物需要消耗更多饲料粮，所以中国粮食的总需求不但不会降低，反而会有所提高[5]。有研究表明，城镇化过程中，大量农村剩余劳动力转移，对于农业的规模化生产有较大的作用，而且城镇人均占用地少于农村，城镇建设有利于缓解耕地减少的现象[6]。

总体来看，学者们针对城镇化对粮食安全的影响问题做了较为深刻的研究，然而，

---

[*] 本文发表于《粮食科技与经济》2015 年 4 月第 40 卷第 2 期第 12~15 页。作者为张占仓、于英超，于英超的工作单位为河南工业大学经济贸易学院。

以往文献大多主要从理论方面分析城镇化对粮食安全的影响，少数的实证分析也主要是时间序列分析，并且对城镇化指标的选取主要是人口城镇化。本文从人口城镇化和土地城镇化2个角度，运用31个省份连续8年的面板数据分别从全国和区域层面分析城镇化对粮食安全的影响，进而对城镇化发展过程中保障国家粮食安全提供决策建议。

一、城镇化对粮食安全影响的实证检验

1. 模型的选择

以往文献研究采用的大多数是生产函数模型，本文研究的是不同省份在不同时点上城镇化发展对国家粮食安全的影响，所以采用面板数据模型，将人均粮食产量作为衡量粮食安全地被解释变量，城镇化水平则用人口城镇化和土地城镇化来衡量，作为被研究的解释变量，模型设定如下：

$$Y_{it} = u_{it} + b_1 Z_{it} + b_2 X_{it} + e_{it}$$

式中：Y为人均粮食产量，代表粮食安全水平；Z为城镇化水平的变量向量；X为其他控制变量向量；u为截距项；e为误差项；i代表第i个省份；t代表时期。面板数据模型包括固定效应模型、随机效应模型和混合回归模型。当个体效应与回归变量相关时，应建立固定效用模型。而本文研究的是31个省份的相关数据及通过Eviews7.0中的Hausman检验等确定选择个体固定效应模型。

2. 变量的选择

（1）粮食安全水平。良好的粮食生产能力是确保粮食安全的决定性因素，当粮食产量足以满足国家的粮食需求时，才能确保粮食安全，本文将人均粮食产量作为衡量粮食安全的指标。人均产量越高，粮食安全水平越高。

（2）城镇化水平。选取人口城镇化和土地城镇化2个指标衡量城镇化发展水平。随着城镇化率的不断上升，城镇人口不断增多，从事第一产业的人员会相应地减少，对粮食生产会产生一定影响，而且城镇居民的食品消费与农村居民有一定差异，可能对粮食需求产生影响；城镇建设过程中，占用粮食耕地面积不仅导致耕种面积减少，而且"占优补劣"的补地方式使耕种土地的质量下降，对粮食产量增加必然存在不利。其中人口城镇化用城镇人口与当地总人口的比重表示；土地城镇化用当地建设绿化用地面积表示。

（3）其他变量。一是产业结构。产业结构以二三产业增加值占当地GDP增加值的比重表示。产业结构的变化会导致生产要素的重新分配，随着国家经济的不断发展，生产要素很大一部分会从生产低效的农业部门转移到生产高效的工业、服务业，农业部门的生产能力可能受到影响。

二是农业现代化水平。以农用机械总动力表示。我国的农业生产要素并不十分丰富，土地资源、水资源等粮食生产要素却是城镇化进程中不可缺少的，要保证国家粮食的生产能力，不能仅仅依靠基础的生产要素，要注重农业现代化水平的发展，农业现代化水平越高，农业的生产效率就越高。

三是播种面积和有效灌溉面积。总体而言，在其他条件一定的情况下，一个地区的粮食播种面积越多，粮食的产量就越多，播种面积的多少也是影响粮食安全的主要因素；同样有效灌溉面积亦是如此。

四是受灾面积。粮食作物的收成会受到自然灾害的影响，受灾面积越多，对粮食的收成的影响就越大。

3. 数据来源

本文选用31个省份2005~2012年的相关数据，检验城镇化发展对粮食安全的影响，数据主要来自历年《中国统计年鉴》《中国区域统计年鉴》及其整理，其相关变量数据的统计描述见表1。

表1　各变量的描述性统计

变量	人均粮食产量	人口城镇化	土地城镇化	产业结构	播种面积	农业现代化水平	受灾面积	有效灌溉面积
均值	394.08	49.50	60557.11	12.01	3477.04	2745.26	1254.20	1895.56
标准差	248.59	14.41	70169.56	6.03	2709.86	2691.69	1062.10	1446.02
最大值	1503.00	89.30	420370.0	33.70	11519.54	12419.87	7394.00	5205.60
最小值	52.00	26.87	1476.00	0.600	165.49	95.32	3.00	156.40
观测值	248	248	248	248	248	248	248	248

4. 检验结果

在 Eviews7.0 检验过程中，首先通过 Levin, Lin&Chut[*] 和 ADF-Fisher Chi-Square 检验对各变量进行单位根检验，得知各变量都是 I（1）的，并且通过协整检验。其次分别进行了 Hausman 检验、Wald 检验、B-P 检验以及 LR 检验确定选用个体固定效应模型。检验结果见表2。

表2　检验结果

变量	全国 a	东部 b	中部 c	西部 d
人口城镇化	-2.043 *** (-5.240)	-1.057 ** (-2.184)	-0.289 (-0.125)	1.614 * (1.765)
土地城镇化	-0.000342 *** (-3.678)	-9.21E-05 *** (-2.918)	-0.000180 (-0.740)	0.000862 * (1.961)
农业现代化水平	0.024 *** (5.842)	0.0159 *** (4.081)	0.000374 (0.022)	9.93E-05 (0.00706)
产业结构	-0.760 (-0.794)	-1.233 (-1.209)	-5.981 (-1.427)	6.684 *** (4.533)
播种面积	0.087 *** (8.020)	0.063 *** (7.235)	0.055 ** (2.653)	0.114 *** (5.567)
受灾面积	-0.0198 *** (-8.307)	-0.00626 ** (-2.565)	-0.0138 *** (-3.744)	-0.0177 *** (-4.254)
有效灌溉面积	0.138 *** (9.299)	-0.000330 (-0.033)	0.256 *** (8.509)	0.0412 (1.623)
C	-79.418 ** (-2.063)	199.077 *** (3.101)	-245.239 * (-1.968)	-139.295 *** (-2.687)
Adjusted R^2	0.99	0.99	0.98	0.98
观测值	248	248	248	248

通过表2检验结果可知，从全国层面来看，不论是人口城镇化还是土地城镇化，对国家粮食安全都存在显著的负向作用，但是从区域层面来看，人口城镇化和土地城镇化对粮食安全的负面影响由东到西逐步减弱，甚至在西部地区，人口城镇化和土地城镇化对粮食安全起到了正面影响，究其原因在于西部地区的城镇化水平比中东部地区低，城镇化发展对于农村劳动力及农村土地的影响不大，而且农村人口的转移方向主要是中东部较为发达地区，对于西部而言，二三产业及经济的发展较中东部落后，生产要素的转移较缓慢，农业发展并未因城镇化进程而受到较大影响。结果亦说明，目前我国的城镇化发展迅速，已对我国的粮食安全构成一定威胁。随着经济的发展，人民生活水平日益提高，尤其是城镇居民在食品消费方面，逐渐从简单的口粮消费向肉制品、蛋制品、奶制品和水产品等转变，禽蛋肉奶类食品却需要消耗更多的饲料粮，而城镇化的不断发展，使城镇人口持续增多，引致粮食总需求增加，加之城镇化进程中大量地占用粮食作物耕地，对我国粮食安全构成威胁。

从表2中还可以看出，农业现代化对国家粮食安全的作用，说明随着经济的发展以及科技的进步，现代化发展对粮食安全的重要性，要合理运用科技，促进农业现代化，在"四化同步"的背景下，既保证城镇化的健康发展，又促进农业的现代化，保证我国的粮食安全。

二、建议

党的十八大指出要把推进城镇化作为经济结构战略性调整的重点，然而城镇化进程中导致的粮食安全问题必须引起重视。在保障粮食安全的情况下，发展城镇化是重中之重，最终实现工业化、城镇化、信息化和农业现代化的同步发展，走一条符合我国粮情、农情、城情的新型城镇化道路。

1. 加强制度保障，发挥科技作用，保障粮食安全

（1）制定耕地保护制度，坚决杜绝"占优补劣"。耕地是确保粮食产量的重要生产要素，只有保证足够的粮食耕地面积，才能从根本上保障粮食安全。所以在发展城镇化的过程中，要制定严格的耕地保护制度，要厘清城镇化用地与粮食耕地的协调关系，城镇化要优先利用荒地，尽量不占用粮食耕地，严守1.2亿公顷耕地红线不动摇，合理利用土地资源，严把土地审批关，杜绝"占优补劣"的现象发生。要明晰农民土地产权，保护农民的土地利益，在法律上要明确农民的土地不再是一次性被征用，而是通过农村土地入股或租赁等方式来保护农民土地利益，由此保护耕地面积，确保粮食生产能力。

（2）规范土地流转制度，推行农业集约化生产。20世纪我国农村改革的农户家庭承包制使农业在各方面取得了很大成就，农业组织化及产业化水平都有所提高，农民收入也有所增加，但农户经营规模较小，成本较高，传统农业占的比重依然较大。党的十八大"家庭农场主"概念的提出，为农业发展提供了新的发展思路。在家庭农场主的发展背景下，要规范土地流转制度，防止土地非农化；发展规模农业经济，推行农业集约化生产，着力创新农业经营主体，大力扶持种粮大户、家庭农场、农民合作社、农业产业化龙头企业等新型经营主体发展，最终发展为以家庭劳动力为主、雇佣劳动力为辅的生产方式，使农业收入成为家庭的主要收入来源，提高劳动者的积极性，提高生产效率，保证粮食产量；政府要加大财政支持力度，减免相关税费，降低农业生产成本。在农村人口急剧下降的情况下，保证粮食的有效供给，确保粮食安全。

（3）加大农业财政支持，推进农业科技

发展。先进的农业科学技术对国家粮食安全至关重要，农业科技越发达，粮食单产就越高，而目前相对于美国和西欧而言，我国的科技水平较落后，科技在农业方面的应用也不广泛。政府要加大对农业农村的资金投入，加强农业农村基础设施建设，缩小城乡差距；加大对农业科技发展的支持力度，加大财政支出，使农业科技不断发展，提高科技在农业领域的广泛利用；重视农业人才的培养，加强农村劳动力的文化教育及农业技术培训，为农业科技的发展提供人力资本支持。

2. 科学规划，推进新型城镇与现代农业协调发展

（1）科学发展城镇化，促进农业现代化。城镇化的发展在一定程度上威胁到国家粮食安全，粮食安全不能得以保障，城镇化就难以顺利进行，要创新发展理念，走科学发展、资源节约、集约高效、功能完善、环境友好、社会和谐的新型城镇化道路，要切实做好科学规划，根据土地资源、水资源等生产要素及生态环境的承载能力，优化"城市圈—大城市—中小城市—小城镇—新农村"的合理布局。重点发展中小城市、小城镇及新型农村社区，使农村人口能就近就地城镇化，防止大量农村人口涌入城市，减轻农民在转移过程中的成本，由此缓解大城市的压力，促进现代农业发展。大力发展县域经济，培育支柱产业，加快产业集群发展，突出区域特色和产业特色，使农民就近就业，做到以城带乡，城市带动新农村和现代农业发展，科学发展城镇化，保障国家粮食安全。

（2）积极调整发展思路，因地制宜推进城镇化。相对于西部地区而言，东中部地区城镇化发展较为迅速，但在一定程度上已经影响到国家粮食安全，政府部门要积极调整城镇化发展思路，探索一条符合国情的城镇化道路，要做到资源节约、集约高效、环境友好、社会和谐。要积极引导城镇居民正确合理的消费理念，不要过多地依赖于禽肉蛋奶类食品，要以传统的口粮为主，减少对粮食的需求总量。西部地区城镇化也在不断发展，不能盲目地完全复制东中部地区的发展思路，要因地制宜，既要充分考虑到西部地区的经济发展实力和产业发展状况，又要抑制其对粮食安全的影响，合理地开发土地，优先利用荒地，杜绝传统城镇建设，在保证地区粮食安全的前提下，科学发展城镇化。

（3）健全城乡要素自由流动和平等交换机制。党的十八大提出要加快发展城乡一体化，保证公共资源在城乡之间的合理分配，形成以工业推动农业、以城市带动乡村、城乡融合、互惠互利的新型城乡关系。所以，要加快城市技术、信息、人才、资本等现代要素向农业农村领域流入，实现城乡要素平等交换，积极实施工业反哺农业、城市支持农村的发展战略。商业银行在农村吸收的存款要着重投向农业农村建设和农业相关项目的实施，同时要加大对农业保险的支持力度，有效规避管理农业风险，建立健全商业银行在农业农村的投融资体制，最终使土地、资本、人力等生产要素在城乡之间自由流动，提高生产要素的利用效率，在保证农业粮食安全的基础上，促进国家城镇化的健康发展。

参考文献

[1] 张占仓. 中国新型城镇化的理论困惑与创新方向 [J]. 管理学刊，2014（1）：27-33.

[2] 张占斌. 新型城镇化的战略意义和改革难题 [J]. 国家行政学院学报，2013（1）：48-54.

[3] 田东林. 从城镇化看云南粮食安全 [J]. 中国城市经济，2011（1）：263-266.

[4] 薛军. 我国城镇化进程中的粮食安全问题与决策 [J]. 兰州大学学报，2012（3）：123-128.

[5] 许高峰，王运博. 城镇化进程中中国粮食安全问题研究 [J]. 中国青年政治学院学报，2013（5）：120-127.

[6] 朱莉芬，黄季焜. 城镇化对耕地影响的研究 [J]. 经济研究，2007（2）：137-145.

用新常态思维推动新型城镇化[*]

推动新型城镇化要在城乡统筹发展上多用劲，在城镇化结构变化上多给力，把政府调控的力量多用在创业和创新上。

李克强在河南考察时指出，实现1亿人口的新型城镇化，不仅可以在全国起到示范带动作用，而且这样的巨变也是任何一个地方都很难与之同日而语的。落实讲话精神，首先就要认真研究如何破解新型城镇化这一关键难题。

深化对新型城镇化的再认识。我们所说的新型城镇化，就是与传统城镇化模式不同的城镇化，就是更加科学的城镇化，要坚持以人为本、城乡统筹、产城互动、稳妥促进，使其充满活力，健康发展。在中国经济发展进入新常态的历史时期，按照经济规律办事是最基本的要求，因此新型城镇化也面临速度由高速向中高速转换、发展结构转变、发展动力由要素驱动向创新驱动切换的重大变化，这就是新常态下的新思维，而新思维必然带来新方法。针对河南省的实际，新方法最突出的着力点就是在推动新型城镇化过程中，降低对城镇化速度的渴求，在城乡统筹发展上多用劲，在城镇化结构变化上多给力，把政府调控的力量多用在创业和创新上，特别是用在创造条件鼓励和激励青年人发挥作用上。要用结构调整期最为有效的"双创"力量，激活全社会的资源，尤其是想方设法激活青年人的创业创新热情，为经济社会发展注入源头活水，使新型城镇化有新的血液、新的动力，并随之形成新的经济增长点。这需要我们在全社会形成共识，并在具体政策上迅速营造有利于"双创"的整体氛围，更

多地激活人的潜能，以创业促进发展，以创新调整结构，以活力赢得未来。

积极探索"互联网+城镇化"。今年全国两会上李克强总理提出制订"互联网+"行动计划以后，全国各行各业都在积极推进和大胆探索"互联网+"的具体实现途径，到目前为止，"互联网+"运行的实际效果远远超出预期。因为越来越多的事实证明，通过"互联网+"确实大大提高了资源配置效率。城镇化的原始动力就在于它比传统农村资源配置效率高得多，而我们的城镇化目前也面临资源配置效率的瓶颈：大中城市基本建设投资不足，特别是道路系统建设和管理严重滞后，导致"是城必堵"，"城市病"日益严重；很多城市，包括郑州这样的二线城市，环境污染加剧，尤其是空气污染成为影响居民生活的一大难题，一到节假日大家都要"逃离城市"，"逆城市化"需求出现，与我们正在推进的以"集中、集聚、集约"为核心内容的城镇化相向而行。因此，创新城镇化的战略思路，改善城镇化资源配置效率，已经成为非常急迫的问题。"互联网+"是在信息化时代提高资源配置效率的最得力途径，地方政府特别是政府建设管理部门，应该通过推进"互联网+城镇化"，提高城镇资源配置效率，既保障城镇化的稳定推进，也能使城镇居民感受到生活的美好。提升城市居民生活质量是市场需求的热点，也是我们真正应该持续投资的重点。不能一味地认为城镇化就是卖地、盖房，而应该让新常态与信息化成为推进新型城镇化的思维范式。

主动融入"一带一路"倡议。据初步研

---

* 本文发表于《河南日报》2015年10月9日第4版。

究，"十三五"期间，我国区域经济发展很可能会逐步形成区域板块与轴带结合的发展格局。一方面进一步有序推进东中西部及东北"四大板块"战略，另一方面增加"一带一路"、京津冀协同发展、长江经济带三大战略，最终形成"四大板块"＋"三个支撑带"的战略布局。在过去的艰苦探索中，我们以粮食生产核心区、中原经济区与郑州航空港经济综合实验区建设获得了中部崛起的多方面实际机遇，大大提升了我们在全国发展大局中的地位，而在国家新的三大战略部署中，"一带一路"与我们关系最为密切，如何主动融入"一带一路"倡议，已经成为河南省未来发展中涉及全局的根本性问题之一。因此，谋划全省"十三五"发展战略，需要在持续推进原有三大国家战略的同时，以更加开放的思维，全面、系统、高起点地部署融入"一带一路"倡议问题。未来河南在"一带一路"倡议中具有先天的优势，郑州、洛阳已经成为国家"一带一路"规划的重要节点城市。推进新型城镇化，我们应该到发达国家去认真看一看、学一学，借鉴他们高水平建设城镇的经验，以国际视野规划与建设我们的城镇体系，逐步形成更多的地域特色与文化内涵，避免"千城一面"。

郑州建设国家中心城市的三大历史使命[*]

2016 年 12 月，经国务院正式批复，国家发改委发布《促进中部地区崛起"十三五"规划》，提出支持武汉、郑州建设国家中心城市。2017 年 1 月，国家发改委出台了《关于支持郑州建设国家中心城市的指导意见》，明确提出郑州要在引领中原城市群一体化发展、支撑中部崛起和服务全国发展大局中作出更大贡献。按照国家中心城市建设的战略思路，郑州建设国家中心城市要完成三大历史使命。

一、打造更强的经济实力

虽然郑州近几年发展较快，特别是开放型经济快速崛起，但是经济实力不强仍然是发展面临的突出问题。因此，努力加快经济发展步伐，打造更强的经济实力，引领中原城市群加快发展，已经成为当务之急。

在国家已经明确支持建设国家中心城市的 8 个城市中，郑州最明显的不足是经济实力偏弱。2016 年，上海市 GDP 为 2.75 万亿元，比上年增长 6.8%；北京市 GDP 为 2.49 万亿元，比上年增长 6.7%。2016 年，重庆市 GDP 达到 1.76 万亿元，同比增长 10.7%；天津市 GDP 为 1.79 万亿元，同比增长 9.0%；广州市和深圳市的 GDP 均已达 1.95 万亿元，同比分别增长 9.4% 和 9.0%；成都市和武汉市 GDP 分别达到 1.22 万亿元和 1.19 万亿元，同比分别增长 7.5% 和 7.8%。郑州市 GDP 为 0.80 万亿元，同比增长 8.4%。虽然郑州近几年发展较快，特别是开放型经济快速崛起，但是经济实力不强仍然是发展面临的突出问题。因此，努力加快经济发展步伐，打造更

强的经济实力，引领中原城市群加快发展，已经成为当务之急。

1. 坚定不移夯实产业发展基础

这是建设国家中心城市最基本的发展保障。一是努力建设先进制造业基地。发挥郑州制造业人才资源集中的优势，紧紧把握中国经济转型发展的历史机遇，以智能化为核心，积极务实地发展壮大先进制造业。先进制造业是工业发展的脊梁，也是郑州未来工业发展的活力所在。全面提升制造业基础能力和创新能力，在高端装备、电子信息、汽车及零部件、量子技术研发等领域，培育一批国内外知名创新型领军企业，打造智能终端等具有国际竞争力的产业集群。特别是要发展壮大新一代智能终端、电子核心基础部件、智能制造装备、生物医药、超硬材料等新兴产业，建设全国制造业强市，并为中原城市群其他城市提供技术支持。

二是提高服务业在国民经济中的比重。适应全国国民经济服务化的历史趋势，全面提升服务业特别是现代服务业发展水平。增强国际文化旅游交流功能，提高服务业开放度，积极引进跨国公司和企业集团区域性、功能性总部。加快郑东新区金融集聚核心功能区建设，搭建辐射全国的特色化、专业化服务平台，提升服务经济层次和水平，加快建设区域性金融中心。加快发展服务型制造和生产性服务业，创新发展商务服务、信息服务、文化创意、健康养老等服务经济新业态。

三是加快培育发展新经济。以大众创业、

* 本文发表于《河南日报》2017 年 6 月 21 日，第 8 版，作者为河南省社会科学院课题组。课题组组长：张占仓；课题组成员：任晓莉、张富禄、王玲杰、郭志远。

万众创新为基本理念，以鼓励激励青年人创业创新为重要动力，促进"互联网+"新业态、新模式、新技术创新，发展分享经济、平台经济、体验经济、社区经济、微信经济。建设提升中原云等大数据基地设施水平，促进大数据在经济社会发展和老百姓日常生活中的实际应用。在下一代信息网络、生命科学、人工智能、微信文化创意应用等前沿领域培育一批未来产业增长点。

2. 唱响改革与创新引领发展的时代强音

全面深化改革，聚力创新发展，是我们这个时代的最强音，需要形成协同效应。一是持续深入推进政府职能转变。以高效市场、有限政府为目标，基本建立符合社会主义市场经济规律、适应现代治理体系要求的政府管理服务模式。带头简政放权、放管结合、优化服务，全面建立权力清单、责任清单、负面清单，最大限度放宽市场准入和减少政府对市场经济活动的干预。全面实施政府办事"单一窗口"模式，能够上网或者进入智能终端的事务必须限期完成工作模式转换。

二是积极推进供给侧结构性改革。把"三去一降一补"落到实处。按照党中央国务院和省委、省政府的具体要求，扎扎实实落实具体措施，减少无效供给，增加有效供给，激发经济社会发展的内在活力。对去产能，要提高认识，从产业结构历史性演变的高度把落后的过剩产能剔除，推动产业结构转型升级。对老百姓切实关心的房价问题，通过具体政策创新与试验，切实把习近平总书记提出的"房子是住的，不是炒的"落到实处，使居民增加幸福感，为刚刚步入社会的年轻人逐步解决居住问题。在补短板方面，重点仍在民生领域发力，为人民群众创造就业、看病、上学、社保等均衡化公共服务。

三是优化创新政策制度。按照全国科技"三会"的要求，以建设郑洛新自主创新国家示范区为契机，清理妨碍创新的制度规定，构建符合科技创新规律的普惠性创新支持政策。深化保障和激励创新分配机制改革，落实创新成果处置权、使用权和收益权改革以及科技成果转化收益分配制度的相关政策。完善知识产权创造和保护机制，建设在线知识产权交易服务平台。

四是加快集聚整合中高端创新要素资源。在积极支持开展一流大学、一流学科建设的同时，要努力向深圳、苏州等地学习，积极引进国内外高水平大学和国家级科研院所设立分支机构，建设全国重要的科教中心，切实提升科技创新水平和国际合作办学水平，让越来越多的青年学子能够在家门口读世界一流大学，充分利用郑州年轻指数居全国第三、北方城市第一的优势，引导越来越多的青年人根植于当地深厚的包容文化，为创业创新奉献青春与热血。完善更加开放、更加灵活的人才培养、吸引和使用机制，集聚国内外创新型领军人才、高水平创新团队和青年专业人才队伍。促进科技和金融结合，让有志创业者有现代金融资源支持。

五是打造创新创业平台。积极开展重大创新政策先行先试，培育产业技术研究院等新型研发机构，推进跨行业跨区域协同创新，建设制造业创新中心。加快国家双创示范基地建设，发展开放式众创空间，为青年人创新创业提供低门槛支持。建设国家区域性技术转移中心，促进国内外技术成果就地转移转化。倡导开放式创新，促进中高端人才双向流动，积极融入全球创新网络，建设一批高水平国际联合研究中心和科技合作基地，勇当创新驱动、绿色发展的领跑者。

二、承担更多服务全国的职能

在承担国家职能方面，郑州最独特的优势是位居天下之中，历来是中国横贯东西、连南贯北的交通枢纽。在新的历史条件下，郑州发挥与"一带一路"沿线联系紧密的优势，大胆探索，已经在"一带一路"建设中创造出"多路并举、深度融入"的独特模式。

1. 持续打造国际综合性交通枢纽

在承担国家职能方面，郑州最独特的优势是位居天下之中，历来是中国横贯东西、连南贯北的交通枢纽。

一是持续提升陆路枢纽优势。正是因为郑州地处天下之中，早在 20 世纪初我们的先辈就在郑州规划建设了铁路枢纽，使郑州成为火车拉来的城市，并逐步发展成为亚洲最大的铁路枢纽。20 世纪 90 年代，国家从战略高度持续支持河南大规模建设高速公路，使河南迅速成为全国最重要的高速公路枢纽，高速公路通车里程连续多年居全国前列。进入新世纪，河南很快开通了京广和陇海方向的高速铁路，2015 年，经国家批准，开始建设"米"字形高铁网络，成为全球目前第一个建设的"米"字形高铁枢纽。

二是加快扩大国际航空枢纽优势。2011 年，航空货运价值占到全球货运价值的 36%，航空运输成为影响经济发展的重要支撑方式，全球也因此进入航权时代，拥有良好国际航空枢纽的区域成为新的发展热点。郑州经济地理中心的区位决定了它具有无可替代的由国家优先推动发展临空经济的战略优势，2013 年 3 月，国务院批准郑州航空港经济综合实验区成为国家探索临空经济发展的先行区，从批准以来郑州航空港区快速发展的实践证明，临空经济发展潜力巨大，特别是郑州航空港客货吞吐量的高速增长以及带动河南省及周边地区开放型经济的跨越式发展，证明航空港区已经成为带动河南经济发展的新引擎，也充分说明国家在北、上、广之后下决心在地处全国经济地理中心的郑州建设国际航空枢纽的战略决策具有超前性和战略性，郑州也成为国内外羡慕的由飞机带动快速崛起的城市，已经并将继续对中西部地区培育发展新优势、架设与国际市场联通的空中桥梁、加快经济结构转型升级产生重大影响。在 2017 年 3 月公布的国家"十三五"交通运输规划中，明确提出建设郑州国际综合性交通枢纽的战略方向，将使郑州围绕地处天下之中的区位优势，在建设高水平国际综合性交通枢纽以及发展枢纽经济方面，持续前行，再创辉煌。

2. 全面融入国家"一带一路"建设

2013 年，习近平总书记提出建设"一带一路"，这是中国和平崛起过程中全面融入全球的重大举措。历史上，河南就是丝绸之路重要组成部分，曾经通过丝绸之路与欧洲进行包括经贸、人文、民俗等非常广泛的交流。在新的历史条件下，郑州、洛阳都是国家"一带一路"重要节点城市。郑州发挥与"一带一路"沿线联系紧密的优势，大胆探索，已经在"一带一路"建设中创造出"多路并举、深度融入"的独特模式。

一是陆上丝绸之路——中欧（郑州）班列开行良好。自 2013 年开通后，2016 年完成去程 137 列，回程 114 列，基本稳定在每周三去三回状态。全年开行 251 班，总货重 12.86 万吨，总货值 12.67 亿美元，成为全国 20 多家开行中欧班列中唯一实现双通道（阿拉山口西通道、二连浩特中通道）、双向常态（每周"去三回三"）运行的班列，总载货量、境内集货辐射地域、境外分拨范围均居中欧班列前列。从 2017 年 3 月开始，已实现"去四回四、每周八班"的常态化均衡开行。2017 年前 5 个月的数据显示，中欧（郑州）班列共开行 125 班，货值 8.18 亿美元、货重 8.29 万吨，其中去程 65 班、满载率 112.3%，回程 60 班、满载率 104.8%。由于去回货量旺盛，中欧（郑州）班列开行频次再获提升，从 5 月底开始，已逐步实现"去五回五、每周十班"常态化均衡对开，持续保持在中欧班列中的领跑优势。

二是空中丝绸之路——郑州—卢森堡航空货运航线发展迅速。该航线自 2014 年 6 月开通以来，由开航时每周两班增加至目前每周 15 个定期全货机航班。货运量由 2014 年的 1.5 万吨，发展到 2015 年的 5 万吨，2016 年的 10 万吨，增长迅速。郑州—卢森堡货航常态化开行是近年来郑州与欧洲国家间经贸往来日益频繁的一个缩影。因为其影响较大，在欧洲航空货运市场上"郑州价格"也日益成为中欧间国际航空货运价格的风向标。2017 年 6 月 12 日，卢森堡国际货运航空公司与河南航投等在北京签署《合资合同》，合资成立以郑州为基地的本土航空货运公司，打造根植郑州新郑国际机场、面向全球市场的航空物流运营高地和链接世界的航空骨干运力。2017 年 6 月 14 日，国家主席习近平在北京会见卢森堡首相贝泰尔，明确提出中方支持建设郑州—卢森堡"空中丝绸之路"，使其上升到国家支持的战略高度，显示出更加光辉灿烂的前景，河南作为空中丝绸之路核心区建设也水到渠成。

三是网上丝绸之路——郑州跨境 E 贸易影响全国。2015 年，河南保税物流中心承担的郑州 E 贸易试点业务量 5109.15 万单，列全国当时 7 个试点第一，业务量占全国的 50% 以上。2016 年初，中国（郑州）跨境电子商务综合试验区获批，郑州当年的业务量突破 8000 万单，占全国的 40% 以上，居全国第一。其中，进口 5352.22 万单，同比增长 18.89%；出口 2938.08 万单，同比增长 488.07%。出口量的快速攀升，为全省各类出口产品扩大国际市场打开了新的高效路径。

集海陆空网于一体的立体丝绸之路形成了高效衔接的进出口体系，对红酒、化妆品等跨境贸易形成重要影响，使法国和澳大利亚的葡萄酒、法国和韩国的化妆品等销售价格大幅度下降，确实造福于普通百姓。

三、形成更大的国际影响力

郑州航空港经济综合实验区建设以来，围绕国际航空枢纽，临空经济发展充满活力。未来需要进一步提升区域性金融中心地位，深化城市管理体制改革，提高城市设施和人居环境的现代化国际化水平，让郑州的"国际范"体现在方方面面。

1. 持续推动开放型经济发展

一是进一步提升郑州航空港经济综合实验区开放发展。改革开放以来，由于郑州地处内陆，缺乏有效的开放发展的渠道，开放型经济发展一直受到抑制。2010 年以来，大胆探索依托国际航空枢纽开放发展的新路，特别是 2013 年 3 月国务院批准郑州航空港经济综合实验区建设以来，围绕国际航空枢纽，以引进富士康、发展智能终端产业为突破口，

发展成为具有全球影响力的智能手机产业集群，临空经济发展充满活力。2016 年，航空港实验区加快建设，机场二期全面建成投用，开通客运航线 186 条、全货机定期航线 34 条；以智能终端等产业集群为抓手，手机总产量 2.6 亿部，占全球出货量的 19.1%，全球重要的智能终端（手机）研发制造基地初具规模；成功获批全国双创示范基地；通航"郑州制造"、郑州航展渐成品牌，通航产业发展基地逐步形成。郑州新郑综保区三期封关运行，进出口总值居全国海关综保区第一位。经开综保区成功获批。开展精准招商，引进市外资金 1680 亿元，实际利用外资 37.2 亿美元。进出口总额完成 550.3 亿美元，是 2010 年 51.6 亿美元的 10.7 倍，占全省的 77.3%，继续位居中部省会城市首位，为全省开放发展作出了积极贡献。郑州以成功的实践，创造出"不沿海不靠边，对外开放靠蓝天"的开放型经济发展新模式。

二是以中国（郑州）自由贸易试验区为载体，全面推动投资、贸易、金融便利化。延续自由贸易试验区 2017 年 4 月投入运行以来的良好态势，进一步改善软环境，在扩大开放上发力，以更博大的胸怀，下决心引进和培育一批世界 500 强和中国 500 强企业，推动开放发展，加快建设内陆开放高地。

2. 提升郑州现代化国际化水平

一是提升国际化基础设施水平。坚持国际化规划引领，强化城市设计，推动城市设计精品化、人文化，加快推进主城区有机更新、生态修复、内涵提升，协调推进洛阳副中心城市建设，持续推进郑汴一体化，加快推进郑许、郑新、郑焦融合发展，打造郑州大都市区。进一步强化国际化现代化立体综合交通枢纽地位，继续加快国家航空一类口岸、铁路一类口岸和国际陆港、多式联运体系建设，配合做好"米"字形高铁、机场至高铁南站等城际铁路建设，构建枢纽型、功能性、网络化的现代综合交通运输体系。全面提升城市品质。围绕宽带中国、智慧城市、"互联网+"及大数据等试点载体，加快建设

国际化信息枢纽。以新型智慧城市、海绵城市、地下管廊建设为引领，统筹提升城市公共基础设施保障水平。加快建设商都历史文化区、二砂文化创意园、百年德化文化复兴工程等一批历史文化街区，铸造以开放包容为主题的中原文化魅力。深化城市管理体制改革，坚持标准化、精细化、品质化、智慧化城市管理理念，提升城市设施和人居环境的现代化国际化水平。

二是持续打造郑州"国际范"。以 2015 年上海合作组织政府首脑会议在郑州成功举办为标志，说明郑州的软硬件建设已初步显示出"国际范"。以 2016 年 12 月国家提出支持郑州建设国家中心城市为标志，说明郑州发展已经进入国家城镇体系的塔尖，而泱泱大国的"塔尖之约"，肯定也是"国际范"。2017 年 6 月卢森堡驻华大使馆与河南航投签署《关于在河南开展签证便利业务谅解备忘录》、在郑州向河南及周边省份居民提供赴欧盟签证的便利化服务，使郑州"国际范"的红利直接惠及普通民众。未来需要进一步提升区域性金融中心地位，并在互联网金融创新方面有所作为；出版更多英文期刊与系列书籍，开办更多英语学校，创造国际化营商环境等，让郑州的"国际范"体现在方方面面。

加快洛阳副中心城市建设的重大意义与战略举措[*]

编者按 作为共和国的长子，新中国成立以后，洛阳曾经创造了中国工业看"两阳"（洛阳与沈阳）的骄人业绩。改革开放以来，洛阳市经济社会保持了持续较快发展的良好态势。近几年，新的战略机遇叠加，洛阳具备了在新的起点上加快发展的良好条件。2016年12月，在国务院批复的《中原城市群发展规划》中指出，要进一步提升洛阳中原城市群副中心城市地位。2017年5月，河南省委省政府印发的《河南省建设中原城市群实施方案》中进一步明确了提升洛阳中原城市群副中心城市地位的思路和任务。2017年7月21日，河南省委常委会研究支持洛阳市加快中原城市群副中心城市建设的若干意见。面对新形势，洛阳要乘势而上，综合发力，着力打造带动全省经济发展新的增长极。

一、加快洛阳副中心城市建设的重大意义

1. 落实国家战略规划的必然选择

2016年以来，随着郑洛新国家自主创新示范区、中国（河南）自由贸易试验区、中原城市群规划、郑州国家中心城市建设等一系列战略规划和平台相继获批，河南已经进入国家战略密集布局集中释放的新阶段，战略叠加效应、政策集成效应、发展协同效应日益彰显。洛阳作为郑洛新国家自主创新示范区、河南自由贸易实验区的战略覆盖区，同时又是中原城市群副中心城市，在塑造全国发展大格局、支撑全省发展大框架、形成全市发展大趋势中战略地位显著提升。支持洛阳加快中原城市群副中心城市建设，有助于充分发挥洛阳工业、区位、文化、生态等方面优势，加快形成体制新优势，创造制度新红利，激发发展新动力、新活力，对于深入推进大众创业、万众创新，巩固提升"一带一路"主要节点城市功能，不断增强中原城市群整体竞争力、辐射力、影响力均具有重要意义。

2. 优化区域空间布局的重要举措

国家"十三五"规划提出，以区域发展总体战略为基础，以"一带一路"建设、京津冀协同发展、长江经济带发展为引领，形成沿海沿江沿线经济带为主的纵向横向经济轴带，塑造要素有序自由流动、主体功能约束有效、基本公共服务均等、资源环境可承载的区域协调发展新格局。国家意在运用新地缘经济和信息技术条件下的交通、物流和信息流等综合优势，谋划沿海与中西部相互支撑、良性互动的新格局，推动国内与国外、内陆地区与沿海沿边地区联动发展。洛阳作为丝绸之路经济带上的主要节点城市，是中部崛起的重要增长极和国家"一带一路"建设的重要腹地支撑，可以有效承接沿海地区产业转移，有效集聚区域内外的创新资源和生产要素，加快发展战略新兴产业和先进制造业，从而进一步形成整体发展优势。支持洛阳加快推进中原城市群副中心城市建设，

* 本文发表于《河南日报》2017年9月20日，第13版，作者为河南省社会科学院课题组。课题组组长：张占仓；课题组成员：王玲杰、彭俊杰、易雪琴、柏程豫。

有利于进一步强化我国东部与中西部的战略联系，完善我国东西向的战略布局，凸显河南在东中西部良性互动的全国区域发展格局中的重要地位和作用；有利于加快融入国家"一带一路"建设，培育形成新的增长极；有利于进一步加强与长江中游城市群南北呼应，与京津冀城市群战略协作，形成良性互动、协同发展的新局面。

3. 促进中原城市群协同发展的有效路径

从国际大都市圈的发展经验看，一个循序渐进、产城融合、设施先行、服务配套，具有充足产业支撑与配套保障的副中心级城市可以有效缓解中心城市城区人口压力、疏散部分非中心城市功能，形成都市圈内双中心支撑架构。从国际超大城市发展情况分析，单中心、摊大饼式的超级大城市发展模式往往相伴而生大城市病，能源消耗高，不利于绿色发展，不具有可持续性，如墨西哥城、孟买等。反之，双中心空间结构的城市，发展相对健康，如法国巴黎、美国洛杉矶等。在中原城市群30个城市中，经济实力最强的就是郑州市和洛阳市，2016年GDP合计达到11777亿元，占河南省的29.3%，具备了引领其他中小城市发展的能力。因此，加快洛阳中原城市群副中心城市建设，进一步强化洛阳副中心城市地位，不仅能够通过分担郑州国家中心城市的部分功能来吸引大量的人口、资本和技术，从而增强郑州大都市地区的扩散效应，还能够通过自身的集聚与扩散效应与周边中心城市产生协同效应，促进中小城市、小城镇的协同发展。进而可以将中原城市群区域内的区域中心城市、重要节点城市、现代中小城市和特色小镇有效进行对接与融合，体现出单个城市经济外在化和整体群域经济内在化的交互作用，从而使整个城市群具有较高的整体外部效应，增强中原城市群整体竞争力、辐射力和影响力。

4. 培育全省经济增长新引擎的历史需要

加快重点地区发展，率先形成带动经济发展的区域增长极，不仅是发达国家的重要经验，也日益成为发展中国家和地区实现跨越式发展的必然选择。从城市经济学的理论角度，副中心级城市建设有利于发挥城市的规模效应，是大都市地区发展的趋势之一。在我国经济发达省份，一般都会有一个副中心城市与中心城市比翼齐飞，形成竞合格局。例如，广东的深圳之于广州、福建的厦门之于福州、江苏的苏州之于南京、山东的青岛之于济南等。从全省发展大局来看，支持洛阳加快建设中原城市群副中心城市，进一步明确洛阳发展定位和发展目标，推动产业创新发展，提升全国性交通枢纽地位，加强生态建设和环境治理，提升城市功能品质，全面增强洛阳市创新力、竞争力和辐射带动力，形成带动全省经济发展新的增长极，实现郑州、洛阳主副中心"两个城市遥相呼应"，相互支撑，共同引领全省经济社会加快发展。

5. 推动郑洛经济带发展壮大的现实需要

经济理论认为，由于区域存在着比较优势，只有相互协作，才能实现更好的发展效益。同时，经济学理论也强调，区域经济发展由于相同的市场、产品、生产技术、相同的竞争对手或发达的交通、通信联系等，使区域间经济发展具有较强的互补性，具有市场竞争中共命运的共生发展环境。支持洛阳加快建设中原城市群副中心城市，以推动洛阳发展引领中原城市群西部转型创新发展示范区建设，发挥交通廊道效应，促进郑州—巩义—偃师—洛阳经济带发展，建设既有分工又有合作在全国有重要影响的先进制造业链式大型基地，有利于优化沿线城镇化的空间布局，形成合理的城镇规模等级，进一步集聚国内外先进生产要素，加速区域内产业的相互配套与相互融合，促进区域产业结构调整和优化，打造区域性产业优势，共同提高市场竞争力。

二、建设洛阳副中心城市的优势

1. 区位枢纽优势

洛阳是古代丝绸之路的东方起点，也是"一带一路"建设的主要节点城市，历来在中西方经济文化交流中发挥着十分重要的作用。在国家《促进中部地区崛起"十三五"规划》和《中原城市群发展规划》中被定位为中部地区的区域性中心城市和中原城市群副中心城市，说明其在中部崛起和中原城市群建设中均具有特别重要的战略地位。在2017年国家公布的《"十三五"现代综合交通运输体系规划》中又提出把洛阳建设为全国性综合交通枢纽，进一步表明国家对洛阳区位枢纽优势的高度重视。国家对洛阳区位功能的多方面定位，充分表明洛阳在国家区域发展格局中越来越具有突出的区位枢纽优势。

2. 国家战略叠加优势

洛阳是中国（河南）自由贸易试验区三大片区之一，也是郑洛新国家自主创新示范区的主要组成部分，还是被李克强多次肯定的国家双创实力强盛的城市。国家战略规划、战略平台的叠加效应，将为洛阳提升装备制造业智能制造水平，提高转型升级能力，扩大国际产能合作氛围，打造以高端装备制造为特色的现代高科技研发中心与产业基地、国际智能制造合作示范区和华夏历史文明传承创新区等方面提供丰厚的政策红利。因此，洛阳的国家战略支持优势越来越突出。

3. 产业基础优势

洛阳是全国重要的老工业基地，装备制造、有色金属、石油化工、硅光伏及光电、能源电力五大传统产业具有比较雄厚的基础。近些年，还积极培育和发展了电子信息、智能制造、节能环保装备、新材料、新能源、生物医药六类战略性新兴产业，孕育了一拖集团、中信重工、中航光电、洛钼集团、普莱柯生物等一批在行业发展影响深远的龙头企业，打造了伊滨产业集聚区、洛阳先进制造技术集聚区、洛龙产业集聚区等多个特色产业集群，持续发展的产业基础优势凸显。

4. 创新发展优势

洛阳是全国重要的科技研发基地，在工程科学领域独具优势。现在，拥有各类研发机构900余家，两院院士6名，国家级实验室、企业技术中心和工程（技术）研究中心近40个，省部级科研院所14家，普通高校7所。拥有专业技术人员18万人，是全国科技人才最集中的城市之一，科技人才密度高于全国、全省平均水平。在强大的人才优势支撑下，新材料、航空航天、电子信息等高科技领域居全国先进水平，高速铁路、载人航天、"蛟龙"号载人潜水器等一大批国家重大工程中都有"洛阳技术""洛阳制造"和"洛阳智造"等，科技实力雄厚。

5. 综合交通体系优势

洛阳北郊机场是国家一类航空口岸和国内净空条件最好的民用机场之一，常年担负着郑州、济南、太原、武汉等机场的备降航班保障任务，已开通了多条国内和国际航线。洛阳现有郑西高铁穿境而过，随着呼南高铁的开工建设，连通四方的"十字形"高铁骨架即将形成。焦洛、洛平、郑洛等多条城际铁路也正在规划或开工建设，连霍、二广、宁洛、郑卢等多条高速公路构成了洛阳的高速通道网络。洛阳还是中西部地区首个开工建设地铁的非省会城市，前期规划了4条地铁线路，内捷外畅的综合交通网络优势正不断显现。

6. 文化传承创新优势

洛阳是首批国家历史文化名城，有着5000多年的文明史、4000多年的城市史和1500多年的建都史，也是中国佛教的发源地及道教的起源地之一，物质文化遗产和非物质文化遗产的保有量非常大。作为黄河文明的摇篮、河洛文化的发祥地、古代东方城市的坐标、中国传统文化的精神家园，特别是对中华文明传承延续影响巨大的包容文化发源地，洛阳的历史文化积淀特别丰厚。龙门石窟、白马寺等彰显了洛阳的文化软实力，在传统文化领域洛阳具有很高的知名度和影响力。

强有力的国家战略支持、雄厚的产业基础和科技实力、便捷的综合交通网络体系、丰富的自然资源和文化渊源，为洛阳发展成为中部地区新的增长极奠定了坚实基础。

三、加快副中心城市建设的战略举措

1. 与郑州协同联动引领中原城市群发展

引导洛阳与郑州进行合理的职能分工，实现两者协同联动，共同引领中原城市群发展。全面推动市场化条件下的政府间的合作联动，解决各城市政府在经济运行过程中的越位、错位和缺位问题，规范城市政府行为并发挥其能动作用，激励合作与良性竞争，限制恶性竞争。我们建议：一是成立郑洛联动协调发展联席会议，在已有的中原城市群发展规划的基础上，进一步深入研究统筹协调郑洛协同联动的战略决策，编制郑洛联动发展总体规划，特别是要根据郑州和洛阳辖区内不同地区的发展条件和功能定位，在产业类型、技术含量、土地利用效率、能源消耗、污染物排放等方面，制定差别化的市场准入制度，严格要求各地方政府照章办事。二是创建同域职能管理机制和相关体制，根据影响郑洛联动发展的金融、旅游、基础设施建设以及生态环境等方面重大问题，分领域组建由相关职能部门参加的专业发展协调合作委员会，如郑洛交通管理与规划协调合作委员会、郑洛工商管理和监督协调合作委员会以及郑洛环境保护协调合作委员会等，就跨市级行政区的重大项目和具体问题的协调与合作举行双方会谈，寻找能够互惠互利的合作切入点，实现重点领域的协同联动。

2. 以改革开放创新驱动发展

全面深化各领域改革，破除各方面体制机制弊端，把改革的新红利转化为洛阳发展的新动力。深化国有企业改革，以国有经济提质增效为牵引，带动国有企业改革和国有资产重组，形成引领支撑洛阳经济社会发展的国有经济布局；支持非公有制经济持续健康发展，消除各种影响公有制经济发展的体制性障碍，确立平等的市场地位；以"放管服"改革为契机，加快服务型政府建设，以法治方法划分政府与市场边界，推进政企、政资、政事、政社分开，推动政府职能向创造良好发展环境、提供优质公共服务、维护社会公平正义转变；加快完善现代市场体系，形成商品和要素自由流动、平等交换的现代市场体系，提高资源配置效率。

持续扩大对外开放的广度和深度，构建双向深层次开放格局，全面深化对内对外开放与合作，为洛阳争取更大的发展空间和更高的发展平台。主动融入"一带一路"建设，发挥优势，坚持共商、共建、共享原则，全面推进与有关国家和地区的多领域开发合作，加快"一带一路"节点城市建设，同时进一步强化与国内其他区域及省内其他城市合作；加快开放平台和通道建设，高质量建设河南自贸试验区洛阳片区，大力完善开放平台布局和功能，提升口岸功能，扩展开放通道，完善通关体系；提升开放型经济发展水平，坚持对内开放和对外开放相互促进、"引进来"和"走出去"更好结合，充分利用国际国内两个市场、两种资源，推进开放招商，加快培育开放合作和竞争新优势。

坚持实施创新驱动发展战略，推动发展由主要依靠要素投入向更多依靠创新驱动转变，培育壮大洛阳发展新动能。充分利用中信重工等开创的"双创"优势，提升自主创新能力，加快培育创新主体，积极打造各类研发平台，加强创新载体建设和创新人才队伍建设；推进技术转移与开放合作，促进技术市场繁荣发展，加强国际科技合作，推进军民科技融合发展；加快产业转型升级，引领提升优势产业，培育壮大战略性新兴产业，支撑发展特色产业；构建创新创业生态体系，打造创新创业孵化载体，加快发展科技服务业，推进科技与金融结合。

全面提升产业发展质量和水平，强化产业创新发展优势。壮大先进制造业集群，推动信息技术与制造业深度融合，做大做强机器人及智能装备、重型矿山和工程机械、现代农机装备、轨道交通装备、消防装备等先进装备制造业，提升核心技术和关键零部件研发制造水平；积极培育新产业新业态，发展壮大新材料、生物医药、新能源装备、新

能源汽车、智能传感器及物联网、云计算、大数据等一批具有比较优势的新兴产业，支持布局新兴产业集聚发展园区；建设区域服务经济中心，大力发展科技服务业，建设"一带一路"重要物流节点城市，培育形成一批高附加值服务外包产业集群，鼓励支持境内外各类金融机构在洛阳市设立分支机构，打造特色品牌消费集聚区。

3. 在"三个高地"建设中率先发力

以郑洛新自主创新示范区为引领在全省创新高地建设中率先发力。通过深化改革、开放带动、政策引导和协同创新，打通政产学研深度融合、军民企地对接转化通道、市场化运作通道和人才成长通道，广泛汇聚国内外创新资源，不断激发创新的活力和动力，着力提升产业技术创新能力，积极推动大众创业万众创新，深入实施军民融合发展战略，把示范区洛阳片区建设成为在全国有影响力的创新高地，并进一步带动洛阳全面推进创新型城市建设。

以深度融入"一带一路"为契机在全省开放高地建设中率先发力。发挥洛阳在东联西进上的作用，密切与丝绸之路经济带沿线节点城市和海上丝绸之路战略支点的联系，深化能源资源、经贸产业和人文交流合作；加强与发达国家和地区的产业承接和人才、技术、经济联系，提升产业层次和创新发展能力；推动与青岛、连云港、日照、天津等沿海港口合作，打通陆海物流运输通道；提高在西部地区的市场占有率和关键资源的获取能力，推动优势产能向西部地区转移等。

以华夏历史文明传承创新为核心在全省文化高地建设中率先发力。抢抓国家深化文化体制改革、建设丝绸之路经济带等重大机遇，围绕华夏历史文明传承创新这一核心，坚持保护传承与开发利用相结合、物质文化遗产与非物质文化遗产并重，积极推进文化遗存遗址的保护开发利用，加大非物质文化遗产的传承保护力度，打造华夏文化传承创新核心区；以文化旅游产业园区为载体，以重大项目为支撑，坚持高端设计、品牌引领，

以传承弘扬河洛文化为重点，深度挖掘、整合洛阳历史文化和山水生态资源。

4. 强化洛阳重要战略节点地位

提升服务"一带一路"建设的能力，强化"一带一路"主要节点城市地位。高质量建设河南自由贸易试验区洛阳片区，积极开展相关制度创新，打造良好的营商环境，积极培育国际文化旅游、文化创意、电子商务、文化展示等现代服务业，提升装备制造业转型升级和国际产能合作能力；大力完善对外开放平台功能，积极申建洛阳西工综合保税区，支持建设跨境电子商务综合服务平台，推进多式联运集散中心建设，加强与"一带一路"地区主要口岸的协调联动；深化与"一带一路"沿线城市合作，鼓励优势企业产品出口，支持电解铝、化工等优势产能企业到境外投资建厂，强化在文化方面的对外务实合作，加强域外技术交流和成果转化；引领中原城市群西部转型创新发展示范区建设，优化提升中心城区功能，强化对平顶山、三门峡、济源等地区的科技创新、文化引领和综合服务能力。

构筑现代立体综合交通枢纽，强化区域交通节点城市地位。构筑公铁集疏、陆空衔接、内捷外畅的综合交通新优势，强化全国性重要交通枢纽城市地位。巩固提升铁路枢纽地位，拓展铁路枢纽对外通道网络，优化枢纽空间格局，密切铁路客运枢纽与城市轨道交通、洛阳机场之间的联系，合理布局洛阳北等铁路货运枢纽；增强公路枢纽辐射带动能力，构建高速公路城市内环，形成高速公路环线和生态旅游环线，持续提升洛阳周边地区高速公路网覆盖广度，支持洛阳市结合城市道路建设和国省道升级改造，推进洛阳至周边县市快速通道建设；建设绿色畅达的城市交通，打造点线协调、一体衔接、高效畅通的城市交通网络，建立健全城市智能交通管理系统，加强集约化停车设施供给，逐步完善慢行交通系统；强化区域物流中心功能，把洛阳机场建设成为中西部地区旅游骨干机场，重点发展公铁联运，积极发展陆空联运。

建设郑州—卢森堡"空中丝绸之路"的
战略优势与前景展望*

摘要

在中国倡导的"一带一路"建设中，郑州—卢森堡"空中丝绸之路"建设进展顺利，货运量持续高速增长，在欧洲航空货运市场形成了影响较大的"郑州价格"，丰富了"一带一路"建设内容，赢得了全球的高度关注。按照中国国家民用航空局与河南省政府的相关规划，到2020年，郑州—卢森堡"空中丝绸之路"建设取得重要阶段性成果，航线网络框架基本形成，重点领域合作实现新突破，双方合作机制与合作重点逐步建立健全。到2025年，郑州—卢森堡"空中丝绸之路"与郑州航空港实验区同步全面建成，郑州、卢森堡将成为亚太和欧美物流集散分拨的重要基地，在支撑国家"一带一路"建设中发挥更加重要的作用。卢森堡货航及合资货航公司的航空货运量将超过100万吨，郑州—卢森堡"空中丝绸之路"将成为引领中部、服务全国、连通欧亚、辐射全球的空中经济文化走廊，在"一带一路"建设中将产生更大的国际影响力。以"丝绸之路"建设推动地处内陆的河南省开放型经济加快发展，河南在全国发展大局中的战略地位将进一步提升，由国际航空枢纽建设推动内陆开放高地建设成效将进一步彰显，通过中原大地实践破解区域发展不平衡不充分难题的区域发展理论也将更加成熟。

关键词

"一带一路"；"空中丝绸之路"；郑州—卢森堡"空中丝绸之路"；航空枢纽；临空经济

河南历来以"居天地之中"著称，在区域经济发展上以枢纽经济见长[1]。进入21世纪以来，航空运输成为国际往来的关键载体，在郑州建设大型国际航空枢纽正在被越来越多的投资者重视[2]。正是基于这样的特殊研判，2014年6月，郑州—卢森堡"双枢纽"货运航线开通，当年货运量突破1万吨，2015年突破5万吨，2016年突破10万吨，2017年达到14.7万吨，在中欧航空运输市场迅速引起高度重视，在欧洲出现了影响甚广的"郑州价格"。2017年6月14日，国家主席习近平在人民大会堂会见卢森堡首相贝泰尔时指出：要深化双方在"一带一路"建设框架内金融和产能等合作，中方支持建设郑州—卢森堡"空中丝绸之路"[3]。至此，建设郑州—卢森堡"空中丝绸之路"成为国家全力支持的重大举措，由中国提出的"一带一路"倡议也因此增添了新的内容。

一、郑州建设国际航空枢纽的战略优势

1. 地处中国地理中心的区位优势

河南"居天地之中"，位于京津冀、长三角、珠三角三大经济圈之间，是国家南北、

* 本文发表于《河南工业大学学报》（社会科学版）2018年11月第14卷第6期第40-48页。作者张占仓、蔡建霞。蔡建霞的工作单位为河南省科学院地理研究所。

东西交通大动脉的枢纽要冲，是亚欧大陆桥和进出西北六省的门户。独特优越的地理位置，使河南成为国家举足轻重的铁路、公路、航空、水利、通信、管道、能源及物流枢纽，省会郑州成为中华腹地国家战略综合性交通运输枢纽。

20世纪初，当铁路成为中国经济发展的关键影响要素时，郑州由于居中国地理中心的特殊位置，成为中国重要的铁路枢纽。20世纪末，在高速公路时代，河南又成为全国重要的高速公路枢纽。21世纪初，当国家开始把发展临空经济作为国家需求，把建设航空港实验区作为国家战略时，国务院高瞻远瞩，又做出了建设郑州航空港经济综合实验区的战略抉择。2012年11月，国务院批复《中原经济区规划》（2012—2020年）。其中，第十章第五节提出建设郑州航空港经济综合实验区。2013年3月，国务院批复了《郑州航空港经济综合实验区发展规划（2013—2025）》，郑州航空港经济综合实验区规划建设面积达415平方千米，是全球面积最大的国际航空新城。在国家的大力支持下，近些年郑州航空港客货运输量持续高速增长，郑州航空港成为国内外航空领域特别引人注目的国际航空枢纽（见表1），2017年货邮吞吐量跃居全球50强。在国际航空枢纽带动下，河南开始大胆探索推动内陆地区开放发展的新路子，并取得比较大的成效。"十二五"期间，河南省进出口总额累计完成2832亿美元，比"十一五"期间的714亿美元翻了两番，年均增长32.9%，比同期全国年均增长5.9%高出27个百分点。2016年，在全国进出口总额同比下降0.9%的情况下，河南省进出口总额达4714.7亿元，同比增长2.6%，跃居中西部地区第一位。2017年，河南省进出口总额达到5232.79亿元，同比增长10.9%，稳居中西部地区第一位，河南已成为内陆开放新高地。按照2018年7月河南省人民政府、中国民用航空局联合印发的《郑州国际航空货运枢纽战略规划》，到2025年，郑州新郑国际机场年旅客吞吐量将达到5300万人次，年货邮吞吐量保障能力300万吨以上；到2035年，年旅客吞吐量将达到1亿人次，年货运吞吐量保障能力500万吨，机场进出口总值全国领先，在开放型经济发展方面居全国重要位置[4]。

表1　2010~2018年上半年郑州新郑国际机场货邮和旅客吞吐量增长情况

年份	货邮吞吐量（万吨）	在全国位次（位）	货邮吞吐量增速（%）	旅客吞吐量万（人次）	在全国的位次（位）	旅客吞吐量增速（%）
2010	8.58	21	21.6	870.79	20	18.6
2011	10.28	20	19.8	1015.01	21	16.6
2012	15.12	15	47.1	1167.36	18	15.0
2013	25.57	12	69.1	1314.00	18	12.6
2014	37.04	8	44.9	1580.54	17	20.3
2015	40.33	8	8.9	1729.74	17	9.4
2016	45.67	7	13.2	2076.32	15	20.0
2017	50.27	7	10.1	2429.91	13	17.0
2018（上半年）	23.30	7	12.3	1335.60	12	17.8

资料来源：根据有关信息整理。

2. 郑州新郑国际机场地面与空域条件优越

郑州航空港空域条件特别好，便于接入主要航路航线，适宜衔接东西南北航线，开展联程联运，有利于辐射京津冀、长三角、珠三角、成渝、关中—天水等主要经济区，通过航空中转，1.5小时航程内覆盖中国2/3的主要城市和3/5的人口，12小时之内航程覆盖亚洲、欧洲、北美洲主要城市，郑州航空港具备发展国际航空运输的独特优势。按照新的规划，郑州新郑国际机场将成为辐射全球的国际航空货运（综合）枢纽，航空货运、客运吞吐量将进入全球前列，形成4小时覆盖全国、20小时服务全球的机场货运综合交通体系；以轨道交通为核心的机场客运集疏体系更加完善，1小时交通圈覆盖中原城市群，旅客出行体验更加方便快捷。未来T3航站楼从标准、设计、施工到投入运营的全过程都将贯穿"绿色机场"理念，实现零排放、碳中和。

郑州新郑国际机场是国内大型航空枢纽，规划建设4~5条跑道，是全球范围内可建设5条跑道的少数大型机场之一，发展空间巨大。郑州又是全国高速铁路网、高速公路网、互联网的重要枢纽，在现实技术支撑下，具备航空港、铁路港、公路港、信息港四港协同、陆空对接与多式联运的综合交通优势。从2013年以来的实际建设运行情况看，郑州新郑国际机场确实具备国际货物快速集散的能力，而且综合运输成本较低，配货速度较快。据报道，19小时前还挂在智利果园的车厘子，19小时后就空运到了郑州，再过1个小时，这批车厘子将通过海关检验，被派送到各大超市的货架上。这种新鲜水果的国际交易模式，震撼了不少业界达人，这与郑州新郑国际机场已经形成的国际货物快速集散能力密切相关。

中国民用航空局于2018年4月正式批复，同意郑州新郑国际机场飞行区指标由4E升级为4F。至此，郑州新郑国际机场正式跻身国内最高等级机场俱乐部，成为全国第12个4F等级机场。今后，郑州新郑国际机场可起降世界最大民航客机A380，同时可以保证B747-8F等大型货机的顺畅运行。

3. 中原经济区产业发展与市场需求潜力巨大

中原经济区是以郑州大都市区为核心、中原城市群为支撑、涵盖河南全省延及周边地区的经济区域，地处全国中心地带，是全国主体功能区明确的重点开发区域，地理位置重要、交通发达、市场潜力巨大、文化底蕴深厚，在全国改革发展大局中具有重要战略地位。2011年9月，国务院出台《关于支持河南省建设中原经济区的指导意见》，建设中原经济区上升为国家战略。2012年11月，国务院批复《中原经济区规划》(2012—2020)，中原经济区建设全面启动。中原经济区包括河南省全境以及山西、河北、安徽、山东的部分地区，共30个省辖市和3个区、县，区域面积28.9万平方公里，占全国面积

的3.0%。

2016年12月26日，国家发改委印发《促进中部地区崛起"十三五"规划》，正式提出支持郑州建设国家中心城市。2016年12月28日，国务院正式批复《中原城市群发展规划》，提出进一步加快郑州国家中心城市建设，建设现代化郑州大都市区，推进郑州大都市区国际化发展。把支持郑州建设国家中心城市作为提升城市群竞争力的首要突破口，强化郑州对外开放的门户功能，提升综合交通枢纽和现代物流中心的功能，集聚高端产业，完善综合服务，推动与周边毗邻城市融合发展，形成带动周边、辐射全国、联通国际的核心区域。在多种国家战略叠加效应影响下，近几年，中原经济区投资、进出口、内需增长迅速，发展优势日益显现。2017年末，河南总人口10852.85万，地区生产总值6.86万亿元，分别占全国的11.9%和8.3%。特别是2017年，河南省进出口总额达5232.79亿元，稳居中西部地区第一位，成为全国内陆开放新高地，为郑州航空港周边地区临空经济发展提供了强大的产业支撑和市场空间[5]。

4. 供给侧结构性改革的历史机遇

按照党中央的战略部署，针对中国经济新常态，供给侧结构性改革是"十三五"时期整个国民经济发展运行工作的主线。因此，需要向国民经济运行系统输入更多新的生产要素。其中，我们国家由制造业大国向以高端制造为标志的制造业强国迈进，需要发展更多高端制造业。郑州航空港发展的制造业都是高端制造业，如智能手机、航空制造、航空维修、精密机械、生物医药等，符合国家经济升级发展的需要，赶上了国家高端产业发展的节拍。同时，我们国家由工业大国向服务业大国迈进，需要加大力度发展服务业。2012年，我国第三产业现价增加值占GDP比重上升到45.5%，首次超过第二产业成为国民经济第一大产业，实现了产业结构演进的历史性跨越，国民经济开始向服务化迈进。2017年，第三产业占GDP的比重进一

步上升至 51.6%，第二产业占比持续下降到 40.5%，中国经济结束第二产业主导发展阶段，在国家层面进入了工业化发展后期，稳步进入第三产业主导发展的状态，国民经济服务化已经成为非常明朗的发展趋势，服务业成为经济发展最大的蓄水池和动力源。郑州航空港区正在建设国际航空枢纽，把国际物流、海外仓、国际金融、自由贸易等放在突出地位，与国家发展服务业大国的需求吻合，成为国家积极鼓励的发展重点。另外，国家推动国际航空枢纽向更加广阔的地域拓展，郑州首当其冲，承担起临空经济发展先行区的职能。国家推动新型城镇化规划，郑州航空港实验区 415 平方公里按照全国第一个航空大都市规划建设，要建设绿色智能航空都市，契合了新型城镇化的历史趋势。国家推动高端信息化，推动大数据应用、信息消费，郑州航空港实验区大批高端信息化项目落地，包括建设国家骨干信息网节点、菜鸟高速智能网节点、京东电商等配送基地，符合高端信息化的发展趋势。

二、建设郑州—卢森堡"空中丝绸之路"的战略机遇和重大意义

1. 合作空间大

郑州位于我国内陆地理中心，卢森堡地处欧洲中心，一头是活跃的东亚经济圈，一头是发达的欧洲经济圈，双方具备相似的区位条件，战略合作空间巨大。卢森堡是欧洲重要的航空、陆路枢纽，也是著名的金融中心，卢森堡货航是欧洲最大的货运航空公司。2013 年，全球金融危机造成全球贸易持续低迷，当时世界货运量排名第 9 位的卢森堡货运航空公司也在瓶颈之中，卢森堡货航开始在世界范围内寻找新的合作伙伴。当时的河南郑州，正在努力打造全国第一个航空港经济综合实验区，也在寻找全球顶级的货运航空公司加入。双方都在寻找合作伙伴，并发现彼此是最理想的合作伙伴。因此，卢森堡把郑州航空港作为其在亚洲的航空枢纽，而郑州航空港则把卢森堡作为其在欧洲的航空枢

纽，以亚欧"双枢纽"为支撑的战略合作一拍即合。2014 年，河南民航发展投资有限公司出资两亿多美元，收购了卢森堡货航 35% 的股权，2014 年 6 月，郑州—卢森堡货运航线正式开通。郑州—卢森堡航线把中国的腹地和欧洲的腹地相连接后，它的辐射面延展到从中国东北到广东 15 个省的 30 个大中城市。市场的力量是惊人的，从最初每周两个航班，到目前每周 16~18 个航班，旺季时，一周多达 23 个航班。郑州—卢森堡航线的通航点从最初的郑州和卢森堡两个城市，增加到现在的 14 个城市，包括芝加哥、米兰、亚特兰大、萨拉戈萨、伦敦、吉隆坡、新加坡等城市，成为覆盖欧、美、亚 3 个大洲的主要航空货运枢纽。包括德国、意大利、法国、匈牙利等在内的 12 个国家都参与到了合作之中。为深入贯彻习近平总书记关于推进对外开放一系列重要讲话精神和建设郑州—卢森堡"空中丝绸之路"重要指示，积极参与 2018 年至 2019 年中俄地方合作交流年活动，省委书记王国生率领河南省代表团于 2018 年 7 月 9~18 日应邀对卢森堡、德国、俄罗斯进行友好访问，推动河南深度融入"一带一路"建设。其中，中国（河南）—卢森堡跨境电商试点项目谅解备忘录和"空中丝绸之路"建设相关项目在卢森堡商会会议中心完成签约，这标志着中国跨境电商"1210 模式"海外复制推广迈出关键一步。双方还商定，尽快筹备开通相关客运航线，进一步拓展合作空间。地处中国内陆腹地的中原地区，依靠持续不断地探索与创新，创造出"不沿海不沿边，对外开放靠蓝天"的开放型经济发展新模式。

2. 战略机遇空前

2016 年，国家批复的中国（河南）自由贸易试验区明确了加快建设贯通南北、连接东西的现代立体交通体系和现代物流体系，打造服务于"一带一路"建设的现代综合交通枢纽的战略定位，对河南省参与"一带一路"建设提出了新要求，是河南省加快建设郑州—卢森堡"空中丝绸之路"的新机遇。

2017 年 6 月 13 日，卢森堡首相格扎维埃·贝泰尔一行访问河南。贝泰尔在接受记者专访时表示，郑州—卢森堡货运航线开启了豫卢合作新篇章，接下来希望能够开通郑州到卢森堡的客运直航。贝泰尔还表示，开通郑州—卢森堡之间的直达客运航线非常必要："我认为发展郑州—卢森堡之间的客运业务，可以给两地人民的生活带来很大的改变和改善，欢迎更多人到卢森堡去访问，希望有机会可以跟他们说'你好'，直航将使两国人民之间的联系更加紧密。"2017 年 6 月 14 日，国家主席习近平在北京会见卢森堡首相贝泰尔时指出，要深化双方在"一带一路"建设框架内金融和产能合作，中方支持建设郑州—卢森堡"空中丝绸之路"。习近平针对性的重要讲话为河南省点明了参与"一带一路"建设的新任务，也是河南省发挥"天地之中"战略优势的重要使命。参照新疆建设"陆上丝绸之路"核心区和福建建设"海上丝绸之路"核心区的做法，河南抓紧打造"空中丝绸之路"核心区已经顺理成章。按照习近平的指示精神，中共河南省委、省人民政府于 2017 年 9 月制定出台了建设郑州—卢森堡"空中丝绸之路"规划与实施意见，进一步加快"空中丝绸之路"建设。根据国家规划，"一带一路"建设深入推进，"六廊六路多国多港"主体框架加快形成，特别是统筹推进陆、海、空、网四位一体的设施联通，为河南省搭建开放型合作平台、探索与欧美发达经济体深度合作打开了新的空间。全国以临空经济为代表的新经济快速发展，高时效、高质量、高附加值产品的临空经济规模持续扩大，为河南省发挥临空经济先行优势、参与国际产能合作、带动产业转型升级提供了新动能[6]。

随着中欧经贸合作关系的深化，习近平提出的"提高人员往来便利化水平"成为双方期盼的新焦点。在中卢双方的积极努力下，卢森堡签证（郑州）服务中心于 2018 年 4 月摘牌运营，郑州成为除北京、上海之外，国内第三个能够办理卢森堡签证的城市[7]。中

原地区的老百姓可以在自己家门口办理签证，畅游欧洲 26 个申根国家，中原人民便利化地走出去成为现实。走出去，在中国改革开放历史上一直是一个实质性的标志。只有走出去，才能够了解外面精彩的世界。中原人民可以便利化地走出去，那么，一直以博大精深与包容开放著称的中原文化，一定会伴随中原人民走向欧洲，走向全球。

3. 建设意义重大

建设郑州—卢森堡"空中丝绸之路"能够贯通欧亚、辐射全球，在"一带一路"建设中发挥着特别重要的高端支撑作用，对推动内陆地区构建开放型经济新体制、吸引更多国家参与共建"一带一路"、打造全方位对外开放新格局、加快临空经济发展、促进内陆腹地经济高质量发展均具有重大意义[8]。加快郑州—卢森堡"空中丝绸之路"建设，是河南增强"四个意识"、贯彻落实习近平总书记治国理政新理念、新思想、新战略和接见卢森堡首相时重要讲话精神的具体实践；是丰富拓展"一带一路"框架体系内容，全方位、多维度、新视角推进"一带一路"建设的重要支撑；是创新参与"一带一路"建设模式，打造特色优势品牌、形成示范带动效应的重要探索；是增强服务"一带一路"建设交通物流枢纽功能，促进区域发展优势与落实国家战略相结合的重要体现；是发挥中原地区包容文化优势、推动全省高水平对外开放、优化产业结构，在更大范围、更宽领域、更高层次上融入全球经济体系的重大举措[9]；是新时代建设富强民主文明和谐美丽的现代化新河南，促进中原大地在全面决胜小康社会实现中华民族伟大复兴中国梦中更加出彩的战略之举[10]。

三、进一步建设郑州—卢森堡"空中丝绸之路"的重点任务

1. 持续提升"双枢纽"功能

近几年，郑州航空港以"货运为先、国际为先"为最大特色，实现了货运规模快速增长。2012～2017 年，机场货邮吞吐量由全

国第 15 位上升至第 7 位，业务量规模年均增长 27%，初步形成了以国际地区航线和全货机运力为主的货运发展模式。同时，机场加快管理改革步伐，通关便利化条件逐步改善，机场口岸功能不断完善，综合物流信息化平台积极建设，初步构建了协同发展的航空货运物流枢纽格局，在中西部地区初步形成了航空物流快速发展的竞争优势。下一步，要深化郑州—卢森堡"双枢纽"战略合作，加快建设郑州国际性现代综合交通枢纽，推进郑州、卢森堡双枢纽全面对接，构建多式联运体系，提升服务"一带一路"建设的物流枢纽功能。以"空中丝绸之路"建设为核心，打造高效通达全球主要货运枢纽和经济体的运输通道，构筑辐射全球的货运航线网络体系。以打造全球卓越效率机场为核心，提升专业服务能力，优化口岸服务功能，建设国际快（邮）件分拨中心、跨境电商分拨中心、国际冷链物流中心和全球供应链管理中心等，形成影响力越来越大的国际航空物流中心。对于卢森堡枢纽来说，要充分发挥其在欧洲货运枢纽中心的特殊作用，拓展更多的以枢纽经济为依托的经济、金融等功能，有效放大其国际航空枢纽的集散效应，加快链接更多的国际航空枢纽，织密国际航空客货运输网络，为国际航空运输产业发展做出新的更大贡献。

2. 全面拓展国际航线网络

以连接全球重要枢纽机场为重点，完善通航点布局，加密国际货运航线航班，新开直飞洲际客运航线，形成覆盖全球的国际客货运航空网络。其中，在货运方面，要吸引更多集疏能力强、覆盖范围广的货运航空公司开辟和加密货运航线，扩大全货机航班运营规模，建设骨干航空物流通道。欧洲方向，重点开通郑州至莱比锡、科隆、华沙、马斯特里赫特等航线；美洲方向，重点开通郑州至达拉斯、迈阿密、哈利法克斯、亚特兰大、洛杉矶、辛辛那提、圣地亚哥等航线；亚洲方向，重点开通郑州至曼谷、东京、河内、阿布扎比等航线；大洋洲方向，重点开通郑

州到悉尼、墨尔本等航线；非洲方向，重点开通郑州至吉布提、内罗毕、约翰内斯堡、亚的斯亚贝巴等航线。在客运方面，要加快增开国际客运航线。加密欧美航线，开通郑州至莫斯科、卢森堡、洛杉矶等航线，辐射欧美发达经济体；拓展澳洲航线，在开通郑州至墨尔本航线的基础上，进一步开通郑州至悉尼、奥克兰等航线，辐射南太平洋广阔地区；对接非洲客运网络，以迪拜为中转点，连接开罗、开普敦等非洲主要机场；串飞亚洲航线，以仁川、东京、吉隆坡等枢纽机场为主要通航点，完善日韩、东南亚中短程国际航线网络及港澳台地区航线网络，开辟暹粒、西港、斯里巴加湾等重点旅游航线。在引进培育基地航空公司方面，加快推进与卢森堡货航合资组建货运航空公司，提升卢森堡货航、合资货航及成员企业郑州航空港直航覆盖率，推动卢森堡货航成为郑州航空港主要货运基地航空公司。加快组建本土货运航空公司，增加南航河南分公司运力投放数量，引进西部航空、祥鹏航空等国内航空公司在郑州设立基地公司，扩大机队规模。

3. 加快培育航空特色产业集群

利用全球资源和国际、国内两个市场，带动高端制造业、现代服务业集聚发展，构建以航空物流为基础、航空关联产业为支撑的临空经济产业集群，将郑州航空港实验区打造成为郑州—卢森堡"空中丝绸之路"产业合作的先导区，带动河南省产业结构转型升级。一是建设航空冷链和快递物流基地。依托郑州新郑国际机场、进口肉类口岸、水果口岸等平台，吸引国内外特别是欧洲大型生鲜冷链集成商在郑州集聚发展，加快冷链物流基地建设，扩大冷鲜货物经郑州新郑国际机场进出口规模，打造辐射全国、连接世界的郑州冷链产品交易中心和冷链物流集散分拨中心。加快发展当地优质农产品加工、出口、配送，扩大欧洲市场份额，打造河南省农产品国际品牌。利用郑州跨境电商发展优势和"居天下之中"的区位优势，大力开展航空快递运输业务，积极推进与大型快递

企业合作，完善分拨转运、仓储配送、交易展示、信息共享等配套服务，全面提升快递物流的中转和集疏能力，将郑州建设为全国航空快递集散交换中心。二是促进航空偏好型高端制造业集群发展。突出高端、智能、融合、绿色发展方向，积极承接欧洲产业转移，与卢森堡等欧洲国家合作建立产业创新中心，重点引进新一代智能终端、精密机械制造、生物医药、人工智能、飞机及零部件制造等轻量型、高价值的高端制造业，将郑州打造成为欧洲企业在内陆地区的总部基地，促进河南省加速融入全球制造业供应链和销售链体系。三是积极发展飞机租赁业。发挥航空港实验区国家战略平台优势，完善财税支持政策和通关等配套支撑条件，引进和培育一批大型租赁企业，支持阿维亚（中国）融资租赁、中原航空租赁公司等飞机租赁企业发展壮大，积极开展飞机经营性外币租赁业务，降低租赁企业融资成本和汇率风险，集中要素资源促进飞机租赁业集聚发展。四是加快发展飞机维修和航空培训。积极引进国内外航空制造维修企业，引导本地装备制造和电子电气企业向航空制造领域拓展，重点发展机载设备加工、航空电子仪器、机场专用设备以及航空设备维修等产业，推进飞机维修基地建设。充分利用对外合作办学的机遇，积极发展航空人才培训、航空商务咨询和认证评估等相关服务业，开展飞行、模拟机、机务、航务等培训业务，培养航空管理人才和专业技术人才。

4. 继续促进高水平的开放合作

依托河南自贸试验区、郑州航空港实验区和中国（郑州）跨境电子商务综合试验区等载体平台，聚焦更高水平的对外开放合作，促进内陆腹地的开放发展，建设内陆开放新高地。第一，开展高水平自由贸易先行先试。按照习近平总书记2018年4月在博鳌亚洲论坛上重要讲话精神，河南省应立足于更高水平的开放发展，依托河南自贸试验区，争取国家政策支持，在交通物流融合、口岸平台建设、航空服务开放、多式联运示范、临空

产业集群建设、投资贸易便利化等方面开展制度创新和改革试验。第二，发展壮大跨境电子商务。依托中国（郑州）跨境电子商务综合试验区，积极引进欧洲知名品牌商、电商平台企业和物流集成商，拓展"跨境电商＋空港＋陆港＋邮政"运营模式，双向设立国际商品展示交易中心和海外仓，建设双向跨境贸易平台和电商综合运营中心。第三，完善口岸功能。加快申建药品进口口岸，实现与卢森堡药品口岸运营体系标准和运作模式对接；推动进口肉类、水果、冰鲜水产品、汽车整车和邮政国际邮件经转等一批功能性口岸建设，扩大与卢森堡等欧盟国家的业务规模；完善郑州国际邮件经转口岸功能，建设国际邮件经转中心，争取向德国等欧洲主要国家开展国际邮件业务；加快形成高效运营的"1+N"功能口岸体系和辐射全球主要经济体的口岸开放新格局。第四，提升通关能力。创新口岸监管方式，实行安全准入与税收征管作业相对分离以及属地管理、前置服务、后续核查、信息共享、执法合作等，将口岸通关现场非必要的执法作业前推、后移，把口岸通关现场执法内容减到最低限度。依托电子口岸公共平台，建设国际先进水平的国际贸易"单一窗口"，逐步实现企业通过"单一窗口"一站式办结所有通关手续，进一步提高国际贸易便利化水平。

5. 积极促进国际金融合作

借助卢森堡国际金融中心的优势，加强与欧盟金融领域合作，吸引国际金融机构在豫设立分支机构，引进大型跨国公司设立财务中心或结算中心，构建国际化金融服务支撑体系，促进资金融通。一是推进国际金融业务合作与创新。建立郑州—卢森堡金融合作发展平台及长效沟通机制，定期举办郑州—卢森堡专项金融国际交流活动。推动与卢森堡国际银行等欧盟金融机构合作，力争共同设立"空中丝绸之路"基金。拓展与欧盟在跨境电子商务金融服务、跨境证券经纪、跨境股权投资、出口信用保险、多式联运保险等业务方面的合作。二是促进金融服务业

开放合作。引入欧洲商业银行、保险公司、证券期货公司、投资基金及其他金融机构，推动国外银行业金融机构在豫设立分支机构，支持设立中外合资银行和合资证券公司。支持符合条件的中资金融机构"走出去"，充分利用卢森堡欧盟单一牌照制度优势加快欧洲网点布局，鼓励河南省企业到卢森堡证券交易所、纽约泛欧证券交易所等欧美交易机构上市、发行债券。三是积极发展离岸金融。推动在河南自贸试验区内发展离岸金融业务，逐步开展离岸银行、离岸保险、离岸证券期货和衍生品交易等业务，支持符合条件的企业通过境外放款、跨境贷款等方式开展双向人民币融资。稳妥推进本土金融机构和企业在欧洲进行融资，发行人民币债券和资产证券化产品，吸引欧盟国家央行、主权财富基金和投资者投资境内人民币资产。

6. 深入推动人文交流与合作

搭建合作交流平台，深化河南与卢森堡等欧洲国家在旅游、文化、教育、人才、科技等领域的合作交流，建设中欧人文交流重要门户，促进双方民心相通。一是积极推进文化交流合作。积极开展形式多样的中欧文化交流活动，重点推动少林、太极、甲骨文等特色传统文化交流与合作。互办文物展览，定期在欧洲举办河南文物展，促进欧洲著名文物展品来豫展出。二是推动教育和科技交流合作。加强河南与卢森堡等欧洲国家和地区的人文交流与教育合作，推进高校间师生交流互访，促进两地人才资源流动。推动河南省高校与欧美高水平大学开展中外合作办学活动，引进国外优质教育资源。支持河南省高校及职业院校依托自身优势"走出去"，稳妥开展境外办学，共建海外学院、特色专业、培训机构等，为"空中丝绸之路"提供智力和技术支撑。加强豫卢、豫欧科技人员交流合作，在航空物流、现代金融等领域引进欧洲高水平专家，搭建科技合作交流平台，合作共建实验室和科技合作基地。三是推动旅游深度合作。充分利用卢森堡签证服务中心的优势，依托即将开通的郑州至卢森堡直

达客运航线，大力开拓欧洲客源市场，推动成立航空旅游联盟。加强与欧洲国家行业协会及旅游企业合作，建设豫卢双向旅游平台，促进双向旅游发展。举办"中华源"、中欧旅游年河南系列等旅游推广活动，形成中原居民赴欧洲旅游热潮，同时吸引更多欧洲客人到中原大地旅游观光，促进中欧人文交流与合作。

四、建设前景展望

1. 战略思路

牢固树立和贯彻落实新发展理念，突出地域特色、厚植发展优势、扩大品牌影响，把全面贯彻落实习近平总书记支持建设郑州—卢森堡"空中丝绸之路"重要指示精神作为河南省参与"一带一路"建设的中心任务，与推进"三区一群"等国家战略规划实施紧密结合，以深化郑州—卢森堡"双枢纽"合作为基础，通过高层互访和深度文化交流，建立更多互信，积极拓展枢纽航线网络，构建连接世界重要航空枢纽和主要经济体、多点支撑的航线网络格局；积极拓展合作领域，全面加强以政策沟通、设施联通、贸易畅通、资金融通、民心相通为主要内容的交流与合作；拓展服务功能，在国际航空港建设领域形成引领中部、服务全国、连通欧亚、辐射全球的空中经济文化廊道，打造全国"一带一路"建设的重要支撑和河南省对外开放的重要纽带，建成和平、繁荣、开放、创新、文明的"空中丝绸之路"，在"一带一路"建设与发展中发挥越来越大的引领与支撑作用。同时，要做好产业发展，把郑州航空港周边地区临空经济产业集群发展作为基本的载体，通过中欧合作，培育基于国际合作的新技术、新产业、新业态、新模式，促进中欧科技文化深度交流与合作，在现有智能终端、数控机床、生物医药、金融服务、跨境电商等产业基础上，发展规模更大的临空经济，包括大型文化创意与旅游项目，形成影响力更大的特色产业集群，支撑郑州建设国际航空都市和国家中心城市[11]，确实以创新思维引领

河南省经济高质量发展[12]。

2. 战略布局

以航空网络为依托，拓展覆盖区域和合作领域，构建"双枢纽、多节点、多线路、广覆盖"的宏观战略格局。"双枢纽"：主要是完善郑州和卢森堡的"双枢纽"功能，提升集疏能力，构建以郑州为中心的亚太集疏分拨基地、以卢森堡为中心的欧美集疏分拨基地；"多节点"：主要是以国际枢纽节点城市为重点，加强经贸人文交流，形成莫斯科、东京、莱比锡、芝加哥、悉尼、亚的斯亚贝巴等多点支撑的网络框架；"多线路"：主要是依托"双枢纽"和主要节点城市，开辟新航线、加密航班，构建连接世界主要枢纽机场的更多空中骨干通道；"广覆盖"：主要是通过多式联运，增强枢纽和节点的辐射功能，构建覆盖亚太、连接欧美、辐射非洲和大洋洲的航空网络体系和陆空联运高效、空空中转便捷、投资与贸易便利的综合性集疏体系，为新经济、新产业、新业态发展创造资源配置效率更加高效的战略支撑条件，为高端人才特别是青年人才创业创新提供新的支持体系。

3. 建设目标

近期目标：到 2020 年，郑州—卢森堡"空中丝绸之路"建设取得重要阶段性成果，航线网络框架基本形成，重点领域合作实现新突破，双方合作机制与合作重点逐步建立健全。郑州国际性现代综合交通枢纽功能显著提升，以航空港为龙头的四港联动、多式联运体系基本形成，郑州新郑国际机场货运量突破 100 万吨每年、客运量突破 3000 万人次，其中国际地区货运量突破 60 万吨、客运量突破 300 万人次，国际化水平进一步提升。航线网络持续拓展，郑州新郑国际机场新增至欧、美、澳洲际客运航线，开通全货机国际航线 35 条、国际通航城市 30 个以上，卢森堡货航相关航线、通航点、周航班量实现翻番。重大合作项目建成投用，合资货航公司投入运营，专属作业区和飞机维修基地基本建成，卢森堡签证中心业务影响力大幅度提升，人员往来便利化程度明显改善。特色航空产业快速发展，建成全国重要的航空物流和冷链物流中心，飞机租赁业务初步形成规模，航空偏好型高端制造业加快集聚，跨境电子商务形成完整的产业链和生态圈，并在全球形成更大影响。以包容文化为支撑的人文交流更加密切，文化、科技、教育、旅游等领域合作深入推进，郑州新郑国际机场出入境人数实现翻番，郑州和卢森堡分别成为中欧经贸往来和人文科技交流的特殊门户。

远期目标：到 2025 年，郑州—卢森堡"空中丝绸之路"与航空港实验区同步全面建成，郑州、卢森堡成为亚太和欧美物流集散分拨重要基地，在支撑国家"一带一路"建设中发挥更加重要的作用。卢森堡货航及合资货航公司航空货运量超过 100 万吨，航空维修、航空租赁、金融服务、跨境贸易等关联产业形成集群发展态势，郑州—卢森堡"空中丝绸之路"成为引领中部、服务全国、连通欧亚、辐射全球的空中经济文化走廊。

五、结束语

近几年，郑州航空港建设与高速发展的实践，昭示出中国经济融入全球过程中临空济发展的巨大潜力，特别是郑州航空港客货吞吐量的高速增长以及带动河南省及周边地区开放型经济跨越式发展的真实业绩，证明临空经济已经成为河南经济高质量发展的新引擎，也充分说明国家在北上广之后下决心在地处全国地理中心的郑州建设国际航空枢纽的战略决策具有超前性、战略性和全局性，已经并将继续对中西部地区培育当地发展新优势、建设"空中丝绸之路"具有重大影响。2014 年，郑州—卢森堡"空中丝绸之路"开通运行，契合了国家推进"一带一路"建设的需要，更契合了卢森堡开拓中国及亚洲市场的需要，也符合全球一体化历史趋势的需要，在中国进一步扩大开放的新的历史背景下，在习近平总书记亲自提出中方支持建设郑州—卢森堡"空中丝绸之路"战略思想支撑下，2018 年 7 月中共河南省委书记王国生率领河南省代表团到访卢森堡、德国、俄罗斯等访问，全面商讨进一步加强合作事宜，签署了相关合作协议或备忘录，为郑州—卢森堡"空中丝绸之路"建设注入新的强大动力。伴随双方合作关系的持续深化，特别是河南省进一步推出《建设内陆开放高地三年行动计划》的全面实施，郑州—卢森堡"空中丝绸之路"的建设必将迎来持续高速发展的新时代，河南省内陆开放高地建设将取得更加突出的业绩，通过国际航空枢纽建设带动内陆地区开放发展的区域发展理论也将更加成熟，内陆地区融入国际开放大舞台的机遇将越来越多，这种实践探索对破解全国区域发展不平衡不充分的历史难题将产生重要的理论影响。

参考文献

［1］张占仓. 四路并举开放发展［J］. 中原发展评论，2016（1）：52-55.

［2］张占仓，陈萍，彭俊杰. 郑州航空港临空经济发展对区域发展模式的创新［J］. 中州学刊，2016（3）：17-25.

［3］刘华. 习近平会见卢森堡首相建设中卢"空中丝绸之路"［EB/OL］（2017-06-14）［2018-09-07］. http：//www. china. com. cn/news/2017-06/14/content_41027392. htm

［4］栾珊. 郑州机场新规划出台［N］. 河南日报，2018-07-11（07）.

［5］张占仓. 河南从内陆腹地迈向开放发展前沿［J］. 河南科学，2017（2）：286-293.

［6］约翰·卡萨达，麦克·卡农，黄菲飞，等. 规划高效发展的航空大都市［J］. 区域经济评论，2016（5）：42-59.

［7］王延辉. 开放河南妙招出彩［N］. 河南日报，2018-08-17（03）.

［8］高友才，汤凯. 临空经济与供给侧结构性改革——作用机理及改革指向［J］. 经济管理，2017（10）：20-32.

［9］张占仓. 以包容文化滋润开放发展［J］. 中州学刊，2018（9）：24-30.

［10］王国生. 相约新时代中原更出彩［N］. 河南日报，2018-04-14（03）.

［11］张占仓. 建设国家中心城市的战略意义与推进对策［J］. 中州学刊，2017（4）：22-28.

［12］金碚. 以创新思维推动区域经济高质量发展［J］. 区域经济评论，2018（4）：39-42.

以郑州为中心引领中原城市群融合发展[*]

《中共中央 国务院关于建立更加有效的区域协调发展新机制的意见》明确提出，以郑州为中心引领中原城市群发展，带动相关板块融合发展。这是党中央、国务院立足全国发展大局，从破解区域发展不平衡不充分等难题的视角，为我们中原城市群建设与发展提出的新任务。河南省十三届人大二次会议《政府工作报告》指出，2019 年河南将以中心城市建设为引领，加快中原城市群一体化。

一、对促进区域发展意义重大

促进区域协调发展的历史需要。实施区域协调发展战略是党的十九大提出的新时代七大国家战略之一，是全面贯彻落实新发展理念、建设现代化经济体系的重要组成部分，对未来全国区域发展格局的优化将产生重要影响。改革开放初期，根据当时的实际情况，实行了先让一部分人富起来与沿海、沿边地区优先开放发展的区域发展政策，在提高全国发展效率方面取得了举世瞩目的成就，使我们的综合国力大幅度增强。然而，由于长期这样不均衡的发展，导致我国区域发展差距较大，存在无序开发与区域之间恶性竞争，区域发展机制不完善，难以适应新时代实施区域协调发展战略需要。

党的十八大以来区域协调发展成效明显。为了全面建成小康社会，党的十八大以来，全国各地区和国家各相关部门围绕促进区域协调发展与正确处理政府和市场关系，在建立健全区域合作机制、区域互助机制、区际利益补偿机制等方面进行积极探索，特别是

推进"一带一路"建设，加大精准扶贫力度，支持革命老区建设等取得明显成效，使全国区域协调发展状况有明显改善。但是，就全国而言，区域发展不平衡不充分问题依然比较突出。

进一步促进区域经济高质量协调发展的需要。为全面促进区域经济协调发展，并逐步建立健全区域协调发展新机制，促进区域协调发展向更高水平和更高质量迈进，党中央国务院提出关于建立更加有效的区域协调发展新机制的意见。该意见既是全面贯彻落实党的十九大精神的具体体现，也是我国区域协调发展机制进一步建设与逐步完善的历史需要，对解决新时代"我国社会主要矛盾已经转化为人民日益增长的美好生活需要和不平衡不充分的发展之间的矛盾"具有重要的理论意义和实践价值。

二、郑州枢纽经济优势的升华

郑州发展最大的优势是枢纽经济。20 世纪 80 年代中期，郑州成为亚洲最大的铁路枢纽，在全国由铁路运输支撑国民经济发展阶段郑州处于特别重要的枢纽位置。20 世纪 90 年代，高速公路建设进入国民经济运行体系后，仍然基于对郑州交通枢纽战略地位的认识，在国家支持与河南省的努力下，很快把郑州建设成为全国最忙碌的高速公路枢纽。进入 21 世纪，当国际航空枢纽建设进入全国各地普遍重视的条件下，2012 年 11 月，国务院批复《中原经济区规划》（2012—2020 年）。其中，第十章第五节提出建设郑州航空港经济综合实验区。2013 年 3 月，国务院批

---

* 本文发表于《河南日报》2019 年 1 月 30 日第 9 版。

复了《郑州航空港经济综合实验区发展规划（2013—2025）》，建设面积达 415 平方公里，成为全球面积最大的国际航空新城。依托该规划，郑州开始探索通过国际航空枢纽建设带动全市以及中原地区开放发展的新路子。

郑州多项国家战略叠加的战略优势。2016 年，中国（郑州）跨境电子商务综合试验区、郑洛新国家自主创新示范区、中国（河南）自由贸易试验区、国家大数据河南综合试验区等战略规划相继获得国家批准，国家战略在河南省密集落地，进一步提升了河南省和郑州市在全国发展大局中的战略地位。2016 年 12 月，涉及河南省及周边山西、河北、山东、安徽等省的中原城市群规划获批，使国家支持郑州与中原城市群发展的战略力量进一步增强。国家发改委印发《促进中部地区崛起"十三五"规划》中，明确提出，支持武汉、郑州建设国家中心城市。从此，郑州在全国城市体系中战略地位得到进一步提升。2017 年 1 月，国家发改委出台了《关于支持郑州建设国家中心城市的指导意见》，明确提出郑州市要努力建设具有创新活力、人文魅力、生态智慧、开放包容的国家中心城市，使郑州在国家中心城市建设的战略定位清晰化。这么多国家战略在郑州集中发力，形成明显的叠加优势，对郑州市加快发展步伐大有益处，特别是大幅度提升了郑州在中原城市群中的影响力。

郑州开放型经济发展开拓出内陆地区开放发展新天地。在郑州国际航空枢纽带动下，郑州与河南省开放型经济高速发展，2016 年河南省进出口总额达 4714.7 亿元，跃居全国中西部地区第一位，成为内陆开放新高地。其中，郑州市进出口总额占全省的 77.3%，是全省开放型经济发展的最大动力。同时，郑州国际航空枢纽建设业绩亮丽。2017 年郑州航空港货邮吞吐量达到 50.27 万吨，比 2010 年的 8.5 万吨增长 4.9 倍。突出郑州航空港货邮吞吐量在全国大型机场中排位也由 2010 年的第 21 位升至 2017 年的第 7 位，在

全球大型机场中进入前 50 强，成为国际航空领域引人关注的新发展热点。正是因为郑州国际航空枢纽的建设，跟上了时代的步伐，促进了郑州开放型经济的快速发展，而开放型经济又进一步带动了郑州市以及河南省加快发展。近几年，全国 GDP 增长速度进入 6% 时代，而河南省 GDP 增速仍然在 8.0% 左右，在中西部地区表现比较突出。

三、郑州与中原城市群的融合发展

进一步明确战略定位。持续提升"天地之中"综合性交通枢纽优势，创新驱动，打造资源配置效率高、经济活力强、具有较强竞争力和影响力的国家级城市群，构建国家区域发展新的增长中心，重要的先进制造业和现代服务业基地，中西部地区创新创业先行区，内陆地区双向开放新高地，绿色生态发展示范区。

促进中原城市群融合发展。一是强化郑州的核心带动功能，推进以郑州为中心的大都市区国际化发展。把支持郑州建设国家中心城市作为提升中原城市群核心竞争力的首要突破口，强化郑州对外开放门户功能，以开放带动中原城市群全面发展。二是坚持轴带导向，推进立体交通网络现代化。以多式联运为特色，构建航空、高铁、高速公路、快递、信息网等为一体的快捷交通体系，加快建设国际化物流中心，提升中原城市群各个城市之间交通联系的便捷性。三是以"绿水青山就是金山银山"理论为依据，推进中原城市群生态、生产、生活绿色化。四是全面实施创新驱动发展战略，推进产业集群化、高端化、智能化发展。五是共建共享，推进城市群一体化融合发展。

增强理论自信。由于郑州市在全国拥有交通枢纽优势，近几年开放型经济发展成效突出，成为全球重要的智能终端生产基地，促进地方经济发展活跃。所以，在竞争激烈的国家中心城市遴选过程中，郑州脱颖而出，使不少原来发展基础比较好的城市、特别是部分副省级城市确实刮目相看。如果从理论

层面进一步梳理，我们会看到因为一个郑州国际航空枢纽的建设，带动拥有 1 亿人口的传统内陆地区在开放型经济发展方面出现突飞猛进的局面。而在航权时代，具备建设国际航空枢纽的地区，有可能进入以开放发展带动区域经济加快发展的新时代，河南"不沿海不沿边、对外开放靠蓝天"成为一种新的区域发展模式。

洛阳在郑洛西高质量发展合作带建设中的优劣势与发展策略[*]

摘　要　基于大量的实地调研资料与统计数据，分析洛阳市在郑（州）洛（阳）西（安）高质量发展合作带建设中的发展优势与短板，提出具有针对性的发展策略。结果表明：洛阳市具有生态屏障、大国重器铸造、中西部创新高地、中原城市群副中心城市、洛阳都市圈核心城市、文化旅游胜地等发展优势，也存在发展步伐偏缓、开放型经济发展水平较低、重工业重资产重负荷压力大、产业结构调整任务艰巨、高质量发展缺乏新的比较优势等短板。要全面强化高质量发展的战略意识，协同推进郑洛西高质量发展合作带规划，牢牢扛稳铸造大国重器的重任，以开放发展为市域经济加快发展赋能，促进创新创业创造，加快产业结构调整优化步伐，促进洛阳市高质量发展。

关键词　高质量发展；优势与短板；发展策略；郑洛西高质量发展合作带；洛阳市

一、引言

2019 年 9 月，习近平总书记在郑州主持召开黄河流域生态保护与高质量发展座谈会，对黄河流域未来长远发展做出战略部署[1]，黄河流域生态保护与高质量发展上升为国家战略。2020 年 10 月，中共中央、国务院印发《黄河流域生态保护和高质量发展规划纲要》，明确提出建设"郑（州）洛（阳）西（安）高质量发展合作带"[2]。目前，针对郑洛西高质量发展合作带建设的研究还少有文献报道，虽然涉及其中主要城市郑州、洛阳、西安等的相关研究较多，但纳入合作带中进行的研究较少。因此，在国家积极筹划建设郑洛西高质量发展合作带的背景下，本研究在前期开展"新时代促进区域协调发展的利益补偿机制研究"的基础上，分析在郑洛西高质量发展合作带建设中洛阳市自身的发展优势与存在的主要短板，寻求科学可行的高质量发展对策。

二、研究对象、数据来源与研究方法

1. 研究对象

郑洛西高质量发展合作带位于黄河流域，涉及河南、陕西和山西三省，郑州、洛阳和西安是合作带中 3 个重要城市。本研究以洛阳市为主要研究对象，通过与郑州和西安进行对比，分析其在郑洛西高质量发展合作带建设中的优势和短板，并提出高质量发展策略。

2. 数据来源与研究方法

数据主要来源于实地调研资料、2011 年和 2020 年的《河南统计年鉴》、2010 年和 2020 年全国及各地市国民经济和社会发展统计公报等。采用定性与定量相结合的方法，分析郑洛西高质量发展合作带建设中洛阳的

---

* 本文发表于《地域研究与开发》2022 年 4 月第 41 卷第 2 期第 40-45 页。

基金项目：国家社会科学基金重大项目"新时代促进区域协调发展的利益补偿机制研究"（18ZDA040）。

发展优势及差距。

三、洛阳发展的优势与劣势

1. 洛阳发展的优势

作为全国特别重要的重工业基地和中原城市群副中心城市，洛阳市在全国和黄河流域一直承担着生态屏障、创新高地、旅游胜地等特殊角色[3]。

（1）以大山、大河、大坝为支撑的生态屏障。大山指伏牛山，是秦岭延伸到河南省西部的一条主要山脉，构成了黄河、淮河和长江三大水系的分水岭。在洛阳市域内，主要是伏牛山的北坡，生态环境优美，植被茂盛，全市森林覆盖率达45.3%，居全省第二位。地处伏牛山腹地的栾川县是生态旅游大县，是近几年全域旅游快速发展的县域[4]。正是因为拥有伏牛山作为生态屏障，洛阳在河南省大山大河大平原格局中赢得了生态高地的殊荣。大河指伊洛河，是黄河流域的一级支流，也是黄河中游最大的两个支流。伊洛河年平均径流量34.3亿立方米，占黄河多年平均天然年径流量580亿立方米的5.9%，是黄河的多水少沙支流之一，对黄河生态保护具有重要意义[5]。在洛阳境内的伊河水质常年保持国家二级标准，两岸风景秀丽。大坝指小浪底大坝，也称小浪底水利枢纽，位于洛阳市孟津区小浪底村附近，是黄河干流三门峡以下具有较大库容的控制性工程，对黄河水资源发挥了巨大的调控能力，成为"黄河宁、天下平"的关键支撑工程[6]。

（2）创造大国重器的重工业基地。洛阳市重工业发展，特别是在大型或超大型机械装备制造方面为我国民族工业的崛起做出了重大贡献[7]。近些年，洛阳市依托大院大所大企业和高新技术企业，充分利用数字化与智能化技术，全面提升洛阳大型装备制造水平，推动制造业转型升级，向高端制造和智能制造跃升，不断创造出新的大国重器。从"神舟"到"嫦娥"，从"墨子"到"天眼"……在影响国威国力的重大活动中无不闪烁着"洛阳制造"的身影。其中，先进装备制造业

先后实施了"新重机""新一拖""新洛轴""新河柴"等一批赶超国际先进水平的产业升级项目，建成国内最大的农机装备、大型冶金矿山装备、高等级轴承生产基地，洛阳重工业高质量发展之路越走越清晰[8]。由中信重工研发制造的国内规模最大、具有国际先进水平的大型铝板125MN张力拉伸机，系我国首次研发，拥有完全自主知识产权，其重量达3900吨，最大单件零件达200吨，而加工尺寸公差要求0.01毫米，属于极限制造[9]。由中信重工出品的首台套超高压水射流混凝土破碎机器人，也创造多方面技术指标的国内外第一。由中国一拖完成的国内首台5G+氢燃料"超级拖拉机"是农机领域名副其实的黑科技，全球首创。由中石化洛阳工程有限公司参与开发、设计和制造的镇海沸腾床渣油锻焊加氢反应器，是目前世界上最大的石化技术装备。由中国船舶725所自主研制的全国产化印刷板式换热器，成功用于我国首个海上大型深水自营气田项目，让我国海上天然气开采从此不再被"卡脖子"。这些大型工业装备与智能装备，不断开拓我国大型装备制造业高质量发展的新领域，填补了我国很多高端装备领域的空白，使我国越来越多地拥有了一批大国重器，挺起了重工业高质量发展的脊梁[10]。

（3）全国中西部创新高地。作为国家重要的重工业基地，洛阳市高度重视创新驱动发展。全市现有洛阳矿山机械工程设计研究院等国家级工业类大院大所16家，有中国一拖集团有限公司、中信重工机械股份有限公司等国家级创新型大企业20家，加上近些年新型研发机构快速增长，全市创新驱动的发展动力日益充沛。全市着力发挥优势，打好创新驱动发展牌，以中国（洛阳）国家自主创新示范区建设为龙头，不断优化创新环境，实施"双倍增"行动，打通"四个通道"、促进"四链融合"，以更大力度的创新驱动制造业高质量发展[11]。2019年，洛阳市研发投入强度达到2.37%，首超全国平均水平[12]。2020年，洛阳市研发投入强度居全省第一位。

（4）中原城市群副中心城市和洛阳都市圈核心城市。作为"一带一路"的主要节点城市、中原城市群副中心城市和河南第二大城市，洛阳着力发挥创新资源丰富、先进制造实力雄厚、传统文化底蕴深厚、国际人文交往活跃、综合性交通枢纽等综合性优势，在构建新发展格局中打造新增长极、形成新引擎、开辟新市场[13]。洛阳都市圈总面积2.7万平方千米。其战略定位是"三区一枢纽一中心"，即黄河流域生态保护和高质量发展示范区、全国先进制造业发展引领区、文化保护传承弘扬核心区、全国重要综合交通枢纽、国际人文交往中心。未来发展目标是：到2025年，奠定现代化都市圈发展框架，基本确立一体化发展空间格局、支撑体系和保障政策；到2035年，建成具有全国影响力的现代化都市圈，形成一体化高质量发展新格局[14]。洛阳都市圈东与郑州都市圈紧密相连，西与西安都市圈融合，相互联系紧密，已经构成了郑洛西高质量发展合作带雏形，在构建全国新发展格局中居于重要战略地位。

（5）由千年古都支撑的文化旅游胜地。洛阳是国务院首批公布的历史文化名城，以洛阳为中心的河洛地区是中国古代文明的发祥地。远在五六十万年前的旧石器时代，已有先民在此繁衍生息。夏、商、西周、东周、东汉、三国魏、西晋、北魏、隋、唐（含武周）、后梁、后唐、后晋十三朝以洛阳为都，是我国建都最早、历时最长、朝代最多的都城[15]。洛阳作为华夏文明的重要发祥地和丝绸之路的东方起点之一，现有全国文物保护单位43处，馆藏文物40余万件。沿洛河布局的夏都二里头、偃师商城、东周王城、汉魏故城、隋唐洛阳城五大都城遗址举世罕见。龙门石窟、汉函谷关、含嘉仓等世界文化遗产，白马寺、关林、应天门、明堂、天堂以及定鼎门博物馆、天子驾六博物馆、客家之源纪念馆等博物馆群，均彰显了其传统优秀文化的珍贵风采[16]。洛阳是儒学的奠基地、佛学的首传地、道学的产生地、玄学的形成地和理学的渊源地，各种传统文化思想在此

交融，形成海纳百川、有容乃大的包容文化，深刻影响着中华民族传统文化的可持续传承与创新发展[17]。以河图洛书为标志的河洛文化是海内外炎黄子孙的祖根文源，洛阳是全球客家人南迁的起点，是全球1亿多客家人的祖籍，是中国70%的宗族大姓的起源地[18]。作为隋唐大运河的中心，历史上洛阳先后6次进入世界大城市之列。正是洛阳千年古都的文化积淀与传承，使洛阳从古至今一直是人们向往的旅游胜地，为旅游业发展奠定了特殊的资源基础[19]。

2. 洛阳发展的劣势

站位建设中国特色社会主义现代化国家的新需要，切合高质量发展的时代主题[20]，从全面融入郑洛西高质量发展合作带的视域分析，洛阳发展还存在短板。

（1）在郑洛西高质量发展合作带中发展步伐偏缓。"十三五"时期，洛阳市全面加快发展步伐，综合实力大幅跃升。2010～2020年洛阳市GDP从2321.1亿元增长到5128.4亿元，增长幅度为121%。而同期郑州市的GDP从4029.3亿元增长到12003.0亿元，增长幅度为198%；西安从3195.1亿元增长到10020.4亿元，增长幅度达214%。因此，与郑州和西安相比，洛阳市在郑洛西合作带中发展步伐偏缓，需要引起高度重视。

（2）开放型经济发展水平较低。洛阳市积极推动开放发展，开放发展水平不断提升。2020年，洛阳自贸区累计入驻企业超3万家，7项案例入选全省最佳，国家级外贸转型升级基地数量居全省第一。全年进出口总额达到193.1亿元，同比增长24.9%；全年实际利用外资30.95亿美元，同比增长6.4%，占全省实际利用外资总额的15.4%。无论是进出口总额，还是实际利用外资数量，都取得了优异成就。尤其是出口总值达172.4亿元，同比增长29.4%，增长势头强劲。但是，就进出口总额占当地GDP的比重而言，2020年洛阳市仅占0.4%，与郑州占41.2%和西安占34.7%相去甚远。说明进出口对市域经济发展的影响与贡献非常有限，全市经济开放发展

的水平仍然很低。在国家持续加大力度共建"一带一路"、促进构建国际国内双循环新发展格局、全省内陆开放高地优势更加凸显、河南省委省政府提出打造河南自贸试验区2.0版的时代背景下，乘势进一步加快洛阳市开放发展步伐迫在眉睫。

（3）重工业重资产重负荷压力大。洛阳市长期以重工业集中著称，从1958年开始，除了20世纪80年代和90年代重工业占比在70%以下外，在轻重工业结构中重工业占比长期保持在80%以上。从2000年开始，洛阳市重工业占比又继续提高，2018年全市规模以上重工业企业主营业务收入占比高达89.53%。重工业一般都是重资产企业，与轻资产企业相比，每当遇到产业结构调整阶段，重资产企业发展都会步履艰难。因此，像近些年全国一直高度关注的南北方发展差距拉大和东北地区发展明显滞后一样，凡是以重工业所特有的重资产占比较大的地区，都要承受产业结构调整过程中资金链紧张的沉重负荷压力[21]。同时，重工业高度集中的工业结构也导致其工业发展能耗较高[22]。2019年，洛阳市全社会用电量为442.23百万千瓦·时，郑州市是564.63百万千瓦·时，前者相当于后者的78.32%；而同年洛阳市的GDP为5034.85亿元，郑州市的GDP为11589.72亿元，前者只相当于后者的43.44%。可以看出，与郑州市相比，洛阳市每创造单位GDP耗电要高出近50%。在"十二五"和"十三五"期间，全国性产业结构节能减排调整和供给侧结构性改革中过剩产能压减过程中，各地都高度重视调减当地的高耗能企业，而且成效比较显著[23]。洛阳市也与全国同步，在主动调减高耗能企业。然而，到2019年仍然有60个年耗能万吨标准煤以上的企业，仅比2010年减少了21.1%，同期河南省耗能万吨标准煤以上企业最集中的另外两个市郑州和焦作却分别减少了58.9%和47.8%，洛阳的步伐明显落后，与国家绿色发展步伐不协调，与国家积极推进的碳达峰和碳中和矛盾较大，减碳任务繁重。

（4）产业结构调整任务艰巨。改革开放以来，我国经济长期高速发展。2012年产业结构实现历史性跃升，第一、第二、第三产业构成为9.1∶45.4∶45.5，第三产业成为最大的产业；2015年第一、第二、第三产业贡献比为4.5∶42.5∶53.0，第三产业成为经济发展的最大动力；2020年，我国三产构成为7.7∶37.8∶54.5，国民经济发展服务化的历史趋势显著。近些年，洛阳市也在积极加快调整产业结构，2020年第三产业占比比2010年提高了13.9个百分点，已经成为第一大产业，与郑州市调整的节奏基本一致。但是，由于原来第三产业基础薄弱，2020年第三产业占比只有50.0%，低于全国平均水平4.5个百分点，低于郑州市9.0个百分点，低于西安市13.7个百分点，差距较大。理论分析和实践验证都证明都市区第三产业配置资源的效率相对最高，第三产业在产业结构中占比的高低是产业结构是否高端化的重要标志之一。洛阳市产业结构调整任务仍然艰巨，加快第三产业发展是大势所趋，尤其是在建设都市圈过程中需要大力发展现代服务业，既能解决城市发展的动力与活力问题，又有利于当地扩大中高端就业，满足百姓向往美好生活的实际需要。

（5）高质量发展尚没有形成新的比较优势。高质量发展是"十四五"时期发展的主题。全国"十四五"规划首次把创新发展放在十二项重点任务的第一项，创新发展成为未来高质量发展的最大支点。高质量发展的关键是依靠科技进步与创新，全面实施创新驱动战略，而创新驱动需要足够的研发投入与人才投入。与郑州和西安相比，洛阳市高等学校以及最能够代表创新能力的专利申请量与授权量等支撑创新发展的相关指标还处于较低水平。反映目前高质量发展基础的地方财政一般预算收入，洛阳市相对较低，在其GDP相当于郑州市42.7%的情况下，一般预算收入仅相当于郑州市的30.5%，说明GDP中财政收入的含金量有待提高。在财政一般预算收入中，税收占比64.7%，也处于较低水平。一般公共预算支出、居民人均可支配收入、居民人均消费支出等指标也处在相对偏低的状态。

四、促进洛阳高质量发展的对策

1. 全面强化高质量发展的战略意识

高质量发展就是能够满足人民日益增长的美好生活需要的发展，是体现新发展理念的发展，是创新成为第一动力、协调成为内生特点、绿色成为普遍形态、开放成为必由之路、共享成为根本目的的发展[24]。我国"十四五"规划和 2035 年远景目标纲要把高质量发展作为发展主题。积极适应这种历史性发展大势，针对洛阳目前在高质量发展方面存在的主要短板，全面强化高质量发展的战略意识至关重要。要从现在做起，从每一个干部做起，从每一个企业做起，从每一个经济社会发展的具体事情做起，把高质量发展作为主题要求，并通过进一步强化研发投入和人才投入，加大力度推动高科技产业发展，因地制宜，扬长补短，走出适合本地区实际的高质量发展之路。在经济、社会、文化、生态等各领域体现出高质量发展的要求，特别是要强化各级领导的带头示范作用，制定各个领域高质量发展的考核方法，建立健全高质量发展的干部年度考核机制。在全社会形成共同推进高质量发展的浓厚氛围，动员全社会的力量协同推动全市经济社会的高质量发展。

2. 协同推进郑洛西高质量发展合作带规划

2020 年 10 月 13 日，《河南省发展和改革委员会支持洛阳市提升开放能级助力中原城市群副中心城市建设的若干措施》中提出，要推进郑洛西高质量发展合作带建设，启动郑洛西高质量发展合作带战略规划研究。2021 年 4 月 2 日，河南省人民政府印发的《河南省国民经济和社会发展第十四个五年规划和二〇三五年远景目标纲要》中提出，谋划建设郑洛西高质量发展合作带。无论是国家层面，还是在河南省级层面，郑洛西高质量发展合作带均已进入战略部署。充分考虑跨省合作在构建新发展格局中的重要意义，建议由河南省、陕西省和山西省共同请求国家发改委牵头协调，相关地市积极配合，协同推进郑洛西高质量发展合作带中长期规划编制。在高质量完成郑洛西高质量发展合作带规划的基础上，利用国家的战略支持与河南、陕西、山西以及相关地市的共同努力，以畅通国内大循环、促进国际国内双循环为战略支撑，加快建设郑洛西高质量发展合作带。洛阳市在郑洛西高质量发展合作带中承东启西，从包容、协同、服务、奉献的战略高度全面融入合作发展的大潮，从合作中为全市高质量发展汲取新动能、探索新途径、开辟新领域，创造出构建新发展格局的新形象。

3. 牢牢扛稳铸造大国重器的重任

重工业产品具有研发难度大、生产周期长、占压资金多、市场容量有限、企业承载负荷重等行业性特点。但是，对于一个大国来说，重工业又是工业发展的脊梁，是国防事业的靠山，是国家核心竞争力的重要标志之一。在中华民族伟大复兴的进程和国内外激烈竞争中，大国重器又是我国持续提升核心竞争力必备的王牌。所以，以国家的意志、时代的伟力、奉献的精神支持大国重器可持续发展是历史的需要，更是一代人的历史担当。2021 年 3 月中共中央、国务院《关于新时代推动中部地区高质量发展的指导意见》明确指出，要着力构建以先进制造业为支撑的现代产业体系。作为全国著名老工业基地的洛阳在先进制造业高质量发展中理应有自己更大的责任、担当和新作为，要乘势继续推动以大型、特大型装备制造为特色的制造业高质量发展，以更多的人力、物力、财力投入，牢牢扛稳新的大国重器研发、生产、制定标准、助推国家现代化建设的历史重任，主动融入新一轮科技革命和产业革命的大潮之中。制定并实施高标准的大型工业装备中长期研发规划，推动高端制造、智能制造、智慧制造等先进制造业发展的质量变革、效率变革、动力变革，让新一代洛阳人在"洛阳创新""洛阳制造""洛阳创造""洛阳智造"等一系列国之重器中铭刻不朽功勋，在郑洛西高质量发展合作带建设中不断作出新的更大贡献。

4. 以开放发展为市域经济加快发展赋能

在经济学上，一般把投资、消费、出口比喻为拉动 GDP 增长的"三驾马车"。如果当地经济发展同时具备投资、消费、出口"三驾马车"并且都具有比较充沛的动力时，经济发展就会充满活力。否则，就会出现不利于经济可持续发展的短板。无论是改革开放以来我国沿海地区的长期持续高速发展，还是郑洛西合作带内 2010 年以来郑州市与西安市的持续高速发展，均得益于"三驾马车"共同发力。作为"一带一路"重要节点城市和中原城市群副中心城市，洛阳在开放发展方面进出口规模较小，2020 年进出口总额分别相当于郑州市和西安市的 3.9% 和 5.6%，基数较低，未来开放发展进一步拓展的空间很大。要充分利用近几年开放发展态势良好的基础，通过更大规模的开放合作，与郑州和西安深度联手，协同发力，加快开放发展步伐，补齐开放发展的短板。制定"十四五"期间进出口规模突破 1000 亿元的规划并积极付诸实施，以高质量的开放发展为市域经济增添发展活力赋能，为"三驾马车"协同加速助力，以出口带动每年 GDP 增速提高 1.5~2.0 个百分点，从内在动力与活力上促进全市经济高质量较快发展。

5. 积极促进创新创业创造

学术界在讨论经济发展时经常把北上广深放在一个层级，广州与深圳经济发展活力充足，经济高质量发展成效显著，在改革开放方面一直走在全国前列。深圳最大的成功密码之一就是用最先进、不断创新、以人为本的方法吸引人才、培育人才、使用人才、奖励人才，激发科技人才的创新活力，特别是为大批青年人才提供了施展才华的广阔舞台，让一批又一批青年人实现了创新创业创造的梦想。有了一代又一代充满创新活力的青年人才队伍的健康成长，就造就出当今时代与北京和上海比肩的经济发展业绩。洛阳市历来以创新资源丰富著称，也正是因为创新资源丰厚，特别是在重工业领域创新人才、创新基础、创新经验、创新文化等均具有显著优势，才凝练出大国重器的靓丽形象。今后要认真对标广州与深圳的创新政策与具体做法，进一步优化创新政策与创新环境，以更加开放的思维方式、更加灵活实用的政策措施、更加贴合青年人需要的支持方法、更加积极弘扬包容开放的创新文化氛围，激活创新资源，激发各类人才尤其是青年人才创新活力，组织老中青结合、以青年人才为主的一大批创新团队，协同开展重大创新创业创造行动，为高质量发展不断拓展新领域、不断增加新活力、不断充实新基础、不断创造新业绩。

6. 加快产业结构调整优化步伐

在第一产业领域，按照国家全面推进乡村振兴的战略部署，以乡村产业振兴为突破口，疏解非中心城市产业功能，向乡村地区转移适宜在乡村长期发展的产业，并结合在洛阳各地已经形成比较好基础的沟域经济发展，因地制宜，全面推进乡村振兴。在第二产业领域，以重工业数字化、智能化、无人化、绿色化为战略方向，集中力量建设国家级大型机械装备公共创新平台，打造新一代大国重器的新杰作，创新更多代表我国重工业领域领先水平的新装备，提升战略性新兴产业与高新技术产业在规上工业中的占比，高质量建设以高端大型机械装备为显著特色的现代工业基地。在第三产业领域，以扩大产业规模与加快现代服务业发展为重点，稳步推进国民经济服务化，培育现代服务业新业态、新技术、新模式，为第一、第二产业发展和人民群众向往美好生活提供新服务。尤其是要创新现代金融服务，以金融与科技创新深度融合的方式培育一批中小企业上市公司，为全市经济可持续发展创造新的动力源。

7. 合作唱响新时代黄河大合唱

黄河文化是中华文明的重要组成部分，

是中华民族的根和魂。郑州、洛阳和西安是黄河中下游黄河文化沉淀特别丰厚、高质量发展中最为重要的城市。郑洛西高质量发展合作带建设既要坚持发展是硬道理的战略思想，在合作发展中创造新业绩，攀登新高地，又要传承弘扬创新黄河文化，建设沿黄国家文化公园，开创郑洛西高品质黄金旅游线路，合作轮流举办黄河文化国际论坛，定期举办黄河文化月活动，系统挖掘黄河文化精华，组织出版宣传黄河文化的大型系列丛书，共同唱响新时代黄河文化大合唱。深入挖掘黄河文化蕴含的时代价值，向全球讲好"黄河故事"，延续历史文脉，坚定文化自信，为实现中华民族伟大复兴的中国梦凝聚精神力量。

五、结语

郑洛西高质量发展合作带建设是党中央亲自谋划的中国八大古都中三大古都有组织的亲密牵手合作，是立足新发展阶段、贯彻新发展理念、构建新发展格局的重大战略举措，对加快郑洛西高质量发展步伐、促进全国区域协调发展均具有区域发展模式探索与创新的重要意义。因此，郑州、洛阳、西安以及沿线相关地市都要按照党中央的战略部署，开阔视野，顾全大局，共同努力，合作共赢，通过跨省域的紧密合作创造出协同共振效应，破解发展中的难题，创新大城市联手发展新模式，开辟高质量合作发展的新天地。

参考文献

［1］新华社．习近平在河南主持召开黄河流域生态保护和高质量发展座谈会时强调共同抓好大保护协同推进大治理让黄河成为造福人民的幸福河［N］．经济日报，2019-09-20（1）．

［2］新华社．习近平主持中央政治局会议审议《黄河流域生态保护和高质量发展规划纲要》和《关于十九届中央第五轮巡视情况的综合报告》［EB/OL］．（2020-08-31）［2021-05-05］．http://www.gov.cn/xinwen/2020-08/31/content_5538831.htm.

［3］中共洛阳市委．关于制定洛阳市国民经济和社会发展第十四个五年规划和二〇三五年远景目标的建议［N］．洛阳日报，2021-01-18（1）．

［4］张占仓．河南省丘陵山区县域全域旅游发展模式研究［J］．中州学刊，2021（4）：27-33.

［5］赵丽霞，徐十锋，赵旭，等．黄河伊洛河流域径流变化特性及趋势分析［J］．中国防汛抗旱，2020（12）：70-73.

［6］李中锋．治理黄河的关键工程：小浪底水利枢纽［J］．工程研究（跨学科视野中的工程），2009（3）：265-274.

［7］史东彬．"一五"计划对洛阳工业的影响［J］．西部学刊，2021（3）：51-53.

［8］张占仓．在高质量发展中洛阳的优势短板与对策［N］．洛阳日报，2021-04-28（3）．

［9］潘郁．中信重工："大国重器"洛阳研制［N］．洛阳日报，2020-10-19（2）．

［10］刘宛康．坚持以新发展理念为引领务实重干推动洛阳高质量发展［N］．洛阳日报，2021-04-09（2）．

［11］程钦良，张亚凡，宋彦玲．兰西城市群空间结构演变及优化研究［J］．地域研究与开发，2020，40（2）：52-57.

［12］洛阳市人民政府．2019年洛阳市研发投入强度首超全国平均水平［EB/OL］．（2020-09-07）［2021-05-05］．http://www.henan.gov.cn/2020/09-07/1764160.html.

［13］李江涛，李东慧．确保总书记重要讲话精神在洛阳落地生根 在谱写新时代中原 更加出彩的绚丽篇章中奋勇争先［N］．洛阳日报，2020-09-21（1）．

［14］河南省发展和改革委员会．《洛阳都市圈发展规划（2020—2035）》正式发布［EB/OL］．（2020-12-25）［2021-05-05］．http://www.henan.gov.cn/2020/12-25/2066419.html.

［15］张占仓，唐金培．洛阳学初论［J］．中州学刊，2018（3）：120-125.

［16］侯甬坚．洛阳学建立的基本依据［J］．中州学刊，2018（6）：113-117.

［17］张占仓，唐金培．千年帝都洛阳人文地理环境变迁与洛阳学研究［J］．中州学刊，2016（12）：118-125.

［18］梁留科．弘扬河洛文化坚定文化自信［N］．中国科学报，2019-05-22（3）．

［19］梁留科．以黄河文化支撑副中心城市高质量发展［N］．洛阳日报，2020-07-03（4）．

[20] 张占仓，杨书廷，王建国，等．河南省经济高质量发展存在的突出问题与战略对策研究 [J]．科技创新，2020（1）：30-36.

[21] 王茵．经济新常态下洛阳市产业结构优化升级对策研究 [J]．科技经济市场，2020（7）：79-81.

[22] 邵小彧，朱佳玲，刘云强．我国工业技术创新空间关联的时空演化及影响因素：基于规模以上工业企业数据的分析 [J]．地域研究与开发，2020，40（2）：7-12.

[23] 张鹏，袁丰，吴加伟．科技创新对制造业结构高级化的影响研究 [J]．地域研究与开发，2020，40（3）：13-18.

[24] 汪晓东，周小苑，钱一彬．必须把发展质量问题摆在更为突出的位置：习近平总书记关于推动高质量发展重要论述综述 [N]．人民日报，2020-12-17（1）.

南阳市建设河南省副中心城市的
战略机遇与推进举措*

摘 要　2021 年 5 月，习近平总书记到南阳调研指导工作。2021 年 10 月，河南省第十一次党代会报告提出，支持南阳建设河南省副中心城市，南阳市在全省发展大局中地位空前提升，迎来千载难逢加快发展的历史机遇。针对南阳目前经济社会发展中的短板，我们研究提出高质量建设省域副中心城市的推进举措是：全面强化加快发展与高质量发展的战略意识，科学制定副中心城市建设的战略规划，集中力量增强工业发展实力，积极拓展新兴产业，加快开放型经济发展步伐，全面增强创新发展能力，扎实推进绿色低碳转型发展。

关键词　河南省副中心城市；创新驱动；四圣博物馆；南阳市

2021 年 10 月，河南省第十一次党代会报告明确提出：支持南阳建设副中心城市[1]。这是中共河南省委的重大决策，是省委赋予南阳发展的新定位新期待新使命，更是南阳加快发展的战略机遇。如何贯彻落实省委的重大决策，需要进行深入系统全面的研究。

一、建设河南省副中心城市的战略机遇与历史使命

1. 抓紧抓牢战略机遇

2021 年 5 月 12～14 日，中共中央总书记习近平亲临南阳市调研指导工作，深入分析南水北调工程面临的新形势新任务，对其后续工程建设作出新的战略部署，并对南阳市经济社会发展情况进行了调研，对南阳经济社会高质量发展提出了明确的指导性意见。特别是习近平总书记强调"吃水不忘挖井人，要继续加大对库区的支持帮扶""要把水源区的生态环境保护工作作为重中之重，划出硬杠杠，坚定不移做好各项工作，守好这一库

碧水"[2]。这充分体现了习近平总书记对南阳人民的深情厚谊和殷切期盼，为南阳更好肩负起"一渠清水安全北送"的政治责任提供了根本遵循，为南阳新时代奋进新征程指明了前进方向。按照习近平总书记在南阳调研时的指示精神，河南省第十一次党代会报告明确提出，支持南阳建设副中心城市，与信阳、驻马店协作互动，建设豫南高效生态经济示范区。2021 年 11 月初，中共河南省委书记楼阳生深入南阳进行调研，就加快副中心城市建设提出了具体要求、作出了具体指导、明确了具体路径[3]。南阳建设河南省副中心城市，是中共河南省委在现代化建设新征程中赋予南阳发展的新定位新使命新期待，全面提升了南阳在全省发展格局中的战略地位，将为南阳加快发展提供空前的新动能，是南阳城市发展史上具有开创意义的一件大事[4]，是南阳加快发展千载难逢的战略机遇，利好将不断叠加，红利将持续释放[5]。充分利用建设省域副中心城市的机遇，加快南阳市经

---

　　* 本文发表于《南都学坛（人文社会科学学报）》2022 年 5 月第 42 卷第 3 期第 85-95 页。作者为张占仓、卢志文。卢志文的工作单位为南阳师范学院河南省副中心城市研究院。

　　基金项目：国家社会科学基金重大项目"新时代促进区域协调发展的利益补偿机制研究"（18ZDA040）。

济社会高质量发展步伐，为当地老百姓创造更多福祉，是提升老百姓幸福感自豪感的新支点。

2. 助力中原崛起的战略部署

作为 GDP 总量长期稳居全国第五位的经济大省，由于历史原因，河南省省会郑州市的首位度偏低。为了扭转这种局面，2016 年 12 月，国务院批复支持郑州建设国家中心城市，成为郑州市加快发展的一个新的战略起点[6]。2021 年 12 月 29 日，经国务院批准由国家发改委印发的《中原城市群发展规划》中，明确提出把洛阳市作为中原城市群副中心城市建设，提升了全省大城市格局发展架构，为中原崛起提供了重要支撑[7]。2021 年 10 月，河南省第十一次党代会作出支持南阳建设河南省副中心城市的重大部署，既是贯彻习近平总书记视察河南重要讲话重要指示的具体行动，也是全省实现"两个确保"目标、优化省域发展格局、完善中原城市群体系、加快中原崛起和南阳发展步伐的重大举措[8]。这一次，确定了全省"一主两副"的现代城市格局，将为中原崛起增添更加充沛的发展动力。南阳市作为省域副中心城市，需要履行好三大职责：第一，要协助"中心"城市的发展，特别是要兼顾到"中心"城市以往辐射不到或不强烈地区的发展。这就要求其自身要成为区域经济发展的辐射源，责任重大，必须有所担当。第二，"副中心"城市本身需要跳出过去看未来，准确定位，与"中心"城市形成错位发展格局，以利互为补充、协同进步，共同为河南省高质量发展增砖添瓦。第三，作为省域副中心城市，南阳必须提升站位，改善城市功能并加快发展步伐，以便为全省城市高质量发展赋能尽责，在服务全国全省发展大局中彰显南阳担当[9]。承担这三大职责，既是加快自身发展的重大机遇，成为全省甚至更大区域经济发展的重要增长极，也是为中原崛起奉献智慧与力量的战略担当，将有力支撑河南在中部地区高质量发展中"奋勇争先、更加出彩"[10]。

3. 积极履行中心城区的新使命

全面提升发展水平，把自身的能级和体量做大做强是省域副中心城市可持续发展的题中应有之义。但作为省域副中心城市，它同时需要承担的另外一个重要职责，就是在一定区域范围内形成较强的辐射带动功能。也就是说，它需要成为影响带动所在地区的核心增长极。因此，省域副中心城市的真正使命是通过增强经济特别是产业和人口等的承载能力来实现自身的高质量发展，通过做大做强自身进而带动相关区域加快发展步伐，形成优势互补、要素集聚、协同共进、高质量发展的区域经济格局，为更大的区域可持续发展提供源源不断的动力与能量。南阳市作为河南省中心城区人口超过 150 万人的大型城市之一，2020 年中心城区 GDP 达 1004 亿元，居全省 18 个市第 3 位，是市区经济实力最强的城市之一。因为城镇化后期，中心城市各类要素的集中性效应将更加突出，所以，未来南阳市全市域的产业、人口等要素流动向中心城区集中的现象会更强。进入省域副中心城市建设行列之后，伴随中央与河南省委、河南省人民政府对南阳市的多方面支持与帮助力度的加大，中心城区进一步全面提升经济发展实力的条件更好，以中心城区高质量加快发展为动力源，带动全市乃至周边相关地区加快发展成为中心城区的新使命。2020 年，南阳中心城区第三产业增加值达 630 亿元，居全省 18 个市中心城区第 3 位，占 GDP 的 62.7%，已经具备进一步辐射带动更大区域第三产业加快发展的产业优势。充分利用这种既有的发展优势，进一步带动与促进全省西南部区域第三产业加快发展势在必行。

4. 拓展新发展功能的战略起点

2021 年 5 月，习近平总书记在南阳调研期间，首先到世人瞩目的中国医圣、东汉医学家张仲景的墓祠纪念地医圣祠，具体了解张仲景的生平事迹以及他对我国中医药发展的重要贡献，认真询问医圣故里南阳市在防治新冠肺炎疫情过程中如何发挥中医药的重要作用，针对性了解当地中医药传承创新的有关情况。调研过程中，习近平总书记强调指出，中医药学包含着中华民族几千年的健康养生理念及其实践经验，是中华民族的伟大创造和中国古代科学的瑰宝。要做好守正创新和传承发展，积极推进中医药科研和创新工作，注重用现代科学知识解读中医药学原理，推动传统中医药和现代科学相互结合、相互促进，为人民群众提供更多高质量的健康服务[11]。在独具特色、规模宏大的南阳月季博览园，习近平总书记现场察看并听取当地领导汇报月季产业发展和带动当地百姓增加收入的相关情况，了解到南阳是全国最大的月季产业基地，当地基层群众拥有各种月季种植的传统技术积累。在察看了月季博览园的整体风貌后指出，要善于挖掘和利用本地优势资源，发展地方特色产业，统筹做好产业、科技、文化这篇大文章[12]。在南阳药益宝艾草制品有限公司，习近平总书记深入生产车间和产品展示大厅调研，与企业负责人和员工进行了面对面交流后明确指出，艾草是宝贵的中药材，发展艾草制品既能就地取材，又能解决当地居民就近就业，两全其美。我们在发展技术密集型产业的同时，也要积极发展就业容量大的劳动密集型产业，这样有利于农民增收[13]。通过习近平总书记的调研与指导，南阳作为中国医圣故里，中医药发展迎来新的战略起点，包括重振重建张仲景中医药大学、开展中医药科研与创新，推动中西医结合，为广大人民群众提供更好的健康服务等，成为南阳市下一步加快发展的一个既有特色又有巨大潜力的重要领域[14]。过去，我们都知道"洛阳牡丹甲天下"，这一次习近平总书记在南阳调研月季产业发展，使全国人民都知道了"南阳月季动京城"，为具有地方特色的南阳月季产业加快发展、形成具有全球竞争力的特色产业基地开辟了康庄大道。在艾草制品企业的调研，让全国人民都知道了"艾草是宝贵的中药材"，艾草产业是就业容量大的劳动密集型产业，发展这种产业对提升当地农民收益意义重大。近年来，南阳艾产业发展迅猛，作为全市中医药产业融合发展的典型，艾产业已成为南阳经济发展的特色产业之一[15]。习近平总书记在南阳市召开的推进南水北调后续工程高质量发展座谈会上强调，水是生存之本、文明之源，南水北调中线工程对京津地区城市供水与生态保护意义重大[16]。南阳作为南水北调中线工程的水源地，确保一泓清水永续北送是一种历史责任。为此，南阳积极发展绿色生态产业是国家发展大局的需要，为南阳市加快绿色生态产业发展指明了方向。以上这些新的具有战略起点性质的新发展领域，将是南阳市拓展新发展功能的最大支撑，也是南阳建设省域副中心城市的独特优势所在[17]。

二、南阳市建设副中心城市存在的主要短板

冷静分析南阳市目前的发展现状，建设河南省副中心城市存在的主要短板还是比较明显的，需要引起我们的高度重视。

1. 城市发展步伐偏缓

在全省发展的宏观格局中，郑州市是国家中心城市，连天接地，既要以国家中心城市的角色，承担国家赋予的特殊发展任务，比如建设国家铁路、公路、航空、现代物流等综合性交通枢纽中心，在开放型经济发展方面积极参与国际竞争等，又要扎根中原，带领河南全省的经济社会发展与进步[18]。洛阳市，作为2016年就明确的中原城市群副中心城市，除了承担协助中心城市提升全省发展能力之外，需要集中精力巩固提升洛阳作为我们国家最重要的大国重器研发生产基地之一的地位。而南阳市作为刚刚入列的省域副中心城市，与郑州市、洛阳市相比，2000年以来经济发展步伐偏缓。2020年相较于2000年，南阳市GDP增长率为654%，低于全省988%的平均增长率，更远低于郑州市的1539%与洛阳市的1118%同期增长率（见表1）。事实上，2000年，南阳市GDP居全省第二位，相当于郑州市的71.1%，与郑州市的差距并不大，而且明显高于洛阳市。2005年，南阳市的GDP仍然相当于郑州市的63.6%，而洛阳市GDP却超过了南阳市，成为全省第

二经济大市。2020 年，南阳市 GDP 仅相当于郑州市的 32.7%，与郑州市拉开的差距已经比较大。2020 年相较于 2005 年，南阳市 GDP 增长率为 273%，大幅度低于全省同期 418% 的平均增长率，也大幅度低于同期郑州市与洛阳市的增长水平，在全省 18 个市中仅高于同期焦作市的增长率，增幅居全省倒数第二位。2020 年相较于 2010 年，南阳市 GDP 增长率为 101%，低于全省同期 143% 的平均增长率，也明显低于郑州市的 198% 与洛阳市的 121% 的同期增长率。因此，对于南阳市来说，加入省域副中心城市行列之后，第一要务就是加快经济发展步伐[19]，把发展才是硬道理的铁律以新的方式落到实处。

表 1　河南省及其中心城市副中心城市 2000 年以来 GDP 及增长情况

地区	2000 年 GDP（亿元）	2005 年 GDP（亿元）	2010 年 GDP（亿元）	2020 年 GDP（亿元）	2020 年相较于 2000 年的增长率（%）	2020 年相较于 2005 年的增长率（%）	2020 年相较于 2010 年的增长率（%）	2020 年 GDP 在全国的位次（位）
郑州市	732.0	1650.0	4029.3	12000.3	1539	623	198	16
洛阳市	420.9	1111.5	2321.2	5128.4	1118	361	121	45
南阳市	520.8	1050.0	1955.8	3925.9	654	273	101	60
河南省	5052.99	10243.47	22655.02	54997.07	988	418	1435	

资料来源：《2021 河南统计年鉴》，中国统计出版社，2021 年版。各市数据来自当年统计公报。

2. 开放型经济发展水平较低

2020 年，南阳市进出口总额 128.6 亿元，比 2019 年下降 26.6%，占全省的 1.9%。其中，出口总值 101.9 亿元，比上年下降 33.6%，降幅比较大。南阳市进出口总额仅相当于 GDP 的 3.3%，而郑州市为 41.2%，洛阳市为 3.8%。南阳市实际利用外资 6.88 亿美元，仅占全省的 3.4%，与郑州市和洛阳市差距比较大（见表 2）。所以，南阳市开放型经济发展水平较低。因为进出口是拉动地方经济发展的"三驾马车"之一，而南阳市进出口总额较低，占全省的份额有限，通过这"一驾马车"拉动地方经济发展的动力就明显不足。据南阳海关统计，2021 年，南阳市外贸进出口值 165.6 亿元，同比增长 28.6%，超过全省平均增速 5.7 个百分点。其中，出口 137 亿元，增长 34.5%；进口 28.6 亿元，增长 6.3%。这一组数据说明，南阳市开放型经济发展基础仍然比较好，发展潜力比较大，促进开放型经济发展大有可为。

表 2　2020 年河南省及其中心城市副中心城市开放型经济发展情况

地区	进出口总额（亿元）	进出口总额增速（%）	出口总值（亿元）	出口总值增速（%）	进出口总额相当于 GDP 的比重（%）	实际利用外资（亿美元）	实际利用外资增速（%）
郑州市	4946.4	19.7	2948.8	10.0	41.2	46.6	5.7
洛阳市	193.1	24.9	172.4	29.4	3.8	30.95	6.4
南阳市	128.6	-26.6	101.9	-33.6	3.3	6.88	5.4
河南省	6654.82	16.4	4074.95	8.5	12.1	200.65	7.1

资料来源：河南省及各市当年统计公报。

3. 经济总量不够大

南阳市是全省人口大市，2020 年常住人口 971 万，居全省第 2 位，占全省常住人口的 9.8%。但是，南阳市 GDP 为 3925.9 亿元，只占全省 7.1%。虽然，南阳市仍然是全省经济总量排第 3 位的大城市，可是经济总量占比低于常住人口占比,说明经济发展不充分比较明显。按人均 GDP 分析,2020 年南阳市是40432 元/人,居全省 18 个市倒数第 3 位,分别相当于郑州市和洛阳市的 42.4% 和 55.7%,相当于全省平均水平的 72.7%、全国平均水平的 56.0%(见表3)。按美元计算,南阳市人均 GDP 约为 5860 美元,与 2020 年全国人均 GDP 超过 1 万美元相比,差距比较大。从人均一般公共预算收入看,2020 年全国 7095元、河南省为 4188 元,而南阳市为 2076 元,南阳市相当于全省平均水平的 49.6%、全国平均水平的 29.3%。从省辖市看,南阳市人均一般公共预算收入居第 16 位,仅高于信阳市和周口市。2020 年,南阳市一般公共预算收入占 GDP 的比重仅为 5.1%,而郑州市为10.5%,全省为 7.6%,全国为 9.9%。在省辖市里面,南阳市居全省第 16 位,仅高于信阳市的 4.3% 和周口市的 4.5%。2020 年,南阳市 GDP 居全国城市 GDP 100 强第 60 位,在全国中西部省域副中心城市的位置也偏后(见表4),而且与其紧邻的几个副中心城市 GDP相差不多,你追我赶的发展压力比较大。所以,经济总量不够大是南阳建设省域副中心城市最突出的问题,加快经济发展步伐是重中之重。2021 年,南阳市 GDP 达到 4342.22亿元,同比增长 9.0%。经济总量首次突破4000 亿元,稳居全省第三位。经济增速高于全省平均水平(6.3%)2.7 个百分点,跃居全省第二位,增速大幅度高于郑州市 4.7% 和

洛阳市 4.8% 的水平。新的加快发展的转折点已经出现,省域副中心城市建设顺利起步[20]。持续发力,未来可期!

表3　2020 年河南省各市 GDP 与人均 GDP 排序

排序	城市	GDP(亿元)	常住人口(万人)	人均 GDP(元)	人均 GDP(美元)
1	济源市	703.2	73	96329	13961
2	郑州市	12003.0	1260	95262	13806
3	许昌市	3449.2	438	78749	11413
4	洛阳市	5128.4	706	72640	10528
5	三门峡市	1450.7	203	71463	10357
6	漯河市	1573.9	237	66409	9625
7	鹤壁市	981.0	157	62484	9056
8	焦作市	2123.6	352	60330	8743
9	平顶山市	2455.8	499	49214	7133
10	开封市	2371.8	482	49207	7132
11	新乡市	3014.5	625	48323	6990
12	信阳市	2805.7	623	45035	6527
13	濮阳市	1650.0	377	43767	6343
14	安阳市	2300.5	548	41980	6084
15	驻马店市	2859.3	701	40789	5911
16	南阳市	3925.9	971	40423	5860
17	商丘市	2926.3	782	37408	5421
18	周口市	3267.2	903	36182	5244

资料来源:《2021 河南统计年鉴》,中国统计出版社,2021 年版。

表4　2020 年中国中西部部分省域副中心城市 GDP　　　　单位:亿元

城市	洛阳市	襄阳市	宜昌市	榆林市	岳阳市	南阳市	芜湖市	常德市	遵义市	赣州市
GDP	5128	4602	4261	4090	4002	3926	3753	3749	3720	3645
排序	1	2	3	4	5	6	7	8	9	10

资料来源:各市 2020 年统计公报。

4. 工业发展实力偏弱

2020 年,南阳市三次产业结构为 16.6:32.1:51.3,与河南省三次产业结构 9.7:41.6:48.7 和全国三次产业结构 7.7:37.8:54.5 相比,第一产业偏大,第二产业偏弱,

第三产业较高。其中,在第二产业中,工业化水平不高,工业发展实力偏弱,缺乏核心龙头企业。2020 年,全市工业增加值仅 953.3亿元,居全省各市第 6 位,分别相当于郑州市和洛阳市的 30.3% 和 51.4%。工业增加值占

GDP 的比重仅 24.3%，居全省 18 个市最后一位（见表 5）。工业增加值在 GDP 中的占比由 2015 年的 32.9% 下降至 2020 年的 24.3%，过早出现了"去工业化"的倾向[21]。过去技术含量较高、曾经在全国有重要地位的南阳防爆电器、技术创新成效突出的中光学、在中医药领域有重要影响的张仲景药业等，均有较好的发展基础，但是规模化不足，对地方经济发展的带动与促进作用还没有充分发挥出来。目前，全市主要工业产品仍然以农产品加工、工业原材料生产等为主（见表 6），石油钻井设备、锂离子电池等高端产品较少，尚没有形成有较大影响力、有较高科技含量的中高端产品系列，战略性新兴产业规模偏小，现代工业集聚程度有限，在行业或国内外有重要影响的产业集群和名牌产品较少。

表 5　2020 年河南省各市工业增加值及其占 GDP 比重排序

城市	工业增加值（亿元）	工业增加值排序	GDP（亿元）	工业增加值占GDP（%）	工业增加值占比排序
郑州市	3145.69	1	12003.04	26.2	17
洛阳市	1854.85	2	5128.36	36.2	7
许昌市	1616.93	3	3449.23	46.9	3
周口市	1114.33	4	3267.19	34.1	10
新乡市	1033.98	5	3014.51	34.3	9
南阳市	953.31	6	3925.86	24.3	18
平顶山市	933.95	7	2455.84	36.7	6
商丘市	898.50	8	2925.33	30.7	12
驻马店市	801.11	9	2859.27	28.0	15
焦作市	766.08	10	2123.60	36.1	8
信阳市	757.78	11	2805.68	27.0	16
开封市	744.10	12	2371.83	31.4	11
安阳市	703.26	13	2300.48	30.6	13
漯河市	587.41	14	1573.88	37.3	4
三门峡市	534.51	15	1450.71	36.8	5
鹤壁市	491.43	16	980.97	50.1	2
濮阳市	468.46	17	1649.99	28.4	14
济源市	384.34	18	703.16	54.4	1

资料来源：《河南 2021 统计年鉴》，中国统计出版社，2021 年版。

表 6　2020 年南阳市主要工业产品产量及增长速度

产品名称	单位	产量	比上年增长（%）
小麦粉	万吨	90.64	5.5
饲料	万吨	341.65	2.6
饮料酒	万升	13318	−21.5
纱	万吨	56.78	−3.6
布	万米	36548	10.8
口罩	万个（只）	57	282
纯碱（碳酸钠）	万吨	158.35	−5.4
中成药	万吨	4.11	1.5
水泥	万吨	1069.61	5.2
耐火材料制品	万吨	210.89	15.7
生铁	万吨	233.55	4.1
粗钢	万吨	271.79	−1.1
钢材	万吨	294.02	6.8
钢结构	万吨	17.89	86.5
石油钻井设备	台（套）	325	10.9
改装汽车	辆	5436	35.9
发电机组	万千瓦	38.15	8.2
电动机	万千瓦	1230.15	5.9
锂离子电池	万只	7375.24	−5.5
自来水生产	万立方米	7439.5	13.0

资料来源：2020 年南阳市国民经济和社会发展统计公报。

5. 经济高质量发展尚未形成比较优势

2020 年，南阳市拥有普通高等学校 7 所，全年招生 4.09 万人，在校生 11.13 万人，毕业生 2.77 万人。全年全市从事研究与试验发展（R&D）人员 1.39 万人，研究与试验发展（R&D）人员经费支出 45.10 亿元，研发投入强度 1.15%。专利申请 11010 件，授权专利 7497 件。签订技术合同 537 份，技术合同成交金额 13.05 亿元。从这些代表创新驱动发展的主要指标分析，高等院校资源偏弱，研发投入强度显著不足，创新驱动、科教兴市、人才强市优势不明显，对经济高质量发展的关键支撑上尚没有形成明显的比较优势（见表 7）。由于对高质量发展影响最为突出的创新驱动要素集聚程度有限，致使其 2020 年一般公共预算收入 202.1 亿元仅相当于 GDP 的

5.1%，远低于全省的平均7.6%和郑州市的10.5%及洛阳市的7.5%的水平，说明经济发展的质量偏低。如果对比一般公共预算收入在GDP中占比、居民收支情况，南阳市也都处在较低水平（见表8）。特别是南阳市GDP仅相当于郑州市的32.7%和洛阳市的76.6%

了。而一般公共预算收入仅相当于郑州市的16.0%和洛阳市的52.6%，进一步说明南阳市经济发展中实际创造财富的能力比较弱。全市居民人均可支配收入、居民人均消费支出等与全国、全省相比，也处在相对偏低的状态。所以，南阳市高质量发展任重道远。

表7　2020年河南省及中心城市副中心城市高等教育与科技创新情况

地区	普通高等学校（所）	在校大学生（万人）	研发投入强度（%）	全年专利申请量（件）	全年专利授权量（件）	签订技术合同（份）	技术合同成交金额（亿元）
郑州市	65	116.0	2.31	75604	50224	6681	212.8
洛阳市	7	13.98	2.80	15825	11161	1059	53.8
南阳市	7	11.13	1.15	11010	7497	537	13.05
河南省	151	249.22	1.62	86369	122809	11751	384.50

资料来源：2020年河南省及各市国民经济与社会发展统计公报。

表8　2020年全国与河南省及中心副中心城市财政收支与居民收支情况

地区	一般公共预算收入（亿元）	税收占比（%）	一般公共预算收入相当于GDP（%）	一般公共预算支出（亿元）	一般公共预算支出相当于GDP（%）	居民人均可支配收入（元）	居民人均消费支出（元）
郑州市	1259.2	69.1	10.5	1721.3	14.3	36661	25450
洛阳市	383.9	64.7	7.5	689.0	13.4	28096	19016
南阳市	202.1	69.3	5.1	746.5	19.0	23481	14862
河南省	4155.22	66.5	7.6	10382.77	18.9	24810.10	16143
全国	182895	84.4	18.0	245588	24.2	32189	21210

资料来源：2020年全国与河南省及各市国民经济与社会发展统计公报。

三、南阳市高质量建设副中心城市的推进举措

高质量发展，是党的十九大以来全国经济社会发展的主旋律。面对建设省域副中心城市的新使命，南阳市要立足新发展阶段，完整准确全面贯彻新发展理念，构建新发展格局，推动经济社会高质量发展，奏响更加出彩的华丽乐章。

1. 全面强化加快发展与高质量发展的战略意识

按照党中央的统一部署，我国"十四五"规划和2035年发展纲要，都把高质量发展作为发展主题。积极适应这种历史性发展大势，针对南阳目前在经济社会高质量发展方面存在的主要短板，全面强化加快发展与高质量发展的战略意识至关重要。只有从现在做起，

从每一个干部做起，从每一个企业做起，从每一个经济社会发展的具体项目做起，都把加快发展与高质量发展作为主题思路，积极探索加快发展与高质量发展之路。特别是要强化各级领导干部的带头示范作用，以思想破冰、观念更新引领发展突围，以能力提升、作风转变促进领导干部担当实干，建立健全加快发展与高质量发展的动力机制，在全社会营造加快发展与高质量发展的浓厚氛围，才能够全面推动全市经济社会加快发展与高质量发展步伐，以适应省域副中心城市的新角色。为什么对于南阳市来说，既要加快发展，又要高质量发展呢？因为南阳市经济总量不够大，是其最突出的短板之一，人均GDP更是居全省18个市倒数第3位。如果不加快经济发展步伐，在省内将面临许昌市、周口市等后来居上的发展压力，在中西部地

区也面临在已经明确的部分省域副中心城市中地位下滑的压力。如果不在高质量发展上下硬功夫，就跟不上时代的节奏，无法适应建设省域副中心城市的新角色，也无法在提升地方经济发展质量、改善财富创造能力方面迈出较大步伐。因此，南阳市需要负重前行，加快发展与高质量发展并举，以更加刻苦的拼搏、奋斗开创未来，赢得更加美好的明天。

2. 科学制定副中心城市建设的战略规划

为深入贯彻落实习近平总书记和中共河南省委书记楼阳生在南阳调研与指导工作时重要讲话和指示精神，全面增强省域副中心城市的经济发展实力，南阳市在"十四五"期间要协同发力，统筹实施"63335战略"。即到"十四五"时期末，全市生产总值突破6000亿元，一般公共预算收入达到300亿元，中心城区建成区面积力争拓展到300平方千米，常住人口达300万，经济实力力争进入全国城市前50强，南阳现代化建设取得重要进展，以中心城区为核心的南阳都市圈初展芳容，在中高端要素加快集聚的基础上以省域副中心城市的责任担当对全省经济发展的促进作用与对周边地区经济高质量发展的带动作用明显增强，为广大老百姓创造的生产、生活、生态条件明显改善。到2035年，全市生产总值达1.2万亿元以上，中心城区人口规模达500万，建设用地规模约500平方千米，现代化的南阳初步建成，以中高端资源高效配置为主要特征的南阳都市圈大放异彩，省域副中心城市地位更加凸显，对全省经济高质量发展的支持作用与对南阳市周边地区经济发展的带动促进作用均进一步提升，当地居民的幸福感、满足感、自豪感均全面提高。要实现这样的战略目标，按照河南省委和南阳市委已经明确的战略部署，近期需要聚焦三大领域，培育充满活力的新发展动能。第一，加快建设特色先进制造业中心城市。针对发展短板，调整发展思路，坚定不移坚持工业立市、兴工强市，集中力量打造智能装备制造等一批千亿级产业集群，前瞻布局，

加快培育光学材料等一批百亿级新兴产业，尽快补齐工业发展的短板。第二，全力推动中心城市"起高峰"、县域经济"成高原"。按照南阳市委部署，中心城区坚持"精筑城、广聚人、强功能、兴产业"战略思路，高水平实施城市扩容与更新提质行动，发挥南阳市"满城文化半城水"独特优势，推动产城互动、协同发展，为引聚人才创造条件，奋力开创副中心城市高质量发展的新局面。同时，认真践行县域治理"三起来"根本要求，扎实开展县（市）域经济发展倍增计划，加快实现"一县一省级开发区"目标。按照党中央最新部署，全面推进乡村振兴，有序建设1000个乡村振兴示范村，特别是要在乡村产业振兴方面大胆探索，开创新路，以利于就近就地扩大就业，确实让乡村振兴的时代红利惠及更多基层农民。第三，积极推进南阳全国性综合交通枢纽城市建设。结合南阳市的发展需求，以更加开放的思路，统筹"空水铁公"四位一体，提速南阳机场迁建升级工程，加快推进唐河等航运工程和城区港口码头工程建设，创造条件争取合西高铁入规开工，进一步织密市域高速公路网，力争高速公路总里程突破1100千米，系统构建便捷高效的现代化立体综合交通体系，打通南阳加快发展的大通道，以高质量综合性交通枢纽建设推动南阳走出盆地，迈向开放型经济高质量发展的新时代。

3. 集中力量增强工业发展实力

南阳市工业发展短板比较突出，是直接影响经济总量不够高的关键要素。现有工业发展中，缺乏年销售额高、影响力大、引领行业发展的工业龙头企业是短板中的短板。因此，由市县两级地方主要领导牵头，以加快现有基础较好的骨干工业企业集中力量培育和通过招商引资、招大引强、招才引智并重的方法，以制造业高质量发展为主攻方向，着力培育、培养、培植一批年销售额超过100亿元的龙头骨干工业企业，协同带动地方特色产业全面发展，改变工业增加值占GDP比重在全省倒数第一的被动局面，尽快撑起一

个近千万人口区域和省域副中心城市区域经济高质量发展的脊梁，也为地方财政收入较快增长从源头上补充动力，把"无工不富"的发展中国家经济学经典理论真正转变为地方经济加快发展的共识，为全面增强当地经济实力奠定最坚强的产业基础。要突出以产兴城、以产兴市，把经济高质量发展的基础落实在实体经济上，落实在工业制造业高质量发展上。在主要产业发展方面，根据现有产业基础，要集中力量打造四大千亿级产业集群：一是依托光学元组件、智能传感器、电子元器件等重点产业，打造千亿级电子信息产业集群。二是依托现代中医药、化学制药、动物保健、高端医疗器械等重点产业，打造千亿级生物产业集群。三是依托防爆电机、汽车及零部件、输变电装备、智能农牧装备、轴承等重点产业，打造千亿级装备制造业产业集群。四是按照全面推进乡村振兴的战略部署，以产业振兴为先导，依托肉食品加工、面制品加工、食用油脂、食用菌等重点产业，打造千亿级绿色食品产业集群。同时，在培育"专精特新"企业方面发力，为工业可持续发展铺垫大道，增添后劲，开辟新领域，培育新的增长点。

4. 积极拓展新兴产业

按照习近平总书记调研指导南阳工作时的要求和河南省委书记楼阳生到南阳调研落实习近平总书记指示精神与河南省第十一次党代会的部署，实施换道领跑战略，在新兴产业上抢滩占先，在未来产业上前瞻布局，在传统产业上高位嫁接。通过高端规划与专业设计，高规格启动中医药传承创新、艾草产业、月季产业、绿色生态产业、特色文化旅游等新兴产业。其中，传承创新发展中医药，要立足于医圣张仲景的中医药历史文化积淀，通过创办特色鲜明的张仲景中医药大学，培育中医药医疗机构、特色中医药企业、中医药人才、中医药康养产业等，建设国家中医药综合改革试验区，打造全球中医圣地、全国中医医疗高地、全国现代中药产业基地。艾草产业要在现有企业数量较多、规模较小、

影响力不大的基础上，通过政府引导、政策支持、招商引资等多种方法，加快培育若干家艾草骨干企业，并带动艾草类中小企业创新创业集群发展，形成有地方特色的艾草产业集群。巩固全国第一市场份额，到 2025 年，全市艾草产业年产值争取由当前的 110 亿元提升到 300 亿元。月季产业要在现有种质资源特别丰富、产业规模全国领先、已经与央企开展良好合作基础上，通过高端创新合作，拓展月季产业发展空间，在休闲观光、美化环境、中医药应用的同时，加强新品种繁育、规模化绿化树种种植、生活用品研发、医疗用品开发、保健产品开发等，建设全国甚至全球最大的月季产业基地。绿色生态产业，依托国家保护"南水北调"中线工程水源安全的战略支点，与信阳市、驻马店市协作互动，建设豫南高效生态经济示范区，探索高质量绿色生态发展之路。文化旅游产业，主要依托南阳特有的"四圣"（科圣张衡、医圣张仲景、商圣范蠡、智圣诸葛亮）规划建设各具特色的科技、医药、商业、智慧研学和旅游基地，充分利用盛世兴文的历史机遇，深度挖掘"四圣"故事，在条件成熟时高规格规划建设"四圣博物馆"，打造南阳享誉全球的文化地标，擦亮南阳人杰地灵的传统历史文化名片。

5. 加快开放型经济发展步伐

在经济学原理上，一般把投资、消费、出口比喻为拉动 GDP 增长的"三驾马车"，这是对经济增长理论最生动形象的表述，也是我们推动一个城市或地区经济发展时常需要思考的一个重大问题。如果当地经济发展同时具备投资、消费、出口"三驾马车"，并且都具有比较充沛的动力时，经济发展就会充满活力，并保持较快增长状态。否则，就会出现不利于经济可持续发展的短板，直接影响经济发展的动力与速度。2020 年，南阳市进出口总额分别相当于郑州市和洛阳市的 2.6% 和 66.6%，对当地经济发展贡献比较小，是经济发展"三驾马车"中的突出弱项之一。充分利用建设省域副中心城市的特殊机遇，

补充制定全市"十四五"末进出口规模突破300亿元的规划并付诸实施，以加快开放发展的步伐，为市域经济加快发展增添实质性的动力与活力，从内在动力源泉上促进全市经济高质量较快发展。

6. 全面增强创新发展能力

按照党中央的要求和河南省第十一次党代会部署，特别是省委书记楼阳生的要求，把坚持创新发展摆在各项任务的首位，把创新摆在发展的逻辑起点、现代化建设的核心位置，全面实施创新驱动战略，打造一流创新生态，为全省建设国家创新高地贡献南阳的力量。充分发挥南阳历来高度重视创新发展的优良传统，以南阳智慧岛建设为契机，瞄准"双创"工程，对标北上广深的创新政策与具体做法，从引聚人才入手，以"十四五"时期大幅度提高研发投入强度尽快达到2.5%为切入点，加快优化创新环境，以更加开放的思维方式、更加灵活实用的政策措施、更加贴合青年人需要的支持方法、更加积极弘扬包容开放的创新文化氛围，加快建设一批研发平台，建设一流学科，支持高等教育跨越发展，高效集聚创新资源，激发各类人才尤其是青年人才创新活力，组织老中青结合、以青年人才为主的一大批专业创新团队，协同开展针对地方骨干产业发展需要的重大创新创业创造行动，为高质量发展不断拓展新领域、不断激发新活力、不断完成新成果、不断增添新动能。

7. 扎实推进绿色低碳转型发展

按照党中央、国务院和河南省第十一次党代会的战略部署，积极实施绿色低碳转型战略，推进绿色低碳转型发展。在实施过程中，要把准最新政策导向，突出双控倒逼，坚持先立后破，加快发展绿色能源、壮大绿色产业、做强绿色交通、推广普及绿色建筑、创新更多绿色技术、构建绿色屏障、全面倡导绿色生活。结合目前全市碳排放的主要来源，要以发展风力发电、太阳能发电、生物质发电等绿色能源为战略支点，为碳达峰碳中和开辟科学可行路径；以电动化、氢能化为技术支撑发展绿色交通；以技术创新、技术改造为手段推进工业绿色升级，全面遏制"两高"项目发展；以系统化思维，全面推进经济绿色低碳转型发展。

四、结语

1. 建设河南省副中心城市是南阳市千载难逢的发展战略机遇

习近平总书记亲自到南阳市调研指导工作，省委、省政府按照习近平总书记的总体要求，明确提出支持南阳建设副中心城市。这是多少年来南阳人民殷切期盼的加快经济社会发展的千载难逢的战略机遇。我们务必要珍惜这样历史性机遇，按照习近平总书记南阳调研时的明确要求和河南省第十一次党代会的部署，拉高标杆，高质量推进省域副中心城市建设，以无愧于时代的历史责任感凝神聚力，把一切可用资源投入发展第一要务之中，在中部地区高质量发展和中原崛起中"奋勇争先、更加出彩"，为南阳人民创造更加幸福美好的生活。

2. 建设河南省副中心城市需要进行高质量的战略规划

规划失误是最大的浪费，规划折腾是最大的忌讳。无论是对于河南省，还是对于南阳市来说，把南阳建设成河南副中心城市都是前无古人的大事。因此，必须在尊重科学规律的基础上，下足功夫进行建设省域副中心城市规划与论证，真正从战略层面厘清发展思路，有利于未来建设过程中既科学高效，又切实可行，把建设省域副中心城市之路走稳走好，创造经典与精彩。

3. 坚持"发展是第一要务"是南阳市建设副中心城市必须遵循的重要原则

在我们建设现代化国家的新征程中，必须按照党中央、国务院的明确要求，结合建党一百年以来的基本经验与教训，始终不渝坚持发展是第一要务，把发展作为一切工作的出发点与落脚点。针对南阳市目前的发展实际，加快经济社会发展步伐与创新驱动高质量发展需要协同推进，系统改善营商环境与投资环境，以项目为王，加快工业发展步伐，努力形成一批有特色的产业集群，从内在动力上增强全市经济发展实力，既要勇于担当建设省域副中心城市的重任，又要造福普通百姓，切实把人民利益至上落到实处。

参考文献

［1］楼阳生．高举伟大旗帜 牢记领袖嘱托 为确保高质量建设现代化河南确保高水平实现现代化河南而努力奋斗：在中国共产党河南省第十一次代表大会上的报告［N］．河南日报，2021-11-01（1）．

［2］习近平在推进南水北调后续工程高质量发展座谈会上强调深入分析南水北调工程面临的新形势新任务 科学推进工程规划建设提高水资源集约节约利用水平［N］．河南日报，2021-05-15（1）．

［3］李铮，冯芸，马涛．楼阳生在南阳市调研时强调 坚持高起点规划扎实推进副中心城市建设［N］．河南日报，2021-11-04（1）．

［4］于河成．要体现前瞻性新时代特色：访中共中央政策研究室原副主任、中国城镇化促进会常务副主席郑新立［N］．南阳日报，2021-12-21（3）．

［5］蒋宁宇．做好战略机遇"必答题"：访国家发改委原副秘书长、中国区域经济学会顾问、中国区域科学协会名誉会长范恒山［N］．南阳日报，2021-12-21（3）．

［6］张占仓．建设国家中心城市的战略意义与推进对策［J］．中州学刊，2017（4）：22-28．

［7］张占仓，王玲杰，彭俊杰，等．加快洛阳副中心城市建设的重大意义与战略举措［N］．河南日报，2017-09-20（13）．

［8］董学彦，孟向东，沈剑奇，等．从"盆地"到"高地"：对南阳建设副中心城市的展望［N］．河南日报，2021-11-22（1）．

［9］孟向东．加快建设名副其实的河南省副中心城市：访南阳市委书记朱是西［N］．河南日报，2022-01-15（2）．

［10］范恒山，金碚，陈耀，等．新时代推动中部地区高质量发展［J］．区域经济评论，2021（3）：13-26．

［11］习近平在推进南水北调后续工程高质量发展座谈会上强调 深入分析南水北调工程面临的新形势新任务 科学推进工程规划建设提高水资源集约节约利用水平韩正出席并讲话［N］．人民日报，2021-05-15（1）．

［12］孟向东，刁良梓，王娟，等．习近平总书记对南阳的关心关爱在当地干部群众中引起强烈反响不负总书记重托担当新时代使命［N］．河南日报，2021-05-15（6）．

［13］王延辉．把就业岗位和增值收益更多留给农民［N］．河南日报，2021-05-15（8）．

［14］张笑闻．积极推进中医药科研和创新［N］．河南日报，2021-05-15（8）．

［15］冯春久，曹国宏，曹怡然．"世界艾乡"的全产业链构建：南阳市高质量发展艾产业综述［J］．农村·农业·农民（A版），2021（11）：5-7．

［16］李倩．为一泓清水北上［N］．河南日报，2021-05-15（10）．

［17］刘战国．建设中原城市群南阳副中心城市的思考与建议［J］．中国发展观察，2020（Z6）：103-106．

［18］吴旭晓．新发展格局下都市圈城市韧性测度与提升策略：以中部地区4个省会都市圈为例［J］．南都学坛，2022（1）：98-108．

［19］孟向东，王娟．"诸葛"聚宛城助力新跨越：中国区域经济五十人论坛第二十一次研讨综述［N］．河南日报，2021-12-24（9）．

［20］徐佩玉．支持徐州、洛阳、襄阳、长治等城市建设省域副中心城市：省域副中心，扮演啥角色？［N］．人民日报（海外版），2021-12-22（11）．

［21］郑新立，范恒山，董雪兵，等．构建新发展格局推进区域协调发展：南北差距研讨会发言摘编［J］．河北经贸大学学报，2021（4）：26-36．